DIN-Taschenbuch 93

Für das Fachgebiet Bauleistungen bestehen folgende DIN-Taschenbücher:

TAB		Titel
70 Bauleistungen	1.	Putz- und Stuckarbeiten VOB/StLB. Normen
71 Bauleistungen	2.	Abdichtungsarbeiten VOB/StLB. Normen
72 Bauleistungen	3.	Dachdeckungsarbeiten, Dachabdichtungsarbeiten VOB/StLB. Normen
73 Bauleistungen	4.	Estricharbeiten, Gußasphaltarbeiten VOB/StLB. Normen
74 Bauleistungen	5.	Parkettarbeiten. Bodenbelagarbeiten. Holzpflasterarbeiten VOB/StLB. Normen
75 Bauleistungen	6.	Erdarbeiten, Verbauarbeiten, Rammarbeiten. Einpreßarbeiten. Naßbaggerarbeiten, Untertagebauarbeiten VOB/StLB/STLK. Normen
76 Bauleistungen	7.	Verkehrswegebauarbeiten. Oberbauschichten ohne Bindemittel, Oberbauschichten mit hydraulischen Bindemitteln. Oberbauschichten aus Asphalt, Pflasterdecken, Plattenbeläge und Einfassungen VOB/StLB/STLK. Normen
77 Bauleistungen	8.	Mauerarbeiten VOB/StLB/STLK. Normen
78 Bauleistungen	9.	Beton- und Stahlbetonarbeiten VOB/StLB. Normen
79 Bauleistungen	10.	Naturwerksteinarbeiten. Betonwerksteinarbeiten VOB/StLB. Normen
80 Bauleistungen	11.	Zimmer- und Holzbauarbeiten VOB/StLB. Normen
81 Bauleistungen	12.	Landschaftsbauarbeiten VOB/StLB/STLK. Normen
82 Bauleistungen	13.	Tischlerarbeiten VOB/StLB. Normen
83 Bauleistungen	14.	Metallbauarbeiten, Schlosserarbeiten VOB/StLB/STLK. Normen
84 Bauleistungen	15.	Heizanlagen und zentrale Wassererwärmungsanlagen VOB/StLB. Normen
85 Bauleistungen	16.	Lüftungstechnische Anlagen VOB/StLB. Normen
86 Bauleistungen	17.	Klempnerarbeiten VOB/StLB. Normen
87 Bauleistungen	18.	Trockenbauarbeiten VOB/StLB. Normen
88 Bauleistungen	19.	Entwässerungskanalarbeiten, Druckrohrleitungsarbeiten im Erdreich. Dränarbeiten. Sicherungsarbeiten an Gewässern, Deichen und Küstendünen VOB/StLB. Normen
89 Bauleistungen	20.	Fliesen- und Plattenarbeiten VOB/StLB. Normen
90 Bauleistungen	21.	Dämmarbeiten an technischen Anlagen VOB/StLB. Normen, Verordnungen
91 Bauleistungen	22.	Bohrarbeiten, Brunnenbauarbeiten. Wasserhaltungsarbeiten VOB/StLB/STLK. Normen
92 Bauleistungen	23.	Förderanlagen, Aufzugsanlagen, Fahrtreppen und Fahrsteige VOB/StLB. Normen
93 Bauleistungen	24.	Stahlbauarbeiten VOB/StLB. Normen
94 Bauleistungen	25.	Fassadenarbeiten VOB/StLB. Normen
95 Bauleistungen	26.	Gas-, Wasser- und Abwasser-Installationsarbeiten innerhalb von Gebäuden VOB/StLB. Normen
96 Bauleistungen	27.	Beschlagarbeiten VOB/StLB. Normen
97 Bauleistungen	28.	Maler- und Lackierarbeiten VOB/StLB. Normen
98 Bauleistungen	29.	Elektrische Kabel- und Leitungsanlagen in Gebäuden VOB/StLB. Normen
99 Bauleistungen	30.	Verglasungsarbeiten VOB/StLB. Normen
298 Bauleistungen	31.	Ausbau/Haustechnik. Normen
299 Bauleistungen	32.	Rohbau/Tiefbau. Normen

DIN-Taschenbücher aus den Fachgebieten "Bauwesen" siehe Seite 553 und "Bauen in Europa" siehe Seite 554.

DIN-Taschenbücher sind vollständig oder nach verschiedenen thematischen Gruppen auch im Abonnement erhältlich.

Für Auskünfte und Bestellungen wählen Sie bitte im Beuth Verlag Tel.: (0 30) 26 01 - 22 60.

DIN-Taschenbuch 93

Stahlbauarbeiten VOB/StLB

Normen
(Bauleistungen 24)

VOB Teil B: DIN 1961
VOB Teil C: ATV DIN 18299, ATV DIN 18335

6. Auflage
Stand der abgedruckten Normen: März 1999

Herausgeber: DIN Deutsches Institut für Normung e.V.

Beuth

Beuth Verlag GmbH · Berlin · Wien · Zürich

Die Deutsche Bibliothek – CIP-Einheitsaufnahme

Stahlbauarbeiten VOB, StLB : Normen ; VOB Teil B: DIN 1961,
VOB Teil C: ATV DIN 18299, ATV DIN 18335
Hrsg.: DIN, Deutsches Institut für Normung e.V.
6. Aufl. – Berlin ; Wien ; Zürich : Beuth
2000
    (Bauleistungen ; 24)
    (DIN-Taschenbuch ; 93)
    ISBN 3-410-14541-9

Titelaufnahme nach RAK entspricht DIN V 1505-1.
ISBN nach DIN ISO 2108.
Übernahme der CIP-Einheitsaufnahme auf Schrifttumskarten durch Kopieren
oder Nachdrucken frei.
592 Seiten, A5, 1 Tafel, brosch.
ISSN 0342-801X
(ISBN 3-410-13652-5   5. Aufl.   Beuth Verlag)

Inhalt

Die in den Verzeichnissen in Verbindung mit einer DIN-Nummer verwendeten Abkürzungen bedeuten:

A   Änderung
Bbl Beiblatt
EN   Europäische Norm (EN), deren Deutsche Fassung den Status einer Deutschen
     Norm erhalten hat
ISO Deutsche Norm, in die eine Internationale Norm der ISO unverändert übernommen
     wurde

---

[1]) Zu beziehen durch den Beuth Verlag GmbH, 10772 Berlin, Tel.: (0 30) 26 01 - 22 60,
   Telex: 184 273 din d, Telefax: (0 30) 26 01 - 12 60.

> **Maßgebend für das Anwenden jeder in diesem DIN-Taschenbuch
> abgedruckten Norm ist deren Fassung mit dem neuesten Ausgabedatum.**
> **Vergewissern Sie sich bitte im aktuellen DIN-Katalog mit neuestem
> Ergänzungsheft oder fragen Sie: Tel. (0 30) 26 01 - 22 60.**

Normung ist Ordnung

DIN – der Verlag heißt Beuth

Das DIN Deutsches Institut für Normung e.V. ist der runde Tisch, an dem Hersteller, Handel, Verbraucher, Handwerk, Dienstleistungsunternehmen, Wissenschaft, technische Überwachung, Staat, also alle, die ein Interesse an der Normung haben, zusammenwirken.

DIN-Normen sind ein wichtiger Beitrag zur technischen Infrastruktur unseres Landes, zur Verbesserung der Exportchancen und zur Zusammenarbeit in einer arbeitsteiligen Gesellschaft.

Das DIN orientiert seine Arbeiten an folgenden Grundsätzen:

- Freiwilligkeit
- Öffentlichkeit
- Beteiligung aller interessierten Kreise
- Einheitlichkeit und Widerspruchsfreiheit
- Sachbezogenheit
- Konsens
- Orientierung am Stand der Technik
- Orientierung an den wirtschaftlichen Gegebenheiten
- Orientierung am allgemeinen Nutzen
- Internationalität

Diese Grundsätze haben den DIN-Normen die allgemeine Anerkennung gebracht. DIN-Normen bilden einen Maßstab für ein einwandfreies technisches Verhalten.

Das DIN stellt über den Beuth Verlag Normen und technische Regeln aus der ganzen Welt bereit. Besonderes Augenmerk liegt dabei auf den in Deutschland unmittelbar relevanten technischen Regeln. Hierfür hat der Beuth Verlag Dienstleistungen entwickelt, die dem Kunden die Beschaffung und die praktische Anwendung der Normen erleichtern. Er macht das in fast einer halben Million von Dokumenten niedergelegte und ständig fortgeschriebene technische Wissen schnell und effektiv nutzbar.

Die Recherche- und Informationskompetenz der DIN-Datenbank erstreckt sich über Europa hinaus auf internationale und weltweit genutzte nationale, darunter auch wichtige amerikanische Normenwerke. Für die Offline-Recherche stehen der DIN-Katalog für technische Regeln (als CD-ROM und in Papierform) und die komfortable internationale Normendatenbank PERINORM zur Verfügung. Auch über das Internet können DIN-Normen recherchiert werden (www.din.de/beuth). Aus dem Rechercheergebnis kann direkt bestellt werden.

DIN und Beuth stellen auch Informationsdienste zur Verfügung, die sowohl auf besondere Nutzergruppen als auch auf individuelle Kundenbedürfnisse zugeschnitten werden können, und berücksichtigen dabei nationale, regionale und internationale Regelwerke aus aller Welt. Sowohl das DIN als auch der in dessen Gemeinnützigkeit eingeschlossene Beuth Verlag verstehen sich als Partner der Anwender, die alle notwendigen Informationen aus Normung und technischem Recht recherchieren und beschaffen. Ihre Serviceleistungen stellen sicher, daß dieses Wissen rechtzeitig und regelmäßig verfügbar ist.

DIN-Taschenbücher

DIN-Taschenbücher sind kleine Normensammlungen im Format A5. Sie sind nach Fach- und Anwendungsgebiet geordnet. Die DIN-Taschenbücher haben in der Regel eine Laufzeit von drei Jahren, bevor eine Neuauflage erscheint. In der Zwischenzeit kann ein Teil der abgedruckten DIN-Normen überholt sein. Maßgebend für das Anwenden jeder Norm ist jeweils deren Originalfassung mit dem neuesten Ausgabedatum.

Kontaktadressen

<u>Auskünfte zum Normenwerk</u>

Deutsches Informationszentrum für technische Regeln im DIN (DITR)
Postanschrift: 10772 Berlin
Hausanschrift: Burggrafenstraße 6, 10787 Berlin
Kostenpflichtige Telefonauskunft: 01 90 - 88 26 00

<u>Bestellmöglichkeiten für Normen und Normungsliteratur</u>

Beuth Verlag GmbH
Postanschrift: 10772 Berlin
Hausanschrift: Burggrafenstraße 6, 10787 Berlin
E-Mail: postmaster@beuth.de

Deutsche Normen und technische Regeln

Fax: (0 30) 26 01 - 12 60
Tel.: (0 30) 26 01 - 22 60

Auslandsnormen

Fax: (0 30) 26 01 - 18 01
Tel.: (0 30) 26 01 - 23 61

Normen-Abonnement

Fax: (0 30) 26 01 - 12 59
Tel.: (0 30) 26 01 - 22 21

Elektronische Produkte

Fax: (0 30) 26 01 - 12 68
Tel.: (0 30) 26 01 - 26 68

Loseblattsammlungen/Zeitschriften

Fax: (0 30) 26 01 - 12 60
Tel.: (0 30) 26 01 - 21 21

Interessenten aus dem Ausland erreichen uns unter:

Fax: + 49 30 26 01 - 12 60
Tel.: + 49 30 26 01 - 22 60

Prospektanforderung

Fax: (0 30) 26 01 - 17 24
Tel.: (0 30) 26 01 - 22 40

Fax-Abruf-Service

(0 30) 26 01 - 4 50 01

Vorwort

Mit den DIN-Taschenbüchern der Reihe "Bauleistungen VOB" werden dem Praktiker jeweils auf bestimmte Arbeiten von Bauleistungen ausgerichtete Zusammenstellungen von DIN-Normen an die Hand gegeben, um die Arbeit im Büro und auf der Baustelle zu erleichtern.

Die "Verdingungsordnung für Bauleistungen" (VOB) wird durch den Deutschen Verdingungsausschuß für Bauleistungen (DVA) aufgestellt und weiterentwickelt. Seit ihrer ersten Einführung im Jahre 1926 bilden die Teile B (DIN 1961 "Allgemeine Vertragsbedingungen für die Ausführung von Bauleistungen") und C ("Allgemeine technische Vertragsbedingungen für Bauleistungen" – ATV –) der VOB, als sinnvolle – speziell auf die besonderen Bedingungen des Bauens ausgerichtete – Ergänzung des Werkvertragsrechts des Bürgerlichen Gesetzbuches (BGB), eine bewährte Grundlage für die rechtliche Ausgestaltung der Bauverträge.

In der VOB werden nur die im unmittelbaren Zusammenhang mit der Regelung stehenden DIN-Normen zitiert. Daneben sind bei der Ausführung von Bauleistungen selbstverständlich die anerkannten Regeln der Technik – zu denen die weiteren in Frage kommenden DIN-Normen zählen – und die gesetzlichen und behördlichen Bestimmungen zu beachten (DIN 1961 VOB Teil B § 4 Nr 2 Abs. (1)).

Das vom Gemeinsamen Ausschuß Elektronik im Bauwesen (GAEB) aufgestellte "Standardleistungsbuch für das Bauwesen" (StLB) wird ebenfalls vom DIN Deutsches Institut für Normung e.V. [1]) herausgegeben und enthält – gegliedert nach Leistungsbereichen – systematisch erfaßte Texte für die standardisierte Beschreibung aller gängigen Bauleistungen. Die technisch einwandfreien, straff formulierten Texte sind mit Schlüsselnummern versehen und ermöglichen entsprechend DIN 1960 VOB Teil A, Abschnitte 1, 2 und 3, jeweils § 9 Abs. (1), eine eindeutige, erschöpfende Leistungsbeschreibung, die sowohl manuell als auch mit Hilfe der Datenverarbeitung erfolgen kann. Die als Buch erschienenen Leistungsbereiche des StLB sind auch auf Datenträgern (Magnetband und Disketten) erhältlich. Zur voll integrierten Verarbeitung des StLB stehen geeignete DV-Programme und DV-Programmsysteme zur Verfügung. Hinweise auf die einschlägigen DIN-Normen sind in die einzelnen Leistungsbereiche eingearbeitet.

Auf den Abdruck der VOB Teil A (DIN 1960 "Allgemeine Bestimmungen für die Vergabe von Bauleistungen") ist verzichtet worden.

Zur Erläuterung sind jedoch die "Hinweise zu den Allgemeinen Bestimmungen für die Vergabe von Bauleistungen – VOB/A, DIN 1960, Ausgabe 1992 –" in diesem DIN-Taschenbuch abgedruckt.

VOB Teil A ist vollständig in dem Zusatzband "Verdingungsordnung für Bauleistungen – VOB Teil A – DIN 1960" [1]) abgedruckt, der auch das "Zweite Gesetz zur Änderung des Haushaltsgrundsätzegesetzes" sowie die "Vergabeverordnung" enthält. Die VOB Teil B und die vollständige VOB Teil C sind in dem "VOB-Ergänzungsband 1998" [1]) abgedruckt.

Die vorliegende 6. Auflage [2]) des DIN-Taschenbuches 093 "Stahlbauarbeiten VOB/StLB. Normen (Bauleistungen 24)" enthält VOB Teil B "Allgemeine Vertragsbedingungen für die Ausführung von Bauleistungen", ATV DIN 18299 "Allgemeine Regelungen für Bau-

---

[1]) Zu beziehen durch den Beuth Verlag GmbH, 10772 Berlin, Tel.: (0 30) 26 01 - 22 60, Fax: (0 30) 26 01 - 12 60.

[2]) Änderungsvorschläge für die nächste Auflage dieses DIN-Taschenbuches werden erbeten an das DIN Deutsches Institut für Normung e.V., Normenausschuß Bauwesen, 10772 Berlin.

arbeiten jeder Art", ATV DIN 18335 "Stahlbauarbeiten" sowie die wichtigsten darin und im Leistungsbereich 017 des Standardleistungsbuches für das Bauwesen (StLB) zitierten Normen sowie Normen, die für deren Anwendung noch von Bedeutung sind. In einem Anhang wurden darüber hinaus die für den bauaufsichtlichen Bereich wichtigen Anpassungs- und Herstellungsrichtlinien Stahlbau abgedruckt.

Gegenüber der 5. Auflage haben sich bei einer Reihe von Normen Änderungen ergeben, die auch bei der Auswahl der abgedruckten Normen von Bedeutung waren.

Berlin, im Januar 2000

Normenausschuß Bauwesen im DIN
Deutsches Institut für Normung e.V.
Dipl.-Ing. E. Vogel

Hinweise für das Anwenden des DIN-Taschenbuches

Eine **Norm** ist das herausgegebene Ergebnis der Normungsarbeit.

Deutsche Normen (DIN-Normen) sind vom DIN Deutsches Institut für Normung e.V. unter dem Zeichen DIN herausgegebene Normen.

Sie bilden das Deutsche Normenwerk.

Eine **Vornorm** war bis etwa März 1985 eine Norm, zu der noch Vorbehalte hinsichtlich der Anwendung bestanden und nach der versuchsweise gearbeitet werden konnte. Seit April 1985 wird eine Vornorm nicht mehr als Norm herausgegeben. Damit können auch Arbeitsergebnisse, zu deren Inhalt noch Vorbehalte bestehen oder deren Aufstellungsverfahren gegenüber dem einer Norm abweicht, als Vornorm herausgegeben werden (Einzelheiten siehe DIN 820-4).

Eine **Auswahlnorm** ist eine Norm, die für ein bestimmtes Fachgebiet einen Auszug aus einer anderen Norm enthält, jedoch ohne sachliche Veränderungen oder Zusätze.

Eine **Übersichtsnorm** ist eine Norm, die eine Zusammenstellung aus Festlegungen mehrerer Normen enthält, jedoch ohne sachliche Veränderungen oder Zusätze.

Teil (früher Blatt) kennzeichnete bis Juni 1994 eine Norm, die den Zusammenhang zu anderen Teilen mit gleicher Hauptnummer dadurch zum Ausdruck brachte, daß sich die DIN-Nummern nur in den Zählnummern hinter dem Zusatz "Teil" voneinander unterschieden haben. Das DIN hat sich bei der Art der Nummernvergabe der internationalen Praxis angeschlossen. Es entfällt deshalb bei der DIN-Nummer die Angabe "Teil"; diese Angabe wird in der DIN-Nummer durch "-" ersetzt. Das Wort "Teil" wird dafür mit in den Titel übernommen. In den Verzeichnissen dieses DIN-Taschenbuches wird deshalb für alle ab Juli 1994 erschienenen Normen die neue Schreibweise verwendet.

Ein **Beiblatt** enthält Informationen zu einer Norm, jedoch keine zusätzlichen genormten Festlegungen.

Ein **Norm-Entwurf** ist das vorläufig abgeschlossene Ergebnis einer Normungsarbeit, das in der Fassung der vorgesehenen Norm der Öffentlichkeit zur Stellungnahme vorgelegt wird.

Die Gültigkeit von Normen beginnt mit dem Zeitpunkt des Erscheinens (Einzelheiten siehe DIN 820-4). Das Erscheinen wird im DIN-Anzeiger angezeigt.

Hinweise für den Anwender von DIN-Normen

Die Normen des Deutschen Normenwerkes stehen jedermann zur Anwendung frei.

Festlegungen in Normen sind aufgrund ihres Zustandekommens nach hierfür geltenden Grundsätzen und Regeln fachgerecht. Sie sollen sich als "anerkannte Regeln der Technik" einführen. Bei sicherheitstechnischen Festlegungen in DIN-Normen besteht überdies eine tatsächliche Vermutung dafür, daß sie "anerkannte Regeln der Technik" sind. Die Normen bilden einen Maßstab für einwandfreies technisches Verhalten; dieser Maßstab ist auch im Rahmen der Rechtsordnung von Bedeutung. Eine Anwendungspflicht kann sich aufgrund von Rechts- oder Verwaltungsvorschriften, Verträgen oder sonstigen Rechtsgründen ergeben. DIN-Normen sind nicht die einzige, sondern eine Erkenntnisquelle für technisch ordnungsgemäßes Verhalten im Regelfall. Es ist auch zu berücksichtigen, daß DIN-Normen nur den zum Zeitpunkt der jeweiligen Ausgabe herrschenden Stand der Technik berücksichtigen können. Durch das Anwenden von Normen entzieht sich niemand der Verantwortung für eigenes Handeln. Jeder handelt insoweit auf eigene Gefahr.

Jeder, der beim Anwenden einer DIN-Norm auf eine Unrichtigkeit oder eine Möglichkeit einer unrichtigen Auslegung stößt, wird gebeten, dies dem DIN unverzüglich mitzuteilen, damit etwaige Mängel beseitigt werden können.

DIN-Nummernverzeichnis

Hierin bedeuten:

● Neu aufgenommen gegenüber der 5. Auflage des DIN-Taschenbuches 93

☐ Geändert gegenüber der 5. Auflage des DIN-Taschenbuches 93

○ Zur abgedruckten Norm besteht ein Norm-Entwurf

(en) Von dieser Norm gibt es auch eine vom DIN herausgegebene englische Übersetzung

[1]) Druckfehlerberichtigungen siehe Seite 549

Gegenüber der letzten Auflage nicht mehr abgedruckte Normen

Verzeichnis abgedruckter Normen
(nach Sachgebieten geordnet)

XIII

6 Verbindungsmittel

Übersicht über die Leistungsbereiche (LB) des Standardleistungsbuches für das Bauwesen (StLB)

LB-Nr	Bezeichnung
000	Baustelleneinrichtung
001	Gerüstarbeiten
002	Erdarbeiten
003	Landschaftsbauarbeiten
004	Landschaftsbauarbeiten; Pflanzen
005	Brunnenbauarbeiten und Aufschlußbohrungen
006	Bohr-, Verbau-, Ramm- und Einpreßarbeiten, Anker, Pfähle und Schlitzwände
007	Untertagebauarbeiten (z. Zt. zurückgezogen)[1]
008	Wasserhaltungsarbeiten
009	Entwässerungskanalarbeiten
010	Dränarbeiten
011	Abscheideranlagen, Kleinkläranlagen
012	Mauerarbeiten
013	Beton- und Stahlbetonarbeiten
014	Naturwerksteinarbeiten, Betonwerksteinarbeiten
016	Zimmer- und Holzbauarbeiten
017	Stahlbauarbeiten
018	Abdichtungsarbeiten
020	Dachdeckungsarbeiten
021	Dachabdichtungsarbeiten
022	Klempnerarbeiten
023	Putz- und Stuckarbeiten
024	Fliesen- und Plattenarbeiten
025	Estricharbeiten
027	Tischlerarbeiten
028	Parkettarbeiten, Holzpflasterarbeiten
029	Beschlagarbeiten
030	Rolladenarbeiten; Rollabschlüsse, Sektionaltore, Sonnenschutz- und Verdunkelungsanlagen
031	Metallbauarbeiten
032	Verglasungsarbeiten
033	Baureinigungsarbeiten
034	Maler- und Lackierarbeiten
035	Korrosionsschutzarbeiten an Stahl- und Aluminiumbaukonstruktionen
036	Bodenbelagarbeiten
037	Tapezierarbeiten
039	Trockenbauarbeiten
040	Heizanlagen und zentrale Wassererwärmungsanlagen; Wärmeerzeuger und zentrale Einrichtungen
041	Heizanlagen und zentrale Wassererwärmungsanlagen; Heizflächen, Rohrleitungen, Armaturen

LB-Nr	Bezeichnung
042	Gas- und Wasserinstallationsarbeiten; Leitungen und Armaturen
043	Druckrohrleitungen für Gas, Wasser und Abwasser
044	Abwasserinstallationsarbeiten; Leitungen, Abläufe
045	Gas-, Wasser- und Abwasserinstallationsarbeiten; Einrichtungsgegenstände, Sanitärausstattung
046	Gas-, Wasser- und Abwasserinstallationsarbeiten; Betriebseinrichtungen
047	Wärme- und Kältedämmarbeiten an betriebstechnischen Anlagen
048	Sanitärausstattung für den medizinischen Bereich[1]
049	Feuerlöschanlagen, Feuerlöschgeräte
050	Blitzschutz- und Erdungsanlagen
051	Bauleistungen für Kabelanlagen
052	Mittelspannungsanlagen
053	Niederspannungsanlagen
055	Ersatzstromversorgungsanlagen
058	Leuchten und Lampen
059	Notbeleuchtung
060	Elektroakustische Anlagen, Sprechanlagen, Personenrufanlagen
061	Fernmeldeleitungsanlagen
063	Meldeanlagen
069	Aufzüge
070	Gebäudeautomation; Einrichtungen und Programme der Managementebene[1]
071	Gebäudeautomation; Automationseinrichtungen, Hardware und Funktionen[1]
072	Gebäudeautomation; Schaltschränke, Feldgeräte, Verbindungen
074	Raumlufttechnische Anlagen; Zentralgeräte und Bauelemente
075	Raumlufttechnische Anlagen; Luftverteilsysteme und Bauelemente
076	Raumlufttechnische Anlagen; Einzelgeräte
077	Raumlufttechnische Anlagen; Schutzräume
078	Raumlufttechnische Anlagen; Kälteanlagen
080	Straßen, Wege, Plätze
081	Betonerhaltungsarbeiten

[1] In Vorbereitung

---

[1] In Vorbereitung

[2] Vertrieb Buch und Datenträger:
Deutsche Bahn AG
Geschäftsbereich Netz
Geschäftsführende Stelle System Bauinformation
Postfach 21 02 29, 50528 Köln
Tel.: (02 21) 1 41 21 89,
Fax: (02 21) 1 41 32 27

Auskunft erteilt:

Gemeinsamer Ausschuß Elektronik
im Bauwesen (GAEB)
Deichmanns Aue 31–37, 53179 Bonn
Tel.: (02 28) 3 37 - 0, Durchwahl 337 - 51 42/3/5
Fax: (02 28) 3 37 - 30 60

Hinweise zu den Allgemeinen Bestimmungen
für die Vergabe von Bauleistungen
– VOB/A, DIN 1960, Ausgabe 1992 –

Anwendungsbereich

Abschnitt 1: Basisparagraphen

Die Regelungen gelten für die Vergabe von Bauaufträgen unterhalb des Schwellenwertes der EG-Baukoordinierungsrichtlinie (§ 1a) und der EG-Sektorenrichtlinie (§ 1b) durch Auftraggeber, die durch die Bundeshaushaltsordnung, die Landeshaushaltsordnungen und die Gemeindehaushaltsverordnungen zur Anwendung der VOB/A verpflichtet sind.

Abschnitt 2: Basisparagraphen mit zusätzlichen Bestimmungen nach der EG-Baukoordinierungsrichtlinie

1. Die Regelungen gelten für die Vergabe von Bauaufträgen, die den Schwellenwert der EG-Baukoordinierungsrichtlinie erreichen oder übersteigen (§ 1a) durch Auftraggeber, die zur Anwendung der EG-Baukoordinierungsrichtlinie verpflichtet sind.

2. Die Bestimmungen der a-Paragraphen finden keine Anwendung, wenn die unter Nr. 1 genannten Auftraggeber Bauaufträge auf dem Gebiet der Trinkwasser- oder Energieversorgung sowie des Verkehrs- oder Fernmeldewesens vergeben (vgl. Hinweise zu den Anwendungsbereichen der Abschnitte 3 und 4).

Abschnitt 3: Basisparagraphen mit zusätzlichen Bestimmungen nach der EG-Sektorenrichtlinie

Die Regelungen gelten für die Vergabe von Bauaufträgen durch Auftraggeber, die zur Anwendung der Vergabebestimmungen nach der EG-Sektorenrichtlinie (VOB/A – SKR) verpflichtet sind und daneben die Basisparagraphen anwenden.

Abschnitt 4: Vergabebestimmungen nach der EG-Sektorenrichtlinie (VOB/A – SKR)

Die Regelungen gelten für die Vergabe von Bauaufträgen, die den Schwellenwert der EG-Sektorenrichtlinie erreichen oder übersteigen (§ 1 SKR), durch Auftraggeber, die auf dem Gebiet der Trinkwasser- oder Energieversorgung sowie des Verkehrs- oder Fernmeldewesens tätig sind.

Zu § 1 Abgrenzung der Bauleistungen

Unter § 1 fallen alle zur Herstellung, Instandhaltung oder Änderung einer baulichen Anlage zu montierenden Bauteile, insbesondere die Lieferung und Montage maschineller und elektrotechnischer Einrichtungen.

Nicht unter § 1 fallen Einrichtungen, die von der baulichen Anlage ohne Beeinträchtigung der Vollständigkeit oder Benutzbarkeit abgetrennt werden können und einem selbständigen Nutzungszweck dienen,

z. B.: – maschinelle und elektrotechnische Anlagen, soweit sie nicht zur Funktion einer baulichen Anlage erforderlich sind, z. B. Einrichtungen für Heizkraftwerke, für Energieerzeugung und -verteilung,

- öffentliche Vermittlungs- und Übertragungseinrichtungen,
- Kommunikationsanlagen (Sprach-, Text-, Bild- und Datenkommunikation), soweit sie nicht zur Funktion einer baulichen Anlage erforderlich sind,
- EDV-Anlagen und Geräte, soweit sie nicht zur Funktion einer baulichen Anlage erforderlich sind,
- selbständige medizintechnische Anlagen.

Zu § 3b   Wahl der Vergabeart

Der nicht zur Anwendung verpflichtete Auftraggeber entscheidet, ob er bei der Wahl der Vergabearten nach § 3 vorgeht.

Zu § 8 Nr. 3 Buchst. f, § 5 SKR Nr. 2 Buchst. f
Angabe des Berufsregisters

Von den Bewerbern oder Bietern dürfen zum Nachweis ihrer Eignung auch der Nachweis ihrer Eintragung in das Berufsregister ihres Sitzes oder Wohnsitzes verlangt werden. Die Berufsregister der EG-Mitgliedstaaten sind:

- für Belgien das "Registre du Commerce" – "Handelsregister";
- für Dänemark das "Handelsregister", "Aktieselskabsregistret" und "Erhvervsregistret";
- für Deutschland das "Handelsregister", die "Handwerksrolle" und das "Mitgliederverzeichnis der Industrie- und Handelskammer";
- für Griechenland kann eine vor dem Notar abgegebene eidesstattliche Erklärung über die Ausübung des Berufs eines Bauunternehmers verlangt werden;
- für Spanien der "registro Oficial de Contratistat del Ministerio de Industria y Energia";
- für Frankreich das "Registre du commerce" und das "Répertoire des métiers";
- für Italien das "Registro della Camera di commercio, undustria, agricoltura e artigianato";
- für Luxemburg das "Registre aux firmes" und die "Rôle de la Chambre des métiers";
- für die Niederlande das "Handelsregister";
- für Portugal der "Commissao de Alvarás de Empresas de Obras Públicas e Particulares (CAEOPP)";
- im Falle des Vereinigten Königreichs und Irlands kann der Unternehmer aufgefordert werden, eine Bescheinigung der "Registrar of Companies" oder des "Registrat of Friendly Societies" vorzulegen oder andernfalls eine Bescheinigung über die von den Betreffenden abgegebene eidesstattliche Erklärung, daß er den betreffenden Beruf in dem Lande, in dem er niedergelassen ist, an einem bestimmten Ort unter einer bestimmten Firmenbezeichnung ausübt.

Zu § 9 Nr. 4 Abs. 2, § 6 SKR   Bezugnahme auf technische Spezifikationen

Die technischen Anforderungen an eine Bauleistung müssen unter Bezugnahme auf gemeinschaftsrechtliche technische Spezifikationen, insbesondere durch Bezugnahme auf eine als innerstaatliche Norm übernommene Europäische Norm (DIN-EN) festgelegt werden, soweit für die Leistung eine solche Norm vorliegt und kein Ausnahmetatbestand (§ 9 Nr. 4 Abs. 3, § 6 SKR Nr. 2 Abs. 1) gegeben ist.

Im Teil C der VOB, den Allgemeinen Technischen Vertragsbedingungen, werden die jeweils zu beachtenden bzw. anzuwendenden DIN-EN aufgenommen.

Die Aufsteller von standardisierten Texten einer Leistungsbeschreibung (z. B. Texte des Standardleistungsbuchs) werden in den Texten die anzuwendenden DIN-EN zitieren. Der Aufsteller einer Leistungsbeschreibung, der keine standardisierten Texte verwendet, hat im Einzelfall zu prüfen, ob für die zu beschreibenden technischen Anforderungen auf eine DIN-EN Bezug zu nehmen ist.

Das DIN gibt eine Liste mit den geltenden DIN-EN heraus.

Zu § 10 Nr. 4 Abs. 1

1. Wartungsvertrag für maschinelle und elektrotechnische Einrichtungen

Ist Gegenstand der Leistung eine maschinelle oder elektrotechnische Anlage, bei der eine ordnungsgemäße Pflege und Wartung einen erheblichen Einfluß auf Funktionsfähigkeit und Zuverlässigkeit der Anlage haben, z. B. bei Aufzugsanlagen, Meß-, Steuer- und Regelungseinrichtungen, Anlagen der Gebäudeleittechnik, Gefahrenmeldeanlagen, ist dem Auftragnehmer während der Dauer der Verjährungsfrist für die Gewährleistungsansprüche die Pflege und Wartung der Anlage zu übertragen (0.2.19 ATV DIN 18299). Es empfiehlt sich, hierfür das Vertragsmuster "Wartung 85" für technische Anlagen und Einrichtungen, herausgegeben vom Arbeitskreis Maschinen- und Elektrotechnik staatlicher und kommunaler Verwaltungen (AMEV-Veröffentlichung 1985 Wartung 85, Stand 20.06.1991) zugrunde zu legen.

2. Vorauszahlungen (Absatz 1 Buchstabe k)

Im Gegensatz zu Abschlagszahlungen müssen Vorauszahlungen jeweils besonders vereinbart werden. Sie können vorgesehen werden, wenn dies allgemein üblich oder durch besondere Umstände gerechtfertigt ist. Als allgemein üblich sind Vorauszahlungen anzusehen, wenn in einem Wirtschaftszweig regelmäßig Vorauszahlungen vereinbart werden. Vorauszahlungen sind z. B. im Bereich der elektrotechnischen Industrie sowie im Maschinen- und Anlagenbau allgemein üblich.

Zu § 11 Nr. 4   Pauschalierung des Verzugsschadens

Die Pauschalierung des Verzugsschadens soll in den Fällen vereinbart werden, in denen die branchenüblichen Allgemeinen Geschäftsbedingungen des jeweiligen Fachbereichs eine Begrenzung des Verzugsschadens der Höhe nach vorsehen. Derartige Allgemeine Geschäftsbedingungen gibt es z. B. in der elektrotechnischen Industrie und im Bereich des Maschinen- und Anlagenbaus.

Zu § 17a Nr. 1, § 17b Nr. 2, § 8 SKR Nr. 2   Verpflichtung zur Vorinformation

Die Auftraggeber sind zur Bekanntmachung der Vorinformation verpflichtet. Die Nichtbeachtung dieser Verpflichtung stellt einen Verstoß gegen die VOB/A und gegen das EG-Recht dar.

Zu § 21 Nr. 2, § 6 SKR Nr. 7   Leistungen mit abweichenden technischen Spezifikationen

Ein Angebot mit einer Leistung, die von den vorgesehenen technischen Spezifikationen abweicht, gilt nicht als Änderungsvorschlag oder Nebenangebot, es kann in der Bekanntmachung oder in der Aufforderung zur Angebotsabgabe nicht ausgeschlossen werden. Das Angebot muß gewertet werden, wenn die Voraussetzungen von § 21 Nr. 2 bzw. § 6 SKR Nr. 7 erfüllt sind.

Zu § 31, § 13 SKR   Vergabeprüfstelle

Die Vergabeprüfstelle für Vergabeverfahren nach Abschnitt 1 ist die Behörde, die die Fach- oder Rechtsaufsicht über die Vergabestelle ausübt.

Die Vergabeprüfstellen für Vergabeverfahren nach Abschnitt 2 bis Abschnitt 4 werden mit der Umsetzung der EG-Überwachungsrichtlinie festgelegt.

Zu den Mustern:

1. **Anhang B Nr. 15, C Nr. 13, D Nr. 13**

   In den Anhängen nicht vorgesehene Angaben:

   Die Anhänge enthalten für nachfolgende Angaben keine Textvorgabe:

   - Gründe für die Ausnahme von der Anwendung gemeinschaftsrechtlicher technischer Spezifikationen (§ 9 Nr. 4 Abs. 3).
   - Angabe, daß Anträge auf Teilnahme auch durch Telegramm, Fernschreiben, Fernkopierer, Telefon oder in sonstiger Weise elektronisch übermittelt werden dürfen (§ 17 Nr. 3).
   - Angabe der Möglichkeit der Anwendung des Verfahrens nach § 3a Nr. 5 Buchstabe f bei der Ausschreibung des ersten Bauabschnitts (Wiederholung gleichartiger Bauleistungen durch denselben Auftraggeber).

   Diese Angaben sind unter den Nummern 15 bzw. 13 "Sonstige Angaben" aufzunehmen.

2. **Anhang A/SKR Nr. 15, B/SKR Nr. 13, C/SKR Nr. 13**

   In den Anhängen nicht vorgesehene Angaben:

   Die Anhänge enthalten für nachfolgende Angaben keine Textvorgabe:

   - Angabe, daß Anträge auf Teilnahme auch durch Telegramme, Fernschreiben, Fernkopierer, Telefon oder in sonstiger Weise elektronisch übermittelt werden dürfen (§ 17 Nr. 3 bzw. § 8 SKR Nr. 9).
   - Angabe der Möglichkeit der Anwendung des Verfahrens nach § 3b Nr. 2 Buchstabe f bzw. § 3 SKR Nr. 3 Buchstabe f bei der Ausschreibung des ersten Bauabschnitts (Wiederholung gleichartiger Bauleistungen durch denselben Auftraggeber).

   Diese Angaben sind unter den Nummern 15 bzw. 13 "Sonstige Angaben" aufzunehmen.

Hinweis auf die Veröffentlichung "VOB*aktuell*"

Die VOB '92 mit der Aktualisierung von Mai 1998 ist gültig und in Kraft, das Regelwerk jedoch entwickelt sich weiter. Als inhaltliche Ergänzung zur Buchausgabe der VOB gibt es deshalb VOB*aktuell*. VOB*aktuell* berichtet kontinuierlich über Änderungen und Neuregelungen im Baubereich:

- veränderte Normen in der VOB (blaue Seiten) – zur Aktualisierung und Ergänzung der VOB-Buchausgabe

sowie

- Aktuelles aus der Vergabepraxis (weiße Seiten), Berichte, Tips, Erfahrungen, Anwendungsbeispiele, Rechtsfälle, Neuerungen im Baubereich,

und über interessante Rechtsfälle, den Einfluß der europäischen Normung auf die VOB, Anwendungsbeispiele und Veränderungen jedweder Art.

Nationale Normen werden schrittweise durch Europäische Normen ersetzt. Damit sind fortlaufende Änderungen des Bau-Regelwerkes unvermeidbar.

VOB*aktuell* listet kontinuierlich die in das nationale Regelwerk übernommenen baurelevanten Europäischen Normen auf und bietet dem VOB-Anwender so eine ständig aktuelle Übersicht über die bisher erschienenen DIN-EN-Normen. Dies ist besonders hilfreich, da die Benummerung der DIN-EN-Normen in fast allen Fällen von der Benummerung der bekannten DIN-Normen abweicht.

VOB*aktuell* erweist sich als eine lückenlose, authentische Arbeitsgrundlage, die Sie zweimal jährlich über die Entwicklungen auf dem laufenden hält. Diese Informationsquelle hat daher vor dem Hintergrund des europäischen Einigungsprozesses und den damit einhergehenden Veränderungen im bautechnischen Regelwerk immer stärker an Gewicht hinzugewonnen.

Für den VOB*aktuell*-Abonnenten stellen Neuregelungen, auf die man sonst nur zufällig aufmerksam wird, kein Problem mehr dar.

Beispielhaft werden zur Erläuterung der VOB*aktuell* Auszüge aus dem Heft 1/99 wiedergegeben.

"Normen in der VOB

Teil 1: Übersicht baurelevanter DIN-EN-Normen

Nach § 9 Nr. 4 Absatz 2, VOB/A, sind die technischen Anforderungen an die zu erbringende Leistung unter Bezugnahme auf gemeinschaftsrechtliche technische Spezifikationen festzulegen. Das sind an erster Stelle als DIN-EN-Normen übernommene Europäische Normen. Die Auflistung im Teil 1 der im nationalen Regelwerk enthaltenen baurelevanten DIN-EN-Normen soll dem VOB-Anwender eine Übersicht und damit eine Hilfe bei der Vertragsgestaltung und dem Bemühen um Vertragssicherheit geben. Sie enthält die bis zum [1]) veröffentlichten baurelevanten DIN-EN-Normen einschließlich einer Zusammenfassung der in den vorangegangenen Heften VOB*aktuell* aufgeführten Normen. Diese Auflistung erhebt jedoch keinen Anspruch auf Vollständigkeit und schränkt die Verantwortung des Aufstellers von Leistungsbeschreibungen zur Beachtung aller für den Einzelfall einschlägigen Normen nicht ein.

Teil 2: Ersatz der in der VOB Teil C zitierten Normen durch DIN-EN-Normen

In der VOB Teil C sind in den Abschnitten 1 bis 5 aller ATV eine Reihe von Normen zitiert. Im Zuge der europäischen Normung werden die nationalen Normen schrittweise durch Europäische Normen ersetzt. Die im nachstehenden Teil 2 aufgeführten Änderungen erfassen alle seit dem [1]) durch DIN-EN-Normen ersetzten DIN-Normen. Die Auswirkungen der Änderungen auf die Regelungen der ATVen, insbesondere im Abschnitt 3, werden durch den DVA geprüft."

---

[1]) Datum ist in der jeweiligen Ausgabe von "VOB*aktuell*" genannt.

Nur als Beispiel anzusehen!
Beachten Sie bitte die aktuelle Ausgabe von "VOBaktuell".

Teil 2: Ersatz der in Teil C zitierten Normen durch DIN-EN-Normen (Stand Mai 1999)

Normzitat:	DIN 52105 Prüfung von Naturstein; Druckversuch
Ersatznorm:	DIN EN 1926 (1999-05) Prüfverfahren für Naturstein – Bestimmung der Druckfestigkeit
Änderung:	Inhalt vollständig überarbeitet; Titel in Druckfestigkeit geändert. Die Auswirkung der Änderungen wird vom DVA überprüft.

ATV Verkehrswegebauarbeiten, Oberbauschichten aus Asphalt – DIN 18317

Normzitat:	DIN 52004 Bitumen und Steinkohlenteerpech; Bestimmung der Dichte der Bindemittel
Ersatznorm:	DIN EN ISO 3838 (1995-12) Rohöl und flüssige oder feste Mineralölerzeugnisse – Bestimmung der Dichte oder der relativen Dichte mittels Pyknometer mit Kapillarstopfen und Bikapillar-Pyknometer mit Skale
Änderung:	Abschnitt 5.1 „Geräte und Prüfmittel" wurde ergänzt durch detaillierte Beschreibungen einzelner Pyknometertypen. Die Auswirkung der Änderungen wird vom DVA überprüft.

ATV Landschaftsbauarbeiten – DIN 18320

Normzitat:	DIN 7926-1 Kinderspielgeräte
Ersatznorm:	DIN EN 1177 (1997-11) Stoßdämpfende Spielplatzböden – Sicherheitstechnische Anforderungen und Prüfverfahren
Änderung:	Es wurden Prüfverfahren für Böden aufgenommen und ein Grenzwert für das Kriterium für Kopfverletzungen (HIC) festgelegt. Die Fallhöhen zu bestimmten Bodenarten wurden gestrichen.

Normzitat:	DIN 7926-5 Kinderspielgeräte; Karussells; Begriffe, sicherheitstechnische Anforderungen und Prüfung
Ersatznorm:	DIN EN 1176-5 (1998-12) Spielplatzgeräte – Teil 5: Zusätzliche besondere sicherheitstechnische Anforderungen und Prüfverfahren für Karussells
Änderung:	Redaktionell unter europäischen Gesichtspunkten geändert; Typen erweitert, vor allem um Drehscheiben; Anforderungen an die Bodenfreiheit erweitert; Anforderungen an Typen erweitert; Anforderungen an Drehscheiben aufgenommen. Die Auswirkung der Änderungen wird vom DVA überprüft.

ATV Naturwerksteinarbeiten – DIN 18332

Normzitat:	DIN 52105 Prüfung von Naturstein; Druckversuch
Ersatznorm:	DIN EN 1926 (1999-05) Prüfverfahren für Naturstein – Bestimmung der Druckfestigkeit
Änderung:	Inhalt vollständig überarbeitet; Titel in Druckfestigkeit geändert. Die Auswirkung der Änderungen wird vom DVA überprüft.

VOBaktuell

Nur als Beispiel anzusehen!
Beachten Sie bitte die aktuelle Ausgabe von "VOBaktuell".

ATV Stahlbauarbeiten – DIN 18335

Normzitat:	DIN 55928-4 Korrosionsschutz von Stahlbauten durch Beschichtungen und Überzüge – Vorbereitung und Prüfung der Oberflächen
Ersatznorm:	DIN EN ISO 12944-4 (1998-07) Beschichtungsstoffe – Korrosionsschutz von Stahlbauten durch Beschichtungssysteme – Teil 4: Arten von Oberflächen und Oberflächenvorbereitung
Änderung:	Die Auswirkung der Änderungen wird durch den DVA überprüft.

Normzitat:	DIN 55928-5 Korrosionsschutz von Stahlbauten durch Beschichtungen und Überzüge – Beschichtungsstoffe und Schutzsysteme
Ersatznorm:	DIN EN ISO 12944-5 (1998-07) Beschichtungsstoffe – Korrosionsschutz von Stahlbauten durch Beschichtungssysteme – Teil 5: Beschichtungssysteme
Änderung:	Die Auswirkung der Änderungen wird durch den DVA überprüft.

Normzitat:	DIN 55928-6 Korrosionsschutz von Stahlbauten durch Beschichtungen und Überzüge – Ausführung und Überwachung der Korrosionsschutzarbeiten
Ersatznorm:	DIN EN ISO 12944-7 (1998-07) Beschichtungsstoffe – Korrosionsschutz von Stahlbauten durch Beschichtungssysteme – Teil 7: Ausführung und Überwachung der Beschichtungsarbeiten
Änderung:	Die Auswirkung der Änderungen wird durch den DVA überprüft.

ATV Dachdeckungs- und Dachabdichtungsarbeiten – DIN 18338

Normzitat:	DIN 50976 Korrosionsschutz; Feuerverzinken von Einzelteilen (Stückverzinken); Anforderungen und Prüfung
Ersatznorm:	DIN EN ISO 1461 (1999-03) Durch Feuerverzinken auf Stahl aufgebrachte Zinküberzüge (Stückverzinken) – Anforderungen und Prüfungen
Änderung:	Änderung der Zusammensetzung der Zinkschmelze; Anzahl und Durchführung von Prüfungen detailliert festgelegt; Anforderungen an die Dicke der Zinküberzüge in Abhängigkeit von der Materialdicke der Stahlteile neu gegliedert und teilweise abweichend festgelegt. Die Auswirkung der Änderungen wird vom DVA überprüft.

ATV Klempnerarbeiten – DIN 18339

Normzitat:	DIN 1751 Bleche und Blechstreifen aus Kupfer und Kupfer-Knetlegierungen, kaltgewalzt – Maße
Ersatznorm:	DIN EN 1652 (1998-03); teilweiser Ersatz Kupfer und Kupferlegierungen – Platten, Bleche, Bänder, Streifen und Ronden zur allgemeinen Verwendung
Änderung:	Die Werkstoffkurzzeichen wurden teilweise geändert (Tabelle). Die Werkstoffnummern nach dem Europäischen Werkstoffnummernsystem für Kupfer und Kupferlegierungen wurden nach EN 1412 geändert (Tabelle). Angaben zu den Werkstoffen wurden gestrichen bzw. neu hinzugefügt (Tabelle). Die Zusammenset-

---

Zusätzliches Stichwortverzeichnis zu

VOB Teil B: DIN   1961
VOB Teil C: ATV DIN 18299
            ATV DIN 18335

Zusätzliches Stichwortverzeichnis zu VOB Teil B: DIN 1961 und VOB Teil C: ATV DIN 18299, ATV DIN 18335

Abfall, Entsorgen von 18299
(Abschnitte 0, 4)

Abkommen über den Europäischen
Wirtschaftsraum 1961 (§ 7)

Abnahme von Bauleistungen 1961
(§§ 7, 8, 12, 13, 14, 16)

Abrechnung von Bauleistungen 1961
(§§ 6, 8, 9, 11, 13, 14, 15, 16), 18299
(Abschnitte 0, 5)

Abrechnung 18335 (Abschnitt 5)

Abrechnungseinheiten 18299
(Abschnitt 0), 18335 (Abschnitt 0)

Abschlagszahlung 1961 (§§ 2, 16, 17)

Abstecken von Hauptachsen, Grenzen
usw. 1961 (§§ 3, 9, 13)

Abweichungen von ATV 18299
(Abschnitt 0), 18335 (Abschnitt 0)

Allgemeine Technische Vertragsbedingungen für Bauleistungen 18299
(Abschnitt 0)

Angaben zur Ausführung 18299
(Abschnitte 0, 3), 18335 (Abschnitt 0)

Angaben zur Baustelle 18299
(Abschnitte 0, 2, 4), 18335 (Abschnitt 0)

Angaben zum Gelände 1961 (§ 3)

Art der Leistungen 1961 (§§ 2, 4, 13, 18)

ATV, Abweichungen von 18299
(Abschnitt 0), 18335 (Abschnitt 0)

Aufmaß 1961 (§ 14)

Aufstellung, Leistungsbeschreibung
18299 (Abschnitte 0, 2, 4)

Auftraggeber 1961 (§§ 2, 8, 13, 16, 18)

Auftragnehmer 1961 (§§ 2, 4, 7, 8, 10,
13, 14, 15, 16)

Ausführung, Leistungen 1961 (§§ 1, 2, 3,
4, 5, 9, 10, 13, 17), 18299
(Abschnitt 0)

Ausführung, Behinderungen und Unter-
brechungen 1961 (§§ 2, 3, 6, 12)

Ausführung, Angaben zur 18299
(Abschnitte 0, 3), 18335 (Abschnitt 0)

Ausführung 18335 (Abschnitt 3)

Ausführungsfristen 1961 (§§ 5, 6)

Ausführungsunterlagen 1961 (§§ 1, 2, 3,
4, 8, 9, 13)

Bauleistungen 1961 (§§ 1, 4, 5, 6, 7,
12, 13)

Baustelle, Angaben zur 18299
(Abschnitte 0, 2, 4), 18335 (Abschnitt 0)

Baustelle 1961 (§ 4), 18299
(Abschnitte 0, 2, 4)

Baustelleneinrichtungen 1961 (§ 12),
18299 (Abschnitte 0, 4)

Bauteil 18335 (Abschnitt 2)

Bauteile 1961 (§§ 4, 7, 8, 13, 16, 18),
18299 (Abschnitte 0, 2, 3, 4)

Bauvertrag 1961 (§§ 1, 2, 8, 11)

Bedenken gegen Ausführung 1961
(§ 4 und sinngemäß § 13)

Behinderung der Ausführung 1961 (§§ 2,
3, 6, 12)

Berechnungen 1961 (§§ 2, 4, 10, 13, 15)

Beseitigung von Eis 1961 (§ 4)

Besondere Leistung 18299
(Abschnitte 0, 3, 4), 18335
(Abschnitte 0, 4)

Bürge 1961 (§ 17)

Bürgschaft eines Kreditinstituts bzw.
Kreditversicherers 1961 (§ 17)

Darstellung der Bauaufgabe 1961 (§ 9)

Einbehalt von Geld 1961 (§ 17)

Einheitspreis 1961 (§§ 2, 6, 14)

Einrichtungen der Baustelle 1961 (§ 12)

Eisbeseitigung 1961 (§ 4)

Entsorgen von Abfall 18299
(Abschnitte 0, 4)

Europäische Gemeinschaft 1961 (§ 17)

Europäischer Wirtschaftsraum 1961
(§ 17)

Festigkeitsberechnung 18335
(Abschnitt 3)

VOB Verdingungsordnung für Bauleistungen Teil B: Allgemeine Vertragsbedingungen für die Ausführung von Bauleistungen	**DIN** **1961**

ICS 91.010.20 Ersatz für Ausgabe 1996-06

Deskriptoren: Bauleistung, Verdingungsordnung, Vertragsbedingung, VOB, Bauwesen

Contract procedures for building works – Part B: General conditions of contract for the execution of building works

Cahier des charges pour des travaux du bâtiment – Partie B: Conditions généralés de contrat pour d'execution des travaux du bâtiment

Vorwort

Diese Norm wurde vom Deutschen Verdingungsausschuß für Bauleistungen (DVA) aufgestellt.

Änderungen

Gegenüber der Ausgabe Juni 1996 wurden folgende Änderungen vorgenommen:

– § 17 Nr. 2 Angaben zum WTO-Übereinkommen ergänzt.

Frühere Ausgaben

DIN 1961: 1926-05, 1934-08, 1937-01, 1952x-11, 1973-11, 1979-10, 1988-09, 1990-07, 1992-12, 1996-06

Inhalt

Fortsetzung Seite 2 bis 19

DIN Deutsches Institut für Normung e. V.

§ 1

Art und Umfang der Leistung

1. Die auszuführende Leistung wird nach Art und Umfang durch den Vertrag bestimmt. Als Bestandteil des Vertrages gelten auch die Allgemeinen Technischen Vertragsbedingungen für Bauleistungen.

2. Bei Widersprüchen im Vertrag gelten nacheinander:
   a) die Leistungsbeschreibung,
   b) die Besonderen Vertragsbedingungen,
   c) etwaige Zusätzliche Vertragsbedingungen,
   d) etwaige Zusätzliche Technische Vertragsbedingungen,
   e) die Allgemeinen Technischen Vertragsbedingungen für Bauleistungen,
   f) die Allgemeinen Vertragsbedingungen für die Ausführung von Bauleistungen.

3. Änderungen des Bauentwurfs anzuordnen, bleibt dem Auftraggeber vorbehalten.

4. Nicht vereinbarte Leistungen, die zur Ausführung der vertraglichen Leistung erforderlich werden, hat der Auftragnehmer auf Verlangen des Auftraggebers mit auszuführen, außer wenn sein Betrieb auf derartige Leistungen nicht eingerichtet ist. Andere Leistungen können dem Auftragnehmer nur mit seiner Zustimmung übertragen werden.

§ 2

Vergütung

1. Durch die vereinbarten Preise werden alle Leistungen abgegolten, die nach der Leistungsbeschreibung, den Besonderen Vertragsbedingungen, den Zusätzlichen Vertragsbedingungen, den Zusätzlichen Technischen Vertragsbedingungen, den Allgemeinen Technischen Vertragsbedingungen für Bauleistungen und der gewerblichen Verkehrssitte zur vertraglichen Leistung gehören.

2. Die Vergütung wird nach den vertraglichen Einheitspreisen und den tatsächlich ausgeführten Leistungen berechnet, wenn keine andere Berechnungsart (z. B. durch Pauschalsumme, nach Stundenlohnsätzen, nach Selbstkosten) vereinbart ist.

3. (1) Weicht die ausgeführte Menge der unter einem Einheitspreis erfaßten Leistung oder Teilleistung um nicht mehr als 10 v. H. von dem im Vertrag vorgesehenen Umfang ab, so gilt der vertragliche Einheitspreis.

   (2) Für die über 10 v. H. hinausgehende Überschreitung des Mengenansatzes ist auf Verlangen ein neuer Preis unter Berücksichtigung der Mehr- oder Minderkosten zu vereinbaren.

(3)   Bei einer über 10 v. H. hinausgehenden Unterschreitung des Mengenansatzes ist auf Verlangen der Einheitspreis für die tatsächlich ausgeführte Menge der Leistung oder Teilleistung zu erhöhen, soweit der Auftragnehmer nicht durch Erhöhung der Mengen bei anderen Ordnungszahlen (Positionen) oder in anderer Weise einen Ausgleich erhält. Die Erhöhung des Einheitspreises soll im wesentlichen dem Mehrbetrag entsprechen, der sich durch Verteilung der Baustelleneinrichtungs- und Baustellengemeinkosten und der Allgemeinen Geschäftskosten auf die verringerte Menge ergibt. Die Umsatzsteuer wird entsprechend dem neuen Preis vergütet.

(4)   Sind von der unter einem Einheitspreis erfaßten Leistung oder Teilleistung andere Leistungen abhängig, für die eine Pauschalsumme vereinbart ist, so kann mit der Änderung des Einheitspreises auch eine angemessene Änderung der Pauschalsumme gefordert werden.

4.   Werden im Vertrag ausbedungene Leistungen des Auftragnehmers vom Auftraggeber selbst übernommen (z. B. Lieferung von Bau-, Bauhilfs- und Betriebsstoffen), so gilt, wenn nichts anderes vereinbart wird, § 8 Nr. 1 Abs. 2 entsprechend.

5.   Werden durch Änderung des Bauentwurfs oder andere Anordnungen des Auftraggebers die Grundlagen des Preises für eine im Vertrag vorgesehene Leistung geändert, so ist ein neuer Preis unter Berücksichtigung der Mehr- oder Minderkosten zu vereinbaren. Die Vereinbarung soll vor der Ausführung getroffen werden.

6.   (1)   Wird eine im Vertrag nicht vorgesehene Leistung gefordert, so hat der Auftragnehmer Anspruch auf besondere Vergütung. Er muß jedoch den Anspruch dem Auftraggeber ankündigen, bevor er mit der Ausführung der Leistung beginnt.

(2)   Die Vergütung bestimmt sich nach den Grundlagen der Preisermittlung für die vertragliche Leistung und den besonderen Kosten der geforderten Leistung. Sie ist möglichst vor Beginn der Ausführung zu vereinbaren.

7.   (1)   Ist als Vergütung der Leistung eine Pauschalsumme vereinbart, so bleibt die Vergütung unverändert. Weicht jedoch die ausgeführte Leistung von der vertraglich vorgesehenen Leistung so erheblich ab, daß ein Festhalten an der Pauschalsumme nicht zumutbar ist (§ 242 BGB), so ist auf Verlangen ein Ausgleich unter Berücksichtigung der Mehr- oder Minderkosten zu gewähren. Für die Bemessung des Ausgleichs ist von den Grundlagen der Preisermittlung auszugehen. Nummern 4, 5 und 6 bleiben unberührt.

(2)   Wenn nichts anderes vereinbart ist, gilt Absatz 1 auch für Pauschalsummen, die für Teile der Leistung vereinbart sind; Nummer 3 Absatz 4 bleibt unberührt.

8.   (1)   Leistungen, die der Auftragnehmer ohne Auftrag oder unter eigenmächtiger Abweichung vom Vertrag ausführt, werden nicht vergütet. Der Auftragnehmer hat sie auf Verlangen innerhalb einer angemessenen Frist zu beseitigen; sonst kann es auf seine Kosten geschehen. Er haftet außerdem für andere Schäden, die dem Auftraggeber hieraus entstehen.

(2)   Eine Vergütung steht dem Auftragnehmer jedoch zu, wenn der Auftraggeber solche Leistungen nachträglich anerkennt. Eine Vergütung steht ihm

auch zu, wenn die Leistungen für die Erfüllung des Vertrags notwendig waren, dem mutmaßlichen Willen des Auftraggebers entsprachen und ihm unverzüglich angezeigt wurden.

(3) Die Vorschriften des BGB über die Geschäftsführung ohne Auftrag (§ 677 ff.) bleiben unberührt.

9. (1) Verlangt der Auftraggeber Zeichnungen, Berechnungen oder andere Unterlagen, die der Auftragnehmer nach dem Vertrag, besonders den Technischen Vertragsbedingungen oder der gewerblichen Verkehrssitte, nicht zu beschaffen hat, so hat er sie zu vergüten.

(2) Läßt er vom Auftragnehmer nicht aufgestellte technische Berechnungen durch den Auftragnehmer nachprüfen, so hat er die Kosten zu tragen.

10. Stundenlohnarbeiten werden nur vergütet, wenn sie als solche vor ihrem Beginn ausdrücklich vereinbart worden sind (§ 15).

§ 3
Ausführungsunterlagen

1. Die für die Ausführung nötigen Unterlagen sind dem Auftragnehmer unentgeltlich und rechtzeitig zu übergeben.

2. Das Abstecken der Hauptachsen der baulichen Anlagen, ebenso der Grenzen des Geländes, das dem Auftragnehmer zur Verfügung gestellt wird, und das Schaffen der notwendigen Höhenfestpunkte in unmittelbarer Nähe der baulichen Anlagen sind Sache des Auftraggebers.

3. Die vom Auftraggeber zur Verfügung gestellten Geländeaufnahmen und Absteckungen und die übrigen für die Ausführung übergebenen Unterlagen sind für den Auftragnehmer maßgebend. Jedoch hat er sie, soweit es zur ordnungsgemäßen Vertragserfüllung gehört, auf etwaige Unstimmigkeiten zu überprüfen und den Auftraggeber auf entdeckte oder vermutete Mängel hinzuweisen.

4. Vor Beginn der Arbeiten ist, soweit notwendig, der Zustand der Straßen und Geländeoberfläche, der Vorfluter und Vorflutleitungen, ferner der baulichen Anlagen im Baubereich in einer Niederschrift festzuhalten, die vom Auftraggeber und Auftragnehmer anzuerkennen ist.

5. Zeichnungen, Berechnungen, Nachprüfungen von Berechnungen oder andere Unterlagen, die der Auftragnehmer nach dem Vertrag, besonders den Technischen Vertragsbedingungen, oder der gewerblichen Verkehrssitte oder auf besonderes Verlangen des Auftraggebers (§ 2 Nr. 9) zu beschaffen hat, sind dem Auftraggeber nach Aufforderung rechtzeitig vorzulegen.

6. (1) Die in Nummer 5 genannten Unterlagen dürfen ohne Genehmigung ihres Urhebers nicht veröffentlicht, vervielfältigt, geändert oder für einen anderen als den vereinbarten Zweck benutzt werden.

(2) An DV-Programmen hat der Auftraggeber das Recht zur Nutzung mit den vereinbarten Leistungsmerkmalen in unveränderter Form auf den festge-

legten Geräten. Der Auftraggeber darf zum Zwecke der Datensicherung zwei Kopien herstellen. Diese müssen alle Identifikationsmerkmale enthalten. Der Verbleib der Kopien ist auf Verlangen nachzuweisen.

(3) Der Auftragnehmer bleibt unbeschadet des Nutzungsrechts des Auftraggebers zur Nutzung der Unterlagen und der DV-Programme berechtigt.

§ 4
Ausführung

1. (1) Der Auftraggeber hat für die Aufrechterhaltung der allgemeinen Ordnung auf der Baustelle zu sorgen und das Zusammenwirken der verschiedenen Unternehmer zu regeln. Er hat die erforderlichen öffentlich-rechtlichen Genehmigungen und Erlaubnisse – z. B. nach dem Baurecht, dem Straßenverkehrsrecht, dem Wasserrecht, dem Gewerberecht – herbeizuführen.

   (2) Der Auftraggeber hat das Recht, die vertragsgemäße Ausführung der Leistung zu überwachen. Hierzu hat er Zutritt zu den Arbeitsplätzen, Werkstätten und Lagerräumen, wo die vertragliche Leistung oder Teile von ihr hergestellt oder die hierfür bestimmten Stoffe und Bauteile gelagert werden. Auf Verlangen sind ihm die Werkzeichnungen oder andere Ausführungsunterlagen sowie die Ergebnisse von Güteprüfungen zur Einsicht vorzulegen und die erforderlichen Auskünfte zu erteilen, wenn hierdurch keine Geschäftsgeheimnisse preisgegeben werden. Als Geschäftsgeheimnis bezeichnete Auskünfte und Unterlagen hat er vertraulich zu behandeln.

   (3) Der Auftraggeber ist befugt, unter Wahrung der dem Auftragnehmer zustehenden Leitung (Nummer 2) Anordnungen zu treffen, die zur vertragsgemäßen Ausführung der Leistung notwendig sind. Die Anordnungen sind grundsätzlich nur dem Auftragnehmer oder seinem für die Leitung der Ausführung bestellten Vertreter zu erteilen, außer wenn Gefahr im Verzug ist. Dem Auftraggeber ist mitzuteilen, wer jeweils als Vertreter des Auftragnehmers für die Leitung der Ausführung bestellt ist.

   (4) Hält der Auftragnehmer die Anordnungen des Auftraggebers für unberechtigt oder unzweckmäßig, so hat er seine Bedenken geltend zu machen, die Anordnungen jedoch auf Verlangen auszuführen, wenn nicht gesetzliche oder behördliche Bestimmungen entgegenstehen. Wenn dadurch eine ungerechtfertigte Erschwerung verursacht wird, hat der Auftraggeber die Mehrkosten zu tragen.

2. (1) Der Auftragnehmer hat die Leistung unter eigener Verantwortung nach dem Vertrag auszuführen. Dabei hat er die anerkannten Regeln der Technik und die gesetzlichen und behördlichen Bestimmungen zu beachten. Es ist seine Sache, die Ausführung seiner vertraglichen Leistung zu leiten und für Ordnung auf seiner Arbeitsstelle zu sorgen.

   (2) Er ist für die Erfüllung der gesetzlichen, behördlichen und berufsgenossenschaftlichen Verpflichtungen gegenüber seinen Arbeitnehmern allein verantwortlich. Es ist ausschließlich seine Aufgabe, die Vereinbarungen und Maßnahmen zu treffen, die sein Verhältnis zu den Arbeitnehmern regeln.

3. Hat der Auftragnehmer Bedenken gegen die vorgesehene Art der Ausführung (auch wegen der Sicherung gegen Unfallgefahren), gegen die Güte der vom Auftraggeber gelieferten Stoffe oder Bauteile oder gegen die Leistungen anderer Unternehmer, so hat er sie dem Auftraggeber unverzüglich – möglichst schon vor Beginn der Arbeiten – schriftlich mitzuteilen; der Auftraggeber bleibt jedoch für seine Angaben, Anordnungen oder Lieferungen verantwortlich.

4. Der Auftraggeber hat, wenn nichts anderes vereinbart ist, dem Auftragnehmer unentgeltlich zur Benutzung oder Mitbenutzung zu überlassen:

    a) die notwendigen Lager- und Arbeitsplätze auf der Baustelle,

    b) vorhandene Zufahrtswege und Anschlußgleise,

    c) vorhandene Anschlüsse für Wasser und Energie. Die Kosten für den Verbrauch und den Messer oder Zähler trägt der Auftragnehmer, mehrere Auftragnehmer tragen sie anteilig.

5. Der Auftragnehmer hat die von ihm ausgeführten Leistungen und die ihm für die Ausführung übergebenen Gegenstände bis zur Abnahme vor Beschädigung und Diebstahl zu schützen. Auf Verlangen des Auftraggebers hat er sie vor Winterschäden und Grundwasser zu schützen, ferner Schnee und Eis zu beseitigen. Obliegt ihm die Verpflichtung nach Satz 2 nicht schon nach dem Vertrag, so regelt sich die Vergütung nach § 2 Nr. 6.

6. Stoffe oder Bauteile, die dem Vertrag oder den Proben nicht entsprechen, sind auf Anordnung des Auftraggebers innerhalb einer von ihm bestimmten Frist von der Baustelle zu entfernen. Geschieht es nicht, so können sie auf Kosten des Auftragnehmers entfernt oder für seine Rechnung veräußert werden.

7. Leistungen, die schon während der Ausführung als mangelhaft oder vertragswidrig erkannt werden, hat der Auftragnehmer auf eigene Kosten durch mangelfreie zu ersetzen. Hat der Auftragnehmer den Mangel oder die Vertragswidrigkeit zu vertreten, so hat er auch den daraus entstehenden Schaden zu ersetzen. Kommt der Auftragnehmer der Pflicht zur Beseitigung des Mangels nicht nach, so kann ihm der Auftraggeber eine angemessene Frist zur Beseitigung des Mangels setzen und erklären, daß er ihm nach fruchtlosem Ablauf der Frist den Auftrag entziehe (§ 8 Nr. 3).

8. (1) Der Auftragnehmer hat die Leistung im eigenen Betrieb auszuführen. Mit schriftlicher Zustimmung des Auftraggebers darf er sie an Nachunternehmer übertragen. Die Zustimmung ist nicht notwendig bei Leistungen, auf die der Betrieb des Auftragnehmers nicht eingerichtet ist.

    (2) Der Auftragnehmer hat bei der Weitervergabe von Bauleistungen an Nachunternehmer die Verdingungsordnung für Bauleistungen zugrunde zu legen.

    (3) Der Auftragnehmer hat die Nachunternehmer dem Auftraggeber auf Verlangen bekanntzugeben.

9. Werden bei Ausführung der Leistung auf einem Grundstück Gegenstände von Altertums-, Kunst- oder wissenschaftlichem Wert entdeckt, so hat der Auftragnehmer vor jedem weiteren Aufdecken oder Ändern dem Auftraggeber den Fund anzuzeigen und ihm die Gegenstände nach näherer Weisung abzu-

liefern. Die Vergütung etwaiger Mehrkosten regelt sich nach § 2 Nr. 6. Die Rechte des Entdeckers (§ 984 BGB) hat der Auftraggeber.

§ 5
Ausführungsfristen

1. Die Ausführung ist nach den verbindlichen Fristen (Vertragsfristen) zu beginnen, angemessen zu fördern und zu vollenden. In einem Bauzeitenplan enthaltene Einzelfristen gelten nur dann als Vertragsfristen, wenn dies im Vertrag ausdrücklich vereinbart ist.

2. Ist für den Beginn der Ausführung keine Frist vereinbart, so hat der Auftraggeber dem Auftragnehmer auf Verlangen Auskunft über den voraussichtlichen Beginn zu erteilen. Der Auftragnehmer hat innerhalb von 12 Werktagen nach Aufforderung zu beginnen. Der Beginn der Ausführung ist dem Auftraggeber anzuzeigen.

3. Wenn Arbeitskräfte, Geräte, Gerüste, Stoffe oder Bauteile so unzureichend sind, daß die Ausführungsfristen offenbar nicht eingehalten werden können, muß der Auftragnehmer auf Verlangen unverzüglich Abhilfe schaffen.

4. Verzögert der Auftragnehmer den Beginn der Ausführung, gerät er mit der Vollendung in Verzug oder kommt er der in Nummer 3 erwähnten Verpflichtung nicht nach, so kann der Auftraggeber bei Aufrechterhaltung des Vertrages Schadenersatz nach § 6 Nr. 6 verlangen oder dem Auftragnehmer eine angemessene Frist zur Vertragserfüllung setzen und erklären, daß er ihm nach fruchtlosem Ablauf der Frist den Auftrag entziehe (§ 8 Nr. 3).

§ 6
Behinderung und Unterbrechung der Ausführung

1. Glaubt sich der Auftragnehmer in der ordnungsgemäßen Ausführung der Leistung behindert, so hat er es dem Auftraggeber unverzüglich schriftlich anzuzeigen. Unterläßt er die Anzeige, so hat er nur dann Anspruch auf Berücksichtigung der hindernden Umstände, wenn dem Auftraggeber offenkundig die Tatsache und deren hindernde Wirkung bekannt waren.

2. (1) Ausführungsfristen werden verlängert, soweit die Behinderung verursacht ist:
   a) durch einen vom Auftraggeber zu vertretenden Umstand,
   b) durch Streik oder eine von der Berufsvertretung der Arbeitgeber angeordnete Aussperrung im Betrieb des Auftragnehmers oder in einem unmittelbar für ihn arbeitenden Betrieb,
   c) durch höhere Gewalt oder andere für den Auftragnehmer unabwendbare Umstände.

   (2) Witterungseinflüsse während der Ausführungszeit, mit denen bei Abgabe des Angebots normalerweise gerechnet werden mußte, gelten nicht als Behinderung.

3. Der Auftragnehmer hat alles zu tun, was ihm billigerweise zugemutet werden kann, um die Weiterführung der Arbeiten zu ermöglichen. Sobald die hindernden Umstände wegfallen, hat er ohne weiteres und unverzüglich die Arbeiten wiederaufzunehmen und den Auftraggeber davon zu benachrichtigen.

4. Die Fristverlängerung wird berechnet nach der Dauer der Behinderung mit einem Zuschlag für die Wiederaufnahme der Arbeiten und die etwaige Verschiebung in eine ungünstigere Jahreszeit.

5. Wird die Ausführung für voraussichtlich längere Dauer unterbrochen, ohne daß die Leistung dauernd unmöglich wird, so sind die ausgeführten Leistungen nach den Vertragspreisen abzurechnen und außerdem die Kosten zu vergüten, die dem Auftragnehmer bereits entstanden und in den Vertragspreisen des nicht ausgeführten Teils der Leistung enthalten sind.

6. Sind die hindernden Umstände von einem Vertragteil zu vertreten, so hat der andere Teil Anspruch auf Ersatz des nachweislich entstandenen Schadens, des entgangenen Gewinns aber nur bei Vorsatz oder grober Fahrlässigkeit.

7. Dauert eine Unterbrechung länger als 3 Monate, so kann jeder Teil nach Ablauf dieser Zeit den Vertrag schriftlich kündigen. Die Abrechnung regelt sich nach Nummern 5 und 6; wenn der Auftragnehmer die Unterbrechung nicht zu vertreten hat, sind auch die Kosten der Baustellenräumung zu vergüten, soweit sie nicht in der Vergütung für die bereits ausgeführten Leistungen enthalten sind.

§ 7
Verteilung der Gefahr

1. Wird die ganz oder teilweise ausgeführte Leistung vor der Abnahme durch höhere Gewalt, Krieg, Aufruhr oder andere unabwendbare vom Auftragnehmer nicht zu vertretende Umstände beschädigt oder zerstört, so hat dieser für die ausgeführten Teile der Leistung die Ansprüche nach § 6 Nr. 5; für andere Schäden besteht keine gegenseitige Ersatzpflicht.

2. Zu der ganz oder teilweise ausgeführten Leistung gehören alle mit der baulichen Anlage unmittelbar verbundenen, in ihre Substanz eingegangen Leistungen, unabhängig von deren Fertigstellungsgrad.

3. Zu der ganz oder teilweise ausgeführten Leistung gehören nicht die noch nicht eingebauten Stoffe und Bauteile sowie die Baustelleneinrichtung und Absteckungen. Zu der ganz oder teilweise ausgeführten Leistung gehören ebenfalls nicht Baubehelfe, z. B. Gerüste, auch wenn diese als Besondere Leistung oder selbständig vergeben sind.

§ 8

Kündigung durch den Auftraggeber

1. (1) Der Auftraggeber kann bis zur Vollendung der Leistung jederzeit den Vertrag kündigen.

   (2) Dem Auftragnehmer steht die vereinbarte Vergütung zu. Er muß sich jedoch anrechnen lassen, was er infolge der Aufhebung des Vertrags an Kosten erspart oder durch anderweitige Verwendung seiner Arbeitskraft und seines Betriebs erwirbt oder zu erwerben böswillig unterläßt (§ 649 BGB).

2. (1) Der Auftraggeber kann den Vertrag kündigen, wenn der Auftragnehmer seine Zahlungen einstellt, das Vergleichsverfahren beantragt oder in Konkurs gerät.

   (2) Die ausgeführten Leistungen sind nach § 6 Nr. 5 abzurechnen. Der Auftraggeber kann Schadenersatz wegen Nichterfüllung des Restes verlangen.

3. (1) Der Auftraggeber kann den Vertrag kündigen, wenn in den Fällen des § 4 Nr. 7 und des § 5 Nr. 4 die gesetzte Frist fruchtlos abgelaufen ist (Entziehung des Auftrags). Die Entziehung des Auftrags kann auf einen in sich abgeschlossenen Teil der vertraglichen Leistung beschränkt werden.

   (2) Nach der Entziehung des Auftrags ist der Auftraggeber berechtigt, den noch nicht vollendeten Teil der Leistung zu Lasten des Auftragnehmers durch einen Dritten ausführen zu lassen, doch bleiben seine Ansprüche auf Ersatz des etwa entstehenden weiteren Schadens bestehen. Er ist auch berechtigt, auf die weitere Ausführung zu verzichten und Schadenersatz wegen Nichterfüllung zu verlangen, wenn die Ausführung aus den Gründen, die zur Entziehung des Auftrags geführt haben, für ihn kein Interesse mehr hat.

   (3) Für die Weiterführung der Arbeiten kann der Auftraggeber Geräte, Gerüste, auf der Baustelle vorhandene andere Einrichtungen und angelieferte Stoffe und Bauteile gegen angemessene Vergütung in Anspruch nehmen.

   (4) Der Auftraggeber hat dem Auftragnehmer eine Aufstellung über die entstandenen Mehrkosten und über seine anderen Ansprüche spätestens binnen 12 Werktagen nach Abrechnung mit dem Dritten zuzusenden.

4. Der Auftraggeber kann den Auftrag entziehen, wenn der Auftragnehmer aus Anlaß der Vergabe eine Abrede getroffen hatte, die eine unzulässige Wettbewerbsbeschränkung darstellt. Die Kündigung ist innerhalb von 12 Werktagen nach Bekanntwerden des Kündigungsgrundes auszusprechen. Die Nummer 3 gilt entsprechend.

5. Die Kündigung ist schriftlich zu erklären.

6. Der Auftragnehmer kann Aufmaß und Abnahme der von ihm ausgeführten Leistungen alsbald nach der Kündigung verlangen; er hat unverzüglich eine prüfbare Rechnung über die ausgeführten Leistungen vorzulegen.

7. Eine wegen Verzugs verwirkte, nach Zeit bemessene Vertragsstrafe kann nur für die Zeit bis zum Tag der Kündigung des Vertrags gefordert werden.

§ 9

Kündigung durch den Auftragnehmer

1. Der Auftragnehmer kann den Vertrag kündigen:

    a) wenn der Auftraggeber eine ihm obliegende Handlung unterläßt und dadurch den Auftragnehmer außerstande setzt, die Leistung auszuführen (Annahmeverzug nach §§ 293 ff. BGB),

    b) wenn der Auftraggeber eine fällige Zahlung nicht leistet oder sonst in Schuldnerverzug gerät.

2. Die Kündigung ist schriftlich zu erklären. Sie ist erst zulässig, wenn der Auftragnehmer dem Auftraggeber ohne Erfolg eine angemessene Frist zur Vertragserfüllung gesetzt und erklärt hat, daß er nach fruchtlosem Ablauf der Frist den Vertrag kündigen werde.

3. Die bisherigen Leistungen sind nach den Vertragspreisen abzurechnen. Außerdem hat der Auftragnehmer Anspruch auf angemessene Entschädigung nach § 642 BGB; etwaige weitergehende Ansprüche des Auftragnehmers bleiben unberührt.

§ 10

Haftung der Vertragsparteien

1. Die Vertragsparteien haften einander für eigenes Verschulden sowie für das Verschulden ihrer gesetzlichen Vertreter und der Personen, deren sie sich zur Erfüllung ihrer Verbindlichkeiten bedienen (§§ 276, 278 BGB).

2. (1) Entsteht einem Dritten im Zusammenhang mit der Leistung ein Schaden, für den auf Grund gesetzlicher Haftpflichtbestimmungen beide Vertragsparteien haften, so gelten für den Ausgleich zwischen den Vertragsparteien die allgemeinen gesetzlichen Bestimmungen, soweit im Einzelfall nicht anderes vereinbart ist. Soweit der Schaden des Dritten nur die Folge einer Maßnahme ist, die der Auftraggeber in dieser Form angeordnet hat, trägt er den Schaden allein, wenn ihn der Auftragnehmer auf die mit der angeordneten Ausführung verbundene Gefahr nach § 4 Nr. 3 hingewiesen hat.

    (2) Der Auftragnehmer trägt den Schaden allein, soweit er ihn durch Versicherung seiner gesetzlichen Haftpflicht gedeckt hat oder innerhalb der von der Versicherungsaufsichtsbehörde genehmigten Allgemeinen Versicherungsbedingungen zu tarifmäßigen, nicht auf außergewöhnliche Verhältnisse abgestellten Prämien und Prämienzuschlägen bei einem im Inland zum Geschäftsbetrieb zugelassenen Versicherer hätte decken können.

3. Ist der Auftragnehmer einem Dritten nach §§ 823 ff. BGB zu Schadenersatz verpflichtet wegen unbefugten Betretens oder Beschädigung angrenzender Grundstücke, wegen Entnahme oder Auflagerung von Boden oder anderen Gegenständen außerhalb der vom Auftraggeber dazu angewiesenen Flächen oder wegen der Folgen eigenmächtiger Versperrung von Wegen oder Wasserläufen, so trägt er im Verhältnis zum Auftraggeber den Schaden allein.

4. Für die Verletzung gewerblicher Schutzrechte haftet im Verhältnis der Vertragsparteien zueinander der Auftragnehmer allein, wenn er selbst das geschützte Verfahren oder die Verwendung geschützter Gegenstände angeboten oder wenn der Auftraggeber die Verwendung vorgeschrieben und auf das Schutzrecht hingewiesen hat.

5. Ist eine Vertragspartei gegenüber der anderen nach Nummern 2, 3 oder 4 von der Ausgleichspflicht befreit, so gilt diese Befreiung auch zugunsten ihrer gesetzlichen Vertreter und Erfüllungsgehilfen, wenn sie nicht vorsätzlich oder grob fahrlässig gehandelt haben.

6. Soweit eine Vertragspartei von dem Dritten für einen Schaden in Anspruch genommen wird, den nach Nummern 2, 3 oder 4 die andere Vertragspartei zu tragen hat, kann sie verlangen, daß ihre Vertragspartei sie von der Verbindlichkeit gegenüber dem Dritten befreit. Sie darf den Anspruch des Dritten nicht anerkennen oder befriedigen, ohne der anderen Vertragspartei vorher Gelegenheit zur Äußerung gegeben zu haben.

§ 11
Vertragsstrafe

1. Wenn Vertragsstrafen vereinbart sind, gelten die §§ 339 bis 345 BGB.

2. Ist die Vertragsstrafe für den Fall vereinbart, daß der Auftragnehmer nicht in der vorgesehen Frist erfüllt, so wird sie fällig, wenn der Auftragnehmer in Verzug gerät.

3. Ist die Vertragsstrafe nach Tagen bemessen, so zählen nur Werktage; ist sie nach Wochen bemessen, so wird jeder Werktag angefangener Wochen als $1/6$ Woche gerechnet.

4. Hat der Auftraggeber die Leistung abgenommen, so kann er die Strafe nur verlangen, wenn er dies bei der Abnahme vorbehalten hat.

§ 12
Abnahme

1. Verlangt der Auftragnehmer nach der Fertigstellung – gegebenenfalls auch vor Ablauf der vereinbarten Ausführungsfrist – die Abnahme der Leistung, so hat sie der Auftraggeber binnen 12 Werktagen durchzuführen; eine andere Frist kann vereinbart werden.

2. Besonders abzunehmen sind auf Verlangen:
   a) in sich abgeschlossene Teile der Leistung,
   b) andere Teile der Leistung, wenn sie durch die weitere Ausführung der Prüfung und Feststellung entzogen werden.

3. Wegen wesentlicher Mängel kann die Abnahme bis zur Beseitigung verweigert werden.

4. (1) Eine förmliche Abnahme hat stattzufinden, wenn eine Vertragspartei es verlangt. Jede Partei kann auf ihre Kosten einen Sachverständigen zuziehen. Der Befund ist in gemeinsamer Verhandlung schriftlich niederzulegen. In die Niederschrift sind etwaige Vorbehalte wegen bekannter Mängel und wegen Vertragsstrafen aufzunehmen, ebenso etwaige Einwendungen des Auftragnehmers. Jede Partei erhält eine Ausfertigung.

(2) Die förmliche Abnahme kann in Abwesenheit des Auftragnehmers stattfinden, wenn der Termin vereinbart war oder der Auftraggeber mit genügender Frist dazu eingeladen hatte. Das Ergebnis der Abnahme ist dem Auftragnehmer alsbald mitzuteilen.

5. (1) Wird keine Abnahme verlangt, so gilt die Leistung als abgenommen mit Ablauf von 12 Werktagen nach schriftlicher Mitteilung über die Fertigstellung der Leistung.

(2) Hat der Auftraggeber die Leistung oder einen Teil der Leistung in Benutzung genommen, so gilt die Abnahme nach Ablauf von 6 Werktagen nach Beginn der Benutzung als erfolgt, wenn nichts anderes vereinbart ist. Die Benutzung von Teilen einer baulichen Anlage zur Weiterführung der Arbeiten gilt nicht als Abnahme.

(3) Vorbehalte wegen bekannter Mängel oder wegen Vertragsstrafen hat der Auftraggeber spätestens zu den in den Absätzen 1 und 2 bezeichneten Zeitpunkten geltend zu machen.

6. Mit der Abnahme geht die Gefahr auf den Auftraggeber über, soweit er sie nicht schon nach § 7 trägt.

§ 13

Gewährleistung

1. Der Auftragnehmer übernimmt die Gewähr, daß seine Leistung zur Zeit der Abnahme die vertraglich zugesicherten Eigenschaften hat, den anerkannten Regeln der Technik entspricht und nicht mit Fehlern behaftet ist, die den Wert oder die Tauglichkeit zu dem gewöhnlichen oder dem nach dem Vertrag vorausgesetzten Gebrauch aufheben oder mindern.

2. Bei Leistungen nach Probe gelten die Eigenschaften der Probe als zugesichert, soweit nicht Abweichungen nach der Verkehrssitte als bedeutungslos anzusehen sind. Dies gilt auch für Proben, die erst nach Vertragsabschluß als solche anerkannt sind.

3. Ist ein Mangel zurückzuführen auf die Leistungsbeschreibung oder auf Anordnungen des Auftraggebers, auf die von diesem gelieferten oder vorgeschriebenen Stoffe oder Bauteile oder die Beschaffenheit der Vorleistung eines anderen Unternehmers, so ist der Auftragnehmer von der Gewährleistung für diese Mängel frei, außer wenn er die ihm nach § 4 Nr. 3 obliegende Mitteilung über die zu befürchtenden Mängel unterlassen hat.

4. (1) Ist für die Gewährleistung keine Verjährungsfrist im Vertrag vereinbart, so beträgt sie für Bauwerke und für Holzerkrankungen 2 Jahre, für Arbeiten

an einem Grundstück und für die vom Feuer berührten Teile von Feuerungsanlagen ein Jahr.

(2) Bei maschinellen und elektrotechnischen/elektronischen Anlagen oder Teilen davon, bei denen die Wartung Einfluß auf die Sicherheit und Funktionsfähigkeit hat, beträgt die Verjährungsfrist für die Gewährleistungsansprüche abweichend von Absatz 1 ein Jahr, wenn der Auftraggeber sich dafür entschieden hat, dem Auftragnehmer die Wartung für die Dauer der Verjährungsfrist nicht zu übertragen.

(3) Die Frist beginnt mit der Abnahme der gesamten Leistung; nur für in sich abgeschlossene Teile der Leistung beginnt sie mit der Teilabnahme (§ 12 Nr. 2a).

5. (1) Der Auftragnehmer ist verpflichtet, alle während der Verjährungsfrist hervortretenden Mängel, die auf vertragswidrige Leistung zurückzuführen sind, auf seine Kosten zu beseitigen, wenn es der Auftraggeber vor Ablauf der Frist schriftlich verlangt. Der Anspruch auf Beseitigung der gerügten Mängel verjährt mit Ablauf der Regelfristen der Nummer 4, gerechnet vom Zugang des schriftlichen Verlangens an, jedoch nicht vor Ablauf der vereinbarten Frist. Nach Abnahme der Mängelbeseitigungsleistung beginnen für diese Leistung die Regelfristen der Nummer 4, wenn nichts anderes vereinbart ist.

(2) Kommt der Auftragnehmer der Aufforderung zur Mängelbeseitigung in einer vom Auftraggeber gesetzten angemessenen Frist nicht nach, so kann der Auftraggeber die Mängel auf Kosten des Auftragnehmers beseitigen lassen.

6. Ist die Beseitigung des Mangels unmöglich oder würde sie einen unverhältnismäßig hohen Aufwand erfordern und wird sie deshalb vom Auftragnehmer verweigert, so kann der Auftraggeber Minderung der Vergütung verlangen (§ 634 Abs. 4, § 472 BGB). Der Auftraggeber kann ausnahmsweise auch dann Minderung der Vergütung verlangen, wenn die Beseitigung des Mangels für ihn unzumutbar ist.

7. (1) Ist ein wesentlicher Mangel, der die Gebrauchsfähigkeit erheblich beeinträchtigt, auf ein Verschulden des Auftragnehmers oder seiner Erfüllungsgehilfen zurückzuführen, so ist der Auftragnehmer außerdem verpflichtet, dem Auftraggeber den Schaden an der baulichen Anlage zu ersetzen, zu deren Herstellung, Instandhaltung oder Änderung die Leistung dient.

(2) Den darüber hinausgehenden Schaden hat er nur dann zu ersetzen:
a) wenn der Mangel auf Vorsatz oder grober Fahrlässigkeit beruht,
b) wenn der Mangel auf einem Verstoß gegen die anerkannten Regeln der Technik beruht,
c) wenn der Mangel in dem Fehlen einer vertraglich zugesicherten Eigenschaft besteht oder
d) soweit der Auftragnehmer den Schaden durch Versicherung seiner gesetzlichen Haftpflicht gedeckt hat oder innerhalb der von der Versicherungsaufsichtsbehörde genehmigten Allgemeinen Versicherungsbedingungen zu tarifmäßigen, nicht auf außergewöhnliche Verhältnisse abgestellten Prämien und Prämienzuschlägen bei einem im Inland zum Geschäftsbetrieb zugelassenen Versicherer hätte decken können.

(3)   Abweichend von Nummer 4 gelten die gesetzlichen Verjährungsfristen, soweit sich der Auftragnehmer nach Absatz 2 durch Versicherung geschützt hat oder hätte schützen können oder soweit ein besonderer Versicherungsschutz vereinbart ist.

(4)   Eine Einschränkung oder Erweiterung der Haftung kann in begründeten Sonderfällen vereinbart werden.

§ 14
Abrechnung

1.   Der Auftragnehmer hat seine Leistungen prüfbar abzurechnen. Er hat die Rechnungen übersichtlich aufzustellen und dabei die Reihenfolge der Posten einzuhalten und die in den Vertragsbestandteilen enthaltenen Bezeichnungen zu verwenden. Die zum Nachweis von Art und Umfang der Leistung erforderlichen Mengenberechnungen, Zeichnungen und andere Belege sind beizufügen. Änderungen und Ergänzungen des Vertrags sind in der Rechnung besonders kenntlich zu machen; sie sind auf Verlangen getrennt abzurechnen.

2.   Die für die Abrechnung notwendigen Feststellungen sind dem Fortgang der Leistung entsprechend möglichst gemeinsam vorzunehmen. Die Abrechnungsbestimmungen in den Technischen Vertragsbedingungen und den anderen Vertragsunterlagen sind zu beachten. Für Leistungen, die bei Weiterführung der Arbeiten nur schwer feststellbar sind, hat der Auftragnehmer rechtzeitig gemeinsame Feststellungen zu beantragen.

3.   Die Schlußrechnung muß bei Leistungen mit einer vertraglichen Ausführungsfrist von höchstens 3 Monaten spätestens 12 Werktage nach Fertigstellung eingereicht werden, wenn nichts anderes vereinbart ist; diese Frist wird um je 6 Werktage für je weitere 3 Monate Ausführungsfrist verlängert.

4.   Reicht der Auftragnehmer eine prüfbare Rechnung nicht ein, obwohl ihm der Auftraggeber dafür eine angemessene Frist gesetzt hat, so kann sie der Auftraggeber selbst auf Kosten des Auftragnehmers aufstellen.

§ 15
Stundenlohnarbeiten

1.   (1)   Stundenlohnarbeiten werden nach den vertraglichen Vereinbarungen abgerechnet.

(2)   Soweit für die Vergütung keine Vereinbarungen getroffen worden sind, gilt die ortsübliche Vergütung. Ist diese nicht zu ermitteln, so werden die Aufwendungen des Auftragnehmers für

Lohn- und Gehaltskosten der Baustelle, Lohn- und Gehaltsnebenkosten der Baustelle, Stoffkosten der Baustelle, Kosten der Einrichtungen, Geräte, Maschinen und maschinellen Anlagen der Baustelle, Fracht-, Fuhr- und Ladekosten, Sozialkassenbeiträge und Sonderkosten,

die bei wirtschaftlicher Betriebsführung entstehen, mit angemessenen Zuschlägen für Gemeinkosten und Gewinn (einschließlich allgemeinem Unternehmerwagnis) zuzüglich Umsatzsteuer vergütet.

2. Verlangt der Auftraggeber, daß die Stundenlohnarbeiten durch einen Polier oder eine andere Aufsichtsperson beaufsichtigt werden, oder ist die Aufsicht nach den einschlägigen Unfallverhütungsvorschriften notwendig, so gilt Nummer 1 entsprechend.

3. Dem Auftraggeber ist die Ausführung von Stundenlohnarbeiten vor Beginn anzuzeigen. Über die geleisteten Arbeitsstunden und den dabei erforderlichen, besonders zu vergütenden Aufwand für den Verbrauch von Stoffen, für Vorhaltung von Einrichtungen, Geräten, Maschinen und maschinellen Anlagen, für Frachten, Fuhr- und Ladeleistungen sowie etwaige Sonderkosten sind, wenn nichts anderes vereinbart ist, je nach der Verkehrssitte werktäglich oder wöchentlich Listen (Stundenlohnzettel) einzureichen. Der Auftraggeber hat die von ihm bescheinigten Stundenlohnzettel unverzüglich, spätestens jedoch innerhalb von 6 Werktagen nach Zugang, zurückzugeben. Dabei kann er Einwendungen auf den Stundenlohnzetteln oder gesondert schriftlich erheben. Nicht fristgemäß zurückgegebene Stundenlohnzettel gelten als anerkannt.

4. Stundenlohnrechnungen sind alsbald nach Abschluß der Stundenlohnarbeiten, längstens jedoch in Abständen von 4 Wochen, einzureichen. Für die Zahlung gilt § 16.

5. Wenn Stundenlohnarbeiten zwar vereinbart waren, über den Umfang der Stundenlohnleistungen aber mangels rechtzeitiger Vorlage der Stundenlohnzettel Zweifel bestehen, so kann der Auftraggeber verlangen, daß für die nachweisbar ausgeführten Leistungen eine Vergütung vereinbart wird, die nach Maßgabe von Nummer 1 Abs. 2 für einen wirtschaftlich vertretbaren Aufwand an Arbeitszeit und Verbrauch von Stoffen, für Vorhaltung von Einrichtungen, Geräten, Maschinen und maschinellen Anlagen, für Frachten, Fuhr- und Ladeleistungen sowie etwaige Sonderkosten ermittelt wird.

§ 16
Zahlung

1. (1) Abschlagszahlungen sind auf Antrag in Höhe des Wertes der jeweils nachgewiesenen vertragsgemäßen Leistungen einschließlich des ausgewiesenen, darauf entfallenden Umsatzsteuerbetrags in möglichst kurzen Zeitabständen zu gewähren. Die Leistungen sind durch eine prüfbare Aufstellung nachzuweisen, die eine rasche und sichere Beurteilung der Leistungen ermöglichen muß. Als Leistungen gelten hierbei auch die für die geforderte Leistung eigens angefertigten und bereitgestellten Bauteile sowie die auf der Baustelle angelieferten Stoffe und Bauteile, wenn dem Auftraggeber nach

seiner Wahl das Eigentum an ihnen übertragen ist oder entsprechende Sicherheit gegeben wird.

(2)   Gegenforderungen können einbehalten werden. Andere Einbehalte sind nur in den im Vertrag und in den gesetzlichen Bestimmungen vorgesehenen Fällen zulässig.

(3)   Abschlagszahlungen sind binnen 18 Werktagen nach Zugang der Aufstellung zu leisten.

(4)   Die Abschlagszahlungen sind ohne Einfluß auf die Haftung und Gewährleistung des Auftragnehmers; sie gelten nicht als Abnahme von Teilen der Leistung.

2.   (1)   Vorauszahlungen können auch nach Vertragsabschluß vereinbart werden; hierfür ist auf Verlangen des Auftraggebers ausreichende Sicherheit zu leisten. Diese Vorauszahlungen sind, sofern nichts anderes vereinbart wird, mit 1 v. H. über dem Lombardsatz der Deutschen Bundesbank zu verzinsen.

(2)   Vorauszahlungen sind auf die nächstfälligen Zahlungen anzurechnen, soweit damit Leistungen abzugelten sind, für welche die Vorauszahlungen gewährt worden sind.

3.   (1)   Die Schlußzahlung ist alsbald nach Prüfung und Feststellung der vom Auftragnehmer vorgelegten Schlußrechnung zu leisten, spätestens innerhalb von 2 Monaten nach Zugang. Die Prüfung der Schlußrechnung ist nach Möglichkeit zu beschleunigen. Verzögert sie sich, so ist das unbestrittene Guthaben als Abschlagszahlung sofort zu zahlen.

(2)   Die vorbehaltlose Annahme der Schlußzahlung schließt Nachforderungen aus, wenn der Auftragnehmer über die Schlußzahlung schriftlich unterrichtet und auf die Ausschlußwirkung hingewiesen wurde.

(3)   Einer Schlußzahlung steht es gleich, wenn der Auftraggeber unter Hinweis auf geleistete Zahlungen weitere Zahlungen endgültig und schriftlich ablehnt.

(4)   Auch früher gestellte, aber unerledigte Forderungen werden ausgeschlossen, wenn sie nicht nochmals vorbehalten werden.

(5)   Ein Vorbehalt ist innerhalb von 24 Werktagen nach Zugang der Mitteilung nach Absätzen 2 und 3 über die Schlußzahlung zu erklären. Er wird hinfällig, wenn nicht innerhalb von weiteren 24 Werktagen eine prüfbare Rechnung über die vorbehaltenen Forderungen eingereicht oder, wenn das nicht möglich ist, der Vorbehalt eingehend begründet wird.

(6)   Die Ausschlußfristen gelten nicht für ein Verlangen nach Richtigstellung der Schlußrechnung und -zahlung wegen Aufmaß-, Rechen- und Übertragungsfehlern.

4.   In sich abgeschlossene Teile der Leistung können nach Teilabnahme ohne Rücksicht auf die Vollendung der übrigen Leistungen endgültig festgestellt und bezahlt werden.

5.   (1)   Alle Zahlungen sind aufs äußerste zu beschleunigen.

(2)   Nicht vereinbarte Skontoabzüge sind unzulässig.

(3)   Zahlt der Auftraggeber bei Fälligkeit nicht, so kann ihm der Auftragnehmer eine angemessene Nachfrist setzen. Zahlt er auch innerhalb der Nachfrist nicht, so hat der Auftragnehmer vom Ende der Nachfrist an Anspruch auf Zinsen in Höhe von 1 v. H. über dem Lombardsatz der Deutschen Bundesbank, wenn er nicht einen höheren Verzugsschaden nachweist. Außerdem darf er die Arbeiten bis zur Zahlung einstellen.

6.   Der Auftraggeber ist berechtigt, zur Erfüllung seiner Verpflichtungen aus Nummern 1 bis 5 Zahlungen an Gläubiger des Auftragnehmers zu leisten, soweit sie an der Ausführung der vertraglichen Leistung des Auftragnehmers aufgrund eines mit diesem abgeschlossenen Dienst- oder Werkvertrags beteiligt sind und der Auftragnehmer in Zahlungsverzug gekommen ist. Der Auftragnehmer ist verpflichtet, sich auf Verlangen des Auftraggebers innerhalb einer von diesem gesetzten Frist darüber zu erklären, ob und inwieweit er die Forderungen seiner Gläubiger anerkennt; wird diese Erklärung nicht rechtzeitig abgegeben, so gelten die Forderungen als anerkannt und der Zahlungsverzug als bestätigt.

§ 17

Sicherheitsleistung

1.   (1)   Wenn Sicherheitsleistung vereinbart ist, gelten die §§ 232 bis 240 BGB, soweit sich aus den nachstehenden Bestimmungen nichts anderes ergibt.

(2)   Die Sicherheit dient dazu, die vertragsgemäße Ausführung der Leistung und die Gewährleistung sicherzustellen.

2.   Wenn im Vertrag nichts anderes vereinbart ist, kann Sicherheit durch Einbehalt oder Hinterlegung von Geld oder durch Bürgschaft eines Kreditinstituts oder Kreditversicherers geleistet werden, sofern das Kreditinstitut oder der Kreditversicherer
– in der Europäischen Gemeinschaft oder
– in einem Staat der Vertragsparteien des Abkommens über den Europäischen Wirtschaftsraum oder
– in einem Staat der Vertragsparteien des WTO-Übereinkommens über das öffentliche Beschaffungswesen
zugelassen ist.

3.   Der Auftragnehmer hat die Wahl unter den verschiedenen Arten der Sicherheit; er kann eine Sicherheit durch eine andere ersetzen.

4.   Bei Sicherheitsleistung durch Bürgschaft ist Voraussetzung, daß der Auftraggeber den Bürgen als tauglich anerkannt hat. Die Bürgschaftserklärung ist schriftlich unter Verzicht auf die Einrede der Vorausklage abzugeben (§ 771 BGB); sie darf nicht auf bestimmte Zeit begrenzt und muß nach Vorschrift des Auftraggebers ausgestellt sein.

5.   Wird Sicherheit durch Hinterlegung von Geld geleistet, so hat der Auftragnehmer den Betrag bei einem zu vereinbarenden Geldinstitut auf ein Sperrkonto einzuzahlen, über das beide Parteien nur gemeinsam verfügen können. Etwaige Zinsen stehen dem Auftragnehmer zu.

6. (1) Soll der Auftraggeber vereinbarungsgemäß die Sicherheit in Teilbeträgen von seinen Zahlungen einbehalten, so darf er jeweils die Zahlung um höchstens 10 v. H. kürzen, bis die vereinbarte Sicherheitssumme erreicht ist. Den jeweils einbehaltenen Betrag hat er dem Auftragnehmer mitzuteilen und binnen 18 Werktagen nach dieser Mitteilung auf Sperrkonto bei dem vereinbarten Geldinstitut einzuzahlen. Gleichzeitig muß er veranlassen, daß dieses Geldinstitut den Auftragnehmer von der Einzahlung des Sicherheitsbetrags benachrichtigt. Nr. 5 gilt entsprechend.

(2) Bei kleineren oder kurzfristigen Aufträgen ist es zulässig, daß der Auftraggeber den einbehaltenen Sicherheitsbetrag erst bei der Schlußzahlung auf Sperrkonto einzahlt.

(3) Zahlt der Auftraggeber den einbehaltenen Betrag nicht rechtzeitig ein, so kann ihm der Auftragnehmer hierfür eine angemessene Nachfrist setzen. Läßt der Auftraggeber auch diese verstreichen, so kann der Auftragnehmer die sofortige Auszahlung des einbehaltenen Betrags verlangen und braucht dann keine Sicherheit mehr zu leisten.

(4) Öffentliche Auftraggeber sind berechtigt, den als Sicherheit einbehaltenen Betrag auf eigenes Verwahrgeldkonto zu nehmen; der Betrag wird nicht verzinst.

7. Der Auftragnehmer hat die Sicherheit binnen 18 Werktagen nach Vertragsabschluß zu leisten, wenn nichts anderes vereinbart ist. Soweit er diese Verpflichtung nicht erfüllt hat, ist der Auftraggeber berechtigt, vom Guthaben des Auftragnehmers einen Betrag in Höhe der vereinbarten Sicherheit einzubehalten. Im übrigen gelten Nummern 5 und 6 außer Absatz 1 Satz 1 entsprechend.

8. Der Auftraggeber hat eine nicht verwertete Sicherheit zum vereinbarten Zeitpunkt, spätestens nach Ablauf der Verjährungsfrist für die Gewährleistung, zurückzugeben. Soweit jedoch zu dieser Zeit seine Ansprüche noch nicht erfüllt sind, darf er einen entsprechenden Teil der Sicherheit zurückhalten.

§ 18

Streitigkeiten

1. Liegen die Voraussetzungen für eine Gerichtsstandvereinbarung nach § 38 Zivilprozeßordnung vor, richtet sich der Gerichtsstand für Streitigkeiten aus dem Vertrag nach dem Sitz der für die Prozeßvertretung des Auftraggebers zuständigen Stelle, wenn nichts anderes vereinbart ist. Sie ist dem Auftragnehmer auf Verlangen mitzuteilen.

2. Entstehen bei Verträgen mit Behörden Meinungsverschiedenheiten, so soll der Auftragnehmer zunächst die der auftraggebenden Stelle unmittelbar vorgesetzte Stelle anrufen. Diese soll dem Auftragnehmer Gelegenheit zur mündlichen Aussprache geben und ihn möglichst innerhalb von 2 Monaten nach der Anrufung schriftlich bescheiden und dabei auf die Rechtsfolgen des Satzes 3 hinweisen. Die Entscheidung gilt als anerkannt, wenn der Auftragnehmer nicht innerhalb von 2 Monaten nach Eingang des Bescheides schriftlich Einspruch beim Auftraggeber erhebt und dieser ihn auf die Ausschlußfrist hingewiesen hat.

3. Bei Meinungsverschiedenheiten über die Eigenschaft von Stoffen und Bau-
    teilen, für die allgemeingültige Prüfungsverfahren bestehen, und über die
    Zulässigkeit oder Zuverlässigkeit der bei der Prüfung verwendeten Maschinen
    oder angewendeten Prüfungsverfahren kann jede Vertragspartei nach vorhe-
    riger Benachrichtigung der anderen Vertragspartei die materialtechnische
    Untersuchung durch eine staatliche oder staatlich anerkannte Materialprü-
    fungsstelle vornehmen lassen; deren Feststellungen sind verbindlich. Die
    Kosten trägt der unterliegende Teil.

4. Streitfälle berechtigen den Auftragnehmer nicht, die Arbeiten einzustellen.

Juni 1996

	VOB Verdingungsordnung für Bauleistungen Teil C: Allgemeine Technische Vertragsbedingungen für Bauleistungen (ATV) **Allgemeine Regelungen für Bauarbeiten jeder Art**	$\overline{\underline{\text{DIN}}}$ 18299

ICS 91-030

Ersatz für Ausgabe 1992-12

Deskriptoren: VOB, Verdingungsordnung, Bauleistung, Bauarbeit, Vertragsbedingung

Contract procedures for building works – Part C: General technical specifications
for building works – General rules for all kinds of building works

Cahier des charges pour des travaux du bâtiment – Partie C: Règlements techniques générales de contrat pour d'execution des travaux du bâtiment – Règles générales pour toute sorte des travaux

Vorwort

Diese Norm wurde vom Deutschen Verdingungsausschuß für Bauleistungen (DVA) aufgestellt.

Änderungen

Gegenüber der Ausgabe 1992-12 wurden folgende Änderungen vorgenommen:
- Abschnitt 0 wurde unter Berücksichtigung umweltrechtlicher Vorschriften und aufgrund von Erkenntnissen aus dem Bauablauf ergänzt.

Frühere Ausgaben

DIN 18299: 1988-09, 1992-12

Normative Verweisungen

Diese Norm enthält durch datierte oder undatierte Verweisungen Festlegungen aus anderen Publikationen. Diese normativen Verweisungen sind an den jeweiligen Stellen im Text zitiert, und die Publikationen sind nachstehend aufgeführt. Bei datierten Verweisungen gehören spätere Änderungen oder Überarbeitungen dieser Publikationen nur zu dieser Norm, falls sie durch Änderung oder Überarbeitung eingearbeitet sind. Bei undatierten Verweisungen gilt die letzte Ausgabe der in Bezug genommenen Publikation.

DIN 1960
    VOB Verdingungsordnung für Bauleistungen – Teil A: Allgemeine Bestimmungen für die Vergabe von Bauleistungen

DIN 1961
    VOB Verdingungsordnung für Bauleistungen – Teil B: Allgemeine Vertragsbedingungen für die Ausführung von Bauleistungen

DIN 18300
    VOB Verdingungsordnung für Bauleistungen – Teil C: Allgemeine Technische Vertragsbedingungen für Bauleistungen (ATV); Erdarbeiten

DIN 18301
    VOB Verdingungsordnung für Bauleistungen – Teil C: Allgemeine Technische Vertragsbedingungen für Bauleistungen (ATV); Bohrarbeiten

DIN 18302
    VOB Verdingungsordnung für Bauleistungen – Teil C: Allgemeine Technische Vertragsbedingungen für Bauleistungen (ATV); Brunnenbauarbeiten

DIN 18303
    VOB Verdingungsordnung für Bauleistungen – Teil C: Allgemeine Technische Vertragsbedingungen für Bauleistungen (ATV); Verbauarbeiten

DIN 18304
    VOB Verdingungsordnung für Bauleistungen – Teil C: Allgemeine Technische Vertragsbedingungen für Bauleistungen (ATV); Rammarbeiten

DIN 18305
    VOB Verdingungsordnung für Bauleistungen – Teil C: Allgemeine Technische Vertragsbedingungen für Bauleistungen (ATV); Wasserhaltungsarbeiten

DIN 18306
    VOB Verdingungsordnung für Bauleistungen – Teil C: Allgemeine Technische Vertragsbedingungen für Bauleistungen (ATV); Entwässerungskanalarbeiten

DIN 18307
    VOB Verdingungsordnung für Bauleistungen – Teil C: Allgemeine Technische Vertragsbedingungen für Bauleistungen (ATV); Gas- und Wasserleitungsarbeiten im Erdreich

Fortsetzung Seite 2 bis 12

DIN Deutsches Institut für Normung e.V.

DIN 18308
VOB Verdingungsordnung für Bauleistungen – Teil C: Allgemeine Technische Vertragsbedingungen für Bauleistungen (ATV); Dränarbeiten

DIN 18309
VOB Verdingungsordnung für Bauleistungen – Teil C: Allgemeine Technische Vertragsbedingungen für Bauleistungen (ATV); Einpreßarbeiten

DIN 18310
VOB Verdingungsordnung für Bauleistungen – Teil C: Allgemeine Technische Vertragsbedingungen für Bauleistungen (ATV); Sicherungsarbeiten an Gewässern, Deichen und Küstendünen

DIN 18311
VOB Verdingungsordnung für Bauleistungen – Teil C: Allgemeine Technische Vertragsbedingungen für Bauleistungen (ATV); Naßbaggerarbeiten

DIN 18312
VOB Verdingungsordnung für Bauleistungen – Teil C: Allgemeine Technische Vertragsbedingungen für Bauleistungen (ATV); Untertagebauarbeiten

DIN 18313
VOB Verdingungsordnung für Bauleistungen – Teil C: Allgemeine Technische Vertragsbedingungen für Bauleistungen (ATV); Schlitzwandarbeiten mit stützenden Flüssigkeiten

DIN 18314
VOB Verdingungsordnung für Bauleistungen – Teil C: Allgemeine Technische Vertragsbedingungen für Bauleistungen (ATV); Spritzbetonarbeiten

DIN 18315
VOB Verdingungsordnung für Bauleistungen – Teil C: Allgemeine Technische Vertragsbedingungen für Bauleistungen (ATV); Verkehrswegebauarbeiten, Oberbauschichten ohne Bindemittel

DIN 18316
VOB Verdingungsordnung für Bauleistungen – Teil C: Allgemeine Technische Vertragsbedingungen für Bauleistungen (ATV); Verkehrswegebauarbeiten, Oberbauschichten mit hydraulischen Bindemitteln

DIN 18317
VOB Verdingungsordnung für Bauleistungen – Teil C: Allgemeine Technische Vertragsbedingungen für Bauleistungen (ATV); Verkehrswegebauarbeiten, Oberbauschichten aus Asphalt

DIN 18318
VOB Verdingungsordnung für Bauleistungen – Teil C: Allgemeine Technische Vertragsbedingungen für Bauleistungen (ATV); Verkehrswegebauarbeiten, Pflasterdecken, Plattenbeläge, Einfassungen

DIN 18319
VOB Verdingungsordnung für Bauleistungen – Teil C: Allgemeine Technische Vertragsbedingungen für Bauleistungen (ATV); Rohrvortriebsarbeiten

DIN 18320
VOB Verdingungsordnung für Bauleistungen – Teil C: Allgemeine Technische Vertragsbedingungen für Bauleistungen (ATV); Landschaftsbauarbeiten

DIN 18325
VOB Verdingungsordnung für Bauleistungen – Teil C: Allgemeine Technische Vertragsbedingungen für Bauleistungen (ATV); Gleisbauarbeiten

DIN 18330
VOB Verdingungsordnung für Bauleistungen – Teil C: Allgemeine Technische Vertragsbedingungen für Bauleistungen (ATV); Mauerarbeiten

DIN 18331
VOB Verdingungsordnung für Bauleistungen – Teil C: Allgemeine Technische Vertragsbedingungen für Bauleistungen (ATV); Beton- und Stahlbetonarbeiten

DIN 18332
VOB Verdingungsordnung für Bauleistungen – Teil C: Allgemeine Technische Vertragsbedingungen für Bauleistungen (ATV); Naturwerksteinarbeiten

DIN 18333
VOB Verdingungsordnung für Bauleistungen – Teil C: Allgemeine Technische Vertragsbedingungen für Bauleistungen (ATV); Betonwerksteinarbeiten

DIN 18334
VOB Verdingungsordnung für Bauleistungen – Teil C: Allgemeine Technische Vertragsbedingungen für Bauleistungen (ATV); Zimmer- und Holzbauarbeiten

DIN 18335
VOB Verdingungsordnung für Bauleistungen – Teil C: Allgemeine Technische Vertragsbedingungen für Bauleistungen (ATV); Stahlbauarbeiten

DIN 18336
VOB Verdingungsordnung für Bauleistungen – Teil C: Allgemeine Technische Vertragsbedingungen für Bauleistungen (ATV); Abdichtungsarbeiten

DIN 18338
VOB Verdingungsordnung für Bauleistungen – Teil C: Allgemeine Technische Vertragsbedingungen für Bauleistungen (ATV); Dachdeckungs- und Dachabdichtungsarbeiten

DIN 18339
VOB Verdingungsordnung für Bauleistungen – Teil C: Allgemeine Technische Vertragsbedingungen für Bauleistungen (ATV); Klempnerarbeiten

DIN 18349
VOB Verdingungsordnung für Bauleistungen – Teil C: Allgemeine Technische Vertragsbedingungen für Bauleistungen (ATV); Betonerhaltungsarbeiten

DIN 18350
VOB Verdingungsordnung für Bauleistungen – Teil C: Allgemeine Technische Vertragsbedingungen für Bauleistungen (ATV); Putz- und Stuckarbeiten

DIN 18352
VOB Verdingungsordnung für Bauleistungen – Teil C: Allgemeine Technische Vertragsbedingungen für Bauleistungen (ATV); Fliesen- und Plattenarbeiten

DIN 18353
VOB Verdingungsordnung für Bauleistungen – Teil C: Allgemeine Technische Vertragsbedingungen für Bauleistungen (ATV); Estricharbeiten

DIN 18354
VOB Verdingungsordnung für Bauleistungen – Teil C: Allgemeine Technische Vertragsbedingungen für Bauleistungen (ATV); Gußasphaltarbeiten

DIN 18355
VOB Verdingungsordnung für Bauleistungen – Teil C: Allgemeine Technische Vertragsbedingungen für Bauleistungen (ATV); Tischlerarbeiten

DIN 18356
VOB Verdingungsordnung für Bauleistungen – Teil C: Allgemeine Technische Vertragsbedingungen für Bauleistungen (ATV); Parkettarbeiten

DIN 18357
VOB Verdingungsordnung für Bauleistungen – Teil C: Allgemeine Technische Vertragsbedingungen für Bauleistungen (ATV); Beschlagarbeiten

DIN 18358
VOB Verdingungsordnung für Bauleistungen – Teil C: Allgemeine Technische Vertragsbedingungen für Bauleistungen (ATV); Rolladenarbeiten

DIN 18360
VOB Verdingungsordnung für Bauleistungen – Teil C: Allgemeine Technische Vertragsbedingungen für Bauleistungen (ATV); Metallbauarbeiten

DIN 18361
VOB Verdingungsordnung für Bauleistungen – Teil C: Allgemeine Technische Vertragsbedingungen für Bauleistungen (ATV); Verglasungsarbeiten

DIN 18363
VOB Verdingungsordnung für Bauleistungen – Teil C: Allgemeine Technische Vertragsbedingungen für Bauleistungen (ATV); Maler- und Lackiererarbeiten

DIN 18364
VOB Verdingungsordnung für Bauleistungen – Teil C: Allgemeine Technische Vertragsbedingungen für Bauleistungen (ATV); Korrosionsschutzarbeiten an Stahl- und Aluminiumbauten

DIN 18365
VOB Verdingungsordnung für Bauleistungen – Teil C: Allgemeine Technische Vertragsbedingungen für Bauleistungen (ATV); Bodenbelagarbeiten

DIN 18366
VOB Verdingungsordnung für Bauleistungen – Teil C: Allgemeine Technische Vertragsbedingungen für Bauleistungen (ATV); Tapezierarbeiten

DIN 18367
VOB Verdingungsordnung für Bauleistungen – Teil C: Allgemeine Technische Vertragsbedingungen für Bauleistungen (ATV); Holzpflasterarbeiten

DIN 18379
VOB Verdingungsordnung für Bauleistungen – Teil C: Allgemeine Technische Vertragsbedingungen für Bauleistungen (ATV); Raumlufttechnische Anlagen

DIN 18380
VOB Verdingungsordnung für Bauleistungen – Teil C: Allgemeine Technische Vertragsbedingungen für Bauleistungen (ATV); Heizanlagen und zentrale Wassererwärmungsanlagen

DIN 18381
VOB Verdingungsordnung für Bauleistungen – Teil C: Allgemeine Technische Vertragsbedingungen für Bauleistungen (ATV); Gas-, Wasser- und Abwasserinstallationsarbeiten innerhalb von Gebäuden

DIN 18382
VOB Verdingungsordnung für Bauleistungen – Teil C: Allgemeine Technische Vertragsbedingungen für Bauleistungen (ATV); Elektrische Kabel- und Leitungsanlagen in Gebäuden

DIN 18384
VOB Verdingungsordnung für Bauleistungen – Teil C: Allgemeine Technische Vertragsbedingungen für Bauleistungen (ATV); Blitzschutzanlagen

DIN 18385
VOB Verdingungsordnung für Bauleistungen – Teil C: Allgemeine Technische Vertragsbedingungen für Bauleistungen (ATV); Förderanlagen, Aufzugsanlagen, Fahrtreppen und Fahrsteige

DIN 18386
VOB Verdingungsordnung für Bauleistungen – Teil C: Allgemeine Technische Vertragsbedingungen für Bauleistungen (ATV); Gebäudeautomation

DIN 18421
VOB Verdingungsordnung für Bauleistungen – Teil C: Allgemeine Technische Vertragsbedingungen für Bauleistungen (ATV); Dämmarbeiten an technischen Anlagen

DIN 18451
VOB Verdingungsordnung für Bauleistungen – Teil C: Allgemeine Technische Vertragsbedingungen für Bauleistungen (ATV); Gerüstarbeiten

– Leerseite –

Inhalt

0   Hinweise für das Aufstellen der Leistungsbeschreibung

Diese Hinweise für das Aufstellen der Leistungsbeschreibung gelten für Bauarbeiten jeder Art; sie werden ergänzt durch die auf die einzelnen Leistungsbereiche bezogenen Hinweise in den Abschnitten 0 der ATV DIN 18300 ff.

Die Beachtung dieser Hinweise ist Voraussetzung für eine ordnungsgemäße Leistungsbeschreibung gemäß A § 9.

Die Hinweise werden nicht Vertragsbestandteil.

In der Leistungsbeschreibung sind nach den Erfordernissen des Einzelfalls insbesondere anzugeben:

0.1   Angaben zur Baustelle

0.1.1   Lage der Baustelle, Umgebungsbedingungen, Zufahrtsmöglichkeiten und Beschaffenheit der Zufahrt sowie etwaige Einschränkungen bei ihrer Benutzung.

0.1.2   Art und Lage der baulichen Anlagen, z. B. auch Anzahl und Höhe der Geschosse.

0.1.3   Verkehrsverhältnisse auf der Baustelle, insbesondere Verkehrsbeschränkungen.

0.1.4   Für den Verkehr freizuhaltende Flächen.

0.1.5 Lage, Art, Anschlußwert und Bedingungen für das Überlassen von Anschlüssen für Wasser, Energie und Abwasser.

0.1.6 Lage und Ausmaß der dem Auftragnehmer für die Ausführung seiner Leistungen zur Benutzung oder Mitbenutzung überlassenen Flächen, Räume.

0.1.7 Bodenverhältnisse, Baugrund und seine Tragfähigkeit. Ergebnisse von Bodenuntersuchungen.

0.1.8 Hydrologische Werte von Grundwasser und Gewässern. Art, Lage, Abfluß, Abflußvermögen und Hochwasserverhältnisse von Vorflutern. Ergebnisse von Wasseranalysen.

0.1.9 Besondere umweltrechtliche Vorschriften.

0.1.10 Besondere Vorgaben für die Entsorgung, z. B. besondere Beschränkungen für die Beseitigung von Abwasser und Abfall.

0.1.11 Schutzgebiete oder Schutzzeiten im Bereich der Baustelle, z. B. wegen Forderungen des Gewässer-, Boden-, Natur-, Landschafts- oder Immissionsschutzes; vorliegende Fachgutachten o. ä.

0.1.12 Art und Umfang des Schutzes von Bäumen, Pflanzenbeständen, Vegetationsflächen, Verkehrsflächen, Bauteilen, Bauwerken, Grenzsteinen u. ä. im Bereich der Baustelle.

0.1.13 Im Baugelände vorhandene Anlagen, insbesondere Abwasser- und Versorgungsleitungen.

0.1.14 Bekannte oder vermutete Hindernisse im Bereich der Baustelle, z. B. Leitungen, Kabel, Dräne, Kanäle, Bauwerksreste, und, soweit bekannt, deren Eigentümer.

0.1.15 Vermutete Kampfmittel im Bereich der Baustelle, Ergebnisse von Erkundungs- oder Beräumungsmaßnahmen.

0.1.16 Besondere Anordnungen, Vorschriften und Maßnahmen der Eigentümer (oder der anderen Weisungsberechtigten) von Leitungen, Kabeln, Dränen, Kanälen, Straßen, Wegen, Gewässern, Gleisen, Zäunen und dergleichen im Bereich der Baustelle.

0.1.17 Art und Umfang von Schadstoffbelastungen, z. B. des Bodens, der Gewässer, der Luft, der Stoffe und Bauteile; vorliegende Fachgutachten o. ä.

0.1.18 Art und Zeit der vom Auftraggeber veranlaßten Vorarbeiten.

0.1.19 Arbeiten anderer Unternehmer auf der Baustelle.

0.2 Angaben zur Ausführung

0.2.1 Vorgesehene Arbeitsabschnitte, Arbeitsunterbrechungen und -beschränkungen nach Art, Ort und Zeit sowie Abhängigkeit von Leistungen anderer.

0.2.2 *Besondere Erschwernisse während der Ausführung, z. B. Arbeiten in Räumen, in denen der Betrieb weiterläuft, Arbeiten im Bereich von Verkehrswegen, oder bei außergewöhnlichen äußeren Einflüssen.*

0.2.3 *Besondere Anforderungen für Arbeiten in kontaminierten Bereichen, gegebenenfalls besondere Anordnungen für Schutz- und Sicherheitsmaßnahmen.*

0.2.4 *Besondere Anforderungen an die Baustelleneinrichtung und Entsorgungseinrichtungen, z. B. Behälter für die getrennte Erfassung.*

0.2.5 *Besonderheiten der Regelung und Sicherung des Verkehrs, gegebenenfalls auch, wieweit der Auftraggeber die Durchführung der erforderlichen Maßnahmen übernimmt.*

0.2.6 *Auf- und Abbauen sowie Vorhalten der Gerüste, die nicht Nebenleistung sind.*

0.2.7 *Mitbenutzung fremder Gerüste, Hebezeuge, Aufzüge, Aufenthalts- und Lagerräume, Einrichtungen und dergleichen durch den Auftragnehmer.*

0.2.8 *Wie lange, für welche Arbeiten und gegebenenfalls für welche Beanspruchung der Auftragnehmer seine Gerüste, Hebezeuge, Aufzüge, Aufenthalts- und Lagerräume, Einrichtungen und dergleichen für andere Unternehmer vorzuhalten hat.*

0.2.9 *Verwendung oder Mitverwendung von wiederaufbereiteten (Recycling-)Stoffen.*

0.2.10 *Anforderungen an wiederaufbereitete (Recycling-)Stoffe und an nicht genormte Stoffe und Bauteile.*

0.2.11 *Besondere Anforderungen an Art, Güte und Umweltverträglichkeit der Stoffe und Bauteile, auch z. B. an die schnelle biologische Abbaubarkeit von Hilfsstoffen.*

0.2.12 *Art und Umfang der vom Auftraggeber verlangten Eignungs- und Gütenachweise.*

0.2.13 *Unter welchen Bedingungen auf der Baustelle gewonnene Stoffe verwendet werden dürfen bzw. müssen oder einer anderen Verwertung zuzuführen sind.*

0.2.14 *Art, Zusammensetzung und Menge der aus dem Bereich des Auftraggebers zu entsorgenden Böden, Stoffe und Bauteile; Art der Verwertung bzw. bei Abfall die Entsorgungsanlage; Anforderungen an die Nachweise über Transporte, Entsorgung und die vom Auftraggeber zu tragenden Entsorgungskosten.*

0.2.15 *Art, Menge, Gewicht der Stoffe und Bauteile, die vom Auftraggeber beigestellt werden, sowie Art, Ort (genaue Bezeichnung) und Zeit ihrer Übergabe.*

0.2.16 *In welchem Umfang der Auftraggeber Abladen, Lagern und Transport von Stoffen und Bauteilen übernimmt oder dafür dem Auftragnehmer Geräte oder Arbeitskräfte zur Verfügung stellt.*

27

0.2.17   *Leistungen für andere Unternehmer.*

0.2.18   *Mitwirken beim Einstellen von Anlageteilen und bei der Inbetriebnahme von Anlagen im Zusammenwirken mit anderen Beteiligten, z. B. mit dem Auftragnehmer für die Gebäudeautomation.*

0.2.19   *Benutzung von Teilen der Leistung vor der Abnahme.*

0.2.20   *Übertragung der Wartung während der Dauer der Verjährungsfrist für die Gewährleistungsansprüche für maschinelle und elektrotechnische/elektronische Anlagen oder Teile davon, bei denen die Wartung Einfluß auf die Sicherheit und die Funktionsfähigkeit hat (vergleiche B § 13 Nr 4, Abs. 2), durch einen besonderen Wartungsvertrag.*

0.2.21   *Abrechnung nach bestimmten Zeichnungen oder Tabellen.*

0.3   Einzelangaben bei Abweichungen von den ATV

0.3.1   *Wenn andere als die in den ATV DIN 18299 ff. vorgesehenen Regelungen getroffen werden sollen, sind diese in der Leistungsbeschreibung eindeutig und im einzelnen anzugeben.*

0.3.2   *Abweichende Regelungen von der ATV DIN 18299 können insbesondere in Betracht kommen bei*

Abschnitt 2.1.1,   wenn die Lieferung von Stoffen und Bauteilen nicht zur Leistung gehören soll,

Abschnitt 2.2,   wenn nur ungebrauchte Stoffe und Bauteile vorgehalten werden dürfen,

Abschnitt 2.3.1,   wenn auch gebrauchte Stoffe und Bauteile geliefert werden dürfen.

0.4   Einzelangaben zu Nebenleistungen und Besonderen Leistungen

0.4.1   Nebenleistungen

Nebenleistungen (Abschnitt 4.1 aller ATV) sind in der Leistungsbeschreibung nur zu erwähnen, wenn sie ausnahmsweise selbständig vergütet werden sollen. Eine ausdrückliche Erwähnung ist geboten, wenn die Kosten der Nebenleistung von erheblicher Bedeutung für die Preisbildung sind; in diesen Fällen sind besondere Ordnungszahlen (Positionen) vorzusehen.

Dies kommt insbesondere in Betracht für

– *das Einrichten und Räumen der Baustelle,*

– *Gerüste,*

– *besondere Anforderungen an Zufahrten, Lager- und Stellflächen.*

0.4.2   Besondere Leistungen

Werden Besondere Leistungen (Abschnitt 4.2 aller ATV) verlangt, ist dies in der Leistungsbeschreibung anzugeben; gegebenenfalls sind hierfür besondere Ordnungszahlen (Positionen) vorzusehen.

0.5 Abrechnungseinheiten

Im Leistungsverzeichnis sind die Abrechnungseinheiten für die Teilleistungen (Positionen) gemäß Abschnitt 0.5 der jeweiligen ATV anzugeben.

1 Geltungsbereich

Die ATV "Allgemeine Regelungen für Bauarbeiten jeder Art" – DIN 18299 – gilt für alle Bauarbeiten, auch für solche, für die keine ATV in C – DIN 18300 ff. – bestehen. Abweichende Regelungen in den ATV DIN 18300 ff. haben Vorrang.

2 Stoffe, Bauteile

2.1 Allgemeines

2.1.1 Die Leistungen umfassen auch die Lieferung der dazugehörigen Stoffe und Bauteile einschließlich Abladen und Lagern auf der Baustelle.

2.1.2 Stoffe Bauteile, die vom Auftraggeber beigestellt werden, hat der Auftragnehmer rechtzeitig beim Auftraggeber anzufordern.

2.1.3 Stoffe und Bauteile müssen für den jeweiligen Verwendungszweck geeignet und aufeinander abgestimmt sein.

2.2 Vorhalten

Stoffe und Bauteile, die der Auftragnehmer nur vorzuhalten hat, die also nicht in das Bauwerk eingehen, dürfen nach Wahl des Auftragnehmers gebraucht oder ungebraucht sein.

2.3 Liefern

2.3.1 Stoffe und Bauteile, die der Auftragnehmer zu liefern und einzubauen hat, die also in das Bauwerk eingehen, müssen ungebraucht sein. Wiederaufbereitete (Recycling-)Stoffe gelten als ungebraucht, wenn sie Abschnitt 2.1.3 entsprechen.

2.3.2 Stoffe und Bauteile, für die DIN-Normen bestehen, müssen den DIN-Güte- und -Maßbestimmungen entsprechen.

2.3.3 Stoffe und Bauteile, die nach den deutschen behördlichen Vorschriften einer Zulassung bedürfen, müssen amtlich zugelassen sein und den Zulassungsbedingungen entsprechen.

2.3.4 Stoffe und Bauteile, für die bestimmte technische Spezifikationen in der Leistungsbeschreibung nicht genannt sind, dürfen auch verwendet werden, wenn sie Normen, technische Vorschriften oder sonstigen Bestimmungen anderer Staaten entsprechen, sofern das geforderte Schutzniveau in bezug auf Sicherheit, Gesundheit und Gebrauchstauglichkeit gleichermaßen dauerhaft erreicht wird.

Sofern für Stoffe und Bauteile eine Überwachungs-, Prüfzeichenpflicht oder der Nachweis der Brauchbarkeit, z. B. durch allgemeine bauaufsichtliche Zulassung, allgemein vorgesehen ist, kann von einer Gleichwertigkeit nur ausgegangen werden, wenn die Stoffe und Bauteile ein Überwachungs- oder Prüfzeichen tragen oder für sie der genannte Brauchbarkeitsnachweis erbracht ist.

3 Ausführung

3.1 Wenn Verkehrs-, Versorgungs- und Entsorgungsanlagen im Bereich des Baugeländes liegen, sind die Vorschriften und Anordnungen der zuständigen Stellen zu beachten. Kann die Lage dieser Anlagen nicht angegeben werden, ist sie zu erkunden. Solche Maßnahmen sind Besondere Leistungen (siehe Abschnitt 4.2.1).

3.2 Die für die Aufrechterhaltung des Verkehrs bestimmten Flächen sind freizuhalten. Der Zugang zu Einrichtungen der Versorgungs- und Entsorgungsbetriebe, der Feuerwehr, der Post und Bahn, zu Vermessungspunkten und dergleichen darf nicht mehr als durch die Ausführung unvermeidlich behindert werden.

3.3 Werden Schadstoffe angetroffen, z. B. in Böden, Gewässern oder Bauteilen, ist der Auftraggeber unverzüglich zu unterrichten. Bei Gefahr im Verzug hat der Auftragnehmer unverzüglich die notwendigen Sicherungsmaßnahmen zu treffen. Die weiteren Maßnahmen sind gemeinsam festzulegen. Die getroffenen und die weiteren Maßnahmen sind Besondere Leistungen (siehe Abschnitt 4.2.1).

4 Nebenleistungen, Besondere Leistungen

4.1 Nebenleistungen

Nebenleistungen sind Leistungen, die auch ohne Erwähnung im Vertrag zur vertraglichen Leistung gehören (B § 2 Nr 1).

Nebenleistungen sind demnach insbesondere:

4.1.1 Einrichten und Räumen der Baustelle einschließlich der Geräte und dergleichen.

4.1.2 Vorhalten der Baustelleneinrichtung einschließlich der Geräte und dergleichen.

4.1.3 Messungen für das Ausführen und Abrechnen der Arbeiten einschließlich des Vorhaltens der Meßgeräte, Lehren, Absteckzeichen usw., des Erhaltens der Lehren und Absteckzeichen während der Bauausführung und des Stellens der Arbeitskräfte, jedoch nicht Leistungen nach B § 3 Nr 2.

4.1.4 Schutz- und Sicherheitsmaßnahmen nach den Unfallverhütungsvorschriften und den behördlichen Bestimmungen, ausgenommen Leistungen nach Abschnitt 4.2.4.

4.1.5 Beleuchten, Beheizen und Reinigen der Aufenthalts- und Sanitärräume für die Beschäftigten des Auftragnehmers.

4.1.6 Heranbringen von Wasser und Energie von den vom Auftraggeber auf der Baustelle zur Verfügung gestellten Anschlußstellen zu den Verwendungsstellen.

4.1.7 Liefern der Betriebsstoffe.

4.1.8 Vorhalten der Kleingeräte und Werkzeuge.

4.1.9 Befördern aller Stoffe und Bauteile, auch wenn sie vom Auftraggeber beigestellt sind, von den Lagerstellen auf der Baustelle bzw. von den in der Leistungsbeschreibung angegebenen Übergabestellen zu den Verwendungsstellen und etwaiges Rückbefördern.

4.1.10 Sichern der Arbeiten gegen Niederschlagswasser, mit dem normalerweise gerechnet werden muß, und seine etwa erforderliche Beseitigung.

4.1.11 Entsorgen von Abfall aus dem Bereich des Auftragnehmers sowie Beseitigen der Verunreinigungen, die von den Arbeiten des Auftragnehmers herrühren.

4.1.12 Entsorgen von Abfall aus dem Bereich des Auftraggebers bis zu einer Menge von 1 m^3, soweit der Abfall nicht schadstoffbelastet ist.

4.2 Besondere Leistungen

Besondere Leistungen sind Leistungen, die nicht Nebenleistungen gemäß Abschnitt 4.1 sind und nur dann zur vertraglichen Leistung gehören, wenn sie in der Leistungsbeschreibung besonders erwähnt sind. Besondere Leistungen sind z. B.:

4.2.1 Maßnahmen nach den Abschnitten 3.1 und 3.3.

4.2.2 Beaufsichtigen der Leistungen anderer Unternehmer.

4.2.3 Sicherungsmaßnahmen zur Unfallverhütung für Leistungen anderer Unternehmer.

4.2.4 Besondere Schutz- und Sicherheitsmaßnahmen bei Arbeiten in kontaminierten Bereichen, z. B. meßtechnische Überwachung, spezifische Zusatzgeräte für Baumaschinen und Anlagen, abgeschottete Arbeitsbereiche.

4.2.5 Besondere Schutzmaßnahmen gegen Witterungsschäden, Hochwasser und Grundwasser, ausgenommen Leistungen nach Abschnitt 4.1.10.

4.2.6 Versicherung der Leistung bis zur Abnahme zugunsten des Auftraggebers oder Versicherung eines außergewöhnlichen Haftpflichtwagnisses.

4.2.7 Besondere Prüfung von Stoffen und Bauteilen, die der Auftraggeber liefert.

4.2.8 Aufstellen, Vorhalten, Betreiben und Beseitigen von Einrichtungen zur Sicherung und Aufrechterhaltung des Verkehrs auf der Baustelle, z. B. Bauzäune, Schutzgerüste, Hilfsbauwerke, Beleuchtungen, Leiteinrichtungen.

4.2.9 Aufstellen, Vorhalten, Betreiben und Beseitigen von Einrichtungen außerhalb der Baustelle zur Umleitung und Regelung des öffentlichen und Anlieger-Verkehrs.

4.2.10 Bereitstellen von Teilen der Baustelleneinrichtung für andere Unternehmer oder den Auftraggeber.

4.2.11 Besondere Maßnahmen aus Gründen des Umweltschutzes, der Landes-
und Denkmalpflege.

4.2.12 Entsorgen von Abfall über die Leistungen nach den Abschnitten 4.1.11 und
4.1.12 hinaus.

4.2.13 Besonderer Schutz der Leistung, der vom Auftraggeber für eine vorzeitige
Benutzung verlangt wird, seine Unterhaltung und spätere Beseitigung.

4.2.14 Beseitigen von Hindernissen.

4.2.15 Zusätzliche Maßnahmen für die Weiterarbeit bei Frost und Schnee, soweit
sie dem Auftragnehmer nicht ohnehin obliegen.

4.2.16 Besondere Maßnahmen zum Schutz und zur Sicherung gefährdeter
baulicher Anlagen und benachbarter Grundstücke.

4.2.17 Sichern von Leitungen, Kabeln, Dränen, Kanälen, Grenzsteinen, Bäumen,
Pflanzen und dergleichen.

5 Abrechnung

Die Leistung ist aus Zeichnungen zu ermitteln, soweit die ausgeführte Leistung
diesen Zeichnungen entspricht. Sind solche Zeichnungen nicht vorhanden, ist die
Leistung aufzumessen.

VOB Verdingungsordnung für Bauleistungen Teil C: Allgemeine Technische Vertragsbedingungen für Bauleistungen (ATV) **Stahlbauarbeiten**	**DIN** **18335**

ICS 91-030

Ersatz für Ausgabe 1988-09

Deskriptoren: VOB, Verdingungsordnung, Bauleistung, Stahlbauarbeit

Contract procedures for building works – Part C: General technical specifications
for building works – Steel construction works

Cahier des charges pour des travaux du bâtiment – Partie C: Règlements techniques générales de contrat pour d'execution des travaux du bâtiment – Travaux
de construction en acier

Vorwort

Diese Norm wurde vom Deutschen Verdingungsausschuß für Bauleistungen (DVA) aufgestellt.

Änderungen

Gegenüber der Ausgabe September 1988 wurden folgende Änderungen vorgenommen:
– Die Zitate von DIN-Normen wurden dem aktuellen Stand angepaßt.

Frühere Ausgaben

DIN 18335: 1958-12x, 1979-10, 1988-09

Normative Verweisungen

Diese Norm enthält durch datierte oder undatierte Verweisungen Festlegungen aus anderen Publikationen. Diese normativen Verweisungen sind an den jeweiligen Stellen im Text
zitiert, und die Publikationen sind nachstehend aufgeführt. Bei
datierten Verweisungen gehören spätere Änderungen oder
Überarbeitungen dieser Publikationen nur zu dieser Norm,
falls sie durch Änderung oder Überarbeitung eingearbeitet
sind. Bei undatierten Verweisungen gilt die letzte Ausgabe der
in Bezug genommenen Publikation.

DIN 1960
VOB Verdingungsordnung für Bauleistungen – Teil A: Allgemeine Bestimmungen für die Vergabe von Bauleistungen

DIN 1961
VOB Verdingungsordnung für Bauleistungen – Teil B: All-
gemeine Vertragsbedingungen für die Ausführung von
Bauleistungen

DIN 18299
VOB Verdingungsordnung für Bauleistungen – Teil C: Allgemeine Technische Vertragsbedingungen für Bauleistungen (ATV); Allgemeine Regelungen für Bauarbeiten jeder
Art

DIN 18331
VOB Verdingungsordnung für Bauleistungen – Teil C: Allgemeine Technische Vertragsbedingungen für Bauleistungen (ATV); Beton- und Stahlbetonarbeiten

DIN 18360
VOB Verdingungsordnung für Bauleistungen – Teil C: Allgemeine Technische Vertragsbedingungen für Bauleistungen (ATV); Metallbauarbeiten, Schlosserarbeiten

DIN 18364
VOB Verdingungsordnung für Bauleistungen – Teil C: Allgemeine Technische Vertragsbedingungen für Bauleistungen (ATV); Korrosionsschutzarbeiten an Stahl- und
Aluminiumbauten

DIN 18800-7
Stahlbauten – Herstellen, Eignungsnachweise zum
Schweißen

DIN 55928-4
Korrosionsschutz von Stahlbauten durch Beschichtungen
und Überzüge – Vorbereitung und Prüfung der Oberflächen

DIN 55928-5
Korrosionsschutz von Stahlbauten durch Beschichtungen
und Überzüge – Beschichtungsstoffe und Schutzsysteme

DIN 55928-6
Korrosionsschutz von Stahlbauten durch Beschichtungen
und Überzüge – Ausführung und Überwachung der Korrosionsschutzarbeiten

DIN EN 10204
Metallische Erzeugnisse – Arten von Prüfbescheinigungen; Deutsche Fassung EN 10204 : 1991 + A1 : 1995

Fortsetzung Seite 2 bis 10

DIN Deutsches Institut für Normung e.V.

– Leerseite –

Inhalt

0 Hinweise für das Aufstellen der Leistungsbeschreibung

Diese Hinweise ergänzen die ATV DIN 18299 "Allgemeine Regelungen für Bauarbeiten jeder Art", Abschnitt 0. Die Beachtung dieser Hinweise ist Voraussetzung für eine ordnungsgemäße Leistungsbeschreibung gemäß A § 9.

Die Hinweise werden nicht Vertragsbestandteil.

In der Leistungsbeschreibung sind nach den Erfordernissen des Einzelfalls insbesondere anzugeben:

0.1 Angaben zur Baustelle

0.1.1 *Art und Beschaffenheit der Unterlage (Untergrund, Unterbau, Tragschicht, Tragwerk).*

0.1.2 *Gründungstiefen, Gründungsarten und Lasten benachbarter Bauwerke.*

0.2 Angaben zur Ausführung

0.2.1 *Art und Umfang etwaiger Bauteilprüfungen (siehe Abschnitt 2.2).*

0.2.2 *Weitere Prüfungen für Verbindungen über die Festlegungen nach Abschnitt 3.1 hinaus.*

0.2.3 *Ausbildung der Anschlüsse an Bauwerke.*

0.2.4 *Zulässige Fugenpressungen an Lagern und Stützenfüßen; Verlauf und Ausmaß von Setzungen.*

35

0.2.5 *Bereitstellen von Stoffen für Dichtheitsproben durch den Auftraggeber.*

0.2.6 *Berechnungen oder Zeichnungen, die der Auftraggeber zur Verfügung stellt.*

0.2.7 *Bei Probebelastungen: Liefern von Berechnungen, welche Formänderungsgrenzen maßgebend sein sollen, Beistellen von Stoffen und Gerät durch den Auftraggeber.*

0.2.8 *Liefern weiterer Konstruktionsunterlagen nach Abschnitt 3.2.2.*

0.2.9 *Erfordernis von Schweißplänen.*

0.2.10 *Für welche Ausführungsunterlagen die Genehmigung des Auftraggebers erforderlich ist.*

0.2.11 *Besondere Einschränkungen der Formänderungen.*

0.2.12 *Erfordernis bestimmter Toleranzgrenzen für die Maße des Bauwerks und seiner Teile.*

0.2.13 *Art der Oberflächenvorbereitung und Grundbeschichtung oder Forderung an den Auftragnehmer, in seinem Angebot die von ihm gewählte Art anzugeben.*

0.2.14 *Wahl oder Ausschluß bestimmter Verbindungsarten (Schweißen, Schrauben, Nieten).*

0.2.15 *Erfordernis besonderer Bearbeitung der Schweißnähte.*

0.2.16 *Art, Größe, Lage und Anzahl der Aussparungen.*

0.3 Einzelangaben bei Abweichungen von den ATV

0.3.1 *Wenn andere als die in dieser ATV vorgesehenen Regelungen getroffen werden sollen, sind diese in der Leistungsbeschreibung eindeutig und im einzelnen anzugeben.*

0.3.2 *Abweichende Regelungen können insbesondere in Betracht kommen bei*

Abschnitt 2.1.1,   *wenn anstelle der Vorlage einer Werksbescheinigung die Vorlage von Werkszeugnissen oder Werksprüfzeugnissen bzw. Abnahmeprüfzeugnissen 3.1.A, 3.1.B oder 3.1.C vereinbart werden soll,*

Abschnitt 3.2.1,   *wenn der Auftragnehmer nicht die für die Baugenehmigung erforderlichen Zeichnungen und Festigkeitsberechnungen liefern soll,*

Abschnitt 3.2.4,   *wenn für die Rückgabe der genehmigten Ausführungsunterlagen eine andere Frist vereinbart werden soll,*

Abschnitt 3.4.1,   *wenn die Stahlbauleistung nicht die Oberflächenvorbereitung und das Aufbringen einer Grundbeschichtung umfassen soll,*

Abschnitt 3.4.2,   *wenn der Auftragnehmer keine Korrosionsschutzarbeiten ausführen soll,*

Abschnitt 5.1,   *wenn das Gewicht durch Wiegen ermittelt werden soll,*

Abschnitt 5.2.2,   *wenn bei der Berechnung des Gewichtes Verbindungsmittel berücksichtigt werden sollen,*

Abschnitt 5.2.3,   *wenn bei der Berechnung des Gewichtes Walztoleranz und Verschnitt berücksichtigt werden sollen,*

Abschnitt 5.3,   *wenn auch alle gleichen Bauteile gewogen werden sollen.*

0.4 Einzelangaben zu Nebenleistungen und Besonderen Leistungen

Als Nebenleistungen, für die unter den Voraussetzungen der ATV DIN 18299, Abschnitt 0.4.1, besondere Ordnungszahlen (Positionen) vorzusehen sind, kommen insbesondere in Betracht:

- *Vorhalten der Gerüste (siehe Abschnitt 4.1.6),*
- *Erstellen und Vorhalten von Baubehelfen (siehe Abschnitt 4.1.7),*
- *Dichtheitsprüfungen (siehe Abschnitt 4.1.8).*

0.5 Abrechnungseinheiten

Im Leistungsverzeichnis sind die Abrechnungseinheiten wie folgt vorzusehen:

***0.5.1** Stahlbauteile nach Gewicht (kg, t), Längenmaß (m), Flächenmaß (m²), Raummaß (m³) oder Anzahl (Stück).*

***0.5.2** Verbundteile aus Stahl und Beton oder Stahlbeton nach Längenmaß (m), Flächenmaß (m²), Raummaß (m³), Anzahl (Stück), oder getrennt*
- *Stahlbauteile nach Abschnitt 0.5.1,*
- *Beton- und Stahlbetonteile nach ATV DIN 18331 "Beton- und Stahlbetonarbeiten",*

***0.5.3** Lagerkörper, Übergangskonstruktionen und andere besondere Bauteile nach Gewicht (kg, t), Längenmaß (m), Flächenmaß (m²) oder Anzahl (Stück);*

wenn sie mit der Hauptkonstruktion gewogen werden, nach Längenmaß (m), Flächenmaß (m²) oder Anzahl (Stück) als Zulage zur Hauptkonstruktion.

1 Geltungsbereich

1.1 Die ATV "Stahlbauarbeiten" – DIN 18335 – gilt für Stahlbauleistungen des konstruktiven Ingenieurbaus im Hoch- und Tiefbau einschließlich des Stahlverbundbaus.

1.2 Die ATV DIN 18335 gilt nicht für Metallbau- und Schlosserarbeiten (siehe ATV DIN 18360 "Metallbauarbeiten").

1.3 Ergänzend gelten die Abschnitte 1 bis 5 der ATV DIN 18299 "Allgemeine Regelungen für Bauarbeiten jeder Art". Bei Widersprüchen gehen die Regelungen der ATV DIN 18335 vor.

2 Stoffe, Bauteile

Ergänzend zur ATV DIN 18299, Abschnitt 2, gilt:

2.1 Werkstoffprüfungen

2.1.1 Der Auftragnehmer hat dem Auftraggeber eine Werksbescheinigung nach DIN EN 10204 "Metallische Erzeugnisse – Arten von Prüfbescheinigungen; Deutsche Fassung EN 10204 : 1991 + A1 : 1995" vorzulegen.

Ist statt dessen

– vereinbart, daß Werkszeugnisse oder Werksprüfzeugnisse vorzulegen sind,

– unter Angabe von Umfang und abnehmender Stelle vereinbart, daß Abnahmeprüfzeugnisse 3.1.A, 3.1.B oder 3.1.C vorzulegen sind,

so sind diese nach DIN EN 10204 aufzustellen.

Werkszeugnisse, Werksprüfzeugnisse und Werksbescheinigungen müssen in der Regel vom herstellenden Werk, in begründeten Fällen dürfen sie vom verarbeitenden Werk ausgestellt sein.

2.1.2 Wenn Abnahmeprüfzeugnisse verlangt sind, hat der Auftragnehmer sicherzustellen,

– daß dem Auftraggeber rechtzeitig mitgeteilt wird, wann der Werkstoff zur Prüfung bereitsteht,

– daß der Prüfungsbeauftragte des Auftraggebers Zutritt zum herstellenden bzw. verarbeitenden Werk erhält, soweit es der Prüfungszweck erfordert, und

– daß die zur Durchführung der Prüfung erforderlichen Arbeitskräfte, Maschinen, Geräte usw. sowie die fertig bearbeiteten Probestücke gestellt werden.

2.1.3 Wenn Abnahmeprüfzeugnisse verlangt sind, dürfen für die Ausführung nur Werkstoffe verwendet werden, die vom Prüfungsbeauftragten des Auftraggebers mit einem Prüfzeichen versehen und damit zur Verwendung freigegeben sind.

2.2 Prüfung von Bauteilen

Wenn die Prüfung von Bauteilen vereinbart ist, gilt Abschnitt 2.1.2 entsprechend.

3 Ausführung

Ergänzend zur ATV DIN 18299, Abschnitt 3, gilt:

3.1 Allgemeines

Für Stahlbauleistungen gilt DIN 18800-7 "Stahlbauten – Herstellen, Eignungsnachweise zum Schweißen".

3.2 Ausführungsunterlagen

3.2.1 Der Auftragnehmer hat die für die Baugenehmigung erforderlichen Zeichnungen und Festigkeitsberechnungen, bei Verbundbauteilen auch für die in Verbundwirkung stehenden Beton- und Stahlbetonteile, in drei von ihm unterschriebenen Ausfertigungen dem Auftraggeber zu liefern.

3.2.2 Hat der Auftragnehmer zum Zwecke der Bestandsaufnahme weitere Konstruktionsunterlagen, z. B. Skizzen, Tabellen, maßstabs- und/oder mikrofilmgerechte Zeichnungen zu liefern, so müssen daraus folgende Angaben ersichtlich sein:

– Maße,

– Werkstoffe,

– Verbindungen und Verbindungsmittel,

– Sonderbearbeitungen.

3.2.3 Vom Auftragnehmer zu liefernde Festigkeitsberechnungen müssen von ihm und vom Aufsteller mit vollem Namen unterschrieben sein. Schweißpläne müssen entsprechend vom Auftragnehmer und vom Schweißfachingenieur unterschrieben sein.

3.2.4 Der Auftraggeber hat die vom Auftragnehmer gelieferten Ausführungsunterlagen, soweit sie der Genehmigung des Auftraggebers bedürfen und nicht zu beanstanden sind, in einer Ausfertigung mit seinem Genehmigungsvermerk spätestens 3 Wochen nach der Vorlage zurückzugeben. Beanstandungen sind dem Auftragnehmer unverzüglich mitzuteilen.

3.2.5 Die Verantwortung und Haftung, die dem Auftragnehmer nach dem Vertrag obliegt, wird nicht dadurch eingeschränkt, daß der Auftraggeber Ausführungsunterlagen genehmigt.

Der Auftraggeber erklärt durch seine Genehmigung jedoch, daß die Ausführungsunterlagen seinen Forderungen entsprechen.

3.3 Herstellung

3.3.1 Der Auftraggeber hat dem Auftragnehmer die für die Aufnahme der Stahlkonstruktion hergerichteten Unterbauten in richtiger Lage und Höhe zur vereinbarten Zeit zur Verfügung zu stellen. Dabei hat er eine Höhenmarke, die Mittellinien des Bauwerks und die Widerlager-, Pfeiler- oder Säulenachsen zu kennzeichnen.

Der Auftragnehmer hat sich vor Beginn der Montage von der richtigen Lage und Kennzeichnung der Unterbauten zu überzeugen. Er hat dem Auftraggeber Bedenken unverzüglich mitzuteilen (siehe B § 4 Nr 3).

3.3.2 Der Auftragnehmer hat die Stahlbauten auszurichten und die Lager, Stützenfüße und Verankerungen zu unterstopfen oder zu verpressen.

Mit dem Unterstopfen oder Verpressen darf erst begonnen werden, nachdem Auftragnehmer und Auftraggeber gemeinsam die vertragsgemäße Lage der Lager, Stützenfüße und Verankerungen festgestellt haben. Die Feststellung ist in einer gemeinsamen Niederschrift zu erklären; sie gilt nicht als Abnahme.

Im Endausbau störende Hilfseinrichtungen zur Herstellung der planmäßigen Lage der Lager, Stützenfüße und Verankerungen während des Einbaues, z. B. Keile, hat der Auftragnehmer zu entfernen, sobald die Unterlage die erforderliche Festigkeit erreicht hat.

3.4 Korrosionsschutzarbeiten

3.4.1 Die Stahlbauleistungen umfassen auch die Oberflächenvorbereitung und das Aufbringen einer Grundbeschichtung; in diesem Fall sind die Abschnitte 1 bis 4 der ATV DIN 18364 "Korrosionsschutzarbeiten an Stahl- und Aluminiumbauten" sinngemäß, Abschnitt 5 der ATV DIN 18364 jedoch nicht anzuwenden.

3.4.2 Der Auftragnehmer hat die im Endzustand nicht von Beton berührten Oberflächen nach DIN 55928-4 "Korrosionsschutz von Stahlbauten durch Beschichtungen und Überzüge – Vorbereitung und Prüfung der Oberflächen" vorzubereiten und eine Grundbeschichtung nach DIN 55928-5 "Korrosionsschutz von Stahlbauten durch Beschichtungen und Überzüge – Beschichtungsstoffe und Schutzsysteme" und nach DIN 55928-6 "Korrosionsschutz von Stahlbauten durch Beschichtungen und Überzüge – Ausführung und Überwachung der Korrosionsschutzarbeiten" aufzubringen.

Bei Berührungsflächen zu verbindender Stahlbauteile ist jedoch DIN 18800-7 zu beachten.

4 Nebenleistungen, Besondere Leistungen

4.1 Nebenleistungen sind ergänzend zur ATV DIN 18299, Abschnitt 4.1, insbesondere:

4.1.1 Feststellen des Zustands der Straßen, der Geländeoberfläche, der Vorfluter usw. nach B § 3 Nr 4.

4.1.2 Schutz der Unterbauten vor Verunreinigungen durch Arbeiten des Auftragnehmers bis zum Zeitpunkt der Abnahme.

4.1.3 Stellen der für die Prüfung während der Herstellung und für die Abnahme nach Fertigstellung der Stahlbauten erforderlichen Proben, Arbeitskräfte, Maschinen und Werkzeuge.

4.1.4 Wiegen der Stahlbauteile oder Liefern der Gewichtsberechnungen für die Abrechnung.

4.1.5 Herstellen der Abdeckungen und Umwehrungen von Öffnungen und Belassen zum Mitbenutzen durch andere Unternehmer über die eigene Benutzungsdauer hinaus. Der Abschluß der eigenen Benutzung ist dem Auftraggeber unverzüglich schriftlich mitzuteilen.

4.1.6 Vorhalten der Gerüste für die eigene Benutzung.

4.1.7 Erstellen und Vorhalten von Baubehelfen (z. B. Hilfskonstruktionen und Traggerüste) einschließlich Liefern der dafür erforderlichen statischen und zeichnerischen Unterlagen.

4.1.8 Dichtheitsprüfungen, soweit diese zum Nachweis der Funktionsfähigkeit notwendig sind.

4.2 Besondere Leistungen sind ergänzend zur ATV DIN 18299, Abschnitt 4.2, z. B.:

4.2.1 Boden- und Wasseruntersuchungen.

4.2.2 Vorhalten der Gerüste über die eigene Benutzungsdauer hinaus für andere Unternehmer.

4.2.3 Umbau von Gerüsten, Vorhalten von Hebezeugen, Aufzügen, Aufenthalts- und Lagerräumen, Einrichtungen und dergleichen für Zwecke anderer Unternehmer.

4.2.4 Reinigen der Unterbauten und Stahlbauteile von grober Verschmutzung durch Bauschutt, Gips, Mörtelreste, Farbreste u. ä., soweit sie nicht vom Auftragnehmer herrührt.

4.2.5 Liefern von Berechnungen und Zeichnungen über Abschnitt 3.2.1 und über B § 14 Nr 1 hinaus, z. B. Lieferung von Anstrichflächenberechnungen.

4.2.6 Leistungen zum Nachweis der Güte der Stoffe, Bauteile und Verbindungen, die über die nach den Abschnitten 2.1 und 3.1 geforderten Leistungen hinausgehen.

4.2.7 Leistungen des Prüfungsbeauftragten für die Abnahmeprüfzeugnisse (siehe Abschnitt 2.1.1) bzw. für die Prüfung von Bauteilen (siehe Abschnitt 2.2).

4.2.8 Einbringen und Entfernen flüssiger Füllstoffe zur Dichtheitsprobe, wenn der Dichtheitsnachweis auch mit anderen Mitteln geführt werden kann.

4.2.9 Vom Auftraggeber verlangte Probebelastungen.

4.2.10 Herstellen von Aussparungen und Schlitzen, die nach Art, Maßen und Anzahl in der Leistungsbeschreibung nicht angegeben sind.

4.2.11 Schließen von Löchern, Schlitzen und Durchbrüchen.

4.2.12 Einsetzen von Einbauteilen (Zargen, Ankerschienen, Rohren, Leitungen, Dübeln u. ä.).

4.2.13 Herstellen von Fugendichtungen.

4.2.14 Arbeiten zum Anschließen an vorhandene Konstruktionen.

4.2.15 Korrosionschutzarbeiten über die Leistungen nach Abschnitt 3.4 hinaus.

5 Abrechnung

Ergänzend zur ATV DIN 18299, Abschnitt 5, gilt:

5.1 Allgemeines

Bei Abrechnung nach Gewicht wird es durch Berechnen ermittelt. Das Gewicht von Formstücken, z. B. Guß- oder Schmiedeteilen, wird jedoch durch Wiegen ermittelt.

5.2 Gewichtsermittlung durch Berechnen

5.2.1 Für die Ermittlung der Maße gelten:

– bei Flachstählen bis 180 mm Breite sowie bei Form- und Stabstählen die größte Länge,

– bei Flachstählen über 180 mm Breite und bei Blechen die Fläche des kleinsten umschriebenen, aus geraden oder nach außen gekrümmten Linien bestehenden Vielecks, bei hochkantig gebogenen Flachstählen jedoch anstatt der Sehne die nach innen gekrümmte Linie,

– bei angeschnittenen, ausgeklinkten oder beigezogenen Trägern der volle Querschnitt.

Ausschnitte und einspringende Ecken werden übermessen.

5.2.2 Bei der Berechnung des Gewichtes ist zugrunde zu legen:

– bei genormten Profilen das Gewicht nach DIN-Norm,

– bei anderen Profilen das Gewicht aus dem Profilbuch des Herstellers,

– bei Blechen, Breitflachstählen und Bandstählen das Gewicht von 7,85 kg je m^2 Fläche und mm Dicke,

– bei Formstücken aus Stahl die Dichte von 7,85 kg/dm^3 und bei solchen aus Gußeisen (Grauguß) die Dichte von 7,25 kg/dm^3.

Verbindungsmittel, z. B. Schrauben, Niete, Schweißnähte bleiben unberücksichtigt.

5.2.3 Walztoleranz und Verschnitt bleiben unberücksichtigt.

5.3 Gewichtsermittlung durch Wiegen

Sämtliche Bauteile sind zu wiegen. Von gleichen Bauteilen braucht nur eine angemessene Anzahl gewogen zu werden.

Mechanische Verbindungselemente

Technische Lieferbedingungen
Feuerverzinkte Teile

DIN
267
Teil 10

Fasteners; technical specifications, hot dip galvanized parts   Ersatz für Ausgabe 03.77
Éléments de fixation; spécifications techniques, pieces galvanisées à chaud

Maße in mm

1 Anwendungsbereich

Diese Technischen Lieferbedingungen gelten für mechanische Verbindungselemente (im wesentlichen Schrauben und Muttern) mit Regelgewinde M 6 bis M 36 und mit Zinküberzügen durch Feuerverzinken sowie mit Festigkeitsklassen bis einschließlich 10.9 für Schrauben bzw. 10 für Muttern.

Die in dieser Norm festgelegten Mindestschichtdicken gelten auch für feuerverzinkte mitverspannte Elemente (Scheiben und Ringe).

2 Allgemeines

Bei mechanischen Verbindungselementen mit Zinküberzügen durch Feuerverzinken gilt im allgemeinen als Hauptmerkmal die Schichtdicke des Zinküberzuges und nicht dessen Flächengewicht. Diese Norm legt daher vornehmlich die Schichtdicken, deren Bezeichnung und Prüfung fest. Soll im Einzelfall das Flächengewicht zugrunde gelegt werden, so gilt: 100 μm Schichtdicke $\triangleq$ 700 g/m² Flächengewicht.

Die Grundabmaße des Bolzengewindes mit ISO-metrischem Profil und der Toleranz 6g sind für das Aufbringen der in Abschnitt 4 festgelegten Mindestschichtdicken nicht ausreichend. Um zu erreichen, daß die Gewindepaarung Schraube/Mutter nach dem Feuerverzinken funktionsfähig ist, gibt es zwei Möglichkeiten:

a) Das ISO-metrische Bolzengewinde muß die Toleranzfeldlage a nach DIN 13 Teil 15 und somit die Grundabmaße nach Tabelle 1 haben und vor dem Feuerverzinken innerhalb der Toleranzklasse 8 (Produktklasse C) bzw. der Toleranzklasse 6 (Produktklasse A) liegen. Durch den Überzug darf die Nullinie des Bolzengewindes nicht überschritten werden.

b) Das für das Aufbringen des Zinküberzuges erforderliche Abmaß wird in die Mutter gelegt, so daß das Bolzengewinde nach dem Verzinken die Nullinie überschreiten darf. Dieses Vorgehen ist möglich, wenn Schraube und Mutter zusammen, d. h. als Garnitur, geliefert werden.

Das Bolzengewinde darf nach dem Feuerverzinken nicht nachgeschnitten werden. Die Mindestmaße des feuerverzinkten Gewindes ergeben sich aus den Mindestmaßen vor dem Feuerverzinken plus der Mindestschichtdicke (siehe Tabelle 1).

Muttergewinde werden nicht feuerverzinkt, sondern nachträglich in den feuerverzinkten Rohling eingeschnitten.

Die Grenzabmaße nach DIN ISO 4759 Teil 1 gelten vor dem Feuerverzinken. Durch das Feuerverzinken darf die Montierbarkeit der Teile nicht beeinträchtigt werden.

Graues Aussehen von Zinküberzügen ist werkstoffbedingt und nicht Qualitätsmerkmal des Korrosionsschutzes.

Anforderungen an Zinküberzüge auf Gegenständen aus Eisenwerkstoffen, die als Fertigteile feuerverzinkt werden, siehe DIN 50 976.

Für die Beurteilung der mechanischen Eigenschaften gelten DIN ISO 898 Teil 1 und Teil 2 bzw. DIN 267 Teil 4. Abweichend dazu sind jedoch wegen des relativ großen Gewinde-Grundabmaßes (Toleranzfeldlage a) bzw. der verminderten Flankenüberdeckung von Bolzen- und Muttergewinde die Mindestbruch- und Prüfkräfte kleiner (siehe Tabellen 3 und 4).

3 Bezeichnung

Feuerverzinkte Verbindungselemente sind nach den jeweiligen Maßnormen zu bezeichnen. Für die Feuerverzinkung gilt das Kurzzeichen tZn nach DIN 50 976. Durch dieses Kurzzeichen wird gleichzeitig die Schichtdicke entsprechend Tabelle 1 erfaßt (Mindestschichtdicke an der Meßstelle).

Bezeichnungsbeispiel:
Bezeichnung einer Sechskantschraube DIN 601 – M 12 × 50 der Festigkeitsklasse 4.6 mit Zinküberzug durch Feuerverzinken (tZn):

Sechskantschraube
DIN 601 – M 12 × 50 – 4.6 – tZn

4 Gewinde-Grundabmaße und Schichtdicken sowie Gewinde-Grenzmaße für Schrauben

Die Tabelle 1 enthält die Grundabmaße nach Toleranzfeldlage a für Bolzengewinde und die Mindestschichtdicken an der Meßstelle (siehe Abschnitt 7.2.1).

In Tabelle 2 sind die Gewinde-Grenzmaße vor dem Feuerverzinken aufgeführt.

Tabelle 1. **Grundabmaße im Bolzengewinde und Mindestschichtdicke**

Regelgewinde	Gewindesteigung P	Grundabmaß A_0 μm	Mindestschichtdicke an der Meßstelle μm
M 6	1	– 290	40
M 8	1,25	– 295	40
M 10	1,5	– 300	40
M 12	1,75	– 310	40
M 14; M 16	2	– 315	40
M 18; M 20; M 22	2,5	– 325	40
M 24; M 27	3	– 335	40
M 30; M 33	3,5	– 345	40
M 36	4	– 355	40

Fortsetzung Seite 2 bis 5

Normenausschuß Mechanische Verbindungselemente (FMV) im DIN Deutsches Institut für Normung e. V.

Tabelle 2. Grenzmaße des Bolzengewindes vor dem Feuerverzinken
(berechnet auf der Grundlage des Gewinde-Toleranzsystems nach DIN 13 Teil 14 und Teil 15)

Ge-winde	Gewinde-steigung P	Außendurchmesser d		Flankendurchmesser d_2			Kerndurchmesser d_3		
		max. Toleranz-klasse	min. Toleranz-klasse		max. Toleranz-klasse	min. Toleranz-klasse	max. Toleranz-klasse	min. Toleranz-klasse	
		8 und 6	8	6	8 und 6	8	6	8 und 6	8	6
M 6	1	5,710	5,430	5,530	5,060	4,880	4,948	4,483	4,264	4,332
M 8	1,25	7,705	7,370	7,493	6,893	6,703	6,775	6,171	5,933	6,005
M 10	1,5	9,700	9,325	9,464	8,726	8,514	8,594	7,860	7,590	7,670
M 12	1,75	11,690	11,265	11,425	10,553	10,317	10,403	9,543	9,240	9,326
M 14	2	13,685	13,235	13,405	12,386	12,136	12,226	11,231	10,904	10,994
M 16	2	15,685	15,235	15,405	14,386	14,136	14,226	13,231	12,904	12,994
M 18	2,5	17,675	17,145	17,340	16,051	15,786	15,881	14,608	14,247	14,342
M 20	2,5	19,675	19,145	19,340	18,051	17,786	17,881	16,608	16,247	16,342
M 22	2,5	21,675	21,145	21,340	20,051	19,786	19,881	18,608	18,247	18,342
M 24	3	23,665	23,065	23,290	21,716	21,401	21,516	19,984	19,553	19,668
M 27	3	26,665	26,065	26,290	24,716	24,401	24,516	22,984	22,553	22,668
M 30	3,5	29,655	28,985	29,230	27,382	27,047	27,170	25,361	24,891	25,014
M 33	3,5	32,655	31,985	32,230	30,382	30,047	30,170	28,361	27,891	28,014
M 36	4,0	35,645	34,895	35,170	33,047	32,692	32,823	30,738	30,229	30,360

Anmerkung: Die in der Tabelle 2 angegebenen Gewinde-Grenzmaße können nicht durch chemisches Ablösen des Zinküber-zuges nachgeprüft werden, da beim Feuerverzinken Stahl gelöst wird.

5 Schichtdicken bei Muttern

Da bei Muttern das Gewinde erst nach dem Feuerverzinken in den Rohling geschnitten wird, ist für diese ein festes Verhältnis zwischen Schichtdicke und Gewinde-Nenndurchmesser oder Steigung nicht erforderlich.
Feuerverzinkte Muttern müssen auf ihren Auflageflächen die gleichen Mindestschichtdicken wie feuerverzinkte Schrauben haben, d. h. 40 µm.

6 Mindestbruchkräfte und Prüfkräfte

Die in den Tabellen 3 und 4 angegebenen Mindestbruch- und Prüfkräfte wurden auf der Grundlage der Mindestzugfestigkeiten R_m bzw. der Prüfspannungen S_p nach DIN ISO 898 Teil 1 ermittelt, wobei diese Werte jedoch nicht wie in DIN ISO 898 Teil 1 mit dem Nenn-Spannungsquerschnitt nach DIN 13 Teil 28, sondern mit dem Mindestwert des Spannungsquerschnittes $A_{S\,min}$ multi-pliziert wurden, der sich aus der Toleranzfeldlage a und der Toleranzklasse 8 ergibt:

$$A_{S\,min} = \frac{\pi}{4} \left(\frac{d_{2\,min} + d_{3\,min}}{2} \right)^2$$

$d_{2\,min}$ Mindest-Flankendurchmesser des Gewindes
$d_{3\,min}$ Mindest-Kerndurchmesser des Gewindes

Mindestbruch- und Prüfkräfte für andere, nicht in Tabellen 3 und 4 aufgeführte Festigkeitsklassen lassen sich entsprechend berechnen.

Tabelle 3. Mindestbruchkräfte für feuerverzinkte Schrauben bzw. Prüfkräfte für feuerverzinkte Muttern mit Gewindeübermaß

Gewinde	Gewinde-steigung P	Spannungs-querschnitt $A_{S\,min}$ mm²	Festigkeitsklasse Schraube/Mutter			
			4.6/4	5.6/5	8.8/8	10.9/10
			Mindestbruchkraft für Schraube bzw. Prüfkraft für Mutter $(A_{S\,min} \cdot R_m)$ N			
M 6	1	16,4	6 560	8 200	13 100	17 100
M 8	1,25	31,3	12 500	15 700	25 000	32 600
M 10	1,5	50,9	20 400	25 500	40 700	52 900
M 12	1,75	75,1	30 000	37 600	60 100	78 100
M 14	2	104	41 600	52 000	83 200	108 000
M 16	2	144	57 600	72 000	115 000	150 000
M 18	2,5	177	70 800	88 500	147 000	184 000
M 20	2,5	227	90 800	114 000	188 000	236 000
M 22	2,5	284	114 000	142 000	236 000	295 000
M 24	3	329	132 000	165 000	273 000	342 000
M 27	3	433	173 000	216 000	359 000	450 000
M 30	3,5	530	212 000	265 000	440 000	551 000
M 33	3,5	659	264 000	330 000	547 000	685 000
M 36	4	777	311 000	389 000	645 000	808 000

Tabelle 4. Prüfkräfte für feuerverzinkte Schrauben

Gewinde	Gewinde-steigung P	Spannungs-querschnitt A_S mm²	Festigkeitsklasse			
			4.6	5.6	8.8	10.9
			Prüfkraft $(A_{S\,min} \cdot S_p)$ N			
M 6	1	16,4	3 690	4 590	9 510	13 610
M 8	1,25	31,3	7 040	8 760	18 150	25 980
M 10	1,5	50,9	11 500	14 300	29 500	42 200
M 12	1,75	75,1	16 900	21 000	43 600	62 300
M 14	2	104	23 400	29 100	60 300	86 300
M 16	2	144	32 400	40 300	83 500	119 000
M 18	2,5	177	39 800	49 600	106 000	147 000
M 20	2,5	227	51 100	63 600	136 000	188 000
M 22	2,5	284	63 900	79 500	170 000	236 000
M 24	3	329	74 000	92 100	197 000	273 000
M 27	3	433	97 400	121 000	260 000	359 000
M 30	3,5	530	119 000	148 000	318 000	440 000
M 33	3,5	659	148 000	185 000	395 000	547 000
M 36	4	777	175 000	218 000	466 000	645 000

7 Prüfung

Für die Annahmeprüfung feuerverzinkter Verbindungselemente gilt DIN 267 Teil 5.

7.1 Prüfkraftversuch und Ermittlung der Bruchkraft

Der Prüfkraftversuch und die Ermittlung der Bruchkraft werden für Schrauben nach DIN ISO 898 Teil 1 durchgeführt. Der Prüfkraftversuch an Muttern mit Gewindeübermaß erfolgt nach DIN 267 Teil 4. Wegen der besonderen Gewindetoleranz-Bedingungen darf bei der Zugprüfung der Schraube der Bruch auch durch Abstreifen des im Eingriff befindlichen Gewindes eintreten. In jedem Fall müssen aber die Mindestbruchkräfte nach Tabelle 3 erreicht werden.

7.2 Prüfung der Schichtdicke

7.2.1 Meßstellen für die Schichtdicke

Für die Messung der Schichtdicke des Überzuges gilt bei Schrauben als Meßstelle Stelle ungefähr die Mitte der Kopfoberfläche oder etwa die Mitte der Kuppe.

Bei Muttern wird die Schichtdicke etwa in der Mitte einer Schlüsselfläche gemessen (siehe Bild 3).

Beispiele für Meßstellen

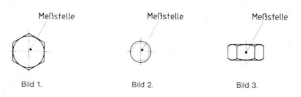

Meßstelle	Meßstelle	Meßstelle

Bild 1.   Bild 2.   Bild 3.

Bei anderen Verbindungselementen sind gegebenenfalls Vereinbarungen über die Meßstellen zu treffen, sofern die vorgenannten Angaben nicht übertragbar sind.

7.2.2 Meßverfahren zur Bestimmung der Schichtdicke

Für die direkte Bestimmung der Schichtdicke gilt DIN 50 933. Es können aber auch magnetische Meßverfahren, z. B. nach DIN 50 981 angewendet werden, wenn sie zu gleichen Meßergebnissen führen.

Andere Prüfverfahren sind zulässig, wenn nachgewiesen ist, daß sie zu gleichen Meßergebnissen führen.

Zitierte Normen

DIN 13 Teil 14   Metrisches ISO-Gewinde; Grundlagen des Toleranzsystems für Gewinde ab 1 mm Durchmesser

DIN 13 Teil 15   Metrisches ISO-Gewinde; Grundabmaße und Toleranzen für Gewinde ab 1 mm Durchmesser

DIN 13 Teil 28   Metrisches ISO-Gewinde; Regel- und Feingewinde von 1 bis 250 mm Gewindedurchmesser, Kernquerschnitte, Spannungsquerschnitte und Steigungswinkel

DIN 267 Teil 4   Mechanische Verbindungselemente; Technische Lieferbedingungen; Festigkeitsklassen für Muttern (bisherige Klassen)

DIN 267 Teil 5   Mechanische Verbindungselemente; Technische Lieferbedingungen; Annahmeprüfung, ISO 3269 Ausgabe 1984 modifiziert

DIN 601   Sechskantschrauben mit Schaft; Gewinde M 5 bis M 52; Produktklasse C

DIN 50 933   Messung von Schichtdicken; Messung der Dicke von Schichten durch Differenzmessung mit einem Taster

DIN 50 976   Korrosionsschutz; Durch Feuerverzinken auf Einzelteile aufgebrachte Überzüge, Anforderungen und Prüfung

DIN 50 981   Messung von Schichtdicken; Magnetische Verfahren zur Messung der Dicken von nichtferromagnetischen Schichten auf ferromagnetischem Werkstoff

DIN ISO 898 Teil 1   Mechanische Eigenschaften von Verbindungselementen; Schrauben

DIN ISO 898 Teil 2   Mechanische Eigenschaften von Verbindungselementen; Muttern mit festgelegten Prüfkräften

DIN ISO 4759 Teil 1   Mechanische Verbindungselemente; Toleranzen für Schrauben und Muttern mit Gewindedurchmessern von 1,6 bis 150 mm; Produktklassen A, B und C

Frühere Ausgaben

DIN 267 Teil 10: 03.77

Änderungen

Gegenüber der Ausgabe März 1977 wurden folgende Änderungen vorgenommen:

a) Werte für Kerndurchmesser des Bolzengewindes korrigiert

b) Mindestbruchkräfte und Prüfkräfte unter Berücksichtigung der größeren Abmaße des Gewindes bei feuerverzinkten Schrauben mit geänderter Toleranzfeldlage des Gewindes bzw. bei Muttern mit Gewindeübermaß festgelegt.

c) Norm redaktionell überarbeitet.

Erläuterungen

In der vorliegenden Norm wurden gegenüber der Ausgabe März 1977 zusätzlich Mindestbruch- und Prüfkräfte für Schrauben und Muttern aufgenommen. Sie sind kleiner als die entsprechenden Werte in DIN ISO 898 Teil 1 bzw. DIN 267 Teil 4. Dadurch soll das bei feuerverzinkten Schrauben vergrößerte Grundabmaß (Toleranzfeldlage a) – der effektive Spannungsquerschnitt ist hier deutlich kleiner als der Nennspannungsquerschnitt – bzw. die verringerte Flankenüberdeckung von Bolzen- und Muttergewinde berücksichtigt werden.

Der Anwendungsbereich wurde auf Regelgewinde von M 6 bis M 36 begrenzt, weil die vorliegenden Erfahrungen über das Feuerverzinken von Schrauben über M 36 für normenmäßige Festlegungen noch nicht ausreichen und unter M 6 (Steigungen unter 1 mm) Verbindungselemente nicht wirtschaftlich feuerverzinkt werden können.

Die Festlegungen dieser Norm gelten vornehmlich für Schrauben und Muttern, d. h. Teilen mit Gewinde. Sie sind aber auch für andere Verbindungselemente, z. B. Scheiben und Ringe anwendbar.

Zwar sind wasserstoffinduzierte verzögerte Sprödbrüche bisher kaum bekannt geworden, doch sind bei feuerverzinkten Schrauben aus Stählen mit den nach DIN ISO 898 Teil 1 festgelegten chemischen Zusammensetzungen und Mindestanlaßtemperaturen wegen der notwendigen Vorbehandlung (Beizen) für Teile mit Zugfestigkeiten $R_m > 1000$ N/mm^2 solche Brüche nicht mit Sicherheit auszuschließen. Sie können durch die Auswahl besonders geeigneter Werkstoffe und durch sachgerechtes Beizen im Regelfall vermieden werden.

Die Bedingung „gleiche Meßergebnisse" für die Zulässigkeit anderer im Abschnitt 7.2.2 nicht aufgeführter Meßverfahren bedeutet nicht nur gleiche absolute Werte – oder Mittelwerte – bei Anwendung dieser Meßverfahren verstanden, sondern auch die gleiche Meßunsicherheit und die gleiche Streubreite dieser Meßverfahren gegenüber den Meßverfahren nach DIN 50 933. Mit dieser Festlegung wird eine technologische Öffnung für Meßverfahren im Normenbereich geschaffen, ohne daß durch die Anwendung solcher Verfahren für alle Beteiligten zusätzliche Ungenauigkeiten oder abweichende Ergebnisse auftreten.

Internationale Patentklassifikation

C 23 C 2/06

F 16 B 33/00

DK 624.078.5 : 624.04 : 69 : 001.4
    : 003.62 : 620.22 : 614.841.4

September 1984

Lager im Bauwesen

Allgemeine Regelungen

DIN
4141
Teil 1

Structural bearings; general design rules

Appareils d'appui pour ouvrages d'art; indications générales

Diese Norm wurde im Fachbereich „Einheitliche Technische Baubestimmungen" ausgearbeitet. Sie ist den obersten Bauaufsichtsbehörden vom Institut für Bautechnik, Berlin, zur bauaufsichtlichen Einführung empfohlen worden.

Zu den Normen der Reihe DIN 4141 gehören:

DIN 4141 Teil 1   Lager im Bauwesen; Allgemeine Regelungen
DIN 4141 Teil 2   Lager im Bauwesen; Lagerung für Ingenieurbauwerke im Zuge von Verkehrswegen (Brücken)
DIN 4141 Teil 3   Lager im Bauwesen; Lagerung für Hochbauten
DIN 4141 Teil 4 *)   Lager im Bauwesen; Transport, Zwischenlagerung und Einbau
DIN 4141 Teil 14 *)   Lager im Bauwesen; Bewehrte Elastomerlager

Folgeteile in Vorbereitung

Inhalt

1 Anwendungsbereich

Diese Norm ist anzuwenden für Lager sowie die diese berührenden Flächen der angrenzenden Bauteile von Brücken und hinsichtlich der Lagerung damit vergleichbaren Bauwerken und bei Hoch- und Industriebauten.

Diese Norm ist nicht anzuwenden für Lager, die (als Hauptschnittgrößen) auch Momente M_z übertragen oder bei denen F_z eine Zugkraft sein kann (siehe Tabelle 1).

Für Lager für Bauzustände darf diese Norm sinngemäß angewendet werden.

2 Begriff

Ein Lager ist ein Bauteil, das die Aufgabe hat, von den 6 Schnittgrößen, die an den Verbindungsstellen zwischen zwei Bauteilen möglich sind (F_x, F_y, F_z, M_x, M_y, M_z), bestimmte, ausgewählte Schnittgrößen (Hauptschnittgrößen des Lagers) ohne oder mit begrenzten Relativbewegungen der Bauteile zu übertragen und im Wirkungssinn der übrigen Schnittgrößen Freiheitsgrade (v_x, v_y, v_z, ϑ_x, ϑ_y, ϑ_z) für Relativbewegungen der Bauteile zu bieten, d. h. Verschiebungen bzw. Verdrehungen zu ermöglichen. Diesen Relativbewegungen wirken Lagerwiderstände (Nebenschnittgrößen) entgegen. Nach Art der Widerstände ist zwischen

– Roll- und Gleitwiderständen (Bewegungswiderständen) von Bewegungselementen

– Verformungswiderständen von Verformungselementen

zu unterscheiden.

Nach Art und Zahl der übertragenen Hauptschnittgrößen und der Freiheitsgrade gilt für die gebräuchlichen Lager Tabelle 1, wobei ein Lagertyp durch seine statischen und kinematischen Funktionen gekennzeichnet ist. F_z ist hierbei diejenige Kraft, die das Lager senkrecht zur Lagerfuge des gelagerten Bauteils überträgt. Die Koordinatenrichtungen x und y sind vertauschbar.

Im Sinne dieser Norm gelten nicht als Lager:

a) **Einbauhilfen (Montagehilfen),** die vor der planmäßigen Bauwerksnutzung entfernt oder unwirksam werden (vergleiche hierzu DIN 4141 Teil 3, Ausgabe 09.84, Abschnitt 8.3),

b) **Fugenfüllungen,** die Kraftüberleitungen zwischen benachbarten Bauteilen weitgehend oder völlig verhindern sollen (vergleiche hierzu DIN 4141 Teil 3, Ausgabe 09.84, Abschnitt 4.2),

c) **Sperrschichten,** die das Eindringen von Wasser, Frischbeton, Schmutz oder ähnlichem in bestimmte Bauwerkteile verhindern sollen,

d) **Trennschichten** zwischen Decken und Wänden, z. B. in Form einer doppelten Dachpappenlage oder aus unkaschierten „Gleitfolien" (vergleiche hierzu sinngemäß DIN 18530, Ausgabe 12.74, Abschnitt 4.2).

---

*) Z. Z. Entwurf

Fortsetzung Seite 2 bis 11

Normenausschuß Bauwesen (NABau) im DIN Deutsches Institut für Normung e. V.

3   Lagerwiderstände

3.1   Zuordnung zu den Lastarten

Schnittgrößen infolge von Roll- und Gleitwiderständen von Lagern sind Zusatzlasten. Jedoch sind mindestens anzusetzen für die Bemessung von

a) Gleitlagern als Lastfall I [1]) die halben Werte der aus Lastfall I zuzüglich der wahrscheinlichen Baugrundbewegung herrührenden Gleitwiderstände,

b) Rollenlagern als Hauptlast die halben Werte der aus Eigenlast, Vorspannung, Schwinden, Kriechen, Temperaturänderung und wahrscheinlicher Baugrundbewegung herrührenden Rollwiderstände,

c) allen sonstigen Teilen, bei denen zwischen Hauptlast und anderen Lastfällen unterschieden wird, als Hauptlast die halben Werte, die aus den Gleit- und Rollwiderständen der anderen Lager bei den Lastfällen nach Aufzählung a und Aufzählung b herrühren.

Schnittgrößen infolge von Verformungswiderständen von Lagern sind

— Hauptlasten, wenn sie Lasten infolge von Hauptlasten übertragen,

— Zusatzlasten, wenn sie Lasten infolge von Zusatzlasten übertragen und

— Lasten aus Zwang, wenn sie durch Zwangsbeanspruchungen hervorgerufen werden.

3.2   Lagerwiderstände allgemein

Die zur Ermittlung der Bewegungs- und Verformungswiderstände (Nebenschnittgrößen) anzusetzenden Beiwerte werden für die einzelnen Lagerarten in den Folgeteilen dieser Norm festgelegt. Sie sind sowohl für den Zustand rechnerischer Bruchlast (des Bauwerks) als auch für Berechnungen unter Gebrauchslast anzusetzen. Sie berücksichtigen bereits neben den physikalischen Schwankungsbreiten der Lagereigenschaften und den erforderlichen Sicherheitsbeiwerten der Normen auch die Einflüsse von baupraktisch unvermeidbaren Einbauungenauigkeiten, die sich wie Veränderungen im Bewegungs- oder Verformungswiderstand der Lager auswirken. Die Größe dieser vorausgesetzten Einbauungenauigkeiten ist bei den zugehörigen Widerstandsbeiwerten angegeben.

Von den für Bewegungswiderstände angegebenen Reibungszahlen (max. f, min. f) [2]) ist bei der Bemessung anderer, von den Nebenschnittgrößen betroffenen Bauteile der jeweils ungünstigere Wert anzusetzen.

Die bei den einzelnen Lagerarten angegebenen Beiwerte zur Ermittlung der Bewegungs- und Verformungswiderstände gelten allgemein für den Bereich folgender Normalbedingungen:

a) Für Temperaturen im Lager in den mit entsprechenden Eignungsversuchen korrespondierenden Grenzen (siehe Erläuterungen).

b) Für Einbauungenauigkeiten (z. B. Neigungsfehler), bezogen auf das unverformte statische System des Bauwerkes bzw. vor Funktionsbeginn bis zu der bei den einzelnen Lagerarten in den Folgenormen angegebenen Größe.

Werden diese Einbauungenauigkeiten überschritten, so ist die Auswirkung dieses Fehlers rechnerisch nachzuweisen. Dabei ist die Differenz zwischen der gemessenen und der für die einzelnen Lagerarten bereits berücksichtigten Einbauungenauigkeit rechnerisch zu verfolgen. Andernfalls muß der Einbaufehler beseitigt werden.

c) Für Verschiebungs- und Verdrehungsgeschwindigkeiten, wie sie unter den Lasten nach DIN 1072, DS 804 [3]) bzw. DIN 1055 Teil 1 bis Teil 6 auftreten (siehe Erläuterungen).

d) Die Lager dürfen bestimmten Schadstoffen nicht ausgesetzt sein. In den Folgeteilen dieser Norm sind für die verschiedenen Lagerarten die bisher bekannten häufiger auftretenden Schadstoffe angegeben.

e) Durch die Wahl der Lagerart und der Konstruktion und durch eine den örtlichen Verhältnissen (Umwelt usw.) angepaßte Wartung des Lagers muß sichergestellt sein, daß keine unzulässigen Verschmutzungen der Lager eintreten und daß Schäden rechtzeitig erkannt und beseitigt werden können.

f) Verschleißteile müssen auswechselbar sein (siehe Abschnitt 7.5).

3.3   Roll- und Gleitwiderstände mehrerer Lager

Entstehen Schnittgrößen in Lagern und in deren Berührungsflächen mit den angrenzenden Bauteilen aus Bewegungswiderständen mehrerer Lager, so sind

— unter der Voraussetzung, daß die Ungenauigkeiten beim Einbau (z. B. Verdrehung), die Verschmutzung und der Verschleiß keine bevorzugte Richtung bzw. Seite haben und,

— soweit keine genauere Untersuchung unter Berücksichtigung der Wahrscheinlichkeit der Überlagerung der Reibungskräfte vorgenommen wird,

für die Berechnung der Schnittgrößen die Reibungszahlen f der jeweiligen Lager in Abhängigkeit

— von der ungünstigen bzw. günstigen Wirkung der Reibung und

— von der Zahl der ungünstig bzw. günstig wirkenden Lager

nach folgenden Gleichungen anzusetzen:

$$f_u = f' \, (1 + \alpha) \tag{1}$$
$$f_g = f' \, (1 - \alpha) \tag{2}$$

Hierin bedeuten:

u ungünstig

g günstig

f' ein in den Folgeteilen der Norm festzusetzender Wert. Solange dafür keine Angabe vorliegt, ist $f' = 0.5 \cdot \text{max.} \, f$ anzusetzen.

α ein in den Folgeteilen der Norm festzusetzender Wert, der unterhalb einer bestimmten Zahl n_i und oberhalb einer anderen bestimmten Zahl n_k der jeweils ungünstig bzw. günstig wirkenden Lager konstant und dazwischen veränderlich ist.

Die Zahlen n_k und n_i sind ebenfalls in den Folgeteilen der Norm festzusetzen. Solange dafür keine Angabe vorliegt, kann angesetzt werden

n	α
≤ 4	1
$4 < n < 10$	$\dfrac{16 - n}{12}$
≥ 10	0,5

das heißt $n_i = 4$ und $n_k = 10$.

Damit ergibt sich der Verlauf der Reibungszahlen nach Bild 1.

---

[1]) Lastfall I ist eine nur für Gleitlager geltende Lastgruppierung und umfaßt Eigenlast, Vorspannung, Schwinden, Kriechen und Temperaturänderung (siehe Erläuterungen).

[2]) Kurzzeichen nach DIN 50 281

[3]) Zu beziehen bei der Drucksachenverwaltung der Bundesbahndirektion Hannover, Schwarzer Weg 8, 4950 Minden.

Tabelle 1.

Lager Nr	Symbol $\begin{smallmatrix}y\\ \swarrow\!x\\ z\end{smallmatrix}$	Kurzzeichen	Lagertyp und -funktion	Verschiebung allgemein	x-Richtung	y-Richtung	z-Richtung	Hauptschnittgrößen / Relativbewegungen	Lagerarten (Beispiele)	Lager Nr
1	□	V2	Verformungslager	zweiachsig verschiebbar	verformend	verformend			Elastomerlager (EL)	1
2	▯	V1		einachsig verschiebbar	verformend	keine			EL mit Festhaltekonstruktion für 1 Achse	2
3	▣	V		keine	keine	keine	nahezu keine		EL mit Festhaltekonstruktion für 2 Achsen	3
4	⬦	VG1	Verformungsgleitlager	einachsig verschiebbar	gleitend und verformend	keine			EL mit 1-achsig beweglichem Gleitteil und Festhaltekonstruktion für die andere Achse	4
5	⬦	VG2		zweiachsig verschiebbar	gleitend und verformend	gleitend und verformend			EL mit 2-achsig beweglichem Gleitteil	5
6	⬦	VGE2		einachsig verschiebbar	verformend	verformend			EL mit 1-achsig beweglichem Gleitteil	6
7	○	P	Punktkipplager	keine	keine	keine			a) Stählernes Punktkipplager; b) Kalottenlager; c) Topflager; d) EL mit Festhaltekonstruktion für 2 Achsen	7
8	○	P1		einachsig verschiebbar	gleitend oder rollend	keine			1-achsig bewegliches Lager wie Lager Nr 7 Aufzählungen a) bis d)	8
9	○	P2		zweiachsig verschiebbar	gleitend oder rollend	gleitend oder rollend			2-achsig bewegliches Lager wie Lager Nr 7 Aufzählungen a) bis d)	9
10	—	L	Linienkipplager	keine	keine	keine	keine		a) Stählernes Linienkipplager; b) Betongelenk (kein Lager nach Definition)	10
11	—	L1 [3]		einachsig verschiebbar	gleitend oder rollend	keine			a) Einrollenlager; b) Einseitig bewegliches Linienkippgleitlager (Bewegung ⊥ zur Kippachse)	11
12	—	L1q [3]		einachsig verschiebbar	keine	gleitend oder rollend			Quer zur Bewegungsrichtung kippbares Gleitlager (Bewegung in Richtung der Kippachse)	12
13	—	L2 [3]		zweiachsig verschiebbar	gleitend oder rollend	gleitend oder rollend			2-achsig bewegliches Linienkipp-Gleit- oder Rollenlager	13
14	⇥	H1	Horizontalkraftlager	einachsig verschiebbar	gleitend	keine	gleitend		1-achsig festes Führungslager (keine Aufnahme von Vertikallasten und Momenten)	14
15	⊙	H		keine	keine	keine			Festpunkt- oder Horizontalkraftlager, 2-achsig fest (keine Aufnahme von Vertikallasten und Momenten)	15

[1] bis [4] siehe Seite 4

Kräfte F_x, F_y, F_z — Schnittgrößen
Momente M_x, M_y, M_z
Verschiebungen v_x, v_y, v_z — Bewegungen
Verdrehungen ϑ_x, ϑ_y, ϑ_z

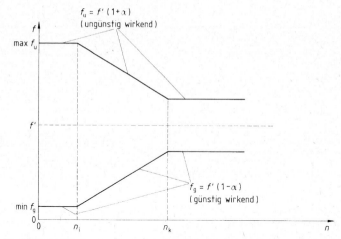

Bild 1. Relative Werte f der Gleit- und Rollreibungszahlen der Lager, die für die Belastung eines anderen Lagers ungünstig bzw. günstig wirken, in Abhängigkeit von der Zahl n der ungünstig bzw. günstig wirkenden Lager.

4 Statisch zu berücksichtigende Einwirkungen auf die Lager (Lasten, Bewegungen)

4.1 Allgemeines

Für die Ermittlung der Einwirkungen auf die Lager gelten die für das Bauwerk maßgebenden Annahmen z. B. in DIN 1072, DS 804 [3]), DIN 1055 Teil 1 bis Teil 6 und gegebenenfalls weiteren Regelwerken für besondere Anwendungsfälle. Soweit keine Annahmen festgesetzt sind, müssen sie aus den Gegebenheiten und den Naturgesetzen sinngemäß hergeleitet werden. Diese Einwirkungen sind entsprechend den einschlägigen Bestimmungen (Regelwerken, Zulassungen o. ä.) statisch zu berücksichtigen.

4.2 Vergrößerung der Bewegungen (Verschiebungen, Verdrehungen)

Sofern die Lagerbewegungen nicht nach Regelwerken ermittelt werden, die dafür spezielle Angaben enthalten, sind die nach Abschnitt 4.1 zu ermittelnden und zu berücksichtigenden Bewegungen zu vergrößern. Wenn dafür keine ableitbaren realistischen Grenzwerte bekannt sind, kann als Erhöhungsfaktor $k = 1{,}3$ angenommen werden. Die planmäßig durch Verformung von Lagerteilen aufgenommenen Bewegungen brauchen nicht vergrößert zu werden.

4.3 Berücksichtigung der Aufstellbedingungen

Wenn zum Zeitpunkt der Lagerherstellung die genauen Bedingungen bei der Herstellung der Verbindung des Überbaues mit dem festen Lager für die Bauzustände bzw. für den endgültigen Zustand nicht bekannt sind (z. B. Tempera-

turen) und eine entsprechende Nachstellung nicht vorgesehen ist, sind die nach Abschnitt 4.2 zu ermittelnden und zu berücksichtigenden Einwirkungen (in der Regel die Bewegungen, in Sonderfällen auch die Lasten) mindestens um soviel zu vergrößern, wie die Abweichung der angenommenen von den möglichen Bedingungen ausmachen kann. Entsprechende Festlegungen in den anderen Regelwerken (z. B. in DIN 1072) bleiben unberührt.

4.4 Mindestbewegungen für den statischen Nachweis

Sofern in den Folgeteilen dieser Norm, in den Zulassungen oder in den nach Abschnitt 4.1 aufgeführten Regelwerken, keine weitergehenden Anforderungen gestellt werden, sind in der statischen Berechnung die Verdrehung mit mindestens $\pm\,0{,}003$ (Bogenmaß) und die Verschiebung mit mindestens $\pm\,2$ cm anzunehmen. Diese Mindestmaße gelten nicht für Lagerteile, die die Bewegung planmäßig durch Verformung aufnehmen.

5 Mindestwerte der Bewegungsmöglichkeiten

Sofern in den Folgeteilen dieser Norm oder in den Zulassungen nicht weitergehende Anforderungen gestellt werden, sind in der baulichen Durchbildung ohne Berücksichtigung in der statischen Berechnung die Bewegungsmöglichkeiten der Lager – soweit sie nicht planmäßig durch Verformung von Lagerteilen aufgenommen werden und sofern überhaupt planmäßig Bewegungsmöglichkeiten vorgesehen sind – um folgende Mindestwerte gegenüber den Werten nach Abschnitt 4.2 zu vergrößern:

---

[3]) Siehe Seite 2

Fußnoten zu Tabelle 1

[1]) ϑ_z kann bei einzelnen Lagerarten eng begrenzt sein

[2]) Gleitend und verformend

[3]) Wenn gekennzeichnet werden soll, ob gleitend oder rollend, so sind die Buchstaben g und r mit Angabe der Bewegungsrichtung zu verwenden, also z. B. L2, g_y, r_x.

[4]) Ob v_z von Bedeutung ist, ist im Einzelfall zu prüfen.

a) Verdrehung

Die nach den Abschnitten 4.1 bis 4.3 ermittelten Werte vergrößert um

$\Delta\vartheta = \pm\,0{,}005$ (Bogenmaß), mindestens jedoch um

$$\Delta\vartheta = \pm\frac{1}{a}$$

(a maßgebender Radius in cm bei der Ermittlung der Verdrehung)

b) Verschiebung

Die nach den Abschnitten 4.1 bis 4.3 ermittelten Werte vergrößert um $\pm\,2$ cm. Jedoch muß die Verschiebungsmöglichkeit bei Gleit- und Rollenlagern von Brücken und vergleichbaren Bauwerken, insgesamt mindestens in der

– Hauptverschiebungsrichtung des Bauwerks $\pm\,5$ cm, in

– Querrichtung dazu $\pm\,2$ cm

betragen.

6   Nachweis der Gleitsicherheit

Der Nachweis der Gleitsicherheit in den Fugen unverankerter Elastomerlager ist mit dem Nachweis der Mindestpressung (eine Norm über unbewehrte Elastomerlager ist in Vorbereitung) erbracht.

Die Sicherheit gegen Gleiten von Lagerteilen gegeneinander und in den Fugen zu anschließenden Bauteilen ist im übrigen mit der folgenden Gleichung nachzuweisen:

$$v \cdot F_{xy} \leq f \cdot F_z + D \qquad (3)$$

Hierin bedeuten:

v Sicherheitszahl. Es ist anzunehmen $v = 1{,}5$

F_z Summe aller Lasten normal zur Lagerebene

F_{xy} Resultierende in Lagerebene
Dabei sind F_z und F_{xy} unter Berücksichtigung der 1,35fachen Relativbewegung der Lager unter Gebrauchslast zu ermitteln [4]. (F_z und F_{xy} gelten für die gleiche zugehörige maßgebliche Lastkombination.)

D Schubkraft bei Traglast der Verankerungen

f Reibungszahl. Es ist anzunehmen $f = 0{,}2$ für Stahl/ Stahl und $f = 0{,}5$ für Beton/Beton und Stahl/Beton
Die angegebenen Reibungszahlen setzen für die Stahloberfläche voraus

– bei Stahl/Stahl: unbeschichtet und fettfrei, oder spritzverzinkt oder zinksilikatbeschichtet

– und bei Stahl/Beton: wie bei Stahl/Stahl oder ungeschützte Stahlfläche

– sowie allgemein: vollständige Aushärtung der Beschichtung vor Einbau oder Zusammenbau der Teile.

Bei dynamischen Beanspruchungen mit großen Lastschwankungen, wie z. B. bei Eisenbahnbrücken, dürfen die Horizontallasten nicht über Reibung abgetragen werden, d. h. es ist dann $f = 0$ zu setzen.

7   Grundsätze der baulichen Durchbildung

7.1   Lagerspiel

Das zulässige Lagerspiel (Bewegungsmöglichkeit von einer Extremlage zu anderen) ist, wenn es rechnerisch Null ist, möglichst gering zu halten.

Als Anhaltswerte für das Spiel $2\,\Delta$ gilt folgende Grenze:

$$2\,\Delta \leq 2\ \text{mm}$$

Bei größerem Spiel ist zu prüfen, ob die Auswirkung des Lagerspiels auf die Kräfteverteilung am Bauwerk zu untersuchen ist.

Das Lagerspiel darf nicht zur Aufnahme planmäßiger Lagerbewegungen oder als Bewegungsreserve herangezogen werden, es sei denn, es wird durch entsprechende Maßnahmen sichergestellt, daß das Lagerspiel bis zur Inbetriebnahme in der gewünschten Richtung zur Verfügung steht.

Infolge des Lagerspiels wird eine horizontale Auflagerkraft bei der Anordnung von mehreren festen Lagern in einer Auflagerachse in der Regel nur jeweils von einem der festen Lager aufgenommen. Durch konstruktive Maßnahmen am Lager oder am angrenzenden Bauteil kann eine Verteilung auf mehrere Lager ermöglicht werden. Hierfür ist ein statischer Nachweis zu erbringen.

7.2   Sicherung gegen das Herausfallen oder Herausrollen von Lagerteilen

Wenn ein Lockern der Lagerteile z. B. durch dynamische Wirkungen nicht ausgeschlossen werden kann, so sind Vorkehrungen zur Sicherung gegen das Herausfallen bzw. Herausrollen von Lagerteilen zu treffen.

7.3   Kennzeichnung und Ausrüstung der Lager

Die Lager sind vom Hersteller zu kennzeichnen mit

– Namen des Herstellers
– Typ
– Baujahr
– Werknummer
– Positionsnummer
– Einbauort
– Einbaurichtung
– größter planmäßiger Normal- und Tangentiallast
– größten planmäßigen Verschiebungen.

Die Kennzeichnung muß unverwechselbar, dauerhaft und
– soweit später von Interesse – im eingebauten Zustand des Lagers lesbar sein.

Für Lager, die aus mehreren, nicht fest miteinander verbundenen Teilen aufgebaut sind, gelten die folgenden Anforderungen:

Zur Sicherung auf dem Transport und beim Einbau sind die Lagerteile unter Berücksichtigung der erforderlichen Voreinstellung durch vom Lagerhersteller zu liefernde Hilfskonstruktionen so miteinander zu verbinden (arretieren), daß sie sich bei Beginn ihrer Funktion in der planmäßigen Lage befinden. Die Verbindungen müssen spielfrei und für die Beanspruchungen beim Transport und bis zum Funktionsbeginn hinreichend verformungsarm bemessen sein. Sie müssen durch Schraubverbindungen erfolgen oder bei Funktionsbeginn des Lagers schadensfrei selbstlösend sein. In der Regel sollten jedoch die Hilfskonstruktionen vor Funktionsbeginn des Lagers weitgehend entfernt werden.

Zum Heben und Versetzen müssen Lager Anschlagstellen (Bauteile mit Ösen) haben, sofern die Lager nicht so geringes Gewicht haben, daß sie von Hand bewegt werden können.

Zum Ausrichten und zur späteren Kontrolle auch des Verdrehungszustandes müssen bei Lagern – im allgemeinen ausgenommen bei Verformungslagern nach Tabelle 1, Lager Nr 1 bis 3 – für Brücken und vergleichbare Bauwerke Meßflächen vorhanden und in den Zeichnungen ausgewiesen sein. Die Abweichungen der Parallelität der Meßflächen zu den Bezugsflächen dürfen höchstens 1 ‰ betragen.

An jedem Rollen- und Gleitlager (einschließlich Führungslager) sind bei Brücken und vergleichbaren Bauwerken, soweit in den Folgeteilen dieser Norm nichts Abweichendes gesagt ist, gut sichtbare, stabile Anzeigevorrichtungen für

---

[4] In Ausnahmefällen – bei sehr verschieblichen Tragsystemen – kann es erforderlich werden, F_z und F_{xy} unter 1,35facher Last an einem wirklichkeitsnahen Tragsystem zu ermitteln.

die Lagerverschiebungen anzubringen, auf denen zumindest die für das Lager zulässigen Endstellungen der Verschiebungen markiert sind.

Sind Maßveränderungen in Abhängigkeit von der Zeit (z. B. bei der Spalthöhe bei PTFE-Gleitlagern) nicht auszuschließen, so sind Meßmöglichkeiten vorzusehen, an denen diese Veränderungen mit der für ihre Beurteilung erforderlichen Genauigkeit gemessen werden können.

7.4 Korrosionsschutz

Die Stahlflächen von Lagern sind durch metallische Überzüge und/oder Beschichtungen nach DIN 55928 Teil 1 bis Teil 9 so gegen Korrosion zu schützen, daß sie dem jeweiligen Klima und den am Einsatzort auftretenden Sonderbeanspruchungen standhalten. Ausgenommen sind Walzflächen bzw. Gleitflächen aus nichtrostenden Sonderstählen, weiterhin nichtkorrodierende Metall- bzw. Kunststoff-Flächen, Meßflächen und Flächen, die mit Beton mindestens 4 cm überdeckt und bei denen klaffende Fugen ausgeschlossen sind. Der Einfluß des Korrosionsschutzes auf die Reibungszahlen (siehe Abschnitt 6) ist zu beachten.

7.5 Auswechselbarkeit

Lager oder Lagerteile, die für die Funktion des Lagers und des Bauwerks ständig erforderlich sind und die einer unverträglichen Funktionsänderung (z. B. Verschleiß) unterliegen, müssen zum Zwecke einer einwandfreien Wartung zugänglich und auswechselbar sein. Sie und die angrenzenden Bauteile sind deshalb baulich so durchzubilden, daß das Auswechseln des ganzen Lagers oder das Auswechseln einzelner Lagerteile möglich ist, nachdem die beiden begrenzenden Bauteile um maximal 10 mm auseinandergedrückt wurden (Anheben).

In den Folgeteilen dieser Norm ist für die einzelnen Lagerarten festgelegt, welche Lagerteile auswechselbar sein müssen.

Beim Auswechseln von Lagern und Lagerteilen sind die erforderlichen Oberflächengenauigkeiten der Kontaktflächen und gegebenenfalls Bauhöhentoleranzen der auszutauschenden Teile im Hinblick auf Lager und Bauwerk zu beachten.

Wenn in Ausnahmefällen Lager nicht zugänglich sind und nicht ausgewechselt werden können, müssen sie für die erforderliche Lebensdauer korrosionssicher und wartungsfrei sein, oder es ist nachzuweisen, welche Zusatzkräfte beim Ausfall der Lagerfunktion auftreten und daß sie vom Bauwerk schadlos aufgenommen werden können. Bezüglich der Verwendbarkeit von Stahlplatten siehe Abschnitt 7.6.

7.6 Maßnahmen für Höhenkorrektur

Besteht die Notwendigkeit, Maßnahmen für Höhenkorrekturen vorzusehen, so ist diese Höhenkorrektur durch Auspressen oder Unterpressen mit Feinmörtel und Ähnlichem vorzunehmen.

Die Anordnung von zusätzlichen Platten ist nur zulässig, wenn ihre Planparallelität bis zum Einbau gesichert ist.

8   Brandschutz

Feuerwiderstandsklassen nach DIN 4102 Teil 2 können allgemein nicht angegeben werden.

Die Anforderungen an die Lager bei Brandeinwirkung hinsichtlich der Übertragung der Lagerschnittgrößen (Hauptschnittgrößen), hinsichtlich der Bewegungs- und Verformungswiderstände und hinsichtlich der Lagerreibung werden in den Folgeteilen dieser Norm beschrieben.

Soweit das Brandverhalten nicht abgeschätzt werden kann, muß dort, wo Brandschutzanforderungen gestellt werden, entweder das Lager gegen Brand geschützt werden oder der Ausfall der für die Standsicherheit maßgeblichen Lagereigenschaften in Rechnung gestellt werden.

Zitierte Normen und andere Unterlagen

DIN 1055 Teil 1   Lastannahmen für Bauten; Lagerstoffe, Baustoffe und Bauteile, Eigenlasten und Reibungswinkel

DIN 1055 Teil 2   Lastannahmen für Bauten; Bodenkenngrößen, Wichte, Reibungswinkel, Kohäsion, Wandreibungswinkel

DIN 1055 Teil 3   Lastannahmen für Bauten; Verkehrslasten

DIN 1055 Teil 4   Lastannahmen für Bauten; Verkehrslasten, Windlasten nicht schwingungsanfälliger Bauwerke

DIN 1055 Teil 5   Lastannahmen für Bauten; Verkehrslasten, Schneelast und Eislast

DIN 1055 Teil 6   Lastannahmen für Bauten; Lasten in Silozellen

DIN 1072   Straßen- und Wegbrücken; Lastannahmen

DIN 4102 Teil 2   Brandverhalten von Baustoffen und Bauteilen; Bauteile, Begriffe, Anforderungen und Prüfungen

DIN 4141 Teil 3   Lager im Bauwesen; Lagerung im Hoch- und Industriebau

DIN 18530   Massive Deckenkonstruktionen für Dächer; Richtlinien für Planung und Ausführung

DIN 50281   Reibung in Lagerungen; Begriffe, Arten, Zustände, physikalische Größen

DIN 55928 Teil 1   Korrosionsschutz von Stahlbauten durch Beschichtungen und Überzüge; Allgemeines

DIN 55928 Teil 2   Korrosionsschutz von Stahlbauten durch Beschichtungen und Überzüge; Korrosionsschutzgerechte Gestaltung

DIN 55928 Teil 3   Korrosionsschutz von Stahlbauten durch Beschichtungen und Überzüge; Planung der Korrosionsschutzarbeiten

DIN 55928 Teil 4   Korrosionsschutz von Stahlbauten durch Beschichtungen und Überzüge; Vorbereitung und Prüfung der Oberflächen

DIN 55928 Teil 5   Korrosionsschutz von Stahlbauten durch Beschichtungen und Überzüge; Beschichtungsstoffe und Schutzsysteme

DIN 55928 Teil 6   Korrosionsschutz von Stahlbauten durch Beschichtungen und Überzüge; Ausführung und Überwachung der Korrosionsschutzarbeiten

DIN 55928 Teil 7   Korrosionsschutz von Stahlbauten durch Beschichtungen und Überzüge; Technische Regeln für Kontrollflächen

DIN 55 928 Teil 8   Korrosionsschutz von Stahlbauten durch Beschichtungen und Überzüge; Korrosionsschutz von tragenden dünnwandigen Bauteilen (Stahlleichtbau)

DIN 55 928 Teil 9   Korrosionsschutz von Stahlbauten durch Beschichtungen und Überzüge; Bindemittel und Pigmente für Beschichtungsstoffe

DS 804   Vorschrift für Eisenbahnbrücken und sonstige Ingenieurbauwerke

Weitere Normen und andere Unterlagen

DIN 1045   Beton und Stahlbeton; Bemessung und Ausführung

DIN 1073   Stählerne Straßenbrücken; Berechnungsgrundlagen

DIN 1075   Betonbrücken, Bemessung und Ausführung

DIN 4141 Teil 2   Lager im Bauwesen; Lagerung für Ingenieurbauwerke im Zuge von Verkehrswegen (Brücken)

DIN 4141 Teil 4   Lager im Bauwesen; Transport, Zwischenlagerung und Einbau

[1]   Rahlwes, K., Lagerung und Lager von Bauwerken, Beton-Kalender Teil 2 z.B. 1981, S. 473 ff.

[2]   Grundlagen für die Sicherheit von Bauwerken (GruSiBau), Beuth Verlag

[3]   Eggert, Grote, Kauschke, Lager im Bauwesen, Verlag von Wilhelm Ernst und Sohn, Berlin

Erläuterungen

Zu Abschnitt 1   Anwendungsbereich

Die klare Abgrenzung „Lager mit den angrenzenden Bauteilen" besagt, daß irgendwelche Regelungen, die das Bauwerk betreffen, nicht Gegenstand dieser Norm sind. Diese Abgrenzung ist zwecks Vermeidung von Doppelfestlegungen notwendig. Daraus läßt sich natürlich keinesfalls der Schluß ziehen, daß diese Norm keine Auswirkungen auf die Bauwerke hat; diese sind aber lediglich indirekt.

Außer dem hier mit dem ersten Satz eingegrenzten Anwendungsbereich gibt es im Bauwesen eine Reihe von weiteren Einsatzmöglichkeiten für Lager, etwa im Wasserbau oder im kerntechnischen Ingenieurbau, die zusätzliche, in dieser Norm nicht berücksichtigte Überlegungen erfordern.

Entsprechendes gilt, wenn ein Lager dergestalt verwendet werden soll, daß Momente um eine lotrechte Achse — M_z — planmäßig übertragen werden sollen, was z.B. bei Elastomerlagern mit größerer Grundfläche vorstellbar wäre. Lager, die planmäßig Zugkräfte übertragen, sind an sich schon problematisch, und es ist generell zu empfehlen, solche Lagerungsfälle zu vermeiden. Obwohl es in der Vergangenheit solche Anwendungsfälle gegeben hat, sah sich der Ausschuß nicht in der Lage, eine Normung der Kriterien vorzusehen, die zu beachten sind, damit solche Lager keiner wiederholten Instandsetzungen bedürfen.

In Bauzuständen sind nach heutiger Ansicht die gleichen Sicherheiten einzuhalten wie im endgültigen Zustand. Dem steht nicht entgegen, daß die Einflüsse, bei denen der Zeitfaktor bestimmend war, günstiger bewertet werden. Wenn z.B. in der frostfreien Jahreshälfte Gleitlager nur für Verschiebungsvorgänge während des Bauens verwendet werden, so kann mit merklich kleineren Reibungszahlen gegenüber den für Dauergebrauch festgelegten gerechnet werden, den die Einflüsse „Verschleiß" und „Kälte" entfallen hier. Insofern war hier „sinngemäß" angebracht, die Bedingungen sind im Einzelfall zu vereinbaren.

Bei den derzeit bekannten Lagern und deren Anwendung ist es ausreichend, wenn die Verdrehungen und Verschiebungen einen Sicherheitszuschlag erhalten und anschließend das Lager bemessen wird. Es ist dabei unerheblich, ob die Bemessung dann mit gespließteten Faktoren (wie noch im Entwurf Ausgabe Januar 1981 vorgeschlagen) oder nach zulässigen Spannungen (wie derzeit üblich) erfolgt. Die Bemessung im einzelnen wurde in vorliegender Norm offen gelassen. Soweit Bedarf für Regelungen vorhanden ist, bleibt dies den speziellen Teilen für die einzelnen Lagerarten vorbehalten.

Bezüglich der Lagerplattenbemessung ist eine auf umfangreiche, in Karlsruhe durchgeführte Versuche gestützte Regelung in absehbarer Zeit zu erwarten.

Zur Lagerbemessung siehe auch [1].

Zu Abschnitt 2   Begriffe

Die allseitige Einspannung stellt kein Lager dar und fällt somit nicht in den Anwendungsbereich dieser Norm. Eine solche Lagerung — nämlich z.B. die biegesteife Verbindung eines Pfeilers mit dem Überbau — ist aber durchaus üblich und im Einzelfall sicher auch sinnvoll.

Die Rollenlager und Linienkipplager — Lager Nr 10 bis 13 — sind veraltet und werden bei Neubauten praktisch nicht mehr verwendet. Die Belassung in der Norm erfolgte mit Rücksicht auf bestehende, zu sanierende Bauten.

Die Lager V1 und V, also bewehrte Elastomerlager mit Festhaltekonstruktion, bedeuten lagerungsmäßig nichts anderes als eine Addition von V2 (Lager Nr 1) und einem Horizontalkraftlager (H1 oder H). Der Anwender sollte sich dessen bewußt sein. In manchen Fällen mag es sinnvoll sein, diese beiden Funktionen örtlich zu trennen.

Auch bei Verformungslagern läßt sich an der Ziffer ablesen, wieviel Verschiebungsmöglichkeiten gegeben sind.

Im übrigen wurden seltene Lagerarten in der Beispielsammlung nicht aufgenommen.

Bestimmte Verformungselemente einzelner Lager sind aufgrund ihres Verformungswiderstandes geeignet, im Wirkungssinne ihrer Freiheitsgrade auch Hauptschnittgrößen mit definierten und begrenzten Relativbewegungen der Bauteile zu übertragen. In solchen Fällen ist das entsprechende Feld der Tabelle 1 durch eine Diagonale gekennzeichnet.

Zum Problem „Nebenschnittgröße M_z" bzw. zur Fußnote 1 der Tabelle 1:

Mit Momenten M_z als Nebenschnittgrößen ist stets bei Linienkippung ohne Gleitschicht zu rechnen. Den maximal möglichen Wert erhält man mit der Annahme, daß die Verdrehung durch Überwindung der Reibung in der Kippfuge ermöglicht wird. Bei Rollenlagern ist Schräglauf die Folge, bei Linienkipplagern z.B. eine Beschädigung der Schubsicherung. Es ergeben sich auch aus dieser Betrachtung Einsatzgrenzen für Lager mit Linienkippung.

Bei Punktkippung (Lager Nr 1 bis 8) und bei Führungs- und Festpunktlagern hängt es von der speziellen Konstruktion ab, ob M_z als Nebenschnittgröße vorhanden ist. Für das Bauwerk dürften diese Nebenschnittgrößen stets vernachlässigbar sein. Ob sie für das Lager vernachlässigbar sind, sollte in Zweifelsfällen durch überschlägliche Rechnung untersucht werden. Es sind 3 Fälle zu unterscheiden:

a) Spielfreie, nachgiebige Konstruktionen (z. B. bewehrte Elastomerlager)
   – die Nebenschnittgröße M_z ist in diesen Fällen vernachlässigbar.

b) Unnachgiebige Konstruktionen mit Lagerspiel gegen Verdrehung um die z-Achse (z. B. einachsig verschiebliches Kalotten-Lager mit DU-Metallführung)
   – die Nebenschnittgröße M_z kann bei diesen Konstruktionen erhöhten Verschleiß der Führungen bewirken. Hier sollte also wenigstens eine Vergleichsrechnung durchgeführt werden. Durch Anordnung einer entsprechenden Zwischenplatte als Drehteller kann dem Mangel abgeholfen werden.

c) Spielfreie, gegen Verdrehungen um die z-Achse unnachgiebige Konstruktionen sind als Lager in aller Regel ungeeignet, da sie die Zwängungsgröße M_z, die sich rechnerisch ergibt, nicht zerstörungsfrei aufnehmen können.

Die Definition dessen, was kein Lager ist, wurde vom Entwurf DIN 4141 Teil 3 übernommen, weil es sich ja um eine Substanz von DIN 4141 Teil 1 handelt, wenngleich die aufgeführten Dinge hauptsächlich im Hochbau vorkommen.

Zu Abschnitt 3.1   Zuordnung zu den Lastarten

Während nach DIN 1072 die Einwirkungen in Hauptlasten, Zusatzlasten und Sonderlasten nach der Wahrscheinlichkeit des Auftretens und der Überlagerung eingeteilt werden, wird bei der Bemessung von Gleitebenen derzeit in den Zulassungen nach der Einwirkungsdauer unterschieden in Lastfall I und II. In beiden Regelungsarten gibt es das Element ständig wirkender Lasten, und es war klarzustellen, inwieweit Teile der Roll- und Gleitlagerwiderstände sich wie ständig wirkende Lasten verhalten. Die totale „Entspannung", also das Fehlen jeglicher Kräfte aus Rollen bzw. Gleiten in einer Konstruktion, ist nicht vorstellbar. Messungen über die im Mittel vorhandenen Werte gibt es nicht. Die Regelung, daß die halben Werte wie ständige Lasten zu behandeln sind, ist in Anbetracht des vorhandenen Sicherheitsspielraumes und sonstiger Wahrscheinlichkeiten eine auf der sicheren Seite liegende Festlegung.

Bei Verformungswiderständen sind diese Überlegungen nicht maßgebend, denn die Verformungswiderstände sind bekanntlich prinzipiell von den Zwängungskräften anderer elastischer Tragwerksteile nicht unterscheidbar.

Zu Abschnitt 3.2   Lagerwiderstände allgemein

Die Lagerwiderstände sind nur streuende Größen wie andere Einflußgrößen auch. Sie sind insbesondere definiert für einen bestimmten Anwendungsbereich hinsichtlich Beanspruchung und äußeren Bedingungen:

Die Temperaturbegrenzung betrifft baupraktisch derzeit nur Lager, bei denen PTFE oder Elastomer verwendet wird.

PTFE-Reibungszahlen setzen eine Temperatur oberhalb von −35 °C und nicht wesentlich über +21 °C voraus, so daß also der Außeneinsatz in Deutschland abgedeckt ist.

Elastomer ist in einem Temperaturbereich von −30 bis +70 °C zu verwenden, wobei der Schubmodul bei −30 °C bereits doppelt so hoch ist wie bei Normaltemperatur. Die Rückstellmomente von Topflagern setzen eine Temperatur über mehrere Tage von mindestens −20 °C voraus.

Für den Einsatz im Anwendungsbereich der Norm kann man, von Sonderfällen (Hochgebirge; Kühlhausbau) abgesehen, die Temperaturabhängigkeit außer acht lassen.

Die Einbauungenauigkeiten betreffen vorrangig die Gleit- und Rollenlager. Es leuchtet ein, daß die Erhöhung des Bewegungswiderstandes durch die Ungenauigkeit des Einbaus nur einen Bruchteil des rechnerischen Bewegungswiderstandes des Lagers betragen dürfen, damit für die Einwirkung der übrigen Einflüsse noch genügend Freiraum bleibt.

Bei großen Belastungsgeschwindigkeiten vergrößert sich der Schubmodul bei Elastomerlagern und das Rückstellmoment bei Topflagern erheblich. Im allgemeinen ist dies ein günstiger Effekt, weil große Belastungsgeschwindigkeiten fast nur aus äußeren Kräften kommen und die Versteifung die (in der Regel unerwünschte) Bauwerksbewegung verringert. Für davon betroffene Gleitflächen ist dieser Effekt jedoch ungünstig. Der PTFE-Verschleiß ist außerdem bei konstanter Pressung etwa der Gleitgeschwindigkeit proportional (vgl. [3] S. 301 ff).

Die Auswechselbarkeit von Verschleißteilen – im Maschinenbau selbstverständlich – sollte inzwischen auch im Bauwesen Allgemeingut des Konstrukteurs sein.

Schadstoffe führen zu irreparablen Schäden an den Lagern (Korrosion, Zerstörung des Elastomers). Davon begrifflich zu trennen ist die Verschmutzung, deren Einfluß bei Rollenlagern erheblich sein kann. Ob Gleitlager in ihrer Wirkung durch Verschmutzung beeinträchtigt werden, ist noch ungeklärt.

Zu Abschnitt 3.3   Roll- und Gleitwiderstände mehrerer Lager

Folgende wesentliche Einflüsse auf das Reibungsverhalten sind zu beachten:

a) Abweichungen zwischen dem Laborversuch und dem Verhalten des Lagers im Bauwerk,

b) Einflüsse von Einbauungenauigkeiten,

c) Einflüsse von Verschmutzung,

d) Einflüsse von Verschleiß,

e) Einflüsse von Temperatur.

Während die Einflüsse a) und b) bei den Lagern eines Bauwerks beliebig streuen können, kann für die Einflüsse d) und e) bei allen Lagern eines Bauwerks eine gemeinsame Tendenz angenommen werden. Der Einfluß c) (Verschmutzung) kann bei den Lagern eines Bauwerks sowohl streuen wie auch mit einer gemeinsamen Tendenz behaftet sein. Wird ein Bauteil nur vom Bewegungswiderstand eines einzigen Lagers betroffen, so muß bei ungünstiger Wirkung dieses Bewegungswiderstandes die Maximalkombination (max. f), bei günstiger Wirkung die Minimalkombination (min. f) aller Einflüsse bei der Ermittlung des Bewegungswiderstandes berücksichtigt werden. Wird dagegen ein Bauteil von den Bewegungswiderständen vieler Lager beeinflußt, so nähern sich die statistisch streuenden Einflüsse a) und b) und möglicherweise auch Einfluß c) im Durchschnitt aller beteiligten Lager gemeinsamen Mittelwerten. Theoretisch müßten dann sowohl bei den günstig wie bei den ungünstig wirkenden Bewegungswiderständen die gleichen Reibungszahlen f in Erscheinung treten, wenn man deren Lastabhängigkeit entsprechend berücksichtigt. In der Norm bleibt jedoch sicherheitshalber auch bei einer großen Anzahl von Lagern zwischen den günstig wirkenden und den ungünstig wirkenden Reibungszahlen stets noch ein Abstand. Der Minimalwert der ungünstig wirkenden und der Maximalwert der günstig wirkenden Reibungszahlen wird bei jeweils 10 beteiligten Lagern erreicht. Dabei bedeutet die Anzahl der beteiligten Lager jeweils die Anzahl der Lager, die ungünstig bzw. günstig wirken.

In DIN 1072, Ausgabe November 1967, durften die entlastenden Widerstände von Rollen- und Gleitlagern zur Hälfte angesetzt werden. Dies ist für ein einzelnes Lager eine prinzipiell bedenkliche Festlegung, weil die realen (im Unterschied zu den zugelassenen) Reibungszahlen in der ersten Zeit der Nutzungsdauer (unverschmutzt und noch kein Verschleiß) durchaus in die Größenordnung der Einbautoleranzen kommen können und dann — wenn diese Einflüsse gegenläufig sind — die resultierende Kraft Null ist. Für zugelassene Lager wurde daher die Berücksichtigung der entlastenden Wirkung untersagt.

Für eine größere Anzahl von Lagern ist es höchst unwahrscheinlich, daß die Einbauungenauigkeit stets zur gleichen Richtung hin erfolgt. Für eine größere Anzahl von Lagern ist es auch unwahrscheinlich, daß die bislang zugelassenen Werte alle gleichzeitig auftreten.

Es ist also bei einer größeren Anzahl von Lagern gerechtfertigt, sowohl die belastenden Widerstände etwas zu reduzieren als auch entlastende Widerstände mit in Rechnung zu stellen.

Die Regelung wurde nun so getroffen, daß bei einer geringeren Anzahl die bisherige „Zulassungsbestimmung" gilt, bei sehr vielen Lagern mit gleicher Belastung und dem Festpunkt in Lagermitte im Endeffekt die Anweisung nach DIN 1072, Ausgabe November 1967, gültig ist (statt 1,0 × belastend minus 0,5 × entlastend künftig 0,75 × belastend minus 0,25 × entlastend).

Die Regelung dürfte in der Regel zu keinen Komplikationen führen. Die „beteiligten Lager" sind immer die, die sich an der Belastung oder an der Entlastung beteiligen, so daß im allgemeinen für n nach Bild 1 verschiedene Werte zu nehmen sind. Bei großflächigen Lagerungen — etwa extrem breiten kurzen Brücken — sind die Verhältnisse komplizierter, und man wird möglicherweise in solchen Fällen den Abschnitt 3.3 nur sinngemäß anwenden können.

Zu Abschnitt 4   Statisch zu berücksichtigende Einwirkungen auf die Lager (Lasten, Bewegungen)

Sowohl hierfür als auch für andere vereinfachte Regelungen in dieser Norm gilt stets, daß in Sonderfällen, die aus dem Rahmen des derzeit Üblichen herausfallen, die Norm nicht gelten kann und deshalb dann entsprechende Überlegungen nach [2] anzustellen sind.

Zu Abschnitt 4.1   Allgemeines

Für den Brückenbau liegen vollständige Regelungen in den Regelwerken DIN 1072 (Lastannahmen für Straßenbrücken) und DS 804 (Vorschriftenwerk der Deutschen Bundesbahn) vor. Im übrigen Baubereich sind Lücken vorhanden. So ist z. B. für den konventionellen Hochbau bislang nicht geregelt, mit welchen Temperaturdifferenzen bei der Ermittlung von Zwängungen oder Verformungen zu rechnen ist. Die Formulierung nach Abschnitt 4 soll bewirken, daß in Anwendungsfällen außerhalb des Brückenbaus stets vorab überprüft wird, ob in den Regelwerken vollständige Bemessungsgrundlagen enthalten sind. Sofern Lücken vorhanden sind, sind diese nach eigenem Ermessen und in eigener Verantwortung in Abstimmung mit der prüfenden Stelle bzw. mit der Bauaufsicht zu schließen.

Zu Abschnitt 4.2   Vergrößerung der Bewegungen (Verschiebungen, Verdrehungen)
und
Zu Abschnitt 4.3   Berücksichtigung der Aufstellbedingungen

In den zusätzlichen Bestimmungen zu DIN 1072 wurden schon vor einigen Jahren Regelungen getroffen, die dem Phänomen der Diskontinuität an den Lagerungspunkten Rechnung tragen, und zwar entweder durch Vergrößerung der Einflüsse um 1,3 (Schwinden, Kriechen) oder durch Vergrößerung des Temperaturbereichs, der neben der Berücksichtigung der Unkenntnis der Einbautemperatur ebenfalls eine Erhöhung dieser Wirkung um den Faktor 1,3 bedeutet.
Im Entwurf DIN 1072 wurde diese Regelung beibehalten.

Für Verformungslager, die in ihrer Wirkung anderen verformbaren Bauteilen gleichen, erübrigt sich diese Erhöhung in Anbetracht der in den zulässigen Werten für Verdrehwinkel und Schubverformung enthaltenen Sicherheiten. Für Verdrehungen von Topflagern gilt dies natürlich nicht, denn bei diesen werden die Verdrehungen nicht durch eine entsprechende Verformung aufgenommen, sondern die Elastomer-Verformung ist eine geometrisch unvermeidbare zusätzliche Erscheinung, wobei gleichzeitig eine erhebliche Auswirkung das Gleiten des Elastomers an der Stahlwandung hat.

Die hohe Empfindlichkeit eines Lagers gegen unsachgemäßen Eingriff verbietet es in aller Regel, daß an einem Lager nach Verlassen des Herstellwerkes noch irgendwelche Änderungen vorgenommen werden. Man sollte also z. B. nicht ein Lager auf der Mittelwert zwischen den extremen Temperaturen einstellen und nach Freisetzen des Überbaus den dann herrschenden Temperaturverhältnissen durch Nachstellen anpassen. Zumindest sollte dies eine ganz seltene Ausnahme sein. Die Regel wird deshalb sein, daß man sich mit einer Abschätzung der Verhältnisse zum Zeitpunkt des Funktionsbeginns begnügt und einen zusätzlichen Sicherheitszuschlag vornimmt. In den fiktiven Temperaturannahmen nach DIN 1072 ist ein für Brückenverhältnisse in der Regel ausreichender Zuschlag bereits enthalten, so daß für das Hauptanwendungsgebiet der Lager hier in aller Regel kein Problem auftritt.

Ein in diesem Abschnitt nicht behandeltes Problem ist die Berücksichtigung von solchen Verschiebungen aus der Statik, die aus Gründen der statischen Sicherheit der Konstruktion sehr große Werte annehmen, die einerseits für das Lager unakzeptabel, andererseits aber auch unrealistisch sind. Es handelt sich dabei insbesondere um den Einfluß der Brückenpfeilerkopfverschiebungen, die beim Nachweis der Pfeilerstabilität ermittelt wurden. Diese Werte betragen bei den nach DIN 1045 erforderlichen Annahmen für Imperfektion und Werkstoff bei schlanken Pfeilern eventuell ein Mehrfaches des sonst ausschlaggebenden Betrages aus der Temperaturverformung des Überbaus. Ein gangbarer Weg zur angemessenen Berücksichtigung dieses Effektes muß noch gefunden werden. Für die Lagernorm blieb zunächst keine andere Wahl, als die generelle Anforderung der Berücksichtigung von etwas erhöhten Einwirkungen zu stellen. Denkbar und akzeptabel wäre in diesem Fall eine angemessene Reduzierung der ungewollten Vorkrümmung des Pfeilers und die Annahme einer realistischen mittleren Spannungs-Stauchungs-Linie des Betons. DIN 1075, Ausgabe April 1981, Abschnitt 7.2.1, enthält im letzten Satz einen Hinweis, der hier sinngemäß vorläufig verwendbar ist.

Dem Sinn der Annahme von Verformungs-Bewegungen entspricht, daß Verdrehungen von Topflagern wie Gleit- oder Rollbewegungen behandelt werden, obwohl hier zum Teil auch eine Verformung (des Elastomers) erfolgt.

Zu Abschnitt 4.4   Mindestbewegungen für den statischen Nachweis

Eine konsequente Anwendung der in GruSiBau dargelegten Sicherheitsüberlegungen würde es erfordern, daß bei der Ermittlung der Verdrehungen die Anteile verschiedenen Vorzeichens auch unterschiedlich gewichtet werden, um den Effekt „Differenzen großer Zahlen" z. B. beim Spannbeton abzufangen.

Diese Überlegung wurde hier vorweggenommen durch Angabe eines Mindestwertes anhand durchgerechneter extremer Anwendungsfälle des konventionellen Brückenbaus, der noch einen Imperfektionszuschlag von 1 ‰ enthält. Daß ein Teil dieses Mindestwertes als Zuschlag auch bei größeren Verdrehungen berücksichtigt werden müßte, wurde — des geringen Einflusses wegen — aus Vereinfachungsgründen vernachlässigt.

Der Mindestwert für Verschiebungen enthält neben der Einbauungenauigkeit noch einen (nicht quantifizierbaren) Imponderabilienzuschlag.

Bezüglich der Einreihung von Topflagern vgl. Erläuterung zu Abschnitt 4.2.

Zu Abschnitt 5   Mindestwerte der Bewegungsmöglichkeiten

Schon seit jeher wurde es für erforderlich gehalten, daß auch bei extremer Bewegungslage noch genügend Reserve vorhanden ist, etwa ein Überstand am Topfrand bei größter Verdrehung des Topfdeckels oder bei Gleitlagern ein „Respektabstand" vom Rand der Gleitfläche. Die bisherigen Regeln, die meist in den Zulassungsbescheiden verankert waren, wurden jetzt verallgemeinert. Die Sonderregelung für Mindestverschiebungen bei Brückenlagern, die in Längsrichtung über die Anforderung nach Abschnitt 4.4 hinausgehen, sollen eine dort unangemessene „Feindosierung" verhindern.

Nachfolgend werden einige Beispiele für den maßgebenden Radius a gegeben:

a) Bei Kipplagern:
   - Für die Bemessung des Druckstückes:
     a_1 Krümmungsradius
   - Für die Bemessung des Anschlags der Druckplatte:
     a_2 halber Durchmesser der Ausdrehung

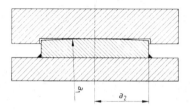

b) Bei Topflagern:
   a Radius des Topfes oder des Deckels

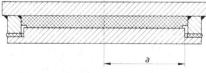

c) Bei Kalottenlagern:
   Für die Gleitflächenbemessung ist der Kalotten-Krümmungsradius a_1, für die Anschlagbemessung der halbe lichte Abstand der Führungsleisten a_2 zu nehmen.

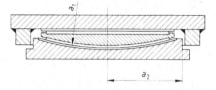

Zu Abschnitt 6   Nachweis der Gleitsicherheit

Während die anderen Lagesicherheitsnachweise (Abheben und Umkippen) vollständig in den Anwendungsnormen geregelt werden, wurde es — auch nach Absprache mit dem Arbeitsausschuß DIN 1072 — für zweckmäßig gehalten, den Nachweis der Gleitsicherheit in den verschiedenen Fugen

eines Lagers hier zu regeln, da z. B. die Bemessung der Verankerungen, die Bestandteil des Lagers sind, von diesem Nachweis abhängig sind, es sich hier also um eine Lagerbemessung handelt.

Mit der Beschränkung der Reibungszahl 0,5 auf die Paarungen Stahl/Beton und Beton/Beton und der Herabsetzung der Reibungszahl Stahl/Stahl von bisher 0,3 bzw. 0,5 auf 0,2 (entsprechend dem unteren Wert von Versuchen) hielt der Arbeitsausschuß die Beschränkung auf einen Nachweis nach Gleichung (3) für vertretbar. Da auf der linken Seite der Gleichung (3) — also für die Ermittlung von F_{xy} — Erleichterungen aus Abschnitt 3.3 und auch künftig aus DIN 1072 (bei der Windlastannahme) zu unterstellen sind, dürfte die Reduzierung des Reibungswertes auf 0,2, gegenüber DIN 1073, Ausgabe Juli 1974, immerhin eine Verdoppelung der erforderlichen haltenden Kräfte $f \cdot F_z + D$ bedeutet, noch keine spürbare Auswirkung haben.

Die „Traglast der Verankerungen" ist nicht immer definiert, z. B. bei Verbindungen mit hochfesten Schrauben. In solchen Fällen ist sinngemäß zu verfahren, d. h. daß man für D ersatzweise das Produkt aus zulässiger Schubkraft und dem zugehörigen Sicherheitsfaktor nimmt. Bei vorgespannten Reib-Verbindungen (GV-Verbindungen) ist für D das Produkt aus zulässiger übertragbarer Kraft und Gleitsicherheitszahl zu nehmen, wenn ein Gleiten in der Fuge um den Betrag des Lochspiels verhindert werden soll. Andernfalls sind die 1,7fachen zulässigen übertragbaren Kräfte der SL-Verbindung für den Lastfall H zu nehmen.

Zu Abschnitt 7.1   Lagerspiel

In folgenden Fällen ist ein Lagerspiel zu beachten:

1. Bei Rollenlagern: Das Spiel in der Führungseinrichtung
2. Bei Punktkipplagern das Spiel
   a) zwischen Druckstück und Oberteil bei stählernen Punktkipplagern
   b) zwischen Deckel und Topf bei Topflagern
   c) zwischen Oberteil und Unterteil bei festen Kalottengleitlagern
   bei Festhaltekonstruktionen
3. Das Spiel in der Führungsleiste bei einseitig beweglichen Gleitlagern und bei Führungslagern
4. Das Spiel bei Horizontalkraftlagern.

Aus dieser Zusammenstellung wird schon ersichtlich, daß eine allgemeine Festlegung für das Lagerspiel nicht möglich ist. So kann z. B. bei stählernen Punktkipplagern bei hinreichend kleinen, durch Reibung Stahl auf Stahl sicher aufnehmbaren Horizontalkräften ein wesentlich größeres Spiel toleriert werden als bei Topflagern, deren Dichtung nur bei sehr kleinem Spiel gesichert ist.

Da bei einem Spiel nicht vorherbestimmt ist, an welcher Seite die Teile anliegen, ist das Spiel für die Aufnahme planmäßiger Bewegungen im allgemeinen nicht geeignet. Es wurden aber schon erfolgreich vorläufige, das Spiel aufhebende Arretierungen aus Kunststoff angewandt, die nur für die geringen Kräfte beim Transport und bei der Montage dimensioniert waren und die dann nach Freisetzen des Lagers zerstört wurden. Maßnahmen dieser Art erfordern besondere Sorgfalt bei allen Beteiligten und sollten auf Ausnahmen beschränkt bleiben.

Eine Ausnahme sollte auch die genaue Berücksichtigung des Lagerspiels in der Statik für das Bauwerk sein, denn in der Regel hat das Lagerspiel allenfalls zusätzliche Zwangskräfte im Bauwerk zur Folge, während die Traglastsicherheit unberührt bleibt. Es ist aber erforderlich, diesen Einfluß zumindest grob abzuschätzen.

Abschnitt 7.1 letzter Absatz betrifft z. B. den Fall, daß mehrere Brückenlager auf einer gemeinsamen Auflagerbank angeordnet sind. Die Problematik einer gemeinsamen

Tragwirkung für Horizontalkräfte ist im Buch „Lager im Bauwesen", Verlag Ernst & Sohn 1974, auf den Seiten 14 und 90 dargestellt.

Bei der Beurteilung des Lagerspiels ist natürlich auch das mögliche Spiel zwischen Rollen und ähnlichen Elementen und den zugehörigen Eingriffsöffnungen zu beachten, abhängig von dem Gleitsicherheitsnachweis nach Abschnitt 6.

Im übrigen muß man sich darüber im klaren sein, daß die Realisierung eines aus statischen Gründen für notwendig gehaltenen kleineren Lagerspiels einen entsprechend höheren Fertigungsaufwand bei der Lagerherstellung bedeutet.

Zu Abschnitt 7.2   Sicherung gegen das Herausfallen oder Herausrollen von Lagerteilen

Dieser Abschnitt wurde so formuliert, daß man nicht etwa den Eindruck bekommt, daß gegen andere Normen verstoßen werden darf zugunsten einer Sicherung.

Zu Abschnitt 7.3   Ausrüstung der Lager

Die wenigen Angaben auf dem Typschild können natürlich nicht davon entbinden, z. B. bei Sanierungsmaßnahmen, eine genaue Bestandsaufnahme an Hand der Ausführungsunterlagen (Pläne, Statik) vorzunehmen.

Für Anzeigevorrichtungen gibt es eine Richtzeichnung des „Bund/Länder-Fachausschuß Brücken- und Ingenieurbau". Der Arbeitsausschuß war der Auffassung, daß für eine Normung der Anzeigevorrichtungen kein Bedürfnis vorhanden ist.

Zu Abschnitt 7.4   Korrosionsschutz

Neu aufgenommen wurde die Regelung, daß die Überdeckung durch Beton bei ungeschütztem Stahl mindestens 4 cm sein muß.

Zu Abschnitt 7.5   Auswechselbarkeit

Die zur Anforderung von 10 mm passende Regelung für das Bauwerk wird die Folgeausgabe von DIN 1072 (z. Z. Entwurf, Ausgabe August 1983) enthalten (10 mm Anheben bei halber Verkehrslast).

Zu Abschnitt 7.6   Maßnahmen für Höhenkorrektur

Bei der Korrektur von wahrscheinlichen und möglichen Baugrundbewegungen im Brückenbau ist im allgemeinen davon auszugehen, daß nicht das Lager ausgewechselt, sondern nur die Höhe des Auflagerpunktes zu korrigieren ist. In der Vergangenheit hielt man hierfür zusätzlich Stahlplatten für brauchbar, wobei es als Vorteil gewertet wurde, wenn bereits beim Lagereinbau solche Platten vorgesehen wurden, die man dann je nach Bedarf entfernen oder ergänzen konnte. Schäden haben gezeigt, daß dies ein Irrtum war, es sei denn, man treibt einen unverhältnismäßig hohen Aufwand zur Herstellung planparalleler Platten-Ober- und -Unterflächen. Andernfalls wirkt ein Plattenpaket wie eine Feder, was insbesondere für Gleitlager nicht akzeptabel ist. Besser ist es, eine Höhenkorrektur durch andere Maßnahmen vorzunehmen. Ein entsprechender Hinweis ist nach Auffassung des Beratungsgremiums wegen zu geringer Kenntnis der Zusammenhänge erforderlich.

Zu Abschnitt 8   Brandschutz

Für den Bereich „unbewehrte Elastomerlager" werden in der in Vorbereitung befindlichen Norm konkrete Hinweise zum Brandschutz gegeben werden.

Internationale Patentklassifikation

E 04 B 1 – 36

Lager im Bauwesen

Lagerung für Ingenieurbauwerke im Zuge
von Verkehrswegen (Brücken)

DIN
4141
Teil 2

Structural bearings; articulation systems for bridges
Appareils d'appui pour ouvrages d'art; articulation des ponts

Diese Norm wurde im Fachbereich „Einheitliche Technische Baubestimmungen" ausgearbeitet. Sie ist den obersten Bauaufsichtsbehörden vom Institut für Bautechnik, Berlin, zur bauaufsichtlichen Einführung empfohlen worden.

Zu den Normen der Reihe DIN 4141 gehören:

DIN 4141 Teil 1   Lager im Bauwesen; Allgemeine Regelungen

DIN 4141 Teil 2   Lager im Bauwesen; Lagerung für Ingenieurbauwerke im Zuge von Verkehrswegen (Brücken)

DIN 4141 Teil 3   Lager im Bauwesen; Lagerung für Hochbauten

DIN 4141 Teil 4 *)   Lager im Bauwesen; Transport, Zwischenlagerung und Einbau

DIN 4141 Teil 14 *)   Lager im Bauwesen; Bewehrte Elastomerlager

Folgeteile in Vorbereitung

Inhalt

1 Anwendungsbereich

Diese Norm ist anzuwenden für die Lagerung von Brücken und damit hinsichtlich der Lagerung vergleichbaren Bauwerken im Zuge von Verkehrswegen.

2 Begriff

Als Lagerung wird die Gesamtheit aller baulichen Maßnahmen bezeichnet, welche dazu dienen, die sich aus der statischen Berechnung ergebenden Schnittgrößen (Kräfte, Momente) aus einem Bauteil in ein anderes zu übertragen und gleichzeitig an diesen Stellen die planmäßigen Bauteilverformungen zu ermöglichen.

3 Grundsätze für Lagerung und Bemessung

3.1 In den Entwurf eines Bauwerks sind die Lager als Bauwerksteile und die Lagerung einzubeziehen. Dabei ist zu beachten:

– Die Stützungen des Bauwerks und die Bewegungsmöglichkeiten der Lager müssen festgelegt sein.

– Alle Wirkungen (einschließlich der Zwängungen) auf die Lager und infolge der Lager müssen in der Berechnung, Bemessung und baulichen Durchbildung der

---

*) Z. Z. Entwurf

Lager und der sie berührenden Flächen der angrenzenden Bauteile verfolgt werden. Dabei sind auch die Verformungen des Bauwerks und seiner Bauteile zu erfassen, soweit sie Einfluß auf die Lager haben.

3.2 Es ist eine spiel- und zwängungsarme Lagerung auszubilden, wenn nicht aus statischen, konstruktiven oder funktionellen Gründen ein planmäßiges Spiel und/oder planmäßige Zwängungen beabsichtigt bzw. erforderlich sind.

Bei Brücken für Schienenfahrzeuge darf wegen der Einhaltung der Gleisgeometrie die Bewegung in der Regel nur in Gleisrichtung erfolgen.

3.3 Wenn bei einer Lagerungsart das Versagen einer Haltung (Stützung) oder das Überschreiten einer rechnerisch oder konstruktiv angenommenen Bewegungsgröße nicht auszuschließen ist, müssen dagegen Sicherungen angeordnet werden, wenn sonst die Gefahr eines Versagens des Bauwerks gegeben wäre.

3.4 Für die Festlegung der Lagerung sind aus der statischen Berechnung des Bauwerks die maßgeblichen statischen Schnittgrößen und Bewegungsgrößen (Verschiebungen und Verdrehungen) zu ermitteln und zusammenzustellen.

Fortsetzung Seite 2 bis 5

Normenausschuß Bauwesen (NABau) im DIN Deutsches Institut für Normung e.V.

3.5 Die Einstellung der Lager ist aufgrund der Bemessung nach Abschnitt 3.4 und in der Regel so zu wählen, daß für den Funktionsbeginn der Lager im Bauwerk Änderungen (zumindest Änderungen auf der Baustelle) vermieden werden.

Einmalige Bewegungen von Lagern (z. B. infolge von Baugrundbewegungen, Schwinden, Kriechen und Abbindetemperatur) dürfen durch Nachstellen der eingebauten Lager unter Last wieder rückgängig gemacht werden (siehe Abschnitt 5). In diesem Fall beschränkt sich die planmäßige Bewegungsmöglichkeit auf die sich wiederholenden Bewegungen.

3.6 Bei Verwendung von mehr als 3 Lagern zur Abstützung eines Bauteils dürfen Lager unterschiedlicher Art oder Steifigkeit nur verwendet werden, wenn die unterschiedliche Steifigkeit berücksichtigt werden kann.

3.7 Werden Bauteile nicht auf den Lagern hergestellt (z. B. eingeschobene Überbauten), so sind schon bei der Bemessung die Einbaumaßnahmen festzulegen, die eine planmäßige Abtragung der Lasten sicherstellt.

4   Lagerungsplan

Für jedes Bauwerk mit Lagern ist beim Ausführungsentwurf ein Lagerungsplan unter Verwendung der Symbole und Benennungen nach DIN 4141 Teil 1, Ausgabe 09.84, Tabelle 1 aufzustellen. Dieser Plan muß mit allen wesentlichen Abmessungen enthalten:

a) Grundriß des Bauwerks mit Haupttraggliedern und Schiefewinkel(n),

b) Längsschnitt des Bauwerks,

c) Querschnitte des Bauwerks im Bereich der Lagerachsen, Höhenkoten und Neigungen im Lagerbereich,

d) Anordnung und Kennzeichnung der Lager,

e) Senkrechte und waagerechte Lagerkräfte, gegebenenfalls Kräftepaare mit zugehörigen Richtungen,

f) Richtungen (einzelne Anteile) und Größtwerte der Lagerverschiebungen und -verdrehungen,

g) Lagereinstellwerte nach Größe und Richtung mit Angabe der zugehörigen Werte der Einflußgrößen (z. B. Temperatur).

Gegebenenfalls Änderungen der Einstellwerte in Abhängigkeit von den Einflußgrößen. In Sonderfällen die Neigung der Lager nach Größe und Richtung.

h) Erforderliche Baustoffgüte in der Lagerfuge.

5   Grundsätze und Entwurfsgrundlagen für Prüfung, Wartung, Nachstellung und Auswechslung der Lager

Die Lager müssen überprüft und gewartet werden können. Die Lager müssen dafür zugänglich, Lager und Bauwerk dafür ausgebildet sein.

DIN 1076 bzw. DS 803 [1]) sind zu beachten.

Danach sind auch die Zeitabstände für die Prüfung festzusetzen, sofern nicht in anderen Teilen dieser Norm oder in den entsprechenden Zulassungen kürzere Zeitabstände bestimmt sind.

Wenn für die Bemessung der Lager und des Bauwerks die Nachstellung der Lager nach einer einmaligen Lagerbewegung ausgenutzt werden soll, sind die Prüfung der Lagerstellung und die Nachstellung zu einem Zeitpunkt vorzusehen, den der voraussichtliche Bewegungsablauf erfordert.

Beim Nachstellen von Lagern oder Auswechseln von Lagern oder Lagerteilen muß dabei der Gefahr eines Versagens des Bauwerks oder eines Bauwerksteils ausgeschlossen sein. Die Pressenaufstell- und -ansatzpunkte sind am Bauwerk dauerhaft zu markieren; die rechnerischen Pressenkräfte sind ebenfalls dauerhaft am Bauwerk anzugeben. Sonderteile oder -geräte, die gegebenenfalls durch die Besonderheit des Bauwerks für diese Arbeiten an den Lagern benötigt werden, sind für das Bauwerk vorzuhalten; ihr Aufbewahrungsort am Bauwerk ist am Verwendungsort dauerhaft zu vermerken. Die für die vorbeschriebenen Arbeiten an den Lagern erforderlichen Maßnahmen, die einzuhaltenden Verkehrslasten, die verfügbaren Lichträume und sonstigen zu beachtenden Gegebenheiten sind in einer bei den Bauwerksakten und beim Bauwerksbuch (Brückenbuch) aufzubewahrenden Anweisung zu beschreiben.

6   Lagerversetzplan

Es ist ein Lagerversetzplan mit allen beim Einbau zu beachtenden Angaben (Maße, Höhen, Neigungen, Seiten- und Längenlage, Toleranzen, Baustoffgüten in der Lagerfuge) zu fertigen.

Der Lagerversetzplan darf mit dem Lagerungsplan in einer Entwurfsunterlage zusammengefaßt werden.

Nähere Angaben zum Einbau enthält DIN 4141 Teil 4 (z. Z. Entwurf).

Zitierte Normen und andere Unterlagen

DIN 1076	Ingenieurbauwerke im Zuge von Straßen und Wegen; Überwachung und Prüfung
DIN 4141 Teil 1	Lager im Bauwesen; Allgemeine Regelungen
DIN 4141 Teil 4	(z. Z. Entwurf) Lager im Bauwesen; Transport, Zwischenlagerung und Einbau
DS 803	Vorschriften für die Überwachung und Prüfung von Kunstbauten (VÜP) [1])

Weitere Unterlagen

[1] Eggert, Grote, Kauschke, Lager im Bauwesen, Verlag Ernst + Sohn, Berlin, München, 1974, Kap. 2

[2] Eggert, Vorlesungen über Lager im Bauwesen, Verlag Ernst + Sohn, Berlin, München, Kap. 7.1

[1]) Zu beziehen bei der Drucksachenverwaltung der Bundesbahndirektion Hannover, Schwarzer Weg 8, 4950 Minden.

Erläuterungen

Allgemeines

Die „Lagerung" ist ein dem Statiker geläufiger Begriff. Synonyme sind „Stützbedingungen" und „Randbedingungen". In der Regel ist mit dem Begriff „Lagerung" keinesfalls der Begriff „Lager" verknüpft, die „Lagerung" ist eine Annahme, eine Arbeitshypothese für die statische Berechnung, nachdem die konstruktiven Merkmale des Tragwerks bereits festgelegt sind.

In vielen Fällen trifft der entwerfende Ingenieur „auf der sicheren Seite liegende" Annahmen (z. B. gelenkige Lagerung statt elastischer Einspannung), und der Prüfer folgt diesen Annahmen möglicherweise auch, wenn sie in besonderen Fällen für bestimmte Grenzbetrachtungen nicht auf der sicheren Seite liegen.

Bei Brücken haben wir es meist mit unverkleideten, langgestreckten Tragwerken zu tun, die den jahreszeitlichen Temperaturschwankungen ausgesetzt sind und daher zwangsläufig entsprechende Längenänderungen erfahren. Man hat daher seit jeher − von sehr kurzen Brücken abgesehen − im Brückenbau spezielle Bauteile für die Lagerung vorgesehen.

Die bei alten Brückenbauwerken noch vorhandenen Linienkippungen sind für moderne Brückenbauwerke ungeeignet und gehören deshalb der Vergangenheit an. Die fehlenden Verdrehungsmöglichkeiten um die Längsachse und um die vertikale Achse sind mit den heute üblichen im Vergleich zu alten Brücken in ihren Tragreserven voll ausgenutzten Konstruktionen in der Regel nicht verträglich. Siehe auch [1].

Wenn in dieser Norm die Linienkippung Berücksichtigung findet, so liegt dies daran, daß man bei bestehenden Bauten für den Fall der Sanierung Regeln haben möchte. Es ist aber zu empfehlen, dennoch in solchen Fällen stets zu prüfen, ob es nicht sinnvoll ist, diese Lager gegen Lager mit Punktkippung auszuwechseln, wobei selbst geringe Überschreitungen zugelassener Werte (z. B. bei Elastomerlager) immer noch besser sind als die Beibehaltung der Linienlagerung, speziell der Rollenlager mit geringer Verformungstätigkeit.

Zu Abschnitt 3.1

Im allgemeinen wird man eine Lagerung wählen, die das Bauwerk als Ganzes optimiert und nicht etwa nur einzelne Bauteile wie z. B. die Lager.

Das Bauwerk als Ganzes und seine Bauteile, insbesondere die durch die Lagerung und die Wirkungen der Lager besonders beeinflußten Bauteile wie auch die Lager selber, sind unter Einbeziehung der Lagerung und der Lagerwirkung zu entwerfen, zu berechnen und zu bemessen; eine getrennte Betrachtung der Bauteile diesseits und jenseits der Lager, ohne Berücksichtigung der gegenseitigen Beeinflussung durch die Lager, insbesondere auch ohne Berücksichtigung der Verformungen, kann zu erheblichen Fehlern in der Bemessung der Lager und der übrigen Bauteile führen mit gefährlichen Unterbemessungen oder einseitigen Überbemessungen ohne Verbesserung der Gesamtsicherheit.

Zu den Verformungen der Bauteile gehören auch die elastischen und bleibenden Verformungen der Unterbauten (schlanke Pfeiler, hohe Widerlager) und ihrer unteren und gegebenenfalls seitlichen Bodenfuge; besondere Sorgfalt ist bei mehreren Festpunkten zwischen

dem Überbau und den Unterbauten geboten, wobei der eigentliche Festpunkt (Ruhepunkt) des Überbaus sich höchstens zufällig auf einem Unterbau befindet und bei verschiedenen Lastfällen unterschiedlich sein kann. Solche Verformungen gehen besonders in die Lagerverschiebungen ein.

Es ist darauf zu achten, daß die getroffenen Rechnungsannahmen hinsichtlich der Schnittgrößen, Spannungsgrößen und -verteilung sowie Verformungen bei der baulichen Durchbildung und Bemessung der Lager und der von der Lagerung besonders beeinflußten Bauteile auch tatsächlich eingehalten werden.

Bei Gleitlagern ist die „Gleitbahn" oben anzuordnen, so daß sich der Lasteintragungspunkt auf den Unterbauten nicht ändert. Sofern es bei Stahlbrücken nicht möglich ist, den Überbau im Gleitbereich ausreichend auszusteifen, ist jedoch die umgekehrte Anordnung zweckmäßig, so daß sich der Lasteintragungspunkt gegenüber dem Unterbau mit der Lagerverschiebung verändert.

Für die Wirksamkeit von Horizontallagern ist zu bedenken, daß ein Teil der Horizontalkräfte unvermeidlich über die Reibung abgetragen wird. Wie der Einwirkungen zu überlagern sind, regelt DIN 1072.

Zu Abschnitt 3.2

Ein Spiel in der Lagerung kann während seiner Wirksamkeit ein anderes statisches System erzeugen als beabsichtigt war. Außerdem kann es zu einer ungewollten und möglicherweise gefährlichen Schlagbeanspruchung führen. Daher sind möglichst spielarme Konstruktionen auszubilden, besonders wenn abhebende Lagerkräfte auftreten können.

Von den 8 theoretisch denkbaren zwängungsfreien Lagerungen mit Punktlagern [2] ist der baupraktische Fall die Lagerung auf einem festen Lager, einem einseitig beweglichen Lager (mit Bewegung von festen Lager) und im übrigen nur allseitig beweglichen Lager. Alle Lager müssen außerdem Drehwinkel in allen Richtungen gestatten. Abweichungen von diesem Schema erhöhen die Zwängungen. Sind die Verhältnisse so, daß die Horizontalkräfte mit dieser Lagerung nicht aufgenommen werden können, so wird man die Forderung nach zwängungsarmer Lagerung dadurch berücksichtigen, daß man die Stellung und Verteilung der Lager entsprechend günstig wählt. Beispiele hierfür enthält [1].

Bei Stahlquerträgern muß insbesondere auch die Verformung bei exzentrischer Lagerstellung in Brückenlängsrichtung und gegebenenfalls die Auswirkung von ungleichmäßiger Temperaturänderung beachtet werden, die besonders bei den temperaturempfindlichen Überbauten mit Stahlfahrbahnplatten von Bedeutung sind.

Bei nicht zwängungsfreier Lagerung von Brückenüberbauten können infolge der Verdrehung und Verwölbung des Überbaus erhebliche und keinesfalls vernachlässigbare Zwängungen auftreten, die die übrigen Zwängungen weit übersteigen.

Die Anordnung mehrerer fester Lager in einer Achse nebeneinander oder die sich hieraus ergebenden Zwängungen sind nur vertretbar, wenn die daraus folgenden Maßnahmen (z. B. die notwendige Rissebeschränkung in den anschließenden Stahlbeton- oder Spannbetonbauteilen) in wirtschaftlichem Rahmen getroffen werden können. Nur unter denselben Voraussetzungen kann bei langen Talbrücken mit hohen Pfeilern die feste Lagerung des Überbaus auf mehrere benachbarte Pfeiler verteilt werden.

Bei abschnittsweiser Herstellung gekrümmter Überbauten sind für die Ermittlung der Wirkungslinien und Zwängungen zusätzliche Untersuchungen erforderlich.

Für einen Überbau ist die Verwendung verschiedener Lagerarten in einer Lagerachse nur zulässig, wenn auf jeder Auflagerbank nur Lager der gleichen Art verwendet werden, wobei z. B. stählerne Punktkipplager und Kalottenlager nach DIN 4141 Teil 1/09.84, Tabelle 1, Lagerarten 7 a und 8 b gleichartige Lager sind, oder die unterschiedliche Steifigkeit und Verformung der verschiedenartigen Lager erfaßt sind. Für die Anordnung von Einzellagern nebeneinander zur Aufnahme von Linienlasten ist eine eingehende statische Untersuchung unter Einbeziehung der Verformung die Voraussetzung.

Zu Abschnitt 3.4

Bei der Berechnung der Verschiebung ist auch der Einfluß aus der Überbauwinkelverdrehung über dem festen Lager zu berücksichtigen.

Bei der Bemessung sind nicht nur die planmäßigen Zwängungen und Verformungen zu erfassen. Auch gegebenenfalls nicht planmäßig (z. B. durch Einbaufehler) entstandene Zwängungen und Verformungen sind durch Zusatzrechnungen zu erfassen; erforderlichenfalls müssen diese Einbaufehler nachträglich behoben werden.

Bei Spannbetonüberbauten ist die Größe der Lagerverschiebung u. a. abhängig von der Größe der Vorspannung und vom Kriechen und Schwinden, die Verschieberichtung ist dagegen abhängig von der Tragwerksform, der Lage des Festpunktes und von der Spanngliedführung. Bei Brücken mit abschnittsweiser Überbauherstellung ist eine genaue Berechnung unerläßlich für die Bemessung und Voreinstellung der Lager.

Zu Abschnitt 3.5

Wenn die Voraussage der Baugrundverformung unsicher ist oder später eine wesentliche Baugrundverformung möglich ist, sind Maßnahmen vorzusehen und erforderlichenfalls Vorrichtungen einzubauen, die ein Nachstellen der Lager ermöglichen. Der Umfang der Nachstellung muß den im Baugrundgutachten enthaltenen Setzungsangaben, den eventuellen Senkungen aus bergbaulichen Einflüssen und den besonderen Verhältnissen des Bauwerks Rechnung tragen.

Das Nachstellen der Lager kann auch dazu dienen, die ständige Last nach Abklingen von Kriechen und Schwinden des Überbaus für dessen mittlere wirksame Dauertemperatur weitgehend momentenfrei abzutragen, insbesondere für die Unterbauten, bei bestimmten Bauwerken (z. B. Bögen) auch für die Überbauten. Damit kann man mit kleineren Bemessungsgrößen, aber auch ohne weitere Kriecheinflüsse auskommen, die ja wiederum die Bemessungsgrößen steigern würden. Natürlich müssen die bis zur Nachstellung davon abweichenden Verhältnisse berücksichtigt werden, insbesondere bei dem dann noch kriechempfindlicherem jüngerem Beton. Das Nachstellen der Lager erfordert aber zusätzliche Anforderungen und Risiken. Dies ist beim Abwägen der Vor- und Nachteile einer solchen Maßnahme zu bedenken.

Zu Abschnitt 3.6 und Abschnitt 3.7

Daß Bauteile nicht so genau hergestellt werden können, daß mehr als 3 Lagerungspunkte ohne besondere Maßnahmen „satt" aufliegen, sollte jedem Bauingenieur geläufig sein.

Zu Abschnitt 4

Zur Erstellung des Lagerungsplanes sind im allgemeinen die folgenden Unterlagen erforderlich:

— Lageplan mit Angabe des Kurvenbandes des zu überführenden Verkehrsweges, Schiefewinkel, Grundriß des Bauwerks, Breite des Verkehrsbandes usw.

— Gradientenplan mit Angaben über Neigung des Bauwerks, Gefälleänderungen im zu überführenden Verkehrsweg usw.

— Übersichtszeichnung von dem Bauwerk.

— Beschreibung des Tragsystems mit allen wesentlichen Angaben und Maßen.

— Angaben über wahrscheinliche und mögliche Setzungen des Baugrundes, bergbauliche Einwirkungen usw.

— Angabe der Verschiebungswege, Lagerkräfte und Verdrehungen.

— Querschnitte des Bauwerks im Bereich der Auflagerachsen sowie Zeichnungen von den Einzelheiten des Über- und Unterbaus im Lagerbereich, insbesondere soweit daraus Entwurf und Berechnung sowie das Tragverhalten des Lagers wesentlich beeinflußt wird.

— Zulässige Beton- und Mörtelpressungen bzw. Angabe der dafür maßgeblichen Bestimmungen.

— Gegebenenfalls Zulassungsbescheide vorgesehener Lager.

In Sonderfällen, z. B. bei Bogen- und Rahmentragwerken, sind zusätzliche Angaben zu machen.

Zu Abschnitt 5

Die Prüf-, Wartungs- und Ausbesserungsarbeiten sowie die Arbeiten zur Korrektur der Lagerstellung und Auswechslung der Lager müssen sicher, zuverlässig und möglichst einfach durchführbar sein. Für die Anordnung von Pressen zum Anheben muß — auch bei Pfeilern — der entsprechende Platz vorgesehen werden. Bei kleinen Querschnittsabmessungen von Stützen und Pfeilern kann ausnahmsweise darauf verzichtet werden, wenn diese nicht zu hoch sind und die Lasten mittels Hilfsstützen auf die Fundamente abgesetzt werden können.

Wenn für ein Bauwerk eine kürzere Betriebsdauer erwartet wird als seine Lebensdauer, und wenn zwar für die Betriebsdauer keine Notwendigkeit einer Auswechslung von Lagern oder Lagerteilen zu erwarten ist, wohl aber für die Lebensdauer, dann darf auf die Auswechselbarkeit nur verzichtet werden, wenn infolge Lagerschadens am nicht mehr benutzten Bauwerk keine Gefahr entsteht.

Auch im angehobenen Zustand tritt — insbesondere infolge Verkehrslast — eine Auflagerwinkelverdrehung ein; ihre Auswirkung muß berücksichtigt werden. Bei der behelfsmäßigen Stützung auf Pressen, die meist in zwei Querachsen parallel zur Lagerachse angeordnet werden, erhält ein Teil der Pressen im arretierten Zustand aus Auflagerwinkelverdrehungen eine erheblich größere Last als bei Annahme einer gleichmäßigen Tragwirkung aller Pressen.

Im angehobenen oder sonst von der planmäßigen Stützung freigesetzten Zustand muß ein Überbau oder entsprechendes Bauteil durch entsprechende Maßnahmen sicher gehalten sein. So sind z. B. besondere Sicherungen erforderlich, wenn ein festes Lager, noch dazu, wenn es das einzige ist, angehoben wird oder wenn die Haltung für Pendelwände, z. B. die Hinterfüllung von pendelwandartigen Widerlagern, entfernt wird.

Die Angaben, die an dem Bauwerk angebracht sein müssen, entheben für den Regelfall einer planmäßigen Vorbereitung von Arbeiten an den Lagern nicht von der Verpflichtung, die dafür geforderten und beim Brückenbuch aufzubewahrenden Unterlagen zugrunde zu legen.

Zu Abschnitt 6

Beim Anfertigen des Lagerversetzplans und beim Versetzen des Lagers (vergleiche DIN 4141 Teil 4, z. Z. Entwurf) sind die Einbauanweisungen des Lagerherstellers zu beachten. Dringend zu empfehlen ist, sich rechtzeitig darum zu bemühen, daß mindestens beim Versetzen der ersten Lager eines Bauwerkes ein fachkundiger Vertreter des Lagerherstellers anwesend ist, nach dessen Anleitung dann weiterhin verfahren werden kann.

Internationale Patentklassifikation

E 01 D 19-04

DK 624.078.5 : 624.9 : 69
: 001.4 : 003.62 : 620.22

Lager im Bauwesen

Lagerung für Hochbauten

DIN

4141

Teil 3

Structural bearings; bearing systems for buildings

Appareils d'appui pour ouvrages d'art; systèmes d'appui dans le bâtiment

Diese Norm wurde im Fachbereich „Einheitliche Technische Baubestimmungen" ausgearbeitet. Sie ist den obersten Bauaufsichtsbehörden vom Institut für Bautechnik, Berlin, zur bauaufsichtlichen Einführung empfohlen worden.

Zu den Normen der Reihe DIN 4141 gehören:

DIN 4141 Teil 1   Lager im Bauwesen; Allgemeine Regelungen

DIN 4141 Teil 2   Lager im Bauwesen; Lagerung für Ingenieurbauwerke im Zuge von Verkehrswegen (Brücken)

DIN 4141 Teil 3   Lager im Bauwesen; Lagerung für Hochbauten

DIN 4141 Teil 4 *)   Lager im Bauwesen; Transport, Zwischenlagerung und Einbau

DIN 4141 Teil 14 *)   Lager im Bauwesen; Bewehrte Elastomerlager

Folgeteile in Vorbereitung

Inhalt

1 Anwendungsbereich

Diese Norm gilt für Lagerungen von Bauteilen und Bauwerken im Hochbau. Bei brückenähnlichen Hochbaukonstruktionen ist im Einzelfall zu prüfen, ob bestimmte Teile der in DIN 4141 Teil 2 festgelegten Bestimmungen mit beachtet werden müssen.

2 Begriff

Als Lagerung wird die Gesamtheit aller baulichen Maßnahmen bezeichnet, welche dazu dienen, die sich aus der statischen Berechnung ergebenden Schnittgrößen (Kräfte, Momente) aus einem Bauteil in ein anderes zu übertragen und gleichzeitig an dieser Stelle planmäßige Bauteilverformungen zu ermöglichen.

3 Lagerungsklassen

3.1 Die **Lagerungsklasse 1** umfaßt alle rechnerisch nachzuweisenden Lagerungen, bei denen eine Gefährdung der Standsicherheit des Bauwerkes im Falle einer Überbeanspruchung oder eines Ausfalles von Lagern möglich ist. Für die Lagerungsklasse 1 dürfen nur genormte Lager oder für diese Lagerungsklasse allgemein bauaufsichtlich zugelassene Lager verwendet werden.

3.2 Die **Lagerungsklasse 2** umfaßt alle nicht in Lagerungsklasse 1 fallenden Lagerungen. Voraussetzung für die Einstufung in diese Klasse ist, daß die angrenzenden Bauteile außer durch die jeweils rechnerische Pressung in der

_____

*) Z. Z. Entwurf

Fortsetzung Seite 2 bis 4

Normenausschuß Bauwesen (NABau) im DIN Deutsches Institut für Normung e.V.

Lagerfuge nur unwesentlich durch andere Lagerreaktionen beansprucht werden und daß die Standsicherheit des Bauwerks bei Überbeanspruchung des Lagers oder Ausfall der Lagerfunktion nicht gefährdet wird. Außer den Lagern nach Abschnitt 3.1 dürfen für die Lagerungsklasse 2 auch andere Lager verwendet werden, wenn z. B. durch Versuche bei einer dafür anerkannten Prüfstelle nachgewiesen worden ist, daß sie für den vorgesehenen Anwendungsfall geeignet sind.

4   Allgemeine Lagerungsgrundsätze

4.1   Festpunkte

Bei horizontal verschiebbar gelagerten Bauteilen ist zu prüfen, ob Festpunkte oder Festzonen angeordnet werden müssen, durch die der Bewegungsnullpunkt des zu lagernden Bauteils festgelegt wird.

Zu beachten ist, daß durch unbeabsichtigte Festpunkte die Bauteillagerung nachteilig beeinflußt werden kann.

4.2   Fugenausbildungen

Jedes Bauteil ist in horizontaler und vertikaler Richtung durch Fugen derart von den angrenzenden Bauteilen zu trennen, daß die vorgesehene Lagerung wirksam werden kann. Zu beachten ist, daß auch vermeintlich weiche Fugenfüllungen die freie Verformbarkeit nennenswert beeinträchtigen können (siehe Tabelle 1).

5   Nachweise für die Lagerung

5.1   Lagerungsklasse 1

Aus der statischen Berechnung der aufzulagernden Bauteile müssen Größe, Lage und Richtung der auf das Lager wirkenden Kräfte hervorgehen.

Ferner sind Nachweise für die zu erwartenden Bewegungen und Lagerverformungen zu führen.

Die in den Lagerfugen wirkenden Rückstellkräfte, Rückstellmomente, Reibungskräfte, Querzugkräfte sowie Verschiebungen des Lastangriffs sind, soweit erforderlich, in ihrer Wirkung auf die angrenzenden Bauteile und auf das Gesamtbauwerk zu verfolgen. Auch die Federwirkung bei vertikal nachgiebigen Lagerarten (Lager Nr 1 bis 6 nach DIN 4141 Teil 1/…84, Tabelle 1) ist zu beachten: die Einsenkungen müssen möglichst gleichmäßig sein.

5.2   Lagerungsklasse 2

Für die Lagerung sind die Druckspannungen aufgrund der zu übertragenden Vertikallasten und die übrigen Beanspruchungen aufgrund von Schätzwerten nachzuweisen. Zur Vermeidung von örtlichen Beschädigungen an den angrenzenden Bauteilen (z. B. Rißbildungen, Abplatzungen) sind konstruktive Maßnahmen vorzusehen (z. B. Querzugbewehrungen, Randabstände).

6   Bauliche Durchbildung und Einbauanweisungen

Soweit Anforderungen an die bauliche Durchbildung und den Einbau der Lager in anderen Teilen dieser Norm nicht bereits enthalten sind, gelten folgende Festlegungen:

a) Die Umgebungseinflüsse sind im Hinblick auf mögliche Schädigungen der Lager zu überprüfen.

b) Eine Auswechselbarkeit der Lager ist in der Regel nicht zu fordern. Für Lager der Lagerungsklasse 1 ist im Einzelfall zu prüfen, ob eine Möglichkeit zur Lagerauswechselung vorgesehen werden soll.

c) Der Oberflächenzustand und die planmäßige Ausrichtung der Auflagerflächen sind zu überprüfen. Gegebenenfalls sind die Auflagerflächen durch Nacharbeit in den planmäßigen Zustand zu bringen.

7   Bautechnische Unterlagen

7.1   Positionspläne

In die Positionspläne der statischen Berechnung des Bauwerkes sind für jedes einzelne Lager die folgenden Angaben aufzunehmen:

a) genaue Lage im Bauwerk

b) Lagerungssymbol nach DIN 4141 Teil 1 (nur für Lagerungsklasse 1)

c) Richtung der Bewegungen (nur für Lagerungsklasse 1)

Außerdem soll die Lage der Festpunkte bzw. Festzonen angegeben werden.

7.2   Ausführungszeichnungen

In die Ausführungszeichnungen für das Bauwerk sind für jedes einzelne Lager die folgenden Angaben einzutragen:

a) genaue Lage im Bauwerk

Tabelle 1.   **Anhaltswerte für den Widerstand von Fugenfüllungen**

Fugenfüllungen	Scherwiderstand S_G mit $\tau = S_G \cdot \mathrm{tg}\,\gamma$ N/mm^2	Dehnwiderstand S_E (Druck/Zug) mit $\sigma = S_E \cdot \varepsilon$ N/mm^2
Fugendichtungsmassen: Polysulfid (siehe DIN 18 540 Teil 2) Silicon (siehe DIN 18 540 Teil 2) Polyurethan (s. DIN 18 540 Teil 2) Polyacrylat	0,5	1,0
Rundprofil PUR-Schaumstoff	0	0,2 [1])
Platten Schaumstoff, Typ W nach DIN 18 164 Teil 1 Poröse Holzfaser (siehe DIN 68 750)	keine Richtwerte angebbar	0,3 [1]) 15,0 [1])

[1]) Nur für Druckbeanspruchung, bei Zugbeanspruchung $S_E = 0$

b) eindeutige Bezeichnung

c) Ebenheitstoleranzen für die Auflagerflächen (vergleiche Abschnitt 8.2)

d) Parallelitätstoleranzen für die Auflagerflächen (vergleiche Abschnitt 8.2)

e) Hinweise auf Einbauvorschriften.

8   Ergänzende Angaben für bestimmte Anwendungsfälle

8.1   Massive Flachdächer und ähnliche Bauteile

Für die Planung und Ausführung ist DIN 18 530 zu beachten [1]).

Wenn kein genauer Nachweis geführt wird, können in der Regel die Verschiebewege der Deckenplatte gegenüber den Wänden für die Lagerbemessung unter Benutzung der folgenden Rechenwerte ermittelt werden:

— **Wärmedehnzahl** $\alpha_t = 0{,}01$ mm/mK (für alle Beton- und Mauerwerksarten)

— **Temperaturdifferenz** zwischen Deckenplatte und darunterliegender Wand und Decke $\Delta T = \pm 20$ K

— **Schwindmaße** nach Tabelle 2

Tabelle 2.   Rechenwerte der Schwindmaße in mm/m

	max.	min.
Ortbeton	0,6	0,2
Betonfertigteile	0,4	0,1
Ziegelmauerwerk	0,2	−0,2
Kalksandsteinmauerwerk	0,4	0,1
Gasbetonmauerwerk	0,4	0,1
Bimsbetonmauerwerk	0,6	0,2

8.2   Ergänzende Angaben für Fertigteile und Auflagerflächen

Diese Angaben beziehen sich auf die Lagerung von Fertigbauteilen aus Stahlbeton und Spannbeton; sinngemäß gelten sie auch für vorgefertigte Teile aus anderen Baustoffen, z. B. Stahl oder Holz sowie für Auflagerflächen im Betonbau.

Die Ebenheitstoleranz für Auflagerflächen ist in den Ausführungszeichnungen anzugeben; sie beträgt einheitlich für alle Lagergrößen 2,5 mm. Sind für bestimmte Lagerarten höhere Genauigkeiten erforderlich, so ist dies in den betreffenden Teilen dieser Norm angegeben. Für die Prüfung der Toleranzen gilt DIN 18 202 Teil 5 sinngemäß.

Abweichungen von der Parallelität zugehöriger Auflagerflächen infolge Herstell- und Montagetoleranzen sind in der statischen Berechnung mindestens mit 1 % zu berücksichtigen und rechnerisch wie planmäßige Verdrehungen zu behandeln.

Die Auflagerflächen sind zum Schutz der Lager sorgfältig zu entgraten.

8.3   Einbauhilfen (Montagehilfen)

Einbauhilfen müssen so konstruiert sein, daß sie den Einbau und die maßgerechte Justierung der Lager oder Bauteile sicherstellen.

Eine Überprüfung anhand von markierten Meßstellen am Lagerunterbau kann erforderlich sein. Die Meßstellen sind als Bezugsmaße für die Einbaurichtung und Parallelität der Lagerebenen vorzusehen.

Einbauhilfen müssen das zu lagernde Bauteil so lange tragen, bis das Lager seine volle Funktion hat. Dabei müssen sie das Lager oder die Bauteile während der einzelnen Bauzustände (Betonieren, Entschalen, Montieren usw.) in der planmäßigen Lage halten und auch eine Schrägstellung oder außerplanmäßige Exzentrizitäten verhindern.

Beim Ausbau der Einbauhilfen muß eine plötzliche Krafteinleitung in das eingebaute Lager vermieden werden. Verformungslager dürfen nach dem Ausbau der Hilfen nicht an der freien Verformung der Seitenflächen behindert werden.

¹) Weitere Angaben, vor allem zur Verformungsberechnung, enthält [1] und [2].

Zitierte Normen und andere Unterlagen

DIN 4141 Teil 2   Lager im Bauwesen; Lagerung für Ingenieurbauwerke im Zuge von Verkehrswegen (Brücken)

DIN 18 164 Teil 1   Schaumkunststoffe als Dämmstoffe für das Bauwesen; Dämmstoffe für die Wärmedämmung

DIN 18 202 Teil 5   Maßtoleranzen im Hochbau; Ebenheitstoleranzen für Flächen von Decken und Wänden

DIN 18 530   Massive Deckenkonstruktionen für Dächer; Richtlinien für Planung und Ausführung

DIN 18 540 Teil 2   Abdichten von Außenwandfugen im Hochbau mit Fugendichtungsmassen; Fugendichtungsmassen, Anforderungen und Prüfung

DIN 68 750   Holzfaserplatten; Poröse und harte Holzfaserplatten, Gütebedingungen

[1] Pfefferkorn, W.: Konstruktive Planungsgrundsätze für Dachdecken und ihre Unterkonstruktionen, Verlagsgesellschaft Rudolf Müller, Köln

[2] Schubert, P., und Wesche, K.: Verformung und Rißsicherheit von Mauerwerk, Mauerwerks-Kalender 1981, Verlag W. Ernst & Sohn, Berlin

Weitere Normen und andere Unterlagen

DIN 18 203 Teil 1   Maßtoleranzen im Hochbau; Vorgefertigte Teile aus Beton und Stahlbeton

[3] Kanning, W.: Elastomer-Lager für Pendelstützen — Einfluß der Lager auf die Beanspruchung der Stützen. Der Bauingenieur 55 (1980), S. 455

[4] J. Müller-Rodeholz: Einfluß der Steifigkeit von Fugenmassen. Forschungsbericht des IfBt Az.: IV/1-5-206/79. Zu beziehen durch Informationszentrum RAUM und BAU (IRB) der Fraunhofer-Gesellschaft, Nobelstraße 12, D-7000 Stuttgart 80

[5] Frank Müller, H. Rainer Sasse, Uwe Thormahlen: Stützenstöße im Stahlbeton-Fertigteilbau bei unbewehrten Elastomerlagern, Heft 339 des DAfStb, W. Ernst & Sohn, Berlin, 1982

[6] Kessler, E., und Schwerm, D.: Unebenheiten und Schiefwinkligkeiten der Auflagerflächen für Elastomerlager bei Stahlbeton-Fertigteilen. Betonwerk + Fertigteiltechnik 49 (1983), Beilage fertigteilbau forum 13/83, S. 1–5

Erläuterungen

Diese Norm enthält als wichtigsten Bestandteil die Einteilung in 2 Lagerungsklassen. Mit dieser Einteilung wird an sich nachvollzogen, was weitgehendst seit vielen Jahren gängige Praxis ist, mit dem wichtigen Unterschied, daß durch die Einteilung die Zusammenhänge deutlich gemacht werden und dem auf diesem Gebiet vorhandenen Wildwuchs begegnet wird. Künftig werden Lager nur dann normgerecht bzw. nach den allgemein anerkannten Regeln der Technik verwendet, wenn ihre Eignung nachgewiesen wird. Im allgemeinen wird es wirtschaftlicher sein, für ein Tragwerk des Hochbaus die Lagerungsklasse 2 zu verwirklichen, auch wenn genormte oder zugelassene Lager verwendet werden.

Den Unterschied zwischen beiden Lagerungsklassen kann man deutlich erkennen bei der Ausbildung von Pendelstützen [3]:

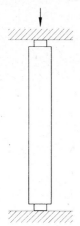

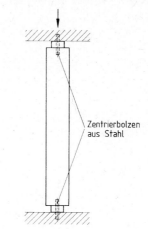

Zentrierbolzen
aus Stahl

Lagerungsklasse 1
(ohne Berücksichtigung der Rückstellkräfte unstabil!)

Lagerungsklasse 2
(wenn Drehsteifigkeit vernachlässigt wird)

Die Tabelle 1, in der den Fugenausfüllungen statische Eigenschaften zugeordnet werden, ist neu. Sie ist das Ergebnis eines vom Institut für Bautechnik geförderten Forschungsvorhabens [4] und soll nur „rohe" Anhaltswerte liefern.

Zum Anwendungsbereich dieser Norm gehören die unbewehrten Elastomerlager, für die eine eigene Norm z. Z. erstellt wird. Gültig sind vorläufig noch für CR-Mischungen die ETB-Richtlinien und für andere Lager – z. B. EPDM-Lager – die entsprechenden Zulassungen.

Ein Sonderfall der Lagerung sind Stützenstöße. Der Einfluß von Elastomerlagern in Stützenstößen auf die Bemessung dieses Bereichs wurde erforscht. Das Ergebnis mit Bemessungsformeln wurde veröffentlicht [5]. Eine spezielle Normung ist bislang nicht vorgesehen.

Die Angaben zur Ebenheitstoleranz und zur Parallelitätsanforderung in Abschnitt 8.2 sind untermauert durch eine große Anzahl von Messungen, über die in [6] berichtet wird.

Internationale Patentklassifikation

E 04 B 1 – 36

Stahlbauten
Bemessung und Konstruktion

DIN
18 800
Teil 1

Steel structures; design and construction   Ersatz für Ausgabe 03.81

Constructions métalliques; calcul et construction

Neben dieser Norm gilt DIN 18800 Teil 1/03.81 noch bis zum Erscheinen einer europäischen (EN-)Norm über die Bemessung und Konstruktion von Stahlbauten.

Diese Norm wurde im NABau-Fachbereich 08 Stahlbau — Deutscher Ausschuß für Stahlbau e. V. ausgearbeitet.

Mit den vorliegenden neuen Normen der Reihe DIN 18800 wurde erstmals das Sicherheits- und Bemessungskonzept der im Jahre 1981 vom NABau herausgegebenen „Grundlagen zur Festlegung von Sicherheitsanforderungen an bauliche Anlagen" (GruSiBau) verwirklicht. Darüber hinaus ist auch den laufenden Entwicklungen hinsichtlich der europäischen Vereinheitlichungsbemühungen (Stichwort: EUROCODES) Rechnung getragen worden.

Alle Verweise auf die Normen DIN 18800 Teil 2 und Teil 3 beziehen sich auf die Ausgabe 11.90.

Inhalt

Erläuterungen und Internationale Patentklassifikation siehe Originalfassung der Norm   Fortsetzung Seite 2 bis **48**

Diese Neuauflage von DIN 18800 Teil 1 enthält gegenüber der Erstauflage Druckfehlerberichtigungen, die an den entsprechenden Stellen durch einen Balken am Rand gekennzeichnet sind.

Normenausschuß Bauwesen (NABau) im DIN Deutsches Institut für Normung e.V.

1   Allgemeine Angaben

(101)   Anwendungsbereich

Diese Norm ist anzuwenden für die Bemessung und Konstruktion von Stahlbauten.

(102)   Mitgeltende Normen

Die anderen Grundnormen der Reihe DIN 18800 sind zu beachten. Für die verschiedenen Anwendungsgebiete sind die entsprechenden Fachnormen zu beachten. In ihnen können zusätzliche oder abweichende Festlegungen getroffen sein.

Anmerkung: Soweit Fachnormen noch nicht an das in dieser Grundnorm verwendete Bemessungskonzept angepaßt sind, kann zur Beurteilung DIN 18800 Teil 1/03.81 herangezogen werden (vergleiche auch Vorbemerkungen).

(103)   Anforderungen

Stahlbauten müssen standsicher und gebrauchstauglich sein. Ausreichende räumliche Steifigkeit und Stabilität sind sicherzustellen.

Anmerkung: Standsicherheit wird hier als Oberbegriff für Trag- und Lagesicherheit verwendet.

2   Bautechnische Unterlagen

(201)   Nutzungsbedingungen

Die bautechnischen Unterlagen müssen Angaben zu den maßgeblichen Nutzungsbedingungen in einer allgemein verständlichen Form enthalten.

(202)   Inhalt

Die bautechnischen Unterlagen müssen den Nachweis ausreichender Standsicherheit und Gebrauchstauglichkeit der baulichen Anlage während des Bau- und Nutzungszeitraumes enthalten.

Anmerkung: Zu den bautechnischen Unterlagen gehören unter anderem die Baubeschreibung, die Statische Berechnung einschließlich der Positionspläne, gegebenenfalls Versuchsberichte zu experimentellen Nachweisen, Zeichnungen mit allen für die Prüfung, Nutzung und Dauerhaftigkeit wesentlichen Angaben, Montage- und Schweißfolgepläne und gegebenenfalls Zulassungsbescheide.

(203)   Baubeschreibung

Alle für die Prüfung der Statischen Berechnungen und Zeichnungen wichtigen Angaben sind in die Baubeschreibung aufzunehmen, insbesondere auch solche, die für die Bauausführung wesentlich sind und aus den Nachweisen und Zeichnungen nicht unmittelbar oder nicht vollständig entnommen werden können. Hierzu gehören auch Angaben zum Korrosionsschutz.

(204)   Statische Berechnung

In der Statischen Berechnung sind Tragsicherheit und Gebrauchstauglichkeit vollständig, übersichtlich und prüfbar für alle Bauteile und Verbindungen nachzuweisen. Der Nachweis muß in sich geschlossen sein und eindeutige Angaben für die Ausführungszeichnungen enthalten.

(205)   Quellenangaben und Herleitungen

Die Herkunft außergewöhnlicher Gleichungen und Berechnungsverfahren ist anzugeben. Sofern Gleichungen und Berechnungsverfahren nicht veröffentlicht sind, sind Voraussetzungen und Ableitungen soweit anzugeben, daß ihre Eignung geprüft werden kann.

(206)   Elektronische Rechenprogramme

Für die Verwendung von Rechenprogrammen ist die „Richtlinie für das Aufstellen und Prüfen EDV-unterstützter Standsicherheitsnachweise" zu beachten.

(207)   Versuchsberichte

Versuchsberichte müssen Angaben über das Versuchsziel, die Planung, Einrichtung, Durchführung und Auswertung der Versuche in einer Form enthalten, die eine Beurteilung erlaubt und die eine unabhängige Wiederholung der Versuche ermöglicht.

(208)   Zeichnungen

In den Zeichnungen sind alle für die Prüfung von bautechnischen Unterlagen sowie für die Bauausführung und -abnahme wichtigen Bauteile eindeutig, vollständig und übersichtlich darzustellen.

Anmerkung: Zur eindeutigen und vollständigen Beschreibung der Bauteile gehören unter anderem

— Werkstoffangaben, wie z.B. Stahlsorte von Bauteilen und Festigkeitsklasse von Schrauben,

— Darstellung und Bemaßung der Systeme und Querschnitte,

— Darstellung der Anschlüsse, z.B. durch Angabe der Lage der Schwerachsen von Stäben zueinander, der Anordnung der Verbindungsmittel und der Stoßteile sowie Angaben zum Lochspiel von Verbindungsmitteln,

— Angaben zur Ausführung, z.B. Vorspannung von Schrauben und Nahtvorbereitung von Schweißnähten,

— Angaben über Besonderheiten, die bei der Montage zu beachten sind und

— Angaben zum Korrosionsschutz.

3   Begriffe und Formelzeichen

3.1   Grundbegriffe

(301)   Einwirkungen, Einwirkungsgrößen

Einwirkungen sind Ursachen von Kraft- und Verformungsgrößen im Tragwerk.

Einwirkungsgrößen sind die zur Beschreibung der Einwirkungen verwendeten Größen.

Anmerkung: Einwirkungen sind z.B. Schwerkraft, Wind, Verkehrslast, Temperatur und Stützensenkungen. Siehe hierzu auch Abschnitt 7.2.1, Element 706.

(302)   Widerstand, Widerstandsgrößen

Unter Widerstand wird hier der Widerstand eines Tragwerkes, seiner Bauteile und Verbindungen gegen Einwirkungen verstanden.

Widerstandsgrößen sind aus geometrischen Größen und Werkstoffkennwerten abgeleitete Größen; ihre Streuungen sind zu berücksichtigen.

In dieser Norm sind Festigkeiten und Steifigkeiten Widerstandsgrößen.

Anmerkung 1: Vereinfachend werden alle Streuungen des Widerstandes den Festigkeiten und Steifigkeiten zugeordnet, sofern in anderen Normen der Reihe DIN 18800 nichts anderes geregelt ist.

Anmerkung 2: Werkstoffkennwerte sind z.B. die obere Streckgrenze R_{eH} und die Zugfestigkeit R_m.

Anmerkung 3: Festigkeiten und Steifigkeiten beinhalten Werkstoffkennwerte und Querschnittswerte.

Die charakteristischen Werte von Festigkeiten sind auf die Nennwerte der Querschnittswerte bezogene Festigkeiten. Die wichtigsten Festigkeiten

sind die Streckgrenze f_y und die Zugfestigkeit f_u, denen die Werkstoffkennwerte obere Streckgrenze R_{eH} und die Zugfestigkeit R_m zugeordnet sind.
Ein Beispiel für eine Steifigkeit ist die Biegesteifigkeit $(E \cdot I)$. Sie beinhaltet die streuende Werkstoffkenngröße Elastizitätsmodul und die streuende geometrische Größe Flächenmoment 2. Grades.

(303)   Bemessungswerte

Bemessungswerte sind diejenigen Werte der Einwirkungsgrößen und Widerstandsgrößen, die für die Nachweise anzunehmen sind. Sie beschreiben einen Fall ungünstiger Einwirkungen auf Tragwerke mit ungünstigen Eigenschaften. Ungünstigere Fälle sind in der Realität nur mit sehr geringer Wahrscheinlichkeit zu erwarten.

Bemessungswerte werden im allgemeinen durch den Index d gekennzeichnet.

Anmerkung 1: Die Bemessungswerte dieser Norm sind so festgelegt, daß die Nachweise zu der angestrebten Versagenswahrscheinlichkeit führen.

Anmerkung 2: Für statische Berechnungen ist es wichtig, Bemessungswerte von charakteristischen Werten (siehe Element 304) zu unterscheiden, z.B. durch Verwendung der Indizes d (Bemessungswerte) und k (charakteristische Werte).

(304)   Charakteristische Werte

Die charakteristischen Werte für Einwirkungsgrößen und Widerstandsgrößen sind die Bezugsgrößen für die Bemessungswerte der Einwirkungsgrößen und Widerstandsgrößen.

Charakteristische Werte werden durch den Index k gekennzeichnet.

Anmerkung: Charakteristische Werte der als streuend anzunehmenden Größen der Einwirkung und des Widerstandes sind nach der dieser Norm zugrundeliegenden Sicherheitstheorie als p%-Fraktilwerte der Verteilungsfunktionen dieser Größen festzulegen, z.B. als 5%-Fraktile. Damit ließe die Sicherheitstheorie die Berechnung der für die angestrebte Versagenswahrscheinlichkeit erforderlichen Teilsicherheitsbeiwerte zu. Da aus praktischen Gründen zuerst Teilsicherheitsbeiwerte vereinbart wurden, ergeben sich unterschiedliche und von [1] abweichende Werte für p. Aufgrund nicht ausreichender Kenntnisse (Daten) über Einwirkungen und Widerstände sind diese Werte für p teilweise nur angenähert bekannt. Die Absicherung der Festlegungen dieser Norm stützt sich diesbezüglich auf globale Kalibrierung an der bisherigen Erfahrung.

(305)   Teilsicherheitsbeiwerte

Die Teilsicherheitsbeiwerte γ_F und γ_M sind die Sicherheitselemente, die die Streuungen der Einwirkungen $\mathbf{F}$ und Widerstandsgrößen $\mathbf{M}$ berücksichtigen.

Anmerkung 1: Der Teilsicherheitsbeiwert γ_F setzt sich aus folgenden Anteilen zusammen:

$$\gamma_F = \gamma_f \cdot \gamma_{f.sys}$$

γ_f bezieht sich ausschließlich auf die Einwirkung und sichert z.B. ihre räumliche und zeitliche Streuung ab.

$\gamma_{f.sys}$ berücksichtigt Unsicherheiten im mechanischen und stochastischen Modell und dient z.B. der Erfassung besonderer Systemempfindlichkeiten.

Angaben zur Bestimmung von γ_F können z.B. [1] entnommen werden.

Anmerkung 2: Der Teilsicherheitsbeiwert γ_M setzt sich aus folgenden Anteilen zusammen:

$$\gamma_M = \gamma_m \cdot \gamma_{m.sys}$$

γ_m berücksichtigt die Streuung der jeweiligen Widerstandsgröße.

$\gamma_{m.sys}$ deckt Ungenauigkeiten im mechanischen Modell zur Berechnung der Beanspruchbarkeiten und Systemempfindlichkeiten ab.

Angaben zur Bestimmung von γ_M können z.B. [1] entnommen werden.

(306)   Kombinationsbeiwerte

Die Kombinationsbeiwerte ψ sind die Sicherheitselemente, die die Wahrscheinlichkeit des gleichzeitigen Auftretens veränderlicher Einwirkungen berücksichtigen.

(307)   Beanspruchungen

Beanspruchungen S_d sind die von den Bemessungswerten der Einwirkungen $\mathbf{F}_d$ verursachten Zustandsgrößen im Tragwerk. Sie werden auch als vorhandene Größen bezeichnet.

Wenn zur Vermeidung von Verwechslungen Beanspruchungen gekennzeichnet werden müssen, ist dafür der Index S,d zu verwenden. Hier wird im folgenden auf eine solche Kennzeichnung der Beanspruchungen verzichtet.

Anmerkung: Beanspruchungen sind z.B. Spannungen, Schnittgrößen, Scherkräfte von Schrauben, Dehnungen und Durchbiegungen.

(308)   Grenzzustände

Grenzzustände sind Zustände des Tragwerkes, die den Bereich der Beanspruchung, in dem das Tragwerk tragsicher bzw. gebrauchstauglich ist, begrenzen. Grenzzustände können auch auf Bauteile, Querschnitte, Werkstoffe und Verbindungsmittel bezogen sein.

(309)   Beanspruchbarkeiten

Beanspruchbarkeiten R_d sind die zu Grenzzuständen gehörenden Zustandsgrößen des Tragwerkes. Sie sind mit den Bemessungswerten der Widerstandsgrößen $\mathbf{M}_d$ zu berechnen und werden auch als Grenzgrößen bezeichnet.

Wenn zur Vermeidung von Verwechslungen Beanspruchbarkeiten zu kennzeichnen sind, ist dafür im allgemeinen der Index R,d zu verwenden.

Wenn keine Verwechslungen mit Beanspruchungen möglich sind, darf der Index R entfallen.

Anmerkung: Beanspruchbarkeiten sind z.B. Grenzspannungen, Grenzschnittgrößen, Grenzabscherkräfte von Schrauben und Grenzdehnungen.

3.2   Weitere Begriffe

(310)   Weitere Begriffe werden im Normtext erläutert.

3.3   Häufig verwendete Formelzeichen

(311)   Koordinaten, Verschiebungs- und Schnittgrößen, Spannungen sowie Imperfektionen

x	Stabachse
y, z	Hauptachsen des Querschnitts Die Zeichen sind bei einteiligen Stäben so gewählt, daß $I_y \geq I_z$ ist
u, v, w	Verschiebungen in Richtung der Achsen x, y, z
N	Normalkraft, als Zug positiv
M_y, M_z	Biegemomente
M_x	Torsionsmoment
V_y, V_z	Querkräfte
σ	Normalspannung

τ Schubspannung

$\Delta\sigma$ Spannungsschwingbreite

φ_0 Stabdrehwinkel des vorverformten (imperfekten) Tragwerks im einwirkungslosen Zustand

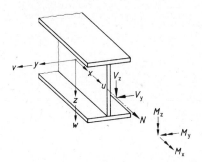

Bild 1. Koordinaten, Verschiebungs- und Schnittgrößen

Anmerkung: Das Formelzeichen V für Querkraft anstelle von Q wird in Übereinstimmung mit internationalen Regelwerken, z. B. ISO 3898 : 1987, gewählt.

(312) Physikalische Kenngrößen, Festigkeiten

E Elastizitätsmodul (E-Modul)

G Schubmodul

α_T lineare Temperaturdehnzahl

f_y Streckgrenze

f_u Zugfestigkeit

μ Reibungszahl

(313) Querschnittsgrößen

t Erzeugnisdicke, Blechdicke

b Breite von Querschnittsteilen

A Querschnittsfläche

A_{Steg} Stegfläche, nach Abschnitt 7.5.2, Element 752

S Statisches Moment

I Flächenmoment 2. Grades (früher: Trägheitsmoment)

W elastisches Widerstandsmoment

N_{pl} Normalkraft im vollplastischen Zustand

M_{pl} Biegemoment im vollplastischen Zustand

M_{el} Biegemoment, bei dem die Spannung σ_x an der ungünstigsten Stelle des Querschnitts f_y erreicht

$\alpha_{pl} = \dfrac{M_{pl}}{M_{el}}$ plastischer Formbeiwert

V_{pl} Querkraft im vollplastischen Zustand

d Durchmesser

d_L Lochdurchmesser

d_{Sch} Schaftdurchmesser

Δd Nennlochspiel

a rechnerische Schweißnahtdicke

Anmerkung: Die Benennung der „vollplastischer Zustand" bezieht sich auf die volle Ausnutzung der Plastizität. In Sonderfällen (z. B. Winkel-, U-Profile) können hierbei elastische Restquerschnitte vorhanden sein, vgl. z. B. [7].

(314) Systemgrößen

l Systemlänge eines Stabes

N_{Ki} Normalkraft unter der kleinsten Verzweigungslast nach der Elastizitätstheorie, als Druck positiv

$s_K = \sqrt{\dfrac{\pi^2\,(E \cdot I)}{N_{Ki}}}$ zu N_{Ki} gehörende Knicklänge eines Stabes

(315) Einwirkungen, Widerstandsgrößen und Sicherheitselemente

F Einwirkung (allgemeines Formelzeichen)

G ständige Einwirkung

Q veränderliche Einwirkung

F_A außergewöhnliche Einwirkung

F_E Erddruck

M Widerstandsgröße (allgemeines Formelzeichen)

γ_F Teilsicherheitsbeiwert für die Einwirkungen

γ_M Teilsicherheitsbeiwert für die Widerstandsgrößen

ψ Kombinationsbeiwert für Einwirkungen

S_d Beanspruchung (allgemeines Formelzeichen)

R_d Beanspruchbarkeit (allgemeines Formelzeichen)

Anmerkung: Die Formelzeichen sind zum Teil aus der englischen Sprache abgeleitet: z. B. Force, Stress, Resistance, design.

(316) Nebenzeichen

Index k   charakteristischer Wert einer Größe

Index d   Bemessungswert einer Größe

Index R,d   Beanspruchbarkeit

Index S,d   Beanspruchung

Index w   Schweißen

Index b   Schrauben, Niete, Bolzen

vers   vorangestelltes Nebenzeichen zur Kennzeichnung eines Versuchswertes

Anmerkung 1: Nebenzeichen sind zum Teil aus der englischen Sprache abgeleitet: z. B. weld, bolt.

Anmerkung 2: Diese Nebenzeichen sind zu verwenden, wenn die Gefahr von Verwechselungen besteht.

Anmerkung 3: Es ist z. B. $f_{u,b}$ die Zugfestigkeit eines Schraubenwerkstoffes.

4 Werkstoffe

4.1 Walzstahl und Stahlguß

(401) Übliche Stahlsorten

Es sind folgende Stahlsorten zu verwenden:

1. Von den allgemeinen Baustählen nach DIN 17100 die Stahlsorten St 37-2, USt 37-2, RSt 37-2, St 37-3 und St 52-3, entsprechende Stahlsorten für kaltgefertigte geschweißte quadratische und rechteckige Rohre (Hohlprofile) nach DIN 17 119 sowie für geschweißte bzw. nahtlose kreisförmige Rohre nach DIN 17120 bzw. DIN 17121.

2. Von den schweißgeeigneten Feinkornbaustählen nach DIN 17102 die Stahlsorten StE 355, WStE 355, TStE 355 und EStE 355, entsprechende Stahlsorten für quadratische und rechteckige Rohre (Hohlprofile) nach DIN 17125 sowie für geschweißte bzw. nahtlose kreisförmige Rohre nach DIN 17123 bzw. DIN 17124.

3. Stahlguß GS-52 nach DIN 1681 und GS-20 Mn 5 nach DIN 17182 sowie Vergütungsstahl C 35 N nach DIN 17200 für stählerne Lager, Gelenke und Sonderbauteile.

(402)   Andere Stahlsorten

Andere als in Element 401 genannte Stahlsorten dürfen nur verwendet werden, wenn

- die chemische Zusammensetzung, die mechanischen Eigenschaften und die Schweißeignung in den Lieferbedingungen des Stahlherstellers festgelegt sind und diese Eigenschaften einer der in Element 401 genannten Stahlsorten zugeordnet werden können oder
- sie in den Fachnormen vollständig beschrieben und hinsichtlich ihrer Verwendung geregelt sind oder
- ihre Brauchbarkeit auf andere Weise nachgewiesen worden ist.

Anmerkung 1: Die Einschränkungen bei der Wahl des Nachweisverfahrens nach Abschnitt 7.4, Element 726, sind zu beachten.

Anmerkung 2: Die Brauchbarkeit kann z.B. durch eine allgemeine bauaufsichtliche Zulassung oder Zustimmung im Einzelfall nachgewiesen werden.

[403]   Stahlauswahl

Die Stahlsorten sind entsprechend dem vorgesehenen Verwendungszweck und ihrer Schweißeignung auszuwählen.

Die „Empfehlungen zur Wahl der Stahlgütegruppen für geschweißte Stahlbauten" (DASt-Richtlinie 009) und „Empfehlungen zum Vermeiden von Terrassenbrüchen in geschweißten Konstruktionen aus Baustahl" (DASt-Richtlinie 014) dürfen für die Wahl der Werkstoffgüte herangezogen werden.

(404)   Bescheinigungen

Für die verwendeten Erzeugnisse müssen Bescheinigungen nach DIN 50 049 vorliegen.

Für nicht geschweißte Konstruktionen aus Stahl der Sorten St 37-2, USt 37-2, RSt 37-2 und St 37-3 und für untergeordnete Bauteile darf hierauf verzichtet werden, wenn die Beanspruchungen nach der Elastizitätstheorie ermittelt werden.

Werden die Beanspruchungen nach der Plastizitätstheorie ermittelt, sind die Werkstoffeigenschaften mindestens durch ein Werksprüfzeugnis zu belegen.

Für Blech und Breitflachstahl in geschweißten Bauteilen mit Dicken über 30 mm, die im Bereich der Schweißnähte auf Zug beansprucht werden, muß der Aufschweißbiegeversuch nach SEP 1390 durchgeführt und durch ein Abnahmeprüfzeugnis belegt sein.

Anmerkung: SEP: Stahl-Eisen-Prüfblatt

(405)   Charakteristische Werte für Walzstahl und Stahlguß

Bei der Ermittlung von Beanspruchungen und Beanspruchbarkeiten sind für Walzstahl und Stahlguß die in Tabelle 1 angegebenen charakteristischen Werte zu verwenden.

Die Veränderung der charakteristischen Werte in Abhängigkeit von der Temperatur ist bei Temperaturen über 100 °C zu berücksichtigen.

Tabelle 1.   **Als charakteristische Werte für Walzstahl und Stahlguß festgelegte Werte**

	1	2	3	4	5	6	7
	Stahl	Erzeugnis-dicke t^*) mm	Streck-grenze $f_{y.k}$ N/mm^2	Zug-festigkeit $f_{u.k}$ N/mm^2	E-Modul E N/mm^2	Schub-modul G N/mm^2	Temperatur-dehnzahl α_T K^{-1}
1	Baustahl St 37-2	$t \leq 40$	240	360			
2	USt 37-2 R St 37-2 St 37-3	$40 < t \leq 80$	215				
3	Baustahl	$t \leq 40$	360	510			
4	St 52-3	$40 < t \leq 80$	325				
5	Feinkorn-baustahl	$t \leq 40$	360	510	210 000	81 000	$12 \cdot 10^{-6}$
6	StE 355 WStE 355 TStE 355 EStE 355	$40 < t \leq 80$	325				
7	Stahlguß GS-52		260	520			
8	GS-20 Mn 5	$t \leq 100$	260	500			
9	Vergütungs-stahl	$t \leq 16$	300	480			
10	C 35 N	$16 < t \leq 80$	270				

*) Für die Erzeugnisdicke werden in Normen für Walzprofile auch andere Formelzeichen verwendet, z.B. in den Normen der Reihe DIN 1025 s für den Steg.

Anmerkung: Vergleiche hierzu auch Abschnitt 7.3.1, Element 718.

72

4.2   Verbindungsmittel

4.2.1   Schrauben, Niete, Kopf- und Gewindebolzen

(406)   Schrauben, Muttern, Scheiben

Es sind Schrauben der Festigkeitsklassen 4.6, 5.6, 8.8 und 10.9 nach DIN ISO 898 Teil 1, zugehörige Muttern der Festigkeitsklassen 4, 5, 8 und 10 nach DIN ISO 898 Teil 2 und Scheiben, die mindestens die Festigkeit der Schrauben haben, zu verwenden.

(407)   Verzinkte Schrauben

Es sind nur komplette Garnituren (Schrauben, Muttern und Scheiben) eines Herstellers zu verwenden.

Feuerverzinkte Schrauben der Festigkeitsklassen 8.8 und 10.9 sowie zugehörige Muttern und Scheiben dürfen nur verwendet werden, wenn sie vom Schraubenhersteller im Eigenbetrieb oder unter seiner Verantwortung im Fremdbetrieb verzinkt wurden.

Andere metallische Korrosionsschutzüberzüge dürfen verwendet werden, wenn

— die Verträglichkeit mit dem Stahl gesichert ist und

— eine wasserstoffinduzierte Versprödung vermieden wird und

— ein adäquates Anziehverhalten nachgewiesen wird.

Anmerkung 1: Ein anderer metallischer Korrosionsschutzüberzug ist z.B. die galvanische Verzinkung.

Anmerkung 2: Zur Vermeidung wasserstoffinduzierter Versprödung siehe auch DIN 267 Teil 9.

(408)   Charakteristische Werte für Schraubenwerkstoffe

Bei der Ermittlung der Beanspruchbarkeiten von Schraubenverbindungen sind für die Schraubenwerkstoffe die in Tabelle 2 angegebenen charakteristischen Werte zu verwenden.

Tabelle 2.   **Als charakteristische Werte für Schraubenwerkstoffe festgelegte Werte**

	1	2	3
	Festigkeits-klasse	Streckgrenze $f_{y.b.k}$ N/mm^2	Zugfestigkeit $f_{u.b.k}$ N/mm^2
1	4.6	240	400
2	5.6	300	500
3	8.8	640	800
4	10.9	900	1000

Anmerkung: Vergleiche hierzu auch Abschnitt 7.3.1, Element 718.

(409)   Niete

Es sind Niete aus den Stahlsorten USt 36 und RSt 38 nach DIN 17 111 zu verwenden.

(410)   Charakteristische Werte für Nietwerkstoffe

Bei der Ermittlung der Beanspruchbarkeiten von Nietverbindungen sind für die Nietwerkstoffe die in Tabelle 3 angegebenen charakteristischen Werte zu verwenden.

Tabelle 3.   **Als charakteristische Werte für Nietwerkstoffe festgelegte Werte**

	1	2	3
	Werkstoff	Streckgrenze $f_{y.b.k}$ N/mm^2	Zugfestigkeit $f_{u.b.k}$ N/mm^2
1	USt 36	205	330
2	RSt 38	225	370

Anmerkung: Vergleiche hierzu auch Abschnitt 7.3.1, Element 718.

(411)   Kopf- und Gewindebolzen

Es sind Kopf- und Gewindebolzen nach Tabelle 4 zu verwenden.

Bei der Ermittlung der Beanspruchbarkeiten von Verbindungen mit Kopf- und Gewindebolzen sind für die Bolzenwerkstoffe die in Tabelle 4 angegebenen charakteristischen Werte zu verwenden.

Tabelle 4.   **Als charakteristische Werte für Werkstoffe von Kopf- und Gewindebolzen festgelegte Werte**

	1		2	3
	Bolzen	d in mm	Streck-grenze $f_{y.b.k}$ N/mm^2	Zug-festigkeit $f_{u.b.k}$ N/mm^2
1	nach DIN 32 500 Teil 1 Festigkeitsklasse 4.8		320	400
2	nach DIN 32 500 Teil 3 mit der chemischen Zusammensetzung des St 37-3 nach DIN 17 100		350	450
3	aus St 37-2, St 37-3 nach DIN 17 100	$d \leq 40$	240	360
		$40 < d \leq 80$	215	
4	aus St 52-3 nach DIN 17 100	$d \leq 40$	360	510
		$40 < d \leq 80$	325	

Anmerkung: Vergleiche hierzu auch Abschnitt 7.3.1, Element 718.

(412)   Bescheinigungen über Schrauben, Niete und Bolzen

Für Schrauben der Festigkeitsklassen 8.8 und 10.9 sowie Muttern der Festigkeitsklassen 8 und 10 muß durch laufende Aufschreibungen des Herstellerwerkes nachzuweisen sein, daß die Anforderungen hinsichtlich der mechanischen Eigenschaften, Oberflächenbeschaffenheit, Maße und Anziehverhalten für diese Schrauben erfüllt sind. Dieses muß unter anderem durch ein Werkszeugnis nach DIN 50 049 belegt sein.

Schrauben der anderen Festigkeitsklassen und Niete müssen nach DIN ISO 898 Teil 1 und Teil 2 geprüft sein. Auf die Vorlage einer Bescheinigung hierüber darf verzichtet werden.

Für Kopf- und Gewindebolzen sind die mechanischen Eigenschaften durch eine Bescheinigung nach DIN 50 049, mindestens durch ein Werkzeugnis zu belegen.

(413)   Andere dornartige Verbindungsmittel
Für die Verwendung von Verbindungsmitteln aus anderen als den zuvor genannten Werkstoffen gelten Abschnitt 4.1, Element 402, und Abschnitt 4.2.1, Element 412, sinngemäß.

4.2.2   Schweißzusätze, Schweißhilfsstoffe

(414)   Es dürfen nur Schweißzusätze und Schweißhilfsstoffe verwendet werden, die nach den „Rahmenbedingungen für die Zulassung von Schweißzusätzen und Schweißhilfsstoffen für den bauaufsichtlichen Bereich" zugelassen[1] sind.

Anmerkung: Schweißhilfsstoffe sind z.B. Schweißpulver und Schutzgase.

4.3   Hochfeste Zugglieder

4.3.1   Drähte von Seilen

(415)   Für Drähte von Seilen sind Qualitätsstähle nach DIN 17 140 Teil 1 oder nichtrostende Stähle nach DIN 17 440 zu verwenden.

4.3.2   End- und Zwischenverankerungen

(416)   Verankerungsköpfe
Für Verankerungsköpfe ist Stahlguß nach DIN 1681, DIN 17 182 und SEW 685 oder geschmiedeter Stahl nach DIN 17 100, DIN 17 103 oder DIN 17 200 zu verwenden.

Anmerkung: SEW: Stahl-Eisen-Werkstoffblätter

(417)   Verankerungen mit Verguß
Für Vergußverankerungen sind
— metallische Vergüsse nach DIN 3092 Teil 1 oder
— Kunststoffe nach ISO Report TR 7596 oder
— Kugel-Epoxidharz-Verguß nach Element 418
zu verwenden.

(418)   Verankerung mit Kugel-Epoxidharz-Verguß
Die Druckfestigkeit $f_{D.k}$ und die Biegezugfestigkeit $f_{B.k}$ des Kugel-Epoxidharz-Vergusses, gemessen an Prismen 4 cm × 4 cm × 16 cm nach DIN 1164 Teil 2, muß nach 48 Stunden sein:

$$f_{D.k} \geq 100 \text{ N/mm}^2 \tag{1}$$
$$f_{B.k} \geq 40 \text{ N/mm}^2 \tag{2}$$

Anmerkung: In DIN 1164 Teil 2 werden die Festigkeiten mit dem Formelzeichen β bezeichnet.

(419)   Kauschen
Für Kauschen sind die in DIN 3090 und DIN 3091 angegebenen Werkstoffe zu verwenden.

(420)   Reibschluß-Verankerungen
Für reibschlüssige Verbindungen sind für Seilklemmen und Kabelschellen Werkstoffe nach DIN 1142, DIN 1681, DIN 17 100, DIN 17 103, DIN 17 200 oder SEW 685 sowie für Preßklemmen Aluminium-Knetlegierungen nach DIN 3093 Teil 1 oder Stähle nach DIN 3095 Teil 1 zu verwenden.

4.3.3   Zugglieder aus Spannstählen

(421)   Für Spanndrähte, Spannlitzen und Spannstähle sind die in den allgemeinen bauaufsichtlichen Zulassungen genannten Werkstoffe zu verwenden.

4.3.4   Qualitätskontrolle

(422)   Bescheinigung
Die Eigenschaften der verwendeten Werkstoffe sind durch eine Bescheinigung nach DIN 50 049, mindestens durch ein Werkzeugnis, zu belegen.

(423)   Verankerungsköpfe
Jeder Verankerungskopf ist durch Magnetpulverprüfung auf Oberflächenfehler zu prüfen. Für die äußere Beschaffenheit gelten als höchstzulässige Anzeigenmerkmale die Gütestufe DIN 1690 — MS 3 und für eventuell vorhandene Gabelbereiche DIN 1690 — MS 2.
Köpfe aus Stahlguß sind außerdem einer Ultraschallprüfung zu unterziehen. Für die innere Beschaffenheit gilt als höchstzulässiges Anzeigemerkmal die Gütestufe DIN 1690 — UV 2.
Fertigungsschweißungen nach DIN 1690 Teil 1 und Teil 2 sind erlaubt.

(424)   Zugglieder aus Spannstählen
Für die Qualitätskontrolle gelten die Angaben in den entsprechenden allgemeinen bauaufsichtlichen Zulassungen.

4.3.5   Charakteristische Werte für mechanische Eigenschaften von hochfesten Zuggliedern

(425)   Festigkeiten von Drähten
Als charakteristische Werte der 0,2-Grenze $f_{0,2}$ und der Zugfestigkeit f_u sind die Nennwerte nach DIN 3051 Teil 4 zu verwenden.
Der charakteristische Wert $f_{u.k}$ der Zugfestigkeit soll 1770 N/mm^2 nicht überschreiten. Alle Drähte eines Zuggliedes sollen den gleichen charakteristischen Wert der Zugfestigkeit haben.

(426)   Dehnsteifigkeit
Die Dehnsteifigkeit von hochfesten Zuggliedern ist im allgemeinen durch Versuche zu bestimmen.
Bei der Bestimmung des Verformungsmoduls von Seilen ist zu beachten, daß sich an kurzen Versuchsseilen — Probenlänge ≤ 10facher Schlaglänge — ein geringeres Kriechmaß als bei langen Seilen ergibt.
Falls keine genaueren Werte bekannt sind, darf dieser Effekt bei der Ablängung von Spiralseilen durch eine zusätzliche Verkürzung von 0,15 mm/m berücksichtigt werden.

Anmerkung 1: Die Dehnsteifigkeit ist das Produkt von Verformungsmodul und metallischem Querschnitt. Anhaltswerte für die Verformungsmoduln von hochfesten Zuggliedern aus Stahl nach DIN 17 140 Teil 1 können Bild 2 und Tabelle 5 entnommen werden.

Anmerkung 2: Die in Tabelle 5 angegebenen Verformungsmoduln E_Q gelten nach mehrmaligem Be- und Entlasten zwischen 30 % und 40 % der rechnerischen Bruchkraft.

Anmerkung 3: Da nichtvorgereckte Seile bei Erstbelastung außer elastischen auch bleibende Dehnungen haben, kann es vorteilhaft sein, diese Seile vor oder bei dem Einbau bis höchstens 0,45 $f_{u.k}$ zu recken.

---

[1] Die amtliche Zulassungsstelle ist das Bundesbahn-Zentralamt Minden. (Die DS 920 01 „Verzeichnis der von der Deutschen Bundesbahn zugelassenen Schweißzusätze, Schweißhilfsstoffe und Hilfsmittel für das Lichtbogen- und Gasschmelzschweißen" kann bei der Drucksachenzentrale der Deutschen Bundesbahn, Stuttgarter Str. 61 a, 7500 Karlsruhe 1, bezogen werden.)

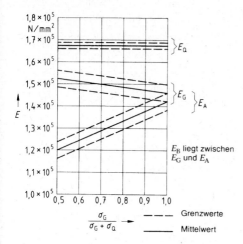

Bild 2. Anhaltswerte für die Verformungsmoduln vollverschlossener, nichtvorgereckter Spiralseile aus Stählen nach DIN 17 140 Teil 1

In Bild 2 bedeuten:

E_G Verformungsmodul nach erstmaliger Belastung bis σ_G

E_Q Verformungsmodul im Bereich veränderlicher Einwirkungen

E_A Verformungsmodul maßgebend für das Ablängen

E_B Verformungsmodul während der Bauzustände

σ_G Beanspruchung aus ständigen Einwirkungen

σ_Q Beanspruchung aus veränderlichen Einwirkungen

Voraussetzung für die Verformungsmoduln nach Bild 2 sind:

— die Schlaglänge ist etwa gleich dem 10fachen Durchmesser der jeweiligen Lage;

— die Grundspannung ist 40 N/mm².

Die Grundspannung beim Ablängen entspricht der Unterlast in den Ablängversuchen, bei der die Seile keine Welligkeit mehr aufweisen und der Seilverband praktisch geschlossen ist (untere Grenzlast des elastischen Bereichs).

(427) Berechnungsannahme für die Dehnsteifigkeit

Wenn die durch Versuche an dem zum Einbau bestimmten Zugglied festgestellte Dehnsteifigkeit mehr als 10 % von dem der Berechnung zugrunde gelegten Wert abweicht, ist dies zu berücksichtigen.

(428) Temperaturdehnzahl

Die Temperaturdehnzahl für Zugglieder aus Stählen nach DIN 17 140 Teil 1 ist

$$\alpha_T = 12 \cdot 10^{-6}\, K^{-1}. \tag{3}$$

Die Werte für nichtrostende Stähle sind DIN 17 440 zu entnehmen.

(429) Reibungszahlen

Für die Reibung zwischen vollverschlossenen Spiralseilen untereinander sowie zwischen vollverschlossenen Spiralseilen und Stahl (Seilklemmen, Kabelschellen,

Tabelle 5. Anhaltswerte für den Verformungsmodul E_Q im Bereich veränderlicher Einwirkungen von hochfesten Zuggliedern

	1	2	3	4
	Hochfestes Zugglied nach Element 523			E_Q N/mm²
1	Offene Spiralseile			$0{,}15 \cdot 10^6$
2	Vollverschlossene Spiralseile			$0{,}17 \cdot 10^6$
	Rundlitzenseile mit Stahleinlage			
	Mindestseildurchmesser mm	Anzahl der Außenlitzen	Drahtanzahl je Außenlitze	
3	7	6	6 bis 8	$0{,}12 \cdot 10^6$
	8	8	6 bis 8	$0{,}11 \cdot 10^6$
	17	6	15 bis 26	$0{,}11 \cdot 10^6$
	19	8	15 bis 26	$0{,}10 \cdot 10^6$
	23	6	27 bis 49	$0{,}10 \cdot 10^6$
	30	8	27 bis 49	$0{,}09 \cdot 10^6$
	25	6	50 bis 75	$0{,}10 \cdot 10^6$
	32	8	50 bis 75	$0{,}09 \cdot 10^6$
4	Bündel aus parallelen Spanndrähten und -stäben			$0{,}20 \cdot 10^6$
5	Bündel aus parallelen Spannlitzen			$0{,}19 \cdot 10^6$

Umlenklager oder ähnlichen Bauteilen) ist eine Reibungszahl $\mu = 0{,}1$ anzusetzen, falls nicht durch Versuche ein anderer Wert nachgewiesen wird.

Für alle anderen hochfesten Zugglieder sind die Reibungszahlen durch Versuche zu bestimmen.

5 Grundsätze für die Konstruktion

5.1 Allgemeine Grundsätze

(501) Mindestdicken

Die Mindestdicken sind den Fachnormen zu entnehmen.

(502) Verschiedene Stahlsorten

Die Verwendung verschiedener Stahlsorten in einem Tragwerk und in einem Querschnitt ist zulässig.

(503) Krafteinleitungen

Es ist zu prüfen, ob im Bereich von Krafteinleitungen oder -umlenkungen, an Knicken, Krümmungen und Ausschnitten konstruktive Maßnahmen erforderlich sind.

Bei geschweißten Profilen und Walzprofilen mit I-förmigem Querschnitt dürfen Kräfte ohne Aussteifungen eingeleitet werden, wenn

— der Betriebsfestigkeitsnachweis nicht maßgebend ist und

— der Trägerquerschnitt gegen Verdrehen und seitliches Ausweichen gesichert ist und

— der Tragsicherheitsnachweis nach Abschnitt 7.5.1, Element 744, geführt wird.

Anmerkung: Ein Beispiel für konstruktive Maßnahmen ist die Anordnung von Steifen.

5.2   Verbindungen

5.2.1   Allgemeines

(504)   Stöße und Anschlüsse

Stöße und Anschlüsse sollen gedrungen ausgebildet werden. Unmittelbare und symmetrische Stoßdeckung ist anzustreben.

Die einzelnen Querschnittsteile sollen für sich angeschlossen oder gestoßen werden.

Knotenbleche dürfen zur Stoßdeckung herangezogen werden, wenn ihre Funktion als Stoß- und als Knotenblech berücksichtigt wird.

Anmerkung: Querschnittsteile sind z.B. Flansche oder Stege.

(505)   Kontaktstoß

Wenn Kräfte aus druckbeanspruchten Querschnitten oder Querschnittsteilen durch Kontakt übertragen werden, müssen

– die Stoßflächen der in den Kontaktfugen aufeinandertreffenden Teile eben und zueinander parallel und

– lokale Instabilitäten infolge herstellungsbedingter Imperfektionen ausgeschlossen oder unschädlich sein und

– die gegenseitige Lage der miteinander zu stoßenden Teile nach Abschnitt 8.6, Element 837, gesichert sein.

Bei Kontaktstößen, deren Lage durch Schweißnähte gesichert wird, darf der Luftspalt nicht größer als 0,5 mm sein.

Anmerkung 1: Herstellungsbedingte Imperfektionen können z.B. Versatz oder Unebenheiten sein. Lokale Instabilitäten können insbesondere bei dünnwandigen Bauteilen auftreten, siehe z.B. [2], [3].

Anmerkung 2: Die Anforderung für die Begrenzung des Luftspaltes gilt z.B. für den Anschluß druckbeanspruchter Flansche an Stirnplatten.

5.2.2   Schrauben- und Nietverbindungen

(506)   Schraubenverbindungen

Die Ausführungsformen für Schraubenverbindungen sind nach Tabelle 6 zu unterscheiden.

Für planmäßig vorgespannte Verbindungen sind Schrauben der Festigkeitsklassen 8.8 oder 10.9 zu verwenden.

Gleitfeste Verbindungen mit Schrauben der Festigkeitsklasse 8.8 und 10.9 sind planmäßig vorzuspannen; die Reibflächen sind nach DIN 18800 Teil 7 vorzubehandeln.

Zugbeanspruchte Verbindungen mit Schrauben der Festigkeitsklassen 8.8 oder 10.9 sind planmäßig vorzuspannen.

Auf planmäßiges Vorspannen darf verzichtet werden, wenn Verformungen (Klaffungen) beim Tragsicherheitsnachweis berücksichtigt werden und im Gebrauchszustand in Kauf genommen werden können.

Anmerkung 1: GV-Verbindungen sichern die Formschlüssigkeit der Verbindungen bis zur Grenzgleitkraft, SLP-, SLVP- und GVP-Verbindungen bis zur Grenzabscher- bzw. Grenzlochleibungskraft.

Anmerkung 2: Planmäßiges Vorspannen von zugbeanspruchten Verbindungen (z.B. von biegesteifen Stirnplatten-Verbindungen) verhindert das Klaffen der Verbindung unter den Einwirkungen für den Gebrauchstauglichkeitsnachweis. Dadurch wird auch die Betriebsfestigkeit der Verbindung erhöht.

Anmerkung 3: In der Literatur werden GV- und GVP-Verbindungen auch als gleitfeste vorgespannte Verbindungen bezeichnet, siehe z.B. [4].

Tabelle 6.   **Ausführungsformen von Schraubenverbindungen**

	1	2	3	4
	Nennlochspiel $\Delta d = d_L - d_{Sch}$ mm	nicht planmäßig vorgespannt	planmäßig vorgespannt ohne gleitfeste Reibfläche	planmäßig vorgespannt mit gleitfester Reibfläche
1	$0,3 < \Delta d \leq 2,0^*)$	SL	SLV	GV
2	$\Delta d \leq 0,3$	SLP	SLVP	GVP

SL	Scher-Lochleibungsverbindungen
SLP	Scher-Lochleibungs-Paßverbindungen
SLV	planmäßig vorgespannte Scher-Lochleibungsverbindungen
SLVP	planmäßig vorgespannte Scher-Lochleibungs-Paßverbindungen
GV	gleitfeste planmäßig vorgespannte Verbindungen
GVP	gleitfeste planmäßig vorgespannte Paßverbindungen

$^*)$ Der Größtwert des Nennlochspiels Δd in Verbindungen mit Senkschrauben beträgt im Bauteil mit dem Senkkopf $\Delta d = 1,0$ mm.

(507)   Schrauben, Muttern und Unterlegscheiben

Schrauben nach DIN 7990, Paßschrauben nach DIN 7968 und Senkschrauben nach DIN 7969 sind mit Muttern nach DIN 555 und gegebenenfalls mit Unterlegscheiben nach DIN 7989 oder mit Keilscheiben nach DIN 434 bzw. DIN 435 zu verwenden.

Schrauben nach DIN 6914 und Paßschrauben nach DIN 7999 sind mit Muttern nach DIN 6915 und Unterlegscheiben nach DIN 6916 bis DIN 6918 zu verwenden.

Bei hochfesten Schrauben sind Unterlegscheiben kopf- und mutterseitig anzuordnen.

Auf die kopfseitige Unterlegscheibe darf bei nicht planmäßig vorgespannten hochfesten Schrauben verzichtet werden, wenn das Nennlochspiel 2 mm beträgt.

Die Auflageflächen am Bauteil dürfen planmäßig nicht mehr als 2% gegen die Auflageflächen von Schraubenkopf und Mutter geneigt sein.

Anmerkung 1: Als nicht planmäßig vorgespannt gelten Schrauben bzw. Verbindungen, wenn die Schrauben entsprechend der gängigen Montagepraxis ohne Kontrolle des Anziehmomentes angezogen werden.

Anmerkung 2: Größere Neigungen können z.B. durch Keilscheiben ausgeglichen werden.

(508)   Niete

Für Nietverbindungen sind Halbrundniete nach DIN 124 oder Senkniete nach DIN 302 zu verwenden.

(509)   Zugkräfte in Nieten

Planmäßige Zugkräfte in Nieten infolge von Einwirkungen sollen vermieden werden.

(510)   Mittelbare Stoßdeckung

Bei mittelbarer Stoßdeckung über m Zwischenlagen zwischen der Stoßlasche und dem zu stoßenden Teil ist die Anzahl der Schrauben oder Niete gegenüber der bei unmittelbarer Deckung rechnerisch erforderlichen Anzahl n auf $n' = n (1 + 0,3 m)$ zu erhöhen (siehe Bild 3).

In GVP-Verbindungen darf auf ein Erhöhen der Schraubenanzahl verzichtet werden.

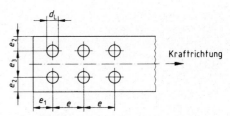

Bild 3.   Erhöhung der Anzahl der Verbindungsmittel bei mittelbarer Stoßdeckung

Bild 4.   Randabstände e_1 und e_2 und Lochabstände e und e_3

(511)   Endanschlüsse zusätzlicher Gurtplatten mit Schrauben oder Nieten

Wenn der Einfluß des Schlupfes im Nachweis nicht berücksichtigt wird, darf das Lochspiel geschraubter Endanschlüsse zusätzlicher Gurtplatten von Vollwandträgern höchstens 1 mm betragen.

Die Endanschlüsse sind mit der größten Querkraft zwischen dem Gurtplattenende und dem Querschnitt mit der größten Beanspruchung zu bemessen.

Ist die rechnerisch erforderliche Anschlußlänge größer als die Gurtplatte, so ist die Gurtplatte über den rechnerischen Anschlußpunkt hinauszuziehen; ist sie kleiner, so ist die Gurtplatte in dem übrigen Bereich konstruktiv anzuschließen.

(512)   Futter

Stoßteile dürfen in Verbindungen höchstens um 2 mm verzogen sein.

Futterstücke von mehr als 6 mm Dicke sind als Zwischenlagen nach Element 510 zu behandeln, wenn sie nicht mit mindestens einer Schrauben- bzw. Nietreihe oder durch entsprechende Schweißnähte vorgebunden werden.

Für GVP-Verbindungen darf auf das Vorbinden verzichtet werden.

(513)   Schrauben- und Nietabstände

Für die Abstände von Schrauben und Nieten gilt Tabelle 7. Dabei ist t die Dicke des dünnsten der außenliegenden Teile der Verbindung.

Bei Anschlüssen mit mehr als 2 Lochreihen in und rechtwinklig zur Kraftrichtung brauchen die größten Lochstände e und e_3 nach Tabelle 7, Zeile 5 nur für die äußeren Lochreihen eingehalten zu werden.

Wenn ein freier Rand z.B. durch die Profilform versteift wird, darf der maximale Randabstand 8 t betragen.

Anmerkung 1: Die Abstände werden von Lochmitte aus gemessen.

Anmerkung 2: Die Beanspruchbarkeit auf Lochleibung ist von den gewählten Rand- und Lochabständen abhängig. Die größtmögliche, rechnerisch nutzbare Beanspruchbarkeit wird nach Abschnitt 8.2.1.2, Element 805, mit den in Tabelle 8 angegebenen Rand- und Lochabständen erreicht. Für die Mindestabstände nach Tabelle 7 beträgt die Beanspruchbarkeit nur etwa die Hälfte der größtmöglichen Werte.

Tabelle 8.   **Rand- und Lochabstände, für die die größtmögliche Beanspruchbarkeit auf Lochleibung erreicht wird**

Abstand	e_1	e_2	e	e_3
	$3,0 \cdot d_L$	$1,5 \cdot d_L$	$3,5 \cdot d_L$	$3,0 \cdot d_L$

Anmerkung 3:

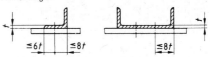

Bild 5.   Beispiele für die Versteifung freier Ränder im Bereich von Stößen und Anschlüssen

Anmerkung 4: Ausreichender Korrosionsschutz kann z.B. durch planmäßiges Vorspannen biegesteifer Stirnplattenverbindungen oder durch Abdichten der Fugen erreicht werden.

Tabelle 7.   **Rand- und Lochabstände von Schrauben und Nieten**

	1	2	3	4	5	6
1		Randabstände			Lochabstände	
2	Kleinster Randabstand	In Kraftrichtung e_1	$1,2 \, d_L$	Kleinster Lochabstand	In Kraftrichtung e	$2,2 \, d_L$
3		Rechtwinklig zur Kraftrichtung e_2	$1,2 \, d_L$		Rechtwinklig zur Kraftrichtung e_3	$2,4 \, d_L$
4	Größter Randabstand	In und rechtwinklig zur Kraftrichtung e_1 bzw. e_2	$3 \, d_L$ oder $6 \, t$	Größter Lochabstand, e bzw. e_3	Zur Sicherung gegen lokales Beulen	$6 \, d_L$ oder $12 \, t$
5					wenn lokale Beulgefahr nicht besteht	$10 \, d_L$ oder $20 \, t$

Bei gestanzten Löchern sind die kleinsten Randabstände 1,5 d_L, die kleinsten Lochabstände 3,0 d_L.
Die Rand- und Lochabstände nach Zeile 5 dürfen vergrößert werden, wenn durch besondere Maßnahmen ein ausreichender Korrosionsschutz sichergestellt ist.

5.2.3   Schweißverbindungen

(514)   Allgemeine Grundsätze

Die Bauteile und ihre Verbindungen müssen schweißgerecht konstruiert werden, Anhäufungen von Schweißnähten sollen vermieden werden.

Anmerkung: Für die Stahlauswahl siehe Abschnitt 4.1, Element 403.

(515)   Stumpfstoß von Querschnittsteilen verschiedener Dicken

Wechselt an Stumpfstößen von Querschnittsteilen die Dicke, so sind bei Dickenunterschieden von mehr als 10 mm die vorstehenden Kanten im Verhältnis 1 : 1 oder flacher zu brechen.

Anmerkung:

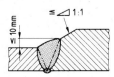

a)   Einseitig bündiger Stoß

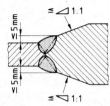

b)   Zentrischer Stoß

Bild 6.   Beispiele für das Brechen von Kanten bei Stumpfstößen von Querschnittsteilen mit verschiedenen Dicken

(516)   Obere Begrenzung von Gurtplattendicken

Gurtplatten, die mit Schweißverbindungen angeschlossen oder gestoßen werden, sollen nicht dicker sein als 50 mm. Gurtplatten von mehr als 50 mm Dicke dürfen verwendet werden, wenn ihre einwandfreie Verarbeitung durch entsprechende Maßnahmen sichergestellt ist.

Anmerkung: Entsprechende Maßnahmen siehe DIN 18800 Teil 7/05.83, Abschnitt 3.4.3.6.

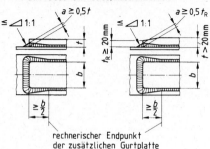

a)   b)

Bild 7.   Vorbinden zusätzlicher Gurtplatten

(517)   Geschweißte Endanschlüsse zusätzlicher Gurtplatten

Sofern kein Nachweis für den Gurtplattenanschluß geführt wird, ist die zusätzliche Gurtplatte nach Bild 7 a) vorzubinden.

Bei Gurtplatten mit $t > 20$ mm darf der Endanschluß nach Bild 7 b) ausgeführt werden.

(518)   Gurtplattenstöße

Wenn aufeinanderliegende Gurtplatten an derselben Stelle gestoßen werden, ist der Stoß mit Stirnfugennähten vorzubereiten.

Anmerkung:

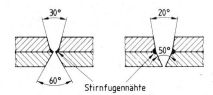

Bild 8.   Beispiele für die Nahtvorbereitung eines Stumpfstoßes aufeinanderliegender Gurtplatten

(519)   Grenzwerte für Kehlnahtdicken

Bei Querschnittsteilen mit Dicken $t \geq 3$ mm sollen folgende Grenzwerte für die Schweißnahtdicke a von Kehlnähten eingehalten werden:

$$2 \text{ mm} \leq a \leq 0,7 \min t \qquad (4)$$

$$a \geq \sqrt{\max t} - 0,5 \qquad (5)$$

mit a und t in mm.

In Abhängigkeit von den gewählten Schweißbedingungen darf auf die Einhaltung von Bedingung (5) verzichtet werden, jedoch sollte für Blechdicken $t \geq 30$ mm die Schweißnahtdicke mit $a \geq 5$ mm gewählt werden.

Anmerkung: Der Richtwert nach Bedingung (5) vermeidet ein Mißverhältnis von Nahtquerschnitt und verbundenen Querschnittsteilen, siehe auch [5].

(520)   Schweißnähte bei besonderer Korrosionsbeanspruchung

Bei besonderer Korrosionsbeanspruchung dürfen unterbrochene Nähte und einseitige nicht durchgeschweißte Nähte nur ausgeführt werden, wenn durch besondere Maßnahmen ein ausreichender Korrosionsschutz sichergestellt ist.

Anmerkung: Besondere Korrosionsbeanspruchung liegt z.B. im Freien vor. Als besondere Maßnahme kann z.B. die Anordnung einer zusätzlichen Beschichtung im Bereich des Spaltes angesehen werden.

(521)   Schweißnähte in Hohlkehlen von Walzprofilen

In Hohlkehlen von Walzprofilen aus unberuhigt vergossenen Stählen sind Schweißnähte in Längsrichtung nicht zulässig.

(522)   Schweißen in kaltgeformten Bereichen

Wenn in kaltgeformten Bereichen einschließlich der angrenzenden Bereiche der Breite $5\,t$ geschweißt wird, sind die Grenzwerte min r/t nach Tabelle 9 einzuhalten. Zwischen den Werten der Zeilen 1 bis 5 darf linear interpoliert werden.

Die Werte der Umformgrade nach Tabelle 9 brauchen nicht eingehalten zu werden, wenn kaltgeformte Teile vor dem Schweißen normalgeglüht werden.

Tabelle 9.   **Grenzwerte min (r/t) für das Schweißen in kaltgeformten Bereichen**

	1	2	3
	max t mm	min (r/t)	
1	50	10	
2	24	3	
3	12	2	
4	8	1,5	
5	4*)	1	
6	< 4*)	1	

*) Für Bauteile aus St 37-3 darf dieser Wert auf 6 mm erhöht werden.

5.3   Hochfeste Zugglieder

5.3.1   Querschnitte

(523)   Einteilung

Folgende hochfeste Zugglieder werden unterschieden:

a) Seile
— Offene Spiralseile; sie bestehen nur aus Runddrähten.
— Vollverschlossene Spiralseile; sie bestehen in der äußeren Lage oder den äußeren Lagen aus Formdrähten und in den inneren Lagen aus Runddrähten.
— Rundlitzenseile; sie bestehen aus einer oder mehreren Lagen von Litzen.

b) Zugglieder aus Spannstählen; Bündel aus parallel zur Bündelachse verlaufenden
— Spanndrähten,
— Spannlitzen,
— Spannstäben.

Anmerkung:

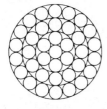 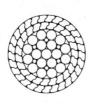 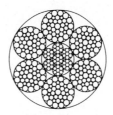 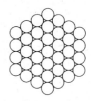

Offenes Spiralseil   Vollverschlossenes   Rundlitzenseil   Bündel aus parallelen
                            Spiralseil   Spanndrähten, -litzen
                                                                                oder -stäben

Bild 9.   Beispiele für hochfeste Zugglieder

(524)   Grenzen für Drahtdurchmesser

Der Drahtdurchmesser d und die Formdrahthöhe h für Drähte von Seilen nach DIN 779 sind zu begrenzen auf

$$0{,}7 \text{ mm} \le d \le 7{,}0 \text{ mm und} \tag{6}$$

$$3{,}0 \text{ mm} \le h \le 7{,}0 \text{ mm.} \tag{7}$$

Für Zugglieder aus Spannstählen gelten die allgemeinen bauaufsichtlichen Zulassungen.

5.3.2   Verankerungen

(525)   Arten

Seile sind mit Vergußverankerungen, Kauschen und Klemmen oder anderen Verankerungen nach Element 527 anzuschließen.

Für die Verankerungen von Zuggliedern aus Spannstählen gelten die allgemeinen bauaufsichtlichen Zulassungen.

Anmerkung 1: Die Art der Verankerungen richtet sich nach der Art und dem Durchmesser der gewählten Zugglieder, nach der anschließenden Konstruktion und nach den möglichen Verformungen, z.B. infolge Windschwingungen.

Anmerkung 2: Die äußere Form der Verankerungen kann z.B. durch die Montage- oder die Spannvorrichtungen bestimmt sein, siehe z.B. DIN 83313.

Anmerkung 3: Anhaltswerte für die Abmessungen üblicher Vergußverankerungen sind in Bild 10 angegeben.

79

Paralleldrahtbündel und Parallellitzenbündel

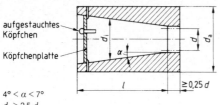

aufgestauchtes Köpfchen

Köpfchenplatte

$4° < \alpha < 7°$
$d_a > 2,5\ d$
$l > 3,5\ d$
d Durchmesser des Bündels ohne Korrosionsschutz

Seile mit $d > 40$ mm

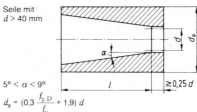

$5° < \alpha < 9°$

$d_a = (0,3\ \dfrac{f_{y,D}}{f_y} + 1,9)\ d$

l 5 d bzw. 50 $d_D < l < 7\ d$ bei Drahtseilen mit
weniger als 50 Drähten

d Seilnenndurchmesser

d_D größter Drahtdurchmesser ≤ 7 mm
(bei Formdrähten die Profilhöhe)

$f_{y,D}$ Streckgrenze der Drähte

f_y Streckgrenze der Verankerungsköpfe

Bild 10. Anhaltswerte für die Abmessungen zylindrischer Verankerungsköpfe

(526) Kauschen und Klemmen
Wenn offene Spiralseile oder Rundlitzenseile mit Kauschen und Klemmen verankert werden sollen, müssen die Seile ausreichend biegsam sein.
Es sind Kauschen nach DIN 3090 oder DIN 3091 zu verwenden.
Das um die Kausche gelegte Seilende muß durch
— flämische Augen mit Stahlpreßklemmen nach DIN 3095 Teil 2 oder
— Preßklemmen aus Aluminium-Knetlegierungen nach DIN 3093 Teil 2 oder
— Drahtseilklemmen nach DIN 1142
befestigt werden.
Bei offenen Spiralseilen sind mindestens 2 Preßklemmen nach DIN 3093 Teil 2 anzuordnen, oder es ist die nach DIN 1142/01.82 erforderliche Anzahl der Klemmen um eins zu erhöhen.
Zur Verankerung von vollverschlossenen Spiralseilen dürfen Kauschen und Klemmen nicht verwendet werden.
Preßklemmen und Drahtseilklemmen dürfen für Gleichschlagseile nicht verwendet werden.

(527) Andere Verankerungen
Die Eignung anderer Verankerungen ist durch Versuche nachzuweisen.
Anmerkung: Andere Verankerungen sind z.B. Preßklemmen aus Stahl, Seilschlösser, Spleißungen, Endlosseile oder Abspannspiralen.

5.3.3 Umlenklager und Schellen für Spiralseile
(528) Umlenklager
Der Radius der Auflagerfläche von Umlenklagern muß mindestens gleich dem 30fachen Seildurchmesser sein.
Wenn eine formtreue Lagerung des Seiles auf einer Breite von mindestens 60% des Seildurchmessers und einer Weichmetalleinlage der Spritzverzinkung von mindestens 1 mm Dicke vorhanden ist, darf der Radius auf das 20fache des Seildurchmessers verringert werden.
Kleinere Krümmungsradien dürfen verwendet werden, wenn die Umlenklänge l_2 nach Bild 11 ein ganzzahliges Vielfaches der Schlaglänge ist, wenn der Durchmesser bzw. die Höhe des Einzeldrahtes $\leq 0,005\ r$ ist und die Bruchkraft des gekrümmten Seiles durch mindestens einen Versuch einer von der Bauaufsicht anerkannten Prüfstelle mit Prüfstücken, die der Ausführung im Bauwerk entsprechen, nachgewiesen ist.

Die Bogenlänge l_1 des Umlenklagers nach Bild 11 muß $l_1 \geq 1,06\ l_2$ betragen.

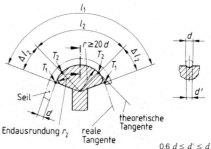

Endausrundung r_2 reale Tangente theoretische Tangente

$0,6\ d \leq d' \leq d$

Bild 11. Endausrundung von Umlenklagern

Die Radien r_2 der Endausrundungen der Auflagerfläche, die innerhalb der Bogenlänge l_1 liegen können, müssen mindestens 20 mm betragen.
Die Lage der beiden Punkte T_2 nach Bild 11 ist für die jeweils ungünstigsten Lastfälle zu ermitteln, wobei die Bewegung des Lagers und der Durchhang des vollverschlossenen Spiralseils zu berücksichtigen sind.
Bei Kabeln aus mehreren vollverschlossenen Spiralseilen ist die Auflagerfläche der Querschnittsform anzupassen; wo es erforderlich ist, sind zum Übertragen der Querpressungen Formstücke vorzusehen.

Anmerkung 1: Die hier angegebenen geometrischen Verhältnisse stellen sicher, daß die Grenzzugkraft des umgelenkten Seiles um nicht mehr als 3% unter der des geraden Seiles liegt.

Anmerkung 2: Die Verschiebung der Punkte T_2 in Richtung auf T_1 ergibt sich aufgrund der Einschnürung des Spiralseiles im Lagerbereich infolge der Querpressung zu $\Delta l_2 = 0,03\ l_2$. Daraus folgt $l_1 \geq l_2 + \Delta l_2$, $\Delta l_2 = 1,06\ l_2$.

(529) Schellen
Seil- und Kabelschellen sind im allgemeinen auszufuttern.
Für Spreizschellen ist diese Festlegung sinngemäß zu beachten. Die Eignung der gewählten Konstruktion ist durch Versuche nachzuweisen.

Schellen sind so auszubilden, daß die Seile formtreu gepreßt werden, wobei lokale Spannungsspitzen zwischen Schelle und Seil und scharfe Kanten zu vermeiden sind. Trotzdem ist die Querpressung möglichst hoch zu wählen bzw. der Übergangsbereich zur freien Seilstrecke so kurz wie möglich zu halten.

Anmerkung 1: Das Ausfuttern ist im allgemeinen notwendig, um die erforderliche Reibung zwischen Seil oder Kabel und Schelle zu erreichen, damit ein Wandern oder Rutschen vermieden wird.

Anmerkung 2: Spannungsspitzen können den Drahtverband stören, scharfe Kanten die metallische Schutzschicht zerstören und große Biegebeanspruchungen im Draht hervorrufen.

Anmerkung 3: Kurze Schellen werden gefordert, um die Relativbewegungen zwischen Draht und Schelle infolge von Spannungsänderungen kleinzuhalten.

5.3.4 Umlenklager und Schellen für Zugglieder aus Spannstählen

(530) Die Eignung der gewählten konstruktiven Ausbildung von Umlenklagern und Schellen für Zugglieder aus Spannstählen ist durch Versuche nachzuweisen.

6 Annahmen für die Einwirkungen

(601) **Charakteristische Werte**

Als charakteristische Werte der Einwirkungen gelten die Werte der einschlägigen Normen über Lastannahmen.

Für Einwirkungen, die nicht oder nicht vollständig in Normen angegeben sind, müssen entsprechende charakteristische Werte festgelegt werden. Diese sind als $p\%$-Fraktile der Verteilungen der Einwirkungen für einen vorgesehenen Bezugszeitraum festzulegen. Reichen die dafür erforderlichen statistischen Daten nicht aus, sind Schätzwerte für die Fraktilwerte anzunehmen.

Anmerkung: Zu den festzulegenden charakteristischen Werten von Einwirkungen gehören z.B. die von Lasten in Bauzuständen, z.B. aus Montagegerät.

(602) **Eigenlast von Seilen und Zuggliedern aus Spannstählen**

Der charakteristische Wert der Eigenlast von Seilen und Zuggliedern aus Spannstählen ist

$$g_k = A_m \cdot w \tag{8}$$

mit

A_m metallischer Querschnitt in mm^2

w Eigenlastfaktor nach Tabelle 10 in kN/(m·mm^2)

A_m darf nach Gleichung (9) berechnet werden.

$$A_m = \frac{\pi \, d^2}{4} \, f \tag{9}$$

mit

f Füllfaktor nach Tabelle 10

d Seil- oder Bündeldurchmesser in mm

Anmerkung: Der Eigenlastfaktor w ist ein Rechenwert, der außer dem Gewichtsanteil der Drähte auch die Gewichtsanteile des Korrosionsschutzes berücksichtigt.

Tabelle 10. **Eigenlast- und Füllfaktoren**

1	2	3	4	5	6	7	8	9
	Füllfaktor f							Eigenlastfaktor $w \cdot 10^4$ $\dfrac{kN}{m \cdot mm^2}$
Seilarten	Runddrahtkern + 1 Lage Profildrähte	Runddrahtkern + 2 Lagen Profildrähte	Runddrahtkern + mehr als 2 Lagen Profildrähte	Anzahl der um den Kerndraht angeordneten Drahtlagen				
				1	2	3 bis 6	> 6	
1 Offene Spiralseile	—		0,77	0,76	0,75	0,73		0,83
2 Vollverschlossene Spiralseile	0,81	0,84	0,88	—				0,83
3 Rundlitzenseile mit Stahleinlage			0,55					0,93
4 Zugglieder aus Spannstählen mit Korrosionsschutz durch Verzinken und Beschichten	—		0,78	0,76	0,75			0,85
5 Zugglieder aus Spannstählen mit Korrosionsschutz mit zementinjiziertem Kunststoffrohr	—		0,60					1,05

7   Nachweise

7.1   Erforderliche Nachweise

(701)   Umfang

Die Trag- und die Lagesicherheit sowie die Gebrauchstauglichkeit für das Tragwerk, seine Teile und Verbindungen sowie seiner Lager sind nachzuweisen.

Anmerkung 1: Mit dem Nachweis der Tragsicherheit wird belegt, daß das Tragwerk und seine Teile während der Errichtung und geplanten Nutzung gegen Versagen (Einsturz) ausreichend sicher sind. Dieses setzt voraus, daß während der Nutzung des Bauwerks keine die Standsicherheit beeinträchtigenden Veränderungen, z.B. Korrosion, eintreten können.

Anmerkung 2: Der Nachweis der Lagesicherheit betrifft in der Regel nur Lagerfugen. In vielen Fällen ist von vornherein erkennbar, daß ein solcher Nachweis entbehrlich ist, z.B. für Abheben eines Einfeld-Deckenträgers.

Anmerkung 3: Die Gebrauchstauglichkeit des Bauwerkes kann je nach Anwendungsbereich Beschränkungen, z.B. von Formänderungen oder von Schwingungen, erforderlich machen. Ihr Nachweis kann insbesondere bei Anwendung des Nachweisverfahrens Plastisch-Plastisch bemessungsbestimmend sein.

(702)   Allgemeine Anforderungen

Es ist nachzuweisen, daß die Beanspruchungen S_d die Beanspruchbarkeiten R_d nicht überschreiten:

$$S_d / R_d \leq 1 \tag{10}$$

Die Beanspruchungen S_d sind mit den Bemessungswerten der Einwirkungen F_d und gegebenenfalls den Bemessungswerten der Widerstandsgrößen M_d zu bestimmen. Die Beanspruchbarkeiten R_d sind mit den Bemessungswerten der Widerstandsgrößen M_d zu bestimmen.

Anmerkung 1: In Abhängigkeit vom gewählten Nachweisverfahren und den betrachteten Tragwerksteilen können die Nachweise als Spannungsnachweise, Schnittgrößennachweise, Bauteil- oder Tragwerksnachweise geführt werden.

Anmerkung 2: Die Beanspruchungen können auch von Widerstandsgrößen abhängig sein, wie z.B. von den Steifigkeiten bei Zwängungen in statisch unbestimmten Tragwerken.

(703)   Grenzzustände für den Nachweis der Tragsicherheit

Die Tragsicherheit ist für einen oder mehrere der folgenden, vom gewählten Nachweisverfahren abhängigen Grenzzustände nachzuweisen:

— Beginn des Fließens

— Durchplastizieren eines Querschnittes

— Ausbilden einer Fließgelenkkette

— Bruch

Weitere Grenzzustände sind gegebenenfalls anderen Grundnormen und Fachnormen zu entnehmen.

Anmerkung 1: Ob die Grenzzustände Biegeknicken, Biegedrillknicken, Platten- oder Schalenbeulen sowie Ermüdung maßgebend sein können, ergibt sich aus Abschnitt 7.5, Elemente 739, 740, 741 und den Tabellen 12, 13 und 14.

Anmerkung 2: Die Nachweisverfahren sind im Abschnitt 7.4, Element 726 mit Tabelle 11, angegeben.

Anmerkung 3: Angelehnt an den allgemeinen Sprachgebrauch werden nebeneinander die Begriffe Fließen und Plastizieren verwendet. In der Regel wird in den rechnerischen Nachweisen von Bauteilen von der Verfestigung kein Gebrauch gemacht.

(704)   Grenzzustände für den Nachweis der Gebrauchstauglichkeit

Grenzzustände für den Nachweis der Gebrauchstauglichkeit sind, soweit sie nicht in anderen Grundnormen oder Fachnormen geregelt sind, zu vereinbaren.

(705)   Nachweis der Gebrauchstauglichkeit bei Gefährdung von Leib und Leben

Wenn mit dem Verlust der Gebrauchstauglichkeit eine Gefährdung von Leib und Leben verbunden sein kann, gelten für den Nachweis der Gebrauchstauglichkeit die Regeln für den Nachweis der Tragsicherheit.

Anmerkung: Der Nachweis der Gebrauchstauglichkeit, z.B. der Dichtigkeit von Leitungen, ist dann als Tragsicherheitsnachweis zu führen, wenn es sich beim Inhalt der Leitungen z.B. um giftige Gase handelt.

7.2   Berechnung der Beanspruchungen aus den Einwirkungen

7.2.1   Einwirkungen

(706)   Einteilung

Die Einwirkungen F sind nach ihrer zeitlichen Veränderlichkeit einzuteilen in

— ständige Einwirkungen G,

— veränderliche Einwirkungen Q und

— außergewöhnliche Einwirkungen F_A.

Wahrscheinliche Baugrundbewegungen sind wie ständige Einwirkungen zu behandeln.

Temperaturänderungen sind in der Regel den veränderlichen Einwirkungen zuzuordnen.

Anmerkung: Außergewöhnliche Einwirkungen sind z.B. Lasten aus Anprall von Fahrzeugen.

(707)   Bemessungswerte

Die Bemessungswerte F_d der Einwirkungen sind die mit einem Teilsicherheitsbeiwert γ_F und gegebenenfalls mit einem Kombinationsbeiwert ψ vervielfachten charakteristischen Werte F_k der Einwirkungen:

$$F_d = \gamma_F \cdot \psi \cdot F_k \tag{11}$$

Anmerkung: Die Zahlenwerte für die Teilsicherheitsbeiwerte γ_F und die Kombinationsbeiwerte ψ sind für den Nachweis der Tragsicherheit im Abschnitt 7.2.2 und für den Nachweis der Gebrauchstauglichkeit im Abschnitt 7.2.3 geregelt.

(708)   Charakteristische Werte

Die charakteristischen Werte F_k der Einwirkungen F sind nach Abschnitt 6 zu bestimmen.

(709)   Dynamische Erhöhung der Einwirkung

Dynamische Erhöhungen der Beanspruchungen sind zu berücksichtigen.

Handelt es sich um eine nichtperiodische Einwirkung, darf sie durch Einwirkungsfaktoren erfaßt werden.

Anmerkung 1: Bei veränderlichen Einwirkungen tritt in Abhängigkeit von der Schnelle der Einwirkungen und der dynamischen Reaktion des Bauwerkes eine Erhöhung der Beanspruchung gegenüber dem statischen Wert ein. Beispiele für Einwirkungsfaktoren sind: Stoßfaktor, Schwingfaktor, Böenreaktionsfaktor; sie können z.B. Fachnormen entnommen werden.

Anmerkung 2: Periodische Einwirkungen erfordern im allgemeinen baudynamische Untersuchungen, insbesondere wenn Bauwerksresonanzen entstehen können.

7.2.2 Beanspruchungen beim Nachweis der Tragsicherheit

(710) Grundkombinationen

Für den Nachweis der Tragsicherheit sind Einwirkungskombinationen aus

— den ständigen Einwirkungen G und **allen** ungünstig wirkenden veränderlichen Einwirkungen Q_i und

— den ständigen Einwirkungen G und jeweils **einer** der ungünstig wirkenden veränderlichen Einwirkungen Q_i

zu bilden.

Für die Bemessungswerte der ständigen Einwirkungen G gilt

$$G_d = \gamma_F \cdot G_k \qquad (12)$$

mit $\gamma_F = 1{,}35$.

Für die Bemessungswerte der veränderlichen Einwirkungen Q gilt

— bei Berücksichtigung **aller** ungünstig wirkenden veränderlichen Einwirkungen Q_i

$$Q_{i.d} = \gamma_F \cdot \psi_i \cdot Q_{i.k} \qquad (13)$$

mit $\gamma_F = 1{,}5$ und $\psi_i = 0{,}9$,

— bei Berücksichtigung nur jeweils **einer** der ungünstig wirkenden veränderlichen Einwirkungen Q_i

$$Q_{i.d} = \gamma_F \cdot Q_{i.k} \qquad (14)$$

mit $\gamma_F = 1{,}5$.

Die Definitionen von Einwirkungen Q_i sind den Fachnormen zu entnehmen.

Für 2 und mehr veränderliche Einwirkungen dürfen in Gleichung (13) auch Kombinationsbeiwerte $\psi_i < 0{,}9$ verwendet werden, wenn die Kombinationsbeiwerte zuverlässig ermittelt sind.

Für kontrollierte veränderliche Einwirkungen dürfen in den Gleichungen (13) und (14) kleinere Teilsicherheitsbeiwerte γ_F eingesetzt werden. Sie dürfen jedoch nicht kleiner als 1,35 sein, sofern nicht in Sonderfällen in Fachnormen kleinere Werte angegeben sind.

Anmerkung 1: In den Fachnormen können abweichende Einwirkungskombinationen vereinbart sein.

Anmerkung 2: In den einschlägigen Normen über Lastannahmen werden die Formelzeichen G_k, Q_k und $F_{E.k}$ zur Zeit noch nicht verwendet.

Anmerkung 3: Einwirkungen Q_i können aus mehreren Einzeleinwirkungen bestehen; z.B. sind in der Regel alle vertikalen Verkehrslasten nach DIN 1055 Teil 3 **eine** Einwirkung Q_i.

Anmerkung 4: Untersuchungen zu den Kombinationsbeiwerten ψ_i sind in der Fachliteratur zu finden, z.B. in [6].

Anmerkung 5: Kontrollierte veränderliche Einwirkungen sind solche mit geringer Streuung ihrer Extremwerte, wie z.B. Flüssigkeitslasten in offenen Behältern und betriebsbedingte Temperaturänderungen.

(711) Ständige Einwirkungen, die Beanspruchungen verringern

Wenn ständige Einwirkungen Beanspruchungen aus veränderlichen Einwirkungen verringern, gilt für den Bemessungswert der ständigen Einwirkung

$$G_d = \gamma_F \cdot G_k \qquad (15)$$

mit $\gamma_F = 1{,}0$.

Falls die Einwirkung Erddruck die vorhandenen Beanspruchungen verringert, so gilt für den Bemessungswert des Erddruckes

$$F_{E.d} = \gamma_F \cdot F_{E.k} \qquad (16)$$

mit $\gamma_F = 0{,}6$.

Anmerkung: Die Regel bezüglich Gleichung (15) gilt z.B. für den Tragsicherheitsnachweis von Dächern bei Windsog oder Unterwind.

(712) Ständige Einwirkungen, von denen Teile Beanspruchungen verringern

Wenn Teile ständiger Einwirkungen Beanspruchungen aus veränderlichen Einwirkungen verringern, sind zusätzlich zu Element 710 Grundkombinationen zu bilden. In Gleichung (12) ist anstelle von $\gamma_F = 1{,}35$ zu setzen

— für die Teile, die diese Beanspruchungen vergrößern

$\gamma_F = 1{,}1$,

— für die Teile, die diese Beanspruchungen verringern

$\gamma_F = 0{,}9$.

Bei Rahmen und Durchlaufträgern darf auf diese zusätzliche Grundkombination verzichtet werden. Wenn durch Kontrolle die Unter- bzw. Überschreitung von ständigen Lasten mit hinreichender Zuverlässigkeit ausgeschlossen werden, darf mit $\gamma_F = 1{,}05$ bzw. 0,95 gerechnet werden.

Anmerkung: Diese zusätzlichen Grundkombinationen können nur bei Tragwerken vom Typ Waagebalken maßgebend werden. Bei diesen Tragwerken ergibt sich die Beanspruchung aus ständigen Einwirkungen aus der Differenz der sie vergrößernden und verringernden Einwirkungen.

(713) Erhöhung relativ kleiner Beanspruchung

Ergeben sich lokal vergleichsweise geringe Beanspruchungen, muß geprüft werden, ob sich durch kleine Veränderungen des Systems oder Lastbildes größere Beanspruchungen oder solche mit anderen Vorzeichen ergeben. Gegebenenfalls sind additive Zuschläge zu den Beanspruchungen vorzusehen.

Anmerkung: Beispiele sind Biegemomente in Stößen im Bereich von Momentennullpunkten und kleine Normalkräfte in Fachwerkstäben, bei denen eine Vorzeichenumkehr möglich ist.

(714) Außergewöhnliche Kombinationen

Die Beanspruchungen S_d sind mit den Bemessungswerten F_d der Einwirkungen zu berechnen. Dafür sind Einwirkungskombinationen aus den ständigen Einwirkungen G, allen ungünstig wirkenden veränderlichen Einwirkungen Q_i und einer außergewöhnlichen Einwirkung F_A zu bilden.

Für die Bemessungswerte gelten dabei für

— ständige Einwirkungen G und veränderliche Einwirkungen Q

die Gleichungen (12) und (13) jedoch

mit $\gamma_F = 1{,}0$ und

— die außergewöhnliche Einwirkung F_A

$$F_{A.d} = \gamma_F \cdot F_{A.k} \qquad (17)$$

mit $\gamma_F = 1{,}0$.

7.2.3 Beanspruchungen beim Nachweis der Gebrauchstauglichkeit

(715) Vereinbarungen

Teilsicherheitsbeiwerte, Kombinationsbeiwerte und Einwirkungskombinationen für den Nachweis der Gebrauchstauglichkeit sind, soweit sie nicht in anderen Grundnormen oder Fachnormen geregelt sind, zu vereinbaren.

Anmerkung: Der Nachweis der Gebrauchstauglichkeit ist in den meisten Fällen ein Nachweis der Größe der Verformungen. Bei der Verformungsberechnung ist gegebenenfalls auch das plastische Verhalten zu berücksichtigen; dies gilt insbesondere bei Tragwerken, deren Tragsicherheitsnachweis nach dem Verfahren Plastisch-Plastisch (siehe Tabelle 11) geführt wird.

(716) Verlust der Gebrauchstauglichkeit verbunden mit der Gefährdung von Leib und Leben

Wenn der Verlust der Gebrauchstauglichkeit mit einer Gefährdung von Leib und Leben verbunden ist, sind die Beanspruchungen nach Abschnitt 7.2.2 zu berechnen.

7.3 Berechnung der Beanspruchbarkeiten aus den Widerstandsgrößen

7.3.1 Widerstandsgrößen

(717) Bemessungswerte

Die Bemessungswerte M_d der Widerstandsgrößen sind im allgemeinen (Ausnahmen siehe Abschnitt 7.5.4, Element 759) aus den charakteristischen Größen M_k der Widerstandsgrößen durch Dividieren durch den Teilsicherheitsbeiwert γ_M zu berechnen.

$$M_d = M_k / \gamma_M \qquad (18)$$

Anmerkung: Der Nachweis mit den $\gamma_M$fachen Bemessungswerten der Einwirkungen und den charakteristischen Werten der Widerstandsgrößen führt zum gleichen Ergebnis wie der Nachweis mit den Bemessungswerten der Einwirkungen und der Widerstandsgrößen, wenn für alle Widerstandsgrößen derselbe Wert γ_M gilt.

(718) Charakteristische Werte der Festigkeiten

Die charakteristischen Werte der Festigkeiten $f_{y,k}$ und $f_{u,k}$ sind Abschnitt 4 zu entnehmen oder anderenfalls den 5 %-Fraktilen der zugeordneten Werkstoffkennwerte R_{eH} und R_m gleichzusetzen.

(719) Charakteristische Werte der Steifigkeiten

Die charakteristischen Werte der Steifigkeiten sind aus den Nennwerten der Querschnittswerte und den charakteristischen Werten für den Elastizitäts- oder den Schubmodul zu berechnen.

Für die in Tabelle 1 aufgeführten Werkstoffe dürfen die dort angegebenen Werte als charakteristische Werte verwendet werden.

(720) Teilsicherheitsbeiwerte γ_M zur Berechnung der Bemessungswerte der Festigkeiten beim Nachweis der Tragsicherheit

Falls in anderen Normen nichts anderes geregelt ist, gilt für den Teilsicherheitsbeiwert

$$\gamma_M = 1,1. \qquad (19)$$

(721) Teilsicherheitsbeiwerte γ_M zur Berechnung der Bemessungswerte der Steifigkeiten beim Nachweis der Tragsicherheit

Falls in anderen Normen nichts anderes geregelt ist, gilt für den Teilsicherheitsbeiwert

$$\gamma_M = 1,1. \qquad (20)$$

Falls sich eine abgeminderte Steifigkeit weder erhöhend auf die Beanspruchungen noch ermäßigend auf die Beanspruchbarkeiten auswirkt, darf mit

$$\gamma_M = 1,0 \qquad (21)$$

gerechnet werden.

Falls nach Abschnitt 7.5.1, Elemente 739 und 740, keine Nachweise der Biegeknick- oder Biegedrillknicksicherheit erforderlich sind, darf immer mit $\gamma_M = 1,0$ gerechnet werden.

Anmerkung: Bei der Berechnung von Schnittgrößen aus Zwängungen nach der Elastizitätstheorie würde ein Teilsicherheitsbeiwert $\gamma_M = 1,1$ bei der Berechnung der Bemessungswerte der Steifigkeit zu einer Ermäßigung der Zwängungsbeanspruchungen führen. Daher gilt in diesem Fall $\gamma_M = 1,0$.

(722) Teilsicherheitsbeiwerte γ_M beim Nachweis der Gebrauchstauglichkeit

Für den Nachweis der Gebrauchstauglichkeit gilt im allgemeinen

$$\gamma_M = 1,0, \qquad (22)$$

falls nicht in anderen Grundnormen oder Fachnormen andere Werte festgelegt sind.

(723) Verlust der Gebrauchstauglichkeit, verbunden mit der Gefährdung von Leib und Leben

Wenn der Verlust der Gebrauchstauglichkeit mit einer Gefährdung von Leib und Leben verbunden ist, sind die Beanspruchbarkeiten nach Element 720 zu berechnen.

7.3.2 Beanspruchbarkeiten

(724) Ermittlung der Beanspruchbarkeiten

Die Beanspruchbarkeiten R_d sind aus den Bemessungswerten der Widerstandsgrößen M_d zu berechnen oder durch Versuche zu bestimmen.

Anmerkung: Die Planung, Durchführung und Auswertung von Versuchen setzt besondere Kenntnisse und Erfahrungen voraus, so daß dafür nur qualifizierte und erfahrene Institute in Frage kommen. Vergleiche hierzu auch Abschnitt 2, Element 207.

(725) Einwirkungsunempfindliche Systeme

Falls Beanspruchungen gegen Änderungen von Einwirkungen wenig empfindlich sind, sind die Beanspruchungen mit den 0,9fachen Bemessungswerten der Einwirkungen zu berechnen, und der Tragsicherheitsnachweis ist mit dem Teilsicherheitsbeiwert $\gamma_M = 1,2$ zu führen.

Anmerkung 1: Wenn Änderungen bei den Einwirkungen sich auf die Beanspruchungen wenig auswirken, muß zum Erzielen einer ausreichenden Gesamtsicherheit der Teilsicherheitsbeiwert auf der Widerstandsseite erhöht werden.

Anmerkung 2: In seilartigen Systemen und in Stabsystemen, die seilähnlich wirken, können die Zugkräfte stark unterlinear mit den Einwirkungen zunehmen. Bei vorwiegend biegebeanspruchten Stäben ist dies nicht der Fall.

7.4 Nachweisverfahren

(726) Einteilung der Verfahren

Die Nachweise sind nach einem der drei in Tabelle 11 genannten Verfahren zu führen.

Tabelle 11.   **Nachweisverfahren, Bezeichnungen**

| Nachweisverfahren | Berechnung der | | Geregelt in Abschnitt |
	Beanspruchungen S_d nach	Beanspruchbarkeiten R_d	
1	Elastisch-Elastisch	Elastizitätstheorie	Elastizitätstheorie	7.5.2
2	Elastisch-Plastisch	Elastizitätstheorie	Plastizitätstheorie	7.5.3
3	Plastisch-Plastisch	Plastizitätstheorie	Plastizitätstheorie	7.5.4

Die nachfolgenden Regeln für die Nachweisverfahren Elastisch-Plastisch und Plastisch-Plastisch gelten nur für Baustähle, deren Verhältnis von Zugfestigkeit zu Streckgrenze größer als 1,2 ist.

Anmerkung 1: Üblicherweise wird der Nachweis beim Verfahren

— Elastisch-Elastisch mit Spannungen

— Elastisch-Plastisch mit Schnittgrößen und

— Plastisch-Plastisch mit Einwirkungen oder Schnittgrößen

geführt.

Anmerkung 2: Im Stahlbetonbau werden die drei Nachweisverfahren nach Tabelle 11 auch wie folgt bezeichnet:

Zeile 1   linearelastisch — linearelastisch

Zeile 2   linearelastisch — nichtlinear

Zeile 3   bilinear — nichtlinear

Anmerkung 3: Für die in Abschnitt 4.1, Element 401, Nummer 1 und 2 genannten Stähle ist das Verhältnis von Zugfestigkeit zu Streckgrenze größer als 1,2.

(727)   Allgemeine Regeln

Beim Nachweis sind grundsätzlich zu berücksichtigen:

— Tragwerksverformungen (Element 728)

— geometrische Imperfektionen (Elemente 729 ff.)

— Schlupf in Verbindungen (Element 733)

— planmäßige Außermittigkeiten (Element 734)

(728)   Tragwerksverformungen

Tragwerksverformungen sind zu berücksichtigen, wenn sie zur Vergrößerung der Beanspruchungen führen.

Bei der Berechnung sind die Gleichgewichtsbedingungen am verformten System aufzustellen (Theorie II. Ordnung). Der Einfluß der sich nach Theorie II. Ordnung ergebenden Verformungen auf das Gleichgewicht darf vernachlässigt werden, wenn der Zuwachs der maßgebenden Schnittgrößen infolge der nach Theorie I. Ordnung ermittelten Verformungen nicht größer als 10 % ist.

Anmerkung: Verformungen können zu einer Vergrößerung der Beanspruchungen führen, wenn durch sie

— Abtriebskräfte entstehen (Theorie II. Ordnung, siehe DIN 18 800 Teil 2).

— eine Vergrößerung der planmäßigen Lasten eintritt, z.B. bei Bildung von Schnee- oder Wassersäcken auf Flachdächern.

(729)   Geometrische Imperfektionen von Stabwerken

Geometrische Imperfektionen in Form von Vorverdrehungen der Stabachsen gegenüber den planmäßigen Stabachsen sind zu berücksichtigen, wenn sie zur Vergrößerung der Beanspruchung führen.

Vorverdrehungen sind für solche Stäbe und Stabzüge anzunehmen, die am verformten Stabtragwerk Stabdrehwinkel aufweisen können und die durch Druckkräfte beansprucht werden.

Von den möglichen Imperfektionen sind diejenigen anzunehmen, die sich auf die jeweils betrachtete Beanspruchung am ungünstigsten auswirken.

Als für ein bestimmtes Stabwerk mögliche Vorverdrehungen gelten solche, die bei der vorgesehenen Art und Weise von Herstellung und Montage durch Abweichung von planmäßigen Maßen verursacht werden können. Die Imperfektionen brauchen dabei nicht mit den geometrischen Randbedingungen des Systems verträglich zu sein.

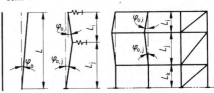

a) Systeme von perfekten (unterbrochen dargestellt) und infolge Vorverdrehung von Stäben möglichen imperfekten Stabwerken (ausgezogen dargestellt)

L_i, L_j, L_k Länge der Stäbe i, j, k

$\varphi_{0.i}, \varphi_{0.j}$ Winkel der Vorverdrehung der Stäbe i, j

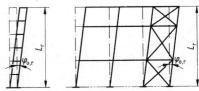

b) Systeme von perfekten (unterbrochen dargestellt) und infolge Vorverdrehung von Stabzügen möglichen imperfekten Stabwerken (ausgezogen dargestellt)

L_r Länge des Stabzuges r

$\varphi_{0.r}$ Winkel der Vorverdrehung des Stabzuges r

Bild 12.   Zu den Begriffen für die geometrischen Imperfektionen von Stabwerken

Anmerkung: Durch den Ansatz von Imperfektionen in Form von Vorverdrehungen nach den Elementen 729 bis 732 sollen mögliche Abweichungen von der planmäßigen Geometrie des Tragwerkes berücksichtigt werden.

DIN 18 800 Teil 2 fordert zusätzlich Imperfektionen in Form von Vorkrümmungen, weil die Ersatzimperfektionen nach DIN 18 800 Teil 2 auch den Einfluß struktureller Imperfektionen, z.B. von Eigenspannungen, und den Einfluß von Unsicherheiten der Rechenmodelle, z.B. die Nichtberücksichtigung teilplastischer Verformungen bei der Fließgelenktheorie, berücksichtigen.

Ursachen für imperfekte Stabwerke können z.B. sein: Abweichungen von den planmäßigen Stablängen, von den planmäßigen Winkeln zwischen Stäben in Verbindungen und von den planmäßigen Lagen von Auflagerpunkten.

Unplanmäßiger Versatz von Stäben in Knoten ist im allgemeinen nicht anzunehmen.

(730)   Art und Größe der Imperfektionen

Für den bzw. die größten Stabdrehwinkel der Vorverformung einer Imperfektionsfigur gilt Gleichung (23).

$$\varphi_0 = \frac{1}{400} \cdot r_1 \cdot r_2 \qquad (23)$$

Hierin bedeuten:

$$r_1 = \sqrt{\frac{5}{L}}$$

Reduktionsfaktor für Stäbe oder Stabzüge mit $L > 5$ m, wobei L die Länge des vorverdrehten Stabes bzw. Stabzuges in m ist. Maßgebend ist jeweils derjenige Stab oder Stabzug, dessen Vorverdrehung sich auf die betrachtete Beanspruchung am ungünstigsten auswirkt.

$$r_2 = \frac{1}{2}\left(1 + \sqrt{\frac{1}{n}}\right)$$

Reduktionsfaktor zur Berücksichtigung von n voneinander unabhängigen Ursachen für Vorverdrehungen von Stäben und Stabzügen.

Bei der Berechnung des Reduktionsfaktors r_2 für Rahmen darf in der Regel für n die Anzahl der Stiele des Rahmens je Stockwerk in der betrachteten Rahmenebene eingesetzt werden. Stiele mit geringer Normalkraft zählen dabei nicht. Als Stiele mit geringer Normalkraft gelten solche, deren Normalkraft kleiner als 25 % der Normalkraft des maximal belasteten Stieles im betrachteten Geschoß und der betrachteten Rahmenebene ist.

Anmerkung 1: Bei der Berechnung der Geschoßquerkraft in einem mehrgeschossigen Stabwerk sind Vorverdrehungen für die Stäbe des betrachteten Geschosses am ungünstigsten. Daher ist in r_1 für sie die Systemlänge L der Geschoßstiele einzusetzen. In den übrigen Geschossen darf in r_1 für die Systemlänge L die Gebäudehöhe L_r gesetzt werden (siehe Bild 13).

Anmerkung 2: Imperfektionen können auch durch den Ansatz gleichwertiger Ersatzlasten berücksichtigt werden (vergleiche hierzu auch DIN 18800 Teil 2, Bild 7).

(731)   Reduktion der Grenzwerte der Stabdrehwinkel

Abweichend von Element 730 dürfen geringere Imperfektionen angesetzt werden, wenn die vorgesehenen Herstellungs- und Montageverfahren dies rechtfertigen und nachgewiesen wird, daß die Annahmen für die Imperfektionen eingehalten werden.

(732)   Stabwerke mit geringen Horizontallasten

Sofern auf das Tragwerk als ganzes oder auf seine stabilisierenden Bauteile nur geringe Horizontallasten einwirken, die in der Summe nicht mehr als 1/400 der das Tragwerk ungünstig beanspruchenden Vertikallasten betragen, sind die Imperfektionen nach Element 730 zu verdoppeln, wenn entsprechend Element 728 nach Theorie I. Ordnung gerechnet werden darf.

Anmerkung: Diese Regelung betrifft z.B. sogenannte „Haus in Haus"-Konstruktionen, die keine Windbelastung erhalten.

(733)   Schlupf in Verbindungen

Der Schlupf in Verbindungen ist zu berücksichtigen, wenn nicht von vornherein erkennbar ist, daß er vernachlässigbar ist.

Bei Fachwerkträgern darf der Schlupf im allgemeinen vernachlässigt werden.

Anmerkung 1: Bei Durchlaufträgern, die über der Innenstütze mittels Flanschlaschen gestoßen sind, kann die Durchlaufwirkung durch zur Trägerhöhe relativ großes Lochspiel stark beeinträchtigt werden.

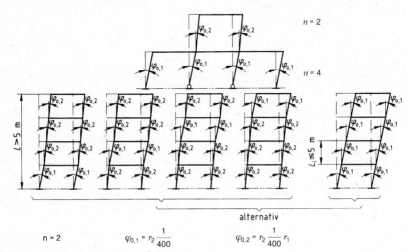

Bild 13.   Beispiele für Vorverdrehungen in Stabwerken

Anmerkung 2: Bei Fachwerkträgern, die der Stabilisierung dienen, kann die Vernachlässigung des Schlupfes unzulässig sein, dies gilt z.B. bei kurzen Stäben.

Anmerkung 3: Zur Nachgiebigkeit von Verbindungen im Unterschied zum Schlupf vergleiche Element 737.

(734) Planmäßige Außermittigkeiten

Planmäßige Außermittigkeiten sind zu berücksichtigen.

Bei Gurten von Fachwerken mit einem über die Länge veränderlichen Querschnitt darf in der Regel die Außermittigkeit des Kraftangriffs im Einzelstab unberücksichtigt bleiben, wenn die gemittelte Schwerachse der Einzelquerschnitte in die Systemlinie des Fachwerkgurtes gelegt wird.

Anmerkung: Planmäßige Außermittigkeiten sind vielfach konstruktionsbedingt, z.B. an Anschluß- oder Stoßstellen.

Beispiel nach Bild 14: Knotenblechfreies Fachwerk, bei dem der Schnittpunkt der Schwerachsen der Diagonalen nicht auf der Schwerachse des Gurtes liegt.

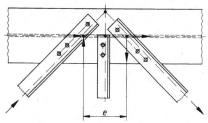

Bild 14.   Berücksichtigung planmäßiger Außermittigkeiten in der Bildebene

(735) Spannungs-Dehnungs-Beziehungen

Bei der Berechnung nach der Elastizitätstheorie ist linearelastisches Werkstoffverhalten (Hookesches Gesetz) anzunehmen, bei der Berechnung nach der Plastizitätstheorie linearelastisch—idealplastisches Werkstoffverhalten.

Die Verfestigung des Werkstoffes darf berücksichtigt werden, wenn sich diese nur auf lokal eng begrenzte Bereiche erstreckt.

Anmerkung: Die Verfestigung wird z.B. in Bereichen von Fließgelenken oder Löchern von Zugstäben ausgenutzt.

(736) Kraftgrößen-Weggrößen-Beziehungen für Stabquerschnitte

Für die Kraftgrößen-Weggrößen-Beziehungen dürfen die üblichen vereinfachten Annahmen getroffen werden, soweit ohne weiteres erkennbar ist, daß diese berechtigt sind.

Anmerkung 1: Nicht berechtigt ist z.B. die Annahme des Ebenbleibens der Querschnitte (Bernoulli-Hypothese),

— wenn Stäbe schubweiche Elemente enthalten,

— wenn Träger sehr kurz sind und deshalb die Schubverzerrung nicht vernachlässigt werden darf,

— im Fall der Wölbkrafttorsion.

Anmerkung 2: Für Querschnitte mit plastischen Formbeiwerten $\alpha_{pl} > 1,25$ ist Abschnitt 7.5.3, Element 755, zu beachten.

(737) Kraftgrößen-Weggrößen-Beziehungen für Verbindungen

Die Nachgiebigkeit der Verbindung ist zu berücksichtigen, wenn nicht von vornherein erkennbar ist, daß sie vernachlässigbar ist. Sie ist durch Kraftgrößen-Weggrößen-Beziehungen zu beschreiben.

Kraftgrößen-Weggrößen-Beziehungen dürfen bereichsweise linearisiert werden.

Wenn in Verbindungen abhängig von der Einwirkungssituation Schnittgrößen mit wechselndem Vorzeichen auftreten, ist gegebenenfalls der Einfluß von Wechselbewegungen (Schlupf) und Wechselplastizierungen auf die Steifigkeit und Festigkeit zu berücksichtigen.

Anmerkung 1: Damit können z.B. steifenlose Trägerverbindungen in ihrem Einfluß erfaßt werden.

Anmerkung 2: Zum Schlupf in Verbindungen vergleiche Element 733.

(738) Einfluß von Eigen-, Neben- und Kerbspannungen

Eigenspannungen aus dem Herstellungsprozeß (wie Walzen, Schweißen, Richten), Nebenspannungen und Kerbspannungen brauchen nicht berücksichtigt zu werden, wenn nicht ein Betriebsfestigkeitsnachweis zu führen ist (siehe Abschnitt 7.5.1, Element 741).

Anmerkung: Es dürfen z.B. die Stabkräfte von Fachwerkträgern unter Annahme reibungsfreier Gelenke in den Knotenpunkten berechnet werden.

7.5   Verfahren beim Tragsicherheitsnachweis

7.5.1   Abgrenzungskriterien und Detailregelungen

(739) Biegeknicken

Für Stäbe und Stabwerke ist der Nachweis der Biegeknicksicherheit nach DIN 18 800 Teil 2 zu führen.

Der Einfluß der sich nach Theorie II. Ordnung ergebenden Verformungen auf das Gleichgewicht darf vernachlässigt werden, wenn der Zuwachs der maßgebenden Biegemomente infolge der nach Theorie I. Ordnung ermittelten Verformungen nicht größer als 10 % ist.

Diese Bedingung darf als erfüllt angesehen werden, wenn

a) die Normalkräfte N des Systems nicht größer als 10% der zur idealen Knicklast gehörenden Normalkräfte $N_{Ki,d}$ des Systems sind (bei Anwendung der Fließgelenktheorie ist hierbei das statische System unmittelbar vor Ausbildung des letzten Fließgelenks zugrunde zu legen), oder

b) die bezogenen Schlankheitsgrade $\bar{\lambda}_K$ nicht größer als $0,3 \sqrt{f_{y,d}/\sigma_N}$ sind mit $\sigma_N = N/A$, $\bar{\lambda}_K = \lambda_K/\lambda_a$, $\lambda_K = s_K/i$, $\lambda_a = \pi \sqrt{E/f_{y,k}}$, oder

I c) die mit den Knicklängenbeiwerten $\beta = s_K/l$ multiplizierten Stabkennzahlen $\varepsilon = l \sqrt{N/(E \cdot I)}_d$ aller Stäbe nicht größer als 1,0 sind.

Bei veränderlichen Querschnitten oder Normalkräften sind $(E \cdot I)$, N_{Ki} und s_K für die Stelle zu ermitteln, für die der Tragsicherheitsnachweis geführt wird. Im Zweifelsfall sind mehrere Stellen zu untersuchen.

Anmerkung: In den Bedingungen a), b) und c) ist die Normalkraft N entsprechend den Regelungen in DIN 18 800 Teil 2 als Druckkraft positiv anzusetzen, vergleiche auch Abschnitt 3.3, Element 314.

(740) Biegedrillknicken

Für Stäbe und Stabwerke ist der Nachweis der Biegedrillknicksicherheit nach DIN 18 800 Teil 2 zu führen.

Der Nachweis darf entfallen bei
— Stäben mit Hohlquerschnitt oder
— Stäben mit I-förmigem Querschnitt bei Biegung um die z-Achse oder
— Stäben mit I-förmigem, zur Stegachse symmetrischem Querschnitt bei Biegung um die y-Achse, wenn der Druckgurt dieser Stäbe in einzelnen Punkten im Abstand c nach Bedingung (24) seitlich unverschieblich gehalten ist.

$$c \le 0,5 \, \lambda_a \cdot i_{z,g} \cdot \frac{M_{pl,y,d}}{M_y} \qquad (24)$$

mit

M_y größter Absolutwert des maßgebenden Biegemomentes

$\lambda_a = \pi \sqrt{E/f_{y,k}}$ Bezugsschlankheitsgrad

$i_{z,g}$ Trägheitsradius um die Stegachse z der aus Druckgurt und ⅕ des Steges gebildeten Querschnittsfläche

Anmerkung: In DIN 18 800 Teil 2, Abschnitt 3.3.3, Element 310, ist zusätzlich ein Druckkraftbeiwert k_c berücksichtigt, der hier aus Vereinfachungsgründen auf der sicheren Seite zu 1 gesetzt worden ist.

(741) Betriebsfestigkeit

Ein Betriebsfestigkeitsnachweis ist zu führen.

Der Nachweis darf entfallen, wenn als veränderliche Einwirkungen nur Schnee, Temperatur, Verkehrslasten nach DIN 1055 Teil 3/06.71, Abschnitt 1.4 und Windlasten ohne periodische Anfachung des Bauwerks auftreten.

Weiterhin darf auf einen Betriebsfestigkeitsnachweis verzichtet werden, wenn Bedingung (25) oder (26) erfüllt ist.

$$\Delta\sigma < 26 \text{ N/mm}^2 \qquad (25)$$

$$n < 5 \cdot 10^6 \, (26/\Delta\sigma)^3 \qquad (26)$$

mit

$\Delta\sigma = \max \sigma - \min \sigma$ Spannungsschwingbreite in N/mm² unter den Bemessungswerten der veränderlichen Einwirkungen für den Tragsicherheitsnachweis nach Abschnitt 7.2.2

n Anzahl der Spannungsspiele

Bei der Berechnung von $\Delta\sigma$ brauchen die im ersten Absatz genannten veränderlichen Einwirkungen nicht berücksichtigt zu werden.

Bei mehreren veränderlichen Einwirkungen darf $\Delta\sigma$ für die einzelnen Einwirkungen getrennt berechnet werden.

Anmerkung: Die Bedingung (26) ist orientiert am Betriebsfestigkeitsnachweis für den ungünstigsten vorgesehenen Kerbfall und volles Kollektiv. Sie erfaßt den ungünstigen Fall, in dem das für den Kerbfall maßgebende Bauteil für Überwachung und Instandhaltung schlecht zugänglich ist und sein Ermüdungsversagen den katastrophalen Zusammenbruch des Tragsystemes zur Folge haben kann. Da in Bedingung (26) — abweichend von den Regelungen für Betriebsfestigkeitsnachweise — die Spannungen σ des Tragsicherheitsnachweises verwendet werden, liegt es auf der sicheren Seite.

(742) Lochschwächungen

Lochschwächungen sind bei der Berechnung der Beanspruchbarkeiten zu berücksichtigen.

Im Druckbereich und bei Schub darf der Lochabzug entfallen, wenn

— bei Schrauben das Lochspiel höchstens 1,0 mm beträgt oder bei größerem Lochspiel die Tragwerksverformungen nicht begrenzt werden müssen oder
— die Löcher mit Nieten ausgefüllt sind.

In zugbeanspruchten Querschnittsteilen darf der Lochabzug entfallen, wenn die Bedingung (27) erfüllt ist.

$$\frac{A_{Brutto}}{A_{Netto}} \le \begin{cases} 1,2 \text{ für St 37} \\ 1,1 \text{ für St 52} \end{cases} \qquad (27)$$

In Querschnitten oder Querschnittsteilen aus anderen Stählen mit gebohrten Löchern darf die Grenzzugkraft $N_{R,d}$ im Nettoquerschnitt unter Zugrundelegung der Zugfestigkeit des Werkstoffes nach Gleichung (28) berechnet werden.

$$N_{R,d} = A_{Netto} \cdot f_{u,k}/(1,25 \cdot \gamma_M) \qquad (28)$$

Wenn in zugbeanspruchten Querschnittsteilen die Beanspruchbarkeiten mit der Streckgrenze berechnet werden oder Bedingung (27) erfüllt ist, darf der durch die Lochschwächung verursachte Versatz der Querschnittsschwerachsen unberücksichtigt bleiben.

Bei der Berechnung der Schnittgrößen und der Formänderungen dürfen Lochabzüge unberücksichtigt bleiben.

Anmerkung: Wenn das Lochspiel größer als 1,0 mm ist, können größere Verformungen z.B. durch Zusammenquetschen im Bereich der Löcher entstehen.

(743) Unsymmetrische Anschlüsse

Bei Zugstäben mit unsymmetrischem Anschluß durch nur eine Schraube ist in Gleichung (28) als Nettoquerschnitt der zweifache Wert des kleineren Teils des Nettoquerschnittes einzusetzen, falls kein genauerer Nachweis geführt wird.

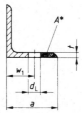

$A_{Netto} = 2 A^*$
für Gleichung (28)   (28)

Bild 15.   Nettoquerschnitt eines Winkelanschlusses

(744) Krafteinleitungen

Werden in Walzprofile mit I-förmigem Querschnitt Kräfte ohne Aussteifung unter den in Abschnitt 5.1, Element 503, genannten Voraussetzungen eingeleitet, ist die Grenzkraft $F_{R,d}$ wie folgt zu berechnen:

— für σ_x und σ_z mit unterschiedlichen Vorzeichen und $|\sigma_x| > 0,5 \, f_{y,k}$

$$F_{R,d} = \frac{1}{\gamma_M} \, s \cdot l \cdot f_{y,k} \, (1,25 - 0,5 \, |\sigma_x|/f_{y,k}) \qquad (29)$$

— für alle anderen Fälle

$$F_{R,d} = \frac{1}{\gamma_M} \, s \cdot l \cdot f_{y,k} \qquad (30)$$

Hierin bedeuten:

σ_x Normalspannung im Träger im maßgebenden Schnitt nach Bild 16

s Stegdicke des Trägers

l mittragende Länge nach Bild 16

Die Grenzkraft $F_{R,d}$ darf für geschweißte Profile mit I-förmigem Querschnitt nach den Gleichungen (29) bzw. (30) berechnet werden, wenn die Stegschlankheit $h/s \leq 60$ ist. Bei Stegschlankheiten $h/s > 60$ ist zusätzlich ein Beulsicherheitsnachweis für den Steg zu führen. Für die Berechnung von c und l ist für geschweißte I-förmige Querschnitte der Wert $r = a$ (Schweißnahtdicke) zu setzen.

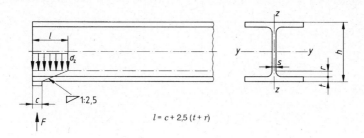

$$l = c + 2,5 \, (t + r)$$

a) Einleitung einer Auflagerkraft am Trägerende

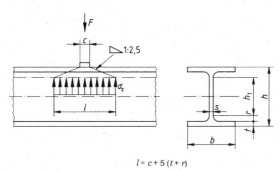

$$l = c + 5 \, (t + r)$$

b) Einleitung einer Einzellast im Feld (gleichbedeutend mit Einleitung einer Auflagerkraft an einer Zwischenstütze)

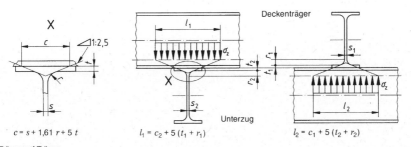

$$c = s + 1,61 \, r + 5 \, t \qquad l_1 = c_2 + 5 \, (t_1 + r_1) \qquad l_2 = c_1 + 5 \, (t_2 + r_2)$$

c) Träger auf Träger

Bild 16.   Rippenlose Lasteinleitung bei Walz- und geschweißten Profilen mit I-Querschnitt

Anmerkung 1: In den Gleichungen (25) und (30) wird von einer konstanten Spannung σ_z über die Bereiche der Längen l bzw. l_i ausgegangen.

Anmerkung 2: Ein Tragsicherheitsnachweis nach Abschnitt 7.5.2, Element 748, ist im Bereich der Krafteinleitungen nicht erforderlich.

Anmerkung 3: In die Bilder 16 a und c sind nicht alle Kraftgrößen, die zum Gleichgewicht gehören, eingetragen.

89

7.5.2 Nachweis nach dem Verfahren Elastisch-Elastisch

(745) Grundsätze

Die Beanspruchungen und die Beanspruchbarkeiten sind nach der Elastizitätstheorie zu berechnen. Es ist nachzuweisen, daß

1. das System im stabilen Gleichgewicht ist und
2. in allen Querschnitten die nach Abschnitt 7.2 berechneten Beanspruchungen höchstens den Bemessungswert $f_{y,d}$ der Streckgrenze erreichen und
3. in allen Querschnitten entweder die Grenzwerte grenz (b/t) und grenz (d/t) nach den Tabellen 12 bis 14 eingehalten sind oder ausreichende Beulsicherheit nach DIN 18800 Teil 3 bzw. DIN 18800 Teil 4 nachgewiesen wird.

Anmerkung 1: Als Grenzzustand der Tragfähigkeit wird der Beginn des Fließens definiert. Daher werden plastische Querschnitts- und Systemreserven nicht berücksichtigt.

Anmerkung 2: Beim Tragsicherheitsnachweis nach dem Verfahren Elastisch-Elastisch mit Spannungen ist die Forderung, daß die Beanspruchungen höchstens die Streckgrenze erreichen, gleichbedeutend damit, daß die Vergleichsspannung $\sigma_v \leq f_{y,k}/\gamma_M$ ist.

Anmerkung 3: Bei den Grenzwerten grenz (b/t) in Tabelle 12 wird die ψ-abhängige Erhöhung der Abminderungsfaktoren nach DIN 18800 Teil 3, Tabelle 1, Zeile 1 berücksichtigt. Hierauf wird in DIN 18800 Teil 2, Abschnitt 7, verzichtet, um zu einfachen Regeln und zu einer Übereinstimmung mit anderen nationalen und internationalen Regelwerken zu kommen.

Anmerkung 4: Auf den Beulsicherheitsnachweis für Einzelfelder darf unter den in DIN 18800 Teil 3, Abschnitt 2, Element 205 angegebenen Bedingungen verzichtet werden.

Tabelle 12.   **Grenzwerte (b/t) für beidseitig gelagerte Plattenstreifen für volles Mittragen unter Druckspannungen σ_x beim Tragsicherheitsnachweis nach dem Verfahren Elastisch-Elastisch mit zugehörigen Beulwerten k_σ**

σ_1 = Größtwert der Druckspannungen σ_x in N/mm² und $f_{y,k}$ in N/mm²

	1	2	3
1	Lagerung:		grenz (b/t) allgemein: — Bereich $0 < \psi \leq 1$ grenz $(b/t) = 420{,}4 \cdot (1 - 0{,}278\,\psi - 0{,}025\,\psi^2)$ $\cdot \sqrt{\dfrac{k_\sigma}{\sigma_1 \cdot \gamma_M}}$ — Bereich $\psi \leq 0$ grenz $(b/t) = 420{,}4 \cdot \sqrt{\dfrac{k_\sigma}{\sigma_1 \cdot \gamma_M}}$
2	Randspannungsverhältnis ψ	Beulwert k_σ in Abhängigkeit vom Randspannungsverhältnis ψ	grenz (b/t) für Sonderfälle des Randspannungsverhältnisses ψ
3	1	4	$37{,}8 \cdot \sqrt{\dfrac{240}{\sigma_1 \cdot \gamma_M}}$
4	$1 > \psi > 0$	$\dfrac{8{,}2}{\psi + 1{,}05}$	$27{,}1\,(1 - 0{,}278\,\psi - 0{,}025 \cdot \psi^2) \cdot \sqrt{\dfrac{8{,}2}{\psi + 1{,}05}} \cdot \sqrt{\dfrac{240}{\sigma_1 \cdot \gamma_M}}$
5	0	7,81	$75{,}8 \cdot \sqrt{\dfrac{240}{\sigma_1 \cdot \gamma_M}}$
6	$0 > \psi > -1$	$7{,}81 - 6{,}29 \cdot \psi + 9{,}78 \cdot \psi^2$	$27{,}1 \cdot \sqrt{7{,}81 - 6{,}29 \cdot \psi + 9{,}78 \cdot \psi^2} \cdot \sqrt{\dfrac{240}{\sigma_1 \cdot \gamma_M}}$
7	-1	23,9	$133 \cdot \sqrt{\dfrac{240}{\sigma_1 \cdot \gamma_M}}$

Für $\sigma_1 \cdot \gamma_M = f_{y,k}$ gilt für St 37 $\sqrt{\dfrac{240}{\sigma_1 \cdot \gamma_M}} = 1$ und für St 52 $\sqrt{\dfrac{240}{\sigma_1 \cdot \gamma_M}} = \sqrt{\dfrac{1}{1{,}5}} = 0{,}82$

Tabelle 13. Grenzwerte (b/t) für einseitig gelagerte Plattenstreifen für volles Mittragen unter Druckspannungen σ_x beim Tragsicherheitsnachweis nach dem Verfahren Elastisch-Elastisch mit zugehörigen Beulwerten k_σ

σ_1 = Größtwert der Druckspannungen σ_x in N/mm^2 und $f_{y,k}$ in N/mm^2

	1	2	3
1	Lagerung:		grenz (b/t) allgemein: $305 \cdot \sqrt{\dfrac{k_\sigma}{\sigma_1 \cdot \gamma_M}}$
2	Randspannungsverhältnis ψ	Beulwert k_σ in Abhängigkeit vom Randspannungsverhältnis ψ	grenz (b/t) für Sonderfälle des Randspannungsverhältnisses ψ
3	Größte Druckspannung am gelagerten Rand		
4	1	0,43	$12{,}9 \cdot \sqrt{\dfrac{240}{\sigma_1 \cdot \gamma_M}}$
5	$1 > \psi > 0$	$\dfrac{0{,}578}{\psi + 0{,}34}$	$19{,}7 \cdot \sqrt{\dfrac{0{,}578}{\psi + 0{,}34}} \cdot \sqrt{\dfrac{240}{\sigma_1 \cdot \gamma_M}}$
6	0	1,70	$25{,}7 \cdot \sqrt{\dfrac{240}{\sigma_1 \cdot \gamma_M}}$
7	$0 > \psi > -1$	$1{,}70 - 5 \cdot \psi + 17{,}1 \cdot \psi^2$	$19{,}7 \cdot \sqrt{1{,}70 - 5 \cdot \psi + 17{,}1 \cdot \psi^2} \cdot \sqrt{\dfrac{240}{\sigma_1 \cdot \gamma_M}}$
8	-1	23,8	$96{,}1 \cdot \sqrt{\dfrac{240}{\sigma_1 \cdot \gamma_M}}$
9	Größte Druckspannung am freien Rand		
10	1	0,43	$12{,}9 \cdot \sqrt{\dfrac{240}{\sigma_1 \cdot \gamma_M}}$
11	$0 > \psi > 0$	$0{,}57 - 0{,}21 \cdot \psi + 0{,}07 \cdot \psi^2$	$19{,}7 \cdot \sqrt{0{,}57 - 0{,}21 \cdot \psi + 0{,}07 \cdot \psi^2} \cdot \sqrt{\dfrac{240}{\sigma_1 \cdot \gamma_M}}$
12	0	0,57	$14{,}9 \cdot \sqrt{\dfrac{240}{\sigma_1 \cdot \gamma_M}}$
13	$0 > \psi > -1$	$0{,}57 - 0{,}21 \cdot \psi + 0{,}07 \cdot \psi^2$	$19{,}7 \cdot \sqrt{0{,}57 - 0{,}21 \cdot \psi + 0{,}07 \cdot \psi^2} \cdot \sqrt{\dfrac{240}{\sigma_1 \cdot \gamma_M}}$
14	-1	0,85	$18{,}2 \cdot \sqrt{\dfrac{240}{\sigma_1 \cdot \gamma_M}}$

Für $\sigma_1 \cdot \gamma_M = f_{y,k}$ gilt für St 37 $\sqrt{\dfrac{240}{\sigma_1 \cdot \gamma_M}} = 1$ und für St 52 $\sqrt{\dfrac{240}{\sigma_1 \cdot \gamma_M}} = \sqrt{\dfrac{1}{1{,}5}} = 0{,}82$

91

Tabelle 14. **Grenzwerte grenz (d/t) für Kreiszylinderquerschnitte für volles Mittragen unter Druckspannungen σ_x beim Tragsicherheitsnachweis nach dem Verfahren Elastisch-Elastisch**
σ_1 = Größtwert der Druckspannungen σ_x in N/mm^2 und $f_{y,k}$ in N/mm^2
σ_N = Druckspannungsanteil aus Normalkraft in N/mm^2

1	2
Spannungsverteilung: 	$$\text{grenz}\,(d/t) = \left(90 - 20\,\frac{\sigma_N}{\sigma_1}\right) \cdot \frac{240}{\sigma_1 \cdot \gamma_M}$$
Für $\sigma_1 \cdot \gamma_M = f_{y,k}$ gilt für St 37 $\dfrac{240}{\sigma_1 \cdot \gamma_M} = 1$ und für St 52 $\dfrac{240}{\sigma_1 \cdot \gamma_M} = \dfrac{1}{1,5} = 0{,}67$	

(746) Grenzspannungen

Für die Grenzspannungen gilt:

— Grenznormalspannung

$$\sigma_{R,d} = f_{y,d} = f_{y,k} / \gamma_M \tag{31}$$

— Grenzschubspannung

$$\tau_{R,d} = f_{y,d} / \sqrt{3} \tag{32}$$

(747) Nachweise

Der Nachweis ist mit den Bedingungen (33) bis (35) zu führen:

— für die Normalspannungen σ_x, σ_y, σ_z

$$\frac{\sigma}{\sigma_{R,d}} \leq 1 \tag{33}$$

— für die Schubspannungen τ_{xy}, τ_{xz}, τ_{yz}

$$\frac{\tau}{\tau_{R,d}} \leq 1 \tag{34}$$

— für die gleichzeitige Wirkung mehrerer Spannungen

$$\frac{\sigma_v}{\sigma_{R,d}} \leq 1 \tag{35}$$

mit σ_v Vergleichsspannung nach Element 748.

Bedingung (35) gilt für die alleinige Wirkung von σ_x und τ oder σ_y und τ als erfüllt, wenn $\sigma/\sigma_{R,d} \leq 0{,}5$ oder $\tau/\tau_{R,d} \leq 0{,}5$ ist.

(748) Vergleichsspannung

Die Vergleichsspannung σ_v ist mit Gleichung (36) zu berechnen.

$$\sigma_v = \sqrt{\begin{aligned}&\sigma_x^2 + \sigma_y^2 + \sigma_z^2 - \sigma_x \cdot \sigma_y - \sigma_x \cdot \sigma_z - \sigma_y \cdot \sigma_z\\&+ 3\,\tau_{xy}^2 + 3\,\tau_{xz}^2 + 3\,\tau_{yz}^2\end{aligned}} \tag{36}$$

(749) Erlaubnis örtlich begrenzter Plastizierung, allgemein

In kleinen Bereichen darf die Vergleichsspannung σ_v die Grenzspannung $\sigma_{R,d}$ um 10 % überschreiten.

Für Stäbe mit Normalkraft und Biegung kann ein kleiner Bereich unterstellt werden, wenn gleichzeitig gilt:

$$\left|\frac{N}{A} + \frac{M_y}{I_y}\,z\right| \leq 0{,}8\,\sigma_{R,d} \tag{37 a}$$

$$\left|\frac{N}{A} + \frac{M_z}{I_z}\,y\right| \leq 0{,}8\,\sigma_{R,d} \tag{37 b}$$

Anmerkung: Tragsicherheitsnachweise nach den Elementen 749 und 750 nutzen bereits teilweise die plastische Querschnittstragfähigkeit aus; eine vollständige Ausnutzung ermöglicht das Verfahren Elastisch-Plastisch (siehe Abschnitt 7.5.3).

(750) Erlaubnis örtlich begrenzter Plastizierung für Stäbe mit I-Querschnitt

Für Stäbe mit doppeltsymmetrischem I-Querschnitt, die die Bedingungen nach Tabelle 15 erfüllen, darf die Normalspannung σ_x nach Gleichung (38) berechnet werden.

$$\sigma_x = \left|\frac{N}{A} \pm \frac{M_y}{\alpha_{pl,y}^* \cdot W_y} \pm \frac{M_z}{\alpha_{pl,z}^* \cdot W_z}\right| \tag{38}$$

In Gleichung (38) ist für α_{pl}^* der jeweilige plastische Formbeiwert α_{pl}, jedoch nicht mehr als 1,25 einzusetzen. Für gewalzte I-förmige Stäbe darf $\alpha_{pl,y}^* = 1{,}14$ und $\alpha_{pl,z}^* = 1{,}25$ gesetzt werden.

(751) Vereinfachung für Stäbe mit Winkelquerschnitt

Werden bei der Berechnung der Beanspruchungen von Stäben mit Winkelquerschnitt schenkelparallele Querschnittsachsen als Bezugsachsen anstelle der Trägheitshauptachsen benutzt, so sind die ermittelten Beanspruchungen um 30 % zu erhöhen.

(752) Vereinfachung für Stäbe mit I-förmigem Querschnitt

Bei Stäben mit I-förmigem Querschnitt und ausgeprägten Flanschen, bei denen die Wirkungslinie der Querkraft V_z mit dem Steg zusammenfällt, darf die Schubspannung τ im Steg nach Gleichung (39) berechnet werden.

$$\tau = \left| \frac{V_z}{-A_{\mathrm{Steg}}} \right| \qquad (39)$$

Anmerkung 1: Nach der Theorie der dünnwandigen Querschnitte ist A_{Steg} gleich dem Produkt aus dem Abstand der Schwerlinien der Flansche und der Stegdicke.

Anmerkung 2: Von ausgeprägten Flanschen kann bei doppeltsymmetrischen I-Querschnitten ausgegangen werden, wenn das Verhältnis $A_{\mathrm{Gurt}}/A_{\mathrm{Steg}}$ größer als 0,6 ist. Beim doppeltsymmetrischen I-Träger ist für $A_{\mathrm{Gurt}}/A_{\mathrm{Steg}} = 0,6$ die maximale Schubspannung im Steg

$$\max \tau = \frac{1,5 \cdot V_z}{A_{\mathrm{Steg}}} \cdot \frac{4 \cdot A_{\mathrm{Gurt}} + A_{\mathrm{Steg}}}{6 \cdot A_{\mathrm{Gurt}} + A_{\mathrm{Steg}}}$$

rd. 10 % größer als die mittlere Schubspannung.

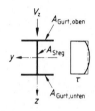

Bild 17. Ersatzweise geradlinig angenommene Verteilung der Schubspannung nach Gleichung (39) für $A_{\mathrm{Gurt.\,oben}} = A_{\mathrm{Gurt.\,unten}}$.

7.5.3 Nachweis nach dem Verfahren Elastisch-Plastisch

(753) Die Beanspruchungen sind nach der Elastizitätstheorie, die Beanspruchbarkeiten unter Ausnutzung plastischer Tragfähigkeiten der Querschnitte zu berechnen. Es ist nachzuweisen, daß

1. das System im stabilen Gleichgewicht ist und
2. in keinem Querschnitt die nach Abschnitt 7.2 berechneten Beanspruchungen unter Beachtung der Interaktion zu einer Überschreitung der Grenzschnittgrößen im plastischen Zustand führen und
3. in allen Querschnitten die Grenzwerte grenz (b/t) und grenz (d/t) nach Tabelle 15 eingehalten sind.

Für die Bereiche des Tragwerkes, in denen die Schnittgrößen nicht größer als die elastischen Grenzschnittgrößen nach Abschnitt 7.5.2, Element 745, Nummer 2 sind, gilt Element 745, Nummer 3.

Anmerkung: Beim Verfahren Elastisch-Plastisch wird bei der Berechnung der Beanspruchungen linearelastisches Werkstoffverhalten, bei der Berechnung der Beanspruchbarkeit linearelastisch-idealplastisches Werkstoffverhalten angenommen. Damit werden die plastischen Reserven des Querschnitts ausgenutzt, nicht jedoch die des Systems.

(754) Momentenumlagerung

Wenn nach Abschnitt 7.5.1, Element 739, Biegeknicken und nach Abschnitt 7.5.1, Element 740, Biegedrillknicken nicht berücksichtigt werden müssen, dürfen die nach der Elastizitätstheorie ermittelten Stützmomente um bis zu 15 % ihrer Maximalwerte vermindert oder vergrößert werden, wenn bei der Bestimmung der zugehörigen Feldmomente die Gleichgewichtsbedingungen eingehalten werden. Zusätzlich sind für die Bemessung der Verbindungen Abschnitt 7.5.4, Element 759, Abschnitt 8.4.1.4, Element 831 und Element 832, zu beachten.

Anmerkung 1: Bei der Momentenumlagerung werden die Formänderungsbedingungen der Elastizitätstheorie nicht erfüllt. Eine Umlagerung erfordert im Tragwerk bereichsweise Plastizierungen.

Anmerkung 2: Der Tragsicherheitsnachweis unter Berücksichtigung der Regelung dieses Elementes nutzt für Sonderfälle bereits teilweise Systemreserven statisch unbestimmter Systeme aus. Eine vollständige Ausnutzung bei statisch unbestimmten Systemen ermöglicht das Nachweisverfahren Plastisch-Plastisch (siehe Abschnitt 7.5.4).

(755) Grenzschnittgrößen im plastischen Zustand, allgemein

Für die Berechnung der Grenzschnittgrößen von Stabquerschnitten im plastischen Zustand sind folgende Annahmen zu treffen:

1. Linearelastische-idealplastische Spannungs-Dehnungs-Beziehung für den Werkstoff mit der Streckgrenze $f_{y.\,d}$ nach Gleichung (31).
2. Ebenbleiben der Querschnitte.
3. Fließbedingung nach Gleichung (36).

Die Gleichgewichtsbedingungen am differentiellen oder finiten Element (Faser) sind einzuhalten.

Die Dehnungen ε_x dürfen beliebig groß angenommen werden, jedoch sind die Grenzbiegemomente im plastischen Zustand auf den 1,25fachen Wert des elastischen Grenzbiegemomentes zu begrenzen.

Auf diese Reduzierung darf bei Einfeldträgern und bei Durchlaufträgern mit über die gesamte Länge gleichbleibendem Querschnitt verzichtet werden.

Anmerkung 1: In der Literatur werden auch Grenzschnittgrößen angegeben, bei denen der Gleichgewichtsbedingungen verletzt werden; sie sind in vielen Fällen dennoch als Näherung berechtigt.

Anmerkung 2: Als plastische Zustände eines Querschnittes werden die Zustände bezeichnet, in denen Querschnittsbereiche plastiziert sind. Als vollplastische Zustände werden diejenigen plastischen Zustände bezeichnet, bei denen eine Vergrößerung der Schnittgrößen nicht möglich ist. Dabei muß der Querschnitt nicht durchplastiziert sein. Dies kann z.B. bei ungleichschenkligen Winkelquerschnitten der Fall sein, die durch Biegemomente M_y und M_z beansprucht werden; siehe hierzu z.B. [7].

Grenzschnittgrößen im plastischen Zustand sind gleich den Schnittgrößen im vollplastischen Zustand, berechnet mit dem Bemessungswert der Streckgrenze $f_{y.\,d}$ und gegebenenfalls mit dem Faktor $1,25/\alpha_{pl}$ reduziert.

(756) Schnittgrößen im vollplastischen Zustand für doppeltsymmetrische I-Querschnitte

Die Schnittgrößen im vollplastischen Zustand sind Bild 18 zu entnehmen.

(757) Interaktion von Grenzschnittgrößen im plastischen Zustand für I-Querschnitte

Für doppeltsymmetrische I-Querschnitte mit konstanter Streckgrenze über den Querschnitt darf

— für einachsige Biegung, Querkraft und Normalkraft mit den Bedingungen in den Tabellen 16 und 17,

— für zweiachsige Biegung und Normalkraft mit den Bedingungen (41) und (42), wenn für die Querkräfte $V_z \le 0{,}33 \, V_{\mathrm{pl,z,d}}$ und $V_y \le 0{,}25 \, V_{\mathrm{pl,y,d}}$ gilt,

nachgewiesen werden, daß die Grenzschnittgrößen im plastischen Zustand nicht überschritten sind.

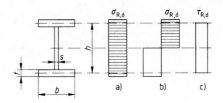

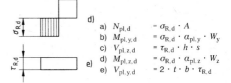

a) $N_{\mathrm{pl,d}}$ $= \sigma_{\mathrm{R,d}} \cdot A$
b) $M_{\mathrm{pl,y,d}}$ $= \sigma_{\mathrm{R,d}} \cdot \alpha_{\mathrm{pl,y}} \cdot W_y$
c) $V_{\mathrm{pl,z,d}}$ $= \tau_{\mathrm{R,d}} \cdot h \cdot s$
d) $M_{\mathrm{pl,z,d}}$ $= \sigma_{\mathrm{R,d}} \cdot \alpha_{\mathrm{pl,z}} \cdot W_z$
e) $V_{\mathrm{pl,y,d}}$ $= 2 \cdot t \cdot b \cdot \tau_{\mathrm{R,d}}$

Bild 18.   Spannungsverteilung für doppeltsymmetrische I-Querschnitte für Schnittgrößen im vollplastischen Zustand

Tabelle 15.   Grenzwerte grenz (b/t) und grenz (d/t) für volles Mitwirken von Querschnittsteilen unter Druckspannungen σ_x beim Tragsicherheitsnachweis nach dem Verfahren Elastisch-Plastisch. $f_{y,k}$ in N/mm^2

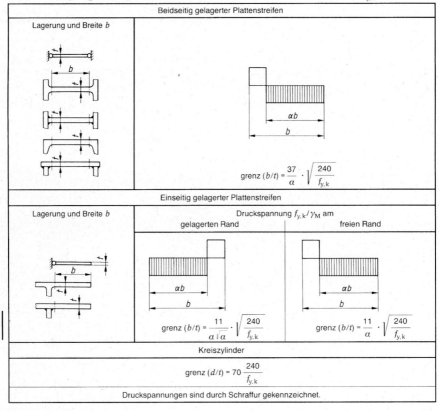

Beidseitig gelagerter Plattenstreifen	
Lagerung und Breite b	$\mathrm{grenz}\,(b/t) = \dfrac{37}{\alpha} \cdot \sqrt{\dfrac{240}{f_{y,k}}}$

Einseitig gelagerter Plattenstreifen		
Lagerung und Breite b	Druckspannung $f_{y,k}/\gamma_M$ am	
	gelagerten Rand	freien Rand
	$\mathrm{grenz}\,(b/t) = \dfrac{11}{\alpha\sqrt{\alpha}} \cdot \sqrt{\dfrac{240}{f_{y,k}}}$	$\mathrm{grenz}\,(b/t) = \dfrac{11}{\alpha} \cdot \sqrt{\dfrac{240}{f_{y,k}}}$

Kreiszylinder
$\mathrm{grenz}\,(d/t) = 70 \, \dfrac{240}{f_{y,k}}$

Druckspannungen sind durch Schraffur gekennzeichnet.

94

Tabelle 16.   Vereinfachte Tragsicherheitsnachweise für doppeltsymmetrische I-Querschnitte mit N, M_y, V_z

Momente um y-Achse	Gültigkeits-bereich	$\dfrac{V}{V_{pl,d}} \leq 0{,}33$	$0{,}33 < \dfrac{V}{V_{pl,d}} \leq 0{,}9$
	$\dfrac{N}{N_{pl,d}} \leq 0{,}1$	$\dfrac{M}{M_{pl,d}} \leq 1$	$0{,}88\,\dfrac{M}{M_{pl,d}} + 0{,}37\,\dfrac{V}{V_{pl,d}} \leq 1$
	$0{,}1 < \dfrac{N}{N_{pl,d}} \leq 1$	$0{,}9\,\dfrac{M}{M_{pl,d}} + \dfrac{N}{N_{pl,d}} \leq 1$	$0{,}8\,\dfrac{M}{M_{pl,d}} + 0{,}89\,\dfrac{N}{N_{pl,d}} + 0{,}33\,\dfrac{V}{V_{pl,d}} \leq 1$

Tabelle 17.   Vereinfachte Tragsicherheitsnachweise für doppeltsymmetrische I-Querschnitte mit N, M_z, V_y

Momente um z-Achse	Gültigkeits-bereich	$\dfrac{V}{V_{pl,d}} \leq 0{,}25$	$0{,}25 < \dfrac{V}{V_{pl,d}} \leq 0{,}9$
	$\dfrac{N}{N_{pl,d}} \leq 0{,}3$	$\dfrac{M}{M_{pl,d}} \leq 1$	$0{,}95\,\dfrac{M}{M_{pl,d}} + 0{,}82\left(\dfrac{V}{V_{pl,d}}\right)^2 \leq 1$
	$0{,}3 < \dfrac{N}{N_{pl,d}} \leq 1$	$0{,}91\,\dfrac{M}{M_{pl,d}} + \left(\dfrac{N}{N_{pl,d}}\right)^2 \leq 1$	$0{,}87\,\dfrac{M}{M_{pl,d}} + 0{,}95\left(\dfrac{N}{N_{pl,d}}\right)^2 + 0{,}75\left(\dfrac{V}{V_{pl,d}}\right)^2 \leq 1$

Mit

$$M_y^* = \left[1 - (N/N_{pl,d})^{1,2}\right] \cdot M_{pl,y,d} \qquad (40)$$

gilt

— für $M_y \leq M_y^*$:

$$\frac{M_z}{M_{pl,z,d}} + c_1 + c_2\left(\frac{M_y}{M_{pl,y,d}}\right)^{2,3} \leq 1 \qquad (41)$$

mit

$c_1 = (N/N_{pl,d})^{2,6}$

$c_2 = (1 - c_1)^{-N_{pl,d}/N}$

— für $M_y > M_y^*$:

$$\frac{1}{40}\left(\frac{M_z}{M_{pl,z,d}} - \frac{M_z^*}{M_{pl,z,d}}\right) + \left(\frac{N}{N_{pl,d}}\right)^{1,2} + \frac{M_y}{M_{pl,y,d}} \leq 1 \quad (42)$$

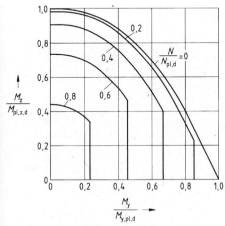

Bild 19.   Interaktion für die Normalkraft N und die Biege-momente M_y und M_z nach den Bedingungen (41) und (42)

Anmerkung 1: Andere Interaktionsgleichungen können der Literatur, z.B. [8], entnommen werden.

Anmerkung 2: Vereinfachend sind die Faktoren in den Tabellen 16 und 17 auf 2 Ziffern gerundet. Aus diesem Grunde ergeben sich geringfügig veränderte Zahlenwerte, wenn man in Grenzfällen aus den allgemeinen Interaktionsgleichungen mit allen drei Schnittkräften M, N, V auf die Sonderfälle übergeht.

Anmerkung 3: Querschnitte mit nicht konstanter Streckgrenze sind z.B. solche mit unterschiedlicher Erzeugnisdicke nach Tabelle 1 oder unterschiedlicher Streckgrenze für die Querschnittsteile.

Anmerkung 4: Die Schnittgrößen im vollplastischen Zustand nach Bild 18 können nicht alle als Grenzschnittgrößen im plastischen Zustand verwendet werden; offensichtlich ist dies z.B. für $V_{pl,y,d}$.

Anmerkung 5: $M_{pl,d}$, $N_{pl,d}$ und $V_{pl,d}$ in Tabelle 16 und 17 sind Grenzschnittgrößen.

Es ist $M_{pl,z,d} = 1{,}25\,\sigma_{R,d} \cdot W_z$.

7.5.4   Nachweis nach dem Verfahren Plastisch-Plastisch

(758)   Grundsätze

Die Beanspruchungen sind nach der Fließgelenk- oder Fließzonentheorie, die Beanspruchbarkeiten unter Ausnutzung plastischer Tragfähigkeiten der Querschnitte und des Systems zu berechnen. Es ist nachzuweisen, daß

1. das System im stabilen Gleichgewicht ist und

2. in allen Querschnitten die Beanspruchungen unter Beachtung der Interaktion nicht zu einer Überschreitung der Grenzschnittgrößen im plastischen Zustand führen und

3. in den Querschnitten im Bereich der Fließgelenke bzw. Fließzonen die Grenzwerte grenz (b/t) und grenz (d/t) nach Tabelle 18 eingehalten sind.

Für die Querschnitte in den übrigen Bereichen des Tragwerkes nach Abschnitt 7.5.3, Element 753, Nummer 3.

Anmerkung 1: Beim Verfahren Plastisch-Plastisch werden plastische Querschnitts- und Systemreserven ausgenutzt.

Anmerkung 2: Zur Berechnung der plastischen Beanspruchbarkeit siehe Abschnitt 7.5.3, Elemente 755 bis 757.

Tabelle 18.   **Grenzwerte grenz (b/t) und grenz (d/t) für volles Mitwirken von Querschnittsteilen unter Druckspannungen σ_x beim Tragsicherheitsnachweis nach dem Verfahren Plastisch-Plastisch.** $f_{y.k}$ in N/mm^2

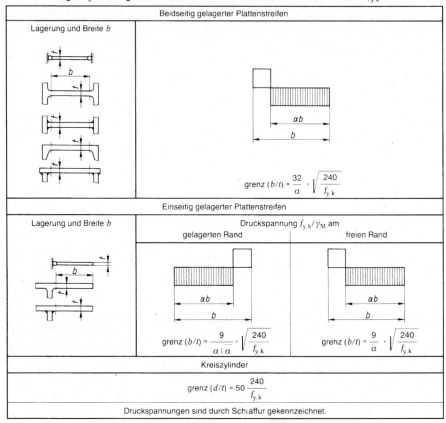

Beidseitig gelagerter Plattenstreifen	
Lagerung und Breite b	αb / b $\quad$ grenz $(b/t) = \dfrac{32}{\alpha} \cdot \sqrt{\dfrac{240}{f_{y.k}}}$

Einseitig gelagerter Plattenstreifen		
Lagerung und Breite b	Druckspannung $f_{y.k}/\gamma_M$ am	
	gelagerten Rand	freien Rand
	grenz $(b/t) = \dfrac{9}{\alpha\sqrt{\alpha}} \cdot \sqrt{\dfrac{240}{f_{y.k}}}$	grenz $(b/t) = \dfrac{9}{\alpha} \cdot \sqrt{\dfrac{240}{f_{y.k}}}$

Kreiszylinder
grenz $(d/t) = 50\,\dfrac{240}{f_{y.k}}$

Druckspannungen sind durch Schraffur gekennzeichnet.

(759)   Berücksichtigung oberer Grenzwerte der Streckgrenze

Wenn für einen Nachweis eine Erhöhung der Streckgrenze zu einer Erhöhung der Beanspruchung führt, die nicht gleichzeitig zu einer proportionalen Erhöhung der zugeordneten Beanspruchbarkeit führt, ist für die Streckgrenze auch ein oberer Grenzwert

$$\sigma_{R.d}^{(oben)} = 1,3 \cdot \sigma_{R.d} \qquad (43)$$

anzunehmen.

Bei durch- oder gegengeschweißten Nähten kann die Erhöhung der Beanspruchbarkeit unterstellt werden (vergleiche hierzu auch Abschnitt 8.4.1.4, Element 832).

Bei üblichen Tragwerken darf die Erhöhung von Auflagerkräften infolge der Annahme des oberen Grenzwertes der Streckgrenze unberücksichtigt bleiben.

Auf die Berücksichtigung des oberen Grenzwertes der Streckgrenze darf verzichtet werden, wenn für die Beanspruchungen aller Verbindungen die 1,25fachen Grenzschnittgrößen im plastischen Zustand der durch sie verbundenen Teile angesetzt werden und die Stäbe konstanten Querschnitt über die Stablänge haben.

Anmerkung 1: Beim Zweifeldträger mit über die Länge konstantem Querschnitt unter konstanter Gleichlast erhöht sich die Auflagerkraft an der Innenstütze vom Grenzzustand nach dem Verfahren Plastisch-Plastisch infolge der Annahme des oberen Grenzwertes der Streckgrenze nur um rund 4 %.

Anmerkung 2: Bei Anwendung der Fließgelenktheorie werden in den Fließgelenken die Schnittgrößen auf die Grenzschnittgrößen im plastischen Zustand begrenzt. Nimmt die Streckgrenze in der Umgebung eines Fließgelenkes einen höheren Wert an als die Grenznormalspannung $\sigma_{R.d}$ nach Gleichung (31) (dieser Wert ist ein unterer Grenzwert), dann wird die am Fließgelenk auftretende Schnittgröße (Beanspruchung) größer als die untere Grenzschnittgröße. Für den Stab selbst bedeutet dies keine Gefährdung, da ja auch die Beanspruchbarkeit im selben Maße zunimmt. Für Verbindungen, die sich nicht durch Verformung der zunehmenden Beanspruchung entziehen können, kann die Berücksichtigung der oberen Grenzwerte der Streckgrenzen bemessungsbestimmend werden. Dies ist bei Verbindungen ohne ausreichende Rotationskapazität möglich.

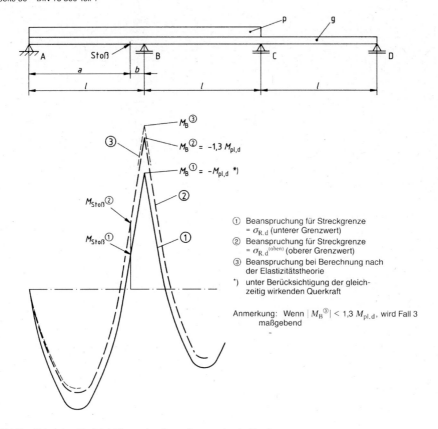

① Beanspruchung für Streckgrenze
= $\sigma_{R.d}$ (unterer Grenzwert)
② Beanspruchung für Streckgrenze
= $\sigma_{R.d}^{(oben)}$ (oberer Grenzwert)
③ Beanspruchung bei Berechnung nach
der Elastizitätstheorie
*) unter Berücksichtigung der gleich-
zeitig wirkenden Querkraft

Anmerkung: Wenn $|M_B^{③}| < 1{,}3\, M_{pl.d}$, wird Fall 3
maßgebend

Bild 20.   Beispiel zur Berücksichtigung des oberen Grenzwertes der Streckgrenze

**(760)   Vereinfachte Berechnung der
Beanspruchungen**
Für den Tragsicherheitsnachweis nach Element 758 darf
bei unverschieblichen Systemen die Lage der Fließgelenke beliebig angenommen werden, wenn die Grenzwerte grenz (b/t) und grenz (d/t) nach Tabelle 18 überall
eingehalten sind.

7.6   Nachweis der Lagesicherheit

(761)   Grundsätze
Die Sicherheit gegen Gleiten, Abheben und Umkippen
von Tragwerken und Tragwerksteilen ist nach den Regeln
für den Nachweis der Tragsicherheit nachzuweisen.

Zwischenzustände sind zu berücksichtigen, wenn das
Nachweisverfahren Plastisch-Plastisch angewendet wird.

Anmerkung 1: Die Nachweise der Lagesicherheit sind
Nachweise der Tragsicherheit, die sich auf unverankerte und verankerte Lagerfugen beziehen.

Anmerkung 2: Im allgemeinen genügt es, nur die
Zustände unter den Bemessungswerten der Ein-
wirkungen zu betrachten. Für den Nachweis der
Lagesicherheit können Zwischenzustände maß-

gebend werden, bei denen alle oder einige Einwirkungen noch nicht ihren Bemessungswert erreicht
haben.

(762)   Beanspruchungen
Die Beanspruchungen sind nach Abschnitt 7.2.2 zu
berechnen; im allgemeinen gilt Element 711.

Wenn nach Abschnitt 7.4, Element 728, ein Nachweis
nach Theorie II. Ordnung notwendig ist, gelten die so
ermittelten Schnittkräfte auch für den Lagesicher-
heitsnachweis.

(763)   Beanspruchbarkeit von Verankerungen
Die Beanspruchbarkeiten von Lagerfugen und deren Verankerungen sind nach den Abschnitten 7.3 und 8 zu
berechnen.

(764)   Gleiten
Es ist nachzuweisen, daß in der Fugenebene die Gleitkraft nicht größer als die Grenzgleitkraft ist.

Für die Berechnung der Grenzgleitkraft dürfen Reib-
widerstand und Scherwiderstand von mechanischen
Schubsicherungen als gleichzeitig wirkend angesetzt
werden.

Die Sicherheit gegen Gleiten darf nach DIN 4141 Teil 1/ 09.84, Abschnitt 6, nachgewiesen werden.

(765)   Abheben

Für unverankerte Lagerfugen ist nachzuweisen, daß die Beanspruchung keine abhebende Kraftkomponente rechtwinklig zur Lagerfuge aufweist.

Für verankerte Lagerfugen ist nachzuweisen, daß die Beanspruchung der Verankerung nicht größer als deren Beanspruchbarkeit ist.

Anmerkung: Charakteristische Werte für Festigkeiten von Verankerungsteilen aus Stahl sind im Abschnitt 4, Grenzwerte im Abschnitt 8 zu finden.

(766)   Umkippen

Für den Nachweis gegen Umkippen sind die Normaldruckspannungen gleichverteilt über eine Teilfläche der Lagerfugenfläche anzunehmen. Dabei darf die Teilfläche beliebig angenommen werden. Es ist nachzuweisen, daß die Drucknormalspannungen (Pressungen) nicht größer als die Grenzpressungen der angrenzenden Bauteile sind.

Für verankerte Lagerfugen ist außerdem nachzuweisen, daß die Beanspruchung der Verankerung nicht größer als deren Beanspruchbarkeit ist.

Anmerkung 1: Das anzunehmende Tragmodell hat Ähnlichkeit mit dem der Fließgelenktheorie. Die Teilfläche ist eine „Fließfläche" und entspricht dem Fließgelenk.

Anmerkung 2: Der Nachweis von Kantenpressungen, z.B. für Mauerwerk als Auflagerung von Stahlträgern, ist hiervon nicht berührt.

(767)   Grenzwerte für Lagerfugen

Die Grenzpressung für Beton ist $\beta_R/1{,}3$ mit β_R nach DIN 1045/07.88.

Falls die Pressung als Teilflächenpressung auftritt, darf der Wert $\beta_R/1{,}3$ in Anlehnung an DIN 1045/07.88, Abschnitt 17.3.3, erhöht werden.

Die charakteristischen Werte für die Reibungszahl sind DIN 4141 Teil 1/09.84, Abschnitt 6, zu entnehmen. Der Teilsicherheitsbeiwert ist $\gamma_M = 1{,}1$.

Anmerkung: Werden Reibungszahlen entsprechend Abschnitt 7.3.2, Element 724, durch Versuche ermittelt, sind auch langzeitige Einflüsse zu berücksichtigen.

7.7   Nachweis der Dauerhaftigkeit

(768)   Grundsätze

Die Dauerhaftigkeit erfordert bei der Herstellung der Stahlbauten Maßnahmen gegen Korrosion, die der zu erwartenden Beanspruchung genügen.

Die Erhaltung der Dauerhaftigkeit erfordert eine sachgemäße Instandhaltung der Stahlbauten. Sie ist auf die bei der Herstellung getroffenen Maßnahmen abzustimmen oder bei veränderter Beanspruchung dieser anzupassen.

(769)   Maßnahmen gegen Korrosion

Stahlbauten müssen gegen Korrosionsschäden geschützt werden. Während der Nutzungsdauer darf keine Beeinträchtigung der erforderlichen Tragsicherheit durch Korrosion eintreten.

Maßnahmen gegen Korrosion müssen neben dem allgemeinen Schutz gegen flächenhafte Korrosion auch den besonderen Schutz gegen lokal erhöhte Korrosion einschließen.

Anstelle von Maßnahmen gegen Korrosion darf die Auswirkung der Korrosion durch Dickenzuschläge berücksichtigt werden, wenn sie auf den Korrosionsabtrag und die Nutzungsdauer abgestimmt sind.

Anmerkung: Maßnahmen gegen Korrosion können sein:
- Beschichtungen und/oder Überzüge nach Normen der Reihe DIN 55 928
- Kathodischer Korrosionsschutz
- Wahl geeigneter nichtrostender Werkstoffe (nicht geeignet sind diese z.B. in chlorhaltiger und chlorwasserstoffhaltiger Atmosphäre, vergleiche hierzu z.B. die allgemeinen bauaufsichtlichen Zulassungen für nichtrostende Stähle)
- Umhüllung mit geeigneten Baustoffen
Besondere Maßnahmen gegen Korrosion können erforderlich sein z.B.
- bei hochfesten Zuggliedern,
- in Fugen und Spalten,
- an Berührungsflächen mit anderen Baustoffen,
- an Berührungsflächen mit dem Erdreich und
- an Stellen möglicher Kontaktkorrosion.

(770)   Korrosionsschutzgerechte Konstruktion

Die Konstruktion soll so ausgebildet werden, daß Korrosionsschäden weitgehend vermieden, frühzeitig erkannt und Erhaltungsmaßnahmen während der Nutzungsdauer einfach durchgeführt werden können.

Anmerkung: Grundregeln zur korrosionsschutzgerechten Gestaltung sind in DIN 55 928 Teil 2 enthalten.

(771)   Unzugängliche Bauteile

Sind Bauteile zur Kontrolle und Wartung nicht mehr zugänglich und kann ihre Korrosion zu unangekündigtem Versagen mit erheblichen Gefährdungen oder erheblichen wirtschaftlichen Auswirkungen führen, müssen die Maßnahmen gegen Korrosion so getroffen werden, daß keine Instandhaltungsarbeiten während der Nutzungsdauer nötig sind. In diesem Fall ist das Korrosionsschutzsystem Bestandteil des Tragsicherheitsnachweises.

Anmerkung 1: Beispiele solcher Bauteile sind Haltekonstruktionen hinterlüfteter Fassaden, verkleidete Stahlbauteile, Verankerungen und ähnliches.

Anmerkung 2: Sichtbares Auftreten von Korrosionsprodukten kann im allgemeinen als Ankündigung der Möglichkeit eines Versagens gewertet werden.

Anmerkung 3: Nach Bauteil und Nutzungsdauer unterschiedliche Maßnahmen gegen Korrosion werden in den entsprechenden Fachnormen oder bauaufsichtlichen Zulassungen geregelt.

(772)   Kontaktkorrosion

Zur Vermeidung von Kontaktkorrosion an Berührungsflächen mit Bauteilen aus anderen Metallen ist DIN 55 928 Teil 2 zu beachten.

(773)   Hochfeste Zugglieder

Der Korrosionsschutz aus Verfüllung und Beschichtung muß der Konstruktionsart und den Einsatzbedingungen der hochfesten Zugglieder angepaßt sein. Bei der konstruktiven Ausbildung von Klemmen, Schellen und Verankerungen sind Schutzmaßnahmen für die Zugglieder zu berücksichtigen.

(774)   Überwachung des Korrosionsschutzes

Wird eine besondere Überwachung des Korrosionsschutzes während der Nutzungsdauer des Bauwerkes vorgesehen, so sind in den Entwurfsunterlagen die Zeitabstände und die zu überprüfenden Bauteile festzulegen.

8 Beanspruchungen und Beanspruchbarkeiten der Verbindungen

8.1 Allgemeine Regeln

(801) Die Beanspruchung der Verbindungen eines Querschnittsteiles soll aus den Schnittgrößenanteilen dieses Querschnittsteiles bestimmt werden.

Es ist zu beachten, daß in Schraubenverbindungen Abstützkräfte entstehen können und dadurch die Beanspruchungen in der Verbindung beeinflußt werden.

In doppeltsymmetrischen I-förmigen Biegeträgern mit Schnittgrößen N, M_y und V_z dürfen die Verbindungen vereinfacht mit folgenden Schnittgrößenanteilen nachgewiesen werden.

Zugflansch: $\qquad N_Z = N/2 + M_y/h_\text{F}$ $\qquad$ (44)

Druckflansch: $\qquad N_D = N/2 - M_y/h_\text{F}$ $\qquad$ (45)

Steg: $\qquad V_{St} = V_z$, $\qquad$ (46)

wobei h_F der Schwerpunktabstand der Flansche ist. Vorausgesetzt ist, daß in den Flanschen die Beanspruchungen N_Z und N_D nicht größer als die Beanspruchbarkeiten nach Abschnitt 7 sind.

Anmerkung 1: Die Regel des ersten Absatzes folgt aus Abschnitt 5.2.1, Element 504, zweiter Absatz.

Anmerkung 2: Ein Beispiel für die Beeinflussung der Beanspruchungen einer Verbindung ist der T- Stoß von Zugstäben: Abhängig von den Abmessungen der Schrauben und der Stirnplatte können im Bereich der Stirnplattenkante Abstützkräfte K entstehen. Die Abstützkräfte K und die Zugkraft F stehen mit den Schraubenzugkräften im Gleichgewicht, siehe z.B. [4].

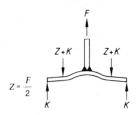

$$Z = \frac{F}{2}$$

Bild 21.   T-Stoß

8.2 Verbindungen mit Schrauben oder Nieten

8.2.1 Nachweise der Tragsicherheit

8.2.1.1 Allgemeines

(802) Anwendungsbereich

Die in Abschnitt 8.2.1.2, Elemente 804 bis 805, genannten Tragsicherheitsnachweise gelten für alle Ausführungsformen von Schraubenverbindungen nach Tabelle 6 und für Nietverbindungen.

(803) Begrenzung der Anzahl von Schrauben und Nieten

Bei unmittelbaren Laschen- und Stabanschlüssen dürfen in Kraftrichtung hintereinanderliegend höchstens 8 Schrauben oder Niete für den Nachweis berücksichtigt werden.

Anmerkung: Bei kontinuierlicher Krafteinleitung ist eine obere Begrenzung nicht erforderlich.

8.2.1.2   Abscheren und Lochleibung

(804)   Abscheren

Die Grenzabscherkraft ist nach Gleichung (47) zu ermitteln.

$$V_{a.R.d} = A \cdot \tau_{a.R.d} = A \cdot \alpha_a \cdot f_{u.b.k}/\gamma_M \qquad (47)$$

mit $\quad \alpha_a$ = 0,60 für Schrauben der Festigkeitsklassen 4.6, 5.6 und 8.8

$\qquad \alpha_a$ = 0,55 für Schrauben der Festigkeitsklasse 10.9

Als maßgebender Abscherquerschnitt A ist dabei einzusetzen

— der Schaftquerschnitt A_{Sch}, wenn der glatte Teil des Schaftes in der Scherfuge liegt, oder

— der Spannungsquerschnitt A_{Sp}, wenn der Gewindeteil des Schaftes in der Scherfuge liegt.

Es ist mit Bedingung (48) nachzuweisen, daß die vorhandene Abscherkraft V_a je Scherfuge und je Schraube die Grenzabscherkraft $V_{a.R.d}$ nicht überschreitet.

$$\frac{V_a}{V_{a.R.d}} \leq 1 \qquad (48)$$

Beim Nachweisverfahren Plastisch-Plastisch ist Element 808 zu beachten.

Bei einschnittigen ungestützten Verbindungen ist Element 807 zu beachten.

Die Grenzabscherkräfte der Schrauben einer Verbindung dürfen innerhalb eines Anschlusses addiert werden.

Anmerkung 1: Der Faktor α_a resultiert aus dem Verhältnis Abscherfestigkeit zu Zugfestigkeit.

Anmerkung 2: Die Grenzabscherkraft einer zweischnittigen Schraubenverbindung, bei der in einer Scherfuge der Schaft- und in der anderen der Gewindequerschnitt liegt, ergibt sich beispielsweise als Summe der einzelnen Grenzabscherkräfte in den beiden Scherfugen.

(805)   Lochleibung

Die Grenzlochleibungskraft ist nach Gleichung (49) zu ermitteln; sie gilt für Blechdicken $t \geq 3$ mm.

$$V_{l.R.d} = t \cdot d_{Sch} \cdot \sigma_{l.R.d}$$
$$= t \cdot d_{Sch} \cdot \alpha_l \cdot f_{y.k}/\gamma_M \qquad (49)$$

Der Wert α_l ist nach den Gleichungen (50 a) bis (50 d) zu berechnen. Dabei darf der Randabstand in Kraftrichtung e_1 höchstens mit 3,0 d_L und der Lochabstand in Kraftrichtung e höchstens mit 3,5 d_L in Rechnung gestellt werden.

— Für $e_2 \geq 1,5 \, d_L$ und $e_3 \geq 3,0 \, d_L$ gilt,

wenn der Randabstand in Kraftrichtung maßgebend ist,

$$\alpha_l = 1,1 \, e_1/d_L - 0,30 \qquad (50 a)$$

und, wenn der Lochabstand in Kraftrichtung maßgebend ist,

$$\alpha_l = 1,08 \, e/d_L - 0,77 \qquad (50 b)$$

— Für $e_2 \geq 1,2 \, d_L$ und $e_3 \geq 2,4 \, d_L$ gilt,

wenn der Randabstand in Kraftrichtung maßgebend ist,

$$\alpha_l = 0,73 \, e_1/d_L - 0,20' \qquad (50 c)$$

und, wenn der Lochabstand in Kraftrichtung maßgebend ist,

$$\alpha_l = 0,72 \, e/d_L - 0,51. \qquad (50 d)$$

Die Bezeichnungen für die Loch- und Randabstände sind Bild 22 zu entnehmen.

Für Zwischenwerte von e_2 und e_3 darf geradlinig interpoliert werden.

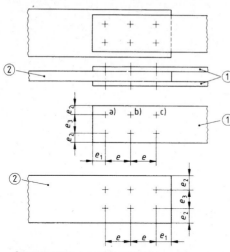

① Außenlaschen   ② Innenlasche

Bild 22. Randabstände e_1 und e_2 und Lochabstände e und e_3

Die Grenzlochleibungskräfte der Schrauben einer Verbindung dürfen innerhalb eines Anschlusses addiert werden, wenn die einzelnen Schraubenkräfte beim Nachweis auf Abscheren berücksichtigt werden.

Sofern beim Tragsicherheitsnachweis des Nettoquerschnittes die Grenznormalspannung $\sigma_{R,d}$ des Bauteilwerkstoffes nach Gleichung (31) nicht erreicht wird, darf bei GV- und GVP-Verbindungen eine erhöhte Grenzlochleibungskraft $V_{l,R,d}$ eingesetzt werden:

$$V_{l,R,d} = \min \begin{cases} (\alpha_l + 0,5)\, t \cdot d_{Sch} \cdot f_{y,k}/\gamma_M \\ 3,0\, t \cdot d_{Sch} \cdot f_{y,k}/\gamma_M \end{cases} \quad (51)$$

Es ist mit Bedingung (52) nachzuweisen, daß die vorhandene Lochleibungskraft V_l einer Schraube an einer Lochwandung die Grenzlochleibungskraft $V_{l,R,d}$ nicht überschreitet.

$$\frac{V_l}{V_{l,R,d}} \leq 1 \quad (52)$$

Anmerkung: Für die von einer Schraube auf Lochleibung und Abscheren zu übertragenden Kräfte sind selbstverständlich die Gleichgewichtsbedingungen einzuhalten. Daraus folgt:

Für jede einzelne Schraube sind

— die Summe der Grenzabscherkräfte $V_{a,R,d}$, die Summe der für die maßgebenden Rand- und Lochabstände für eine Kraftrichtung ermittelten Grenzlochleibungskräfte $V_{l,R,d}$ und

— die entsprechende Summe für die entgegengesetzte Kraftrichtung

zu berechnen. Der Kleinstwert ist die Beanspruchbarkeit der betrachteten Schraube. Die Beanspruchbarkeit der Verbindung ist die Summe der Beanspruchbarkeiten der einzelnen Schrauben.

Für die Schraube a nach Bild 22 z.B. sind die Summe der Grenzabscherkräfte für die beiden

Scherfugen, die Summe der Grenzlochleibungskräfte für die beiden Außenlaschen (1) mit dem Randabstand e_1 sowie die Grenzlochleibungskraft für die Innenlasche (2) mit dem Lochabstand e zu berechnen. Der kleinste Wert der drei berechneten Größen ist die Beanspruchbarkeit der Schraube a).

Im allgemeinen ergeben sich nicht für alle Schrauben einer Verbindung dieselben Werte für die maßgebenden Grenzkräfte. Dies ist gleichbedeutend mit einer ungleichmäßigen Aufteilung der Scherkraft der Verbindung (Beanspruchung der Verbindung) auf die einzelnen Schrauben. Mit der Annahme gleichmäßiger Aufteilung liegt man jedoch beim Nachweis immer auf der „sicheren Seite".

(806)   Senkschrauben und -niete

Bei der Berechnung der Grenzlochleibungskraft für Bauteile, die mit Senkschrauben oder -nieten verbunden sind, ist auf der Seite des Senkkopfes anstelle der Querschnittsteildicke der größere der beiden folgenden Werte einzusetzen: $0,8\,t$ oder t_s (Bild 23).

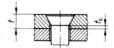

Bild 23.   Verbindung mit Senkschraube oder -niet

Anmerkung: Bei Senkschrauben- und Senknietverbindungen treten infolge der Verdrehung des Senkkopfes größere gegenseitige Verschiebungen der Bauteile auf als bei Verbindungen mit Schrauben, Bolzen oder Nieten.

(807)   Einschnittige ungestützte Verbindungen

Bei einschnittigen ungestützten Verbindungen mit nur einer Schraube in Kraftrichtung muß anstelle von Bedingung (52) Bedingung (53) erfüllt sein.

$$V_l / V_{l,R,d} \leq 1/1,2 \quad (53)$$

Für die Randabstände gilt: $e_1 \geq 2,0\, d_L$ und
$$e_2 \geq 1,5\, d_L$$

Anmerkung: Die Gültigkeit des Nachweises der Verbindung für kleinere als die angegebenen Randabstände e_1 und e_2 ist nicht belegt.

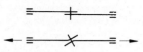

Bild 24.   Tragverhalten einschnittiger ungestützter Schraubenverbindungen

(808)   Zusätzliche Bedingung für das Berechnungsverfahren Plastisch-Plastisch

Wenn

— die Schnittgrößen nach dem Nachweisverfahren Plastisch-Plastisch berechnet und

— Schrauben der Festigkeitsklassen 8.8 oder 10.9 in SL-Verbindungen mit mehr als 1 mm Lochspiel verwendet werden und

— die Beanspruchbarkeit der Verbindung kleiner ist als die der anzuschließenden Querschnitte und

— der Ausnutzungsgrad auf Abscheren $V_a/V_{a,R,d} > 0,5$ ist,

muß für alle Schrauben der Verbindung Bedingung (54) erfüllt sein:

$$V_l/V_{l,R,d} \geq V_a/V_{a,R,d} \qquad (54)$$

Anmerkung: Durch Bedingung (54) wird abgesichert, daß in den genannten Verbindungen plastische Verformungen durch Ovalisierung der Schraubenlöcher und nicht durch Scherversatz der Schrauben entstehen, planmäßiges Tragen aller Schrauben erreicht wird und ausreichende Duktilität der Gesamtverbindung vorhanden ist.

8.2.1.3 Zug

(809) Die Grenzzugkraft ist nach Gleichung (55) zu ermitteln.

$$N_{R,d} = \min \begin{cases} A_{Sch} \cdot \sigma_{1,R,d} \\ A_{Sp} \cdot \sigma_{2,R,d} \end{cases} \qquad (55)$$

Hierin bedeutet:

$$\sigma_{1,R,d} = f_{y,b,k}/(1,1\ \gamma_M) \qquad (56\ a)$$

$$\sigma_{2,R,d} = f_{u,b,k}/(1,25\ \gamma_M) \qquad (56\ b)$$

Für Gewindestangen, Schrauben mit Gewinde bis annähernd zum Kopf und aufgeschweißte Gewindebolzen ist in Gleichung (55) anstelle des Schaftquerschnittes A_{Sch} der Spannungsquerschnitt A_{Sp} einzusetzen. Das gleiche gilt für Schrauben, wenn die beim Fließen der Schrauben auftretenden Verformungen nicht zulässig sind.

Es ist mit Bedingung (57) nachzuweisen, daß die in der Schraube vorhandene Zugkraft N die Grenzzugkraft $N_{R,d}$ nicht überschreitet.

$$\frac{N}{N_{R,d}} \leq 1 \qquad (57)$$

Anmerkung: Die in der Schraube vorhandene Zugkraft ist z.B. die anteilig auf die Schraube entfallende Zugkraft, gegebenenfalls erhöht durch die Abstützkraft K nach Bild 21.

8.2.1.4 Zug und Abscheren

(810) Für Beanspruchung von Schrauben auf Zug und Abscheren in gestützten Verbindungen ist der Tragsicherheitsnachweis nach Abschnitt 8.2.1.3, Element 809 und zusätzlich nach Bedingung (58) zu führen, wobei in Bedingung (58) für $N_{R,d}$ derjenige Querschnitt zugrunde zu legen ist, der in der Scherfuge liegt.

$$\left(\frac{N}{N_{R,d}}\right)^2 + \left(\frac{V_a}{V_{a,R,d}}\right)^2 \leq 1 \qquad (58)$$

Auf den Interaktionsnachweis darf verzichtet werden, wenn $N/N_{R,d}$ oder $V_a/V_{a,R,d}$ kleiner als 0,25 ist.

8.2.1.5 Betriebsfestigkeit

(811) Für den Betriebsfestigkeitsnachweis zugbeanspruchter Schrauben gilt Abschnitt 7.5.1, Element 741, wobei in den Bedingungen (25) und (26) für $\Delta\sigma$ die Spannungsschwingbreite im Spannungsquerschnitt einzusetzen ist.

Für Schrauben, die auf Abscheren beansprucht werden, gilt Abschnitt 7.5.1, Element 741, jedoch sind hier an die Stelle der Bedingungen (25) und (26) die Bedingungen (59 a) und (59 b) zu setzen.

$$\Delta\tau_a \leq 46\ N/mm^2 \qquad (59\ a)$$

$$n \leq 10^8\ (46/\Delta\tau_a)^5 \qquad (59\ b)$$

mit

$\Delta\tau_a$ = max τ_a — min τ_a in N/mm^2
Scherspannungs-Schwingbreite im Schaftquerschnitt

46 N/mm^2 Dauerfestigkeit bei 10^8 Spannungsspielen

n Anzahl der Spannungsspiele

Bei schwingender Beanspruchung auf Abscheren darf das Gewinde nicht in die zu verbindenden Teile hineinreichen.

Anmerkung 1: Die Spannungsschwingbreite $\Delta\sigma$ in den Bedingungen (25) und (26) bezieht sich bei planmäßig vorgespannten, zugbeanspruchten Schrauben auf die Schwingbreite der Schraubenkraft und nicht auf die der anteiligen Anschlußkraft.

Anmerkung 2: Die Bedingung (25) ist wegen des sehr geringen Wertes $\Delta\sigma$ für nichtplanmäßig vorgespannte Schrauben im allgemeinen nicht erfüllbar.

8.2.2 Nachweis der Gebrauchstauglichkeit

(812) Für gleitfeste planmäßig vorgespannte Verbindungen (GV, GVP) ist mit Bedingung (60) nachzuweisen, daß die im Gebrauchstauglichkeitsnachweis auf eine Schraube in einer Scherfuge entfallende Kraft V_g die Grenzgleitkraft $V_{g,R,d}$ nach Gleichung (61) nicht überschreitet.

$$\frac{V_g}{V_{g,R,d}} \leq 1 \qquad (60)$$

$$V_{g,R,d} = \mu \cdot F_v\ (1 - N/F_v)/(1,15\ \gamma_M) \qquad (61)$$

Hierin bedeuten :

$\mu = 0,5$ Reibungszahl nach Vorbehandlung der Reibflächen nach DIN 18800 Teil 7/05.83, Abschnitt 3.3.3.1

F_v Vorspannkraft nach Anhang A bzw. DIN 18800 Teil 7/05.83, Tabelle 1

N die anteilig auf die Schraube entfallende Zugkraft für den Gebrauchstauglichkeitsnachweis

$\gamma_M = 1,0$

Es dürfen Reibungszahlen $\mu > 0,5$ verwendet werden, wenn sie belegt werden.

Anmerkung 1: Für nicht zugbeanspruchte Schrauben folgt:

$$V_{g,R,d} = \mu \cdot F_v/(1,15\ \gamma_M)$$

Anmerkung 2: Zugkräfte in vorgespannten Verbindungen reduzieren die Klemmkraft zwischen den Berührungsflächen, so daß die Gleitlasten ebenfalls reduziert werden.

Anmerkung 3: Der Faktor 1,15 ist ein Korrekturfaktor. Die Zugbeanspruchung aus äußerer Belastung wird rechnerisch ausschließlich den Schrauben zugewiesen, das heißt, der tatsächlich eintretende Abbau der Klemmkraft in den Berührungsflächen der zu verbindenden Bauteile sowie die Vergrößerung der Pressung in den Auflageflächen von Schraubenkopf und Mutter werden nicht berücksichtigt.

8.2.3 Verformungen

(813) Muß nach Abschnitt 7.4, Element 733, der Schlupf von Schraubenverbindungen bei der Tragwerksverformung berücksichtigt werden, ist er mit dem 1,0fachen Nennlochspiel Δd nach Tabelle 6 anzusetzen. Dabei ist von deckungsgleichen Löchern auszugehen.

8.3 Augenstäbe und Bolzen

(814) Grenzabmessungen

Falls für Bolzen mit einem Lochspiel $\Delta d \leq 0,1\ d_L$, höchstens jedoch 3 mm, auf einen genaueren Tragsicherheitsnachweis verzichtet wird, müssen die Grenzabmessungen (Mindestwerte) der Augenstäbe nach Form A oder Form B eingehalten werden.

Form A nach Bild 25:

$$\text{grenz } a = \frac{F}{2\,t \cdot f_{y.k}/\gamma_M} + \frac{2}{3}\,d_L \qquad (62)$$

$$\text{grenz } c = \frac{F}{2\,t \cdot f_{y.k}/\gamma_M} + \frac{1}{3}\,d_L \qquad (63)$$

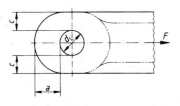

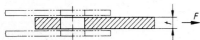

Bild 25.   Augenstababmessungen Form A

Form B nach Bild 26:

$$\text{grenz } t = 0,7\ \sqrt{\frac{F}{f_{y.k}/\gamma_M}} \qquad (64)$$

$$\text{grenz } d_L = 2,5\ \text{grenz } t \qquad (65)$$

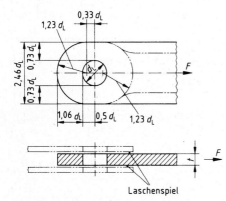

Laschenspiel

Bild 26.   Augenstababmessungen Form B

(815) Grenzscherkraft

Der Nachweis auf Abscheren ist nach Abschnitt 8.2.1.2, Element 804, zu führen.

(816) Grenzlochleibungskraft

Falls auf eine genauere Berechnung verzichtet wird, ist der Nachweis mit Bedingung (52) zu führen.

Für Bolzen mit einem Lochspiel $\Delta d \leq 0,1\ d_L$, höchstens jedoch 3 mm, ist dabei die Grenzlochleibungskraft wie folgt zu ermitteln:

$$V_{l.R.d} = t \cdot d_{Sch} \cdot 1,5\ f_{y.k}/\gamma_M \qquad (66)$$

(817) Grenzbiegemoment

Für Bolzen mit einem Lochspiel $\Delta d \leq 0,1\ d_L$, höchstens jedoch 3 mm, ist das Grenzbiegemoment wie folgt zu ermitteln:

$$M_{R.d} = W_{Sch} \cdot \frac{f_{y.b.k}}{1,25 \cdot \gamma_M} \qquad (67)$$

mit W_{Sch} = Widerstandsmoment des Bolzenschaftes

Falls auf eine genauere Berechnung verzichtet wird, ist mit Bedingung (68) nachzuweisen, daß das vorhandene Biegemoment M das Grenzbiegemoment $M_{R.d}$ nicht überschreitet.

$$\frac{M}{M_{R.d}} \leq 1 \qquad (68)$$

Anmerkung: Ein auf der sicheren Seite liegendes Beispiel für die Ermittlung des Biegemomentes in einem Bolzen ist in Bild 27 dargestellt.

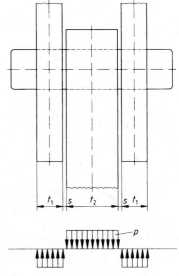

$$\text{max } M = \frac{p \cdot t_2}{8}\,(t_2 + 4\,s + 2\,t_1)$$

Bild 27.   Ermittlung des Biegemomentes in einem Bolzen

(818) Biegung und Abscheren

Es ist nachzuweisen, daß in den maßgebenden Schnitten Bedingung (69) eingehalten ist.

$$\left(\frac{M}{M_{R.d}}\right)^2 + \left(\frac{V_a}{V_{a.R.d}}\right)^2 \leq 1 \qquad (69)$$

Auf den Interaktionsnachweis darf verzichtet werden, wenn $M/M_{R.d}$ oder $V_a/V_{a.R.d}$ kleiner als 0,25 ist.

8.4   Verbindungen mit Schweißnähten

8.4.1   Verbindungen mit Lichtbogenschweißen

8.4.1.1   Maße und Querschnittswerte

(819)   Rechnerische Schweißnahtdicke *a*

Die rechnerische Schweißnahtdicke *a* für verschiedene Nahtarten ist Tabelle 19 zu entnehmen. Andere als die dort aufgeführten Nahtarten sind sinngemäß einzuordnen.

(820)   Rechnerische Schweißnahtlänge *l*

Die rechnerische Schweißnahtlänge *l* einer Naht ist ihre geometrische Länge. Für Kehlnähte ist sie die Länge der Wurzellinie. Kehlnähte dürfen beim Nachweis nur berücksichtigt werden, wenn $l \geq 6,0\ a$, mindestens jedoch 30 mm, ist.

Anmerkung: Größte Nahtlänge siehe Element 823.

(821)   Rechnerische Schweißnahtfläche A_w

Die rechnerische Schweißnahtfläche A_w ist

$$A_w = \Sigma\, a \cdot l. \qquad (70)$$

Beim Nachweis sind nur die Flächen derjenigen Schweißnähte anzusetzen, die aufgrund ihrer Lage vorzugsweise imstande sind, die vorhandenen Schnittgrößen in der Verbindung zu übertragen.

(822)   Rechnerische Schweißnahtlage

Für Kehlnähte ist die Schweißnahtfläche konzentriert in der Wurzellinie anzunehmen.

(823)   Unmittelbarer Stabanschluß

In unmittelbaren Laschen- und Stabanschlüssen darf als rechnerische Schweißnahtlänge *l* der einzelnen Flankenkehlnähte maximal 150 *a* angesetzt werden.

Wenn die rechnerische Schweißnahtlänge nach Tabelle 20 bestimmt wird, dürfen die Momente aus den Außermittigkeiten des Schweißnahtschwerpunktes zur Stabachse unberücksichtigt bleiben. Das gilt auch dann, wenn andere als Winkelprofile angeschlossen werden.

Anmerkung 1: Mindestnahtlänge siehe Element 820.

Anmerkung 2: Bei kontinuierlicher Krafteinleitung über die Schweißnaht ist eine obere Begrenzung nicht erforderlich.

(824)   Mittelbarer Anschluß

Bei zusammengesetzten Querschnitten ist auch die Schweißverbindung zwischen mittelbar und unmittelbar angeschlossenen Querschnittsteilen nachzuweisen.

Wenn Teile von Querschnitten im Anschlußbereich von Stäben zur Aufnahme von Schnittgrößen nicht erforderlich sind, brauchen deren Anschlüsse in der Regel nicht nachgewiesen zu werden.

Anmerkung: Ein Beispiel für eine Schweißverbindung zwischen dem unmittelbar (Flansch) und dem mittelbar angeschlossenen Querschnittteil (Steg) ist in Bild 28 dargestellt. Diese Schweißverbindung wird in diesem Fall mittelbarer Anschluß genannt. Als rechnerische Nahtlänge des mittelbaren Anschlusses gilt die Nahtlänge *l* vom Beginn des unmittelbaren Anschlusses bis zum Ende des mittelbaren Anschlusses.

8.4.1.2   Schweißnahtspannungen

(825)   Nachweis für Stumpf- und Kehlnähte

Für Schweißnähte nach Tabelle 19 ist mit Bedingung (71) nachzuweisen, daß der Vergleichswert $\sigma_{w,v}$ der vorhandenen Schweißnahtspannungen nach Bild 29 die Grenzschweißnahtspannung $\sigma_{w,R,d}$ nicht überschreitet.

$$\frac{\sigma_{w,v}}{\sigma_{w,R,d}} \leq 1 \qquad (71)$$

mit $\sigma_{w,v} = \sqrt{\sigma_\perp^2 + \tau_\perp^2 + \tau_\parallel^2}$ \qquad (72)

und $\sigma_{w,R,d}$ nach Abschnitt 8.4.1.3, Elemente 829 und 830. Die Schweißnahtspannung $\sigma_\parallel$ in Richtung der Schweißnaht braucht nicht berücksichtigt zu werden.

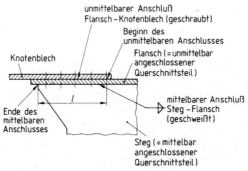

unmittelbarer Anschluß
Flansch – Knotenblech (geschraubt)

Beginn des
unmittelbaren Anschlusses

Knotenblech

Flansch (= unmittelbar
angeschlossener
Querschnittsteil)

l

mittelbarer Anschluß
Steg – Flansch
(geschweißt)

Ende des
mittelbaren
Anschlusses

Steg (= mittelbar
angeschlossener
Querschnittsteil)

Bild 28.   Mittelbarer Anschluß bei zusammengesetzten Querschnitten

Tabelle 19. **Rechnerische Schweißnahtdicken** a

	1		2	3
	Nahtart[1])		Bild	Rechnerische Nahtdicke a
1	Stumpfnaht			$a = t_1$
2	D(oppel)HV-Naht (K-Naht)			
3	Durch- oder gegenge- schweißte Nähte / HV-Naht	Kapplage gegenge- schweißt		$a = t_1$
4		Wurzel durchge- schweißt		
5	HY-Naht mit Kehl- naht[2])			
6	HY-Naht[2])			
7	Nicht durchge- schweißte Nähte	D(oppel)HY-Naht mit Doppelkehlnaht[2])		Die Nahtdicke a ist gleich dem Abstand vom theoretischen Wurzelpunkt zur Nahtoberfläche
8		D(oppel)HY-Naht[2])		
9		Doppel I-Naht ohne Nahtvorbe- reitung (Vollmech. Naht)		Nahtdicke a mit Verfahrens- prüfung festlegen Spalt b ist verfahrensabhängig UP-Schweißung: $b = 0$

Fußnoten siehe Seite 38

104

Tabelle 19. (Fortsetzung)

		1	2	3
		Nahtart[1]	Bild	Rechnerische Nahtdicke a
10		Kehlnaht	theoretischer Wurzelpunkt	Nahtdicke ist gleich der bis zum theoretischen Wurzelpunkt gemessenen Höhe des einschreibbaren gleichschenkligen Dreiecks
11		Doppelkehlnaht	theoretische Wurzelpunkte	
12	Kehlnähte	Kehlnaht	mit tiefem Einbrand	theoretischer Wurzelpunkt	$a = \bar{a} + e$ $\bar{a}$: entspricht Nahtdicke a nach Zeile 10 und 11 e: mit Verfahrensprüfung festlegen (siehe DIN 18800 Teil 7/05.83, Abschnitt 3.4.3.2 a)
13		Doppel-kehlnaht		theoretischer Wurzelpunkt	
14		Dreiblechnaht Steilflankennaht	$b \geq 6\,mm$	Kraft-über-tragung	Von A nach B	$a = t_2$ für $t_2 < t_3$
15					Von C nach A und B	$a = b$

[1] Ausführung nach DIN 18800 Teil 7/05.83, Abschnitt 3.4.3.

[2] Bei Nähten nach Zeilen 5 bis 8 mit einem Öffnungswinkel $< 45°$ ist das rechnerische a-Maß um 2 mm zu vermindern oder durch eine Verfahrensprüfung festzulegen. Ausgenommen hiervon sind Nähte, die in Position w (Wannenposition) und h (Horizontalposition) mit Schutzgasschweißung ausgeführt werden.

105

Tabelle 20. **Rechnerische Schweißnahtlängen Σl bei unmittelbaren Stabanschlüssen**

	1	2	3
	Nahtart	Bild	Rechnerische Nahtlänge Σl
1	Flankenkehlnähte		$\Sigma l = 2\, l_1$
2	Stirn- und Flankenkehlnähte		$\Sigma l = b + 2\, l_1$
3	Ringsumlaufende Kehlnaht — Schwerachse näher zur längeren Naht		$\Sigma l = l_1 + l_2 + 2\, b$
4	Ringsumlaufende Kehlnaht — Schwerachse näher zur kürzeren Naht		$\Sigma l = 2\, l_1 + 2\, b$
5	Kehlnaht oder HV-Naht bei geschlitztem Winkelprofil		$\Sigma l = 2\, l_1$

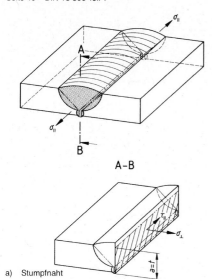

a) Stumpfnaht

Bild 29 a.   Schweißnahtspannungen in Stumpfnähten

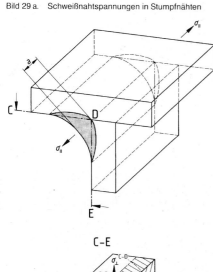

b) Kehlnaht

Bild 29 b.   Schweißnahtspannungen in Kehlnähten

(826)   Schweißnahtschubspannungen bei Biegeträgern

Die Schweißnahtschubspannung $\tau_{\parallel}$ in Längsnähten von Biegeträgern ist nach Gleichung (73) zu berechnen.

$$\tau_{\parallel} = \frac{V \cdot S}{I \cdot \Sigma a} \qquad (73)$$

Bei unterbrochenen Nähten nach Bild 30 ist sie mit dem Faktor $(e + l)/l$ zu erhöhen.

Bild 30.   Zur Berechnung von Schweißnahtschubspannungen $\tau_{\parallel}$ in unterbrochenen Längsnähten

Anmerkung: Regelungen für unterbrochene Nähte zur Verbindung gedrückter Bauteile enthalten DIN 18 800 Teil 2 und Teil 3.

(827)   Exzentrisch beanspruchte Nähte

Bei exzentrisch beanspruchten Nähten ist die Exzentrizität rechnerisch zu berücksichtigen, wenn die angeschlossenen Teile ungestützt sind.

(828)   Nichttragende Schweißnähte

Nähte, die — z.B. wegen erschwerter Zugänglichkeit — nicht einwandfrei ausgeführt werden können, dürfen bei der Berechnung nicht berücksichtigt werden.

8.4.1.3   Grenzschweißnahtspannungen

(829) $\sigma_{w,R,d}$ für alle Nähte

Die Grenzschweißnahtspannung $\sigma_{w,R,d}$ ist mit $f_{y,k}$ nach Tabelle 1, Zeile 1, 3 oder 5 und α_w nach Tabelle 21 mit Gleichung (74) zu ermitteln.

$$\sigma_{w,R,d} = \alpha_w \cdot f_{y,k} / \gamma_M \qquad (74)$$

Für Schweißnähte in Bauteilen mit Erzeugnisdicken über 40 mm gilt hier jeweils als charakteristischer Wert der Streckgrenze $f_{y,k}$ der Wert für Erzeugnisdicken bis 40 mm.

(830)   Stumpfstöße von Formstählen

Für Stumpfstöße von Formstählen aus St 37-2 und USt 37-2 mit einer Erzeugnisdicke $t > 16$ mm ist bei Zugbeanspruchung die Grenzschweißnahtspannung nach Gleichung (75) zu ermitteln.

$$\sigma_{w,R,d} = 0,55 \cdot f_{y,k} / \gamma_M \qquad (75)$$

8.4.1.4   Sonderregelungen für Tragsicherheitsnachweise nach den Verfahren Elastisch-Plastisch und Plastisch-Plastisch

(831)   Nicht erlaubte Schweißnähte

Werden die Schnittgrößen nach dem Nachweisverfahren Elastisch-Plastisch mit Umlagerung von Momenten nach Abschnitt 7.5.3, Element 754, oder dem Nachweisverfahren Plastisch-Plastisch ermittelt, so dürfen die Schweißnähte nach Tabelle 19, Zeilen 5, 6, 10, 12 und 15, in Bereichen von Fließgelenken nicht verwendet werden, wenn sie durch Spannungen $\sigma_\perp$ oder $\tau_\perp$ beansprucht werden. Dies gilt auch für Nähte nach Zeile 4, wenn diese Nähte nicht prüfbar sind, es sei denn, daß durch eine entsprechende Überhöhung (Kehlnaht) das mögliche Defizit ausgeglichen ist.

Tabelle 21. α_w-Werte für Grenzschweißnahtspannungen

	1	2	3	4	5
	Nähte nach Tabelle 19	Nahtgüte	Beanspruchungsart	St 37-2 USt 37-2, RSt 37-2	St 52-3 StE 355, WStE 355 TStE 355, EStE 355
1		alle Nahtgüten	Druck	1,0[1])	1,0[1])
2	Zeile 1 — 4	Nahtgüte nachgewiesen	Zug		
3		Nahtgüte nicht nachgewiesen		0,95	0,80
4	Zeile 5 — 15	alle Nahtgüten	Druck, Zug		
5	Zeile 1 — 15		Schub		

[1]) Diese Nähte brauchen im allgemeinen rechnerisch nicht nachgewiesen zu werden, da der Bauteilwiderstand maßgebend ist.

(832)   Schweißnähte mit Nachweis der Nahtgüte

Werden die Schnittgrößen nach dem Nachweisverfahren Elastisch-Plastisch mit Umlagerung von Momenten nach Abschnitt 7.5.3, Element 754, oder dem Nachweisverfahren Plastisch-Plastisch ermittelt, so darf bei Schweißnähten nach Tabelle 19, Zeilen 1 bis 4, der Tragsicherheitsnachweis nach Abschnitt 7.5.4, Element 759, entfallen, sofern bei Zugbeanspruchung die Nahtgüte nachgewiesen wird.

(833)   Anschluß oder Querstoß von Walzträgern mit I-Querschnitt und I-Trägern mit ähnlichen Abmessungen

Der Anschluß oder Querstoß eines Walzträgers mit I-Querschnitt oder eines I-Trägers mit ähnlichen Abmessungen darf ohne weiteren Tragsicherheitsnachweis nach Bild 31 und Tabelle 22 ausgeführt werden.

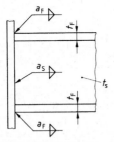

Bild 31.   Trägeranschluß oder -querstoß ohne weiteren Tragsicherheitsnachweis

Für die Stahlauswahl ist Abschnitt 4.1, Element 403, zu beachten.

Anmerkung 1: Diese Regelung gilt für alle Nachweisverfahren nach Tabelle 11.

Anmerkung 2: Walzträger sind hier warmgewalzte Träger mit I-Querschnitt nach den Normen der Reihe DIN 1025; I-Träger mit ähnlichen Abmessungen

sind geschweißte Träger, die in ihrer Form und in ihren Abmessungen nur unwesentlich von den Walzträgern nach den Normen der Reihe DIN 1025 abweichen.

Tabelle 22.   Nahtdicken beim Anschluß nach Bild 31

Werkstoff	Nahtdicken
St 37	$a_F \geq 0,5\ t_F$ $a_S \geq 0,5\ t_S$
St 52 StE 355	$a_F = 0,7\ t_F$ $a_S = 0,7\ t_S$

8.4.2   Andere Schweißverfahren

(834)   Widerstandsabbrennstumpfschweißen, Reibschweißen

Bei Anwendung des Widerstandsabbrennstumpfschweißens oder des Reibschweißens ist ein Gutachten einer anerkannten Stelle[2]) vorzulegen. Darin ist die Beanspruchbarkeit der Schweißverbindung anzugeben.

(835)   Bolzenschweißen

Für Kopf- und Gewindebolzen, die durch Stumpfschweißen mit Stahlbauteilen verbunden sind, gelten die Grenzspannungen nach den Gleichungen (76) und (77) sowohl für die Schweißnaht als auch für den Bolzen.

$$\sigma_{b,R,d} = f_{y,b,k} / \gamma_M \qquad (76)$$

$$\tau_{b,R,d} = 0,7\ f_{y,b,k} / \gamma_M \qquad (77)$$

mit $f_{y,b,k}$ nach Tabelle 4.

Die Bezugsfläche ist bei Kopfbolzen der Schaftquerschnitt und bei Gewindebolzen der Spannungsquerschnitt.

---

[2]) Anerkannte Stellen siehe z.B. Mitteilungen des Instituts für Bautechnik, 1987, Heft 1, Seite 19.

8.5 Zusammenwirken verschiedener Verbindungsmittel

(836) Werden verschiedene Verbindungsmittel in einem Anschluß oder Stoß verwendet, ist auf die Verträglichkeit der Formänderungen zu achten.

Gemeinsame Kraftübertragung darf angenommen werden bei

— Nieten und Paßschrauben oder

— GVP-Verbindungen und Schweißnähten oder

— Schweißnähten in einem oder in beiden Gurten und Niete oder Paßschrauben in allen übrigen Querschnittsteilen bei vorwiegender Beanspruchung durch Biegemomente M_y.

Die Grenzschnittgrößen ergeben sich in diesen Fällen durch Addition der Grenzschnittgrößen der einzelnen Verbindungsmittel.

SL- und SLV-Verbindungen dürfen nicht mit SLP-, SLVP-, GVP- und Schweißnahtverbindungen zur gemeinsamen Kraftübertragung herangezogen werden.

8.6 Druckübertragung durch Kontakt

(837) Druckkräfte normal zur Kontaktfuge dürfen vollständig durch Kontakt übertragen werden, wenn seitliches Ausweichen der Bauteile am Kontaktstoß ausgeschlossen ist.

Die Grenzdruckspannungen in der Kontaktfuge sind gleich denen des Werkstoffes der gestoßenen Bauteile.

Beim Nachweis der zu stoßenden Bauteile müssen Verformungen, Toleranzen und eventuelles Bilden einer klaffenden Fuge berücksichtigt werden.

Die ausreichende Sicherung der gegenseitigen Lage der Bauteile ist nachzuweisen. Dabei dürfen Reibungskräfte nicht berücksichtigt werden.

Anmerkung 1: Verformungen können hierbei Vorverformungen, elastische Verformungen und lokale plastische Verformungen sein.

Anmerkung 2: Toleranzen können einen Versatz in der Schwerlinie von Querschnittsteilen bewirken.

Anmerkung 3: Hinweise können der Literatur entnommen werden, z.B. [2] und [3].

9 Beanspruchbarkeit hochfester Zugglieder beim Nachweis der Tragsicherheit

9.1 Allgemeines

(901) Beanspruchbarkeiten von Zuggliedern, Verankerungen, Umlenklagern, Klemmen und Schellen sind durch Versuche zu ermitteln, wenn im folgenden keine anderen Regeln gegeben sind.

Die Prüfkörper müssen mit der Ausführung im Bauwerk übereinstimmen.

Anmerkung: Auch scheinbar geringe konstruktive Unterschiede können die Beanspruchbarkeit nachhaltig beeinflussen.

9.2 Hochfeste Zugglieder und ihre Verankerungen

9.2.1 Tragsicherheitsnachweise

(902) Es ist mit Bedingung (78) nachzuweisen, daß die vorhandene Zugkraft Z die Grenzzugkraft $Z_{R,d}$ nicht überschreitet.

$$\frac{Z}{Z_{R,d}} \leq 1 \qquad (78)$$

9.2.2 Beanspruchbarkeit von hochfesten Zuggliedern

(903) Grenzzugkraft

Die Grenzzugkraft hochfester Zugglieder ist mit Gleichung (79) zu ermitteln.

$$Z_{R,d} = \min \begin{cases} Z_{B,k}/(1,5\ \gamma_M) \\ Z_{D,k}/(1,0\ \gamma_M) \end{cases} \qquad (79)$$

mit

$Z_{B,k}$ Bruchkraft nach Element 904 oder 905

$Z_{D,k}$ Dehnkraft nach Element 906

Anmerkung: Bei hochfesten Zuggliedern wird im allgemeinen gegenüber der Bruchkraft $Z_{B,k}$ abgesichert. Bei Seilen kann aber auch der Nachweis gegen Fließen maßgebend werden.

(904) Durch Versuch bestimmte Bruchkraft

Wird die Bruchkraft von hochfesten Zuggliedern durch Versuche bestimmt (wirkliche Bruchkraft), ist eine ausreichende Zahl von Eignungs- oder Überwachungsversuchen zwischen den am Bau Beteiligten zu vereinbaren. Die Versuche sind von oder unter Aufsicht einer anerkannten Prüfstelle durchzuführen oder zu überwachen und zu bescheinigen. Die Probestücke müssen derjenigen Lieferung entnommen werden, die für das Bauwerk, für den Nachweis erbracht wird, bestimmt ist. Sie müssen mindestens an einem Ende mit der für das Bauwerk vorgesehenen Verankerung und Lagerung versehen sein.

Bei Eignungsversuchen ist als charakteristischer Wert der wirklichen Bruchkraft vers $Z_{B,k}$ die 5%-Fraktile der Versuchswerte zu verwenden.

Bei Überwachungsversuchen muß mindestens die durch Rechnung ermittelte Bruchkraft nach Element 905 erreicht werden.

Anmerkung: Der Versuchswert vers $Z_{B,k}$ wird in DIN 3051 Teil 3 wirkliche Bruchkraft genannt. Bei der Ermittlung der 5%-Fraktile dürfen Vorinformationen zwecks Reduzierung des Versuchsumfanges benutzt werden (vergleiche z.B. [9]).

(905) Durch Rechnung ermittelte Bruchkraft

Die Bruchkraft hochfester Zugglieder darf nach Gleichung (80) ermittelt werden, wenn

— die Ausführung des Zuggliedes mit seiner Endausbildung den einschlägigen DIN-Normen entspricht und die rechnerischen Bruchkräfte cal $Z_{B,k}$ daraus entnommen werden können oder

— Versuchsergebnisse für eine vergleichbare Ausführung mit etwa gleichen Abmessungen bereits vorliegen.

$$\text{cal } Z_{B,k} = A_m \cdot f_{u,k} \cdot k_S \cdot k_e \qquad (80)$$

mit

A_m metallischer Querschnitt

$f_{u,k}$ charakteristischer Wert der Zugfestigkeit der Drähte bzw. Spanndrähte oder Spannstäbe

k_S Verseilfaktor nach Tabelle 23

k_e Verlustfaktor nach Tabelle 24

Tabelle 23. **Verseilfaktoren** k_S

1	2	3	4
	Verseilfaktor k_S		
Art des hochfesten Zuggliedes nach Element (523)	Anzahl der um den Kerndraht angeordneten Drahtlagen		
	1	2	≥ 3
1 Offene Spiralseile	0,90	0,88	0,87
2 Vollverschlossene Spiralseile	—		0,95

3 Rundlitzenseile mit Stahleinlage

Höchstseil-durchmesser in mm	Anzahl der Außenlitzen	Drahtanzahl je Außenlitze	
7	6	6 bis 8	0,84
8	8	6 bis 8	0,78
17	6	15 bis 26	0,80
19	8	15 bis 26	0,75
23	6	27 bis 49	0,77
30	8	27 bis 49	0,73
25	6	50 bis 75	0,72
32	8	50 bis 75	0,70

4 Zugglieder aus Spannstählen	1,00

Tabelle 24. **Verlustfaktor** k_e

1	2	3
Art der Verankerung	nach Norm	Verlust faktor k_e
1 Metallischer Verguß	DIN 3092 Teil 1	1,00
2 Kunststoff oder Kugel-Epoxidharz-Verguß	—*)	1,00
3 Flämische Augen mit Stahlpreß-klemmen	DIN 3095 Teil 2	1,00
4 Preßklemme aus Aluminium-Knetlegierungen	DIN 3093 Teil 2	0,90
5 Drahtseilklemme	DIN 1142	0,85

Für hier nicht aufgeführte Verankerungen sind die Werte k_e durch Versuche zu ermitteln.

*) Siehe Abschnitt 4.3.2, Element 418.

Anmerkung 1: Einschlägige DIN-Normen sind z.B. die Normen der Reihe DIN 3051 und DIN 83313.

Anmerkung 2: Der metallische Querschnitt A_m ist die Summe der Querschnitte aller Drähte bzw. Spanndrähte oder Spannstäbe.

$$A_m = f \frac{d^2 \cdot \pi}{4} \qquad (81)$$

Hierin ist d der Nenndurchmesser des umschreibenden Kreises und der Füllfaktor f das Verhältnis des metallischen Querschnittes zum Flächeninhalt des umschreibenden Kreises, siehe Tabelle 10.

Anmerkung 3: Der charakteristische Wert der Zugfestigkeit der Drähte wird in den einschlägigen Seilnormen auch als Nennfestigkeit bezeichnet.

Anmerkung 4: Der Verseilfaktor k_S berücksichtigt den Einfluß des Verseilens auf die Bruchkraft ohne den Einfluß der Verankerung.

Anmerkung 5: Der Verlustfaktor k_e berücksichtigt den Einfluß der Verankerung auf die Bruchkraft.

(906) Dehnkraft von Seilen

Die Dehnkraft (0,2%-Dehngrenze) von Seilen ist durch Versuche unter Beachtung der Belastungsgeschichte und des eventuellen Vorreckens zu bestimmen. Als charakteristischer Wert vers $Z_{D,k}$ der Dehnkraft ist die 5%-Fraktile der Versuchswerte vers Z_D zu verwenden. Abschnitt 4.3.5, Element 426, ist zu beachten.

Anmerkung: Die Dehnkraft ist kein Maß für die Sicherheit des Seiles selbst. Die Forderung ausreichender Sicherheit gegen die 0,2%-Dehngrenze bedeutet lediglich, daß sich das Seil auch unter — kurzzeitig wirkend gedachter — γ_F-facher Belastung elastisch verhält und sich somit keine Lastumlagerung auf andere Bauteile ergibt. Bei vollverschlossenen Spiralseilen ist die Dehnkraft $\geq 0,66 \cdot$ Bruchkraft und deshalb für den Nachweis nicht maßgebend.

110

9.2.3   Beanspruchbarkeit von Verankerungsköpfen

(907)   Allgemeines

Die Beanspruchbarkeit von Verankerungsköpfen ist durch Versuch oder Berechnung zu bestimmen.

(908)   Berechnung der Grenzfließkraft

Bei der Berechnung der Grenzfließkraft sind Verankerungsköpfe als dickwandige Rohre mit Innendruck anzunehmen. Es ist mit den Bedingungen (82) und (83) nachzuweisen, daß die vorhandene Längsspannung σ_l und die vorhandene Ringzugspannung $\sigma_{r,i}$ die Grenzspannung $\sigma_{R,d}$ nach Gleichung (84) nicht überschreiten.

$$\frac{\sigma_l}{\sigma_{R,d}} \le 1 \tag{82}$$

$$\frac{\sigma_{r,i}}{\sigma_{R,d}} \le 1 \tag{83}$$

$$\sigma_{R,d} = f_{y,k}/\gamma_M \tag{84}$$

Vereinfachend darf für zylindrische Verankerungsköpfe, die auf der Austrittsfläche ringförmig und zentrisch gelagert sind, angenommen werden, daß

— die größte Längsspannung

$$\sigma_l = \frac{1,5\ Z}{A} \tag{85}$$

ist,

— die Ringzugkraft

$$P_r = \frac{Z}{2\ \pi\ \cdot\ \tan{(\varrho + \alpha)}} \tag{86}$$

ist und sich entsprechend Bild 32 über die Länge des Verankerungskopfes verteilt und

— die größte Ringzugspannung auf der Innenseite des Verankerungskopfes

$$\sigma_{r,i} = 1,5\ \frac{\max p_r}{(d_a - d_i)/2} \tag{87}$$

ist.

Hierin bedeuten:

Z vorhandene Zugkraft

A Aufstandfläche des Verankerungskopfes

α Neigungswinkel des Verankerungskonus (siehe Bild 10)

l Hülsenlänge (siehe Bild 10)

ϱ Wandreibungswinkel. Für Kugel-Epoxidharzverguß ist $\varrho = 22°$, und für Metallvergüsse mit Legierung Z 610 ist $\varrho = 17°$ zu setzen

d_a, d_i Außen- bzw. Innendurchmesser des Verankerungskopfes

$$\max p_r = 1,2\ \frac{P_r}{l} \quad \text{für Kugel-Epoxidharzverguß}$$

$$\max p_r = 1,5\ \frac{P_r}{l} \quad \text{für Metallverguß}$$

Anmerkung 1: Die angegebenen Gleichungen und die Zahlenwerte für den Wandreibungswinkel beruhen auf der Auswertung zahlreicher Zerreißversuche.

Anmerkung 2: Der Faktor 1,5 bei der Ermittlung der Längsspannung σ_l berücksichtigt das Einspannmoment infolge Innendruck.

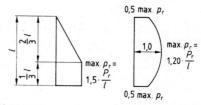

Metallverguß   Kugel-Epoxidharzverguß

Bild 32.   Verteilung der Ringzugkraft über die Länge des Verankerungskopfes

Anmerkung 3: Der Faktor 1,5 bei der Ermittlung der Ringzugspannung $\sigma_{r,i}$ berücksichtigt die ungleichförmige Spannungsverteilung über die Wanddicke.

9.3   Umlenklager, Klemmen und Schellen

9.3.1   Grenzquerpressung und Teilsicherheitsbeiwert

(909)   Nachweis

Es ist mit Bedingung (88) nachzuweisen, daß die vorhandene mittlere Querpressung q aus Klemmen- oder Schellendruck die Grenzquerpressung $q_{R,d}$ nicht überschreitet.

$$\frac{q}{q_{R,d}} \le 1 \tag{88}$$

mit

$$q = D/d' \tag{89}$$

D Klemmen- oder Schellendruck (Kraft je Längeneinheit)

d' Auflagerungsbreite nach Bild 11; $0,6\ d \le d' \le d$

d Seildurchmesser

Anmerkung: Bei der Berechnung der Querpressung braucht der Umlenkdruck nicht berücksichtigt zu werden, da dieser über die Begrenzung des Umlenkradius nach Abschnitt 5.3.3, Element 528, begrenzt ist.

(910)   Grenzquerpressung

Die Grenzquerpressung $q_{R,d}$ von vollverschlossenen Spiralseilen ist für

— Lagerung auf Stahl

$$q_{R,d} = \frac{40}{\gamma_M}\ \text{N/mm}^2, \tag{90}$$

— Lagerung auf Weichmetalleinlage oder Spritzverzinkung mit einer Dicke von mindestens 1 mm

$$q_{R,d} = \frac{100}{\gamma_M}\ \text{N/mm}^2, \tag{91}$$

— den Runddrahtkern

$$q_{R,d} = \frac{200}{\gamma_M}\ \text{N/mm}^2, \tag{92}$$

Für andere hochfeste Zugglieder ist die Grenzquerpressung durch Versuche zu bestimmen.

Anmerkung: Bei der angegebenen Grenzquerpressung ist die Bruchlast des Seils auf dem Umlenklager gegenüber der Bruchlast des freien Seiles ohne Querpressung um nicht mehr als 3 % abgemindert.

111

9.3.2 Gleiten

(911) Nachweis

Für das Gleiten von hochfesten Zuggliedern auf Sattellagern sowie von Klemmen und Schellen auf hochfesten Zuggliedern ist mit Bedingung (93) nachzuweisen, daß die vorhandene Gleitkraft G die Grenzgleitkraft $G_{R.d}$ nicht überschreitet.

$$\frac{G}{G_{R.d}} \leq 1 \qquad (93)$$

(912) Grenzgleitkraft von Seilen

Die Grenzgleitkraft $G_{R.d}$ von Seilen auf Sattellagern und von Klemmen und Schellen auf Seilen ist

$$G_{R.d} = \mu\,(U \cdot \alpha_u + K \cdot \alpha_k)/\gamma_M \qquad (94)$$

mit

U Summe der Umlenkkräfte

K Summe der Klemmkräfte

α_u Umlenkkraftbeiwert

α_k Klemmkraftbeiwert

μ Reibungszahl nach Abschnitt 4.3.5, Element 429

Der Abbau der Klemmkräfte durch elastische und plastische Seileinschnürung ist zu berücksichtigen. Die Dicke der Klemmen und Schellen im Scheitelbereich ist so zu begrenzen, daß dieser Abbau möglichst gering ist.

Bei der Berechnung der Grenzgleitkraft ist

γ_M = 1,65 für Gleiten auf Sattellagern

γ_M = 1,1 für Gleiten von Klemmen und Schellen

zu setzen.

Anmerkung: Die Beiwerte α_u und α_k berücksichtigen, daß durch die entsprechende Formgebung der Sattellager, Klemmen und Schellen die Umlenk- bzw. Klemmkräfte mehrfach aktiviert werden können.

(913) Grenzgleitkraft für andere hochfeste Zugglieder

Die Grenzgleitkraft für andere hochfeste Zugglieder ist durch Versuche zu bestimmen.

Anhang A

Dieser Anhang enthält Regelungen, die ihrem Sachinhalt entsprechend eigentlich anderen Normen zuzuordnen sind. Sie können, sobald sie dort enthalten und damit zitierfähig sind, hier entfallen.

Sonderregelung für die Stahlsorte St 52-3

A1 — Für Erzeugnisse aus Stahlsorte St 52-3 sind bei Einhaltung der Festlegungen in DIN 17100/01.80, Abschnitt 8.3.1, für die Elemente C, Si, Mn, P, S, Al, B, Cr, Cu, Mo, Ni, Nb, Ti und V die Gehalte der chemischen Zusammensetzung nach der Schmelzanalyse zu prüfen und bekanntzugeben (siehe Element 404). An Stelle der Angabe der tatsächlichen Gehalte der Elemente Nb, Ti und V genügen auch Prüfung und Bestätigung, daß in der Schmelzenanalyse folgende Höchstwerte eingehalten werden:

Nb: 0,02 %

Ti : 0,02 %

V : 0,03 %.

Stähle in den Grenzen der chemischen Zusammensetzung und in Übereinstimmung mit allen weiteren Festlegungen für die Stahlsorte St 52-3 nach DIN 17100 mit Höchstgehalten an Niob von 0,05 %, an Titan von 0,05 % und an Vanadin von 0,10 % dürfen verwendet werden, wenn der Kohlenstoffgehalt für Nenndicken bis 30 mm 0,18 % nicht überschreitet. Die Begrenzung des Kohlenstoffgehaltes gilt, wenn auch nur eines der genannten Elemente den unteren Grenzwert überschreitet.

Bei geschweißten Bauteilen müssen für Erzeugnisse aus der Stahlsorte St 52-3 im Abnahmeprüfzeugnis Angaben zu den oben aufgeführten Elementen enthalten sein.

Anmerkung: DIN 17100 wird überarbeitet und künftig diese Regelung für den St 52-3 ersetzen.

Bescheinigungen

A2 — Für Deckenträger, Pfetten und Unterzüge, die nach DIN 18801/06.83, Abschnitt 6.1.2.3 bemessen werden, ist ein Werkszeugnis ausreichend.

Anmerkung: Element A2 soll in DIN 18801 übernommen werden; erst wenn es dort enthalten ist, kann es hier entfallen.

Kennzeichnung der Erzeugnisse

A3 — Die zu verwendenden Stahlerzeugnisse müssen gegen Verwechslung gekennzeichnet sein. Vor der Trennung ist die Kennzeichnung auf die Einzelteile zu übertragen.

Anmerkung: Element A3 soll in DIN 18800 Teil 7 übernommen werden; erst wenn es dort enthalten ist, kann es hier entfallen.

Verankerung von hochfesten Zuggliedern

A4 — Bis zur Fertigstellung von DIN 3092 Teil 2 sind bei Kugel-Expoxidharz-Verguß Stahlkugeln mit einem Durchmesser von 1 bis 2 mm und einer mittleren HV1 = 3500 N/mm² sowie Epoxidharz mit einer Aushärttemperatur von ca 100° zu verwenden.

Anmerkung: Der Kugel-Epoxidharz-Verguß besteht aus

— harten Stahlkügelchen‚als Traggerüst,

— Epoxidharz als Bindemittel und

— Füllern, z. B. Zinkstaub.

Einwirkungen

A5 — Die kombinierten Einwirkungen Schnee und Wind

$$\left(s + \frac{w}{2}\right) \text{ und } \left(w + \frac{s}{2}\right)$$

im Sinn von DIN 1055 Teil 5/06.75, Abschnitt 5, gelten als **eine** veränderliche Einwirkung.

Anmerkung: Element A5 ist eine Behelfsregelung, da noch keine korrekten Kombinationsbeiwerte für diesen Lastfall vorhanden sind.

Ausführungen

A6 — Sollen Berührungsflächen von Stahlteilen untereinander sowie mit anderen Baustoffen ungeschützt bleiben, sind die Spalten gegen das Eindringen von Feuchtigkeit abzusichern.

Anmerkung: Element A6 soll in DIN 18800 Teil 7 übernommen werden; erst wenn es dort enthalten ist, kann es hier entfallen.

Nachweis der Nahtgüte

A7 — Der Nachweis der Nahtgüte gilt als erbracht, wenn bei der Durchstrahlungs- oder Ultraschalluntersuchung von mindestens 10 % der Nähte ein einwandfreier Befund festgestellt wird. Dabei ist die Arbeit aller beteiligter Schweißer gleichmäßig zu erfassen. Beim einwandfreien Befund muß die Freiheit von Rissen, Binde- und Wurzelfehlern und Einschlüssen, ausgenommen vereinzelte und unbedeutende Schlackeneinschlüsse und Poren, mit einer Dokumentation nachgewiesen sein.

Anmerkung: Element A7 soll in DIN 18800 Teil 7 übernommen werden; erst wenn es dort enthalten ist, kann es hier entfallen.

Fertigungsbeschichtungen

A8 — Beim Überschweißen von Fertigungsbeschichtungen ist die DASt-Richtlinie 006 — „Überschweißen von Fertigungsbeschichtungen (FB) im Stahlbau" zu beachten.

Anmerkung: Element A8 soll in DIN 18800 Teil 7 übernommen werden; erst wenn es dort enthalten ist, kann es hier entfallen.

Zitierte Normen und andere Unterlagen

DIN 124	Halbrundniete, Nenndurchmesser 10 bis 36 mm
DIN 267 Teil 9	Mechanische Verbindungselemente; Technische Lieferbedingungen; Teile mit galvanischen Überzügen
DIN 302	Senkniete, Nenndurchmesser 10 bis 36 mm
DIN 434	Scheiben, vierkant, keilförmig für U-Träger
DIN 435	Scheiben, vierkant, keilförmig für I-Träger
DIN 555	Sechskantmuttern; Gewinde M 5 bis M 100 × 6; Produktklasse C
DIN 779	Formstahldrähte für vollverschlossene Spiralseile; Maße und Technische Lieferbedingungen
DIN 1025 Teil 1	Formstahl; Warmgewalzte I-Träger; Schmale I-Träger, I-Reihe, Maße, Gewichte, zulässige Abweichungen, statische Werte
DIN 1025 Teil 2	Formstahl; Warmgewalzte I-Träger; Breite I-Träger, IPB- und IB-Reihe, Maße, Gewichte, zulässige Abweichungen, statische Werte
DIN 1025 Teil 3	Formstahl; Warmgewalzte I-Träger; Breite I-Träger, leichte Ausführung, IPBl-Reihe, Maße, Gewichte, zulässige Abweichungen, statische Werte
DIN 1025 Teil 4	Formstahl; Warmgewalzte I-Träger; Breite I-Träger, verstärkte Ausführung, IPBv-Reihe, Maße, Gewichte, zulässige Abweichungen, statische Werte
DIN 1025 Teil 5	Formstahl; Warmgewalzte I-Träger; Mittelbreite I-Träger, IPE-Reihe, Maße, Gewichte, zulässige Abweichungen, statische Werte
DIN 1045	Beton und Stahlbeton; Bemessung und Ausführung
DIN 1055 Teil 3	Lastannahmen für Bauten; Verkehrslasten
DIN 1055 Teil 5	Lastannahmen für Bauten; Verkehrslasten, Schneelast und Eislast
DIN 1142	Drahtseilklemmen für Seil-Endverbindungen bei sicherheitstechnischen Anforderungen
DIN 1164 Teil 2	Portland-, Eisenportland-, Hochofen- und Traßzement; Überwachung (Güteüberwachung)
DIN 1681	Stahlguß für allgemeine Verwendungszwecke; Technische Lieferbedingungen
DIN 1690 Teil 1	Technische Lieferbedingungen für Gußstücke aus metallischen Werkstoffen; Allgemeine Bedingungen
DIN 1690 Teil 2	Technische Lieferbedingungen für Gußstücke aus metallischen Werkstoffen; Stahlgußstücke; Einteilung nach Gütestufen aufgrund zerstörungsfreier Prüfungen
DIN 3051 Teil 1	Drahtseile aus Stahldrähten; Grundlagen; Übersicht
DIN 3051 Teil 2	Drahtseile aus Stahldrähten; Grundlagen; Seilarten, Begriffe
DIN 3051 Teil 3	Drahtseile aus Stahldrähten; Grundlagen; Berechnung, Faktoren
DIN 3051 Teil 4	Drahtseile aus Stahldrähten; Grundlagen; Technische Lieferbedingungen
DIN 3090	Kauschen; Formstahlkauschen für Drahtseile
DIN 3091	Kauschen; Vollkauschen für Drahtseile
DIN 3092 Teil 1	Drahtseil-Vergüsse in Seilhülsen; Metallische Vergüsse; Sicherheitstechnische Anforderungen und Prüfung
DIN 3093 Teil 1	Preßklemmen aus Aluminium-Knetlegierungen; Rohlinge aus Flachovalrohren mit gleichbleibender Wanddicke, Technische Lieferbedingungen
DIN 3093 Teil 2	Preßklemmen aus Aluminium-Knetlegierungen; Preßverbindungen; Sicherheitstechnische Anforderungen
DIN 3095 Teil 1	Flämische Augen mit Stahlpreßklemmen; Stahlpreßklemmen; Sicherheitstechnische Anforderungen, Prüfung
DIN 3095 Teil 2	Flämische Augen mit Stahlpreßklemmen; Formen, Sicherheitstechnische Anforderungen, Prüfung

DIN 4141 Teil 1	Lager im Bauwesen; Allgemeine Regelungen
DIN 6914	Sechskantschrauben mit großen Schlüsselweiten, HV-Schrauben in Stahlkonstruktionen
DIN 6915	Sechskantmuttern mit großen Schlüsselweiten, für Verbindungen mit HV-Schrauben in Stahlkonstruktionen
DIN 6916	Scheiben, rund, für HV-Schrauben in Stahlkonstruktionen
DIN 6917	Scheiben, vierkant, keilförmig, für HV-Schrauben an I-Profilen in Stahlkonstruktionen
DIN 6918	Scheiben, vierkant, keilförmig, für HV-Schrauben an U-Profilen in Stahlkonstruktionen
DIN 7968	Sechskant-Paßschrauben, ohne Mutter oder mit Sechskantmutter für Stahlkonstruktionen
DIN 7969	Senkschrauben mit Schlitz, ohne Mutter oder mit Sechskantmutter, für Stahlkonstruktionen
DIN 7989	Scheiben für Stahlkonstruktionen
DIN 7990	Sechskantschrauben mit Sechskantmuttern für Stahlkonstruktionen
DIN 7999	Sechskant-Paßschrauben, hochfest, mit großen Schlüsselweiten für Stahlkonstruktionen
DIN 17 100	Allgemeine Baustähle; Gütenorm
DIN 17 102	Schweißgeeignete Feinkornbaustähle, normalgeglüht; Technische Lieferbedingungen für Blech, Band, Breitflach-, Form- und Stabstahl
DIN 17 103	Schmiedestücke aus schweißgeeigneten Feinkornbaustählen; Technische Lieferbedingungen
DIN 17 111	Kohlenstoffarme unlegierte Stähle für Schrauben, Muttern und Niete; Technische Lieferbedingungen
DIN 17 119	Kaltgefertigte geschweißte quadratische und rechteckige Stahlrohre (Hohlprofile) für den Stahlbau; Technische Lieferbedingungen
DIN 17 120	Geschweißte kreisförmige Rohre aus allgemeinen Baustählen für den Stahlbau; Technische Lieferbedingungen
DIN 17 121	Nahtlose kreisförmige Rohre aus allgemeinen Baustählen für den Stahlbau; Technische Lieferbedingungen
DIN 17 123	Geschweißte kreisförmige Rohre aus Feinkornbaustählen für den Stahlbau; Technische Lieferbedingungen
DIN 17 124	Nahtlose kreisförmige Rohre aus Feinkornbaustählen für den Stahlbau; Technische Lieferbedingungen
DIN 17 125	Quadratische und rechteckige Rohre (Hohlprofile) aus Feinkornbaustählen für den Stahlbau; Technische Lieferbedingungen
DIN 17 140 Teil 1	Walzdraht zum Kaltziehen; Technische Lieferbedingungen für Grundstahl und unlegierte Qualitätsstähle
DIN 17 182	Stahlgußsorten mit verbesserter Schweißeignung und Zähigkeit für allgemeine Verwendungszwecke
DIN 17 200	Vergütungsstähle; Technische Lieferbedingungen
DIN 17 440	Nichtrostende Stähle, Technische Lieferbedingungen für Blech, Warmband, Walzdraht, gezogenen Draht, Stabstahl, Schmiedestücke und Halbzeug
DIN 18 800 Teil 2	Stahlbauten; Stabilitätsfälle, Knicken von Stäben und Stabwerken
DIN 18 800 Teil 3	Stahlbauten; Stabilitätsfälle, Plattenbeulen
DIN 18 800 Teil 4	Stahlbauten; Stabilitätsfälle, Schalenbeulen
DIN 18 800 Teil 6	(z.Z. Entwurf) Stahlbauten; Bemessung und Konstruktion bei häufig wiederholten Beanspruchungen
DIN 18 800 Teil 7	Stahlbauten; Herstellen, Eignungsnachweise zum Schweißen
DIN 18 801	Stahlhochbau; Bemessung, Konstruktion, Herstellung
DIN 32 500 Teil 1	Bolzen für Bolzenschweißen mit Hubzündung; Gewindebolzen
DIN 32 500 Teil 3	Bolzen für Bolzenschweißen mit Hubzündung; Betonanker und Kopfbolzen
DIN 50 049	Bescheinigungen über Materialprüfungen
DIN 55 928 Teil 1	Korrosionsschutz von Stahlbauten durch Beschichtungen und Überzüge; Allgemeines
DIN 55 928 Teil 2	Korrosionsschutz von Stahlbauten durch Beschichtungen und Überzüge; Korrosionsgerechte Gestaltung
DIN 55 928 Teil 3	Korrosionsschutz von Stahlbauten durch Beschichtungen und Überzüge; Planung der Korrosionsschutzarbeiten
DIN 55 928 Teil 4	Korrosionsschutz von Stahlbauten durch Beschichtungen und Überzüge; Vorbereitung und Prüfung der Oberflächen
DIN 55 928 Teil 5	Korrosionsschutz von Stahlbauten durch Beschichtungen und Überzüge; Beschichtungsstoffe und Schutzsysteme
DIN 55 928 Teil 6	Korrosionsschutz von Stahlbauten durch Beschichtungen und Überzüge; Ausführung und Überwachung der Korrosionsschutzarbeiten
DIN 55 928 Teil 7	Korrosionsschutz von Stahlbauten durch Beschichtungen und Überzüge; Technische Regeln für Kontrollflächen
DIN 55 928 Teil 8	Korrosionsschutz von Stahlbauten durch Beschichtungen und Überzüge; Korrosionsschutz von tragenden dünnwandigen Bauteilen (Stahlleichtbau)
DIN 55 928 Teil 9	Korrosionsschutz von Stahlbauten durch Beschichtungen und Überzüge; Bindemittel und Pigmente für Beschichtungsstoffe
DIN 83 313	Seilhülsen

DIN ISO 898 Teil 1   Mechanische Eigenschaften von Verbindungselementen; Schrauben, identisch mit ISO 898-1: 1988
DIN ISO 898 Teil 2   Mechanische Eigenschaften von Verbindungselementen; Muttern mit festgelegten Prüfkräften
DASt-Richtlinie 006   Überschweißen von Fertigungsbeschichtungen (FB) im Stahlbau[3]
DASt-Richtlinie 009   Empfehlungen zur Wahl der Stahlgütegruppen für geschweißte Stahlbauten[3]
DASt-Richtlinie 014   Empfehlungen zum Vermeiden von Terrassenbrüchen in geschweißten Konstruktionen aus Baustahl[3]
ISO 3898 : 1987   Bases for design of structures; Notations; General symbols (Berechnungsgrundlagen für Bauten; Begriffe, Allgemeine Symbole)
ISO Report TR 7596   Socketing procedures for wire ropes — Resin socketing
SEP 1390   Aufschweißbiegeversuch[4]
SEW 685   Kaltzäher Stahlguß; Gütevorschriften[4]
Mitteilungen des Instituts für Bautechnik, 1987, Heft 1[5]
Richtlinie für das Aufstellen und Prüfen EDV-unterstützter Standsicherheitsnachweise[6]

[1]   DIN: Grundlagen zur Festlegung von Sicherheitsanforderungen für bauliche Anlagen. Berlin, Köln: Beuth Verlag, 1981.
[2]   Scheer, J., Peil U. und Scheibe, H.-J.: Zur Übertragung von Kräften durch Kontakt im Stahlbau. Bauingenieur 62 (1987), S. 419—424.
[3]   Lindner, J. und Gietzelt, R.: Kontaktstöße in Druckstäben. Stahlbau 57 (1988), S. 39—50, S. 384.
[4]   Valtinat, G.: Schraubenverbindungen. Stahlbau Handbuch Band 1. Köln: Stahlbau-Verlag 1982, dort S. 402—425.
[5]   Fischer, M. und Wenk, P.: Zur Frage der Abhängigkeit der Kehlnahtdicke von der Blechdicke beim Verschweißen von Baustählen. Stahlbau 54 (1985), S. 239—242.
[6]   SIA 160 Einwirkungen auf Tragwerke. Zürich: Schweizerischer Ingenieur- und Architekten-Verein 1970.
[7]   Scheer, J. und Bahr, G.: Interaktionsdiagramme für die Querschnittstraglasten außermittig längsbelasteter, dünnwandiger Winkelprofile. Bauingenieur 56 (1981), S. 459—466.
[8]   Rubin, H.: Interaktionsbeziehungen . . . Stahlbau 47 (1978), S. 76—85, S. 145—151, S. 174—281.
[9]   Grundlagen zur Beurteilung von Baustoffen, Bauteilen und Bauarten im Prüf- und Zulassungsverfahren. Berlin: Institut für Bautechnik, 1986.

Frühere Ausgaben

DIN 18800 Teil 1: 03.81

Änderungen

Gegenüber der Ausgabe März 1981 wurden folgende Änderungen vorgenommen:
— Inhalt dem Stand der Technik angepaßt und unter Berücksichtigung der vom NABau herausgegebenen „Grundlagen zur Festlegung von Sicherheitsanforderungen an baulichen Anlagen" (GruSiBau) vollständig überarbeitet.

---

[3]   Zu beziehen bei: Deutscher Ausschuß für Stahlbau, Ebertplatz 1, 5000 Köln 1
[4]   Zu beziehen bei: Verlag Stahleisen mbH, Postfach 82 29, 4000 Düsseldorf 1
[5]   Zu beziehen bei: Verlag Ernst & Sohn, Hohenzollerndamm 170, 1000 Berlin 31
[6]   Zu beziehen bei: Bundesvereinigung der Prüfingenieure für Baustatik, Teckstraße 44, 7000 Stuttgart 1

Stahlbauten Bemessung und Konstruktion Änderung A1	$\overline{\text{DIN}}$ 18800-1/A1

ICS 91.080.10

Deskriptoren: Stahlbau — Tragwerk — Bemessung — Konstruktion

Änderung von
DIN 18800-1 : 1990-11

Steel structures — design and construction — Amendment A1
Constructions métalliques — calcul et construction — Amendement A1

Diese Änderung zu DIN 18800-1 : 1990-11 wurde vom NABau-Fachbereich 08 "Stahlbau, Verbundbau, Aluminiumbau — Deutscher Ausschuß für Stahlbau e.V." beschlossen. Mit ihr werden die im folgenden aufgeführten Änderungen vorgenommen. Der übrige Normtext bleibt unverändert.

Der erste Satz der Vorbemerkungen ist wie folgt zu ändern:

Für die Bemessung und Konstruktion von Stahlbrückenbauten (DIN 18809) sowie von Verbundbauten (DIN 18806-1 und "Richtlinien für Stahlverbundträger") gilt neben der vorliegenden Norm bis zum Erscheinen einer Europäischen Norm hierüber noch DIN 18800-1 : 1981-03.

Der Norm ist folgender Anhang B hinzuzufügen:

Anhang B (normativ)

Nachweis der Tragsicherheit in einfachen Fällen

Falls

— die Tragsicherheit nach dem Verfahren Elastisch-Elastisch (siehe 7.5.2) nachgewiesen wird und

— keine Nachweise nach DIN 18800-2 bis DIN 18800-4 geführt werden müssen und

— beim Nachweis nicht von Möglichkeiten der Elemente (749) oder (750) Gebrauch gemacht wird,

dürfen in den Nachweisgleichungen (33) bis (35) im Element (747) die Beanspruchbarkeiten (Grenzspannungen $\sigma_{R,d}$, $\tau_{R,d}$) um 10 % erhöht werden.

ANMERKUNG 1: Daß kein Nachweis nach DIN 18800-2 geführt werden muß, setzt u.a. voraus, daß die Abgrenzungskriterien nach Element (739) — kein Nachweis nach Theorie II. Ordnung erforderlich — und Element (740) — kein Nachweis der Biegedrillknicksicherheit erforderlich — erfüllt sind.

ANMERKUNG 2: Daß kein Nachweis nach DIN 18800-3 geführt werden muß, setzt u.a. voraus, daß die Grenzwerte für (b/t)-Verhältnisse nach den Tabellen 12 und 13 eingehalten sind.

ANMERKUNG 3: Daß kein Nachweis nach DIN 18800-4 geführt werden muß, setzt u.a. voraus, daß die Grenzwerte für (d/t)-Verhältnisse nach Tabelle 14 eingehalten sind.

Normenausschuß Bauwesen (NABau) im DIN Deutsches Institut für Normung e.V.

Stahlbauten

Herstellen, Eignungsnachweise zum Schweißen

DIN
18 800
Teil 7

Steel structures; construction, certification for welding

Structures en acier; construction, certification pour le soudage

Ersatz für DIN 1000/12.73 und
Beiblatt 1 und 2 zu
DIN 4100/12.68
Mit DIN 18 800 T 1/03.81 und
DIN 18 801
Ersatz für DIN 4100/12.68

Diese Norm wurde im Fachbereich „Stahlbau" des NABau ausgearbeitet. Sie ist den Obersten Bauaufsichtsbehörden vom Institut für Bautechnik, Berlin, zur bauaufsichtlichen Einführung empfohlen worden.

Inhalt

1 Anwendungsbereich

Diese Norm ist anzuwenden für das Herstellen tragender Bauteile aus Stahl mit

a) vorwiegend ruhender Beanspruchung und

b) nicht vorwiegend ruhender Beanspruchung.

Die Einstufung der Bauteile nach den Aufzählungen a) oder b) dieses Abschnittes ist in den bautechnischen Unterlagen nach entsprechenden Regelungen in den Fachnormen festzulegen.

2 Werkstoffe

Es gilt DIN 18 800 Teil 1.

3 Herstellen von Stahlbauten

Für Bauteile mit vorwiegend ruhender Beanspruchung gelten die nachfolgenden Bestimmungen ohne die zusätzlichen Anforderungen.

Bei Bauteilen mit nicht vorwiegend ruhender Beanspruchung werden mit Rücksicht auf die Betriebsfestigkeit zum Teil schärfere Anforderungen bezüglich der Güte des Herstellers gestellt. Diese sind jeweils am Schluß der einzelnen Abschnitte aufgeführt und durch einen seitlich angeordneten senkrechten Strich kenntlich gemacht.

3.1 Bautechnische Unterlagen

Mit dem Herstellen von Stahlbauten darf erst begonnen werden, wenn die bautechnischen Unterlagen (siehe DIN 18 800 Teil 1, Ausgabe März 1981, Abschnitt 1.2) nach denen Stahlbauteile zu fertigen sind soweit erforderlich in geprüfter Form vorliegen.

In den bautechnischen Unterlagen sind auch Verbindungen an tragenden Bauteilen zu berücksichtigen, die nur Montagezwecken dienen, auch wenn sie nach erfolgtem Zusammenbau wieder entfernt werden.

Werden beim Herstellen Änderungen gegenüber den bautechnischen Unterlagen nötig, so sind diese zu berichtigen.

3.2 Bearbeiten von Werkstoffen und Bauteilen

3.2.1 Der Werkstoff darf nur im kalten oder rotwarmen Zustand umgeformt werden, nicht aber im Blauwärmebereich. Abschrecken ist nicht gestattet.

3.3.2 Die Berührungsflächen von Stahlbauteilen sind so vorzubereiten, daß diese nach dem Zusammenbau auch im Hinblick auf den Korrosionsschutz aufeinander liegen. Grate und erhabene Walzzeichen sind abzuarbeiten.

3.2.3 Grobe Fehler an der Oberfläche, z. B. Kerben, sind durch geeignete Bearbeitungsverfahren, z. B. Hobeln, Fräsen, Schleifen oder Feilen, zu beseitigen.

Fortsetzung Seite 2 bis 9

Normenausschuß Bauwesen (NABau) im DIN Deutsches Institut für Normung e.V.
Normenausschuß Schweißtechnik (NAS) im DIN

Bei Fehlern im Werkstoff (z. B. Schlackeneinschlüsse, Blasen, Doppelungen) sind die erforderlichen Maßnahmen mit dem Statiker und Konstrukteur sowie bei Schweißarbeiten auch mit der Schweißaufsicht festzulegen, oder das fehlerhafte Teil ist zu ersetzen. Die durchgeführten Maßnahmen sind in den bautechnischen Unterlagen zu vermerken.

Zusätzliche Anforderungen
für nicht vorwiegend ruhend beanspruchte Bauteile:
Wird bei festgestellten Fehlerstellen im Werkstoff das betroffene Teil nicht ersetzt, so muß dazu und zu den zu treffenden Maßnahmen auch das Einverständnis der für die Bauaufsicht zuständigen Stelle eingeholt werden.

3.2.4 Trennschnitte sind fehlerfrei herzustellen, z. B. mit Sägeschnitten, und sind gegebenenfalls nachzuarbeiten. Anderenfalls ist der neben dem Schnitt befindliche Werkstoff, soweit er verletzt ist, durch geeignete Bearbeitungsverfahren (siehe Abschnitt 3.2.3) zu beseitigen.

Die durch autogenes Brennschneiden oder Plasma-Schmelzschneiden entstandenen Schnittflächen müssen mindestens der Güte II nach DIN 2310 Teil 3 oder der Güte I nach DIN 2310 Teil 4 entsprechen.

Bei gescherten Schnitten und gestanzten Ausklinkungen in zugbeanspruchten Bauteilen über 16 mm Dicke sind deren Schnittflächen abzuarbeiten.

Zusätzliche Anforderungen
für nicht vorwiegend ruhend beanspruchte Bauteile:
Die durch autogenes Brennschneiden entstandenen Schnittflächen müssen Güte I nach DIN 2310 Teil 3 aufweisen. Die Kanten sind zu brechen.

Bei gescherten Schnitten und gestanzten Ausklinkungen sind die neben dem Schnitt befindlichen verletzten und verfestigten Zonen in der Schnittfläche spanend, z. B. durch Hobeln, Fräsen, Schleifen oder Feilen, abzuarbeiten, es sei denn, daß durch das Schweißen diese Zonen aufgeschmolzen werden. Die Kanten der bearbeiteten Flächen sind zu entgraten.

3.2.5 Als Markierungen sind Schlagzahlen oder Körner zulässig, nicht jedoch Meißelkerben.

Zusätzliche Anforderungen
für nicht vorwiegend ruhend beanspruchte Bauteile:
Bauteilbereiche, in denen keine Schlagzahlen angebracht werden dürfen, sind in den bautechnischen Unterlagen entsprechend zu kennzeichnen.

3.2.6 Einspringende Ecken und Ausklinkungen sind auszurunden.

Zusätzliche Anforderungen
für nicht vorwiegend ruhend beanspruchte Bauteile:
Einspringende Ecken und Ausklinkungen sind mit mindestens 8 mm Halbmesser auszurunden.

3.2.7 Berührungsflächen von Kontaktstößen sollen so hergestellt werden, daß die Kraft planmäßig über den gesamten Querschnitt übertragen wird. Bei zusammen-

gesetzten Querschnitten genügt im allgemeinen das Herstellen gegen einen Anschlag.

Zusätzliche Anforderungen
für nicht vorwiegend ruhend beanspruchte Bauteile:
Bei zusammengesetzten Querschnitten sind die Kontaktflächen der Querschnittsteile einzeln oder insgesamt zu bearbeiten.

3.3 Schrauben- und Nietverbindungen

3.3.1 Allgemeines

3.3.1.1 Schrauben- und Nietlöcher dürfen nur gebohrt, gestanzt oder maschinell gebrannt (Güte nach Abschnitt 3.2.4) werden. In zugbeanspruchten Bauteilen über 16 mm Dicke ist das gestanzte Loch vor dem Zusammenbau im Durchmesser um mindestens 2 mm aufzureiben. Dieses ist in den Ausführungsunterlagen festzulegen. Zusammengehörige Löcher müssen aufeinanderpassen; bei Versatz der Löcher ist der Durchgang für Schrauben und Niete aufzubohren oder aufzureiben, jedoch nicht aufzudornen.

Zusätzliche Anforderungen
für nicht vorwiegend ruhend beanspruchte Bauteile:
Die Schrauben- und Nietlöcher müssen entgratet sein. Außenliegende Lochränder sind zu brechen.
Das Stanzen von Löchern ist nur zulässig, wenn die Löcher vor dem Zusammenbau im Durchmesser um mindestens 2 mm aufgerieben werden.

3.3.1.2 Die Einzelteile sollen möglichst zwangsfrei zusammengebaut werden.

3.3.1.3 Bei tragenden Schrauben darf das Gewinde nur soweit in das zu verbindende Bauteil hineinragen, daß die Ist-Länge des darin verbleibenden Schraubenschaftes mindestens das 0,4fache des Schraubendurchmessers beträgt.

Zusätzliche Anforderungen
für nicht vorwiegend ruhend beanspruchte Bauteile:
Das Schraubengewinde darf nicht in das zu verbindende Bauteil hineinragen, ausgenommen bei Schrauben nach DIN 6914 in gleitfesten Verbindungen.

3.3.1.4 Schraubenköpfe und Muttern müssen mit der zur Anlage bestimmten Fläche aufliegen. Bei schiefen Auflageflächen sind die Schraubenköpfe ebenso wie die Muttern mit keilförmigen Unterlegscheiben zu versehen.

Zusätzliche Anforderungen
für nicht vorwiegend ruhend beanspruchte Bauteile:
Die Muttern von Schraubenverbindungen sind gegen unbeabsichtigtes Lösen zu sichern, z. B. durch Federringe oder Vorspannen der Schrauben.

3.3.1.5 Bei Verwendung von Paßschrauben ist beim Herstellen der Schraubenlöcher ein Toleranzfeld von H 11 nach DIN 7154 Teil 1 einzuhalten.

3.3.2 Scher-/Lochleibungsverbindungen

3.3.2.1 Berührungsflächen sind durch Grundbeschichtungen mit Pigmenten nach DIN 55 928 Teil 5 zu schützen. Hierauf darf verzichtet werden, wenn die Berührungsflächen unbeschädigte Fertigungsbeschichtungen [1] aufweisen. Bei Nietverbindungen sind Bleimennige und Zinkchromatpigmente nicht zulässig. Die Oberflächen sind nach DIN 55 928 Teil 4 vorzubereiten.

---

[1] Siehe DASt-Ri 006 „Überschweißen von Fertigungsbeschichtungen (FB) im Stahlbau", Ausgabe Januar 1980. Zu beziehen bei der Stahlbau-Verlags GmbH, Ebertplatz 1, 5000 Köln 1.

**Zusätzliche Anforderungen
für nicht vorwiegend ruhend beanspruchte Bauteile:**

Als Zwischenbeschichtung für die Berührungsflächen in genieteten Verbindungen von Stäben und Knotenblechen bei Fachwerkträgern aus St 52, ausgenommen Verbände, sind ausschließlich gleitfeste Beschichtungen aus Alkalisilikat-Zinkstaubfarben nach den Technischen Lieferbedingungen (TL) 918300 Blatt 85 der DeutschenBundesbahn [2] zu verwenden. Etwaige bereits auf den Oberflächen vorhandene Fertigungsbeschichtungen [1] dürfen nicht belassen werden. Die Oberflächen sind nach DIN 55928 Teil 4 vorzubereiten.

3.3.2.2 Niete sind so einzuschlagen, daß die Nietlöcher ausgefüllt werden. Der Schließkopf ist voll auszuschlagen; dabei dürfen keine schädlichen Eindrücke im Werkstoff entstehen. Die geschlagenen Niete sind auf festen Sitz zu überprüfen.

Beim Auswechseln fehlerhafter Niete sind aufgeweitete Lochwandungen auf den nächstgrößeren Nietlochdurchmesser aufzureiben und Beschädigungen am Bauteil auszubessern (siehe Abschnitt 3.2.3). In keinem Fall ist es zulässig, Niete im kaltem Zustand nachzutreiben.

**3.3.3 Gleitfeste Verbindungen
mit hochfesten Schrauben**

3.3.3.1 Vorbereitung

Schrauben, Muttern und Unterlegscheiben sind vor ihrer Verwendung geschützt zu lagern.

Die Reibflächen in gleitfesten Verbindungen sind vor dem Zusammenbau durch Strahlen mit den zur Oberflächenvorbereitung von Stahlbauten üblichen Strahlmitteln (ausgenommen Drahtkorn) und Korngrößen oder durch zweimaliges Flammstrahlen (Norm-Reinheitsgrad Fl) nach DIN 55928 Teil 4 zu reinigen.

Soll die Reibfläche beschichtet werden, sind Alkalisilikat-Zinkstaubfarben nach der TL 918300 Blatt 85 der Deutschen Bundesbahn [2] zu verwenden. Hierfür ist mindestens der Norm-Reinheitsgrad Sa 2 1/2 erforderlich.

3.3.3.2 Vorspannen der Schrauben

Das Vorspannen kann durch Anziehen der Mutter, gegebenenfalls auch des Schraubenkopfes, nach dem Drehmoment-, Drehimpuls- oder Drehwinkel-Verfahren erfolgen. Hierfür sind Drehmomentenschlüssel, Schlagschrauber und ähnliche Anziehgeräte zu verwenden.

---

[1] Siehe Seite 2

[2] Zu beziehen beim Drucksachenlager der BD Hannover, Schwarzer Weg 8, 4950 Minden.

Tabelle 1. **Erforderliche Anziehmomente, Vorspannkräfte und Drehwinkel**

1	2	3	4	5	6
				Vorspannen der Schraube nach dem	
		a) Drehmoment-Verfahren		b) Drehimpuls-Verfahren	c) Drehwinkel-Verfahren
Schraube	erforderliche Vorspannkraft F_V	Aufzubringendes Anziehmoment M_V MoS$_2$ geschmiert [1]	leicht geölt	Aufzubringende Vorspannkraft F_V [2]	Aufzubringendes Voranziehmoment M_V [2]	
	kN	Nm	Nm	kN	Nm	
1	M 12	50	100	120	60	10	Drehwinkel φ und Umdrehungsmaß U siehe Tabelle 2
2	M 16	100	250	350	110	50	
3	M 20	160	450	600	175		
4	M 22	190	650	900	210	100	
5	M 24	220	800	1100	240		
6	M 27	290	1250	1650	320		
7	M 30	350	1650	2200	390	200	
8	M 36	510	2800	3800	560		

[1] Da die Werte M_V sehr stark vom Schmiermittel des Gewindes abhängen, ist die Einhaltung dieser Werte vom Schraubenhersteller zu bestätigen.

[2] Unabhängig von Schmierung des Gewindes und der Auflagerflächen von Muttern und Schraube.

Für das Aufbringen einer teilweisen Vorspannkraft $\geq 0,5 \cdot F_V$ genügen jeweils die halben Werte nach Tabelle 1, Spalten 3 bis 5 sowie handfester Sitz nach Spalte 6.

Tabelle 2.   Erforderlicher Drehwinkel φ und Umdrehungsmaße U

	1	2	3	4	5	6	7	8	9
	l_k mm	$l_k \leq 50$		$51 < l_k \leq 100$		$101 < l_k \leq 170$		$171 < l_k \leq 240$	
		φ	U	φ	U	φ	U	φ	U
1	M 12 bis M 22	180°	1/2	240°	2/3	270°	3/4	360°	1
2	M 24 bis M 36							270°	3/4

Für das Aufbringen einer teilweisen Vorspannkraft $\geq 0,5 \cdot F_V$ genügen jeweils die halben Werte nach Tabelle 2, Spalten 2 bis 9.

a) Beim Anziehen nach dem Drehmoment-Verfahren mit handbetriebenen Drehmomentenschlüsseln wird die erforderliche Vorspannkraft F_V durch ein meßbares Drehmoment erzeugt. Die aufzubringenden Werte M_V sind je nach Schmierung des Gewindes und der Auflagerflächen von Schraube und Mutter in Tabelle 1, Spalte 3 und 4 angegeben. Drehmomentenschlüssel müssen ein zuverlässiges Ablesen der erforderlichen Anziehmomente M_V ermöglichen oder bei einem mit genügender Genauigkeit einstellbaren Anziehmoment ausklinken. Die Fehlergrenze beim Einstellen oder Ablesen darf ± 0,1 M_V nicht überschreiten. Dies ist vor Verwendung und während des Einsatzes mindestens halbjährlich zu überprüfen.

b) Beim Anziehen nach dem Drehimpuls-Verfahren mit maschinellen Schlagschraubern wird die erforderliche Vorspannkraft F_V durch Drehimpulse erzeugt. Die vom Schlagschrauber aufzubringenden Werte F_V sind in Tabelle 1, Spalte 5, angegeben. Der Schlagschrauber ist an Hand von mindestens 3 der zum Einbau vorgeschriebenen Schrauben (Durchmesser, Klemmlängen) mit Hilfe geeigneter Meßvorrichtungen, z. B. Tensimeter, auf diese Vorspannkräfte einzustellen. Die im Kontrollgerät erreichten Werte sind in ein Kontrollbuch einzutragen.

Es dürfen nur typengeprüfte Schlagschrauber verwendet werden.

c) Das Vorspannen der Schrauben nach dem Drehwinkel-Verfahren erfolgt in 2 Schritten. Zuerst sind die Schrauben mit dem in Tabelle 1, Spalte 6, angegebenen Voranziehmoment M_V und anschließend durch Aufbringen eines Drehwinkels φ nach Tabelle 2, um den die Mutter und Schraube gegeneinander weiter anzuziehen sind, vorzuspannen. Der Drehwinkel φ bzw. das Umdrehungsmaß U ist abhängig vom Klemmlänge l_k, jedoch unabhängig vom Schraubendurchmesser sowie der Schmierung des Gewindes und der Auflagerflächen von Schraube und Mutter.

Bei Verbindungen mit feuerverzinkten, hochfesten Schrauben ist beim Anziehen der Mutter entweder die komplette Mutter oder das Gewinde der Schraube und die Unterlegscheibe, dort wo angezogen wird, grundsätzlich mit Molybdändisulfid (MoS_2), z. B. Molykote zu schmieren. Beim Anziehen des Schraubenkopfes ist bei Verwendung einer komplett geschmierten Mutter zusätzlich auch die Unterlegscheibe unter dem Schraubenkopf zu schmieren. Beim Vorspannen nach dem Drehmoment-Verfahren können dafür die Werte nach Tabelle 1, Spalte 3, unter Beachtung der Fußnote 1 dieser Tabelle

benutzt werden. Beim Vorspannen nach dem Drehimpuls- und Drehwinkel-Verfahren gelten unverändert die Werte nach Tabelle 1, Spalten 5 bzw. 6 und Tabelle 2, Spalten 2 bis 9.

3.3.3.3 Überprüfen der gleitfesten Verbindungen

Die Wirksamkeit der gleitfesten Verbindungen ist neben dem Reibbeiwert der Berührungsflächen der zu verbindenden Bauteile hauptsächlich von der Vorspannkraft der Schrauben abhängig. Die Überprüfung der Vorspannkraft erstreckt sich auf 5 % aller Schrauben in der Verbindung. Sie ist mit einem dem Anziehgerät entsprechenden Prüfgerät vorzunehmen, d. h. handangezogene Schrauben sind mit einem Handschlüssel, maschinell angezogene mit einem maschinellen Anziehgerät zu prüfen. Die Prüfung erfolgt ausschließlich durch Weiteranziehen.

a) Bei allen mit handbetriebenen Drehmomentenschlüsseln nach dem Drehmoment-Verfahren angezogenen und zu prüfenden Schrauben ist das Drehmoment 10 % höher als nach Tabelle 1, Spalte 3 bzw. 4 angegeben, einzustellen.

b) Bei allen mit auf F_V geeichten Schlagschraubern angezogenen Schrauben genügt zur Überprüfung das Wiederansetzen und Betätigen eines auf F_V nach Tabelle 1, Spalte 5, eingestellten Schlagschraubers.

c) Bei allen nach dem Drehwinkel-Verfahren angezogenen, zu prüfenden Schrauben ist je nach dem verwendeten Anziehgerät das Prüfverfahren nach Abschnitt 3.3.3.3, Aufzählung a) oder b) anzuwenden, d. h. die Prüfgeräte sind auf die Werte nach Tabelle 1, Spalten 3 bzw. 4 oder 5, einzustellen.

Tabelle 3 enthält Angaben darüber, wann die Vorspannkraft der Schraube als ausreichend nachgewiesen gilt, gegebenenfalls weitere Schrauben zusätzlich zu überprüfen oder auszuwechseln sind.

3.4 Schweißverbindungen

3.4.1 Allgemeines

Der ausführende Betrieb hat für das Schweißen einen Eignungsnachweis nach Abschnitt 6 zu erbringen.

Der notwendige Prüfumfang für die Schweißnähte muß aus den bautechnischen Unterlagen hervorgehen.

**Zusätzliche Anforderungen
für nicht vorwiegend ruhend beanspruchte Bauteile:**

Im allgemeinen dürfen nur die Lichtbogenschweißverfahren angewandt werden. Die Schweißarbeiten sind, soweit erforderlich, nach einem Schweißplan auszuführen.

Tabelle 3. Überprüfen der Vorspannung

	1		2
1		< 30°	Vorspannung ausreichend
2	Weiterdrehwinkel der Mutter (bzw. Schraube) bis zum Erreichen des nach Abschnitt 3.3.3.3, Aufzählungen a) bis c) eingestellten Prüfmomentes:	30 bis 60°	Vorspannung ausreichend, zusätzlich 2 weitere Schrauben im gleichen Stoß prüfen
3		> 60°	Schraube auswechseln, zusätzlich 2 weitere Schrauben im gleichen Stoß prüfen

3.4.2 Vorbereitung

3.4.2.1 Die zu verbindenden Teile sind so zu lagern und zu halten, daß beim Schweißen möglichst geringe Schrumpfspannungen entstehen und die Bauteile die planmäßige Form erhalten. Hierzu kann die Angabe einer bestimmten Schweißfolge erforderlich werden.

3.4.2.2 Von den Oberflächen im Schweißbereich und den Berührungsflächen sind Schmutz, Fette, Öle, Feuchtigkeit, Rost, Zunder zu entfernen sowie Beschichtungen [1]), soweit diese die Schweißnahtgüte ungünstig beeinflussen.

3.4.2.3 Die Schweißzusätze sind auf die zu schweißenden Grundwerkstoffe, auf etwa vorhandene Fertigungsbeschichtungen und bei Sortenwechsel der Grundwerkstoffe untereinander abzustimmen. Bei allen Schweißverfahren müssen außerdem die Schweißzusätze und die Schweißhilfsstoffe (z. B. Schweißpulver, Schutzgase) untereinander sowie auf das Schweißverfahren abgestimmt sein. Die Güte des Schweißgutes soll den Grundwerkstoffgüten weitgehend entsprechen.

Unter diesen Voraussetzungen ist der Nahtaufbau mit verschiedenen Schweißzusätzen statthaft, auch wenn hierbei die Schweißverfahren wechseln.

Schweißzusätze müssen DIN 1913 Teil 1, Schweißpulver DIN 8557 Teil 1 und DIN 32 522 und Schutzgase DIN 8559 Teil 1 und DIN 32 526 entsprechen und zugelassen sein [3]).

3.4.2.4 Form und Vorbereitung der Schweißfugen sind auf das Schweißverfahren abzustimmen (siehe z. B. DIN 8551 Teil 1 und Teil 4).

3.4.3 Schweißen

Beim Herstellen tragender Schweißnähte sind die Bedingungen nach den Abschnitten 3.4.3.1 bis 3.4.3.7 einzuhalten, sofern nicht je nach Art der Konstruktion davon abgewichen werden darf.

3.4.3.1 Stumpfnaht, D(oppel)-HV-Naht, HV-Naht (Nahtarten nach DIN 18 800 Teil 1, Ausgabe März 1981, Tabelle 6, Zeile 1 bis 4)

a) Einwandfreies Durchschweißen der Wurzeln
Damit eine einwandfreie Schweißverbindung sichergestellt ist, soll die Wurzellage in der Regel ausgearbeitet und gegengeschweißt werden. Beim Schweißen nur von einer Seite muß mit geeigneten Mitteln einwandfreies Durchschweißen erreicht sein.

b) Maßhaltigkeit der Nähte (siehe Abschnitt 3.4.3.3).

c) Kraterfreies Ausführen der Nahtenden bei Stumpfnähten mit Auslaufblechen oder anderen geeigneten Maßnahmen.

d) Flache Übergänge zwischen Naht und Blech ohne schädigende Einbrandkerben.

e) Freiheit von Rissen, Binde- und Wurzelfehlern sowie Einschlüssen.

Zusätzliche Anforderungen
für nicht vorwiegend ruhend beanspruchte Bauteile:

f) Die nach den technischen Unterlagen zu bearbeitenden Schweißnähte dürfen in der Naht und im angrenzenden Werkstoff eine Dickenunterschreitung bis 5 % aufweisen.

g) Freiheit von Kerben.

h) Die Wurzellage muß im allgemeinen ausgearbeitet und gegengeschweißt werden.

3.4.3.2 D(oppel)-HY-Naht, HY-Naht, Kehlnähte, Dreiblechnaht (Nahtarten nach DIN 18 800 Teil 1, Ausgabe März 1981, Tabelle 6, Zeile 5 bis 14); andere Nahtformen sind sinngemäß einzuarbeiten.

a) Genügender Einbrand
Bei Kehlnähten ist durch konstruktive oder fertigungstechnische Maßnahmen sicherzustellen, daß die notwendige Nahtdicke erreicht wird. Hierbei ist anzustreben, daß der theoretische Wurzelpunkt erfaßt wird.
Bei Schweißverfahren, für die ein über den theoretischen Wurzelpunkt hinausgehender Einbrand sichergestellt ist, z. B. teilmechanische oder vollmechanische UP- oder Schutzgasverfahren (CO_2, Mischgas) muß das Maß min e (siehe DIN 18 800 Teil 1, Ausgabe März 1981, Tabelle 6, Zeile 9 und 10) für jedes Schweißverfahren in einer Verfahrensprüfung bestimmt sein.

b) Maßhaltigkeit der Nähte (siehe Abschnitt 3.4.3.3).

c) Weitgehende Freiheit von Kerben und Kratern.

d) Freiheit von Rissen; Sichtprüfung ist im allgemeinen ausreichend.

---

[1]) Siehe Seite 2

[3]) Die amtliche Zulassungsstelle ist das Bundesbahn-Zentralamt Minden (Zulassungsverzeichnis DS 920/I zu beziehen beim Drucksachenlager der BD Hannover, Schwarzer Weg 8, 4950 Minden)

Zusätzliche Anforderungen
für nicht vorwiegend ruhend beanspruchte Bauteile:

e) Schweißnähte kerbfrei bearbeiten, wenn dies in den Ausführungsunterlagen angegeben ist.

f) Bei Nahtansätzen, z. B. bei Elektrodenwechsel, darf die zusätzliche Nahtüberhöhung 2 mm nicht überschreiten.

3.4.3.3 Bezüglich der Maßhaltigkeit von Schweißnähten sind folgende Werte zulässig:

a) Überschreitungen bis zu 25 % der Nahtdicke für alle Nahtarten.

b) Stellenweise Unterschreitung der Nahtdicke von 5 % bei Stumpfnähten sowie 10 % bei Kehlnähten, sofern die geforderte durchschnittliche Nahtdicke erreicht wird.

3.4.3.4 Beim Schweißen in mehreren Lagen ist die Oberfläche vorhergehender Lagen von Schlacken zu reinigen. Risse, Löcher und Bindefehler dürfen nicht überschweißt werden.

3.4.3.5 Der Lichtbogen darf nur an solchen Stellen gezündet werden, an denen anschließend Schweißlagen aufgebracht werden.

3.4.3.6 Bei zu geringem Wärmeeinbringen und zu schneller Wärmeableitung sowie bei niedrigen Werkstücktemperaturen ist in Abhängigkeit vom Werkstoff im Bereich der Schweißzonen ausreichend vorzuwärmen. Schutzvorrichtungen gegen Witterungseinflüsse, z. B. Wind, können erforderlich werden.

3.4.3.7 Während des Schweißens und Erkaltens der Schweißnaht (Blauwärme) sind Erschütterungen und Schwingungen der geschweißten Teile zu vermeiden.

3.4.4 Nachbearbeiten

Schweißnähte, die den Anforderungen nach Abschnitt 3.4.3.1 bis Abschnitt 3.4.3.2 nicht entsprechen, sind auszubessern. Dabei darf der Grundwerkstoff beiderseits der Naht durch Schweißgut ersetzt werden. Dieses gilt auch für das Ausbessern von Terrassenbrüchen (siehe DASt-Ri. 014)[4]. Hierbei ist Abschnitt 3.2.3 besonders zu beachten.

Werkstücke und Schweißnähte sind von Schlacken zu säubern.

Um in besonderen Fällen innere Spannungen und beim Schweißen aufgetretene Aufhärtungen in Naht und Übergangszonen abzubauen, kann eine Behandlung nach dem Schweißen, z. B. Spannungsarmglühen oder Entspannen durch örtliche Wärme, zweckmäßig sein. Art und Umfang dieser zusätzlichen Behandlung ist im Einzelfall festzulegen und in den bautechnischen Unterlagen zu vermerken.

Zusätzliche Anforderungen
für nicht vorwiegend ruhend beanspruchte Bauteile:

Von Werkstücken und Schweißnähten sind Schweißspritzer, Schweißtropfen und Schweißperlen zu entfernen.

4   Zusammenbau

4.1 Die Abschnitte 4.2 bis 4.6 gelten für den Zusammenbau von Stahlbauteilen sowohl in der Werkstatt als auch auf der Baustelle.

4.2 Stahlbauteile dürfen beim Lagern, Ein- und Ausladen, Transport und Aufstellen nicht überbeansprucht werden. Sie sind an den Anschlagstellen vor Beschädigungen zu schützen.

4.3 Werden an tragenden Bauteilen für den Transport oder für die Montage oder aus sonstigen Gründen Veränderungen erforderlich, die nicht in bautechnischen Unterlagen vorgesehen sind, z. B. Anschweißen von Hilfslaschen, Bohren von Anschlaglöchern, so dürfen diese nur unter sinngemäßer Beachtung des Abschnittes 3.2.3 ausgeführt werden.

Montagelöcher dürfen nicht durch Schweißgut geschlossen werden.

4.4 Mit dem endgültigen Nieten, Schrauben und Schweißen der Stahlbauteile darf erst begonnen werden, wenn deren planmäßige Form, gegebenenfalls unter Berücksichtigung noch eintretender Verformungen, hergestellt ist. Insbesondere ist beim Freisetzen der mögliche Einfluß von Verformungen des Haupttragwerkes auf andere Bauteile, z. B. Verbände, Anschlüsse, zu berücksichtigen.

4.5 Für den Einbau beweglicher Auflagerteile gelten DIN 4141 Teil 1 bis Teil 3 (z. Z. Entwürfe) oder die „Besonderen Bestimmungen" in den Zulassungsbescheiden für Lager.

4.6 Beim Aufstellen des Stahltragwerkes ist auf Stabilität und Tragfähigkeit besonders zu achten, weil im Bauzustand andere Verhältnisse vorliegen können als im Endzustand.

5   Abnahme

5.1 Zulässige Werte für Maßabweichungen, welche die Gebrauchsfähigkeit der Bauteile beeinflussen können, sind rechtzeitig vor dem Aufstellen der bautechnischen Unterlagen mit dem Besteller festzulegen.

5.2 Für die Abnahmen müssen Schrauben, Niete und Schweißnähte zugänglich sein. Für Verbindungen, die bei der Endabnahme nicht mehr zugänglich sind, ist eine Zwischenabnahme vorzusehen. Schweißnähte dürfen vor der Abnahme keine oder nur eine durchsichtige Beschichtung erhalten.

6   Eignungsnachweise zum Schweißen

6.1 Allgemeines

Das Herstellen geschweißter Bauteile aus Stahl erfordert in außergewöhnlichem Maße Sachkenntnisse und Erfahrungen der damit betrauten Personen sowie eine besondere Ausstattung der Betriebe mit geeigneten Einrichtungen.

Betriebe, die Schweißarbeiten in der Werkstatt oder auf der Baustelle — auch zur Instandsetzung — ausführen, müssen ihre Eignung nachgewiesen haben. Der Nachweis gilt als erbracht, wenn auf der Grundlage von DIN 8563 Teil 1 und Teil 2 je nach Anwendungsbereich der

— Große Eignungsnachweis nach Abschnitt 6.2 oder der
— Kleine Eignungsnachweis nach Abschnitt 6.3

geführt wurde.

[4] Zu beziehen bei der Stahlbau-Verlags GmbH, Ebertplatz 1, 5000 Köln 1

Geschweißte Bauteile, die von Betrieben ohne diese Eignungsnachweise hergestellt werden, gelten als nicht normgerecht ausgeführt.

6.2 Großer Eignungsnachweis

6.2.1 Anwendungsbereiche

Der große Eignungsnachweis ist von Betrieben zu erbringen, die geschweißte Stahlbauten mit „vorwiegend ruhender Beanspruchung" herstellen wollen.

Für Stahlbauten mit nicht vorwiegend ruhender Beanspruchung, z. B. Brücken, Krane, wird der Große Eignungsnachweis entsprechend den zusätzlichen Anforderungen erweitert.

In besonderen Fällen kann der Große Eignungsnachweis eingeschränkt oder erweitert erbracht werden, z. B. für das Überschweißen von Fertigungsbeschichtungen [1].

Dies gilt auch für das Verarbeiten von Werkstoffen, die nicht in DIN 18 800 Teil 1, Ausgabe März 1981, Abschnitt 2.1.1 aufgeführt sind, z. B. nichtrostende Stähle, hochfeste Feinkornbaustähle, sowie für den Einsatz vollmechanischer oder automatischer Schweißverfahren; in solchen Fällen können Verfahrensprüfungen notwendig werden.

6.2.2 Anforderungen an den Betrieb

6.2.2.1 Betriebliche Einrichtungen

Es gilt DIN 8563 Teil 2.

6.2.2.2 Schweißtechnisches Personal

— Schweißaufsicht

Der Betrieb muß für die Schweißaufsicht zumindest einen dem Betrieb ständig angehörenden, auf dem Gebiet des Stahlbaus erfahrenen Schweißfachingenieur haben. Seine Ausbildung und Prüfung muß mindestens den Richtlinien des Deutschen Verbandes für Schweißtechnik (DVS) entsprechen. Er hat in Übereinstimmung mit den in DIN 8563 Teil 2 genannten Aufgaben auch die Prüfung der Schweißer nach DIN 8560 durchzuführen oder bei einer in DIN 8560 genannten Prüfstelle zu veranlassen.

Bei der laufenden Beaufsichtigung der Schweißarbeiten darf sich der Schweißfachingenieur durch betriebszugehörige, schweißtechnisch besonders ausgebildete und als geeignet befundene Personen unterstützen lassen; er ist für die richtige Auswahl dieser Personen verantwortlich.

Zur uneingeschränkten Vertretung des Schweißfachingenieurs ist nur ein dafür bestätigter Schweißfachingenieur befugt.

— Schweißer

Mit Schweißarbeiten dürfen nur Schweißer beschäftigt werden, die für die erforderliche Prüfgruppe nach DIN 8560 und für das jeweilig angewendete Schweißverfahren eine gültige Prüfbescheinigung haben.

Das Bedienungspersonal vollmechanischer Schweißeinrichtungen muß an diesen Einrichtungen ausgebildet und in Anlehnung an DIN 8560 überprüft sein.

6.2.3 Nachweis der Eignung

Im Rahmen einer Betriebsprüfung durch die anerkannte Stelle [5] hat der Betrieb den Nachweis zu erbringen, daß er über die erforderlichen betrieblichen Einrichtungen und das erforderliche schweißtechnische Personal verfügt.

Bei der Betriebsprüfung hat die Schweißaufsicht nachzuweisen, daß sie in der Lage ist, ihren Aufgaben gerecht zu werden, und daß sie Schweißer nach DIN 8560 überprüfen kann.

6.2.4 Bescheinigung

Nachdem die Eignungsnachweis geführt wurde, stellt die anerkannte Stelle dem Betrieb eine Bescheinigung über den Großen Eignungsnachweis aus.

Die Bescheinigung gilt höchstens 3 Jahre. Nach einer erfolgreichen Verlängerungsprüfung kann die Bescheinigung jeweils auf weitere 3 Jahre ausgestellt werden.

Die Eignungsbescheinigung wird ungültig, wenn die Voraussetzungen, unter denen sie ausgestellt wurde, nicht mehr erfüllt sind.

Beabsichtigt ein Betrieb während der Geltungsdauer den Anwendungsbereich oder die Schweißverfahren zu ändern oder ergibt sich ein Wechsel in der Schweißaufsicht, so hat der Betrieb dies der anerkannten Stelle mitzuteilen.

6.3 Kleiner Eignungsnachweis

6.3.1 Anwendungsbereich

Der Kleine Eignungsnachweis ist von Betrieben zu erbringen, die geschweißte Stahlbauten mit „vorwiegend ruhender Beanspruchung" in dem nachfolgend genannten Umfang herstellen wollen.

6.3.1.1 Bauteile aus St 37

— Vollwand- und Fachwerkträger bis 16 m Stützweite,
— Maste und Stützen bis 16 m Länge,
— Silos bis 8 mm Wanddicke,
— Gärfutterbehälter nach DIN 11 622 Teil 4,
— Treppen über 5 m Länge in Lauflinie gemessen,
— Geländer mit Horizontallast in Holmhöhe $\geq 0,5$ kN/m
— andere Bauteile vergleichbarer Art und Größenordnung.

Dabei gelten folgende Begrenzungen:
— Verkehrslast ≤ 5 kN/m^2
— Einzeldicke im tragenden Querschnitt

im allgemeinen	≤ 16 mm
bei Kopf- und Fußplatten	≤ 30 mm

6.3.1.2 Erweiterungen des Anwendungsbereiches des Kleinen Eignungsnachweises

Der Anwendungsbereich kann, sofern geeignete betriebliche Einrichtungen und entsprechend qualifiziertes schweißtechnisches Personal vorhanden sind, erweitert werden auf

a) Bauteile aus Hohlprofilen nach DIN 18 808 (z. Z. Entwurf),

b) Bolzenschweißverbindungen bis 16 mm Bolzendurchmesser nach DIN 8536 Teil 10 (z. Z. Entwurf)

c) Bauteile nach Abschnitt 6.3.1.1 aus St 52 ohne Beanspruchung auf Zug und Biegezug mit folgender Begrenzung:

— Kopf- und Fußplatten ≤ 25 mm,

— keine Stumpfstöße in Formstählen.

---

[1] Siehe Seite 2
[5] Das Verzeichnis der anerkannten Stellen ist dem Mitteilungsblatt des Instituts für Bautechnik zu entnehmen. Zu beziehen beim IfBt, Reichpietschufer 72—76, 1000 Berlin 30.

6.3.1.3 Bei Betrieben, die mindestens 3 Jahre lang geschweißte Bauteile mit Erfolg und in ausreichendem Umfang ausgeführt haben, darf die anerkannte Stelle für den Kleinen Eignungsnachweis in technischer Abstimmung mit der zuständigen anerkannten Stelle für den Großen Eignungsnachweis den Anwendungsnachweis auf eine über Abschnitt 6.3.1.1 und Abschnitt 6.3.1.2 hinausgehende Serienfertigung (mit eindeutiger Festlegung von Tragwerksform, Stahlsorten, Art der Schweißverbindungen und Fertigungsprogramm) erweitern. Dafür ist in einer Zusatzprüfung mit hierfür typischen Prüfstücken die dafür notwendige Beherrschung der Bauweise und des Schweißens nachzuweisen.

6.3.2 Anforderungen an den Betrieb

6.3.2.1 Betriebliche Einrichtungen
Es gilt DIN 8563 Teil 2.

6.3.2.2 Schweißtechnisches Personal

— Schweißaufsicht
Der Betrieb muß für die Schweißaufsicht zumindest einen dem Betrieb ständig angehörenden, auf dem Gebiet des Stahlbaus erfahrenen Schweißfachmann oder Schweißtechniker haben. Deren Ausbildung und Prüfung muß mindestens den Richtlinien des Deutschen Verbandes für Schweißtechnik (DVS) entsprechen.

Die Schweißaufsicht muß in dem in der Fertigung vorwiegend eingesetzten Schweißverfahren praktisch ausgebildet sein und einmal eine entsprechende Prüfung nach DIN 8560 abgelegt haben.

Die Schweißaufsicht muß den in DIN 8563 Teil 2 gestellten Anforderungen gerecht werden und die Fähigkeit besitzen, alle ihrer Stellung entsprechenden Aufgaben zu erfüllen. Sie ist für die Güte der Schweißarbeiten in der Werkstatt und auf der Baustelle verantwortlich.

Die Schweißaufsicht darf bei Schweißerprüfungen nach DIN 8560 das Schweißen der Prüfstücke überwachen und den fachkundigen Teil der Prüfung durchführen. Die Bewertung der Prüfstücke und Proben ist jedoch bei einer der in DIN 8560 genannten Prüfstellen zu veranlassen.

Bei der laufenden Beaufsichtigung der Schweißarbeiten darf sich die Schweißaufsicht durch betriebszugehörige schweißtechnisch besonders ausgebildete und als geeignet befundene Personen unterstützen lassen; sie ist für die richtige Auswahl dieser Personen verantwortlich.

Zur uneingeschränkten Vertretung der Schweißaufsicht ist nur eine dafür bestätigte Schweißaufsichtsperson befugt.

— Schweißer
Mit Schweißarbeiten dürfen nur Schweißer beschäftigt werden, die für die erforderliche Prüfgruppe nach DIN 8560 und für das jeweilig angewendete Schweißverfahren eine gültige Prüfbescheinigung haben.

Das Bedienungspersonal vollmechanischer Schweißeinrichtungen muß an diesen Einrichtungen ausgebildet und in Anlehnung an DIN 8560 überprüft sein.

6.3.3 Nachweis der Eignung

Im Rahmen einer Betriebsprüfung durch die anerkannte Stelle [5]) hat der Betrieb den Nachweis zu erbringen, daß er über die erforderlichen betrieblichen Einrichtungen und das erforderliche schweißtechnische Personal verfügt.

Bei der Betriebsprüfung hat die Schweißaufsicht nachzuweisen, daß sie in der Lage ist, ihren Aufgaben gerecht zu werden. Dabei sind unter der Anleitung der Schweißaufsicht auch Prüfstücke in Anlehnung an DIN 8560 zu schweißen. Die Schweißaufsicht muß dabei ausreichend Kenntnisse im Beurteilen und Vermeiden von Schweißfehlern nachweisen.

6.3.4 Bescheinigung

Nachdem der Eignungsnachweis geführt wurde, stellt die anerkannte Stelle dem Betrieb eine Bescheinigung über den Kleinen Eignungsnachweis aus.

Die Bescheinigung gilt höchstens 3 Jahre. Nach einer erfolgreichen Verlängerungsprüfung kann die Bescheinigung jeweils auf weitere 3 Jahre ausgestellt werden.

Die Eignungsbescheinigung wird ungültig, wenn die Voraussetzungen, unter denen sie ausgestellt wurde, nicht mehr erfüllt sind.

Beabsichtigt ein Betrieb während der Geltungsdauer den Anwendungsbereich oder die Schweißverfahren zu ändern oder ergibt sich ein Wechsel in der Schweißaufsicht, so hat der Betrieb dies der anerkannten Stelle mitzuteilen.

---

[5]) Siehe Seite 7

Zitierte Normen und andere Unterlagen

DIN	1913 Teil 1	Stabelektroden für das Verbindungsschweißen von Stahl, unlegiert und niedriglegiert; Einteilung, Bezeichnung, technische Lieferbedingungen
DIN	2310 Teil 3	Thermisches Schneiden; Autogenes Brennschneiden, Verfahrensgrundlagen, Güte, Maßabweichungen
DIN	2310 Teil 4	Thermisches Schneiden; Plasma-Schmelzschneiden, Verfahrensgrundlagen, Begriffe, Güte, Maßabweichungen
DIN	4141 Teil 1	(z. Z. Entwurf) Lager im Bauwesen; Allgemeine Richtlinien für Lager
DIN	4141 Teil 2	(z. Z. Entwurf) Lager im Bauwesen; Richtlinien für die Lagerung von Brücken und vergleichbaren Bauwerken
DIN	4141 Teil 3	(z. Z. Entwurf) Lager im Bauwesen; Richtlinien für die Lagerung im Hoch- und Industriebau
DIN	6914	Sechskantschrauben mit großen Schlüsselweiten, für HV-Verbindungen in Stahlkonstruktionen
DIN	7154 Teil 1	ISO-Passungen für Einheitsbohrung; Toleranzfelder, Abmaße in µm
DIN	8551 Teil 1	Schweißnahtvorbereitung; Fugenformen an Stahl, Gasschweißen, Lichtbogenhandschweißen und Schutzgasschweißen
DIN	8551 Teil 4	Schweißnahtvorbereitung; Fugenformen an Stahl, Unter-Pulver-Schweißen
DIN	8557 Teil 1	Schweißzusätze für das Unterpulverschweißen; Verbindungsschweißen von unlegierten und legierten Stählen; Bezeichnungen, technische Lieferbedingungen
DIN	8559 Teil 1	Schweißzusatz für das Schutzgasschweißen; Drahtelektroden und Schweißdrähte für das Metall-Schutzgasschweißen von unlegierten und niedriglegierten Stählen
DIN	8560	Prüfung von Stahlschweißern
DIN	8563 Teil 1	Sicherung der Güte von Schweißarbeiten; Allgemeine Grundsätze
DIN	8563 Teil 2	Sicherung der Güte von Schweißarbeiten; Anforderungen an den Betrieb
DIN	8563 Teil 10	(z. Z. Entwurf) Sicherung der Güte von Schweißarbeiten; Bolzenschweißverbindungen an Stahl, Bolzenschweißen mit Hub- und Ringzündung
DIN 11 622 Teil 4		Gärfutterbehälter; Bemessung, Ausführung, Beschaffenheit; Gärfutterbehälter aus Stahl
DIN 18 800 Teil 1		Stahlbauten; Bemessung und Konstruktion
DIN 18 808		(z. Z. Entwurf) Stahlbauten; Tragwerke aus Hohlprofilen unter vorwiegend ruhender Beanspruchung
DIN 32 522		Schweißpulver zum Unterpulverschweißen; Bezeichnung, Technische Lieferbedingungen
DIN 32 526		Schutzgase zum Schweißen
DIN 55 928 Teil 4		Korrosionsschutz von Stahlbauten durch Beschichtungen und Überzüge; Vorbereitung und Prüfung der Oberflächen
DIN 55 928 Teil 5		Korrosionsschutz von Stahlbauten durch Beschichtungen und Überzüge; Beschichtungsstoffe und Schutzsysteme
DASt-Ri. 006		Überschweißen von Fertigungsbeschichtungen (FB) im Stahlbau [4]
DASt-Ri. 014		Empfehlungen zur Vermeidung von Terrassenbrüchen in geschweißten Konstruktionen aus Baustahl [4]

Technische Lieferbedingungen (TL) für Anstrichstoffe Nr. 918 300 der Deutschen Bundesbahn, Blatt 85 [2]

Frühere Ausgaben

DIN 1000: 03.21; 10.23; 07.30; 03.56x, 12.73
DIN 4100: 05.31, 07.33, 08.34xxxx, 12.56, 12.68
Beiblatt 1 zu DIN 4100: 12.56x, 12.68
Beiblatt 2 zu DIN 4100: 12.56x, 12.68

Änderungen

Gegenüber DIN 1000/12.73, DIN 4100/12.68, Beiblatt 1 zu DIN 4100/12.68 und Beiblatt 2 zu DIN 4100/12.68 wurden folgende Änderungen vorgenommen:

Im Rahmen der Neuordnung der Normen von Stahlbauten, Inhalt von DIN 1000 neu gegliedert, dem Stand der Technik angepaßt und zum Teil mit überarbeiteten Regelungen aus DIN 4100 zusammengefaßt. Inhalt von DIN 4100 Beiblatt 1 und Beiblatt 2 überarbeitet und dem Stand der Technik angepaßt und als Norm vereinbart.

Internationale Patentklassifikation

E 04 B 1/08

---

[2] Siehe Seite 3
[4] Siehe Seite 6

DK 624.92.014.2 : 624.07.042 : 693.814

Stahlhochbau

Bemessung, Konstruktion, Herstellung

DIN
18 801

Steel construction in buildings; dimensioning, design, construction

Construction de bâtiment à ossature métallique; dimensionnement, calcul, construction

Mit DIN 18 800 T 1/03.81
Ersatz für DIN 1050/06.68
Mit DIN 18 800 T 1/03.81 und
DIN 18 800 T 7/05.83
Ersatz für DIN 4100/12.68

Diese Norm wurde im Fachbereich „Stahlbau" des NABau ausgearbeitet. Sie ist den Obersten Bauaufsichtsbehörden vom Institut für Bautechnik, Berlin, zur bauaufsichtlichen Einführung empfohlen worden.

Inhalt

1 Anwendungsbereich

Diese Norm gilt für die Bemessung, Konstruktion und Herstellung tragender Bauteile aus Stahl von Hochbauten mit vorwiegend ruhender Beanspruchung mit Materialdicken $\geq 1,5$ mm. Bauteile mit geringerer Materialdicke, z. B. Trapezprofile, können zusätzliche Regelungen erfordern.

Für Bauten in deutschen Erdbebengebieten gilt außerdem DIN 4149 Teil 1.

2 Allgemeines

Diese Fachnorm gilt nur in Verbindung mit den Grundnormen DIN 18 800 Teil 1, Ausgabe März 1981 (alle entsprechenden Verweise beziehen sich auf diese Ausgabe) und DIN 18 800 Teil 7.

Es sind hier nur davon abweichende oder zusätzlich zu beachtende Regelungen aufgeführt.

3 Grundsätze für die Berechnung

3.1 Mitwirkende Plattenbreite (voll mitwirkende Gurtflächen)

(zu DIN 18 800 Teil 1, Abschnitt 3.5)

Bei Trägern mit breiten Gurten, die vorwiegend durch Biegemomente mit Querkraft beansprucht werden, braucht beim allgemeinen Spannungsnachweis die geometrisch vorhandene Gurtfläche nicht reduziert zu werden, es sei denn,

Fortsetzung Seite 2 bis 8

Normenausschuß Bauwesen (NABau) im DIN Deutsches Institut für Normung e.V.

auftretende Spannungsspitzen können durch Plastizierung nicht abgebaut werden (z. B. bei Stabilitätsproblemen). Bei großen Einzellasten kann die verminderte Mitwirkung sehr breiter Gurte bei der Aufnahme der Biegemomente die Formänderungen nennenswert vergrößern, so daß dieser Einfluß gegebenenfalls berücksichtigt werden muß.

4 Lastannahmen

(zu DIN 18 800 Teil 1, Abschnitt 4)

4.1 Allgemeines

Der Berechnung sind die Lastannahmen aus DIN 1055 Teil 1 bis Teil 6 zugrunde zu legen. Soweit dort ausreichende Angaben fehlen, sind entsprechende Festlegungen durch die Beteiligten zu treffen.

4.2 Einteilung der Lasten

Die auf ein Tragwerk wirkenden Lasten werden eingeteilt in Hauptlasten (H), Zusatzlasten (Z) und Sonderlasten (S).

Hauptlasten sind alle planmäßigen äußeren Lasten und Einwirkungen, die nicht nur kurzzeitig auftreten, z. B.:

- ständige Last,
- planmäßige Verkehrslast,
- Schneelast,
- sonstige Massenkräfte,
- Einwirkungen aus wahrscheinlichen Baugrundbewegungen.

Zusatzlasten sind alle übrigen bei der planmäßigen Nutzung auftretenden Lasten und Einwirkungen, z. B.:

- Windlast,
- Lasten aus Bremsen und Seitenstoß (z. B. von Kranen),
- andere kurzzeitig auftretende Massenkräfte,
- Wärmewirkungen.

Sonderlasten sind nichtplanmäßige, mögliche Lasten und Einwirkungen, z. B.:

- Anprall,
- Einwirkungen aus möglichen Baugrundbewegungen.

4.3 Lastfälle (Lastkombinationen)

Für die Berechnung sind die Lasten wie folgt zu kombinieren:

Lastfall H	alle Hauptlasten[1])	
Lastfall HZ	alle Haupt- und Zusatzlasten	jeweils in der Kombination,
Lastfall HS	alle Hauptlasten mit nur einer Sonderlast (und gegebenenfalls weiteren Zusatz- und Sonderlasten)	welche die ungünstigsten Schnittkräfte liefert.

Wird ein Bauteil, abgesehen von seiner Eigenlast, nur durch Zusatzlasten beansprucht, so gilt die mit der größten Wirkung als Hauptlast.

Bauzeitabhängig dürfen in überschaubaren Fällen Windlasten, Schneelasten und Sonderlasten reduziert werden.

5 Erforderliche Nachweise

5.1 Allgemeiner Spannungsnachweis

(zu DIN 18 800 Teil 1, Abschnitt 5.2)

Beim allgemeinen Spannungsnachweis dürfen Eigenspannungen aus der Herstellung sowie Spannungsspitzen an Kerben, z. B. Löchern, unberücksichtigt bleiben.

5.2 Formänderungsuntersuchung

(zu DIN 18 800 Teil 1, Abschnitt 5.5)

Formänderungen müssen unter Umständen bei der Schnittkraftermittlung für den Standsicherheitsnachweis berücksichtigt werden.

Eine Beschränkung von Formänderungen hinsichtlich der Gebrauchsfähigkeit kann z. B. zur Vermeidung von Wassersäcken auf Dächern, zur Vermeidung von Rissen in massiven Bauteilen oder zur Sicherung des Betriebes von Maschinen erforderlich werden.

6 Bemessungsannahmen für Bauteile

6.1 Walzstahl, Stahlguß, Gußeisen; Besondere Bemessungsregeln

(zu DIN 18 800 Teil 1, Abschnitt 6.1)

6.1.1 Zugstäbe

6.1.1.1 Gering beanspruchte Zugstäbe

Stäbe, die bei der angenommenen Größe und Verteilung der Lasten keine Kräfte oder nur geringe Zugkräfte erhalten, aber bei kleinen ungewollten Änderungen in Größe und/oder Anordnung der Lasten Druckkräfte übertragen müssen, sind auch für eine angemessene Druckkraft zu bemessen, wobei die Bedingung Schlankheitsgrad $\lambda \leq 250$ einzuhalten ist.

6.1.1.2 Planmäßig ausmittig beanspruchte Zugstäbe

Bei planmäßig ausmittig beanspruchten Zugstäben ist im allgemeinen außer der Längskraft auch das Biegemoment infolge der Ausmittigkeiten zu berücksichtigen. Dieses Biegemoment darf vernachlässigt werden bei Ausmittigkeiten, die entstehen, wenn

a) Schwerachsen von Gurten gemittelt werden,

b) die Anschlußebene eines Verbandes nicht in der Ebene der gemittelten Gurtschwerachsen liegt,

c) die Schwerachsen der einzelnen Stäbe von Verbänden nicht erheblich aus der Anschlußebene herausfallen.

6.1.1.3 Zugstäbe mit einem Winkelquerschnitt

Wenn die Zugkraft durch unmittelbaren Anschluß eines Winkelschenkels eingeleitet wird, darf die Biegespannung aus Ausmittigkeit unberücksichtigt bleiben.

- wenn bei Anschlüssen mit mindestens 2 in Kraftrichtung hintereinander liegenden Schrauben oder mit Flankenkehlnähten, die mindestens so lang wie die Gurtschenkelbreite sind, die aus der gedachten Längskraft stammende Zugspannung $0.8 \, zul \, \sigma$ nicht überschreitet oder

- wenn bei einem Anschluß mit einer Schraube die Bemessung nach DIN 18 800 Teil 1, Abschnitt 6.1.2, letzter Absatz durchgeführt wird.

6.1.2 Auf Biegung beanspruchte vollwandige Tragwerksteile

6.1.2.1 Stützweite

Bei Lagerung unmittelbar auf Mauerwerk oder Beton darf als Stützweite die um 1/20, mindestens aber um 12 cm, vergrößerte Lichtweite angenommen werden.

6.1.2.2 Auflagerkräfte von Durchlaufträgern

Die Auflagerkräfte dürfen für die Stützweitenverhältnisse $\min l \geq 0.8 \max l$ – mit Ausnahme des Zweifeldträgers – wie für Träger auf zwei Stützen berechnet werden.

---

[1]) Zum Lastfall H gehört auch die Kombination von Schneelast und Windlast nach DIN 1055 Teil 4, Ausgabe Mai 1977, Abschnitt 5 bzw. DIN 1055 Teil 5, Ausgabe Juni 1975, Abschnitt 5.

6.1.2.3 Deckenträger, Pfetten, Unterzüge
Träger, deren Querschnitte zur Lastebene symmetrisch sind, dürfen nach DASt-Richtlinie 008 bemessen werden. Die Beschränkung der Mindestdicken für die in den Erläuterungen zur DASt-Richtlinie 008, Ausgabe März 1973, Tabelle 3, aufgeführten Walzprofile der Stahlsorte St 37 entfällt. Von den Walzprofilen der Stahlsorte St 52 werden folgende ausgeschlossen:

HE 180 A bis HE 340 A und HE 1000 A
(IPBl 180 bis IPBl 340 und IPBl 1000).

Durchlaufträger dürfen vereinfacht für die Biegemomente

$M_E = ql^2/11$ in den Endfeldern,
$M_I = ql^2/16$ in den Innenfeldern und
$M_S = -ql^2/16$ an den Innenstützen

bemessen werden, wenn folgende Bedingungen eingehalten sind:

– Der Träger hat doppelt-symmetrischen Querschnitt.
– Stöße weisen volle Querschnittsdeckung auf.
– Die Belastung besteht aus feldweise konstanten, gleichgerichteten Gleichstreckenlasten q, deren Belastung weniger als Null beträgt.
– Bei unterschiedlichen Feldlängen l darf die kleinste nicht kleiner als 0,8 der größten Feldlänge sein.
– Die Einschränkungen der DASt-Richtlinie 008, Ausgabe März 1973, Abschnitt 7.1 – Örtliches Ausbeulen – (Walzprofile ausgenommen) und Abschnitt 7.2 – Kippen sind zu beachten.

Für M_E und M_I sind q und l der jeweiligen Felder anzusetzen, für M_S jedoch stets q und l des angrenzenden Feldes, das den größeren Wert liefert.

Mit diesen Biegemomenten und dem elastischen Widerstandsmoment des Querschnittes ist nachzuweisen, daß die Spannungen nach DIN 18 800 Teil 1, Tabelle 7, Zeile 2, eingehalten sind.

6.1.3 Fachwerkträger
Die Stabkräfte von Fachwerkträgern dürfen unter Annahme reibungsfreier Gelenke in den Knotenpunkten berechnet werden.

Biegespannungen aus Lasten, die zwischen den Fachwerkknoten angreifen, sind zu erfassen. Dagegen brauchen Biegespannungen aus Wind auf die Stabflächen, und bei Zugstäben das Eigengewicht der Stäbe, im allgemeinen für den Einzelstab nicht berücksichtigt zu werden.

6.1.4 Aussteifende Verbände, Rahmen und Scheiben
Aussteifende Verbände und Rahmen sind so zu bemessen, daß sie die auf das Tragwerk wirkenden Lasten (z. B. Wind) ableiten und das Bauwerk sowie seine Teile gegen Ausweichen (Instabilitäten) sichern. Dabei sind Herstellungsungenauigkeiten (Imperfektionen), wie z. B. Stützenschiefstellungen, in angemessener Weise zu berücksichtigen. Falls die Verformungen einen nicht vernachlässigbaren Einfluß auf die Schnittgrößen haben, ist der Nachweis nach Theorie II. Ordnung zu führen. Hierbei sind alle Lasten, die auf die Bauwerksteile wirken, die durch den untersuchten Verband oder den untersuchten Rahmen ausgesteift werden, zu berücksichtigen. Bei der Untersuchung sind gegebenenfalls Nachgiebigkeiten in Anschlüssen und Stößen, z. B. bei Schraubenverbindungen mit Lochspiel größer 1 mm, zu berücksichtigen.

Scheiben aus Trapezprofilen, Riffelblechen, Beton, Stahlbeton, Stahlsteindecken, Mauerwerk[2]) können Aufgaben wie Verbände übernehmen.

Holzpfetten dürfen zur Aussteifung von Binderobergurten herangezogen werden.

6.2 Seile, Nachweise
6.2.1 Alle Seilarten
(zu DIN 18 800 Teil 1, Abschnitt 6.2.3.1)
Im Lastfall HS muß die Sicherheit gegenüber der wirklichen Bruchkraft bei Seilen einschließlich Endausbildung $v_{HS} \geq 1,5$ betragen.

6.2.2 Vollverschlossene Spiralseile
(zu DIN 18 800 Teil 1, Abschnitt 6.2.3.2)
Im Lastfall HS muß die Sicherheit gegen Gleiten bei der Berechnung von Kabelschellen, Umlenklagern oder ähnlichen Bauteilen aus Stahl

– in Schellen $v_{HS} \geq 1,0$ und
– in Umlenklagern $v_{HS} \geq 1,5$ betragen.

Im Lastfall HS müssen folgende Sicherheiten eingehalten werden, wenn für Umlenklager, Schellen, Seilköpfe und Verankerungen Werkstoffe verwendet werden, für die sich aus Abschnitt 8 keine zulässigen Spannungen ermitteln lassen:

– gegen Bruch $v_{HS} \geq 1,5$
– gegen die 0,2%-Dehngrenze $v_{HS} \geq 1,0$.

7 Bemessungsannahmen für Verbindungen der Bauteile

7.1 Grundsätzliche Regeln für Anschlüsse und Stöße

7.1.1 Kontaktstöße
(zu DIN 18 800 Teil 1, Abschnitt 7.1.8)
Die Übertragung von Druckkräften durch Kontakt ist zulässig. Beim Nachweis sind gegebenenfalls – abhängig von der Ausführung – die lokalen Zusatzverformungen zu berücksichtigen. Die Lagesicherung ist sicherzustellen.

Im Sonderfall durchgehender Stützen von Geschoßbauten mit einem Schlankheitsgrad $\lambda \leq 100$, die nur planmäßig mittig auf Druck beansprucht werden und deren Stöße in den äußeren Viertelteilen der Geschoßhöhen angeordnet sind, dürfen die Deckungsteile und Verbindungsmittel der Stöße für die halbe Stützenlast berechnet werden, wenn die Stoßflächen rechtwinklig zur Stützenachse angeordnet sind, sofern kein genauerer Nachweis geführt wird. (Siehe hierzu auch DIN 18 800 Teil 7, Ausgabe Mai 1983, Abschnitt 3.2.7).

An Kopf und Fuß von nur planmäßig mittig auf Druck beanspruchten Stützen brauchen bei rechtwinkliger Bearbeitung der Endquerschnitte und bei Anordnung ausreichend dicker Auflagerplatten die Verbindungsmittel der Anschlußteile nur für 10 % der Stützenlast bemessen zu werden.

7.1.2 Schwerachsen der Verbindungen
(zu DIN 18 800 Teil 1, Abschnitt 7.1.2)
Fallen bei Anschlüssen von Winkelstählen die Schwerlinien des Schweißnahtanschlusses oder die Rißlinien bei Schrauben- und Nietanschlüssen nicht mit der Schwerachse des anzuschließenden Stabes zusammen, dürfen die daraus entstehenden Exzentrizitäten beim Nachweis der Verbindungen unberücksichtigt bleiben.

7.1.3 Lochleibungsdruck
Für den Lochleibungsdruck in Bauteilen aus St 37 dürfen in zweischnittigen Verbindungen mit rohen Schrauben mit Lochspiel $\Delta d \leq 1$ mm abweichend von DIN 18 800 Teil 1,

---

2) Siehe „Die Bautechnik" 5/79, Seite 158 bis 163. Davies: „Stählerne Rahmen, die durch Mauerwerk ausgesteift sind".

Tabelle 7, Zeile 4, folgende erhöhte Spannungen (zul σ_l) zugelassen werden:

- 300 N/mm² im Lastfall H
- 340 N/mm² im Lastfall HZ

7.2 Schweißverbindungen
(zu DIN 18 800 Teil 1, Abschnitt 7.3.1.3)

7.2.1 Stirnkehlnähte

Für die zulässigen Spannungen in symmetrischen Kehlnähten mit Beanspruchung senkrecht zur Nahtrichtung entsprechend Bild 1 an Bauteilen aus St 37 dürfen die Werte nach DIN 18 800 Teil 1, Tabelle 11, Zeilen 1 und 2 angesetzt werden.

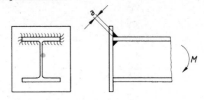

a) Beanspruchung durch Biegemoment

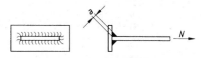

b) Beanspruchung durch Normalkraft

Bild 1. Symmetrischer Kehlnahtanschluß bei Beanspruchung senkrecht zur Nahtrichtung

7.2.2 Nicht zu berechnende Nähte

Nicht berechnet zu werden brauchen:

a) Stumpfnähte in Stößen von Stegblechen,

b) Halsnähte in Biegeträgern, die als
   - D(oppel)-HV-Naht (K-Naht)
   - HV-Naht
   - D(oppel)-HY-Naht (K-Stegnaht) oder
   - HY-Naht

   ausgeführt sind,

   siehe DIN 18 800 Teil 1 Tabelle 6, Zeilen 2 bis 6)

c) Nähte nach Tabelle 1
   - wenn sie auf Druck beansprucht werden,
   - wenn sie auf Zug beansprucht werden und ihre Nahtgüte nachgewiesen ist.

7.2.3 Nicht tragend anzunehmende Schweißnähte

Nähte, die wegen erschwerter Zugänglichkeit nicht einwandfrei ausgeführt werden können, sind in der Berechnung als nicht tragend anzunehmen. Dies kann z. B. gegeben sein bei Kehlnähten mit einem Kehlwinkel kleiner als 60°, sofern keine besonderen Maßnahmen getroffen werden.

7.2.4 Stumpfstöße in Form- und Stabstählen

Müssen Stumpfstöße in Formstählen ausnahmsweise ausgeführt werden, so sind in den Schweißnähten bei Beanspruchung durch Zug oder Biegezug

- bei den Stählen St 37-2 und USt 37-2 mit Materialdicken $\geq$ 16 mm die halben Werte der zulässigen Spannungen nach DIN 18 800 Teil 1, Tabelle 11, Zeile 2,
- bei anderen Stählen und Dicken die zulässigen Spannungen nach DIN 18 800 Teil 1, Tabelle 11, Zeile 5 einzuhalten.

7.2.5 Punktschweißung

Punktschweißung ist zulässig für Kraft- und Heftverbindungen, wenn nicht mehr als drei Teile durch einen Schweißpunkt verbunden werden.

Bei Punktschweißung sind in der Berechnung zur Vereinfachung – wie bei der Nietung – die Scher- und Lochleibungsspannungen nachzuweisen. Hierzu ist der Durchmesser d der Schweißpunkte vom Hersteller durch Vorversuche festzulegen.

In der Berechnung ist

$$d \leq 5\sqrt{t}$$

d und t in mm

einzusetzen, wobei t die kleinste Dicke der zu verbindenden Teile ist.

Beim Nachweis der Verbindungen sind folgende Bedingungen einzuhalten:

a) Scherspannung: vorh $\tau_a \leq 0{,}65 \cdot$ zul σ
b) Lochleibungsspannung:
   - einschnittige Verbindung: vorh $\sigma_l \leq 1{,}8 \cdot$ zul σ
   - zweischnittige Verbindung: vorh $\sigma_l \leq 2{,}5 \cdot$ zul σ

mit

zul σ nach DIN 18 800 Teil 1, Tabelle 7, Zeile 2.

Tabelle 1. **Nicht zu berechnende Nähte**

Nahtart	DIN 18 800 Teil 1 Tabelle 6	Bemerkungen
Stumpfnähte	Zeile 1	ausgenommen zugbeanspruchte Stumpfnähte in Form- und Stabstählen (siehe Abschnitt 7.2.4)
D(oppel)-HV-Nähte (K-Nähte)	Zeile 2	–
HV-Nähte	Zeilen 3 und 4	–
D(oppel)-HY-Nähte (K-Stegnähte)	Zeile 5	nur bei Druckbeanspruchung
HY-Nähte	Zeile 6	
Dreiblechnähte	Zeile 13	–

129

In Kraftrichtung hintereinander sind mindestens 2 Schweißpunkte anzuordnen; es dürfen höchstens 5 in Kraftrichtung hintereinanderliegende Schweißpunkte als tragend in Rechnung gestellt werden. Diese Einschränkung gilt nicht für die Verbindung von Blechen, die vorwiegend Schub in ihrer Ebene abtragen.

8   Zulässige Spannungen
(zu DIN 18 800 Teil 1, Abschnitt 8)

Für den Lastfall HS

- dürfen die zulässigen Spannungen für den Lastfall H nach DIN 18 800 Teil 1 Tabellen 7 bis 13 um 30 % erhöht werden,
- darf die erforderliche Beulsicherheit auf 77 % derjenigen des Lastfalls H abgemindert werden,
- dürfen Nachweise nach Elastizitätstheorie II. Ordnung mit 1,3fachen Lasten geführt werden.

9   Grundsätze für die Konstruktion
9.1   Schraubenverbindungen
(zu DIN 18 800 Teil 1, Abschnitt 9.2.1)

An Bauteilen, die derart belastet werden, daß ein Lockern der Schrauben nicht ausgeschlossen werden kann, sind die Muttern von Schraubenverbindungen gegen unbeabsichtigtes Lösen zu sichern, z. B. durch Vorspannen von Schrauben der Festigkeitsklasse 10.9 oder durch Kontern.

9.2   Schweißverbindungen
(zu DIN 18 800 Teil 1, Abschnitt 9.2.2)
9.2.1   Punktschweißung
Für die Abstände der Schweißpunkte untereinander und zum Rand sind die in Tabelle 2 genannten Grenzwerte einzuhalten.

10   Korrosionsschutz
Die Bemessung nach DIN 18 800 Teil 1 setzt voraus, daß während der Nutzung des Objektes keine die Standsicherheit beeinträchtigende Korrosion der Stahlbauteile und ihrer Verbindungen eintreten kann. Die Planung, Ausführung und Überwachung aller Korrosionsschutzarbeiten hat deshalb nach DIN 55 928 Teil 1 bis Teil 9, zu erfolgen. Dort nicht genannte Korrosionsschutzstoffe und -verfahren dürfen nur angewandt werden, wenn ihre Brauchbarkeit durch Gutachten einer hierfür geeigneten Materialprüfanstalt nachgewiesen ist.

11   Anforderungen an den Betrieb
Betriebe, die geschweißte Stahlkonstruktionen nach dieser Norm herstellen, müssen den Anforderungen von DIN 18 800 Teil 7, Ausgabe Mai 1983, Abschnitt 6 im Sinne des Großen oder Kleinen Eignungsnachweises genügen. Werden Bauteile mit Wanddicken < 3 mm gefertigt, sind besondere Regeln hinsichtlich des schweißgerechten Konstruierens, der Fertigungstoleranzen und der Schweißfolge zu beachten.

Tabelle 2.   **Grenzwerte für die Abstände von Schweißpunkten untereinander und zum Rand**

Kraftverbindung	Abstand e_1 der Schweißpunkte untereinander		$3d \leq e_1 \leq 6d$	
	Randabstand e_2 in Kraftrichtung		$2,5d \leq e_2 \leq 5d$	
	Randabstand e_3 rechtwinklig zur Kraftrichtung		$2d \leq e_3 \leq 4d$	
	Beanspruchung der Bauteile		außenliegende Bauteile	
			nicht umgebördelt	umgebördelt
Heftverbindung	Abstand e_H der Schweißpunkte untereinander	Druck	$e_H \leq 8d$ $e_H \leq 20t$	$e_H \leq 12d$ $e_H \leq 30t$
		Zug	$e_H \leq 12d$ $e_H \leq 30t$	$e_H \leq 18d$ $e_H \leq 45t$
	Randabstand e_{HR}	Druck	$e_{HR} \leq 4d$ $e_{HR} \leq 10t$	$e_{HR} \leq 6d$ $e_{HR} \leq 15t$
		Zug	$e_{HR} \leq 6d$ $e_{HR} \leq 15t$	$e_{HR} \leq 9d$ $e_{HR} \leq 22,5t$

d Schweißpunktdurchmesser nach Abschnitt 7.2.5
t Dicke des dünnsten außenliegenden Teils

Zitierte Normen und andere Unterlagen

DIN	1055 Teil 1	Lastannahmen für Bauten; Lagerstoffe, Baustoffe und Bauteile, Eigenlasten und Reibungswinkel
DIN	1055 Teil 2	Lastannahmen für Bauten; Bodenkenngrößen, Wichte, Reibungswinkel, Kohäsion, Wandreibungswinkel
DIN	1055 Teil 3	Lastannahmen für Bauten; Verkehrslasten
DIN	1055 Teil 4	Lastannahmen für Bauten; Verkehrslasten; Windlasten nicht schwingungsanfälliger Bauwerke
DIN	1055 Teil 5	Lastannahmen für Bauten; Verkehrslasten; Schneelast und Eislast
DIN	1055 Teil 6	Lastannahmen für Bauten; Lasten in Silozellen
DIN	4149 Teil 1	Bauten in deutschen Erdbebengebieten, Lastannahmen; Bemessung und Ausführung üblicher Hochbauten
DIN 18 800 Teil 1		Stahlbauten; Bemessung und Konstruktion
DIN 18 800 Teil 7		Stahlbauten; Herstellen, Eignungsnachweise zum Schweißen
DIN 55 928 Teil 1		Korrosionsschutz von Stahlbauten durch Beschichtungen und Überzüge; Allgemeines
DIN 55 928 Teil 2		Korrosionsschutz von Stahlbauten durch Beschichtungen und Überzüge; Korrosionsschutzgerechte Gestaltung
DIN 55 928 Teil 3		Korrosionsschutz von Stahlbauten durch Beschichtungen und Überzüge; Planung der Korrosionsschutzarbeiten
DIN 55 928 Teil 4		Korrosionsschutz von Stahlbauten durch Beschichtungen und Überzüge; Vorbereitung und Prüfung der Oberflächen
DIN 55 928 Teil 5		Korrosionsschutz von Stahlbauten durch Beschichtungen und Überzüge; Beschichtungsstoffe und Schutzsysteme
DIN 55 928 Teil 6		Korrosionsschutz von Stahlbauten durch Beschichtungen und Überzüge; Ausführung und Überwachung der Korrosionsschutzarbeiten
DIN 55 928 Teil 7		Korrosionsschutz von Stahlbauten durch Beschichtungen und Überzüge; Technische Regeln für Kontrollflächen
DIN 55 928 Teil 8		Korrosionsschutz von Stahlbauten durch Beschichtungen und Überzüge; Korrosionsschutz von tragenden dünnwandigen Bauteilen (Stahlleichtbau)
DIN 55 928 Teil 9		Korrosionsschutz von Stahlbauten durch Beschichtungen und Überzüge; Bindemittel und Pigmente für Beschichtungsstoffe
DASt-Ri 008		Richtlinien zur Anwendung des Traglastverfahrens im Stahlbau[3])

Die Bautechnik[4])

Frühere Ausgaben

DIN 1050: 08.34, 07.37xxxxx, 10.46, 12.57x, 06.68
DIN 4100: 05.31, 07.33, 08.34xxxx, 12.56, 12.68

Änderungen

Gegenüber DIN 1050/06.68 und DIN 4100/12.68 wurden folgende Änderungen vorgenommen (siehe hierzu auch Erläuterungen):

a) Inhalt im Zuge der Neuordnung des Stahlbaunormenwerks in Grund- (DIN 18 800 Teil 1) und Fachnorm (DIN 18 801) gegliedert.

b) Anwendungsbereich auf Materialdicken $\geq$ 1,5 mm erweitert.

c) Angaben zur Berechnung nach dem „Traglastverfahren" geändert.

d) Angaben zur Punktschweißung aufgenommen.

Erläuterungen

Die vorliegende Norm, die im NABau-Arbeitsausschuß VIII 12 „Stahl im Hochbau" erarbeitet wurde, stellt im Rahmen der Neuordnung des Stahlbaunormenwerks (siehe Übersicht 1) die Fachnorm für das Anwendungsgebiet „Stahlhochbau" dar. Sie ersetzt zusammen mit der Grundnorm DIN 18 800 Teil 1 die bisherige „Hochbaunorm" DIN 1050.

Bislang waren die für einen Stahlhochbau zu beachtenden Regelungen in einer Anzahl von Normen und Richtlinien angegeben, so z. B. in DIN 1000, DIN 1050, DIN 4100, Beiblatt 1 und 2 zu DIN 4100, DIN 4114 Teil 1 und Teil 2, DIN 4115, DASt-Ri 010, wobei diese Aufzählung noch unvollständig ist.

Durch die Neuordnung des Stahlbaunormenwerks wird eine erhebliche Straffung und Vereinfachung angestrebt. In Grundnormen (z. B. DIN 18 800 Teil 1, siehe auch Übersicht 1) sind die für alle Anwendungsgebiete des Stahlbaus einheitlich zu beachtenden Regeln enthalten. Darüber hinaus gibt es für bestimmte Anwendungsgebiete Fachnormen (z. B. DIN 18 801, siehe auch Übersicht 1), die dann lediglich die in diesem Bereich zusätzlich zu beachtenden besonderen Regelungen enthalten.

Zu Abschnitt 1

Gegenüber DIN 1050 ist die untere Materialdicke von 4 mm einheitlich auf 1,5 mm herabgesetzt worden. Die noch im

---

[3]) Bezugsquelle: Stahlbau-Verlag GmbH, Ebertplatz 1, 5000 Köln 1

[4]) Bezugsquelle: Wilhelm Ernst & Sohn, Hohenzollerndamm 170, 1000 Berlin 31

93/6*

Entwurf zur Norm enthaltene und aus DIN 4115 übernommene Staffelung der Mindestmaterialdicken – im Hinblick auf Korrosion – nach innen und außen liegenden Bauteilen, sowie offenen und Hohlprofilen wurde fallengelassen, da auch innen liegende Bauteile einem erhöhten Korrosionsangriff ausgesetzt sein können und außerdem für die Anwendbarkeit dieser Norm ein ausreichender Korrosionsschutz Grundvoraussetzung ist (siehe Abschnitt 10).

Durch die Begrenzung der Materialdicke nach unten sind dünnere Bauteile nicht – wie vielfach fälschlicherweise angenommen – verboten; ihre Anwendung ist lediglich nicht durch **diese** Norm geregelt.

Werden in anderen Normen, z. B. über Stahltrapezprofile oder Abhängungen von Deckenbekleidungen Regelungen für dünnere Materialdicken getroffen, so sind diese im Rahmen des Anwendungsbereiches dieser Norm anwendbar.

Zu Abschnitt 5.2

Die Berücksichtigung von Formänderungen beschränkt sich im allgemeinen nicht nur auf die Schnittkraftermittlung bei Nachweisen nach Theorie II. Ordnung.

Formänderungen können unter Umständen auch zu einer Erhöhung der anzusetzenden Lasten führen. Zum Beispiel können Formänderungen bei Flachdächern größere Wasseransammlungen verursachen, die erhöhten Lastansatz erforderlich machen. Im allgemeinen sind auch die Formänderungen stabilisierender Bauteile zu überprüfen und so zu begrenzen, daß die Bauteile tatsächlich ihren Zweck erfüllen.

Zu Abschnitt 6.1.1.3

Die bisher in DIN 1050 enthaltene Vereinfachung, daß bei einem auf Zug beanspruchten Winkelstahl das durch den in der Regel ausmittigen Anschluß verursachte Biegemoment unberücksichtigt bleiben darf, sofern die mittig gedachte Zugspannung 0,8 zul σ nicht überschreitet, ist bei „Ein-Schraubenanschlüssen" nicht mehr vertretbar.

Nach den Regeln der Grundnorm ist hierbei der Nachweis mit der halben zu übernehmenden Kraft und dem schwächeren Teil A_1 des Nettoquerschnitts (Beispiel siehe Bild) zu führen. Der angeschlossene Winkelschenkel ist dabei quasi als Flachstahl zu betrachten, wobei außerdem zu beachten ist, daß bei Einhaltung der Wurzelmaße nach DIN 997 das Schraubenloch in der Regel nicht in der Mitte des betrachteten Schenkels liegt.

schwächerer Teil des
Nettoquerschnitts
$$A_1 \approx s \cdot (a - w_1 - \tfrac{d}{2})$$

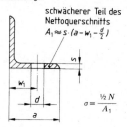

$$\sigma = \frac{\tfrac{1}{2}N}{A_1}$$

Zu Abschnitt 6.1.2.3

Die aufgeführten Näherungsformeln sind aus dem Traglastverfahren abgeleitet und gelten in den angegebenen Grenzen. Für Träger mit einem konstant über die Länge durchlaufenden Profil, das an Stößen volle Querschnittsdeckung aufweist, braucht stets nur die Vollast (max q) als Belastung q angesetzt zu werden.

Die Näherungsformeln dürfen nicht verwendet werden, wenn in einem Feld die Vollast (max q) und gleichzeitig in einem anderen Feld eine zur Wirkungsweise von max q negative Gleichstreckenlast auftreten kann.

Bei der Wahl unterschiedlicher Profile bzw. bei Trägerstößen ohne volle Querschnittsdeckung ist anhand der extremen Schnittgrößen nachzuweisen, daß die Konstruktion ausreichend dimensioniert ist. Man verhindert damit das vorzeitige Auftreten eines Fließgelenkes bzw. die Reduktion der erforderlichen Sicherheit.

Zu Abschnitt 6.1.4

Voraussetzung für die Verwendung von Holzplatten zur Aussteifung von Binderobergurten ist, daß der Schlupf der Verbindungsmittel nicht größer ist als z. B. beim Anschluß von Stahlplatten mit rohen Schrauben.

Zu Abschnitt 7.1.1

Die Übertragung von Druckkräften durch Kontakt ist im Stahlhochbau üblich und bewährt.

Eine einwandfreie und verformungsarme Übertragung von Druckkräften durch Kontakt setzt eine saubere Bearbeitung der Kontaktflächen voraus, mit der ein vollflächiges Anliegen auch ohne Kraftübertragung gesichert ist und mit der erreicht wird, daß die Wirkungslinie der Kraft etwa normal zur Kontaktfläche steht. Schließlich muß durch konstruktive Maßnahmen dafür gesorgt werden, daß die gegenseitige Lage der Kontaktflächen gesichert ist.

Versuche haben gezeigt, daß auch bei sorgfältiger Ausführung ein voller Kontakt vor Aufbringen der Last nicht zu erreichen ist. Es ist daher mit einem „Setzen" der Konstruktion zu rechnen. (Dies tritt bei Übertragung von Kräften über Paßschrauben-, über gleitfeste Reib- und über Schweißverbindungen nicht in diesem Maß auf, so daß lokale Zusatzverformungen in diesen Verbindungen vernachlässigt werden).

Falls Konstruktionen in ihrer Gebrauchsfähigkeit gegen die Auswirkungen lokaler Zusatzverformungen in Kontaktstößen empfindlich sind, sind diese nach Bearbeitungsgrad zu schätzen und gegebenenfalls zu berücksichtigen. Versuche können in kritischen Fällen zu einer sicheren Beurteilung führen.

Bei der Übertragung von Druckkräften durch Kontakt muß besonders sorgfältig geprüft werden, ob auch unter Berücksichtigung der Unsicherheiten bei den Lastannahmen, der Unvollkommenheiten bei der Berechnung der Schnittgrößen und der Verformungen immer Druckkräfte auftreten. Falls dies nicht gesichert ist, ist eine angemessene Übertragung von Zugkräften durch entsprechende Verbindungen sicherzustellen.

Bei der Beurteilung lokaler Stabilitätsprobleme, z. B. bei der Beulsicherheit dünner Bleche im Bereich von Kontaktstößen ist zu berücksichtigen, daß im allgemeinen durch den Kontaktstoß größere geometrische Imperfektionen als sonst in Kauf genommen werden müssen, z. B. ein kleiner Versatz der Mittellinien der gestoßenen Bleche.

Übersicht 1. **Vorgesehene Gliederung in Grund- und Fachnormen**

Neue bzw. geplante Regelungen	Grundnormen	Zur Zeit gültige Regelungen
DIN 18 800 Teil 1	Stahlbauten; Bemessung und Konstruktion	
DIN 18 800 Teil 2 (z. Z. Entwurf)	Stahlbauten; Stabilitätsfälle; Knicken von Stäben und Stabwerken	DIN 4114 Teil 1 und Teil 2
	Stahlbauten; Stabilitätsfälle; Beulen von Platten	DIN 4114 Teil 1 und Teil 2 DASt-Ri 012
	Stahlbauten; Stabilitätsfälle; Beulen von Schalen	Sonderfälle in DIN 15 018, DIN 4119, DIN 4133
	Stahlbauten; Verbundkonstruktionen, Grundlagen	Richtlinien für Stahlverbundträger
	Stahlbauten; Bemessung bei häufig wiederholter Beanspruchung	
DIN 18 800 Teil 7	Stahlbauten; Herstellen, Eignungnachweise zum Schweißen	
	Stahlbauten; Erhaltung	

Neue bzw. geplante Regelungen	Fachnormen	Zur Zeit gültige Regelungen
DIN 18 801	Stahlhochbau; Bemessung, Konstruktion, Herstellung	
	Niedrigdruckgasbehälter und oberirdische Tankbauwerke	DIN 3397; DIN 4119 Teil 1 und Teil 2
	Antennentragwerke aus Stahl; Berechnung und Ausführung	DIN 4131
	Kranbahnen; Stahltragwerke; Grundsätze für Berechnung, bauliche Durchbildung und Ausführung	DIN 4132
	Schornsteine aus Stahl; Statische Berechnung und Ausführung	DIN 4133
DIN 18 806 Teil 1 (z. Z. Entwurf)	Verbundkonstruktionen; Verbundstützen	
DIN 18 807 Teil 1 (z. Z. Entwurf)	Trapezprofile im Hochbau; Stahltrapezprofile, Allgemeine Anforderungen, Ermittlung der Tragfähigkeitswerte durch Berechnung	
DIN 18 807 Teil 2 (z. Z. Entwurf)	Trapezprofile im Hochbau, Stahltrapezprofile; Durchführung und Auswertung von Traglastversuchen	
DIN 18 807 Teil 3 (z. Z. Entwurf)	Trapezprofile im Hochbau, Stahltrapezprofile; Festigkeitsnachweis und konstruktive Ausbildung	
DIN 18 808 (z. Z. Entwurf)	Stahlbauten; Tragwerke aus Hohlprofilen unter vorwiegend ruhender Beanspruchung	DIN 4115
	Stählerne Straßenbrücken	DIN 1073, DIN 1079, DIN 4101
	Verbundträger-Straßenbrücken	Richtlinien für Stahlverbundträger

Internationale Patentklassifikation

E 04 B 1–08

Trapezprofile im Hochbau

Stahltrapezprofile

Allgemeine Anforderungen, Ermittlung der Tragfähigkeitswerte
durch Berechnung

DIN
18 807
Teil 1

Trapezoidal sheeting in buildings; steel trapezoidal sheeting; general requirements; determination of the bearing strength by calculation

Plaques nervurées pour le bâtiment; plaques nervurées en tôle d'acier; exigences générales; characteristiques de la section d'après calcul

Zu den Normen der Reihe DIN 18 807 gehören:

DIN 18 807 Teil 1   Trapezprofile im Hochbau; Stahltrapezprofile; Allgemeine Anforderungen, Ermittlung der Tragfähigkeitswerte durch Berechnung

DIN 18 807 Teil 2   Trapezprofile im Hochbau; Stahltrapezprofile; Durchführung und Auswertung von Tragfähigkeitsversuchen

DIN 18 807 Teil 3   Trapezprofile im Hochbau; Stahltrapezprofile; Festigkeitsnachweis und konstruktive Ausbildung

Folgeteile in Vorbereitung

Inhalt

1   Anwendungsbereich

Diese Norm regelt die Verwendung von korrosionsgeschützten Stahltrapezprofilen im Hochbau unter vorwiegend ruhender Belastung (nach DIN 1055 Teil 3/06.71, Abschnitt 1.4) für Dächer, Decken, Wände, Wandbekleidungen. Für die Unterkonstruktion von Wandbekleidungen siehe auch DIN 18 516 Teil 1 (z. Z. Entwurf).

Das Tragverhalten perforierter Trapezprofile und anderer Profilformen, z. B. Kassettenprofile oder Stehfalzprofile, wird mit dem hier beschriebenen Berechnungsverfahren nicht erfaßt. Das Tragverhalten darf in diesen Fällen nach DIN 18 807 Teil 2 durch Versuche bestimmt werden.

Stahltrapezprofile, bei denen eine Verbundwirkung mit anderen Baustoffen (z. B. Kunststoff, Beton) oder Bauteilen zur Ermittlung der Tragfähigkeit herangezogen wird, werden von dieser Norm nicht erfaßt.

2   Begriffe, Formelzeichen

Stahltrapezprofile	Aus ebenem Stahlblech durch Kaltumformung hergestellte Profiltafeln mit in Tragrichtung parallelen, trapezförmigen Rippen, z. B. nach Bild 2a) bis 2f)
Kassettenprofile Stehfalzprofile	Aus ebenem Stahlblech durch Kaltumformung hergestellte Profiltafeln mit in Tragrichtung parallelen, senkrecht stehenden Stegen, z. B. nach den Bildern 2g), 2h) und 2i)
Profiltafel	Lieferform eines Stahltrapezprofils, siehe Bild 1
Längsrand	Rand einer Profiltafel parallel zur Spannrichtung
Querrand	Rand einer Profiltafel quer zur Spannrichtung
Rippe	Trapezprofilabschnitt von Mitte Unter-(Ober-)gurt bis Mitte Unter-(Ober-)gurt
Sicke	Vertiefung/Versatz in Gurt/Steg; die Maße des Sickenquerschnitts sind gegenüber denen der Rippe klein
Baubreite b	Rechnerische Verlegebreite einer Profiltafel als Vielfaches der Rippenbreite
Profilhöhe h	Systemhöhe des Trapezprofils, gemessen von Oberkante Untergurt bis Oberkante Obergurt
Stahlkerndicke t	Dicke des Stahlkerns, maßgebend für die Berechnung der Querschnittswerte und der Tragfähigkeit
Nennblechdicke t_N	Dicke des Stahlblechs (Stahlkern mit Verzinkung) ohne Berücksichtigung der Toleranzen
Längsstoß	Stoß von zwei Profiltafeln am Längsrand
Querstoß	Stoß von zwei Profiltafeln am Querrand

Fortsetzung Seite 2 bis 16

Normenausschuß Bauwesen (NABau) im DIN Deutsches Institut für Normung e.V.

Schubfeld   Flächenbereich, der in der Lage ist, Schubkräfte in seiner Ebene abzutragen

Spannrichtung   Richtung der Rippen (Haupttragrichtung)

Querverteilung   Verteilung der Lasten quer zur Spannrichtung der Profiltafeln

Verbindungs-   Verbindungselemente haben die Aufgabe, Verbindungen der Profiltafeln untereinander oder mit anderen
elemente   Blechteilen (z. B. durch Blindniete, Bohrschrauben oder Verkröpfungen), oder Verbindungen der Profilta-
                       feln mit der Unterkonstruktion herzustellen (z. B. durch Setzbolzen, Gewindeschneidschrauben, gewinde-
                       furchende Schrauben)

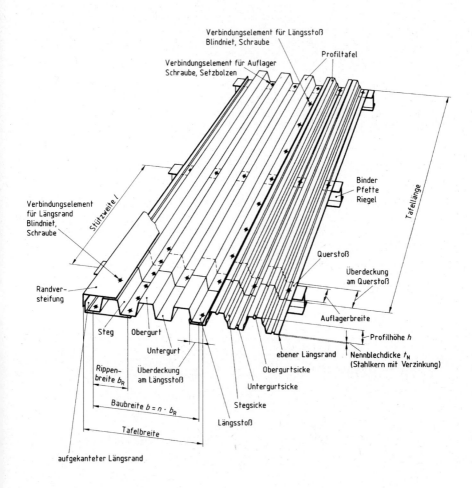

Bild 1.   Stahltrapezprofil-Konstruktion

135

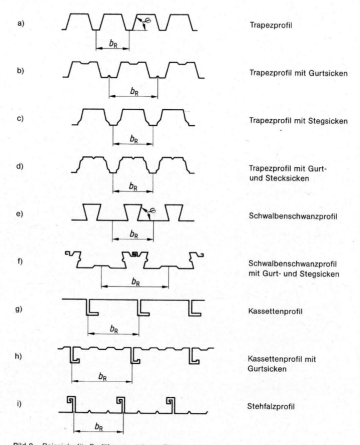

a) Trapezprofil

b) Trapezprofil mit Gurtsicken

c) Trapezprofil mit Stegsicken

d) Trapezprofil mit Gurt- und Stecksicken

e) Schwalbenschwanzprofil

f) Schwalbenschwanzprofil mit Gurt- und Stegsicken

g) Kassettenprofil

h) Kassettenprofil mit Gurtsicken

i) Stehfalzprofil

Bild 2. Beispiele für Profilformen (ebene Flächen können durch Quersicken ausgesteift sein)

136

Die am häufigsten verwendeten Formelzeichen sind nachfolgend angegeben. Weitere Formelzeichen sind in den einzelnen Abschnitten erläutert.

A_g Fläche des nicht reduzierten Querschnitts des Trapezprofils

A_{ef} mitwirkende (effektive) Querschnittsfläche des Trapezprofils unter Wirkung einer Druckkraft

A_r Querschnittsfläche einer Sicke zuzüglich eines Streifens der Breite $b_{ef}/2$ auf jeder Seite der Sicke

A_s nicht reduzierte Querschnittsfläche eines Versteifungselementes im Steg, bestehend aus einer Sicke und den benachbarten mitwirkenden ebenen Querschnittsteilen

E Elastizitätsmodul

G Schubmodul

I Flächenmoment 2. Grades des nicht reduzierten Querschnitts des Trapezprofils

I_{ef} Flächenmoment 2. Grades der mitwirkenden Querschnittsflächen des Trapezprofils

W_g Widerstandsmoment der nicht reduzierten Querschnittsfläche

W_{ef} Widerstandsmoment der mitwirkenden Querschnittsflächen

b_R Rippenbreite

b_{ef} mitwirkende Breite zur Berechnung des aufnehmbaren Biegemoments

b_{efd} mitwirkende Breite des für die Berechnung von Durchbiegungen anzusetzenden I_{ef}

b_o Obergurtbreite

b_p Breite der ebenen Teile des Druckgurtes zwischen Sikken und Steg

b_m Breite der ebenen Teile des Druckgurtes zwischen Sikken

b_r Gurtsickenbreite

b_u Untergurtbreite

b_1 geometrisch abgewickelte Breite des Druckgurtes (über b_o)

h Profilhöhe

r Innenradius der Eckausrundungen

s_{efi} mitwirkende Breiten von Teilen des Steges in der Druckzone

s_{efn} mitwirkende Breite des an die Schwerachse angrenzenden Stegteils in der Druckzone

s_r halber Umfang der Gurtsicke

s_w Stegbreite (direkte Verbindung des oberen und unteren Eckpunktes)

s_1 geometrische Stegabwicklung

z_d Abstände der Spannungsnullinie von den Druck- und
z_z Zuggurten

β_S Streckgrenze

φ_i Stegneigungen gegen die Horizontale

3 Anforderungen

3.1 Bautechnische Vorlagen

Zu den bautechnischen Vorlagen gehören die für die Beurteilung der Standsicherheit, Bauausführung und der Bauüberwachung erforderlichen Unterlagen, insbesondere Verlegepläne und statische Berechnung.

3.2 Herstellung

Die Stahltrapezprofile werden durch Kaltumformung von Stahlblechen zu Profiltafeln mit in Tragrichtung parallelen Rippen gefaltet. Gurte und Stege können durch Sicken oder ähnliches versteift werden.

3.3 Werkstoffe

3.3.1 Ausgangswerkstoffe

Als Ausgangswerkstoff ist feuerverzinktes Stahlblech nach DIN 17 162 Teil 2 zu verwenden.

3.3.2 Technologische Werte

Das unverformte verzinkte Blech muß mindestens aus Stahl der Sorte StE 280−2Z nach DIN 17 162 Teil 2/09.80, Tabelle 2, bestehen.

3.3.3 Grenzabmaße der Nennblechdicke

Für die Grenzabmaße der Nennblechdicke gelten die Toleranzen nach DIN 59 232/07.78, Tabelle 1, für die unteren Grenzabmaße jedoch nur die halben Werte.
Nach DIN 59 232/07.78, Tabelle 1, bleiben die Fußnoten 2 und 3 dann außer Betracht.

3.3.4 Grenzabmaße der Profilgeometrie

(siehe Bilder 3 und 4) [1]

Profilhöhe: $h \begin{array}{l} +\ 2\,mm \\ -0{,}01 \cdot h < 2\,mm \end{array}$

Baubreite: $b \pm 0{,}01 \cdot b$ bei Profilhöhe $h \le 55\,mm$
$ \pm 0{,}02 \cdot b$ bei Profilhöhe $h > 55\,mm$

Obergurtbreite: $b_o \begin{array}{l} +\ 4\,mm \\ -\ 1\,mm \end{array}$

Untergurtbreite: $b_u \begin{array}{l} +\ 2\,mm \\ -\ 1\,mm \end{array}$

Innenradien (r_o, r_u): $r \pm 2\,mm$

Gurtsicken   bezüglich Lage: $b_k \pm 3\,mm$
              bezüglich Höhe: $h_r \begin{array}{l} +\ 3\,mm \\ -\ 1\,mm \end{array}$

Stegsicken
bezüglich Lage: $h_a, h_b \pm 3\,mm$
bezüglich Länge: $h_{sa}, h_{sb} \pm 3\,mm$
bezüglich Versatz: $v_{sa}, v_{sb} \begin{array}{l} +\ 2\,mm \\ -0{,}15 \cdot v \le 1{,}0\,mm \end{array}$

3.3.5 Korrosionsschutz

Die Profiltafeln sind durch Bandverzinkung der Zinkauflagegruppe 275 nach DIN 17 162 Teil 2 und, falls erforderlich, durch eine zusätzliche Beschichtung nach den Festlegungen in den Tabellen 1 und 2 vor Korrosion zu schützen [2].
Die Prüfung der Beschichtungen hat an Proben der laufenden Produktion in Anlehnung an DIN 55 928 Teil 5, zu erfolgen. Beschichtungen für Korrosionsschutzklasse III müssen folgende Anforderungen erfüllen:

− Prüfung nach DIN 50 018 im Kondenswasserklima SFW 0,2 S, Prüfdauer 30 Zyklen (Runden). Nach Abschluß der Prüfdauer darf der Blasengrad den Wert m 2/g 3 nach DIN 53 209 nicht überschreiten.

− Prüfung nach DIN 53 167 − Salzsprühnebelprüfung: Prüfdauer 360 Stunden. Die Unterwanderung am Schnitt darf max. 2,0 mm je Seite nicht überschreiten.

− Prüfung auf Dehnbarkeit: Tiefungswert 4 mm nach DIN ISO 1520. Bei der Prüfung darf kein Ablösen der Beschichtung eintreten.

Bei Beschichtung nach dem Kaltumformen kann die Prüfung auf Dehnbarkeit entfallen.

---

[1] Für andere Profilformen (siehe Bild 2) gelten die Grenzabmaße sinngemäß.

[2] Entsprechend den für die verschiedenen Bausysteme vorgeschriebenen Korrosionsschutzklassen sind die Korrosionsschutzsysteme nach DIN 55 928 Teil 8/03.80, Tabelle 3, oder gleichwertig anzunehmen. Das Aufbringen von Korrosionsschutz-Beschichtungen auf der Baustelle ist zulässig, wenn Witterungs- und Baustellenbedingungen eine ordnungsgemäße Ausführung zulassen.

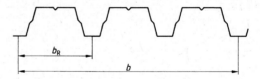

Bild 3. Beispiel für die Querschnittsgeometrie einer Profiltafel

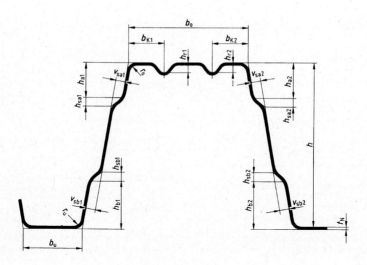

Bild 4. Beispiel für die Querschnittsgeometrie einer Rippe

Tabelle 1. **Korrosionsschutzklassen für Dach- oder Decken-Systeme**

1	2	3	4	5	6	7	8	9
	Korrosionsschutzklassen für							
	Dach-Systeme						Decken-Systeme	
				Zweischalig belüftet, mit zwischenliegender Wärmedämmung				
Bauteilseite	Einschalig, ungedämmt	Einschalig, unterseitig wärmegedämmt	Einschalig, oberseitig wärmegedämmt, unbelüftet [1]	Oberschale	Zwischenriegel [4]	Unterschale	Mit Beton ausgefüllte Profilrippen	Nicht ausgefüllte Profilrippen
Oberseite	III [2]	III	II [3]	III	a) Über trockenen überwiegend geschlossenen Räumen II [3] b) Über Räumen mit hoher Feuchtebelastung III	a) Über trockenen überwiegend geschlossenen Räumen I b) Über Räumen mit hoher Feuchtebelastung III	I	a) Über trockenen überwiegend geschlossenen Räumen II [3] b) Über Räumen mit hoher Feuchtebelastung III
Unterseite	II [2][3]	I [3]	a) Über trockenen überwiegend geschlossenen Räumen I b) Über Räumen mit hoher Feuchtebelastung III	II [3]		a) Über trockenen überwiegend geschlossenen Räumen I b) Über Räumen mit hoher Feuchtebelastung III	a) Über trockenen überwiegend geschlossenen Räumen I b) Über Räumen mit hoher Feuchtebelastung III	

[1] Bei Verwendung von Klebern müssen diese mit der Beschichtung verträglich sein.

[2] Für untergeordnete Bauwerke, wie z. B. Geräte- und Lagerschuppen in der Landwirtschaft oder Stellplatzüberdachungen, bei denen die Trapezprofile nicht zur Stabilisierung herangezogen werden, ist die Einstufung in Korrosionsschutzklasse I zulässig.

[3] Für Korrosionsschutzklasse II genügt bei bandbeschichtetem Material (Coil-coating) die übliche Rückseiten-Lackierung von 10 μm Dicke.

[4] und gleichartige lastverteilende und/oder versteifende Stahlblechteile.

Tabelle 2. **Korrosionsschutzklassen für Wand-Systeme**

1	2	3	4	5	6	7
			Korrosionsschutzklassen für Wand-Systeme			
	Einschalig, ungedämmt	Einschalig, wärme-gedämmt	Zweischalig hinterlüftet, mit zwischenliegender Wärmedämmung			Außenwand-bekleidung
			Außenschale	Zwischenriegel [4])	Innenschale	
Außen-seite	III [2])	III	III	a) Bei trockenen überwiegend geschlossenen Räumen I b) Bei Räumen mit hoher Feuchte-belastung III	a) Bei trockenen überwiegend geschlossenen Räumen I b) Bei Räumen mit hoher Feuchte-belastung III	III
Innen-seite	II [1]) [2]) [3])	II [1]) [3])	II [1]) [3])		a) Bei trockenen überwiegend geschlossenen Räumen I b) Bei Räumen mit hoher Feuchte-belastung III	II [1])

[1]) Für Korrosionsschutzklasse II genügt bei bandbeschichtetem Material (Coil-coating) die übliche Rückseiten-Lackierung von 10 µm Dicke.

[2]) Für untergeordnete Bauwerke, wie z. B. Geräte- und Lagerschuppen in der Landwirtschaft oder Stellplatzüberdachungen, bei denen die Trapezprofile nicht zur Stabilisierung herangezogen werden, ist die Einstufung in Korrosionsschutzklasse I zulässig.

[3]) Korrosionsschutzklasse I ist zulässig bei trockenen überwiegend geschlossenen Räumen und ausreichender Zugänglichkeit.

[4]) und gleichartige lastverteilende und/oder versteifende Stahlblechteile.

4 Ermittlung der Bemessungswerte

4.1 Ermittlung der Tragfähigkeitswerte

Die Tragfähigkeitswerte dürfen sowohl durch Berechnung für die Profilformen nach Bild 2a) bis Bild 2f) als auch durch Versuche (siehe DIN 18807 Teil 2) ermittelt werden.

4.2 Rechnerische Ermittlung der Tragfähigkeitswerte

4.2.1 Allgemeines

Für die Berechnung ist die Stahlkerndicke (Nennblechdicke abzüglich Zinkschichtdicke 2 × 0,02 mm) zugrunde zu legen.

Für zugbeanspruchte Querschnittteile ist der volle Querschnitt einzusetzen, für druckbeanspruchte Querschnittsteile der mitwirkende Querschnitt, der unter Berücksichtigung der mitwirkenden Breiten und eventuell vorhandener Aussteifungen zu ermitteln ist.

4.2.2 Gültigkeitsbereich

Wird die Tragfähigkeit der Trapezprofile rechnerisch nach dieser Norm bestimmt, ist als geringste Nennblechdicke $t_N = 0,6$ mm einzuhalten.

Wird sie durch Versuche nach DIN 18807 Teil 2 bestimmt, darf $t_N = 0,5$ mm nicht unterschritten werden.

Die Regelungen nach Abschnitt 4.2 gelten unter folgenden Bedingungen

für den Druckgurt $b_o/t < 500$
für den Steg $s_w/t < 0,5 \cdot E/\beta_S$
Stegneigung $50° \leq \varphi \leq 90°$

4.2.3 Biegebeanspruchte Trapezprofile

4.2.3.1 Allgemeines

Das nachfolgend dargestellte Berechnungsverfahren berücksichtigt die Spannungsverteilung im Querschnitt, wobei in druckbeanspruchten Querschnittsteilen die wirklichen Breiten durch mitwirkende Breiten ersetzt werden.

Sicken in druckbeanspruchten Querschnittsteilen bewirken je nach ihrer Steifigkeit und Lage eine Aussteifung. Bei voller Aussteifung kann davon ausgegangen werden, daß im betrachteten Querschnittsteil die bei Annahme linearer Spannungsverteilung anzusetzenden Spannungen in voller Höhe erreicht werden. Bei geringerem Grad der Aussteifung wird diese Spannung nicht erreicht, was rechnerisch durch Einführung einer reduzierten Dicke t_{red} für die betroffenen Querschnittsteile berücksichtigt wird (siehe Bild 5).

In zugbeanspruchten Querschnittsteilen sind die wirklichen Breiten als mitwirkend zu betrachten. Plastische Reserven dürfen im Zugbereich genutzt werden.

Die Rechnung ist in folgenden Schritten durchzuführen:

— Berechnung der vorläufigen Lage der Spannungsnulllinie unter Ansatz des vollen Steges und der mittragenden Teile des Druckgurtes (siehe dazu Abschnitt 4.2.3.3) aus der Bedingung $\int \sigma \cdot dA = 0$,

— Berechnung der mitwirkenden Breiten im Steg unter Verwendung der vorläufigen Lage der Spannungsnulllinie (siehe dazu Abschnitt 4.2.3.3),

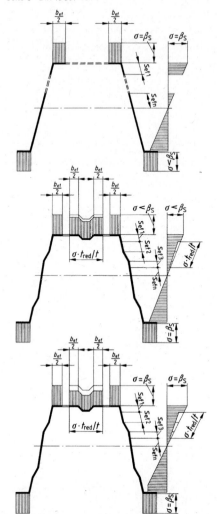

Bild 5.   Mögliche rechnerische Spannungsverteilungen in Trapezprofilen

- Reduktion der rechnerischen Blechdicke der durch Sikken ausgesteiften Querschnittsteile (siehe dazu Abschnitt 4.2.3.6),
- Berechnung der endgültigen Lage der Spannungsnullinie unter Berücksichtigung der mitwirkenden Breiten in Gurt und Steg sowie der reduzierten rechnerischen Blechdicken aus der Bedingung $\int \sigma \cdot dA = 0$,
- Berechnung des aufnehmbaren Biegemomentes bei nicht vorhandener Querkraft $M_d = \int \sigma \cdot z \cdot dA$.

4.2.3.2   Einfluß des Radius ' der Eckausrundung

Wenn $r_m < 10 \cdot t$ und $r_m \cdot \tan(\varphi/2) < 0,15 \cdot b_p$ (r_m = Radius bezüglich der Mittellinie des Blechs; φ = Stegneigung) ist, darf der Einfluß der Eckausrundung vernachlässigt werden.

Es darf dann so gerechnet werden, als seien die Profile scharfkantig (siehe dazu Bild 6a).

Wenn die Bedingungen

$10 \cdot t < r_m < 0,04 \cdot t \cdot E/\beta_S$ oder

$r_m \cdot \tan(\varphi/2) \geq 0,15 \cdot b_p$

zutreffen, sind die mitwirkenden Breiten sowie die rechnerischen Gurt- und Stegbreiten vom Mittelpunkt der Ausrundung an anzunehmen, wie in Bild 6b dargestellt. Die Berechnung der Querschnittswerte ist dann mit den wirklichen geometrischen Abmessungen durchzuführen.

Wenn

$r_m > 0,04 \cdot t \cdot E/\beta_S$

ist, sind die aufnehmbaren Kräfte durch Versuche zu bestimmen.

4.2.3.3   Mitwirkende Breite des Druckgurtes

a) Für die Berechnung des **aufnehmbaren Biegemoments** ist die mitwirkende Breite des Druckgurtes wie folgt zu berechnen:

wenn $\lambda_p \leq 1,27$: $b_{ef} = b_p$
wenn $\lambda_p > 1,27$: $b_{ef} = 1,9 \cdot b_p \cdot (1 - 0,42/\lambda_p)/\lambda_p$

$$\text{mit } \lambda_p = \frac{2}{\sqrt{k_\sigma}} \cdot \frac{b_p}{t} \cdot \sqrt{\frac{\beta_S}{E}}$$

b_p Breite des ebenen Querschnittsteils (nach Bild 6)
k_σ Beulwert; wenn keine genauere Untersuchung vorliegt, darf mit $k_\sigma = 4,0$ gerechnet werden.

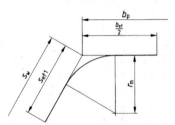

a) Rechnerische Gurtbreiten und mitwirkende Breiten, wenn $r_m < 10 \cdot t$ und $r_m \cdot \tan(\varphi/2) < 0,15 \cdot b_p$

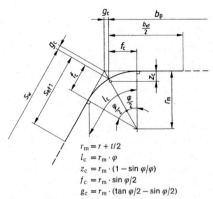

$r_m = r + t/2$
$l_c = r_m \cdot \varphi$
$z_c = r_m \cdot (1 - \sin\varphi/\varphi)$
$f_c = r_m \cdot \sin\varphi/2$
$g_c = r_m \cdot (\tan\varphi/2 - \sin\varphi/2)$

b) Rechnerische Gurt- und Stegbreiten und mitwirkende Breiten, wenn $10 \cdot t < r_m < 0,04 \cdot t \cdot E/\beta_S$ oder $r_m \cdot \tan(\varphi/2) > 0,15 \cdot b_p$

Bild 6.   Rechnerische Breiten

b) Das für die Berechnung von **Durchbiegungen** anzusetzende I_{ef} ist mit folgenden mitwirkenden Breiten zu berechnen:

wenn $\lambda_{pd} \le \lambda_{p1} \le 1{,}27$

$b_{efd} = 1{,}27 \cdot b_p \cdot \lambda_{pd}^{(-2/3)}$ (jedoch nicht größer als b_p)

wenn $\lambda_{p1} < \lambda_{pd} \le \lambda_p$

$$b_{efd} = b_{ef1} + \frac{b_{ef} - b_{ef1}}{\lambda_p - \lambda_{p1}} \cdot (\lambda_{pd} - \lambda_{p1})$$

mit $\lambda_{pd} = \dfrac{2}{\sqrt{k_\sigma}} \cdot \dfrac{b_p}{t} \cdot \sqrt{\dfrac{\sigma_{efd}}{E}}$

σ_{efd} Druckspannung unter Gebrauchslasten; vereinfachend darf $\beta_S/1{,}5$ angesetzt werden.

$\lambda_{p1} = 0{,}51 + 0{,}6 \cdot \lambda_p$

$b_{ef1} = 1{,}27 \cdot b_p \cdot \lambda_{p1}^{(-2/3)}$

4.2.3.4 Berücksichtigung der Durchbiegung der Gurte

Auf die Untersuchung des Einflusses der rechnerischen Eigendurchbiegung darf verzichtet werden, wenn die Bedingung $b_o/t < 250 \cdot h/b_o$ eingehalten ist.

Wenn die Eigendurchbiegung u der Gurte zur Schwerachse hin (siehe Bild 7) mehr als 5% der Profilhöhe ausmacht, ist ihr Einfluß zu berücksichtigen. Dies darf näherungsweise durch Verringerung des Abstandes des breiten Gurtes zur Schwerachse um die Hälfte der maximalen Eigendurchbiegung erfolgen (zulässige Obergurtverformung für Dachdecken siehe DIN 18 807 Teil 3/06.87, Abschnitt 4.1.4).

Die maximale Eigendurchbiegung u darf berechnet werden zu:

$$u = \frac{\sigma_a^2 \cdot b_o^4}{8\,E^2 \cdot t^2 \cdot z}$$

mit

σ_a mittlere Spannung im Gurt

z Abstand des betrachteten Gurtes von der Schwerachse des Profils

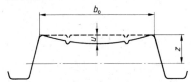

Bild 7. Eigendurchbiegung der Gurte

4.2.3.5 Mitwirkende Breiten im Steg

Je nach Anzahl der Stegsicken im Bereich der Druckzone (siehe Abschnitt 4.2.3.6) sind, vom Druckrand ausgehend, die mitwirkenden Breiten s_{ef1} bis s_{efn} (s_{efn} direkt oberhalb der Spannungsnullinie liegend) zu berücksichtigen (siehe Bild 8).

a) Für die Berechnung des **aufnehmbaren Biegemoments** betragen die mitwirkenden Breiten

$s_{ef1} = 0{,}76 \cdot t \cdot \sqrt{E/\sigma_1}$ und

$s_{efi} = (1{,}5 - 0{,}5 \cdot \sigma_i/\sigma_1) \cdot s_{ef1}$,

wobei σ_1 die Spannung am Druckrand und σ_i ($i = 2 \ldots n-1$) die bei Annahme linearer Spannungsverteilung jeweilige Randspannung des betrachteten Teilbereichs ist (siehe Bild 8).

Direkt oberhalb der Spannungs-Nullinie (im Druckbereich) ist

$s_{efn} = 1{,}5 \cdot s_{ef1}$

als mitwirkend zu betrachten. Zur Ermittlung der mitwirkenden Breiten darf die Spannungs-Nullinie unter Berücksichtigung des vollen Steges, der mitwirkenden Breiten des Druckgurtes sowie der nicht reduzierten Flächen der Sicken bestimmt werden.

Wenn die Summe der für jeden Teilbereich ermittelten mitwirkenden Breiten größer als die wirkliche Breite des jeweiligen Teilbereichs ist, gilt letztere als mitwirkend. Die mitwirkenden Breiten des betreffenden Teilbereichs sind entsprechend zu reduzieren.

b) Das für die Berechnung von **Durchbiegungen** anzusetzende I_{ef} ist mit folgenden mitwirkenden Breiten zu berechnen:

$s_{ef1d} = 0{,}95 \cdot t \cdot \sqrt{E/\sigma_{1d}}$,

mit σ_{1d} maximale Randspannung unter Gebrauchslasten; vereinfachend darf $\beta_S/1{,}5$ angesetzt werden.

$s_{efid} = s_{efi} \cdot \dfrac{s_{ef1d}}{s_{ef1}}$

$s_{efnd} = s_{efn} \cdot \dfrac{s_{ef1d}}{s_{ef1}}$

4.2.3.6 Einfluß der Steifigkeit von Sicken im Druckgurt

Für die Berechnung **aufnehmbarer Druckkräfte und Biegemomente** ist die mitwirkende Fläche A_r der Sicken in

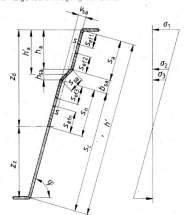

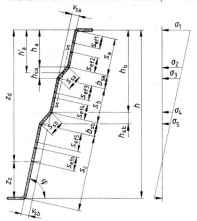

Bild 8. Mitwirkende Breiten im Steg

142

Tabelle 3. **Bestimmung des Koeffizienten k_w**

$k_w = k_{wo}$ $\qquad\qquad$ wenn $l_b/s_w \geq 2$

$k_w = k_{wo} - (k_{wo} - 1) \cdot [2 \cdot l_b/s_w - (l_b/s_w)^2]$ wenn $l_b/s_w < 2$

Eine Sicke im Druckgurt:

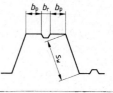

$$k_{wo} = \sqrt{\frac{s_w + 2 \cdot b_1}{s_w + b_1/2}}$$

$$l_b = 3,65 \cdot \sqrt[4]{I_r \cdot b_p^3 \cdot \frac{1 + 3 \cdot s_r/b_p}{t^3}}$$

(Knicklänge der Sicke)

Zwei oder mehr Sicken im Druckgurt:

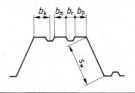

$$k_{wo} = \sqrt{\frac{(2 \cdot b_1 + s_w) \cdot (3 \cdot b_1 - 4 \cdot b_k)}{b_k \cdot (4 b_1 - 6 b_k) + s_w \cdot (3 \cdot b_1 - 4 \cdot b_k)}}$$

$$l_b = 3,65 \cdot \sqrt[4]{I_r \cdot b_k^3 \cdot \frac{3 \cdot b_1/b_k - 4}{t^3}}$$

(Knicklänge der Sicke)

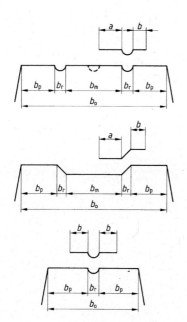

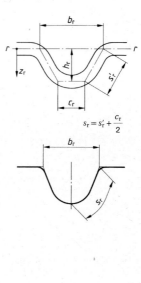

Bild 9. Druckgurt mit einer, zwei oder drei Sicken; für die Berechnung von A_r gilt:

$a = b_{ef}/2$ nach Abschnitt 3.2.5.3 für $b_p = b_m$,

$b = b_{ef}/2$ nach Abschnitt 3.2.5.3 für b_p.

143

Abhängigkeit von der kritischen Normalkraft N_{rel} der Sicken zu reduzieren. Für eine Sicke in Gurtmitte beträgt die kritische Normalkraft je Sicke

$$N_{rel} = k_w \cdot 4{,}2 \cdot E \cdot \sqrt{I_r \cdot t^3/[8 \cdot b_p^3 \cdot (1 + 3 \cdot s_r/b_p)]}\,.$$

Für zwei oder drei Sicken im Gurt beträgt die kritische Normalkraft je Sicke

$$N_{rel} = k_w \cdot 4{,}2 \cdot E \cdot \sqrt{I_r \cdot t^3/[8 \cdot b_k^3 \cdot (3\,b_1/b_k - 4)]}\,.$$

Nur die beiden äußeren Sicken sind zu berücksichtigen.

Die elastische Grenzspannung beträgt

$$\sigma_{el} = N_{rel}/A_r\,.$$

Hierin bedeuten:

I_r Flächenmoment 2. Grades einer Sicke bezüglich ihrer Schwerachse (parallel zum Gurt) mit einem Streifen der Breite $s_{ef\,1}$, $\bar{s}_{ef\,1}$ oder $b_{ef}/2$ auf jeder Seite (der größere Wert darf gewählt werden),

$b_k = b_p + b_r/2$,

k_w Koeffizient, mit dem die elastische Bettung der Sicke berücksichtigt wird. Die Bestimmung von k_w kann nach Tabelle 3 vorgenommen werden. Vereinfachend darf auch mit $k_w = 1$ gerechnet werden.

Die reduzierte mitwirkende Fläche beträgt:

$$A_{ref} = A_r \cdot \sigma_{cd}/\beta_S,$$

wobei σ_{cd} der Tabelle 4 in Abhängigkeit von

$$\alpha = \sqrt{\beta_S/\sigma_{el}}$$

zu entnehmen ist. Die Reduktion der Querschnittsfläche A_r ist rechnerisch durch Reduktion der Blechdicke ($t_{red} = t \cdot \sigma_{cd}/\beta_S$) zu berücksichtigen.

Tabelle 4. **Bestimmung von σ_{cd}/β_S in Abhängigkeit von α**

α	σ_{cd}/β_S
$\alpha \leq 0{,}65$	$1{,}00$
$0{,}65 < \alpha < 1{,}38$	$1{,}47 - 0{,}723 \cdot \alpha$
$1{,}38 \leq \alpha$	$0{,}66/\alpha$

Für die Berechnung von **Durchbiegungen** ist die mitwirkende Fläche der Sicken A_r nicht zu reduzieren.

4.2.3.7   Einfluß der Steifigkeit von Stegsicken

Stegsicken in der Druckzone sind nur dann als wirksam in die Berechnung einzuführen, wenn

— der Stegsickenversatz v_{sa}, v_{sb} (siehe Bild 8) mindestens 5 mm beträgt,

— der Neigungswinkel der Stegsicke gegen die Horizontale höchstens 30° kleiner ist als die Neigungswinkel der anschließenden Stegteile (siehe Bild 10).

a) Für die Berechnung **aufnehmbarer Druckkräfte und Biegemomente** ist die mitwirkende Fläche der Stegsicken A_s in Abhängigkeit von der kritischen Normalkraft der Sicken zu reduzieren.

Die kritische Normalkraft für eine Sicke beträgt:

$$N_{sel} = k_f \cdot 1{,}05 \cdot E \cdot \frac{\sqrt{I_s \cdot t^3} \cdot a_2}{a_1 \cdot (a_2 - a_1)}\,,$$

mit

I_s maßgebendes Flächenmoment 2. Grades der Stegsicke bezüglich der Sickenschwerachse parallel zur Stegebene (siehe Bild 10),

a_2 0,9fache Länge der Stegabwicklung (siehe Bild 10),

a_1 Strecke (Abwicklung) zwischen dem Mittelpunkt der Stegsicke und demjenigen Punkt des Steges, der um das 0,1fache der Stegabwicklung vom Zuggurt entfernt ist (siehe Bild 10),

k_f Koeffizient, mit dem die elastische Bettung der Sicke berücksichtigt wird; vereinfachend darf mit $k_f = 1$ gerechnet werden.

Mit der elastischen Grenzspannung

$$\sigma_{el} = N_{sel}/A_s$$

ergibt sich die reduzierte mitwirkende Fläche der Stegsicke zu

$$A_{sef} = A_s \cdot \sigma_{cd}/\sigma_2\,,$$

mit

$\sigma_2 = (1 - h_a'/z_d) \cdot \beta_S$, h_a', z_d siehe Bild 10
$\sigma_{cd} =$ Spannung nach Tabelle 4.

A_{sef} darf jedoch nicht größer als A_s gesetzt werden.

Wenn zwei Stegsicken vorhanden sind, darf die aussteifende Wirkung der zweiten Sicke dadurch berücksichtigt werden, daß a_1 und a_2 von dem Punkt aus gemessen werden, der mittig zwischen der Kante Zuggurt-Steg und der unteren Sicke liegt.

Die Reduktion des Querschnitts A_s ist rechnerisch durch Reduktion der Blechdicke ($t_{red} = t \cdot \sigma_{cd}/\sigma_2$) zu berücksichtigen.

b) Das für die Berechnung von **Durchbiegungen** anzusetzende I_{ef} ist mit nicht reduzierter Sickenfläche A_s zu berechnen.

4.2.3.8   Einfluß der Steifigkeit von Gurt- und Stegsicken

Wenn sowohl Gurt- als auch Stegsicken zur Profilaussteifung herangezogen werden, ist für die Gurtsicke im Abschnitt 4.2.3.6 anstatt mit N_{rel} zu rechnen

$$N_{el} = \left(\frac{1}{N_{rel}^4} + \frac{\delta^4}{N_{sel}^4} \right)^{-1/4}$$

zu rechnen.

Es bedeuten:

N_{rel} kritische Normalkraft nach Abschnitt 4.2.3.6
N_{sel} kritische Normalkraft nach Abschnitt 4.2.3.7
$\delta = (1 - h_a'/z_d) \cdot A_s/A_r$

Die Reduktion der Querschnitte A_s und A_r ist rechnerisch durch die Verringerung der Blechdicke

$$t_{red} = t \cdot \sigma_{cd}/\beta_S$$

zu berücksichtigen.

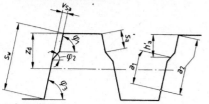

a) Querschnitt

b) Querschnitt für die Bestimmung von A_s

c) Querschnitt für die Bestimmung von I_s

Bild 10.   Querschnittsabmessungen für die Ermittlung der kritischen Normalkraft N_{sel}

4.2.4 Zugbeanspruchte Querschnittsteile

In zugbeanspruchten Querschnittsteilen ist die gesamte Querschnittsfläche als mitwirkend zu betrachten. Bei der Ermittlung der aufnehmbaren Momente dürfen plastische Reserven auf der Zugseite dann rechnerisch genutzt werden, wenn auf der Druckseite die Streckgrenze nicht überschritten ist.

4.2.5 Schubbeanspruchte dünnwandige Querschnittsteile

Die aufnehmbare Schubkraft ist zu berechnen aus

$$V_d = \tau_d \cdot s_w \cdot t \cdot \sin \varphi$$

mit

τ_d Grenzschubspannung nach Tabelle 5

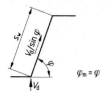

a) Schubkraft im Steg   b) Stegabmessungen

c) mitwirkende Querschnittsfläche einer Stegsicke für die Berechnung von I_s

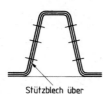

Stützblech über dem Auflager

d) Beispiel für Stützblech über dem Auflager

Bild 11. Aufnehmbare Schubkraft

Tabelle 5. Grenzschubspannungen τ_d

	τ_d/β_S für Stege ohne Stützbleche über den Auflagern	τ_d/β_S für Stege mit Stützblechen über den Auflagern
$\lambda_w \leq 2,1$	0,67	0,67
$2,1 < \lambda_w \leq 4,0$	$1,4/\lambda_w$	$1,4/\lambda_w$
$4,0 < \lambda_w$	$5,6/\lambda_w^2$	$1,4/\lambda_w$

Stege ohne Sicken:

$$\lambda_w = \frac{s_w}{t} \cdot \sqrt{\frac{\beta_S}{E}}$$

Stege mit Sicken:

$$\lambda_w = \frac{s_1}{t} \cdot \frac{2,31}{\sqrt{k_\tau}} \cdot \sqrt{\frac{\beta_S}{E}}$$

jedoch nicht kleiner als

$$\lambda_w = \frac{s_m}{t} \cdot \sqrt{\frac{\beta_S}{E}}$$

mit

s_m größte Breite der ebenen Querschnittsteile (siehe Bild 11)

s_1 Breite des abgewickelten Steges (siehe Bild 11)

$$k_\tau = 5,34 + \frac{2,10}{t} \cdot \sqrt[3]{\frac{I_s}{s_1}}$$

I_s Flächenmoment 2. Grades der Stegsicke nach Abschnitt 4.2.3.7; wenn mehrere Sicken in einem Steg vorhanden sind, ist die Summe aller Flächenmomente 2. Grades einzusetzen.

4.2.6 Stegkrüppeln infolge von Auflagerkräften oder Einzellasten

4.2.6.1 Stege ohne Sicken

Für Trapezprofile über Zwischenauflagern beträgt die aufnehmbare Auflagerkraft je Steg (Momente = 0) unter Berücksichtigung des Stegkrüppelns

$$R_{dB} = 0,15 \cdot t^2 \cdot \sqrt{E \cdot \beta_S} \cdot (1 - 0,1 \cdot \sqrt{r/t})$$
$$\cdot (0,5 + \sqrt{0,02 \cdot b_B/t}) \cdot (2,4 + [\varphi_m/90]^2)$$

mit

r Innenradius ($r < 10 \cdot t$)

b_B Auflagerbreite (10 mm $\leq b_B \leq$ 200 mm), für vorhandene Auflagerbreiten < 10 mm dürfen 10 mm angesetzt werden.

4.2.6.2 Stege mit Sicken

Für Profile mit Stegsicken erhält man die aufnehmbare Auflagerkraft durch Multiplikation der aufnehmbaren Auflagerkraft nach Abschnitt 4.2.6.1 mit dem Faktor $\varkappa_s$. Es gelten die Bedingungen

$\varkappa_s = 1,45 - 0,05 \cdot$ max e/t jedoch
   $\leq 0,95 + 35\,000 \cdot t^2$ min $e/(b_{u1}^2 \cdot s_p)$,
in den Grenzen 2 $<$ max $e/t < 12$ und
   0 $<$ min $e/t < 12$.

max e und min e größte und kleinste Exzentrizität im Steg (nach Bild 12)

b_{u1} geometrisch abgewickelte Breite des belasteten Gurtes (siehe Bild 12)

s_p Abstand des belasteten Gurtes zur nächsten Sicke (siehe Bild 12)

φ_m mittlere Stegneigung (siehe Bild 12)

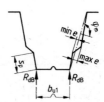

Bild 12. Aufnehmbare Auflagerkräfte

4.2.6.3 Endauflager

Wenn am Endauflager die Profiltafeln weniger als 1,5 · s_w, jedoch mehr als 50 mm überstehen, ergibt sich die aufnehmbare Endauflagerkraft R_{dA} zu 0,6 · R_{dB}. Stehen die Profiltafeln weniger als 50 mm über, so ergibt sich $R_{dA} = 0,5 \cdot R_{dB}$. Hierbei ist für b_B die Auflagerbreite des Endauflagers einzusetzen.

4.2.7 Aufnehmbare Biegemomente

Die aufnehmbaren Biegemomente ergeben sich unter der Bedingung, daß $\int \sigma \cdot dA = 0$ ist, zu
$$M_d = \int \sigma \cdot z \cdot dA .$$

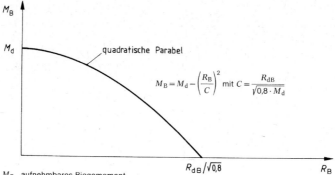

M_B aufnehmbares Biegemoment
R_B γ-fache vorhandene Auflagerkraft
M_d aufnehmbares Biegemoment bei nicht vorhandener Querkraft
R_{dB} aufnehmbare Auflagerkraft bei nicht vorhandenem Biegemoment

Bild 13.   Interaktion zwischen Biegemoment und Auflagerkraft (bzw. Einzellast)

4.2.8   Trapezprofile unter axialem Druck

4.2.8.1   Querschnittsabmessungen

Für die Berechnung der mitwirkenden Breiten in Gurten und Stegen unter axialem Druck sind die Abschnitte 4.2.3.3 und 4.2.3.6 sinngemäß anzuwenden; für die Berechnung der kritischen Normalkraft der Stegsicken gilt jedoch Abschnitt 4.2.3.7 anstelle von Abschnitt 4.2.3.6. Die Koeffizienten k_w und k_f sind gleich 1 zu setzen. Außerdem ist bei gleichzeitigem Vorhandensein von Gurt- und Stegsicken nach Abschnitt 4.2.3.8 zu verfahren.

4.2.8.2   Knicken infolge axialen Drucks

Eine axiale Druckbeanspruchung liegt vor, wenn die Druckkraft in der Schwerachse des effektiven Querschnitts nach Abschnitt 4.2.8.1 angreift.

Für die aufnehmbare Druckkraft gilt

$N_{dD} \leq \sigma_{cd} \cdot A_{ef}$ und $N_{dD} \leq 0.8 \cdot \sigma_{elg} \cdot A_g$.

Hierin bedeuten:

σ_{cd} kritische Druckspannung nach Tabelle 6,
σ_{elg} Knickspannung des Vollquerschnitts A_g,
$\sigma_{elg} = \pi^2 \cdot E/(s_K/i_g)^2$,
i_g Trägheitsradius der nicht reduzierten Querschnittsfläche A_g

Tabelle 6.   **Kritische Druckspannung**

α	σ_{cd}/β_S
$\alpha \leq 0.30$	1.00
$0.30 < \alpha \leq 1.85$	$1.126 - 0.419 \cdot \alpha$
$1.85 < \alpha$	$1.2/\alpha^2$

In Tabelle 6 bedeutet:

$$\alpha = \sqrt{\frac{\beta_S}{\sigma_{el}}} = \frac{s_K}{i_{ef} \cdot \pi} \cdot \sqrt{\frac{\beta_S}{E}}$$

mit

σ_{el} Knickspannung des effektiven Querschnitts
s_K Knicklänge
i_{ef} Trägheitsradius des effektiven Querschnitts.

4.2.9   Trapezprofile unter gleichzeitiger Beanspruchung von Biegemomenten und Auflagerkräften (bzw. Linienlasten)

Werden die Trapezprofile gleichzeitig durch Biegemomente und Auflagerkräfte (bzw. Einzellasten) beansprucht, so ist das unter der Voraussetzung reiner Biegebeanspruchung errechnete aufnehmbare Moment je nach der Größe der Auflagerkräfte nach Bild 13 abzumindern.

5   Schubfeld

Der Spannungs- und Formänderungszustand der als Faltwerk anzusehenden Profiltafeln ist nach der Elastizitätstheorie zu ermitteln. Folgende Bedingungen sind zur

Kante Steg-Flansch (idealisiert)
a)   Spannungen aus Querbiegemomenten

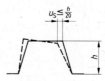

b)   Relativverschiebungen

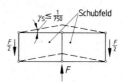

c)   Gesamtverformung

Bild 14.   Kriterien für die Begrenzung der Belastbarkeit von Schubfeldern

Begrenzung der Belastbarkeit der Profiltafeln einzuhalten (siehe Bild 14):

a) Die Spannungen aus Querbiegemomenten dürfen nicht größer als die Fließspannung des Stahls sein (Bedingung für die Ermittlung des zulässigen Schubflusses zul T_1)

b) Die Relativverschiebung des Ober- gegenüber dem Untergurt darf, sofern es sich um Dächer mit bituminös verklebtem Dachaufbau handelt, nicht größer als $1/20$ der Profilhöhe sein (Bedingung für die Ermittlung des zulässigen Schubflusses zul T_2)

c) Die Gesamtverformungen des Schubfeldes sind so zu begrenzen, daß der Gleitwinkel den Wert $\gamma_s = 1/750$ nicht überschreitet (Bedingung für die Ermittlung des zulässigen Schubflusses zul T_3).

Die Berechnung der Schubfeldwerte T_1, T_2, T_3 darf nach [1] oder [2] erfolgen.

Infolge der Schubfeldwirkung ergeben sich an den Querrändern der Profiltafeln (an den Auflagerlinien) Kontaktkräfte R_s, die die Stege der Profiltafeln und die Verbindungen zusätzlich zu den Auflagerkräften belasten (siehe Bild 15).

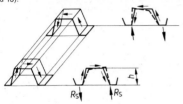

Bild 15. Kontaktkräfte infolge Schubfeldwirkung

6   Begehbarkeit

Sofern ein rechnerischer Nachweis über die Begehbarkeit der Profile während und nach der Montage nicht erbracht wird, ist der Nachweis durch Versuche nach DIN 18 807 Teil 2/06.87, Abschnitte 3.7 und 7.7, zu führen.

7   Überwachung (Güteüberwachung)

7.1   Allgemeines

In jedem Herstellerwerk ist die Einhaltung der nach Abschnitt 3 geforderten Werkstoff- und Bauteileigenschaften [3]) durch eine Überwachung (Güteüberwachung), bestehend aus einer Eigen- und Fremdüberwachung, zu prüfen. Als Herstellerwerk gilt diejenige Produktionsstätte, in der die Trapezprofile geformt werden. Für das Verfahren und den Umfang der Überwachung gelten DIN 18 200 und die in den Abschnitten 7.2 und 7.3 getroffenen Festlegungen.

7.2   Eigenüberwachung

7.2.1   Allgemeines

Jedes Herstellerwerk hat durch eine Eigenüberwachung die Werkstoffeigenschaften und die Maße der Trapezprofile zu überprüfen.

Die Ergebnisse der Eigenüberwachung sind aufzuzeichnen, der fremdüberwachenden Prüfstelle vorzulegen und mindestens 5 Jahre aufzubewahren.

7.2.2   Nachweis der Werkstoffeigenschaften

Von jedem Hauptcoil sind die Streckgrenze, die Zugfestigkeit, die Bruchdehnung $A_{L=80}$, die Zinkschichtdicke, die Zinkhaftung und gegebenenfalls die Dicke des zusätzlichen Korrosionsschutzes nachzuweisen. Die Prüfungen sind nach DIN 17 162 Teil 2 bzw. in Anlehnung an diese Norm durchzuführen.

Der Nachweis der Werkstoffeigenschaften darf auch durch eine Bescheinigung DIN 50 049 – 2.3 (Werksprüfzeugnis) für die nicht profilierten Bleche erbracht werden.

7.2.3   Nachweis der Profilmaße

Bei der Einführung eines neuen Trapezprofils sind alle nach den Abschnitten 3.3.3 und 3.3.4 aufgeführten Meßgrößen zu prüfen. Während der laufenden Produktion sind nur folgende Maße zu prüfen:

a) Bei jedem Profilwechsel
   – **die Blechdicke,**
   – **die Profilhöhe,** und zwar bei 3-Gurt-Profilen an der Mittelrippe, bei 4- und Mehr-Gurt-Profilen an der Mittelrippe und an einer Randrippe,
   – **die Baubreite** an beiden Tafelenden.

b) Bei jeder Änderung der Blechdicke
   – **die Blechdicke,**
   – **die Baubreite** an beiden Tafelenden.

c) Zweimal im Kalenderjahr von jedem gefertigten Profil
   – **die Innenradien,**
   – **die Gurt- und Stegsicken.**

7.3   Fremdüberwachung

7.3.1   Allgemeines

Die Fremdüberwachung besteht aus einer Erstprüfung und aus Regelprüfungen. Sie ist durch eine hierfür anerkannte Überwachungsgemeinschaft oder eine anerkannte Prüfstelle durchzuführen.

7.3.2   Erstprüfung

7.3.2.1   Umfang

Die Erstprüfung besteht aus:
– Prüfung der Herstellungsbedingungen,
– Nachweis der Werkstoffeigenschaften,
– Nachweis der Profilmaße.

Die Prüfungen sind für jedes Herstellerwerk zu erbringen.

7.3.2.2   Prüfung der Herstellungsbedingungen

Die Prüfung der Herstellungsbedingungen erfolgt durch den Fremdüberwacher. Er stellt fest, ob

– die Produktionsstätte zur Herstellung von Trapezprofilen, die dieser Norm entsprechen, geeignet ist,
– geeignete Prüfeinrichtungen verfügbar sind,
– die Eigenüberwachung sachgemäß durchgeführt werden kann.

7.3.2.3   Nachweis der Werkstoffeigenschaften

Maßgebend sind die Werkstoffeigenschaften nach der Profilierung.

Die Trapezprofile müssen auf den für die laufende Herstellung vorgesehenen Anlagen gefertigt worden sein. Die Prüfungen müssen den Blechdickenbereich erfassen, der für die Herstellung vorgesehen ist.

Die Proben sind Zufallsproben aus den zum Zeitpunkt der Probenahme vorliegenden Trapezprofilen zu entnehmen.

Für die Erstprüfung sind Proben drei verschiedener Blechdicken (kleinste, mittlere und größere Blechdicke) von jeweils drei verschiedenen Hauptcoils zu entnehmen. Es sind die Streckgrenze, die Zugfestigkeit, die Bruchdehnung $A_{L=80}$, die Dicke der Zinkauflage, die Zinkhaftung, die

---

[3]) Für die Überwachung der Kunststoffbeschichtung gilt die in den IfBt-Mitteilungen 4/1987 veröffentlichte „Richtlinie zur Beurteilung und Güteüberwachung des Korrosionsschutzes dünnwandiger Bauteile aus verzinktem und organisch beschichtetem Flachzeug aus Stahl".

147

Blechdicke über die Coilbreite und die Dicke der zusätzlichen Korrosionsschutzschicht zu ermitteln.

Die Prüfungen sind nach DIN 17162 Teil 2 bzw. in Anlehnung an diese Norm durchzuführen.

7.3.2.4 Nachweis der Profilmaße

Die Überprüfung der Maße hat an allen für die Fertigung vorgesehenen Profiltypen zu erfolgen. Von den Blechdicken $t_N \leq 0,75$ mm, 1,00 mm und $\geq 1,25$ mm sind jeweils drei Profiltafeln auf Einhaltung der in den Abschnitten 3.3.3 und 3.3.4 festgelegten Toleranzen zu überprüfen.

7.3.2.5 Beurteilung der Prüfungsergebnisse

Bei der Erstprüfung müssen alle Einzelwerte innerhalb der vorgeschriebenen Toleranzen liegen. Über die Prüfungsergebnisse ist ein Prüfungsbericht zu erstellen.

7.3.3 Regelprüfung

7.3.3.1 Art, Umfang, Häufigkeit

Die Regelprüfung ist mindestens 2mal im Jahr durchzuführen. Dabei sind die Werkstoffkennwerte — Streckgrenze, Zugfestigkeit, Bruchdehnung $A_{L=80}$, Zinkschichtdicke, Zinkhaftung und gegebenenfalls Dicke des zusätzlichen Korrosionsschutzes — im Jahr an mindestens 20 verschiedenen Profiltafeln nachzuweisen.

Die Dicken- und Profilabweichungen nach den Abschnitten 3.3.3 und 3.3.4 sind an allen im Jahr gefertigten Profiltypen zu überprüfen und zwar für jedes Profil an zwei Profiltafeln der Blechdicken $t_N \leq 0,75$ mm, 1,00 mm und $\geq 1,13$ mm.

Im Rahmen der Regelprüfungen ist die Eigenüberwachung auf systematische Fehler bei Probenahme, Prüfvorgang und Auswertung zu kontrollieren.

7.3.3.2 Beurteilung der Prüfungsergebnisse

Die im Abschnitt 3.3 angegebenen Nennwerte sind 5%-Quantilwerte [4]), jedoch

— dürfen die Einzelwerte der Streckgrenze den Nennwert der Güteklasse nicht mehr als 10 N/mm^2 unterschreiten,

— müssen die Meßwerte für die Profilmaße innerhalb der in den Abschnitten 3.3.3 und 3.3.4 angegebenen Toleranzen liegen.

Über jede Regelprüfung ist ein Bericht zu erstellen und dem Herstellerwerk zuzuleiten.

Die Ergebnisse der Fremdüberwachung sind statistisch auszuwerten.

Die Prüfungsberichte sind mindestens 5 Jahre aufzubewahren.

8 Kennzeichnung

An jedem Profilpaket muß ein Schild angebracht sein, welches folgende Angaben enthält:

— Herstellerwerk
— Herstelljahr
— Profilbezeichnung
— Blechdicke
— Mindeststreckgrenze
— Einheitliches Überwachungszeichen

---

[4]) Hierbei wird Normalverteilung unterstellt

Zitierte Normen und andere Unterlagen

DIN   1055 Teil 3   Lastannahmen für Bauten; Verkehrslasten

DIN 17 162 Teil 2   Flachzeug aus Stahl; Feuerverzinktes Band und Blech; Technische Lieferbedingungen, Allgemeine Baustähle

DIN 18 200   Überwachung (Güteüberwachung) von Baustoffen, Bauteilen und Bauarten; Allgemeine Grundsätze

DIN 18 516 Teil 1   (z. Z. Entwurf)   Außenwandbekleidungen, hinterlüftet; Anforderungen, Prüfgrundsätze

DIN 18 807 Teil 2   Trapezprofile im Hochbau; Stahltrapezprofile; Durchführung und Auswertung von Tragfähigkeitsversuchen

DIN 50 018   Korrosionsprüfungen; Beanspruchung im Kondenswasser-Wechselklima mit schwefeldioxidhaltiger Atmosphäre

DIN 50 049   Bescheinigungen über Materialprüfungen

DIN 53 167   Lacke, Anstrichstoffe und ähnliche Beschichtungsstoffe; Salzsprühnebelprüfung an Beschichtungen

DIN 53 209   Bezeichnung des Blasengrades von Anstrichen

DIN 55 928 Teil 5   Korrosionsschutz von Stahlbauten durch Beschichtungen und Überzüge; Beschichtungsstoffe und Schutzsysteme

DIN 55 928 Teil 8   Korrosionsschutz von Stahlbauten durch Beschichtungen und Überzüge; Korrosionsschutz von tragenden dünnwandigen Bauteilen (Stahlleichtbau)

DIN 59 232   Flachzeug aus Stahl; Feuerverzinktes Breitband und Blech aus weichen unlegierten Stählen und aus allgemeinen Baustählen; Maße, zulässige Maß- und Formabweichungen

DIN ISO 1520   Anstrichstoffe; Tiefungsprüfung

[1] Schardt, R., Strehl, C.: Theoretische Grundlagen für die Bestimmung der Schubsteifigkeit von Trapezblechscheiben − Vergleich mit anderen Berechnungsansätzen und Versuchsergebnissen. Der Stahlbau 45 (1976) 97−108

[2] Schardt, R., Strehl, C.: Stand der Theorie zur Bemessung von Trapezblechscheiben. Der Stahlbau 49 (1980) 325−334

Internationale Patentklassifikation

E 04 C 2/32
E 04 D 3/24
E 04 B 2/56
E 04 B 5/02
E 04 B 7/00
G 01 N 3/00

Trapezprofile im Hochbau

Stahltrapezprofile

Durchführung und Auswertung von Tragfähigkeitsversuchen

DIN

18 807

Teil 2

Trapezoidal sheeting in buildings; steel trapezoidal sheeting; execution and evaluation of ultimate strength tests

Plaques nervurées pour le bâtiment; plaques nervurées en tôle d'acier; modalités et interpretation des essais de charge ultime

Zu den Normen der Reihe DIN 18 807 gehören:

DIN 18 807 Teil 1   Trapezprofile im Hochbau; Stahltrapezprofile; Allgemeine Anforderungen, Ermittlung der Tragfähigkeitswerte durch Berechnung

DIN 18 807 Teil 2   Trapezprofile im Hochbau; Stahltrapezprofile; Durchführung und Auswertung von Tragfähigkeitsversuchen

DIN 18 807 Teil 3   Trapezprofile im Hochbau; Stahltrapezprofile; Festigkeitsnachweis und konstruktive Ausbildung

Folgeteile in Vorbereitung

Inhalt

1   Anwendungsbereich

Diese Norm regelt die Durchführung und Auswertung von Tragfähigkeitsversuchen an korrosionsgeschützten Stahltrapezprofilen im Hochbau für Dächer, Decken, Wände, Wandbekleidungen (Beispiele für Profilformen siehe DIN 18 807 Teil 1/06.87, Bild 2) bei vorwiegend ruhender Beanspruchung (nach DIN 1055 Teil 3/06.71, Abschnitt 1.4). Stahltrapezprofile, bei denen eine Verbundwirkung mit anderen Baustoffen (z. B. Kunststoff, Beton) oder Bauteilen zur Ermittlung der Tragfähigkeit herangezogen wird, werden von dieser Norm nicht erfaßt. Werden Stahltrapezprofile, insbesondere andere Profilformen wie Kassettenprofile oder Stehfalzprofile, mit Bauteilen (z. B. Stahlblech, Stahltrapezprofile) mechanisch verbunden, darf deren aussteifende Wirkung bei Versuchen nach dieser Norm berücksichtigt werden.

2   Formelzeichen

Bezüglich der Profilmaße sind die Formelzeichen nach DIN 18 807 Teil 1/06.87 anzuwenden.

C Interaktionsparameter

E Elastizitätsmodul

F Einzellast

I_{ef} Flächenmoment 2. Grades des mitwirkenden Querschnitts für den Feldbereich im Gebrauchszustand (effektives Trägheitsmoment)

M_{dF} aufnehmbares Biegemoment der Trapezprofile im Feldbereich

M_R noch vorhandenes Biegemoment (Restmoment) über dem Zwischenauflager von Durchlaufträgern nach dem Beulen (Krüppeln)

$M_{R,R}$ Rechenwert des Restmoments

Fortsetzung Seite 2 bis 10

Normenausschuß Bauwesen (NABau) im DIN Deutsches Institut für Normung e.V.

$M_{R,V}$ aus Versuchen ermitteltes Restmoment

M_B Biegemoment der Trapezprofile im Zwischenauflagerbereich

M_d^0 aufnehmbares Biegemoment der Trapezprofile im Zwischenauflagerbereich bei nicht vorhandener Querkraft

R_A Endauflagerkraft

R_B Zwischenauflagerkraft

R_B^0 Zwischenauflagerkraft bei nicht vorhandenem Biegemoment

S allgemeine Schnittgröße

S_c charakteristischer Wert einer allgemeinen Schnittgröße

S_V Versuchswert einer allgemeinen Schnittgröße

b_A Breite des Endauflagers

b_B Breite des Zwischenauflagers im Versuch „Durchlaufträger" bzw. Breite der Lasteinteilung im Versuch „Zwischenauflager"

b_R Rippenbreite

b_V Prüfkörperbreite

c statistische Größe

f Durchbiegung

f_{pl} plastische Verformung

h Profilhöhe

l Stützweite

l_V Prüfkörperlänge

l_E Stützweite des Versuchs „Zwischenauflager"

l_F Stützweite des Versuchs „Feld"

n Anzahl von Versuchen, die zur statistischen Auswertung zusammengefaßt werden können (Population)

q_V Gleichstreckenlast (Gleichflächenlast) im Versuch

q_{Tr} Traglast

s Standardabweichung

t Stahlkerndicke

t_N Nennblechdicke

t_V Stahlkerndicke im Versuch

Δ der bei plastischen Verdrehungen entstehende Kontingenzwinkel (Winkel der Tangenten an die Biegelinie auf beiden Seiten des Zwischenauflagers von Durchlaufträgern)

Δ_R Rechenwert des Kontingenzwinkels

Δ_V aus Versuchen ermittelter Kontingenzwinkel

β_S Streckgrenze

$\beta_{S,N}$ Nennstreckgrenze

$\beta_{S,V}$ Streckgrenze im Versuch

3   Versuchsarten

3.1   Allgemeines

Durch die Versuche wird mit reproduzierbaren Verfahren das Tragverhalten im praktischen Einsatz festgestellt. Dabei dürfen insbesondere die Streckgrenzen $\beta_{S,V}$ im Versuch nicht mehr als 25 % von den Nennwerten nach DIN 17 162 Teil 2 abweichen.

Werden vereinfachende statische Ersatzsysteme verwendet, so dürfen die Versuchsbedingungen nicht günstiger sein als im praktischen Einsatz.

Die Versuche dürfen nur von einer Materialprüfanstalt [1]), die über die notwendigen Einrichtungen und Mitarbeiter mit entsprechenden Erfahrungen verfügt, durchgeführt werden. Die Ermittlung von aufnehmbaren Schnittgrößen und effektiven Steifigkeiten aus den Versuchsergebnissen muß prüffähig dargestellt sein.

3.2   Maße, Hilfskonstruktionen und Lage der Prüfkörper

3.2.1   Maße der Prüfkörper

Die Maße müssen innerhalb der Grenzabmaße nach DIN 18 807 Teil 1 liegen.

Als Prüfkörperbreite b_V ist eine Rippenbreite oder ein Vielfaches davon zu wählen.

Dabei ist anzustreben, daß sich im Bereich der Biegedruckzonen keine freien Längsränder befinden. Falls dies nicht möglich ist, sind Hilfskonstruktionen nach Abschnitt 3.2.2 vorzusehen.

Als Tafelbreite gilt die der üblichen Fertigung entsprechende Breite.

Es muß sichergestellt sein, daß die Tragwirkung je Meter Prüfkörperbreite nicht günstiger wird als im praktischen Einsatz. Insbesondere dürfen die Überlappungen (Längsstöße) je Meter Prüfkörperbreite die im praktischen Einsatz vorhandene Anzahl nicht überschreiten.

3.2.2   Hilfskonstruktionen

Trapezprofile werden als Flächentragwerke mit aussteifenden Randblechen oder auf der Unterkonstruktion befestigt eingesetzt. Deshalb dürfen für die Versuche Hilfskonstruktionen verwendet werden, die die Prüfkörperbreite seitlich begrenzen. Es ist sicherzustellen, daß dadurch keine versteifenden Einflüsse wirksam werden, die die aufnehmbare Belastung gegenüber dem praktischen Einsatz erhöhen könnten.

Eine Aussteifung nach Bild 1 oder auch seitliche Anschlagklötze sind möglich.

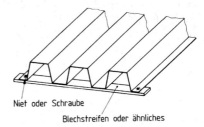

Niet oder Schraube

Blechstreifen oder ähnliches

Bild 1.   Beispiel für eine Hilfskonstruktion

3.2.3   Lage der Prüfkörper

Die nachfolgenden Versuchsbeschreibungen gelten sowohl für Positiv- als auch für Negativ-Lage der Profile.

Die Begriffe „Positiv-Lage" und „Negativ-Lage" sind durch die Profilzeichnung zu definieren.

3.3   Versuch „Feld"

Der Versuch „Feld" dient zur Ermittlung des aufnehmbaren Biegemoments M_{dF} bei nicht vorhandener Querkraft sowie zur Ermittlung des effektiven Trägheitsmoments I_{ef} (siehe Abschnitt 2).

---

[1]) Eine Liste der hierfür in Betracht kommenden Materialprüfanstalten wird beim Institut für Bautechnik (IfBt), Berlin, geführt.

3.3.1 Statisches System

Als statisches System ist ein Einfeldträger mit mehreren gleich großen Einzellasten (Linienlasten) oder wahlweise Gleichstreckenlast (Gleichflächenlast) nach Bild 2 zu verwenden.

Bei Verwendung von Einzellasten (mindestens 4 Einzellasten, siehe Bild 2) sind diese so anzuordnen, daß ihre Momentenlinie aus Tangenten an die Momentenlinie für Gleichstreckenlast mit gleichem Maximalmoment besteht.

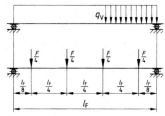

Bild 2.   Statisches System für Versuch „Feld"

Die Stützweite l_F ist nach dem Haupteinsatzbereich des Trapezprofils zu wählen.

3.3.2 Ausbildung der Prüfkörper

Die Prüfkörper sind nach Abschnitt 3.2 auszubilden.

Die Prüfkörperlänge soll $l_V \geq l_F + 2 \cdot h$ betragen, damit die Profile an den Auflagern einen Mindestüberstand über die Auflagerachse von der Größe der Profilhöhe besitzen (siehe auch Bild 3).

Hilfskonstruktionen nach Abschnitt 3.2.2 zur Begrenzung und Einhaltung der Versuchsbreite sind an den Auflagern, an den Stellen der Lasteinleitung (im Falle mehrerer Einzellasten) und in Stützweitenmitte vorzusehen. Im Falle einer Gleichstreckenlast (Gleichflächenlast) sind entsprechende Abstände zwischen den Hilfskonstruktionen zu wählen.

3.3.3 Lagerung

Die Auflager sind als Rollen-Kipplager auszubilden. Die Auflagerkräfte sind über Holzklötze in die oben liegenden Gurte zu leiten. Die Länge der Holzklötze in Richtung der Profilrippen soll etwa der Profilhöhe entsprechen, die Breite soll eine mögliche Querbewegung der Stege nicht behindern.

3.3.4 Lasteinleitung

Der Versuchsaufbau ist so auszubilden, daß im Falle von Einzellasten (Linienlasten) während des gesamten Versuches jede Einzellast möglichst ihre planmäßige Wirkungslinie beibehält. Weiterhin ist sicherzustellen, daß sich in dem Versuchsaufbau keinerlei Gewölbewirkung oder sonstige, den Prüfkörper aussteifende Effekte einstellen können.

Im Fall einer Gleichstreckenlast (Gleichflächenlast) ist sicherzustellen, daß die planmäßige Lastverteilung auch bei wachsenden Verformungen des Prüfkörpers erhalten bleibt.

Eine Belastung durch (groß)flächige Elemente mit einer Eigenbiegesteifigkeit in Spannrichtung der Prüfkörper ist unzulässig.

Bei der Belastung mit Einzellasten (Linienlasten) darf der Lastangriff auf die unten liegenden Gurte erfolgen (z. B. durch Holzeinlagen in den Rippen, siehe Bild 4).

Bei Belastung mit einer Gleichstreckenlast (Gleichflächenlast, z. B. durch einen Luftsack) soll der Lastangriff auf die oben liegenden Gurte erfolgen.

3.3.5 Durchbiegungsmessung

Die Durchbiegung f ist in Feldmitte mindestens an beiden Rändern des Trapezprofils zu messen. Der auf die Mitte des Prüfkörpers bezogene Wert ist maßgebend.

Um den Einfluß örtlicher Verformungen des Prüfkörpers auszuschalten, soll die Messung an einem dem Prüfkörper zusätzlich angebrachten Zwischenprofil erfolgen. Dieses Zwischenprofil kann gleichzeitig die Funktion des Blechstreifens nach Bild 1 übernehmen.

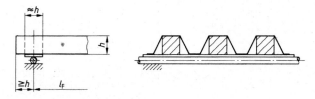

Bild 3.   Auflagerausbildung beim Versuch „Feld"

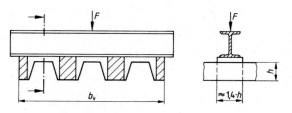

Bild 4.   Beispiel für Lasteinleitung beim Versuch „Feld"

3.4   Versuch „Zwischenauflager" (Ersatzträgerversuch)

Der Versuch „Zwischenauflager" dient zur Ermittlung des Biegemomentes M_B über einem Zwischenauflager bei Durchlaufträgern, und zwar in Abhängigkeit von der Zwischenauflagerkraft R_B sowie der Auflagerbreite b_B.

3.4.1   Statisches System

Der Versuch „Zwischenauflager" soll die Verhältnisse im Bereich negativer Stützmomente bei Durchlaufträgern simulieren. Zu diesem Zweck darf ein Ersatzträger nach Bild 5 verwendet werden.

Die Stützweite l_E ist so zu variieren, daß der beabsichtigte Einsatzbereich in seinen Grenzwerten erfaßt wird.

Die kleinste zu prüfende Stützweite ergibt sich zu

$$\min l_E = b_B + 4 \cdot h$$

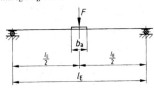

Bild 5.   Statisches System für Versuch „Zwischenauflager"

3.4.2   Ausbildung der Prüfkörper

Die Prüfkörper sind nach Abschnitt 3.2 auszubilden.

Bei Stützweiten kleiner als $l_E = 1500 - 2 \cdot h$ sollen die Längen der Prüfkörper mindestens $l_V = 1500$ mm, bei größeren Stützweiten mindestens $l_V = l_E + 2 \cdot h$ betragen.

Hilfskonstruktionen nach Abschnitt 3.2.2 zur Begrenzung und Einhaltung der Versuchsbreite sind an den Auflagern und unter der Lasteinleitung vorzusehen.

3.4.3   Lagerung

Die Lagerung erfolgt nach Abschnitt 3.3.3.

3.4.4   Lasteinleitung

Die Lasteinleitung hat richtungstreu zu erfolgen, ein Schrägstellen des Lasteinleitungsträgers ist zu vermeiden.

Es sind folgende Fälle zu unterscheiden:

a) die Auflagerkraft ist eine Druckkraft (Druckeinleitung)
b) die Auflagerkraft ist eine Zugkraft (Zugeinleitung)

3.4.4.1   Druckeinleitung

Die Druckkraft muß unmittelbar in den oben liegenden Gurt bzw. die oben liegenden Gurte eingeleitet werden (siehe Bild 6).

3.4.4.2   Zugeinleitung

Zur Vereinfachung der Versuchsdurchführung darf in diesem Fall die Belastung als Druckkraft in die unten liegenden Gurte eingeleitet werden. Als Belastungsfläche ist in jedem Fall eine kreisrunde Scheibe zu wählen, deren Durchmesser mindestens 10 mm kleiner als die Breite des unteren Gurtes ist. Aus versuchstechnischen Gründen dürfen abweichend von Abschnitt 3.2.1 die der Befestigung dienenden Randstreifen der Prüfkörper breiter ausgebildet werden. Die Versuchsergebnisse sind dann entsprechend zu korrigieren (siehe Bild 7).

3.4.5   Durchbiegungsmessung

Die Durchbiegungsmessung ist nach Abschnitt 3.3.5 durchzuführen, jedoch ist abweichend davon die Absenkung des Lasteinleitungsträgers zu messen.

3.5   Versuch „Endauflager"

Der Versuch „Endauflager" dient zur Bestimmung der aufnehmbaren Endauflagerkraft R_A des Einfeldträgers bzw. des Endfeldes eines Mehrfeldträgers.

3.5.1   Statisches System

Als statisches System ist ein Einfeldträger mit Einzellast und Schneidenlagerung am zu untersuchenden Auflager zu wählen (siehe Bild 8).

3.5.2   Ausbildung der Prüfkörper

Die Prüfkörper sind nach Abschnitt 3.2 auszubilden.

3.5.3   Lagerung

Am zu untersuchenden Auflager ist ein Flachdrücken der Prüfkörper durch seitliches Ausweichen zu verhindern, das Auflager selbst ist als Schneide mit der Steigung 1 : 20 auszubilden. Das abliegende Auflager ist als Rollen-Kipplager auszuführen — ein Versagen des Profils an dieser Stelle ist durch geeignete Maßnahmen auszuschließen.

Bei Zugeinleitung der Endauflagerkraft ist nach Abschnitt 3.4.4.2 zu verfahren.

3.5.4   Lasteinleitung

Die Belastung ist über eine biegesteife Verteilerplatte unmittelbar in die Obergurte einzuleiten.

3.5.5   Verformungsmessung

Am zu untersuchenden Auflager ist zur Kontrolle des Belastungs-Verformungsverhaltens die Zusammendrückung des Profils zu messen.

3.6   Versuch „Durchlaufträger"

Der Versuch „Durchlaufträger" darf anstelle oder ergänzend zu den Versuchen nach den Abschnitten 3.3 und 3.4 durchgeführt werden.

3.6.1   Statisches System

Als statisches System ist im Regelfall ein Zweifeldträger mit gleich großen Stützweiten l und mindestens vier gleich großen Einzellasten (Linienlasten) je Feld oder wahlweise Gleichstreckenlast (Gleichflächenlast) nach Bild 9 anzusetzen. Bei Verwendung von Einzellasten sind diese so anzuordnen, daß die Momentenlinie aus Tangenten an die Momentenlinie für Gleichstreckenlast mit gleichem Maximalmoment besteht.

Bei ungleichen Stützweiten oder bei Verwendung von mehr als vier gleich großen Einzellasten ist sinngemäß zu verfahren.

3.6.2   Ausbildung der Prüfkörper

Die Prüfkörper sind nach Abschnitt 3.2 auszubilden.

3.6.3   Lagerung

3.6.3.1   Lagerung für Druckeinleitung der Zwischenauflagerkraft

Die Auflagerbreiten b_B richten sich nach dem beabsichtigten Einsatzbereich für das Zwischenauflager. Die äußeren Lager sind nach Abschnitt 3.3.3 als Rollen-Kipplager auszubilden, das mittlere Lager als festes Lager (siehe Bild 10).

3.6.3.2   Lagerung für Zugeinleitung der Zwischenauflagerkraft

In diesem Fall darf analog zu Abschnitt 3.4.4.2 verfahren werden.

3.6.4   Lasteinleitung

Die Belastung erfolgt nach Abschnitt 3.3.4.

Die Zwischenauflagerkraft R_B ist zu messen.

3.6.5   Durchbiegungsmessung

Die Durchbiegungsmessung ist nach Abschnitt 3.3.5 durchzuführen.

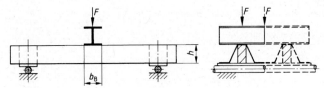

Bild 6.   Beispiel für Druckeinleitung beim Versuch „Zwischenauflager"

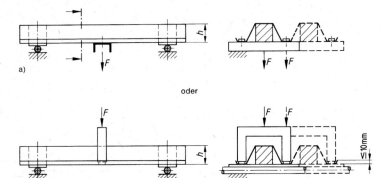

a)

oder

b)

Bild 7.   Beispiel für Zugeinleitung beim Versuch „Zwischenauflager"

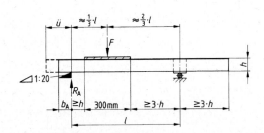

Bild 8.   Beispiel für Lasteinleitung beim Versuch „Endauflager"

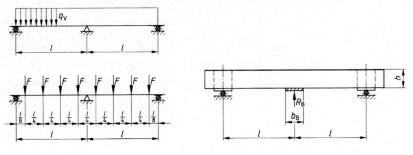

Bild 9.   Statisches System für Versuch
„Durchlaufträger"

Bild 10.   Beispiel für Auflagerausbildung beim Versuch
„Durchlaufträger"

3.7   Versuch „Begehbarkeit"

Der Versuch dient zur Beurteilung der Begehbarkeit von Trapezprofilen durch Einzelpersonen. Dabei sind zwei Fälle zu unterscheiden:

— Begehbarkeit während der Montage
— Begehbarkeit nach der Montage, wenn die Trapezprofile endgültig mit den Auflagern und miteinander verbunden sind.

Es sind die Stützweiten zu ermitteln, für die die Anforderungen nach Abschnitt 7.7 erfüllt sind.

3.7.1   Statisches System

Als statisches System ist ein Einfeldträger mit Einzellast in Feldmitte anzusetzen.

3.7.2   Ausbildung der Prüfkörper

Als Prüfkörper ist ein Trapezprofil mit ganzer Tafelbreite zu verwenden. Stabilisierende Bauelemente und Maßnahmen, die auch während der Montage und in der konstruktiven Ausführung planmäßig gegeben sind, dürfen bei den Versuchen angewendet werden.

3.7.3   Lagerung

Die Profiltafel ist auf mindestens 40 mm breite, flache Auflagerschienen aufzulegen.

3.7.4   Lasteinleitung

Die Belastung ist als richtungstreue Einzellast mit einer Belastungsfläche von 100 mm × 150 mm einzutragen, dabei liegt die längere Seite in Richtung der Profilrippen. Zur Vermeidung von Spannungsspitzen wird die Belastung über eine etwa 10 mm dicke weiche Schicht, z. B. Filzplatte, in das Trapezprofil eingeleitet.

3.7.5   Verformungsmessung

Die vertikale Verformung ist entweder an der Lasteinleitung selbst oder unmittelbar daneben zu messen.

3.7.6   Begehbarkeit während der Montage

Die Begehbarkeit des Trapezprofils während der Montage wird durch die Belastung **einer Randrippe** geprüft. Hilfskonstruktionen zur seitlichen Begrenzung oder Aussteifungen sowie Verbindungen mit der Unterkonstruktion dürfen nicht angebracht werden.

In diesem Fall muß die Belastung richtungstreu in die Belastungsfläche eingeleitet werden, z. B. mittels Gewichten über eine Hängevorrichtung. In die zu belastende Rippe darf zu diesem Zweck eine Bohrung von 8 mm Durchmesser eingebracht werden.

3.7.7   Begehbarkeit nach der Montage

Die Begehbarkeit des Trapezprofils nach der Montage wird durch die Belastung einer Rippe, die nicht Randrippe ist, geprüft (Mittenbelastung). In diesem Fall darf die Belastung mittels eines Prüfkolbens aufgebracht werden (siehe Tabelle 3). Die Ränder der Prüfkörper dürfen an den Auflagern und in den Drittelpunkten der Stützweiten gegen seitliches Ausweichen gesichert werden.

4   Durchführung der Versuche
4.1   Allgemeines

Die Messung der aufgebrachten Belastung und der dadurch hervorgerufenen Verformungen ist mittels geeigneter Meßgeräte mitzuschreiben. Eine Änderung der Belastungsgeschwindigkeit nach Abschnitt 4.4 während des Versuchs ist nicht zulässig.

4.2   Messung der Profilgeometrie

Es sind alle einzelnen Maße festzustellen, die zu einer eindeutigen Beschreibung des Profilquerschnittes notwendig sind. Dazu sind für jedes Profil und jede Nennblechdicke je

3 Profilquerschnitts-Vermessungen — 200 mm vom Profilende entfernt — durchzuführen, sofern es sich um gewalzte Profile handelt. Bei gekanteten Profilen ist jedes Profil zu vermessen.

4.3   Ermittlung der Versuchsvorlast

Die Versuchsvorlast ist durch Auswägen der den Prüfkörper belastenden Lasteinleitungskonstruktion zu bestimmen.

4.4   Belastungsablauf

Eine Belastungsgeschwindigkeit von 1/50 der Stützweite je Minute an der Stelle der maximalen Verformung soll nicht wesentlich überschritten und während des Versuchs nicht verändert werden.

4.5   Werkstoffprüfung
4.5.1   Zugversuch

An jedem Prüfkörper sind die Werkstoffkennwerte (Zugfestigkeit, Streckgrenze und Bruchdehnung des Stahlkerns) durch einen Zugversuch nach DIN 50145 an einer Flachprobe DIN 50114 — 20 × 80 zu bestimmen.

Abweichend davon darf die Anzahl der Zugversuche auf mindestens fünf Versuche je untersuchter Nennblechdicke vermindert werden, wenn die Zugproben aus verschiedenen Prüfkörpern entnommen werden und sichergestellt wird, daß alle Prüfkörper einer Nennblechdicke aus dem gleichen ebenen Stahlblech hergestellt worden sind. In diesem Fall ist die Bestimmung der charakteristischen Schnittgrößen nach Abschnitt 7.2.1 mit den Mittelwerten der Versuchsstreckgrenzen für jede untersuchte Nennblechdicke vorzunehmen.

4.5.2   Probenahme

Die Proben sind nach dem Profilieren aus einem durch das Profilieren nicht verformten Bereich in Profillängsrichtung zu entnehmen.

5   Anzahl der Versuche
5.1   Mindestanzahl zu prüfender Blechdicken

Die Anzahl der zu untersuchenden Nennblechdicken nach DIN 18807 Teil 1/06.87, Abschnitt 3.3.3, richtet sich nach dem vorgesehenen Einsatzbereich der Trapezprofile und ist aufgrund der nachfolgenden Bestimmungen festzulegen.

Ist die Differenz zwischen geprüften Nennblechdicken nicht größer als 0,25 mm für $t_N \leq 1,0$ mm bzw. 0,5 mm für $t_N > 1,0$ mm, so darf für nicht geprüfte Blechdicken interpoliert werden. Eine Extrapolation nach größeren Nennblechdicken ist linear, nach kleineren Nennblechdicken quadratisch nach Bild 11 erlaubt.

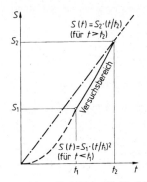

Bild 11.   Extrapolation für nicht geprüfte Blechdicken

155

Nennblechdicken $t_N < 0{,}60$ mm dürfen nicht für die Beurteilung des Tragverhaltens von Profilen größerer Nennblechdicken herangezogen werden.

5.2   Mindestanzahl der Versuche

Die Anzahl der Versuche je Parameterkombination (Versuchsart, Stützweite und Nennblechdicke) muß nach Tabelle 1 gewählt werden.

Tabelle 1.   **Mindestanzahl der Versuche**

Anzahl der untersuchten Nennblechdicken		Anzahl der Versuche
für $t_N \geq 0{,}60$ mm	≥ 3	≥ 2
	2	≥ 3
	1	≥ 4
für $t_N < 0{,}60$ mm		≥ 4

5.3   Mindestanzahl der zu untersuchenden Stützweiten für Versuche „Zwischenauflager" bzw. Versuche „Durchlaufträger"

Für den linearen M_B-R_B-Zusammenhang nach Abschnitt 7.4.2 sind mindestens 2 Stützweiten und für den quadratischen Zusammenhang nach Abschnitt 7.4.2 mindestens 3 Stützweiten je Nennblechdicke nach den Abschnitten 3.4 bzw. 3.6 zu untersuchen.

Der Bereich zwischen der größten und kleinsten Stützweite ist nach Abschnitt 7.4.2 (siehe Bild 12) möglichst gleichmäßig zu unterteilen.

6   Darstellung der Versuchsergebnisse

Die Versuchsergebnisse sind durch ein Prüfzeugnis der Materialprüfanstalt (siehe Abschnitt 3.1, Fußnote 1) zu belegen. Im einzelnen muß es enthalten:

— Zweck und Zielsetzung der Versuche
— Art und Maße der Prüfkörper
  (Nennwerte und gemessene Werte)
— Werkstoff der Prüfkörper
— Darstellung der Versuche, Stützweiten
— Einzelheiten der Versuchsdurchführung, Arten der Belastung und Messung der Versuchsdaten
— Versuchsergebnisse (für die Auswertung notwendige Lastverformungskurven, Bruchlasten, Materialkennwerte, Blechdicken).

7   Auswertung der Versuchsergebnisse

7.1   Allgemeines

Grundsätzlich gilt für die Auswertung der Versuchsergebnisse folgendes:

— Die für die Bemessung notwendigen Zusammenhänge sind durch eine stetige mathematische Funktion darzustellen.
— Die Form dieser Funktion darf dem jeweiligen Spezialfall angepaßt werden.
— Handelt es sich bei einem Versuchswert offensichtlich um einen Ausreißer, besteht die Möglichkeit, diesen Versuch durch zwei weitere Versuche zu ersetzen.

7.2   Schnittgrößen

7.2.1   Bestimmung der charakteristischen Schnittgrößen

Zur Bestimmung des charakteristischen Werts S_c einer Schnittgröße S (z. B. aufnehmbares Biegemoment M_{dF}, aufnehmbares Biegemoment am Zwischenauflager M_{dB}, Zwischenauflagerkraft R_B, Endauflagerkraft R_A) aus den Ver-

suchsergebnissen S_V ist eine statistische Auswertung vorzunehmen. Dabei dürfen jeweils die Versuche mit gleichen Bedingungen, z. B.:

— Versuche „Feld"
— Versuche „Zwischenauflager" mit gleicher Nennblechdicke und Lasteinleitungsbreite
— Versuche „Endauflager"
— Versuche „Durchlaufträger" mit gleicher Nennblechdicke und Auflagerbreite

zu einer Population n zusammengefaßt werden. Versuche mit Nennblechdicken $t_N < 0{,}60$ mm dürfen nicht mit Versuchen größerer Nennblechdicken zu einer Population zusammengefaßt werden.

Die Einzelwerte S_V sind bezüglich Abweichungen der Versuchsblechdicken t_V und -streckgrenzen $\beta_{S,V}$ von den Nennwerten t und $\beta_{S,N}$ wie folgt zu korrigieren:

$$\bar{S}_V = S_V \cdot \left[\frac{\beta_{S,N}}{\beta_{S,V}}\right]^{0,5} \cdot \left[\frac{t}{t_V}\right]^{\beta}$$

mit

$\beta = 1$ für $t \geq t_V$
$\beta = 2$ für $t < t_V$

Von den korrigierten Ergebnissen $\bar{S}_V$ der Versuche mit gleichen Parametern (z. B. Versuche „Feld" einer Nennblechdicke; Versuche „Zwischenauflager" einer Stützweite bei gleicher Nennblechdicke und Lasteinleitungsbreite; Versuche „Endauflager" einer Nennblechdicke; Versuche „Durchlaufträger" einer Stützweite bei gleicher Nennblechdicke und Auflagerbreite) sind die Mittelwerte $\bar{S}_{V,m}$ und die Quotienten $\bar{S}_V / \bar{S}_{V,m}$ zu bilden.

Als Varianz für jede Population n ergibt sich dann

$$s^2 = \frac{\sum (\bar{S}_V / \bar{S}_{V,m})^2 - \dfrac{1}{n} \cdot (\sum \bar{S}_V / \bar{S}_{V,m})^2}{n - 1}$$

Die charakteristischen Schnittgrößen berechnen sich zu

$$S_c = \bar{S}_{V,m} \cdot (1 - c \cdot s)$$

mit c nach Tabelle 2.

Tabelle 2.   **c-Werte**

n	3	4	5	6	8	10	12	20	∞
c	2,92	2,35	2,13	2,02	1,90	1,83	1,80	1,73	1,65

Bei der Bestimmung der Trägheitsmomente ist analog zu verfahren — eine Korrektur bezüglich der Abweichung der Versuchsstreckgrenzen von den Nennwerten ist nicht vorzunehmen.

7.2.2   Darstellung der Schnittgrößen und Sicherheiten

Die Schnittgrößen sollen auf die Einheitsbreite von einem Meter bezogen angegeben werden, die Sicherheitsbeiwerte sind DIN 18807 Teil 3/06.87 zu entnehmen. Die Zusammenhänge zwischen charakteristischen Schnittgrößen und den Versuchsergebnissen müssen erkennbar und jederzeit überprüfbar dargestellt werden.

7.3   Versuch „Feld"

7.3.1   Ermittlung des aufnehmbaren Biegemomentes M_{dF}

Das aufnehmbare Biegemoment ergibt sich als das zur Maximallast des Versuchs „Feld" gehörige Biegemoment unter Berücksichtigung der Versuchsvorlast nach Abschnitt 4.3 und der Eigenlast des Prüfkörpers.

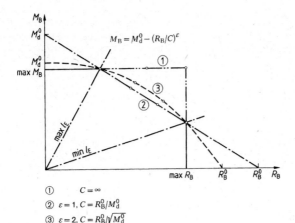

$$M_B = M_d^0 - (R_B/C)^\varepsilon$$

① $C = \infty$

② $\varepsilon = 1, C = R_B^0/M_d^0$

③ $\varepsilon = 2, C = R_B^0/\sqrt{M_d^0}$

Bild 12.   Interaktion zwischen Biegemoment M_B und Zwischenauflagerkraft R_B (bzw. Einzellast)

7.3.2 Ermittlung des effektiven Trägheitsmoments I_{ef}

Das effektive Trägheitsmoment (siehe Abschnitt 2) ist aus dem linearen Gebrauchslastbereich der Last-Verformungskurve des Versuchs „Feld" zu bestimmen. Setzungen in den Belastungseinrichtungen und den Auflagern sind zu eliminieren.

Der Versuchswert ist dem Rechenwert des vollen Querschnitts gegenüberzustellen – der kleinere Wert ist maßgebend.

7.4 Versuch „Zwischenauflager" (Ersatzträgerversuch)

7.4.1 Ermittlung des Biegemoments M_B als Funktion der Zwischenauflagerkraft R_B

Die Zwischenauflagerkraft R_B ergibt sich aus der Maximallast (Beullast) des Versuchs und der Versuchsvorlast nach Abschnitt 4.3.

Das Biegemoment M_B ergibt sich als das zur Maximallast (Beullast) des Versuchs gehörende Biegemoment unter Berücksichtigung der Versuchsvorlast nach Abschnitt 4.3 und der Eigenlast des Prüfkörpers.

7.4.2 Interaktion zwischen Biegemoment M_B und Zwischenauflagerkraft R_B

Der Zusammenhang zwischen Biegemoment und Zwischenauflagerkraft ist nach Bild 12 darzustellen, wobei die ungünstigsten charakteristischen Werte für die Lage der Interaktionskurve bestimmen. An durch Versuche gesicherten Höchstwerten (max M_B und max R_B) ist die Interaktion zu begrenzen.

7.4.3 Ermittlung der Traglast für Durchlaufträgersysteme

Die Traglast ist aus den Versuchen „Durchlaufträger" zu ermitteln; ersatzweise darf für die Profile a bis d nach DIN 18 807 Teil 1/06.87, Bild 2, die Traglast von Durchlaufträgersystemen aus den Versuchen „Zwischenauflager" bestimmt werden. Voraussetzung für eine Traglastermittlung sind Last-Verformungskurven, die das Verformungsverhalten über die Maximallast (Beullast) hinaus bis zum annähernd horizontalen Verlauf beschreiben [2].

Jede Kombination von Nennblechdicke t_N und Lasteinleitungsbreite b_B ist getrennt zu untersuchen.

Die Abhängigkeit der im Versuch „Zwischenauflager" gemessenen Restmomente $M_{R,V}$ von den zugehörigen gemessenen Kontingenzwinkeln $\Delta_V = 4 \cdot f_{pl}/l_E$ ist für gleiche M_B/R_B-Verhältnisse in einer Kurve $M_{R,V} = M_{R,V}(\Delta_V)$ darzustellen. Eine statistische Auswertung ist für diese Versuchswerte nicht erforderlich, jedoch sind die Restmomente $M_{R,V}$ entsprechend den Abweichungen der Versuchsblechdicken und Versuchsstreckgrenzen von den Nennwerten nach Abschnitt 7.2.1 zu korrigieren.

Die rechnerische Kurve $M_{R,R} = M_{R,R}(\Delta_R)$ der Restmomente $M_{R,R}$ in Abhängigkeit von den rechnerischen Kontingenzwinkeln Δ_R wird mit der aus den Versuchen ermittelten Kurve $M_{R,V} = M_{R,V}(\Delta_V)$ gleicher M_B/R_B-Verhältnisse zum Schnitt gebracht.

Die rechnerische Kontingenzwinkel Δ_R sind nach der Gleichung

$$\Delta_R = \frac{2}{3} \cdot \frac{M_{dF}}{EI_{ef}} \cdot \frac{M_B}{R_B} \cdot \left[1 + 4 \cdot \frac{M_{dF}}{M_{R,R}} - 3 \cdot \frac{M_{R,R}}{M_{dF}} \right.$$
$$\left. + \left(4 \cdot \frac{M_{dF}}{M_{R,R}} - 1 \right) \cdot \sqrt{1 + \frac{M_{R,R}}{M_{dF}}} \right]$$

zu bestimmen.

Die Koordinaten (M_R^*/Δ^*) des Schnittpunktes der aus dem Versuch ermittelten Kurve $M_{R,V} = M_{R,V}(\Delta_V)$ mit der berechneten Kurve $M_{R,R} = M_{R,R}(\Delta_R)$, die dem kleinsten im Versuch „Zwischenauflager" geprüften Verhältnis M_B/R_B zuzuordnen sind, ergeben das maximale Restmoment max $M_R = M_R^*$ sowie den Kontingenzwinkel $\Delta = \Delta^*$ für den Stützweitenbereich des Durchlaufträgersystems, in dem

---

[2] Siehe: B. Unger: Ein Beitrag zur Ermittlung der Traglast von querbelasteten Durchlaufträgern mit dünnwandigem Querschnitt, insbesondere von durchlaufenden Trapezblechen für Dach und Geschoßdecken. Der Stahlbau 1/1973.

das Restmoment die Werte $M_R = 0$ bis $M_R = \max M_R$ durchläuft nach folgenden Gleichungen:

$$\min l = \frac{3}{2} \cdot \frac{EI_{ef}}{M_{dF}} \cdot \Delta \text{ für } M_R = 0 \text{ und}$$

$$\max l = 3 \cdot \frac{EI_{ef}}{M_{dF}} \cdot \Delta / \left[1 - \frac{3}{2} \cdot \frac{\max M_R}{M_{dF}} + \sqrt{1 + \frac{\max M_R}{M_{dF}}} \right]$$

$$\text{für } M_R = \max M_R$$

In diesem Bereich ist die Abhängigkeit des Restmoments von der Stützweite durch eine Geradengleichung zu beschreiben.

Die Traglast des Durchlaufträgersystems ergibt sich aus

$$q_{Tr} = \varrho \cdot \frac{8\,M_{dF}}{l^2}$$

$$\text{mit } \varrho = \frac{1}{2} \left(1 + \frac{1}{2} \cdot \frac{M_R}{M_{dF}} + \sqrt{1 + \frac{M_R}{M_{dF}}} \right) \text{ für } 0 \leq M_R \leq \max M_R$$

Die Abhängigkeit der Traglast von der Stützweite ist anzugeben.

7.5 Versuch „Endauflager"

Ermittlung der Endauflagerkraft R_A

Die Endauflagerkraft R_A ergibt sich aus der Maximallast des Versuchslast nach Abschnitt 4.3 und der Eigenlast des Prüfkörpers.

Ergeben sich, bedingt durch die Form des Trapezprofils, zwei Lastmaxima, wobei das erste größer als das erste ist, so ist das erste für den Gebrauchszustand, das zweite für den Bruchzustand maßgebend.

7.6 Versuch „Durchlaufträger"

7.6.1 Ermittlung der Schnittgrößen

Prinzipiell sind alle Schnittgrößen nur aus der im Versuch ermittelten Gleichstreckenlast q_V zu berechnen. Bei Verwendung von Einzellasten (Linienlasten – siehe Abschnitt 3.6.1) kann mit ausreichender Näherung die Gleichstreckenlast nach $q_V = F/(2 \cdot l \cdot b_V)$ bestimmt werden, wobei F die Maximallast des Versuchs und die Versuchsvorlast nach Abschnitt 4.3 beinhaltet. Die Eigenlast des Prüfkörpers ist zu berücksichtigen.

Die Zwischenauflagerkraft R_B und das Biegemoment M_B ergeben sich aus der Maximallast (Beullast) des Zwischen-

auflagerbereichs – die Zusammenhänge sind analog Abschnitt 7.4.2 darzustellen.

7.6.2 Ermittlung des effektiven Trägheitsmoments I_{ef}

Das effektive Trägheitsmoment für den Zweifeldträger ist aus dem linearen Gebrauchslastbereich des Versuchs mit der größten Stützweite zu bestimmen. Setzungen in den Belastungseinrichtungen und an den Auflagern sind zu eliminieren.

Der Versuchswert ist dem Rechenwert des vollen Querschnitts gegenüberzustellen – der kleinere Wert ist maßgebend.

7.6.3 Ermittlung der Traglast q_{Tr}

Die Traglast des Durchlaufträgersystems ergibt sich aus der Maximallast (Beullast), die dem endgültigen Versagen durch Beulen im Feldbereich zuzuordnen ist. Analog Abschnitt 7.4.3 ist die Abhängigkeit der Traglast von der Stützweite anzugeben.

7.7 Versuch „Begehbarkeit"

Ein Trapezprofil ist für Einzelpersonen bis zu derjenigen Stützweite begehbar, bei der die Beurteilungskriterien nach Tabelle 3 erfüllt sind. Die Versuche sollen mit der größten Stützweite begonnen werden, die für den praktischen Einsatz vorgesehen ist. Werden damit die Beurteilungskriterien nach Tabelle 3 nicht wie beim nach Tabelle 1 erforderlichen Versuchen erfüllt, so muß die Stützweite solange verkleinert werden, bis die erforderliche Anzahl der Versuche nach Tabelle 1 die Beurteilungskriterien nach Tabelle 3 erfüllt hat. Die kleinste der Stützweiten, die sich aus der Rand- oder Mittenbelastung ergibt und die analog zu Abschnitt 7.2 bezüglich Streckgrenze und Blechdicke zu korrigieren ist (eine statistische Behandlung wird nicht vorgenommen), ist die größte Stützweite, für die das Trapezprofil durch Einzelpersonen begehbar ist. Für nichtgeprüfte Blechdicken darf diese Stützweite nach den Bestimmungen nach Abschnitt 5.1 ermittelt werden.

Eine signifikante bleibende Verformung ist dabei mit 3 mm anzusetzen. Ein schlagartiges Versagen ohne wesentliche Gesamtverformung liegt vor, wenn das Versagen vor einer Durchbiegung von $^1/_{100}$ der Stützweite eintritt.

8 Bemessung

Die Bemessung mit den aus den Versuchen ermittelten aufnehmbaren Schnittgrößen erfolgt nach DIN 18807 Teil 3.

Tabelle 3. **Beurteilungskriterien für Begehbarkeit**

	Belastungsschema	Belastung F in kN	Beurteilungskriterium
Randbelastung		1,2	gegenüber signifikanten bleibenden Verformungen
		1,5	gegenüber Versagenslast
		2,0	gegenüber Versagenslast bei schlagartigem Versagen ohne wesentliche Gesamtverformungen
Mittenbelastung		2,0	gegenüber Versagenslast

Zitierte Normen und andere Unterlagen

DIN   1055 Teil 3   Lastannahmen für Bauten; Verkehrslasten

DIN 17162 Teil 2   Flachzeug aus Stahl; Feuerverzinktes Band und Blech, Technische Lieferbedingungen, Allgemeine Baustähle

DIN 18807 Teil 1   Trapezprofile im Hochbau; Stahltrapezprofile; Allgemeine Anforderungen; Ermittlung der Tragfähigkeitswerte durch Berechnung

DIN 18807 Teil 3   Trapezprofile im Hochbau; Stahltrapezprofile; Festigkeitsnachweis und konstruktive Ausbildung

DIN 50114   Prüfung metallischer Werkstoffe; Zugversuch ohne Feindehnungsmessung an Blechen, Bändern oder Streifen mit einer Dicke unter 3 mm

DIN 50145   Prüfung metallischer Werkstoffe; Zugversuch

B. Unger: Ein Beitrag zur Ermittlung der Traglast von querbelasteten Durchlaufträgern mit dünnwandigem Querschnitt, insbesondere von durchlaufenden Trapezblechen für Dach und Geschoßdecken. Der Stahlbau 1/1973

Internationale Patentklassifikation

E 04 C 2/32
E 04 D 3/24
E 04 B 5/02
E 04 B 7/00
E 04 B 2/56
G 01 N 3/00

| Trapezprofile im Hochbau
Stahltrapezprofile
Festigkeitsnachweis und konstruktive Ausbildung | **DIN**
18 807
Teil 3 |

Trapezoidal sheeting in buildings; steel trapezoidal sheeting; strength analysis, structural design

Plaques nervurées pour le bâtiment; plaques nervurées en tôle d'acier; contrôle de résistance et mise en œuvre

Zu den Normen der Reihe DIN 18 807 gehören:

DIN 18807 Teil 1   Trapezprofile im Hochbau; Stahltrapezprofile; Allgemeine Anforderungen, Ermittlung der Tragfähigkeitswerte durch Berechnung

DIN 18807 Teil 2   Trapezprofile im Hochbau; Stahltrapezprofile; Durchführung und Auswertung von Tragfähigkeitsversuchen

DIN 18807 Teil 3   Trapezprofile im Hochbau; Stahltrapezprofile; Festigkeitsnachweis und konstruktive Ausbildung

Folgeteile in Vorbereitung

Inhalt

Fortsetzung Seite 2 bis 19

Normenausschuß Bauwesen (NABau) im DIN Deutsches Institut für Normung e.V.

1 Anwendungsbereich

Diese Norm regelt die Verwendung von korrosionsgeschützten Stahltrapezprofilen im Hochbau für Dächer (Dachdecken), Decken (Geschoßdecken) oder ähnlich beanspruchte raumabschließende nichttragende [1] Wände, Wandbekleidungen, Außenwandbekleidungen und ähnliche Konstruktionen einschließlich der Verbindungen, und zwar für vorwiegend ruhende Belastung (nach DIN 1055 Teil 3/06.71, Abschnitt 1.4).

Die Norm ist anzuwenden für alle in DIN 18807 Teil 1/06.87, Bild 2, dargestellten Profilformen.

Stahltrapezprofile, bei denen eine Verbundwirkung mit anderen Baustoffen (z. B. Kunststoff, Beton) oder Bauteilen für die Tragfähigkeit herangezogen wird, werden von dieser Norm nicht erfaßt.

2 Mindestblechdicken

2.1 Trapezprofile

Je nach Anwendungsbereich der Trapezprofile gelten für die Nennblechdicken die Bedingungen nach den Abschnitten 2.1.1 bis 2.1.3.

2.1.1 Dächer

a) als tragende Teile bei Stützweiten
bis   1500 mm $t_N \geq 0{,}5$ mm
über 1500 mm $t_N \geq 0{,}75$ mm

b) als Dachdeckung bei Stützweiten
bis   1500 mm $t_N \geq 0{,}5$ mm
über 1500 mm $t_N \geq 0{,}63$ mm

2.1.2 Decken

a) als tragende Teile $t_N \geq 0{,}88$ mm

b) als verlorene Schalung für
tragende Betondecken $t_N \geq 0{,}75$ mm

2.1.3 Wände und Wandbekleidungen $t_N \geq 0{,}5$ mm

2.2 Distanzprofile $t_N \geq 0{,}88$ mm

3 Festigkeitsnachweis

3.1 Lastannahmen

3.1.1 Allgemeines

Sofern nachfolgend nichts anderes bestimmt wird, sind die Lastannahmen für den Festigkeitsnachweis nach den entsprechenden technischen Baubestimmungen zu treffen.

3.1.2 Eigenlast der Profiltafeln

Bei der Berechnung der Eigenlast der Profiltafeln ist von 80 kN/m^3 und der Nennblechdicke auszugehen.

3.1.3 Wassersackbildung

Eine Wassersackbildung ist zu vermeiden (siehe auch Abschnitt 4.1.3). Besteht die Möglichkeit einer Wassersackbildung, was allgemein bei Dachneigungen unter 2 % und entwässerungstechnisch ungünstiger Lage der Dachabläufe anzunehmen ist, muß der Lastfall „Wassersack" mit folgenden Lasten nachgewiesen werden: Ständige Last und Wasserlast infolge der Gesamtdurchbiegung der Trapezprofile aus vorstehenden Belastungen.

3.1.4 Windsoglasten

Bei Windsoglasten oder Lasten gleicher Wirkungsrichtung werden die Auflagerkräfte durch die Verbindungen aufgenommen.

Die nach den technischen Baubestimmungen anzusetzenden zusätzlichen Windlasten im Bereich der Schnittkanten von Dächern und Wänden müssen nur beim Nachweis für die Tragfähigkeit der Verbindungen berücksichtigt werden. Zur Aufnahme der abhebenden Kräfte dürfen 90 % der Dacheigenlast berücksichtigt werden.

3.1.5 Sonderlasten

Werden Leuchtreklamen, Sonnenschutzvorrichtungen, Gerüstanker und ähnliches ausnahmsweise an Trapezprofilen oder an deren Unterkonstruktion befestigt, müssen diese Lasten beim Standsicherheitsnachweis berücksichtigt werden.

3.1.6 Temperatureinfluß

Bei Bauteilen, die im Gebrauchszustand dem Einfluß unterschiedlicher Temperaturen ausgesetzt sein können, sind Temperaturdifferenzen zwischen der Einbautemperatur (etwa + 10 °C) und den Grenzwerten von − 20 °C und + 80 °C dann zu berücksichtigen, wenn nicht durch konstruktive Maßnahmen Formänderungen ohne Behinderung ermöglicht und damit Zwängebeanspruchungen für die Verbindungselemente und die Verankerungen praktisch ausgeschlossen werden können.

3.1.7 Einzel- und Linienlasten, Lasteinleitung und -querverteilung

3.1.7.1 Allgemeines

Für Einzel- und Linienlasten ist die Lastquerverteilung zu verfolgen. Dabei ist zu unterscheiden zwischen der Lasteinleitung direkt in eine oder zwei benachbarte Rippen und der Lasteinleitung über querverteilende tragende Zwischenschichten.

3.1.7.2 Lastquerverteilung ohne querverteilende Zwischenschichten

Einzellasten, die in eine oder zwei benachbarte Rippen einer Profiltafel im Abstand $x \leq l/2$ vom Auflager eingeleitet werden, dürfen, sofern kein genauerer Nachweis geführt wird, nach Tabelle 1 und Bild 1 querverteilt werden, wenn die Lasteinleitung über mindestens zwei Stege und die Lastlängsverteilung in Spannrichtung über mindestens 50 mm erfolgt.

3.1.7.3 Lastquerverteilung mit querverteilenden Zwischenschichten

3.1.7.3.1 Eine ausreichende Querverteilung für ausbetonierte Trapezprofile liegt vor, wenn:

− die Stahltrapezprofile oberseitig nur verzinkt (ohne Beschichtung) sind,

− die Betonfestigkeitsklasse mindestens B 15 beträgt,

− die Rippen der Profiltafeln vollständig mit Beton ausgefüllt sind,

− die Betonüberdeckung der Trapezprofilobergurte mindestens 50 mm beträgt.

Anstelle des Betons B 15 kann ein Estrich oder anderer Belag mit einer Festigkeit, die mindestens der eines Betons B 15 entspricht, verwendet werden. Der Aufbeton darf für Querkanäle (z. B. Kabelkanäle) bis 600 mm Breite unterbrochen werden.

---

[1] Nichttragende Wände im Sinne dieser Norm sind raumhohe raumabschließende Bauteile wie Außenwandelemente, Ausfachungen usw., die nur durch ihre Eigenlast beansprucht werden und zu keiner Aussteifung von Bauteilen dienen.

Die Bauteile können aber darüber hinaus auch auf ihre Fläche wirkende Windlasten auf tragende Bauteile, z. B. Riegel, Stützen, Wand- oder Deckenscheiben, abtragen.

Zu den nichttragenden Außenwänden rechnen wir

a) Brüstungen: brüstungshohe, nichtraumabschließende, nichttragende Außenwandelemente (z. B. Attika) und

b) Schürzen: schürzenartige, nichtraumabschließende, nichttragende Außenwandelemente.

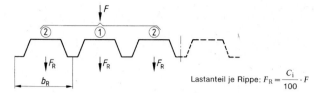

Lastanteil je Rippe: $F_R = \dfrac{C_i}{100} \cdot F$

Bild 1.   Lastquerverteilung ohne lastverteilende Zwischenschichten

Tabelle 1.   Lastquerverteilung ohne lastverteilende Zwischenschichten

Einzellastverteilung nach	Belastete Profilrippe $C_1\%$	1. benachbarte Profilrippe $C_2\%$
beiden Seiten	$(352 - 0,8 \cdot b_R) \cdot \left(\dfrac{x}{l} - 0,5\right)^2 + (12 + 0,2 \cdot b_R)$	$(44 - 0,1 \cdot b_R) \cdot \left[1 - 4\left(\dfrac{x}{l} - 0,5\right)^2\right]$
einer Seite	$(240 - 0,6 \cdot b_R) \cdot \left(\dfrac{x}{l} - 0,5\right)^2 + (40 + 0,15 \cdot b_R)$	$(60 - 0,15 \cdot b_R) \cdot \left[1 - 4\left(\dfrac{x}{l} - 0,5\right)^2\right]$

l Stützweite der Profiltafeln (siehe auch Abschnitt 3.3.2) in m
x Abstand der Einzellast vom Auflager in m
b_R Rippenbreite in mm

Liegt eine ausreichende Querverteilung vor, darf für Decken unter Wohnräumen die Verkehrslast nach DIN 1055 Teil 3/ 06.71, Abschnitt 6.1, Tabelle 1, Zeile 2a, ermäßigt werden.

Wird kein genauer Nachweis erbracht, darf die mitwirkende Plattenbreite b_w quer zur Tragrichtung nach Tabelle 2 ermittelt werden.

Die Lasteintragungsbreite b_e (siehe Bild 2) darf angenommen werden zu

$$b_e = b_L + 2 \cdot (s_L + d)$$

Hierin bedeuten:
b_L Lastaufstandsbreite
s_L lastverteilende Deckschicht (z. B. Estrich)
d Dicke der durchlaufenden Betonüberdeckung

Für die Berechnung des Biegemomentes gilt

$$\overline{M} = \frac{M}{b_w}$$

Für die Berechnung der Querkraft gilt

$$\overline{Q} = \frac{Q}{b'_w}$$

Hierin bedeuten:
M Balkenbiegemoment je Breiteneinheit b_e
Q Balkenquerkraft je Breiteneinheit b_e
$\overline{M}$ Plattenbiegemoment je Breiteneinheit b_w
$\overline{Q}$ Plattenquerkraft je Breiteneinheit b'_w
b_w rechnerische Lastverteilungsbreite bei M (siehe Tabelle 2)
b'_w rechnerische Lastverteilungsbreite bei Q (siehe Tabelle 2)

Sind die voranstehend genannten Voraussetzungen für eine Lastquerverteilung nicht vorhanden, z. B. wegen oberseitigen zusätzlichen Korrosionsschutzes oder wenn die Rippen nicht vom Beton ausgefüllt sind, so kann die

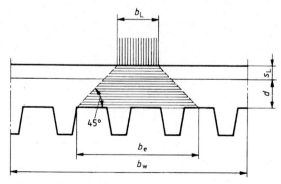

Bild 2.   Lasteintragungsbreite b_e

Tabelle 2. **Rechnerische Lastverteilungsbreite** (in Anlehnung an DIN 1045)

	1	2	3
Lfd. Nr	Statisches System Schnittgrößen	Rechnerische Lastverteilungsbreite b_w	Gültigkeitsgrenzen
1	$\overline{M}_F$; x ; l	$b_w = b_e + 2 \cdot x \cdot \left(1 - \dfrac{x}{l}\right)$	$0 < x < l/2$ $b_e < 0,8 \cdot l$
2	$\overline{Q}_S$; x	$b'_w = b_e + 0,5 \cdot x$	
3	$\overline{M}_F$; x	$b_w = b_e + 1,33 \cdot x \cdot \left(1 - \dfrac{x}{l}\right)$	$0 < x < l$ $b_e < 0,8 \cdot l$
4	$\overline{M}_S$; x	$b_w = b_e + 0,45 \cdot x \cdot \left(2 - \dfrac{x}{l}\right)$	
5	$\overline{Q}_S$; x	$b'_w = b_e + 0,3 \cdot x$	$0,2 \cdot l < x < l$
6	x ; Q_S	$b'_w = b_e + 0,4 \cdot l \cdot \left(1 - \dfrac{x}{l}\right)$	$0 < x < 0,8 \cdot l$ $b_e \leq 0,4 \cdot l$
7	$\overline{M}_F$; x	$b_w = b_e + 0,8 \cdot x \cdot \left(1 - \dfrac{x}{l}\right)$	$0 < x < l/2$ $b_e < 0,8 \cdot l$
8	$\overline{M}_S$; x	$b_w = b_e + 0,45 \cdot x \cdot \left(2 - \dfrac{x}{l}\right)$	$0 < x < l/2$ $b_e < 0,4 \cdot l$
9	$\overline{Q}_S$; x	$b'_w = b_e + 0,3 \cdot x$	$0,2 \cdot l < x < l/2$ $b_e < 0,4 \cdot l$
10	$\overline{M}_S$; x ; l_k	$b_w = b_e + 1,33 \cdot x$	$0 < x < l_k$ $b_e \leq 0,8 \cdot l_k$
11	$\overline{Q}_S$; x	$b'_w = b_e + 0,3 \cdot x$	$0,2 \cdot l_k < x < l_k$ $b_e \leq 0,4 \cdot l_k$

Querverteilung durch eine Bewehrung rechtwinklig zur Spannrichtung der Stahldecke hergestellt werden. Diese Bewehrung muß einen Mindestdurchmesser von 4,0 mm und einen Stahlquerschnitt von mindestens 0,5 cm²/m haben.

Decken, bei denen eine ausreichende Querverteilung nicht nachgewiesen wird, dürfen, außer durch Verkehrslasten, nur von leichten Trennwänden (siehe DIN 1055 Teil 3), unabhängig von der Richtung dieser Wände, belastet werden.

3.1.7.3.2 Lastquerverteilung durch andere konstruktive Maßnahmen

Erfolgt die Lastquerverteilung z. B. durch Stahlprofile, Blechformteile, Holzbohlen, Betonfertigplatten oder ähnliches, ist deren ausreichende Wirksamkeit nachzuweisen.

3.2 Maßgebende Querschnittswerte und aufnehmbare Tragfähigkeitswerte

Die Querschnittswerte und aufnehmbaren Tragfähigkeitswerte werden nach DIN 18807 Teil 1 oder Teil 2 ermittelt.

3.3 Erforderliche Nachweise

3.3.1 Beanspruchungsgrößen

Die vorhandenen Beanspruchungsgrößen sind nach der Elastizitätstheorie zu berechnen.

3.3.2 Maßgebende Stützweiten

Als maßgebende Stützweiten gilt bei Innenfeldern von Durchlaufträgern das Achsmaß der Auflager.

Bei Einfeldträgern und Endfeldern von Durchlaufträgern gilt als Stützweite die lichte Weite zuzüglich der halben jeweils erforderlichen Auflagerbreiten b_A bzw. b_B (siehe Bild 3).

3.3.3 Nachweise

3.3.3.1 Nachweise der Gebrauchs- und Tragsicherheit

Die Trapezprofile sind so zu bemessen, daß sowohl eine ausreichende Gebrauchssicherheit als auch eine ausreichende Tragsicherheit nachgewiesen wird.

Der erforderliche Nachweis der Gebrauchssicherheit gilt als erbracht, wenn die nach der Elastizitätstheorie ermittelten und mit dem Abschnitt 3.3.3.2 Aufzählung a) multiplizierten vorhandenen Beanspruchungsgrößen nicht größer sind als die aufnehmbaren Tragfähigkeitswerte nach DIN 18807 Teil 1/06.87, Abschnitt 4.2, oder DIN 18807 Teil 2/06.87, Abschnitt 7.

Der gleichfalls erforderliche Nachweis der Tragsicherheit gilt als erbracht, wenn die vorhandene Belastung multipliziert mit dem Abschnitt 3.3.3.2 Aufzählung b) nicht größer ist als die Traglast des Gesamtsystems.

Die Traglast des Gesamtsystems ist unter Berücksichtigung des im Traglastzustand aufnehmbaren Stützmomentes (Reststützmoment) zu ermitteln. Das Reststützmoment ist zu Null anzunehmen, wenn es nicht durch Versuche nach DIN 18807 Teil 2/06.87, belegt ist.

3.3.3.2 Sicherheitsbeiwerte

1. Gebrauchssicherheit

a) bei statisch unbestimmten Durchlaufsystemen beim Nachweis für den Zwischenstützbereich

$$y = 1,3$$

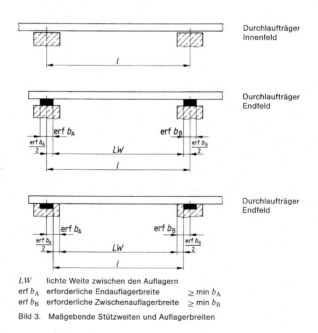

Durchlaufträger Innenfeld

Durchlaufträger Endfeld

Durchlaufträger Endfeld

LW lichte Weite zwischen den Auflagern
erf b_A erforderliche Endauflagerbreite $\geq$ min b_A
erf b_B erforderliche Zwischenauflagerbreite $\geq$ min b_B

Bild 3.   Maßgebende Stützweiten und Auflagerbreiten

b) bei Endauflagern zum Nachweis gegen Stegbeulen bei Vorhandensein eines zweiten Lastmaximums F_2 (nach DIN 18807 Teil 2/06.87, Abschnitt 7.5),

für das gilt $F_2 \geq 1{,}3 \, F_1$,

$$y = 1{,}3$$
$$\text{sonst } y = 1{,}7$$

2. Tragsicherheit

a) zum Nachweis der Tragsicherheit des Gesamtsystems

$$y = 1{,}7$$

b) falls der Nachweis der Tragsicherheit nach Aufzählung 2a) nicht geführt wird, muß ersatzweise die Sicherheit gegenüber jeder einzelnen aufnehmbaren Beanspruchungsgröße mit $y = 1{,}7$ nachgewiesen werden.

3.3.3.3 Einzelnachweise

Tabelle 3 gibt die Abschnitte an, nach denen die aufnehmbaren Tragfähigkeitswerte für beide Nachweise (Gebrauchssicherheit und Traglastsicherheit) zu ermitteln sind.

3.3.3.4 Nachweis für Lasten, die in Profiltafelebene quer zu den Profilrippen angreifen

Die Lasten sind über Biegung durch Randträger oder durch Lasteinleitungsträger (siehe Abschnitt 3.6) abzutragen.

3.3.3.5 Nachweise für Lasten, die längs des Randes eines Schubfeldes angreifen

Sofern rechteckige Dach- und Deckenbereiche als Schubfelder ausgebildet werden, dürfen sie zur Weiterleitung von Kräften in der Schubfeldebene auch quer zur Lastrichtung genutzt werden (siehe dazu Abschnitt 3.6).

Bei Decken mit ausreichender Querverteilung nach Abschnitt 3.1.7.3.1 darf dabei auf den Nachweis der Stahltrapezprofile nach Abschnitt 3.6 verzichtet werden und es ist nur ein Nachweis für die Längsverbindungen nach Abschnitt 3.6.2.3.2 und die Verbindungen mit den Quer- und Längsrändern nach Abschnitt 3.6.2.4 zu führen.

Diese Decken dürfen auch als Deckenscheiben nach DIN 1045/12.78, Abschnitt 19.7.4.1, ausgebildet werden.

3.3.3.6 Nachweise beim Zusammenwirken von Belastungsgrößen

3.3.3.6.1 Biegemoment und Normalkraft

Bei gleichzeitiger Wirkung der Normal- und Biegebeanspruchung ist folgende Bedingung einzuhalten:

N als Zugkraft ($N_Z > 0$)

$$\frac{N_Z}{N_{dZ}} + \frac{M}{M_d} \leq 1{,}0$$

N als Druckkraft ($N_D < 0$)

$$\frac{N_D}{N_{dD}} \cdot \left[1 + 0{,}5 \cdot a \cdot \left(1 - \frac{N_D}{N_{dD}} \right) \right] + \frac{M}{M_d} \leq 1$$

Hierin bedeuten:

N_Z y-fache Zugkraft

N_D y-fache Druckkraft

M y-faches Biegemoment

M_d aufnehmbares Biegemoment, gegebenenfalls unter Berücksichtigung der zugehörigen Auflagerkraft R_B nach Abschnitt 3.3.3.6.2

N_{dZ} aufnehmbare Zugkraft

N_{dD} aufnehmbare Druckkraft

$a = \sqrt{\beta_S / \sigma_{el}} \leq 1$ nach DIN 18807 Teil 1/06.87, Abschnitt 4.2.8.2. Für $a > 1$ ist $a = 1$ zu setzen.

3.3.3.6.2 Biegemoment und Auflagerkraft (bzw. Einzellasten)

Werden die Trapezprofile gleichzeitig durch Biegemomente und Auflagerkräfte (bzw. Einzellasten) beansprucht, so ist das unter der Voraussetzung reiner Biegebeanspruchung errechnete aufnehmbare Moment M_d bzw. die Versuchsauswertung M_d^0 je nach Größe der Auflagerkraft abzumindern.

Allgemein gilt:

$$\max M_B \geq M_B \leq M_d^0 - \left(\frac{R_B}{C} \right)^\varepsilon$$

Tabelle 3. **Erforderliche Einzelnachweise**

1	2	3	4
Belastungsrichtung bezogen auf die Profiltafelebene	Vorhandene Belastungsgröße	Aufnehmbare Tragfähigkeitswerte nach	
			Abschnitt
Rechtwinklig	Biegemoment	DIN 18807 Teil 1/06.87	4.2.7 und 4.2.9
		DIN 18807 Teil 2/06.87	7.3.1 und 7.4.2
	Auflagerkräfte oder Einzellasten	DIN 18807 Teil 1/06.87	4.2.6
		DIN 18807 Teil 2/06.87	7.4.2 und 7.5
	Querkräfte	DIN 18807 Teil 1/06.87	4.2.5
	Traglast	DIN 18807 Teil 2/06.87	7.4.3
Parallel	Zugkräfte	DIN 18807 Teil 1/06.87	4.2.4
	Druckkräfte	DIN 18807 Teil 1/06.87	4.2.8
	Schubflüsse	DIN 18807 Teil 1/06.87	5

Hierin bedeuten:

M_B aufnehmbares Biegemoment am Zwischenauflager

M_d^0 nach DIN 18 807 Teil 1/06.87, Abschnitt 4.2.9, mit $M_d^0 = M_d$ oder nach DIN 18 807 Teil 2/06.87, Abschnitt 7.4.2

R_B γ-fache Zwischenauflagerkraft

C, ε Rechenwerte für die Interaktionsbeziehung nach DIN 18 807 Teil 1/06.87, Abschnitt 4.2.9, oder nach DIN 18 807 Teil 2/06.87, Abschnitt 7.4.2

max M_B nach DIN 18 807 Teil 1/06.87, Abschnitt 4.2.9, mit max $M_B = M_d$ oder nach DIN 18 807 Teil 2/06.87, Abschnitt 7.4.2

Es ist nachzuweisen:

$$\frac{M}{M_B} \le 1$$

Hierin bedeutet:

M γ-faches Biegemoment

3.3.3.6.3 Trapezprofile unter gleichzeitiger Biege- und Querkraftbeanspruchung

Werden die Trapezprofile über den Auflagern derartig unterstützt, daß ein Stegkrüppeln nicht eintreten kann, ist an Stelle des Nachweises nach Abschnitt 3.3.3.6.2 folgende Interaktionsbeziehung einzuhalten:

$$\frac{M}{M_d} + \frac{V}{V_d} \le 1{,}3 \, ,$$

mit den Gültigkeitsgrenzen

$$\frac{M}{M_d} = 1 \text{ für } \frac{V}{V_d} \le 0{,}3$$

$$\frac{M}{M_d} + \frac{V}{V_d} \le 1{,}3 \text{ für } 0{,}3 < \frac{V}{V_d} \le 1{,}0$$

Hierin bedeuten:

M γ-faches Biegemoment

V γ-fache Querkraft

M_d aufnehmbares Biegemoment nach DIN 18 807 Teil 1/ 06.87, Abschnitt 4.2.9

V_d aufnehmbare Schubkraft nach DIN 18 807 Teil 1/06.87, Abschnitt 4.2.5

Bei der Bestimmung der aufnehmbaren Schnittgrößen durch Versuche nach DIN 18 807 Teil 2 ist auch bei der Ausbildung der Versuchskörper mit „Zugeinleitung" die Interaktion nach Abschnitt 3.3.3.6.2 zu verwenden.

3.3.3.7 Dachschub

Bei Dachneigungen $> 30°$ (58 %) sind konstruktive Maßnahmen zur Aufnahme des Dachschubes vorzusehen.

3.3.3.8 Kippsicherung der Unterkonstruktion

Stählerne Träger mit I-förmigem Querschnitt bis 200 mm Höhe gelten ohne Nachweis durch die Profiltafeln als hinreichend ausgesteift, wenn diese mit dem gedrückten Gurt verbunden sind.

3.3.3.9 Statischer Nachweis für die Unterkonstruktionen

3.3.3.9.1 Die Unterkonstruktionen und Distanzprofile müssen in der Lage sein, die einzuleitenden Kräfte (vertikal und horizontal) aufzunehmen und weiterzuleiten.

3.3.3.9.2 Die Aufnahme der Auflagerkräfte der Trapezprofile durch zusätzliche Auflagerleisten oder ähnliches ist sicherzustellen. Deren Verankerung ist bei der Bemessung der Beton- oder Mauerwerkskonstruktion zu berücksichtigen.

3.3.3.9.3 Werden bei Wandbekleidungen die Trapezprofile über eine Unterkonstruktion an einer Wand aus Beton oder Mauerwerk befestigt, ist bei der Berechnung der Unterkonstruktion ein Zuschlag von 30 mm zum planmäßigen Abstand zu berücksichtigen. Davon kann abgesehen werden, wenn die tatsächlichen Abweichungen am Bauwerk ermittelt und der Berechnung zugrunde gelegt werden oder wenn aufgrund der gewählten Konstruktion ein vergrößertes Abstandsmaß ausgeschlossen ist.

3.3.4 Verformungen

3.3.4.1 Für die Berechnung von Verformungen ist das Flächenmoment 2. Grades des mitwirkenden Querschnitts I_{ef} nach DIN 18 807 Teil 1 oder Teil 2 anzusetzen.

3.3.4.2 Die Durchbiegungen der Profiltafeln sind je nach Anwendungsbereich zu begrenzen:

bei Dächern unter Vollast (Eigenlast + Verkehrslast)

mit oberseitiger Abdichtung (Warmdach) $f_{max,voll} \le l/300$

mit oberseitiger Deckung (zweischaliges Dach, hier Unterschale) $f_{max,voll} \le l/150$

als Deckung (Wetterhaut) $f_{max,voll} \le l/150$

bei Wänden und Wandbekleidungen

unter Windlast $f_{max,voll} \le l/150$

bei Geschoßdecken mit vollausbetonierten Rippen und Spannweiten ≥ 3000 mm unter Verkehrslast p im untersuchten Feld (alle übrigen Felder sind unbelastet) $f_{max,p} \le l/300$

bei sonstigen Geschoßdecken mit Spannweiten > 3000 mm unter Verkehrslast p im untersuchten Feld (alle übrigen Felder sind unbelastet) $f_{max,p} \le l/500$

3.3.5 Verbindungen

Die Aufnahme der Auflagerkräfte sowie der Kräfte in den Längsverbindungen der Profiltafeln ist entsprechend den maßgebenden Normen oder bauaufsichtlichen Zulassungen nachzuweisen.

3.4 Durchführungen und Öffnungen

Durchführungen und Öffnungen verändern in der Regel die Lastabtragung durch die Trapezprofile. Die Lastabtragung und die Verformungen sind nachzuweisen. Ohne weiteren Nachweis dürfen die Durchführungen nach Abschnitt 4.8.3 ausgeführt werden.

3.5 Statisch wirksame Überdeckungen

3.5.1 Statisch wirksame Überdeckungen sind nur im Auflagerbereich zulässig (biegesteifer Stoß). Die Ausbildung und Bemessung hat so zu erfolgen, daß die Tragsicherheit für das gesamte Tragwerk erhalten bleibt.

3.5.2 Die Trapezprofile und die Verbindungen sind für die vorhandenen Schnittgrößen nach Bild 4 zu bemessen und anzuschließen.

Eine Übertragung der Kräfte durch Kontaktwirkung muß durch Versuche nachgewiesen werden.

3.5.3 Je Verbindung dürfen in jedem Steg nur 2 Verbindungselemente in jeder horizontalen oder vertikalen Reihe, insgesamt 4 Stück, rechnerisch berücksichtigt werden (siehe Bild 4).

3.6 Schubfelder

3.6.1 Allgemeines

3.6.1.1 Schubfelder (siehe Bild 5) in Dach- und Deckenkonstruktionen haben in ihrer Ebene wirkende äußere Lasten (z. B. Wind) zu den lastabtragenden Verbänden, Scheiben oder Bauteilen hin abzuleiten. Sie können Stabilisierungskräfte zur Kipphalterung der Unterkonstruktion oder einzelner Tragglieder weiterleiten. Diese Schubkräfte können unabhängig von den Vertikallasten aufgenommen werden.

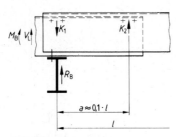 

gemittelt von Kante
zu Kante

a) Ausbildung 1
   Überkragendes Ende der Profiltafeln liegt
   unten

   Nachweis für einen Steg

$$K = \max K_i = \frac{|M_B|}{2 \cdot a \cdot \sin \varphi} \cdot b_R$$

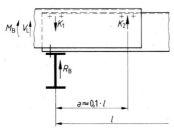 

gemittelt von Kante
zu Kante

b) Ausbildung 2
   Überkragendes Ende der Profiltafeln liegt
   oben

   Nachweis für einen Steg:

$$K = \max K_i = \frac{\left| \dfrac{M_B}{a} + V_L \right|}{2 \cdot \sin \varphi} \cdot b_R$$

b_R Rippenbreite
l Stützweite
K größere der links und rechts in den Verbindungen auftretenden Kräfte
V_L Querkraft
M_B Stützmoment

Bild 4.   Statisch wirksame Überdeckungen, Ausbildung und Bemessung

167

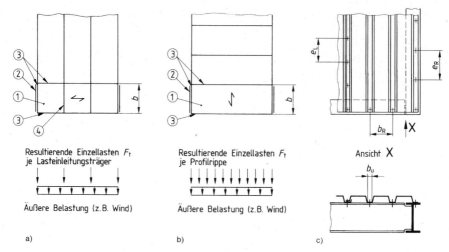

Resultierende Einzellasten F_t
je Lasteinleitungsträger

Äußere Belastung (z. B. Wind)

a)

Resultierende Einzellasten F_t
je Profilrippe

Äußere Belastung (z. B. Wind)

b)

Ansicht X

c)

① Schubfeld

② Lastabtragende Verbände, Scheiben oder Bauteile

③ Randträger (z. B. Binder, Pfetten)

④ Lasteinleitungsträger

Bild 5.   Schubfelder

Tabelle 4.   **Einzellasten zul F in kN je Rippe für die Einleitung in Trapezprofile in Spannrichtung ohne Lasteinleitungsträger**

	1	2	3	4	5	6	7	8
	Profil-höhe h mm	Obergurt-breite b_o mm		Untergurtbreite b_u mm				Bemerkung
1				40 bis 62		82 bis 130	100 bis 146	
				Rippenbreite b_R mm				
				166 bis 207	208 bis 333	166 bis 207	183 bis 280	
2	26 bis 65	82 bis 130	a	9,15				
			b	14,1				
3	74 bis 111	66 bis 198	a	12,7	12,7			Stegsicke(n)
			b	15,5	15,5			Obergurtsicke(n)
4	95 bis 165	100 bis 152	a		12,7			Stegsicke(n)
			b		16,9			Obergurtsicke(n)
5	26 bis 76	40 bis 62	a			10,6		
			b			13,4		
6	40 bis 165	40 bis 50	a				19,7	Stegsicke(n)
			b				19,7	Untergurtsicke(n)

Zeile a: Einleitungslänge $a \geq 130\,$mm
Zeile b: Einleitungslänge $a \geq 280\,$mm

3.6.1.2 Schubfelder bestehen aus Trapezprofiltafeln und Randträgern, die rechtwinklige Viergelenkrahmen bilden. Die Trapezprofiltafeln werden dabei schubfest miteinander und mit den Randträgern verbunden. Längsrandträger, die gleichzeitig z. B. als Pfetten wirksam sind, dürfen im Bereich der Schubfelder keine Gelenke haben.

3.6.1.3 Schubfelder dürfen durch Träger, die entweder der Einleitung von Lasten oder der Unterstützung der Trapezprofile für die Abtragung von Vertikallasten dienen, in kleinere rechtwinklige Flächen unterteilt werden.

3.6.1.4 Schubfelder können statisch bestimmt oder statisch unbestimmt an die lastabtragenden Verbände, Scheiben oder Bauteile angeschlossen werden.

3.6.1.5 Im allgemeinen sind Lasten in das Schubfeld mittels Lasteinleitungsträger einzuleiten, die einander gegenüberliegende Schubfeldrandträger miteinander verbinden. In Spannrichtung der Trapezprofilrippen dürfen Lasten auch ohne Lasteinleitungsträger eingeleitet werden. Die Lasten dürfen dabei den Wert zul F_t nicht überschreiten, wenn kein anderer Nachweis geführt wird. Die Last zul F_t errechnet sich nach der Gleichung

$$\text{zul } F_t = \text{zul } F \cdot t$$

Hierin bedeuten:

zul F nach Tabelle 4 und t Stahlkerndicke des Stahltrapezprofiles in mm

3.6.2 Erforderliche Nachweise

3.6.2.1 Die Längskräfte in den Randträgern und in den Lasteinleitungsträgern dürfen mit Annahme reibungsfreier Gelenke in Knotenpunkten berechnet werden. Bei der Ermittlung der Längskräfte darf angenommen werden, daß die Lasten aus dem Schubfeld linear verteilt angreifen.

Alle aus dem Schubfeld sich ergebenden Beanspruchungen sind bei der Bemessung der Randträger mit zu berücksichtigen.

3.6.2.2 Berücksichtigung des Schubflusses

3.6.2.2.1 Der Schubfluß im Trapezprofil darf als mittlerer Wert

$$T = \frac{Q}{b}$$

berechnet werden.

Hierin bedeuten:

Q Querkraft
b Länge der Schubfelder in Richtung der Querkraft

Es ist nachzuweisen, daß der Schubfluß T in den Trapezprofilen kleiner ist als jeder der von der Befestigungsart abhängigen zulässigen Schubflüsse T_1, T_2 und T_3 nach DIN 18807 Teil 1/06.87, Abschnitt 5. Bei Decken mit ausreichender Querverteilung nach Abschnitt 3.1.7.3.1 ist dieser Nachweis nicht erforderlich. Der Schubfluß T_2 ist nur bei Dächern mit bituminös verklebtem Dachaufbau zu berücksichtigen.

3.6.2.2.2 Infolge der Schubfeldwirkung ergeben sich an den Querrändern der Profiltafeln (an den Auflagerlinien) Kontaktkräfte R, die die Stege der Profiltafeln und die Verbindungen zusätzlich zu den Auflagerkräften belasten (siehe DIN 18807 Teil 1/06.87, Abschnitt 5 und Bild 15).

3.6.2.3 Längsverbindungen

3.6.2.3.1 Bei den Verbindungen der Längsstöße der Trapezprofile darf für die Berechnung der Scherkraft F_Q der mittlere Schubfluß T zugrunde gelegt werden:

$$F_Q = T \cdot e_L$$

Dabei ist e_L der Abstand der Verbindungselemente.

Dieser Abstand darf nicht kleiner als 50 mm und nicht größer als 666 mm sein.

3.6.2.3.2 Bei den Verbindungen der Trapezprofillängsränder mit den Randträgern darf für die Berechnung der Scherkraft F_Q der mittlere Schubfluß T zugrunde gelegt werden:

$$F_Q = T \cdot e_R$$

Dabei ist e_R der Abstand der Verbindungselemente.

Dieser Abstand darf nicht kleiner als 50 mm und nicht größer als 666 mm sein.

3.6.2.4 Bei den Verbindungen der Trapezprofilquerränder mit den Randträgern (siehe Bild 6) darf für die Berechnung der Scherkraft F_Q der mittlere Schubfluß T zugrunde gelegt werden:

$$F_Q = T \cdot b_R$$

Dabei ist b_R die Rippenbreite.

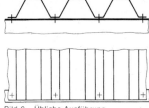

Bild 6.   Übliche Ausführung

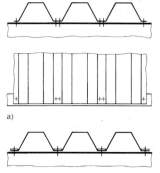

a)

b)

c)

Bild 7.   Sonderausführungen

169

Folgende zusätzliche Beanspruchungen der Verbindungselemente sind mit zu erfassen:

- Scherkraft F_Q aus Lasteinleitungen rechtwinklig zur Achse der Längsträger
- Zugkraft F_Z aus Vertikallasten
- Zugkraft R_S aus Randbedingungen der Schubfeldwirkung nach DIN 18807 Teil 1/06.87, Abschnitt 5.

Eine Sonderausführung der Verbindung ist gegeben, wenn entweder jede Rippe mit je einem Verbindungselement unmittelbar neben jedem Steg des Trapezprofiles (siehe Bild 7a) befestigt oder unter das mittig in den Trapezprofiluntergurt eingebrachte Verbindungselement eine runde oder viereckige Scheibe (siehe Bilder 7b, 7c) gelegt wird. Diese Scheibe muß den Untergurt in der gesamten ebenen Breite überdecken. In diesem Fall dürfen erhöhte Schubfeldwerte angewendet werden (siehe DIN 18807 Teil 1/06.87, Abschnitt 5).

Scheibendicke:

$$2,0 \, \text{mm} \leq \min d \geq 2,7 \cdot t_N \cdot \sqrt[3]{\frac{b_u}{c_u}}$$

Hierin bedeuten:

t_N Nennblechdicke der Trapezprofile

b_u Untergurtbreite des Trapezprofils

c_u Breite der Unterlegscheibe in Längsrichtung des Trapezprofiles oder der Durchmesser der Unterlegscheibe

3.6.2.5 Verformungen

Für die Berechnung der Verformungen eines Schubfeldes (siehe Bild 8) darf der mittlere Schubfluß T zugrunde gelegt werden:

$$\gamma_S = \frac{T}{G_S}$$

mit Schubmodul $G_S = 750 \cdot \text{zul} \, T_3$

Dieser Schubmodul ist auch für die Berechnung der Schubflüsse und Stabkräfte in statisch unbestimmten Systemen zu verwenden. Hierbei darf die Verformung in den Randträgern vernachlässigt werden.

Bei Decken mit ausreichender Querverteilung nach Abschnitt 3.1.7.3.1 darf $G_S = \infty$ gesetzt werden.

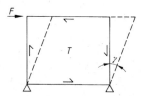

Bild 8. Schubverformung

4 Anforderungen und konstruktive Ausbildung

4.1 Technische Unterlagen

4.1.1 Allgemeine Anforderungen

Die einschlägigen Unfallverhütungsvorschriften, insbesondere VBG 37 „Bauarbeiten", § 17, sind zu beachten.

Für die Ausführung müssen, abgesehen von untergeordneten Baumaßnahmen, prüfbare Verlegepläne und Montageanweisungen angefertigt werden, aus denen die Art und Lage der Profiltafeln, die Verbindung mit der Unterkonstruktion sowie die Anordnung der Verbindungselemente hervorgehen. Folgende Einzelheiten müssen ersichtlich sein:

- Vorgesehene Profiltafeln (siehe DIN 18807 Teil 1 und Teil 2) mit Profilbezeichnung (die den Hersteller erkennen läßt), Nennblechdicke und Lieferlänge
- Vorgesehene Verbindungselemente mit Typbezeichnung, Art der Unterlegscheiben bei Schubfeldern, Anordnung und Abstände, besondere Montagehinweise je nach Art der Verbindung, z. B. Lochdurchmesser und Anzugsdrehmoment
- Art und Einzelheiten der Unterkonstruktion für die Trapezprofile, wie Werkstoffe, Achsabstände, Ausbildung der Auflager, Gefälle, Details vom Längs- und Querrand der Verlegefläche
- Öffnungen in den Verlegeflächen einschließlich erforderlicher Auswechslungen z. B. Lichtkuppeln, Rauch- und Wärmeabzugseinrichtungen (RWA), Dachentwässerungen und andere
- Aufbauten oder Abhängungen, z. B. für Rohrleitungen, Kabelbündel, Unterdecken und andere.

Bei steifen Unterkonstruktionen sind extreme Temperaturunterschiede gegebenenfalls konstruktiv zu berücksichtigen.

4.1.2 Zusätzliche Anforderungen bei Verlegeflächen mit planmäßiger Schubfeldwirkung

Verlegeflächen mit planmäßiger Schubfeldwirkung sind wesentlich für die Standsicherheit des Bauwerkes. Verlegeflächen und Teile von Verlegeflächen mit planmäßiger Schubfeldwirkung müssen im Verlegeplan als „Schubfeld" besonders gekennzeichnet werden.

An den Längsstößen der einzelnen Profiltafeln, an allen Rändern des Schubfeldsystems, bei Öffnungen, Auswechslungen, bei Lasteinleitungsträgern und ähnlichen Bauteilen müssen Art und Anordnung der Verbindungen angegeben werden. Bei der Einleitung von Kräften in Spannrichtung der Trapezprofile sollen die Verbindungselemente im allgemeinen gleichmäßig auf die Einleitungslänge verteilt werden.

4.1.3 Neigung der Dachfläche

Dachflächen sollen ein durchgehendes Gefälle bis zum Wasserablauf aufweisen. Dachflächen ohne Gefälle erfordern besondere Maßnahmen, z. B. Anordnung der Abläufe an den Stellen maximaler Durchbiegung. Wo eine mögliche Verstopfung der Abläufe zu einer Überstauung der Dachfläche führen kann, sind Notüberläufe am Dachrand vorzusehen.

Im übrigen sind die einschlägigen Richtlinien (z. B. Flachdachrichtlinien [2]) zu beachten.

4.1.4 Obergurtverformung

Werden Trapezprofile für eine Warmdachausführung nach DIN 18807 Teil 1/06.87, Tabelle 1, Spalte 4, verwendet und wird die Wärmedämmschicht auf die Profilobergurte aufgeklebt, so dürfen im eingebauten Zustand die Klebeflächen nicht nach oben gewölbt sein und die Obergurtdurchsenkungen 3 mm nicht überschreiten.

4.1.5 Begehbarkeit; maximale Stützweiten

Trapezprofile als tragende Schale von Dach- und Deckensystemen dürfen als Einfeldträger nur bis zu der nach DIN 18807 Teil 2/06.87, Abschnitt 7.7, ermittelten Stützweite verwendet werden (siehe auch DIN 18807 Teil 1/06.87, Abschnitt 6). Bei Verwendung als Mehrfeldträger darf diese Stützweite um 25 % vergrößert werden.

---

[2] „Richtlinien für die Planung und Ausführung von Dächern mit Abdichtungen" zu beziehen beim Fachverlag Helmut Gros, Helgoländer Ufer 5, 1000 Berlin 21, und bei der Vertriebsgesellschaft Rudolf Müller, Stolberger Straße 84, 5000 Köln 41.

4.2 Anforderungen an die Unterkonstruktion als Auflager für die Trapezprofile

4.2.1 Auflagerbreite und Trapezprofilüberstand

Soweit sich aus dem Festigkeitsnachweis keine erforderlichen Auflagerbreiten ergeben, muß die Auflagerbreite zuzüglich Trapezprofilüberstand mindestens 80 mm, bei Mauerwerk mindestens 100 mm betragen. Hiervon darf abgewichen werden auf die Mindestwerte nach Tabelle 5, wenn das Trapezprofil unmittelbar nach dem Verlegen auf dem Auflager befestigt wird.

Tabelle 5. **Mindestauflagerbreiten**

Art der Unterkonstruktion		Stahl, Stahlbeton	Mauerwerk	Holz
Endauflagerbreite min b_A	mm	40	100	60
Zwischenauflagerbreite min b_B	mm	60	100	60

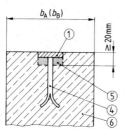

a) Flachstahl,
   mit Beton-Oberkante bündig

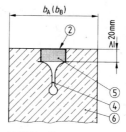

b) Stahlprofil,
   mit Beton-Oberkante bündig

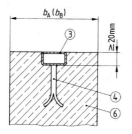

c) Stahlhohlprofil,
   mit Beton-Oberkante bündig

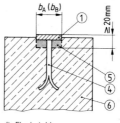

d) Flachstahl,
   über Beton-Oberkante herausstehend

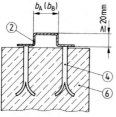

e) Stahlprofil,
   über Beton-Oberkante

min b_A = 40 mm
min b_B = 60 mm

① Flachstahl mindestens 8 mm dick
② Stahlprofil ⎫
③ Stahlhohlprofil ⎬ für Setzbolzen mindestens 6 mm Wanddicke
④ Verankerung
⑤ Hinterfüllung aus Hartschaum, Holz oder ähnlichem (erforderlich bei Schraubenbefestigungen)
⑥ Beton, Stahlbeton oder Spannbeton

Bild 9. Zusätzliches Auflagerteil, Ausführungsbeispiele

171

4.2.2 Unterkonstruktion aus Beton, Stahlbeton oder Spannbeton

4.2.2.1 Zusätzliches Auflagerteil

Bei einer Unterkonstruktion aus Beton, Stahlbeton oder Spannbeton ist ein zusätzliches Auflagerteil aus Metall oder Holz vorzusehen, um eine Verbindung der Profiltafeln mit der Unterkonstruktion zu ermöglichen (Beispiele siehe Bild 9). Auflagerteile aus Holz müssen DIN 1052 Teil 1 entsprechen, jedoch mindestens 40 mm dick und 60 mm breit sein.

4.2.2.2 Ohne zusätzliches Auflagerteil

Bei Stahlbeton- oder Spannbetonkonstruktionen darf auf ein zusätzliches Auflagerteil nach Abschnitt 4.2.2.1 nur verzichtet werden, wenn

a) bauaufsichtlich zugelassene Dübel für die Verbindung der Trapezprofile mit der Unterkonstruktion verwendet werden und der Nachweis für die aufzunehmenden Kräfte geführt wird
oder

b) Setzbolzen oder andere geeignete Verbindungselemente für die Fixierung der Profiltafeln verwendet werden, sofern sie keine planmäßigen Zug- oder Scherkräfte zu übertragen haben
oder

c) das Endauflager nach Bild 10 ausgebildet ist.

Dübel oder Setzbolzen dürfen an fertigen Bauteilen nur an Stellen gesetzt werden, an denen eine Schädigung der tragenden Bewehrung oder des tragenden Bauteiles ausgeschlossen ist.

Schnitt A–B

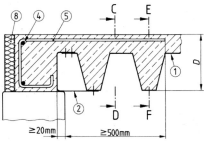

Längsrand der verlegten Fläche

Schnitt C–D

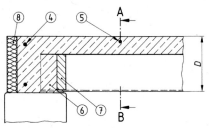

Querrand der verlegten Fläche, Schnitt durch den Aufbeton

① Trapezprofil
② Randblech, konstruktive Auflagertiefe ≥ 20 mm
③ Auflagertiefe des Trapezprofils ≥ 100 mm, Druckspannung des Mauerwerks ist nachzuweisen
④ Bewehrung des Ringankers mindestens 2 ∅ 12 mm oder gleichwertig
⑤ Bügel ∅ ≥ 6 mm Abstand: $e \leq 4\,D$ ≤ 500 mm
⑥ Mauer- oder Linienlasten am Auflager: Falls nicht statisch anders nachgewiesen, ist der Hohlraum unter dem Trapezprofil auszubetonieren oder bündig auszumauern
⑦ Eventuell Füllstück unter dem Trapezprofil
⑧ Eventuell Wärmedämmung

Schnitt E–F

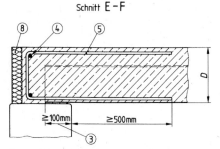

Querrand der verlegten Fläche,
Schnitt durch die Trapezprofilrippe

Bild 10.   Beispiele für Randausbildungen mit Ortbeton

4.2.3   Unterkonstruktion aus Holz

Es gilt DIN 1052 Teil 1.

4.2.4   Unterkonstruktion aus Mauerwerk

4.2.4.1   Zusätzliches Auflagerteil

Für ein zusätzliches Auflagerteil gilt analog die Regelung nach den Abschnitten 4.2.2.1 und 4.2.2.2 und DIN 1053 Teil 1.

4.2.4.2   Decken mit Ortbeton

Decken mit Ortbeton müssen mit Randgliedern nach Bild 10 ausgeführt werden.

Wenn an einem Auflager über der Decke Linienlasten (z. B. Mauerwerk) angreifen, ist — falls im Festigkeitsnachweis nichts anderes nachgewiesen — der Hohlraum unter dem Trapezprofil auszubetonieren oder bündig auszumauern.

4.3   Randausbildung der Verlegefläche

Wenn an den Rändern der Verlegefläche zwischen den Trapezprofilen und anderen Gebäudeteilen gegenseitige Verschiebungen auftreten können, so ist hierauf konstruktiv Rücksicht zu nehmen.

Die Randausbildung muß Bild 11 entsprechen, um die Querschnittsform des Trapezprofils auch am Rand sicherzustellen.

4.4   Verbindung der Profiltafeln mit der Unterkonstruktion

4.4.1   Allgemeines

Für die Verbindungselemente gelten die maßgebenden Normen oder bauaufsichtlichen Zulassungen.

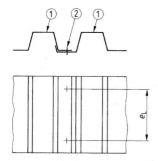

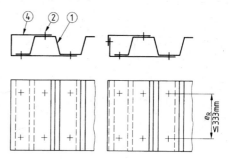

a) Verbindung der Trapezprofile am Längsrand

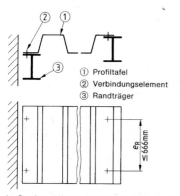

① Profiltafel
② Verbindungselement
③ Randträger

b) Randversteifungsträger aus Stahl, Beton oder Holz

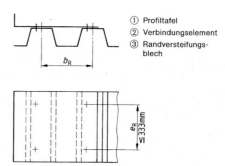

① Profiltafel
② Verbindungselement
③ Randversteifungsblech

c) Verbindung des Längsrandes mit einem durchgehenden an der Wand befestigten Profil aus Stahl, Holz

d) Randaussteifung durch Randversteifungsbleche

Bild 11.   Randausbildungen

173

4.4.2 Verbindung der Profiltafeln mit der Unterkonstruktion quer zur Spannrichtung

Die Verbindung hat nach Maßgabe des Festigkeitsnachweises zu erfolgen, jedoch ist mindestens jede zweite Profilrippe mit der Unterkonstruktion zu verbinden, an den Rändern der Verlegeflächen jede Profilrippe.

Bei Schubfeldern ist jede Profilrippe im anliegenden Gurt mit den Schubfeldträgern zu verbinden. An Zwischenauflagern, die nur zur Abtragung von Lasten – rechtwinklig zur Verlegefläche – dienen und keinerlei Aufgaben im Zusammenhang mit der Schubfeldwirkung zu erfüllen haben, genügt auch im Bereich von Schubfeldern die Verbindung in jeder zweiten Profilrippe.

4.4.3 Verbindung der Profiltafeln mit der Unterkonstruktion parallel zur Spannrichtung

An den Längsrändern der verlegten Flächen müssen die Profiltafeln mit der Unterkonstruktion oder nach Abschnitt 4.5.2 mit z.B. einem Randversteifungsblech $t_N \geq 1{,}0$ mm verbunden werden, bei Schubfeldern in Übereinstimmung mit dem Festigkeitsnachweis. Gleiches gilt für den Längsrand einer Profiltafel neben einer Öffnung in der verlegten Fläche. Abstände siehe Abschnitt 4.5.2.

4.5 Verbindung der Profiltafeln am Längsrand

4.5.1 Allgemeines

Für die Verbindungselemente gelten die maßgebenden Normen oder bauaufsichtlichen Zulassungen.

4.5.2 Abstände der Verbindungselemente

Jede Profiltafel muß an ihrem Längsrand mit einer anderen Profiltafel oder mit einem mindestens 1 mm dicken Randversteifungsblech oder nach Abschnitt 4.4.3 mit der Unterkonstruktion verbunden werden, siehe Bild 11, bei Schubfeldern in Übereinstimmung mit dem Festigkeitsnachweis.

Abstände in der Reihe:

Längsstoß: 50 mm $\leq e_L \leq$ 666 mm

Bei Schubfeldern müssen je Längsstoß zwischen 2 Auflagerträgern mindestens 4 Verbindungselemente angeordnet werden.

Randversteifungsblech: 50 mm $\leq e_R \leq$ 333 mm

Randträger: 50 mm $\leq e_R \leq$ 666 mm

Konstruktive Randabstände:

Längsrand der Profiltafel: $e \geq$ 10 mm
$\geq 1{,}5 \cdot d$

Querrand der Profiltafel: $\geq$ 20 mm
$\geq 2 \cdot d$

d Lochdurchmesser

4.6 Verbindung der Profiltafeln am Querrand

4.6.1 Konstruktive Überdeckung in Spannrichtung

Für die Überdeckungslänge in Spannrichtung gelten die Richtwerte nach Tabelle 6.

Tabelle 6. **Dachneigungen und Überdeckungslängen**

Dachaufbau		Überdeckungslänge mm
Trapezprofile mit oberseitiger Dachabdichtung		50 bis 150
Trapezprofile als Dachdeckung		
Dachneigung		
Grad	Prozent	
bis 3	< 5	ohne Querstoß
3 bis 5	5 bis 9	200
5 bis 20	9 bis 36	150
über 20	> 36	100

4.6.2 Stoß am Querrand ohne konstruktive Überdeckung

Bei einem Stoß am Querrand ohne konstruktive Überdeckung ist die Mindestauflagerbreite wie bei Endauflagern einzuhalten (siehe Bild 12).

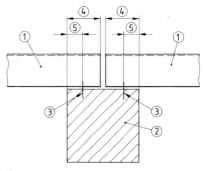

① Trapezprofil
② Unterkonstruktion
③ Verbindungselement
④ Auflagerbreite und Trapezprofilüberstand wie für Endauflager, siehe Abschnitt 4.2.1
⑤ Randabstand des Verbindungselements vom Rand einer Holz-Unterkonstruktion $\geq 5 \cdot d_s$ bzw. nach DIN 1052 Teil 1
  (d_s Schraubenschaftdurchmesser)

Bild 12. Querstoß als Stumpfstoßausführung

4.6.3 Statisch wirksame Überdeckung

Statisch wirksame Überdeckungen sind nach Abschnitt 3.5 nachzuweisen und auszubilden.

Für die Verbindungselemente sind folgende Rand- und Lochabstände einzuhalten:

a) Randabstand in Kraftrichtung $\geq 3\,d$
                                   ≥ 20 mm

b) Randabstand rechtwinklig ≥ 30 mm
   zur Kraftrichtung

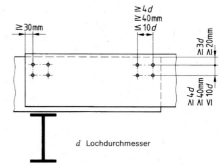

d Lochdurchmesser

Bild 13. Statisch wirksame Überdeckung

c) Lochabstand $\geq 4\,d$
                                  ≥ 40 mm
                                  $\leq 10\,d$

d Lochdurchmesser

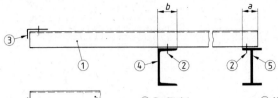

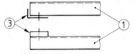

① Profiltafel

② Verbindungselement

③ Querverteilung am freien Ende, an jedem Gurt des Trapezprofiles befestigen!

④ Vorderes Auflager aus-kragender Platten

⑤ Hinteres Auflager, j e d e Profiltafel sofort nach dem Verlegen gegen Abheben sichern.

Bild 14. Auskragendes Trapezprofil

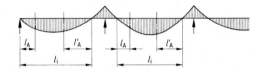

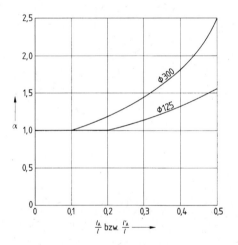

l_A, l'_A Mittenabstand der Öffnung vom Endauflager bzw. vom Momentennullpunkt

L_i ideelle Stützweite, gleich Abstand der Momentennullpunkte

α Faktor q_D/q

q Dachlast (einschließlich Profileigenlast)

q_D α-fache Dachlast

Bild 15.   Öffnungen in der Verlegefläche — Abminderungsfaktor

175

4.7 Auskragende Trapezprofile

4.7.1 Querverteilung von Einzellasten am freien Ende

Am freien Ende von auskragenden Trapezprofilen ist dafür zu sorgen, daß eine Einzellast von 1 kN auf mindestens 1 m Breite verteilt wird.

Diese Querverteilung kann z. B. über Blechwinkel oder Bohlen erfolgen (siehe Bild 14). Jede Profilrippe ist mit dem Querverteilungsträger zugfest zu verbinden.

4.7.2 Montagesicherung gegen Abkippen

Bei auskragenden Profilen ist das hintere Auflager sofort nach dem Verlegen gegen Abheben zu sichern, siehe Bild 14. Auf der Zeichnung ist darauf besonders hinzuweisen.

4.8 Öffnungen und Durchführungen

4.8.1 Allgemeines

Öffnungen und Durchführungen in der Verlegefläche müssen im Festigkeitsnachweis berücksichtigt und in den Verlegeplänen festgelegt werden.

4.8.2 Löcher in Gurten und Stegen

Eine örtliche Querschnittsschwächung der Stahltrapezprofile durch z. B. mechanische Befestigung von Wärmedämmung, Abhängungen für Installationen oder ähnliches ist ohne Nachweis nur zulässig, wenn folgende Bedingungen eingehalten werden:

a) Lochdurchmesser d bis 10 mm:

Abstände von Einzellöchern oder Randlöchern von Lochgruppen $\geq$ 200 mm

Anzahl der Löcher je Lochgruppe maximal 4

Abstände der Löcher in der Lochgruppe $\geq$ 4 d

$\geq$ 30 mm

b) Lochdurchmesser d bis 4 mm:

Abstände der Einzellöcher $\geq$ 80 mm

4.8.3 Öffnungen in Dächern und Decken

4.8.3.1 Allgemeines

Öffnungen dürfen (für z. B. Dachentwässerungen und Lüftungsrohre) bis zu einer Größe von 300 mm × 300 mm ohne Auswechslung angeordnet werden, wenn folgende Bedingungen eingehalten werden:

a) Abdeckungen der Öffnung mit einem Abdeckblech nach Bild 16, dessen Nenndicke t mindestens gleich der 1,5fachen Blechdicke t_N des Trapezprofiles und mindestens 1,13 mm ist,

b) Belastungen nur mit Flächenlasten,

c) Statischer Nachweis mit der α-fachen Dachlast (siehe Bild 15),

d) nur eine Öffnung je 1 m rechtwinklig zur Spannrichtung der Trapezprofile,

e) die Breite des Abdeckbleches quer zur Spannrichtung ist so zu wählen, daß vom Abdeckblech auf jeder Seite des Ausschnittes mindestens zwei durchlaufende Stege überdeckt werden bzw. bei Öffnungen von etwa 125 mm × 125 mm mindestens je die Hälfte des ausgeschnittenen Querschnittes,

f) das Abdeckblech ist nach Bild 16 an die Obergurte der Verlegefläche anzuschließen wie folgt:

— am Querrand zwei Verbindungen je Obergurt, je eines neben jedem überdeckten Steg,

— am Längsrand mindestens eine Reihe von Verbindungen in der Nähe des Steges, Abstand der Verbindungselemente in der Reihe $\leq$ 120 mm,

— bei Decken ist sicherzustellen, daß die Rippen auch unter dem Abdeckblech mit Ortbeton gefüllt sind.

4.8.3.2 Öffnungen im Bereich von Feldmomenten

Auf das Abdeckblech und die Erhöhung der Dachlast mit dem Faktor α nach Bild 15 kann verzichtet werden, wenn die Öffnung nicht größer ist als 125 mm × 125 mm und ihr Abstand l_A (bzw. l'_A) vom Endauflager nicht mehr als 10 % der Stützweite l bzw. l_i beträgt.

4.8.3.3 Öffnungen im Bereich von Stützmomenten

Die Lastabtragungen bei Öffnungen im Stützmomentenbereich ist stets nachzuweisen.

4.9 Bauphysikalische Anforderungen

4.9.1 Allgemeines

Die erforderlichen Nachweise für den Wärme-, Feuchtigkeits-, Schall- und Brandschutz sind unter Berücksichtigung des Zusammenwirkens aller Baustoffe und Bauteile des jeweiligen Systems nach den hierfür erlassenen Vorschriften, Normen und Richtlinien zu führen.

4.9.2 Dampfdiffusion

4.9.2.1 Dampfdiffusion bei einschaligen, nicht durchlüfteten Dächern

Für die in der Fläche an sich dampfdichten Stahltrapezprofile mit ihren jedoch in gewisser Weise dampfdurchlässigen Quer- und Längsstoßverbindungen läßt sich keine Diffusionszahl ermitteln. Ob für solche einschaligen, nicht durchlüfteten Trapezprofil-Dächer eine zusätzliche Dampfsperrschicht notwendig ist, hängt von den klimatischen Bedingungen des Standortes und des Gebäude-Inneren sowie dem Dachaufbau oberhalb der Trapezprofile ab.

Im allgemeinen kann eine zusätzliche Dampfsperrschicht und auch der entsprechende Nachweis entfallen, wenn im Gebäude-Inneren die Temperatur + 20 °C und die relative Luftfeuchte 60 % nicht übersteigen sowie überwiegend geschlossenzellige Dämmstoffe zur Anwendung kommen [2]. Liegen diese Verhältnisse nicht vor oder herrscht im Gebäude-Inneren ein Luftüberdruck (z. B. durch Heizgeräte oder Klimatisierung), so ist ein Nachweis erforderlich, daß auf den Einbau einer zusätzlichen Dampfsperrschicht verzichtet werden kann.

4.9.2.2 Hinterlüftung bei Außenwänden und Außenwandbekleidungen

Ist bauphysikalisch zur Abführung raumseitig eindiffundierten Wasserdampfes und von Sonneneinstrahlungswärme eine Hinterlüftung bei Außenwänden und Außenwandbekleidungen erforderlich, sollen — wenn kein genauerer Nachweis geführt wird — folgende Voraussetzungen erfüllt werden:

— Der Belüftungsraum soll an oder nahe der Außenseite der Wärmedämmschicht, d. h. also hinter der Außenschale der Wand bzw. der Wandbekleidung angeordnet werden.

— Bei einer Spaltbelüftung soll die geringste Spaltbreite 20 mm betragen.

— Bei Belüftungskanälen sollen deren Einzelquerschnitte mindestens 4 cm² und deren kleinstes Maß mindestens 20 mm betragen.

Die Querschnittsform ist beliebig, die Breite des nichthinterlüfteten Teiles der Außenwand bzw. der Bekleidung zwischen den benachbarten Belüftungskanälen darf 180 mm nicht übersteigen.

Der Gesamtquerschnitt des Belüftungsraumes muß mindestens 200 cm²/m Wandlänge betragen. Abweichend davon wird für die Be- und Entlüftungsöffnungen eine Mindestgröße von je 50 cm²/m Wandlänge gefordert, wobei dieses Maß nicht für Schutzgitter gilt.

---

[2] Siehe Seite 11

Schnitt G-H

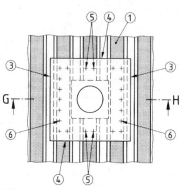

Schnitt L-M

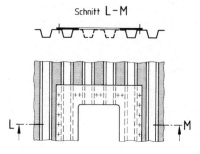

Beispiel a:
Großer Rippenabstand, Mitte Öffnung etwa über Mitte Obergurt;
Öffnung in Trapezprofilen: 300 mm × 300 mm;
Abdeckblech mit Rundloch

Beispiel c:
Kleiner Rippenabstand, Mitte Öffnung etwa über Mitte Obergurt;
Öffnung in Trapezprofilen und Abdeckblech:
300 mm × 300 mm

Schnitt J-K

Schnitt N-O

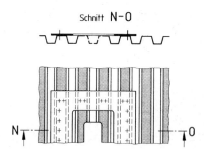

Beispiel b:
Großer Rippenabstand, Mitte Öffnung etwa über Mitte Untergurt
Öffnung in Trapezprofilen und Abdeckblech:
300 mm × 300 mm

Beispiel d:
Kleiner Rippenabstand, Mitte Öffnung etwa über Mitte Untergurt;
Öffnung in Trapezprofilen: 125 mm × 125 mm (für Bemessung maßgebend im Abdeckblech 300 mm × 300 mm)

① Trapezblech-Obergurte (schraffiert)
② Abdeckblech mindestens 600 mm × 600 mm, mindestens 1,13 mm dick
③ Abdeckblech – Längsrand
④ Abdeckblech – Querrand
⑤ Am Querrand 2 Verbindungselemente im Obergurt, je eines neben jedem überdeckten Steg
⑥ Verbindungselemente am Längsrand, Abstand: 120 mm

Bild 16. Öffnungen in der Verlegefläche – Anschluß-Abdeckblech an die Obergurte (Beispiele)

Bei zweischaligen Außenwänden von mit Überdruck klimatisierten Räumen müssen die Stöße der Innenschalen zusätzlich abgedichtet werden.

4.9.2.3 Durchlüftung bei mehrschaligen Dächern

Ist zur Abführung von Feuchte aus dem Gebäude-Inneren und aus Tauwasseranfall sowie zur Abführung von Sonneneinstrahlungswärme die Belüftung von mehrschaligen Dächern erforderlich, so ist der Einfluß von Dachneigungswinkel, Dachlänge (Länge zwischen Traufe und First), Höhe des Luftraumes und Größe der Lufteintritts- und -austrittsöffnungen bei der konstruktiven Ausbildung zu berücksichtigen (siehe auch DIN 4108 Teil 4).

4.9.3 Niederschlag

Das Eindringen von Wasser ist bei allen Dach- und Wandsystemen sowie bei den Außenwandbekleidungen durch geeignete Maßnahmen dauerhaft zu verhindern. Hierzu gehören insbesondere:

- ein ausreichendes Gefälle,
- die richtige Lage und Anordnung der Überdeckungen an den Quer- und Längsstößen der Trapezprofile,
- die Anordnung der Einläufe bei Flachdächern an den Tiefpunkten,
- die sachgerechte, regendichte Ausführung der Verbindungen,

- die Vornahme zusätzlicher Dichtungsmaßnahmen im Bereich von Anschlüssen, Übergängen und Durchbrechungen (z. B. an Fenstern, Türen, Belichtungs-, Belüftungseinrichtungen und ähnlichem) sowie an den Quer- und Längsstößen der Trapezprofile als Dachdeckung.

Die „Richtlinien für die Planung und Ausführung von Dächern mit Abdichtungen" [2]) ist zu beachten.

4.10   Sonstige Anforderungen

4.10.1   Bewegungsfugen

An Bewegungsfugen des Bauwerkes müssen auch geeignete Bewegungsfugen in den Dach-Wand- und Deckensystemen sowie den Außenwandbekleidungen einschließlich den Teilen der Zwischen- und Unterkonstruktion angeordnet werden.

4.10.2   Maßnahmen zur Durchführung von Instandhaltungsarbeiten

Die Außenflächen der raumbildenden Außenwände, Außenwandbekleidungen, Decken und Dächer müssen für notwendig werdende Instandhaltungsarbeiten zugänglich bleiben. Je nach den örtlichen Gegebenheiten und Erfordernissen ist eine Zugänglichkeit z. B. über Anlegeleitern, Standgerüste, feste, freihängende oder geführte Arbeitsbühnen zu ermöglichen. Bereits bei den Entwurfsarbeiten sind die baulichen Voraussetzungen für die gewählte Art der Reinigungs- und Wartungsmöglichkeiten, z. B. durch die Anordnung von Gerüstankern, mit einzuplanen.

Zitierte Normen und andere Unterlagen

DIN 1045   Beton und Stahlbeton; Bemessung und Ausführung
DIN 1052 Teil 1   Holzbauwerke; Berechnung und Ausführung
DIN 1055 Teil 3   Lastannahmen für Bauten; Verkehrslasten
DIN 4108 Teil 4   Wärmeschutz im Hochbau; Wärme- und feuchteschutztechnische Kennwerte
DIN 18 807 Teil 1   Trapezprofile im Hochbau; Stahltrapezprofile; Allgemeine Anforderungen, Ermittlung der Tragfähigkeitswerte durch Berechnung
DIN 18 807 Teil 2   Trapezprofile im Hochbau; Stahltrapezprofile; Durchführung und Auswertung von Tragfähigkeitsversuchen
Richtlinien für die Planung und Ausführung von Dächern mit Abdichtungen [2])
VBG 37   Bauarbeiten [3])

Weitere Normen

DIN V 18 531   Dachabdichtungen; Begriffe, Anforderungen, Planungsgrundsätze

Internationale Patentklassifikation

E 04 C 2/32
E 04 D 3/24
E 04 B 5/02
E 04 B 7/00
E 04 B 2/56
G 01 N 3/00

---

[2]) Siehe Seite 11
[3]) Zu beziehen beim Carl Heymanns Verlag KG, Luxemburger Straße 449, 5000 Köln 41

DK 693.814.3 : 693.814.25 : 624.014.27.078.416
: 624.042.2 : 001.4

Oktober 1984

Stahlbauten

Tragwerke aus Hohlprofilen unter vorwiegend
ruhender Beanspruchung

DIN
18 808

Steel structures consisting of hollow sections predominantly static loaded

Constructions en acier; construction à charpente en profil creux sous charge prépondéramment statique

Diese Norm ist den obersten Bauaufsichtsbehörden vom Institut für Bautechnik, Berlin, zur bauaufsichtlichen Einführung empfohlen worden.

Inhalt

1 Anwendungsbereich

Diese Norm ist anzuwenden für vorwiegend ruhend beanspruchte tragende Bauteile aus Stahlhohlprofilen, die ohne Veränderung ihrer Querschnitte verbunden werden.

Knoten und Stöße sind ausreichend sicher und gebrauchsfähig ausgebildet, wenn hierfür die Bestimmungen dieser Norm angewendet werden.

2 Begriff

Hohlprofile im Sinne dieser Norm sind Stäbe mit geschlossenem, kreisförmigem oder rechteckigem (einschließlich quadratischem) Hohlquerschnitt, bei denen planmäßig die Wanddicke ringsum konstant ist und in der Längsrichtung des Stabes gleichbleibt (siehe DIN 2448, DIN 2458, DIN 59 410 und DIN 59 411).

3 Werkstoffe

Es dürfen im allgemeinen nur die Stähle St 37-2, St 37-3 und St 52-3 nach DIN 17 100, DIN 17 119, DIN 17 120 und DIN 17 121 verwendet werden, im folgenden kurz mit St 37 bzw. St 52 bezeichnet.

Bei Verwendung anderer Baustähle siehe DIN 18 800 Teil 1/03.81, Abschnitt 2.1.1, zweiter und dritter Absatz.

4 Fachwerke
4.1 Allgemeines zur Bemessung

Fachwerke aus Hohlprofilen sind für die Stäbe nach Abschnitt 4.3 und für die Knoten nach den Abschnitten 4.4 und 4.5 zu bemessen.

Fortsetzung Seite 2 bis 20

Normenausschuß Bauwesen (NABau) im DIN Deutsches Institut für Normung e.V.
Normenausschuß Schweißtechnik (NAS) im DIN

4.2   Benennungen und Formelzeichen

Nach Bild 1 wird zwischen am Knoten durchlaufenden und am Knoten endenden Hohlprofilen unterschieden. Hierbei werden die durchlaufenden Hohlprofile mit der Nummer 0, die endenden Hohlprofile im Uhrzeigersinn fortlaufend mit 1, 2, ... gekennzeichnet. Außerdem wird zwischen aufgesetzten und untergesetzten Hohlprofilen unterschieden.

Bild 1.   Beispiel für die Numerierung der an einem Knoten zusammentreffenden Hohlprofile

Die für die erforderlichen Nachweise benötigten wichtigsten Formelzeichen sind in der Tabelle 1 zusammengestellt und durch die Bilder der Tabelle 2 erläutert.

Im Beispiel von Tabelle 2, Zeile 2, ist:

- — Stab 0 bezüglich der Stäbe 1 und 2 untergesetztes Hohlprofil,
- — Stab 1 bezüglich der Stäbe 0 und 2 aufgesetztes Hohlprofil,
- — Stab 2 bezüglich Stab 0 aufgesetztes, bezüglich Stab 1 untergesetztes Hohlprofil.

Tabelle 1.   **Zusammenstellung der wichtigsten Formelzeichen**

		1	2	3	4	5
					am Knoten	
		allgemein	unter-gesetztes Hohlprofil	aufgesetztes Hohlprofil	durchlaufendes Hohlprofil $i = 0$	endende Hohlprofile $i = 1, 2, \ldots$
1	Wanddicke	t	t_u	t_a	t_0	t_i
2	Durchmesser	d	d_u	d_a	d_0	d_i
3	Breite = Abmessung senkrecht zur Tragwerksebene	b	b_u	b_a	b_0	b_i
4	Höhe = Abmessung in Tragwerksebene	h	h_u	h_a	h_0	h_i
5	Querschnittsfläche	A	A_u	A_a	A_0	A_i
6	Normalkraft im Stab	N	N_u	N_a	N_0	N_i
7	Streckgrenze	β_S	β_Su	β_Sa	β_S0	β_Si
8	Normalspannung in Achsrichtung des Stabes am Knoten	σ	σ_u	σ_a	σ_0	σ_i

Weitere Formelzeichen:

g Spaltweite (siehe Tabelle 2, Zeile 1)

e Exzentrizität (siehe Bild 2)

$c = 0,5 \cdot (b_\mathrm{u} - b_\mathrm{a})$ } Flankenabstand
$c = 0,5 \cdot (d_\mathrm{u} - d_\mathrm{a})$

$l_\mathrm{ü}$ Länge der Überlappung (siehe Tabelle 2, Zeilen 2 und 3)

$$\gamma = \frac{b_\mathrm{a}}{b_\mathrm{u}}$$

$$\gamma = \frac{d_\mathrm{a}}{d_\mathrm{u}}$$ } Breitenverhältnis (siehe Tabelle 2)

$$\gamma = \frac{d_\mathrm{a}}{b_\mathrm{u}}$$

$\vartheta, \vartheta_\mathrm{i}, (i = 1, 2, \ldots)$ Anschlußwinkel zwischen zwei Hohlprofilen (siehe Bild 1 und Tabelle 2)

Weitere Formelzeichen werden am Ort ihrer Einführung erläutert.

Tabelle 2.   **Beispiele für Benennungen und maßgebende Parameter**

Spalte	1	2	3	4	5	6	7
Zeile	Benennung des Knotens	Bild	Anschluß	Dicke t_u untergesetztes Hohlprofil	t_a aufgesetztes	Anschlußwinkel ϑ	Breitenverhältnis γ

Für den Nachweis maßgebender Parameter

Zeile	Benennung des Knotens	Bild	Anschluß	Dicke t_u untergesetztes Hohlprofil	t_a aufgesetztes	Anschlußwinkel ϑ	Breitenverhältnis γ
1	Knoten mit Spalt		$0-1$	t_0	t_1	ϑ_1	d_1/d_0
			$0-2$	t_0	t_2	ϑ_3	d_2/d_0
2	Knoten überlappt		$0-1$	t_0	t_1		
			$0-2$	t_0	t_2		
			$2-1$	t_2	t_1		

181

Tabelle 2. (Fortsetzung)

Spalte	1	2	3	4	5	6	7
				Für den Nachweis maßgebender Parameter			
Zeile	Benennung des Knotens	Bild	An-schluß	Dicke t_u unter-gesetztes Hohlprofil	t_a auf-	An-schluß-winkel ϑ	Breiten-ver-hältnis γ
3	Knoten mit Vertikalstab überlappt	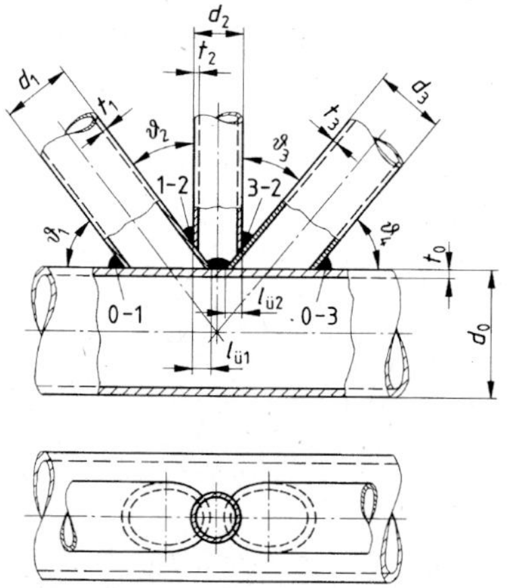	0 – 1	t_0	t_1		
			0 – 3	t_0	t_3		
			0 – 2	t_0	t_2		
			3 – 2	t_3	t_2		
			1 – 2	t_1	t_2		

Anmerkung 1: Für Anschlüsse von Rechteckhohlprofilen ist analog zu verfahren; dabei ist in Spalte 7 unter Umständen d durch b zu ersetzen.

Anmerkung 2: Beim Nachweis überlappter Knoten werden die Werte ϑ und γ, Spalten 6 und 7 nicht benötigt.

4.3 Fachwerkstäbe

Stäbe sind nach DIN 18800 Teil 1, DIN 4114 Teil 1 und Teil 2 und gegebenenfalls nach DASt-Ri 012 und DASt-Ri 013 nachzuweisen. Für die Stababmessungen sind die Grenzen und Regelungen nach Tabelle 3 zu beachten.

Der Nachweis für durchlaufende Gurtstäbe darf ohne Berücksichtigung der Zusatzmomente infolge der Exzentrizität e (siehe Bild 2) geführt werden, wenn

$$-0{,}25 \le e/h_0 \le +0{,}25$$

oder $-0{,}25 \le e/d_0 \le +0{,}25$ ist.

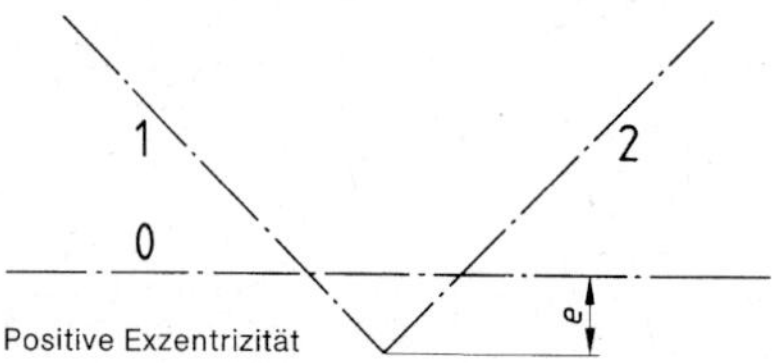

a) Positive Exzentrizität

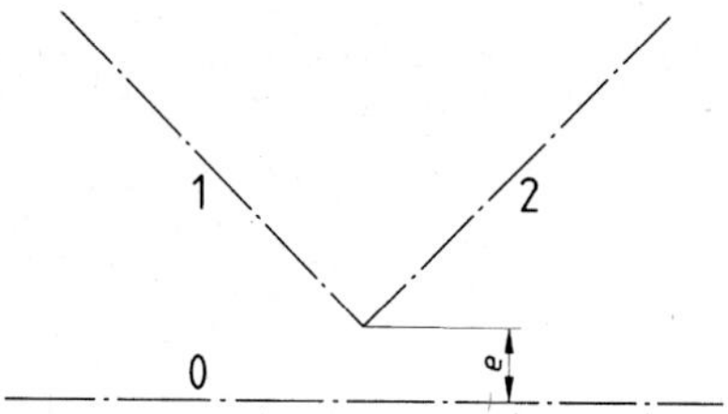

b) Negative Exzentrizität

Bild 2. Vorzeichenregelung für die Exzentrizität e bei nicht systemlinientreuer Ausbildung eines Fachwerkknotens

Beim allgemeinen Spannungsnachweis für die Füllstäbe in Fachwerken sind als Bauteilspannungen die nach DIN 18800 Teil 1/ 03.81, Tabelle 11, Zeilen 4 bis 6, einzuhalten.

Für die Gurtstäbe gelten beim allgemeinen Spannungsnachweis die Werte nach DIN 18800 Teil 1/03.81, Tabelle 7. Eventuell können dabei Zusatznachweise nach Abschnitt 4.4.2 erforderlich sein.

Tabelle 3.   **Grenzen und Regelungen für Stababmessungen in Fachwerken**

Zeile	Gültigkeitsbereich	
1	$d \leq 500\,\text{mm}$ $h \leq 400\,\text{mm}$ $b \leq 400\,\text{mm}$	
2	$0{,}5 \leq h/b \leq 2{,}0$	
3	$t \geq \quad 1{,}5\,\text{mm}$ St 37: $t \leq \quad 30\,\text{mm}$ St 52: $t \leq \quad 25\,\text{mm}$	
4	St 37: $d/t \leq 100$ St 52: $d/t \leq \quad 67$ St 37: $b/t \leq \quad 43$ St 52: $b/t \leq \quad 36$	bei Druckstäben
5	$d/t \leq \quad 35$ $b/t \leq \quad 35$	für die Gurtstäbe bei Knotennachweisen

4.4   Unversteifte Fachwerkknoten

4.4.1   Wanddickennachweise

Ausreichende Gestaltfestigkeit und damit ausreichende Tragfähigkeit des Knotens wird erreicht, wenn für zwei unmittelbar miteinander verbundene Hohlprofile das vorhandene Wanddickenverhältnis vorh (t_u/t_a) größer oder gleich dem erforderlichen Wanddickenverhältnis erf (t_u/t_a) ist:

$$\text{vorh} \left(\frac{t_u}{t_a} \right) \geq \text{erf} \left(\frac{t_u}{t_a} \right) \tag{1}$$

4.4.1.1   Vorhandenes Wanddickenverhältnis

Das vorhandene Wanddickenverhältnis vorh (t_u/t_a) ist das Verhältnis der Wanddicke des untergesetzten Profils zu der des aufgesetzten.

Werden für aufgesetzte und untergesetzte Hohlprofile Stähle mit unterschiedlichen Streckgrenzen β_S verwendet, ist das geometrisch vorhandene Wanddickenverhältnis (t_u/t_a) durch das Verhältnis

$$\frac{t_u}{t_a} \cdot \frac{\beta_{Su}}{\beta_{Sa}}$$

zu ersetzen.

Wenn im aufgesetzten Hohlprofil die zulässige Spannung zul σ nach DIN 18 800 Teil 1/03.81, Tabelle 11, Zeilen 4 bis 6, nicht ausgenutzt ist, darf die geometrisch vorhandene Dicke t_a durch die reduzierte Wanddicke

$$\text{red } t_a = t_a \cdot \frac{\text{vorh } \sigma_a}{\text{zul } \sigma_a} \tag{2}$$

ersetzt werden.

4.4.1.2   Erforderliches Wanddickenverhältnis

Das erforderliche Wanddickenverhältnis erf (t_u/t_a) kann für Breitenverhältnisse $\gamma \geq 0{,}35$ aus Tabelle 4 und den Bildern 3 bis 8 entnommen werden.

Bei dickwandigen untergesetzten Hohlprofilen mit $\dfrac{d_u}{t_u} \leq 20$ bzw. $\dfrac{b_u}{t_u} \leq 20$ darf $\gamma \leq 0{,}35$ sein, wenn

$$\text{vorh} \left(\frac{t_u}{t_a} \right) \geq \frac{1}{\gamma} \text{ oder erf} \left(\frac{t_u}{t_a} \right) = \frac{1}{\gamma} \tag{3}$$

ist.

Bei Knoten mit Spalt und Anschlußwinkeln $\vartheta > 60°$ ist der Faktor f_ϑ nach Tabelle 4 zu berücksichtigen. Die maßgebenden Anschlußwinkel ϑ sind für die Beispiele der Tabelle 2 dort in Spalte 6 angegeben.

Tabelle 4. Erforderliche Wanddickenverhältnisse erf (t_u/t_a)

1	2	3	4							
			Knoten mit Spalt $g/b_0 \geq 0,2$							
			4 a							4 b
			$\vartheta \leq 60°$ b_u/t_u bzw. d_u/t_u							$60° < \vartheta \leq 90°$
Stahl	Knoten mit Überlappung	Knoten mit Spalt $0 \leq \frac{g}{b_0} < 0,2$	Beanspruchung im untergesetzten Hohlprofil	≤ 20	22,5	25	27,5	30	35	
St 37	1,6	$1,6 + \frac{g}{b_0} \cdot \left[5 \cdot \mathrm{erf}\left(\frac{t_u}{t_a}\right)_{④} - 8\right]$	Druck	3	4	5 *(siehe Bild)*	6	7	8	Die Werte der Spalte 4 a sind mit dem Faktor $f_\vartheta = 0,6 + \dfrac{\vartheta}{150}$ zu vergrößern.
			Zug	1,6	1,7	1,8	1,9	2,0	2,2	
St 52	1,33	$1,33 + \frac{g}{b_0} \cdot \left[5 \cdot \mathrm{erf}\left(\frac{t_u}{t_a}\right)_{④} - 6,65\right]$	Druck	3	4	5 *(siehe Bild)*	6	7	8	
			Zug	1,33	1,42	1,5	1,59	1,67	1,83	

Bild (Spalte 4 b): Achse f_ϑ mit Werten 1,2 – 1,15 – 1,1 – 1,05 – 1,0; Achse ϑ mit Werten 60 – 70 – 80 – 90.

Anmerkung: Bei an Knoten durchlaufenden Rundrohren ist der Parameter g/b_0 durch g/d_0 zu ersetzen.
In Spalte 3 wird zwischen den Spalten 2 und 4 linear interpoliert.
erf $\left(\dfrac{t_u}{t_a}\right)_{④}$ ist das erforderliche Wanddickenverhältnis nach Spalte 4.
Bei Knoten mit Spalt $g > 2c$ und gleichzeitig $\gamma > 0,7$ ist zusätzlich Abschnitt 4.4.2 zu beachten.

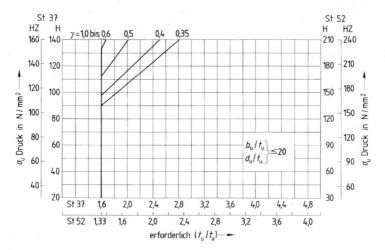

Bild 3. Erforderliches Wanddickenverhältnis in Abhängigkeit vom Verhältnis $b_u/t_u \leq 20$ oder $d_u/t_u \leq 20$

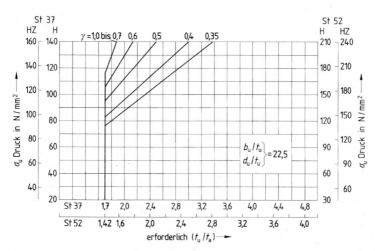

Bild 4. Erforderliches Wanddickenverhältnis in Abhängigkeit vom Verhältnis $b_u/t_u = 22,5$ oder $d_u/t_u = 22,5$

185

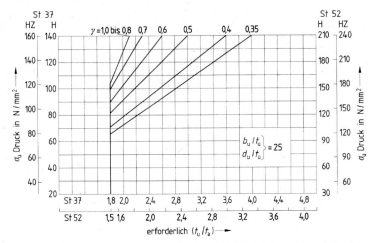

Bild 5.   Erforderliches Wanddickenverhältnis in Abhängigkeit vom Verhältnis $b_u/t_u = 25$ oder $d_u/t_u = 25$

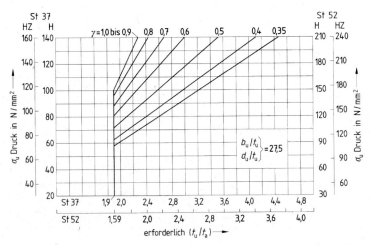

Bild 6.   Erforderliches Wanddickenverhältnis in Abhängigkeit vom Verhältnis $b_u/t_u = 27,5$ oder $d_u/t_u = 27,5$

186

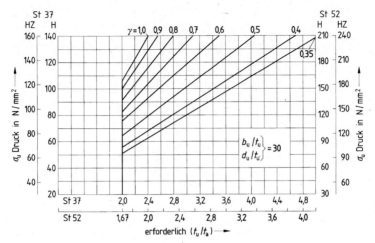

Bild 7.   Erforderliches Wanddickenverhältnis in Abhängigkeit vom Verhältnis $b_u/t_u = 30$ oder $d_u/t_u = 30$

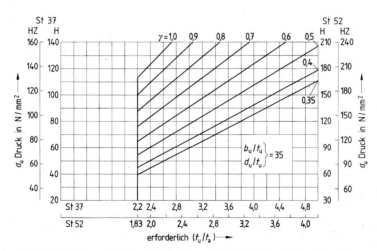

Bild 8.   Erforderliches Wanddickenverhältnis in Abhängigkeit vom Verhältnis $b_u/t_u = 35$ oder $d_u/t_u = 35$

187

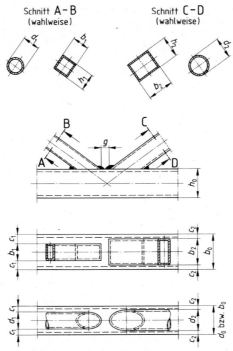

Bild 9.   Beispiele zur Erläuterung der Parameter des Abminderungsfaktors k

4.4.2   Zusätzlicher Nachweis für den Fall $g > 2c$ und gleichzeitig $\gamma > 0{,}7$

Ist die Spaltweite g größer als der zweifache Flankenabstand c, ist also $g > 2c$, und gleichzeitig das Breitenverhältnis $\gamma > 0{,}7$, muß die zulässige Spannung zul σ (nach DIN 18 800 Teil 1/03.81, Tabelle 11, Zeilen 4 bis 6) für das aufgesetzte Hohlprofil mit dem Abminderungsfaktor k multipliziert werden. Der Faktor k braucht jedoch nicht kleiner als 0,7 eingesetzt zu werden, d. h.

$$0{,}7 \leq k \leq 1$$

Für rechteckige Füllstäbe und rechteckige Gurte ist

$$0{,}7 \leq k = 1 - 3 \cdot \frac{g - 2c}{b_0} \cdot \frac{b_i}{b_i + h_i}; \; i = 1, 2, \dots \tag{4}$$

Für runde und quadratische Füllstäbe und rechteckige Gurte ist vereinfacht:

$$0{,}7 \leq k = 1 - 1{,}5 \cdot \frac{g - 2c}{b_0}. \tag{5}$$

Bei Gurten aus runden Rohren ist in den Gleichungen (4) und (5) statt b_0 der Durchmesser d_0 einzusetzen. Für den Fall quadratischer und runder Füllstäbe kann der Faktor k in Abhängigkeit von γ und g/b_0 bzw. g/d_0 auch aus Bild 10 entnommen werden.

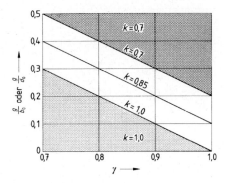

Bild 10. k-Werte für quadratische und runde Füllstäbe

4.4.3   Schweißverbindungen

4.4.3.1   Allgemeines

Rechnerische Schweißnahtnachweise brauchen nicht geführt zu werden, wenn die Bestimmungen nach den Abschnitten 4.4.3.2 und 4.4.3.3 eingehalten werden.

4.4.3.2   Schweißnahtdicke

Bei aufgesetzten Hohlprofilen mit Wanddicken $t_a \leq 3$ mm muß die Schweißnahtdicke mindestens gleich der Wanddicke des aufgesetzten Profiles sein:

$$a = t_a$$

Bei aufgesetzten Hohlprofilen mit Wanddicken $t_a > 3$ mm muß die Schweißnahtdicke mindestens gleich der reduzierten Wanddicke des aufgesetzten Profiles sein:

$$a \geq \text{red } t_a, \text{ mindestens jedoch } a = 3 \text{ mm}.$$

Aus konstruktiven Gründen kann eine größere Schweißnahtdicke erforderlich sein.

4.4.3.3   Ausführung der Schweißnähte

Bei Anschlüssen von Hohlprofilen untereinander sind nach Bild 11 a die Bereiche A, B und C zu unterscheiden. Bei Anschlüssen von Rechteckhohlprofilen untereinander gelten folgende Festlegungen:

— im Bereich A

die Schweißnaht soll bei Anschlußwinkeln $\vartheta < 45°$ als HV-Naht ausgebildet werden (siehe Bild 11 b), bei $\vartheta \geq 45°$ auch als Kehlnaht (siehe Bild 11 c)

— im Bereich B

für $\gamma \leq 0,8$: Die Schweißverbindungen dürfen als Kehlnähte ausgeführt werden (siehe Bild 11 d)

für $\gamma > 0,8$: Kann bei kleinen Eck-Radien r einwandfreies Durchschweißen nicht sichergestellt werden, so ist die Naht vorzubereiten (siehe Bild 11 e)

Bei großen Eck-Radien r (siehe Bild 11 f) ist zu überprüfen, ob ein Schweißen möglich ist

— im Bereich C

Die Schweißnähte im spitzen Winkel dürfen als Kehlnähte ausgeführt werden (siehe Bilder 11 g und 11 h)

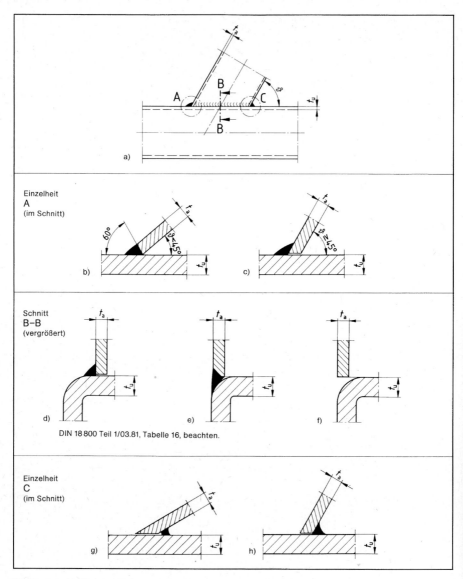

Bild 11.   Beispiele für Schweißnahtausbildung bei Anschlüssen von Rechteck-Hohlprofilen untereinander
Bei Verwendung von Rundrohren ist sinngemäß zu verfahren.

4.5   Fachwerkknoten mit Versteifungen und mittelbaren Anschlüssen

Werden die Bestimmungen nach Abschnitt 4.4 nicht eingehalten, sind die Knoten entweder zu versteifen (siehe Abschnitt 4.5.1) oder die Hohlprofile mittelbar über Knotenbleche miteinander zu verbinden (siehe Abschnitt 4.5.2).

4.5.1   Versteifte Fachwerkknoten

Knoten können beispielsweise nach den Bildern der Tabelle 5 versteift werden.

Tabelle 5.   **Beispiele für versteifte Knoten**

Zeile	Benennung des Knotens	Bild
1	Knoten mit Zwischenblech	
2	Knoten mit Unterlegblech und mit Spalt	
3	Knoten mit Unterlegblech überlappt	

Tabelle 5.   (Fortsetzung)

Zeile	Benennung des Knotens	Bild
4	Knoten mit Unterlegblech und Zwischenblech	

Die Dicke t_p der Zwischen- und Versteifungsbleche muß mindestens doppelt so groß sein wie die größte reduzierte Wanddicke der endenden Hohlprofile:

$$t_p \geq 2 \cdot \text{red } t_i \; (i = 1, 2, \ldots) \tag{6}$$

Die Dicke a_p der Schweißnähte zum Anschluß der Zwischen- und Versteifungsbleche an das durchlaufende Hohlprofil und zum Anschluß eines Zwischenbleches an ein Versteifungsblech muß mindestens so groß sein wie die größte reduzierte Wanddicke der endenden Hohlprofile:

$$a_p \geq t_i \text{ für } t_i < 3 \text{ mm } (i = 1, 2, \ldots) \tag{7}$$

jedoch $a_p \geq \text{red } t_i$.

Für die unmittelbar miteinander verbundenen Teile der Hohlprofile (z. B. in Tabelle 5, Anschluß 0 – 1 und 0 – 2 in Zeile 1 und Anschluß 1 – 2 in Zeile 3) gelten die Bestimmungen nach Abschnitt 4.4.1.

Für Hohlprofile, die mittelbar über ein Zwischenblech verbunden sind, werden keine Bedingungen an das Wanddickenverhältnis gestellt.

Für Hohlprofile, die mittelbar über ein Unterlegblech miteinander verbunden sind, ist das erforderliche Wanddickenverhältnis

$$\text{erf} \left(\frac{t_u}{t_a} \right) = 1 \tag{8}$$

Für die Dicke a der Schweißnähte zum Anschluß von endenden Hohlprofilen gelten die Bestimmungen nach Abschnitt 4.4.3.2.

4.5.2 Anschlüsse mit Knotenblechen

Hohlprofile können über Knotenbleche miteinander verbunden werden. Für den Nachweis dieser Anschlüsse gelten die Regeln des allgemeinen Stahlbaus.

4.6 Lasteinleitungsstellen

An Lasteinleitungsstellen, z. B. an Auflagern, können besondere Maßnahmen erforderlich sein.

4.7 Räumliche Fachwerkknoten

Bei räumlichen Fachwerkknoten können besondere Maßnahmen erforderlich sein.

5   Biegesteife Rahmenecken aus Rechteckhohlprofilen

5.1   Biegesteife Rahmenecken aus Rechteckhohlprofilen mit Gehrungsschnitt, ohne oder mit Versteifungsplatte (siehe Bild 12) sind nach den Abschnitten 5.2 bis 5.5 zu bemessen. Die in diesen Abschnitten getroffenen Regelungen gelten nicht für Winkel $\vartheta < 90°$.

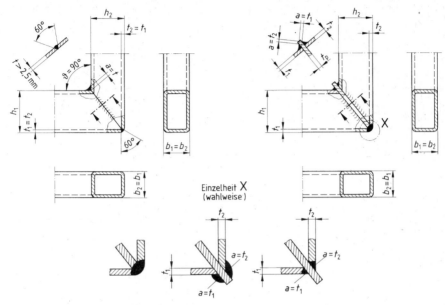

Bild 12.   Schweißdetails bei biegesteifen Rahmenecken

5.2   Für die Stababmessungen sind die Grenzen und Regelungen der Tabelle 6 zu beachten.

Tabelle 6.   **Grenzen und Regelungen für Stababmessungen bei biege-steifen Rahmenecken mit $\vartheta = 90°$**

Zeile	Gültigkeitsbereich biegesteife Rahmenecken mit Gehrungsstoß	
	mit	ohne
	Versteifungsplatte	
1	$b \leq 400\,\text{mm}$	$b \leq 300\,\text{mm}$
	$h \leq 400\,\text{mm}$	$h \leq 300\,\text{mm}$
2	$0,33 \leq h/b \leq 3,5$	
3	$t \geq\ 2,5\,\text{mm}$	
	St 37: $t \leq 30\,\text{mm}$	
	St 52: $t \leq 25\,\text{mm}$	
4	St 37: $b/t \leq 43,\ h/t \leq 43$	
	St 52: $b/t \leq 36,\ h/t \leq 36$	

5.3   Die Dicke t_p einer Versteifungsplatte muß den Bedingungen

$$t_\mathrm{p} \geq 1{,}5 \cdot t_i \ (i = 1 \ \text{oder} \ 2)$$
$$t_\mathrm{p} \geq 10\,\text{mm}$$

genügen.

5.4   Ausreichende Gestaltfestigkeit und damit ausreichende Tragfähigkeit der Rahmenecke wird erreicht, wenn für beide Hohlprofile die folgenden Nachweise (siehe Gleichungen (9) und (10)) erfüllt sind:

$$\text{vorh } \sigma = \frac{N}{A} \pm \frac{M}{W} \leq \alpha \text{ zul } \sigma \tag{9}$$

Hierin bedeuten:

N Normalkraft ⎫ im betrachteten Hohlprofil im Systempunkt Rahmenecke
M Biegemoment ⎭

A Querschnittsfläche des betrachteten Hohlprofils

W Widerstandsmoment des betrachteten Hohlprofils

zul σ zulässige Spannung nach DIN 18800 Teil 1/03.81, Tabelle 7

α Formfaktor

Für Rahmenecken mit Versteifungsplatten ist $\alpha = 1$.

Für Rahmenecken ohne Versteifungsplatten ist α in Abhängigkeit von den Querschnittsabmessungen aus den Bildern 13 und 14 zu entnehmen.

$$Q \leq \frac{1}{3} A_\mathrm{S} \cdot \text{zul } \tau \tag{10}$$

Hierin bedeuten:

Q Querkraft im betrachteten Hohlprofil im Systempunkt Rahmenecke

A_S Querschnittsfläche der Hohlprofilstege $(A_\mathrm{S} \approx 2 \cdot h \cdot t)$

zul τ nach DIN 18800 Teil 1/03.81, Tabelle 7

Wenn die Querkraftbedingung nach Gleichung (10) eingehalten ist, kann ein Vergleichsspannungsnachweis entfallen. Andernfalls ist die Vergleichsspannung nach DIN 18800 Teil 1 mit $\frac{1}{\alpha}$-facher Normalspannung nachzuweisen.

5.5   Die Schweißnähte sind nach DIN 18800 Teil 1 nachzuweisen. Dabei ist als Schweißnahtfläche die Querschnittsfläche des Hohlprofils einzusetzen.

Auf den Schweißnahtnachweis darf bei unversteiften Rahmenecken verzichtet werden, wenn der Formfaktor

$\alpha \leq 0{,}84$ bei St 37,

$\alpha \leq 0{,}71$ bei St 52 ist.

Die Schweißnahtdetails in Bild 12 sind zu beachten.

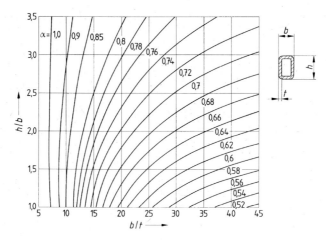

Bild 13.   Formfaktoren α für hochkantstehende Rechteck-Hohlprofile

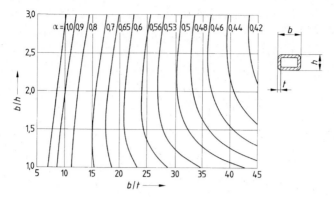

Bild 14.   Formfaktoren α für flachliegende Rechteck-Hohlprofile

6   Stumpfstöße

6.1   Bei Stumpfstößen gilt als rechnerische Schweißnahtfläche die Querschnittsfläche des dünneren Hohlprofils.

6.2   Druckbeanspruchte Stumpfnähte brauchen nicht nachgewiesen zu werden.

6.3   Bei zugbeanspruchten Stumpfnähten hängt die zulässige Spannung von der Güte der Schweißnahtausführung ab. Sie ergibt sich aus Tabelle 7.

Tabelle 7.   **Zulässige Zugspannung für Stumpfnähte**

Zeile	Bedingungen			zul σ nach DIN 18 800 Teil 1/03.81
	Schweißer mit gültiger Schweißerprüfung nach DIN 8560		Durchstrahlungsprüfung der Stumpfnaht	
	Für rechteckige Hohlprofile	für Rundrohre		
1	B II	R II	100% Durchstrahlung Bewertungsgruppe BS nach DIN 8563 Teil 3	Tabelle 11, Zeile 2
2			nicht erforderlich	Tabelle 11, Zeile 5
3	B I	R I	nicht erforderlich	88% der Werte nach Tabelle 11, Zeile 5

7   Anforderungen an Betrieb und Schweißer

7.1   Anforderungen an den Betrieb

Betriebe, die Tragwerke aus Hohlprofilen nach dieser Norm herstellen, müssen den Anforderungen nach DIN 18 800 Teil 7 genügen. Insbesondere muß der Betrieb über geeignete Einrichtungen zur Anpassung der zu verschweißenden Hohlprofile verfügen.

7.2   Anforderungen an die Schweißer

7.2.1   Die Zuordnung von Schweißverbindungen zur erforderlichen Schweißerprüfung enthält Tabelle 8.

7.2.2   Für Anschlüsse nach Tabelle 8, Zeile 2, ist zusätzlich der Nachweis am Prüfstück nach Bild 15 erforderlich.

Die Prüfung ist in Anlehnung an DIN 8560 durchzuführen. Dabei ist das Prüfstück entsprechend Bild 16 vorzubereiten und aufzubrechen, so daß die Bruchbewertung der Schweißnaht durchgeführt werden kann.

Tabelle 8. **Zuordnung von Schweißverbindungen zu erforderlicher Schweißerprüfung**

	Art der Verbindung	Erforderliche Schweißerprüfung
1		R I, R II *)
2		R I und Zusatzprüfung nach Abschnitt 7.2.2
3		B I, B II *)
4		B I
5		B I
*) Die zulässige Zugspannung hängt von der Güte der Schweißnahtausführung ab (vgl. Tabelle 7).		

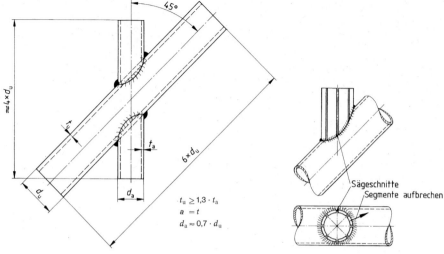

$t_u \geq 1,3 \cdot t_a$

$a = t$

$d_a \approx 0,7 \cdot d_u$

Bild 15. Prüfstück für Zusatzprüfung

Bild 16. Vorbereitung des Prüfstücks zur Auswertung

Zitierte Normen und andere Unterlagen

DIN 2448	Nahtlose Stahlrohre; Maße, längenbezogene Massen
DIN 2458	Geschweißte Stahlrohre; Maße, längenbezogene Massen
DIN 4114 Teil 1	Stahlbau; Stabilitätsfälle (Knickung, Kippung, Beulung); Berechnungsgrundlagen, Vorschriften
DIN 4114 Teil 2	Stahlbau; Stabilitätsfälle (Knickung, Kippung, Beulung); Berechnungsgrundlagen, Richtlinien
DIN 8560	Prüfung von Stahlschweißern
DIN 8563 Teil 3	Sicherung der Güte von Schweißarbeiten; Schmelzschweißverbindungen an Stahl, Anforderungen, Bewertungsgruppen
DIN 17100	Allgemeine Baustähle; Gütenorm
DIN 17119	Kaltgefertigte geschweißte quadratische und rechteckige Stahlrohre (Hohlprofile) für den Stahlbau; Technische Lieferbedingungen
DIN 17120	Geschweißte kreisförmige Rohre aus allgemeinen Baustählen für den Stahlbau; Technische Lieferbedingungen
DIN 17121	Nahtlose kreisförmige Rohre aus allgemeinen Baustählen für den Stahlbau; Technische Lieferbedingungen
DIN 18800 Teil 1	Stahlbauten; Bemessung und Konstruktion
DIN 18800 Teil 7	Stahlbauten; Herstellen, Eignungsnachweise zum Schweißen
DIN 59410	Hohlprofile für den Stahlbau; Warmgefertigte quadratische und rechteckige Stahlrohre, Maße, Gewichte, zulässige Abweichungen, statische Werte
DIN 59411	Hohlprofile für den Stahlbau; Kaltgefertigte geschweißte quadratische und rechteckige Stahlrohre, Maße, Gewichte, zulässige Abweichungen
DASt-Ri 012	Beulsicherheitsnachweis für Platten [1])
DASt-Ri 013	Beulsicherheitsnachweis für Schalen [1])

Weitere Normen und andere Unterlagen

DIN 55928 Teil 1	Korrosionsschutz von Stahlbauten durch Beschichtungen und Überzüge; Allgemeines
DIN 55928 Teil 2	Korrosionsschutz von Stahlbauten durch Beschichtungen und Überzüge; Korrosionsschutzgerechte Gestaltung
DIN 55928 Teil 3	Korrosionsschutz von Stahlbauten durch Beschichtungen und Überzüge; Planung der Korrosionsschutzarbeiten
DIN 55928 Teil 4	Korrosionsschutz von Stahlbauten durch Beschichtungen und Überzüge; Vorbereitung und Prüfung der Oberflächen

---

[1]) Zu beziehen bei der Stahlbau-Verlags GmbH, Ebertplatz 1, 5000 Köln 1

DIN 55928 Teil 5	Korrosionsschutz von Stahlbauten durch Beschichtungen und Überzüge; Beschichtungsstoffe und Schutzsysteme
DIN 55928 Teil 6	Korrosionsschutz von Stahlbauten durch Beschichtungen und Überzüge; Ausführung und Überwachung der Korrosionsschutzarbeiten
DIN 55928 Teil 7	Korrosionsschutz von Stahlbauten durch Beschichtungen und Überzüge; Technische Regeln für Kontrollflächen
DIN 55928 Teil 8	Korrosionsschutz von Stahlbauten durch Beschichtungen und Überzüge; Korrosionsschutz von tragenden dünnwandigen Bauteilen (Stahlleichtbau)
DIN 55928 Teil 9	Korrosionsschutz von Stahlbauten durch Beschichtungen und Überzüge; Bindemittel und Pigmente für Beschichtungsstoffe
Beiblatt 1 zu DIN 55928 Teil 4	Korrosionsschutz von Stahlbauten durch Beschichtungen und Überzüge; Vorbereitung und Prüfung der Oberflächen; Photographische Vergleichsmuster
DASt-Ri 009	Empfehlung zur Wahl der Stahlgütegruppen für geschweißte Stahlbauten [1])

Erläuterungen

Die Festlegungen dieser Norm stützen sich auf umfangreiche Versuche und theoretische Arbeiten, die an der Versuchsanstalt für Stahl, Holz und Steine der Universität Karlsruhe und im Ausland durchgeführt wurden.

Die Bemessungsregeln für die Fachwerkknoten wurden unter Beachtung folgender Kriterien aufgestellt:

— Die Spannungen für die Füllstäbe wurden auf die zulässigen Schweißnahtspannungen für Kehlnähte begrenzt. Da die Schweißnahtfläche mindestens der Querschnittsfläche des Hohlprofils entspricht und die zulässigen Schweißnahtspannungen eingehalten werden müssen, kann auf den Nachweis für die Schweißnähte verzichtet werden.

— Die zulässige Tragfähigkeit im Knotenbereich ist erreicht, wenn die max. Verformung in der Anschlußfläche des untergesetzten Stabes 1/100 der Breite bzw. des Durchmessers beträgt.

— Die Sicherheit gegen Bruch ist mindestens 2fach.

In den Tabellen 3 und 6 sind für die Druckstäbe Verhältnisse d/t und b/t angegeben, bei deren Einhaltung ein Beulnachweis für die Hohlprofile nicht erforderlich ist. Diese Grenzen weichen von denen der Norm DIN 18800 Teil 2 (z. Z. Entwurf) nur deshalb ab, weil die Angaben zur Breite b bzw. zum Durchmesser d unterschiedlich definiert sind.

Die erforderlichen Wanddickenverhältnisse sind nur für Breiten-Wanddickenverhältnisse $b_u/t_u \leq 35$ bzw. $d_u/t_u \leq 35$ angegeben worden, weil dünnwandigere untergesetzte Stäbe kaum in Betracht kommen. Falls dies dennoch vorkommen sollte, sind besondere Nachweise erforderlich.

In Bild 11 der Norm sind Schweißnahtausbildungen bei Anschlüssen von Rechteckhohlprofilen untereinander angegeben. In Einzelheit C dieses Bildes wird zwischen zwei verschiedenen Öffnungswinkeln unterschieden. Bei einem Öffnungswinkel $\vartheta \geq 60°$ ist das Erfassen des theoretischen Wurzelpunktes immer möglich. Bei Knotenpunkten mit Öffnungswinkeln $\vartheta \approx 30°$ kann der theoretische Wurzelpunkt meist nicht voll erfaßt werden. Dies führt zu keiner Tragfähigkeitsminderung des Knotens, weil sich aus der Spannungsverteilung am Knoten für diese Bereiche nur eine geringe Beanspruchung ergibt.

Der Grenzwinkel, ab welchem ein sicheres Erfassen des theoretischen Wurzelpunktes noch möglich ist, hängt neben der Geschicklichkeit des Schweißers z. B. auch vom Schweißverfahren ab.

Bei Öffnungswinkeln unter 30° können in der Regel keine bindefehlerfreien Schweißnähte erwartet werden. In Sonderfällen kann durch Einsetzen besonders geschulter Schweißer, spezieller Schweißparameter und besonderer Geräte (z. B. Engspaltdüsen) auch bei Öffnungswinkeln $\vartheta < 30°$ noch sicher geschweißt werden.

Unterschiedliche t_u/t_a-Verhältnisse für St 37 und St 52 berücksichtigen die für diese Stähle unterschiedlichen Verhältnisse von zulässiger Schweißnahtspannung zur zulässigen Bauteilspannung.

Die Berechnung einer Konstruktion nach dem Traglastverfahren oder vereinfacht nach der Fließgelenktheorie, die eine Ausnutzung von Tragreserven bei statisch unbestimmten Konstruktionen ermöglicht, ist an die Voraussetzung ausreichender Rotationskapazitäten gebunden, die derzeit für Tragwerke aus Hohlprofilen nicht sicher beurteilt werden können.

Im Hinblick auf die Tragfähigkeit sind Fachwerkknoten aus Rundhohlprofilen etwas günstiger als solche aus Rechteckhohlprofilen (Schalentragwirkung). Auf eigene Diagramme zur Ausnutzung dieser Tragreserven wurde aus Gründen der Vereinfachung verzichtet.

Bei biegesteifen Rahmenecken mit Öffnungswinkeln $\vartheta > 90°$ dürfen die Formfaktoren α angewendet werden, weil sie auf der sicheren Seite liegen. Das angegebene Bemessungsverfahren ist bei Rahmenecken von mehrgeschossigen Rahmen mit durchlaufender Stütze nicht zulässig.

Bei biegesteifen Rahmenecken mit Versteifungsplatte, bei denen sich eine Zugbeanspruchung in Richtung der Werkstoffdicke der Versteifungsplatte nicht vermeiden läßt, sind besondere Überlegungen hinsichtlich ausreichender Festigkeit anzustellen.

Internationale Patentklassifikation

E 04 C 3 – 32

[1]) Siehe Seite 19

DK 624.21-034.14 : 625.745.1 : 624.07.04

September 1987

Stählerne Straßen- und Wegbrücken
Bemessung, Konstruktion, Herstellung

DIN

18 809

Steel road- and foot-bridges;
dimensioning, design, construction

Ponts de route et passerelles en acier;
dimensionnement, calcul, construction

Mit
DIN 18 800 T 1/03.81
und
DIN 18 800 T 7/05.83

Ersatz für
DIN 1073/07.74,
Beiblatt zu
DIN 1073/07.74,
DIN 1079/09.70 und
DIN 4101/07.74

Inhalt

1 Anwendungsbereich

Diese Norm ist anzuwenden für alle tragenden Bauteile aus Stahl von Straßen- und Wegbrücken. Bei Brücken mit Gleisen sind auch die Bau- und Betriebsvorschriften für die betreffende Schienenbahn zu beachten.

Diese Fachnorm gilt nur in Verbindung mit den Grundnormen DIN 18 800 Teil 1/03.81 und DIN 18 800 Teil 7/05.83 (alle entsprechenden Verweise beziehen sich auf diese Ausgaben). Es sind hier nur davon abweichende oder zusätzlich zu beachtende Regelungen aufgeführt.

2 Werkstoffe

2.1 Walzstahl, Stahlguß, Gußeisen

(Zu DIN 18 800 Teil 1, Abschnitt 2.1.3, erster Absatz)

Sämtliche verwendeten Stähle – ausgenommen für untergeordnete Bauteile – sind mindestens durch Bescheinigung DIN 50 049-2.2 zu belegen.

2.2 Drähte, Seile

2.2.1 Materialeigenschaften

(Zu DIN 18 800 Teil 1, Abschnitt 2.2.1)

Die Nennfestigkeit β_N darf den Wert 1570 N/mm^2 nicht überschreiten.

Schlußvergütete Drähte dürfen nicht verwendet werden.

Abweichend von DIN 18 800 Teil 1, Abschnitt 2.2.1, vorletzter Absatz und Tabelle 4, Spalte 22, gelten die folgenden Anhaltswerte für die Verformungsmoduli vollverschlossener, nicht vorgereckter Spiralseile:

Für Seile mit einer Schlaglänge des 9- bis 12fachen Durchmessers der jeweiligen Lage gelten die Werte für Verformungsmoduli nach Bild 1, dem eine Grundspannung von 40 N/mm^2 zugrunde gelegt wurde, als Anhalt. Die in der Berechnung verwendeten Werte sind durch Versuche zu bestätigen. Bei Versuchen mit Versuchsstücken ≤ 8 m Länge wird das Kriechen nicht genügend erfaßt. Es empfiehlt sich, die auf Grund solcher Versuche erhaltenen Werte ε_A für die Ablängung um 0,1 bis 0,15 mm/m zu vergrößern.

Fortsetzung Seite 2 bis 13

Normenausschuß Bauwesen (NABau) im DIN Deutsches Institut für Normung e.V.

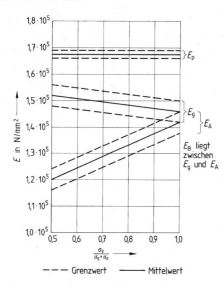

Bild 1. Anhaltswerte für die Verformungsmoduli vollverschlossener, nicht vorgereckter Spiralseile

In Bild 1 bedeuten:

E_g Verformungsmodul nach erstmaliger Belastung bis σ_g

E_p Verformungsmodul im Verkehrsbereich

E_A Verformungsmodul, maßgebend für das Ablängen

E_B Verformungsmodul während der Bauzustände

σ_g Spannung aus ständiger Last

σ_p Spannung aus Verkehrslast

2.2.2 Seilarten
(Zu DIN 18 800 Teil 1, Abschnitt 2.2.2)
Offene Spiralseile, Rundlitzenseile und Parallellitzenbündel sind nicht zugelassen.

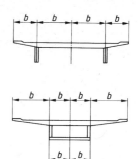

Brückenquerschnitte

Bild 2. Beispiele für die Festlegung der Teilgurte für Biegeträger

3 Mittragende Gurtbreite (Gurtwirkungsgrad)

3.1 Biegeträger

Sofern kein genauerer Nachweis geführt wird, darf die mittragende Gurtbreite mit dem nachfolgenden Verfahren für die Bemessung nach der Elastizitätstheorie bestimmt werden.

Bei der Berechnung von Formänderungsgrößen zur Schnittgrößenermittlung in statisch unbestimmten Biegeträgern genügt es, von der vorhandenen Gurtbreite auszugehen, solange das Verhältnis von Stützweite zu einer der beiden Teilgurtbreiten b eines Steges nach Bild 2 größer als 8 ist. Andernfalls ist als mittragende Breite $l/8$ einzusetzen, wobei l die Stützweite und bei Kragarmen die doppelte Kragarmlänge ist.

Für die Ermittlung der Spannungen und der Verformungen bei Querlasten ist die mittragende Breite b_m wie folgt zu ermitteln:

$$b_m = \lambda \cdot b \tag{1}$$

Hierbei gelten die λ-Werte nach Tabelle 1 mit

b Breite eines Teilgurtes an der Stelle des größten Biegemomentes

l_M Abstand der Momentennullpunkte. Bei Durchlaufträgern mit Momentensummenlinien ähnlich Bild 3 darf vereinfachend l_M durch die effektive Länge l_e ersetzt werden, sofern eine Einzelspannweite nicht größer ist als das 1,5fache der angrenzenden Spannweite und die Kragarmlänge nicht größer als die Hälfte der angrenzenden Spannweite ist.

Tabelle 1. **Beiwert λ zur Bestimmung der mittragenden Breite**

Momententyp	Momentenbild	Beiwert λ	Bemerkungen
I		$\lambda_I = \dfrac{1}{1 + 6{,}4 \cdot \left(\dfrac{b}{l_m}\right)^2}$ Für $\dfrac{b}{l_M} < \dfrac{1}{20}$ ist $\lambda_I = 1$	im Feldbereich von Einfeldträgern oder Durchlaufträgern
II		$\lambda_{II} = \dfrac{1}{1 + 6 \cdot \left(\dfrac{b}{l_M}\right) + 1{,}6 \cdot \left(\dfrac{b}{l_M}\right)^2}$, wenn $\dfrac{b}{l_M} \geq \dfrac{1}{20}$. Für $\dfrac{1}{20} \geq \dfrac{b}{l_M} \geq \dfrac{1}{50}$ darf zwischen 0,767 und 1,0 linear interpoliert werden. Für $\dfrac{b}{l_M} < \dfrac{1}{50}$ ist $\lambda_{II} = 1$	am Auflager von Durchlaufträgern oder bei Kragträgern
III		$\lambda_{III} = \dfrac{1}{1 + 4 \cdot \left(\dfrac{b}{l_M}\right) + 3{,}2 \cdot \left(\dfrac{b}{l_M}\right)^2}$, wenn $\dfrac{b}{l_M} \geq \dfrac{1}{20}$. Für $\dfrac{1}{20} \geq \dfrac{b}{l_M} \geq \dfrac{1}{50}$ darf zwischen 0,828 und 1,0 linear interpoliert werden. Für $\dfrac{b}{l_M} < \dfrac{1}{50}$ ist $\lambda_{III} = 1$	bei dreieckiger Momentenlinie, z. B. falls besondere Montagelastfälle wie Stützensenkung untersucht werden müssen
0		$\lambda_0 = \left(0{,}55 + 0{,}025 \dfrac{l_M}{b}\right) \cdot \lambda_I \leq \lambda_I$	am Endauflager von Biegeträgern
		$\lambda_0 = 1$	im Kragarmbereich von Biegeträgern

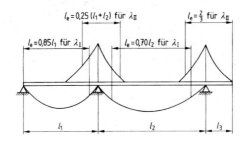

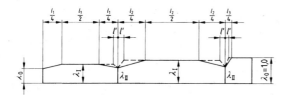

Bild 3.   Vereinfachte Ermittlung der mittragenden Gurtbreite

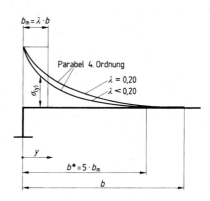

Bild 4.   Gurte mit Längsrippen

Die Einschnürungslängen der mittragenden Gurtbreite l' sind nach Bild 3 mit $l_i/4$ anzunehmen.

Für Nachweise im Stützenbereich und bei dreieckiger Momentenlinie darf die Einschnürungslänge auch mit

$$l' = \varepsilon \cdot l \qquad (2)$$

angesetzt werden.

Hierbei ist

$$\varepsilon = 1{,}6 \cdot (\lambda_{\mathrm{I}} - \lambda_{\mathrm{II}}) \cdot \frac{b}{l} \qquad (3)$$

bzw.

$$\varepsilon = 2{,}1 \cdot (\lambda_{\mathrm{I}} - \lambda_{\mathrm{III}}) \cdot \frac{b}{l} \qquad (4)$$

Bei Gurten mit mittragenden Längsrippen ist in den Formeln nach Tabelle 1 anstelle der Breite b die vergrößerte Breite

$$b' = \alpha \cdot b \qquad (5)$$

einzusetzen.

Hierbei ist

$$\alpha = \sqrt{1 + \frac{\Delta A}{b \cdot t}} \qquad (6)$$

mit

ΔA Zusatzfläche der Längsrippen im Bereich der Breite b (siehe Bild 4)

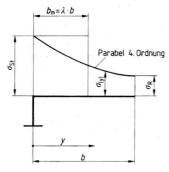

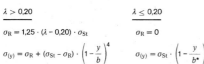

$\lambda > 0{,}20$

$$\sigma_{\mathrm{R}} = 1{,}25 \cdot (\lambda - 0{,}20) \cdot \sigma_{\mathrm{St}}$$

$$\sigma_{(\mathrm{y})} = \sigma_{\mathrm{R}} + (\sigma_{\mathrm{St}} - \sigma_{\mathrm{R}}) \cdot \left(1 - \frac{y}{b}\right)^4$$

$\lambda \leq 0{,}20$

$$\sigma_{\mathrm{R}} = 0$$

$$\sigma_{(\mathrm{y})} = \sigma_{\mathrm{St}} \cdot \left(1 - \frac{y}{b^*}\right)^4$$

Bild 5.   Spannungsverlauf über die Teilgurtbreite b als Auswirkung der mittragenden Gurtbreite b_{m}

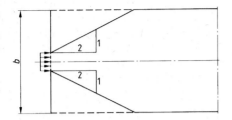

Bild 6.   Vereinfachte Ermittlung der mittragenden Gurtbreite
für normalkraftbeanspruchte Träger

Wird für die Ermittlung der mittragenden Gurtbreite eines Querschnitts die Momentenlinie infolge einer Verkehrsbelastung, die aus mehreren Einzellasten besteht, maßgebend, so brauchen die örtlichen Einschnürungen aus diesen Einzellasten selbst nicht verfolgt zu werden.

Der Spannungsverlauf über die Teilgurtbreite darf mit einer Parabel 4. Ordnung erfaßt werden (siehe Bild 5).

Die mittragende Gurtbreite normalkraftbeanspruchter Träger muß getrennt nach dem Normalkraftanteil und dem Querlastanteil (infolge Umlenkungen) ermittelt werden. Für den Normalkraftanteil darf außerhalb der Krafteinleitungsbereiche die volle Plattenbreite angesetzt werden. Innerhalb der Krafteinleitungsbereiche darf die Beanspruchung unter der Annahme eines Einleitungswinkels 1 : 2 nach beiden Seiten der Kraftachse ermittelt werden (siehe Bild 6).

3.2   Längsrippen von orthotropen Platten

Für die Längsrippen von orthotropen Platten gelten die mittragenden Gurtbreiten nach Tabelle 2 und Bild 7.

4   Lastannahmen
(Zu DIN 18 800 Teil 1, Abschnitt 4)

4.1   Allgemeines

Für die Lastannahmen und die Einteilung der Lasten gilt DIN 1072.

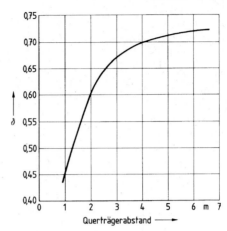

Bild 7.   Mittragende Gurtbreite b_m für Längsrippen von orthotropen Platten, Beiwert δ

Einwirkungen aus dem Ausbau eines Seiles oder Hängers sind Sonderlasten.

Nicht lineare Anteile aus klimatischen Temperatureinwirkungen brauchen nicht berücksichtigt zu werden.

4.2   Verteilung der Radlasten

Radlasten dürfen im allgemeinen nach allen Seiten unter 45° verteilt werden (z. B. im Fahrbahnbelag bis zur Mitte des Deckblechs der stählernen Fahrbahnkonstruktion).

Liegen Schienen auf Gleisschwellen oder anderen Schienenunterstützungen auf, darf die Radlast auf mehrere Stützungen ohne Rücksicht auf einen genaueren Nachweis nach Bild 8 aufgeteilt werden.

Tabelle 2.   **Mittragende Gurtbreite b_m für Längsrippen von orthotropen Platten**

	![bm bm / a a]	![bm bm / e a e]
Für die Ermittlung der Schnittgrößen.	$b_m = 0,5 \cdot a$	$b_m = 0,5 \cdot (a + e)$
Für den Spannungsnachweis aus Schnittgrößen infolge orthotroper Plattenwirkung und örtlicher Lasteinwirkung.	$b_m = \delta \cdot 30 \cdot \dfrac{a}{21 + 0,3\,a}$	$b_m = \delta \cdot 30 \cdot \left(\dfrac{a}{21 + 0,3\,a} + \dfrac{e}{21 + 0,3\,e} \right)$
	δ nach Bild 7	
	a und e sind in cm einzusetzen, b_m ergibt sich in cm	

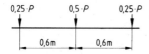

Bild 8. Aufteilung der Radlast P bei Schienen-
auflagerung auf Gleisschwellen oder anderen
Schienenstützungen

5 Erforderliche Nachweise

5.1 Allgemeines

(Zu DIN 18 800 Teil 1, Abschnitt 5.1, dritter Absatz)
Die Anwendung des Traglastverfahrens nach DASt-Richtlinie 008 zum Nachweis der Tragsicherheit ist **nicht** gestattet.

5.2 Allgemeiner Spannungsnachweis

(Zu DIN 18 800 Teil 1, Abschnitt 5.2)
Es sind die Nachweise für die Lastfälle H, HZ und – soweit
erforderlich – für HS (Haupt- und Sonderlasten) zu führen.

5.3 Lagesicherheit

(Zu DIN 18 800 Teil 1, Abschnitt 5.4)
Der Nachweis der Lagesicherheit ist nach DIN 1072 zu führen.

5.4 Formänderungsuntersuchung

(Zu DIN 18 800 Teil 1, Abschnitt 5.5)

5.4.1 Maßgebende Einwirkungen

Falls für die Funktionsfähigkeit des Bauwerkes und der Bauteile von Bedeutung, sind die Formänderungen aus folgenden
Einflüssen getrennt zu ermitteln:

a) ständige Last,

b) Verkehrslast ohne Schwingbeiwert,

c) Wärmewirkung und wahrscheinliche Baugrundbewegung
und Stützbewegung,

d) Windlast.

5.4.2 Schlupf von Nieten und Paßschrauben

Wenn der Schlupf der Nietverbindungen in den Stößen bei
der Ermittlung der Formänderungen des Bauwerkes von
Bedeutung ist, muß er berücksichtigt werden. Sind die zulässigen Spannungen ausgenutzt, so beträgt der Nietschlupf
für eine Nietgruppe

bis 0,2 mm bei Konstruktionen aus St 37
(siehe DIN 18 800 Teil 1, Abschnitt 2.1.1)

bis 0,3 mm bei Konstruktionen aus St 52
(siehe DIN 18 800 Teil 1, Abschnitt 2.1.1).

Bei geringerer Beanspruchung darf linear interpoliert werden.
Für Verbindungen mit Paßschrauben gelten die gleichen
Werte.

5.5 Betriebsfestigkeitsnachweis

Der Betriebsfestigkeitsnachweis ist zu führen; er darf entfallen für

– Hauptträgerelemente, die nicht gleichzeitig Fahrbahnelemente sind.

– Fahrbahnelemente, die der örtlichen Lastabtragung
dienen und direkt durch örtliche Verkehrslasten belastet
werden, wenn ihre Ausbildung den Lösungen nach Tabelle 3 und Bild 9 entspricht.

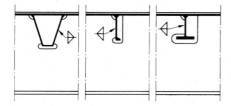

a) mit Freischnitt an Stegnähten

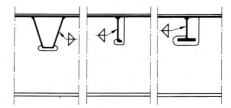

b) ohne Freischnitt an Stegnähten

Bild 9. Durchdringung Längsrippen/Querträger

Tabelle 3. Mindestanforderungen an die Ausbildung der Stöße und Anschlüsse der Fahrbahnelemente

Bauteile	Beanspruchung	Beispiele mit Angabe der Beanspruchungsrichtung	
Fahrbahnblech	in Hauptträger-richtung	Freischnittenden umschweißen	Doppelkehlnaht
			Stumpfnaht gegengeschweißt
	quer zur Hauptträgerrichtung		Stumpfnaht (Plättchenstoß)
Längsrippen Fensterstoß	Lage in der Nähe des Momenten-nullpunktes der Längsrippen		Stumpfnaht (Plättchenstoß)
Untergurtanschluß des Querträgers an Hauptträgersteg	Kräfte im Querträgeruntergurt		K-Naht
Steganschluß von auskragenden Querträgern an Hauptträgersteg	Schnittgrößen im Querträgersteg		Doppelkehlnaht

6 Bemessungsannahmen für Bauteile

6.1 Seile

6.1.1 Annahmen für den Betriebsfestigkeitsnachweis

Schienenfahrzeuge sind mit ihrem 1,0fachen, Verkehrslasten nach DIN 1072 mit ihrem 0,5fachen Wert in die Schwingbreite $\Delta\sigma$ einzubeziehen. Für die so ermittelten Schwingbreiten ist durch eine ausreichende Anzahl von Versuchen nachzuweisen, daß das Seil einschließlich der für das Bauwerk vorgesehenen Seilverbindung $2 \cdot 10^6$ Lastwechsel mit einer um den Faktor 1,15 vergrößerten Schwingbreite ertragen kann.

Ein Versuch gilt als bestanden, wenn die wirkliche Bruchkraft nach dem Dauerschwingversuch gegenüber der im Bauwerk maximal auftretenden Last eine Sicherheit von $\gamma = 2{,}2$ aufweist.

Die wirkliche Bruchkraft darf jedoch nicht mehr als 25 % unter der rechnerischen Bruchkraft liegen.

Bereits vorliegende, vergleichbare Versuche können hierbei als Nachweis verwendet werden.

6.1.2   Ausbau von Seilen und Hängern

Es ist nachzuweisen, daß der Ausbau jedes Seiles oder Hängers einzeln möglich ist und daß dabei in den übrigen Seilen und Hängern unter voller rechnerischer Belastung im Lastfall HZ noch folgende Sicherheiten vorhanden sind:

a) gegen die wirkliche Bruchkraft $\gamma = 1{,}6$

b) gegen die 0,2 %-Streckgrenze $\gamma = 1{,}1$

c) gegen Gleiten $\gamma = 1{,}1$

6.2   Besondere Bauformen und Bauteile

6.2.1   Fahrbahnlängsträger

Längsträger, die an den Querträgern ungestoßen durchlaufen oder mit ihnen verbunden sind, müssen unter Berücksichtigung ihrer elastischen Stützung berechnet werden.

6.2.2   Orthotrope Fahrbahnplatte

Es sind folgende Spannungen in der orthotropen Fahrbahnplatte zu ermitteln:

a) Spannungen aus der Mitwirkung als Gurt des Gesamt-Tragwerkes,

b) Spannungen der Längs- und Querträger aus der Plattenwirkung,

c) Spannungen aus der Überlagerung der Fälle a) und b).

Für den allgemeinen Spannungs- und den Stabilitätsnachweis der orthotropen Fahrbahnplatte gelten im Fall c) auch für den Lastfall H die zulässigen Spannungen und die erforderlichen Sicherheiten des Lastfalles HZ nach DIN 18 800 Teil 1, Abschnitt 8.

Im Deckblech sind nur die Vergleichsspannungen in der Mittelebene zu berechnen; örtliche Biege- und Schubspannungen im Deckblech brauchen nicht nachgewiesen zu werden.

6.2.3   Fachwerkträger

Die Stabkräfte von Fachwerken dürfen unter Annahme reibungsfreier Gelenke in den Knotenpunkten berechnet werden. Biegespannungen von Fachwerkstäben infolge Querbelastung und nicht systemlinientreuer Konstruktion sind zu erfassen. Sie dürfen jedoch für Querbelastung aus Eigenlast der Stäbe bei $l_H \leq 6$ m (l_H horizontale Projektion der Stablänge) und für unmittelbare Windlasten vernachlässigt werden.

7   Bemessungsannahmen für Verbindungen der Bauteile

7.1   Grundsätzliche Regeln für Anschlüsse und Stöße

7.1.1   Schwerachsen der Verbindungen
(Zu DIN 18 800 Teil 1, Abschnitt 7.1.2)

Decken sich die Schwerachsen der einzelnen Naht-, Schrauben- oder Nietgruppen nicht mit den Schwerachsen der Stäbe oder der Deckungs- bzw. Anschlußteile, dann sind die Außermittigkeiten bei der Bemessung zu berücksichtigen.

7.1.2   Kontaktstöße
(Zu DIN 18 800 Teil 1, Abschnitt 7.1.8)

7.1.2.1   Voraussetzungen

Auf Druck beanspruchte Bauteile dürfen durch Kontakt gestoßen werden, wenn folgende Voraussetzungen erfüllt sind:

Die Stoßflächen sind rechtwinklig zur Stabachse anzuordnen und nach DIN 18 800 Teil 7, Abschnitt 3.2.7, auszuführen. An der Stoßstelle auftretende Querkräfte dürfen nicht größer als $^{1}/_{10}$ der gleichzeitig wirkenden Normalkraft sein.

Kontaktstöße müssen durch **zugfeste** Verbindungsmittel (Schrauben, Schweißnähte) gesichert sein. Die Verbindungsmittel sind entsprechend den Flächen der einzelnen Querschnittsteile über den Stoßquerschnitt zu verteilen.

Bei Kontaktstößen in Fachwerkstäben sind die Nebenspannungen zu berücksichtigen.

7.1.2.2   Bemessung der Verbindungsmittel

Falls bei der Berechnung nach Theorie I. Ordnung am Stoßquerschnitt keine Zugspannungen auftreten, dürfen die Verbindungsmittel vereinfacht für die Kraft $n \cdot F$ bemessen werden.

Hierin bedeuten:

F größte Druckkraft im Stab

n Beiwert nach Tabelle 4 in Abhängigkeit von λ

λ Schlankheit des Stabes nach DIN 4114 Teil 1 und Teil 2

Tabelle 4.   **Beiwerte n für die Bemessung der Verbindungsmittel in Kontaktstößen**

$\lambda < 40$	$n = 0{,}25$
$40 \leq \lambda < 120$	$n = 0{,}25 + 1{,}75\,\dfrac{\lambda - 40}{80}$
$120 \leq \lambda \leq 150$	$n = 2$

Treten bei der Berechnung nach Theorie I. Ordnung am Stoßquerschnitt Zugspannungen auf oder sollen die Verbindungsmittel abweichend von der im ersten Absatz vereinfachten Berechnung genauer bemessen werden, ist wie folgt zu verfahren:

Die Berechnung ist nach Theorie II. Ordnung durchzuführen. Unter γ-fachen Lasten ($\gamma_H = 1{,}7$; $\gamma_{HZ} = 1{,}5$) darf der 1,5fache Wert der im Lastfall HZ zulässigen Spannungen im Zugbereich liegenden Verbindungsmitteln nicht überschritten werden.

Bei diesem Nachweis sind nicht nur die elastischen Verformungen des Systems zu berücksichtigen, sondern gegebenenfalls auch die an den Stößen durch den Schlupf von Verbindungsmitteln (Nieten, Schrauben) auftretenden Knicke.

Die Verbindungsmittel sind für mindestens ein Viertel der im Stoßquerschnitt wirkenden größten Druckkraft zu bemessen.

7.2   Schrauben- und Nietverbindungen

7.2.1   Scher-/Lochleibungsverbindungen
(Zu DIN 18 800 Teil 1, Abschnitt 7.2.1)

SL-Verbindungen dürfen nur für untergeordnete Bauteile verwendet werden.

7.2.2   Gleitfeste Verbindungen mit hochfesten Schrauben
(Zu DIN 18 800 Teil 1, Abschnitt 7.2.2)

Die Sicherheitsbeiwerte gegen Gleiten betragen

$$\nu_{GH} = 1{,}40 \text{ und } \nu_{G,HZ} = 1{,}25$$

GV-Verbindungen mit einem Lochspiel > 2 mm dürfen nicht verwendet werden.

Tabelle 5. **Vorspannkraft und zulässige übertragbare Kräfte zul Q_{GV} und zul Q_{GVP} je Schraube und je Reibfläche (Scherfläche) senkrecht zur Schraubenachse in kN für Werkstoffdicken $t \geq 3$ mm**

	1	2	3	4	5	6
	Schrauben	Vorspannkraft F_V nach DIN 18 800 Teil 7, Tabelle 1, Spalte 2	zul Q_{GV} (GV-Verbindungen) Lochspiel 0,3 mm $< \Delta d \leq 2$ mm		zul Q_{GVP} (GV-Verbindungen) Lochspiel $\Delta d \leq 0,3$ mm	
			Werkstoff der zu verbindenden Bauteile			
			St 37, St 52		St 37, St 52	
			Lastfall		Lastfall	
			H	HZ	H	HZ
		kN	kN	kN	kN	kN
1	M 12	50	18,0	20,0	36,5	41,0
2	M 16	100	35,5	40,0	67,5	76,5
3	M 20	160	57,0	64,0	105,5	119,5
4	M 22	190	68,0	76,0	126,0	142,5
5	M 24	220	78,5	88,0	147,0	166,5
6	M 27	290	103,5	116,0	189,5	214,5
7	M 30	350	125,0	140,0	230,5	261,0
8	M 36	510	182,0	204,0	332,5	376,0

7.2.3 Verbindungen mit Zugbeanspruchung in Richtung der Schraubenachse

7.2.3.1 Nichtplanmäßig vorgespannte Verbindungen
(Zu DIN 18 800 Teil 1, Abschnitt 7.2.3.1)
Hochfeste Schrauben ohne Vorspannung oder mit nicht planmäßiger Vorspannung dürfen nur für untergeordnete Bauteile verwendet werden.

7.3 Schweißverbindungen

7.3.1 Verbindungen durch Lichtbogenschweißung

7.3.1.1 Maße der Schweißnähte
(Zu DIN 18 800 Teil 1, Abschnitt 7.3.1.1)
Die Mindestnahtdicke für Kehlnähte beträgt $a = 3$ mm.

7.3.2 Widerstandsabbrennstumpfschweißen
(Zu DIN 18 800 Teil 1, Abschnitt 7.3.2)
Widerstandsabbrennstumpfschweißen ist **nicht** zulässig.

8 Zulässige Spannungen, zulässige übertragbare Kräfte

(Zu DIN 18 800 Teil 1, Abschnitt 8, erster Absatz)
Die Werte der zulässigen Spannungen in Schweißnähten nach DIN 18 800 Teil 1, Tabelle 11, Spalten 6 und 7, Zeilen 4 bis 7, sind um je 20 N/mm² abzumindern.
Für den Lastfall HS (siehe Abschnitt 5.2), für Sonderlasten nach DIN 1072 oder die Einwirkungen aus dem Ausbau eines Seiles oder Hängers, die je für sich oder zusammen mit Haupt- und Zusatzlasten angesetzt werden, sind die 1,5fachen zulässigen Spannungen des Lastfalles H einzuhalten. Die Beulsicherheit muß mindestens 1,1 sein.
Für die zulässigen Spannungen der Stumpfstöße in Form- und Stabstählen bei tragenden Teilen von Haupttraggliedern dürfen nur die 0,8fachen Werte nach DIN 18 800 Teil 1, Tabelle 11, Zeilen 1 bis 3, angenommen werden.
Die Werte der zulässigen übertragbaren Kräfte mit Q_{GV} und zul Q_{GVP} sind in Tabelle 5 angegeben.

9 Grundsätze für die Konstruktion

9.1 Allgemeine Grundsätze

(Zu DIN 18 800 Teil 1, Abschnitt 9.1)
Brücken, die durch Verkehrslasten nach DIN 1072 oder Schienenbahnen belastet werden, sind nach den Grundsätzen für Stahlbauten mit nicht vorwiegend ruhender Belastung auszubilden.

9.1.1 Umgrenzung des lichten Raumes
Der geforderte lichte Raum unter den Brückenbauwerken muß auch unter Berücksichtigung der größten rechnerischen Verformungen eingehalten werden. Diese Verformungen sind aufgrund aller nach DIN 1072 für die Verformungsberechnung maßgebenden Lasten zu berechnen. Hierzu gehören z. B. auch Senkungen, Verschiebungen und Verkantungen von Stützen und Widerlagern sowie gegebenenfalls der Einfluß des Schlupfes von Verbindungselementen (siehe z. B. Abschnitt 5.4.2). Bei weitgespannten Brücken kann jedoch eine Minderung der rechnerischen Verkehrslast für die Berechnung der Verformung mit den zuständigen Stellen vereinbart werden.

9.2 Verbindungen und Verbindungsmittel

9.2.1 Schrauben- und Nietverbindungen

9.2.1.1 Allgemeines
(Zu DIN 18 800 Teil 1, Abschnitt 9.2.1.1)
Jeder Stab ist mit mindestens 2 Schrauben oder Niete in Kraftrichtung hintereinander anzuschließen, ausgenommen Geländer oder untergeordnete Bauteile.
Sechskantschrauben nach DIN 7990, Senkschrauben nach DIN 7969 und Senkniete nach DIN 302 dürfen nur für untergeordnete Bauteile verwendet werden (siehe auch Abschnitt 7.2.1).

9.2.1.2 Zulässige Klemmlängen für Niete
Die zulässigen Klemmlängen in mm betragen für:

Halbrundniete nach DIN 124 $\qquad$ $0,2\, d_1^2$

Halbrundniete mit verstärktem Schaft $\qquad$ $0,3\, d_1^2$

wobei d_1 der Durchmesser des geschlagenen Niets in mm ist.

Tabelle 6.   **Bedingungen für das Schweißen in kaltverformten Bereichen**

	1	2	3	4
	r/t	ε %	zul t mm	
1	≥ 25	< 2	alle	
2	≥ 10	< 5	≤ 16	
3			> 16 *)	
4	≥ 3	≤ 14	≤ 12 *)	
5	$\geq 1,5$	≤ 25	≤ 8	

*) Normalglühen nach dem Kaltverformen, aber noch vor dem Schweißen

9.2.2   Schweißverbindungen

9.2.2.1 Stumpfstöße in Form- und Stabstählen
(Zu DIN 18 800 Teil 1, Abschnitt 9.2.2.2)
Unberuhigte Stähle dürfen nicht verwendet werden.

9.2.2.2 Stumpfstöße von Blechen verschiedener Dicke rechtwinklig zur Kraftrichtung
(Zu DIN 18 800 Teil 1, Abschnitt 9.2.2.3)
Die mehr als 3 mm vorstehenden Kanten sind im Verhältnis 1 : 4 oder flacher abzuarbeiten.

9.2.2.3 Gurtplatten
(Zu DIN 18 800 Teil 1, Abschnitt 9.2.2.4)
Die Neigung der Stirnkehlnaht ist 1 : 2 oder flacher, die Abschrägung der Zusatzgurtplatten 1 : 4 oder flacher auszuführen.

9.2.2.4 Beanspruchung in Richtung der Werkstoffdicke
Es gilt die DASt-Richtlinie 014.

9.2.2.5 Schweißen in kaltverformten Bereichen
(Zu DIN 18 800 Teil 1, Abschnitt 9.2.2.7)
Es gilt Tabelle 6.

9.3   Seilkonstruktionen

9.3.1   Seile und Kabel

(Zu DIN 18 800 Teil 1, Abschnitt 9.3.1)
Haupttragglieder sind als vollverschlossene Spiralseile oder Paralleldrahtbündel auszuführen. Alle Drähte sind zu verzinken.

Einzelseile dürfen nur in Ausnahmefällen zu Kabeln zusammengefaßt werden, z. B. bei Tragkabeln von Hängebrücken.

Seile und Kabel sind durch konstruktive Maßnahmen gegen Beschädigungen infolge Fahrzeuganprall zu schützen.

Bei der Planung sind konstruktive Möglichkeiten zu berücksichtigen und anzugeben, um gegebenenfalls winderregte Schwingungen dämpfen zu können.

Die Biegebeanspruchungen am Seilkopf sind durch konstruktive Maßnahmen auf ein Mindestmaß zu beschränken.

9.3.2   Seilverbindungen

(Zu DIN 18 800 Teil 1, Abschnitt 9.3.2)

9.3.2.1 Seilköpfe
Die geforderte Sicherheit der Seilverbindung muß auch bei einer Temperatur von +60 °C gegeben sein.
Seilköpfe sind rechnerisch oder experimentell nachzuweisen.

9.3.2.2 Kauschen und Klemmen
Diese Seilverbindungen dürfen für tragende Brückenkonstruktionen nicht verwendet werden.

9.3.2.3 Andere Endausbildungen
Diese dürfen für tragende Brückenkonstruktionen nicht verwendet werden.

9.4   Besondere Konstruktionsregeln

9.4.1   Maße

Folgende Mindestmaße müssen eingehalten werden:

Dicke bei Blechen und Breitflachstählen   8 mm
Stegdicke bei Stab- und Formstählen   5 mm
Wanddicke bei Hohlprofilen   5 mm
Wanddicke bei Rohren   4 mm
Schenkelbreite und -dicke bei Winkelstählen
                        70 mm × 7 mm

Für andere Walzquerschnitte gelten die Werte sinngemäß. Ausnahmen sind für untergeordnete Bauteile zulässig.
Maße für Fahrbahndeckbleche und deren Aussteifung siehe Abschnitt 9.4.5.

9.4.2   Fachwerkstäbe

Die Schwerachsen von Fachwerkstäben sollen nach Möglichkeit mit den Netzlinien der Träger zusammenfallen. Hierauf ist besonders bei der Anordnung der Querschnittsverstärkungen von Gurtstäben zu achten. Bei geringen Versetzungen der Stabschwerachse ist die gemittelte Schwerachse in die Netzlinie zu legen.
Schlaffe Fachwerkstäbe sind nur in Verbänden zulässig.

9.4.3   Knotenbleche

Knotenbleche sind nur so groß auszuführen, wie sie zum Anschluß der Fachwerkstäbe notwendig sind. Sie sind in der Regel in die Stege der Gurtstäbe einzuschweißen. An den Anschlußstellen der Fachwerkstäbe sind die Knotenbleche dem Kraftfluß entsprechend mit möglichst großen Rundungen zu versehen.

9.4.4   Beulsteifen

Es gilt die DASt-Richtlinie 012.

9.4.5   Fahrbahnplatten

Für die Dicke t des Deckblechs und den Abstand e der Längsrippenstege müssen folgende Werte eingehalten werden:

- bei Fahrbahnen t mindestens 12 mm

$$\frac{e}{t} \leq 25$$

- bei Geh- und Radwegen t mindestens 10 mm

$$\frac{e}{t} \leq 40$$

Für Wanddicken von Hohlrippen gilt: $t \geq 6$ mm.

Im Hinblick auf die Haltbarkeit bituminöser Fahrbahnbeläge sind Deckblechkrümmungen aus unterschiedlichen Durchbiegungen der Längsrippen zu begrenzen. Daher sind die Flächenmomente 2. Grades der Längsrippen in ganzer Fahrbahnbreite nach Bild 10 einzuhalten. Es gilt Kurve 1, wenn die Fahrbahnmarkierungen des rechten Fahrstreifens mindestens 1,20 m von Hauptträger- oder Längsträgerstegen entfernt sind.

9.4.6 Lager

Es gilt DIN 4141 Teil 1 und Teil 2.

9.4.7 Entwässerung, Abdichtung

9.4.7.1 Entwässerung

Die Brückenkonstruktion ist so zu entwässern, daß Oberflächenwasser auf Konstruktionsteile nicht schädlich einwirken kann.

Für die Oberflächenentwässerung jeder Brücke ist ein Entwässerungsplan aufzustellen, aus dem das Gefälle der Oberflächen und Leitungen, die Lage und Größe der Abläufe und Leitungen, die Entwässerung der Fahrbahnübergänge, der Rillenschienen und Schienenauszugsvorrichtungen sowie die Weiterleitung des Wassers ersichtlich sind.

Der Abstand der Abläufe ist nach dem vorhandenen Längs- und Quergefälle zu wählen. Auf 400 m² Brückenfläche soll mindestens ein Ablauf kommen. Vor Fahrbahnübergängen sind in jedem Falle Abläufe vorzusehen, damit das Wasser vor der Übergangskonstruktion abgeführt wird.

Entwässerungsleitungen sind in Anlehnung an DIN 1986 Teil 2 zu bemessen. Der Abstand verschließbarer Reinigungsöffnungen soll 30 m nicht überschreiten. Abflußleitungen mit Freifall des Wassers sind so weit unter die Konstruktionsunterkante zu führen, daß auch bei starkem Wind die Stahlbauteile und die Unterbauten von abfließendem Schmutzwasser nicht getroffen werden.

9.4.7.2 Abdichtung

Die Gehweg- und Fahrbahnplatten sind gegen Wasser abzudichten.

9.5 Anprallgefährdete Bauteile

Anprallgefährdete Bauteile müssen so durchgebildet werden, daß der von dem Anprall direkt betroffene Bereich durch zusätzliche Maßnahmen gegen örtliche Verformung weitgehend gesichert ist.

9.6 Zusatzausrüstung

9.6.1 Schrammborde und Schutzeinrichtungen

Bei der konstruktiven Durchbildung von Schrammborden und Schutzeinrichtungen ist sicherzustellen, daß sich durch Fahrzeuganprall entstandene Schäden ohne nachteilige Folgen für das Tragwerk beseitigen lassen.

9.6.2 Geländer

Geländer bei Brücken mit öffentlichem Fußgängerverkehr müssen mindestens 1 m hoch sein, sie sind als Füllstabgeländer auszubilden. Die Füllstäbe sind mit einem lichten Abstand von höchstens 140 mm anzuordnen. An den Übergängen langer Brücken ist durch geeignete Maßnahmen dafür zu sorgen, daß der genannte Abstand bei Bewegungen des Bauwerkes infolge Temperaturänderung nicht wesentlich überschritten wird.

Bei Brücken ohne öffentlichen Fußgängerverkehr können Holmgeländer mit Knieleisten angeordnet werden.

In besonderen Fällen kann es erforderlich sein, ein zusätzliches Geländer als Sicherung zwischen Fahrbahn und Geh- oder Radweg vorzusehen.

Alle Geländer müssen so ausgebildet werden, daß sie den Bewegungen des Bauwerkes folgen.

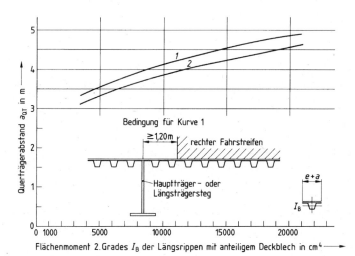

Bild 10.   Abhängigkeit der Querträgerabstände von den Trägheitsmomenten der Längsrippen

9.6.3 Straßenbahnschienen

Nach Möglichkeit sind die Schienen mit Bettung über das Bauwerk weiterzuführen. In Sonderfällen können Schienen unmittelbar oder mit einer elastischen Zwischenlage auf der Fahrbahnplatte angeordnet werden.

Die Schienen sind so zu befestigen, daß sie ausgewechselt werden können, ohne daß Schäden an tragenden Bauteilen entstehen.

9.6.4 Leitungen

Leitungen müssen – ohne Behinderung des Verkehrs – gut zugänglich sein. Ihre Anordnung soll das Aussehen des Brückenbauwerkes und dessen Zugänglichkeit für Unterhaltungsarbeiten nicht beeinträchtigen.

Die Unterbringung von Gasleitungen in allseitig geschlossenen Kästen ist im Regelfall unzulässig. Ausnahmen bedürfen der Genehmigung durch die Aufsichtsbehörde.

Liegen Wasser- oder Entwässerungsleitungen in geschlossenen Querschnitten, so ist durch geeignete Maßnahmen dafür zu sorgen, daß bei Rohrbrüchen keine unzulässigen Belastungen der Brücke durch Wasseransammlungen auftreten können.

Brücken sind in Übereinstimmung mit den einschlägigen technischen Vorschriften zu erden.

Es ist stets zu prüfen, welche Leitungen aus Sicherheitsgründen voneinander getrennt verlegt werden müssen und welche Abstände untereinander bzw. von der Brückenkonstruktion einzuhalten sind.

9.6.5 Maste

Die Anschlüsse der Maste für z. B. Straßenbahnen oder Beleuchtung an die Brückenkonstruktion sind so auszubilden, daß sich die Maste bei der Montage leicht ausrichten lassen. Auf eine sorgfältige Abdichtung dieser Anschlüsse ist zu achten.

Die Zuleitungsrohre von Beleuchtungsmasten sind an der tiefsten Stelle des Krümmers mit einer Entwässerungsöffnung zu versehen.

9.6.6 Besichtigungseinrichtungen

Alle Brückenteile müssen geprüft und unterhalten werden können. Erforderlichenfalls sind brückenfeste Besichtigungseinrichtungen vorzusehen.

10 Korrosionsschutz

Es gilt DIN 55 928 Teil 1 bis Teil 9.

11 Anforderungen an den Betrieb

(Zu DIN 18 800 Teil 7)

Die Herstellung geschweißter stählerner Brücken erfordert in außergewöhnlichem Maße Sachkenntnisse und Erfahrungen der damit betrauten Personen sowie die besondere Ausstattung der Betriebe mit geeigneten Einrichtungen.

Unternehmen, in deren Betrieben derartige Schweißarbeiten ausgeführt werden, müssen daher den Großen Eignungsnachweis nach DIN 18 800 Teil 7, Abschnitt 6, mit der Erweiterung zur Herstellung geschweißter stählerner Straßenbrücken erbringen.

Schweißarbeiten dürfen nur von Schweißern ausgeführt werden, die über eine gültige Prüfbescheinigung nach DIN 8560/05.82, Prüfgruppe B II, verfügen.

Zitierte Normen und andere Unterlagen

DIN 124	Halbrundniete, Nenndurchmesser 10 bis 36 mm
DIN 302	Senkniete, Nenndurchmesser 10 bis 36 mm
DIN 1072	Straßen- und Wegbrücken; Lastannahmen
DIN 1986 Teil 2	Entwässerungsanlagen für Gebäude und Grundstücke; Bestimmungen für die Ermittlung der lichten Weiten und Nennweiten für Rohrleitungen
DIN 4114 Teil 1	Stahlbau; Stabilitätsfälle (Knickung, Kippung, Beulung), Berechnungsgrundlagen, Vorschriften
DIN 4114 Teil 2	Stahlbau; Stabilitätsfälle (Knickung, Kippung, Beulung), Berechnungsgrundlagen, Richtlinien
DIN 4141 Teil 1	Lager im Bauwesen; Allgemeine Regelungen
DIN 4141 Teil 2	Lager im Bauwesen; Lagerung für Ingenieurbauwerke im Zuge von Verkehrswegen (Brücken)
DIN 7969	Senkschrauben mit Schlitz, ohne Mutter, mit Sechskantmutter, für Stahlkonstruktionen
DIN 7990	Sechskantschrauben mit Sechskantmuttern für Stahlkonstruktionen
DIN 8560	Prüfung von Stahlschweißern
DIN 18 800 Teil 1	Stahlbauten; Bemessung und Konstruktion
DIN 18 800 Teil 7	Stahlbauten; Herstellen, Eignungsnachweise zum Schweißen
DIN 50 049	Bescheinigungen über Materialprüfungen
DIN 55 928 Teil 1	Korrosionsschutz von Stahlbauten durch Beschichtungen und Überzüge; Allgemeines
DIN 55 928 Teil 2	Korrosionsschutz von Stahlbauten durch Beschichtungen und Überzüge; Korrosionsschutzgerechte Gestaltung
DIN 55 928 Teil 3	Korrosionsschutz von Stahlbauten durch Beschichtungen und Überzüge; Planung der Korrosionsschutzarbeiten
DIN 55 928 Teil 4	Korrosionsschutz von Stahlbauten durch Beschichtungen und Überzüge; Vorbereitung und Prüfung der Oberflächen
DIN 55 928 Teil 5	Korrosionsschutz von Stahlbauten durch Beschichtungen und Überzüge; Beschichtungsstoffe und Schutzsysteme
DIN 55 928 Teil 6	Korrosionsschutz von Stahlbauten durch Beschichtungen und Überzüge; Ausführung und Überwachung der Korrosionsschutzarbeiten

DIN 55 928 Teil 7	Korrosionsschutz von Stahlbauten durch Beschichtungen und Überzüge; Technische Regeln für Kontrollflächen
DIN 55 928 Teil 8	Korrosionsschutz von Stahlbauten durch Beschichtungen und Überzüge; Korrosionsschutz von tragenden dünnwandigen Bauteilen (Stahlleichtbau)
DIN 55 928 Teil 9	Korrosionsschutz von Stahlbauten durch Beschichtungen und Überzüge; Bindemittel und Pigmente für Beschichtungsstoffe
DASt-Richtlinie 008 [1])	Richtlinien zur Anwendung des Traglastverfahrens im Stahlbau
DASt-Richtlinie 012 [1])	Beulsicherheitsnachweise für Platten
DASt-Richtlinie 014 [1])	Empfehlungen zum Vermeiden von Terrassenbrüchen in geschweißten Konstruktionen aus Baustahl

Weitere Unterlagen

DS 804 [2])   Vorschrift für Eisenbahnbrücken und sonstige Ingenieurbauwerke (VEI)

Frühere Ausgaben

DIN 1073: 04.28, 09.31, 01.41, 07.74;   Beiblatt zu DIN 1073: 07.74;   DIN 1079: 01.38, 11.38, 09.70;   DIN 4101: 07.37xxx, 07.74

Änderungen

Gegenüber DIN 1073/07.74, Beiblatt zu DIN 1073/07.74, DIN 1079/09.70 und DIN 4101/07.74 wurden folgende Änderungen vorgenommen:

a) Festlegungen über die mitwirkende Plattenbreite neu geregelt;

b) Betriebsfestigkeitsnachweis neu geregelt und Festlegungen für die Ausbildung von Fahrbahnelementen und Durchdringung von Längsrippen und Querträgern getroffen, bei denen er entfallen kann;

c) Festlegungen über Drähte und Drahtseile und deren Bemessungsregeln dem Stand der Technik angepaßt;

d) Mindeststeifigkeiten von Längsrippen vorgeschrieben, um Deckblechkrümmungen aus unterschiedlichen Durchbiegungen zu begrenzen;

e) Norm insgesamt dem Stand der Technik angepaßt und gestrafft, weil viele Festlegungen in diesen Normen durch die Stahlbaugrundnormen DIN 18 800 Teil 1 und Teil 7 erfaßt werden;

f) Beiblatt zu DIN 1073 gegenstandslos geworden.

Erläuterungen

Zu Abschnitt 3.1, zweiter Absatz

Der Wert $l/8$ für die mittragende Breite stammt aus einer materialübergreifenden Regelung für Stahl-, Stahlbeton- und Verbundträger und gilt dort für Nachweise mit plastischen Querschnittsgrößen **und** für die Berechnung von Formänderungsgrößen zur Schnittgrößenermittlung. Er wurde hier übernommen, auch wenn noch das zul σ-Konzept gültig ist.

Zu Bild 11

Die Grenzkurven sind das Ergebnis der Erfahrungen aus der Praxis und einer rechnerischen Untersuchung, mit der die maximalen Dehnungen des Belages für eine Reihe von Straßenbrücken mit einem vereinfachten Modell berechnet und aufgrund des angetroffenen Zustandes begrenzt wurden, um insbesondere Längsrisse im Brückenbelag über den Hauptträgerstegen zu vermeiden. Sie gelten für die in der Bundesrepublik Deutschland üblichen Fahrbahnbeläge und klimatischen Bedingungen. Die angegebenen Unterschiede für Fahrbahnbereiche mit oder ohne Steg, bezogen auf die Lage der rechten Fahrspur, sind durch die unterschiedliche Beanspruchung des Belags in diesen Bereichen begründet.

Internationale Patentklassifikation

E 01 D 9/00
E 01 D 11/00
G 01 B
G 01 M 19/00

---

[1]) Zu beziehen bei der Stahlbau-Verlags GmbH, Ebertplatz 1, 5000 Köln 1

[2]) Zu beziehen bei der Drucksachenverwaltung der Bundesbahndirektion Karlsruhe, Stuttgarter Straße 61, 7500 Karlsruhe

Juli 1994

Korrosionsschutz von Stahlbauten durch Beschichtungen und Überzüge

Teil 8: Korrosionsschutz von tragenden dünnwandigen Bauteilen

DIN
55928-8

ICS 77.060: 91.080.10

Ersatz für Ausgabe 1980-03

Deskriptoren: Stahlbauten, Korrosionsschutz, Stahlbauteil

Protection of steel structures from corrosion by organic and metallic coatings — Part 8: Protection of supporting thin-walled building components from corrosion

Protection des construction en acier contre la corrosion par application des couches organiques et revêtements metalliques — Partie 8: Protection contre la corrosion des élements de construction à parois minces et supportants

Zu den Normen der Reihe DIN 55 928 „Korrosionsschutz von Stahlbauten durch Beschichtungen und Überzüge" gehören:

DIN 55 928 Teil 1	Allgemeines, Begriffe, Korrosionsbelastungen
DIN 55 928 Teil 2	Korrosionsschutzgerechte Gestaltung
DIN 55 928 Teil 3	Planung der Korrosionsschutzarbeiten
DIN 55 928 Teil 4	Vorbereitung und Prüfung der Oberflächen
Beiblatt 1 zu DIN 55 928 Teil 4	Photographische Vergleichsmuster
Beiblatt 1 A1 zu DIN 55 928 Teil 4	Änderung 1 zu Beiblatt 1 zu DIN 55 928 Teil 4
Beiblatt 2 zu DIN 55 928 Teil 4	Photographische Beispiele für maschinelles Schleifen auf Teilbereichen (Norm-Reinheitsgrad PMa)
Beiblatt 2 A1 zu DIN 55 928 Teil 4	Änderung 1 zu Beiblatt 2 zu DIN 55 928 Teil 4
DIN 55 928 Teil 5	Beschichtungsstoffe und Schutzsysteme
DIN 55 928 Teil 6	Ausführung und Überwachung der Korrosionsschutzarbeiten
DIN 55 928 Teil 7	Technische Regeln für Kontrollflächen
DIN 55 928 Teil 8	Korrosionsschutz von tragenden dünnwandigen Bauteilen
DIN 55 928 Teil 9	Beschichtungsstoffe; Zusammensetzung von Bindemitteln und Pigmenten

Fortsetzung Seite 2 bis 20

Normenausschuß Anstrichstoffe und ähnliche Beschichtungsstoffe (FA) im DIN Deutsches Institut für Normung e.V.
Normenausschuß Bauwesen (NABau) im DIN

Inhalt

1 Anwendungsbereich

(1) Diese Norm gilt für den Korrosionsschutz tragender dünnwandiger Stahlbauteile, deren Dicke (Nennblechdicke) bis 3 mm beträgt und die atmosphärischer Korrosionsbelastung unterliegen.

(2) Wegen der Dünnwandigkeit ist bei diesen Bauteilen der Korrosionsschutz für die Dauerhaftigkeit der Standsicherheit von besonderer Bedeutung.

> ANMERKUNG: In der Regel wird in den technischen Baubestimmungen und anderen Unterlagen für die Anwendung von dünnwandigen Bauteilen auf die Mitgeltung dieser Norm hingewiesen.

(3) Die Bauteile werden aus bandverzinktem oder bandlegierverzinktem (siehe Erläuterungen) Stahlblech mit zusätzlicher Bandbeschichtung[1]) hergestellt (siehe Tabelle 3).

Als Kurzzeichen für Bandverzinkung + Bandbeschichtung wird BB verwendet.

(4) Das Stückbeschichten tragender dünnwandiger Bauteile ist nicht die Regel[2]).

Im Anwendungsbereich dieser Norm wird nur werksmäßiges Stückbeschichten von profilierten Blechen ohne oder mit Wärmetrocknung berücksichtigt (siehe Tabelle 4).

Als Kurzzeichen für Bandverzinkung + Stückbeschichtung wird BS verwendet.

(5) Nicht werksmäßiges Stückbeschichten von bandverzinkten oder bandlegierverzinkten Bauteilen ist nicht Gegenstand dieser Norm. Hierfür gelten DIN 55 928 Teil 1 bis Teil 7 und Teil 9.

(6) Für die Instandsetzung von Montageschäden an Beschichtungen gelten sinngemäß die gleichen Anforderungen wie für die Erstausführung der Stückbeschichtung, jedoch sind zusätzlich die Bedingungen des Ausführungsortes zu beachten (Oberflächenvorbereitung, Trocknungsbedingungen)[3]).

---

[1]) Im internationalen Sprachgebrauch „Coil coating". Ausnahmen für den Einsatz unbeschichteter Bleche siehe Tabelle 3.

[2]) Es kann zweckmäßig sein, die Grundbeschichtung als Bandbeschichtung aufzubringen.

[3]) Siehe auch DVV-Schrift „Bandbeschichtetes Flachzeug für den Bauaußeneinsatz", EKS-Empfehlungen „Dünnwandige kaltgeformte Stahlbleche im Hochbau", IFBS-INFO „Richtlinie für die Montage von Stahlprofiltafeln für Dach-, Wand- und Deckenkonstruktionen", Abschnitt 10, und Erläuterungen.

Spätere Instandhaltungen sind so zeitig auszuführen, daß die Korrosionsschutzwirkung des Überzuges noch voll wirksam ist. Beschädigungen des Überzuges sind durch Beschichtungen auszubessern.

(7) Bei sehr starker Korrosionsbelastung und langer Schutzdauer und bei Sonderbelastungen sind die Korrosionsschutzklassen dieser Norm nicht anwendbar. Bei diesen Belastungen und Bedingungen sind die erforderlichen Maßnahmen jeweils im Einzelfall festzulegen.

2 Begriffe

2.1 Beschichtung

Beschichtung ist der Oberbegriff für eine oder mehrere in sich zusammenhängende, aus Beschichtungsstoffen hergestellte Schicht(en) auf einem Untergrund. Siehe auch DIN 55 945.

ANMERKUNG: Im Sinne dieser Norm gelten abweichend von DIN 55 945 als Beschichtungen auch Folien, die durch Kleben oder durch Heißkaschieren aufgebracht werden.
(aus: DIN 55 928 Teil 1/05.91)

2.2 Beschichtungseinheit

Beschichtungseinheit ist eine unter identischen Bedingungen und mit identischem Beschichtungssystem hergestellte Einheit.

2.3 Beschichtungsstoff

Beschichtungsstoff ist der Oberbegriff für flüssige bis pastenförmige oder auch pulverförmige Stoffe, die aus Bindemitteln sowie gegebenenfalls zusätzlich aus Pigmenten und anderen Farbmitteln, Füllstoffen, Lösemitteln und sonstigen Zusätzen bestehen (aus: DIN 55 945/ 12.88).

2.4 Erstprüfung

Erstprüfung im Sinne dieser Norm ist die durch eine Prüfstelle durchzuführende Prüfung auf Eignung der in dem angewendeten Fertigungsverfahren beschichteten Bleche oder Bauteile.

ANMERKUNG: Der Begriff „Erstprüfung" ist in DIN 18 200 umfassender definiert und wird hier eingeschränkt.

2.5 Korrosionsbelastung

Korrosionsbelastung im Sinne dieser Norm ist die Gesamtheit der bei der Korrosion von Werkstoffen vorliegenden korrosionsfördernden Einflüsse. Weitergehende Angaben siehe DIN 50 900 Teil 3 (aus: DIN 55 928 Teil 1/ 05.91).

2.6 Korrosionsschutzsystem

Korrosionsschutzsystem ist ein System aus aufeinander abgestimmten, vor Korrosion schützenden Schichten, z. B. Grundbeschichtungen mit Deckbeschichtungen oder aus Metallüberzügen, gegebenenfalls mit zusätzlichen Beschichtungen (Duplex-System) (aus: DIN 55 928 Teil 1/ 05.91).

2.7 Schutzdauer

Schutzdauer im Sinne dieser Norm ist die Zeitspanne, innerhalb der ein Korrosionsschutzsystem seine Schutzfunktion erfüllt (aus DIN 55 928 Teil 1/05.91).

2.8 Sollschichtdicke

Sollschichtdicke ist diejenige Schichtdicke, welche die jeweiligen Einzelschichten oder das Beschichtungssystem aufweisen sollen, um bei der zu erwartenden Belastung einen technisch ausreichenden und wirtschaftlich günstigen Korrosionsschutz zu erzielen. Die Sollschichtdicke gilt als erreicht, wenn höchstens 5 % der Meßwerte den Sollwert um höchstens 20 % unterschreiten. Weitere Einzelheiten siehe DIN 55 928 Teil 5/05.91, Abschnitt 5.3.

2.9 Sonderbelastung

Sonderbelastungen im Sinne dieser Norm sind solche Belastungen, die die Korrosion erheblich verstärken und/ oder an das Korrosionsschutzsystem erhöhte Anforderungen stellen. Weitere Einzelheiten siehe DIN 55 928 Teil 1/05.91, Abschnitt 4.

2.10 Überzug

Überzug im Sinne dieser Norm ist der Sammelbegriff für eine oder mehrere Schichten aus Metallen auf einem Stahluntergrund. Siehe auch DIN 50 902 (aus: DIN 55 928 Teil 1/05.91).

2.11 Zugänglichkeit

Zugänglichkeit bedeutet, daß alle Stahlbauteile ohne wesentliche bauliche Veränderungen erreichbar sind, damit die Schutzsysteme geprüft und instandgesetzt werden können (siehe DIN 55 928 Teil 2). Wesentliche bauliche Veränderungen sind Arbeiten, die über Maßnahmen, die im Rahmen einer üblichen sachkundigen Inspektion erforderlich sind, hinausgehen.

3 Korrosionsbelastung und Korrosionsschutzklassen

(1) Die Norm legt Korrosionsschutzklassen fest, die auf die atmosphärische Korrosionsbelastung, die Schutzdauer und die Zugänglichkeit der Bauteile abgestimmt sind (siehe Tabelle 2). Den Korrosionsschutzklassen werden jeweils Korrosionsschutzsysteme zugeordnet (siehe Tabellen 3 und 4). Bei Sonderbelastungen siehe Abschnitt 1, Absatz (7), und den folgenden Absatz (4).

(2) Die Korrosionsschutzklasse und das Schutzsystem sind Bestandteil des Standsicherheitsnachweises und in den zur Erlangung der Baugenehmigung einzureichenden Bauvorlagen anzugeben. Das Schutzsystem ist mit seiner Norm-Bezeichnung (siehe Abschnitt 4.3) anzugeben.

(3) Die Korrosionsbelastung von Stahlbauten im Inneren von Gebäuden, zu denen die Außenluft keinen direkten Zugang hat, ist, solange die relative Luftfeuchte unter 60 % bleibt und keine Sonderbelastung einwirkt, als unbedeutend einzustufen und daher der Korrosionsschutzklasse I zuzuordnen (siehe auch DIN 55 928 Teil 5/05.91, Abschnitt 5.4.2).

(4) Aufgrund betrieblicher Belastungen und/oder ungünstiger konstruktiver Gestaltung kann auch auf Bauteile im Inneren von Gebäuden eine erhebliche Korrosionsbelastung einwirken, die als Sonderbelastung bei der Wahl der erforderlichen Korrosionsschutzklasse zu berücksichtigen ist.

(5) Bereiche von Wärmebrücken, an denen sich Kondenswasser bilden kann, sind der Korrosionsschutzklasse III zuzuordnen.

4 Korrosionsschutzsysteme

4.1 Allgemeines

(1) In den Tabellen 3 und 4 sind Beispiele für Korrosionsschutzsysteme in Zuordnung zu den Korrosionsschutzklassen aufgeführt, deren Brauchbarkeit als nachgewiesen angesehen wird. Die Reihenfolge der Schutzsysteme bedeutet keine Rangordnung. Andere Schutzsysteme sind bei nachgewiesener Eignung möglich.

(2) Die grundsätzliche Eignung der Beschichtungsstoffe im Korrosionsschutzsystem ist vom Beschichtungsstoffhersteller nachzuweisen (siehe Abschnitt 4.2.2 Absatz (1)). Die bei der Eignungsprüfung festgestellten Ergebnisse müssen dokumentiert sein und sind Grundlage für Überprüfungen.

(3) Für Schutzsysteme für die Korrosionsschutzklassen II und III ist die Eignung im Einzelfall durch eine Erstprüfung nach Abschnitt 9.2 nachzuweisen.

(4) Die Schutzwirkung eines Korrosionsschutzssystems ist im wesentlichen abhängig von

— der korrosiven und mechanischen Belastung während der Nutzungsdauer,

— der Art des Überzuges und/oder der Beschichtung und ihrer Dicken,

— der Oberflächenvorbereitung und/oder -vorbehandlung,

— den Applikationsbedingungen,

— den bei der Bauteilherstellung und bei Transport, Lagerung und Montage wirkenden Beanspruchungen.

(5) Der Beschichter hat geeignete Beschichtungsstoffe zum Ausbessern von Montageschäden zu liefern oder deren Bezugsquellen nachzuweisen.

4.2 Anforderungen

4.2.1 Grundwerkstoff

(1) Der zu beschichtende Grundwerkstoff mit Metallüberzug muß den geltenden Normen, technischen Lieferbedingungen oder Vereinbarungen entsprechen. Für die Bandverzinkung gilt DIN EN 10 147, für Legierverzinkungen gelten DIN EN 10 214 *) und DIN EN 10 215 *).

(2) Der Grundwerkstoff nach Absatz (1) muß für das Umformen geeignet sein. Er muß so gelagert und behandelt werden, daß Korrosion vermieden wird.

4.2.2 Beschichtungsstoffe

(1) Prüfungen durch den Beschichtungsstoffhersteller dienen diesem als Nachweis, daß ein Beschichtungssystem in seiner Korrosionschutzwirkung einem in den Tabellen aufgeführten Schutzsystem entspricht oder für andere als in den Tabellen zugeordnete Belastungen eingesetzt werden kann.

(2) Art und Umfang von Prüfungen müssen abgestimmt sein auf

— die Belastungen, z. B. korrosive und mechanische,

— den Grundwerkstoff, seine Oberflächenbeschaffenheit und Oberflächenvorbereitung,

— die Applikationsbedingungen (Verarbeitung, Trocknung),

— die eigenschaftsbestimmenden Merkmale der Beschichtungsstoffe.

(3) Art und Umfang der Prüfungen, ihre Bedingungen und die Anforderungen sind — soweit nicht in Tabelle 5 angegeben sind oder diesbezügliche Festlegungen bestehen — vom Hersteller in eigener Verantwortung festzulegen und mit den Ergebnissen zu dokumentieren. Zu prüfen sind außer Korrosions- und Witterungsbeständigkeit der Beschichtungen auch Verarbeitungseigenschaften der Beschichtungsstoffe. Zu berücksichtigen

sind auch die Beanspruchung der Beschichtung bei der Bauteilherstellung und im Gebrauch.

(4) Bei den Prüfungen sind die Festlegungen des Abschnittes 8 zu beachten. Um die Eignung eines Korrosionsschutzsystems möglichst praxisnah zu ermitteln, sind Laborprüfungen durch Langzeitprüfungen unter Objektbedingungen zu ergänzen. Ein Vergleich mit dem Verhalten bewährter Systeme, gleichzeitig am gleichen Ort unter gleichen Bedingungen aufgebracht, erleichtert die Beurteilung.

(5) Im Rahmen der Prüfung sind zu erstellen

— eine Dokumentation als Grundlage für die Erstprüfung,

— ein Prüfplan für die interne Qualitätskontrolle,

— Angaben zur Identität (Art und anteilige Mengen der verwendeten Bestandteile, siehe DIN 55 928 Teil 9, und geeignete Prüfungen zur Feststellung der Identität[4]), z. B. in Anlehnung an DIN 55 991 Teil 2),

— ein technisches Datenblatt mit allen erforderlichen Angaben für die Applikation[5]).

4.2.3 Oberflächenvorbereitung

(1) Die Oberfläche muß für die vorgesehene Beschichtung geeignet sein und/oder entsprechend vorbereitet oder vorbehandelt werden.

(2) Die Oberflächenvorbereitung vor dem Stückbeschichten, z. B. das Reinigen, muß so vorgenommen werden, daß die Korrosionsschutzwirkung des Schutzsystems nicht beeinträchtigt wird (siehe DIN 55 928 Teil 4 und Fußnote 3).

4.2.4 Applikation der Beschichtungsstoffe

(1) Das Bandbeschichten erfolgt in stationären Anlagen nach vorgegebenen Bedingungen.

(2) Beim Stückbeschichten ist DIN 55 928 Teil 6 zu beachten.

(3) Die Applikation muß so erfolgen, daß die Korrosionsschutzwirkung des Schutzsystems nicht beeinträchtigt wird.

4.2.5 Dicke des Schutzsystems

4.2.5.1 Dicke des Metallüberzuges

(1) Im Anwendungsbereich dieser Norm beträgt die Nenndicke des Zinküberzuges analog DIN EN 10 147 als Mittelwert auf 3 örtlich festgelegten Meßflächen nach dem chemischen Ablöseverfahren (DIN 50 988 Teil 1) und auf die Dicke des Überzuges umgerechnet je Seite 20 μm; jedoch darf der kleinste Einzelwert aus einer Meßfläche abweichend von DIN EN 10 147 15 μm betragen, wobei der kleinste Wert der Summe einer Einzelflächenprobe bei beidseitiger Messung 34 μm nicht unterschreiten darf. Gleiche Anforderungen an die Nenndicke gelten für die Überzüge aus Zink-Aluminium- und Aluminium-Zink-Legierungen. Übersicht über Nenndicken und zugehörige Auflagen für die verschiedenen Überzüge siehe Tabelle 1.

(2) Die Einhaltung der Dicke des Überzugs ist vom Hersteller auf Anforderung durch ein Abnahmeprüfzeugnis „3.1B"[6]) bzw. ein Werksprüfzeugnis „2.3" nach EN 10 204 (siehe DIN 50 049) zu bestätigen.

---

*) Z. Z. Entwurf

[3]) Siehe Seite 2

[4]) Unter Beachtung der Festlegung notwendiger Toleranzen.

[5]) Z. B. auch Hinweis auf Zinkchromat in Grundbeschichtungen sowie Angaben über Beschichtungsstoffe zum Ausbessern; siehe auch Erläuterungen.

[6]) Wenn der Hersteller über eine von der Fertigungsabteilung unabhängige Prüfabteilung verfügt.

(3) Eine Prüfung nach der Auslieferung kann näherungsweise auch mit anderen Meßverfahren, z. B. magnetisch/elektromagnetisch, durchgeführt werden, ist dann aber zu vereinbaren. In Schiedsfällen ist das gravimetrische Verfahren nach DIN 50 988 Teil 1 maßgebend.

4.2.5.2 Dicke der Bandbeschichtung

(1) Die Schichtdicken der Beschichtungen bei Bandbeschichtung (BB) sind in Tabelle 3 festgelegt oder für andere Systeme bei der Erstprüfung zu ermitteln.

(2) Sie sind Nennschichtdicken nach Euronorm 169/01.86, Abschnitt 5.1.1. Gemessen wird mit magnetischen/elektromagnetischen Verfahren nach DIN 50 981, und zwar auf 3 in Euronorm 169/01.86, Abschnitt 4.4.2, festgelegten Meßflächen (siehe Erläuterungen). Auf jeder Meßfläche sind mindestens 5 Einzelmessungen durchzuführen. Aus den Meßwerten ist der Mittelwert zu bilden.

(3) Die Schichtdicke der Beschichtung wird ermittelt als Differenz aus der Messung der Dicke von Beschichtung und Überzug zusammen, abzüglich der nach dem Entfernen der Beschichtung gemessenen Dicke des Überzuges. Die Messung erfolgt nach Absatz (2).

(4) Der Mittelwert aus einer 3-Flächenprobe darf maximal 20 % unter der Nennschichtdicke liegen, der Mittelwert aus einer Einzelflächenprobe maximal 10 % unter diesem Mittelwert (und damit 28 % unter dem Nennwert).

(5) Liegen die bei der Erstprüfung ermittelten Werte (siehe Absatz (1)) höher als in Tabelle 3 festgelegt, so sind für das System die in der Erstprüfung ermittelten höheren Werte in der laufenden Produktion einzuhalten und auf die zuvor beschriebene Weise nachzuweisen.

(6) Die Einhaltung der Schichtdicke ist vom Hersteller der Beschichtung auf Anforderung durch ein Abnahmeprüfzeugnis „3.1B"[6] bzw. ein Werksprüfzeugnis „2.3" nach EN 10 204 (siehe DIN 50 049) zu bestätigen.

4.2.5.3 Dicke der Stückbeschichtung auf Bandverzinkung oder Bandlegierverzinkung

(1) Die Schichtdicken der Beschichtungen bei Stückbeschichtung (BS) sind in Tabelle 4 festgelegt oder für andere Systeme bei der Erstprüfung zu ermitteln.

(2) Sie sind Sollschichtdicken nach DIN 55 928 Teil 5/05.91, Abschnitt 5.3, Absatz (4), d. h. höchstens 5 % der Meßwerte dürfen den Sollwert bis höchstens 20 % unterschreiten. Die Meßpunktlage ist nicht festgelegt, jedoch sind die Meßpunkte an denjenigen Bauteilbereichen anzulegen, in denen erfahrungsgemäß die geringste Schichtdicke zu erwarten ist, bei Trapezprofilen also an den Stegbereichen.

(3) Die Sollschichtdicke der Beschichtung wird ermittelt als Differenz aus der magnetischen/elektromagnetischen Messung nach DIN 50 981 von Beschichtung und Überzug zusammen, abzüglich der nach dem gleichen Verfahren vor dem Beschichten gemessenen Dicke des Überzuges.

(4) Bei der Erstprüfung müssen mindestens die Sollschichtdicken nach Tabelle 4 erreicht werden. Diese Schichtdicken dürfen um höchstens 50 % überschritten werden.

(5) Die Einhaltung der Sollschichtdicke ist vom Beschichter auf Anforderung durch ein Abnahmeprüfzeugnis „3.1B"[6] bzw. ein Werksprüfzeugnis „2.3" nach EN 10 204 (siehe DIN 50 049) zu bestätigen.

4.3 Bezeichnung

Beispiel für die Bezeichnung eines Schutzsystems nach dieser Norm, Tabelle 3 (Bandlegierverzinkung + Bandbeschichtung), Kennzahl und Ordnungsnummer 160.2

(Polyesterharz, 25 µm, zweischichtig) auf Zn-Al-Legierverzinkung ZA:

Korrosionsschutz
DIN 55 928 — T 08 — 3 — 160.2 ZA

Für den Fall höherer Schichtdicken als nach Tabelle 3 (siehe Abschnitt 4.2.5.2 (5)) sind diese anzugeben, z. B. wie vorstehend, aber mit 28 µm Nennschichtdicke:

Korrosionsschutz
DIN 55 928 — T 08 — 3 — 160.2/28 µm ZA

5 Korrosionsschutzgerechte Gestaltung

(1) Damit eine korrosionsschutzgerechte Gestaltung der Konstruktion sichergestellt ist, sind die Grundregeln nach DIN 55 928 Teil 2 einzuhalten.

(2) Die Durchführbarkeit von Kontroll- und Instandhaltungsmaßnahmen für die nach Tabelle 2 als „zugänglich" klassifizierten Flächen muß bereits beim Entwurf sichergestellt werden. Die Zugänglichkeit kann z. B. durch Anlegeleitern, Standgerüste, feste, freihängende oder geführte Arbeitsbühnen eingeplant werden.

(3) Schmutzablagerungen und kapillar gehaltenes Wasser sind zu vermeiden, letzteres z. B. durch ausreichenden Abstand vom Sockel, um ein Abtropfen von Wasser zu ermöglichen. Siehe auch Erläuterungen.

6 Verpackung, Transport, Lagerung, Montage[3]

Die Art der Verpackung sowie die Bedingungen während Transport, Lagerung und Montage haben erheblichen Einfluß auf die Korrosionsschutzwirkung des Schutzsystems. Die vom Lieferer vorgegebenen Vorschriften, insbesondere zur Vermeidung des Eindringens von Feuchtigkeit und der Bildung von Kondensat im Blechstapel, sind zu beachten.

7 Umformbereiche, Schnittflächen, Kanten, Verbindungsmittel

7.1 Umformbereiche

Auch in Umformbereichen muß die geforderte Korrosionsschutzwirkung gegeben sein.

7.2 Schnittflächen und Kanten

(1) Schnittflächen sollten rechtwinklig zur Blechoberfläche und ohne Grat sein. Beim Schneiden und Bearbeiten beschichteter Bauteile sind die Verfahren so zu wählen, daß keine Beeinträchtigung der Korrosionsschutzwirkung erfolgt (z. B. durch Ablösungen, Funken, Verbrennungen). Der Spalt des Schneidgerätes ist sorgfältig einzustellen.

(2) Die Schnittflächen und Kanten bandverzinkter und bandlegierverzinkter Bleche bis 1,5 mm Dicke bedürfen erfahrungsgemäß keines zusätzlichen Korrosionsschutzes.

7.3 Schutz an Verbindungen

7.3.1 Mechanische Verbindungselemente[7]

(1) Verbindungselemente, die der Witterung ausgesetzt sind, müssen aus nichtrostenden Stählen nach den hierfür geltenden Normen oder allgemeinen bauaufsichtlichen Zulassungen bestehen.

---

[3] Siehe Seite 2
[6] Siehe Seite 4
[7] Siehe auch DIN 18 516 Teil 1/01.90, Abschnitt 6.2.3 und Erläuterungen.

(2) Verbindungselemente, die nicht bewittert sind, können aus anderen Werkstoffen hergestellt sein. Betriebsbedingte korrosive Belastungen und besondere Regelungen in Normen und Vorschriften sind zu berücksichtigen.

7.3.2 Schweißverbindungen

Muß in Sonderfällen geschweißt werden, sind Beschädigungen am Korrosionsschutzsystem besonders sorgfältig entsprechend der geforderten Korrosionsschutzklasse auszubessern. Hierfür ist am zweckmäßigsten eine zusätzliche Beschichtung mit für den Kantenschutz geeigneten Stoffen (siehe DIN 55 928 Teil 5/05.91, Abschnitt 2.5) zu verwenden. Die Oberflächenvorbereitung im Schweißnahtbereich muß ein vollständiges Entfernen der Elektrodenrückstände sicherstellen.

7.3.3 Kombination unterschiedlicher Werkstoffe

Bei der Kombination unterschiedlicher Werkstoffe ist der Gefährdung durch Kontaktkorrosion zu begegnen (siehe auch DIN 55 928 Teil 2/05.91, Abschnitt 2.7).

8 Prüfungen zur Qualitätssicherung

8.1 Allgemeines

(1) Dieser Abschnitt und Tabelle 5 enthalten Festlegungen über Prüfungen und Anforderungen an die für den Korrosionsschutz und die Herstellung und Verarbeitung der Bauteile maßgebenden Eigenschaften der Beschichtungssysteme.

(2) Die Prüfbedingungen sind auf die Anforderungen an die Korrosionsschutzsysteme und auf die Korrosionsschutzklassen abgestimmt.

(3) Die Prüfungen, außer zum Teil nach Abschnitt 8.3.5, sind im Labor durchzuführen.

(4) Prüfungen und Anforderungen an Metallüberzüge sind in den in Abschnitt 4.2.1 genannten Normen enthalten. Für dort nicht geregelte Eigenschaften sind Prüfungen und Anforderungen gegebenenfalls zu vereinbaren.

8.2 Proben

8.2.1 Probenbleche

Probenbleche für Prüfungen nach den Abschnitten 8.3.2 und 8.3.3 sind entsprechend den dort genannten Prüfnormen zu verwenden. Sie sind aus beschichteten Probenkörpern nach Abschnitt 8.2.2 aus der Produktion zu nehmen.

8.2.2 Probenkörper

Die Prüfungen nach den Abschnitten 8.3.4 und 8.3.5 werden an beschichteten Bauteilabschnitten durchgeführt. Die Probe ist so zu nehmen, daß der Bereich der ungünstigsten Umformungen erfaßt wird. Soll das gleiche Korrosionsschutzsystem (gleiche Kennzahl) für Produkte mit unterschiedlichen Profilformen geprüft werden, ist das Bauteil mit dem kleinsten Biegeradius zu verwenden.

8.3 Korrosionsschutzprüfungen

8.3.1 Allgemeines

(1) Im folgenden werden die in Tabelle 5 aufgeführten Prüfungen für die verschiedenen Beschichtungsverfahren und Korrosionsschutzklassen beschrieben. Sie werden ergänzt durch Prüfungen nach Abschnitt 8.5, für die Bedingungen und Anforderungen in dieser Norm nicht festgelegt sind.

(2) Die Proben sind nach ihrer Herstellung bis zum Beginn der Prüfung einheitlich 7 Tage im Normalklima DIN 50 014 — 23/50-2 zu lagern.

(3) Die Bewertung erfolgt unmittelbar nach Ende der Prüfung, soweit die Prüfbedingungen nichts anderes festlegen.

(4) Die Bewertung wird nach den in Tabelle 5 angegebenen Normen vorgenommen und umfaßt die sichtbaren Veränderungen im Vergleich zu einer unbelasteten Probe.

8.3.2 Naßhaftung nach Kondensatbelastung, Haagen-Test [8])

(1) Die Probe wird, in der Regel 14 Tage, mit einer gleichmäßigen Kondenswasserschicht belastet.

(2) Durchführung: Eine Wanne aus nichtrostendem Werkstoff wird mit einem Umluftthermostaten verbunden und mit demineralisiertem Wasser gefüllt; der Wasserspiegel muß sich (8 ± 2) cm unter der Oberseite der Abdeckplatte befinden. Das Wasser wird mit dem Thermostaten auf $(40 \pm 2)\,°C$ gehalten; die Temperatur der Umgebungsluft im Raum beträgt $(23 \pm 2)\,°C$. Die Wanne wird mit einer Polystyrol-Hartschaumplatte abgedeckt, in der sich quadratische oder runde Öffnungen von 8 cm × 8 cm bzw. 8 cm Durchmesser befinden. Auf die Öffnungen in der Abdeckplatte werden die etwas größeren Probenbleche mit der Beschichtung nach unten gelegt. Aufgrund der Differenz zwischen Wasser- und Raumtemperatur tritt ständig Kondensatbildung auf der beschichteten Blechseite auf.

(3) Unmittelbar nach der Belastung wird das Wasser von der Beschichtung abgewischt und eine Gitterschnittprüfung nach DIN 53 151 mit Klebebandabriß im Normalklima DIN 50 014 — 23/50-2 durchgeführt. Dazu wird ein Tesa-Klebeband 4651 der Firma Beiersdorf, Hamburg, 25 mm breit, mit kräftigem Fingerdruck auf die mit dem Gitterschnitt versehene Fläche gepreßt und sofort ruckartig abgerissen. Eine weitere Gitterschnittprüfung mit Klebebandabriß wird nach 24 Stunden Lagerung im Normalklima durchgeführt.

8.3.3 Verhalten und Haftung nach Wärmebehandlung

(1) Die Probe wird 48 Stunden bei 80 °C gelagert.

(2) Die Bewertung erfolgt innerhalb einer Stunde nach Abkühlung auf Raumtemperatur.

(3) Danach wird eine Gitterschnittprüfung nach DIN 53 151 mit Klebebandabriß nach Abschnitt 8.3.2, Absatz (3), durchgeführt.

8.3.4 Unterwanderung und Blasenbildung nach Salzsprühnebelprüfung nach DIN 53 167

(1) Geprüft wird in einer Prüfeinrichtung nach DIN 50 021 nach dem Verfahren Prüfung DIN 50 021 — SS.

(2) In der Beschichtung wird vor der Salzsprühnebelprüfung mit einem Ritzstichel nach CLEMEN (siehe DIN 53 167) ein den Längskanten paralleler Ritz bis zum Zink angebracht, der 100 bis 130 mm lang ist und mindestens 30 mm Abstand von den Kanten hat. Die Prüfdauer beträgt 360 Stunden.

(3) Die vom Ritz ausgehende Unterwanderung wird 4 Stunden nach der Salzsprühnebelprüfung beurteilt. Dazu wird ein Klebebandabriß wie nach Abschnitt 8.3.2, Absatz (3), vorgenommen bzw. bei Schichtdicken über 50 μm die lose Beschichtung mit einem Messer soweit wie möglich entfernt. Eine Blasenbildung wird auf der Fläche außerhalb des Ritzbereiches beurteilt.

8.3.5 Schichtdicke

Dicke des Metallüberzuges siehe Abschnitt 4.2.5.1
Dicke der Bandbeschichtung siehe Abschnitt 4.2.5.2
Dicke der Stückbeschichtung siehe Abschnitt 4.2.5.3

---

[8]) Siehe AGK-Arbeitsblatt B 1

8.4 Prüfung auf Verarbeitbarkeit; Umformbarkeit, Rißprüfung nach Biegung in Anlehnung an ISO 1519

(1) Die bandbeschichteten Bleche werden nach Anhang A geprüft. Die Beurteilung erfolgt visuell mit 8facher Vergrößerung.

(2) Bei der Bauteilherstellung ist (sind) bei jeder Änderung eines Parameters wie Profiltyp, Blechdicke, Überzug, Beschichtungssystem

— bei Trapezprofilen an 2 Profilrippen die Biegeschultern,

— bei anderen Bauteilen an mindestens 2 Biegeschultern mit der stärksten Umformung

visuell mit 8facher Vergrößerung zu überprüfen, ob die maximal zulässigen Rißabmessungen nach Tabelle 5 eingehalten werden.

8.5 Prüfung von Gebrauchseigenschaften

Im Bedarfsfall können Prüfungen, z. B. auf Verletzungsempfindlichkeit und Stapelfähigkeit, vereinbart werden.

9 Überwachung

9.1 Allgemeines

(1) Die Einhaltung der für ein Korrosionsschutzsystem festgelegten Eigenschaften (siehe Abschnitte 4.2 und 8) ist durch eine Überwachung in Verantwortung des Bauteilherstellers, in Sonderfällen des Stückbeschichters, sicherzustellen. Die Überwachung besteht aus Eigen- und Fremdüberwachung.

(2) Grundlage für die Überwachung sind DIN 18 200 und die in dieser Norm festgelegten Ergänzungen.

ANMERKUNG: Kaltumgeformte dünnwandige Stahlbauteile im Hochbau unterliegen, wenn sie für tragende Zwecke verwendet werden, auch im Hinblick auf die Festigkeitsanforderungen und Abmessungen einer Überwachung[9]. Insofern stellt die Überwachung des Korrosionsschutzsystems nur einen Teil der Überwachung dar.

(3) Die jeweils durchzuführenden Prüfungen sind in Tabelle 6 angegeben.

9.2 Erstprüfung

(1) Die Erstprüfung ist von einer für die Prüfung und Beurteilung des Korrosionsschutzes von dünnwandigen Bauteilen anerkannten Prüfstelle[10] beim Beschichter durchzuführen.

Verantwortlich ist der Beschichter, bei Stückbeschichtung in der Regel der Bauteilhersteller, sonst der Stückbeschichter.

Soweit erforderlich, können durch die Prüfstelle ergänzende Anforderungen zu Tabelle 6 gestellt werden.

(2) Ein Korrosionsschutzsystem muß einer Korrosionsschutzklasse dieser Norm oder einer definierten Sonderbelastung zugeordnet sein.

(3) Für jedes Korrosionschutzsystem sind die vorgesehenen Prüfungen an mindestens 3 Proben nach Abschnitt 8.2 aus verschiedenen Beschichtungseinheiten durchzuführen.

(4) Bei der Erstprüfung ist die Dokumentation über die Eignungsprüfung (siehe Abschnitt 4.2.2, Absatz (5)) vorzulegen.

(5) Über die Erstprüfung ist ein Bericht anzufertigen, der auch Grundlage für die Eigen- und Fremdüberwachung ist. Der Bericht muß alle Angaben enthalten, die für die Eigen- und Fremdüberwachung erforderlich sind, so auch

Angaben über die gemäß Einordnung in die Korrosionsschutzklassen einzuhaltenden Schichtdicken des jeweiligen Beschichtungssystems.

(6) Die Erstprüfung ist vor Ablauf von 5 Jahren zu wiederholen.

9.3 Eigenüberwachung

(1) Die Eigenüberwachung beim Bandbeschichter (BB) erfolgt nach Tabelle 6 bzw. nach der Prüfstelle. Die Prüfungen sind für jedes Coil durchzuführen.

(2) Die Eigenüberwachung beim Bauteilhersteller und beim Stückbeschichter (BS) erfolgt nach Tabelle 6. Die Prüfungen sind beim Stückbeschichter für jede Losgröße, mindestens jedoch zweimal je Arbeitsschicht, durchzuführen.

(3) Die bei der Erstprüfung für ein Korrosionsschutzsystem festgelegte Schichtdicke ist bei der Überwachung zugrunde zu legen. Es ist zulässig, Proben beim Stückbeschichter auch aus einem besonderen Profilstück von mindestens 0,5 m Länge zu nehmen, das mit dem Fertigungslos unter den gleichen Bedingungen beschichtet worden ist.

(4) Die Ergebnisse der Eigenüberwachung sind zu dokumentieren, nach Maßgabe der fremdüberwachenden Stelle auszuwerten, mindestens 5 Jahre aufzubewahren und auf Verlangen der fremdüberwachenden Stelle vorzulegen.

9.4 Fremdüberwachung

(1) Die Fremdüberwachung ist von einer anerkannten Prüfstelle[10] aufgrund eines Überwachungsvertrages durchzuführen.

(2) Der Überwachungsvertrag ist zwischen dem Bauteilhersteller und der fremdüberwachenden Stelle abzuschließen. Dabei muß sichergestellt sein, daß auch eine gegebenenfalls beim Stückbeschichter durchzuführende Überwachung erfaßt wird.

(3) Bei Stückbeschichtung, die nicht über den Bauteilhersteller fremdüberwacht wird, ist der Überwachungsvertrag durch den Stückbeschichter abzuschließen.

(4) Die Fremdüberwachung ist als Regelprüfung mindestens zweimal im Jahr durchzuführen. Hierbei sind

— die Ergebnisse der Eigenüberwachung zu überprüfen,

— Proben aus mindestens jeweils 20 verschiedenen Beschichtungseinheiten zu nehmen,

— die in Tabelle 6 angegebenen Eigenschaften zu überprüfen.

Die Prüfungen nach Tabelle 6, Zeile 4.5 sind jedoch nur einmal jährlich durchzuführen.

(5) Es ist zulässig, Proben beim Stückbeschichter auch aus einem besonderen Profilstück von mindestens 0,5 m Länge zu nehmen, das mit dem Fertigungslos unter den gleichen Bedingungen beschichtet worden ist.

(6) Über die durchgeführte Fremdüberwachung ist ein Prüfbericht mit Bewertung der Ergebnisse der Eigenüberwachung und Angabe der Ergebnisse der Fremdüberwachung anzufertigen, der bei der fremdüberwachenden Stelle mindestens 5 Jahre aufzubewahren und auf Verlangen der bauaufsichtlich zuständigen Stelle vorzulegen ist.

---

[9] Vergleiche Überwachungsverordnungen der Länder

[10] Eine Liste der hierfür in Betracht kommenden Prüfstellen wird beim Deutschen Institut für Bautechnik (DIBt), Reichpietschufer 72–76, 10785 Berlin, geführt.

10 Kennzeichnung des Korrosionsschutzsystems und der Überwachung

(1) Der Bauteilhersteller oder bei Stückbeschichtung der Beschichter hat auf dem Lieferschein und auf jeder Versandeinheit durch Etikett oder Schild folgende Angaben zu machen:

    a) Kennzeichnung des Schutzsystems mit der Bezeichnung nach Abschnitt 4.3,

    b) Beschichter,

    c) Beschichtungsdatum.

(2) Für die unbeschichteten Bleche wird ein Überwachungszeichen und Kennzeichnung vorausgesetzt.

(3) Für den Nachweis der Überwachung ist das Überwachungszeichen nach Bild zu führen. Dieses muß auf der von dem Großbuchstaben „Ü" umschlossenen Innenfläche die Angaben der fremdüberwachenden Stelle (durch Zeichen oder Text) und die Angabe „DIN 55 928 Teil 8" enthalten.

(4) Das Überwachungszeichen ist auf oder an den Produkten oder der Verpackung jeder Versandeinheit sowie auf den Lieferscheinen aufzubringen.

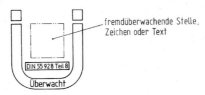

Bild: Überwachungszeichen

Tabelle 1: Auflagen der Metallüberzüge

Überzug Norm Kurzzeichen		Auflage bei Überzugsdicke		
		20 µm einseitig gemessen g/m^2 etwa	15 µm einseitig gemessen g/m^2 etwa	34 µm zweiseitig gemessen g/m^2 etwa
Feuerverzinktes Blech und Band nach DIN EN 10 147	(Z)	275	107	242
Schmelztauchveredeltes Blech und Band mit Zink-Aluminium-Überzügen nach DIN EN 10 214 *)	(ZA)	255	99	225
Schmelztauchveredeltes Blech und Band mit Aluminium-Zink-Überzügen nach DIN EN 10 215 *)	(AZ)	150	56	128
*) Z.Z. Entwurf				

Tabelle 2: Korrosionsschutzklassen in Abhängigkeit von Korrosionsbelastung, Schutzdauer und Zugänglichkeit

1	2	3	4	5
Lfd. Nr	Korrosionsbelastung nach DIN 55 928 Teil 1	Schutzdauer	Zugänglichkeit	Korrosionsschutz-klasse[1]
1	unbedeutend	kurz	zugänglich	I
		mittel	oder	
		lang	unzugänglich	
2	gering	kurz	zugänglich	
		mittel		
		lang	unzugänglich	III
3	mäßig	kurz	zugänglich	II
		mittel		
		lang	unzugänglich	III
4	stark	kurz	zugänglich	
		mittel	oder	
		lang	unzugänglich	
5	sehr stark	kurz	zugänglich	
		mittel		
6	sehr stark	lang	zugänglich oder unzugänglich	siehe Abschnitt 1, Absatz (7)

[1]) Bei der Festlegung der Korrosionsschutzklasse hat die jeweils höhere Anforderung aus den Spalten 3 und 4 Vorrang (z. B. geringe Belastung, lange Schutzdauer, zugänglich: Korrosionsschutzklasse III).

**Tabelle 3: Beispiele für Korrosionsschutzsysteme:
Bandverzinkung/Bandlegierverzinkung ohne/mit Bandbeschichtung (BB)**

1	2	3	4	5	6	7
Metallüberzug	Beschichtungen					Korrosions-schutzklasse nach Tabelle 2
Verfahren/Art Dicke	Bindemittel der Deckbeschichtung	Kennzahl	Grund-beschich-tung[1]	Deck-beschich-tung	Nennschicht-dicke gesamt µm[2]	
Bandverzinkung nach DIN EN 10147 (Z)	—	3 – 0.1 3 – 0.2	— —	— —	— —	I[5] III[9]
oder[3] Legierverzinkung nach	Speziell modifiziertes Alkydharz AK	3 – 117.1	—	×	12	II[6]
DIN EN 10214*) (ZA) oder[3]	Polyesterharz SP	3 – 160.1 3 – 160.2	— ×	× ×	12 25	II[6] III
Legierverzinkung nach DIN EN 10215*) (AZ)	Acrylharz AY	3 – 250.1 3 – 250.2	— ×	× ×	12 25	II[6] III
——— Auflage[4] 275 g/m²	Siliconmodifiziertes Polyesterharz SP-SI	3 – 165.1	×	×	25	III
bzw. 255 g/m²	Polyurethan PUR	3 – 310.1	×	×	25	III
bzw. 150 g/m² ≈ 20 µm Nenndicke des Überzuges	Polyvinyliden-fluorid PVDF	3 – 600.1	×	×	25	III
	PVC-Plastisol PVC (P)	3 – 205.1	×	×	100	III[7]
	Folien Polyacrylat PMMA (F)	3 – 255.1	×[8]	×	80	III
	Polyvinylfluorid PVF (F)	3 – 600.5	×[8]	×	45	III

*) Z.Z. Entwurf
[1] Mit abgestimmten Bindemitteln, etwa 5 µm
[2] Siehe Abschnitt 4.2.5.2
[3] Bei Bestellung anzugeben
[4] Siehe Abschnitt 4.2.5.1 und Tabelle 1
[5] Im Außeneinsatz lediglich bei kurzer Gebrauchsdauer geeignet.
[6] Nur für geringe Belastung, üblicherweise im Inneneinsatz
[7] Einsatzbereich wegen Temperatur (Sonne) eingeschränkt.
[8] Als Klebeschicht von etwa 10 µm Dicke
[9] Mit 185 g/m² Auflage ≈ 25 µm bei Legierverzinkung nach DIN EN 10215*) (AZ)
[siehe Erläuterungen zu Abschnitt 1 (3)]

Tabelle 4: Beispiele für Korrosionsschutzsysteme: Bandverzinkung/Bandlegierverzinkung mit Stückbeschichtung (BS)

1	2	3	4	5	6	7
Metallüberzug	Beschichtungen					Korrosions-schutzklasse nach Tabelle 1
Verfahren/Art Dicke	Bindemittel der Deckbeschichtung	Kennzahl	Grund-beschich-tung [1])	Deck-beschich-tung	Sollschicht-dicke gesamt µm [2])	
Bandverzinkung nach DIN EN 10 147 (Z) oder [3])	Acryl-Copolymerisat AY	4 – 250.1	—	×	40	II
	Vinylchlorid-Copolymerisat PVC	4 – 200.1	—	×	40	II
Legierverzinkung nach DIN EN 10 214 *) (ZA) oder [3])	Polyurethan (Polyacrylat-Polyisocyanat) PUR	4 – 310.1	×	×	60 [5])	III zugänglich
Legierverzinkung nach DIN EN 10 215 *) (AZ)	Vinylchlorid-Copolymerisat PVC	4 – 200.2	×	×	60	III zugänglich
Auflage [4]) 275 g/m² bzw. 255 g/m²	Polyurethan (Polyacrylat-Polyisocyanat) PUR	4 – 310.2	×	×	100 [5]) [6])	III unzugänglich
bzw. 150 g/m² ≈ 20 µm Nenndicke des Überzuges	Vinylchlorid-Copolymerisat PVC	4 – 200.3	×	×	100 [6])	III unzugänglich
	Polyurethan (Polyacrylat-Polyisocyanat) PUR	4 – 300.3	×	×	160 [6])	Sonderbelastung, zugänglich [7])

*) Z. Z. Entwurf

[1]) Mit abgestimmten Bindemitteln

[2]) Siehe Abschnitt 4.2.5.3

[3]) Bei Bestellung anzugeben

[4]) Siehe Abschnitt 4.2.5.1 und Tabelle 1

[5]) Bei Erhöhung der Sollschichtdicke von geprüften Systemen 4 – 310.1 und 4 – 310.2 ist keine erneute Korrosionsschutzprüfung erforderlich.

[6]) Gitterschnittprüfungen mit Gerät A nach DIN 53 151

[7]) Hierfür sind gegenüber Tabelle 5 zusätzliche, auf die Belastung (z. B. chemische Belastung, häufiges Kondenswasser) abgestimmte Prüfungen durchzuführen.

Tabelle 5: Korrosionsschutzprüfungen und Prüfung der Umformbarkeit

1		2	3	4	5	6	7
Prüfung			Nachweis erforderlich für			Bewertung nach	Anforderung
auf		nach	Beschreibung nach Abschnitt	Beschich-tungs-verfahren [1])	Korrosions-schutzklasse nach Tabelle 2		
1	Naßhaftung	Haagen-Test	8.3.2	BS	II III	DIN 53 151	Gt 1
2	Haftung nach Wärmebehandlung	DIN 53 151	8.3.3	BB BS	II III	DIN 53 230 DIN 53 151	keine Risse und Abplatzungen Gt 1
3	Unterwanderung und Blasenbildung nach Salzsprüh-nebelprüfung	DIN 53 167	8.3.4	BB BS	III	DIN 53 167 DIN 53 209	Unterwanderung ≤ 2 mm je Seite keine Blasen [2])
4	Umformbarkeit, Rißprüfung	in Anleh-nung an ISO 1519	8.4, Absatz (1) und Anhang A, 8.4, Absatz (2)	BB	III	Anhang A, 8.4, Ab-satz (2)	T-Wert max. 4 an allen Proben bei max. 0,2 mm Rißbreite und max. 2 mm Rißlänge

[1]) BB = Bandverzinkung + Bandbeschichtung
BS = Bandverzinkung + Stückbeschichtung

[2]) Im Bereich des Schnittes m1/g1 zulässig

Tabelle 6: Prüfungen und Überwachung; Art und Umfang

1	2	3	4	5.1	5.2	6.1	6.2	6.3	7.1	7.2
				Prüfort/Probenahme bei						
	Gegenstand	Prüfung¹)	Abschnitt bzw. DIN	Band-beschichter		Stück-beschichter			Bauteil-hersteller	
				EP	EÜ	EP	EÜ	FÜ²)	EÜ	FÜ
1	Grundwerkstoff mit Überzug	mechanisch-technologische Werte, Maße	4.2.1	×	×³⁾	—	—	—	×³⁾	×
		Überzugsdicke	4.2.5.1	×	×³⁾	—	—	—	×³⁾	×
2	Beschichtungsstoff	Typ/Identität	4.2.2, Absatz (5)	×³⁾	×³⁾	×³⁾	×³⁾	×³⁾		
3.1	Oberflächen-vorbereitung	Zustand der Oberfläche⁴)	DIN 55928 T4	—	—	×	×	×	—	—
3.2	Applikation	Verarbeitungs-bedingungen	DIN 55928 T6	—	—	×	×	×	—	—
		Naßschichtdicke	DIN 50982 T2	—	—	×	×	—	—	—
4.1	Beschichtung	Beschichtungstyp	Tabelle 2 und 3	×	×	×	×	—	×³⁾	×³⁾⁵⁾
4.2		Schichtdicke, trocken	4.2.5.2/4.2.5.3	×	×	×	×	×	×³⁾	×
4.3		Naßhaftung (Kondensat)	8.3.2	—	—	×	—	×	—	—
4.4		Haftung nach Wärme	8.3.3	×	×⁵⁾	—	—	—	—	—
4.5		Salzsprühnebelprüfung	8.3.4	×	×⁵⁾	×	—	×	—	×
4.6		Glanz, Farbton (visuell oder durch Meßgeräte)		—	×	—	×	—	×	—
5.1	Beschichtung auf Blech	Umformbarkeit, Rißprüfung	8.4, Absatz (1) und Anhang A	×	×	—	—	—	×³⁾	×
5.2	Beschichtung auf Bauteil	Rißprüfung	8.4, Absatz (2)	—	—	—	—	—	×	×

¹) Soweit erforderlich können durch die Prüfstelle ergänzende Anforderungen gestellt werden.

²) Da die beschichteten Teile im allgemeinen nicht mehr in das Werk des Bauteilherstellers zurückgeführt werden, erfolgt die Fremdüberwachung im Werk des Stückbeschichters.

³) Prüfungen können durch Werksprüfzeugnis „2.3" nach EN 10 204 (siehe DIN 50 049) ersetzt werden.

⁴) Schließt Stofftyp gegebenenfalls vorhandener Beschichtung ein.

⁵) Nur stichprobenweise (siehe Abschnitt 9.4, Absatz (4))

EP Erstprüfung
EÜ Eigenüberwachung
FÜ Fremdüberwachung

Anhang A
Prüfung der Umformbarkeit in Anlehnung an ISO 1519

A.1 Grundlage des Verfahrens

Probenbleche werden definiert verformt. Der Radius der Biegung um 180° wird durch Zwischenlage-Bleche gleicher Blechdicke wie die Probe oder durch geeignete Distanzstücke verändert. Der kleinste Biegeradius, bei dem in der Beschichtung Risse bis max. 0,2 mm Breite und max. 2 mm Länge auftreten, wird ermittelt.

A.2 Geräte und Prüfmittel

A.2.1 **Schraubstock** oder **gleichwertiges Werkzeug** (z. B. mechanische Druckvorrichtung)

A.2.2 **Blechstreifen** gleicher Dicke wie das Probenblech oder vorgefertigte **Distanzstücke** (siehe Bild A.1)

A.2.3 **Lupe** mit 8facher Vergrößerung

A.3 Probenbleche

Für jede Prüfung werden 3 Proben von 300 mm × 30 mm quer zur Walzrichtung, über die Breite eines beschichteten Bandes verteilt, genommen und gratfrei beschnitten.

A.4 Durchführung der Prüfung

Die Probenbleche werden parallel zur Walzrichtung vorgebogen und mit dem Schraubstock oder einem anderen Werkzeug um 180° gebogen, wobei Blechstreifen gleicher Dicke wie das Probenblech oder entsprechend abgestufte Distanzstücke zwischengelegt werden (siehe Bild A.1). Von der stärksten Verformung ohne Zwischenlage (0 T) werden die Zwischenlagen jeweils um ein ganzzahliges Vielfaches der Blechdicke vermehrt (1 × Blechdicke = 0,5 T, 2 × = 1 T usw.). Der Biegebereich wird jeweils auf Risse geprüft, solange, bis im Biegebereich keine Risse mit größerer Breite als 0,2 mm und größerer Länge als 2 mm auftreten. Der zugehörige Biegewert wird als T-Wert angegeben (siehe auch ECCA-Prüfung T 7[11]).

A.5 Beurteilung

Die Beurteilung erfolgt visuell mit 8facher Vergrößerung. Dabei bleiben jeweils 10 mm von den Rändern her außer Betracht.

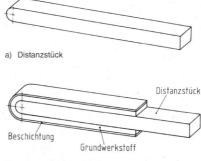

a) Distanzstück

Distanzstück

Beschichtung
Grundwerkstoff

b) verformtes Probenblech

Bild A.1: Prüfung der Umformbarkeit

---

[11]) „ECCA-Prüfverfahren" der European Coil Coating Association

Zitierte Normen und andere Unterlagen

DIN 18 200	Überwachung (Güteüberwachung) von Baustoffen, Bauteilen und Bauarten; Allgemeine Grundsätze
DIN 18 516 Teil 1	Außenwandbekleidungen, hinterlüftet; Anforderungen, Prüfgrundsätze
DIN 50 014	Klimate und ihre technische Anwendung; Normalklimate
DIN 50 021	Sprühnebelprüfungen mit verschiedenen Natriumchlorid-Lösungen
DIN 50 049	Metallische Erzeugnisse; Arten von Prüfbescheinigungen; Deutsche Fassung EN 10 204 : 1991
DIN 50 900 Teil 3	Korrosion der Metalle: Begriffe; Begriffe der Korrosionsuntersuchung
DIN 50 902	Schichten für den Korrosionsschutz von Metallen; Begriffe, Verfahren und Oberflächenvorbereitung
DIN 50 981	Messung von Schichtdicken; Magnetische Verfahren zur Messung der Dicken von nicht-ferromagnetischen Schichten auf ferromagnetischen Werkstoffen
DIN 50 988 Teil 1	Messung von Schichtdicken; Bestimmung der flächenbezogenen Masse von Zink und Zinkschichten auf Eisenwerkstoffen durch Ablösen des Schichtwerkstoffes; Gravimetrisches Verfahren
DIN 53 151	Prüfung von Anstrichstoffen und ähnlichen Beschichtungsstoffen; Gitterschnittprüfung von Anstrichen und ähnlichen Beschichtungen
DIN 53 167	Lacke, Anstrichstoffe und ähnliche Beschichtungsstoffe; Salzsprühnebelprüfung an Beschichtungen
DIN 53 209	Bezeichnung des Blasengrades von Anstrichen
DIN 53 230	Prüfung von Anstrichstoffen und ähnlichen Beschichtungsstoffen; Bewertungssystem für die Auswertung von Prüfungen
DIN 55 928 Teil 1	Korrosionsschutz von Stahlbauten durch Beschichtungen und Überzüge; Allgemeines, Begriffe, Korrosionsbelastungen
DIN 55 928 Teil 2	Korrosionsschutz von Stahlbauten durch Beschichtungen und Überzüge; Korrosionsschutzgerechte Gestaltung
DIN 55 928 Teil 3	Korrosionsschutz von Stahlbauten durch Beschichtungen und Überzüge; Planung der Korrosionsschutzarbeiten
DIN 55 928 Teil 4	Korrosionsschutz von Stahlbauten durch Beschichtungen und Überzüge; Vorbereitung und Prüfung der Oberflächen
DIN 55 928 Teil 5	Korrosionsschutz von Stahlbauten durch Beschichtungen und Überzüge; Beschichtungsstoffe und Schutzsysteme
DIN 55 928 Teil 6	Korrosionsschutz von Stahlbauten durch Beschichtungen und Überzüge; Ausführung der Korrosionsschutzarbeiten
DIN 55 928 Teil 7	Korrosionsschutz von Stahlbauten durch Beschichtungen und Überzüge; Technische Regeln für Kontrollflächen
DIN 55 928 Teil 9	Korrosionsschutz von Stahlbauten durch Beschichtungen und Überzüge; Beschichtungsstoffe; Zusammensetzung von Bindemitteln und Pigmenten
DIN 55 945	Beschichtungsstoffe (Lacke, Anstrichstoffe und ähnliche Stoffe); Begriffe
DIN 55 991 Teil 2	Beschichtungsstoffe; Beschichtungen für kerntechnische Anlagen; Identitätsprüfung von Beschichtungsstoffen
DIN EN 10 147	Kontinuierlich feuerverzinktes Blech und Band aus Baustählen; Technische Lieferbedingungen; Deutsche Fassung EN 10147: 1991
DIN EN 10 214 *)	Kontinuierlich schmelztauchveredeltes Band und Blech aus Stahl mit Zink-Aluminium-Überzügen (ZA); Technische Lieferbedingungen; Deutsche Fassung prEN 10 214 : 1992
DIN EN 10 215 *)	Kontinuierlich schmelztauchveredeltes Band und Blech aus Stahl mit Aluminium-Zink-Überzügen (AZ); Technische Lieferbedingungen; Deutsche Fassung prEN 10 215 : 1992
ISO 1519 : 1973	Paints and varnishes; Bend test (cylindrical mandrel)
	(Lacke und Anstrichstoffe; Dornbiegeversuch (mit zylindrischem Dorn))
Euronorm 169 : 1986	Organisch bandbeschichtetes Flachzeug aus Stahl
AGK-Arbeitsblatt B 1	Prüfung von Duplexsystemen zum Korrosionsschutz von Stahlkonstruktionen durch Feuerverzinken und Beschichten

(zu beziehen durch: VCH-Verlagsgesellschaft mbH, Postfach 12 60/ 12 80, 69469 Weinheim)

ECCA-Prüfverfahren European Coil Coating Association ECCA

(zu beziehen durch: Deutscher Verzinkerei Verband e.V., Breite Straße 69, 40213 Düsseldorf)

EKS-Empfehlungen „Dünnwandige kaltgeformte Stahlbleche im Hochbau", 1985

(zu beziehen durch: Stahlbau-Verlagsgesellschaft mbH, Ebertplatz 1, 50668 Köln)

RAL-RG 617 Bauelemente aus Stahlblech; Gütesicherung

(zu beziehen durch: Beuth Verlag GmbH, Postfach 11 45, 10772 Berlin)

---

*) Z. Z. Entwurf

225

Weitere Normen und andere Unterlagen

DIN 18 807 Teil 1   Trapezprofile im Hochbau; Stahltrapezprofile; Allgemeine Anforderungen, Ermittlung der Tragfähigkeitswerte durch Berechnung

Charakteristische Merkmale für bandbeschichtetes Flachzeug (1988)

Charakteristische Merkmale für GALFAN-schmelztauchveredeltes Band und Blech (1987)

Empfehlung für die Auswahl und Verarbeitung von bandbeschichtetem Flachzeug für den Bauaußeneinsatz (1992)

(zu beziehen durch: Deutscher Verzinkerei Verband e.V., Breite Straße 69, 40213 Düsseldorf)

55 % Aluminium-Zink schmelztauchveredeltes Stahlblech, Technische Broschüre (1989)

(zu beziehen durch: BIEC International Inc., Steinstr. 7, 57072 Siegen)

Richtlinien für die Planung und Ausführung zweischaliger wärmegedämmter nicht belüfteter Metalldächer (1991), IFBS-INFO, Schrift 1.03

Richtlinie für die Montage von Stahlprofiltafeln für Dach-, Wand- und Deckenkonstruktionen (1991), IFBS-INFO, Schrift 8.01

Zulassungsbescheid; Verbindungselemente zur Verwendung bei Konstruktionen mit „Kaltprofilen" aus Stahlblech — insbesondere mit Stahlprofiltafeln —, IfBt-Zulassungs-Nummer Z — 14.1-4 (1991), IFBS-INFO, Schrift 7.01

(zu beziehen durch: Industrieverband zur Förderung des Bauens mit Stahlblech e.V., Max-Planck-Str. 4, 40237 Düsseldorf)

IfBt-Richtlinie zur Beurteilung und Überwachung des Korrosionsschutzes dünnwandiger Bauteile aus verzinktem und organisch beschichtetem Flachzeug aus Stahl (04.87), siehe Mitt. des IfBt, Heft 4/ 1987, S. 117 ff

(zu beziehen durch: Gropius'sche Buch- und Kunsthandlung Wilhelm Ernst & Sohn GmbH, Hohenzollerndamm 170, 10713 Berlin)

Frühere Ausgaben

DIN 55 928: 1956-11; 1959x-06

DIN 55 928 Teil 8: 1980-03

Änderungen

Gegenüber der Ausgabe März 1980 wurden folgende Änderungen vorgenommen:

     a)   Vollständige Neubearbeitung.

     b)   Anwendungsbereich auf bandbeschichtete, in Ausnahmefällen werksmäßig stückbeschichtete Bauteile aus Flachzeug — vorwiegend Stahltrapezprofile — beschränkt.

     c)   Qualitätssicherung durch Festlegungen für Überwachung, Erstprüfung, Eigen- und Fremdüberwachung berücksichtigt..

Erläuterungen

Die vorliegende Norm wurde federführend vom Unterausschuß 10.5 des FA/NABau-Arbeitsausschusses 10 „Korrosionsschutz von Stahlbauten" ausgearbeitet, der für DIN 55 928 Teil 5, Teil 8 und Teil 9 zuständig ist. Mit dem Deutschen Institut für Bautechnik (DIBt), dem Deutschen Verzinkerei Verband (DVV), dem Industrieverband zur Förderung des Bauens mit Stahlblech e.V. (IFBS) sowie Vertretern der Lackindustrie, der Stückbeschichter und der Verbraucher (AGI) waren alle betroffenen Bereiche an der Bearbeitung beteiligt.

Eine vollständige Überarbeitung von DIN 55 928 Teil 8 (März 1980) war erforderlich, weil

— die zurückgezogene Norm DIN 4115 ersetzt werden mußte;

— der Anwendungsbereich auf den Regelfall Bandbeschichtung beschränkt wurde, so daß die Norm nicht mehr der ATV und der VOB zugeordnet werden kann;

— diese Norm das bisherige Prüf- und Zulassungsverfahren[12] für bandbeschichtete dünnwandige Bauteile ablösen soll, so daß deren Anforderungen und Terminologie hier zu berücksichtigen waren;

— die Anforderungen der europäischen Normung, insbesondere bezüglich der Qualitätssicherung, zu berücksichtigen waren.

Für die Anwendung von DIN 55 928 Teil 8 gelten grundsätzlich die Regeln und Anforderungen aller anderen Teile von DIN 55 928, soweit sie von den Stoffen und den Verfahren her anwendbar sind.

zu Abschnitt 1   (Anwendungsbereich)

Aus dem bisherigen Anwendungsbereich sind unverzinkte und stückverzinkte dünnwandige Bauteile entfallen. Die Norm beschränkt sich auf den Korrosionsschutz dünnwandiger Bauteile aus bandverzinktem oder bandlegierverzinktem Stahlblech (auch Flachzeug, Band, Flacherzeugnis genannt) mit Bandbeschichtung oder ausnahmsweise mit werksmäßiger Stückbeschichtung, vor allem als Trapezprofil für Dach- und Wandelemente im Bauwesen. Die hierfür geltende Norm DIN 18 807 Teil 1 verweist bezüglich des Korrosionsschutzes auf DIN 55 928 Teil 8.

zu Abschnitt 1, Absatz (3)   (Bandbeschichtung)

Bandbeschichtete, d. h. im „Coil-Coating"-Verfahren beschichtete Bleche für Stahltrapezprofile werden industriell

---

[12] Deutsches Institut für Bautechnik: IfBt-Richtlinie zur Beurteilung und Überwachung des Korrosionsschutzes dünnwandiger Bauteile aus verzinkten und organisch beschichtetem Flachzeug aus Stahl (04.87)

hergestellt. Sie erhalten in Großanlagen nach entsprechender Oberflächenvorbehandlung im Durchlaufverfahren eine Beschichtung mit Haftvermittler und Deckbeschichtung aus speziellen Beschichtungsstoffen, die bei hohen Temperaturen getrocknet werden. Die gleichmäßigen, exakt regulierbaren Herstellungsbedingungen stellen die gleichmäßige und hohe Güte des Korrosionsschutzes sicher. Auf Grund des Herstellungsverfahrens nimmt diese Norm eine besondere Stellung innerhalb von DIN 55 928, die ausdrücklich handwerkliche Leistungen zum Inhalt hat, ein. Es sind daher für Herstellung, Lieferung und Montage nicht ohne weiteres z. B. die Gewährleistungsregelungen der ATV anwendbar. Manche Regelungen in übernationalen Schriften, z. B. von Herstellerverbänden, wurden übernommen, nachdem erkennbar war, daß sie in die europäische Normung Eingang finden.

zu Abschnitt 1, Absatz (3)   (Bandlegierverzinkung)

Mit den Legierverzinkungen sind 2 derzeit nur für Bandverzinkung verwendete Überzugsmetalle aufgenommen, deren Normung bei Arbeitsende an dieser Norm noch nicht abgeschlossen war, nämlich

Zink-Aluminium-Überzug nach DIN EN 10 214 *) mit Kurzzeichen ZA. Er besteht aus Zink mit ungefähr 5 % Al und kann geringe Gehalte an Mischmetallen (Lanthan und Cer) aufweisen. Handelsname der Legierung: GALFAN.

Aluminium-Zink-Überzug nach DIN EN 10 215 *) mit Kurzzeichen AZ. Er besteht aus 55 % Al, 1,6 % Si und 43,4 % Zink. Handelsname des Überzuges Galvalume, Aluzinc u. a.,

im folgenden mit den Kurzzeichen ZA bzw. AZ aufgeführt. Dem Sprachgebrauch der Hersteller folgend wird die Legierung AZ in dieser Norm als Zinklegierung und das Verfahren als Bandlegierverzinkung bezeichnet, obwohl DIN EN 10 215 *) im Titel den Begriff „Aluminium-Zink-Überzug" verwendet und Aluminium mit 55 % enthalten ist.

Als Vorteil gegenüber der Verzinkung ohne Legierungszusätze werden genannt: bessere Verformbarkeit, also geringeres Riß-Risiko an den Biegeschultern bei ZA, bessere Witterungsbeständigkeit und geringere Weiß- bzw. Schwarzrostbildung bei ZA und AZ. Erfahrungen mit unbeschichteten Blechen liegen in Deutschland seit etwa 20 bzw. 10 Jahren vor. Derzeit ist die Legierung AZ, allerdings mit der verstärkten Auflage von 185 g/m² mit 25 µm, für die Korrosionsschutzklasse III im Freien und über Feuchträumen zugelassen (siehe Tabelle 3), unter der Voraussetzung, daß kein Wasser stehen bleibt und sich keine dauerdurchfeuchtete Schmutzansammlung bildet. Während der Überzug mit AZ eine besondere Oberflächenvorbehandlung vor dem Beschichten und spezielle Grundbeschichtung erfordert, kann der Überzug mit ZA mit den Stoffen wie für die Bandverzinkung beschichtet werden.

zu Abschnitt 1, Absatz (4)   (Stückbeschichtung)

Das bisher nicht geregelte Stückbeschichten wurde aufgenommen, zur Sicherung der Qualität jedoch auf werksmäßige Ausführung eingeschränkt. Einer Gleichsetzung der Qualität von Beschichtungen auf der Baustelle mit der Bandbeschichtung konnte (auch wenn die Baustellenbedingungen ordnungsgemäß sind) nicht entsprochen werden, weil Qualitätssicherung mehr als die Baustellenbedingungen umfaßt (wie es DIN 18 807 Teil 1 vorsieht). Die Anforderungen an die Korrosionsschutzwirkung sind bei Band- und werksmäßiger Stückbeschichtung die gleichen — daher auch grundsätzlich ihre Einsatzmöglichkeiten —, die Prüfungen wegen der verschiedenartigen Beschichtungsstoffe und unterschiedlichen mechanischen Beanspruchung jedoch nicht ganz identisch (Tabelle 5).

---

*) Z. Z. Entwurf

Einige andere Teile von DIN 55 928, z. B. die Teile 4 und 6 sowie auch die Sollschichtdicke aus Teil 5, wurden zwar für das Stückschichten in diese Norm eingebunden, dennoch dürften auch diese Leistungen in der Regel nicht unter die Bauleistungen der ATV fallen; Auftragnehmer sind üblicherweise Bauteilhersteller oder Montagefirmen.

Stückbeschichtungen werden meist objektgebunden in viel kleineren Einheiten als beim Bandbeschichten gefertigt, wenn z. B. geforderte Farbtöne anders nicht oder nicht rechtzeitig geliefert werden können.

Mit der Normregelung wird das Stückbeschichten in der Werkstatt, unter definierbaren Bedingungen, auch in die Eigen- und Fremdüberwachung eingebunden. Für die Ausführung — Personal, Ausrüstung, Rahmenbedingungen — konnten nur allgemeine Anforderungen formuliert werden, die vom Fremdüberwacher von Fall zu Fall werkstattspezifisch präzisiert werden müssen.

Wegen der Profilierung der Bleche kann die Schichtdicke der meist manuell airless-gespritzten Beschichtung nicht auf allen Profilbereichen gleichmäßig dick sein (siehe Abschnitt 4.2.5.3, Absatz (2)). Die lufttrocknenden Beschichtungsstoffe werden zur Beschleunigung der Fertigung bei Temperaturen weit unter denen bei der Bandbeschichtung (Ofentrocknung) getrocknet.

Die vergleichbare Qualität der Stückbeschichtung zu der der Bandbeschichtung ist nur mit höheren Schichtdicken oder/und durch Einsatz anderer Pigmente, z. B. Eisenglimmer, zu erzielen. Eine Bandbeschichtung kann vorteilhaft als Grundbeschichtung mit einer zusätzlichen Stückbeschichtung versehen werden, wenn die Bandbeschichtung für bestimmte Belastungen unzureichend ist oder wenn nicht listenmäßige Farbtöne in kleinen Mengen zu liefern sind. Als „Grundbeschichtung" für zusätzliche Stückbeschichtungen lassen sich auch die drei 12 µm dicken Beschichtungen nach Tabelle 3 vorteilhaft verwenden.

zu Abschnitt 1, Absatz (5)   (Nicht werksmäßiges Stückbeschichten)

Hierunter fallen Arbeiten unter Baustellen- oder Objektbedingungen ohne definierbare und regulierbare Maßnahmen zum Schutz vor schädlichen Einflüssen, z. B. durch Witterung und Staub. Im Sinne dieser Norm gehören dazu Beschichtungsarbeiten von später zu verformenden Bauteilen, weil die Beschichtungsstoffe nach Tabelle 5 nicht auf Rißbildung und Haftungsverlust bei Biegung der Beschichtung geprüft werden.

Der Ausschluß aus der Norm soll die unqualifizierte Herstellung von Erstbeschichtungen verhindern.

zu Abschnitt 1, Absatz (6)   (Instandsetzung von Beschichtungen)

Ausbesserungen, Instandsetzungen und Erneuerungen von Beschichtungen am Objekt sind bisher und auch durch diese Norm nicht qualitätsgesichert. Lediglich die Qualitätssicherung von Beschichtungsstoffen zum Ausbessern von Montageschäden im Rahmen der Bauerstellungsmaßnahmen ist durch Rückgriff auf Stoffe, die der Erstbeschichter zu liefern hat, nach Abschnitt 4.1, Absatz (5) vorgesehen.

Spätere Instandhaltungen oder Erneuerungen sind Bauleistungen nach ATV und VOB. Für den Einzelfall sind „maßgeschneiderte" Lösungen unter Berücksichtigung des Zustandes der Altbeschichtung und aller örtlichen und betrieblichen Bedingungen möglich, und zwar unter Hinzuziehung von hierin erfahrenen Stoffherstellern und Ausführern (Probebeschichtungen und Klärung der optimal möglichen Reinigung). Eine Gütesicherung wie nach Abschnitt 9 ist nicht möglich. Auch das Ausbessern folienkaschierter und mit silicon-modifizierten Stoffen beschichteter Bauteile sind noch nicht befriedigend gelöst.

**zu Abschnitt 1, Absatz (7)   (Sehr starke Korrosions-
belastung unzugänglicher
Bauteile)**

Die Regelung dürfte auf eine Zulassung im Einzelfall hin-
auslaufen.

**zu Abschnitt 3, Absatz (1)   (Korrosionsbelastung —
Korrosionsschutzklasse —
Tabelle 2)**

Die Korrosionsschutzklassen sind, um sicherheitstech-
nische Gesichtspunkte zu berücksichtigen, der Korrosionsbelastung (siehe Tabelle in DIN 55 928 Teil 1), der
Schutzdauer und Zu- oder Unzulänglichkeit zugeordnet.
Die Korrosionsschutzklassen entsprechen folgenden
Atmosphärentypen aus den Teilen 1 und 5 dieser Norm:
gering = Land (L), mäßig = Stadt (S), stark = Industrie (I),
sehr stark = Meer (M). Diese atmosphärische Korrosionsbelastung, wie sie nach Abschnitt 1, Absatz (1) dem
Anwendungsbereich dieser Norm entspricht, wird an
anderer Stelle bezeichnet mit „Außeneinsatz" (Euronorm 169, Anhang A), „Witterungsbeständigkeit" (DVV-
Schriften) oder „normale atmosphärische Bedingungen".

Bei starker und sehr starker Korrosionsbelastung (Definitionen nach DIN 55 928 Teil 1: „Industrie" mit „hohem
Gehalt an Schwefeldioxid", „Ballungsgebiete der Industrie" bzw. „Meer" mit „besonders korrosionsfördernden
Schadstoffen", „ständig hohe Luftfeuchte", „Verkehrsflächen
mit Salzsprühnebelbelastung") ist die ausreichende Dauerhaftigkeit aller für Korrosionsschutzklasse III in
Tabelle 3 aufgeführten Schutzsysteme zweifelhaft. So
werden in Herstellerschriften und der Euronorm 169 die
verschiedenen Bindemittelgruppen für die Bandbeschichtungen mit sehr gut — gut — befriedigend bzw. geeignet
— besonders gut geeignet bezeichnet. Bei hohen
Ansprüchen an die Haltbarkeit und hohen Belastungen
außerhalb der „normalen atmosphärischen Bedingungen"
sollte aus den für Klasse III angegebenen Korrosionsschutzsystemen das für den betreffenden Fall besonders
geeignete oder eine Stückbeschichtung gewählt werden
(siehe auch die sehr hochwertigen Korrosionsschutzsysteme bzw. Werkstoffe für Fassadenbekleidungen und
deren Befestigungen in DIN 18 516 Teil 1/01.90, z. B. Abschnitt 6.2 sowie für Metalldächer in der IFBS-Richtlinie
für die Planung und Ausführung zweischaliger „wärmegedämmter nicht belüfteter Metalldächer").

Als Schutzdauer für das Schutzsystem wird die Zeitspanne angesehen, in der bis zu 5 % der Oberfläche nicht
mehr ausreichend geschützt sind. Sie wurde in Tabelle 1
nicht zahlenmäßig angegeben, weil selbst beim industriell
gefertigten Bandbeschichteten Trapezprofil die die Korrosion beeinflussenden Parameter aus Herstellung, Objekt
und äußeren Belastungen als zu vielfältig und unbe-
stimmbar angesehen werden.

**zu Abschnitt 3, Absatz (3)   (Korrosionsbelastung
im Inneren von Gebäuden)**

Bei Sonder- oder Kondensatbelastung in Innenräumen
wird der Anwendungsbereich nach Abschnitt 1, Absatz (1)
auf diese Fälle erweitert. Das Gleiche gilt für Abschnitt 3,
Absatz (4).

zu Abschnitt 3, Absatz (5)   (Wärmebrücken)

Auch wenn nur an wenigen Stellen Wärmebrücken auftreten, müßte man in der Regel aus optischen, fertigungs-
technischen oder gegebenenfalls auch statischen Gründen die Gesamtfläche der Korrosionsschutzklasse III
zugeordnet werden, was u. U. die Kosten erhöht. Das Problem dürfte vor allem in der Vorhersehbarkeit der Kon-
denswassergefährdung für den Planer und in der Ausfüh-
rungssorgfalt der Dämmungen liegen.

zu Abschnitt 4   (Korrosionschutzsysteme)
zu Abschnitt 4.1   (Allgemeines)
**zu Abschnitt 4.1, Absatz (1)   (Brauchbarkeit
der Schutzsysteme;
andere Schutzsysteme)**

Nachgewiesene Brauchbarkeit der Schutzsysteme heißt:
in der Praxis erprobt. Soweit die Systeme von der bisherigen Prüf- und Zulassungsregelung noch nicht erfaßt
wurden (wie die bewährten Systeme der Stückbeschichtungen und immerhin 4 Systeme der Korrosionsschutzklasse III der Tabelle 3, soweit es deutsche Produkte
betrifft) ist die Erfüllung der Anforderungen für die
Korrosionsschutzklassen II und III im Rahmen der
Qualitätssicherung nachzuweisen (siehe Abschnitt 4.1
(3)). Hierbei kann die 5-Jahres-Frist nach Abschnitt 9.2,
Absatz (6) in Anspruch genommen werden.

Andere Schutzsysteme: „anders" bedeutet grundsätzlich
jede Abweichung von den Parametern, unter denen ein
Schutzsystem qualitätsgesichert wurde. Veränderungen
können die Bestandteile des Beschichtungsstoffes (Bindemittel, Pigment u. a.), seine Herstellungsmodalitäten, die
Schichtdicken und den Beschichtungsaufbau, den Untergrund (Überzug o. a.) oder Einsatzart und Beanspruchung
betreffen. So können Systeme nach DIN 55 928 Teil 5 eingesetzt werden, Feuerverzinkung, Spritzmetallisierung,
Pulver. „Anders" können Anforderungen aus der Fertigung, z. B. bei Schweißkonstruktionen aus dünnen Rohren sein. Für Langzeitkorrosionschutz und gegen besondere Belastungen sind gegebenenfalls Prüfverfahren
oder Prüfbedingungen gegenüber denen in Abschnitt 8
zu verändern oder zu ergänzen.

**zu Abschnitt 4.1, Absätze (2) und (3)   (Nachweis
der Eignung der Beschichtungsstoffe/-systeme)**

Der Beschichtungsstoffhersteller muß zunächst die Stoffe
in eigener Verantwortung prüfen und einer Korrosionsschutzklasse zuordnen. Dabei muß er auch die Beschichtungsverfahren bei und die Beanspruchung durch die
spätere Fertigung berücksichtigen (siehe Abschnitt 4.2.2,
Absatz (3)). Für die endgültige Zuordnung zu einer Korrosionsschutzklasse ist der Bandbeschichter oder Bauteil-
hersteller/Stückbeschichter (siehe Abschnitt 9.2, Absatz (1)) verantwortlich. Dieser muß auf Grund eines
Überwachungsvertrages eine Erstprüfung — mit späteren
Wiederholungen — durch eine anerkannte Prüfstelle
durchführen lassen.

Bei späterer Überprüfung der Ergebnisse von Eignungs-
und anderen Prüfungen ist zu berücksichtigen, daß
Beschichtungen auf Prüfmustern auch unter günstigen
Lagerbedingungen alterungsbedingten Eigenschaftsver-
änderungen unterliegen. Dies ist bei einem Vergleich von
Prüfergebnissen an alten Proben (z. B. Rückstellproben
des Bandbeschichters) mit denen an neuen Proben zu
beachten.

**zu Abschnitt 4.2.2   (Anforderungen —
Beschichtungsstoffe)**

Der Text basiert auf DIN 55 928 Teil 5/05.91, Abschnitt 6.
Die Anforderungen an die Beschichtungen müssen den
Angaben in Tabelle 5 genügen. Über diese Mindestanforderungen für Erstbeschichtungen hinaus muß der Stoffhersteller die Verarbeitungseigenschaften und andere,
nicht sicherheitsrelevante Eigenschaften prüfen.

**zu Abschnitt 4.2.2, Absatz (3)   (Art und Umfang der
Prüfungen zur Eignung)**

Art und Umfang der Prüfungen werden dem Hersteller
überlassen, jedoch sollen bei der Erstprüfung die Ergebnisse vorgelegt, d. h. hinzugezogen werden (siehe Abschnitt 9.2, Absatz (4)). Daher sollten Prüfungen/Prüf-
ergebnisse in den wesentlichen Merkmalen vergleichbar
sein.

zu Abschnitt 4.2.2, Absatz (5)   (Technisches Datenblatt für die Applikation)

Zinkchromat ist auf Grund der Gefahrstoffverordnung und der Technischen Regel für gefährliche Stoffe TRGS 602 allgemein durch unschädliche Pigmente ersetzt. Für die Grundbeschichtung von Bandbeschichtungen wird es jedoch noch eingesetzt. Eine Information hierüber ist für den Verarbeiter erforderlich um z. B. Schutzmaßnahmen bei Schleifarbeiten im Zuge von Instandsetzungen/ Erneuerungen durchzuführen.

zu Abschnitt 4.2.3 und 4.2.4   (Oberflächenvorbereitung und Applikation)

Ähnlich wie für die automatischen Anlagen für die Bandbeschichtung müssen für die Stückbeschichtung nachprüfbare Betriebsanweisungen unter Berücksichtigung der spezifischen Betriebsbedingungen erstellt werden. Die werksmäßigen Arbeitsabläufe und Prüfungen sind in schriftlichen Anweisungen festzulegen und nachprüfbar zu machen (siehe DIN 18 200/12.86, Abschnitte 3.1, 3.2 und 4.2.3), um einwandfreie Korrosionsschutzwirkung sicherzustellen.

zu Abschnitt 4.2.5   (Dicke des Schutzsystems)

Die 3 Unterabschnitte zeigen die Unterschiede der verschiedenen Meßverfahren, Meßbewertungen, Bezeichnungen der Dicke und der Toleranzen und enthalten Abweichungen von den einschlägigen Normen.

zu Abschnitt 4.2.5.1   (Dicke des Metallüberzuges)

Der Mittelwert aus der 3-Flächen-Probe (Nenndicke) ergibt sich aus der Massendifferenz und wird nach dem Ablösen des Überzuges von den beidseitigen Oberflächen der 3 Proben (Meßflächen), ist also aus 6 Flächenbereichen gemittelt. Auch der kleinste „Einzelwert" als Flächengewicht ist ein Mittelwert von einer bzw. zwei Seitenflächen einer Probe. Der kleinste Wert einer Seite bei der Einzelflächenprobe darf bis zu 22 % bzw. 25 % je nach Überzugsart unter dem Mittelwert der beidseitigen 3-Flächen-Probe liegen.

Für Prüfungen nach Lieferung, z. B. auf der Baustelle, wird eine zerstörungsfreie und einfache Prüfmöglichkeit aufgeführt; sie ist weniger genau als das Ablöseverfahren und mißt punktuell.

zu Abschnitt 4.2.5.2   (Dicke der Bandbeschichtung)

Das Meßverfahren entspricht dem bisherigen Verfahren der Hersteller und im Prinzip der Regelung nach Euronorm 169, jedoch ist es ergänzt und präzisiert worden (magnetisch/ elektromagnetische Verfahren). Es werden zwar hierbei einzelne Werte gemessen, diese aber zur Wertung für jeden Meßbereich und insgesamt gemittelt. Die Toleranzen zwischen Nennschichtdicke und kleinstem zulässigen Mittelwert liegen noch höher als bei der Bandverzinkung.

Dieses Verfahren ist auch auf der Baustelle anwendbar.

Abschnitt 4.2.5.2, Absatz (4) wurde gegenüber bisheriger Regelungen ergänzt, um den Besonderheiten von geprüften Beschichtungen, die von den üblichen Nennschichtdicken abweichen, Rechnung zu tragen.

zu Abschnitt 4.2.5.3   (Dicke der Stückbeschichtung auf der Bandverzinkung)

Diese Regelung läßt die geringste Schichtdickenunterschreitung unter den 3 Abschnitten zu, und sie gilt auch nur für max. 5 % aller Meßwerte, obwohl wegen der manuellen Applikation und der profilierten Oberfläche mit den größeren Schichtdickenschwankungen gerechnet werden muß.

Der Stückbeschichter sollte für die Erstprüfung Proben herstellen, deren Schichtdicke möglichst wenig über der z. B. auf Grund der Eignungsprüfung vorgesehenen oder in Tabelle 4 festgelegten Schichtdicke liegt. Weil aber der Sollschichtdicke der Proben eine gewisse Toleranz gegenüber derjenigen der Erstprüfung zugestanden werden muß, wurde Absatz (4) eingefügt.

zu Abschnitt 4.3   (Bezeichnung)

Für die Bezeichnung der Schutzsysteme wurde das System aus DIN 55 928 Teil 5 übernommen. Das 2. Beispiel zeigt die Handhabung bei abweichenden Schichtdicken.

Die Aufnahme von Bezeichnungen für andere/neue Systeme ist nicht geregelt. Hierfür müßte eine zentrale Stelle verantwortlich sein, die die Systematik einhält, wenn z. B. neue Ordnungszahlen für andere Bindemittel erforderlich werden.

zu Abschnitt 6   (Verpackung, Transport, Lagerung, Montage)

Weitere detaillierte Angaben, außer nach Fußnote 3, sind zu beachten in der DVV-Schrift „Charakteristische Merkmale für bandbeschichtetes Flachzeug" sowie in Euronorm 169 : 1986, Abschnitt 5.6 und Anhang C. In der IFBS-Montage-Richtlinie finden sich Qualifikationsanforderungen an die Montagefirmen, die Montageleitung und das Baustellen-Führungspersonal.

Die Anforderungen gelten in gleicher Weise für stückbeschichtete Bauteile.

zu Abschnitt 7.1   (Umformbereiche)

Die allgemein gehaltene Forderung bezieht sich vor allem auf die Rißbildung im Überzug und/oder in der Beschichtung sowie auf Quetschstreifen in der Beschichtung durch den Profilierungsvorgang. Diese führen nicht in jedem Falle zu einer Schwächung der Korrosionsschutzwirkung (siehe auch zu Abschnitt 8.4), da die Zink-Korrosionsprodukte die Risse meist verschließen.

zu Abschnitt 7.2   (Schnittflächen und Kanten)

Angaben über Schneidwerkzeuge und Schneidarbeiten sind den zu Abschnitt 6 und in Fußnote 3 angegebenen Unterlagen zu entnehmen.

Ein zusätzlicher Schutz für Schnittkanten wird auch für Bleche unter 1,5 mm Dicke unter bestimmten Voraussetzungen in den Regelwerken verlangt. Er kann, auch für dünne Bleche, nach der Montage mit Dichtstoffen oder durch Versiegelung oder vor der Montage mit Beschichtungsstoffen oder Klebebändern hergestellt werden. Jedoch ist eine handwerklich zuverlässige Ausführung problematisch und aufwendig, oft leidet auch das Aussehen. Thermisch bedingte Bewegungen der Überlappungsbereiche sind zu beachten. Auch bei stückbeschichteten Bauteilen kann Kantenschutz erforderlich werden, wenn Baustellenausschnitte hergestellt werden.

zu Abschnitt 7.3.1   (Mechanische Verbindungselemente)

Auf den „Zulassungsbescheid Verbindungselemente zur Verwendung bei Konstruktionen mit ‚Kaltprofilen' aus Stahlblech — insbesondere mit Stahlprofiltafeln —" IfBt-Zulassung-Nummer Z-14. 1-4 (Juli 1991), Heft 7.01 der IFBS-INFO wird hingewiesen.

Eine Unterscheidung zwischen Befestigungs- und Verbindungsmittel entfällt künftig.

zu Abschnitt 7.3.2   (Schweißverbindungen)

Ein nicht regelbarer Sonderfall für Schweißen sind Kopfbolzen bei Verankerungen in Beton oder an Endauflagern.

zu Abschnitt 7.3.3   (Kombination unterschiedlicher Werkstoffe)

Anhalte über mögliche und nicht zu empfehlenden Zusammenbauten verschiedener Metalle (unbeschichtete Bleche/Verbindungselemente) in verschiedenen Atmosphärentypen gibt der IFBS-Richtlinie für die Montage von Stahlprofilen für Dach-, Wand- und Deckenkonstruktionen, Abschnitt 9 der IFBS-INFO, Schrift 8.01.

zu Abschnitt 8 (Prüfungen zur Qualitätssicherung —
Tabelle 5)

zu Abschnitt 8.1 (Allgemeines)

Prüfungen und Anforderungen weichen von den bisherigen Regelungen ab und wurden reduziert bzw. ergänzt. Sie hängen von der atmosphärischen Korrosionsbelastung ab. Für z. B. Sonderbelastungen, sehr lange Schutzdauer und Instandsetzungen sind in der Regel andere und/oder zusätzliche Prüfungen und Anforderungen erforderlich.

Die prüftechnischen Belange für die Stückbeschichtungen wurden berücksichtigt. Über die Anforderung in DIN 18807 Teil 1 hinaus werden nunmehr auch 2 einfache, aber wichtige Prüfungen für die Korrosionsschutzklasse II gefordert.

Prüfungen für die Verarbeitbarkeit der Beschichtungsstoffe sind Sache des Beschichtungsstoffherstellers im Rahmen der Eignungsprüfung. Das entspricht dem Prinzip, das Produkt Beschichtung zu prüfen und nicht das Vorprodukt Beschichtungsstoffe (Ausnahme in der Qualitätssicherung: Tabelle 6, Zeile 2).

Für Bauteile aus bandverzinktem (unbeschichtetem) Stahlblech für Dach, Decke und Wand gibt es die Gütesicherung RAL-RG 617, Ausgabe 03.82, der Gütegemeinschaft Bauelemente aus Stahlblech e.V., die auf die derzeit geltenden Regelwerke umgestellt und auf die Legierverzinkungen erweitert werden müßte.

zu Abschnitt 8.2 (Proben)

Der Hinweis für die Probenbleche auf die Prüfnormen bezieht sich auf die Abmessungen, nicht auf den Werkstoff oder die Oberfläche. Je nach Einsatz- oder Prüfvorhaben müssen band- oder bandlegierte Proben mit der jeweils zu verwendenden Oberfläche geprüft werden. Die bisherigen Probenfestlegungen deckten den Fertigungsumfang nicht ab.

zu Abschnitt 8.3 (Korrosionsschutzprüfungen)

zu Abschnitt 8.3.2 (Naßhaftung nach Kondensatbelastung, Haagen-Test)

Diese von H. Haagen für Duplex-Systeme entwickelte und hier für Stückbeschichtungen aufgenommene Prüfung (siehe I-Lack 50 (1982) Nr 6, S. 226) führt zu einem zuverlässigen und schnellen Nachweis für die Haftung nach Kondensatbelastung, die eine wesentliche Voraussetzung für Korrosionsschutzwirkung ist.

Die Eignung wurde von den Stoffherstellern auch für bandlegierverzinkte Proben bestätigt.

Bei Bandbeschichtungen zeigt diese Prüfung keine Veränderungen.

zu Abschnitt 8.3.3 (Verhalten und Haftung nach Wärmebehandlung)

Diese Prüfung ist für Bereiche hoher Gebrauchstemperaturen, z. B. bei Sonneneinstrahlung, neu aufgenommen und ersetzt die bisherige Gitterschnittprüfung nach vorhergehender Alterung. Das Ergebnis läßt Rückschlüsse auf Versprödung und innere Spannungen und somit auf das Langzeitverhalten zu, jedoch nicht auf den Einfluß durch UV-Belastung.

zu Abschnitt 8.3.4 (Unterwanderung und Blasenbildung nach Salzsprühnebelprüfung nach DIN 53167)

Der bisher geforderte zusätzliche Ritz bis auf den Stahl entfällt, das Verhalten an diesem Ritz ein Kriterium für die Verzinkung, nicht für die Beschichtung ist.

**zu Abschnitt 8.4
und zu Anhang A** (Prüfung auf Verarbeitbarkeit; Umformbarkeit, Rißprüfung nach Biegung in Anlehnung an ISO 1519)

Das Entstehen kleiner Risse im Bereich der Biegezonen und -schultern der Bandbeschichtung wird bei der an-

gewendeten Rollverformungstechnik für unvermeidlich gehalten. Solche Risse führen jedoch zu keiner Korrosion oder sichtbaren Mängeln, wie sorgfältige und differenzierte Laborprüfungen und die Überprüfung von Objekten mit 8 bis gegen 20 Jahren Standzeit in Land- und Stadtatmosphäre erwiesen haben. Eine Gefährdung der Standsicherheit durch Risse mit max. 0,2 mm Breite und max. 2 mm Länge kann als ausgeschlossen gelten.

Bei legierverzinkten Bauteilen ist nach bisheriger Erfahrung die Korrosionsgefährdung noch geringer einzustufen.

Dies gilt, solange die Beschichtung richtig gewählt und nicht überfordert ist, d. h. bei „normaler atmosphärischer Belastung" ohne zusätzliche korrosive Einflüsse (siehe Abschnitt 3).

Zur Rißproblematik wird geltend gemacht:

— Das Problem wird mit verstärktem Einsatz der Legierverzinkung ZA an Bedeutung abnehmen.

— Bei bisherigen Prüfungen an aus Bauteilen genommenen Probenkörpern wurden keine nachteiligen Ergebnisse festgestellt.

— Durch bessere Abstimmung zwischen Biegeradien und Beschichtungen und Vermeidung zu kleiner Radien lassen sich auch die kleinen Risse vermeiden.

Wurden bisher keine Rißprüfungen gefordert, so werden nunmehr Beschichtungen auf Einhaltung der zulässigen Rißabmessungen 0,2 mm/2 mm geprüft. Risse in der Zinkauflage sind nach DIN EN 10147 zulässig.

Weil bei den eingesetzten Blechsorten und den Dicken bis zu 3 mm die normgemäßen Biegedorne verbiegen oder brechen würden, wurde das Verfahren nach ISO 1519 modifiziert. Das modifizierte Verfahren ist nicht bis in alle Einzelheiten definiert. Es wird jedoch nach den ECCA-Empfehlungen (Prüfung T 7 mit dem Gerät nach Abschnitt 3 b)) schon jahrelang angewendet, ist in Euronorm 169 übernommen und ausreichend genau. Eine der Praxis entsprechende Prüfbeanspruchung durch Rollverformvorgänge, die stark vom Zustand und Abnutzungsgrad abhängt, ist schwierig normbar. Definition des Rißwiderstandes T = minimaler Dornradius geteilt durch Blechdicke. Anforderung T = max. 4 heißt für die für tragende profilierte Bleche übliche Dicke von 0,75 mm bzw. 1,00 mm, daß bei 8 Zwischenlageblechen gleicher Dicke, also einem Biegeradius von 3 bzw. 4 mm, die Beschichtung keine Risse von mehr als 0,2 mm Breite/2 mm Länge aufweisen darf.

Die Bewertung mit einer Lupe wird zweckmäßigerweise unter Verwendung eines Vergleichsmusters mit den zulässigen Rißabmessungen vorgenommen.

zu Abschnitt 8.5 (Prüfung von Gebrauchseigenschaften)

Diese Bedarfsprüfungen sind als Eignungsprüfungen (siehe Abschnitt 4.1, Absatz (2)) und fallweise bei Eigenprüfungen durchzuführen, z. B.

— Prüfung auf Empfindlichkeit gegen Verletzung als Trockenfilmhärte nach DIN 53150, mit dem Eindruckversuch nach Buchholz ISO 2815, als Bleistifthärte nach Euronorm 169 : 1986, Anhang B oder mit der Ritzprüfung nach ISO 1518,

— Prüfung auf Stapelfähigkeit (Verblockungsverhalten abhängig von Zeit, Temperatur, Belastung und Schichtdicke),

— Farbton und Glanz (Lichtbeständigkeit) nach Euronorm 169-85, Abschnitte 4.4.3 und 4.4.4,

— Abriebfestigkeit,

— Überschichtbarkeit,

— Reflexion,

— Brandverhalten.

Diese Eigenschaften sind, bis auf letztere, zwar nicht sicherheitsrelevant, jedoch lassen z. B. Veränderungen von Farbton und Glanz durch Bewitterung durchaus auf schlechtes Verhalten gegen atmosphärische Korrosionsbelastung schließen.

Die Farbauswahl ist eingeschränkt, z. B. sind nach DVV-Schrift (Fußnote 3) nur 1/3 der aufgeführten Farbtöne für den Außeneinsatz geeignet. Die Prüfung des Langzeitverhaltens — sicherheitstechnisch nicht ohne Bedeutung — wird wie bisher gefordert (siehe Abschnitt 4.2.2, Absatz (4)), Beurteilung und Bewertung werden aber nicht geregelt. Als Teil der Eignungsprüfung ist die Auswertung Gegenstand der Nachprüfung und Bewertung bei Erst- und Wiederholungsprüfungen. Für die Eigen- und Fremdüberwachung ist sie weniger geeignet, weil über das Korrosionsschutzverhalten üblicherweise erst nach vieljährigen Beobachtungen Aussagen gemacht werden können. Farb- und Glanzveränderungen zeigen sich eher.

zu Tabelle 3 (Beispiele für Korrosionsschutzsysteme: Bandverzinkung/Bandlegierverzinkung ohne/mit Bandbeschichtung (BB))

Die Tabelle enthält in der Praxis bewährte Systeme, die z. T. nach den bisherigen Regelungen zugelassen sind.

Über Eigenschaften und Einsatzgebiete der Bindemittelgruppen siehe Angaben in DIN 55 928 Teil 5/05.91, Abschnitt 3.3. Zu ergänzen ist (aus DVV-Schrift „Bandbeschichtetes Flachzeug für den Bauaußeneinsatz", Tabelle 4):

— Polyesterharz:

Witterungsbeständigkeit befriedigend bis gut

— Siliconmodifiziertes Polyesterharz:

Witterungsbeständigkeit befriedigend bis sehr gut

— Polyvinylidenfluorid:

Witterungsbeständigkeit sehr gut (Temperaturbeständigkeit bis etwa 110 °C)

— PVC-Plastisol:

Witterungsbeständigkeit befriedigend bis sehr gut (UV-empfindlich, bis 60 °C beständig)

— Polyacrylat-Folie:

Witterungsbeständigkeit befriedigend bis gut

— Polyvinylfluorid-Folie:

Witterungsbeständigkeit sehr gut

Die Bindemittel unterscheiden sich generell (wärmehärtend) von denen für Beschichtungen nach DIN 55 928 Teil 5 (lufttrocknend), sie haben deshalb z. T. auch andere Bezeichnungen selbst bei gleichem Kurzzeichen.

Das gilt auch für die Grundbeschichtungen, deren Art vor allem an die Deckbeschichtungen gebunden ist und die an erster Stelle haftvermittelnde Funktion haben.

Siliconmodifizierte Systeme sind in der Herstellung und wie die Folien bei Ausbesserung und Überarbeitung problematisch.

PVC-Plastisol wird aus bestimmten chemischen Belastungen für unverzichtbar gehalten; es hat eine „schaumige" Struktur und wird vorwiegend mit Oberflächenprägung eingesetzt, wobei die Schichtdicke an der dünnsten Stelle einzuhalten ist.

Bei den drei 12 μm dicken Beschichtungen handelt es sich in der Regel um Mindestschichtdicken, weil unter 12 μm das einwandfreie Aussehen der Oberfläche nicht mehr sichergestellt ist.

zu Tabelle 4 (Beispiele für Korrosionsschutzsysteme: Bandverzinkung/Bandlegierverzinkung mit Stückbeschichtung (BS))

Es handelt sich grundsätzlich um die gleichen Beschichtungsstoffe (lufttrocknend) wie in DIN 55 928 Teil 5 enthalten, daher entsprechen sich die Bezeichnungen. Das letzte System fällt aus dem Einsatzbereich der Norm, wird aber als erprobtes Beispiel für bestimmte Einsatzbereiche angesehen. Im übrigen siehe auch zu Tabelle 3.

zu Abschnitt 9 (Überwachung — Tabelle 6)

Im allgemeinen arbeitet der Stückbeschichter im Auftrage des Bauteilherstellers, der auch profiliert (nach DIN 18 807 Teil 1 gilt der Profilierer als Hersteller) und für die Qualitätssicherung verantwortlich ist. Aber auch der Stückbeschichter kann vom Bauherren oder einer Montagefirma beauftragt werden. Dann ist der Stückbeschichter für die Qualitätssicherung verantwortlich und muß den Fremdüberwachungsvertrag abschließen.

Der Hersteller bandbeschichteter Bauteile ist verantwortlich für die Güte des Produktes; die Erstprüfung der Beschichtung wird durch den Bandbeschichter veranlaßt und nachgewiesen. Die meisten Eigenüberwachungen können durch Vorlage der vom Bandbeschichter zu fordernden Werksprüfzeugnisse ersetzt werden. Lediglich um Glanz und Farbton muß der Hersteller sich direkt kümmern, um Verwechslungen bei der Bereitstellung auszuschließen, und er hat die Rißprüfung am Bauteil vorzunehmen.

Beschichtungsstoffe werden überprüft, um Typ, Identität und Naßschichtdicke zu prüfen, außerdem durch die „Vorlage" der Unterlagen über die Eignungsprüfung beim Stoffhersteller. Alle anderen Prüfungen werden an den Beschichtungen vorgenommen.

Die Prüfung des Stofftyps und seiner Identität, d. h. der Nachweis, daß der Stoff in seinen Bestandteilen und in einigen festgelegten eigenschaftsbestimmenden Merkmalen dem erstgeprüften Beschichtungsstoff entspricht, kann durch Vorlage eines Werksprüfzeugnisses ersetzt werden.

Losgröße ist eine Produktionseinheit aus gleichartigen Profilen, die im gleichen Zeitraum gleichartig beschichtet wurde.

zu Abschnitt 10 (Kennzeichnung des Korrosionsschutzsystems und der Überwachung)

Kennzeichnung und Überwachungszeichen auf dem Erzeugnis (und nur wenn das nicht möglich ist, auf der Verpackung) und dem Lieferschein entspricht den Anforderungen nach DIN 18 200. Zuständig für den Nachweis ist derjenige, der den Überwachungsvertrag abgeschlossen hat.

Versandeinheit ist z. B. ein Paket oder ein Stapel.

Die Kennzeichnung umfaßt auch den Überzug nach Art und Regeldicke. Abweichungen von den Festlegungen der Tabellen 3 und 4 sind zu beschreiben. Gegebenenfalls sind Angaben über den Rückseitenschutz erforderlich. Mit den Angaben unter b) und c) ist überprüfbar, ob die Beschichtung vor allem durch den Profilierer aufgebracht wurde. Gegebenenfalls sind die Daten von Band- und zusätzlicher Stückbeschichtung (siehe Fußnote 2) anzugeben.

Das Gütezeichen RAL-RG 617 gilt derzeit für band-, nicht für bandlegierverzinkte Bleche.

Internationale Patentklassifikation

B 05 D 005/00	C 23 F	C 25 D	C 23 D 005/00	G 01 N 033/20
C 04 B 035/00	C 23 C 014/00	C 23 C 016/00	E 04 B 001/24	

April 1998

Lager im Bauwesen Teil 11: Transport, Zwischenlagerung und Einbau Deutsche Fassung EN 1337-11 : 1997	**DIN** EN 1337-11

ICS 91.010.30

Deskriptoren: Lager, Bauwesen, Brückenlager, Zwischenlagerung, Transport

Ersatz für
DIN 4141-4 : 1987-10

Structural bearings – Part 11: Transport, storage and installation;
German version EN 1337-11 : 1997

Appareils d'appui structuraux –
Partie 11: Transport, entreposage intermédiaire et montage;
Version allemande EN 1337-11 : 1997

Die Europäische Norm EN 1337-11 : 1997 hat den Status einer Deutschen Norm.

Nationales Vorwort

Die Europäische Norm EN 1337-11 wurde im Europäischen Komitee für Normung (CEN) im Technischen Komitee 167 "Lager im Bauwesen" (Sekretariat: Italien) von der Arbeitsgruppe "Berechnung, Handhabung, Instandhaltung" (Sekretariat: Deutschland) unter Mitwirkung deutscher Experten ausgearbeitet. Zusammen mit 10 anderen Teilen, die zum Teil noch in Vorbereitung sind, werden dadurch die Normen der Reihe DIN 4141 "Lager im Bauwesen" ersetzt werden.

Das zuständige Normungsgremium ist der NABau-Arbeitsausschuß 00.91.00 "Lager im Bauwesen".

Änderungen

Gegenüber DIN 4141-4 : 1987-10 wurden folgende Änderungen vorgenommen:

– Inhalt völlig überarbeitet und an das europäische Konzept angepaßt.

Frühere Ausgaben

DIN 4141-4: 1987-10

Fortsetzung 13 Seiten EN

Normenausschuß Bauwesen (NABau) im DIN Deutsches Institut für Normung e.V.

EUROPÄISCHE NORM

EUROPEAN STANDARD

NORME EUROPÉENNE

EN 1337-11

November 1997

ICS 91.010.30

Deskriptoren: Bauingenieurwesen, Bauwesenlager, Anforderung, Transportieren, Aufbewahrung, Implementierung, Zusammenbau, Baubedingung

Deutsche Fassung

Lager im Bauwesen
Teil 11: Transport, Zwischenlagerung und Einbau

Structural bearings – Part 11: Transport, storage and installation

Appareils d'appui structuraux – Partie 11: Transport, entreposage intermédiaire et montage

Diese Europäische Norm wurde von CEN am 1997-10-24 angenommen.

Die CEN-Mitglieder sind gehalten, die CEN/CENELEC-Geschäftsordnung zu erfüllen, in der die Bedingungen festgelegt sind, unter denen dieser Europäischen Norm ohne jede Änderung der Status einer nationalen Norm zu geben ist.

Auf dem letzten Stand befindliche Listen dieser nationalen Normen mit ihren biblio-graphischen Angaben sind beim Zentralsekretariat oder bei jedem CEN-Mitglied auf Anfrage erhältlich.

Diese Europäische Norm besteht in drei offiziellen Fassungen (Deutsch, Englisch, Französisch). Eine Fassung in einer anderen Sprache, die von einem CEN-Mitglied in eigener Verantwortung durch Übersetzung in seine Landessprache gemacht und dem Zentralsekretariat mitgeteilt worden ist, hat den gleichen Status wie die offiziellen Fassungen.

CEN-Mitglieder sind die nationalen Normungsinstitute von Belgien, Dänemark, Deutschland, Finnland, Frankreich, Griechenland, Irland, Island, Italien, Luxemburg, Niederlande, Norwegen, Österreich, Portugal, Schweden, Schweiz, Spanien, der Tschechischen Republik und dem Vereinigten Königreich.

CEN

EUROPÄISCHES KOMITEE FÜR NORMUNG
European Committee for Standardization
Comité Européen de Normalisation

Zentralsekretariat: rue de Stassart 36, B-1050-Brüssel

Ref. Nr. EN 1337-11 : 1997 D

Inhalt

Vorwort

Diese Europäische Norm wurde vom Technischen Komitee CEN/TC 167 "Lager im Bauwesen" erarbeitet, dessen Sekretariat vom UNI gehalten wird.

Die Europäische Norm EN 1337 "Lager im Bauwesen" besteht aus den folgenden 11 Teilen.

- Teil 1:   Allgemeine Regelungen

- Teil 2:   Gleitteile

- Teil 3:   Elastomerlager

- Teil 4:   Rollenlager

- Teil 5:   Topflager

- Teil 6:   Kipplager

- Teil 7:   Kalotten- und Zylinderlager mit PTFE

- Teil 8:   Festhaltekonstruktionen und Führungslager

- Teil 9:   Schutz

- Teil 10: Inspektion und Instandhaltung

- Teil 11: Transport, Zwischenlagerung und Einbau

Dieser Teil 11, "Transport, Zwischenlagerung und Einbau", enthält Anhang A (informativ) und Anhang B (informativ).

Gemäß Entscheidung vom CEN/TC 167 bilden Teil 1 und Teil 2 ein Normenpaket, sie werden zusammen in Kraft gesetzt, während andere Teile, nach der Veröffentlichung von Teil 1 und Teil 2, unabhängig in Kraft gesetzt werden.

Diese Europäische Norm muß den Status einer nationalen Norm erhalten, entweder durch Veröffentlichung eines identischen Textes oder durch Anerkennung bis Mai 1998, und etwaige entgegenstehende nationale Normen müssen bis Mai 1998 zurückgezogen werden.

Entsprechend der CEN/CENELEC-Geschäftsordnung sind die nationalen Normungsinstitute der folgenden Länder gehalten, diese Europäische Norm zu übernehmen:

Belgien, Dänemark, Deutschland, Finnland, Frankreich, Griechenland, Irland, Island, Italien, Luxemburg, Niederlande, Norwegen, Österreich, Portugal, Schweden, Schweiz, Spanien, die Tschechische Republik und das Vereinigte Königreich.

1 Anwendungsbereich

Diese Norm gilt für Transport, Zwischenlagerung und Einbau für Lager von Brücken und von damit hinsichtlich der Lagerung vergleichbaren Bauwerken.

2 Normative Verweisungen

Diese Europäische Norm enthält durch datierte oder undatierte Verweisungen Festlegungen aus anderen Publikationen. Diese normativen Verweisungen sind an den jeweiligen Stellen im Text zitiert, und die Publikationen sind nachstehend aufgeführt. Bei datierten Verweisungen gehören spätere Änderungen oder Überarbeitungen dieser Publikationen nur zu dieser Europäischen Norm, falls sie durch Änderung oder Überarbeitung eingearbeitet sind. Bei undatierten Verweisungen gilt die letzte Ausgabe der in Bezug genommenen Publikation.

ENV 206
    Beton – Eigenschaften, Herstellung, Verarbeitung und Gütenachweis

prEN 1337-1 : 1993
    Lager im Bauwesen – Teil 1: Allgemeine Regelungen

prEN 1337-2
    Lager im Bauwesen – Teil 2: Gleitteile

EN 1337-9
    Lager im Bauwesen – Teil 9: Schutz

prEN 1337-3
    Lager im Bauwesen – Teil 3: Elastomerlager

3 Allgemeine Anforderungen

Lager sind so zu verpacken, daß Beschädigungen während des Transports verhindert werden.

Handhabung und Einbau von Lagern dürfen nur durch Fachkräfte, die ihre Kenntnisse und Fertigkeiten nachgewiesen haben, erfolgen.

Die Lager sind pfleglich zu behandeln und vor Beschädigung und Schmutz zu schützen. Sie sind nur an besonders dafür (gegebenenfalls vorübergehend) vorgesehenen Anschlagstellen zu fassen, zu heben und zu versetzen.

Der Lagerversetzplan nach Abschnitt 4 muß auf der Baustelle vorliegen.

Das Abladen der Lager vom LKW hat mit Hebezeug an den vorgesehenen Anschlagstellen (Bauteile mit Ösen) zu erfolgen. Für den Kran- bzw. Flaschenzugtransport (bei Taktschiebebrücken) sind Kettengehänge mit Haken zu verwenden.

Werden Lager nicht unmittelbar nach Anlieferung in das Bauwerk eingebaut, sind diese vom Verwender auf geeigneter Unterlage, z. B. Bohlen – abgedeckt und von unten belüftet –, zwischenzulagern. Die Zwischenlagerung hat so zu erfolgen, daß die Lager weder durch Witterungseinflüsse (Hitze, Regen, Schnee bzw. Graupel) noch durch Schadstoffe oder andere schädliche Einwirkungen, z. B. durch fortschreitende Bauarbeiten oder den Baustellenverkehr, verschmutzt oder beschädigt werden.

4 Lagerversetzplan

Es ist ein Lagerversetzplan mit allen beim Einbau zu beachtenden Angaben (Maße, Höhen, Neigungen, Seiten- und Längenlage, Toleranzen, Baustoffgüten in der Lagerfuge, Voreinstellung der Lager in Abhängigkeit von der Bauwerkstemperatur) zu fertigen.

Der Lagerversetzplan darf mit dem Lagerungsplan in einer Entwurfsunterlage zusammengefaßt werden.

5 Prüfung nach der Anlieferung

Vor dem Einbau ist auf der Baustelle der Liefer- bzw. Zusammenbau-Zustand der Lager zu überprüfen und aufzuzeichnen, dabei insbesondere:

a) das Freisein von äußerlich erkennbaren Beschädigungen, insbesondere des Korrosionsschutzes (siehe EN 1337-9). Art, Ausmaß und Ausbesserungsmöglichkeiten von Schäden sind im Lagerprotokoll zu vermerken;

b) die Sauberkeit;

c) der planmäßige und feste Sitz der Hilfskonstruktionen;

d) die Übereinstimmung mit dem Lagerversetzplan und den Ausführungszeichnungen, soweit dies nicht ganz oder zum Teil durch Überwachung oder Abnahme gesichert ist;

e) die Kennzeichnung auf der Lageroberseite und auf dem Typschild sowie die Markierung der x- und y-Achse und gegebenenfalls der Voreinstellung an den Stirnseiten von Lagerober- und Unterteil, ferner die Kennzeichnung der Kippspalt- und gegebenenfalls Gleitspalt-Meßstellen;

f) die Lage aller Einrichtungen, die dazu dienen, den genauen Sitz und den Einbau der Lager, wenn vorgeschrieben, sicherzustellen;

g) die bei beweglichen Lagern in Hauptverschieberichtung geforderte Anzeigevorrichtung, soweit verlangt;

h) die gegebenenfalls geförderte Größe und Richtung der Voreinstellung;

i) die gegebenenfalls vorgesehene Nachstellmöglichkeit;

j) Zwischenlagerung auf der Baustelle (siehe Abschnitt 3).

6 Einbau

6.1 Allgemeines

Veränderungen des Anlieferungszustandes dürfen nur auf ausdrückliche Weisung nach den Angaben im Lagerversetzplan und nur von Fachkräften nach Absatz 2 von Abschnitt 3 durchgeführt werden.

Wenn gefordert, muß das Lager eines gegebenen Typs (entsprechend der Vereinbarung zwischen den Betroffenen) im Beisein eines qualifizierten Vertreters des Lagerherstellers eingebaut werden.

Die Lager sind in Übereinstimmung mit allen Punkten des Lagerversetzplans entsprechend der Beschriftung auf der Lageroberseite einzubauen.

Die ungefähre Bauwerkstemperatur, in Sonderfällen deren unterschiedliche Verteilung, ist festzustellen und, wenn nötig, bei der Voreinstellung zu berücksichtigen (siehe Anhang A).

Entsprechendes gilt bei temporären Änderungen der Einstellung bzw. Festsetzung der Lager.

Die Einstellungen (Nullmessung) der Lager sind zu überprüfen, nachdem sie ihre endgültige Funktion übernommen haben.

6.2 Aufsetzen des Lagers auf den Unterbau

Lager dürfen im allgemeinen nicht unmittelbar auf das darunter liegende Bauteil verlegt werden; vielmehr ist eine Mörtelausgleichsschicht zwischenzuschalten. Nur Elastomerlager ohne äußere Stahlplatten dürfen lose auf eine Auflagerfläche verlegt werden und nur, wenn diese sauber, trocken, eben und horizontal innerhalb der Toleranzen nach 6.5 in Verbindung mit prEN 1337-3 sind.

Wenn angegeben, ist das Lager auf Stellschrauben abzusetzen und mit deren Hilfe in die geforderte Lage zu bringen.

Alternativ dürfen auch Keile oder andere geeignete Mittel verwendet werden.

Auf jeden Fall dürfen auf Dauer keine "harten" Stellen unter dem Lager erzeugt werden. Dies kann dadurch verhindert werden, daß die temporären Unterstützungen entfernt werden, nachdem der Mörtel die erforderliche Festigkeit erreicht hat. Alternativ kann auch eine temporäre Unterstützung aus kompressivem Material genommen werden. Dabei ist zu beachten, daß Elastomer wegen der Inkompressibilität des Materials ungeeignet ist, wenn es sich nicht quer zum Druck ausdehnen kann.

Das Lager darf

a) auf ein zähplastisches, in der Mitte überhöhtes, Mörtelbrett abgesetzt werden, so daß der überschüssige Mörtel allseits hervorquellen kann; oder

b) mit Fließmörtel untergossen oder unterpreßt werden; dabei ist auf gute Entlüftung zu achten; Lager mit Kopfbolzendübeln sind grundsätzlich zu untergießen bzw. zu unterpressen; oder

c) mit Mörtel unterstopft werden; diese Methode wird nur bis zu einer schmaleren Seitenlänge < 500 mm empfohlen.

Der Mörtel muß schwindarm sein.

Falls andere Materialien verwendet werden, ist nachzuweisen, daß diese geeignet sind.

In jedem Fall ist eine vollflächige Auflagerung herzustellen.

6.3 Herstellen bzw. Montage des Überbaues

Ortbetonbauteile werden im allgemeinen unmittelbar auf die fertig verlegten Lager betoniert. Das Zwischenlegen von Trennschichten ist unzulässig. Es ist darauf zu achten, daß das Lager saubergehalten und nicht durch feuchten Beton beschädigt wird, und daß die Ausbaubarkeit nicht beeinträchtigt wird.

Besondere Maßnahmen sind bei Stahlbetonfertig- und Stahlbauteilen zu ergreifen, um sicherzustellen, daß das Lager sich in gleichmäßigem Kontakt mit dem Unter- und Überbau befindet.

Die Befestigung durch Schweißen kann in Sonderfällen vereinbart werden. Es darf nur durch Fachleute nach Abschnitt 3 erfolgen. Es sind Maßnahmen zu ergreifen, um Schäden durch Hitze an wärmeempfindlichen Teilen wie Kunststoffteilen zu vermeiden.

Der Korrosionsschutz ist nach dem Schweißen, soweit erforderlich, zu erneuern.

6.4 Höhenkorrektur

Besteht die Notwendigkeit, Maßnahmen für Höhenkorrektur vorzusehen, so ist diese Höhenkorrektur durch Auspressen oder Unterpressen mit Feinmörtel und Ähnlichem vorzunehmen.

Die Anordnung von zusätzlichen Platten ist nur zulässig, wenn die sich berührenden Oberflächen maschinell bearbeitet sind und ihre Planparallelität bis zur Belastung gesichert ist. Auf den notwendigen Korrosionsschutz auch der Platten wird hingewiesen.

Höhenkorrekturen dürfen nur durch Fachleute nach Abschnitt 3 vorgenommen werden.

6.5 Einbautoleranzen

Wenn die in anderen Teilen dieser Europäischen Norm angegebenen Werte der Einbautoleranzen überschritten werden, so ist die Auswirkung dieses Fehlers rechnerisch nachzuweisen, und geeignete Maßnahmen sind zu vereinbaren.

6.6 Mörtelfugen[1])

Die Dicke der unbewehrten Mörtelfugen zwischen Lager und Sockel darf nicht größer sein als der kleinere Wert von

$$50 \text{ mm oder } 0{,}1 \times \frac{\text{Lagerkontaktfläche}}{\text{Umfang der Kontaktfläche}} + 15 \text{ mm, in Millimetern.}$$

Außerdem darf die Dicke nicht kleiner sein als das Dreifache des Maßes des Größtkornes aus dem Zuschlag.

Die Eignung des Fugenmörtels und das Einbringungsverfahren sind durch geeignete Prüfungen nach den entsprechenden Festlegungen nachzuweisen.

Werden zementgebundene Mörtel oder Einpreßmörtel verwendet, so ist die Sockelbetonfläche vor dem Einbringen mit Wasser zu sättigen, um Dehydratation zu vermeiden. Unmittelbar vor dem Einbringen des Mörtels ist das nicht eingedrungene Wasser abzublasen.

Bei Verwendung von Reaktionsharzmörtel müssen die chemischen Eigenschaften des Reaktionsharzes und das Verhältnis Reaktionsharz/Füller eine genügende Konsistenz und Erstarrungszeit aufweisen, um den korrekten Einbau unter Baustellenbedingungen sicherzustellen. Hinsichtlich der Dauerhaftigkeit sind die Festigkeit, Enderhärtung und Verformung zu berücksichtigen.

Wenn der Reaktionsharzmörtel mit den Lagerflächen direkt in Berührung gebracht wird, sind die chemische Verträglichkeit und der erforderliche Reibungskoeffizient durch Prüfungen nachzuweisen oder in geeigneter Weise durch vergleichbare Anwendung darzustellen.

Einbauhilfen müssen so konstruiert sein, daß sie den Einbau und die maßgerechte Justierung der Lager oder Bauteile sicherstellen.

6.7 Schalung für die Mörtelfugen

Die Schalung darf erst nach ausreichender Erhärtung des Mörtels entfernt werden. Dies muß jedoch vor dem Freisetzen des Lagers restlos erfolgt sein und darf nicht durch Ausbrennen geschehen.

---

[1]) Einschließlich Reaktionsharzmörtel.

6.8 Freisetzen

Das Freisetzen des Bauwerks auf die Lager erfolgt nach Plan und Anweisung, welche die Ausführungsunterlagen enthalten müssen.

Erst wenn der Mörtel der Zwischenschicht(en) ausreichend erhärtet ist, sind die Stellschrauben zu entlasten. Danach sind alle Unterfütterungen, Einstellvorrichtungen usw. zu entfernen, bevor das Lager seine Funktion übernimmt, sofern die Stellschrauben nicht so konstruiert sind, daß sie sich der endgültigen Last entziehen.

7 Protokolle

7.1 Allgemeines

Über die Prüfungen und deren Ergebnisse sind nach den Abschnitten 5 und 6 sowie 7.2 bis 7.5 Protokolle (siehe Muster Anhang B) zu fertigen.

Die Protokolle dürfen bei folgenden Gegebenheiten entfallen:

– Elastomerlager für Konstruktionen aus Einfeldträgern mit Stützweiten von nicht mehr als 25 m bzw. mit anderen Konstruktionen mit nicht mehr als 25 m Entfernung vom Festpunkt bis zum entferntesten Lager, außer bei ausdrücklicher Befreiung durch den Kunden.

7.2 Vor dem Einbau

Es ist ein Protokoll mit den Ergebnissen der Prüfung nach Abschnitt 5 zu erstellen.

7.3 Einbau

Soweit keine anderen Vereinbarungen getroffen werden, ist ein Protokoll mit folgenden Angaben zu erstellen:

a) Tag und Stunde des Einbaus;

b) Bauwerkstemperatur nach 6.1;

c) Einstellung des Lagers;

d) Lage des Lagers zum Überbau/Unterbau und zu den Achsen;

e) Zustand des Lagers einschließlich seines Korrosionsschutzes;

f) jede Änderung der Einstellung;

g) Lage der Hilfskonstruktion;

h) Zustand der Auflagerbank und des Lagersockels;

i) Eignungsnachweis für den Fugenmörtel nach 6.6 (nach ENV 206).

7.4 Funktionsbeginn (Freisetzen)

Es sind Datum und Uhrzeit des Absenkens des Überbaus zu vermerken, und es ist zu bestätigen, daß die Schrauben aller Hilfskonstruktionen entweder gelöst oder entfernt wurden.

Es ist festzuhalten, ob sich die Lager nach dem Erhärten der Mörtelfugen und Lösen der Hilfskonstruktionen in planmäßiger Lage befinden und die Werte für Kipp- und Gleitspalt in Ordnung sind.

7.5 Vorübergehende Festpunkte

Werden bewegliche Lager zunächst als Festlager eingebaut, so müssen zum Zeitpunkt des Lösens dieser Lager weitere Messungen nach 7.3 erfolgen und protokolliert werden (nur bei Großbrücken, bei denen ein Festpunktwechsel erforderlich ist).

8 Abschließende Arbeiten

Durch gegebenenfalls noch auszuführende Korrosionsschutzarbeiten darf die Funktion des Lagers nicht beeinträchtigt werden.

Beispiele hierfür umfassen z. B. das Strahlen von Gleitoberflächen und das Festsetzen von beweglichen Teilen durch überflüssige Farbe.

9 Nachweis der Konformität

ANMERKUNG: Diese Norm ist keine Produktnorm und enthält daher keine Festlegungen zum Nachweis der Konformität.

Anhang A (informativ)

Erläuterungen

A.1 Erläuterungen zu Abschnitt 3

Wenn vorgefertigte Bauteile (Stahl, Beton, Holz usw.) auf dem Lager ruhen, sollte ein von unzulässigem Zwischenraum freier Kontakt zwischen dem Lager und dem vorgefertigten Bauteil sichergestellt werden. Die Mörtelfuge sollte nach dem Einbau und Ausrichten des Bauteils und Lagers geformt werden.

Eine Überprüfung anhand von markierten Meßstellen am Lagerunterbau kann erforderlich sein. Die Meßstellen sind als Bezugsmaße für die Einbaurichtung und Parallelität der Lagerebenen vorzusehen.

Wenn Einbauhilfen verwendet werden, sollten diese das zu lagernde Bauteil so lange tragen, bis das Lager seine volle Funktion hat. Dabei sollten sie das Lager oder die Bauteile während der einzelnen Bauzustände (Betonieren, Entschalen, Montieren usw.) in der planmäßigen Lage halten und auch eine Schrägstellung oder außerplanmäßige Exzentrizitäten verhindern.

Beim Ausbau der Einbauhilfen sollte eine plötzliche Krafteinleitung in das eingebaute Lager vermieden werden. Verformungslager sollten nach dem Ausbau der Hilfen nicht an der freien Verformung der Seitenflächen behindert werden.

A.2 Erläuterungen zu 6.1

Die Bestimmung der mittleren Bauwerkstemperatur kann über die Messung der Oberflächentemperatur an sinnvoll ausgewählten Stellen erfolgen. Hierbei ist zu beachten, daß die Festlegungen der Meßstellen vom Brückenquerschnitt und den topographischen Verhältnissen abhängen.

Die Messung von Oberflächentemperaturen kann z. B. mittels eines Digital-Sekunden-Thermometers mit einem Meßfühler für Oberflächentemperaturen oder durch Aufkleben von Folienthermoelementen erfolgen.

Liegen unter der Brücke unterschiedliche topographische Verhältnisse (z. B. Land- oder Wasserflächen) vor, ist es sinnvoll, die Brücke in Längsrichtung in verschiedene Bereiche einzuteilen. Die mittlere Bauwerkstemperatur sollte dann für jeden Bereich getrennt ermittelt werden. Diese mittlere Temperatur für jeden Querschnitt kann für die Berechnung der Bewegung an jeder Stelle für die notwendige Lagereinstellung benutzt werden.

Die Festlegung der Meßstellen und die Ermittlung der mittleren Bauwerkstemperatur können bei den einzelnen Querschnittstypen von Brücken folgendermaßen erfolgen:

– Platten

Messungen der Temperaturen an Ober- und Unterseite der Platte in Brückenmitte und Ermittlung der mittleren Bauwerkstemperatur als Mittelwert aus diesen beiden Temperaturen.

– Plattenbalken

Messung der Temperaturen an Ober- und Unterseite der Fahrbahnplatte in Brückenmitte und Bildung des Mittelwertes.

Messung der Temperaturen an den Außenseiten der beiden äußeren Hauptträger, jeweils in Stegmitte, und Bestimmung des Mittelwertes.

Bestimmung der mittleren Bauwerkstemperatur durch Gewichtung der Mittelwerte nach den wie vor ermittelten Durchschnittstemperaturen entsprechend den Anteilen der Fläche der Fahrbahnplatte und der Stegflächen an der Gesamtquerschnittsfläche.

– Hohlkästen

Die mittlere Bauwerkstemperatur kann durch Messung der Lufttemperatur im Innern des Hohlkastens bestimmt werden, da diese Temperatur mit hinreichender Genauigkeit (± 1 °C) der mittleren Bauwerkstemperatur entspricht.

Die Messung der Temperatur an der Oberseite der Fahrbahnplatte ist zum Zeitpunkt der Lagereinstellung in der Regel unproblematisch, da noch keine Abdichtung und kein Belag aufgebracht wurde. Wenn der Belag schon vorhanden ist, so ist in jedem Einzelfall zu überlegen, wie die Temperatur der Fahrbahnplatte bestimmt werden kann.

Eine Alternative hierzu ist dem Anhang B.2 von prEN 1337-10[1]) zu entnehmen.

Anhang B (informativ)

Muster Lagerprotokoll

Dieses Muster eines Lagerprotokolls enthält zwar die im Regelfall als unverzichtbar angesehenen Protokollpunkte, muß aber nicht vollständig sein hinsichtlich der zu überprüfenden und eventuell zu protokollierenden Merkmale (siehe Abschnitt 7).

In den Zeilen 1 bis 18 sind die Lagerdaten aufgrund der genehmigten Pläne des Lagerherstellers (Zeilen 1 bis 7), der Zustand der Lager nach dem Abladen (Zeilen 8 bis 15) und der Zustand der Mörtelkontaktfläche (Zeile 18) einzutragen.

In den Zeilen 19 bis 23 sind zur Lager-Voreinstellung, zum Justiervorgang sowie zum Mörtel und zur Mörtelfuge Angaben zu machen. Ferner sind bei Ortbetonbauweise die Lufttemperatur, gemessen mit einem Luft-Beton-Meßgerät im Schatten, und die auf dem Pfeilerkopf bzw. auf der Widerlagerbank gemessene Betontemperatur anzugeben.

Beim Einbau von Lagern in Taktschiebebrücken oder im Fall von Austauschlagern in bestehenden Bauwerken kann in gleicher Weise verfahren werden.

Bauwerk (Bezeichnung, Lage): _____

Bauweise des Bauwerks: _____

Auftraggeber: _____

Auftragnehmer: _____

Lagerart: _____

Hersteller/Auftrag-Nr: _____

Fremdüberwacher, wenn gefordert: _____

Lagerungsplan- bzw. Lagerversetzplan-Nr: _____

Mörtelfabrikat und Eignungsprüfung: _____

Herstellungsart der Mörtelfuge: untere Mörtelfuge   obere Mörtelfuge

---

[1]) Dieses Dokument ist in Vorbereitung.

Muster

Zeile	0	1	2	3	4
1	Einbauort (Stützungs-Nr./Lage) nach Plan				
2	Lagertyp (Kurzzeichen nach prEN 1337-1)/ Lager-Nr.				
3	Auflast F_z in Kilonewton				
4	Horizontalkräfte F_x/F_y in Kilonewton				
5	Rechnerischer Verschiebeweg in Millimeter + das heißt vom Festpunkt weg $\dfrac{v_x \pm}{v_y \pm}$				
6	Voreinstellung in Millimeter $\dfrac{e_{vx}}{e_{vy}}$				
7	Vor Einbau	Zeichnungs-Nr./Blatt-Nr.				
8		Datum der Anlieferung				
9		Ordnungsgemäß abgeladen, gelagert, abgedeckt				
10		Kennzeichnung auf der Lageroberseite				
11		Anzeigevorrichtung vorhanden				
12		Typschild vorhanden				
13		3-Stift-Meßebene am Lagerunterteil vorhanden				
14		Sauberkeit und Korrosionsschutz				
15		Planmäßiger und fester Zusammenhalt der Arretierung				
16		Einbauort laut Zeile 1				
17		Anheben des Überbaues Datum und Uhrzeit				
18		Zustand der Mörtelkontaktflächen				
19	Einbau	Richtung (+ das heißt vom Festpunkt weg) und Größe der Voreinstellung in Millimeter				
20		Abweichung von der Horizontalen in Millimeter je Meter, festgestellt an der Meßebene (längs/quer)				
21		Einbringung des Mörtels $\dfrac{\text{Datum}}{\text{Uhrzeit (von bis)}}$				
22		Temperatur Luft / Bauwerk in Grad Celsius				
23		Dicke der Mörtelfuge in Millimeter $\dfrac{\text{oben}}{\text{unten}}$ (u) = unbewehrt, (b) = bewehrt				
24	Funktions-beginn	Absenken des Überbaues Datum/Uhrzeit				
25		Arretierung gelöst/entfernt				
26		Gleitflächenschutz vorhanden				
27		Sauberkeit und Korrosionsschutz				

(fortgesetzt)

Muster (abgeschlossen)

Zeile	0		1	2	3	4
28		Datum/Uhrzeit				
29		Temperatur Luft/Bauwerk in Grad Celsius				
30	Null-messung	Abweichung von der Horizontalen in Millimeter je Meter, festgestellt an der Meßebene (längs/quer)				
31		Verschiebung in Millimeter + das heißt vom Festpunkt weg $\quad v_x/v_y$				
32		Gleitspalt in Millimeter $\qquad$ max./min.				
33		Kippspalt in Millimeter $\qquad$ max./min.				
34	Bemerkungen bzw. Hinweise z. B. über Bauzustände, vorübergehende Festpunktänderung und anderes:					
	ANMERKUNG: Die Lager sind ausschließlich mit Stellschrauben zu justieren.					

aufgestellt: gesehen:

Ort   Ort

Datum   Datum

Auftragnehmer   Auftraggeber

Hinweise zum Muster

B.1 Allgemeines

Das Lagerprotokoll, das in dieser Europäischen Norm als Muster angegeben ist, soll als formales Protokoll der Übereinstimmung mit den Festlegungen dieser Europäischen Norm dienen. Das ausgefüllte Exemplar oder eine Kopie sollte aufbewahrt und dem Verantwortlichen, der die Überprüfungen nach prEN 1337-10[1]) durchführt, zur Verfügung gestellt werden. Zu beachten ist, daß das Formblatt des Musters nicht direkt kopiert werden soll, da es erweitert werden muß, um genügend Platz für die Eintragungen zu den jeweiligen Punkten zu bieten. Es kann auch wünschenswert sein, für bestimmte Bauwerke irrelevante Punkte auszulassen oder bei besonderen Umständen weitere Punkte hinzuzufügen.

Die verwaltungsmäßige Behandlung des Protokolls bleibt nationalen Regelungen vorbehalten.

B.2 Obere Rubrik des Lagerprotokolls

Bauwerk (Bezeichnung, Lage)

Der Name oder die Bezugsnummer des Bauwerks sollte zusammen mit einem Bezug auf einen Lagerplan oder mit einer Beschreibung der Lage des Bauwerks angegeben werden.

Bauweise des Bauwerks

Zusätzlich zu den für das Bauwerk verwendeten Baustoffen sollte der Ablauf seiner Errichtung angegeben werden, da dies für die Klärung künftiger, unerwarteter Lagerbewegungen hilfreich sein kann.

Auftraggeber

Dies bedarf keiner Erläuterung.

Auftragnehmer

Zusätzlich zum Hauptauftragnehmer sollten alle relevanten Subauftragnehmer aufgeführt werden.

Lagerart

Es sollte die für das Protokoll geltende allgemeine Lagerart angegeben werden. Der im folgenden angegebene Punkt 2 von B.3 enthält spezielle Angaben für einzelne Lager.

Hersteller/Auftrag-Nr

Diese Angaben sollten zusätzlich zur Identifizierung des Herstellers die Ermittlung des Herstellungsdatums und -orts des Lagers ermöglichen. Die Angaben sollten ausreichend sein für eine eventuelle Rückverfolgung des Einbauvorgangs bis zum Herstellwerk.

Fremdüberwacher, wenn gefordert

In vielen Fällen werden die Dienste eines unabhängigen Prüfers in Anspruch genommen, um das Lager während der Herstellung oder zu einem anderen Zeitpunkt vor der Endabnahme zu überprüfen. In diesem Fall sollten der Name des Prüfers sowie Einzelheiten über seinen Aufgabenbereich angegeben werden.

Lagerungsplan- bzw. Lagerversetzplan-Nr

Unter diesem Punkt sollten die Nummern aller Pläne mit Angaben über die Lagerung und die erforderlichen Verfahren für das Versetzen der Lager angegeben werden.

Mörtelfabrikat und Eignungsprüfung

Die für den Einbau zu verwendende Mörtelart sollte zusammen mit den Ergebnissen von Prüfungen nach 6.6 angegeben werden.

B.3 Leitfaden für das Ausfüllen der einzelnen Punkte des Protokolls

Vor dem Einbau

1) Einbauort nach Plan:

Die geforderte Stelle für den Einbau eines Lagers sollte so angegeben werden, daß keine Mißverständnisse auftreten.

---

[1]) Dieses Dokument ist in Vorbereitung.

243

2) Lagertyp/Lager-Nr.:

Die Beschreibung des Lagertyps und das verwendete Symbol sollten Tabelle 1 von prEN 1337-1 : 1993 entsprechen.

3) Auflast:

Dieser (Nenn-)Wert muß vereinbart werden.

4) Horizontalkräfte:

Diese (Nenn-)Werte müssen vereinbart werden.

5) Rechnerischer Verschiebeweg:

Der rechnerische Verschiebeweg sollte von der für den Entwurf des Bauwerks verantwortlichen Person angegeben werden.

6) Voreinstellung:

An dieser Stelle sollten jede Voreinstellung im Werk sowie alle Festlegungen für eine Änderung dieser Voreinstellung während des Einbaus angegeben werden.

7) Zeichnungs-Nr.:

Es sollte die Nummer der Detailzeichnung des Herstellers angegeben werden, und es sollte eine Kopie dieser Zeichnung zur Verfügung stehen.

8) Datum der Anlieferung:

Datum der Anlieferung auf die Baustelle.

9) Ordnungsgemäß abgeladen, auf Kanthölzer gelagert und abgedeckt:

Unter diesem Punkt soll angegeben werden, daß das Lager tatsächlich ohne Beschädigung abgeladen und auf der Baustelle sicher gelagert wurde.

10) Kennzeichnung:

Unter diesem Punkt soll angegeben werden, daß das Lager mit den in 7.3.2 von prEN 1337-1 : 1993 geforderten Angaben gekennzeichnet wurde und an welcher Stelle sich die Angaben zu den letzten beiden Punkten befinden.

11) Anzeigevorrichtung vorhanden:

Wenn der Bauherr oder die für den Entwurf des Bauwerks oder des Lagers verantwortliche Person eine Anzeigevorrichtung festgelegt hat, sollte diese angegeben werden.

12) Typschild:

Die Anforderungen an das Typschild sind 7.3.1 von prEN 1337-1 : 1993 zu entnehmen.

13) 3-Stift-Meßebene:

Diese Meßebene ist erforderlich, um Verdrehungen messen zu können (siehe 7.5 von prEN 1337-1 : 1993).

14) Sauberkeit und Korrosionsschutz:

Das Lager sollte bezüglich der Sauberkeit und des einwandfreien Korrosionsschutzes überprüft werden.

15) Planmäßiger und fester Zusammenhalt der Arretierung:

Wenn vom Hersteller eine Arretierung vorgesehen ist, sollte diese überprüft werden, um sicherzustellen, daß sie unbeschädigt ist und wie gefordert den festen Sitz des Lagers bewirkt.

16) Einbauort:

Hiermit wird die Übereinstimmung von tatsächlichem und planmäßigem Einbauort bestätigt.

17) Anheben des Überbaus:

Entfällt im allgemeinen bei Neubauten.

18) Zustand der Mörtelkontaktflächen:

Alle Mörtelkontaktflächen sollten frei von Stoffen sein, welche den Verbund zwischen Lager und Mörtel beeinträchtigen könnten.

Einbau

19) Richtung und Größe der Voreinstellung:

Bei Festlegung einer Voreinstellung sollten die vorgesehene Größe und Richtung angegeben werden.

20) Abweichung von der Horizontalen:

Nach dem Einbau sollte eine Überprüfung vorgenommen werden, um sicherzustellen, daß Abweichungen von der Horizontalen innerhalb der festgelegten Toleranzen liegen, siehe auch Punkt 30).

21) Einbringung des Mörtels:

Datum und Uhrzeit sollten notiert und angegeben werden.

22) Temperatur Luft/Bauwerk:

Bei der Verbindung von Lager und Bauwerk sollte die Bauwerkstemperatur angegeben werden. Es sollten auch Einzelheiten über die Art und Weise der Temperaturmessung oder -schätzung angegeben werden.

23) Dicke der Mörtelfuge:

Die festgelegte Einbringungsart des Mörtels sollte zusammen mit der erforderlichen Dicke des Mörtelbetts (Höchst- und Mindestmaß) angegeben werden.

Funktionsbeginn

24) Datum/Uhrzeit:

In einigen Fällen wird das Freisetzen des Bauwerks auf die Lager ein festgelegter, eindeutiger Vorgang zu einem bestimmten Zeitpunkt sein. In den meisten Fällen wird die Errichtung des Bauwerks über dem Lager jedoch über einen bestimmten Zeitraum erfolgen, und das gesamte Bauwerk wird erst unmittelbar vor seiner Übergabe an den Bauherrn fertiggestellt sein. In diesen Fällen wird die Prüfung des "Funktionsbeginns" wahrscheinlich die Endprüfung vor Annahme durch den Bauherrn sein. In beiden Fällen bezieht sich "Datum/Uhrzeit" auf dasjenige Datum und diejenige Uhrzeit, bei denen die Messungen in diesem Abschnitt erfolgten.

25) Arretierung gelöst/entfernt:

Durch diese Prüfung sollte sichergestellt werden, das Arretierungen gelöst – auch solche, die sich bei der ersten Bewegung von selbst lösen sollen – und, falls im Entwurf gefordert, entfernt wurden. Wenn entfernt vom Lager eine vorübergehende Zwangsführung des Bauwerks vorgesehen ist, sollte dies ebenfalls überprüft werden, um sicherzustellen, daß diese die Bewegungen des Bauwerks nicht länger verhindert und daß alle zu entfernenden Teile tatsächlich entfernt worden sind und gegebenenfalls das Bauwerk repariert wurde.

26) Gleitflächenschutz vorhanden:

Betrifft Gleitlager, siehe prEN 1337-2.

27) Sauberkeit und Korrosionsschutz:

In diesem Stadium sollten die Lager und ihre angrenzenden Teile sauber und frei von Bauschutt sein. Der Korrosionsschutz sollte unbeschädigt oder zufriedenstellend repariert worden sein. Dies sollte überprüft werden.

28 bis 33) Nullmessung:

Die unter diesen Punkten erfolgenden Nullmessungen sollten so durchgeführt werden, daß sie direkt mit den Messungen verglichen werden können, die für die routinemäßige Überprüfung nach prEN 1337-10[1]) erforderlich sind.

30) Abweichung von der Horizontalen:

Die Abweichung von der Horizontalen sollte auf die gleiche Weise wie unter Punkt 20) durchgeführt werden, um einen realistischen Vergleich zu ermöglichen, siehe auch Punkt 20).

34) Bemerkungen:

Unter "Bemerkungen" sollte bestätigt werden, daß alle besonderen Konstruktionsanforderungen erfüllt worden sind. Es sollten auch alle Faktoren berücksichtigt werden, die für den Prüfer zur Durchführung nachfolgender routinemäßiger Überprüfungen nach prEN 1337-10[1]) hilfreich sind. Insbesondere sind alle diejenigen Punkte zu beachten, die bei nachfolgenden Überprüfungen möglicherweise übersehen werden könnten.

---

[1]) Dieses Dokument ist in Vorbereitung.

Warmgewalzte Erzeugnisse aus unlegierten Baustählen

Technische Lieferbedingungen

(enthält Änderung A1 : 1993)   Deutsche Fassung EN 10 025 : 1990

DIN
EN 10 025

Hot rolled products of non-alloy structural steels; Technical delivery conditions; (includes amendment A1 : 1993); German version EN 10 025 : 1990

Produits laminés à chaud en aciers de construction non alliés; Conditions techniques de livraison; (inclut l'amendment A1 : 1993); Version allemande EN 10 025 : 1990

Ersatz für Ausgabe 01.91

Die Europäische Norm EN 10 025 : 1990 + A1 : 1993 hat den Status einer Deutschen Norm.

Nationales Vorwort

Die Europäische Norm EN 10 025 : 1990 und die Änderung A1 : 1993 wurden vom Technischen Komitee (TC) 10 „Allgemeine Baustähle – Gütenormen" (Sekretariat: Niederlande) des Europäischen Komitees für die Eisen- und Stahlnormung (ECISS) ausgearbeitet.

Das zuständige deutsche Normungsgremium ist der Unterausschuß 04/1 – Stähle für den Stahlbau – des Normenausschusses Eisen und Stahl.

Die Überarbeitung der DIN EN 10 025, Ausgabe 01.91, wurde erforderlich, um die in Änderung A1 (Entwurf wurde unter dem Ausgabedatum Juni 1992 veröffentlicht) enthaltenen Änderungen einzuarbeiten. Gleichzeitig konnten nach Abschluß der Arbeiten an EN 10 027-1 und EN 10 027-2 sowie ECISS-Mitteilung IC 10 (siehe DIN V 17 006 Teil 100) die damit verbundenen Änderungen der jetzt in allen CEN-Mitgliedsländern geltenden Kurznamen und die Einführung der jetzt ebenfalls in allen CEN-Mitgliedsländern geltenden Werkstoffnummern gleichfalls in diese Folgeausgabe eingearbeitet werden. Damit steht dem Anwender dieser Norm eine komplette Unterlage zur Verfügung. Um die Einführung der neuen Kurznamen zu erleichtern, enthält Tabelle C.1 eine Vergleichsliste mit den neuen Kurznamen und Werkstoffnummern sowie den früheren nationalen Bezeichnungen; bei den früheren deutschen Bezeichnungen bezieht sich der Vergleich auf DIN 17 100/01.80. Die Werkstoffnummern stimmen, soweit die Sorten bereits in DIN 17 100/01.80 enthalten waren, mit den alten Werkstoffnummern überein.

Für die in DIN 17 100/01.80 enthaltenen Schmiedestücke aus allgemeinen Baustählen ist bisher keine Europäische Norm in Arbeit. Es wird daher empfohlen, diese bei Bedarf weiterhin nach der zwar zurückgezogenen, bei den Werken aber noch vorhandenen DIN 17 100/01.80 zu bestellen.

Für die im Abschnitt 2 genannten Europäischen Normen, soweit die Norm-Nummer geändert ist, und EURONORMEN wird in folgenden auf die entsprechenden Deutschen Normen hingewiesen:

EURONORM 17   siehe DIN 59 110
EURONORM 19   siehe DIN 1025 Teil 5
EURONORM 24   siehe DIN 1026
EURONORM 53   siehe DIN 1025 Teil 2 bis Teil 4
EURONORM 54   siehe DIN 1026
EURONORM 56   siehe DIN 1028
EURONORM 57   siehe DIN 1029
EURONORM 58   siehe DIN 1017 Teil 1
EURONORM 59   siehe DIN 1014 Teil 1
EURONORM 60   siehe DIN 1013 Teil 1
EURONORM 61   siehe DIN 1015
EURONORM 65   siehe DIN 59 130
EURONORM 66   siehe DIN 1018
EURONORM 91   siehe DIN 59 200
EURONORM 103   siehe DIN 50 601
EURONORM 162   siehe DIN 17 118 und DIN 59 413
EN 10 204   siehe DIN 50 049
ECISS-Mitteilung IC 10   siehe DIN V 17 006 Teil 100

Fortsetzung Seite 2
und 24 Seiten EN

Normenausschuß Eisen und Stahl (FES) im DIN Deutsches Institut für Normung e.V.

Zitierte Normen und andere Unterlagen

— in der Deutschen Fassung:

Siehe Abschnitt 2

— in nationalen Zusätzen:

DIN 1013 Teil 1	Stabstahl; warmgewalzter Rundstahl für allgemeine Verwendung; Maße, zulässige Maß- und Formabweichungen
DIN 1014 Teil 1	Stabstahl; Warmgewalzter Vierkantstahl für allgemeine Verwendung, Maße, zulässige Maß- und Formabweichungen
DIN 1015	Stabstahl; Warmgewalzter Sechskantstahl, Maße, Gewichte, zulässige Abweichungen
DIN 1017 Teil 1	Stabstahl; Warmgewalzter Flachstahl für allgemeine Verwendung; Maße, Gewichte, zulässige Abweichungen
DIN 1018	Stabstahl; Warmgewalzter Halbrundstahl und Flachhalbrundstahl; Maße, Gewichte, zulässige Abweichungen
DIN 1025 Teil 2	Warmgewalzte I-Träger, breite I-Träger, IPB- und IB-Reihe; Maße, Masse, statische Werte
DIN 1025 Teil 3	Warmgewalzte I-Träger, breite I-Träger, leichte Ausführung, IPB-Reihe; Maße, Masse, statische Werte
DIN 1025 Teil 4	Warmgewalzte I-Träger, breite I-Träger, verstärkte Ausführung, IPBv-Reihe; Maße, Masse, statische Werte
DIN 1025 Teil 5	Warmgewalzte I-Träger, mittelbreite I-Träger, IPE-Reihe; Maße, Masse, statische Werte
DIN 1026	Stabstahl; Formstahl; Warmgewalzter rundkantiger U-Stahl; Maße, Gewichte, zulässige Abweichungen, statische Werte
DIN 1028	Warmgewalzter gleichschenkliger rundkantiger Winkelstahl; Maße, Masse, statische Werte
DIN 1029	Warmgewalzter ungleichschenkliger rundkantiger Winkelstahl; Maße, Masse, statische Werte
DIN V 17 006 Teil 100	Bezeichnungssysteme für Stähle; Zusatzsymbole für Kurznamen; Deutsche Fassung ECISS-IC 10 : 1991
DIN 17 118	Kaltprofile aus Stahl; Technische Lieferbedingungen
DIN 50 049	Metallische Erzeugnisse; Arten von Prüfbescheinigungen; Deutsche Fassung EN 10 204 : 1991
DIN 50 601	Metallographische Prüfverfahren; Ermittlung der Ferrit- oder Austenitkorngröße von Stahl und Eisenwerkstoffen
DIN 59 110	Walzdraht aus Stahl; Maße, zulässige Abweichungen, Gewichte
DIN 59 130	Stabstahl; Warmgewalzter Rundstahl für Schrauben und Niete; Maße, zulässige Maß- und Formabweichungen
DIN 59 200	Flachzeug aus Stahl; Warmgewalzter Breitflachstahl; Maße, zulässige Maß-, Form- und Gewichtsabweichungen
DIN 59 413	Kaltprofile aus Stahl; Zulässige Maß-, Form- und Gewichtsabweichungen

Frühere Ausgaben

DIN 1611: 09.24, 01.28, 04.29, 08.30, 12.35

DIN 1612: 01.32, 03.43x

DIN 1620: 09.24, 03.58

DIN 1621: 09.24

DIN 1622: 12.33

DIN 17 100: 10.57, 09.66, 01.80

DIN EN 10 025: 01.91

Änderungen

Gegenüber der Ausgabe Januar 1991 wurden folgende Änderungen vorgenommen:

a) Kurznamen geändert und Werkstoffnummern aufgenommen (siehe Vergleichsliste in Tabelle C.1).

b) Höchstwerte für das Kohlenstoffäquivalent der Sorten S235, S275 und S355 festgelegt (siehe 7.3.3.1 und Tabelle 4).

c) Höchstwerte für den Mn-Gehalt der Sorten S235 und S275 festgelegt (siehe Tabellen 2 und 3).

d) Normative Verweisungen überarbeitet (siehe Abschnitt 2).

EUROPÄISCHE NORM
EUROPEAN STANDARD
NORME EUROPÉENNE

EN 10025
März 1990
+ A1
August 1993

DK 669.14.018.291-122.4-4 : 620.1

Deskriptoren: Eisen- und Stahl-Erzeugnis, Baustahl, unlegierter Stahl, Warmumformen, Güteklasse, Bezeichnung, Anforderung, chemische Zusammensetzung, mechanische Prüfung, Kontrolle, Kennzeichnung

Deutsche Fassung

Warmgewalzte Erzeugnisse aus unlegierten Baustählen
Technische Lieferbedingungen
(enthält Änderung A1 : 1993)

Hot rolled products of non-alloy structural steels — Technical delivery conditions (includes amendment A1 : 1993)

Produits laminés à chaud en aciers de construction non alliés — Conditions techniques de livraison (inclut l'amendement A1 : 1993)

Diese Europäische Norm einschließlich Änderung A1 wurde von CEN am 1993-08-10 angenommen.

Die CEN-Mitglieder sind gehalten, die CEN/CENELEC-Geschäftsordnung zu erfüllen, in der die Bedingungen festgelegt sind, unter denen dieser Europäischen Norm ohne jede Änderung der Status einer nationalen Norm zu geben ist.

Auf dem letzten Stand befindliche Listen dieser nationalen Normen mit ihren bibliographischen Angaben sind beim Zentralsekretariat oder bei jedem CEN-Mitglied auf Anfrage erhältlich.

Diese Europäische Norm einschließlich Änderung A1 besteht in drei offiziellen Fassungen (Deutsch, Englisch, Französisch). Eine Fassung in einer anderen Sprache, die von einem CEN-Mitglied in eigener Verantwortung durch Übersetzung in seine Landessprache gemacht und dem Zentralsekretariat mitgeteilt worden ist, hat den gleichen Status wie die offiziellen Fassungen.

CEN-Mitglieder sind die nationalen Normungsinstitute von Belgien, Dänemark, Deutschland, Finnland, Frankreich, Griechenland, Irland, Island, Italien, Luxemburg, Niederlande, Norwegen, Österreich, Portugal, Schweden, Schweiz, Spanien und dem Vereinigten Königreich.

CEN

EUROPÄISCHES KOMITEE FÜR NORMUNG
European Committee for Standardization
Comité Européen de Normalisation

Zentralsekretariat: rue de Stassart 36, B-1050 Brüssel

Ref.-Nr. EN 10025 : 1990 + A1 : 1993 D

Inhalt

Vorwort

Diese Europäische Norm wurde von ECISS/TC 10 "Allgemeine Baustähle — Gütenormen", dessen Sekretariat von NNI geführt wird, erstellt.

Dieses vom Sekretariat von ECISS/TC 10 erstellte Dokument nimmt den Text der EN 10025 : 1990 in den Text der Änderung A1 : 1993 auf. Diese Änderung wurde auf Anfrage von CEN/TC 121 "Schweißen" und CEN/TC 135 "Stahlbaubereich" ausgearbeitet. Die neuen Bezeichnungen wurden entsprechend EN 10027, Teile 1 und 2, ECISS Mitteilung IC 10 und dem Corrigendum vom Juli 1991 ebenfalls eingearbeitet.

Diese Europäische Norm muß den Status einer nationalen Norm erhalten, entweder durch Veröffentlichung eines identischen Textes oder durch Anerkennung bis spätestens Februar 1994, und etwaige entgegenstehende nationale Normen müssen bis spätestens Februar 1994 zurückgezogen werden.

Entsprechend der CEN/CENELEC-Geschäftsordnung sind folgende Länder gehalten, diese Europäische Norm zu übernehmen:

Belgien, Dänemark, Deutschland, Finnland, Frankreich, Griechenland, Irland, Island, Italien, Luxemburg, Niederlande, Norwegen, Österreich, Portugal, Schweden, Schweiz, Spanien und das Vereinigte Königreich.

1 Anwendungsbereich

1.1 Diese Europäische Norm enthält Anforderungen an Langerzeugnisse und an Flacherzeugnisse aus warmgewalzten, unlegierten Grund- und Qualitätsstählen der Sorten und Gütegruppen nach den Tabellen 2 und 3 (chemische Zusammensetzung) sowie 5 und 6 (mechanische Eigenschaften) im üblichen Lieferzustand nach 7.2.

Die Stähle nach dieser Europäischen Norm sind (mit den Einschränkungen nach 7.5.1) für die Verwendung bei Umgebungstemperaturen in geschweißten, genieteten und geschraubten Bauteilen bestimmt.

Sie sind — mit Ausnahme der Erzeugnisse im Lieferzustand N — nicht für eine Wärmebehandlung vorgesehen. Spannungsarmglühen ist zulässig. Erzeugnisse im Lieferzustand N können nach der Lieferung normalgeglüht und warm umgeformt werden (siehe Abschnitt 3).

ANMERKUNG 1: Die Anwendung auf Halbzeug zur Herstellung von Walzstahlfertigerzeugnissen nach dieser Europäischen Norm ist bei der Bestellung besonders zu vereinbaren. Dabei können auch besondere Vereinbarungen über die chemische Zusammensetzung im Rahmen der in Tabelle 2 festgelegten Grenzwerte getroffen werden.

ANMERKUNG 2: Bei bestimmten Stahlsorten und Erzeugnisformen kann die Eignung für besondere Verwendung bei der Bestellung vereinbart werden (siehe 7.5.3, 7.5.4 und Tabelle 7).

1.2 Diese Europäische Norm gilt nicht für Erzeugnisse mit Überzügen sowie nicht für Erzeugnisse aus Stählen für den allgemeinen Stahlbau, für die andere EURONORMEN oder Europäische Normen bestehen, z. B.

— Halbzeug zum Schmieden aus allgemeinen Baustählen (siehe EURONORM 30),

— schweißbare Feinkornbaustähle (siehe EN 10113 Teil 1 bis Teil 3),

— wetterfeste Baustähle (siehe EN 10155),

— Blech und Breitflachstahl aus vergüteten schweißgeeigneten Feinkornbaustählen (siehe prEN 10137 Teil 1 bis Teil 3 ¹)),

— Flacherzeugnisse aus Stählen mit hoher Streckgrenze für Kaltumformung — Breitflachstahl, Blech und Band — (siehe prEN 10149 ¹)),

— Schiffbaustähle, übliche und höherfeste Sorten (siehe EURONORM 156),

— warmgefertigte Hohlprofile (siehe EN 10210-1).

2 Normative Verweisungen

Diese Europäische Norm enthält durch datierte oder undatierte Verweisungen Festlegungen aus anderen Publikationen. Diese normativen Verweisungen sind an den jeweiligen Stellen im Text zitiert und die Publikationen sind nachstehend aufgeführt. Bei starren Verweisungen gehören spätere Änderungen oder Überarbeitungen dieser Publikationen nur zu dieser Europäischen Norm, falls sie durch Änderungen oder Überarbeitungen eingearbeitet sind. Bei undatierten Verweisungen gilt die letzte Ausgabe der in Bezug genommenen Publikationen.

2.1 Allgemeine Lieferbedingungen

EN 10020	Begriffsbestimmung für die Einteilung der Stähle
EN 10021	Allgemeine technische Lieferbedingungen für Stahl und Stahlerzeugnisse
EN 10027-1	Bezeichnungssysteme für Stähle — Teil 1: Kurznamen, Hauptsymbole
EN 10027-2	Bezeichnungssysteme für Stähle — Teil 2: Nummernsystem
EN 10079	Begriffsbestimmungen für Stahlerzeugnisse
EN 10163	Lieferbedingungen für die Oberflächenbeschaffenheit von warmgewalzten Stahlerzeugnissen (Blech, Breitflachstahl und Profile)
	Teil 1: Allgemeine Anforderungen
	Teil 2: Blech und Breitflachstahl
	Teil 3: Profile
EN 10164	Stahlerzeugnisse mit verbesserten Verformungseigenschaften senkrecht zur Erzeugnisoberfläche — Technische Lieferbedingungen
EN 10204	Metallische Erzeugnisse — Arten von Prüfbescheinigungen
prEN 10052 ¹)	Begriffe der Wärmebehandlung von Eisenwerkstoffen
EURONORM 162 (1981) ²)	Kaltprofile — Technische Lieferbedingungen
EURONORM 168 (1986) ²)	Inhalt von Bescheinigungen über Werkstoffprüfungen für Stahlerzeugnisse
EURONORM-Mitteilung Nr. 2 (1983) ²)	Schweißgeeignete Feinkornbaustähle — Hinweise für die Verarbeitung, besonders für das Schweißen
ECISS-Mitteilung IC 10	Bezeichnungssysteme für Stähle — Zusatzsymbole für Kurznamen

2.2 Normen für die Nennmaße und Grenzabmaße

EN 10029	Warmgewalztes Stahlblech von 3 mm Dicke an — Grenzabmaße, Formtoleranzen, zulässige Gewichtsabweichungen
EN 10051	Kontinuierlich warmgewalztes Blech und Band ohne Überzug aus unlegierten und legierten Stählen — Grenzabmaße und Formtoleranzen
prEN 10024 ¹)	I-Profile mit geneigten inneren Flanschflächen — Grenzabmaße und Formtoleranzen
prEN 10034 ¹)	I- und U-Profile aus Stahl — Grenzabmaße und Formtoleranzen
prEN 10048 ¹)	Warmgewalzter Bandstahl — Grenzabmaße und Formtoleranzen
prEN 10055 ¹)	Warmgewalzter gleichschenkliger T-Stahl mit gerundeten Kanten und Übergängen — Grenzabmaße und Formtoleranzen
prEN 10056-2 ¹)	Gleichschenklige und ungleichschenklige Winkel aus Stahl — Teil 2: Grenzabmaße und Formtoleranzen

---

¹) Z. Z. Entwurf

²) Bis zu ihrer Umwandlung in Europäische Normen können entweder die genannten EURONORMEN oder die entsprechenden nationalen Normen nach der Liste im Anhang B zur vorliegenden Europäischen Norm angewendet werden.

prEN 10067 [1])	Warmgewalzter Wulstflach-stahl — Grenzabmaße und Formtoleranzen
EURONORM 17 (1970) [2])	Walzdraht aus üblichen un-legierten Stählen zum Zie-hen — Maße und zulässige Abweichungen
EURONORM 19 (1957) [2])	IPE-Träger — I-Träger mit par-allelen Flanschflächen
EURONORM 24 (1962) [2]) [3])	Schmale I-Träger, U-Stahl — zulässige Abweichungen
EURONORM 53 (1962) [2])	Warmgewalzte breite I-Träger (Breitflanschträger) mit paral-lelen Flanschflächen
EURONORM 54 (1980) [2])	Warmgewalzter kleiner U-Stahl
EURONORM 56 (1977) [2]) [4])	Warmgewalzter gleichschenk-liger rundkantiger Winkel-stahl
EURONORM 57 (1978) [2]) [4])	Warmgewalzter ungleich-schenkliger rundkantiger Win-kelstahl
EURONORM 58 (1978) [2])	Warmgewalzter Flachstahl für allgemeine Verwendung
EURONORM 59 (1978) [2])	Warmgewalzter Vierkantstahl für allgemeine Verwendung
EURONORM 60 (1979) [2])	Warmgewalzter Rundstahl für allgemeine Verwendung
EURONORM 61 (1982) [2])	Warmgewalzter Sechskant-stahl
EURONORM 65 (1980) [2])	Warmgewalzter Rundstahl für Schrauben und Niete
EURONORM 66 (1967) [2])	Warmgewalzter Halbrund- und Flachhalbrundstahl
EURONORM 91 (1981) [2])	Warmgewalzter Breitflach-stahl — zulässige Maß-, Form-und Gewichtsabweichungen

2.3 Prüfnormen

EN 10002-1	Metallische Werkstoffe-Zug-versuch — Teil 1: Prüfverfahren (bei Raumtemperatur)
EN 10045-1	Metallische Werkstoffe — Kerbschlagbiegeversuch nach Charpy — Teil 1: Prüfverfahren
EURONORM 18 (1979) [2])	Entnahme und Vorbereitung von Probenabschnitten und Proben aus Stahl und Stahl-erzeugnissen
EURONORM 103 (1971) [2])	Mikroskopische Ermittlung der Ferrit- oder Austenitkorn-größe von Stählen
ISO 2566/1 (1984)	Steel-Conversion of elonga-tion values — Part 1: Carbon and low alloy steels

3 Definitionen

Für die Anwendung dieser Europäischen Norm gelten folgende Definitionen:

3.1 Unlegierte Grund- und Qualitätsstähle: siehe EN 10020.

3.2 Fachausdrücke der Wärmebehandlung: siehe prEN 10052.

3.3 Langerzeugnisse, Flacherzeugnisse (Blech, Band, Warmbreitband und Breitflachstahl) sowie Halbzeug: siehe EN 10079.

3.4 Normalisierendes Walzen: Walzverfahren mit einer Endumformung in einem bestimmten Temperaturbereich, das zu einem Werkstoffzustand führt, der dem nach einem Normalglühen gleichwertig ist, so daß die Sollwerte der mechanischen Eigenschaften auch nach einem zusätz-lichen Normalglühen eingehalten werden.

Die Kurzbezeichnung für diesen Lieferzustand ist N.

ANMERKUNG: Im internationalen Schrifttum fin-det man sowohl für das normalisierende Walzen als auch für das thermomechanische Walzen den Aus-druck "controlled rolling". Im Hinblick auf die unter-schiedliche Verwendbarkeit der Erzeugnisse ist jedoch eine Trennung dieser beiden Begriffe erfor-derlich.

4 Bestellangaben

4.1 Allgemeines

Bei der Bestellung muß der Besteller folgendes angeben:

a) Einzelheiten zur Erzeugnisform und zur Liefer-menge,

b) Hinweis auf diese Europäische Norm,

c) Nennmaße und Grenzabmaße (siehe 5.1),

d) Stahlsorte und Gütegruppe (siehe Tabellen 2 und 5),

e) ob die Erzeugnisse einer Prüfung zu unterziehen sind und — bei gewünschter Prüfung — Angabe der Art der Prüfung und der Prüfbescheinigung (siehe 8.1.2),

f) ob bei Erzeugnissen aus Stählen der Gütegruppe JR und aus den Sorten E295, E335 und E360 die Prü-fung der mechanischen Eigenschaften nach Losen oder nach Schmelzen erfolgen soll (siehe 8.3.1).

Wenn vom Besteller keine spezifischen Angaben zu a), b), c) und d) gemacht werden, ist eine Rückfrage des Lieferers beim Besteller erforderlich.

4.2 Zusätzliche Anforderungen

In Abschnitt 11 ist eine Reihe zusätzlicher Anforderungen angegeben. Falls der Besteller davon keinen Gebrauch macht und die Bestellung keine entsprechenden Angaben enthält, werden die Erzeugnisse nach den Grundanfor-derungen dieser Norm geliefert.

5 Maße, Masse und Grenzabmaße

5.1 Maße und Grenzabmaße

Die Maße und Grenzabmaße müssen den Angaben in den Europäischen Normen und EURONORMEN entsprechen (siehe 2.2).

5.2 Masse

Für die Ermittlung der theoretischen Masse ist eine Dichte von 7,85 kg/dm^3 einzusetzen.

6 Sorteneinteilung; Bezeichnung

6.1 Stahlsorten und Gütegruppen

Diese Europäische Norm enthält die Stahlsorten S185, S235, S275, S355, E295, E335 und E360 (siehe Tabelle 5), die sich in ihren mechanischen Eigenschaften unter-scheiden.

---

[1]), [2]) Siehe Seite 3

[3]) EURONORM 24 wird hier im Hinblick auf Angaben für U-Stahl genannt.

[4]) Die EURONORMEN 56 und 57 sind hier wegen der in ihnen enthaltenen Nennmaße aufgeführt.

251

Tabelle 1: Lieferzustand

Stahlsorten und Gütegruppen	Lieferzustand	
	Flacherzeugnisse	Langerzeugnisse
S185	nach Vereinbarung [1])[3])	nach Vereinbarung [1])[3])
S235JR, S235JO S275JR, S275JO S355JR, S355JO	nach Vereinbarung [1])[3])	nach Vereinbarung [1])[3])
S235J2G3 S275J2G3 S355J2G3, S355K2G3	N	nach Vereinbarung [1])[3])
S235J2G4 S275J2G4 S355J2G4, S355K2G4	nach Wahl des Herstellers [2])	nach Wahl des Herstellers [2])
E295, E335, E360	nach Vereinbarung [1])[3])	nach Vereinbarung [1])[3])

[1]) Sofern bei der Bestellung nichts vereinbart wird, bleibt der Lieferzustand dem Hersteller überlassen.

[2]) Der Lieferzustand bleibt dem Hersteller überlassen.

[3]) Wenn der Zustand N bestellt und geliefert wurde, ist dies in der Prüfbescheinigung anzugeben.

Die Stahlsorten S235 und S275 können in den Gütegruppen JR, JO und J2 geliefert werden. Die Stahlsorte S355 ist in den Gütegruppen JR, JO, J2 und K2 lieferbar. Bei Erzeugnissen aus den Stahlsorten S235 und S275 der Gütegruppe J2 wird nach J2G3 und J2G4 unterschieden. Bei Erzeugnissen aus der Stahlsorte S355 der Gütegruppen J2 und K2 wird nach J2G3 und J2G4 sowie K2G3 und K2G4 unterschieden (siehe auch 7.2).

Die einzelnen Gütegruppen unterscheiden sich voneinander in der Schweißeignung und in den Anforderungen an die Kerbschlagarbeit (siehe 7.5.1).

Die Stahlsorten S185, E295, E335 und E360 sowie die Stahlsorten S235, S275 und S355 der Gütegruppe JR sind Grundstähle, sofern keine Anforderungen an die Eignung zum Kaltumformen gestellt werden.

Bei den Sorten der Gütegruppen JO, J2G3, J2G4, K2G3 und K2G4 handelt es sich um Qualitätsstähle.

6.2 Bezeichnung

6.2.1 Bei den Stahlsorten nach dieser Europäischen Norm sind die Kurznamen nach EN 10027-1 und ECISS-Mitteilung IC10, die Werkstoffnummern nach EN 10027-2 gebildet worden.

ANMERKUNG: Eine Liste der früheren nationalen Bezeichnungen vergleichbarer Stähle sowie der früheren Bezeichnungen nach EN 10025 : 1990 enthält Anhang C, Tabelle C.1.

6.2.2 Die Bezeichnung wird in der genannten Reihenfolge wie folgt gebildet:
- Nummer dieser Europäischen Norm (EN 10025),
- Kennbuchstabe S,
- Kennzahl für den festgelegten Mindestwert der Streckgrenze für Dicken $\leq$ 16 mm in N/mm^2,
- Kennzeichen für die Gütegruppen (siehe 6.1) im Hinblick auf die Schweißeignung und die Kerbschlagarbeit,
- gegebenenfalls (bei der Stahlsorte S235JR) Kennzeichen für die Desoxidationsart (G1 für "unberuhigt" (FU) oder G2 für "unberuhigt nicht zulässig" (FN) (siehe 7.1.3),
- gegebenenfalls Kennbuchstabe C für die Eignung für besondere Verwendungszwecke (siehe Tabelle 7),

- gegebenenfalls Angabe "+N", wenn die Erzeugnisse im Zustand N zu liefern sind (siehe 3.4 und Tabelle 1). (Nicht erforderlich bei Flacherzeugnissen aus Stählen der Gütegruppen J2G3 und K2G3).

BEISPIEL:

Stahl EN 10025 − S355JOC.

7 Technische Anforderungen

7.1 Erschmelzungsverfahren des Stahles

7.1.1 Das Erschmelzungsverfahren des Stahls bleibt dem Hersteller überlassen. Wenn bei der Bestellung vereinbart, ist das Erschmelzungsverfahren des Stahles − außer bei der Stahlsorte S185 − dem Besteller bekanntzugeben.

Zusätzliche Anforderung 1.

Für die Stahlsorten der Gütegruppen JO, J2G3, J2G4, K2G3 und K2G4 kann ein bestimmtes Erschmelzungsverfahren bei der Bestellung vereinbart werden.

Zusätzliche Anforderung 2.

7.1.2 Die Desoxidationsart muß den Angaben in Tabelle 2 entsprechen. Für die Stahlsorte S235JR kann die Desoxidationsart bei der Bestellung vorgeschrieben werden.

Zusätzliche Anforderung 3.

7.1.3 Die Desoxidationsarten sind wie folgt gekennzeichnet:

Freigestellt: Nach Wahl des Herstellers

FU: Unberuhigter Stahl

FN: Unberuhigter Stahl nicht zulässig

FF: Vollberuhigter Stahl mit einem ausreichenden Gehalt an stickstoffabbindenden Elementen (z. B. mindestens 0,020 % Al), werden andere Elemente verwendet, ist dies in den Prüfbescheinigungen anzugeben.

7.2 Lieferzustand

7.2.1 Allgemeines

Falls eine Prüfbescheinigung gefordert wird (siehe 8.1.2) und die Erzeugnisse im Lieferzustand N bestellt und geliefert wurden, ist dies in der Bescheinigung anzugeben.

7.2.2 Flacherzeugnisse

7.2.2.1 Sofern nicht anders vereinbart, bleibt bei Flacherzeugnissen aus den Stählen S185, E295, E335 und E360 sowie aus den Stählen S235, S275 und S355 der Gütegruppen JR und JO der Lieferzustand dem Hersteller überlassen (siehe 7.4.1).
Zusätzliche Anforderung 17.

7.2.2.2 Flacherzeugnisse aus Stählen der Gütegruppen J2G3 und K2G3 sind im normalgeglühten oder in einem durch normalisierendes Walzen entsprechend der Definition in 3.4 erzielten gleichwertigen Zustand zu liefern.

7.2.2.3 Bei Flacherzeugnissen aus Stählen der Gütegruppen J2G4 und K2G4 bleibt der Lieferzustand dem Hersteller überlassen.

7.2.3 Langerzeugnisse

7.2.3.1 Sofern nicht anders vereinbart, bleibt bei Langerzeugnissen aus den Stählen S185, E295, E335 und E360 sowie aus den Stählen S235, S275 und S355 der Gütegruppen JR, JO, J2G3 und K2G3 der Lieferzustand dem Hersteller überlassen.
Zusätzliche Anforderung 22.

7.2.3.2 Bei Langerzeugnissen aus Stählen der Gütegruppen J2G4 und K2G4 bleibt der Lieferzustand dem Hersteller überlassen.

7.3 Chemische Zusammensetzung

7.3.1 Die chemische Zusammensetzung nach der Schmelzenanalyse muß den Werten in Tabelle 2 entsprechen.

Die für die Stückanalyse geltenden oberen Grenzwerte sind in Tabelle 3 angegeben.

7.3.2 Für die Stahlsorten S235JR, S235JO, S235J2G3, S235J2G4, S355JO, S355J2G3, S355J2G4, S355K2G3 und S355K2G4 kann folgende zusätzliche Anforderung an die chemische Zusammensetzung bei der Bestellung vereinbart werden:

– Kupfergehalt von 0,25 % bis 0,40 %.
Zusätzliche Anforderung 4.

7.3.3 Bei der Bestellung können folgende zusätzliche Anforderungen vereinbart werden:

7.3.3.1 Höchstwert für das Kohlenstoffäquivalent (CEV) nach der Schmelzenanalyse entsprechend Tabelle 4. Das Kohlenstoffäquivalent ist nach der Formel

$$CEV = C + \frac{Mn}{6} + \frac{Cr + Mo + V}{5} + \frac{Ni + Cu}{15}$$

zu ermitteln.

Wenn ein Höchstwert für das Kohlenstoffäquivalent vereinbart wurde, ist der Gehalt der in der Formel genannten Elemente in der Prüfbescheinigung anzugeben.
Zusätzliche Anforderung 5.

7.3.3.2 Bei den Stahlsorten S355JO, S355J2G3, S355J2G4, S355K2G3 und S355K2G4 Angabe der Gehalte an Chrom, Kupfer, Molybdän, Nickel, Niob, Titan und Vanadin (Schmelzenanalyse) in der Prüfbescheinigung.
Zusätzliche Anforderung 6.

7.3.3.3 Bei den Stahlsorten S355JO, S355J2G3, S355J2G4, S355K2G3 und S355K2G4 bei Dicken ≤ 30 mm Begrenzung des Kohlenstoffgehaltes auf maximal 0,18 % in der Schmelzenanalyse und maximal 0,20 % in der Stückanalyse, wenn die Erzeugnisse mehr als 0,02 % Nb oder 0,03 % Ti oder 0,03 % V in der Schmelzenanalyse oder mehr als 0,03 % Nb oder 0,04 % Ti oder 0,05 % V in der Stückanalyse enthalten.
Zusätzliche Anforderung 7.

7.4 Mechanische Eigenschaften

7.4.1 Allgemeines

7.4.1.1 Die mechanischen Eigenschaften müssen im Lieferzustand nach 7.2 und bei der Probenahme und Prüfung nach Abschnitt 8 den Anforderungen nach den Tabellen 5 und 6 entsprechen.

7.4.1.2 Für Erzeugnisse, die im normalgeglühten oder im normalisierend gewalzten Zustand geliefert werden, gelten die mechanischen Eigenschaften nach den Tabellen 5 und 6 sowohl für den Lieferzustand als auch nach einem Normalglühen nach der Lieferung.

Bei Walzdraht gelten die mechanischen Eigenschaften nach den Tabellen 5 und 6 für normalgeglühte Bezugsproben.

> ANMERKUNG: Spannungsarmglühen bei Temperaturen über 580 °C oder für eine Dauer von mehr als 1 h kann zu einer Verschlechterung der mechanischen Eigenschaften führen. Wenn der Verarbeiter beabsichtigt, die Erzeugnisse bei höheren Temperaturen oder für eine längere Zeitdauer spannungsarmzuglühen, sollten die Mindestwerte für die mechanischen Eigenschaften nach einer solchen Behandlung bei der Bestellung vereinbart werden.

7.4.1.3 Als Dicke gilt bei Flacherzeugnissen die Nenndicke, bei Langerzeugnissen mit ungleichmäßigem Querschnitt die Nenndicke des Teils, dem die Probenabschnitte entnommen werden (siehe Anhang A).

7.4.1.4 Bei Flacherzeugnissen aus Stählen der Gütegruppen J2G3 und K2G3, die im Walzzustand geliefert und beim Verarbeiter normalgeglüht werden, sind die Probenabschnitte normalzuglühen. Die an den normalgeglühten Proben ermittelten Ergebnisse müssen den Anforderungen nach dieser Europäischen Norm entsprechen.

> ANMERKUNG: Die Ergebnisse dieser Prüfungen repräsentieren nicht die Eigenschaften der gelieferten Erzeugnisse, sie sind aber kennzeichnend für die Eigenschaften, die nach einem ordnungsgemäßen Normalglühen erreicht werden können.

7.4.2 Kerbschlagbiegeversuch

7.4.2.1 Wenn die Nenndicke des Erzeugnisses für die Herstellung üblicher Kerbschlagproben nicht ausreicht, sind Proben von geringerer Breite zu entnehmen (siehe 8.6.3.3) und die zulässigen Werte über die Kerbschlagarbeit aus Bild 1 zu entnehmen.

Bei Erzeugnissen mit Nenndicken < 6 mm können keine Kerbschlagbiegeversuche gefordert werden.

7.4.2.2 Bei Erzeugnissen aus Stählen der Gütegruppen J2G3, J2G4, K2G3 und K2G4 in Dicken < 6 mm muß die Ferritkorngröße ≥ 6 betragen; der Nachweis erfolgt, sofern er bei der Bestellung vorgeschrieben wurde, nach EURONORM 103.
Zusätzliche Anforderung 8.

7.4.2.3 Wenn Aluminium als das kornverfeinernde Element verwendet wird, sind die Anforderungen an die Korngröße als erfüllt anzusehen, wenn der Gehalt in der Schmelzenanalyse mindestens 0,020 % Al$_{gesamt}$ oder mindestens 0,015 % Al$_{löslich}$ beträgt. In diesem Fall ist der Nachweis der Korngröße nicht erforderlich.

7.4.2.4 Die Werte der Kerbschlagarbeit von Erzeugnissen aus Stählen der Gütegruppe JR werden durch Versuche nur dann nachgewiesen, wenn sie bei der Bestellung vereinbart wurde.
Zusätzliche Anforderung 9.

7.4.3 Verbesserte Verformungseigenschaften senkrecht zur Erzeugnisoberfläche

Auf entsprechende Vereinbarung bei der Bestellung müssen die Erzeugnisse aus Stählen der Gütegruppen J2G3, J2G4, K2G3 und K2G4 den Anforderungen an die Eigenschaften in Dickenrichtung nach EN 10164 entsprechen. Zusätzliche Anforderung 10.

7.5 Technologische Eigenschaften

7.5.1 Schweißeignung

7.5.1.1 Die Stähle nach dieser Europäischen Norm haben keine uneingeschränkte Eignung zum Schweißen nach den verschiedenen Verfahren, da das Verhalten eines Stahles beim und nach dem Schweißen nicht nur vom Werkstoff, sondern auch von den Maßen und der Form sowie den Fertigungs- und Betriebsbedingungen des Bauteils abhängt.

7.5.1.2 Für die Stahlsorten S185, E295, E335 und E360 werden keine Angaben über die Schweißeignung gemacht, da für sie keine Anforderungen an die chemische Zusammensetzung bestehen.

7.5.1.3 Die Stähle der Gütegruppen JR, JO, J2G3, J2G4, K2G3 und K2G4 sind im allgemeinen zum Schweißen nach allen Verfahren geeignet.

Die Schweißeignung verbessert sich bei jeder Sorte von der Gütegruppe JR bis zur Gütegruppe K2.

Bei der Stahlsorte S235JR sind beruhigte Stähle gegenüber den unberuhigten zu bevorzugen, besonders wenn beim Schweißen Seigerungszonen angeschnitten werden können.

ANMERKUNG 1: Mit steigender Erzeugnisdicke und steigender Festigkeit wird das Auftreten von Kaltrissen in der geschweißten Zone zur hauptsächlichen Gefahr. Kaltrissigkeit wird von den folgenden zusammenwirkenden Einflußgrößen verursacht:

— Gehalt an diffusiblem Wasserstoff im Schweißgut,

— sprödes Gefüge in der wärmebeeinflußten Zone,

— hohe Zugspannungskonzentrationen in der Schweißverbindung.

ANMERKUNG 2: Aus Empfehlungen, z. B. EURO-NORM-Mitteilung Nr. 2 [5]) oder vergleichbaren nationalen Normen, können die angemessenen Schweißbedingungen und die verschiedenen Bereiche für das Schweißen der Stahlsorten in Abhängigkeit von der Erzeugnisdicke, den eingebrachten Streckenenergie, den Anforderungen an das Bauteil, dem Elektrodenausbringen, dem Schweißverfahren und den Eigenschaften des Schweißgutes ermittelt werden.

7.5.2 Warmumformbarkeit

Nur Erzeugnisse, die im normalgeglühten oder im normalisierend gewalzten Zustand bestellt und geliefert werden, müssen den Anforderungen nach den Tabellen 5 und 6 nach einem Warmumformen nach der Lieferung entsprechen (siehe 7.4.1.2).

7.5.3 Kaltumformbarkeit

Stahlsorten mit gewünschter Eignung zum Kaltumformen sind bei der Bestellung mit dem Buchstaben C zu bezeichnen (siehe 6.2.2).

7.5.3.1 Eignung zum Kaltbiegen, Abkanten, Kaltflanschen oder Kaltbördeln

Auf entsprechende Vereinbarung bei der Bestellung wird Blech, Band und Breitflachstahl in Nenndicken ≤ 20 mm mit Eignung zum Kaltbiegen, Abkanten, Kaltflanschen oder Kaltbördeln ohne Rißbildung bei den Mindestwerten für

den Biegehalbmesser nach Tabelle 8 geliefert. Die in Betracht kommenden Stahlsorten und Gütegruppen sind in Tabelle 7 angegeben.

Zusätzliche Anforderung 18.

7.5.3.2 Walzprofilieren

Auf Vereinbarung bei der Bestellung kann Blech und Band in Nenndicken ≤ 8 mm mit Eignung zur Herstellung von Kaltprofilen durch Walzprofilieren (z. B. nach EURO-NORM 162) geliefert werden. Diese Eignung gilt für die in Tabelle 9 angegebenen Biegehalbmesser. Die in Betracht kommenden Stahlsorten und Gütegruppen sind aus Tabelle 7 zu entnehmen.

Zusätzliche Anforderung 19.

ANMERKUNG: Alle zum Walzprofilieren geeigneten Sorten sind auch für die Herstellung von kaltgefertigten quadratischen und rechteckigen Hohlprofilen geeignet.

7.5.3.3 Stabziehen

Auf Vereinbarung bei der Bestellung können Stäbe mit Eignung zum Blankziehen geliefert werden. Die in Betracht kommenden Stahlsorten und Gütegruppen sind aus Tabelle 7 zu entnehmen.

Zusätzliche Anforderung 23.

7.5.4 Sonstige Anforderungen

Bei der Bestellung können die Eignung zum Feuerverzinken oder zum Emaillieren sowie die Güteanforderungen an die entsprechenden Erzeugnisse vereinbart werden.

Zusätzliche Anforderung 11.

Auf entsprechende Vereinbarung bei der Bestellung müssen schwere Profile für das Längstrennen geeignet sein.

Zusätzliche Anforderung 24.

7.6 Oberflächenbeschaffenheit

7.6.1 Band

Durch die Oberflächenbeschaffenheit soll eine der Stahlsorte angemessene Verwendung bzw. sachgemäße Verarbeitung des Bandes nicht beeinträchtigt werden.

7.6.2 Blech, Breitflachstahl und Profile

Für Unvollkommenheiten der Oberfläche sowie für das Ausbessern von Oberflächenfehlern durch Schleifen und/oder Schweißen gilt EN 10163 Teil 1 bis Teil 3.

8 Prüfung

8.1 Allgemeines

8.1.1 Die Erzeugnisse können mit Prüfung auf Übereinstimmung mit den Anforderungen dieser Europäischen Norm geliefert werden.

8.1.2 Wenn eine Prüfung gewünscht wird, muß der Besteller bei der Bestellung folgende Angaben machen:

— Art der Prüfung (spezifische oder nichtspezifische Prüfung, siehe EN 10021),

— Art der Prüfbescheinigung (siehe 8.10), siehe 4.1 e) und zusätzliche Anforderung 12.

Für Erzeugnisse aus der Stahlsorte S185 kommt nur eine nichtspezifische Prüfung in Betracht.

8.1.3 Spezifische Prüfungen sind nach den Angaben in 8.2 bis 8.9 durchzuführen.

8.1.4 Wenn bei der Bestellung nicht anders vereinbart, wird die Prüfung der Oberflächenbeschaffenheit und der Maße vom Hersteller durchgeführt.

Zusätzliche Anforderung 13.

[5]) Wird in die EN 1011 "Empfehlungen für das Lichtbogenschmelzschweißen ferritischer Stähle" umgewandelt.

254

8.2 Spezifische Prüfung

8.2.1 Wenn eine Bescheinigung über eine spezifische Prüfung gefordert wird, sind in jedem Fall durchzuführen:

— Zugversuch bei allen Erzeugnissen;

— Kerbschlagbiegeversuch bei allen Erzeugnissen aus Stählen der Gütegruppen JO, J2G3, J2G4, K2G3 und K2G4.

8.2.2 Bei der Bestellung können folgende Prüfungen zusätzlich vereinbart werden:

a) Kerbschlagbiegeversuch bei allen Erzeugnissen aus Stählen der Gütegruppe JR (siehe 7.4.2.4); Zusätzliche Anforderung 9.

b) Stückanalyse, wenn die Erzeugnisse nach Schmelzen geliefert werden (siehe 8.5.2). Zusätzliche Anforderung 15.

8.3 Vorlage zur Prüfung

8.3.1 Der Nachweis der mechanischen Eigenschaften ist wie folgt zu führen:

— je nach den Angaben bei der Bestellung nach Schmelzen oder nach Losen bei den Stählen der Gütegruppe JR sowie den Stahlsorten E295, E335 und E360, Zusätzliche Anforderung 14;

— nach Schmelzen bei den Stählen der Gütegruppen JO, J2G3, J2G4, K2G3 und K2G4.

8.3.2 Wenn bei der Bestellung die Prüfung nach Losen vereinbart wurde, darf der Hersteller nach eigenem Ermessen eine Prüfung nach Schmelzen durchführen, sofern die Erzeugnisse nach Schmelzen geliefert werden.

8.4 Prüfeinheiten

8.4.1 Die Prüfeinheiten müssen aus Erzeugnissen derselben Stahlsorte, derselben Erzeugnisform und desselben Dickenbereichs für die Streckgrenze entsprechend Tabelle 5 bestehen; sie betragen

— bei der Prüfung nach Losen: 20 t oder kleinere Teilmengen,

— bei der Prüfung nach Schmelzen: 40 t oder kleinere Teilmengen;

60 t oder kleinere Teilmengen bei schweren Profilen mit einer Masse > 100 kg/m.

8.4.2 Wenn bei der Bestellung vorgeschrieben, ist bei Flacherzeugnissen aus Stählen der Gütegruppen J2G3, J2G4, K2G3 und K2G4 die Prüfung entweder nur der Kerbschlagarbeit oder der Kerbschlagarbeit und der Eigenschaften beim Zugversuch an jeder Walztafel oder jeder Rolle durchzuführen.

Zusätzliche Anforderung 20.

8.5 Nachweis der chemischen Zusammensetzung

8.5.1 Für die bei jeder einzelnen Schmelze durchgeführte Schmelzenanalyse gelten die vom Hersteller mitgeteilten Werte.

8.5.2 Die Stückanalyse wird nur durchgeführt, wenn dies bei der Bestellung vorgeschrieben wurde. Der Besteller muß die Anzahl der Proben sowie die zu prüfenden Elemente angeben.

Zusätzliche Anforderung 15.

8.6 Mechanische Prüfungen

8.6.1 Anzahl der Probenabschnitte

Aus jeder Prüfeinheit sind folgende Probenabschnitte zu entnehmen:

— ein Probenabschnitt für die Probe für den Zugversuch (siehe 8.2.1),

— ein zur Herstellung von sechs Kerbschlagproben ausreichender Probenabschnitt bei der Prüfung von Stählen der Gütegruppen JO, J2G3, J2G4, K2G3, K2G4; bei entsprechender Bestellung gilt dies auch für die Prüfung von Stählen der Gütegruppe JR (siehe 8.2.1 und 8.2.2a).

8.6.2 Lage der Probenabschnitte (siehe Anhang A)

Die Probenabschnitte sind dem dicksten Erzeugnis der Prüfeinheit zu entnehmen außer bei Flacherzeugnissen aus Stählen der Gütegruppen J2G3 und K2G3, bei denen die Probenabschnitte einem beliebigen Erzeugnis der Prüfeinheit entnommen werden dürfen.

8.6.2.1 Bei Blech, Breitband und Breitflachstahl sind die Probenabschnitte so zu entnehmen, daß die Proben ungefähr im halben Abstand zwischen Längskante und Mittellinie des Erzeugnisses liegen.

Bei Breitband und Walzdraht ist der Probenabschnitt in angemessenem Abstand vom Ende der Rolle oder des Ringes zu entnehmen.

Bei Bandstahl (< 600 mm Breite) ist der Probenabschnitt im Abstand von einem Drittel der Bandbreite vom Rand in angemessenem Abstand vom Ende der Rolle zu entnehmen.

8.6.2.2 Für Langerzeugnisse gelten die Festlegungen in EURONORM 18 (siehe Anhang A).

8.6.2.3 Wenn für Halbzeug bei der Bestellung zusätzlich zur chemischen Zusammensetzung die Prüfung der mechanischen Eigenschaften vorgeschrieben wird, sind Probenstücke mit einer Kantenhöhe oder einem Durchmesser ≤ 20 mm aus dem vollen Erzeugnisquerschnitt durch Warmumformen herzustellen und anschließend normalzuglühen.

Zusätzliche Anforderung 27.

8.6.3 Entnahme und Bearbeitung der Proben

8.6.3.1 Allgemeines

Es gelten die Festlegungen in EURONORM 18 (siehe Anhang A).

8.6.3.2 Zugproben

Es gelten die Festlegungen in EN 10002-1.

Es dürfen nicht-proportionale Proben verwendet werden, in Schiedsfällen sind aber Proportionalproben mit einer Meßlänge

$$L_0 = 5,65 \cdot \sqrt{S_0}$$ zu verwenden (siehe 8.7.2.1).

Bei Flacherzeugnissen < 3 mm Nenndicke müssen die Proben stets eine Meßlänge $L_0 = 80$ mm und eine Breite von 20 mm aufweisen (Probenform 2 nach EN 10002-1 Anhang A).

Bei Stäben werden üblicherweise Rundproben verwendet, jedoch sind auch andere Probenformen zulässig (siehe EN 10002-1).

8.6.3.3 Kerbschlagbiegeproben

Die Proben sind parallel zur Hauptwalzrichtung zu entnehmen. Die Proben sind nach EN 10045-1 zu bearbeiten und vorzubereiten. Zusätzlich gelten folgende Anforderungen:

a) Bei Nenndicken > 12 mm sind genormte Proben (10 mm × 10 mm) so herzustellen, daß eine Seite nicht mehr als 2 mm von der Walzoberfläche entfernt liegt.

b) Bei Nenndicken ≤ 12 mm muß bei der Verwendung von Proben geringerer Breite die Probenbreite mindestens 5 mm betragen.

8.6.3.4 Proben für die Ermittlung der chemischen Zusammensetzung

Für die Herstellung der Proben für die Stückanalyse gilt EURONORM 18.

8.7 Anzuwendende Prüfverfahren

8.7.1 Chemische Zusammensetzung

Für die Ermittlung der chemischen Zusammensetzung sind in Schiedsfällen die entsprechenden Europäischen Normen oder EURONORMEN anzuwenden (siehe auch Fußnote 2 zum Abschnitt 2).

8.7.2 Mechanische Prüfungen

Die mechanischen Prüfungen sind bei Temperaturen zwischen 10 °C und 35 °C durchzuführen, sofern nicht für den Kerbschlagbiegeversuch eine bestimmte Prüftemperatur festgelegt ist.

8.7.2.1 Zugversuch

Der Zugversuch ist nach EN 10002-1 durchzuführen.

Als die in Tabelle 5 festgelegte Streckgrenze ist die obere Streckgrenze (R_{eH}) zu ermitteln.

Bei nicht ausgeprägter Streckgrenze ist die 0,2 % Dehngrenze ($R_{p0,2}$) oder die Gesamtdehnung $R_{t0,5}$ zu ermitteln; in Schiedsfällen ist die 0,2 % Dehngrenze ($R_{p0,2}$) zu ermitteln.

Wenn für Erzeugnisse mit einer Dicke $\geq 3\,mm$ nichtproportionale Zugproben verwendet werden, ist die ermittelte Bruchdehnung nach den Umrechnungstabellen in ISO 2566/1 auf den für die Meßlänge $L_0 = 5{,}65 \cdot \sqrt{S_0}$ gültigen Wert umzurechnen.

8.7.2.2 Kerbschlagbiegeversuch

Der Kerbschlagbiegeversuch ist nach EN 10045-1 durchzuführen.

Der Mittelwert aus den drei Prüfergebnissen muß den festgelegten Anforderungen entsprechen. Ein Einzelwert darf unter dem festgelegten Mindest-Mittelwert liegen, er muß jedoch mindestens 70 % dieses Wertes betragen.

In folgenden Fällen sind drei zusätzliche Proben dem Probenabschnitt nach 8.6.1 zu entnehmen und zu prüfen:

— wenn der Mittelwert der drei Proben unter dem festgelegten Mindest-Mittelwert liegt,

— wenn die Anforderungen an den Mittelwert zwar erfüllt sind, jedoch zwei Einzelwerte unter dem festgelegten Mindest-Mittelwert liegen,

— wenn einer der Einzelwerte weniger als 70 % des festgelegten Mindest-Mittelwertes beträgt.

Der Mittelwert aller sechs Prüfungen darf nicht kleiner sein als der festgelegte Mindest-Mittelwert. Von den sechs Einzelwerten dürfen höchstens zwei unter diesem Mindest-Mittelwert liegen, davon darf jedoch höchstens ein Einzelwert weniger als 70 % des Mindest-Mittelwertes betragen.

8.8 Wiederholungsprüfungen und Wiedervorlage zur Prüfung

Für alle Wiederholungsprüfungen sowie für die Wiedervorlage zur Prüfung gilt EN 10021.

Bei Band und Walzdraht sind die Wiederholungsprüfungen an der zurückgebrannten Rolle nach Abtrennen eines zusätzlichen Erzeugnisabschnittes von maximal 20 m vorzunehmen, um den Einfluß des Rollenendes zu beseitigen.

8.9 Innere Fehler

Für die Prüfung auf innere Fehler gilt EN 10021.

8.10 Prüfbescheinigungen

8.10.1 Für die Stahlsorte S185 kommt nur die Ausstellung einer Werksbescheinigung, und zwar nur nach entsprechender Vereinbarung bei der Bestellung, in Betracht.

8.10.2 Für alle anderen Stahlsorten ist bei entsprechender Vereinbarung bei der Bestellung eine der in EN 10204 genannten Prüfbescheinigungen auszustellen. In diesen Bescheinigungen sind die Angabenblöcke A, B und Z sowie die Kennnummern C01 bis C03, C10 bis C13, C40 bis C43 und C71 bis C92 nach EURONORM 168 zu erfassen. Siehe 4.1 e) und zusätzliche Anforderung 12.

9 Kennzeichnung von Flach- und Langerzeugnissen

9.1 Wenn bei der Bestellung nichts anderes vereinbart wurde, sind die Erzeugnisse durch Farbauftrag, Stempelung, dauerhafte Klebezettel oder Anhängeschilder mit folgenden Angaben zu kennzeichnen:

— Kurzname für die Stahlsorte (z. B. S275JO),

— Schmelzennummer (falls nach Schmelzen geprüft wird),

— Name oder Kennzeichen des Herstellers.

Zusätzliche Anforderung 16.

9.2 Die Kennzeichnung ist nach Wahl des Herstellers in der Nähe eines Ende jeden Stückes oder auf der Stirnfläche anzubringen.

9.3 Es ist zulässig, leichte Erzeugnisse in festen Bunden zu liefern. In diesem Fall muß die Kennzeichnung auf einem Anhängeschild erfolgen, das am Bund oder an dem oben liegenden Stück des Bundes angebracht wird.

10 Beanstandungen

Für Beanstandungen nach der Lieferung und deren Bearbeitung gilt EN 10021.

11 Zusätzliche Anforderungen (siehe 4.2)

11.1 Für alle Erzeugnisse

1) Angabe des Erschmelzungsverfahrens des Stahles, außer bei der Stahlsorte S185 (siehe 7.1.1).

2) Forderung eines bestimmten Erschmelzungsverfahrens bei Stählen der Gütegruppen JO, J2G3, J2G4, K2G3 und K2G4 (siehe 7.1.1).

3) Vorschrift einer bestimmten Desoxidationsart bei der Stahlsorte S235JR (siehe 7.1.2).

4) Forderung eines Kupfergehaltes von 0,25 % bis 0,40 % (siehe 7.3.2).

5) Höchstwert für das Kohlenstoffäquivalent nach Tabelle 4 für die Stähle S235, S275 und S355 (siehe 7.3.3.1).

6) Angabe des Gehaltes an zusätzlichen chemischen Elementen in der Prüfbescheinigung beim Stahl S355 (siehe 7.3.3.2).

7) Höchstwert von 0,18 % C in der Schmelzenanalyse bei den Stahlsorten S355JO, S355J2 und S355K2 bei Dicken $\leq 30\,mm$ (siehe 7.3.3.3).

8) Nachweis der Korngröße bei Erzeugnissen mit Nenndicken $< 6\,mm$ aus Stählen der Gütegruppen J2G3, J2G4, K2G3 und K2G4 (siehe 7.4.2.2).

9) Prüfung der Kerbschlagarbeit bei Erzeugnissen der Gütegruppe JR (siehe 7.4.2.4, 8.2.2a und Tabelle 6).

10) Anforderungen an die Eigenschaften in Dickenrichtung entsprechend EN 10164 bei Erzeugnissen aus Stählen der Gütegruppen J2G3, J2G4, K2G3 und K2G4 (siehe 7.4.3).

11) Anforderungen an die Eignung des Stahls zum Feuerverzinken oder Emaillieren (siehe 7.5.4).

12) Prüfung der Erzeugnisse und — bei gewünschter

Prüfung – Angabe der Art der Prüfung und der gewünschten Prüfbescheinigung (siehe 4.1 e) und 8.1.2).

13) Vom Besteller gewünschte Prüfung der Oberfläche und der Maße im Herstellerwerk (siehe 8.1.4).

14) Prüfung der mechanischen Eigenschaften nach Schmelzen oder nach Losen bei Erzeugnissen aus Stählen der Gütegruppe JR sowie bei den Stahlsorten E295, E335 und E360 (siehe 4.1 f) und 8.3.1).

15) Durchführung der Stückanalyse mit Angaben über die Anzahl der Prüfungen und die nachzuweisenden Elemente (siehe 8.5.2).

16) Etwaige besondere Arten der Kennzeichnung (siehe Abschnitt 9.1).

11.2 Für Flacherzeugnisse

17) Gewünschter Lieferzustand N bei Erzeugnissen aus den Stahlsorten S185, E295, E335 und E360 sowie aus den Stählen S235, S275 und S355 der Gütegruppen JR und JO (siehe 7.2.2.1).

18) Lieferung mit Eignung zum Kaltbiegen, Abkanten, Kaltflanschen oder Kaltbördeln bei Blech, Band und Breitflachstahl ≤ 20 mm Nenndicke (siehe 7.5.3.1).

19) Nur bei Blech und Band: Lieferung mit Eignung zur Herstellung von Kaltprofilen bei Nenndicken ≤ 8 mm mit Biegehalbmessern entsprechend Tabelle 9 (siehe 7.5.3.2).

20) Durchführung des Kerbschlagbiegeversuchs oder des Kerbschlagbiege- und des Zugversuchs bei jeder Walztafel oder jeder Rolle bei Flacherzeugnissen aus Stählen der Gütegruppe J2G3 (siehe 8.4.2).

21) Verwendung einer Rundprobe für den Zugversuch bei Flacherzeugnissen mit einer Nenndicke > 30 mm (siehe Bild A.3).

11.3 Für Langerzeugnisse

22) Gewünschter Lieferzustand N bei Erzeugnissen aus den Stahlsorten E295, E335 und E360 sowie aus den Stählen S235, S275 und S355 der Gütegruppen JR und JO (siehe 7.2.3.1).

23) Nur bei Stäben: Lieferung mit Eignung zum Blankziehen (siehe 7.5.3.3).

24) Anforderungen an die Eignung zum Längstrennen bei schweren Profilen (siehe 7.5.4).

25) Nur bei Profilen: maximaler Kohlenstoffgehalt bei Nenndicken > 100 mm (siehe Tabellen 2 und 3).

26) Mindestwerte der Kerbschlagarbeit bei Profilen in Nenndicken > 100 mm (siehe Tabelle 6).

11.4 Für Halbzeug

27) Etwaige Prüfung von Halbzeug (siehe 8.6.2.3).

Tabelle 2: Chemische Zusammensetzung nach der Schmelzenanalyse für Flacherzeugnisse und Langerzeugnisse [1])

Stahlsorte Bezeichnung nach EN 10027-1 und ECISS IC 10	nach EN 10027-2	Desoxidations-art	Stahl-art [4])	Massenanteile in %, max.							
				C für Erzeugnis-Nenndicken in mm			Mn	Si	P	S	N [2)3])
				≤ 16	> 16 ≤ 40	> 40 [5])					
S185 [6])	1.0035	freigestellt	BS	–	–	–	–	–	–	–	–
S235JR [6])	1.0037	freigestellt	BS	0,17	0,20	–	1,40	–	0,045	0,045	0,009
S235JRG1 [6])	1.0036	FU	BS	0,17	0,20	–	1,40	–	0,045	0,045	0,007
S235JRG2	1.0038	FN	BS	0,17	0,17	0,20	1,40	–	0,045	0,045	0,009
S235JO	1.0114	FN	QS	0,17	0,17	0,17	1,40	–	0,040	0,040	0,009
S235J2G3	1.0116	FF	QS	0,17	0,17	0,17	1,40	–	0,035	0,035	–
S235J2G4	1.0117	FF	QS	0,17	0,17	0,17	1,40	–	0,035	0,035	–
S275JR	1.0044	FN	BS	0,21	0,21	0,22	1,50	–	0,045	0,045	0,009
S275JO	1.0143	FN	QS	0,18	0,18	0,18 [7])	1,50	–	0,040	0,040	0,009
S275J2G3	1.0144	FF	QS	0,18	0,18	0,18 [7])	1,50	–	0,035	0,035	–
S275J2G4	1.0145	FF	QS	0,18	0,18	0,18 [7])	1,50	–	0,035	0,035	–
S355JR	1.0045	FN	BS	0,24	0,24	0,24	1,60	0,55	0,045	0,045	0,009
S355JO [8])	1.0553	FN	QS	0,20	0,20 [9])	0,22	1,60	0,55	0,040	0,040	0,009
S355J2G3 [8])	1.0570	FF	QS	0,20	0,20 [9])	0,22	1,60	0,55	0,035	0,035	–
S355J2G4 [8])	1.0577	FF	QS	0,20	0,20 [9])	0,22	1,60	0,55	0,035	0,035	–
S355K2G3 [8])	1.0595	FF	QS	0,20	0,20 [9])	0,22	1,60	0,55	0,035	0,035	–
S355K2G4 [8])	1.0596	FF	QS	0,20	0,20 [9])	0,22	1,60	0,55	0,035	0,035	–
E295	1.0050	FN	BS	–	–	–	–	–	0,045	0,045	0,009
E335	1.0060	FN	BS	–	–	–	–	–	0,045	0,045	0,009
E360	1.0070	FN	BS	–	–	–	–	–	0,045	0,045	0,009

[1]) Siehe 7.3.

[2]) Die angegebenen Werte dürfen überschritten werden, wenn je 0,001 % N der Höchstwert für den Phosphorgehalt um 0,005 % unterschritten wird; der Stickstoffgehalt darf jedoch einen Wert von 0,012 % in der Schmelzenanalyse nicht übersteigen.

[3]) Der Höchstwert für den Stickstoffgehalt gilt nicht, wenn der Stahl einen Gesamtgehalt an Aluminium von mindestens 0,020 % oder genügend andere stickstoffabbindende Elemente enthält. Die stickstoffabbindenden Elemente sind in der Prüfbescheinigung anzugeben.

[4]) BS: Grundstahl; QS: Qualitätsstahl.

[5]) Bei Profilen mit einer Nenndicke > 100 mm ist der Kohlenstoffgehalt zu vereinbaren. Zusätzliche Anforderung 25.

[6]) Nur in Nenndicken ≤ 25 mm lieferbar.

[7]) Maximal 0,20 % C bei Nenndicken > 150 mm.

[8]) Siehe 7.3.3.2 und 7.3.3.3.

[9]) Maximal 0,22 % C bei Nenndicken > 30 mm und bei den zum Walzprofilieren geeigneten Sorten (siehe 7.5.3.2).

Tabelle 3: Chemische Zusammensetzung nach der Stückanalyse entsprechend den Festlegungen in Tabelle 2 [1])

Stahlsorte Bezeichnung nach EN 10027-1 und ECISS IC 10	nach EN 10027-2	Desoxidationsart	Stahlart [4])	Massenanteile in %, max.							
				C für Erzeugnis-Nenndicken in mm			Mn	Si	P	S	N [2)3])
				≤ 16	> 16 ≤ 40	> 40 [5])					
S185 [6])	1.0035	freigestellt	BS	–	–	–	–	–	–	–	–
S235JR [6])	1.0037	freigestellt	BS	0,21	0,25	–	1,50	–	0,055	0,055	0,011
S235JRG1 [6])	1.0036	FU	BS	0,21	0,25	–	1,50	–	0,055	0,055	0,009
S235JRG2	1.0038	FN	BS	0,19	0,19	0,23	1,50	–	0,055	0,055	0,011
S235JO	1.0114	FN	QS	0,19	0,19	0,19	1,50	–	0,050	0,050	0,011
S235J2G3	1.0116	FF	QS	0,19	0,19	0,19	1,50	–	0,045	0,045	–
S235J2G4	1.0117	FF	QS	0,19	0,19	0,19	1,50	–	0,045	0,045	–
S275JR	1.0044	FN	BS	0,24	0,24	0,25	1,60	–	0,055	0,055	0,011
S275JO	1.0143	FN	QS	0,21	0,21	0,21 [7])	1,60	–	0,050	0,050	0,011
S275J2G3	1.0144	FF	QS	0,21	0,21	0,21 [7])	1,60	–	0,045	0,045	–
S275J2G4	1.0145	FF	QS	0,21	0,21	0,21 [7])	1,60	–	0,045	0,045	–
S355JR	1.0045	FN	BS	0,27	0,27	0,27	1,70	0,60	0,055	0,055	0,011
S355JO [8])	1.0553	FN	QS	0,23	0,23 [9])	0,24	1,70	0,60	0,050	0,050	0,011
S355J2G3 [8])	1.0570	FF	QS	0,23	0,23 [9])	0,24	1,70	0,60	0,045	0,045	–
S355J2G4 [8])	1.0577	FF	QS	0,23	0,23 [9])	0,24	1,70	0,60	0,045	0,045	–
S355K2G3 [8])	1.0595	FF	QS	0,23	0,23 [9])	0,24	1,70	0,60	0,045	0,045	–
S355K2G4 [8])	1.0596	FF	QS	0,23	0,23 [9])	0,24	1,70	0,60	0,045	0,045	–
E295	1.0050	FN	BS	–	–	–	–	–	0,055	0,055	0,011
E335	1.0060	FN	BS	–	–	–	–	–	0,055	0,055	0,011
E360	1.0070	FN	BS	–	–	–	–	–	0,055	0,055	0,011

[1]) Siehe 7.3.

[2]) Die angegebenen Werte dürfen überschritten werden, wenn je 0,001 % N der Höchstwert für den Phosphorgehalt um 0,005 % unterschritten wird; der Stickstoffgehalt darf jedoch einen Wert von 0,014 % in der Stückanalyse nicht übersteigen.

[3]) Der Höchstwert für den Stickstoffgehalt gilt nicht, wenn der Stahl einen Gesamtgehalt an Aluminium von mindestens 0,020 % oder genügend andere stickstoffabbindende Elemente enthält. Die stickstoffabbindenden Elemente sind in der Prüfbescheinigung anzugeben.

[4]) BS: Grundstahl; QS: Qualitätsstahl.

[5]) Bei Profilen mit einer Nenndicke > 100 mm ist der Kohlenstoffgehalt zu vereinbaren. Zusätzliche Anforderung 25.

[6]) Nur in Nenndicken ≤ 25 mm lieferbar.

[7]) Maximal 0,23 % C bei Nenndicken > 150 mm.

[8]) Siehe 7.3.3.2 und 7.3.3.3.

[9]) Maximal 0,24 % C bei Nenndicken > 30 mm und bei den zum Walzprofilieren geeigneten Sorten (siehe 7.5.3.2).

259

Tabelle 4: Höchstwerte für das Kohlenstoffäquivalent (CEV) nach der Schmelzenanalyse, sofern bei der Bestellung vereinbart.
Zusätzliche Anforderung 5

Stahlsorte Bezeichnung		Desoxi-dations-art	Stahl-art [1]	Kohlenstoffäquivalent %, max. für Nenndicken in mm		
nach EN 10027-1 und ECISS IC 10	nach EN 10027-2			≤ 40	> 40 ≤ 150	> 150 ≤ 250
S235JR [2]	1.0037	freigestellt	BS	0,35	–	–
S235JRG1 [2]	1.0036	FU	BS	0,35	–	–
S235JRG2	1.0038	FN	BS	0,35	0,38	0,40
S235JO	1.0114	FN	QS	0,35	0,38	0,40
S235J2G3	1.0116	FF	QS	0,35	0,38	0,40
S235J2G4	1.0117	FF	QS	0,35	0,38	0,40
S275JR	1.0044	FN	BS	0,40	0,42	0,44
S275JO	1.0143	FN	QS	0,40	0,42	0,44
S275J2G3	1.0144	FF	QS	0,40	0,42	0,44
S275J2G4	1.0145	FF	QS	0,40	0,42	0,44
S355JR	1.0045	FN	BS	0,45	0,47	0,49
S355JO	1.0553	FN	QS	0,45	0,47	0,49
S355J2G3	1.0570	FF	QS	0,45	0,47	0,49
S355J2G4	1.0577	FF	QS	0,45	0,47	0,49
S355K2G3	1.0595	FF	QS	0,45	0,47	0,49
S355K2G4	1.0596	FF	QS	0,45	0,47	0,49

[1] BS: Grundstahl; QS: Qualitätsstahl.
[2] Nur in Nenndicken ≤ 25 mm lieferbar.

Tabelle 5: Mechanische Eigenschaften der Flach- und Langerzeugnisse

Stahlsorte Bezeichnung nach EN 10027-1 und ECISS IC 10	nach EN 10027-2	Desoxidationsart	Stahlart [2]	Streckgrenze R_{eH} N/mm², min. [1] für Nenndicken in mm								Zugfestigkeit R_m N/mm² [1] für Nenndicken in mm			
				≤ 16	> 16 ≤ 40	> 40 ≤ 63	> 63 ≤ 80	> 80 ≤ 100	> 100 ≤ 150	> 150 ≤ 200	> 200 ≤ 250	< 3	≥ 3 ≤ 100	> 100 ≤ 150	> 150 ≤ 250
S185 [3]	1.0035	frei-gestellt	BS	185	175	–	–	–	–	–	–	310 bis 540	290 bis 510	–	–
S235JR [3]	1.0037	frei-gestellt	BS	235	225	–	–	–	–	–	–	360 bis 510	340 bis 470	–	–
S235JRG1 [3]	1.0036	FU	BS	235	225	–	–	–	–	–	–			–	–
S235JRG2	1.0038	FN	BS	235	225	215	215	215	195	185	175			340	320
S235J0	1.0114	FN	QS	235	225	215	215	215	195	185	175			bis 470	bis 470
S235J2G3	1.0116	FF	QS	235	225	215	215	215	195	185	175				
S235J2G4	1.0117	FF	QS	235	225	215	215	215	195	185	175				
S275JR	1.0044	FN	BS	275	265	255	245	235	225	215	205	430 bis 580	410 bis 560	400 bis 540	380 bis 540
S275J0	1.0143	FN	QS												
S275J2G3	1.0144	FF	QS												
S275J2G4	1.0145	FF	QS												
S355JR	1.0045	FN	BS	355	345	335	325	315	295	285	275	510 bis 680	490 bis 630	470 bis 630	450 bis 630
S355J0	1.0553	FN	QS												
S355J2G3	1.0570	FF	QS												
S355J2G4	1.0577	FF	QS												
S355K2G3	1.0595	FF	QS												
S355K2G4	1.0596	FF	QS												
E295 [4]	1.0050	FN	BS	295	285	275	265	255	245	235	225	490 bis 660	470 bis 610	450 bis 610	440 bis 610
E335 [4]	1.0060	FN	BS	335	325	315	305	295	275	265	255	590 bis 770	570 bis 710	550 bis 710	540 bis 710
E360 [4]	1.0070	FN	BS	360	355	345	335	325	305	295	285	690 bis 900	670 bis 830	650 bis 830	640 bis 830

[1] Die Werte für den Zugversuch in der Tabelle gelten für Längsproben (l), bei Band, Blech und Breitflachstahl in Breiten ≥ 600 mm für Querproben (t).

[2] BS: Grundstahl; QS: Qualitätsstahl.

[3] Nur in Nenndicken ≤ 25 mm lieferbar.

[4] Diese Stahlsorten kommen üblicherweise nicht für Profilerzeugnisse (I-, U-Winkel) in Betracht.

(fortgesetzt)

Tabelle 5 (abgeschlossen): **Mechanische Eigenschaften der Flach- und Langerzeugnisse**

Stahlsorte Bezeichnung nach EN 10027-1 und ECISS IC 10	nach EN 10027-2	Desoxidationsart	Stahlart [2)]	Probenlage [1)]	Bruchdehnung, %, min. [1)] $L_0 = 80$ mm für Nenndicken in mm					$L_0 = 5{,}65\sqrt{S_0}$ für Nenndicken in mm				
					≤ 1	>1 $\leq 1{,}5$	$>1{,}5$ ≤ 2	>2 $\leq 2{,}5$	$>2{,}5$ <3	≥ 3 ≤ 40	>40 ≤ 63	>63 ≤ 100	>100 ≤ 150	>150 ≤ 250
S185 [3)]	1.0035	freigestellt	BS	l	10	11	12	13	14	18	–	–	–	–
				t	8	9	10	11	12	16	–	–	–	–
S235JR [3)]	1.0037	freigestellt	BS											
S235JRG1 [3)]	1.0036	FU	BS	l	17	18	19	20	21	26	25	24	22	21
S235JRG2	1.0038	FN	BS	t	15	16	17	18	19	24	23	22	22	21
S235J0	1.0114	FN	QS											
S235J2G3	1.0116	FF	QS											
S235J2G4	1.0117	FF	QS											
S275JR	1.0044	FN	BS											
S275J0	1.0143	FN	QS	l	14	15	16	17	18	22	21	20	18	17
S275J2G3	1.0144	FF	QS	t	12	13	14	15	16	20	19	18	18	17
S275J2G4	1.0145	FF	QS											
S355JR	1.0045	FN	BS											
S355J0	1.0553	FN	QS											
S355J2G3	1.0570	FF	QS	l	14	15	16	17	18	22	21	20	18	17
S355J2G4	1.0577	FF	QS	t	12	13	14	15	16	20	19	18	18	17
S355K2G3	1.0595	FF	QS											
S355K2G4	1.0596	FF	QS											
E295 [4)]	1.0050	FN	BS	l	12	13	14	15	16	20	19	18	16	15
				t	10	11	12	13	14	18	17	16	15	14
E335 [4)]	1.0060	FN	BS	l	8	9	10	11	12	16	15	14	12	11
				t	6	7	8	9	10	14	13	12	11	10
E360 [4)]	1.0070	FN	BS	l	4	5	6	7	8	11	10	9	8	7
				t	3	4	5	6	7	10	9	8	7	6

[1)] Die Werte für den Zugversuch in der Tabelle gelten für Längsproben (l), bei Band, Blech und Breitflachstahl in Breiten ≥ 600 mm für Querproben (t).

[2)] BS: Grundstahl; QS: Qualitätsstahl.

[3)] Nur in Nenndicken ≤ 25 mm lieferbar.

[4)] Diese Stahlsorten kommen üblicherweise nicht für Profilerzeugnisse (I-, U-Winkel) in Betracht.

Tabelle 6: Kerbschlagarbeit (Spitzkerb-Längsproben) für Flach- und Langerzeugnisse [1])

Stahlsorte Bezeichnung		Desoxidations-art	Stahlart [2])	Temperatur °C	Kerbschlagarbeit, J, min. für Nenndicken in mm	
nach EN 10027-1 und ECISS IC 10	nach EN 10027-2				> 10 ≤ 150 [3])	> 150 ≤ 250 [3])
S185 [4])	1.0035	freigestellt	BS	–	–	–
S235JR [4]) [5])	1.0037	freigestellt	BS	20	27	–
S235JRG1 [4]) [5])	1.0036	FU	BS	20	27	–
S235JRG2 [5])	1.0038	FN	BS	20	27	23
S235JO	1.0114	FN	QS	0	27	23
S235J2G3	1.0116	FF	QS	– 20	27	23
S235J2G4	1.0117	FF	QS	– 20	27	23
S275JR [5])	1.0044	FN	BS	20	27	23
S275JO	1.0143	FN	QS	0	27	23
S275J2G3	1.0144	FF	QS	– 20	27	23
S275J2G4	1.0145	FF	QS	– 20	27	23
S355JR [5])	1.0045	FN	BS	20	27	23
S355JO	1.0553	FN	QS	0	27	23
S355J2G3	1.0570	FF	QS	– 20	27	23
S355J2G4	1.0577	FF	QS	– 20	27	23
S355K2G3	1.0595	FF	QS	– 20	40	33
S355K2G4	1.0596	FF	QS	– 20	40	33
E295	1.0050	FN	BS	–	–	–
E335	1.0060	FN	BS	–	–	–
E360	1.0070	FN	BS	–	–	–

[1]) Für Proben mit geringerer Breite gelten die Werte nach Bild 1.

[2]) BS: Grundstahl; QS: Qualitätsstahl.

[3]) Bei Profilen mit einer Nenndicke > 100 mm sind die Werte zu vereinbaren.
Zusätzliche Anforderung 26.

[4]) Nur in Nenndicken ≤ 25 mm lieferbar.

[5]) Die Kerbschlagarbeit von Erzeugnissen aus Stählen der Gütegruppe JR wird nur auf Vereinbarung bei der Bestellung geprüft.
Zusätzliche Anforderung 9.

263

Tabelle 7: Technologische Eigenschaften

Stahlsorte Bezeichnung		Stahlart [1])	Eignung zum		
nach EN 10027-1 und ECISS IC 10	nach EN 10027-2		Ab-kanten	Walz-profilieren	Kalt-ziehen
S235JRC	1.0120	QS	X	X	X
S235JRG1C	1.0121	QS	X	X	X
S235JRG2C	1.0122	QS	X	X	X
S235JOC	1.0115	QS	X	X	X
S235J2G3C	1.0118	QS	X	X	X
S235J2G4C	1.0119	QS	X	X	X
S275JRC	1.0128	QS	X	X	X
S275JOC	1.0140	QS	X	X	X
S275J2G3C	1.0141	QS	X	X	X
S275J2G4C	1.0142	QS	X	X	X
S355JRC	1.0551	QS	–	–	X
S355JOC	1.0554	QS	X	X	X
S355J2G3C	1.0569	QS	X	X	X
S355J2G4C	1.0579	QS	X	X	X
S355K2G3C	1.0593	QS	X	X	X
S355K2G4C	1.0594	QS	X	X	X
E295GC	1.0533	QS	–	–	X
E335GC	1.0543	QS	–	–	X
E360GC	1.0633	QS	–	–	X

[1]) QS: Qualitätsstahl nach EN 10020

Tabelle 8: Mindestwerte für die Biegehalbmesser beim Abkanten von Flacherzeugnissen

Stahlsorte Bezeichnung		Richtung der Biegekante[1]	Empfohlener kleinster innerer Biegehalbmesser für Nenndicken in mm													
nach EN 10027-1 und ECISS IC 10	nach EN 10027-2		> 1 ≤ 1,5	> 1,5 ≤ 2,5	> 2,5 ≤ 3	> 3 ≤ 4	> 4 ≤ 5	> 5 ≤ 6	> 6 ≤ 7	> 7 ≤ 8	> 8 ≤ 10	> 10 ≤ 12	> 12 ≤ 14	> 14 ≤ 16	> 16 ≤ 18	> 18 ≤ 20
S235JRC S235JRG1C S235JRG2C S235JOC S235J2G3C S235J2G4C	1.0120 1.0121 1.0122 1.0115 1.0118 1.0119	t	1,6	2,5	3	5	6	8	10	12	16	20	25	28	36	40
		l	1,6	2,5	3	6	8	10	12	16	20	25	28	32	40	45
S275JRC S275JOC S275J2G3C S275J2G4C	1.0128 1.0140 1.0141 1.0142	t	2	3	4	5	8	10	12	16	20	25	28	32	40	45
		l	2	3	4	6	10	12	16	20	25	32	36	40	45	50
S355JOC S355J2G3C S355J2G4C S355K2G3C S355K2G4C	1.0554 1.0569 1.0579 1.0593 1.0594	t	2,5	4	5	6	8	10	12	16	20	25	32	36	45	50
		l	2,5	4	5	8	10	12	16	20	25	32	36	40	50	63

1) t: Quer zur Walzrichtung
l: Parallel zur Walzrichtung

Tabelle 9: Walzprofilieren von Flacherzeugnissen

Stahlsorte Bezeichnung		Empfohlener kleinster Biegehalbmesser bei Nenndicken (s) [1]	
nach EN 10027-1 und ECISS IC 10	nach EN 10027-2	s ≤ 6 mm	6 mm < s ≤ 8 mm
S235JRC S235JRG1C S235JRG2C S235JOC S235J2G3C S235J2G4C	1.0120 1.0121 1.0122 1.0115 1.0118 1.0119	1 s	1,5 s
S275JRC S275JOC S275J2G3C S275J2G4C	1.0128 1.0140 1.0141 1.0142	1,5 s	2 s
S355JOC S355J2G3C S355J2G4C S355K2G3C S355K2G4C	1.0554 1.0569 1.0579 1.0593 1.0594	2 s	2,5 s

[1] Die Werte gelten für Biegewinkel ≤ 90°.

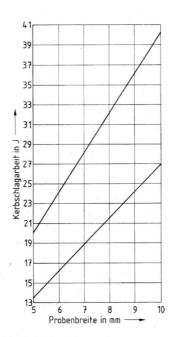

Bild 1: Mindestwert der Kerbschlagarbeit (in J) bei der Prüfung von Spitzkerbproben mit einer Breite zwischen 5 mm und 10 mm.

266

Anhang A (normativ)

Lage der Probenabschnitte und Proben (siehe EURONORM 18)

Dieser Anhang gilt für folgende Erzeugnisgruppen:
- Träger, U-Stahl, Winkelstahl, T-Stahl und Z-Stahl (siehe Bild A.1);
- Stäbe und Draht (einschließlich Walzdraht) (siehe Bild A.2);
- Flacherzeugnisse (siehe Bild A.3).

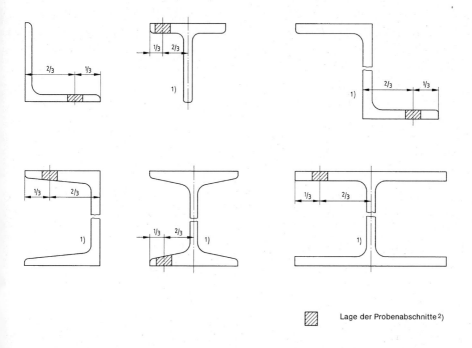

Lage der Probenabschnitte [2]

---

[1] Nach entsprechender Vereinbarung kann der Probenabschnitt auch aus dem Steg entnommen werden, und zwar in $1/4$ der Gesamthöhe.

[2] Die Entnahme der Proben aus den Probenabschnitten erfolgt nach den Angaben in Bild A.3. Bei Profilen mit geneigten Flanschflächen darf die geneigte Seite zur Erreichung paralleler Flanschflächen bearbeitet werden.

Bild A.1: Träger, U-Stahl, Winkelstahl, T-Stahl und Z-Stahl

Maße in mm

Stahlgruppe	Probenart	Erzeugnisse mit rundem Querschnitt		Erzeugnisse mit rechteckigem Querschnitt	
Stähle für den Stahlbau	Zug-proben	$d \leq 25^{1)}$ d	$d > 25^{2)}$ $\frac{2}{3}$ $\frac{1}{3}$ d	$b \leq 25^{1)}$ a	$b > 25^{2)}$ 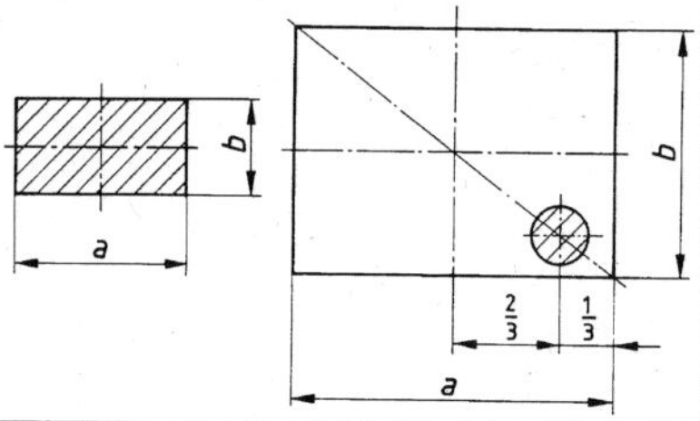 b $\frac{2}{3}$ $\frac{1}{3}$ a
	Kerbschlag-proben[3]	$d \geq 16$ 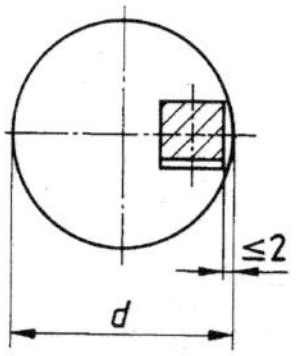 ≤ 2 d		$b \geq 12$ ≤ 2 b a	

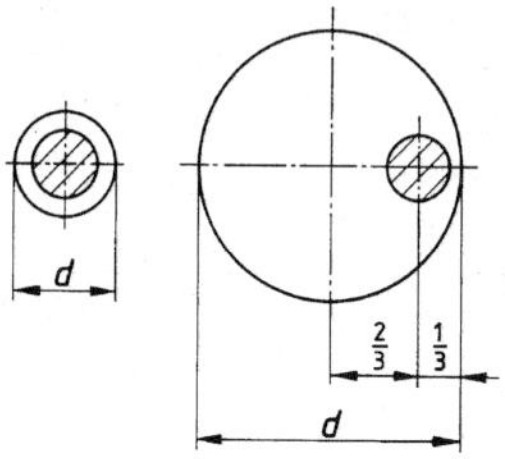

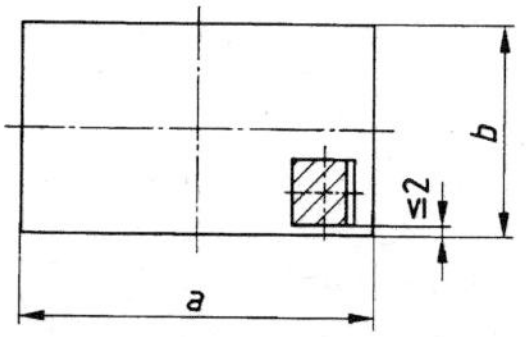

[1] Bei Erzeugnissen mit kleinen Abmessungen (d oder $b \leq 25$ mm) sollte möglichst der unbearbeitete Probenabschnitt als Probe verwendet werden.

[2] Bei Erzeugnissen mit einem Durchmesser oder einer Dicke ≤ 40 mm kann nach Wahl des Herstellers die Probe
— entweder entsprechend den für Durchmesser oder Dicken ≤ 25 mm geltenden Regeln
— oder an einer näher zum Mittelpunkt gelegenen Stelle als die im Bild angegebene entnommen werden.

[3] Bei Erzeugnissen mit rundem Querschnitt muß die Längsachse des Kerbes annähernd in Richtung eines Durchmessers verlaufen; bei Erzeugnissen mit rechteckigem Querschnitt muß sie senkrecht zur breiteren Walzoberfläche stehen.

Bild A.2: Stäbe und Draht (einschließlich Walzdraht)

Maße in mm

Probenart	Erzeugnis-dicke	Lage der Probenlängsachse bei einer Erzeugnisbreite von		Abstand der Proben von der Walzoberfläche
		< 600 mm	≥ 600 mm	
Zugproben[1]	≤ 30			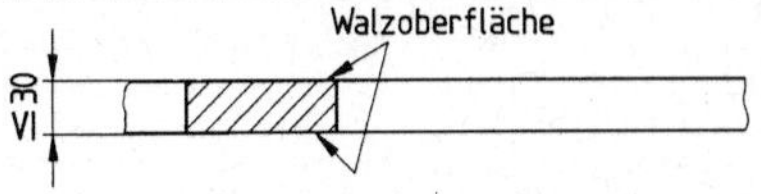
	> 30	längs	quer	
Kerbschlag-proben[2]	> 12	längs	längs	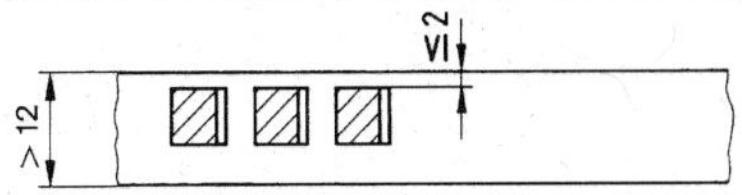

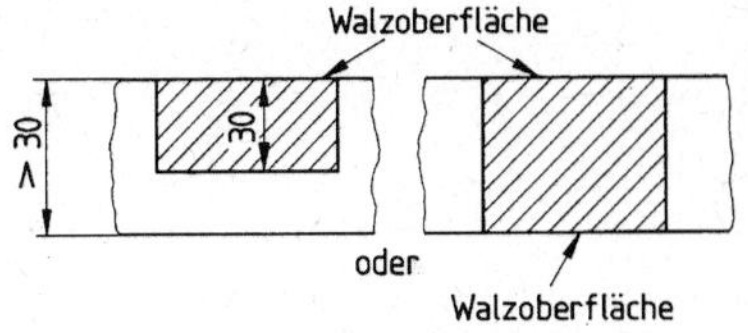

[1] In Zweifels- und Schiedsfällen muß bei den Proben aus Erzeugnissen mit ≥ 3 mm Dicke die Meßlänge $L_o = 5,65 \sqrt{S_o}$ betragen.

Für den Regelfall sind jedoch wegen der einfacheren Anfertigung auch Proben mit konstanter Meßlänge zulässig, vorausgesetzt, daß die an diesen Proben ermittelten Bruchdehnungswerte nach einer anerkannten Beziehung umgerechnet werden (siehe zum Beispiel ISO 2566 – Umrechnung von Bruchdehnungswerten).

Bei Erzeugnisdicken über 30 mm kann nach Vereinbarung eine Rundprobe verwendet werden.

Zusätzliche Anforderung 21.

[2] Die Längsachse des Kerbes muß jeweils senkrecht zur Walzoberfläche des Erzeugnisses stehen.

Bild A.3: Flacherzeugnisse

Anhang B   (informativ)

Liste der den zitierten EURONORMEN entsprechenden nationalen Normen

Bis zu ihrer Umwandlung in Europäische Normen können entweder die genannten EURONORMEN oder die entsprechenden nationalen Normen nach Tabelle B.1 angewendet werden.

Tabelle B.1: EURONORMEN und entsprechende nationale Normen

EURONORM	Entsprechende nationale Norm in				
	Deutschland	Frankreich	Vereinigtes Königreich	Spanien	Italien
17	DIN 59110	NF A 45-051	–	UNE 36-089	UNI 5598
18	–	NF A 03 111	BS 4360	UNE 36-300	UNI-EU 18
				UNE 36-400	
19	DIN 1025 T5	NF A 45 205	–	UNE 36-526	UNI 5398
24	DIN 1025 T1	NF A 45 210	BS 4	UNE 36-521	UNI 5679
	DIN 1026			UNE 36-522	UNI 5680
53	DIN 1025 T2	NF A 45 201	BS 4	UNE 36-527	UNI 5397
	DIN 1025 T3			UNE 36-528	
	DIN 1025 T4			UNE 36-529	
54	DIN 1026	NF A 45 007	BS 4	UNE 36-525	UNI-EU 54
56	DIN 1028	NF A 45 009 [1]	BS 4848	UNE 36-531	UNI-EU 56
57	DIN 1029	NF A 45 010 [1]	BS 4848	UNE 36-532	UNI-EU 57
58	DIN 1017 T1	NF A 45 005 [1]	BS 4360	UNE 36-543	UNI-EU 58
59	DIN 1014 T1	NF A 45 004 [1]	BS 4360	UNE 36-542	UNI-EU 59
60	DIN 1013 T1	NF A 45 003 [1]	BS 4360	UNE 36-541	UNI-EU 60
61	DIN 1015	NF A 45 006 [1]	BS 970	UNE 36-547	UNI 7061
65	DIN 59130	NF A 45 075 [1]	BS 3111	UNE 36-546	UNI 7356
66	DIN 1018	–	–	–	UNI 6630
91	DIN 59200	NF A 46 012	BS 4360	–	UNI-EU 91
103	DIN 50601	NF A 04 102	BS 4490	UNE 7-280	–
162	DIN 17118	NF A 37 101	BS 2994	UNE 36-570	UNI 7344
	DIN 59413				
168	–	NF A 03 116	BS 4360	UNE 36-800	UNI-EU 168
EU-Mitt.	SEW 088	NF A 36 000	BS 5135	–	–

EURONORM	Entsprechende nationale Norm in				
	Belgien NBN	Portugal NP-	Schweden	Österreich	Norwegen NS
17	524	330	–	–	–
18	A 03-001	2451	SS 11 01 20	–	10 005
			SS 11 01 05		–
19	533	2116	SS 21 27 40	M 3262	10 006
24	632-01	–	SS 21 27 25	M 3261	911
			SS 21 27 35		
53	633	2117	SS 21 27 50	–	1907
			SS 21 27 51		1908
			SS 21 27 52		
54	A 24-204	338	–	M 3260	–
56	A 24-201	335	SS 21 27 11	M 3246	1903
57	A 24-202	336	SS 21 27 12	M 3247	1904
58	A 34-201	–	SS 21 21 50	M 3230	1902
59	A 34-202	333 + 334	SS 21 27 25	M 3226	1901
60	A 34-203	331	SS 21 25 02	M 3221	1900
61	A 34-204	–	–	M 3237/M 3228	–
65	A 24-206	–	–	M 3223	–
66	–	–	–	–	–
91	A 43-301	–	SS 21 21 50	M 3231	–
103	A 14-101	1787	–	–	–
162	A 02-002	–	–	M 3316	–
168	–	–	SS 11 00 12	–	–
EU-Mitt. 2	–	–	SS 06 40 25	–	–

[1] Für die Grenzabmaße gelten zusätzlich NF A 45 001 und NF A 45 101.

Anhang C (informativ)

Liste der früheren Bezeichnungen vergleichbarer Stähle

Tabelle C.1: Liste vergleichbarer früherer Stahlbezeichnungen

Stahlsorte Bezeichnung		EN 10025:1990	Deutschland	Frankreich	Vereinigtes Königreich	Vergleichbare frühere Bezeichnungen in						
nach EN 10027-1 und ECISS IC 10	nach EN 10027-2					Spanien	Italien	Belgien	Schweden	Portugal	Österreich	Norwegen
S185	1.0035	Fe 310-0	St 33	A 33		A 310-0	Fe 320	A 320	13 00-00	Fe 310-0	St 320	
S235JR	1.0037	Fe 360 B	St 37-2	E 24-2	40 B	AE 235 B-FU	Fe 360 B	AE 235-B	13 11-00	Fe 360-B	USt 360 B	NS 12 120
S235JRG1	1.0036	Fe 360 BFU	USt 37-2			AE 235 B-FN					RSt 360 B	NS 12 122
S235JRG2	1.0038	Fe 360 BFN	RSt 37-2								St 360 C	NS 12 123
S235J0	1.0114	Fe 360 C	St 37-3 U	E 24-3	40 C	AE 235 C	Fe 360 C	AE 235-C	13 12-00	Fe 360-C	St 360 CE	NS 12 124
S235J2G3	1.0116	Fe 360 D1	St 37-3 N	E 24-4	40 D	AE 235 D	Fe 360 D	AE 235-D		Fe 360-D	St 360 D	NS 12 124
S235J2G4	1.0117	Fe 360 D2	—									
S275JR	1.0044	Fe 430 B	St 44-2	E 28-2	43 B	AE 275 B	Fe 430 B	AE 255-B	14 12-00	Fe 430-B	St 430 B	NS 12 142
S275J0	1.0143	Fe 430 C	St 44-3 U	E 28-3	43 C	AE 275 C	Fe 430 C	AE 255-C		Fe 430-C	St 430 C	NS 12 143
S275J2G3	1.0144	Fe 430 D1	St 44-3 N	E 28-4	43 D	AE 275 D	Fe 430 D	AE 255-D	14 14-00	Fe 430 D	St 430 CE	NS 12 143
S275J2G4	1.0145	Fe 430 D2	—						14 14-01		St 430 D	
S355JR	1.0045	Fe 510 B	—	E 36-2	50 B	AE 355 B	Fe 510 B	AE 355-B		Fe 510-B		NS 12 153
S355J0	1.0553	Fe 510 C	St 52-3 U	E 36-3	50 C	AE 355 C	Fe 510 C	AE 355-C		Fe 510-C	St 510 C	NS 12 153
S355J2G3	1.0570	Fe 510 D1	St 52-3 N	E 36-4	50 D	AE 355 D	Fe 510 D	AE 355-D		Fe 510-D	St 510 D	
S355J2G4	1.0577	Fe 510 D2	—									
S355K2G3	1.0595	Fe 510 DD1	—		50 DD			AE 355-DD		Fe-510-DD		
S355K2G4	1.0596	Fe 510 DD2	—									
E295	1.0050	Fe 490-2	St 50-2	A 50-2		A 490	Fe 490	A 490-2	15 50-00 / 15 50-01	Fe 490-2	St 490	
E335	1.0060	Fe 590-2	St 60-2	A 60-2		A 590	Fe 590	A 590-2	16 50-00 / 16 50-01	Fe 590-2	St 590	
E360	1.0070	Fe 690-2	St 70-2	A 70-2		A 690	Fe 690	A 690-2	16 55-00 / 16 55-01	Fe 690-2	St 690	

Bezeichnungssysteme für Stähle Teil 1: Kurznamen, Hauptsymbole Deutsche Fassung EN 10 027-1 : 1992	 **DIN** **EN 10 027** Teil 1

Designation systems for steels; Part 1: Steel names, principal symbols; German version EN 10 027-1 : 1992

Systèmes de désignation des aciers; Partie 1: Désignation symbolique, symboles principaux; Version allemande EN 10 027-1 : 1992

Die Europäische Norm EN 10 027-1 : 1992 hat den Status einer Deutschen Norm.

Nationales Vorwort

Die Europäische Norm EN 10 027 Teil 1 ist vom Technischen Komitee (TC) 7 „Kurzbezeichnung der Stahlsorten" (Sekretariat: Italien) des Europäischen Komitees für die Eisen- und Stahlnormung (ECISS) ausgearbeitet worden.

Das zuständige deutsche Normungsgremium ist der Unterausschuß 19/1 „Einteilung, Benennung und Benummerung von Stählen" des Normenausschusses Eisen und Stahl (FES).

Das europäische harmonisierte Bezeichnungssystem für Stähle umfaßt die Kurznamen (EN 10 027 Teil 1 in Verbindung mit der ECISS IEC 10) und die Werkstoffnummern (EN 10 027 Teil 2).

Der Anwendungsbereich der vorliegenden endgültigen Ausgabe von EN 10 027 Teil 1 erstreckt sich nur auf die Hauptsymbole, mit denen die Verwendung und die mechanischen oder physikalischen Eigenschaften (Kurznamen der Gruppe 1) oder die chemische Zusammensetzung (Kurznamen der Gruppe 2) grob gekennzeichnet werden. Die im Entwurf der Norm noch enthaltenen Zusatzsymbole, die zu verwenden sind, wenn die Festlegungen in EN 10 027-1 für eine eindeutige Identifizierung einer Stahlsorte nicht ausreichen, sind jetzt in der national als DIN V 17 006 Teil 100 veröffentlichten ECISS-Mitteilung IC 10 erfaßt. Wesentlicher Grund hierfür war die Vermutung, daß bei der Einführung des neuen Systems sich noch Ergänzungen und Änderungen bei den Zusatzsymbolen als erforderlich erweisen könnten.

Die deutschen Vertreter innerhalb des ECISS haben diese Aufspaltung nicht befürwortet, sondern sich dafür ausgesprochen, das gesamte Bezeichnungssystem für Kurznamen in **einer** Unterlage zusammenzufassen. Die ECISS-Mitteilung IC 10 entspricht dieser Vorstellung, da sie neben den Zusatzsymbolen auch die Hauptsymbole enthält. Die Herausgabe der EN 10 027-1 erscheint demnach aus deutscher Sicht überflüssig.

Ferner sind nach deutscher Auffassung die Festlegungen im Abschnitt 4.3.2 unbefriedigend. Sie lassen zu, daß die einzelnen nationalen Normeninstitute unabhängig voneinander Kurznamen für nur national genormte Stähle vergeben. Das kann zu Verwechslungen und zu Schwierigkeiten bei einer späteren europäischen Normung der betreffenden Stähle führen.

Durch EN 10 027 Teil 1 in Verbindung mit der Mitteilung IC 10 werden die folgenden früheren Festlegungen und Hinweise zur Bildung von Kurznamen für Stähle ersetzt:

— Abschnitt 2.1 des DIN-Normenheftes 3, Ausgabe 1983 (siehe dort auch Hinweise auf die schon vor langer Zeit zurückgezogenen Normen DIN E 1660 Blatt 1 und DIN 17 006 Teil 1 bis Teil 3),

— Festlegungen zum Werkstoff Stahlguß in DIN 17 006 Teil 4 (Ausgabe Oktober 1949),

— EURONORM 27: Kurzbenennung von Stählen

Der Inhalt der EN 10 027 Teil 1 ist vergleichbar mit dem des ISO Technical Report ISO/TR 4949.

Für die im Abschnitt 2 zitierten Europäischen Normen wird im folgenden auf die entsprechenden Deutschen Normen hingewiesen:

EN 10 020   siehe DIN EN 10 020
EN 10 027-2   siehe DIN EN 10 027 Teil 2
EN 10 079   siehe DIN EN 10 079
Mitteilung IC 10   siehe Vornorm DIN V 17 006 Teil 100

Zitierte Normen

— in der deutschen Fassung:
Siehe Abschnitt 2

— in nationalen Zusätzen:

DIN EN 10 020   Begriffsbestimmungen für die Einteilung der Stähle; Deutsche Fassung EN 10 020 : 1988

DIN EN 10 027 Teil 2   Bezeichnungssysteme für Stähle, Teil 2: Nummernsystem; Deutsche Fassung EN 10 027-2 : 1992

DIN EN 10 079   Begriffsbestimmungen für Stahlerzeugnisse; Deutsche Fassung 10 079 : 1992

DIN V 17 006 Teil 100   (Vornorm) Bezeichnungssysteme für Stähle; Zusatzsymbole für Kurznamen; Identisch mit ECISS-Mitteilung IC 10 : 1991

DIN 17 006 Teil 4   Eisen und Stahl; Systematische Benennung; Stahlguß, Grauguß, Hartguß, Temperguß

Internationale Patentklassifikation

C 22 C 37/00
C 22 C 38/00

Fortsetzung 4 Seiten EN-Norm

Normenausschuß Eisen und Stahl (FES) im DIN Deutsches Institut für Normung e.V.

EUROPÄISCHE NORM
EUROPEAN STANDARD
NORME EUROPÉENNE

EN 10 027-1

Juli 1992

DK 669.14 : 001.4 : 003.62

Deskriptoren: Eisen- und Stahlerzeugnisse, Stahl, Bezeichnung, Symbol

Deutsche Fassung

Bezeichnungssysteme für Stähle
Teil 1: Kurznamen, Hauptsymbole

Designation systems for steel; Part 1: Steel names, principal symbols

Systèmes de désignation des aciers; Partie 1: Désignation symbolique, symboles principaux

Diese Europäische Norm wurde von CEN am 1991-12-20 angenommen.

Die CEN-Mitglieder sind gehalten, die CEN/CENELEC-Geschäftsordnung zu erfüllen, in der die Bedingungen festgelegt sind, unter denen dieser Europäischen Norm ohne jede Änderung der Status einer nationalen Norm zu geben ist.

Auf dem letzten Stand befindliche Listen dieser nationalen Normen mit ihren bibliographischen Angaben sind beim Zentralsekretariat oder bei jedem CEN-Mitglied auf Anfrage erhältlich.

Diese Europäische Norm besteht in drei offiziellen Fassungen (Deutsch, Englisch, Französisch). Eine Fassung in einer anderen Sprache, die von einem CEN-Mitglied in eigener Verantwortung durch Übersetzung in die Landessprache gemacht und dem Zentralsekretariat mitgeteilt worden ist, hat den gleichen Status wie die offiziellen Fassungen.

CEN-Mitglieder sind die nationalen Normungsinstitute von Belgien, Dänemark, Deutschland, Finnland, Frankreich, Griechenland, Irland, Island, Italien, Luxemburg, Niederlande, Norwegen, Österreich, Portugal, Schweden, Schweiz, Spanien und dem Vereinigten Königreich.

CEN

EUROPÄISCHES KOMITEE FÜR NORMUNG
European Committee for Standardization
Comité Européen de Normalisation

Zentralsekretariat: rue de Stassart 36, B-1050 Brüssel

Ref.-Nr. EN 10 027-1 : 1992 D

Inhalt

Vorwort

Diese Europäische Norm wurde von ECISS/TC 7 „Kurzbezeichnung der Stahlsorten" ausgearbeitet, mit dessen Sekretariat Ente Italiano di Unificazione Siderurgica (UNSIDER) betraut ist.

Sie beinhaltet den ersten Teil der Europäischen Norm über Bezeichnungssysteme für Stähle. Der Teil 2 befaßt sich mit Werkstoffnummern.

Diese Europäische Norm EN 10 027-1 wurde von CEN am 1991-12-20 ratifiziert.

Entsprechend den Gemeinsamen CEN/CENELEC-Regeln sind folgende Länder gehalten, diese Europäische Norm zu übernehmen: Belgien, Dänemark, Deutschland, Finnland, Frankreich, Griechenland, Irland, Island, Italien, Luxemburg, Niederlande, Norwegen, Österreich, Portugal, Schweden, Schweiz, Spanien und das Vereinigte Königreich.

1 Anwendungsbereich

1.1 Zur kurzgefaßten Identifizierung von Stählen legt diese Europäische Norm die Regeln für die Bezeichnung der Stähle mittels Kennbuchstaben und -zahlen fest. Die Kennbuchstaben und -zahlen sind so gewählt, daß sie Hinweise auf wesentliche Merkmale, z. B. auf das Hauptanwendungsgebiet, auf mechanische oder physikalische Eigenschaften oder die Zusammensetzung geben. Der Eindeutigkeit wegen mag es erforderlich sein, die zu dem zuvor erwähnten Zweck in dieser Norm festgelegten sogenannten Hauptsymbole durch Zusatzsymbole für besondere Merkmale des Stahles oder des Stahlerzeugnisses, zum Beispiel durch Zusatzsymbole für die Eignung zur Verwendung bei hohen oder niedrigen Temperaturen, Symbole für den Oberflächenschutz, den Behandlungszustand oder die Art der Desoxydation zu ergänzen. Diese Zusatzsymbole sind in der ECISS-Mitteilung IC 10 wiedergegeben.

Anmerkung: Im Englischen werden die nach dieser Europäischen Norm einschließlich der ECISS-Mitteilung IC 10 gebildeten Stahlbezeichnungen als „steel names", im Französischen als „désignation symbolique" und im Deutschen als „Kurznamen" bezeichnet.

1.2 Die Regeln dieser Norm gelten für Stähle, die in Europäischen Normen oder Harmonisierungsdokumenten oder in den nationalen Normen der CEN-Mitglieder enthalten sind.

1.3 Die Regeln dieser Europäischen Norm dürfen auch zur Bezeichnung nicht genormter Stähle angewendet werden.

1.4 EN 10 027-2 enthält für die Benummerung von Stählen ein Werkstoffnummernsystem.

2 Normative Verweisungen

Diese Europäische Norm enthält durch datierte oder undatierte Verweisungen Festlegungen aus anderen Publikationen. Diese normativen Verweisungen sind an den jeweiligen Stellen im Text zitiert und die Publikationen sind nachstehend aufgeführt. Bei starren Verweisungen gehören spätere Änderungen oder Überarbeitungen dieser Publikationen nur zu dieser Europäischen Norm, falls sie durch Änderung oder Überarbeitung eingearbeitet sind. Bei undatierten Verweisungen gilt die letzte Ausgabe der in Bezug genommenen Publikation.

EN 10 020	Begriffsbestimmungen für die Einteilung der Stähle
EN 10 027-2	Bezeichnungssysteme für Stähle; Teil 2: Nummernsystem
EN 10 079	Begriffsbestimmungen für Stahlerzeugnisse
IC 10 [1])	Zusatzsymbole für Kurznamen der Stähle nach EN 10 027-1

3 Definitionen

Im Rahmen dieser Europäischen Norm gelten die Definitionen nach EN 10 020 und EN 10 079.

4 Allgemeine Regeln

4.1 Eindeutigkeit der Kurznamen

Für jeden Stahl darf nur ein Kurzname festgelegt werden.

---

[1]) In Vorbereitung

4.2 Schreibweise der Kurznamen

Soweit nichts anderes in dieser Europäischen Norm angegeben ist, sind die zur Bildung der Kurznamen vorgesehenen Kennbuchstaben bzw. -zahlen ohne Leerstellen aneinanderzureihen.

4.3 Festlegung der Kurznamen

4.3.1 Für in Europäischen Normen oder Harmonisierungsdokumenten enthaltene Stähle sind die Kurznamen von dem für die Norm bzw. dem Harmonisierungsdokument zuständigen Technischen Komitee festzulegen.

4.3.2 Für Stähle, die in nationalen Normen der CEN-Mitglieder enthalten sind, und für sonstige Stähle sind die Kurznamen durch das betreffende nationale Normeninstitut oder unter dessen Verantwortlichkeit festzulegen.

Um zu vermeiden, daß für im wesentlichen denselben Stahl verschiedene Kurznamen festgelegt werden, muß die in EN 10 027-2 vorgesehene Europäische Stahlregistratur, wenn eine Werkstoffnummer für einen Stahl beantragt wird, zwecks Festlegung einheitlicher Kurznamen mit dem nationalen Normeninstitut zusammenarbeiten.

4.4 Beratung

Falls sich bei der Festlegung von Kurznamen Schwierigkeiten oder Meinungsverschiedenheiten ergeben, ist ECISS/TC 7 um Rat zu fragen.

5 Bezugnahme auf Normen

In Bestellungen oder ähnlichen Vertragsunterlagen ist zur vollständigen Bezeichnung des Stahlerzeugnisses zusätzlich zum Kurznamen des Stahles die technische Lieferbedingung, in der dieser beschrieben ist, anzugeben. Für genormte Stähle ist die Nummer der betreffenden Norm anzugeben.

Einzelheiten über die Reihenfolge der Einzelteile der gesamten Bezeichnung eines Stahles oder Stahlerzeugnisses enthalten die Erzeugnis- oder Maßnormen.

6 Einteilung der Kurznamen

Die Kurznamen der Stähle lassen sich in folgende Hauptgruppen einteilen:

Gruppe 1: Kurznamen, die Hinweise auf die Verwendung und die mechanischen oder physikalischen Eigenschaften der Stähle enthalten (siehe 7.2).

Gruppe 2: Kurznamen, die Hinweise auf die chemische Zusammensetzung der Stähle enthalten. Diese sind in vier Untergruppen unterteilt (siehe 7.3).

7 Aufbau der Kurznamen

7.1 Kennbuchstabe für Stahlguß

Wenn die Festlegungen für den Stahl für Gußstücke gelten, ist dem sich nach 7.2 oder 7.3 ergebenden Kurznamen der Kennbuchstabe G voranzustellen.

7.2 Aufgrund der Verwendung und der mechanischen oder physikalischen Eigenschaften der Stähle gebildete Kurznamen (Gruppe 1)

Der Kurzname muß je nach Stahlgruppe folgende Hauptsymbole enthalten:

a) S = Stähle für den allgemeinen Stahlbau

P = Stähle für den Druckbehälterbau

L = Stähle für den Rohrleitungsbau

E = Maschinenbaustähle

gefolgt von einer Zahl, die dem Mindeststreckgrenzenwert [2]) in N/mm^2 für die kleinste Erzeugnisdicke entspricht

b) B = Betonstähle
gefolgt von einer Zahl, die der charakteristischen Streckgrenze [2]) in N/mm^2 entspricht.

c) Y = Spannstähle
gefolgt von einer Zahl, die der Mindestzugfestigkeit in N/mm^2 entspricht.

d) R = Stähle für oder in Form von Schienen
gefolgt von einer Zahl, die der Mindestzugfestigkeit in N/mm^2 entspricht.

e) H = Kaltgewalzte Flacherzeugnisse in höherfesten Ziehgüten
gefolgt von einer Zahl, die der Mindeststreckgrenze [2]) in N/mm^2 entspricht. Falls nur die Zugfestigkeit festgelegt ist, ist der Kennbuchstabe T (= tensile) gefolgt von der Mindestzugfestigkeit anzugeben.

f) D = Flacherzeugnisse aus weichen Stählen zum Kaltumformen (außer denen in 7.2 e))
gefolgt von einem der folgenden Kennbuchstaben:

(1) C für kaltgewalzte Flacherzeugnisse

(2) D für zur unmittelbaren Kaltumformung bestimmte warmgewalzte Flacherzeugnisse

(3) X für Flacherzeugnisse, deren Walzart (kalt oder warm) nicht vorgegeben ist,
sowie gefolgt
von zwei weiteren von der laut 4.3 zuständigen Stelle festgelegten Kennbuchstaben oder -zahlen.

g) T = Feinst- und Weißblech und -band sowie spezialverchromtes Blech und Band (Verpackungsblech und -band)
gefolgt von

(1) bei einfach reduzierten Erzeugnissen:
dem Kennbuchstaben H und einer Zahl, die dem Mittelwert des vorgeschriebenen Härtebereichs in HR 30 Tm entspricht,

(2) bei doppelt reduzierten Erzeugnissen:
einer Zahl, die der Nenn-Streckgrenze in N/mm^2 entspricht.

h) M = Elektroblech und -band
gefolgt von

(1) einer Zahl, die dem Hundertfachen des für die betreffende Blech- oder Banddicke angegebenen höchstzulässigen Magnetisierungsverlustes bei einer Frequenz von 50 Hz und einer magnetischen Induktion von

— 1,5 Tesla für nicht schlußgeglühtes, für schlußgeglühtes nichtkornorientiertes sowie für kornorientiertes Blech und Band mit normalen Ummagnetisierungsverlusten bzw.

— 1,7 Tesla für kornorientiertes Elektroblech und -band mit eingeschränkten Ummagnetisierungsverlusten und für kornorientiertes Elektroblech und -band mit niedrigen Ummagnetisierungsverlusten

entspricht;

(2) einer Zahl, die dem Hundertfachen der Nenndicke in mm entspricht;

(3) einem Kennbuchstaben für die Art des Elektroblechs oder -bandes, nämlich

— A für nichtkornorientiert

— D für unlegiert, nicht schlußgeglüht

---

[2]) Unter dem Begriff „Streckgrenze" ist je nach den Angaben in der betreffenden Erzeugnisnorm die obere oder untere Streckgrenze (R_{eH}) oder (R_{eL}) oder die Dehngrenze bei nichtproportionaler Dehnung (R_p) oder die Dehngrenze bei gesamter Dehnung (R_t) zu verstehen.

- E für legiert, nicht schlußgeglüht
- N für kornorientiert mit normalen Ummagnetisierungsverlusten
- S für kornorientiert mit eingeschränkten Ummagnetisierungsverlusten
- P für kornorientiert mit niedrigen Ummagnetisierungsverlusten

Anmerkung 1: Die unter (1) und (2) aufgeführten Kennzahlen sind durch einen Bindestrich zu trennen.

Anmerkung 2: Die hier aufgeführten hinter dem Kennbuchstaben M anzugebenden Kennbuchstaben und Kennzahlen gelten für Elektroblech und -band, das bei der in der Industrie üblichen Frequenz von 50 Hz verwendet wird. Für andere Anwendungsbereiche, zum Beispiel für Relais- und Übertragerwerkstoffe, sind die Hauptsymbole der Kurznamen noch festzulegen.

7.3 Aufgrund der chemischen Zusammensetzung der Stähle gebildete Kurznamen (Gruppe 2)

7.3.1 Unlegierte Stähle (ausgenommen Automatenstähle) mit einem mittleren Mangangehalt unter 1 % (Untergruppe 2.1)

Der Kurzname setzt sich in der nachstehend aufgeführten Reihenfolge aus folgenden Kennbuchstaben bzw. -zahlen zusammen:

a) dem Kennbuchstaben C

b) einer Zahl, die dem Hundertfachen des Mittelwertes des für den Kohlenstoffgehalt vorgeschriebenen Bereichs entspricht [3]. Wenn kein Bereich für den Kohlenstoffgehalt angegeben ist, ist von der für die entsprechende Produktnorm zuständigen Stelle ein repräsentativer Wert einzusetzen.

7.3.2 Unlegierte Stähle mit einem mittleren Mangangehalt > 1 %, unlegierte Automatenstähle sowie legierte Stähle (außer Schnellarbeitsstähle) mit Gehalten der einzelnen Legierungselemente unter 5 Gewichtsprozent (Untergruppe 2.2)

Der Kurzname setzt sich in der nachstehend aufgeführten Reihenfolge aus folgenden Kennbuchstaben bzw. -zahlen zusammen:

a) einer Zahl, die dem Hundertfachen des Mittelwertes des für den Kohlenstoffgehalt vorgeschriebenen Bereichs entspricht [3]. Wenn kein Bereich für den Kohlenstoffgehalt angegeben ist, ist von der für die entsprechende Produktnorm zuständigen Stelle ein repräsentativer Wert einzusetzen.

b) die chemischen Symbole für die für den Stahl kennzeichnenden Legierungselemente geordnet nach abnehmenden Gehalten der Elemente. Wenn die Gehalte zweier oder mehrerer Elemente gleich sind, sind die betreffenden chemischen Symbole in alphabetischer Reihenfolge anzugeben.

c) Zahlen, die in der Reihenfolge der kennzeichnenden Legierungselemente einen Hinweis auf ihren Gehalt geben. Die einzelnen Zahlen stellen den mit dem in Tabelle 1 angegebenen Faktor multiplizierten und dann auf die nächste ganze Zahl gerundeten mittleren Ge-

halt des betreffenden Legierungselementes dar. Die für die einzelnen Elemente geltenden Zahlen sind durch Bindestriche voneinander zu trennen.

7.3.3 Legierte Stähle (außer Schnellarbeitsstähle), wenn mindestens für ein Legierungselement der Gehalt ≥ 5 Gewichtsprozent beträgt (Untergruppe 2.3)

Der Kurzname setzt sich in der nachstehend aufgeführten Reihenfolge aus folgenden Kennbuchstaben bzw. -zahlen zusammen:

a) dem Kennbuchstaben X

b) einer Zahl, die dem Hundertfachen des Mittelwertes des für den Kohlenstoffgehalt vorgeschriebenen Bereichs entspricht [3]. Wenn kein Bereich für den Kohlenstoffgehalt angegeben ist, ist von der für die entsprechende Stelle ein repräsentativer Wert einzusetzen.

c) die chemischen Symbole für die für den Stahl kennzeichnenden Legierungselemente geordnet nach abnehmenden Gehalten der Elemente. Wenn die Gehalte zweier oder mehrerer Elemente gleich sind, sind die betreffenden chemischen Symbole in alphabetischer Reihenfolge anzugeben.

d) Zahlen, die in der Reihenfolge der kennzeichnenden Legierungselemente deren Gehalt angeben, und zwar stellen die einzelnen Zahlen den auf die nächste ganze Zahl gerundeten mittleren Gehalt des betreffenden Legierungselementes dar. Die für die einzelnen Elemente geltenden Zahlen sind durch Bindestriche voneinander zu trennen.

7.3.4 Schnellarbeitsstähle (Untergruppe 2.4)

Der Kurzname setzt sich in der nachstehend aufgeführten Reihenfolge aus folgenden Kennbuchstaben bzw. -zahlen zusammen:

a) die Kennbuchstaben HS

b) Zahlen, die in folgender Reihenfolge die Gehalte folgender Elemente angeben:

- Wolfram (W)
- Molybdän (Mo)
- Vanadin (V)
- Kobalt (Co).

Jede Zahl stellt den auf die nächste ganze Zahl gerundeten mittleren Gehalt des betreffenden Legierungselementes dar. Die für die einzelnen Elemente geltenden Zahlen sind durch Bindestriche voneinander zu trennen.

Tabelle 1. Faktoren für die Ermittlung der Kennzahlen für die Legierungsgehalte entsprechend Abschnitt 7.3.2

Element	Faktor
Cr, Co, Mn, Ni, Si, W	4
Al, Be, Cu, Mo, Nb, Pb, Ta, Ti, V, Zr	10
Ce, N, P, S	100
B	1000

[3] Zur Unterscheidung zwischen zwei ähnlichen Stahlsorten kann die Kennzahl für den Kohlenstoffgehalt um eine Einheit erhöht oder erniedrigt werden.

August 1995

Nichtrostende Stähle

Teil 1: Verzeichnis der nichtrostenden Stähle
Deutsche Fassung EN 10088-1 : 1995

DIN
EN 10088-1

ICS 77.140.20

Deskriptoren: Nichtrostender Stahl, Verzeichnis, Eisen, Stahl

Stainless steels – Part 1: List of stainless steels;
German version EN 10088-1 : 1995
Aciers inoxydables – Partie 1: Liste des aciers inoxydables;
Version allemande EN 10088-1 : 1995

Die Europäische Norm EN 10088-1 : 1995 hat den Status einer Deutschen Norm.

Nationales Vorwort

Die Europäische Norm EN 10088-1 : 1995 wurde vom Unterausschuß TC 23/SC 1 "Nichtrostende Stähle" (Sekretariat: Deutschland) des Europäischen Komitees für die Eisen- und Stahlnormung (ECISS) ausgearbeitet.

Das zuständige deutsche Normungsgremium ist der Unterausschuß 06/1 "Nichtrostende Stähle" des Normenausschusses Eisen und Stahl (FES).

Diese Norm ist nicht Ersatz für eine bestimmte DIN-Norm. Vielmehr besteht der Zweck darin, einen Überblick zu geben über

— die chemische Zusammensetzung aller in ECISS genormten oder zur Aufnahme in Europäische Normen (EN) vorgesehenen nichtrostenden Stähle (siehe Tabellen 1 bis 4),

— die physikalischen Eigenschaften der nichtrostenden Stähle (siehe Anhang A),

— die Sorteneinteilung (siehe Anhang B).

Fortsetzung 18 Seiten EN

Normenausschuß Eisen und Stahl (FES) im DIN Deutsches Institut für Normung e.V.

EUROPÄISCHE NORM
EUROPEAN STANDARD
NORME EUROPÉENNE

EN 10088-1

April 1995

ICS 77.140.20

Deskriptoren: Nichtrostender Stahl, austenitischer Stahl, ferritischer Stahl, martensitischer Stahl, Liste, Bezeichnung, chemische Zusammensetzung, Sorten, Qualität, gewalzte Erzeugnisse, physikalische Eigenschaft, Datei

Deutsche Fassung

Nichtrostende Stähle
Teil 1: Verzeichnis der nichtrostenden Stähle

Stainless steels – Part 1: List of stainless steels   Aciers inoxydables – Partie 1: Liste des aciers inoxydables

Diese Europäische Norm wurde von CEN am 1995-02-28 angenommen.

Die CEN-Mitglieder sind gehalten, die CEN/CENELEC-Geschäftsordnung zu erfüllen, in der die Bedingungen festgelegt sind, unter denen dieser Europäischen Norm ohne jede Änderung der Status einer nationalen Norm zu geben ist.

Auf dem letzten Stand befindliche Listen dieser nationalen Normen mit ihren bibliographischen Angaben sind beim Zentralsekretariat oder bei jedem CEN-Mitglied auf Anfrage erhältlich.

Diese Europäische Norm besteht in drei offiziellen Fassungen (Deutsch, Englisch, Französisch). Eine Fassung in einer anderen Sprache, die von einem CEN-Mitglied in eigener Verantwortung durch Übersetzung in seine Landessprache gemacht und dem Zentralsekretariat mitgeteilt worden ist, hat den gleichen Status wie die offiziellen Fassungen.

CEN-Mitglieder sind die nationalen Normungsinstitute von Belgien, Dänemark, Deutschland, Finnland, Frankreich, Griechenland, Irland, Island, Italien, Luxemburg, Niederlande, Norwegen, Österreich, Portugal, Schweden, Schweiz, Spanien und dem Vereinigten Königreich.

CEN

EUROPÄISCHES KOMITEE FÜR NORMUNG
European Committee for Standardization
Comité Européen de Normalisation

Zentralsekretariat: rue de Stassart 36, B-1050 Brüssel

Inhalt

Vorwort

Diese Europäische Norm wurde von SC 1 "Nichtrostende Stähle" des Technischen Komitees ECISS/TC 23 "Für eine Wärme-behandlung bestimmte Stähle, legierte Stähle und Automatenstähle – Gütenormen" ausgearbeitet, dessen Sekretariat vom DIN betreut wird.

Diese Europäische Norm muß den Status einer nationalen Norm erhalten, entweder durch Veröffentlichung eines identischen Textes oder durch Anerkennung bis Oktober 1995, und etwaige entgegenstehende nationale Normen müssen bis Oktober 1995 zurückgezogen werden.

Entsprechend der CEN/CENELEC-Geschäftsordnung sind folgende Länder gehalten, diese Europäische Norm zu über-nehmen:

Belgien, Dänemark, Deutschland, Finnland, Frankreich, Griechenland, Irland, Island, Italien, Luxemburg, Niederlande, Norwegen, Österreich, Portugal, Schweden, Schweiz, Spanien und das Vereinigte Königreich.

1 Anwendungsbereich

Diese Europäische Norm führt auf:

- die chemische Zusammensetzung nichtrostender Stähle (siehe Tabellen 1 bis 4),
- Anhaltsangaben für einige physikalische Eigenschaften (siehe Tabellen A.1 bis A.4)

und gibt einige Informationen über die Sorteneinteilung (siehe Anhang B).

ANMERKUNG: Ein CEN-Report mit Informationen über die Erzeugnisformen, in denen die Sorten genormt sind und über die Anwendung der Sorten ist in Vorbereitung.

2 Normative Verweisungen

Diese Europäische Norm enthält durch datierte und undatierte Verweisungen Festlegungen aus anderen Publikationen. Diese normativen Verweisungen sind an den jeweiligen Stellen im Text zitiert, und die Publikationen sind nachstehend aufgeführt. Bei datierten Verweisungen gehören spätere Änderungen oder Überarbeitungen dieser Publikationen nur zu dieser Europäischen Norm, falls sie durch Änderung oder Überarbeitung eingearbeitet sind. Bei undatierten Verweisungen gilt die letzte Ausgabe der in Bezug genommenen Publikation.

EN 10079
 Begriffsbestimmungen für Stahlerzeugnisse

3 Definitionen

3.1 Nichtrostende Stähle

Für den Zweck dieser Norm gelten Stähle mit mindestens 10,5 % Cr und höchstens 1,2 % C als nichtrostende Stähle, wenn ihre Korrosionsbeständigkeit von höchster Wichtigkeit ist.

ANMERKUNG: Es ist beabsichtigt, zu einem späteren Zeitpunkt auch warmfeste und hitzebeständige Stahlsorten in diese Norm aufzunehmen.

3.2 Erzeugnisformen

Für die Erzeugnisformen gelten die Definitionen in EN 10079.

4 Chemische Zusammensetzung

Die chemische Zusammensetzung ist angegeben

- in Tabelle 1 für ferritische Stähle,
- in Tabelle 2 für martensitische und ausscheidungshärtende Stähle,
- in Tabelle 3 für austenitische Stähle,
- in Tabelle 4 für austenitisch-ferritische Stähle.

Sie gilt für alle Erzeugnisformen einschließlich Rohblöcken und Halbzeug.

Tabelle 1: Chemische Zusammensetzung (Schmelzenanalyse) [1]) der ferritischen nichtrostenden Stähle

Stahlbezeichnung		Massenanteil in %							
Kurzname	Werkstoff-nummer	C max.	Si max.	Mn max.	P max.	S	N max.	Cr	Mo
X2CrNi12	1.4003	0,030	1,00	1,50	0,040	≤ 0,015	0,030	10,50 bis 12,50	
X2CrTi12	1.4512	0,030	1,00	1,00	0,040	≤ 0,015		10,50 bis 12,50	
X6CrNiTi12	1.4516	0,08	0,70	1,50	0,040	≤ 0,015		10,50 bis 12,50	
X6Cr13	1.4000	0,08	1,00	1,00	0,040	≤ 0,015 [2])		12,00 bis 14,00	
X6CrAl13	1.4002	0,08	1,00	1,00	0,040	≤ 0,015 [2])		12,00 bis 14,00	
X2CrTi17	1.4520	0,025	0,50	0,50	0,040	≤ 0,015	0,015	16,00 bis 18,00	
X6Cr17	1.4016	0,08	1,00	1,00	0,040	≤ 0,015 [2])		16,00 bis 18,00	
X3CrTi17	1.4510	0,05	1,00	1,00	0,040	≤ 0,015 [2])		16,00 bis 18,00	
X3CrNb17	1.4511	0,05	1,00	1,00	0,040	≤ 0,015		16,00 bis 18,00	
X6CrMo17-1	1.4113	0,08	1,00	1,00	0,040	≤ 0,015 [2])		16,00 bis 18,00	0,90 bis 1,40
X6CrMoS17	1.4105	0,08	1,50	1,50	0,040	0,15 bis 0,35		16,00 bis 18,00	0,20 bis 0,60
X2CrMoTi17-1	1.4513	0,025	1,00	1,00	0,040	≤ 0,015	0,015	16,00 bis 18,00	1,00 bis 1,50
X2CrMoTi18-2	1.4521	0,025	1,00	1,00	0,040	≤ 0,015	0,030	17,00 bis 20,00	1,80 bis 2,50
X2CrMoTiS18-2*)	1.4523*)	0,030	1,00	0,50	0,040	0,15 bis 0,35		17,50 bis 19,00	2,00 bis 2,50
X6CrNi17-1*)	1.4017*)	0,08	1,00	1,00	0,040	≤ 0,015		16,00 bis 18,00	
X6CrMoNb17-1	1.4526	0,08	1,00	1,00	0,040	≤ 0,015	0,040	16,00 bis 18,00	0,80 bis 1,40
X2CrNbZr17*)	1.4590*)	0,030	1,00	1,00	0,040	≤ 0,015		16,00 bis 17,50	
X2CrAlTi18-2	1.4605	0,030	1,00	1,00	0,040	≤ 0,015		17,00 bis 18,00	
X2CrTiNb18	1.4509	0,030	1,00	1,00	0,040	≤ 0,015		17,50 bis 18,50	
X2CrMoTi29-4	1.4592	0,025	1,00	1,00	0,030	≤ 0,010	0,045	28,00 bis 30,00	3,50 bis 4,50

[1]) In dieser Tabelle nicht aufgeführte Elemente dürfen dem Stahl, außer zum Fertigbehandeln der Schmelze, ohne Zustimmung des Bestellers nicht absichtlich zugesetzt werden. Es sind alle angemessenen Vorkehrungen zu treffen, um die Zufuhr solcher Elemente aus dem Schrott und anderen bei der Herstellung verwendeten Stoffen zu vermeiden, die die mechanischen Eigenschaften und die Verwendbarkeit des Stahls beeinträchtigen.

[2]) Für Stäbe, Walzdraht, Profile und das entsprechende Halbzeug gilt ein Höchstgehalt von 0,030 % S.
Für alle zu bearbeitenden Erzeugnisse wird ein geregelter Schwefelgehalt von 0,015 bis 0,030 % empfohlen und ist zulässig.

Massenanteil in %			
Nb	Ni	Ti	Sonstige
	0,30 bis 1,00		
		6 × (C + N) bis 0,65	
٭	0,50 bis 1,50	0,05 bis 0,35	
			Al : 0,10 bis 0,30
		0,30 bis 0,60	
		4 × (C + N) + 0,15 bis 0,80 [3]	
12 × C bis 1,00			
		0,30 bis 0,60	
		4 × (C + N) + 0,15 bis 0,80 [3]	
		0,30 bis 0,80	(C + N) ≤ 0,040
	1,20 bis 1,60		
7 × (C + N) + 0,10 bis 1,00			
0,35 bis 0,55			Zr ≥ 7 × (C + N) + 0,15
		4 × (C + N) + 0,15 bis 0,80 [3]	Al : 1,70 bis 2,10
3 × C + 0,30 bis 1,00		0,10 bis 0,60	
		4 × (C + N) + 0,15 bis 0,80 [3]	

[3]) Die Stabilisierung kann durch die Verwendung von Titan oder Niob oder Zirkon erfolgen. Entsprechend der Atomnummer dieser Elemente und dem Gehalt an Kohlenstoff und Stickstoff gilt folgendes Äquivalent:

$$Ti \cong \frac{7}{4} \, Nb \cong \frac{7}{4} \, Zr.$$

٭) Patentierte Stahlsorte

**Tabelle 2: Chemische Zusammensetzung (Schmelzenanalyse) [1])
der martensitischen und ausscheidungshärtenden nichtrostenden Stähle**

Stahlbezeichnung		Massenanteil in %					
Kurzname	Werkstoff-nummer	C [2])	Si max.	Mn max.	P max.	S	Cr
X12Cr13	1.4006	0,08 bis 0,15	1,00	1,50	0,040	$\leq 0{,}015$ [3])	11,50 bis 13,50
X12CrS13	1.4005	0,08 bis 0,15	1,00	1,50	0,040	0,15 bis 0,35	12,00 bis 14,00
X20Cr13	1.4021	0,16 bis 0,25	1,00	1,50	0,040	$\leq 0{,}015$ [3])	12,00 bis 14,00
X30Cr13	1.4028	0,26 bis 0,35	1,00	1,50	0,040	$\leq 0{,}015$ [3])	12,00 bis 14,00
X29CrS13	1.4029	0,25 bis 0,32	1,00	1,50	0,040	0,15 bis 0,25	12,00 bis 13,50
X39Cr13	1.4031	0,36 bis 0,42	1,00	1,00	0,040	$\leq 0{,}015$ [3])	12,50 bis 14,50
X46Cr13	1.4034	0,43 bis 0,50	1,00	1,00	0,040	$\leq 0{,}015$ [3])	12,50 bis 14,50
X50CrMoV15	1.4116	0,45 bis 0,55	1,00	1,00	0,040	$\leq 0{,}015$ [3])	14,00 bis 15,00
X70CrMo15	1.4109	0,65 bis 0,75	0,70	1,00	0,040	$\leq 0{,}015$ [3])	14,00 bis 16,00
X14CrMoS17	1.4104	0,10 bis 0,17	1,00	1,50	0,040	0,15 bis 0,35	15,50 bis 17,50
X39CrMo17-1	1.4122	0,33 bis 0,45	1,00	1,50	0,040	$\leq 0{,}015$ [3])	15,50 bis 17,50
X105CrMo17	1.4125	0,95 bis 1,20	1,00	1,00	0,040	$\leq 0{,}015$ [3])	16,00 bis 18,00
X90CrMoV18	1.4112	0,85 bis 0,95	1,00	1,00	0,040	$\leq 0{,}015$ [3])	17,00 bis 19,00
X17CrNi16-2	1.4057	0,12 bis 0,22	1,00	1,50	0,040	$\leq 0{,}015$ [3])	15,00 bis 17,00
X3CrNiMo13-4	1.4313	$\leq 0{,}05$	0,70	1,50	0,040	$\leq 0{,}015$	12,00 bis 14,00
X4CrNiMo16-5-1	1.4418	$\leq 0{,}06$	0,70	1,50	0,040	$\leq 0{,}015$ [3])	15,00 bis 17,00
X5CrNiCuNb16-4	1.4542	$\leq 0{,}07$	0,70	1,50	0,040	$\leq 0{,}015$ [3])	15,00 bis 17,00
X7CrNiAl17-7	1.4568	$\leq 0{,}09$	0,70	1,00	0,040	$\leq 0{,}015$	16,00 bis 18,00
X8CrNiMoAl15-7-2	1.4532	$\leq 0{,}10$	0,70	1,20	0,040	$\leq 0{,}015$	14,00 bis 16,00
X5CrNiMoCuNb14-5	1.4594	$\leq 0{,}07$	0,70	1,00	0,040	$\leq 0{,}015$	13,00 bis 15,00

[1]) In dieser Tabelle nicht aufgeführte Elemente dürfen dem Stahl, außer zum Fertigbehandeln der Schmelze, ohne Zustimmung des Bestellers nicht absichtlich zugesetzt werden. Es sind alle angemessenen Vorkehrungen zu treffen, um die Zufuhr solcher Elemente aus dem Schrott und anderen bei der Herstellung verwendeten Stoffen zu vermeiden, die die mechanischen Eigenschaften und die Verwendbarkeit des Stahls beeinträchtigen.
[2]) Engere Kohlenstoffspannen können bei der Bestellung vereinbart werden.

		Massenanteil in %		
Cu	Mo	Nb	Ni	Sonstige
			≤ 0,75	
	≤ 0,60			
	≤ 0,60			
	0,50 bis 0,80			V: 0,10 bis 0,20
	0,40 bis 0,80			
	0,20 bis 0,60			
	0,80 bis 1,30		≤ 1,00	
	0,40 bis 0,80			
	0,90 bis 1,30			V: 0,07 bis 0,12
			1,50 bis 2,50	
	0,30 bis 0,70		3,50 bis 4,50	N: ≥ 0,020
	0,80 bis 1,50		4,00 bis 6,00	N: ≥ 0,020
3,00 bis 5,00	≤ 0,60	5 × C bis 0,45	3,00 bis 5,00	
			6,50 bis 7,80[4])	Al: 0,70 bis 1,50
	2,00 bis 3,00		6,50 bis 7,80	Al: 0,70 bis 1,50
1,20 bis 2,00	1,20 bis 2,00	0,15 bis 0,60	5,00 bis 6,00	

[3]) Für Stäbe, Walzdraht, Profile und das entsprechende Halbzeug gilt ein Höchstgehalt von 0,030 % S.
Für alle zu bearbeitenden Erzeugnisse wird ein geregelter Schwefelgehalt von 0,015 bis 0,030 % empfohlen und ist zulässig.
[4]) Zwecks besserer Kaltumformbarkeit kann die obere Grenze auf 8,30 % angehoben werden.

285

Tabelle 3: Chemische Zusammensetzung (Schmelzenanalyse) [1]) der austenitischen nichtrostenden Stähle

Stahlbezeichnung		Massenanteil in %				
Kurzname	Werkstoff-nummer	C	Si	Mn	P max.	S
X10CrNi18-8	1.4310	0,05 bis 0,15	$\leq 2,00$	$\leq 2,00$	0,045	$\leq 0,015$
X2CrNiN18-7	1.4318	$\leq 0,030$	$\leq 1,00$	$\leq 2,00$	0,045	$\leq 0,015$
X2CrNi18-9	1.4307	$\leq 0,030$	$\leq 1,00$	$\leq 2,00$	0,045	$\leq 0,015$ [2])
X2CrNi19-11	1.4306	$\leq 0,030$	$\leq 1,00$	$\leq 2,00$	0,045	$\leq 0,015$ [2])
X2CrNiN18-10	1.4311	$\leq 0,030$	$\leq 1,00$	$\leq 2,00$	0,045	$\leq 0,015$ [2])
X5CrNi18-10	1.4301	$\leq 0,07$	$\leq 1,00$	$\leq 2,00$	0,045	$\leq 0,015$ [2])
X8CrNiS18-9	1.4305	$\leq 0,10$	$\leq 1,00$	$\leq 2,00$	0,045	0,15 bis 0,35
X6CrNiTi18-10	1.4541	$\leq 0,08$	$\leq 1,00$	$\leq 2,00$	0,045	$\leq 0,015$ [2])
X6CrNiNb18-10	1.4550	$\leq 0,08$	$\leq 1,00$	$\leq 2,00$	0,045	$\leq 0,015$
X4CrNi18-12	1.4303	$\leq 0,06$	$\leq 1,00$	$\leq 2,00$	0,045	$\leq 0,015$ [2])
X1CrNi25-21	1.4335	$\leq 0,020$	$\leq 0,25$	$\leq 2,00$	0,025	$\leq 0,010$
X2CrNiMo17-12-2	1.4404	$\leq 0,030$	$\leq 1,00$	$\leq 2,00$	0,045	$\leq 0,015$ [2])
X2CrNiMoN17-11-2	1.4406	$\leq 0,030$	$\leq 1,00$	$\leq 2,00$	0,045	$\leq 0,015$ [2])
X5CrNiMo17-12-2	1.4401	$\leq 0,07$	$\leq 1,00$	$\leq 2,00$	0,045	$\leq 0,015$ [2])
X1CrNiMoN25-22-2	1.4466	$\leq 0,020$	$\leq 0,70$	$\leq 2,00$	0,025	$\leq 0,010$
X6CrNiMoTi17-12-2	1.4571	$\leq 0,08$	$\leq 1,00$	$\leq 2,00$	0,045	$\leq 0,015$ [2])
X6CrNiMoNb17-12-2	1.4580	$\leq 0,08$	$\leq 1,00$	$\leq 2,00$	0,045	$\leq 0,015$
X2CrNiMo17-12-3	1.4432	$\leq 0,030$	$\leq 1,00$	$\leq 2,00$	0,045	$\leq 0,015$ [2])
X2CrNiMoN17-13-3	1.4429	$\leq 0,030$	$\leq 1,00$	$\leq 2,00$	0,045	$\leq 0,015$
X3CrNiMo17-13-3	1.4436	$\leq 0,05$	$\leq 1,00$	$\leq 2,00$	0,045	$\leq 0,015$ [2])
X2CrNiMo18-14-3	1.4435	$\leq 0,030$	$\leq 1,00$	$\leq 2,00$	0,045	$\leq 0,015$ [2])
X2CrNiMoN18-12-4	1.4434	$\leq 0,030$	$\leq 1,00$	$\leq 2,00$	0,045	$\leq 0,015$
X2CrNiMo18-15-4	1.4438	$\leq 0,030$	$\leq 1,00$	$\leq 2,00$	0,045	$\leq 0,015$ [2])
X2CrNiMoN17-13-5	1.4439	$\leq 0,030$	$\leq 1,00$	$\leq 2,00$	0,045	$\leq 0,015$
X1CrNiSi18-15-4	1.4361	$\leq 0,015$	3,70 bis 4,50	$\leq 2,00$	0,025	$\leq 0,010$
X12CrMnNiN17-7-5	1.4372	$\leq 0,15$	$\leq 1,00$	5,50 bis 7,50	0,045	$\leq 0,015$
X2CrMnNiN17-7-5	1.4371	$\leq 0,030$	$\leq 1,00$	6,00 bis 8,00	0,045	$\leq 0,015$
X12CrMnNiN18-9-5	1.4373	$\leq 0,15$	$\leq 1,00$	7,50 bis 10,50	0,045	$\leq 0,015$
X3CrNiCu19-9-2	1.4560	$\leq 0,035$	$\leq 1,00$	1,50 bis 2,00	0,045	$\leq 0,015$
X6CrNiCuS18-9-2	1.4570	$\leq 0,08$	$\leq 1,00$	$\leq 2,00$	0,045	0,15 bis 0,35
X3CrNiCu18-9-4	1.4567	$\leq 0,04$	$\leq 1,00$	$\leq 2,00$	0,045	$\leq 0,015$ [2])
X3CrNiCuMo17-11-3-2	1.4578	$\leq 0,04$	$\leq 1,00$	$\leq 1,00$	0,045	$\leq 0,015$
X1NiCrMoCu31-27-4	1.4563	$\leq 0,020$	$\leq 0,70$	$\leq 2,00$	0,030	$\leq 0,010$
X1NiCrMoCu25-20-5	1.4539	$\leq 0,020$	$\leq 0,70$	$\leq 2,00$	0,030	$\leq 0,010$
X1CrNiMoCuN25-25-5	1.4537	$\leq 0,020$	$\leq 0,70$	$\leq 2,00$	0,030	$\leq 0,010$
X1CrNiMoCuN20-18-7*)	1.4547*)	$\leq 0,020$	$\leq 0,70$	$\leq 1,00$	0,030	$\leq 0,010$
X1NiCrMoCuN25-20-7	1.4529	$\leq 0,020$	$\leq 0,50$	$\leq 1,00$	0,030	$\leq 0,010$

[1]) In dieser Tabelle nicht aufgeführte Elemente dürfen dem Stahl, außer zum Fertigbehandeln der Schmelze, ohne Zustimmung des Bestellers nicht absichtlich zugesetzt werden. Es sind alle angemessenen Vorkehrungen zu treffen, um die Zufuhr solcher Elemente aus dem Schrott und anderen bei der Herstellung verwendeten Stoffen zu vermeiden, die die mechanischen Eigenschaften und die Verwendbarkeit des Stahls beeinträchtigen.

[2]) Für Stäbe, Walzdraht, Profile und das entsprechende Halbzeug gilt ein Höchstgehalt von 0,030 % S.
Für alle zu bearbeitenden Erzeugnisse wird ein geregelter Schwefelgehalt von 0,015 bis 0,030 % empfohlen und ist zulässig.

Massenanteil in %						
N	Cr	Cu	Mo	Nb	Ni	Ti
≤0,11	16,00 bis 19,00		≤0,80		6,00 bis 9,50	
0,10 bis 0,20	16,50 bis 18,50				6,00 bis 8,00	
≤0,11	17,50 bis 19,50				8,00 bis 10,00	
≤0,11	18,00 bis 20,00				10,00 bis 12,00[3])	
0,12 bis 0,22	17,00 bis 19,50				8,50 bis 11,50	
≤0,11	17,00 bis 19,50				8,00 bis 10,50	
≤0,11	17,00 bis 19,00	≤1,00			8,00 bis 10,00	
	17,00 bis 19,00				9,00 bis 12,00[3])	5 × C bis 0,70
	17,00 bis 19,00			10 × C bis 1,00	9,00 bis 12,00[3])	
≤0,11	17,00 bis 19,00				11,00 bis 13,00	
≤0,11	24,00 bis 26,00		≤0,20		20,00 bis 22,00	
≤0,11	16,50 bis 18,50		2,00 bis 2,50		10,00 bis 13,00[3])	
0,12 bis 0,22	16,50 bis 18,50		2,00 bis 2,50		10,00 bis 12,00[3])	
≤0,11	16,50 bis 18,50		2,00 bis 2,50		10,00 bis 13,00	
0,10 bis 0,16	24,00 bis 26,00		2,00 bis 2,50		21,00 bis 23,00	
	16,50 bis 18,50		2,00 bis 2,50		10,50 bis 13,50[3])	5 × C bis 0,70
	16,50 bis 18,50		2,00 bis 2,50	10 × C bis 1,00	10,50 bis 13,50	
≤0,11	16,50 bis 18,50		2,50 bis 3,00		10,50 bis 13,00	
0,12 bis 0,22	16,50 bis 18,50		2,50 bis 3,00		11,00 bis 14,00[3])	
≤0,11	16,50 bis 18,50		2,50 bis 3,00		10,50 bis 13,00[3])	
≤0,11	17,00 bis 19,00		2,50 bis 3,00		12,50 bis 15,00	
0,10 bis 0,20	16,50 bis 19,50		3,00 bis 4,00		10,50 bis 14,00[3])	
≤0,11	17,50 bis 19,50		3,00 bis 4,00		13,00 bis 16,00[3])	
0,12 bis 0,22	16,50 bis 18,50		4,00 bis 5,00		12,50 bis 14,50	
≤0,11	16,50 bis 18,50		≤0,20		14,00 bis 16,00	
0,05 bis 0,25	16,00 bis 18,00				3,50 bis 5,50	
0,15 bis 0,20	16,00 bis 17,00				3,50 bis 5,50	
0,05 bis 0,25	17,00 bis 19,00				4,00 bis 6,00	
≤0,11	18,00 bis 19,00	1,50 bis 2,00			8,00 bis 9,00	
≤0,11	17,00 bis 19,00	1,40 bis 1,80	≤0,60		8,00 bis 10,00	
≤0,11	17,00 bis 19,00	3,00 bis 4,00			8,50 bis 10,50	
≤0,11	16,50 bis 17,50	3,00 bis 3,50	2,00 bis 2,50		10,00 bis 11,00	
≤0,11	26,00 bis 28,00	0,70 bis 1,50	3,00 bis 4,00		30,00 bis 32,00	
≤0,15	19,00 bis 21,00	1,20 bis 2,00	4,00 bis 5,00		24,00 bis 26,00	
0,17 bis 0,25	24,00 bis 26,00	1,00 bis 2,00	4,70 bis 5,70		24,00 bis 27,00	
0,18 bis 0,25	19,50 bis 20,50	0,50 bis 1,00	6,00 bis 7,00		17,50 bis 18,50	
0,15 bis 0,25	19,00 bis 21,00	0,50 bis 1,50	6,00 bis 7,00		24,00 bis 26,00	

[3]) Wenn es aus besonderen Gründen, z.B. Warmumformbarkeit für die Herstellung nahtloser Rohre, erforderlich ist, den Gehalt an Deltaferrit zu minimieren, oder zwecks niedriger Permeabilität darf der Höchstgehalt an Nickel um die folgenden Beträge erhöht werden:
0,50 % (m/m): 1.4571.
1,00 % (m/m): 1.4306, 1.4406, 1.4429, 1.4434, 1.4436, 1.4438, 1.4541, 1.4550.
1,50 % (m/m): 1.4404.

⁹) Patentierte Stahlsorte

Tabelle 4: Chemische Zusammensetzung (Schmelzenanalyse)[1]) der austenitisch-ferritischen nichtrostenden Stähle

| Stahlbezeichnung | | Massenanteil in % | | | | | | | | | | |
Kurzname	Werkstoff-nummer	C max.	Si max.	Mn max.	P max.	S max.	N	Cr	Cu	Mo	Ni	W
X2CrNiN23-4[*])	**1.4362**[*])	0,030	1,00	2,00	0,035	0,015	0,05 bis 0,20	22,00 bis 24,00	0,10 bis 0,60	0,10 bis 0,60	3,50 bis 5,50	
X3CrNiMoN27-5-2	**1.4460**	0,05	1,00	2,00	0,035	0,015[2])	0,05 bis 0,20	25,00 bis 28,00		1,30 bis 2,00	4,50 bis 6,50	
X2CrNiMoN22-5-3	**1.4462**	0,030	1,00	2,00	0,035	0,015	0,10 bis 0,22	21,00 bis 23,00		2,50 bis 3,50	4,50 bis 6,50	
X2CrNiMoCuN25-6-3	**1.4507**	0,030	0,70	2,00	0,035	0,015	0,15 bis 0,30	24,00 bis 26,00	1,00 bis 2,50	2,70 bis 4,00	5,50 bis 7,50	
X2CrNiMoN25-7-4[*])	**1.4410**[*])	0,030	1,00	2,00	0,035	0,015	0,20 bis 0,35	24,00 bis 26,00		3,00 bis 4,50	6,00 bis 8,00	
X2CrNiMoCuWN25-7-4	**1.4501**	0,030	1,00	1,00	0,035	0,015	0,20 bis 0,30	24,00 bis 26,00	0,50 bis 1,00	3,00 bis 4,00	6,00 bis 8,00	0,50 bis 1,00

[1]) In dieser Tabelle nicht aufgeführte Elemente dürfen dem Stahl, außer zum Fertigbehandeln der Schmelze, ohne Zustimmung des Bestellers nicht absichtlich zugesetzt werden. Es sind alle angemessenen Vorkehrungen zu treffen, um die Zufuhr solcher Elemente aus dem Schrott und anderen bei der Herstellung verwendeten Stoffen zu vermeiden, die die mechanischen Eigenschaften und die Verwendbarkeit des Stahls beeinträchtigen.

[2]) Für Stäbe, Walzdraht, Profile und das entsprechende Halbzeug gilt ein Höchstgehalt von 0,030 % S.
Für alle zu bearbeitenden Erzeugnisse wird ein geregelter Schwefelgehalt von 0,015 bis 0,030 % empfohlen und ist zulässig.

[*]) Patentierte Stahlsorte

Anhang A (informativ)

Anhaltsangaben für einige physikalische Eigenschaften

Die Tabellen A.1 bis A.4 enthalten Anhaltsangaben für einige physikalische Eigenschaften nichtrostender Stähle.

289

Tabelle A.1: Anhaltsangaben für einige physikalische Eigenschaften ferritischer nichtrostender Stähle

Kurzname	Werkstoffnummer	Dichte kg/dm³	Elastizitätsmodul kN/mm² 20°C	100°C	200°C	300°C	400°C	500°C	Mittlerer Wärmeausdehnungskoeffizient zwischen 20°C und 10⁻⁶ × K⁻¹ — 100°C	200°C	300°C	400°C	500°C	Wärmeleitfähigkeit bei 20°C W/(m×K)	Spezifische Wärmekapazität bei 20°C J/(kg×K)	Elektrischer Widerstand bei 20°C Ω×mm²/m	Magnetisierbar
X2CrNi12	1.4003	7,7	220	215	210	205		195	10,4	10,8	11,2	11,6	11,9	25	430	0,6	ja
X2CrTi12	1.4512								10,5	11,0	11,5	12,0	12,0	25	460	0,60	
X6CrNiTi12	1.4516								10,5		11,5			30	460	0,60	
X6Cr13	1.4000								10,5	11,0	11,5	12,0	12,0	30	460	0,60	
X6CrAl13	1.4002								10,5	11,0	11,5	12,0	12,0	30	460	0,60	
X2CrTi17	1.4520								10,4	10,8	11,2	11,6	11,9	20	430	0,7	
X6Cr17	1.4016								10,0	10,0	10,5	10,5	11,0	25	460	0,60	
X3CrTi17	1.4510								10,0	10,0	10,5	10,5	11,0	25	460	0,60	
X3CrNb17	1.4511								10,0	10,0	10,5	10,5	11,0	25	460	0,60	
X6CrMo17-1	1.4113								10,0	10,5	10,5	10,5	11,0	25	460	0,70	
X6CrMoS17	1.4105								10,0	10,5	10,5	10,5	11,0	25	460	0,70	
X2CrMoTi17-1	1.4513								10,0	10,5	10,5	10,5	11,0	25	460	0,70	
X2CrMoTi18-2	1.4521								10,4	10,8	11,2	11,6	11,9	23	430	0,8	
X2CrMoTiS18-2	1.4523								10,4	10,8	11,2	11,6	11,9	23	430	0,8	
X6CrNi17-1	1.4017								10,2		10,8			30	460	0,70	
X6CrMoNb17-1	1.4526								11,7		12,1			30	460	0,70	
X2CrNbZr17	1.4590								11	11,5	11,5			26	440	0,60	
X2CrAlTi18-2	1.4605	7,5							10,2		11			25	460	1,0	
X2CrTiNb18	1.4509	7,7							10,0	10,0	10,5	10,5		25	460	0,60	
X2CrMoTi29-4	1.4592								11,5		12			17	440	0,67	

290

Tabelle A.2: Anhaltsangaben für einige physikalische Eigenschaften martensitischer und ausscheidungshärtender nichtrostender Stähle

Stahlbezeichnung Kurzname	Werkstoffnummer	Dichte kg/dm³	Elastizitätsmodul bei (kN/mm²) 20°C	100°C	200°C	300°C	400°C	Mittlerer Wärmeausdehnungskoeffizient zwischen 20°C und ($10^{-6} \times K^{-1}$) 100°C	200°C	300°C	400°C	Wärmeleitfähigkeit bei 20°C $\frac{W}{m \times K}$	Spezifische Wärmekapazität bei 20°C $\frac{J}{kg \times K}$	Elektrischer Widerstand bei 20°C $\frac{\Omega \times mm^2}{m}$	Magnetisierbar
X12Cr13	1.4006	7,7	215	212	205	200	190	10,5	11,0	11,5	12,0	30	460	0,60	ja
X12CrS13	1.4005							10,5	11,0	11,5	12,0	30	460	0,60	
X20Cr13	1.4021							10,5	11,0	11,5	12,0	30	460	0,60	
X30Cr13	1.4028							10,5	11,0	11,5	12,0	30	460	0,65	
X29CrS13	1.4029							10,5		11,5		30	460	0,55	
X39Cr13	1.4031							10,5	11,0	11,5	12,0	30	460	0,55	
X46Cr13	1.4034							10,5	11,0	11,5	12,0	30	460	0,55	
X50CrMoV15	1.4116							10,5	11,0	11,0	11,5	30	460	0,65	
X70CrMo15	1.4109							10,5	11,0	11,0	11,5	30	460	0,65	
X14CrMoS17	1.4104							10,0	10,5	10,5	10,5	25	460	0,70	
X39CrMo17-1	1.4122							10,4	10,8	11,2	11,6	15	430	0,8	
X105CrMo17	1.4125							10,4	10,8	11,2	11,6	15	430	0,8	
X90CrMoV18	1.4112							10,4	10,8	11,2	11,6	15	430	0,8	
X17CrNi16-2	1.4057							10,0	10,5	10,5	10,5	25	460	0,70	
X3CrNiMo13-4	1.4313							10,5	10,9	11,3	11,6	25	430	0,6	
X4CrNiMo16-5-1	1.4418							10,3	10,8	11,2	11,6	15	430	0,8	
X5CrNiCuNb16-4	1.4542	7,8	200	195	185	175	170	10,9		11,1		16	500	0,71	
X7CrNiAl17-7	1.4568							13,0	13,5	14,0		16	500	0,80	
X8CrNiMoAl15-7-2	1.4532							14,0		14,4		16	500	0,80	
X5CrNiMoCuNb14-5	1.4594							10,9		11,1		16	500	0,71	

291

Tabelle A.3: Anhaltsangaben für einige physikalische Eigenschaften austenitischer nichtrostender Stähle

Kurzname	Werkstoff-nummer	Dichte kg/dm^3	E-Modul 20°C	100°C	200°C	300°C	400°C	500°C (kN/mm^2)	Ausdehnung 100°C	200°C	300°C	400°C	500°C ($10^{-6} \times K^{-1}$)	Wärmeleitfähigkeit 20°C $\frac{W}{m \times K}$	Spez. Wärmekapazität 20°C $\frac{J}{kg \times K}$	Elektr. Widerstand 20°C $\frac{\Omega \times mm^2}{m}$	Magnetisierbar
X10CrNi18-8	1.4310	7,9	200	194	186	179	172	165	16,0	17,0	17,0	18,0	18,0	15	500	0,73	nein [1]
X2CrNiN18-7	1.4318	7,9	200	194	186	179	172	165	16,0	16,5	17,0	17,5	18,0	15	500	0,73	
X2CrNi18-9	1.4307	7,9	200	194	186	179	172	165	16,0	16,5	17,0	18,0	18,0	15	500	0,73	
X2CrNi19-11	1.4306	7,9	200	194	186	179	172	165	16,0	16,5	17,0	17,5	18,0	15	500	0,73	
X2CrNiN18-10	1.4311	7,9	200	194	186	179	172	165	16,0	16,5	17,0	17,5	18,0	15	500	0,73	
X5CrNi18-10	1.4301	7,9	200	194	186	179	172	165	16,0	16,5	17,0	17,5	18,0	15	500	0,73	
X8CrNiS18-9	1.4305	7,9	200	194	186	179	172	165	16,0	16,5	17,0	17,5	18,0	15	500	0,73	
X6CrNiTi18-10	1.4541	7,9	200	194	186	179	172	165	16,0	16,5	17,0	17,5	18,0	15	500	0,73	
X6CrNiNb18-10	1.4550	7,9	200	194	186	179	172	165	16,0	16,5	17,0	17,5	18,0	15	500	0,73	
X4CrNi18-12	1.4303	7,9	200	194	186	179	172	165	16,0	16,5	17,0	17,5	18,0	15	500	0,73	
X1CrNi25-21	1.4335	7,9	195	190	182	174	166	158	15,8	16,1	16,5	16,9	17,3	14	450	0,85	
X2CrNiMo17-12-2	1.4404	8,0	200	194	186	179	172	165	16,0	16,5	17,0	17,5	18,0	15	500	0,75	
X2CrNiMoN17-11-2	1.4406	8,0	200	194	186	179	172	165	16,0	16,5	17,0	17,5	18,0	15	500	0,75	
X5CrNiMo17-12-2	1.4401	8,0	200	194	186	179	172	165	16,0	16,5	17,0	17,5	18,0	15	500	0,75	
X1CrNiMoN25-22-2	1.4466	8,0	195	190	182	174	166	158	15,7		17,0			14	500	0,80	
X6CrNiMoTi17-12-2	1.4571	8,0	200	194	186	179	172	165	16,5	17,5	18,0	18,5	19,0	15	500	0,75	
X6CrNiMoNb17-12-2	1.4580	8,0	200	194	186	179	172	165	16,5	17,5	18,0	18,5	19,0	15	500	0,75	
X2CrNiMo17-12-3	1.4432	8,0	200	194	186	179	172	165	16,0	16,5	17,0	17,5	18,0	15	500	0,75	

[1] Durch Kaltumformung entstandene geringe Anteile an Ferrit und/oder Martensit erhöhen die Magnetisierbarkeit.

(fortgesetzt)

Tabelle A.3 (abgeschlossen)

Einheiten: Dichte in kg/dm^3; Elastizitätsmodul in kN/mm^2; Mittlerer Wärmeausdehnungskoeffizient zwischen 20 °C und … in $10^{-6} \times K^{-1}$; Wärmeleitfähigkeit bei 20 °C in $\dfrac{W}{m \times K}$; Spezifische Wärmekapazität bei 20 °C in $\dfrac{J}{kg \times K}$; Elektrischer Widerstand bei 20 °C in $\dfrac{\Omega \times mm^2}{m}$

Kurzname	Werkstoffnummer	Dichte	E 20 °C	E 100 °C	E 200 °C	E 300 °C	E 400 °C	E 500 °C	WAK 100 °C	WAK 200 °C	WAK 300 °C	WAK 400 °C	WAK 500 °C	Wärmeleitf.	Spez. Wärmekap.	El. Widerstand	Magnetisierbar
X2CrNiMoN17-13-3	1.4429	8,0							16,0	16,5	17,0	17,5	18,0	15	500	0,75	nein [1]
X3CrNiMo17-13-3	1.4436								16,0	16,5	17,0	17,5	18,0	15	500	0,75	
X2CrNiMo18-14-3	1.4435								16,0	16,5	17,0	17,5	18,0	15	500	0,75	
X2CrNiMoN18-12-4	1.4434								16,0	16,5	17,0	17,5	18,0	15	500	0,75	
X2CrNiMo18-15-4	1.4438								16,0	16,5	17,0	17,5	18,0	14	500	0,85	
X2CrNiMoN17-13-5	1.4439								16,0	16,5	17,0	17,5	18,0	14	500	0,85	
X1CrNiSi18-15-4	1.4361	7,7	200	194	186	179	172	165	16,5					14			
X12CrMnNiN17-7-5	1.4372	7,8												15		0,70	
X2CrMnNiN17-7-5	1.4371								17,0	17,5	18,0	18,5		15	500	0,70	
X12CrMnNiN18-9-5	1.4373													15		0,70	
X3CrNiCu19-9-2	1.4560	7,9															
X6CrNiCuS18-9-2	1.4570								16,7	17,2	17,7	18,1	18,4				
X3CrNiCu18-9-4	1.4567																
X3CrNiCuMo17-11-3-2	1.4578																
X1NiCrMoCu31-27-4	1.4563	8,0							15,8	16,1	16,5	16,9	17,3	12	450	1,0	
X1NiCrMoCu25-20-5	1.4539								15,8	16,1	16,5	16,9	17,3	12	450	1,0	
X1CrNiMoCuN25-25-5	1.4537	8,1	195	190	182	174	166	158	15,0	16,5			18	14	500	0,85	
X1CrNiMoCuN20-18-7	1.4547	8,0							16,5	17	17,5	18	18	14	500	0,85	
X1NiCrMoCuN25-20-7	1.4529	8,1							15,8	16,1	16,5	16,9	17,3	12	450	1,0	

¹⁾ Durch Kaltumformung entstandene geringe Anteile an Ferrit und/oder Martensit erhöhen die Magnetisierbarkeit.

Tabelle A.4: Anhaltsangaben für einige physikalische Eigenschaften austenitisch-ferritischer nichtrostender Stähle

| Stahlbezeichnung | | Dichte kg/dm³ | Elastizitätsmodul bei kN/mm² | | | | Mittlerer Wärmeausdehnungskoeffizient zwischen 20°C und $10^{-6} \times K^{-1}$ | | | Wärmeleitfähigkeit bei 20°C $\frac{W}{m \times K}$ | Spezifische Wärmekapazität bei 20°C $\frac{J}{kg \times K}$ | Elektrischer Widerstand bei 20°C $\frac{\Omega \times mm^2}{m}$ | Magnetisierbar |
Kurzname	Werkstoffnummer		20°C	100°C	200°C	300°C	100°C	200°C	300°C				
X2CrNiN23-4	1.4362	7,8	200	194	186	180	13,0	13,5	14,0	15	500	0,8	ja
X3CrNiMoN27-5-2	1.4460												
X2CrNiMoN22-5-3	1.4462												
X2CrNiMoCuN25-6-3	1.4507												
X2CrNiMoN25-7-4	1.4410												
X2CrNiMoCuWN25-7-4	1.4501												

Anhang B (informativ)
Sorteneinteilung

Die in dieser Europäischen Norm enthaltenen nichtrostenden Stähle werden nach ihrem Gefüge und ihrer chemischen Zusammensetzung eingeteilt.

B.1 Ferritische, semi-ferritische und martensitische Stähle

Chrom ist das Hauptlegierungselement, und das nicht an Kohlenstoff gebundene Chrom bestimmt die Korrosionsbeständigkeit.

B2. Ferritische und semi-ferritische Stähle

Ferritische Stähle haben einen Grenzgehalt an Kohlenstoff von 0,08 %. Dementsprechend weisen sie keine bedeutsame Härteannahme nach einem Abschrecken auf.

Das ferritische Gefüge ist als α-(alpha) und δ-(delta, Restgefüge von hoher Temperatur) Phase magnetisch.

Dieses Gefüge ist, insbesondere bei dünnen Querschnitten, unter bestimmten Herstellungsbedingungen duktil.

Die für Stäbe gebräuchlichsten ferritischen Automatenstähle haben einen Schwefelzusatz von mehr als 0,15 %, um das Bearbeiten zu erleichtern. Dieser Schwefelzusatz hat eine beträchtliche Verringerung der Korrosionsbeständigkeit zur Folge.

Ferritische Stähle weisen eine verhältnismäßig gute Schweißeignung auf. Eine Europäische Norm, die die Bedingungen für das Schweißen dieser Werkstoffe enthält, ist in CEN/TC 121 in Vorbereitung. Grundsätzlich ist ein geringes Wärmeeinbringen ratsam, um Versprödung durch Grobkorn zu vermeiden.

Entsprechend ihrer chemischen Zusammensetzung können einige Sorten eine teilweise martensitische Umwandlung erfahren; sie werden semi-ferritisch genannt.

B.3 Martensitische Stähle

Martensitische Stähle haben die höchsten Kohlenstoffgehalte, nämlich 0,08 % bis über 1 %. Ihre Festigkeit kann durch Wärmebehandlung mit Abschrecken beträchtlich gesteigert werden; das so erhaltene martensitische Gefüge ist magnetisch und spröde; es muß vor der Verwendung einer Anlaßbehandlung unterzogen werden.

Einige Sorten enthalten Schwefelzusätze von mehr als 0,15 % und sind für eine spanende Bearbeitung bestimmt.

Zusätzlich zu den in dieser Norm enthaltenen Sorten gibt es für bestimmte Anwendungen wichtige Sorten. Zum Beispiel weisen einige der für Wälzlager genormten Stähle Zusammensetzungen im Bereich der nichtrostenden Stähle auf.

B.4 Ausscheidungshärtende Stähle

Wärmebehandlung verleiht diesen Stählen eine höhere Festigkeit, die mit guter Korrosionsbeständigkeit verbunden ist.

Die erhöhte Festigkeit ergibt sich durch das Ausscheiden intermetallischer Verbindungen aus dem martensitischen Gefüge während der abschließenden Auslagerungsbehandlung.

Die spezifischen Behandlungsbedingungen sind dem für die mechanischen Eigenschaften gewünschten Niveau anzupassen und den von den Herstellern zur Verfügung gestellten Angaben zu entnehmen.

B.5 Austenitische Stähle

Chrom und Nickel sind die Hauptlegierungselemente für das Eisen.

Das Gefüge dieser Stähle ist ein y-Austenit (Gamma-Phase); unter Umständen ist von hohen Temperaturen verbliebener δ-Ferrit (Delta-Phase) vorhanden.

Die austenitische y-(gamma) Phase ist unmagnetisch.

Metastabiler Austenit kann durch plastisches Umformen und/oder durch Abkühlen auf niedrige Temperaturen in Martensit umgewandelt werden.

Die Austenitstabilität kann durch Zusatz gammabildender Elemente erhöht werden: Kohlenstoff, Nickel, Mangan, Stickstoff und Kupfer.

Die austenitischen Stähle besitzen eine gute allgemeine Korrosionsbeständigkeit. Sie weisen keine Festigkeitssteigerung nach irgendeiner Wärmebehandlung auf; andererseits kann ihre mechanische Festigkeit durch Stickstoffzusätze oder Kaltumformung gesteigert werden.

Falls die Stähle nach dem Wärmebehandeln oder Schweißen langsam abkühlen (z. B. bei großen Querschnitten), scheiden sich in einem kritischen Temperaturbereich von ungefähr 600 °C bis 800 °C Chromcarbide auf den Korngrenzen aus. Dies bewirkt interkristalline Korrosion bei Kontakt mit Säuren und anderen Ätzmitteln.

Es gibt zwei grundsätzliche Wege zur Vermeidung dieses Problems durch Änderung der chemischen Zusammensetzung, wie in B.5.3 und B.5.4 angegeben.

Austenitische Stähle weisen eine gute Schweißeignung auf. Eine Europäische Norm, die die Bedingungen für das Schweißen dieser Werkstoffe enthält, ist in CEN/TC 121 in Vorbereitung.

Austenitische Stähle weisen auch bei tiefen Temperaturen gute Zähigkeitseigenschaften und eine hohe Sprödbruchsicherheit auf.

Nach dem Kohlenstoffgehalt und den Legierungselementen können die austenitischen Stähle wie folgt eingeteilt werden:

B.5.1 Austenitische Stähle ohne Molybdän

Dies sind die gebräuchlichsten Sorten, weil sie einen guten Kompromiß zwischen Kosten und Korrosionsbeständigkeit darstellen.

Sie sind schwieriger spanend zu bearbeiten als die ferritischen und martensitischen Sorten und wie bei jenen Gruppen gibt es auch aufgeschwefelte Automatenstähle ($S \geq 0,15$ %). Dieser Schwefelzusatz hat eine beträchtliche Verringerung der Korrosionsbeständigkeit zur Folge.

B.5.2 Austenitische Stähle mit Molybdän

Die Zugabe von Molybdän verbessert im allgemeinen die Korrosionsbeständigkeit, insbesondere gegen durch Chloride verursachte Lochkorrosion.

Höhere Schwefelgehalte können diese Wirkung beeinträchtigen.

In Salpetersäure und in nitrosen Gasen sind Molybdänzusätze eher ungünstig.

B.5.3 Austenitische Stähle mit besonders niedrigem Kohlenstoffgehalt

Eine Methode zur Vermeidung interkristalliner Korrosion ist die Herstellung von Stählen mit $\leq 0,030$ % Kohlenstoff; in diesem Falle bleibt der Kohlenstoff in fester Lösung und verbindet sich daher nicht mit Chrom unter Bildung von Chromcarbidausscheidungen.

B.5.4 Stabilisierte austenitische Stähle

Die Zugabe von Titan und/oder Niob verhindert die mit Wärmebehandlung und/oder Schweißen verbundene Ausscheidung von Chromcarbiden. Weiterhin weisen diese Stähle gute Festigkeitseigenschaften bis etwa 600 °C auf.

B.5.5 Superaustenite

Diese Stähle haben erhöhte Chrom- und Molybdängehalte und weisen infolge höherer Nickel- und Stickstoffgehalte ein vollkommen austenitisches Gefüge auf. Sie haben eine hervorragende Korrosionsbeständigkeit in aggressiver Umgebung.

B.5.6 Vergleich von Methoden zur Vermeidung interkristalliner Korrosion

Bis zu den 1960ern war für dieses Problem die "Lösung" stabilisierter Stahl bevorzugt, weil es schwierig, teuer und nicht verläßlich war, im Elektroofen Stähle mit besonders niedrigem Kohlenstoffgehalt herzustellen.

Jedoch haben es die seitdem in der Herstellung nichtrostender Stähle erreichten technologischen Fortschritte ermöglicht, Stähle mit besonders niedrigem Kohlenstoffgehalt billiger, schneller und verläßlicher als stabilisierte Sorten herzustellen.

Andererseits haben die stabilisierten Sorten eine höhere Festigkeit bei erhöhten Temperaturen.

Weiterer Rat bezüglich Stahlauswahl ist von den Herstellern erhältlich. Welche "Lösung" auch immer gewählt wird, der Stahl wird so erschmolzen und verarbeitet, daß im Lieferzustand keine Gefahr interkristalliner Korrosion besteht und es daher nicht notwendig ist, als Teil vieler Einkaufsspezifizierungen eine Prüfung auf Beständigkeit gegen interkristalline Korrosion festzulegen.

B.6 Austenitisch-ferritische (Duplex-) Stähle

Diese Stähle haben üblicherweise einen hohen Chrom- und einen niedrigen Nickelgehalt mit dem kennzeichnenden Merkmal der Ausbildung eines zwei-phasigen Gefüges bei Raumtemperatur (Austenitgehalt zwischen 40 und 60 %). Ihre Festigkeitseigenschaften sind höher als die der austenitischen Stähle.

Diese Stähle haben eine besonders gute Beständigkeit gegen Spannungsrißkorrosion.

B.7 Warmfeste Stähle

Varianten der in den Abschnitten B.1 bis B.6 beschriebenen Stähle, vielfach mit einem erhöhten Kohlenstoffgehalt, werden als warmfeste Stähle verwendet.

B.8 Hitzebeständige Stähle

Diese ferritischen oder austenitischen Stahlsorten werden teilweise wegen ihres vorzüglichen Widerstandes gegenüber Oxidation und Korrosion durch heiße Gase und auch wegen Erhaltung ihrer mechanischen Eigenschaften in einem weiten Temperaturbereich verwendet.

Hart die Materie – hart die Fakten
DIN-Taschenbücher Stahl und Eisen

DIN-Taschenbuch 401
Stahl und Eisen. Gütenormen 1.
Allgemeines
2. Aufl. 1998. 376 S. A5. Brosch.
127,– DEM / 927,– ATS / 114,– CHF
64,93 EUR
ISBN 3-410-14126-X

DIN-Taschenbuch 402
Stahl und Eisen. Gütenormen 2.
Bauwesen, Metallverarbeitung
2. Aufl. 1998. 496 S. A5. Brosch.
169,– DEM / 1.234,– ATS / 152,– CHF
86,41 EUR
ISBN 3-410-14127-8

DIN-Taschenbuch 403
Stahl und Eisen. Gütenormen 3.
Druckgeräte, Rohrleitungsbau
2. Aufl. 1998. 528 S. A5. Brosch.
179,– DEM / 1.307,– ATS / 161,– CHF
91,52 EUR
ISBN 3-410-14128-6

DIN-Taschenbuch 404
Stahl und Eisen. Gütenormen 4.
Maschinenbau, Werkzeugbau
2. Aufl. 1998. 648 S. A5. Brosch.
219,– DEM / 1.599,– ATS / 197,– CHF
111,97 EUR
ISBN 3-410-14129-4

DIN-Taschenbuch 405
Stahl und Eisen. Gütenormen 5.
Nichtrostende Stähle und andere
hochlegierte Stähle
2. Aufl. 1998. 464 S. A5. Brosch.
159,– DEM / 1.161,– ATS / 143,– CHF
81,30 EUR
ISBN 3-410-14130-8

Berlin · Wien · Zürich

Beuth Verlag GmbH
Burggrafenstraße 6
10787 Berlin
Tel: (0 30) 26 01-22 60
Fax: (0 30) 26 01-12 60
http://www.din.de/beuth

August 1995

	Nichtrostende Stähle Teil 2: Technische Lieferbedingungen für Blech und Band für allgemeine Verwendung Deutsche Fassung EN 10088-2 : 1995	**DIN** **EN 10088-2**

ICS 77.140.20; 77.140.50

Deskriptoren: Nichtrostender Stahl, Lieferbedingung, Band, Stahl, Blech

Stainless steels – Part 2: Technical delivery conditions for sheet/plate and strip
for general purposes;
German version EN 10088-2 : 1995
Aciers inoxydables – Partie 2: Conditions techniques de livraison des tôles et
bandes pour usage général;
Version allemande EN 10088-2 : 1995

Teilweise Ersatz für
DIN 17440 : 1985-07
und
DIN 17441 : 1985-07

Die Europäische Norm EN 10088-2 : 1995 hat den Status einer Deutschen Norm.

Nationales Vorwort

Die Europäische Norm EN 10088-2 : 1995 wurde vom Unterausschuß TC 23/SC 1 "Nichtrostende Stähle" (Sekretariat: Deutschland) des Europäischen Komitees für die Eisen- und Stahlnormung (ECISS) ausgearbeitet.

Das zuständige deutsche Normungsgremium ist der Unterausschuß 06/1 "Nichtrostende Stähle" des Normenausschusses Eisen und Stahl (FES).

Für die im Abschnitt 2 zitierten Europäischen Normen, soweit die Norm-Nummer geändert ist, und EURONORMEN wird im folgenden auf die entsprechenden Deutschen Normen verwiesen:

EURONORM 5 siehe DIN 50133

EURONORM 114 siehe DIN 50914

EN 10204 siehe DIN 50049

Änderungen

Gegenüber DIN 17440 : 1985-07 und DIN 17441 : 1985-07 wurden folgende Änderungen vorgenommen:

a) Inhalt aufgeteilt, wobei die vorliegende Norm nur für Blech und Band für allgemeine Verwendung gilt.

b) Kurznamen teilweise geändert, wobei aber der bisherigen Werkstoffnummern unverändert beibehalten wurden.

c) Von den in DIN 17440 und DIN 17441 als Flacherzeugnisse genormten Sorten sind folgende Sorten entfallen: X15Cr13 (1.4024) und X20CrNi17-2 (1.4057).

d) Zusätzlich aufgenommen wurden 38 Stahlsorten, darunter 11 ferritische, 3 martensitische, 3 ausscheidungshärtende, 16 austenitische und 5 austenitisch-ferritische Güten.

e) Die Festlegungen für chemische Zusammensetzung, mechanische Eigenschaften bei Raumtemperatur und erhöhten Temperaturen, Probenahme, Prüfumfang, Kennzeichnung und Wärmebehandlung überarbeitet.

f) Redaktionelle Änderungen.

Frühere Ausgaben

DIN 17440: 1967-01, 1972-12, 1985-07
DIN 17441: 1985-07

Nationaler Anhang NA   (informativ)

Literaturhinweise in nationalen Zusätzen

DIN 50049
    Metallische Erzeugnisse – Arten von Prüfbescheinigungen; Deutsche Fassung EN 10204 : 1991
DIN 50133
    Prüfung metallischer Werkstoffe – Härteprüfung nach Vickers – Bereich HV 0,2 bis HV 100
DIN 50914
    Prüfung nichtrostender Stähle auf Beständigkeit gegen interkristalline Korrosion – Kupfersulfat-Schwefelsäure-Verfahren – Strauß-Test

Fortsetzung 40 Seiten EN

Normenausschuß Eisen und Stahl (FES) im DIN Deutsches Institut für Normung e.V.

EUROPÄISCHE NORM
EUROPEAN STANDARD
NORME EUROPÉENNE

EN 10088-2

April 1995

ICS 77.140.20; 77.140.50

Deskriptoren: Eisen und Stahl, warmgewalzte Erzeugnisse, kaltgewalzte Erzeugnisse, nichtrostender Stahl, Blech, Stahlband, Ablieferung, Bezeichnung, Abmessung, Maßtoleranz, chemische Zusammensetzung, Sorten, Qualität, Klassifikation, mechanische Eigenschaft, Prüfung, Kennzeichnung

Deutsche Fassung

Nichtrostende Stähle
Teil 2: Technische Lieferbedingungen für Blech und Band für allgemeine Verwendung

Stainless steels — Part 2: Technical delivery conditions for sheet / plate and strip for general purposes

Aciers inoxydables — Partie 2: Conditions techniques de livraison des tôles et bandes pour usage général

Diese Europäische Norm wurde von CEN am 1995-02-28 angenommen.

Die CEN-Mitglieder sind gehalten, die CEN/CENELEC-Geschäftsordnung zu erfüllen, in der die Bedingungen festgelegt sind, unter denen dieser Europäischen Norm ohne jede Änderung der Status einer nationalen Norm zu geben ist.

Auf dem letzten Stand befindliche Listen dieser nationalen Normen mit ihren bibliographischen Angaben sind beim Zentralsekretariat oder bei jedem CEN-Mitglied auf Anfrage erhältlich.

Diese Europäische Norm besteht in drei offiziellen Fassungen (Deutsch, Englisch, Französisch). Eine Fassung in einer anderen Sprache, die von einem CEN-Mitglied in eigener Verantwortung durch Übersetzung in seine Landessprache gemacht und dem Zentralsekretariat mitgeteilt worden ist, hat den gleichen Status wie die offiziellen Fassungen.

CEN-Mitglieder sind die nationalen Normungsinstitute von Belgien, Dänemark, Deutschland, Finnland, Frankreich, Griechenland, Irland, Island, Italien, Luxemburg, Niederlande, Norwegen, Österreich, Portugal, Schweden, Schweiz, Spanien und dem Vereinigten Königreich.

CEN

EUROPÄISCHES KOMITEE FÜR NORMUNG
European Committee for Standardization
Comité Européen de Normalisation

Zentralsekretariat: rue de Stassart 36, B-1050 Brüssel

Ref. Nr. EN 10088-2 : 1995 D

Inhalt

Vorwort

Diese Europäische Norm wurde vom SC 1 "Nichtrostende Stähle" des Technischen Komitees ECISS/TC 23 "Für eine Wärme-behandlung bestimmte Stähle, legierte Stähle und Automatenstähle – Gütenormen" ausgearbeitet, dessen Sekretariat vom DIN betreut wird.

Diese Europäische Norm ersetzt

EU88-2 : 1986   Nichtrostende Stähle – Teil 2: Technische Lieferbedingungen für Blech und Band für allgemeine Verwendung.

Diese Europäische Norm muß den Status einer nationalen Norm erhalten, entweder durch Veröffentlichung eines identischen Textes oder durch Anerkennung bis Oktober 1995, und etwaige entgegenstehende nationale Normen müssen bis Oktober 1995 zurückgezogen werden.

Entsprechend der CEN/CENELEC-Geschäftsordnung sind folgende Länder gehalten, diese Europäische Norm zu über-nehmen:

Belgien, Dänemark, Deutschland, Finnland, Frankreich, Griechenland, Irland, Island, Italien, Luxemburg, Niederlande, Norwegen, Österreich, Portugal, Schweden, Schweiz, Spanien und das Vereinigte Königreich.

1 Anwendungsbereich

1.1 Dieser Teil der EN 10088 enthält die technischen Lieferbedingungen für warm- oder kaltgewalztes Blech und Band aus Standardgüten und Sondergüten nichtrostender Stähle für allgemeine Verwendung.

ANMERKUNG: Hier und im folgenden versteht man

— unter dem Begriff "allgemeine Verwendung" Verwendungen außer den in Anhang C erwähnten besonderen Verwendungen;

— unter dem Begriff "Standardgüten" Sorten mit relativ guter Verfügbarkeit und einem weiteren Anwendungsbereich;

— unter dem Begriff "Sondergüten" Sorten für eine besondere Anwendung und/oder mit begrenzter Verfügbarkeit.

1.2 Zusätzlich zu den Angaben dieser Europäischen Norm gelten, sofern in dieser Europäischen Norm nichts anderes festgelegt ist, die in EN 10021 wiedergegebenen allgemeinen technischen Lieferbedingungen.

1.3 Diese Europäische Norm gilt nicht für die durch Weiterverarbeitung der in 1.1 genannten Erzeugnisformen hergestellten Teile mit fertigungsbedingten abweichenden Gütemerkmalen.

2 Normative Verweisungen

Diese Europäische Norm enthält durch datierte oder undatierte Verweisungen Festlegungen aus anderen Publikationen. Diese normativen Verweisungen sind an den jeweiligen Stellen im Text zitiert, und die Publikationen sind nachstehend aufgeführt. Bei datierten Verweisungen gehören spätere Änderungen oder Überarbeitungen dieser Publikationen nur zu dieser Europäischen Norm, falls sie durch Änderung oder Überarbeitung eingearbeitet sind. Bei undatierten Verweisungen gilt die letzte Ausgabe der in Bezug genommenen Publikation.

EN 10002-1
Metallische Werkstoffe — Zugversuch — Teil 1: Prüfverfahren (bei Raumtemperatur)

EN 10002-5
Metallische Werkstoffe — Zugversuch — Teil 5: Prüfverfahren bei erhöhter Temperatur

EN 10003-1[1])
Metallische Werkstoffe — Härteprüfung — Brinell — Teil 1: Prüfverfahren

EURONORM 5[2])
Härteprüfung nach Vickers für Stahl

EURONORM 18[2])
Entnahme und Vorbereitung von Probenabschnitten und Proben aus Stahl und Stahlerzeugnissen

EN 10021
Allgemeine technische Lieferbedingungen für Stahl und Stahlerzeugnisse

EN 10027-1
Bezeichnungssysteme für Stähle — Teil 1: Kurznamen, Hauptsymbole

EN 10027-2
Bezeichnungssysteme für Stähle — Teil 2: Nummernsystem

---

[1]) Z. Z. Entwurf

[2]) Bis zur Überführung dieser EURONORM in eine Europäische Norm darf — je nach Vereinbarung bei der Bestellung — entweder diese EURONORM oder eine entsprechende nationale Norm zur Anwendung kommen.

EN 10045-1
Metallische Werkstoffe — Kerbschlagbiegeversuch nach Charpy — Teil 1: Prüfverfahren

EN 10052
Begriffe der Wärmebehandlung von Eisenwerkstoffen

EN 10079
Begriffsbestimmungen für Stahlerzeugnisse

EN 10088-1
Nichtrostende Stähle — Teil 1: Verzeichnis der nichtrostenden Stähle

EN 10109-1
Metallische Werkstoffe — Härteprüfung — Teil 1: Rockwell-Verfahren (Skalen A, B, C, D, E, F, G, H, K) und Verfahren N und T (Skalen 15N, 30N, 45N, 15T, 30T und 45T)

EURONORM 114[2])
Ermittlung der Beständigkeit nichtrostender austenitischer Stähle gegen interkristalline Korrosion; Korrosionsversuch in Schwefelsäure-Kupfersulfat-Lösung (Prüfung nach Monypenny-Strauß)

EN 10163-1
Lieferbedingungen für die Oberflächenbeschaffenheit von warmgewalzten Stahlerzeugnissen (Blech, Breitflachstahl und Profile) — Teil 1: Allgemeine Anforderungen

EN 10163-2
Lieferbedingungen für die Oberflächenbeschaffenheit von warmgewalzten Stahlerzeugnissen (Blech, Breitflachstahl und Profile) — Teil 2: Blech und Breitflachstahl

EURONORM 168[2])
Inhalt von Bescheinigungen über Werkstoffprüfungen für Stahlerzeugnisse

EN 10204
Metallische Erzeugnisse — Arten von Prüfbescheinigungen

Siehe auch Anhang B

3 Definitionen

3.1 Nichtrostende Stähle

Es gilt die Definition nach EN 10088-1.

3.2 Erzeugnisformen

Es gelten die Definitionen nach EN 10079.

3.3 Wärmebehandlungsarten

Es gelten die Definitionen nach EN 10052.

4 Maße und Grenzabmaße

Die Maße und Grenzabmaße sind, möglichst unter Bezugnahme auf die in Anhang B angegebenen Maßnormen, bei der Bestellung zu vereinbaren. EN 10029 ist üblicherweise nur für Erzeugnisform P (einzeln gewalzte Bleche, "Quartobleche") anzuwenden und nicht für Erzeugnisform H (kontinuierlich gewalztes Band und Blech), wofür EN 10051 anzuwenden ist. Bei Bezugnahme auf EN 10029 gilt für die Grenzabmaße der Dicke Klasse A, falls nicht bei der Bestellung ausdrücklich anders vereinbart.

5 Gewichtserrechnung und zulässige Gewichtsabweichungen

5.1 Bei Errechnung des Nenngewichts aus den Nennmaßen sind für die Dichte des betreffenden Stahles die Werte nach EN 10088-1 zugrunde zu legen.

5.2 Die zulässigen Gewichtsabweichungen können bei der Bestellung vereinbart werden, wenn sie in den in Anhang B aufgeführten Maßnormen nicht festgelegt sind.

6 Bezeichnung und Bestellung

6.1 Bezeichnung der Stahlsorten

Die Kurznamen und Werkstoffnummern (siehe Tabellen 1 bis 4) wurden nach EN 10027-1 und EN 10027-2 gebildet.

6.2 Bestellbezeichnung

Die vollständige Bezeichnung für die Bestellung eines Erzeugnisses nach dieser Europäischen Norm muß folgende Angaben enthalten:

- die gewünschte Menge;
- die Herstellungsart (warmgewalzt oder kaltgewalzt) und die Erzeugnisform (Band oder Blech);
- soweit eine eigene Maßnorm vorhanden ist (siehe Anhang B), die Nummer der Norm und die ausgewählten Anforderungen; falls keine Maßnorm vorhanden ist, die Nennmaße und die gewünschten Grenzabmaße;
- die Art des Werkstoffs (Stahl);
- die Nummer dieser Europäischen Norm;
- Kurzname oder Werkstoffnummer;
- falls für den betreffenden Stahl in der Tabelle für die mechanischen Eigenschaften mehr als ein Behandlungszustand enthalten ist, das Kurzzeichen für die gewünschte Wärmebehandlung oder den gewünschten Kaltverfestigungszustand;
- die gewünschte Ausführungsart (siehe Kurzzeichen in Tabelle 6);
- falls eine Prüfbescheinigung gewünscht wird, deren Bezeichnung nach EN 10204.

BEISPIEL:

10 Bleche einer Stahlsorte mit dem Kurznamen X5CrNi18-10 und der Werkstoffnummer 1.4301 nach EN 10088-2 mit den Nennmaßen Dicke = 8 mm, Breite = 2 000 mm, Länge = 5 000 mm; Toleranzen für Maße, Form und Gewicht nach EN 10029, mit Klasse A für die Grenzabmaße der Dicke und Klasse N für die Ebenheitstoleranz, in Ausführungsart 1D (siehe Tabelle 6), Prüfbescheinigung 3.1.B nach EN 10204:

> **10 Bleche EN 10029 — 8A × 2 000 × 5 000**
> **Stahl EN 10088-2 — X5CrNi18-10+1D**
> **Prüfbescheinigung 3.1.B**

oder

> **10 Bleche EN 10029 — 8A × 2 000 × 5 000**
> **Stahl EN 10088-2 — 1.4301+1D**
> **Prüfbescheinigung 3.1.B**

7 Sorteneinteilung

Die in dieser Europäischen Norm enthaltenen Stähle sind nach ihrem Gefüge eingeteilt in

- ferritische Stähle,
- martensitische Stähle,
- ausscheidungshärtende Stähle,
- austenitische Stähle,
- austenitisch-ferritische Stähle.

Siehe auch die Anmerkung in 1.1 und Anhang B zu EN 10088-1.

8 Anforderungen

8.1 Herstellverfahren

Das Erschmelzungsverfahren der Stähle für Erzeugnisse nach dieser Europäischen Norm bleibt dem Hersteller überlassen, sofern bei der Bestellung nicht ein Sondererschmelzungsverfahren vereinbart wurde.

8.2 Lieferzustand

Die Erzeugnisse sind im — durch Bezugnahme auf die in Tabelle 6 angegebene Ausführungsart und, wenn es verschiedene Alternativen gibt, auf die in den Tabellen 7 bis 11 und 18 angegebenen Behandlungszustände — bei der Bestellung vereinbarten Zustand zu liefern (siehe auch Anhang A).

8.3 Chemische Zusammensetzung

8.3.1 Für die chemische Zusammensetzung nach der Schmelzenanalyse gelten die Angaben in den Tabellen 1 bis 4.

8.3.2 Die Stückanalyse darf von den in den Tabellen 1 bis 4 angegebenen Grenzwerten der Schmelzenanalyse um die in Tabelle 5 aufgeführten Werte abweichen.

8.4 Korrosionschemische Eigenschaften

Für die in EURONORM 114 definierte Beständigkeit gegen interkristalline Korrosion gelten für ferritische, austenitische und austenitisch-ferritische Stähle die Angaben in den Tabellen 7, 10 und 11.

ANMERKUNG 1: EURONORM 114 ist nicht anwendbar auf die Prüfung martensitischer und ausscheidungshärtender Stähle.

ANMERKUNG 2: Das Verhalten der nichtrostenden Stähle gegen Korrosion hängt stark von der Art der Umgebung ab und kann daher nicht immer eindeutig durch Versuche im Laboratorium gekennzeichnet werden. Es empfiehlt sich daher, auf vorliegende Erfahrungen in der Verwendung der Stähle zurückzugreifen.

8.5 Mechanische Eigenschaften

8.5.1 Für die mechanischen Eigenschaften bei Raumtemperatur gelten die Angaben in den Tabellen 7 bis 11 für den jeweils festgelegten Wärmebehandlungszustand. Die Angaben gelten nicht für die Ausführungsart 1U (warmgewalzt, nicht wärmebehandelt, nicht entzundert).

Wenn, nach Vereinbarung bei der Bestellung, die Erzeugnisse im wärmebehandelten Zustand geliefert werden sollen, müssen bei sachgemäßer Wärmebehandlung (simulierende Wärmebehandlung) an Bezugsproben die mechanischen Eigenschaften nach den Tabellen 7, 8, 9, 10 und 11 erreichbar sein.

Für die mechanischen Eigenschaften bei Raumtemperatur gelten bei kaltumgeformten Erzeugnissen die Angaben in Tabelle 17. Die Verfügbarkeit von Stahlsorten im kaltumgeformten Zustand ist in Tabelle 18 angegeben.

ANMERKUNG: Austenitische Stähle sind im lösungsgeglühten Zustand sprödbruchunempfindlich. Da sie keine ausgeprägte Übergangstemperatur aufweisen, was für andere Stähle charakteristisch ist, sind sie auch für die Verwendung bei tiefen Temperaturen nutzbar.

8.5.2 Für die 0,2%- und 1%-Dehngrenze bei erhöhten Temperaturen gelten die Werte nach den Tabellen 12 bis 16.

8.6 Oberflächenbeschaffenheit

Geringfügige, durch das Herstellverfahren bedingte Unvollkommenheiten der Oberfläche sind zulässig.

Wenn Erzeugnisse in Coilform geliefert werden, ist ein größeres Ausmaß an solchen Unvollkommenheiten zu erwarten, da das Entfernen kurzer Coillängen undurchführbar ist. Für warmgewalzte Quartobleche (Kurzzeichen P in den Tabellen 7 bis 11) gelten, falls nicht anders vereinbart, die Festlegungen der Klasse A3 nach EN 10163-2. Für andere Erzeugnisse können, wenn erforderlich, genauere Anforderungen an die Oberflächenbeschaffenheit bei der Bestellung vereinbart werden.

8.7 Innere Beschaffenheit

Wenn angebracht, können für die innere Beschaffenheit Anforderungen einschließlich Bedingungen für deren Nachweis bei der Bestellung vereinbart werden.

9 Prüfung

9.1 Allgemeines

Der Hersteller muß geeignete Verfahrenskontrollen und Prüfungen durchführen, um sich selbst zu vergewissern, daß die Lieferung den Bestellanforderungen entspricht.

Dies schließt folgendes ein:

- Einen geeigneten Umfang für den Nachweis der Erzeugnisabmessungen.

- Ein ausreichendes Ausmaß an visueller Untersuchung der Oberflächenbeschaffenheit der Erzeugnisse.

- Einen geeigneten Umfang und Art der Prüfung, um sicherzustellen, daß die richtige Stahlsorte verwendet wird.

Art und Umfang dieser Nachweise, Untersuchungen und Prüfungen wird vom Hersteller bestimmt unter Berücksichtigung des Grades der Übereinstimmung, der beim Nachweis des Qualitätssicherungssystems ermittelt wurde. In Anbetracht dessen ist ein Nachweis dieser Anforderungen durch spezifische Prüfungen, falls nicht anders vereinbart, nicht erforderlich.

9.2 Vereinbarung von Prüfungen und Prüfbescheinigungen

9.2.1 Bei der Bestellung kann für jede Lieferung die Ausstellung einer der Prüfbescheinigungen nach EN 10204 vereinbart werden.

9.2.2 Falls die Ausstellung eines Werkszeugnisses 2.2 nach EN 10204 vereinbart wurde, muß es die folgenden Angaben enthalten:

a) Die Angabenblöcke A, B und Z von EURONORM 168.

b) Die Ergebnisse der Schmelzenanalyse entsprechend den Feldern C71 bis C92 von EURONORM 168.

9.2.3 Falls die Ausstellung eines Abnahmeprüfzeugnisses 3.1.A, 3.1.B oder 3.1.C nach EN 10204 oder eines Abnahmeprüfprotokolles 3.2 nach EN 10204 vereinbart wurde, sind spezifische Prüfungen nach 9.3 durchzuführen, und die Prüfbescheinigung muß indem nach EURONORM 168 verlangten Feldern und Einzelheiten folgende Angaben enthalten:

a) Wie unter 9.2.2 a) und b)

b) Wie unter 9.2.2 a) und b)

c) Die Ergebnisse der entsprechend Tabelle 19 durchzuführenden Prüfungen (in der zweiten Spalte durch m gekennzeichnet).

d) Die Ergebnisse aller bei der Bestellung vereinbarten weiteren Prüfungen.

9.3 Spezifische Prüfung

9.3.1 Prüfumfang

Die entweder obligatorisch (m) oder nach Vereinbarung (o) durchzuführenden Prüfungen sowie Zusammensetzung und Größe der Prüfeinheiten und die Anzahl der zu entnehmenden Probestücke, Probenabschnitte und Proben sind in Tabelle 18 aufgeführt.

9.3.2 Probenahme und Probenvorbereitung

9.3.2.1 Bei der Probenahme und Probenvorbereitung sind die Angaben der EURONORM 18 zu beachten. Für die mechanischen Prüfungen gelten außerdem die Angaben in 9.3.2.2.

9.3.2.2 Für den Zugversuch und, sofern dieser bei der Bestellung vereinbart wurde, für den Kerbschlagbiegeversuch sind die Proben entsprechend den Angaben in Bild 1 zu entnehmen, und zwar derart, daß die Proben im halben Abstand zwischen Längskante und Mittellinie liegen.

Die Probenabschnitte sind im Lieferzustand zu entnehmen. Auf Vereinbarung können die Probenabschnitte vor dem Richten genommen werden. Für simulierend wärmezubehandelnde Probenabschnitte sind die Temperaturen für das Glühen, Abschrecken und Anlassen zu vereinbaren.

9.3.2.3 Probenabschnitte für die Härteprüfung und die Prüfung auf Beständigkeit gegenüber interkristalliner Korrosion, wenn verlangt, sind an den gleichen Stellen wie für die mechanischen Prüfungen zu entnehmen. Siehe Bild 2 für die Richtung des Biegens der Probe bei der Prüfung auf Beständigkeit gegen interkristalline Korrosion.

9.4 Prüfverfahren

9.4.1 Für die Ermittlung der Stückanalyse bleibt, wenn bei der Bestellung nichts anderes vereinbart wurde, dem Hersteller die Wahl eines geeigneten physikalischen oder chemischen Analyseverfahrens überlassen. In Schiedsfällen ist die Analyse von einem von beiden Seiten anerkannten Laboratorium durchzuführen. Das anzuwendende Analyseverfahren muß in diesem Falle, möglichst unter Bezugnahme auf entsprechende Europäische Normen oder EURONORMEN, vereinbart werden.

9.4.2 Der Zugversuch bei Raumtemperatur ist, unter Berücksichtigung der in Fußnote 1 zu Bild 1 festgelegten zusätzlichen oder abweichenden Bedingungen, nach EN 10002-1 durchzuführen.

Zu ermitteln sind die Zugfestigkeit und die Bruchdehnung sowie bei den ferritischen, martensitischen, ausscheidungshärtenden und austenitisch-ferritischen Stählen die 0,2%-Dehngrenze und bei den austenitischen Stählen die 0,2%- und die 1%-Dehngrenze.

9.4.3 Falls ein Zugversuch bei erhöhter Temperatur bestellt wurde, ist er nach EN 10002-5 durchzuführen. Falls die Dehngrenze nachzuweisen ist, ist sie bei ferritischen, martensitischen, ausscheidungshärtenden und austenitisch-ferritischen Stählen die 0,2%-Dehngrenze zu ermitteln. Bei austenitischen Stählen sind die 0,2%-Dehngrenze und die 1%-Dehngrenze zu ermitteln.

9.4.4 Wenn ein Kerbschlagbiegeversuch bestellt wurde, ist dieser nach EN 10045-1 an Spitzkerbproben auszuführen. Als Versuchsergebnis ist das Mittel von 3 Proben zu werten (siehe auch EN 10021).

9.4.5 Die Härteprüfung nach Brinell ist nach EN 10003-1, die Härteprüfung nach Rockwell ist nach EN 10109-1 und die Härteprüfung nach Vickers nach EURONORM 5 durchzuführen.

9.4.6 Die Beständigkeit gegen interkristalline Korrosion ist nach EURONORM 114 zu prüfen.

9.4.7 Maße und Grenzmaße der Erzeugnisse sind nach den Festlegungen in den betreffenden Maßnormen, soweit vorhanden, zu prüfen.

9.5 Wiederholungsprüfungen

Siehe EN 10021

10 Kennzeichnung

10.1 Falls nicht bei der Bestellung anders vereinbart, ist, mit der in 10.4 erwähnten Ausnahme, jedes Erzeugnis mit den in Tabelle 20 aufgeführten Angaben zu kennzeichnen.

10.2 Das Kennzeichnungsverfahren und das für die Kennzeichnung verwendete Material bleiben, wenn nicht anders vereinbart, dem Hersteller überlassen.

Die Kennzeichnung muß so beschaffen sein, daß sie bei unbeheizter Lagerung unter Abdeckung mindestens ein Jahr haltbar ist. Es ist Sorge zu tragen, daß die Korrosionsbeständigkeit des Erzeugnisses nicht durch das Kennzeichnungsverfahren beeinträchtigt wird.

10.3 Eine Erzeugnisseite ist zu kennzeichnen. Dies ist üblicherweise die bessere Oberfläche bei Erzeugnissen, für die für nur eine Oberfläche ein bestimmter Standard einzuhalten ist.

10.4 Alternativ darf bei aufgerollten, gebündelten oder in Kisten verpackten Erzeugnissen oder Erzeugnissen mit geschliffener oder polierter Oberfläche die Kennzeichnung auf der Verpackung oder auf einem sicher angebrachten Anhängeschild erfolgen.

Probenart	Erzeugnisdicke	Richtung der Probenlängsachse in bezug auf die Hauptwalzrichtung bei einer Erzeugnisbreite von		Abstand der Probe von der Walzoberfläche
	mm	< 300 mm	≥ 300 mm	mm
Zugprobe [1])	≤ 30			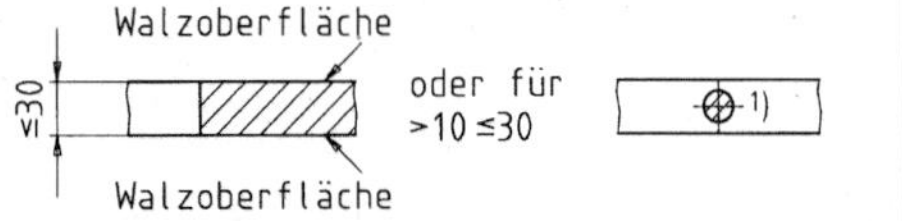 Walzoberfläche ... oder für >10 ≤30 ... Walzoberfläche
	> 30	längs	quer	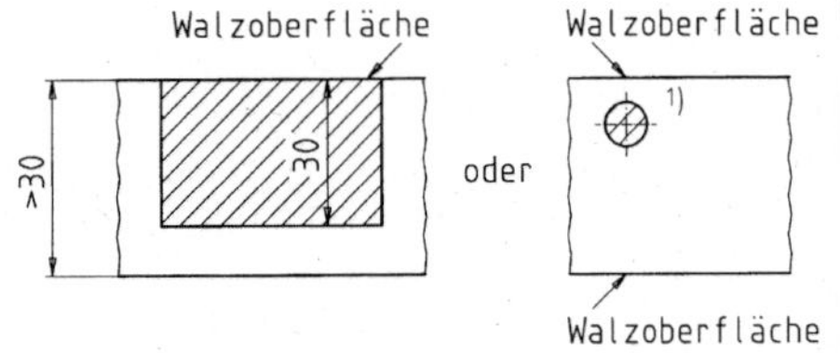 Walzoberfläche ... Walzoberfläche ... oder ... Walzoberfläche
Kerbschlagprobe [2])	> 10	längs	quer	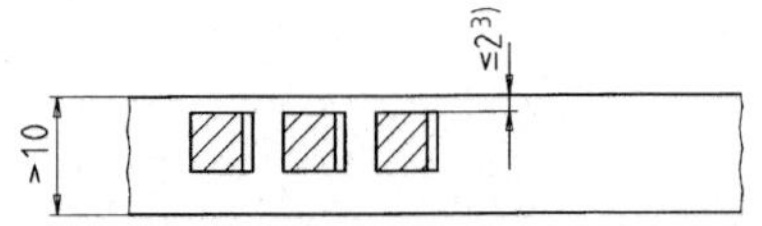

[1]) In Zweifels- oder Schiedsfällen muß bei Proben aus Erzeugnissen ≥ 3 mm Dicke die Meßlänge $L_0 = 5,65 \sqrt{S_0}$ betragen. Für Erzeugnisse < 3 mm Dicke sind nichtproportionale Proben mit einer Meßlänge von 80 mm und einer Breite von 20 mm zu verwenden, jedoch dürfen auch Proben mit einer Meßlänge von 50 mm und einer Breite von 12,5 mm verwendet werden. Für Erzeugnisse mit einer Dicke von 3 bis 10 mm sind proportionale Flachproben mit zwei Walzoberflächen und einer maximalen Breite von 30 mm zu verwenden. Für Erzeugnisse mit Dicken > 10 mm kann eine der folgenden Proportionalproben verwendet werden:

   — entweder eine Flachprobe mit einer maximalen Dicke von 30 mm; die Dicke darf auf bis zu 10 mm abgearbeitet werden, jedoch muß eine Walzoberfläche erhalten bleiben

   — oder eine Rundprobe mit einem Durchmesser ≥ 5 mm, deren Achse so nahe wie möglich in einer Ebene im äußeren Drittel der halben Erzeugnisdicke liegen muß.

[2]) Die Längsachse des Kerbes muß jeweils senkrecht zur Walzoberfläche des Erzeugnisses stehen.

[3]) Bei Erzeugnisdicken > 30 mm können die Kerbschlagproben in einem Viertel der Erzeugnisdicke entnommen werden.

Bild 1: Probenlage bei Flacherzeugnissen

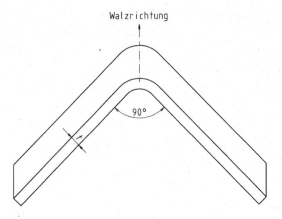

Walzrichtung

90°

Bild 2: Richtung des Biegens der Probe in bezug auf die Walzrichtung bei der Prüfung auf Beständigkeit gegen interkristalline Korrosion

Tabelle 1: Chemische Zusammensetzung (Schmelzenanalyse) ¹) der ferritischen nichtrostenden Stähle

Stahlbezeichnung		Massenanteil in %							
Kurzname	Werkstoff-nummer	C max.	Si max.	Mn max.	P max.	S max.	N max.	Cr	Mo
Standardgüten									
X2CrNi12	**1.4003**	0,030	1,00	1,50	0,040	0,015	0,030	10,50 bis 12,50	
X2CrTi12	**1.4512**	0,030	1,00	1,00	0,040	0,015		10,50 bis 12,50	
X6CrNiTi12	**1.4516**	0,08	0,70	1,50	0,040	0,015		10,50 bis 12,50	
X6Cr13	**1.4000**	0,08	1,00	1,00	0,040	0,015²)		12,00 bis 14,00	
X6CrAl13	**1.4002**	0,08	1,00	1,00	0,040	0,015²)		12,00 bis 14,00	
X6Cr17	**1.4016**	0,08	1,00	1,00	0,040	0,015²)		16,00 bis 18,00	
X3CrTi17	**1.4510**	0,05	1,00	1,00	0,040	0,015²)		16,00 bis 18,00	
X3CrNb17	**1.4511**	0,05	1,00	1,00	0,040	0,015		16,00 bis 18,00	
X6CrMo17-1	**1.4113**	0,08	1,00	1,00	0,040	0,015²)		16,00 bis 18,00	0,90 bis 1,40
X2CrMoTi18-2	**1.4521**	0,025	1,00	1,00	0,040	0,015	0,030	17,00 bis 20,00	1,80 bis 2,50
Sondergüten									
X2CrTi17	**1.4520**	0,025	0,50	0,50	0,040	0,015	0,015	16,00 bis 18,00	
X2CrMoTi17-1	**1.4513**	0,025	1,00	1,00	0,040	0,015	0,015	16,00 bis 18,00	1,00 bis 1,50
X6CrNi17-1*)	**1.4017*)**	0,08	1,00	1,00	0,040	0,015		16,00 bis 18,00	
X6CrMoNb17-1	**1.4526**	0,08	1,00	1,00	0,040	0,015	0,040	16,00 bis 18,00	0,80 bis 1,40
X2CrNbZr17*)	**1.4590*)**	0,030	1,00	1,00	0,040	0,015		16,00 bis 17,50	
X2CrAlTi18-2	**1.4605**	0,030	1,00	1,00	0,040	0,015		17,00 bis 18,00	
X2CrTiNb18	**1.4509**	0,030	1,00	1,00	0,040	0,015		17,50 bis 18,50	
X2CrMoTi29-4	**1.4592**	0,025	1,00	1,00	0,030	0,010	0,045	28,00 bis 30,00	3,50 bis 4,50

¹) In dieser Tabelle nicht aufgeführte Elemente dürfen dem Stahl, außer zum Fertigbehandeln der Schmelze, ohne Zustimmung des Bestellers nicht absichtlich zugesetzt werden. Es sind alle angemessenen Vorkehrungen zu treffen, um die Zufuhr solcher Elemente aus dem Schrott und anderen bei der Herstellung verwendeten Stoffen zu vermeiden, die die mechanischen Eigenschaften und die Verwendbarkeit des Stahls beeinträchtigen.

²) Für zu bearbeitende Erzeugnisse wird ein geregelter Schwefelgehalt von 0,015 bis 0,030 % empfohlen und ist zulässig.

Massenanteil in %			
Nb	Ni	Ti	Sonstige
Standardgüten			
	0,30 bis 1,00		
		6 × (C + N) bis 0,65	
	0,50 bis 1,50	0,05 bis 0,35	
			Al: 0,10 bis 0,30
		4 × (C + N) + 0,15 bis 0,80 [3]	
12 × C bis 1,00			
		4 × (C + N) + 0,15 bis 0,80 [3]	
Sondergüten			
		0,30 bis 0,60	
		0,30 bis 0,60	
	1,20 bis 1,60		
7 × (C + N) + 0,10 bis 1,00			
0,35 bis 0,55			Zr ≥ 7 × (C + N) + 0,15
		4 × (C + N) + 0,15 bis 0,80 [3]	Al: 1,70 bis 2,10
3 × C + 0,30 bis 1,00		0,10 bis 0,60	
		4 × (C + N) + 0,15 bis 0,80 [3]	

[3] Die Stabilisierung kann durch die Verwendung von Titan und Niob oder Zirkon erfolgen. Entsprechend der Atomnummer dieser Elemente und dem Gehalt an Kohlenstoff und Stickstoff gilt folgendes Äquivalent:

$$Ti \cong \frac{7}{4} Nb \cong \frac{7}{4} Zr.$$

*) Patentierte Stahlsorte

307

Tabelle 2: Chemische Zusammensetzung (Schmelzenanalyse)[1] der martensitischen und ausscheidungshärtenden nichtrostenden Stähle

| Stahlbezeichnung | | Massenanteil in % | | | | | | | | | | |
Kurzname	Werkstoff-nummer	C	Si max.	Mn max.	P max.	S max.	Cr	Cu	Mo	Nb	Ni	Sonstige
						Standardgüten (Martensitische Stähle)[2]						
X12Cr13	1.4006	0,08 bis 0,15	1,00	1,50	0,040	0,015[3]	11,50 bis 13,50				≤ 0,75	
X20Cr13	1.4021	0,16 bis 0,25	1,00	1,50	0,040	0,015[3]	12,00 bis 14,00					
X30Cr13	1.4028	0,26 bis 0,35	1,00	1,50	0,040	0,015[3]	12,00 bis 14,00					
X39Cr13	1.4031	0,36 bis 0,42	1,00	1,00	0,040	0,015[3]	12,50 bis 14,50					
X46Cr13	1.4034	0,43 bis 0,50	1,00	1,00	0,040	0,015[3]	12,50 bis 14,50					
X50CrMoV15	1.4116	0,45 bis 0,55	1,00	1,00	0,040	0,015[3]	14,00 bis 15,00		0,50 bis 0,80			V: 0,10 bis 0,20
X39CrMo17-1	1.4122	0,33 bis 0,45	1,00	1,50	0,040	0,015[3]	15,50 bis 17,50		0,80 bis 1,30		≤ 1,00	
X3CrNiMo13-4	1.4313	≤ 0,05	0,70	1,50	0,040	0,015	12,00 bis 14,00		0,30 bis 0,70		3,50 bis 4,50	N: ≥ 0,020
X4CrNiMo16-5-1	1.4418	≤ 0,06	0,70	1,50	0,040	0,015[3]	15,00 bis 17,00		0,80 bis 1,50		4,00 bis 6,00	N: ≥ 0,020
						Sondergüten (Ausscheidungshärtende Stähle)						
X5CrNiCuNb16-4	1.4542	≤ 0,07	0,70	1,50	0,040	0,015[3]	15,00 bis 17,00	3,00 bis 5,00	≤ 0,60	5 × C bis 0,45	3,00 bis 5,00	
X7CrNiAl17-7	1.4568	≤ 0,09	0,70	1,00	0,040	0,015	16,00 bis 18,00				6,50 bis 7,80[4]	Al: 0,70 bis 1,50
X8CrNiMoAl15-7-2	1.4532	≤ 0,10	0,70	1,20	0,040	0,015	14,00 bis 16,00		2,00 bis 3,00		6,50 bis 7,80	Al: 0,70 bis 1,50

[1] In dieser Tabelle nicht aufgeführte Elemente dürfen dem Stahl, außer zum Fertigbehandeln der Schmelze, ohne Zustimmung des Bestellers nicht absichtlich zugesetzt werden. Es sind alle angemessenen Vorkehrungen zu treffen, um die Zufuhr solcher Elemente aus dem Schrott und anderen bei der Herstellung verwendeten Stoffen zu vermeiden, die die mechanischen Eigenschaften und die Verwendbarkeit des Stahls beeinträchtigen.

[2] Engere Kohlenstoffspannen können bei der Bestellung vereinbart werden.

[3] Für zu bearbeitende Erzeugnisse wird ein geregelter Schwefelgehalt von 0,015 bis 0,030 % empfohlen und ist zulässig.

[4] Zwecks besserer Kaltumformbarkeit kann die obere Grenze auf 8,30 % angehoben werden.

— Leerseite —

Tabelle 3: Chemische Zusammensetzung (Schmelzenanalyse) [1]) der austenitischen nichtrostenden Stähle

Stahlbezeichnung		Massenanteil in %				
Kurzname	Werkstoff-nummer	C	Si	Mn	P max.	S
		Standardgüten				
X10CrNi18-8	1.4310	0,05 bis 0,15	≤ 2,00	≤ 2,00	0,045	≤ 0,015
X2CrNiN18-7	1.4318	≤ 0,030	≤ 1,00	≤ 2,00	0,045	≤ 0,015
X2CrNi18-9	1.4307	≤ 0,030	≤ 1,00	≤ 2,00	0,045	≤ 0,015[2])
X2CrNi19-11	1.4306	≤ 0,030	≤ 1,00	≤ 2,00	0,045	≤ 0,015[2])
X2CrNiN18-10	1.4311	≤ 0,030	≤ 1,00	≤ 2,00	0,045	≤ 0,015[2])
X5CrNi18-10	1.4301	≤ 0,07	≤ 1,00	≤ 2,00	0,045	≤ 0,015[2])
X8CrNiS18-9	1.4305	≤ 0,10	≤ 1,00	≤ 2,00	0,045	0,15 bis 0,35
X6CrNiTi18-10	1.4541	≤ 0,08	≤ 1,00	≤ 2,00	0,045	≤ 0,015[2])
X4CrNi18-12	1.4303	≤ 0,06	≤ 1,00	≤ 2,00	0,045	≤ 0,015[2])
X2CrNiMo17-12-2	1.4404	≤ 0,030	≤ 1,00	≤ 2,00	0,045	≤ 0,015[2])
X2CrNiMoN17-11-2	1.4406	≤ 0,030	≤ 1,00	≤ 2,00	0,045	≤ 0,015[2])
X5CrNiMo17-12-2	1.4401	≤ 0,07	≤ 1,00	≤ 2,00	0,045	≤ 0,015[2])
X6CrNiMoTi17-12-2	1.4571	≤ 0,08	≤ 1,00	≤ 2,00	0,045	≤ 0,015[2])
X2CrNiMo17-12-3	1.4432	≤ 0,030	≤ 1,00	≤ 2,00	0,045	≤ 0,015[2])
X2CrNiMo18-14-3	1.4435	≤ 0,030	≤ 1,00	≤ 2,00	0,045	≤ 0,015[2])
X2CrNiMoN17-13-5	1.4439	≤ 0,030	≤ 1,00	≤ 2,00	0,045	≤ 0,015
X1NiCrMoCu25-20-5	1.4539	≤ 0,020	≤ 0,70	≤ 2,00	0,030	≤ 0,010
		Sondergüten				
X1CrNi25-21	1.4335	≤ 0,020	≤ 0,25	≤ 2,00	0,025	≤ 0,010
X6CrNiNb18-10	1.4550	≤ 0,08	≤ 1,00	≤ 2,00	0,045	≤ 0,015
X1CrNiMoN25-22-2	1.4466	≤ 0,020	≤ 0,70	≤ 2,00	0,025	≤ 0,010
X6CrNiMoNb17-12-2	1.4580	≤ 0,08	≤ 1,00	≤ 2,00	0,045	≤ 0,015
X2CrNiMoN17-13-3	1.4429	≤ 0,030	≤ 1,00	≤ 2,00	0,045	≤ 0,015
X3CrNiMo17-13-3	1.4436	≤ 0,05	≤ 1,00	≤ 2,00	0,045	≤ 0,015[2])
X2CrNiMoN18-12-4	1.4434	≤ 0,030	≤ 1,00	≤ 2,00	0,045	≤ 0,015
X2CrNiMo18-15-4	1.4438	≤ 0,030	≤ 1,00	≤ 2,00	0,045	≤ 0,015[2])
X1CrNiSi18-15-4	1.4361	≤ 0,015	3,70 bis 4,50	≤ 2,00	0,025	≤ 0,010
X12CrMnNiN17-7-5	1.4372	≤ 0,15	≤ 1,00	5,50 bis 7,50	0,045	≤ 0,015
X2CrMnNiN17-7-5	1.4371	≤ 0,030	≤ 1,00	6,00 bis 8,00	0,045	≤ 0,015
X12CrMnNiN18-9-5	1.4373	≤ 0,15	≤ 1,00	7,50 bis 10,50	0,045	≤ 0,015
X1NiCrMoCu31-27-4	1.4563	≤ 0,020	≤ 0,70	≤ 2,00	0,030	≤ 0,010
X1CrNiMoCuN25-25-5	1.4537	≤ 0,020	≤ 0,70	≤ 2,00	0,030	≤ 0,010
X1CrNiMoCuN20-18-7[*])	1.4547[*])	≤ 0,020	≤ 0,70	≤ 1,00	0,030	≤ 0,010
X1NiCrMoCuN25-20-7	1.4529	≤ 0,020	≤ 0,50	≤ 1,00	0,030	≤ 0,010

[1]) In dieser Tabelle nicht aufgeführte Elemente dürfen dem Stahl, außer zum Fertigbehandeln der Schmelze, ohne Zustimmung des Bestellers nicht absichtlich zugesetzt werden. Es sind alle angemessenen Vorkehrungen zu treffen, um die Zufuhr solcher Elemente aus dem Schrott und anderen bei der Herstellung verwendeten Stoffen zu vermeiden, die die mechanischen Eigenschaften und die Verwendbarkeit des Stahls beeinträchtigen.

Massenanteil in %						
N	Cr	Cu	Mo	Nb	Ni	Ti
Standardgüten						
≤ 0,11	16,00 bis 19,00		≤ 0,80		6,00 bis 9,50	
0,10 bis 0,20	16,50 bis 18,50				6,00 bis 8,00	
≤ 0,11	17,50 bis 19,50				8,00 bis 10,00	
≤ 0,11	18,00 bis 20,00				10,00 bis 12,00	
0,12 bis 0,22	17,00 bis 19,50				8,50 bis 11,50	
≤ 0,11	17,00 bis 19,50				8,00 bis 10,50	
≤ 0,11	17,00 bis 19,00	≤ 1,00			8,00 bis 10,00	
	17,00 bis 19,00				9,00 bis 12,00	5 × C bis 0,70
≤ 0,11	17,00 bis 19,00				11,00 bis 13,00	
≤ 0,11	16,50 bis 18,50		2,00 bis 2,50		10,00 bis 13,00	
0,12 bis 0,22	16,50 bis 18,50		2,00 bis 2,50		10,00 bis 12,00	
≤ 0,11	16,50 bis 18,50		2,00 bis 2,50		10,00 bis 13,00	
	16,50 bis 18,50		2,00 bis 2,50		10,50 bis 13,50	5 × C bis 0,70
≤ 0,11	16,50 bis 18,50		2,50 bis 3,00		10,50 bis 13,00	
≤ 0,11	17,00 bis 19,00		2,50 bis 3,00		12,50 bis 15,00	
0,12 bis 0,22	16,50 bis 18,50		4,00 bis 5,00		12,50 bis 14,50	
≤ 0,15	19,00 bis 21,00	1,20 bis 2,00	4,00 bis 5,00		24,00 bis 26,00	
Sondergüten						
≤ 0,11	24,00 bis 26,00		≤ 0,20		20,00 bis 22,00	
	17,00 bis 19,00			10 × C bis 1,00	9,00 bis 12,00	
0,10 bis 0,16	24,00 bis 26,00		2,00 bis 2,50		21,00 bis 23,00	
	16,50 bis 18,50		2,00 bis 2,50	10 × C bis 1,00	10,50 bis 13,50	
0,12 bis 0,22	16,50 bis 18,50		2,50 bis 3,00		11,00 bis 14,00	
≤ 0,11	16,50 bis 18,50		2,50 bis 3,00		10,50 bis 13,00	
0,10 bis 0,20	16,50 bis 19,50		3,00 bis 4,00		10,50 bis 14,00	
≤ 0,11	17,50 bis 19,50		3,00 bis 4,00		13,00 bis 16,00	
≤ 0,11	16,50 bis 18,50		≤ 0,20		14,00 bis 16,00	
0,05 bis 0,25	16,00 bis 18,00				3,50 bis 5,50	
0,15 bis 0,20	16,00 bis 17,00				3,50 bis 5,50	
0,05 bis 0,25	17,00 bis 19,00				4,00 bis 6,00	
≤ 0,11	26,00 bis 28,00	0,70 bis 1,50	3,00 bis 4,00		30,00 bis 32,00	
0,17 bis 0,25	24,00 bis 26,00	1,00 bis 2,00	4,70 bis 5,70		24,00 bis 27,00	
0,18 bis 0,25	19,50 bis 20,50	0,50 bis 1,00	6,00 bis 7,00		17,50 bis 18,50	
0,15 bis 0,25	19,00 bis 21,00	0,50 bis 1,50	6,00 bis 7,00		24,00 bis 26,00	

2) Für zu bearbeitende Erzeugnisse wird ein geregelter Schwefelgehalt von 0,015 bis 0,030 % empfohlen und ist zulässig.

*) Patentierte Stahlsorte

Tabelle 4: Chemische Zusammensetzung (Schmelzenanalyse) ¹) der austenitisch-ferritischen nichtrostenden Stähle

| Stahlbezeichnung | | Massenanteil in % | | | | | | | | | | |
Kurzname	Werkstoff-nummer	C max.	Si max.	Mn max.	P max.	S max.	N	Cr	Cu	Mo	Ni	W
Standardgüten												
X2CrNiN23-4*)	1.4362*)	0,030	1,00	2,00	0,035	0,015	0,05 bis 0,20	22,00 bis 24,00	0,10 bis 0,60	0,10 bis 0,60	3,50 bis 5,50	
X2CrNiMoN22-5-3	1.4462	0,030	1,00	2,00	0,035	0,015	0,10 bis 0,22	21,00 bis 23,00		2,50 bis 3,50	4,50 bis 6,50	
Sondergüten												
X2CrNiMoCuN25-6-3	1.4507	0,030	0,70	2,00	0,035	0,015	0,15 bis 0,30	24,00 bis 26,00	1,00 bis 2,50	2,70 bis 4,00	5,50 bis 7,50	
X2CrNiMoN25-7-4*)	1.4410*)	0,030	1,00	2,00	0,035	0,015	0,20 bis 0,35	24,00 bis 26,00		3,00 bis 4,50	6,00 bis 8,00	
X2CrNiMoCuWN25-7-4	1.4501	0,030	1,00	1,00	0,035	0,015	0,20 bis 0,30	24,00 bis 26,00	0,50 bis 1,00	3,00 bis 4,00	6,00 bis 8,00	0,50 bis 1,00

¹) In dieser Tabelle nicht aufgeführte Elemente dürfen dem Stahl, außer zum Fertigbehandeln der Schmelze, ohne Zustimmung des Bestellers nicht absichtlich zugesetzt werden. Es sind alle angemessenen Vorkehrungen zu treffen, um die Zufuhr solcher Elemente aus dem Schrott und anderen bei der Herstellung verwendeten Stoffen zu vermeiden, die die mechanischen Eigenschaften und die Verwendbarkeit des Stahls beeinträchtigen.

*) Patentierte Stahlsorte

Tabelle 5: Grenzabweichungen der Stückanalyse von den in den Tabellen 1 bis 4 angegebenen Grenzwerten für die Schmelzenanalyse

Element	Grenzwerte der Schmelzenanalyse Massenanteil in %		Grenzabweichung[1) Massenanteil in %
Kohlenstoff		≤ 0,030	+ 0,005
	> 0,030	≤ 0,20	± 0,01
	> 0,20	≤ 0,50	± 0,02
	> 0,50	≤ 0,55	± 0,03
Silicium		≤ 1,00	+ 0,05
	> 1,00	≤ 4,50	± 0,10
Mangan		≤ 1,00	+ 0,03
	> 1,00	≤ 2,00	+ 0,04
	> 2,00	≤ 10,50	± 0,10
Phosphor		≤ 0,045	+ 0,005
Schwefel		≤ 0,015	+ 0,003
	> 0,015	≤ 0,030	+ 0,005
	≥ 0,15	≤ 0,35	± 0,02
Stickstoff	≥ 0,05	≤ 0,35	± 0,01
Aluminium	≥ 0,10	≤ 0,30	± 0,05
	> 0,30	≤ 2,10	± 0,10
Chrom	≥ 10,50	< 15,00	± 0,15
	≥ 15,00	≤ 20,00	± 0,20
	> 20,00	≤ 30,00	± 0,25
Kupfer		≤ 1,00	± 0,07
	> 1,00	≤ 5,00	± 0,10
Molybdän		≤ 0,60	± 0,03
	> 0,60	< 1,75	± 0,05
	≥ 1,75	≤ 7,00	± 0,10
Niob		≤ 1,00	± 0,05
Nickel		≤ 1,00	± 0,03
	> 1,00	≤ 5,00	± 0,07
	> 5,00	≤ 10,00	± 0,10
	> 10,00	≤ 20,00	± 0,15
	> 20,00	≤ 32,00	± 0,20
Titan		≤ 0,80	± 0,05
Wolfram		≤ 1,00	± 0,05
Vanadium		≤ 0,20	± 0,03

[1) Werden bei einer Schmelze mehrere Stückanalysen durchgeführt und werden dabei für ein einzelnes Element Gehalte außerhalb des nach der Schmelzenanalyse zulässigen Bereiches der chemischen Zusammensetzung ermittelt, so sind entweder nur Überschreitungen des zulässigen Höchstwertes oder nur Unterschreitungen des zulässigen Mindestwertes gestattet, nicht jedoch bei einer Schmelze beides gleichzeitig.

Tabelle 6: Ausführungsart und Oberflächenbeschaffenheit für Blech und Band [1])

	Kurzzeichen [2])	Ausführungsart	Oberflächenbeschaffenheit	Bemerkungen
Warmgewalzt	1U	Warmgewalzt, nicht wärmebehandelt, nicht entzundert	Mit Walzzunder bedeckt	Geeignet für Erzeugnisse, die weiterverarbeitet werden, z. B. Band zum Nachwalzen.
	1C	Warmgewalzt, wärmebehandelt, nicht entzundert	Mit Walzzunder bedeckt	Geeignet für Teile, die anschließend entzundert oder bearbeitet werden, oder für gewisse hitzebeständige Anwendungen.
	1E	Warmgewalzt, wärmebehandelt, mechanisch entzundert	Zunderfrei	Die Art der mechanischen Entzunderung, z. B. Rohschleifen oder Strahlen, hängt von der Stahlsorte und der Erzeugnisform ab und bleibt, wenn nicht anders vereinbart, dem Hersteller überlassen.
	1D	Warmgewalzt, wärmebehandelt, gebeizt	Zunderfrei	Üblicher Standard für die meisten Stahlsorten, um gute Korrosionsbeständigkeit sicherzustellen; auch übliche Ausführung für Weiterverarbeitung. Schleifspuren dürfen vorhanden sein. Nicht so glatt wie 2D oder 2B.
Kaltgewalzt	2H	Kaltverfestigt	Blank	Zur Erzielung höherer Festigkeitsstufen kalt umgeformt.
	2C	Kaltgewalzt, wärmebehandelt, nicht entzundert	Glatt, mit Zunder von der Wärmebehandlung	Geeignet für Teile, die anschließend entzundert oder bearbeitet werden, oder für gewisse hitzebeständige Anwendungen.
	2E	Kaltgewalzt, wärmebehandelt, mechanisch entzundert	Rauh und stumpf	Üblicherweise angewendet für Stähle mit sehr beizbeständigem Zunder. Kann nachfolgend gebeizt werden.
	2D	Kaltgewalzt, wärmebehandelt, gebeizt	Glatt	Ausführung für gute Umformbarkeit, aber nicht so glatt wie 2B oder 2R.
	2B	Kaltgewalzt, wärmebehandelt, gebeizt, kalt nachgewalzt	Glatter als 2D	Häufigste Ausführung für die meisten Stahlsorten, um gute Korrosionsbeständigkeit, Glattheit und Ebenheit sicherzustellen. Auch übliche Ausführung für Weiterverarbeitung. Nachwalzen kann durch Streckrichten erfolgen.
	2R	Kaltgewalzt, blankgeglüht [3])	Glatt, blank, reflektierend	Glatter und blanker als 2B. Auch übliche Ausführung für Weiterverarbeitung.
	2Q	Kaltgewalzt, gehärtet und angelassen, zunderfrei	Zunderfrei	Entweder unter Schutzgas gehärtet und angelassen oder nach der Wärmebehandlung entzundert.

Fußnoten siehe Seite 17   (fortgesetzt)

Tabelle 6 (abgeschlossen)

	Kurzzeichen[2])	Ausführungsart	Oberflächenbeschaffenheit	Bemerkungen
Sonder-ausführungen	1G oder 2G	Geschliffen[4])	Siehe Fußnote 5	Schleifpulver oder Oberflächenrauheit kann festgelegt werden. Gleichgerichtete Textur, nicht sehr reflektierend.
	1J oder 2J	Gebürstet[4]) oder mattpoliert[4])	Glatter als geschliffen. Siehe Fußnote 5	Bürstenart oder Polierband oder Oberflächenrauheit kann festgelegt werden. Gleichgerichtete Textur, nicht sehr reflektierend.
	1K oder 2K	Seidenmattpoliert[4])	Siehe Fußnote 5	Zusätzliche besondere Anforderungen für eine "J"-Ausführung, um angemessene Korrosionsbeständigkeit für architektonische See- und Außenanwendungen zu erzielen. Quer $R_a < 0,5\ \mu$m mit sauber geschliffener Ausführung.
	1P oder 2P	Blankpoliert[4])	Siehe Fußnote 5	Mechanisches Polieren. Verfahren oder Oberflächenrauheit kann festgelegt werden. Ungerichtete Ausführung, reflektierend mit hohem Grad von Bildklarheit.
	2F	Kaltgewalzt, wärmebehandelt, kalt nachgewalzt mit aufgerauhten Walzen	Gleichförmige, nicht reflektierende matte Oberfläche	Wärmebehandlung in Form von Blankglühen oder Glühen und Beizen.
	1M	Gemustert	Design ist zu vereinbaren; zweite Oberfläche glatt	Tränenblech, Riffelblech für Böden.
	2M			Ausgezeichnete Texturausführung hauptsächlich für architektonische Anwendungen.
	2W	Gewellt	Design ist zu vereinbaren	Verwendet zur Erhöhung der Festigkeit und/oder für verschönernde Effekte.
	2L	Eingefärbt[4])	Farbe ist zu vereinbaren	
	1S oder 2S	Oberflächenbeschichtet[4])		Beschichtet mit z. B. Zinn, Aluminium, Titan.

[1]) Nicht alle Ausführungsarten und Oberflächenbeschaffenheiten sind für alle Stähle verfügbar.

[2]) Erste Stelle: 1 = warmgewalzt, 2 = kaltgewalzt.

[3]) Es darf nachgewalzt werden.

[4]) Nur 1 Oberfläche, falls nicht bei der Bestellung ausdrücklich anders vereinbart.

[5]) Innerhalb jeder Ausführungsbeschreibung können die Oberflächeneigenschaften variieren, und es kann erforderlich sein, genauere Anforderungen zwischen Hersteller und Verbraucher zu vereinbaren (z. B. Schleifpulver oder Oberflächenrauheit).

Tabelle 7: Mechanische Eigenschaften bei Raumtemperatur für die ferritischen Stähle im geglühten Zustand (siehe Tabelle A.1) sowie Beständigkeit gegen interkristalline Korrosion

Stahlbezeichnung Kurzname	Werkstoffnummer	Erzeugnisform [1]	Dicke mm max.	$R_{p\,0,2}$ N/mm² min. (längs)	$R_{p\,0,2}$ N/mm² min. (quer)	R_m N/mm²	$A_{80\,mm}$ [2] < 3 mm Dicke % min. (längs und quer)	A [3] ≥ 3 mm Dicke % min. (längs und quer)	Beständigkeit gegen interkristalline Korrosion [4] im Lieferzustand	Beständigkeit gegen interkristalline Korrosion [4] im geschweißten Zustand
						Standardgüten				
X2CrNi12	1.4003	C	6	280	320	450 bis 650	20		nein	nein
		H	12	280	320	450 bis 650	20			
		P	25 [5]	250	280		18			
X2CrTi12	1.4512	C	6	210	220	380 bis 560	25		nein	nein
		H	12	210	220	380 bis 560	25			
X6CrNiTi12	1.4516	C	6	280	320	450 bis 650	23		nein	nein
		H	12	280	320	450 bis 650	23			
		P	25 [5]	250	280		20			
X6Cr13	1.4000	C	6	240	250	400 bis 600	19		nein	nein
		H	12	220	230	400 bis 600	19			
		P	25 [5]	220	230		19			
X6CrAl13	1.4002	C	6	230	250	400 bis 600	17		nein	nein
		H	12	210	230	400 bis 600	17			
		P	25 [5]	210	230		17			
X6Cr17	1.4016	C	6	260	280	450 bis 600	20		ja	nein
		H	12	240	260	450 bis 600	18			
		P	25 [5]	240	260	430 bis 630	20			
X3CrTi17	1.4510	C	6	230	240	420 bis 600	23		ja	ja
		H	12	230	240	420 bis 600	23			
X3CrNb17	1.4511	C	6	230	240	420 bis 600	23		ja	ja
X6CrMo17-1	1.4113	C	6	260	280	450 bis 630	18		ja	nein
		H	12	260	280	450 bis 630	18			
X2CrMoTi18-2	1.4521	C	6	300	320	420 bis 640	20		ja	ja
		H	12	280	300	400 bis 600	20			
		P	12	280	300	420 bis 620	20			

Fußnoten siehe Seite 19

(fortgesetzt)

Tabelle 7 (abgeschlossen)

Stahlbezeichnung		Erzeugnis-form [1]	Dicke mm max.	0,2 %-Dehngrenze $R_{p\,0,2}$		Zugfestig-keit R_m	Bruchdehnung		Beständigkeit gegen interkristalline Korrosion[4]	
Kurzname	Werkstoff-nummer			N/mm² min. (längs)	N/mm² min. (quer)	N/mm²	$A_{80\,mm}$[2]) < 3 mm Dicke % min. (längs und quer)	A[3]) ≥ 3 mm Dicke % min. (längs und quer)	im Liefer-zustand	im ge-schweißten Zustand
Sondergüten										
X2CrTi17	1.4520	C	6	180	200	380 bis 530	24		ja	ja
X2CrMoTi17-1	1.4513	C	6	200	220	400 bis 550	23		ja	ja
X6CrNi17-1	1.4017	C	6	480	500	650 bis 750	12		ja	ja
X6CrMoNb17-1	1.4526	C	6	280	300	480 bis 560	25		ja	ja
X2CrNbZr17	1.4590	C	6	230	250	400 bis 550	23		ja	ja
X2CrAlTi18-2	1.4605	C	6	280	300	500 bis 650	25		ja	ja
X2CrTiNb18	1.4509	C	6	230	250	430 bis 630	18		ja	ja
X2CrMoTi29-4	1.4592	C	6	430	450	550 bis 700	20		ja	ja

[1]) C = kaltgewalztes Band; H = warmgewalztes Band; P = warmgewalztes Blech

[2]) Die Werte gelten für Proben mit einer Meßlänge von 80 mm und einer Breite von 20 mm; Proben mit einer Meßlänge von 50 mm und einer Breite von 12,5 mm können ebenfalls verwendet werden.

[3]) Die Werte gelten für Proben mit einer Meßlänge von 5,65 $\sqrt{S_0}$.

[4]) Bei Prüfung nach EURONORM 114.

[5]) Für Dicken über 25 mm können die mechanischen Eigenschaften vereinbart werden.

Tabelle 8: Mechanische Eigenschaften bei Raumtemperatur für die martensitischen Stähle im wärmebehandelten Zustand (siehe Tabelle A.2)

Standardgüten

Kurzname	Werkstoff-nummer	Erzeugnis-form [1]	Dicke mm max.	Wärmebe-handlungs-zustand [2]	Härte [3] HRB max.	Härte [3] HB oder HV max.	$R_{p0,2}$ N/mm² min.	R_m N/mm²	A_{80mm} [4] <3 mm Dicke % min. (längs und quer)	A [5] ≥3 mm Dicke % min. (längs und quer)	Kerbschlagarbeit (ISO-V) KV >10 mm Dicke J min.	Härte HRC	Härte HV
X12Cr13	**1.4006**	C	6	A	90	200	–	max. 600	–	20	–	–	–
		H	12	A			–		–		–	–	–
X20Cr13	**1.4021**	P [6]	75	QT550	–	–	400	550 bis 750	–	15	–	–	–
		P [6]	75	QT650	–	–	450	650 bis 850	–	12	nach Ver-einbarung	–	–
		C	3	QT	–	–	–	–	–	–	–	44 bis 50	440 bis 530
		C	6	A	95	225	–	max. 700	–	15	–	–	–
		H	12	A			–		–		–	–	–
X30Cr13	**1.4028**	P [6]	75	QT650	–	–	450	650 bis 850	–	12	–	–	–
		P [6]	75	QT750	–	–	550	750 bis 950	–	10	nach Ver-einbarung	–	–
		C	3	QT	–	–	–	–	–	–	–	45 bis 51	450 bis 550
		C	6	A	97	235	–	max. 740	–	15	–	–	–
		H	12	A			–		–		–	–	–
X39Cr13	**1.4031**	P [6]	75	QT800	–	–	600	800 bis 1000	–	10	–	–	–
		C	3	QT	–	–	–	–	–	–	–	47 bis 53	480 bis 580
		C	6	A	98	240	–	max. 760	–	12	–	–	–
		H	12	A			–		–		–	–	–

(fortgesetzt)

Fußnoten siehe Seite 21

Tabelle 8 (abgeschlossen)

Standardgüten

Kurzname	Werkstoff-nummer	Erzeugnis-form [1]	Dicke mm max.	Wärmebe-handlungs-zustand [2]	Härte [3] HRB max.	Härte [3] HB oder HV max.	$R_{p\,0,2}$ N/mm² min.	R_m N/mm²	$A_{80\,mm}$ [4] <3 mm Dicke % min. (längs und quer)	A [5] ≥3 mm Dicke % min. (längs und quer)	KV >10 mm Dicke J min.	HRC	HV
X46Cr13	1.4034	C	6	A	99	245	–	max. 780	12			–	–
		H	12										
X50CrMoV15	1.4116	C	6	A	100	280	–	max. 850	12			–	–
		H	12										
X39CrMo17-1	1.4122	C	3	QT	–	–	–	–	–			47 bis 53	480 bis 580
		C	6	A	100	280	–	max. 900	12			–	–
		H	12										
X3CrNiMo13-4	1.4313	P	75	QT780	–		650	780 bis 980		14	70	–	–
		P	75	QT900			800	900 bis 1 100		11			
X4CrNiMo16-5-1	1.4418	P	75	QT840	–		680	840 bis 980		14	55	–	–

1) C = kaltgewalztes Band; H = warmgewalztes Band; P = warmgewalztes Blech
2) A = geglüht; QT = vergütet
3) Bei den Erzeugnisformen C und H im Wärmebehandlungszustand A wird üblicherweise die Härte nach Brinell oder Vickers oder Rockwell bestimmt. In Schiedsfällen ist der Zugversuch durchzuführen.
4) Die Werte gelten für Proben mit einer Meßlänge von 80 mm und einer Breite von 20 mm; Proben mit einer Meßlänge von 50 mm und einer Breite von 12,5 mm können ebenfalls verwendet werden.
5) Die Werte gelten für Proben mit einer Meßlänge von 5,65 $\sqrt{S_0}$.
6) Die Bleche können auch im geglühten Zustand geliefert werden; in solchen Fällen sind die mechanischen Eigenschaften bei der Bestellung zu vereinbaren.

Tabelle 9: Mechanische Eigenschaften bei Raumtemperatur für die ausscheidungshärtenden Stähle im wärmebehandelten Zustand (siehe Tabelle A.3)

Stahlbezeichnung		Erzeug-nisform	Dicke	Wärmebe-handlungs-zustand[2]	0,2%-Dehn-grenze $R_{p0,2}$	Zugfestigkeit R_m	Bruchdehnung	
							A_{80mm}[3] < 3 mm Dicke %	A[4] ≥ 3 mm Dicke %
Kurzname	Werkstoff-nummer	[1]	mm max.		N/mm² min.	N/mm²	min. (längs und quer)	min. (längs und quer)
Sondergüte (Martensitischer Stahl)								
				AT[5]	–	≤ 1 275	5	
		C	6	P1300[6]	1 150	≥ 1 300	3	
				P900[6]	700	≥ 900	6	
X5CrNiCuNb16-4	1.4542			P1070[7]	1 000	1 070 bis 1 270	8	10
		P	50	P950[7]	800	950 bis 1 150	10	12
				P850[7]	600	850 bis 1 050	12	14
				SR630[8]	–	≤ 1 050	–	
Sondergüten (Semi-austenitische Stähle)								
X7CrNiAl17-7	1.4568	C	6	AT[5] [9]	–	≤ 1 030	19	
				P1450[6]	1 310	≥ 1 450	2	
X8CrNiMoAl15-7-2	1.4532	C	6	AT[5]	–	≤ 1 100	20	
				P1550[6]	1 380	≥ 1 550	2	

[1] C = kaltgewalztes Band; P = warmgewalztes Blech
[2] AT = lösungsgeglüht; P = ausscheidungsgehärtet; SR = spannungsarmgeglüht
[3] Die Werte gelten für Proben mit einer Meßlänge von 80 mm und einer Breite von 20 mm; Proben mit einer Meßlänge von 50 mm und einer Breite von 12,5 mm können ebenfalls verwendet werden.
[4] Die Werte gelten für Proben mit einer Meßlänge von $5{,}65\sqrt{S_0}$.
[5] Lieferzustand
[6] Anwendungszustand; andere Aushärtetemperaturen können vereinbart werden.
[7] Falls im Endbehandlungszustand bestellt
[8] Lieferzustand für Weiterverarbeitung; Endbehandlung entsprechend Tabelle A.3
[9] Für den federhart gewalzten Zustand siehe EURONORM 151-2.

Tabelle 10: Mechanische Eigenschaften bei Raumtemperatur der austenitischen Stähle im lösungsgeglühten Zustand [1] (siehe Tabelle A.4) und Beständigkeit gegen interkristalline Korrosion

Standardgüten

Stahlbezeichnung Kurzname	Werkstoffnummer	Erzeugnisform [2]	Dicke mm max.	0,2%-Dehngrenze $R_{p\,0,2}$ N/mm² min. (quer)[3][4]	1%-Dehngrenze $R_{p\,1,0}$ N/mm² min. (quer)[3][4]	Zugfestigkeit R_m N/mm²	Bruchdehnung $A_{80\,mm}$[5] <3 mm Dicke % min. (quer)	Bruchdehnung A[6] ≥3 mm Dicke % min. (quer)	Kerbschlagarbeit (ISO-V) KV >10 mm Dicke J min. (längs)	Kerbschlagarbeit (ISO-V) KV >10 mm Dicke J min. (quer)	Beständigkeit gegen interkristalline Korrosion[7] im Lieferzustand	Beständigkeit gegen interkristalline Korrosion[7] im sensibilisierten Zustand
X10CrNi18-8	1.4310	C	6	250	280	600 bis 950	40	40	–	–	nein	nein
X2CrNiN18-7	1.4318	C	6	350	380	650 bis 850	35	40	–	–	ja	ja
		H	12	330	370	630 bis 830	45	45	90	60		
		P	75	330	370	630 bis 830	45	45	90	60		
X2CrNi18-9	1.4307	C	6	220	250	520 bis 670	45	45	–	–	ja	ja
		H	12	200	240	500 bis 650	45	45	90	60		
		P	75	200	240	500 bis 650	45	45	90	60		
X2CrNi19-11	1.4306	C	6	220	250	520 bis 670	45	45	–	–	ja	ja
		H	12	200	240	500 bis 650	45	45	90	60		
		P	75	200	240	500 bis 650	45	45	90	60		
X2CrNiN18-10	1.4311	C	6	290	320	550 bis 750	40	40	–	–	ja	ja
		H	12	270	310	540 bis 750	40	40	90	60		
		P	75	270	310	540 bis 750	40	40	90	60		
X5CrNi18-10	1.4301	C	6	230	260	540 bis 750	45[9]	45[9]	–	–	ja	nein[10]
		H	12	210	250	520 bis 720	45	45	90	60		
		P	75	210	250	520 bis 720	45	45	90	60		
X8CrNiS18-9	1.4305	P	75	190	230	500 bis 700	35	35	–	–	nein	nein
X6CrNiTi18-10	1.4541	C	6	220	250	520 bis 720	40	40	–	–	ja	ja
		H	12	200	240	500 bis 700	40	40	90	60		
		P	75	200	240	500 bis 700	40	40	90	60		

Fußnoten siehe Seite 27

(fortgesetzt)

Tabelle 10 (fortgesetzt)

Kurzname	Werkstoff-nummer	Erzeug-nisform[2]	Dicke mm max.	0,2%-Dehngrenze $R_{p0,2}$ N/mm² min. (quer)[3][4]	1%-Dehngrenze $R_{p1,0}$ N/mm² min. (quer)[3][4]	Zugfestigkeit R_m N/mm²	Bruchdehnung A_{80mm}[5] <3 mm Dicke % min. (quer)	Bruchdehnung A[6] ≥3 mm Dicke % min. (quer)	Kerbschlagarbeit (ISO-V) KV >10 mm Dicke J min. (längs)	Kerbschlagarbeit (ISO-V) KV >10 mm Dicke J min. (quer)	Beständigkeit gegen interkristalline Korrosion[7] im Lieferzustand	Beständigkeit gegen interkristalline Korrosion[7] im sensibilisierten Zustand
X4CrNi18-12	1.4303	C	6	220	250	500 bis 650	45	45	–	–	ja	nein[10]
X2CrNiMo17-12-2	1.4404	C	6	240	270	530 bis 680	40	40	–	–	ja	ja
		H	12	220	260	520 bis 670	45	45	90	60		
		P	75	220	260	520 bis 670	45	45	90	60		
X2CrNiMoN17-11-2	1.4406	C	6	300	330	580 bis 780	40	40	–	–	ja	ja
		H	12	280	320	580 bis 780	40	40	90	60		
		P	75	280	320	580 bis 780	40	40	90	60		
X5CrNiMo17-12-2	1.4401	C	6	240	270	530 bis 680	40	40	–	–	ja	nein[10]
		H	12	220	260	520 bis 670	45	45	90	60		
		P	75	220	260	520 bis 670	45	45	90	60		
X6CrNiMoTi17-12-2	1.4571	C	6	240	270	540 bis 690	40	40	–	–	ja	ja
		H	12	220	260	520 bis 670	40	40	90	60		
		P	75	220	260	520 bis 670	40	40	90	60		
X2CrNiMo17-12-3	1.4432	C	6	240	270	550 bis 700	45	45	–	–	ja	ja
		H	12	220	260	520 bis 670	40	40	90	60		
		P	75	220	260	520 bis 670	40	40	90	60		
X2CrNiMo18-14-3	1.4435	C	6	240	270	550 bis 700	45	45	–	–	ja	ja
		H	12	220	260	520 bis 670	40	40	90	60		
		P	75	220	260	520 bis 670	40	40	90	60		

Fußnoten siehe Seite 27

(fortgesetzt)

Tabelle 10 (fortgesetzt)

Kurzname (Stahlbezeichnung)	Werkstoffnummer	Erzeugnisform [2]	Dicke mm max.	$R_{p\,0,2}$ 0,2%-Dehngrenze N/mm² min. (quer)[3][4]	$R_{p\,1,0}$ 1%-Dehngrenze N/mm² min. (quer)[3][4]	R_m Zugfestigkeit N/mm²	Bruchdehnung $A_{80\,mm}$[5] <3 mm Dicke % min. (quer)	Bruchdehnung A[6] ≥3 mm Dicke % min. (quer)	Kerbschlagarbeit (ISO-V) KV J >10 mm Dicke min. (längs)	Kerbschlagarbeit (ISO-V) KV J >10 mm Dicke min. (quer)	Beständigkeit gegen interkristalline Korrosion[7] im Lieferzustand	Beständigkeit gegen interkristalline Korrosion[7] im sensibilisierten Zustand
X2CrNiMoN17-13-5	1.4439	C	6	290	320	580 bis 780	35	35	–	–	ja	ja
		H	12	270	310	580 bis 780	40	40	90	60		
		P	75	270	310	580 bis 780	35	35	–	–		
X1NiCrMoCu25-20-5	1.4539	C	6	240	270	530 bis 730	35	35	–	–	ja	ja
		H	12	220	260	530 bis 730	40	40	90	60		
		P	75	220	260	520 bis 720	35	35	–	–		
Sondergüten												
X1CrNi25-21	1.4335	P	75	200	240	470 bis 670	40	40	90	60	ja	ja
X6CrNiNb18-10	1.4550	C	6	220	250	520 bis 720	40	40	–	–	ja	ja
		H	12	200	240	520 bis 720	40	40	90	60		
		P	75	200	240	500 bis 700	40	40	–	–		
X1CrNiMoN25-22-2	1.4466	P	75	250	290	540 bis 740	40	40	90	60	ja	ja
X6CrNiMoNb17-12-2	1.4580	P	75	220	260	520 bis 720	35	35	90	60	ja	ja
X2CrNiMoN17-13-3	1.4429	C	6	300	330	580 bis 780	40	40	–	–	ja	ja
		H	12	280	320	580 bis 780	40	40	90	60		
		P	75	280	320	580 bis 780	40	40	–	–		
X3CrNiMo17-13-3	1.4436	C	6	240	270	550 bis 700	40	40	–	–	ja	nein[10]
		H	12	220	260	550 bis 700	40	40	90	60		
		P	75	220	260	530 bis 730	40	40	–	–		

Fußnoten siehe Seite 27

(fortgesetzt)

Tabelle 10 (fortgesetzt)

Kurzname	Werkstoffnummer	Erzeugnisform [2]	Dicke mm max.	Dehngrenze (quer) [3][4] $R_{p\,0,2}$ 0,2 %- N/mm² min.	$R_{p\,1,0}$ 1 %- N/mm² min.	Zugfestigkeit R_m N/mm²	Bruchdehnung $A_{80\,mm}$ [5] <3 mm Dicke % min. (quer)	A [6] ≥3 mm Dicke % min. (quer)	Kerbschlagarbeit (ISO-V) KV >10 mm Dicke J min. (längs)	(quer)	Beständigkeit gegen interkristalline Korrosion [7] im Lieferzustand	im sensibilisierten Zustand
X2CrNiMoN18-12-4	1.4434	C	6	290	320	570 bis 770	35	35	–	–	ja	ja
		H	12	270	310	540 bis 740	40	40	90	60		
		P	75	270	310	540 bis 740	40	40	90	60		
X2CrNiMo18-15-4	1.4438	C	6	240	270	550 bis 700	35	35	–	–	ja	ja
		H	12	220	260	520 bis 720	40	40	90	60		
		P	75	220	260	520 bis 720	40	40	90	60		
X1CrNiSi18-15-4	1.4361	P	75	220	260	530 bis 730	40	40	90	60	ja	ja
X12CrMnNiN17-7-5	1.4372	C	6	350	380	750 bis 950	45	45	–	–	ja	nein
		H	12	330	370	750 bis 950	40	40	90	60		
		P	75	330	370	750 bis 950	40	40	90	60		
X2CrMnNiN17-7-5	1.4371	C	6	300	330	650 bis 850	45	45	–	–	ja	ja
		H	12	280	320	630 bis 830	35	35	90	60		
		P	75	280	320	630 bis 830	35	35	90	60		
X12CrMnNiN18-9-5	1.4373	C	6	340	370	680 bis 880	45	45	–	–	ja	nein
		H	12	320	360	600 bis 800	35	35	90	60		
		P	75	320	360	600 bis 800	35	35	90	60		
X1NiCrMoCu31-27-4	1.4563	P	75	220	260	500 bis 700	40	40	90	60	ja	ja

(fortgesetzt)

Fußnoten siehe Seite 27

Tabelle 10 (abgeschlossen)

Stahlbezeichnung Kurzname	Werkstoffnummer	Erzeugnisform 2)	Dicke mm max.	Dehngrenze 0,2%- $R_{p0,2}$ N/mm² min. (quer) 3) 4)	Dehngrenze 1%- $R_{p1,0}$ N/mm² min. (quer) 3) 4)	Zugfestigkeit R_m N/mm²	Bruchdehnung $A_{80\,mm}$ 5) <3 mm Dicke % min. (quer)	Bruchdehnung A 6) ≥3 mm Dicke % min. (quer)	Kerbschlagarbeit (ISO-V) KV >10 mm Dicke J min. (längs)	Kerbschlagarbeit (ISO-V) KV >10 mm Dicke J min. (quer)	Beständigkeit gegen interkristalline Korrosion 7) im Lieferzustand	Beständigkeit gegen interkristalline Korrosion 7) im sensibilisierten Zustand
X1CrNiMoCuN25-25-5	1.4537	P	75	290	330	600 bis 800	40	40	90	60	ja	ja
X1CrNiMoCuN20-18-7	1.4547	C	6	320	350	650 bis 850	35	35	–	–	ja	ja
		H	12	300	340				90	60		
		P	75	300	340		40	40				
X1NiCrMoCuN25-20-7	1.4529	P	75	300	340	650 bis 850	40	40	90	60	ja	ja

1) Das Lösungsglühen kann entfallen, wenn die Bedingungen für das Warmumformen und anschließende Abkühlen so sind, daß die Anforderungen an die mechanischen Eigenschaften des Erzeugnisses und die Beständigkeit gegen interkristalline Korrosion, wie in EU 114 definiert, eingehalten werden.

2) C = kaltgewalztes Band; H = warmgewalztes Band; P = warmgewalztes Blech

3) Falls, bei Band in Walzbreiten <300 mm, Längsproben entnommen werden, erniedrigen sich die Mindestwerte wie folgt:
   Dehngrenze: minus 15 N/mm²
   Dehnung für konstante Meßlänge: minus 5%
   Dehnung für proportionale Meßlänge: minus 2%

4) Für kontinuierlich warmgewalzte Erzeugnisse können bei der Bestellung um 20 N/mm² höhere Mindestwerte für $R_{p0,2}$ und um 10 N/mm² höhere Mindestwerte für $R_{p1,0}$ vereinbart werden.

5) Die Werte gelten für Proben mit einer Meßlänge von 80 mm und einer Breite von 20 mm; Proben mit einer Meßlänge von 50 mm und einer Breite von 12,5 mm können ebenfalls verwendet werden.

6) Die Werte gelten für Proben mit einer Meßlänge von $5{,}65\sqrt{S_0}$.

7) Bei Prüfung nach EURONORM 114

8) Siehe Anmerkung 2 zu 8.4

9) Bei streckgerichteten Erzeugnissen ist der Mindestwert 5% niedriger.

10) Sensibilisierungsbehandlung von 15 min bei 700 °C mit nachfolgender Abkühlung in Luft.

Tabelle 11: Mechanische Eigenschaften bei Raumtemperatur der austenitisch-ferritischen Stähle im lösungsgeglühten Zustand (siehe Tabelle A.5) und Beständigkeit gegen interkristalline Korrosion

Stahlbezeichnung Kurzname	Werkstoffnummer	Erzeugnisform [1]	Dicke mm max.	0,2%-Dehngrenze $R_{p0,2}$ N/mm² min. (quer) [2] [3]	Zugfestigkeit R_m N/mm²	Bruchdehnung A_{80mm} <3 mm Dicke [4] % min. (längs und quer)	Bruchdehnung A ≥3 mm Dicke [5] % min. (längs und quer)	Kerbschlagarbeit KV >10 mm Dicke J min. (längs)	Kerbschlagarbeit KV >10 mm Dicke J min. (quer)	Beständigkeit gegen interkristalline Korrosion im Lieferzustand [6]	Beständigkeit gegen interkristalline Korrosion im sensibilisierten Zustand [7]
					Standardgüten						
X2CrNiN23-4	1.4362	C	6	420	600 bis 850	20		–	–	ja	ja
		H	12	400	630 bis 800		25	90	60		
		P	75	400	630 bis 800		25	90	60		
X2CrNiMoN22-5-3	1.4462	C	6	480	660 bis 950	20		–	–	ja	ja
		H	12	460	640 bis 840		25	90	60		
		P	75	460	640 bis 840		25	90	60		
					Sondergüten						
X2CrNiMoCuN25-6-3	1.4507	C	6	510	690 bis 940	17		–	–	ja	ja
		H	12	490	690 bis 890		25	90	60		
		P	75	490	690 bis 890		25	90	60		
X2CrNiMoN25-7-4	1.4410	C	6	550	750 bis 1 000	15		–	–	ja	ja
		H	12	530	730 bis 930		20	90	60		
		P	75	530	730 bis 930		25	90	60		
X2CrNiMoCuWN25-7-4	1.4501	P	75	530	730 bis 930		25	90	60	ja	ja

[1] C = kaltgewalztes Band; H = warmgewalztes Band; P = warmgewalztes Blech

[2] Falls, bei Band in Walzbreiten < 300 mm, Längsproben entnommen werden, erniedrigen sich die Mindestwerte der Dehngrenze um 15 N/mm².

[3] Für kontinuierlich warmgewalzte Erzeugnisse können bei der Bestellung um 20 N/mm² höhere Mindestwerte für $R_{p0,2}$ vereinbart werden.

[4] Die Werte gelten für Proben mit einer Meßlänge von 80 mm und einer Breite von 20 mm; Proben mit einer Meßlänge von 50 mm und einer Breite von 12,5 mm können ebenfalls verwendet werden.

[5] Die Werte gelten für Proben mit einer Meßlänge von 5,65 $\sqrt{S_0}$.

[6] Bei Prüfung nach EURONORM 114

[7] Siehe Anmerkung 2 zu 8.4

Tabelle 12: Mindestwerte der 0,2 %-Dehngrenze ferritischer Stähle bei erhöhten Temperaturen

Stahlbezeichnung		Wärme-behandlungs-zustand[1])	Mindestwert der 0,2 %-Dehngrenze (N/mm²)						
Kurzname	Werkstoff-nummer		bei einer Temperatur (in °C) von						
			100	150	200	250	300	350	400
Standardgüten									
X2CrNi12	1.4003	A	240	235	230	220	215	–	–
X2CrTi12	1.4512	A	200	195	190	186	180	160	–
X6CrNiTi12	1.4516	A	300	270	250	245	225	215	–
X6Cr13	1.4000	A	220	215	210	205	200	195	190
X6CrAl13	1.4002	A	220	215	210	205	200	195	190
X6Cr17	1.4016	A	220	215	210	205	200	195	190
X3CrTi17	1.4510	A	195	190	185	175	165	155	–
X3CrNb17	1.4511	A	230	220	205	190	180	165	–
X6CrMo17-1	1.4113	A	250	240	230	220	210	205	200
X2CrMoTi18-2	1.4521	A	250	240	230	220	210	205	200
Sondergüten									
X2CrTi17	1.4520	A	195	180	170	160	155	–	–
X6CrMoNb17-1	1.4526	A	270	265	250	235	215	205	–
X2CrNbZr17	1.4590	A	230	220	210	205	200	180	–
X2CrAlTi18-2	1.4605	A	280	240	230	220	200	190	–
X2CrTiNb18	1.4509	A	230	220	210	205	200	180	–
X2CrMoTi29-4	1.4592	A	395	370	350˙	335	325	310	–

[1]) A = geglüht

Tabelle 13: Mindestwerte der 0,2 %-Dehngrenze martensitischer Stähle bei erhöhten Temperaturen

Stahlbezeichnung		Wärme-behandlungs-zustand[1]	Mindestwert der 0,2 %-Dehngrenze (N/mm²) bei einer Temperatur (in °C) von						
Kurzname	Werkstoff-nummer		100	150	200	250	300	350	400
Standardgüten									
X12Cr13	1.4006	QT650	420	410	400	385	365	335	305
X20Cr13	1.4021	QT650	420	410	400	385	365	335	305
X3CrNiMo13-4	1.4313	QT780	590	575	560	545	530	515	–
		QT900	720	690	665	640	620	–	–
X4CrNiMo16-5-1	1.4418	QT840	660	640	620	600	580	–	–

[1]) QT = vergütet

Tabelle 14: Mindestwerte der 0,2 %-Dehngrenze ausscheidungshärtender Stähle bei erhöhten Temperaturen

Stahlbezeichnung		Wärme-behandlungs-zustand[1]	Mindestwert der 0,2 %-Dehngrenze (N/mm²) bei einer Temperatur (in °C) von				
Kurzname	Werkstoff-nummer		100	150	200	250	300
Sondergüte							
X5CrNiCuNb16-4	1.4542	P1050	880	830	800	770	750
		P950	730	710	690	670	650
		P850	680	660	640	620	600

[1]) P = ausscheidungsgehärtet

Tabelle 15: Mindestwerte der 0,2%- und 1%-Dehngrenze austenitischer Stähle bei erhöhten Temperaturen

Kurzname	Werkstoffnummer	Wärmebehandlungszustand[1]	\multicolumn{10}{Mindestwert der 0,2%-Dehngrenze (N/mm²) bei einer Temperatur (in °C) von — Standardgüten}										Mindestwert der 1%-Dehngrenze (N/mm²) bei einer Temperatur (in °C) von									
			100	150	200	250	300	350	400	450	500	550	100	150	200	250	300	350	400	450	500	550
X10CrNi18-8	1.4310	AT	210	200	190	185	180	180	–	–	–	–	230	215	205	200	195	195	–	–	–	–
X2CrNiN18-7	1.4318	AT	265	200	185	180	170	165	–	–	–	–	300	235	215	210	200	195	–	–	–	–
X2CrNi18-9	1.4307	AT	147	132	118	108	100	94	89	85	81	80	181	162	147	137	127	121	116	112	109	108
X2CrNi19-11	1.4306	AT	147	132	118	108	100	94	89	85	81	80	181	162	147	137	127	121	116	112	109	108
X2CrNiN18-10	1.4311	AT	205	175	157	145	136	130	125	121	119	118	240	210	187	175	167	161	156	152	149	147
X5CrNi18-10	1.4301	AT	157	142	127	118	110	104	98	95	92	90	191	172	157	145	135	129	125	122	120	120
X6CrNiTi18-10	1.4541	AT	176	167	157	147	136	130	125	121	119	118	208	196	186	177	167	161	156	152	149	147
X4CrNi18-12	1.4303	AT	155	142	127	118	110	104	98	95	92	90	188	172	157	145	135	129	125	122	120	120
X2CrNiMo17-12-2	1.4404	AT	166	152	137	127	118	113	108	103	100	98	199	181	167	157	145	139	135	130	128	127
X2CrNiMoN17-11-2	1.4406	AT	211	185	167	155	145	140	135	131	128	127	246	218	198	183	175	169	164	160	158	157
X5CrNiMo17-12-2	1.4401	AT	177	162	147	137	127	120	115	112	110	108	211	191	177	167	156	150	144	141	139	137
X6CrNiMoTi17-12-2	1.4571	AT	185	177	167	157	145	140	135	131	129	127	218	206	196	186	175	169	164	160	158	157
X2CrNiMo17-12-3	1.4432	AT	166	152	137	127	118	113	108	103	100	98	199	181	167	157	145	139	135	130	128	127
X2CrNiMo18-14-3	1.4435	AT	165	150	137	127	119	113	108	103	100	98	200	180	165	153	145	139	135	130	128	127
X2CrNiMoN17-13-5	1.4439	AT	225	200	185	175	165	155	150	–	–	–	255	230	210	200	190	180	175	–	–	–
X1NiCrMoCu25-20-5	1.4539	AT	205	190	175	160	145	135	125	115	110	105	235	220	205	190	175	165	155	145	140	135

¹) AT = lösungsgeglüht

(fortgesetzt)

329

Tabelle 15 (abgeschlossen)

Stahlbezeichnung Kurzname	Werkstoffnummer	Wärmebehandlungszustand[1]	Mindestwert der 0,2%-Dehngrenze (N/mm²) bei einer Temperatur (in °C) von										Mindestwert der 1%-Dehngrenze (N/mm²) bei einer Temperatur (in °C) von									
			100	150	200	250	300	350	400	450	500	550	100	150	200	250	300	350	400	450	500	550
Sondergüten																						
X1CrNi25-21	1.4335	AT	150	140	130	120	115	110	105	–	–	–	180	170	160	150	140	135	130	–	–	–
X6CrNiNb18-10	1.4550	AT	177	167	157	147	136	130	125	121	119	118	211	196	186	177	167	161	156	152	149	147
X1CrNiMoN25-22-2	1.4466	AT	195	170	160	150	140	135	–	–	–	–	225	205	190	180	170	165	–	–	–	–
X6CrNiMoNb17-12-2	1.4580	AT	186	177	167	157	145	140	135	131	129	127	221	206	196	186	175	169	164	160	158	157
X2CrNiMoN17-13-3	1.4429	AT	211	185	167	155	145	140	135	131	129	127	246	218	198	183	175	169	164	160	158	157
X3CrNiMo17-13-3	1.4436	AT	177	162	147	137	127	120	115	112	110	108	211	191	177	167	156	150	144	141	139	137
X2CrNiMoN18-12-4	1.4434	AT	211	185	167	155	145	140	135	131	129	127	–	218	198	183	175	169	164	160	158	157
X2CrNiMo18-15-4	1.4438	AT	172	157	147	137	127	120	115	112	110	108	206	188	177	167	156	148	144	140	138	136
X1CrNiSi18-15-4	1.4361	AT	185	160	145	135	125	120	115	115	–	–	210	190	175	165	155	150	–	–	–	–
X12CrMnNiN17-7-5	1.4372	AT	295	260	230	220	205	185	–	–	–	–	325	295	265	250	230	205	–	–	–	–
X2CrMnNiN17-7-5	1.4371	AT	275	235	190	180	165	145	–	–	–	–	305	285	220	205	180	165	–	–	–	–
X12CrMnNiN18-9-5	1.4373	AT	295	260	230	220	205	185	–	–	–	–	325	295	265	250	230	205	–	–	–	–
X1NiCrMoCu31-27-4	1.4563	AT	190	175	160	155	150	145	135	125	120	115	220	205	190	185	180	175	165	155	150	145
X1CrNiMoCuN25-25-5	1.4537	AT	240	220	200	190	180	175	170	–	–	–	270	250	230	220	210	205	200	–	–	–
X1CrNiMoCuN20-18-7	1.4547	AT	230	205	190	180	170	165	160	153	148	–	270	245	225	212	200	195	190	184	180	–
X1CrNiMoCuN25-20-7	1.4529	AT	230	210	190	180	170	165	160	–	–	–	270	245	225	215	205	195	190	–	–	–

[1] AT = lösungsgeglüht

330

Tabelle 16: Mindestwerte der 0,2 %-Dehngrenze austenitisch-ferritischer Stähle bei erhöhten Temperaturen

Stahlbezeichnung		Wärmebehand-lungszustand[1])	Mindestwert der 0,2 %-Dehngrenze (N/mm^2) bei einer Temperatur (in °C) von			
Kurzname	Werkstoff-nummer		100	150	200	250
Standardgüten						
X2CrNiN23-4	1.4362	AT	330	300	280	265
X2CrNiMoN22-5-3	1.4462	AT	360	335	315	300
Sondergüten						
X2CrNiMoCuN25-6-3	1.4507	AT	450	420	400	380
X2CrNiMoN25-7-4	1.4410	AT	450	420	400	380
X2CrNiMoCuWN25-7-4	1.4501	AT	450	420	400	380

[1]) AT = lösungsgeglüht

Tabelle 17: Zugfestigkeitsstufen im kaltverfestigten Zustand

Bezeichnung	Zugfestigkeit[1])[2]) N/mm^2
C700	700 bis 850
C850	850 bis 1 000
C1 000	1 000 bis 1 150
C1 150	1 150 bis 1 300
C1 300	1 300 bis 1 500

[1]) Zwischenwerte der Zugfestigkeit können vereinbart werden. Alternativ können die Stähle festgelegt werden durch Mindestwerte der 0,2 %-Dehngrenze oder Härte, aber je Bestellung kann nur ein Parameter festgelegt werden.

[2]) Für jede Zugfestigkeitsstufe nimmt die Dicke mit der Zugfestigkeit ab. Sie hängt jedoch wie die Dehnung zusätzlich vom Verfestigungsverhalten des Stahles und den Kaltumformbedingungen ab. Folglich können genauere Informationen vom Hersteller angefordert werden.

Tabelle 18: Verfügbarkeit von Stahlsorten im kaltverfestigten Zustand

Stahlbezeichnung		Verfügbare Zugfestigkeitsstufe				
Kurzname	Werkstoff-nummer	C700	C850	C1 000	C1 150	C1 300
Standardgüten						
X6Cr17	1.4016	X	X			
X10CrNi18-8	1.4310	X	X	X	X	X[1])
X2CrNiN18-7	1.4318		X	X		
X5CrNi18-10	1.4301	X	X	X	X	X
X6CrNiTi18-10	1.4541	X	X			
X5CrNiMo17-12-2	1.4401	X	X[1])			
X6CrNiMoTi17-12-2	1.4571	X	X			
Sondergüten						
X6CrNiNb18-10	1.4550	X	X			
X12CrMnNiN17-7-5	1.4372		X	X	X	X[2])
X2CrMnNiN17-7-5	1.4371	X	X	X		
X12CrMnNiN18-9-5	1.4373	X	X			

[1]) Wegen höherer Zugfestigkeitswerte siehe EURONORM 151-2.
[2]) Höhere Werte bis zur Zugfestigkeitsstufe C1 500 können vereinbart werden.

Tabelle 19: Durchzuführende Prüfungen, Prüfeinheiten und Prüfumfang bei spezifischen Prüfungen

Prüfmaßnahme	1)	Prüfeinheit	Band und aus Band geschnittenes Blech (C, H) in Walzbreiten < 600 mm	Band und aus Band geschnittenes Blech (C, H) in Walzbreiten ≥ 600 mm	Walztafel (P)	Zahl der Proben je Probenabschnitt
				Erzeugnisform		
Chemische Analyse	m	Schmelze	Die Schmelzenanalyse wird vom Hersteller bekanntgegeben.²)			
Zugversuch bei Raumtemperatur	m³)	Dieselbe Schmelze, dieselbe Nenndicke ±10 %, derselbe Endbehandlungszustand (d. h. dieselbe Wärmebehandlung und/oder derselbe Kaltumformgrad)	Der Prüfumfang ist bei der Bestellung zu vereinbaren	1 Probenabschnitt von jeder Rolle	a) Unter identischen Bedingungen hergestellte Bleche können zu einem Los mit höchstens 30 000 kg Gesamtgewicht und höchstens 40 Blechen zusammengefaßt werden. Bei wärmebehandelten Blechen bis 15 m ist 1 Probenabschnitt je Los zu entnehmen. Bei wärmebehandelten Blechen über 15 m ist von beiden Enden des längsten Bleches im Los je 1 Probenabschnitt zu entnehmen. b) Soweit die Bleche nicht losweise geprüft werden, ist bei wärmebehandelten Blechen bis 15 m 1 Probenabschnitt von einem Ende und bei wärmebehandelten Blechen über 15 m je 1 Probenabschnitt von beiden Enden der Walztafel zu entnehmen.	1
Härteprüfung an martensitischen Stählen⁴)	m⁵)⁶)		Bei der Bestellung zu vereinbaren (siehe Tabelle 8).			1
Zugversuch bei erhöhter Temperatur	o		Bei der Bestellung zu vereinbaren (siehe Tabellen 12 und 16).			1
Kerbschlagbiegeversuch bei Raumtemperatur	o⁷)		Bei der Bestellung zu vereinbaren (siehe Tabellen 8, 10 und 11).			3
Beständigkeit gegen interkristalline Korrosion	o⁸)		Bei der Bestellung zu vereinbaren, falls die Gefahr interkristalliner Korrosion besteht (siehe Tabellen 7, 10 und 11).			1

¹) Die mit einem "m" (mandatory) gekennzeichneten Prüfungen sind in jedem Fall, die mit einem "o" (optional) gekennzeichneten Prüfungen nur nach Vereinbarung bei der Bestellung als spezifische Prüfungen durchzuführen.
²) Bei der Bestellung kann eine Stückanalyse vereinbart werden; dabei ist auch der Prüfumfang festzulegen.
³) Außer für martensitische Stähle im Wärmebehandlungszustand A (siehe jedoch Fußnote 5).
⁴) Die Härteprüfung an geglühten martensitischen Stählen ist an der Erzeugnisoberfläche durchzuführen.
⁵) Durchzuführen für den Wärmebehandlungszustand A. In Schiedsfällen oder nach Wahl des Herstellers ist jedoch der Zugversuch durchzuführen.
⁶) Durchzuführen für Erzeugnisform C im Wärmebehandlungszustand QT.
⁷) Bei austenitischen Stählen wird der Kerbschlagbiegeversuch üblicherweise nicht durchgeführt (siehe Anmerkung zu 8.5.1).
⁸) Die Prüfung auf Beständigkeit gegen interkristalline Korrosion wird üblicherweise nicht durchgeführt.

Tabelle 20: Kennzeichnung der Erzeugnisse

Kennzeichnung für	Erzeugnisse	
	mit spezifischer Prüfung[1])	ohne spezifische Prüfung[1])
Name des Herstellers, Warenzeichen oder Logo	+	+
Nummer dieser Europäischen Norm	(+)	(+)
Werkstoffnummer oder Kurzname	+	+
Ausführungsart	(+)	(+)
Schmelzennummer	+	+
Identifizierungsnummer[2])	+	+
Walzrichtung[3])	(+)	(+)
Nenndicke	(+)	(+)
Andere Nennmaße außer Dicke	(+)	(+)
Zeichen des Abnahme-beauftragten	(+)	−
Bestellnummer des Kunden	(+)	(+)

[1]) Die Symbole bedeuten:

  + = die Kennzeichnung ist anzubringen;

  (+) = die Kennzeichnung ist nach entsprechender Vereinbarung anzubringen oder bleibt dem Hersteller überlassen;

  − = keine Kennzeichnung erforderlich.

[2]) Falls spezifische Prüfungen durchzuführen sind, müssen die zur Identifizierung verwendeten Zahlen oder Buchstaben die Zuordnung der (des) Erzeugnisse(s) zum Abnahmeprüfzeugnis oder Abnahmeprüfprotokoll ermöglichen.

[3]) Die Walzrichtung ist normalerweise aus der Form des Erzeugnisses und der Lage der Kennzeichnung ersichtlich.

Die Kennzeichnung kann entweder längs mit Rollenstemplung oder nahe dem Erzeugnisende quer zur Walzrichtung angebracht werden.

Eine besondere Angabe der Hauptwalzrichtung ist normalerweise nicht erforderlich, kann aber vom Kunden verlangt werden.

Anhang A (informativ)
Hinweise für die weitere Behandlung (einschließlich Wärmebehandlung) bei der Herstellung

A.1 Die in den Tabellen A.1 bis A.5 enthaltenen Hinweise beziehen sich auf die Warmumformung und Wärmebehandlung.

A.2 Durch Brennschneiden können Randzonen nachteilig verändert werden; gegebenenfalls sind diese abzuarbeiten.

A.3 Da die Korrosionsbeständigkeit der nichtrostenden Stähle nur bei metallisch sauberer Oberfläche gesichert ist, müssen Zunderschichten und Anlauffarben, die bei der Warmformgebung, Wärmebehandlung oder Schweißung entstanden sind, soweit wie möglich vor dem Gebrauch entfernt werden. Fertigteile aus Stählen mit etwa 13 % Cr verlangen zur Erzielung ihrer höchsten Korrosionsbeständigkeit zusätzlich besten Oberflächenzustand (z. B. poliert).

Tabelle A.1: Hinweise auf die Temperaturen für Warmumformung und Wärmebehandlung[1])
ferritischer nichtrostender Stähle

Stahlbezeichnung		Warmumformung		Kurzzeichen für die Wärmebehandlung	Glühen	
Kurzname	Werkstoff-nummer	Temperatur °C	Abkühlungs-art		Temperatur[2]) °C	Abkühlungs-art
Standardgüten						
X2CrNi12	1.4003				700 bis 760	
X2CrTi12	1.4512				770 bis 830	
X6CrNiTi12	1.4516				790 bis 850	
X6Cr13	1.4000				750 bis 810	
X6CrAl13	1.4002	1 100 bis 800	Luft	A	750 bis 810	Luft, Wasser
X6Cr17	1.4016				770 bis 830	
X3CrTi17	1.4510				770 bis 830	
X3CrNb17	1.4511				790 bis 850	
X6CrMo17-1	1.4113				790 bis 850	
X6CrMoTi18-2	1.4521				820 bis 880	
Sondergüten						
X2CrTi17	1.4520				820 bis 880	
X2CrMoTi17-1	1.4513				820 bis 880	
X6CrNi17-1	1.4017				750 bis 810	
X6CrMoNb17-1	1.4526	1 100 bis 800	Luft	A	800 bis 860	Luft, Wasser
X2CrNbZr17	1.4590				870 bis 930	
X6CrAlTi18-2	1.4605				870 bis 930	
X2CrTiNb18	1.4509				870 bis 930	
X2CrMoTi29-4	1.4592				900 bis 1 000	

[1]) Für simulierend wärmezubehandelnde Proben sind die Temperaturen für das Glühen zu vereinbaren.
[2]) Falls die Wärmebehandlung in einem Durchlaufofen erfolgt, bevorzugt man üblicherweise den oberen Bereich der angegebenen Spanne oder überschreitet diese sogar.

334

Tabelle A.2: Hinweise auf die Temperaturen für Warmumformung und Wärmebehandlung¹) martensitischer nichtrostender Stähle

Stahlbezeichnung		Warmumformung		Kurzzeichen für die Wärmebehandlung	Glühen		Abschrecken		Anlassen
Kurzname	Werkstoffnummer	Temperatur °C	Abkühlungsart		Temperatur²) °C	Abkühlungsart	Temperatur²) °C	Abkühlungsart	Temperatur °C
				Standardgüten					
X12Cr13	1.4006	1 100 bis 800	Luft	A	750 bis 810	—	—	—	—
				QT550	—	—	950 bis 1010	Öl, Luft	700 bis 780
				QT650	—	—	—	—	620 bis 700
X20Cr13	1.4021			A	730 bis 790	—	—	—	—
				QT	—	—	950 bis 1050	Öl, Luft	200 bis 350
				QT650	—	—	—	—	700 bis 780
				QT750	—	—	—	—	620 bis 700
X30Cr13	1.4028		langsame Abkühlung	A	730 bis 790	—	—	—	—
				QT	—	—	950 bis 1050	Öl, Luft	200 bis 350
				QT800	—	—	950 bis 1010		650 bis 730
X39Cr13	1.4031			A	730 bis 790	—	—	—	—
				QT	—	—	1 000 bis 1100	Öl, Luft	200 bis 350
X46Cr13	1.4034			A	730 bis 790	—	—	—	—
X50CrMoV15	1.4116			A	770 bis 830	—	—	—	—
X39CrMo17-1	1.4122			A	770 bis 830	—	—	—	—
				QT	—	—	1 000 bis 1100	Öl, Luft	200 bis 350
X3CrNiMo13-4	1.4313	1 150 bis 900	Luft	QT780	—	—	950 bis 1050	Öl, Luft	560 bis 640
				QT900	—	—	—		510 bis 590
X4CrNiMo16-5-1	1.4418			QT840	—	—	900 bis 1000	Öl, Luft, Wasser	570 bis 650

¹) Für simulierend wärmezubehandelnde Proben sind die Temperaturen für das Glühen, Abschrecken und Anlassen zu vereinbaren.
²) Falls die Wärmebehandlung in einem Durchlaufofen erfolgt, bevorzugt man üblicherweise den oberen Bereich der angegebenen Spanne oder überschreitet diese sogar.

Tabelle A.3: Hinweise auf die Temperaturen für Warmumformung und Wärmebehandlung¹) ausscheidungshärtender nichtrostender Stähle

| Stahlbezeichnung | | Warmumformung | | Kurzzeichen für die Wärmebehandlung | Spannungsarmglühen | | Lösungsglühen | | Ausscheidungshärten |
Kurzname	Werkstoffnummer	Temperatur °C	Abkühlungsart		Temperatur °C	Abkühlungsart	Temperatur²) °C	Abkühlungsart	°C
				Sondergüten					
X5CrNiCuNb16-4	1.4542	1150 bis 900	Luft	AT	–	–	1 025 bis 1 055	Luft	–
				P1300	–	–			1 h (470 bis 490)
				P1070	–	–			1 h (540 bis 560)
				P950	–	–	1 025 bis 1 055	Luft	1 h (580 bis 600)
				P900	–	–			1 h (590 bis 610)
				P850	–	–			4 h (610 bis 630)
				SR630	≥ 4 h (600 bis 660)³)	–			–
X7CrNiAl17-7	1.4568			AT	–	–	1030 bis 1050	Luft	–
				P1450	–	–	10 min 945 bis 965	4)	1 h (500 bis 520)
X8CrNiMoAl15-7-2	1.4532			AT	–	–	1025 bis 1055	Luft	–
				P1550	–	–	10 min 945 bis 965	4)	1 h (500 bis 520)

¹) Für simulierend wärmezubehandelnde Proben sind die Temperaturen für das Lösungsglühen zu vereinbaren.
²) Falls die Wärmebehandlung in einem Durchlaufofen erfolgt, bevorzugt man üblicherweise den oberen Bereich der angegebenen Spanne oder überschreitet diese sogar.
³) Nach martensitischer Umwandlung. Lösungsglühen bei 1 025 bis 1 055 °C ist vor dem Ausscheidungshärten erforderlich.
⁴) Schnelles Abkühlen auf ≤ 20 °C; Abkühlung innerhalb 1 h auf – 70 °C; Haltedauer 8 h; Wiedererwärmen in Luft auf + 20 °C.

Tabelle A.4: Hinweise auf die Temperaturen für Warmumformung und Wärmebehandlung[1])
austenitischer nichtrostender Stähle

Stahlbezeichnung		Warmumformung		Kurzzeichen für die Wärmebehandlung	Lösungsglühen	
Kurzname	Werkstoff-nummer	Temperatur °C	Abkühlungs-art		Temperatur[2])[3])[4]) °C	Abkühlungs-art
Standardgüten						
X10CrNi18-8	1.4310				1010 bis 1090	
X2CrNiN18-7	1.4318				1020 bis 1100	
X2CrNi18-9	1.4307				1000 bis 1100	
X2CrNi19-11	1.4306				1000 bis 1100	
X2CrNiN18-10	1.4311				1000 bis 1100	
X5CrNi18-10	1.4301				1000 bis 1100	
X8CrNiS18-9	1.4305				1000 bis 1100	
X6CrNiTi18-10	1.4541				1000 bis 1100	
X4CrNi18-12	1.4303	1150 bis 850	Luft	AT	1000 bis 1100	Wasser, Luft[5])
X2CrNiMo17-12-2	1.4404				1030 bis 1110	
X2CrNiMoN17-11-2	1.4406				1030 bis 1110	
X5CrNiMo17-12-2	1.4401				1030 bis 1110	
X6CrNiMoTi17-12-2	1.4571				1030 bis 1110	
X2CrNiMo17-12-3	1.4432				1030 bis 1110	
X2CrNiMo18-14-3	1.4435				1030 bis 1110	
X2CrNiMoN17-13-5	1.4439				1060 bis 1140	
X1NiCrMoCu25-20-5	1.4539				1010 bis 1090	
Sondergüten						
X1CrNi25-21	1.4335				1030 bis 1110	
X6CrNiNb18-10	1.4550				1020 bis 1120	
X1CrNiMoN25-22-2	1.4466				1070 bis 1150	
X6CrNiMoNb17-12-2	1.4580				1030 bis 1110	
X2CrNiMoN17-13-3	1.4429				1030 bis 1110	
X3CrNiMo17-13-3	1.4436				1030 bis 1110	
X2CrNiMoN18-12-4	1.4434				1070 bis 1150	
X2CrNiMo18-15-4	1.4438	1150 bis 850	Luft	AT	1070 bis 1150	Wasser, Luft[5])
X1CrNiSi18-15-4	1.4361				1100 bis 1160	
X12CrMnNiN17-7-5	1.4372				1000 bis 1100	
X2CrMnNiN17-7-5	1.4371				1000 bis 1100	
X12CrMnNiN18-9-5	1.4373				1000 bis 1100	
X1NiCrMoCu31-27-4	1.4563				1070 bis 1150	
X1CrNiMoCuN25-25-5	1.4537				1120 bis 1180	
X1CrNiMoCuN20-18-7	1.4547				1140 bis 1200	
X1NiCrMoCuN25-20-7	1.4529				1120 bis 1180	

[1]) Für simulierend wärmezubehandelnde Proben sind die Temperaturen für das Lösungsglühen zu vereinbaren.

[2]) Das Lösungsglühen kann entfallen, falls die Bedingungen für das Warmumformen und anschließende Abkühlen so sind, daß die Anforderungen an die mechanischen Eigenschaften des Erzeugnisses und die in EU 114 definierte Beständigkeit gegen interkristalline Korrosion eingehalten werden.

[3]) Falls die Wärmebehandlung in einem Durchlaufofen erfolgt, bevorzugt man üblicherweise den oberen Bereich der angegebenen Spanne oder überschreitet diese sogar.

[4]) Bei der Wärmebehandlung im Rahmen der Weiterverarbeitung ist der untere Bereich der für das Lösungsglühen angegebenen Spanne anzustreben, da andernfalls die mechanischen Eigenschaften beeinträchtigt werden könnten. Falls bei der Wärmeumformung die untere Grenze der Lösungsglühtemperatur nicht unterschritten wurde, reicht bei Wiederholungsglühungen bei den Mo-freien Stählen eine Temperatur von 980 °C, bei den Stählen mit bis zu 3 % Mo eine Temperatur von 1000 °C und bei den Stählen mit mehr als 3 % Mo eine Temperatur von 1020 °C als untere Grenze aus.

[5]) Abkühlung ausreichend schnell

Tabelle A.5: Hinweise auf die Temperaturen für Warmumformung und Wärmebehandlung [1]
austenitisch-ferritischer nichtrostender Stähle

Stahlbezeichnung		Warmumformung		Kurzzeichen für die Wärmebe-handlung	Lösungsglühen	
Kurzname	Werkstoff-nummer	Temperatur °C	Abkühlungs-art		Temperatur[2] °C	Abkühlungs-art
Standardgüten						
X2CrNiN23-4	1.4362	1 150 bis 950	Luft	AT	950 bis 1 050	Wasser, Luft [3]
X2CrNiMoN22-5-3	1.4462				1 020 bis 1 100	
Sondergüten						
X2CrNiMoCuN25-6-3	1.4507	1 150 bis 1 000	Luft	AT	1 040 bis 1 120	Wasser, Luft [3]
X2CrNiMoN25-7-4	1.4410					
X2CrNiMoCuWN25-7-4	1.4501					

[1] Für simulierend wärmezubehandelnde Proben sind die Temperaturen für das Lösungsglühen zu vereinbaren.
[2] Falls die Wärmebehandlung in einem Durchlaufofen erfolgt, bevorzugt man üblicherweise den oberen Bereich der angegebenen Spanne oder überschreitet diese sogar.
[3] Abkühlung ausreichend schnell

Anhang B (informativ)

In Betracht kommende Maßnormen

EN 10029   Warmgewalztes Stahlblech von 3 mm Dicke an – Grenzabmaße, Formtoleranzen, zulässige Gewichts-abweichungen

EN 10048   Warmgewalzter Bandstahl – Grenzabmaße und Formtoleranzen

EN 10051   Kontinuierlich warmgewalztes Blech und Band ohne Überzug aus unlegierten und legierten Stählen – Grenzabmaße und Formtoleranzen

prEN 10258 [1]   Kaltband aus nichtrostendem Stahl – Grenzabmaße und Formtoleranzen

prEN 10259 [1]   Kaltbreitband und Blech aus nichtrostendem Stahl – Grenzabmaße und Formtoleranzen

Anhang C (informativ)

Literaturhinweise

EN 10028-7 [1]   Flacherzeugnisse aus Druckbehälterstählen – Teil 7: Nichtrostende Stähle

EN 10088-1   Nichtrostende Stähle – Teil 1: Verzeichnis der nichtrostenden Stähle

EN 10088-3   Nichtrostende Stähle – Teil 3: Technische Lieferbedingungen für Halbzeug, Stäbe, Walzdraht und Profile für allgemeine Verwendung

EN 10213-4 [1]   Technische Lieferbedingungen für Stahlguß für Druckbehälter – Teil 4: Austenitische und austenitisch-ferritische Stahlsorten

EN 10222-6 [1]   Schmiedestücke aus Stahl für Druckbehälter – Teil 6: Nichtrostende austenitische, martensitische und austenitisch-ferritische Stähle

EURONORM 95   Hitzebeständige Stähle – Technische Lieferbedingungen

EURONORM 119-5   Kaltstauch- und Kaltfließpreßstähle – Teil 5: Gütevorschriften für nichtrostende Stähle

EURONORM 144   Runder Walzdraht aus nichtrostendem und hitzebeständigem Stahl zur Herstellung von Schweiß-zusätzen – Technische Lieferbedingungen

EURONORM 151-1   Federdraht aus nichtrostenden Stählen – Technische Lieferbedingungen

EURONORM 151-2   Federband aus nichtrostenden Stählen – Technische Lieferbedingungen

[1] Z.Z. Entwurf

August 1995

Nichtrostende Stähle Teil 3: Technische Lieferbedingungen für Halbzeug, Stäbe, Walzdraht und Profile für allgemeine Verwendung Deutsche Fassung EN 10088-3 : 1995	**DIN** **EN 10088-3**

ICS 77.140.20; 77.140.50

Deskriptoren: Nichtrostender Stahl, Lieferbedingung, Halbzeug, Stab, Walzdraht

Teilweise Ersatz für
DIN 17440 : 1985-07

Stainless steels — Part 3: Technical delivery conditions
for semi-finished products, bars, rods and sections for general purposes:
German version EN 10088-3 : 1995
Aciers inoxydables — Partie 3: Conditions techniques de livraison
pour les demi-produits, barres, fils machine et profils pour usage général;
Version allemande EN 10088-3 : 1995

Die Europäische Norm EN 10088-3 : 1995 hat den Status einer Deutschen Norm.

Nationales Vorwort

Die Europäische Norm EN 10088-3 : 1995 wurde vom Unterausschuß TC 23/SC 1 "Nichtrostende Stähle" (Sekretariat: Deutschland) des Europäischen Komitees für die Eisen- und Stahlnormung (ECISS) ausgearbeitet.

Das zuständige deutsche Normungsgremium ist der Unterausschuß 06/1 "Nichtrostende Stähle" des Normenausschusses Eisen und Stahl (FES).

Für die im Abschnitt 2 zitierten Europäischen Normen, soweit die Norm-Nummer geändert ist, und EURONORMEN wird im folgenden auf die entsprechenden Deutschen Normen verwiesen:

EURONORM 114   siehe DIN 50914
EN 10204   siehe DIN 50049

Änderungen

Gegenüber DIN 17440 : 1985-07 wurden folgende Änderungen vorgenommen:

a) Inhalt aufgeteilt, wobei die vorliegende Norm nur für Halbzeug, Stäbe, Walzdraht und Profile für allgemeine Verwendung gilt.

b) Kurznamen teilweise geändert, wobei aber die bisherigen Werkstoffnummern unverändert beibehalten wurden.

c) Von den in DIN 17440 genormten Sorten sind folgende Sorten entfallen:
X15Cr13 (1.4024), X6CrAl13 (1.4002) und X6CrTi17 (1.4510).

d) Zusätzlich aufgenommen wurden 33 Stahlsorten, darunter 3 ferritische, 8 martensitische, 3 ausscheidungshärtende, 13 austenitische und 6 austenitisch-ferritische Güten.

e) Die Festlegungen für chemische Zusammensetzung, mechanische Eigenschaften bei Raumtemperatur und erhöhten Temperaturen, Probenahme, Prüfumfang, Kennzeichnung und Wärmebehandlung überarbeitet.

f) Redaktionelle Änderungen.

Frühere Ausgaben
DIN 17440: 1967-01, 1972-12, 1985-07

Nationaler Anhang NA   (informativ)
Literaturhinweise in nationalen Zusätzen
DIN 50049
Metallische Erzeugnisse — Arten von Prüfbescheinigungen; Deutsche Fassung EN 10204 : 1991
DIN 50914
Prüfung nichtrostender Stähle auf Beständigkeit gegen interkristalline Korrosion — Kupfersulfat-Schwefelsäure-Verfahren — Strauß-Test

Fortsetzung 33 Seiten EN

Normenausschuß Eisen und Stahl (FES) im DIN Deutsches Institut für Normung e.V.

EUROPÄISCHE NORM
EUROPEAN STANDARD
NORME EUROPÉENNE

EN 10088-3

April 1995

ICS 77.140.20; 77.140.50

Deskriptoren: Eisen und Stahl, warmgewalzte Erzeugnisse, Ziehen, Halbzeug, Metallstab, Walzdraht, Metallprofil, nichtrostender Stahl, Ablieferung, Bezeichnung, Abmessung, Maßtoleranz, chemische Zusammensetzung, Sorten, Qualität, Klassifikation, mechanische Eigenschaft, Prüfung, Kennzeichnung

Deutsche Fassung

Nichtrostende Stähle
Teil 3: Technische Lieferbedingungen für Halbzeug, Stäbe, Walzdraht und Profile für allgemeine Verwendung

Stainless steels — Part 3: Technical delivery conditions for semi-finished products, bars, rods and sections for general purposes

Aciers inoxydables — Partie 3: Conditions techniques de livraison pour les demi-produits, barres, fils machine et profils pour usage général

Diese Europäische Norm wurde von CEN am 1995-02-28 angenommen.

Die CEN-Mitglieder sind gehalten, die CEN/CENELEC-Geschäftsordnung zu erfüllen, in der die Bedingungen festgelegt sind, unter denen dieser Europäischen Norm ohne jede Änderung der Status einer nationalen Norm zu geben ist.

Auf dem letzten Stand befindliche Listen dieser nationalen Normen mit ihren bibliographischen Angaben sind beim Zentralsekretariat oder bei jedem CEN-Mitglied auf Anfrage erhältlich.

Diese Europäische Norm besteht in drei offiziellen Fassungen (Deutsch, Englisch, Französisch). Eine Fassung in einer anderen Sprache, die von einem CEN-Mitglied in eigener Verantwortung durch Übersetzung in seine Landessprache gemacht und dem Zentralsekretariat mitgeteilt worden ist, hat den gleichen Status wie die offiziellen Fassungen.

CEN-Mitglieder sind die nationalen Normungsinstitute von Belgien, Dänemark, Deutschland, Finnland, Frankreich, Griechenland, Irland, Island, Italien, Luxemburg, Niederlande, Norwegen, Österreich, Portugal, Schweden, Schweiz, Spanien und dem Vereinigten Königreich.

CEN

EUROPÄISCHES KOMITEE FÜR NORMUNG
European Committee for Standardization
Comité Européen de Normalisation

Zentralsekretariat: rue de Stassart 36, B-1050 Brüssel

Ref. Nr. EN 10088-3 : 1995 D

Inhalt

Vorwort

Diese Europäische Norm wurde vom SC 1 "Nichtrostende Stähle" des Technischen Komitees ECISS/TC 23 "Für eine Wärmebehandlung bestimmte Stähle, legierte Stähle und Automatenstähle − Gütenormen" ausgearbeitet, dessen Sekretariat vom DIN betreut wird.

Diese Europäische Norm ersetzt

EU 88-1 : 1986   Nichtrostende Stähle − Teil 1: Technische Lieferbedingungen für Stabstahl, Walzdraht und Schmiedestücke

Diese Europäische Norm muß den Status einer nationalen Norm erhalten, entweder durch Veröffentlichung eines identischen Textes oder durch Anerkennung bis Oktober 1995, und etwaige entgegenstehende nationale Normen müssen bis Oktober 1995 zurückgezogen werden.

Entsprechend der CEN/CENELEC-Geschäftsordnung sind folgende Länder gehalten, diese Europäische Norm zu übernehmen:

Belgien, Dänemark, Deutschland, Finnland, Frankreich, Griechenland, Irland, Island, Italien, Luxemburg, Niederlande, Norwegen, Österreich, Portugal, Schweden, Schweiz, Spanien und das Vereinigte Königreich.

1 Anwendungsbereich

1.1   Dieser Teil der EN 10088 enthält die technischen Lieferbedingungen für Halbzeug, warm oder kalt umgeformte Stäbe, Walzdraht und Profile aus Standardgüten und Sondergüten nichtrostender Stähle für allgemeine Verwendung.

ANMERKUNG: Hier und im folgenden versteht man

− unter dem Begriff "allgemeine Verwendung" Verwendungen außer den in Anhang C erwähnten besonderen Verwendungen;

− unter dem Begriff "Standardgüten" Sorten mit relativ guter Verfügbarkeit und einem weiteren Anwendungsbereich;

− unter dem Begriff "Sondergüten" Sorten für eine besondere Anwendung und/oder mit begrenzter Verfügbarkeit.

1.2   Zusätzlich zu den Angaben dieser Europäischen Norm gelten, sofern in dieser Europäischen Norm nichts anderes festgelegt ist, die in EN 10021 wiedergegebenen allgemeinen technischen Lieferbedingungen.

1.3   Diese Europäische Norm gilt nicht für die durch Weiterverarbeitung der in 1.1 genannten Erzeugnisformen hergestellten Teile mit fertigungsbedingten abweichenden Gütemerkmalen.

2 Normative Verweisungen

Diese Europäische Norm enthält durch datierte oder undatierte Verweisungen Festlegungen aus anderen Publikationen. Diese normativen Verweisungen sind an den jeweiligen Stellen im Text zitiert, und die Publikationen sind nachstehend aufgeführt. Bei datierten Verweisungen gehören spätere Änderungen oder Überarbeitungen dieser Publikationen nur zu dieser Europäischen Norm, falls sie durch Änderung oder Überarbeitung eingearbeitet sind. Bei undatierten Verweisungen gilt die letzte Ausgabe der in Bezug genommenen Publikation.

EN 10002-1
Metallische Werkstoffe − Zugversuch − Teil 1: Prüfverfahren (bei Raumtemperatur)

EN 10002-5
Metallische Werkstoffe − Zugversuch − Teil 5: Prüfverfahren bei erhöhter Temperatur

EN 10003-1 [1])
   Metallische Werkstoffe − Härteprüfung − Brinell −
   Teil 1: Prüfverfahren

EURONORM 18 [2])
   Entnahme und Vorbereitung von Probenabschnitten
   und Proben aus Stahl und Stahlerzeugnissen

EN 10021
   Allgemeine technische Lieferbedingungen für Stahl
   und Stahlerzeugnisse

EN 10027-1
   Bezeichnungssysteme für Stähle − Teil 1: Kurznamen,
   Hauptsymbole

EN 10027-2
   Bezeichnungssysteme für Stähle − Teil 2: Nummernsystem

EN 10045-1
   Metallische Werkstoffe − Kerbschlagbiegeversuch
   nach Charpy − Teil 1: Prüfverfahren

EN 10052
   Begriffe der Wärmebehandlung von Eisenwerkstoffen

EN 10079
   Begriffsbestimmungen für Stahlerzeugnisse

EN 10088-1
   Nichtrostende Stähle − Teil 1: Verzeichnis der nichtrostenden Stähle

EURONORM 114 [2])
   Ermittlung der Beständigkeit nichtrostender austenitischer Stähle gegen interkristalline Korrosion; Korrosionsversuch in Schwefelsäure-Kupfersulfat-Lösung
   (Prüfung nach Monypenny-Strauß)

EURONORM 168 [2])
   Inhalt von Bescheinigungen über Werkstoffprüfungen
   für Stahlerzeugnisse

EN 10204
   Metallische Erzeugnisse − Arten von Prüfbescheinigungen

EN 10221
   Oberflächengüteklassen für warmgewalzten Stabstahl
   und Walzdraht − Technische Lieferbedingungen

Siehe auch Anhang B

3 Definitionen

3.1 Nichtrostende Stähle

Es gilt die Definition nach EN 10088-1.

3.2 Erzeugnisformen

Es gelten die Definitionen nach EN 10079.

3.3 Wärmebehandlungsarten

Es gelten die Definitionen nach EN 10052.

4 Maße und Grenzabmaße

Die Maße und Grenzabmaße sind, möglichst unter Bezugnahme auf die in Anhang B angegebenen Maßnormen, bei
der Bestellung zu vereinbaren (siehe auch Tabelle 6).

5 Gewichtserrechnung und zulässige Gewichtsabweichungen

5.1 Bei Errechnung der Nenngewichts aus den Nennmaßen sind für die Dichte des betreffenden Stahles die
Werte nach EN 10088-1 zugrunde zu legen.

5.2 Die zulässigen Gewichtsabweichungen können bei
der Bestellung vereinbart werden, wenn sie in den in
Anhang B aufgeführten Maßnormen nicht festgelegt sind.

6 Bezeichnung und Bestellung

6.1 Bezeichnung der Stahlsorten

Die Kurznamen und Werkstoffnummern (siehe Tabellen 1
bis 4) wurden nach EN 10027-1 und EN 10027-2 gebildet.

6.2 Bestellbezeichnung

Die vollständige Bezeichnung für die Bestellung eines
Erzeugnisses nach dieser Europäischen Norm muß folgende Angaben enthalten:

  − die gewünschte Menge;

  − die Erzeugnisform (z. B. Stab oder Walzdraht);

  − soweit eine eigene Maßnorm vorhanden ist (siehe
Anhang B), die Nummer der Norm und die ausgewähl-
ten Anforderungen; falls keine Norm vorhanden ist, die
Nennmaße und die gewünschten Grenzabmaße;

  − die Art des Werkstoffs (Stahl);

  − die Nummer dieser Europäischen Norm;

  − Kurzname oder Werkstoffnummer;

  − falls für den betreffenden Stahl in der Tabelle für die
mechanischen Eigenschaften mehr als ein Behandlungszustand enthalten ist, das Kurzzeichen für die gewünschte Wärmebehandlung oder den gewünschten
Kaltverfestigungszustand;

  − die gewünschte Ausführungsart (siehe Kurzzeichen
in Tabelle 6);

  − falls eine Prüfbescheinigung gewünscht wird, deren
Bezeichnung nach EN 10204.

BEISPIEL:

10 t Rundstahl einer Stahlsorte mit dem Kurznamen
X5CrNi18-10 und der Werkstoffnummer 1.4301 nach
EN 10088-3 mit dem Durchmesser 50 mm, Grenzabmaße
nach EURONORM 60, in Ausführungsart 1D, Prüfbescheinigung 3.1.B nach EN 10204:

> **10 t Rund EURONORM 60 − 50**
> **Stahl EN 10088-3 − X5CrNi18-10 + 1D**
> **Prüfbescheinigung 3.1.B**

oder

> **10 t Rund EURONORM 60 − 50**
> **Stahl EN 10088-3 − 1.4301 + 1D**
> **Prüfbescheinigung 3.1.B**

7 Sorteneinteilung

Die in dieser Europäischen Norm enthaltenen Stähle sind
nach ihrem Gefüge eingeteilt in

  − ferritische Stähle,

  − martensitische Stähle,

  − ausscheidungshärtende Stähle,

  − austenitische Stähle,

  − austenitisch-ferritische Stähle.

Siehe auch die ANMERKUNG in 1.1 und Anhang B zu
EN 10088-1.

8 Anforderungen

8.1 Herstellverfahren

Das Erschmelzungsverfahren der Stähle für Erzeugnisse
nach dieser Europäischen Norm bleibt dem Hersteller überlassen, sofern bei der Bestellung nicht ein Sonderschmel-
zungsverfahren vereinbart wurde.

---

[1]) Z. Z. Entwurf

[2]) Bis zur Überführung dieser EURONORM in eine Europäische Norm darf − je nach Vereinbarung bei der Bestellung − entweder diese EURONORM oder eine entsprechende nationale Norm zur Anwendung kommen.

8.2 Lieferzustand

Die Erzeugnisse sind im − durch Bezugnahme auf die in Tabelle 6 angegebene Ausführungsart und, wenn es verschiedene Alternativen gibt, auf die in den Tabellen 7 bis 11 und 17 angegebenen Behandlungszustände − bei der Bestellung vereinbarten Zustand zu liefern (siehe auch Anhang A).

8.3 Chemische Zusammensetzung

8.3.1 Für die chemische Zusammensetzung nach der Schmelzenanalyse gelten die Angaben in den Tabellen 1 bis 4.

8.3.2 Die Stückanalyse darf von den in den Tabellen 1 bis 4 angegebenen Grenzwerten der Schmelzenanalyse um die in Tabelle 5 aufgeführten Werte abweichen.

8.4 Korrosionschemische Eigenschaften

Für die in EURONORM 114 definierte Beständigkeit gegen interkristalline Korrosion gelten für ferritische, austenitische und austenitisch-ferritische Stähle die Angaben in den Tabellen 7, 10 und 11.

> ANMERKUNG 1: EURONORM 114 ist nicht anwendbar auf die Prüfung martensitischer und ausscheidungshärtender Stähle.

> ANMERKUNG 2: Das Verhalten der nichtrostenden Stähle gegen Korrosion hängt stark von der Art der Umgebung ab und kann daher nicht immer eindeutig durch Versuche im Laboratorium gekennzeichnet werden. Es empfiehlt sich daher, auf vorliegende Erfahrungen in der Verwendung der Stähle zurückzugreifen.

8.5 Mechanische Eigenschaften

8.5.1 Für die mechanischen Eigenschaften bei Raumtemperatur gelten die Angaben in den Tabellen 7 bis 11 für den jeweils festgelegten Wärmebehandlungszustand. Die Angaben gelten nicht für die Ausführungsart 1U (warmgewalzt, nicht wärmebehandelt, nicht entzundert) und für Halbzeug.

Wenn, nach Vereinbarung bei der Bestellung, die Erzeugnisse im nicht wärmebehandelten Zustand geliefert werden sollen, müssen bei sachgemäßer Wärmebehandlung (simulierende Wärmebehandlung) an Bezugsproben die mechanischen Eigenschaften nach den Tabellen 7, 8, 9, 10 und 11 erreichbar sein.

Für die mechanischen Eigenschaften bei Raumtemperatur gelten bei kaltumgeformten Erzeugnissen die Angaben in Tabelle 17.

> ANMERKUNG: Austenitische Stähle sind im lösungsgeglühten Zustand sprödbruchunempfindlich. Da sie keine ausgeprägte Übergangstemperatur aufweisen, was für andere Stähle charakteristisch ist, sind sie auch für die Verwendung bei tiefen Temperaturen nutzbar.

8.5.2 Für die 0,2%- und 1%-Dehngrenze bei erhöhten Temperaturen gelten die Werte nach den Tabellen 12 bis 16.

8.6 Oberflächenbeschaffenheit

Geringfügige, durch das Herstellverfahren bedingte Unvollkommenheiten der Oberfläche sind zulässig.

Wenn genauere Anforderungen an die Oberflächenbeschaffenheit erforderlich sind, sind diese bei der Bestellung zu vereinbaren, soweit in Betracht kommend, nach EN 10221.

8.7 Innere Beschaffenheit

Wenn angebracht, können für die innere Beschaffenheit Anforderungen einschließlich Bedingungen für deren Nachweis bei der Bestellung vereinbart werden.

9 Prüfung

9.1 Allgemeines

Der Hersteller muß geeignete Verfahrenskontrollen und Prüfungen durchführen, um sich selbst zu vergewissern, daß die Lieferung den Bestellanforderungen entspricht. Dies schließt folgendes ein:

- Einen geeigneten Umfang für den Nachweis der Erzeugnisabmessungen.

- In ausreichendes Ausmaß an visueller Untersuchung der Oberflächenbeschaffenheit der Erzeugnisse.

- Einen geeigneten Umfang und Art der Prüfung, um sicherzustellen, daß die richtige Stahlsorte verwendet wird.

Art und Umfang dieser Nachweise, Untersuchungen und Prüfungen wird vom Hersteller bestimmt unter Berücksichtigung des Grades der Übereinstimmung, der beim Nachweis des Qualitätssicherungssystems ermittelt wurde. In Anbetracht dessen ist ein Nachweis dieser Anforderungen durch spezifische Prüfungen, falls nicht anders vereinbart, nicht erforderlich.

9.2 Vereinbarung von Prüfungen und Prüfbescheinigungen

9.2.1 Bei der Bestellung kann für jede Lieferung die Ausstellung einer der Prüfbescheinigungen nach EN 10204 vereinbart werden.

9.2.2 Falls die Ausstellung eines Werkszeugnisses 2.2 nach EN 10204 vereinbart wurde, muß die folgenden Angaben enthalten:

a) Die Angabenblöcke A, B und Z von EURNORM 168.

b) Die Ergebnisse der Schmelzenanalyse entsprechend den Feldern C71 bis C92 von EURONORM 168.

9.2.3 Falls die Ausstellung eines Abnahmeprüfzeugnisses 3.1.A, 3.1.B oder 3.1.C nach EN 10204 oder eines Abnahmeprüfprotokolles 3.2 nach EN 10204 vereinbart wurde, sind spezifische Prüfungen nach 9.3 durchzuführen und die Prüfbescheinigung muß mit den nach EURONORM 168 verlangten Feldern und Einzelheiten folgende Angaben enthalten:

a) Wie unter 9.2.2 a) und b)

b) Wie unter 9.2.2 a) und b)

c) Die Ergebnisse der entsprechend Tabelle 18 durchzuführenden Prüfungen (in der zweiten Spalte durch m gekennzeichnet).

d) Die Ergebnisse aller bei der Bestellung vereinbarten weiteren Prüfungen.

9.3 Spezifische Prüfung

9.3.1 Prüfumfang

Die entweder obligatorisch (m) oder nach Vereinbarung (o) durchzuführenden Prüfungen sowie Zusammensetzung und Größe der Prüfeinheiten und die Anzahl der zu entnehmenden Probestücke, Probenabschnitte und Proben sind in Tabelle 18 aufgeführt.

9.3.2 Probenahme und Probenvorbereitung

9.3.2.1 Für die Probenahme und Probenvorbereitung sind die Angaben der EURONORM 18 zu beachten. Für die mechanischen Prüfungen gelten außerdem die Angaben in 9.3.2.2.

9.3.2.2 Für den Zugversuch und, sofern dieser bei der Bestellung vereinbart wurde, für den Kerbschlagbiegeversuch sind die Proben entsprechend den Angaben in den Bildern 1 bis 3 zu entnehmen.

Die Probenabschnitte sind im Lieferzustand zu entnehmen. Auf Vereinbarung können bei Stabstahl die Probenabschnitte vor dem Richten genommen werden. Für simulierend wärmezubehandelnde Probenabschnitte sind die Temperaturen für das Glühen, Abschrecken und Anlassen zu vereinbaren.

9.3.2.3 Probenabschnitte für die Härteprüfung und die Prüfung auf Beständigkeit gegenüber interkristalliner Korrosion, wenn verlangt, sind an den gleichen Stellen wie für die mechanischen Prüfungen zu entnehmen.

9.4 Prüfverfahren

9.4.1 Für die Ermittlung der Stückanalyse bleibt, wenn bei der Bestellung nichts anderes vereinbart wurde, dem Hersteller die Wahl eines geeigneten physikalischen oder chemischen Analyseverfahrens überlassen. In Schiedsfällen ist die Analyse von einem von beiden Seiten anerkannten Laboratorium durchzuführen. Das anzuwendende Analyseverfahren muß in diesem Falle, möglichst unter Bezugnahme auf entsprechende Europäische Normen oder EURONORMEN, vereinbart werden.

9.4.2 Der Zugversuch bei Raumtemperatur ist nach EN 10002-1 durchzuführen, und zwar in Regelfall mit proportionalen Proben von der Meßlänge $L_0 = 5,65\sqrt{S_0}$ (S_0 = Probenquerschnitt). In Zweifelsfällen und in Schiedsversuchen muß diese Probe verwendet werden.

Zu ermitteln sind die Zugfestigkeit und die Bruchdehnung sowie bei den ferritischen, martensitischen, ausscheidungshärtenden und austenitisch-ferritischen Stählen die 0,2 %-Dehngrenze und bei den austenitischen Stählen die 0,2 %- und die 1 %-Dehngrenze.

9.4.3 Falls ein Zugversuch bei erhöhter Temperatur bestellt wurde, ist er nach EN 10002-5 durchzuführen. Falls die Dehngrenze nachzuweisen ist, ist bei ferritischen, martensitischen, ausscheidungshärtenden und austenitisch-ferritischen Stählen die 0,2 %-Dehngrenze zu ermitteln. Bei austenitischen Stählen sind die 0,2 %- und die 1 %-Dehngrenze zu ermitteln.

9.4.4 Wenn ein Kerbschlagbiegeversuch bestellt wurde, ist dieser nach EN 10045-1 an Spitzkerbproben auszuführen. Als Versuchsergebnis ist das Mittel von 3 Proben zu werten (siehe auch EN 10021).

9.4.5 Die Härteprüfung nach Brinell ist nach EN 10003-1 durchzuführen.

9.4.6 Die Beständigkeit gegen interkristalline Korrosion ist nach EURONORM 114 zu prüfen.

9.4.7 Maße und Grenzabmaße der Erzeugnisse sind nach den Festlegungen in den betreffenden Maßnormen, soweit vorhanden, zu prüfen.

9.5 Wiederholungsprüfungen

Siehe EN 10021

10 Kennzeichnung

10.1 Die angebrachte Kennzeichnung muß dauerhaft sein.

10.2 Wenn nicht anders vereinbart, gelten die Angaben in Tabelle 19.

10.3 Wenn nicht anders vereinbart, sind alle Erzeugnisse wie folgt zu kennzeichnen:

– Halbzeug, Stäbe und Profile in Dicken über 35 mm durch Farbstempelung, Aufkleber, elektrolytisches Ätzen oder Schlagstempelung;

– Stäbe und Profile bis 35 mm Dicke durch ein Anhängeschild am Bund oder eine der im ersten Spiegelstrich aufgeführten Arten;

– Walzdraht durch ein Anhängeschild am Ring.

ANMERKUNG: Wenn die Kennzeichnung durch Farbstempelung oder Aufkleber angebracht wird, ist durch die Wahl entsprechender Farben bzw. Kleber dafür Sorge zu tragen, daß die Korrosionsbeständigkeit nicht beeinträchtigt wird.

(Maße in mm)

Probenart	Erzeugnisse mit rundem Querschnitt		Erzeugnisse mit rechteckigem Querschnitt	

Zugprobe — $d \leq 25$ | $25 < d \leq 160$ | $b \leq 25$, $a \geq b$ | $25 < b \leq 160$, $a \geq b$

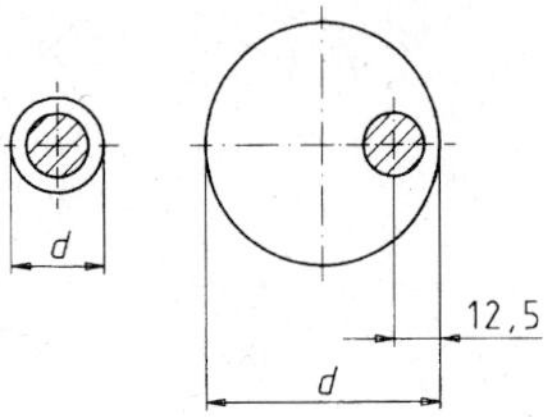

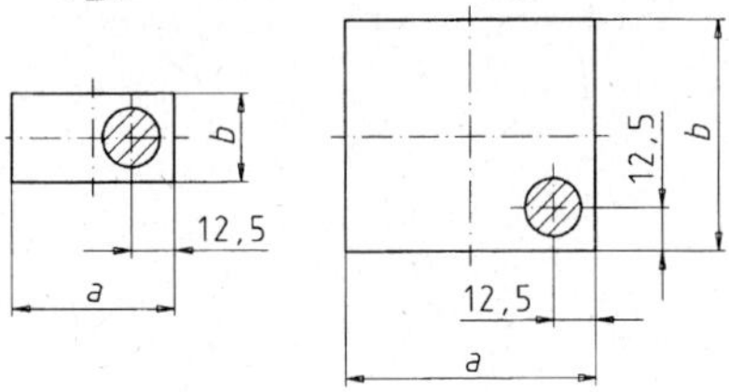

Kerbschlagprobe [1] — $15 \leq d \leq 25$ | $25 < d \leq 160$ | $b \leq 25$, $a \geq b$ | $25 < b \leq 160$, $a \geq b$

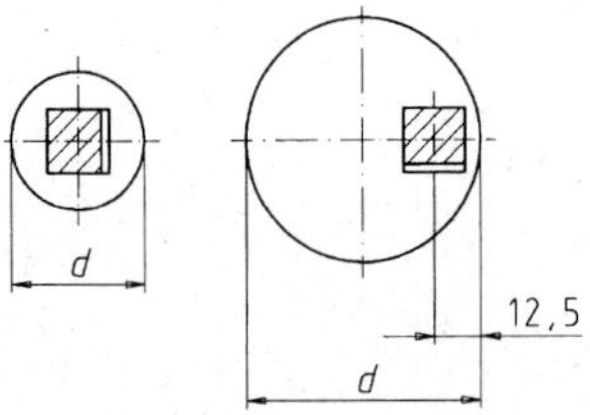

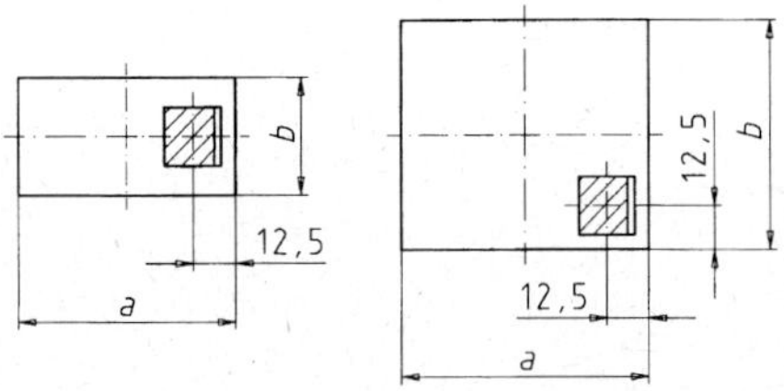

[1] Bei Erzeugnissen mit rundem Querschnitt muß die Längsachse des Kerbes annähernd in Richtung eines Durchmessers verlaufen; bei Erzeugnissen mit rechteckigem Querschnitt muß sie senkrecht zur breiteren Walzoberfläche stehen.

Bild 1: Probenlage bei Stäben und Walzdraht ≤ 160 mm Durchmesser oder Dicke (Längsproben)

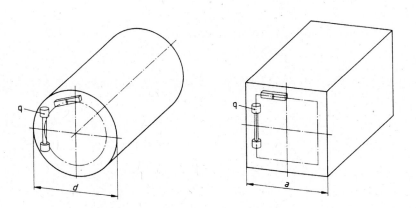

Bild 2: Probenlage bei Stäben > 160 mm Durchmesser oder Dicke (Querproben)

346

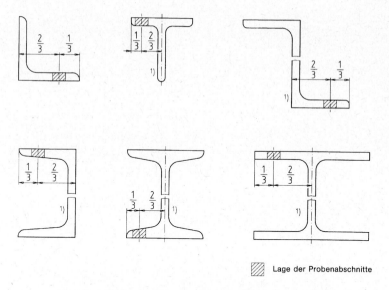

▨ Lage der Probenabschnitte

Bild 3: Probenlage bei Trägern, U-Stahl, Winkelstahl, T-Stahl und Z-Stahl

---

[1] Nach entsprechender Vereinbarung kann der Probenabschnitt auch aus dem Steg entnommen werden, und zwar in einem Viertel der Gesamthöhe.

Tabelle 1: Chemische Zusammensetzung (Schmelzenanalyse) ¹) der ferritischen nichtrostenden Stähle

Stahlbezeichnung		Massenanteil in %										
Kurzname	Werkstoff-nummer	C max.	Si max.	Mn max.	P max.	S	N max.	Cr	Mo	Ni	Ti	Sonstige
Standardgüten												
X2CrNi12	**1.4003**	0,030	1,00	1,50	0,040	≤ 0,015	0,030	10,50 bis 12,50		0,30 bis 1,00		
X6Cr13	**1.4000**	0,08	1,00	1,00	0,040	≤ 0,030²)		12,00 bis 14,00				
X6Cr17	**1.4016**	0,08	1,00	1,00	0,040	≤ 0,030²)		16,00 bis 18,00				
X6CrMoS17	**1.4105**	0,08	1,50	1,50	0,040	0,15 bis 0,35		16,00 bis 18,00	0,20 bis 0,60			
X6CrMo17-1	**1.4113**	0,08	1,00	1,00	0,040	≤ 0,030²)		16,00 bis 18,00	0,90 bis 1,40			
Sondergüten												
X2CrMoTiS18-2*)	**1.4523*)**	0,030	1,00	0,50	0,040	0,15 bis 0,35		17,50 bis 19,00	2,00 bis 2,50		0,30 bis 0,80	(C + N) ≤ 0,040

¹) In dieser Tabelle nicht aufgeführte Elemente dürfen dem Stahl, außer zum Fertigbehandeln der Schmelze, ohne Zustimmung des Bestellers nicht absichtlich zugesetzt werden. Es sind alle angemessenen Vorkehrungen zu treffen, um die Zufuhr solcher Elemente aus dem Schrott und anderen bei der Herstellung verwendeten Stoffen zu vermeiden, die die mechanischen Eigenschaften und die Verwendbarkeit des Stahls beeinträchtigen.

²) Für zu bearbeitende Erzeugnisse wird ein geregelter Schwefelgehalt von 0,015 bis 0,030 % empfohlen.

*) Patentierte Stahlsorte.

Tabelle 2: Chemische Zusammensetzung (Schmelzenanalyse) [1]) der martensitischen und ausscheidungshärtenden nichtrostenden Stähle

Stahlbezeichnung		Massenanteil in %										
Kurzname	Werkstoff-nummer	C	Si max.	Mn max.	P max.	S	Cr	Cu	Mo	Nb	Ni	Sonstige
Standardgüten (Martensitische Stähle) [2])												
X12Cr13	1.4006	0,08 bis 0,15	1,00	1,50	0,040	≤0,030[3])	11,50 bis 13,50				≤0,75	
X12CrS13	1.4005	0,08 bis 0,15	1,00	1,50	0,040	0,15 bis 0,35	12,00 bis 14,00		≤0,60			
X20Cr13	1.4021	0,16 bis 0,25	1,00	1,50	0,040	≤0,030[3])	12,00 bis 14,00					
X30Cr13	1.4028	0,26 bis 0,35	1,00	1,50	0,040	≤0,030[3])	12,00 bis 14,00					
X39Cr13	1.4031	0,36 bis 0,42	1,00	1,50	0,040	≤0,030[3])	12,50 bis 14,50					
X46Cr13	1.4034	0,43 bis 0,50	1,00	1,50	0,040	≤0,030[3])	12,50 bis 14,50					
X50CrMoV15	1.4116	0,45 bis 0,55	1,00	1,00	0,040	≤0,030[3])	14,00 bis 15,00		0,50 bis 0,80			V: 0,10 bis 0,20
X14CrMoS17	1.4104	0,10 bis 0,17	1,00	1,50	0,040	0,15 bis 0,35	15,50 bis 17,50		0,20 bis 0,60			
X39CrMo17-1	1.4122	0,33 bis 0,45	1,00	1,50	0,040	≤0,030[3])	15,50 bis 17,50		0,80 bis 1,30			
X17CrNi16-2	1.4057	0,12 bis 0,22	1,00	1,50	0,040	≤0,030[3])	15,00 bis 17,00				1,50 bis 2,50	
X3CrNiMo13-4	1.4313	≤0,05	0,70	1,50	0,040	≤0,015	12,00 bis 14,00		0,30 bis 0,70		3,50 bis 4,50	N: ≥0,020
X4CrNiMo16-5-1	1.4418	≤0,06	0,70	1,50	0,040	≤0,030[3])	15,00 bis 17,00		0,80 bis 1,50		4,00 bis 6,00	N: ≥0,020
Standardgüten (Ausscheidungshärtende Stähle)												
X5CrNiCuNb16-4	1.4542	≤0,07	0,70	1,50	0,040	≤0,030[3])	15,00 bis 17,00	3,00 bis 5,00		5 × C bis 0,45	3,00 bis 5,00	
X7CrNiAl17-7	1.4568	≤0,09	0,70	1,00	0,040	≤0,015	16,00 bis 18,00				6,50 bis 7,80[4])	Al: 0,70 bis 1,50
X5CrNiMoCuNb14-5	1.4594	≤0,07	0,70	1,00	0,040	≤0,015	13,00 bis 15,00	1,20 bis 2,00	1,20 bis 2,00	0,15 bis 0,60	5,00 bis 6,00	
Sondergüten (Martensitische Stähle) [2])												
X29CrS13	1.4029	0,25 bis 0,32	1,00	1,50	0,040	0,15 bis 0,25	12,00 bis 13,50		≤0,60			
X70CrMo15	1.4109	0,65 bis 0,75	0,70	1,00	0,040	≤0,030[3])	14,00 bis 16,00		0,40 bis 0,80			
X105CrMo17	1.4125	0,95 bis 1,20	1,00	1,00	0,040	≤0,030[3])	16,00 bis 18,00		0,40 bis 0,80			
X90CrMoV18	1.4112	0,85 bis 0,95	1,00	1,00	0,040	≤0,030[3])	17,00 bis 19,00		0,90 bis 1,30			V: 0,07 bis 0,12

[1]) In dieser Tabelle nicht aufgeführte Elemente dürfen dem Stahl, außer zum Fertigbehandeln der Schmelze, ohne Zustimmung des Bestellers nicht absichtlich zugesetzt werden. Es sind alle angemessenen Vorkehrungen zu treffen, um die Zufuhr solcher Elemente aus dem Schrott und anderen bei der Herstellung verwendeten Stoffen zu vermeiden, die die mechanischen Eigenschaften und die Verwendbarkeit des Stahls beeinträchtigen.
[2]) Engere Kohlenstoffspannen können bei der Bestellung vereinbart werden.
[3]) Für zu bearbeitende Erzeugnisse wird ein geregelter Schwefelgehalt von 0,015 bis 0,030% empfohlen.
[4]) Zwecks besserer Kaltumformbarkeit kann die obere Grenze auf 8,30% angehoben werden.

Tabelle 3: Chemische Zusammensetzung (Schmelzenanalyse) [1]) **der austenitischen nichtrostenden Stähle**

Stahlbezeichnung		Massenanteil in %					
Kurzname	Werkstoff-nummer	C	Si	Mn	P max.	S	N
Standardgüten							
X10CrNi18-8	1.4310	0,05 bis 0,15	$\leq 2,00$	$\leq 2,00$	0,045	$\leq 0,015$	$\leq 0,11$
X2CrNi18-9	1.4307	$\leq 0,030$	$\leq 1,00$	$\leq 2,00$	0,045	$\leq 0,030$ [2])	$\leq 0,11$
X2CrNi19-11	1.4306	$\leq 0,030$	$\leq 1,00$	$\leq 2,00$	0,045	$\leq 0,030$ [2])	$\leq 0,11$
X2CrNiN18-10	1.4311	$\leq 0,030$	$\leq 1,00$	$\leq 2,00$	0,045	$\leq 0,030$ [2])	0,12 bis 0,22
X5CrNi18-10	1.4301	$\leq 0,07$	$\leq 1,00$	$\leq 2,00$	0,045	$\leq 0,030$ [2])	$\leq 0,11$
X8CrNiS18-9	1.4305	$\leq 0,10$	$\leq 1,00$	$\leq 2,00$	0,045	0,15 bis 0,35	$\leq 0,11$
X6CrNiTi18-10	1.4541	$\leq 0,08$	$\leq 1,00$	$\leq 2,00$	0,045	$\leq 0,030$ [2])	
X4CrNi18-12	1.4303	$\leq 0,06$	$\leq 1,00$	$\leq 2,00$	0,045	$\leq 0,030$ [2])	$\leq 0,11$
X2CrNiMo17-12-2	1.4404	$\leq 0,030$	$\leq 1,00$	$\leq 2,00$	0,045	$\leq 0,030$ [2])	$\leq 0,11$
X2CrNiMoN17-11-2	1.4406	$\leq 0,030$	$\leq 1,00$	$\leq 2,00$	0,045	$\leq 0,030$ [2])	0,12 bis 0,22
X5CrNiMo17-12-2	1.4401	$\leq 0,07$	$\leq 1,00$	$\leq 2,00$	0,045	$\leq 0,030$ [2])	$\leq 0,11$
X6CrNiMoTi17-12-2	1.4571	$\leq 0,08$	$\leq 1,00$	$\leq 2,00$	0,045	$\leq 0,030$ [2])	
X2CrNiMo17-12-3	1.4432	$\leq 0,030$	$\leq 1,00$	$\leq 2,00$	0,045	$\leq 0,030$ [2])	$\leq 0,11$
X2CrNiMoN17-13-3	1.4429	$\leq 0,030$	$\leq 1,00$	$\leq 2,00$	0,045	$\leq 0,015$	0,12 bis 0,22
X3CrNiMo17-13-3	1.4436	$\leq 0,05$	$\leq 1,00$	$\leq 2,00$	0,045	$\leq 0,030$ [2])	$\leq 0,11$
X2CrNiMo18-14-3	1.4435	$\leq 0,030$	$\leq 1,00$	$\leq 2,00$	0,045	$\leq 0,030$ [2])	$\leq 0,11$
X2CrNiMoN17-13-5	1.4439	$\leq 0,030$	$\leq 1,00$	$\leq 2,00$	0,045	$\leq 0,010$	0,12 bis 0,22
X3CrNiCu18-9-4	1.4567	$\leq 0,04$	$\leq 1,00$	$\leq 2,00$	0,045	$\leq 0,030$ [2])	$\leq 0,11$
X1NiCrMoCu25-20-5	1.4539	$\leq 0,020$	$\leq 0,70$	$\leq 2,00$	0,030	$\leq 0,010$	$\leq 0,15$
Sondergüten							
X6CrNiNb18-10	1.4550	$\leq 0,08$	$\leq 1,00$	$\leq 2,00$	0,045	$\leq 0,015$	
X6CrNiMoNb17-12-2	1.4580	$\leq 0,08$	$\leq 1,00$	$\leq 2,00$	0,045	$\leq 0,015$	
X2CrNiMo18-15-4	1.4438	$\leq 0,030$	$\leq 1,00$	$\leq 2,00$	0,045	$\leq 0,030$ [2])	$\leq 0,11$
X1CrNiSi18-15-4	1.4361	$\leq 0,015$	3,70 bis 4,50	$\leq 2,00$	0,025	$\leq 0,010$	$\leq 0,11$
X3CrNiCu19-9-2	1.4560	$\leq 0,035$	$\leq 1,00$	1,50 bis 2,00	0,045	$\leq 0,015$	$\leq 0,11$
X6CrNiCuS18-9-2	1.4570	$\leq 0,08$	$\leq 1,00$	$\leq 2,00$	0,045	0,15 bis 0,35	$\leq 0,11$
X3CrNiCuMo17-11-3-2	1.4578	$\leq 0,04$	$\leq 1,00$	$\leq 1,00$	0,045	$\leq 0,015$	$\leq 0,11$
X1NiCrMoCu31-27-4	1.4563	$\leq 0,020$	$\leq 0,70$	$\leq 2,00$	0,030	$\leq 0,010$	$\leq 0,11$
X1CrNiMoCuN25-25-5	1.4537	$\leq 0,020$	$\leq 0,70$	$\leq 2,00$	0,030	$\leq 0,010$	0,17 bis 0,25
X1CrNiMoCuN20-18-7[*])	1.4547[*])	$\leq 0,020$	$\leq 0,70$	$\leq 1,00$	0,030	$\leq 0,010$	0,18 bis 0,25
X1NiCrMoCuN25-20-7	1.4529	$\leq 0,020$	$\leq 0,50$	$\leq 1,00$	0,030	$\leq 0,010$	0,15 bis 0,25

[1]) In dieser Tabelle nicht aufgeführte Elemente dürfen dem Stahl, außer zum Fertigbehandeln der Schmelze, ohne Zustimmung des Bestellers nicht absichtlich zugesetzt werden. Es sind alle angemessenen Vorkehrungen zu treffen, um die Zufuhr solcher Elemente aus dem Schrott und anderen bei der Herstellung verwendeten Stoffen zu vermeiden, die die mechanischen Eigenschaften und die Verwendbarkeit des Stahls beeinträchtigen.
[2]) Für zu bearbeitende Erzeugnisse wird ein geregelter Schwefelgehalt von 0,015 bis 0,030 % empfohlen.
[*]) Patentierte Stahlsorte.

Massenanteil in %					
Cr	Cu	Mo	Nb	Ni	Ti
Standardgüten					
16,00 bis 19,00		≤ 0,80		6,00 bis 9,50	
17,50 bis 19,50				8,00 bis 10,00	
18,00 bis 20,00				10,00 bis 12,00[3])	
17,00 bis 19,50				8,50 bis 11,50	
17,00 bis 19,50				8,00 bis 10,50	
17,00 bis 19,00	≤ 1,00			8,00 bis 10,00	
17,00 bis 19,00				9,00 bis 12,00[3])	5 × C bis 0,70
17,00 bis 19,00				11,00 bis 13,00	
16,50 bis 18,50		2,00 bis 2,50		10,00 bis 13,00[3])	
16,50 bis 18,50		2,00 bis 2,50		10,00 bis 12,00[3])	
16,50 bis 18,50		2,00 bis 2,50		10,00 bis 13,00	
16,50 bis 18,50		2,00 bis 2,50		10,50 bis 13,50[3])	5 × C bis 0,70
16,50 bis 18,50		2,50 bis 3,00		10,50 bis 13,00	
16,50 bis 18,50		2,50 bis 3,00		11,00 bis 14,00[3])	
16,50 bis 18,50		2,50 bis 3,00		10,50 bis 13,00[3])	
17,00 bis 19,00		2,50 bis 3,00		12,50 bis 15,00	
16,50 bis 18,50		4,00 bis 5,00		12,50 bis 14,50	
17,00 bis 19,00	3,00 bis 4,00			8,50 bis 10,50	
19,00 bis 21,00	1,20 bis 2,00	4,00 bis 5,00		24,00 bis 26,00	
Sondergüten					
17,00 bis 19,00			10 × C bis 1,00	9,00 bis 12,00[3])	
16,50 bis 18,50		2,00 bis 2,50	10 × C bis 1,00	10,50 bis 13,50	
17,50 bis 19,50		3,00 bis 4,00		13,00 bis 16,00[3])	
16,50 bis 18,50		≤ 0,20		14,00 bis 16,00	
18,00 bis 19,00	1,50 bis 2,00			8,00 bis 9,00	
17,00 bis 19,00	1,40 bis 1,80	≤ 0,60		8,00 bis 10,00	
16,50 bis 17,50	3,00 bis 3,50	2,00 bis 2,50		10,00 bis 11,00	
26,00 bis 28,00	0,70 bis 1,50	3,00 bis 4,00		30,00 bis 32,00	
24,00 bis 26,00	1,00 bis 2,00	4,70 bis 5,70		24,00 bis 27,00	
19,50 bis 20,50	0,50 bis 1,00	6,00 bis 7,00		17,50 bis 18,50	
19,00 bis 21,00	0,50 bis 1,50	6,00 bis 7,00		24,00 bis 26,00	

[3]) Wenn es aus besonderen Gründen, z. B. Warmumformbarkeit für die Herstellung nahtloser Rohre, erforderlich ist, den Gehalt an Deltaferrit zu minimieren, oder zwecks niedriger Permeabilität darf der Höchstgehalt an Nickel um die folgenden Beträge erhöht werden:
0,50 % (m/m): 1.4571.
1,00 % (m/m): 1.4306, 1.4406, 1.4429, 1.4436, 1.4438, 1.4541, 1.4550.
1,50 % (m/m): 1.4404.

Tabelle 4: Chemische Zusammensetzung (Schmelzenanalyse) [1]) der austenitisch-ferritischen nichtrostenden Stähle

Stahlbezeichnung		Massenanteil in %										
Kurzname	Werkstoff-nummer	C max.	Si max.	Mn max.	P max.	S max.	N	Cr	Cu	Mo	Ni	Sonstige
Standardgüten												
X3CrNiMoN27-5-2	**1.4460**	0,05	1,00	2,00	0,035	0,030 [2])	0,05 bis 0,20	25,00 bis 28,00		1,30 bis 2,00	4,50 bis 6,50	
X2CrNiMoN22-5-3	**1.4462**	0,030	1,00	2,00	0,035	0,015	0,10 bis 0,22	21,00 bis 23,00		2,50 bis 3,50	4,50 bis 6,50	
Sondergüten												
X2CrNiN23-4 *)	**1.4362** *)	0,030	1,00	2,00	0,035	0,015	0,05 bis 0,20	22,00 bis 24,00	0,10 bis 0,60	0,10 bis 0,60	3,50 bis 5,50	
X2CrNiMoCuN25-6-3	**1.4507**	0,030	0,70	2,00	0,035	0,015	0,15 bis 0,30	24,00 bis 26,00	1,00 bis 2,50	2,70 bis 4,00	5,50 bis 7,50	
X2CrNiMoN25-7-4 *)	**1.4410** *)	0,030	1,00	2,00	0,035	0,015	0,20 bis 0,35	24,00 bis 26,00		3,00 bis 4,50	6,00 bis 8,00	
X2CrNiMoCuWN25-7-4	**1.4501**	0,030	1,00	1,00	0,035	0,015	0,20 bis 0,30	24,00 bis 26,00	0,50 bis 1,00	3,00 bis 4,00	6,00 bis 8,00	W: 0,50 bis 1,00

[1]) In dieser Tabelle nicht aufgeführte Elemente dürfen dem Stahl, außer zum Fertigbehandeln der Schmelze, ohne Zustimmung des Bestellers nicht absichtlich zugesetzt werden. Es sind alle angemessenen Vorkehrungen zu treffen, um die Zufuhr solcher Elemente aus dem Schrott und anderen bei der Herstellung verwendeten Stoffen zu vermeiden, die die mechanischen Eigenschaften und die Verwendbarkeit des Stahls beeinträchtigen.

[2]) Für zu bearbeitende Erzeugnisse wird ein geregelter Schwefelgehalt von 0,015 bis 0,030 % empfohlen.

*) Patientierte Stahlsorte.

Tabelle 5: Grenzabweichungen der Stückanalyse von den in den Tabellen 1 bis 4 angegebenen Grenzwerten für die Schmelzenanalyse

Element	Grenzwerte der Schmelzenanalyse Massenanteil in %		Grenzabweichung [1] Massenanteil in %
Kohlenstoff		≤ 0,030	+ 0,005
	> 0,030	≤ 0,20	± 0,01
	> 0,20	≤ 0,50	± 0,02
	> 0,50	≤ 1,20	± 0,03
Silicium		≤ 1,00	+ 0,05
	> 1,00	≤ 4,50	± 0,10
Mangan		≤ 1,00	+ 0,03
	> 1,00	≤ 2,00	± 0,04
Phosphor		≤ 0,045	+ 0,005
Schwefel		≤ 0,015	+ 0,003
	> 0,015	≤ 0,030	+ 0,005
	≥ 0,15	≤ 0,35	± 0,02
Stickstoff	≥ 0,05	≤ 0,35	± 0,01
Aluminium	≥ 0,70	≤ 1,50	± 0,10
Chrom	≥ 10,50	< 15,00	± 0,15
	≥ 15,00	≤ 20,00	± 0,20
	> 20,00	≤ 28,00	± 0,25
Kupfer		≤ 1,00	± 0,07
	> 1,00	≤ 5,00	± 0,10
Molybdän		≤ 0,60	± 0,03
	> 0,60	< 1,75	± 0,05
	≥ 1,75	≤ 7,00	± 0,10
Niob		≤ 1,00	± 0,05
Nickel		≤ 1,00	± 0,03
	> 1,00	≤ 5,00	± 0,07
	> 5,00	≤ 10,00	± 0,10
	> 10,00	≤ 20,00	± 0,15
	> 20,00	≤ 32,00	± 0,20
Titan		≤ 0,80	± 0,05
Wolfram		≤ 1,00	± 0,05
Vanadium		≤ 0,20	± 0,03

[1] Werden bei einer Schmelze mehrere Stückanalysen durchgeführt und werden dabei für ein einzelnes Element Gehalte außerhalb des nach der Schmelzenanalyse zulässigen Bereiches der chemischen Zusammensetzung ermittelt, so sind entweder nur Überschreitungen des zulässigen Höchstwertes oder nur Unterschreitungen des zulässigen Mindestwertes gestattet, nicht jedoch bei einer Schmelze beides gleichzeitig.

353

Tabelle 6: Ausführungsart und Oberflächenbeschaffenheit [1]

	Kurzzeichen [2]	Ausführungsart	Oberflächenbeschaffenheit	Erzeugnisformen			Bemerkungen
				Walzdraht	Stäbe, Profile	Halbzeug	
Warmgeformt	1U	Warmgeformt, nicht wärmebehandelt, nicht entzundert	Mit Zunder bedeckt (örtlich geschliffen, falls erforderlich)	x	x	x	Geeignet für warm weiterzuverarbeitende Erzeugnisse. Für Halbzeug kann allseitiges Schleifen festgelegt werden.
	1C	Warmgeformt, wärmebehandelt [3], nicht entzundert	Mit Zunder bedeckt (örtlich geschliffen, falls erforderlich)	x	x	x	Geeignet für weiterzuverarbeitende Erzeugnisse. Für Halbzeug kann allseitiges Schleifen festgelegt werden.
	1E	Warmgeformt, wärmebehandelt [3], mechanisch entzundert	Weitgehend zunderfrei (aber vereinzelte schwarze Stellen können vorhanden sein)	x	x	x	Die Art der mechanischen Entzunderung, z. B. Schleifen, Schälen oder Strahlen, bleibt, wenn nicht anders vereinbart, dem Hersteller überlassen. Geeignet für weiterzuverarbeitende Erzeugnisse.
	1D	Warmgeformt, wärmebehandelt [3], gebeizt	Zunderfrei	x	x	–	Toleranz $\geq$ IT14 [5][6]
	1X	Warmgeformt, wärmebehandelt [3], vorbearbeitet (geschält oder vorgedreht)	Metallisch sauber	–	x	–	Toleranz $\geq$ IT12 [5][6]
Kalt weiterverarbeitet	2H	Wärmebehandelt [3], mechanisch oder chemisch entzundert, kalt weiterverarbeitet [4]	Glatt und blank, wesentlich glatter als Ausführungen 1E, 1D oder 1X	–	x	–	Bei durch Kaltziehen ohne nachfolgende Wärmebehandlung umgeformten Erzeugnissen ist die Zugfestigkeit, insbesondere bei austenitischem Gefüge, je nach Umformgrad wesentlich gesteigert. Toleranz IT9 bis IT11 [5][6]
	2D	Kalt weiterverarbeitet [4], wärmebehandelt [3], gebeizt, (nachgezogen)	Glatter als Ausführungen 1E oder 1D	–	x	–	Ausführung für gute Umformbarkeit (Kaltstauchen)
	2B	Wärmebehandelt [3], bearbeitet (geschält), mechanisch geglättet	Glatter und blanker als Ausführungen 1E, 1D, 1X	–	x	–	Vorausführung für enge ISO-Toleranzen Toleranz IT9 bis IT11 [5][6]
Besondere Endverarbeitungen	1G oder 2G	Spitzenlos geschliffen	Gleichmäßige Ausführung. Art und Grad des Schliffes sind zu vereinbaren.	–	x	–	Oberflächenrauheit kann festgelegt werden. Ausführung für enge ISO-Toleranzen. Üblicherweise aus Erzeugnissen in den Ausführungen 1E, 1D, 2H oder 2B hergestellt. Toleranz $\leq$ IT8 [5][6]
	1P oder 2P	Poliert	Glatter und blanker als Ausführung 1G oder 2G. Art und Grad der Politur sind zu vereinbaren.	–	x	–	Oberflächenrauheit kann festgelegt werden. Ausführung für enge ISO-Toleranzen. Üblicherweise aus Erzeugnissen in den Ausführungen 1E, 1D, 2B, 1G, 2G, 2H hergestellt. Toleranz $\leq$ IT11 [5][6]

[1] Nicht alle Ausführungsarten und Oberflächenbeschaffenheiten sind für alle Stähle verfügbar.
[2] Erste Stelle: 1 = warmgeformt, 2 = kalt weiterverarbeitet.
[3] Bei ferritischen, austenitischen und austenitisch-ferritischen Sorten kann eine Wärmebehandlung entfallen, falls die Bedingungen für das Warmumformen und anschließende Abkühlen so sind, daß die Anforderungen an die mechanischen Eigenschaften des Erzeugnisses und die Beständigkeit gegen interkristalline Korrosion eingehalten werden.
[4] Die Art des Kaltweiterverarbeitens, z. B. Kaltziehen, Drehen oder spitzenloses Schleifen, bleibt dem Hersteller überlassen, sofern die Anforderungen an Grenzabmaße und Oberflächenrauheit beachtet werden.
[5] Zur Information
[6] Bestimmte Toleranzen innerhalb der Bereiche sind bei der Bestellung zu vereinbaren.

Tabelle 7: Mechanische Eigenschaften bei Raumtemperatur für die ferritischen Stähle im geglühten *) Zustand (siehe Tabelle A.1) sowie Beständigkeit gegen interkristalline Korrosion

Stahlbezeichnung		Dicke	Härte	0,2%-Dehn-grenze	Zugfestigkeit	Bruchdehnung	Beständigkeit gegen interkristalline Korrosion [4]	
Kurzname	Werkstoff-nummer	mm max.	HB [1][2] max.	$R_{p0,2}$[3] N/mm^2 min.	R_m[2][3] N/mm^2	A[2][3] % min. (längs)	im Lieferzustand	im geschweißten Zustand
Standardgüten								
X2CrNi12	1.4003	100	200	260	450 bis 600	20	nein	nein
X6Cr13	1.4000	25	200	230	400 bis 630	20	nein	nein
X6Cr17	1.4016	100	200	240	400 bis 630	20	ja	nein
X6CrMoS17	1.4105	100	200	250	430 bis 630	20	nein	nein
X6CrMo17-1	1.4113	100	200	280	440 bis 660	18	ja	nein
Sondergüten								
X2CrMoTiS18-2	1.4523	100	200	280	430 bis 600	15	ja	nein

*) Das Glühen kann entfallen, falls die Bedingungen für das Warmumformen und anschließende Abkühlen so sind, daß die Anforderungen an die mechanischen Eigenschaften des Erzeugnisses und die in EU 114 definierte Beständigkeit gegen interkristalline Korrosion eingehalten werden.

[1] Nur zur Information

[2] Die maximalen HB-Werte können um 60 Einheiten erhöht werden oder der maximale Zugfestigkeitswert kann um 150 N/mm^2 erhöht und der Mindestdehnungswert auf 10% verringert werden bei kalt nachgezogenen Profilen und Stäben in Dicken $\leq$ 35 mm.

[3] Für Walzdraht gelten nur die Zugfestigkeitswerte.

[4] Bei Prüfung nach EURONORM 114.

355

Tabelle 8: Mechanische Eigenschaften bei Raumtemperatur für die martensitischen Stähle im wärmebehandelten Zustand (siehe Tabelle A.2)

Stahlbezeichnung		Dicke (d)		Härte	0,2%-Dehn-grenze	Zugfestigkeit	Bruch-dehnung	Kerbschlag-arbeit (ISO-V)			
Kurzname	Werkstoff-nummer	mm	Wärme-behand-lungs-zustand[1]	HB[2]) max.	$R_{p0,2}$[3]) N/mm^2 min.	R_m[3]) N/mm^2	A[3]) % min.	KV J min.			
								(längs)	(quer)	(längs)	(quer)
Standardgüten											
X12Cr13	1.4006		A	220[4])	–	max. 730[4])	–	–	–	–	
		≤160	QT650	–	450	650 bis 850	15	–	25	–	
X12CrS13	1.4005		A	220[4])	–	max. 730[4])	–	–	–	–	
		≤160	QT650	–	450	650 bis 850	12	–	–	–	
X20Cr13	1.4021		A	230[4])	–	max. 760[4])	–	–	–	–	
		≤160	QT700	–	500	700 bis 850	13	–	25	–	
			QT800	–	600	800 bis 950	12	–	20	–	
X30Cr13	1.4028		A	245[4])	–	max. 800[4])	–	–	–	–	
		≤160	QT850	–	650	850 bis 1000	10	–	–	–	
X39Cr13	1.4031		A	245[4])	–	max. 800[4])	–	–	–	–	
X46Cr13	1.4034		A	245[4])	–	max. 800[4])	–	–	–	–	
X50CrMoV15	1.4116		A	280[4])	–	max. 900[4])	–	–	–	–	
X14CrMoS17	1.4104		A	220[4])	–	max. 730[4])	–	–	–	–	
		≤ 60	QT650	–	500	650 bis 850	12	–	–	–	
		60<d≤160					10	–	–	–	
X39CrMo17-1	1.4122		A	280[4])	–	max. 900[4])	–	–	–	–	
		≤ 60	QT750	–	550	750 bis 950	12	–	20	–	
		60<d≤160							14		
X17CrNi16-2	1.4057		A	295[4])	–	max. 950[4])	–	–	–	–	
		≤ 60	QT800	–	600	800 bis 950	14	–	25	–
		60<d≤160					12		20	
		≤ 60	QT900	–	700	900 bis 1050	12	–	20	–
		60<d≤160					10		15	

[1]) A = geglüht; QT = vergütet
[2]) Nur zur Information
[3]) Für Walzdraht gelten nur die Zugfestigkeitswerte.
[4]) Die maximalen HB-Werte können um 60 Einheiten oder die maximalen Zugfestigkeitswerte um 150 N/mm^2 erhöht werden bei kalt nachgezogenen Profilen und Stäben in Dicken ≤ 35 mm.

(fortgesetzt)

Tabelle 8 (abgeschlossen)

Stahlbezeichnung Kurzname	Werkstoffnummer	Dicke (d) mm	Wärmebehandlungszustand[1]	Härte HB[2] max.	0,2%-Dehngrenze $R_{p0,2}$[3] N/mm² min.	Zugfestigkeit R_m[3] N/mm²	Bruchdehnung A[3] % min. (längs)	(quer)	Kerbschlagarbeit (ISO-V) KV J min. (längs)	(quer)
				Standardgüten						
			A	320	–	max. 1100	–	–	–	–
		≤160	QT650	–	520	650 bis 830	15	–	70	–
		160<d≤250					–	12	–	50
X3CrNiMo13-4	1.4313	≤160	QT780	–	620	780 bis 980	15	–	70	–
		160<d≤250					–	12	–	50
		≤160	QT900	–	800	900 bis 1100	12	–	50	–
		160<d≤250					–	10	-	40
			A	320	–	max. 1100	–	–	–	–
X4CrNiMo16-5-1	1.4418	≤160	QT760	–	550	760 bis 960	16	–	90	–
		160<d≤250					–	14	–	70
		≤160	QT900	–	700	900 bis 1100	16	–	80	–
		160<d≤250					–	14	–	60
				Sondergüten						
X29CrS13	1.4029	≤160	A	245[4]	–	max. 800[4]	–	–	–	–
			QT850	–	650	850 bis 1000	9	–	–	–
X70CrMo15	1.4109	≤100	A	280[4]	–	max. 90[4]	–	–	–	–
X105CrMo17	1.4125	≤100	A	285[4]	–	–	–	–	–	–
X90CrMoV18	1.4112	≤100	A	265[4]	–	–	–	–	–	–

[1]) bis [4]) siehe Seite 16

Tabelle 9: Mechanische Eigenschaften bei Raumtemperatur für die ausscheidungshärtenden Stähle im wärmebehandelten Zustand (siehe Tabelle A.3)

Stahlbezeichnung		Dicke	Wärme-behand-lungs-zustand[1]	Härte[2]	0,2%-Dehn-grenze $R_{p0,2}$	Zugfestigkeit R_m	Bruch-dehnung A	Kerbschlag-arbeit (ISO-V) KV
Kurzname	Werkstoff-nummer	mm max.		HB max.	N/mm² min.	N/mm²	% min. (längs)	J min. (längs)
			Standardgüten					
			AT	360	–	max. 1 200	–	–
			P800	–	520	800 bis 950	18	75
X5CrNiCuNb16-4	1.4542	100	P930	–	720	930 bis 1 100	16	40
			P960	–	790	960 bis 1 160	12	–
			P1070	–	1 000	1 070 bis 1 270	10	–
X7CrNiAl17-7	1.4568	30	AT[3]	255	–	max. 850	–	–
			AT	360	–	max. 1 200	–	–
X5CrNiMoCuNb14-5	1.4594	100	P930	–	720	930 bis 1 100	15	40
			P1000	–	860	1 000 bis 1 200	10	–
			P1070	–	1 000	1 070 bis 1 270	10	–

[1] AT = lösungsgeglüht; P = ausscheidungsgehärtet
[2] Nur zur Information
[3] Für den federhart gezogenen Zustand siehe EURONORM 151-1

Tabelle 10: Mechanische Eigenschaften bei Raumtemperatur für die austenitischen Stähle im lösungsgeglühten Zustand *) (siehe Tabelle A.4) und Beständigkeit gegen interkristalline Korrosion

Stahlbezeichnung Kurzname	Werkstoffnummer	Dicke d mm	Härte[1][2] HB max.	0,2%-Dehngrenze $R_{p0,2}$[3] N/mm² min.	1%-Dehngrenze $R_{p1,0}$[3] N/mm² min.	Zugfestigkeit R_m[2][3] N/mm²	Bruchdehnung A[2][3] % min. (längs)	(quer)	Kerbschlagarbeit (ISO-V) KV J min. (längs)	(quer)	Beständigkeit gegen interkristalline Korrosion im Lieferzustand	im sensibilisierten Zustand[5]
							Standardgüten					
X10CrNi18-8	1.4310	$d \leq 40$	230	195	230	500 bis 750	40	-	-	-	nein	nein —
X2CrNi18-9	1.4307	$d \leq 160$	215	175	210	450 bis 680	45	-	100	-	ja	ja
		$160 < d \leq 250$					-	35	-	60		
X2CrNi19-11	1.4306	$d \leq 160$	215	180	215	460 bis 680	45	-	100	-	ja	ja
		$160 < d \leq 250$					-	35	-	60		
X2CrNiN18-10	1.4311	$d \leq 160$	230	270	305	550 bis 760	40	-	100	-	ja	ja
		$160 < d \leq 250$					-	30	-	60		
X5CrNi18-10	1.4301	$d \leq 160$	215	190	225	500 bis 700	45	-	100	-	ja	nein[6]
		$160 < d \leq 250$					-	35	-	60		
X8CrNiS18-9	1.4305	$d \leq 160$	230	190	225	500 bis 750	35	-	100	-	nein	nein
		$160 < d \leq 250$					-	-	-	-		
X6CrNiTi18-10	1.4541	$d \leq 160$	215	190	225	500 bis 700	40	-	100	-	nein	ja
		$160 < d \leq 250$					-	30	-	60		

1) Nur zu Information
2) Die maximalen HB-Werte können um 100 HB erhöht werden oder der Zugfestigkeitswert kann um 200 N/mm² erhöht werden und der Mindestwert der Dehnung auf 20% verringert werden bei kalt nachgezogenen Profilen und Stäben in Dicken ≤ 35 mm.
3) Für Walzdraht gelten nur die Zugfestigkeitswerte
4) Bei Prüfung nach EURONORM 114
5) Siehe Anmerkung 2 zu 8.4
6) Sensibilisierungsbehandlung von 15 min bei 700 °C mit nachfolgender Abkühlung in Luft
*) Das Lösungsglühen kann entfallen, wenn die Bedingungen für das Warmumformen und anschließende Abkühlung so sind, daß die Anforderungen an die mechanischen Eigenschaften des Erzeugnisses und die in EU 114 definierte Beständigkeit gegen interkristalline Korrosion eingehalten werden.

(fortgesetzt)

Tabelle 10 (fortgesetzt)

Standardgüten

Stahlbezeichnung Kurzname	Werkstoff-nummer	Dicke d mm	Härte[1][2] HB max.	0,2%-Dehn-grenze $R_{p0,2}$[3] N/mm² min.	1%-Dehn-grenze $R_{p1,0}$[3] N/mm² min.	Zug-festig-keit R_m[3] N/mm²	Bruchdehnung A[2][3] % min. (längs)	(quer)	Kerbschlagarbeit (ISO-V) KV J min. (längs)	(quer)	Beständigkeit gegen interkristalline Korrosion[4] im Lieferzustand	im sensibilisierten Zustand[5]
X4CrNi18-12	1.4303	$d \le 160$	215	190	225	500 bis 700	45	–	100	–	ja	nein[6]
		$160 < d \le 250$	215	190	225	500 bis 700	–	35	–	60		
X2CrNiMo17-12-2	1.4404	$d \le 160$	215	200	235	500 bis 700	40	–	100	–	ja	ja
		$160 < d \le 250$	215	200	235	500 bis 700	–	30	–	60		
X2CrNiMoN17-11-2	1.4406	$d \le 160$	250	280	315	580 bis 800	40	–	100	–	ja	ja
		$160 < d \le 250$	250	280	315	580 bis 800	–	30	–	60		
X5CrNiMo17-12-2	1.4401	$d \le 160$	215	200	235	500 bis 700	40	–	100	–	ja	nein[6]
		$160 < d \le 250$	215	200	235	500 bis 700	–	30	–	60		
X6CrNiMoTi17-12-2	1.4571	$d \le 160$	215	200	235	500 bis 700	40	–	100	–	ja	ja
		$160 < d \le 250$	215	200	235	500 bis 700	–	30	–	60		
X2CrNiMo17-12-3	1.4432	$d \le 160$	215	200	235	500 bis 700	40	–	100	–	ja	ja
		$160 < d \le 250$	215	200	235	500 bis 700	–	30	–	60		
X2CrNiMoN17-13-3	1.4429	$d \le 160$	250	280	315	580 bis 800	40	–	100	–	ja	ja
		$160 < d \le 250$	250	280	315	580 bis 800	–	30	–	60		
X3CrNiMo17-13-3	1.4436	$d \le 160$	215	200	235	500 bis 700	40	–	100	–	ja	nein[6]
		$160 < d \le 250$	215	200	235	500 bis 700	–	30	–	60		

1) bis 6) siehe Seite 19

(fortgesetzt)

Tabelle 10 (fortgesetzt)

Stahlbezeichnung Kurzname	Werkstoff-nummer	Dicke d mm	Härte[1][2] HB max.	0,2%-Dehn-grenze $R_{p0,2}$[3] N/mm² min.	1%-Dehn-grenze $R_{p1,0}$[3] N/mm² min.	Zug-festig-keit R_m[3] N/mm²	Bruchdehnung A[2][3] % min. (längs)	(quer)	Kerbschlagarbeit (ISO-V) KV J min. (längs)	(quer)	Beständigkeit gegen interkristalline Korrosion[4] im Lieferzustand	im sensibilisierten Zustand[5]
Standardgüten												
X2CrNiMo18-14-3	1.4435	$d \leq 160$	215	200	235	500 bis 700	40	–	100	–	ja	ja
		$160 < d \leq 250$	215	200	235		–	30	–	60	ja	ja
X2CrNiMoN17-13-5	1.4439	$d \leq 160$	250	280	315	580 bis 800	35	–	100	–	ja	ja
		$160 < d \leq 250$	250	280	315		–	30	–	60	ja	ja
X3CrNiCu18-9-4	1.4567	$d \leq 160$	215	175	–	450 bis 650	45	–	100	–	ja	ja
		$160 < d \leq 250$	215	175	–		35	–	–	–	ja	ja
X1NiCrMoCu25-20-5	1.4539	$d \leq 160$	230	230	260	530 bis 730		–	100	–	ja	ja
		$160 < d \leq 250$	230	230	260		–	30	–	60	ja	ja
Sondergüten												
X6CrNiNb18-10	1.4550	$d \leq 160$	230	205	240	510 bis 740	40	–	100	–	ja	ja
		$160 < d \leq 250$	230	205	240		–	30	–	60	ja	ja
X6CrNiMoNb17-12-2	1.4580	$d \leq 160$	230	215	250	510 bis 740	35	–	100	–	ja	ja
		$160 < d \leq 250$	230	215	250		–	30	–	60	ja	ja
X2CrNiMo18-15-4	1.4438	$d \leq 160$	215	200	235	500 bis 700	40	–	100	–	ja	ja
		$160 < d \leq 250$	215	200	235		–	30	–	60	ja	ja
X1CrNiSi18-5-4	1.4361	$d \leq 160$	230	210	240	530 bis 730	40	–	100	–	ja	ja
		$160 < d \leq 250$	230	210	240		–	30	–	60	ja	ja

[1] bis [5] siehe Seite 19

(fortgesetzt)

Tabelle 10 (abgeschlossen)

Sondergüten

Stahlbezeichnung Kurzname	Werkstoffnummer	Dicke d mm	Härte[1][2] HB max.	0,2%-Dehngrenze $R_{p0,2}$[3] N/mm² min.	1%-Dehngrenze $R_{p1,0}$[3] N/mm² min.	Zugfestigkeit R_m[2][3] N/mm²	Bruchdehnung A[2][3] % min. (längs)	(quer)	Kerbschlagarbeit (ISO-V) KV J min. (längs)	(quer)	Beständigkeit gegen interkristalline Korrosion[4] im Lieferzustand	im sensibilisierten Zustand[5]
X3CrNiCu19-9-2	1.4560	$d \leq 160$	215	175	–	450 bis 650	45	–	–	–	ja	ja
X6CrNiCuS18-9-2	1.4570	$d \leq 160$	215	185	220	500 bis 710	35	–	–	–	nein	nein
X3CrNiCuMo17-11-3-2	1.4578	$d \leq 160$	215	175	–	450 bis 650	45	–	–	–	ja	ja
X1NiCrMoCu31-27-4	1.4563	$d \leq 160$	230	220	250	500 bis 750	35	–	100	–	ja	ja
		$160 < d \leq 250$					–	30	–	60		
X1CrNiMoCuN25-25-5	1.4537	$d \leq 160$	250	300	340	600 bis 800	35	–	100	–	ja	ja
		$160 < d \leq 250$					–	30	–	60		
X1CrNiMoCuN20-18-7	1.4547	$d \leq 160$	260	300	340	650 bis 850	35	–	100	–	ja	ja
		$160 < d \leq 250$					–	30	–	60		
X1NiCrMoCuN25-20-7	1.4529	$d \leq 160$	250	300	340	650 bis 850	40	–	100	–	ja	ja
		$160 < d \leq 250$					–	35	–	60		

1) bis 5) siehe Seite 19

Tabelle 11: Mechanische Eigenschaften bei Raumtemperatur für die austenitisch-ferritischen Stähle im lösungsgeglühten Zustand*) (siehe Tabelle A.5) und Beständigkeit gegen interkristalline Korrosion

Stahlbezeichnung		Dicke (d)	Härte[1]	0,2%-Dehngrenze $R_{p0,2}$[2])	Zugfestigkeit R_m[2])	Bruchdehnung A[2])	Kerbschlagarbeit (ISO-V) KV	Beständigkeit gegen interkristalline Korrosion[3])	
Kurzname	Werkstoffnummer	mm	HB max.	N/mm² min.	N/mm²	% min. (längs)	J min. (längs)	im Lieferzustand	im geschweißten Zustand[4])
Standardgüten									
X3CrNiMoN27-5-2	1.4460	$d \leq 160$	260	460	620 bis 880	20	85	ja	ja
X2CrNiMoN22-5-3	1.4462	$d \leq 160$	270	450	650 bis 880	25	100	ja	ja
Sondergüten									
X2CrNiN23-4	1.4362	$d \leq 160$	260	400	600 bis 830	25	100	ja	ja
X2CrNiMoCuN25-6-3	1.4507	$d \leq 160$	270	500	700 bis 900	25	100	ja	ja
X2CrNiMoN25-7-4	1.4410	$d \leq 160$	290	530	730 bis 930	25	100	ja	ja
X2CrNiMoCuWN25-7-4	1.4501	$d \leq 160$	290	530	730 bis 930	25	100	ja	ja

[1]) Nur zur Information
[2]) Für Walzdraht gelten nur die Zugfestigkeitswerte
[3]) Bei Prüfung nach EURONORM 114
[4]) Siehe Anmerkung 2 zu 8.4
*) Das Lösungsglühen kann entfallen, wenn die Bedingungen für das Warmumformen und anschließende Abkühlen so sind, daß die Anforderungen an die mechanischen Eigenschaften des Erzeugnisses und die in EU 114 definierte Beständigkeit gegen interkristalline Korrosion eingehalten werden.

Tabelle 12: Mindestwerte der 0,2%-Dehngrenze ferritischer Stähle bei erhöhten Temperaturen

Stahlbezeichnung		Wärmebehandlungszustand[1])	Mindestwert der 0,2%-Dehngrenze (N/mm²) bei einer Temperatur (in °C) von						
Kurzname	Werkstoffnummer		100	150	200	250	300	350	400
Standardgüten									
X2CrNi12	1.4003	A	240	230	220	215	210	–	–
X6Cr13	1.4000	A	220	215	210	205	200	195	190
X6Cr17	1.4016	A	220	215	210	205	200	195	190
X6CrMoS17	1.4105	A	230	220	215	210	205	200	195
X6CrMo17-1	1.4113	A	250	240	230	220	210	205	200
Sondergüte									
X2CrMoTiS18-2	1.4523	A	250	240	230	220	210	205	200

[1]) A = geglüht

Tabelle 13: Mindestwerte der 0,2 %-Dehngrenze martensitischer Stähle bei erhöhten Temperaturen

Stahlbezeichnung		Wärmebehandlungszustand [1]	Mindestwert der 0,2 %-Dehngrenze (N/mm^2) bei einer Temperatur (in °C) von						
Kurzname	Werkstoff-nummer		100	150	200	250	300	350	400
Standardgüten									
X12Cr13	1.4006	QT650	420	410	400	385	365	335	305
X20Cr13	1.4021	QT700	460	445	430	415	395	365	330
		QT800	515	495	475	460	440	405	355
X39CrMo17-1	1.4122	QT750	540	535	530	520	510	490	470
X17CrNi16-2	1.4057	QT800	515	495	475	460	440	405	355
		QT900	565	525	505	490	470	430	375
X3CrNiMo13-4	1.4313	QT650	500	490	480	470	460	450	–
		QT780	590	575	560	545	530	515	–
		QT900	720	690	665	640	620	–	–
X4CrNiMo16-5-1	1.4418	QT760	520	510	500	490	480	–	–
		QT900	660	640	620	600	580	–	–

[1]) QT = vergütet

Tabelle 14: Mindestwerte der 0,2 %-Dehngrenze ausscheidungshärtender Stähle bei erhöhten Temperaturen

Stahlbezeichnung		Wärmebehandlungszustand [1]	Mindestswert der 0,2 %-Dehngrenze (N/mm^2) bei einer Temperatur (in °C) von				
Kurzname	Werkstoff-nummer		100	150	200	250	300
Standardgüten							
X5CrNiCuNb16-4	1.4542	P800	500	490	480	470	460
		P930	680	660	640	620	600
		P960	730	710	690	670	650
		P1070	880	830	800	770	750
X5CrNiMoCuNb14-5	1.4594	P930	680	660	640	620	600
		P1000	785	755	730	710	690

[1]) P = ausscheidungsgehärtet

Tabelle 15: Mindestwerte der 0,2%- und 1%-Dehngrenze austenitischer Stähle bei erhöhten Temperaturen

Kurzname	Werkstoff-nummer	Wärmebehandlungs-zustand[1]	Mindestwert der 0,2%-Dehngrenze (N/mm²) bei einer Temperatur (in °C) von										Mindestwert der 1%-Dehngrenze (N/mm²) bei einer Temperatur (in °C) von									
			100	150	200	250	300	350	400	450	500	550	100	150	200	250	300	350	400	450	500	550
Standardgüten																						
X10CrNi18-8	1.4310	AT																				
X2CrNi18-9	1.4307	AT	145	130	118	108	100	94	89	85	81	80	180	160	145	135	127	121	116	112	109	108
X2CrNi19-11	1.4306	AT	145	130	118	108	100	94	89	85	81	80	180	160	145	135	127	121	116	112	109	108
X2CrNiN18-10	1.4311	AT	205	175	157	145	136	130	125	121	119	118	240	210	187	175	167	160	156	152	149	147
X5CrNi18-10	1.4301	AT	155	140	127	118	110	104	98	95	92	90	190	170	155	145	135	129	125	122	120	120
X6CrNiTi18-10	1.4541	AT	175	165	155	145	136	130	125	121	119	118	205	195	185	175	167	161	156	152	149	147
X4CrNi18-12	1.4303	AT	155	140	127	118	110	104	98	95	92	90	190	170	155	145	135	129	125	122	120	120
X2CrNiMo17-12-2	1.4404	AT	165	150	137	127	119	113	108	103	100	98	200	180	165	153	145	139	135	130	128	127
X2CrNiMoN17-11-2	1.4406	AT	215	195	175	165	155	150	145	140	138	136	245	225	205	195	185	180	175	170	168	166
X5CrNiMo17-12-2	1.4401	AT	175	158	145	135	127	120	115	112	110	108	210	190	175	165	155	150	145	141	139	137
X6CrNiMoTi17-12-2	1.4571	AT	185	175	165	155	145	140	135	131	129	127	215	205	192	183	175	169	164	160	158	157
X2CrNiMo17-12-3	1.4432	AT	165	150	137	127	119	113	108	103	100	98	200	180	165	153	145	139	135	130	128	127
X2CrNiMoN17-13-3	1.4429	AT	215	195	175	165	155	150	145	140	138	136	245	225	205	195	185	180	175	170	168	166
X3CrNiMo17-13-3	1.4436	AT	175	158	145	135	127	120	115	112	110	108	210	190	175	165	155	150	145	141	139	137
X2CrNiMo18-14-3	1.4435	AT	165	150	137	127	119	113	108	103	100	98	210	180	165	153	145	139	135	130	128	127
X2CrNiMoN17-13-5	1.4439	AT	225	200	185	175	165	155	150	–	–	–	255	230	210	200	180	175	–	–	–	–
X1NiCrMoCu25-20-5	1.4539	AT	205	190	175	160	145	135	125	115	110	105	235	220	205	190	175	165	155	145	140	135
Sondergüten																						
X6CrNiNb18-10	1.4550	AT	175	165	155	145	136	130	125	121	119	118	210	195	185	175	167	161	156	152	149	147
X6CrNiMoNb17-12-2	1.4580	AT	186	177	167	157	145	140	135	131	129	127	221	206	196	186	175	169	164	160	158	157
X2CrNiMo18-15-4	1.4438	AT	172	157	147	137	127	120	115	112	110	108	206	186	177	167	157	150	144	140	138	136
X1CrNiSi18-15-4	1.4361	AT	185	160	145	135	125	120	115	–	–	–	210	190	175	165	155	150	–	–	–	–
X1NiCrMoCu31-27-4	1.4563	AT	190	175	160	155	150	145	135	125	120	115	220	205	190	185	180	175	165	155	150	145
X1CrNiMoCuN25-25-5	1.4537	AT	240	220	200	190	180	175	170	–	–	–	270	250	230	220	210	205	200	–	–	–
X1CrNiMoCuN20-18-7	1.4547	AT	230	205	190	180	170	165	160	153	148	–	270	245	225	212	200	195	190	184	180	–
X1NiCrMoCuN25-20-7	1.4529	AT	230	210	190	180	170	165	160	–	–	–	270	245	225	215	205	195	190	–	–	–

1) AT = lösungsgeglüht

Tabelle 16: Mindestwerte der 0,2 %-Dehngrenze austenitisch-ferritischer Stähle bei erhöhten Temperaturen

| Stahlbezeichnung | | Wärmebehandlungs-zustand [1]) | Mindestwert der 0,2 %-Dehngrenze (N/mm^2) bei einer Temperatur (in °C) von | | | |
Kurzname	Werkstoffnummer		100	150	200	250
Standardgüten						
X3CrNiMoN27-5-2	1.4460	AT	360	335	310	295
X2CrNiMoN22-5-3	1.4462	AT	360	335	315	300
Sondergüten						
X2CrNiN23-4	1.4362	AT	330	300	280	265
X2CrNiMoCuN25-6-3	1.4507	AT	450	420	400	380
X2CrNiMoN25-7-4	1.4410	AT	450	420	400	380
X2CrNiMoCuWN25-7-4	1.4501	AT	450	420	400	380

[1]) AT = lösungsgeglüht

Tabelle 17: Mechanische Eigenschaften bei Raumtemperatur von Stählen im kaltverfestigten Zustand

| Stahlbezeichnung | | Zugfestigkeitsstufe | 0,2 %-Dehngrenze $R_{p0,2}$ N/mm^2 min. | Zugfestigkeit R_m N/mm^2 | Bruchdehnung A % min. |
Kurzname	Werkstoffnummer				
Standardgüte (Martensitischer Stahl)					
X14CrMoS17	1.4104	C550 [1])	440	550 bis 750	15
Standardgüten (Austenitische Stähle)					
X2CrNi18-9	1.4307	C700 [2])	350	700 bis 850	20
		C800 [1])	500	800 bis 1000	12
X2CrNi19-11	1.4306	C700 [2])	350	700 bis 850	20
		C800 [1])	500	800 bis 1000	12
X5CrNi18-10	1.4301	C700 [2])	350	700 bis 850	20
		C800 [1])	500	800 bis 1000	12
X8CrNiS18-9	1.4305	C700 [2])	350	700 bis 850	20
		C800 [1])	500	800 bis 1000	12
X6CrNiTi18-10	1.4541	C700 [2])	350	700 bis 850	20
		C800 [1])	500	800 bis 1000	12
X2CrNiMo17-12-2	1.4404	C700 [2])	350	700 bis 850	20
		C800 [1])	500	800 bis 1000	12
X5CrNiMo17-12-2	1.4401	C700 [2])	350	700 bis 850	20
		C800 [1])	500	800 bis 1000	12
X6CrNiMoTi17-12-2	1.4571	C700 [2])	350	700 bis 850	20
		C800 [1])	500	800 bis 1000	12

[1]) Der größte Durchmesser für diese Zugfestigkeitsstufe ist bei der Bestellung zu vereinbaren; er sollte nicht größer als 25 mm sein.
[2]) Der größte Durchmesser für diese Zugfestigkeitsstufe ist bei der Bestellung zu vereinbaren; er sollte nicht größer als 35 mm sein.

Tabelle 18: Durchzuführende Prüfungen, Prüfeinheiten und Prüfumfang bei spezifischen Prüfungen

Prüfmaßnahme	[1]	Prüfeinheit	Erzeugnisform	Zahl der Proben je Probenabschnitt
			Walzdraht, Stäbe und Profile	
Chemische Analyse	m	Schmelze	Die Schmelzenanalyse wird vom Hersteller bekanntgegeben. [2]	
Zugversuch bei Raumtemperatur	m	Los [3]	1 Probenabschnitt je 25 t; höchstens 2 je Prüfeinheit	1
Zugversuch bei erhöhter Temperatur	o		Bei der Bestellung zu vereinbaren (siehe Tabellen 12 bis 16)	1
Kerbschlagbiegeversuch bei Raumtemperatur	o		Bei der Bestellung zu vereinbaren (siehe Tabellen 8 bis 11)	3
Beständigkeit gegen interkristalline Korrosion	o		Bei der Bestellung zu vereinbaren, falls die Gefahr interkristalliner Korrosion besteht (siehe Tabellen 7, 10 und 11)	1

[1] Die mit einem "m" (mandatory) gekennzeichneten Prüfungen sind in jedem Falle, die mit einem "o" (optional) gekennzeichneten Prüfungen nur nach Vereinbarung bei der Bestellung als spezifische Prüfungen durchzuführen.

[2] Bei der Bestellung kann eine Stückanalyse vereinbart werden; dabei ist auch der Prüfumfang festzulegen.

[3] Jedes Los besteht aus Erzeugnissen derselben Schmelze. Die Erzeugnisse müssen derselben Wärmebehandlungsabfolge im selben Ofen unterworfen worden sein. Im Falle eines Durchlaufofens oder eines Glühens bei der Weiterverarbeitung ist das Los die ohne Unterbrechung mit denselben Fertigungsparametern hergestellte Menge. Form und Querschnittsmaße von Erzeugnissen in einem einzelnen Los können unterschiedlich sein, sofern das Verhältnis vom größten zum kleinsten Querschnitt gleich oder kleiner 3 ist.

Tabelle 19: Kennzeichnung der Erzeugnisse

Kennzeichnung für	Erzeugnisse	
	mit spezifischer Prüfung [1]	ohne spezifische Prüfung [1]
Name des Herstellers, Warenzeichen oder Logo	+	+
Werkstoffnummer oder Kurzname	+	+
Schmelzennummer	+	+
Identifizierungsnummer [2]	+	(+)
Zeichen des Abnahmebeauftragten	(+)	–

[1] Die Symbole bedeuten:
+ = die Kennzeichnung ist anzubringen;
(+) = die Kennzeichnung ist nach entsprechender Vereinbarung anzubringen oder bleibt dem Hersteller überlassen;
– = keine Kennzeichnung erforderlich.

[2] Falls spezifische Prüfungen durchzuführen sind, müssen die zur Identifizierung verwendeten Zahlen oder Buchstaben die Zuordnung der (des) Erzeugnisse(s) zum Abnahmeprüfzeugnis oder Abnahmeprüfprotokoll ermöglichen.

Anhang A (informativ)

Hinweise für die weitere Behandlung (einschließlich Wärmebehandlung) bei der Herstellung

A.1 Die in den Tabellen A.1 bis A.5 enthaltenen Hinweise beziehen sich auf die Warmumformung und Wärmebehandlung.

A.2 Durch Brennschneiden können Randzonen nachteilig verändert werden; gegebenenfalls sind diese abzuarbeiten.

A.3 Da die Korrosionsbeständigkeit der nichtrostenden Stähle nur bei metallisch sauberer Oberfläche gesichert ist, müssen Zunderschichten und Anlauffarben, die bei der Warmformgebung, Wärmebehandlung oder Schweißung entstanden sind, so weit wie möglich vor dem Gebrauch entfernt werden. Fertigteile aus Stählen mit etwa 13 % Cr verlangen zur Erzielung ihrer höchsten Korrosionsbeständigkeit zusätzlich besten Oberflächenzustand (z. B. poliert).

Tabelle A.1: Hinweise auf die Temperaturen für Warmumformung und Wärmebehandlung [1]
ferritischer nichtrostender Stähle

Stahlbezeichnung		Warmumformung		Kurzzeichen für die Wärmebehandlung	Glühen	
Kurzname	Werkstoffnummer	Temperatur °C	Abkühlungsart		Temperatur [2] °C	Abkühlungsart
Standardgüten						
X2CrNi12	1.4003				680 bis 740	
X6Cr13	1.4000				750 bis 800	
X6Cr17	1.4016	1 100 bis 800	Luft	A	750 bis 850	Luft
X6CrMoS17	1.4105				750 bis 850	
X6CrMo17-1	1.4113				750 bis 850	
Sondergüte						
X2CrMoTiS18-2	1.4523	1 100 bis 800	Luft	A	1 000 bis 1 050	Luft

[1] Für simulierend wärmezubehandelnde Proben sind die Temperaturen für das Glühen zu vereinbaren.

[2] Falls die Wärmebehandlung in einem Durchlaufofen erfolgt, bevorzugt man üblicherweise den oberen Bereich der angegebenen Spanne oder überschreitet diese sogar.

Tabelle A.2: Hinweise auf die Temperaturen für Warmumformung und Wärmebehandlung¹) martensitischer nichtrostender Stähle

Kurzname	Werkstoff-nummer	Warmumformung Temperatur °C	Warmumformung Abkühlungsart	Kurzzeichen für die Wärmebehandlung	Glühen Temperatur²) °C	Glühen Abkühlungsart	Abschrecken Temperatur²) °C	Abschrecken Abkühlungsart	Anlassen Temperatur °C
				Standardgüten					
X12Cr13	1.4006	1 100 bis 800	Luft	A	745 bis 825	Luft	–	–	–
				QT650	–	–	950 bis 1 000	Öl, Luft	680 bis 780
X12CrS13	1.4005			A	745 bis 825	Luft	–	–	–
				QT650	–	–	950 bis 1 000	Öl, Luft	680 bis 780
X20Cr13	1.4021			A	745 bis 825	Luft	–	–	–
				QT700	–	–	950 bis 1 050	Öl, Luft	650 bis 750
				QT800	–	–	950 bis 1 050	Öl, Luft	600 bis 700
X30Cr13	1.4028		Langsame Abkühlung	A	745 bis 825	Luft	–	–	–
				QT850	–	–	950 bis 1 050	Öl, Luft	625 bis 675
X39Cr13	1.4031			A	750 bis 850	Ofen, Luft	–	–	–
X46Cr13	1.4034			A	750 bis 850	Ofen, Luft	–	–	–
X50CrMoV15	1.4116			A	750 bis 850	Ofen, Luft	–	–	–
X14CrMoS17	1.4104		Luft	A	750 bis 850	Ofen, Luft	–	–	–
X39CrMo17-1	1.4122		Langsame Abkühlung	A	750 bis 850	Ofen, Luft	–	–	–
				QT650	–	–	950 bis 1 070	Öl, Luft	550 bis 650
				QT750	–	–	980 bis 1 060	Öl	650 bis 750
X17CrNi16-2	1.4057			A³)	680 bis 800	Ofen, Luft	–	–	–
				QT800⁴)	–	–	950 bis 1 050	Öl, Luft	750 bis 800 + 650 bis 700⁴)
				QT900	–	–	950 bis 1 050	Öl, Luft	600 bis 650

1) Für simulierend wärmezubehandelnde Proben sind die Temperaturen für das Glühen, Abschrecken und Anlassen zu vereinbaren.
2) Falls die Wärmebehandlung in einem Durchlaufofen erfolgt, bevorzugt man üblicherweise den oberen Bereich der angegebenen Spanne oder überschreitet diese sogar.
3) Zweifaches Glühen kann angebracht sein
4) Falls der Nickelgehalt im unteren Bereich der in Tabelle 2 angegebenen Spanne liegt, kann ein einfaches Anlassen bei 620 bis 720 °C ausreichend sein.

(fortgesetzt)

Tabelle A.2 (abgeschlossen)

| Stahlbezeichnung | | Warmumformung | | Kurzzeichen für die Wärmebehandlung | Glühen | | Abschrecken | | Anlassen |
Kurzname	Werkstoffnummer	Temperatur °C	Abkühlungsart		Temperatur²) °C	Abkühlungsart	Temperatur²) °C	Abkühlungsart	Temperatur °C
Standardgüten									
X3CrNiMo13-4	1.4313	1 150 bis 900	Luft	A⁵)	600 bis 650	Ofen, Luft	–	–	–
				QT650	–	–	950 bis 1 050	Öl, Luft	650 bis 700 + 600 bis 620
				QT780	–	–	950 bis 1 050	Öl, Luft	550 bis 600
				QT900	–	–	950 bis 1 050	Öl, Luft	520 bis 580
X4CrNiMo16-5-1	1.4418			A⁵)	600 bis 650	Luft, Ofen	–	–	–
				QT760	–	–	950 bis 1 050	Öl, Luft	590 bis 620⁶)
				QT900	–	–	950 bis 1 050	Öl, Luft	550 bis 620
Sondergüten									
X29CrS13	1.4029	1 100 bis 800	Langsame Abkühlung	A	740 bis 820	Luft	–	–	–
				QT850	–	–	950 bis 1 050	Öl, Luft	625 bis 675
X70CrMo15	1.4109			A	750 bis 800	–	–	–	–
X105CrMo17	1.4125	1 100 bis 900	Ofen, Luft	A	780 bis 840		–	–	–
X90CrMoV18	1.4112	1 100 bis 800		A	780 bis 840		–	–	–

¹) bis ⁴) siehe Seite 29
⁵) Anlassen nach martensitischer Umwandlung
⁶) Entweder 2 × 4 h oder 1 × 8 h als Mindestzeit

**Tabelle A.3: Hinweise auf die Temperaturen für Warmumformung und Wärmebehandlung [1]
ausscheidungshärtender nichtrostender Stähle**

Stahlbezeichnung		Warmumformung		Kurzzeichen für die Wärmebehandlung	Lösungsglühen		Ausscheidungshärten
Kurzname	Werkstoffnummer	Temperatur °C	Abkühlungsart		Temperatur °C	Abkühlungsart	Temperatur °C
Standardgüten							
X5CrNiCuNb16-4	1.4542	1 150 bis 900	Ofen Luft	AT [3]	1 030 bis 1 050	Öl, Luft	–
				P800	1 030 bis 1 050		2 h 760 °C/Luft + 4 h 620 °C/Luft
				P930	1 030 bis 1 050		4 h 620 °C/Luft
				P960	1 030 bis 1 050		4 h 590 °C/Luft
				P1070	1 030 bis 1 050		4 h 550 °C/Luft
X7CrNiAl17-7	1.4568		Luft	AT	1 060 bis 1 080	Wasser, Luft	–
X5CrNiMoCuNb14-5	1.4594		Ofen, Luft	AT [3]	1 030 bis 1 050	Öl, Luft	–
				P930	1 030 bis 1 050		4 h 620 °C/Luft
				P1000	1 030 bis 1 050		4 h 580 °C/Luft
				P1070	1 030 bis 1 050		4 h 550 °C/Luft

[1] Für simulierend wärmezubehandelnde Proben sind die Temperaturen für das Lösungsglühen zu vereinbaren.

[2] Falls die Wärmebehandlung in einem Durchlaufofen erfolgt, bevorzugt man üblicherweise den oberen Bereich der angegebenen Spanne oder überschreitet diese sogar.

[3] Nicht geeignet für unmittelbare Verwendung; unverzügliches Ausscheidungshärten nach dem Lösungsglühen wird zwecks Rißvermeidung empfohlen.

Tabelle A.4: Hinweise auf die Temperaturen für Warmumformung und Wärmebehandlung [1])
austenitischer nichtrostender Stähle

Stahlbezeichnung		Warmumformung		Kurzzeichen für die Wärmebehandlung	Lösungsglühen [2])	
Kurzname	Werkstoff-nummer	Temperatur °C	Abkühlungs-art		Temperatur[3])[4]) °C	Abkühlungs-art
Standardgüten						
X10CrNi18-8	1.4310				1 000 bis 1 100	
X2CrNi18-9	1.4307				1 000 bis 1 100	
X2CrNi19-11	1.4306				1 000 bis 1 100	
X2CrNiN18-10	1.4311				1 000 bis 1 100	
X5CrNi18-10	1.4301				1 000 bis 1 100	
X8CrNiS18-9	1.4305				1 000 bis 1 100	
X6CrNiTi18-10	1.4541				1 020 bis 1 120	
X4CrNi18-12	1.4303				1 000 bis 1 100	
X2CrNiMo17-12-2	1.4404				1 020 bis 1 120	
X2CrNiMoN17-11-2	1.4406	1 200 bis 900	Luft	AT	1 020 bis 1 120	Wasser, Luft [5])
X5CrNiMo17-12-2	1.4401				1 020 bis 1 120	
X6CrNiMoTi17-12-2	1.4571				1 020 bis 1 120	
X2CrNiMo17-12-3	1.4432				1 020 bis 1 120	
X2CrNiMoN17-13-3	1.4429				1 020 bis 1 120	
X3CrNiMo17-13-3	1.4436				1 020 bis 1 120	
X2CrNiMo18-14-3	1.4435				1 020 bis 1 120	
X2CrNiMoN17-13-5	1.4439				1 020 bis 1 120	
X3CrNiCu18-9-4	1.4567				1 000 bis 1 100	
X1NiCrMoCu25-20-5	1.4539				1 050 bis 1 150	
Sondergüten						
X6CrNiNb18-10	1.4450				1 020 bis 1 120	
X6CrNiMoNb17-12-2	1.4580	1 150 bis 850			1 020 bis 1 120	
X2CrNiMo18-15-4	1.4438				1 020 bis 1 120	
X1CrNiSi18-15-4	1.4361				1 100 bis 1 160	
X3CrNiCu19-9-2	1.4560	1 150 bis 900	Luft	AT	1 000 bis 1 100	Wasser, Luft [5])
X6CrNiCuS18-9-2	1.4570				1 000 bis 1 100	
X3CrNiCuMo17-11-3-2	1.4578				1 000 bis 1 100	
X1NiCrMoCu31-27-4	1.4563	1 150 bis 850			1 050 bis 1 150	
X1CrNiMoCuN25-25-5	1.4537				1 120 bis 1 180	
X1CrNiMoCuN20-18-7	1.4547	1 200 bis 950			1 140 bis 1 200	
X1NiCrMoCuN25-20-7	1.4529				1 120 bis 1 180	

[1]) Für simulierend wärmezubehandelnde Proben sind die Temperaturen für das Lösungsglühen zu vereinbaren.

[2]) Falls die Wärmebehandlung in einem Durchlaufofen erfolgt, bevorzugt man üblicherweise den oberen Bereich der angegebenen Spanne oder überschreitet diese sogar.

[3]) Das Lösungsglühen kann entfallen, falls die Bedingungen für das Warmumformen und anschließende Abkühlen so sind, daß die Anforderungen an die mechanischen Eigenschaften des Erzeugnisses und die in EU 114 definierte Beständigkeit gegen interkristalline Korrosion eingehalten werden.

[4]) Bei einer Wärmebehandlung im Rahmen der Weiterverarbeitung ist der untere Bereich der für das Lösungsglühen angegebenen Spanne anzustreben, da andernfalls die mechanischen Eigenschaften beeinträchtigt werden könnten. Falls bei der Wärmeumformung die untere Grenze der Lösungsglühtemperatur nicht unterschritten wurde, reicht bei Wiederholungsglühen bei den Mo-freien Stählen eine Temperatur von 980 °C, bei den Stählen mit bis zu 3 % Mo eine Temperatur von 1 000 °C und bei den Stählen mit mehr als 3 % Mo eine Temperatur von 1 020 °C als untere Grenze aus.

[5]) Abkühlung ausreichend schnell.

Tabelle A.5: Hinweise auf die Temperaturen für Warmumformung und Wärmebehandlung [1])
austenitisch-ferritischer nichtrostender Stähle

Stahlbezeichnung		Warmumformung		Kurzzeichen für die Wärmebehandlung	Lösungsglühen	
Kurzname	Werkstoff-nummer	Temperatur °C	Abkühlungs-art		Temperatur [3]) °C	Abkühlungs-art
Standardgüten						
X3CrNiMoN27-5-2	1.4460	1 200 bis 950	Luft	AT	1 020 bis 1 100	Wasser, Luft [4])
X2CrNiMoN22-5-3	1.4462				1 020 bis 1 100	
Sondergüten						
X2CrNiN23-4	1.4362				950 bis 1 050	Wasser, Luft
X2CrNiMoCuN25-6-3	1.4507	1 200 bis 1 000	Luft	AT	1 040 bis 1 120	Wasser
X2CrNiMoN25-7-4	1.4410				1 040 bis 1 120	Wasser
X2CrNiMoCuWN25-7-4	1.4501				1 040 bis 1 120	Wasser

[1]) Für simulierend wärmezubehandelnde Proben sind die Temperaturen für das Lösungsglühen zu vereinbaren.

[2]) Falls die Wärmebehandlung in einem Durchlaufofen erfolgt, bevorzugt man üblicherweise den oberen Bereich der angegebenen Spanne oder überschreitet diese sogar.

[3]) Das Lösungsglühen kann entfallen, falls die Bedingungen für das Warmumformen und anschließende Abkühlen so sind, daß die Anforderungen an die mechanischen Eigenschaften des Erzeugnisses und die in EU 114 definierte Beständigkeit gegen interkristalline Korrosion eingehalten werden.

[4]) Abkühlung ausreichend schnell.

Anhang B (informativ)

In Betracht kommende Maßnormen

EURONORM 17	Walzdraht aus üblichen unlegierten Stählen zum Ziehen; Maße und zulässige Abweichungen
EURONORM 58	Warmgewalzter Flachstahl für allgemeine Verwendung
EURONORM 59	Warmgewalzter Vierkantstahl für allgemeine Verwendung
EURONORM 60	Warmgewalzter Rundstahl für allgemeine Verwendung
EURONORM 61	Warmgewalzter Sechskantstahl
EURONORM 65	Warmgewalzter Rundstahl für Schrauben und Niete
ISO 286-1	ISO system of limits and fits – Part 1: Bases of tolerances, deviations and fits

ANMERKUNG: Die Anmerkungen in Tabelle 6 enthalten Informationen für Toleranzen für blanke Stäbe; besondere Vereinbarungen sind erforderlich, wenn solche Information verbindlich werden soll.

Anhang C (informativ)

Literaturhinweise

EN 10028-7 [1])	Flacherzeugnisse aus Druckbehälterstählen – Teil 7: Nichtrostende Stähle
EN 10088-1	Nichtrostende Stähle – Teil 1: Verzeichnis der nichtrostenden Stähle
EN 10088-2	Nichtrostende Stähle – Teil 2: Technische Lieferbedingungen für Blech und Band für allgemeine Verwendung
EN 10213-4 [1])	Technische Lieferbedingungen für Stahlguß für Druckbehälter – Teil 4: Austenitische und austenitisch-ferritische Stahlsorten
EN 10222-6 [1])	Schmiedestücke aus Stahl für Druckbehälter – Teil 6: Nichtrostende austenitische, martensitische und austenitisch-ferritische Stähle
EURONORM 95	Hitzebeständige Stähle – Technische Lieferbedingungen
EURONORM 119-5	Kaltstauch- und Kaltfließpreßstähle – Teil 5: Gütevorschriften für nichtrostende Stähle
EURONORM 144	Runder Walzdraht aus nichtrostendem und hitzebeständigem Stahl zur Herstellung von Schweißzusätzen – Technische Lieferbedingungen
EURONORM 151-1	Federdraht aus nichtrostenden Stählen – Technische Lieferbedingungen
EURONORM 151-2	Federband aus nichtrostenden Stählen – Technische Lieferbedingungen

[1]) Z. Z. Entwurf

373

Metallische Erzeugnisse
Arten von Prüfbescheinigungen
(enthält Änderung A1 : 1995)
Deutsche Fassung EN 10204 : 1991 + A1 : 1995

DIN
EN 10204

ICS 77.140.00

Deskriptoren: metallisch, Erzeugnis, Prüfbescheinigung, Materialprüfung, Nichteisenmetall

Ersatz für
DIN 50049 : 1992-04

Metallic products — Types of inspection documents (includes amendment A1 : 1995);
German version EN 10204 : 1991 + A1 : 1995
Produits métalliques — Types de documents de contrôle (inclut l'amendement A1 : 1995);
Version allemande EN 10204 : 1991 + A1 : 1995

Die Europäische Norm EN 10204 : 1991 hat den Status einer Deutschen Norm, einschließlich der eingearbeiteten Änderung A1 : 1995, die von CEN getrennt veröffentlicht wurde.

Nationales Vorwort

Die Europäische Norm EN 10204 wurde im Technischen Komitee (TC) 9 (Technische Lieferbedingungen und Qualitätssicherung — Sekretariat: Belgien) von ECISS (Europäisches Komitee für Eisen- und Stahlnormung) auf der Grundlage von DIN 50049 unter intensiver Mitwirkung der Normenausschüsse Eisen und Stahl (FES) und Materialprüfung (NMP) ausgearbeitet. Dabei blieb der Inhalt der DIN 50049 weitgehend, wenn auch nicht vollständig, erhalten.

Das zuständige deutsche Normungsgremium ist der Arbeitsausschuß NMP 892 (Probenahme; Abnahme) des Normenausschusses Materialprüfung (NMP).

Die Annahme der Änderung 1 zu EN 10204 hat der NMP zum Anlaß genommen, eine Folgeausgabe der DIN 50049 herauszugeben, in der außer der Korrektur einiger Druckfehler auch diese Änderung berücksichtigt und — wie vorgesehen — die Umstellung auf die Norm-Nummer DIN EN 10204 vollzogen wurde.

Änderungen

Gegenüber DIN 50049 : 1992-04 wurden folgende Änderungen vorgenommen:

a) EN 10204 : 1991/A1 : 1995 eingearbeitet.

b) Norm-Nummer geändert.

Frühere Ausgaben

DIN 50049 : 1951-12, 1955-04, 1960-04, 1972-07, 1982-07, 1986-08, 1991-11, 1992-04

Fortsetzung 4 Seiten EN

Normenausschuß Materialprüfung (NMP) im DIN Deutsches Institut für Normung e.V.
Normenausschuß Eisen und Stahl (FES) im DIN
Normenausschuß Nichteisenmetalle (FNNE) im DIN

EUROPÄISCHE NORM
EUROPEAN STANDARD
NORME EUROPÉENNE

EN 10204

August 1991

+ A1 Juni 1995

ICS 77.140.00

Deskriptoren: Metallisches Erzeugnis, Eisen- und Stahlerzeugnis, Stahl, Dokument, Kontrolle, Abnahmebescheinigung, Werksprüfzeugnis

Deutsche Fassung

Metallische Erzeugnisse

Arten von Prüfbescheinigungen
(enthält Änderung A1 : 1995)

Metallic products — Types of inspection documents (includes amendment A1 : 1995)

Produits métalliques — Types de documents de contrôle (inclut l'amendement A1 : 1995)

Diese Europäische Norm wurde von CEN am 1991-08-21 und die Änderung A1 am 1995-05-11 angenommen.

Die CEN-Mitglieder sind gehalten, die CEN/CENELEC-Geschäftsordnung zu erfüllen, in der die Bedingungen festgelegt sind, unter denen dieser Europäischen Norm ohne jede Änderung der Status einer nationalen Norm zu geben ist.

Auf dem letzten Stand befindliche Listen dieser nationalen Normen mit ihren bibliographischen Angaben sind beim Zentralsekretariat oder bei jedem CEN-Mitglied auf Anfrage erhältlich.

Diese Europäische Norm besteht in drei offiziellen Fassungen (Deutsch, Englisch, Französisch). Eine Fassung in einer anderen Sprache, die von einem CEN-Mitglied in eigener Verantwortung durch Übersetzung in seine Landessprache gemacht und dem Zentralsekretariat mitgeteilt worden ist, hat den gleichen Status wie die offiziellen Fassungen.

CEN-Mitglieder sind die nationalen Normungsinstitute von Belgien, Dänemark, Deutschland, Finnland, Frankreich, Griechenland, Irland, Island, Italien, Luxemburg, Niederlande, Norwegen, Österreich, Portugal, Schweden, Schweiz, Spanien und dem Vereinigten Königreich.

CEN

EUROPÄISCHES KOMITEE FÜR NORMUNG
European Committee for Standardization
Comité Européen de Normalisation

Zentralsekretariat: rue de Stassart 36, B-1050 Brüssel

Ref. Nr. EN 10204 : 1991 + A1 : 1995 D

Inhalt

Vorwort zu EN 10204 : 1991

Das Europäische Komitee für Eisen- und Stahlnormung (ECISS) hat das Technische Komitee ECISS/TC 9 (Sekretariat: Belgien) beauftragt, eine Europäische Norm zur Festlegung der verschiedenen Arten von Prüfbescheinigungen zur Verwendung für den Besteller bei Lieferung von Eisen- und Stahlerzeugnissen aufzustellen.

Die Veröffentlichung des Entwurfs prEN 10204 wurde auf der Sitzung im Dezember 1988 beschlossen.

Auf seiner Sitzung am 21. Mai 1990 hat das Komitee ECISS/TC 9 unter Berücksichtigung der zu prEN 10204 während des CEN-Umfrageverfahrens mit sechsmonatiger Laufzeit erhaltenen Stellungnahmen beschlossen, den Anwendungsbereich der Europäischen Norm grundsätzlich auf Erzeugnisse aus allen metallischen Werkstoffen auszudehnen.

Diese Europäische Norm EN 10204 wurde am 1991-03-16 angenommen und ratifiziert.

Entsprechend den Gemeinsamen CEN/CENELEC-Regeln, die Teil der Geschäftsordnung des CEN sind, sind folgende Länder gehalten, diese Europäische Norm zu übernehmen:

Belgien, Dänemark, Deutschland, Finnland, Frankreich, Griechenland, Irland, Island, Italien, Luxemburg, die Niederlande, Norwegen, Österreich, Portugal, Schweden, Schweiz, Spanien und das Vereinigte Königreich.

Vorwort zu EN 10204 : 1991/A1 : 1995

Diese Änderung 1 von EN 10204 : 1991 wurde vom ECISS/TC 9 "Technische Lieferbedingungen und Qualitätssicherung" erarbeitet, dessen Sekretariat von IBN betreut wird.

Diese Europäische Norm muß den Status einer nationalen Norm erhalten; entweder durch Veröffentlichung eines identischen Textes oder durch Anerkennung bis Dezember 1995, und etwaige entgegenstehende nationale Normen müssen bis Dezember 1995 zurückgezogen werden.

Entsprechend der CEN/CENELEC-Geschäftsordnung, sind folgende Länder gehalten, diese Europäische Norm zu übernehmen:

Belgien, Dänemark, Deutschland, Finnland, Frankreich, Griechenland, Irland, Island, Italien, Luxemburg, Niederlande, Norwegen, Österreich, Portugal, Schweden, Schweiz, Spanien und das Vereinigte Königreich.

1 Allgemeines

1.1 Zweck und Anwendungsbereich

1.1.1 In dieser Europäischen Norm sind die verschiedenen Arten von Prüfbescheinigungen festgelegt, die dem Besteller in Übereinstimmung mit den Vereinbarungen bei der Bestellung mit der Lieferung von Erzeugnissen aus allen metallischen Werkstoffen zur Verfügung gestellt werden, wie immer sie auch hergestellt sein mögen.

1.1.2 Wenn jedoch bei der Bestellung vereinbart, darf diese Norm auch auf andere Erzeugnisse als solche aus metallischen Werkstoffen angewendet werden.

1.1.3 Diese Norm ist in Verbindung mit den Normen anzuwenden, in denen die technischen Lieferbedingungen für die Erzeugnisse festgelegt sind.

1.2 Definitionen

Die Definitionen der verwendeten Begriffe stimmen mit der Europäischen Norm EN 10021 überein; zur Erleichterung der Anwendung sind sie nachfolgend wiedergegeben:

1.2.1 Nichtspezifische Prüfung

Vom Hersteller nach ihm geeignet erscheinenden Verfahren durchgeführte Prüfungen, durch die ermittelt werden soll, ob die an den in der Bestellung festgelegten Anforderungen genügen. Die geprüften Erzeugnisse müssen nicht notwendigerweise aus der Lieferung selbst stammen.

1.2.2 Spezifische Prüfung

Prüfungen, die vor der Lieferung nach den in der Bestellung festgelegten technischen Bedingungen an den zu liefernden Erzeugnissen oder an Prüfeinheiten, von denen diese ein Teil sind, durchgeführt werden, um festzustellen, ob die Erzeugnisse den in der Bestellung festgelegten Anforderungen genügen.

2 Bescheinigungen über Prüfungen, die von Personal durchgeführt wurden, das vom Hersteller beauftragt ist und der Fertigungsabteilung angehören kann

2.1 Werksbescheinigung "2.1"

Bescheinigung, in welcher der Hersteller bestätigt, daß die gelieferten Erzeugnisse den Vereinbarungen bei der Bestellung entsprechen, ohne Angabe von Prüfergebnissen.

Die Werksbescheinigung "2.1" wird auf der Grundlage nichtspezifischer Prüfung ausgestellt.

2.2 Werkszeugnis "2.2"

Bescheinigung, in welcher der Hersteller bestätigt, daß die gelieferten Erzeugnisse den Vereinbarungen bei der Bestellung entsprechen, mit Angabe von Prüfergebnissen auf der Grundlage nichtspezifischer Prüfung.

2.3 Werksprüfzeugnis "2.3"

Bescheinigung, in welcher der Hersteller bestätigt, daß die gelieferten Erzeugnisse den Vereinbarungen bei der Bestellung entsprechen, mit Angabe von Prüfergebnissen auf der Grundlage spezifischer Prüfung.

Das Werksprüfzeugnis "2.3" wird nur von einem Hersteller herausgegeben, der über keine dazu beauftragte, von der Fertigungsabteilung unabhängige, Prüfabteilung verfügt.

Wenn der Hersteller über eine von der Fertigungsabteilung unabhängige Prüfabteilung verfügt, so muß er anstelle des Werksprüfzeugnisses "2.3" ein Abnahmeprüfzeugnis "3.1.B" herausgeben.

3 Bescheinigungen über Prüfungen, die von dazu beauftragtem Personal durchgeführt oder beaufsichtigt wurden, das von der Fertigungsabteilung unabhängig ist, auf der Grundlage spezifischer Prüfung

3.1 Abnahmeprüfzeugnis

Bescheinigung, herausgegeben auf der Grundlage von Prüfungen, die entsprechend den in der Bestellung angegebenen technischen Lieferbedingungen und/oder nach amtlichen Vorschriften und den zugehörigen Technischen Regeln durchgeführt wurden. Die Prüfungen müssen an den gelieferten Erzeugnissen oder an Erzeugnissen der Prüfeinheit, von der die Lieferung ein Teil ist, durchgeführt worden sein.

Die Prüfeinheit wird in der Produktnorm, in amtlichen Vorschriften und den zugehörigen Technischen Regeln oder in der Bestellung festgelegt.

Es gibt verschiedene Formen:

Abnahmeprüfzeugnis "3.1.A"

herausgegeben und bestätigt von einem in den amtlichen Vorschriften genannten Sachverständigen, in Übereinstimmung mit diesen und den zugehörigen Technischen Regeln.

Abnahmeprüfzeugnis "3.1.B"

herausgegeben von einer von der Fertigungsabteilung unabhängigen Abteilung und bestätigt von einem dazu beauftragten, von der Fertigungsabteilung unabhängigen, Sachverständigen des Herstellers ("Werksachverständigen").

Abnahmeprüfzeugnis "3.1.C"

herausgegeben und bestätigt von einem durch den Besteller beauftragten Sachverständigen in Übereinstimmung mit den Lieferbedingungen in der Bestellung.

3.2 Abnahmeprüfprotokoll

Ein Abnahmeprüfzeugnis, das aufgrund einer besonderen Vereinbarung sowohl von dem vom Hersteller beauftragten Sachverständigen als auch von dem vom Besteller beauftragten Sachverständigen bestätigt ist, heißt Abnahmeprüfprotokoll "3.2".

4 Ausstellung von Prüfbescheinigungen durch einen Verarbeiter oder einen Händler

Wenn ein Erzeugnis durch einen Verarbeiter oder einen Händler geliefert wird, so müssen diese dem Besteller die Bescheinigungen des Herstellers nach dieser Europäischen Norm EN 10204, ohne sie zu verändern, zur Verfügung stellen.

Diesen Bescheinigungen des Herstellers muß ein geeignetes Mittel zur Identifizierung des Erzeugnisses beigefügt werden, damit die eindeutige Zuordnung von Erzeugnis und Bescheinigungen sichergestellt ist.

Wenn der Verarbeiter oder der Händler den Zustand oder die Maße des Erzeugnisses in irgendeiner Weise verändert hat, müssen diese besonderen neuen Eigenschaften in einer zusätzlichen Bescheinigung bestätigt werden.

Das gleiche gilt für besondere Anforderungen in der Bestellung, die nicht in den Bescheinigungen des Herstellers enthalten sind.

5 Bestätigung der Prüfbescheinigungen

Die Prüfbescheinigungen müssen von der (den) für die Bestätigung verantwortlichen Person (Personen) unterschrieben oder in geeigneter Weise gekennzeichnet sein.

Wenn jedoch die Bescheinigungen mittels eines geeigneten Datenverarbeitungssystems erstellt worden sind, darf die Unterschrift ersetzt werden durch die Angabe des Namens und der Dienststellung der Person, die für die Bestätigung der Bescheinigung verantwortlich ist.

6 Zusammenstellung der Prüfbescheinigungen

Siehe Tabelle 1.

Tabelle 1: Zusammenstellung der Prüfbescheinigungen

Norm-Bezeichnung	Bescheinigung	Art der Prüfung	Inhalt der Bescheinigung	Liefer-bedingungen	Bestätigung der Bescheinigung durch
2.1	Werksbescheinigung	Nicht-spezifisch	Keine Angabe von Prüfergebnissen	Nach den Lieferbedingungen der Bestellung, oder, falls verlangt, auch nach amtlichen Vorschriften und den zugehörigen Technischen Regeln	den Hersteller
2.2	Werkszeugnis		Prüfergebnisse auf der Grundlage nicht-spezifischer Prüfung		
2.3	Werksprüfzeugnis	Spezifisch	Prüfergebnisse auf der Grundlage spezifischer Prüfung		
3.1.A	Abnahmeprüfzeugnis 3.1.A			Nach amtlichen Vorschriften und den zugehörigen Technischen Regeln	den in den amtlichen Vorschriften genannten Sachverständigen
3.1.B	Abnahmeprüfzeugnis 3.1.B			Nach den Lieferbedingungen der Bestellung, oder, falls verlangt, auch nach amtlichen Vorschriften und den zugehörigen Technischen Regeln	den vom Hersteller beauftragten, von der Fertigungsabteilung unabhängigen Sachverständigen ("Werksachverständigen")
3.1.C	Abnahmeprüfzeugnis 3.1.C			Nach den Lieferbedingungen der Bestellung	den vom Besteller beauftragten Sachverständigen
3.2	Abnahmeprüfprotokoll 3.2				den vom Hersteller beauftragten, von der Fertigunsabteilung unabhängigen Sachverständigen und den vom Besteller beauftragten Sachverständigen

Anhang A (informativ)

Benennung der Prüfbescheinigungen nach EN 10204 in den einzelnen Sprachen

Deutsch	Englisch	Französisch
Werksbescheinigung	Certificate of compliance with the order	Attestation de conformité à la commande
Werkszeugnis	Test report	Relevé de contrôle
Werksprüfzeugnis	Specific test report	Relevé de contrôle spécifique
Abnahmeprüfzeugnis	Inspection certificate	Certificat de réception
Abnahmeprüfprotokoll	Inspection report	Procès-verbal de réception

Durch Feuerverzinken auf Stahl aufgebrachte Zinküberzüge (Stückverzinken) Anforderungen und Prüfungen (ISO 1461 : 1999) Deutsche Fassung EN ISO 1461 : 1999	$\overline{\text{DIN}}$ EN ISO 1461

ICS 25.220.40

Hot dip galvanized coatings on fabricated iron and steel articles –
Specifications and test methods (ISO 1461 : 1999);
German version EN ISO 1461 : 1999

Revêtements de galvanisation à chaud sur produits finis ferreux –
Spécifications et méthodes d'essai (ISO 1461 : 1999);
Version allemande EN ISO 1461 : 1999

Mit
Beiblatt 1 zu DIN EN ISO 1461 : 1999-03
Ersatz für DIN 50976 : 1989-05

Die Europäische Norm EN ISO 1461 : 1999 hat den Status einer Deutschen Norm.

Nationales Vorwort

Diese Internationale Norm wurde im Komitee ISO/TC 107/SC 4 erarbeitet, im Europäischen Komitee CEN/TC 262/SC 1 überarbeitet und im Rahmen der parallelen Umfrage nach Unterabschnitt 5.1 der Wiener Vereinbarung in ISO und CEN angenommen.

Für die deutsche Mitarbeit ist der Arbeitsausschuß NMP 175 "Schmelztauchüberzüge" des Normenausschusses Materialprüfung (NMP) verantwortlich.

Da aus der Sicht des Arbeitsausschusses NMP 175 eine Anzahl von Festlegungen in dieser Europäischen Norm erläuterungsbedürftig sind, hat der Arbeitsausschuß ein nationales Beiblatt erarbeitet, das Hinweise für die Anwendung dieser Norm enthält und das zusammen mit dieser Norm angewendet werden sollte.

Verschiedene Verfahren zur Ausbesserung von Fehlstellen können gleichrangig eingesetzt werden, detaillierte Festlegungen zur Ausführung sind in dieser Norm nicht enthalten.

Die Norm enthält umfangreiche fachliche Erläuterungen (insbesondere im Anhang C), die zum Verständnis der Voraussetzungen und Vorgänge beim Feuerverzinken einen wichtigen Beitrag leisten.

Für die im Abschnitt 2 zitierten Internationalen Normen wird im Folgenden auf die entsprechenden Deutschen Normen hingewiesen:

ISO 1460	siehe DIN EN ISO 1460
ISO 10474	siehe DIN EN 10204
ISO 2064	siehe DIN EN ISO 2064
ISO 2178	siehe DIN EN ISO 2178

Fortsetzung Seite 2
und 14 Seiten EN

Normenausschuß Materialprüfung (NMP) im DIN Deutsches Institut für Normung e. V.

Änderungen

Gegenüber DIN 50976 : 1989-05 wurden folgende Änderungen vorgenommen:

a) Änderung der Zusammensetzung der Zinkschmelze;

b) Anzahl und Durchführung von Prüfungen detaillierter festgelegt;

c) Anforderungen an die Dicke der Zinküberzüge in Abhängigkeit von der Materialdicke der Stahlteile neu gegliedert und teilweise abweichend festgelegt.

Frühere Ausgaben

DIN 50975: 1967-10,
DIN 50976: 1970-08, 1980-03, 1989-05

Nationaler Anhang NA (informativ)

Literaturhinweise

DIN EN 10204
Metallische Erzeugnisse - Arten von Prüfbescheinigungen (enthält Änderung A1 1995); Deutsche Fassung EN 10204 : 1991 + A1 : 1995

DIN EN ISO 1460
Metallische Überzüge – Feuerverzinken auf Eisenwerkstoffen – Gravimetrisches Verfahren zur Bestimmung der flächenbezogenen Masse (ISO 1460 : 1992); Deutsche Fassung EN ISO 1460 : 1994

DIN EN ISO 2064
Metallische und andere anorganische Schichten – Definitionen und Festlegungen, die die Messung der Schichtdicke betreffen (ISO 2064 : 1980); Deutsche Fassung EN ISO 2064 : 1994

DIN EN ISO 2178
Nichtmagnetische Überzüge auf magnetischen Grundmetallen – Messen der Schichtdicke – Magnetverfahren (ISO 2178 : 1982); Deutsche Fassung EN ISO 2178 : 1995

EUROPÄISCHE NORM
EUROPEAN STANDARD
NORME EUROPÉENNE

EN ISO 1461

Februar 1999

ICS 25.220.40

Deskriptoren: Feuerverzinken, Zinküberzüge, Eisen, Stahl, Überzüge

Deutsche Fassung

Durch Feuerverzinken auf Stahl aufgebrachte Zinküberzüge
(Stückverzinken)
Anforderungen und Prüfungen (ISO 1461 : 1999)

Hot dip galvanized coatings on fabricated iron and steel
articles – Specifications and test methods
(ISO 1461 : 1999)

Revêtements de galvanisation à chaud sur produits
finis ferreux – Spécification et méthodes d'essai
(ISO 1461 : 1999)

Diese Europäische Norm wurde von CEN am 8. November 1998 angenommen.

Die CEN-Mitglieder sind gehalten, die CEN/CENELEC-Geschäftsordnung zu erfüllen, in der die Bedingungen festgelegt sind, unter denen dieser Europäischen Norm ohne jede Änderung der Status einer nationalen Norm zu geben ist.

Auf dem letzten Stand befindliche Listen dieser nationalen Normen mit ihren bibliographischen Angaben sind beim Zentralsekretariat oder bei jedem CEN-Mitglied auf Anfrage erhältlich.

Diese Europäische Norm besteht in drei offiziellen Fassungen (Deutsch, Englisch, Französisch). Eine Fassung in einer anderen Sprache, die von einem CEN-Mitglied in eigener Verantwortung durch Übersetzung in seine Landessprache gemacht und dem Zentralsekretariat mitgeteilt worden ist, hat den gleichen Status wie die offiziellen Fassungen.

CEN-Mitglieder sind die nationalen Normungsinstitute von Belgien, Dänemark, Deutschland, Finnland, Frankreich, Griechenland, Irland, Island, Italien, Luxemburg, Niederlande, Norwegen, Österreich, Portugal, Schweden, Schweiz, Spanien, der Tschechischen Republik und dem Vereinigten Königreich.

CEN

EUROPÄISCHES KOMITEE FÜR NORMUNG
European Committee for Standardization
Comité Européen de Normalisation

Zentralsekretariat: rue de Stassart 36, B-1050 Brüssel

Ref. Nr. EN ISO 1461 : 1999 D

Inhalt

Vorwort

Diese Norm wurde vom Technischen Komitee CEN/TC 262 "Korrosionsschutz metallischer Werkstoffe" in Zusammenarbeit mit dem Technical Committee ISO/TC 107 "Metallic and other inorganic coatings" erarbeitet.

Diese Europäische Norm muß den Status einer nationalen Norm erhalten, entweder durch Veröffentlichung eines identischen Textes oder durch Anerkennung bis August 1999, und etwaige entgegenstehende nationale Normen müssen bis August 1999 zurückgezogen werden.

Entsprechend der CEN/CENELEC-Geschäftsordnung sind die nationalen Normungsinstitute der folgenden Länder gehalten, diese Europäische Norm zu übernehmen:

Belgien, Dänemark, Deutschland, Finnland, Frankreich, Griechenland, Irland, Island, Italien, Luxemburg, Niederlande, Norwegen, Österreich, Portugal, Schweden, Schweiz, Spanien, die Tschechische Republik und das Vereinigte Königreich.

Anerkennungsnotiz

Der Text der Internationalen Norm ISO 1461 : 1999 wurde von CEN als Europäische Norm ohne irgendeine Änderung genehmigt.

1 Anwendungsbereich

Diese Norm legt die allgemeinen Anforderungen an und Prüfungen von Eigenschaften von Überzügen fest, die durch Feuerverzinken (Stückverzinken) auf gefertigte Eisen- und Stahlteile aufgebracht werden (anzuwenden für Zinkschmelzen die nicht mehr als 2 % andere Metalle enthalten). Diese Norm gilt nicht für:

a) kontinuierlich feuerverzinktes Band und Draht;

b) Rohre, die in automatischen Anlagen feuerverzinkt werden;

c) feuerverzinkte Produkte, für welche separate Normen existieren. Diese können zusätzliche Anforderungen beinhalten oder Anforderungen festlegen, die von dieser Norm abweichen.

ANMERKUNG: Eigenständige Produkt-Normen können Bezug auf diese Norm nehmen und sie einschließen, oder sie können sie mit Änderungen, die sich auf das genormte Produkt beziehen, übernehmen.

Diese Norm behandelt nicht die Nachbehandlung und die zusätzliche Beschichtung von feuerverzinkten Teilen.

2 Normative Verweisungen

Diese Norm enthält durch datierte oder undatierte Verweisungen Festlegungen aus anderen Publikationen. Diese normativen Verweisungen sind an den jeweiligen Stellen im Text zitiert, und die Publikationen sind nachstehend aufgeführt. Bei datierten Verweisungen gehören spätere Änderungen oder Überarbeitungen dieser Publikationen nur zu dieser Norm, falls sie durch Änderung oder Überarbeitung eingearbeitet sind. Bei undatierten Verweisungen gilt die letzte Ausgabe der in Bezug genommenen Publikation.

EN 1179
Zink und Zinklegierungen – Primärzink

EN 22063
Metallische und andere anorganische Schichten – Thermisches Spritzen – Zink, Aluminium und ihre Legierungen (ISO 2063 : 1991)

EN ISO 1460
Metallische Überzüge – Feuerverzinkung auf Eisenwerkstoffen – Gravimetrisches Verfahren zur Bestimmung der Masse pro Flächeneinheit (ISO 1460 : 1992)

EN ISO 2064
Metallische und andere anorganische Schichten – Definitionen und Festlegungen, die die Messung der Schichtdicke betreffen (ISO 2064 : 1980)

EN ISO 2178
Nichtmagnetische Überzüge auf magnetischen Grundmetallen – Messen der Schichtdicke – Magnetverfahren (ISO 2178 : 1982)

ISO 752 : 1981
Zinc and zinc alloys – Primary zinc

ISO 2859-1
Sampling procedures for inspection by attributes – Part 1: Sampling plans indexed by acceptable quality level (AQL) for lot-by-lot inspection

ISO 2859-3
Sampling procedures for inspection by attributes – Part 3: Skip-lot sampling procedures

ISO 10474 : 1991
Steel and steel products – Inspection documents

3 Begriffe

Für die Anwendung dieser Norm werden die folgenden Begriffe definiert, die zusammen mit anderen Begriffen in EN ISO 2064 aufgeführt sind.

3.1 Feuerverzinken (Stückverzinken): Herstellen von Überzügen aus Zink- bzw. Eisen-Zink-Legierungen durch Eintauchen von vorbereitetem Stahl oder Guß in geschmolzenes Zink.

3.2 Zinküberzug: Überzug, der beim Feuerverzinken erzeugt wird.

ANMERKUNG: Die Bezeichnung "Zinküberzug" wird im weiteren Verlauf mit "Überzug" bezeichnet.

3.3 Masse des Überzuges: Die Gesamtmasse der Zink- und/oder Eisen-Zink-Legierungsschicht je Oberflächeneinheit (m/A) (angegeben in Gramm je Quadratmeter, g/m^2).

3.4 Überzugsdicke: Die Gesamtdicke der Zink- und/oder Eisen-Zink-Legierungsschicht (angegeben in Mikrometer, µm).

3.5 Wesentliche Fläche: Derjenige Oberflächenbereich eines Stahlteils, bei dem der aufgebrachte oder aufzubringende Zinküberzug von erheblicher Bedeutung für die Verwendungsfähigkeit und/oder Erscheinung ist.

3.6 Prüfmuster: Das Teil oder eine Anzahl von Teilen von einer Menge, das/die für weitere Prüfungen ausgewählt werden.

3.7 Referenzfläche: Bereich innerhalb dessen eine festgelegte Anzahl von Messungen durchgeführt werden muß.

3.8 Örtliche Schichtdicke: Mittelwert einer Überzugsdicke aus einer festgelegten Anzahl von Einzelmessungen innerhalb einer Referenzfläche bei einer magnetischen Prüfung oder als Einzelwert einer gravimetrischen Prüfung.

3.9 Durchschnittliche Schichtdicke: Die mittlere örtliche Dicke des Zinküberzugs auf einem größeren Einzelteil oder bei allen Teilen eines Prüfmusters.

3.10 Örtliche Masse des Überzugs: Die Masse des Überzugs, die sich aus einer einzelnen gravimetrischen Prüfung ergibt.

3.11 Durchschnittliche Masse des Überzugs: Die durchschnittliche Masse des Überzuges, ermittelt anhand von zu prüfenden Teilen entsprechend Abschnitt 5; verbunden mit Prüfverfahren entsprechend EN ISO 1460 oder durch Umrechnung der durchschnittlichen Schichtdicke (siehe 3.9).

3.12 Mindestwert: Kleinster Einzelmeßwert innerhalb einer Prüffläche bei einer gravimetrischen Prüfung oder kleinster Mittelwert aus einer festgelegten Anzahl von Einzelmessungen bei einer magnetischen Prüfung.

3.13 Prüfmenge: Ein einzelner Auftrag oder eine einzelne Lieferung.

3.14 Abnahmeprüfung: Prüfung eines Prüfmusters innerhalb des Zuständigkeitsbereiches einer Feuerverzinkerei (falls keine anderen Festlegungen getroffen wurden).

3.15 Bereiche ohne Überzug: Bereiche auf Eisen- und Stahlteilen, bei denen keine Eisen-Zink-Reaktion stattgefunden hat.

4 Allgemeine Anforderungen

ANMERKUNG 1: Die chemische Zusammensetzung und der Oberflächenzustand des Grundwerkstoffes (z. B. Rauheit), die Masse der Teile und die Verzinkungsbedingungen beeinflussen Aussehen, Dicke, Aufbau und die physikalischen / mechanischen Eigenschaften des Zinküberzugs. Diese Norm trifft zu den vorstehenden Punkten keine Festlegungen; im Anhang C werden jedoch einige Empfehlungen gegeben.

ANMERKUNG 2: EN ISO 14713 gibt Empfehlungen zur Auswahl von Zinküberzügen für Eisen- und Stahlteile. EN ISO 12944-5 gilt für Beschichtungen und enthält Informationen für Beschichtungen auf Zinküberzügen.

4.1 Die Zinkschmelze

Die Zinkschmelze muß aus Zink bestehen, wobei die Summe der Begleitelemente (mit Ausnahme von Eisen und Zinn), 1,5 Massen-% nicht übersteigen darf. Begleitelemente im Sinne dieser Norm sind diejenigen Stoffe, die in EN 1179 bzw. ISO 752 aufgeführt sind (siehe auch Anhang C).

4.2 Informationen, die der Auftraggeber zur Verfügung stellen muß

Diejenigen Informationen, die der Auftraggeber zur Verfügung stellen muß, sind im Anhang A festgelegt.

4.3 Sicherheit

Für die Sicherheit relevante Hinweise zum Be- und Entlüften werden im Anhang B gegeben.

5 Prüfungen

Ein Prüfmuster für eine Schichtdickenprüfung muß von jeder Prüfmenge entnommen werden (siehe 3.13). Die Mindestanzahl von Teilen, die ein Prüfmuster bilden, muß Tabelle 1 entsprechen.

Tabelle 1: Anzahl von Prüfmustern in einer Prüfmenge

Anzahl der Teile in einer Prüfmenge	Mindestanzahl der Prüfmuster
1 bis 3	Alle
4 bis 500	3
501 bis 1 200	5
1 201 bis 3 200	8
3 201 bis 10 000	13
mehr als 10 000	20

Abnahmeprüfungen müssen durchgeführt werden, bevor die Teile den Zuständigkeitsbereich der Feuerverzinkerei verlassen, es sei denn, es wurden andere Vereinbarungen getroffen.

6 Eigenschaften des Überzuges

6.1 Aussehen

Bei Abnahmeprüfungen müssen alle wesentlichen Flächen auf dem Verzinkungsgut, bei Betrachtung mit dem unbewaffneten Auge, frei von Verdickungen/Blasen (z. B. erhabenen Stellen ohne Verbindung zum Metalluntergrund), rauhen Stellen, Zinkspitzen (falls sie eine Verletzungsgefahr darstellen) und Fehlstellen sein.

ANMERKUNG 1: "Rauheit" und "Glätte" sind relative Begriffe und die Rauheit von stückverzinkten Überzügen unterscheidet sich von kontinuierlich feuerverzinkten Produkten, wie z.b. kontinuierlich feuerverzinktem Blech und Draht.

Das Auftreten von dunkel- bzw. hellgrauen Bereichen (z. B. ein netzförmiges Muster von grauen Bereichen) oder eine geringe Oberflächenunebenheit ist kein Grund zur Zurückweisung, ebenso Weißrost (mit weißlichen oder dunklen Korrosionsprodukten – überwiegend bestehend aus Zinkoxid –, der durch Lagerung unter feuchten Bedingungen nach dem Feuerverzinken entstehen kann), sofern der geforderte Mindestwert der Dicke des Zinküberzugs noch vorhanden ist.

ANMERKUNG 2: Es ist nicht möglich, eine Definition für die Gleichmäßigkeit und das Finish von Zinküberzügen festzulegen, die alle Anforderungen der Praxis abdeckt.

Flußmittel- und Zinkascherückstände sind nicht zulässig. Zinkverdickungen sind unzulässig, falls sie den bestimmungsgemäßen Gebrauch des Stahlteils stören, sie beeinträchtigen jedoch nicht den Korrosionswiderstand.

Teile, die die visuelle Prüfung nicht bestehen, sind nach 6.3 nachzubessern oder müssen neu feuerverzinkt werden, mit anschließender, erneuter Prüfung.

Falls zusätzliche Anforderungen bestehen (z. B. wenn Zinküberzüge zusätzlich beschichtet werden sollen), muß zuvor ein Muster angefertigt werden (siehe A.2 und C.1.4), soweit erforderlich.

6.2 Dicke des Zinküberzugs

6.2.1 Allgemeines

Zinküberzüge, die durch das Stückverzinkungsverfahren aufgebracht werden, dienen dem Schutz von Eisen- und Stahlteilen vor Korrosion (siehe Anhang C). Die Schutzdauer dieser Überzüge (gleichgültig, ob silbriges oder dunkelgraues Aussehen) ist etwa proportional der Schichtdicke. Für außergewöhnlich hohe Korrosionsbelastung und/oder für eine außergewöhnlich lange Schutzdauer dürfen Zinküberzüge mit größerer Dicke als hier festgelegt eingesetzt werden.

Die Ausführung derartiger Zinküberzüge muß zwischen Auftraggeber und Feuerverzinkungsunternehmen vereinbart werden, insbesondere die Voraussetzungen hierzu (z. B. Strahlen der Stahloberfläche, eine besondere Stahlzusammensetzung).

6.2.2 Prüfverfahren

Im Falle von Unstimmigkeiten im Hinblick auf das anzuwendende Prüfverfahren ist das Verfahren zur Bestimmung der durchschnittlichen örtlichen Dicke des Zinküberzugs nach EN ISO 1460, nach dem gravimetrischen Verfahren unter Berücksichtigung der normalen Dichte des Zinküberzugs (7,2 g/cm^3), anzuwenden.

Bei Prüfmengen mit weniger als 10 Einzelteilen kann der Auftraggeber das gravimetrische Prüfverfahren ablehnen, wenn dieses als Folge der Zerstörung des Zinküberzugs unzumutbare Kosten für ihn verursachen würde.

ANMERKUNG: Prüfungen (siehe Anhang D) sollten vorzugsweise nach dem magnetischen Verfahren (EN ISO 2178) oder dem gravimetrischen Verfahren durchgeführt werden (Alternativen, z. B. magnetinduktives Verfahren (ISO 2808), coulometrisches Verfahren oder Mikroschliff-Verfahren sind in Anhang D angegeben).

Das bevorzugte Verfahren in der Praxis und bei Routineprüfungen ist das nach EN ISO 2178. Da in diesem Fall die Fläche, über die sich die Messung erstreckt, relativ klein ist, können Einzelwerte teilweise niedriger liegen als die Werte der örtlichen oder der durchschnittlichen Schichtdicke. Wenn eine hinreichende Anzahl von Messungen innerhalb einer Referenzfläche durchgeführt wird, ergibt sich bei den magnetischen Prüfverfahren jedoch die gleiche örtliche Schichtdicke wie bei der Anwendung des gravimetrischen Verfahrens.

6.2.3 Referenzflächen

Um ein repräsentatives Ergebnis der durchschnittlichen Schichtdicke oder der durchschnittlichen Masse des Überzugs pro Einheit zu erlangen, müssen die Anzahl und Lage der Prüfflächen und ihre Größe für das gravimetrische oder magnetische Verfahren entsprechend der Form und Größe des/der Bauteil/s/e ausgewählt werden. Bei langen Teilen muß die Referenzfläche etwa 100 mm von den Bauteilenden sowie etwa in Bauteilmitte liegen und muß den gesamten Querschnitt des Teils umfassen.

Die Anzahl der Referenzflächen ist abhängig von der Größe der zu prüfenden Einzelteile und muß folgendes berücksichtigen:

a) Teile mit wesentlichen Flächen über 2 m^2 ("große Teile")
Es müssen wenigstens 3 Referenzflächen auf jedem zu prüfenden Teil festgelegt werden. Die durchschnittliche Schichtdicke auf jedem Teil im Prüfmuster muß gleich oder größer sein als die durchschnittliche Schichtdicke nach Tabelle 2 oder 3.

b) Teile mit wesentlichen Flächen über 10 000 mm^2 und einschließlich 2 m^2
Es muß mindestens eine Referenzfläche auf jedem Teil festgelegt werden.

c) Teile mit wesentlichen Flächen zwischen 1 000 mm^2 und einschließlich 10 000 mm^2
Es muß eine Referenzflächen pro Teil festgelegt werden.

d) Teile mit wesentlichen Flächen als 1 000 mm^2 wesentlicher Fläche
Eine hinreichende Anzahl von Teilen wird zusammengefaßt, um wenigsten eine Gesamtfläche von 1 000 mm^2 als Referenzfläche zu erreichen. Die Anzahl der Referenzflächen muß entsprechend der rechten Spalte in Tabelle 1 ausgewählt werden. Mitunter entspricht die Anzahl der zu prüfenden Teile der Anzahl derjenigen Teile, die zum Erreichen einer Referenzfläche erforderlich sind, multipliziert mit der erforderlichen Anzahl nach Tabelle 1 entsprechend des Prüfmusters (oder der Gesamtzahl der feuerverzinkten Teile, falls sie geringer ist). Alternativ können Prüfverfahren aus ISO 2859 ausgewählt werden.

ANMERKUNG 1:
10 000 mm^2 = 100 cm^2
1 000 mm^2 = 10 cm^2
2 m^2 entspricht einer Fläche von 200 cm × 100 cm
10 000 mm^2 entspricht 10 × 10 cm
1 000 mm^2 entspricht 10 × 1 cm.

In den Fällen b), c) und d) muß die Überzugsdicke auf jeder Referenzfläche gleich oder größer sein als die örtliche Schichtdicke entsprechend Tabelle 2 oder 3. Die durchschnittliche Schichtdicke auf allen Referenzflächen muß gleich oder größer sein als die durchschnittliche Schichtdicke nach Tabelle 2 oder 3.

Falls die Dicke des Zinküberzugs nach EN ISO 2178 durch magnetische Messungen ermittelt wird, müssen die Referenzflächen hinsichtlich ihrer Größe und Lage die gleichen Kriterien erfüllen wie beim gravimetrischen Verfahren.

Falls mehr als 5 Teile zusammengefaßt werden müssen, um die Referenzfläche von 1 000 mm^2 zu erreichen, muß von jedem Teil eine magnetische Messung durchgeführt werden, falls hinreichend Bereiche von wesentlichen Flächen zur Verfügung stehen; falls nicht, muß das gravimetrische Verfahren angewendet werden.

Innerhalb einer jeden Referenzfläche von wenigstens 1 000 mm^2 müssen mindestens 5 Einzelwerte magnetisch ermittelt werden. Falls einer der Einzelwerte niedriger liegt als der Wert der örtlichen Schichtdicke in Tabelle 2 oder 3, ist dieses unerheblich, da nur der Durchschnittswert der gesamten Referenzfläche gleich oder größer als die örtliche Schichtdicke entsprechend der Tabelle sein muß. Die durchschnittliche Überzugsdicke aller Referenzflächen muß für das magnetische Verfahren in gleicher Weise berechnet werden wie für das gravimetrische Verfahren (EN ISO 1460).

Schichtdickenmessungen dürfen nicht im Bereich von Schnittkanten, weniger als 10 mm von Werkstückkanten, Brennschnittflächen und Ecken durchgeführt werden (siehe C.1.3).

Tabelle 2: Dicke von Zinküberzügen auf Prüfteilen, die nicht geschleudert wurden

Teile und ihre Dicke (mm)	Örtliche Schichtdicke [a] (Mindestwert) µm	Durchschnittliche Schichtdicke [b] (Mindestwert) µm
Stahl ≥ 6 mm	70	85
Stahl ≥3 mm bis < 6 mm	55	70
Stahl ≥1,5 mm bis < 3 mm	45	55
Stahl <1,5 mm	35	45
Guß ≥ 6 mm	70	80
Guß < 6 mm	60	70
[a] Siehe 3.8 [b] Siehe 3.9		

ANMERKUNG 2: Tabelle 2 dient zum allgemeinen Gebrauch; spezielle Produktnormen können abweichende Anforderungen festlegen. Dickere Zinküberzüge oder zusätzliche Anforderungen können vereinbart werden, ohne zu dieser Norm im Widerspruch zu stehen.

Die örtliche Schichtdicke nach Tabelle 2 darf nur an den festgelegten Referenzflächen nach 6.2.3 geprüft werden.

Tabelle 3: Dicke von Zinküberzügen auf Prüfteilen, die geschleudert wurden

Teile und ihre Dicke (mm)	Örtliche Schichtdicke [a] (Mindestwert) µm	Durchschnittliche Schichtdicke [b] (Mindestwert) µm
Gewindeteile ≥ 20 mm Durchmesser ≥ 6 bis < 20 mm Durchmesser < 6 mm Durchmesser	45 35 20	55 45 25
Andere Teile (einschließlich Guß) ≥ 3 mm < 3 mm	45 35	55 45
[a] Siehe 3.8 [b] Siehe 3.9		

ANMERKUNG 3: Tabelle 3 dient zum allgemeinen Gebrauch; Normen über Verbindungsmittel und spezielle Produktnormen können abweichende Anforderungen festlegen; siehe ebenfalls A.2(g).

Die örtliche Schichtdicke nach Tabelle 3 darf nur an den festgelegten Referenzflächen nach 6.2.3 geprüft werden.

6.3 Ausbesserung

Die Summe der Bereiche ohne Überzug, die ausgebessert werden müssen, darf 0,5 % der Gesamtoberfläche eines Einzelteils nicht überschreiten. Ein einzelner Bereich ohne Überzug darf in seiner Größe 10 cm^2 nicht übersteigen. Falls größere Bereiche ohne Überzug vorliegen, muß das betreffende Bauteil neu verzinkt werden, falls keine anderen Vereinbarungen zwischen Auftraggeber und Feuerverzinkungsunternehmen getroffen werden.

Die Ausbesserung muß durch thermisches Spritzen mit Zink (EN 22063) oder durch eine geeignete Zinkstaub-beschichtung, innerhalb der praktikablen Grenzen solcher Systeme erfolgen. Die Verwendung von Loten auf Zinkbasis ist ebenfalls möglich (siehe Anhang C.5). Der Auftraggeber bzw. Endverbraucher muß über das verwendete Ausbesserungsverfahren informiert werden.

Wenn gesonderte Anforderungen vereinbart werden, z. B. das Auftragen zusätzlicher Beschichtungen, muß der Verzinker zuvor den Auftraggeber über die Art der Ausbesserung informieren.

Die Ausbesserung muß die Entfernung von Verunreinigungen und die notwendige Reinigung und Oberflächenvor-bereitung der Schadstelle zur Sicherstellung des Haftvermögens beinhalten.

Die Schichtdicke des ausgebesserten Bereiches muß mindestens 30 µm mehr betragen als die geforderte örtliche Dicke des Zinküberzugs an der entsprechenden Stelle nach Tabelle 2 oder 3, falls keine anderslautenden Verein-barungen getroffen wurden, z. B. wenn eine zusätzliche Beschichtung aufgetragen werden soll, und daher die Schichtdicke der Ausbesserungsstelle die gleiche Dicke aufweisen soll wie der Zinküberzug. An den ausgebesserten Stellen muß ein hinreichender Korrosionsschutz sichergestellt sein.

ANMERKUNG: Siehe auch Anhang C.5 für Hinweise zum Ausbessern von beschädigten Flächen.

6.4 Haftvermögen

Zur Zeit existieren zur Prüfung des Haftvermögens von Zinküberzügen auf stückverzinkten Stahlteilen keine ISO-Normen. Siehe auch C.6.

Das Haftvermögen zwischen dem Zink und dem Grundwerkstoff muß üblicherweise nicht geprüft werden, da ein hinreichendes Haftvermögen typisch für den Feuerverzinkungsprozeß ist und der Zinküberzug widersteht – ohne sich abzulösen oder abzublättern – bei üblichem Handling und üblichem Gebrauch. Im allgemeinen erfordern dickere Zinküberzüge, daß sie vorsichtiger behandelt werden als dünnere. Biegen und Umformen nach dem Feuerverzinken gehören nicht zum üblichen Gebrauch.

Sollte es notwendig sein, das Haftvermögen zu prüfen, zum Beispiel für den Fall, daß Werkstücke einer hohen mechanischen Belastung ausgesetzt sind, darf eine derartige Prüfung nur auf wesentlichen Flächen erfolgen, in Bereichen, in denen ein gutes Haftvermögen für die vorgesehene Anwendung von Bedeutung ist.

Ein Kreuzschnitt-Test erlaubt einige Hinweise auf die mechanischen Eigenschaften des Überzugs, jedoch sind in manchen Fällen weitere Aussagen erforderlich. Schlagprüfungen oder Schnittprüfungen können ebenfalls für feuerverzinkte Werkstücke entwickelt werden; derartige Prüfverfahren werden bei der Entwicklung in einem eigenständigen Normendokument zusätzlich berücksichtigt.

6.5 Abnahme-Kriterien

Wenn Prüfungen der Schichtdicke nach 6.2.2 entsprechend einer geeigneten Anzahl von Referenzflächen nach 6.2.3 durchgeführt werden, darf die Dicke des Zinküberzugs die Werte aus Tabelle 2 oder 3 nicht unterschreiten. Mit Ausnahme von Schiedsprüfungen hat die Prüfung mit Hilfe von zerstörungsfreien Verfahren zu erfolgen, es sei denn, der Auftraggeber stimmt einer Bestimmung des Massenverlustes zu. Falls Teile aus Stählen unterschiedlicher Dicke zusammengesetzt sind, ist für jede Materialdicke die entsprechende Schichtdicke des Überzugs gemäß Tabelle 2 oder 3 zugrunde zu legen.

Falls die Dicke eines Überzuges auf einem Prüfmuster nicht den Anforderungen entspricht, muß die doppelte Menge von Teilen (oder sämtliche Teile, falls nicht mehr zur Verfügung stehen) ausgewählt und erneut geprüft werden. Falls dieses größere Prüfmuster einwandfrei ist, muß die gesamte Prüfmenge akzeptiert werden. Falls dieses größere Prüfmuster die erneute Prüfung nicht besteht, entspricht das Los nicht den Anforderungen. Die fehlerhaften Teile müssen aussortiert werden, oder der Auftraggeber stimmt einer erneuten Verzinkung zu.

7 Werksbescheinigung

Falls gefordert, hat die Verzinkerei eine Werksbescheinigung auszustellen, aus welcher die Übereinstimmung mit dieser Norm hervorgeht (siehe ISO 10474).

Anhang A (normativ)

Informationen, die der Auftraggeber dem Verzinker zur Verfügung stellen muß

A.1 Grundsätzliche Informationen

Die Nummer dieser Norm, EN ISO 1461, muß vom Auftraggeber dem Verzinker mitgeteilt werden:

A.2 Zusätzliche Informationen

Die nachfolgenden Punkte können zum Teil von Bedeutung sein; falls ja, müssen sie vom Auftraggeber, soweit verfügbar, von ihm festgelegt oder näher bezeichnet werden.

Der Verzinker stellt auf Anfrage seinerseits ihm vorliegende Informationen zu diesen Punkten zur Verfügung, einschließlich des Ausbesserungsverfahrens für Bereiche ohne Überzug.

a) Die Zusammensetzung und die Eigenschaften des Grundwerkstoffes, die den Verzinkungsvorgang beeinflussen können (siehe Anhang C);

b) Eine Identifikation von wesentlichen Flächen, zum Beispiel anhand von Zeichnungen oder durch vorher angebrachte geeignete Markierungen;

c) Eine Zeichnung oder andere Möglichkeiten der Identifizierung von Bereichen, auf denen Oberflächenunregelmäßigkeiten, z. B. Verdickungen oder Klebestellen, das verzinkte Teil für den vorgesehenen Gebrauch unbrauchbar machen können; der Auftraggeber muß Möglichkeiten zur Lösung des Problems mit dem Verzinker erörtern;

d) Ein Muster oder andere Möglichkeiten zum Nachweis einer besonders geforderten Oberflächengüte;

e) Spezielle Anforderungen an die Oberflächenvorbereitung;

f) Besonders geforderte Schichtdicken (siehe 6.2.1 und die Anmerkungen 2 und 3 in 6.2.3 und Anhang C);

g) Die Forderung oder die Akzeptanz von geschleuderten Teilen, die die Anforderungen nach Tabelle 3 statt nach Tabelle 2 erfüllen;

h) Falls der Zinküberzug nachbehandelt oder zusätzlich beschichtet werden soll (siehe Anmerkung zu 6.3 sowie C.4 und C.5);

i) Vereinbarungen über Abnahmeprüfungen (siehe Abschnitt 5);

j) Ob eine Werksbescheinigung nach ISO 10474 mitgeliefert werden soll.

Anhang B (normativ)

Sicherheits- und Verfahrensanforderungen

In Ermangelung von nationalen Unfallverhütungsvorschriften zum Entlüften und Entleeren von Hohlräumen in Verzinkungsgut, muß der Auftraggeber Bohrungen oder andere Entlüftungsmöglichkeiten bei Hohlräumen sowie Aufhängemöglichkeiten anbringen oder dem Verzinker seine Zustimmung geben, dieses zu tun. Dieses ist von grundlegender Bedeutung für die Sicherheit und den Verfahrensablauf.

Warnung: Es ist von grundsätzlicher Bedeutung, geschlossene Hohlräume zu vermeiden, da Hohlkörper andernfalls beim Feuerverzinken bersten können.

ANMERKUNG: Weitere Informationen über Be- und Entlüftung werden in ISO 14713 gegeben.

Anhang C (informativ)

Eigenschaften von zu verzinkenden Teilen, die das Ergebnis des Feuerverzinkens beeinflussen können

C.1 Grundwerkstoff

C.1.1 Stahlzusammensetzung

Unlegierte Baustähle, niedrig legierte Stähle sowie Gußeisen sind üblicherweise zum Feuerverzinken geeignet. Ob andere Stähle zum Feuerverzinken geeignet sind, sollte anhand der Informationen und Muster, die der Auftraggeber dem Feuerverzinkungsunternehmen zur Verfügung stellt, geklärt werden. Schwefelhaltige Automatenstähle sind normalerweise zum Feuerverzinken ungeeignet.

C.1.2 Oberflächenbeschaffenheit

Die Oberfläche des Grundwerkstoffes sollte vor dem Eintauchen in das Zinkbad metallisch blank sein. Beizen in Säure ist die empfohlene Methode zur Oberflächenvorbereitung. Überbeizen sollte vermieden werden. Oberflächenverunreinigungen, die nicht durch den Beizvorgang entfernt werden können – zum Beispiel kohlenstoffhaltige Verunreinigungen (Ziehmittelreste), Öl, Fett, Beschichtungen, Schweißschlacke und ähnliche Verunreinigungen sollten vor dem Beizen entfernt werden. Die Zuständigkeit für die Entfernung derartiger Verunreinigungen ist zwischen dem Auftraggeber und dem Verzinker abzustimmen.

Gußteile sollten weitestgehend frei sein von Oberflächenporen und Lunkern; sie sollten vorbereitet werden durch Strahlen, elektrolytisches Beizen oder mit Hilfe anderer geeigneter Verfahren zum Behandeln von Guß.

C.1.3 Der Einfluß der Rauheit der Stahloberfläche auf die Dicke des Zinküberzuges beim Feuerverzinken

Die Rauheit der Stahloberfläche hat einen Einfluß auf die Dicke und die Struktur des Zinküberzuges. Oberflächenunebenheiten des Grundwerkstoffes bleiben üblicherweise nach dem Feuerverzinken sichtbar.

Stahloberflächen mit einer großen Rauheit, wie sie z. B.durch Strahlen, Schruppschleifen usw. erreicht wird, ergeben beim Verzinken dickere Zinküberzüge als dieses durch Beizen allein erzielt wird.

Brennschnitte verändern die Stahlzusammensetzung und Struktur des Stahls in der Wärmeeinflußzone in solcher Weise, daß die in Abschnitt 6.3, Tabelle 2 oder 3, geforderten Schichtdicken mitunter nur schwer erreicht werden können. Um sicherzustellen, daß die geforderte Überzugsdicke im Bereich von Brennschnittflächen erreicht wird, sollten die Schnittflächen durch den Auftraggeber mechanisch abgetragen werden.

C.1.4 Der Einfluß von reaktiven Elementen im Grundwerkstoff auf die Dicke des Zinküberzuges und sein Aussehen

Die meisten Stähle lassen sich zufriedenstellend feuerverzinken. Verschiedene reaktive Elemente im Stahl können das Feuerverzinken beeinflussen, z. B. Silicium (Si) und Phosphor (P). Die Stahlzusammensetzung hat einen Einfluß auf die Dicke und das Aussehen von Zinküberzügen. Bei unterschiedlichen Anteilen von Silicium und Phosphor ergeben sich ungleichmäßige, glänzende und/oder dunkelgraue Überzüge, die spröde und dicker als üblich sein können. Die französische Norm NF A 35-503 : 1994 gibt einige Hinweise zum Verzinkungsverhalten und zu verzinkungsgeeigneten Stählen. Es werden zur Zeit jedoch noch weitere Forschungsarbeiten durchgeführt, die den Einfluß der Begleitelemente in den Stählen untersuchen (siehe hierzu auch EN ISO 14713).

C.1.5 Spannungen im Grundwerkstoff

Spannungen im Grundwerkstoff werden beim Verzinkungsvorgang teilweise freigesetzt und können Deformationen des feuerverzinkten Teils verursachen.

Stahlteile, die kalt verformt werden (z. B. gebogen) können in Abhängigkeit von der Art des Stahls und dem Umfang der Kaltverformung verspröden. Da das Feuerverzinken eine Wärmebehandlung darstellt, beschleunigt es die ohnehin eintretende natürliche Alterung derartiger Stähle. Zur Vermeidung der Alterung sollte ein alterungsunempfindlicher Stahl eingesetzt werden. Falls befürchtet werden muß, daß ein Stahlwerkstoff durch Alterung verspröden wird, sollte auf eine Kaltverformung möglichst verzichtet werden. Wenn auf eine Kaltverformung nicht verzichtet werden kann, sollten Spannungen durch eine Wärmebehandlung beseitigt werden, bevor gebeizt und verzinkt wird.

ANMERKUNG: Die Empfindlichkeit für die Alterung und die sich daraus ergebende Versprödung wird durch den Stickstoffgehalt des Stahls verursacht, welcher weitgehend von der Stahlherstellung abhängig ist. Generell kann gesagt werden, daß das Problem in modernen Stahlherstellungsprozessen nicht mehr auftritt. Aluminiumberuhigte Stähle sind am wenigsten empfindlich gegenüber Alterungsvorgängen.

Wärmebehandelte oder kaltverformte Stähle werden durch die Erwärmung im Zinkbad teilweise angelassen und verlieren dabei einen Teil der durch die Wärmebehandlung oder Kaltverformung erhöhten Festigkeit.

Gehärtete und/oder hochfeste Stähle können Zugspannungen in solcher Höhe aufweisen, daß sich beim Beizen oder Feuerverzinken das Risiko zur Rißbildung im Stahl erhöht. Das Risiko der Rißbildung kann reduziert werden durch Spannungsabbau vor dem Beizen und Verzinken. Hierzu sollte der Rat von Fachleuten eingeholt werden.

Gewöhnliche Baustähle verspröden normalerweise nicht durch die Aufnahme von Wasserstoff beim Beizen, selbst wenn Wasserstoff im Stahl verbleiben sollte. Bei derartigen Stählen entweicht der aufgenommene Wasserstoff während des Tauchganges im schmelzflüssigen Zink. Falls Stähle eine höhere Härte als etwa 34 HRC, 340 HV oder 325 HB aufweisen (siehe ISO 4964), ist dafür Sorge zu tragen, die Wasserstoffaufnahme während der Oberflächenvorbereitung zu minimieren.

Wenn die Erfahrung zeigt, daß bestimmte Stähle Vorbehandlungen, thermische und mechanische Behandlungen, Beizen und Feuerverzinken zufriedenstellende Ergebnisse ermöglichen, kann davon ausgegangen werden, daß Probleme mit der Werkstoffversprödung nicht zu erwarten sind, wenn die Werkstoffzusammensetzung, Vorbehandlung, thermische und mechanische Behandlung und der Verzinkungsprozeß gleich sind.

C.1.6 Große Teile oder große Werkstoffdicken

Bei großen Teilen werden üblicherweise auch längere Tauchdauern im Zinkbad erforderlich. Diese, ebenso wie bestimmte metallurgische Eigenschaften sowie große Materialdicken, können daher die Ausbildung von dickeren Zinküberzügen zur Folge haben.

C.1.7 Feuerverzinkungspraxis

Dem Zinkbad können geringe Mengen anderer Elemente zugegeben werden (entsprechend den Anforderungen in 4.1) als Teil der Verfahrenstechnik der Verzinkerei mit der Zielrichtung, die nachteiligen Auswirkungen bestimmter Silicium- und Phosphorgehalte zu vermeiden (siehe C.1.4), oder um die Oberflächenstruktur des Zinküberzuges zu beeinflussen. Solche Zusätze beeinflussen nicht die Qualität und den Korrosionswiderstand des Überzuges oder die mechanischen Eigenschaften des verzinkten Produktes; sie brauchen daher nicht genormt zu werden.

C.2 Konstruktion

C.2.1 Allgemein

Die konstruktive Ausbildung von Teilen, die feuerverzinkt werden, sollte das Verfahren der Feuerverzinkung berücksichtigen. Dem Auftraggeber wird empfohlen, den Rat des Verzinkers zu suchen, bevor mit der Konstruktion oder Fertigung eines Bauteils, das feuerverzinkt werden soll, begonnen wird, da es notwendig werden kann, die Konstruktion des Teiles den Anforderungen des Feuerverzinkungsprozesses anzupassen (siehe Anhang B).

C.2.2 Abmessungstoleranzen bei Gewinden

Es gibt zwei Möglichkeiten die Gängigkeit von Gewinden zu gewährleisten; dieses ist zu erreichen: zum einen durch Unterschneiden des Schraubenbolzens und zum anderen durch Überschneiden des Mutterngewindes. Bei Verbindungsmitteln sind hierzu die entsprechenden Vorschriften zu beachten. Im allgemeinen sollten Vereinbarungen hierzu und im Hinblick auf die Schichtdicke getroffen werden, um die Gewindegängigkeit sicherzustellen. Es gibt keine Anforderungen an den Zinküberzug von Innengewinden, die nach dem Feuerverzinken geschnitten oder nachgeschnitten werden.

Die Dicke von Zinküberzügen für Gewindeteile sollte den Anforderungen für zentrifugierte Teile angepaßt sein, um gängige Gewinde einhalten zu können.

> ANMERKUNG 1: Der Zinküberzug auf einem Gewindebolzen schützt auf elektrochemischem Wege das Innengewinde einer Mutter in einer zusammengebauten Einheit. Aus diesem Grunde wird kein Zinküberzug auf Innengewinden benötigt.

> ANMERKUNG 2: Die Festigkeitswerte des verzinkten Gewindebolzens sollten den Anforderungen entsprechen.

C.2.3 Einfluß der Badtemperatur

Werkstoffe, deren Eigenschaften durch die Temperatur der Zinkschmelze beeinflußt werden könnten, sollten nicht feuerverzinkt werden.

C.3 Die Zinkschmelze

Besondere Anforderungen an die maximale Höhe von Begleitelementen oder Verunreinigungen in der Zinkschmelze können vom Auftraggeber festgelegt werden.

In besonderen Anwendungsbereichen, zum Beispiel bei Boilern (Behälter, Rohrzylinder usw.), die für den Kontakt mit Trinkwasser vorgesehen sind, kann der Auftraggeber festlegen, daß der Zinküberzug in seiner chemischen Zusammensetzung den Anforderungen für feuerverzinkte Rohre nach EN 10240 entsprechen muß.

C.4 Nachbehandlung

Feuerverzinkte Teile sollten nicht zusammengelegt werden, solange sie heiß oder feucht sind. Kleine Teile, die in Körben oder in Vorrichtungen verzinkt werden, sollten unmittelbar nach dem Herausziehen aus dem Zinkbad zentrifugiert werden, um überflüssiges Metall zu entfernen (siehe Anhang A.2 g)).

Um die mögliche Bildung von Weißrost auf der Oberfläche zu vermeiden, können Teile, die nicht beschichtet werden, einer speziellen Oberflächenbehandlung unterzogen werden.

Falls die Teile nach dem Feuerverzinken beschichtet werden, sollte der Auftraggeber das Feuerverzinkungsunternehmen hierüber zuvor informieren.

C.5 Ausbesserung von Fehlstellen

Falls die Feuerverzinkerei darauf hingewiesen wird, daß ein verzinktes Teil zusätzlich beschichtet werden soll, sollte der Auftraggeber darauf hingewiesen werden, daß das Ausbessern von Fehlstellen zulässig ist; er sollte über das gewählte Ausbesserungsverfahren und die hierzu verwendeten Stoffe informiert werden. Auftraggeber und Beschichter sollten sich vergewissern, daß das nachfolgende Beschichtungssystem für die verwendeten Verfahren und Materialien geeignet ist.

In 6.3 sind die Schichtdicken von Ausbesserungsarbeiten im Hinblick auf Abnahmeprüfungen geregelt. Die gleichen Verfahren gelten für die Ausbesserung von Schadstellen auf Baustellen. Die Größe der tolerierbaren Flächen, die ausgebessert werden, sollten sich an den zulässigen Werten für Fehlstellen beim Feuerverzinken orientieren.

C.6 Haftfestigkeitsprüfung

Über geeignete Prüfverfahren sind, unter Berücksichtigung ihrer Praktikabilität, Vereinbarungen zu treffen.

Anhang D (informativ)

Bestimmung der Schichtdicke

D.1 Allgemeines

Das gebräuchlichste Verfahren zur zerstörungsfreien Prüfung der Schichtdicke ist das magnetische Verfahren (siehe 6.2 und EN ISO 2178). Andere Verfahren (z. B. ISO 2808: elektromagnetisches Verfahren) außerhalb dieser Norm können verwendet werden.

Zu den zerstörenden Verfahren gehören die Bestimmung der Masse pro Flächeneinheit durch das gravimetrische Verfahren (Umrechnung in Schichtdicke (Mikrometer µm) durch Division der Angaben in Gramm pro Quadratmeter (g/m^2) durch 7,2 (siehe D.3), das coulometrische Verfahren (siehe EN ISO 2177) und das Verfahren des Mikroschliffes (siehe D.2)).

Die Definitionen in Abschnitt 3 sollten sorgfältig beachtet werden, insbesondere das Verhältnis zwischen örtlicher und durchschnittlicher Schichtdicke, wenn das magnetische Verfahren angewendet wird und dessen Ergebnisse mit denen einer gravimetrischen Prüfung nach EN ISO 1460, das als Schiedsverfahren angewendet wird, verglichen werden.

D.2 Mikroschliff-Verfahren

Das Mikroschliff-Verfahren (siehe EN ISO 1463) kann ebenfalls eingesetzt werden. Es ist jedoch für die laufende Überwachung ungeeignet, insbesondere bei großen oder teuren Teilen, denn es ist ein zerstörendes Verfahren und gibt nur die Verhältnisse an einem bestimmten Schnitt wieder. Es gibt ein einfaches optisches Bild der untersuchten Schnitte.

D.3 Berechnung der Schichtdicke aus der Masse pro Flächeneinheit (Referenzverfahren)

Das Verfahren nach EN ISO 1460 ermittelt die flächenbezogene Masse in Gramm pro Quadratmeter. Diese Werte können umgerechnet werden in eine örtliche Schichtdicke in Mikrometer, indem man durch die Dichte des Überzugs (7,2 g/cm^3) dividiert. Das Verhältnis der flächenbezogenen Masse zur Schichtdicke nach Tabelle 2 und 3 ist in Tabelle D.1 und D.2 dargestellt.

Tabelle D.1: Flächenbezogene Masse im Verhältnis zu ihrer Schichtdicke von Teilen, die nicht zentrifugiert werden[a]

Teile und ihre Dicke		Örtliche Schichtdicke (Mindestwert)[b]		Durchschnittliche Schichtdicke (Mindestwert)[c]	
		g/m^2	µm	g/m^2	µm
Stahl	≥ 6 mm	505	70	610	85
Stahl	≥ 3 mm bis < 6 mm	395	55	505	70
Stahl	≥ 1,5 mm bis < 3 mm	325	45	395	55
Stahl	< 1,5 mm	250	35	325	45
Guß	≥ 6 mm	505	70	575	80
Guß	< 6 mm	430	60	505	70

[a] Siehe Anmerkung 2 in 6.2.3
[b] Siehe 3.10
[c] Siehe 3.11

Tabelle D.2: Flächenbezogene Masse im Verhältnis zu ihrer Schichtdicke von Teilen, die zentrifugiert werden[a]

Teile und ihre Dicke		Örtliche Schichtdicke (Mindestwert)[b]		Durchschnittliche Schichtdicke (Mindestwert)[c]	
		g/m^2	µm	g/m^2	µm
Gewindeteile					
≥ 20 mm	Durchmesser	325	45	395	55
≥ 6 bis < 20 mm	Durchmesser	250	35	325	45
< 6 mm	Durchmesser	145	20	180	25
Andere Teile (einschließlich Guß)					
≥ 3 mm		325	45	395	55
< 3 mm		250	35	325	45

[a] Siehe Anmerkung 3 in 6.2.3
[b] Siehe 3.10
[c] Siehe 3.11

393

Anhang E (informativ)

Literaturhinweise

EN 10240
Innere und/oder äußere Schutzüberzüge für Stahlrohre – Anforderungen an Zinküberzüge, die in automatischen Anlagen aufgebracht werden

EN ISO 1463 : 1994
Metall- und Oxidschichten – Schichtdickenmessung – Mikroskopisches Verfahren (ISO 1463 : 1982)

EN ISO 2177 : 1994
Metallische Überzüge – Schichtdickenmessung – Coulometrisches Verfahren durch anodisches Ablösen (ISO 2177 : 1985)

EN ISO 12944-4
Beschichtungsstoffe – Korrosionsschutz von Stahlbauten durch Beschichtungssysteme – Teil 4: Arten von Oberflächen und Oberflächenvorbereitung (ISO 12944-4 : 1998)

EN ISO 12944-5
Beschichtungsstoffe – Korrosionsschutz von Stahlbauten durch Beschichtungssysteme – Teil 5: Beschichtungssysteme (ISO 12944-5 : 1998)

EN ISO 14713
Korrosionsschutz von Eisen- und Stahlkonstruktionen vor Korrosion – Zink- und Aluminiumüberzüge – Leitfäden (ISO 14713 : 1999)

ISO 2808 : 1997
Beschichtungsstoffe – Bestimmung der Schichtdicke

ISO 4964 : 1984
Stähle – Härteumwertung

NF A 35-503 : 1994
Eisen und Stahl – Stähle zum Feuerverzinken

Durch Feuerverzinken auf Stahl aufgebrachte Zinküberzüge (Stückverzinken) **Anforderungen und Prüfungen (ISO 1461 : 1999)** Hinweise zur Anwendung der Norm	Beiblatt 1 zu DIN EN ISO 1461

ICS 25.220.40

Hot dip galvanized coatings on fabricated iron and steel articles – Specifications and test methods (ISO 1461 : 1999) – Indications of application of this standard

Revêtements de galvanisation à chaud sur produits finis ferreux – Spécifications et méthodes d'essai (ISO 1461 : 1999) – Indications d'application de cette norme

Mit
DIN EN ISO 1461 : 1999-03
Ersatz für
DIN 50976 : 1989-05

Dieses Beiblatt enthält Informationen zu DIN EN ISO 1461, jedoch keine zusätzlich genormten Festlegungen.

Vorwort

Zu den in DIN EN ISO 1461 genormten Festlegungen für das Feuerverzinken von Einzelteilen (Stückverzinken) werden vom Arbeitsausschuß NMP 175 "Schmelztauchüberzüge" folgende Empfehlungen und Erläuterungen für die Anwendung von DIN EN ISO 1461 gegeben:

Fortsetzung Seite 2 bis 4

Normenausschuß Materialprüfung (NMP) im DIN Deutsches Institut für Normung e. V.

Zu 1 Anwendungsbereich

DIN EN ISO 1461 regelt den Bereich des diskontinuierlichen Feuerverzinkens, des sog. Stückverzinkens. Sie ist auf gefertigte Eisen- und Stahlteile anzuwenden, sie schließt jedoch auch Teile aus Gußwerkstoffen und bestimmte Halbzeuge (z. B. Profilstahl-Halbzeuge) ein.

DIN EN ISO 1461 gilt nicht für feuerverzinktes Band und Blech (nach DIN EN 10142 bzw. DIN EN 10147), Stahldraht (nach DIN 1548), Stahlrohre, die in automatischen Anlagen feuerverzinkt werden (nach DIN EN 10240) und/oder mechanische Verbindungselemente (nach DIN 267-10 und einer in Vorbereitung befindlichen Internationalen Norm[1]). Darüber hinaus enthält eine große Anzahl von Produktnormen spezielle Festlegungen zum Feuerverzinken dieser Teile, die gegebenenfalls gesondert zu beachten sind.

DIN EN ISO 1461 gilt ebenfalls nicht für Zinküberzüge, die mehr als 2 % andere Metalle aufweisen, d. h., sie ist beispielsweise nicht anwendbar für Zn-Al-Überzüge (z. B. Galfan). Die Abgrenzung zu den Forderungen des Abschnitts 4.1 der DIN EN ISO 1461 sind zu beachten.

Unter "Nachbehandlung" wird das nachträgliche Herstellen von speziellen Schichten verstanden (z. B. zur Verhütung von Weißrost), eine Abkühlung feuerverzinkter Teile in einem Wasserbad ist keine Nachbehandlung im Sinne dieser Norm. Zusätzliche Beschichtungen auf feuerverzinktem Stahl bezeichnet man einschließlich Zinküberzug als Duplex-Systeme. Zu ihrer Ausführung sind Abstimmungen zwischen den Beteiligten im Hinblick auf Oberflächenvorbereitung, Beschichtungssysteme, Schichtdicken, Applikationstechniken usw. erforderlich. Nähere Informationen liefert DIN EN ISO 12944.

Zu 6.2 Dicke des Zinküberzuges, Tabellen 2 und 3

DIN EN ISO 1461 unterscheidet im Hinblick auf die Dicke des Zinküberzuges zwischen Teilen, die nicht geschleudert wurden (Tabelle 2) und Teilen, die geschleudert wurden (Tabelle 3). Üblicherweise werden nur Kleinteile, die in Körben feuerverzinkt werden können, geschleudert. Hierdurch erreicht man, daß der noch flüssige Teil des Zinküberzuges durch das Zentrifugieren teilweise wieder abgeschleudert wird. Die Dicke des Zinküberzuges wird hierdurch reduziert, der verbleibende Zinküberzug ist jedoch gleichmäßiger, die Paßfähigkeit von geschleuderten Teilen ist besser. Es besteht in der Regel keine uneingeschränkte Wahlmöglichkeit zwischen den beiden Verfahrensvarianten. Lediglich bei Kleinteilen, die sowohl ohne als auch mit einem zusätzlichen Schleudern feuerverzinkt werden können, sind im Einzelfall Abstimmungen zwischen den Beteiligten erforderlich, ansonsten obliegt die Auswahl der jeweiligen Verfahrensvariante dem Feuerverzinkungsunternehmen.

Die in DIN EN ISO 1461, Tabelle 3, genannten Schichtdicken für Zinküberzüge auf Gewindeteilen sind für das Feuerverzinken von mechanischen Verbindungselementen unzureichend. Insbesondere Angaben zu den Gewindeabmessungen fehlen. Bis auf weiteres ist zum Feuerverzinken von mechanischen Verbindungsmitteln DIN 267-10 und eine in Vorbereitung befindliche Internationale Norm[1] anzuwenden.

Zu Abschnitt 6.3 Ausbesserung

DIN EN ISO 1461 sieht wahlweise drei verschiedene Ausbesserungsverfahren vor, nämlich das Thermische Spritzen mit Zink, das Auftragen von Zinkstaub-Beschichtungen sowie die Verwendung von zinkhaltigen Loten. Da die Wirksamkeit der Ausbesserungsverfahren im wesentlichen vom ausgewählten Verfahren und der Art und Sorgfalt bei der Applikation abhängt, empfiehlt es sich, gegebenenfalls zusätzlich zu den Festlegungen der Norm, für das jeweilige Verfahren der Ausbesserung detailliertere Festlegungen zwischen den Beteiligten zu treffen.

Zu Abschnitt 6.4 Haftvermögen

Das Haftvermögen von Zinküberzügen muß üblicherweise nicht gesondert geprüft werden. Eine etwaige Prüfung des Haftvermögens ist vor dem Feuerverzinken zu vereinbaren. Solange keine geltende Europäische Norm hierzu zur Verfügung steht, sollte die Prüfung des Haftvermögens von Zinküberzügen nach DIN 50978 durchgeführt werden. Hierbei sind die Rahmenbedingungen der Prüfung nach dieser Norm besonders zu beachten.

Zu Anhang A.2

Zur Vereinfachung der Angaben, z. B. auf Technischen Zeichnungen und Stücklisten, empfiehlt es sich, zur Kennzeichnung der Feuerverzinkung Kurzzeichen und Zeichnungsangaben zu verwenden.

Ein Überzug durch Feuerverzinken (t Zn) (t steht als Abkürzung für "thermisch", Zn steht für das Verfahren des Feuerverzinkens) wird wie folgt bezeichnet: Überzug DIN EN ISO 1461 - t Zn o.

Das Kurzzeichen t Zn o steht für das "Feuerverzinken ohne Anforderung" in bezug auf eine Nachbehandlung.

---

[1] vorgesehene Norm-Nummer: DIN EN ISO 10684

Weitere Bezeichnungen sind:

Überzug DIN EN ISO 1461 - t Zn b sowie
Überzug DIN EN ISO 1461 - t Zn k

Das Kurzzeichen t Zn b steht für das "Feuerverzinken und Beschichten", das Kurzzeichen t Zn k für Feuerverzinken und "keine Nachbehandlung vornehmen".

Werkstücke, die feuerverzinkt werden, sollen in Zeichnungen mit Angaben entsprechend Bild 1 versehen werden:

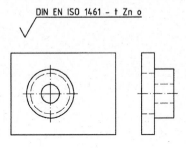

Bild 1

Zu Abschnitt C 4 Nachbehandlung

Zinküberzüge werden üblicherweise nicht nachbehandelt. Werden keine gesonderten Vereinbarungen hierzu getroffen, bleibt es dem Lieferer überlassen, ob und gegebenenfalls welche Art der Nachbehandlung er wählt (Kurzzeichen t Zn o). Sollen feuerverzinkte Stahlteile nachträglich beschichtet werden (Duplex-Systeme) ist der Verzinkungsbetrieb darauf hinzuweisen, daß er keine Maßnahmen ergreift, die das Haftvermögen und die Eigenschaften von Beschichtungen negativ beeinflussen. In diesen Fällen ist das Kurzzeichen t Zn k (keine Nachbehandlung) zu verwenden.

Zu Abschnitt Anhang C 5 Ausbessern von Fehlstellen

Zum Ausbessern von Fehlstellen sind nach DIN EN ISO 1461 zugelassen:

– das Thermische Spritzen mit Zink;

– das Auftragen spezieller Zinkstaub-Beschichtungsstoffe;

– das Auftragen zinkhaltiger Lote.

Beim Auftragen von Beschichtungs-Stoffen auf Stellen, die mit Loten ausgebessert wurden, ist darauf zu achten, daß Flußmittelreste zuvor sorgfältig entfernt wurden. Sollen Stellen, die mit Zinkstaub-Beschichtungsstoffen ausgebessert wurden, zusätzlich mit Deckbeschichtung beschichtet werden, so sind hierbei für die Ausbesserung vorzugsweise Beschichtungsstoffe zu verwenden, die sich uneingeschränkt überbeschichten lassen. Dieses können u. a. Zinkstaub-Beschichtungsstoffe mit folgenden Bindemitteln sein:

– Zweikomponenten-Epoxidharz;

– luftfeuchtigkeitshärtendes Einkomponenten-Polyurethan;

– luftfeuchtigkeitshärtendes Einkomponenten-Ethylsilikat.

Die Ausbesserung von Transport- oder Montageschäden fällt in den meisten Fällen nicht in den Zuständigkeitsbereich der Feuerverzinkerei und damit auch nicht unmittelbar in den Geltungsbereich dieser Norm. Es sollten in diesen Fällen Ausbesserungen möglichst in Anlehnung an DIN EN ISO 1461 durchgeführt werden.

Sonstiges

Das Feuerverzinken wird im Regelfall im Lohnauftrag durchgeführt, d. h., daß Feuerverzinkungsunternehmen Stahlteile vor Korrosion schützen, die der Vertragspartner produziert hat; dieses geschieht in dessen Auftrag. Aus diesem Grunde ist es erforderlich, daß sich Auftraggeber und -nehmer in gemeinsamem Interesse über Details abstimmen. Insbesondere sollten Stahlwerkstoffe verwendet werden, die zum Feuerverzinken geeignet sind, und die Bauteile sollten feuerverzinkungsgerecht konstruiert und gefertigt sein.

DIN EN ISO 1461 deckt den gesamten Bereich der Stückverzinkung ab, und es ist möglich, daß im Einzelfall die Festlegungen der Norm nicht hinreichend sind. Insbesondere wenn besondere Anforderungen an das Aussehen (z. B. in der Architektur), die Eignung/Verwendung für besondere Anwendungen (z. B. thermische oder chemische Belastung) und besondere Anforderungen an die Dicke von Zinküberzügen gestellt werden, sollten Abstimmungen zwischen Auftraggeber und Auftragnehmer erfolgen.

Der Reaktionsverlauf zwischen Eisen bzw. Stahl und flüssigem Zink während des Feuerverzinkens ist kompliziert. Die Phasengrenzreaktionen sind von den Einflußgrößen des Grundwerkstoffes und den Verzinkungsbedingungen abhängig. Der Ablauf der Eisen-Zink-Reaktion kann von einigen Stahlbegleitelementen, insbesondere Silicium und Phosphor, erheblich beschleunigt werden. Als Folge davon bilden sich deutlich dickere, graue oder graufleckige Zinküberzüge aus.

Die Temperatur der Zinkschmelze liegt üblicherweise bei etwa 450 °C (Normaltemperatur) bzw. bei etwa 550 °C (Hochtemperatur).

Je nach den Verzinkungsbedingungen wird dieser Einfluß beobachtet bei Stählen mit einem Siliciumgehalt zwischen 0,03 und 0,12 % (Massenanteil), sog. Sandelin-Effekt sowie oberhalb 0,30 % (Massenanteil). Dieses gilt insbesondere bei Phosphorgehalten unter 0,02 %. Da höhere Phosphorgehalte additiv zum Einfluß des Siliciums entsprechende Auswirkungen haben, verbreitern sie die vorstehend genannten Bereiche einer ungünstigen Stahlzusammensetzung. In Zweifelsfällen sollte eine Probeverzinkung unter praxisgerechten Bedingungen durchgeführt werden, um Informationen über das Verzinkungsverhalten bestimmter Stähle zu erhalten.

Die Eignung von Stählen zum Feuerverzinken sollte bereits bei der Stahlbestellung mit vereinbart werden (siehe 7.5.4 in DIN EN 10025).

	Beschichtungsstoffe Korrosionsschutz von Stahlbauten durch Beschichtungssysteme Teil 1: Allgemeine Einleitung (ISO 12944-1 : 1998) Deutsche Fassung EN ISO 12944-1 : 1998	$\overline{\overline{\text{DIN}}}$ EN ISO 12944-1

ICS 87.020; 91.080.10

Mit DIN EN ISO 12944-2 : 1998-07
Ersatz für DIN 55928-1 : 1991-05

Deskriptoren: Beschichtungsstoff, Korrosionsschutz,
Beschichtungssystem, Stahlbau

Paints and varnishes – Corrosion protection of steel structures by
protective paint systems – Part 1: General introduction
(ISO 12944-1 : 1998); German version EN ISO 12944-1 : 1998

Peintures et vernis – Anticorrosion des structures en acier par systèmes
de peinture – Partie 1: Introduction genérale
(ISO 12944-1 : 1998); Version allemande EN ISO 12944-1 : 1998

Die Europäische Norm EN ISO 12944-1 : 1998 hat den Status einer Deutschen Norm.

Nationales Vorwort

Die Europäische Norm EN ISO 12944-1 fällt in den Zuständigkeitsbereich des Technischen Komitees CEN/
TC 139 "Lacke und Anstrichstoffe" (Sekretariat: Deutschland). Die ihr zugrundeliegende Internationale Norm
ISO 12944-1 wurde vom ISO/TC 35/SC 14 "Paints and varnishes – Protective paint systems for steel structures"
(Sekretariat: Norwegen) ausgearbeitet.

Das zuständige deutsche Normungsgremium ist der Unterausschuß 10.1 "Allgemeines" des FA/NABau-
Arbeitsausschusses 10 "Korrosionsschutz von Stahlbauten".

Für die im Abschnitt 2 zitierten Internationalen Normen wird in der folgenden Tabelle auf die entsprechenden
Deutschen Normen hingewiesen:

ISO-Norm	DIN-Norm
ISO 4628-1	E DIN ISO 4628-1[1])
ISO 4628-2	E DIN ISO 4628-2[1])
ISO 4628-3	E DIN ISO 4628-3[1])
ISO 4628-4	DIN ISO 4628-4, E DIN ISO 4628-4[1])
ISO 4628-5	DIN ISO 4628-5, E DIN ISO 4628-5[1])

[1]) Die Normen ISO 4628-1 bis ISO 4628-5 werden z. Z. überarbeitet. Es ist vorgesehen, die Neuausgaben als Europäische Normen und damit in das DIN-Normenwerk zu übernehmen (Ersatz für
DIN 53209, DIN 53210 und DIN 53230).

Fortsetzung Seite 2
und 8 Seiten EN

Normenausschuß Anstrichstoffe und ähnliche Beschichtungsstoffe (FA) im DIN Deutsches Institut für Normung e.V.
Normenausschuß Bauwesen (NABau) im DIN

Änderungen

Gegenüber DIN 55928-1 : 1991-05 wurden folgende Änderungen vorgenommen:
a) Internationale Festlegungen unverändert übernommen.
b) Inhalt auf DIN EN ISO 12944-1 und DIN EN ISO 12944-2 aufgeteilt.
c) Inhalt überarbeitet und neu gegliedert.

Frühere Ausgaben
DIN 55928: 1956-11, 1959-06x
DIN 55928-1: 1976-11, 1991-05

Nationaler Anhang NA (informativ)

Literaturhinweise

DIN 53209
Bezeichnung des Blasengrades von Anstrichen

DIN 53210
Bezeichnung des Rostgrades von Anstrichen und ähnlichen Beschichtungen

DIN 53230
Prüfung von Anstrichstoffen und ähnlichen Beschichtungsstoffen – Bewertungssystem für die Auswertung von Prüfungen

E DIN ISO 4628-1
Beschichtungsstoffe – Beurteilung von Beschichtungsschäden – Bewertung der Menge und Größe von Schäden und der Intensität von Veränderungen – Teil 1: Allgemeine Grundsätze und Bewertungssystem (ISO/CD 4628-1 : 1997)

E DIN ISO 4628-2
Beschichtungsstoffe – Beurteilung von Beschichtungsschäden – Bewertung der Menge und Größe von Schäden und der Intensität von Veränderungen – Teil 2: Bewertung des Blasengrades (ISO/CD 4628-2 : 1997)

E DIN ISO 4628-3
Beschichtungsstoffe – Beurteilung von Beschichtungsschäden – Bewertung der Menge und Größe von Schäden und der Intensität von Veränderungen – Teil 3: Bewertung des Rostgrades (ISO/CD 4628-3 : 1997)

DIN ISO 4628-4
Lacke, Anstrichstoffe und ähnliche Beschichtungsstoffe – Bezeichnung des Grades der Rißbildung von Beschichtungen; Identisch mit ISO 4628-4, Ausgabe 1982

E DIN ISO 4628-4
Beschichtungsstoffe – Beurteilung von Beschichtungsschäden – Bewertung der Menge und Größe von Schäden und der Intensität von Veränderungen – Teil 4: Bewertung des Rißgrades (ISO/CD 4628-4 : 1997)

DIN ISO 4628-5
Lacke, Anstrichstoffe und ähnliche Beschichtungsstoffe – Bezeichnung des Grades des Abblätterns von Beschichtungen; Identisch mit ISO 4628-5, Ausgabe 1982

E DIN ISO 4628-5
Beschichtungsstoffe – Beurteilung von Beschichtungsschäden – Bewertung der Menge und Größe von Schäden und der Intensität von Veränderungen – Teil 5: Bewertung des Abblätterungsgrades (ISO/CD 4628-5 : 1997)

EUROPÄISCHE NORM
EUROPEAN STANDARD
NORME EUROPÉENNE

EN ISO 12944-1

Mai 1998

ICS 87.020

Deskriptoren:

Deutsche Fassung

Beschichtungsstoffe

Korrosionsschutz von Stahlbauten durch Beschichtungssysteme

Teil 1: Allgemeine Einleitung (ISO 12944-1 : 1998)

Paints and varnishes – Corrosion protection of steel structures by protective paint systems – Part 1: General introduction (ISO 12944-1 : 1998)

Peintures et vernis – Anticorrosion des structures en acier par systèmes de peinture – Partie 1: Introduction genérale (ISO 12944-1 : 1998)

Diese Europäische Norm wurde von CEN am 16. Juni 1997 angenommen.

Die CEN-Mitglieder sind gehalten, die CEN/CENELEC-Geschäftsordnung zu erfüllen, in der die Bedingungen festgelegt sind, unter denen dieser Europäischen Norm ohne jede Änderung der Status einer nationalen Norm zu geben ist.

Auf dem letzten Stand befindliche Listen dieser nationalen Normen mit ihren bibliographischen Angaben sind beim Zentralsekretariat oder bei jedem CEN-Mitglied auf Anfrage erhältlich.

Diese Europäische Norm besteht in drei offiziellen Fassungen (Deutsch, Englisch, Französisch). Eine Fassung in einer anderen Sprache, die von einem CEN-Mitglied in eigener Verantwortung durch Übersetzung in seine Landessprache gemacht und dem Zentralsekretariat mitgeteilt worden ist, hat den gleichen Status wie die offiziellen Fassungen.

CEN-Mitglieder sind die nationalen Normungsinstitute von Belgien, Dänemark, Deutschland, Finnland, Frankreich, Griechenland, Irland, Island, Italien, Luxemburg, Niederlande, Norwegen, Österreich, Portugal, Schweden, Schweiz, Spanien, der Tschechischen Republik und dem Vereinigten Königreich.

CEN

EUROPÄISCHES KOMITEE FÜR NORMUNG
European Committee for Standardization
Comité Européen de Normalisation

Zentralsekretariat: rue de Stassart 36, B-1050 Brüssel

Ref. Nr. EN ISO 12944-1 : 1998 D

Inhalt

Vorwort

Der Text der Internationalen Norm ISO 12944-1 : 1998 wurde vom Technischen Komitee ISO/TC 35 "Paints and varnishes" in Zusammenarbeit mit dem Technischen Komitee CEN/TC 139 "Lacke und Anstrichstoffe" erarbeitet, dessen Sekretariat vom DIN gehalten wird.

Diese Europäische Norm muß den Status einer nationalen Norm erhalten, entweder durch Veröffentlichung eines identischen Textes oder durch Anerkennung bis November 1998, und etwaige entgegenstehende nationale Normen müssen bis November 1998 zurückgezogen werden.

Entsprechend der CEN/CENELEC-Geschäftsordnung sind die nationalen Normungsinstitute der folgenden Länder gehalten, diese Europäische Norm zu übernehmen:
Belgien, Dänemark, Deutschland, Finnland, Frankreich, Griechenland, Irland, Island, Italien, Luxemburg, Niederlande, Norwegen, Österreich, Portugal, Schweden, Schweiz, Spanien, die Tschechische Republik und das Vereinigte Königreich.

ISO 12944 mit dem allgemeinen Titel "Beschichtungsstoffe – Korrosionsschutz von Stahlbauten durch Beschichtungssysteme" besteht aus den folgenden Teilen:

Teil 1: Allgemeine Einleitung

Teil 2: Einteilung der Umgebungsbedingungen

Teil 3: Grundregeln zur Gestaltung

Teil 4: Arten von Oberflächen und Oberflächenvorbereitung

Teil 5: Beschichtungssysteme

Teil 6: Laborprüfungen zur Bewertung von Beschichtungssystemen

Teil 7: Ausführung und Überwachung der Beschichtungsarbeiten

Teil 8: Erarbeiten von Spezifikationen für Erstschutz und Instandsetzung

Anhang A dieses Teils von ISO 12944 ist informativ.

Anerkennungsnotiz

Der Text der Internationalen Norm ISO 12944-1 : 1998 wurde von CEN als Europäische Norm ohne irgendeine Abänderung genehmigt.

Einleitung

Ungeschützter Stahl korrodiert in der Atmosphäre, in Wasser und im Erdreich, was zu Schäden führen kann. Um solche Korrosionsschäden zu vermeiden, werden Stahlbauten üblicherweise geschützt, damit sie den Korrosionsbelastungen während der geforderten Nutzungsdauer standhalten.

Es gibt verschiedene Möglichkeiten, Stahlbauten vor Korrosion zu schützen. ISO 12944 befaßt sich mit dem Schutz durch Beschichtungssysteme. Dabei werden in den verschiedenen Teilen alle wesentlichen Gesichtspunkte berücksichtigt, die für einen angemessenen Korrosionsschutz von Bedeutung sind. Zusätzliche oder andere Maßnahmen sind möglich, erfordern aber besondere Vereinbarungen zwischen den Vertragspartnern.

Um Stahlbauten wirksam vor Korrosion zu schützen, ist es notwendig, daß Auftraggeber, Planer, Berater, den Korrosionsschutz ausführende Firmen, Aufsichtspersonal für Korrosionsschutzarbeiten und Hersteller von Beschichtungsstoffen dem Stand der Technik entsprechende Angaben über den Korrosionsschutz durch Beschichtungssysteme in zusammengefaßter Form erhalten. Solche Angaben müssen möglichst vollständig sein, außerdem eindeutig und leicht zu verstehen, damit Schwierigkeiten und Mißverständnisse zwischen den Vertragspartnern, die mit der Ausführung der Schutzmaßnahmen befaßt sind, vermieden werden.

Mit der vorliegenden Internationalen Norm – ISO 12944 – ist beabsichtigt, diese Angaben in Form von Regeln zu machen. Die Norm ist für Anwender gedacht, die über allgemeine Fachkenntnisse verfügen. Es wird auch vorausgesetzt, daß die Anwender von ISO 12944 mit dem Inhalt anderer einschlägiger Internationaler Normen, insbesondere über die Oberflächenvorbereitung, sowie mit einschlägigen nationalen Regelungen vertraut sind.

Die Norm ISO 12944 behandelt keine finanziellen und vertraglichen Fragen. Es ist jedoch zu beachten, daß die Nicht-Einhaltung von Anforderungen und Empfehlungen dieser Norm zu unzureichendem Schutz gegen Korrosion mit erheblichen Folgen und daraus resultierenden schwerwiegenden finanziellen Konsequenzen führen kann.

Die Norm ISO 12944-1 definiert den allgemeinen Anwendungsbereich aller Teile von ISO 12944. Sie enthält einige grundlegende Fachbegriffe und eine allgemeine Einleitung zu den anderen Teilen von ISO 12944. Weiterhin enthält sie eine allgemeine Aussage über Gesundheitsschutz, Arbeitssicherheit und Umweltschutz sowie eine Anleitung, wie ISO 12944 für ein bestimmtes Projekt anzuwenden ist.

1 Anwendungsbereich

1.1 ISO 12944 behandelt den Korrosionsschutz von Stahlbauten durch Beschichtungssysteme.

1.2 ISO 12944 umfaßt nur die Korrosionsschutzfunktion von Beschichtungssystemen. Andere Schutzfunktionen, wie der Schutz gegen

– Mikroorganismen (Bewuchs, Bakterien, Pilze usw.),
– Chemikalien (Säuren, Alkalien, organische Lösemittel, Gase usw.),
– mechanische Belastungen (Abrieb usw.) und
– Feuer

sind in ISO 12944 nicht erfaßt.

1.3 Der Anwendungsbereich ist charakterisiert durch:

– die Art des Bauwerks,
– die Art der zu beschichtenden Oberfläche und der Oberflächenvorbereitung,
– die Art der Umgebungsbedingungen,
– die Art des Beschichtungssystems,
– die Art der Maßnahme und
– die Schutzdauer des Beschichtungssystems.

ISO 12944 umfaßt nicht alle Arten von Bauwerken, Oberflächen und Oberflächenvorbereitungen. Trotzdem kann die Norm nach Vereinbarung sinngemäß auch auf solche Fälle angewendet werden, die nicht aufgeführt sind.

Einzelheiten sind in 1.3.1 bis 1.3.6 näher beschrieben.

1.3.1 Art des Bauwerks

ISO 12944 bezieht sich auf Bauwerke, deren Bauteile aus unlegiertem oder niedriglegiertem Stahl (z. B. entsprechend EN 10025) von mindestens 3 mm Dicke bestehen und die entsprechend einem Tragsicherheitsnachweis ausgelegt sind.

Bauteile aus Stahlbeton sind in ISO 12944 nicht erfaßt.

1.3.2 Art der zu beschichtenden Oberfläche und Oberflächenvorbereitung

ISO 12944 umfaßt die folgenden Arten von Oberflächen aus unlegiertem oder niedriglegiertem Stahl und deren Vorbereitung:

- unbeschichtete Oberflächen,
- Oberflächen mit thermisch gespritztem Überzug aus Zink, Aluminium oder deren Legierungen,
- feuerverzinkte Oberflächen,
- galvanisch verzinkte Oberflächen,
- sherardisierte Oberflächen,
- Oberflächen mit Fertigungsbeschichtungen,
- andere beschichtete Oberflächen.

1.3.3 Art der Umgebungsbedingungen

ISO 12944 behandelt:

- 6 Korrosivitätskategorien für atmosphärische Umgebungsbedingungen,
- 3 Kategorien für Bauwerke in Wasser oder Erdreich.

1.3.4 Art des Beschichtungssystems

ISO 12944 umfaßt eine Reihe von Beschichtungsstoffen, die unter den Umgebungsbedingungen trocknen oder härten.

Nicht in ISO 12944 erfaßt sind:

- Pulverlacke,
- Einbrennlacke,
- wärmehärtende Beschichtungsstoffe,
- Beschichtungen mit mehr als 2 mm Trockenschichtdicke,
- Auskleidungen von Tanks,
- Produkte für die chemische Oberflächenbehandlung (z. B. Lösungen zum Phosphatieren).

1.3.5 Art der Maßnahmen

ISO 12944 umfaßt Erstschutz- und Instandsetzungsmaßnahmen.

1.3.6 Schutzdauer des Beschichtungssystems

ISO 12944 berücksichtigt 3 Zeitspannen für die Schutzdauer (kurz, mittel und lang). Siehe 3.5 und Abschnitt 4.

Die Schutzdauer ist keine "Gewährleistungszeit".

2 Normative Verweisungen

Die folgenden Normen enthalten Festlegungen, die, durch Verweisung in diesem Text, Bestandteil dieses Teils von ISO 12944 sind. Zum Zeitpunkt der Veröffentlichung waren die angegebenen Ausgaben gültig. Alle Normen unterliegen der Überarbeitung. Vertragspartner, deren Vereinbarungen auf diesem Teil von ISO 12944 basieren, werden gebeten, zu prüfen, ob die neuesten Ausgaben der nachfolgend aufgeführten Normen angewendet werden können. Die Mitglieder von IEC und ISO führen Verzeichnisse der gegenwärtig gültigen Internationalen Normen.

ISO 4628-1 : 1982
 Paints and varnishes – Evaluation of degradation of paint coatings – Designation of intensity, quantity and size of common types of defect – Part 1: General principles and rating schemes

ISO 4628-2 : 1982
 Paints and varnishes – Evaluation of degradation of paint coatings – Designation of intensity, quantity and size of common types of defect – Part 2: Designation of degree of blistering

ISO 4628-3 : 1982
 Paints and varnishes – Evaluation of degradation of paint coatings – Designation of intensity, quantity and size of common types of defect – Part 3: Designation of degree of rusting

ISO 4628-4 : 1982
Paints and varnishes – Evaluation of degradation of paint coatings – Designation of intensity, quantity and size
of common types of defect – Part 4: Designation of degree of cracking

ISO 4628-5 : 1982
Paints and varnishes – Evaluation of degradation of paint coatings – Designation of intensity, quantity and size
of common types of defect – Part 5: Designation of degree of flaking

EN 10025 : 1990
Warmgewalzte Erzeugnisse aus unlegierten Baustählen – Technische Lieferbedingungen

3 Definitionen

Für die Anwendung von ISO 12944 gelten die nachstehenden Definitionen. Zusätzliche Definitionen sind in den
anderen Teilen von ISO 12944 enthalten.

ANMERKUNG: Einige der Definitionen wurden aus ISO 8044 : 1989, "Corrosion of metals and alloys – Vocabulary", und aus EN 971-1 : 1996 "Lacke und Anstrichstoffe – Fachausdrücke und Definitionen für Beschichtungsstoffe – Teil 1: Allgemeine Begriffe", übernommen (entsprechend gekennzeichnet).

3.1 Schicht: Zusammenhängende Schicht aus Metall oder Beschichtungsstoff (3.7), in einem Auftrag erzeugt.*)

3.2 Korrosion: Physikochemische Wechselwirkung zwischen einem Metall und seiner Umgebung, die zu einer
Veränderung der Eigenschaften des Metalls führt und häufig zu Beeinträchtigungen der Funktion des Metalls, der
Umgebung oder des technischen Systems, von dem diese einen Teil bilden, führen kann. [ISO 8044]

3.3 Korrosionsschaden: Korrosionserscheinung, die als schädlich für die Funktion des Metalls, der Umgebung
oder des technischen Systems, von dem diese einen Teil bilden, angesehen wird. [ISO 8044]

3.4 Korrosionsbelastungen: Alle Umgebungsfaktoren, welche die Korrosion fördern.

3.5 Schutzdauer: Erwartete Standzeit eines Beschichtungssystems bis zur ersten Teilerneuerung. Siehe auch 4.4.

3.6 Auskleidung: Beschichtung auf den Innenflächen eines Tanks.

3.7 Beschichtungsstoff: Flüssiges oder pastenförmiges oder pulverförmiges pigmentiertes Produkt, das, auf
einen Untergrund aufgebracht, eine deckende Beschichtung mit schützenden, dekorativen oder spezifischen
Eigenschaften ergibt. [EN 971-1]

3.8 Korrosionsschutzsystem: Gesamtheit der Schichten aus Metallen und/oder Beschichtungsstoffen, die auf
einen Untergrund aufzutragen sind oder aufgetragen wurden, um Korrosionsschutz zu bewirken.

3.9 Beschichtungssystem: Gesamtheit der Schichten aus Beschichtungsstoffen, die auf einen Untergrund
aufzutragen sind oder aufgetragen wurden, um Korrosionsschutz zu bewirken.

3.10 Untergrund; Substrat: Oberfläche, auf die ein Beschichtungsstoff aufgebracht werden soll oder aufgebracht wurde. [EN 971-1]

4 Allgemeines

4.1 Bereits bei der Planung und Gestaltung muß die Möglichkeit der Instandsetzung oder Erneuerung von
Beschichtungssystemen berücksichtigt werden, weil die durch Beschichtungssysteme erreichte Schutzdauer im
allgemeinen kürzer als die erwartete Nutzungsdauer des Bauwerks ist.

4.2 Bauteile, die Korrosionsbelastungen ausgesetzt und nach der Montage für Korrosionsschutzmaßnahmen nicht
mehr zugänglich sind, müssen einen Korrosionsschutz erhalten, der so wirksam ist, daß die Tragsicherheit
während der Nutzungsdauer des Bauwerks sichergestellt wird. Falls dies mit Korrosionsschutzsystemen nicht
erreicht werden kann, müssen andere Maßnahmen getroffen werden (z. B. Herstellen der Bauteile aus
korrosionsbeständigem Werkstoff, Auswechselbarkeit der Bauteile oder Festlegen eines Abrostungszuschlages).

4.3 Ein Korrosionsschutzsystem ist im allgemeinen um so wirtschaftlicher, je länger die damit erzielte Schutzdauer
ist, weil dadurch der Umfang der Instandsetzungs- oder Erneuerungsarbeiten während der Nutzungsdauer des
Bauwerks auf ein Minimum reduziert wird.

---

*) Fußnote zur deutschsprachigen Fassung: Schichten aus Metall werden Überzüge, Schichten aus Beschich-
tungsstoffen Beschichtungen genannt.

4.4 Das Maß der Schädigung der Beschichtung vor der ersten Instandsetzungsmaßnahme ist zwischen den Vertragspartnern zu vereinbaren*). Beschichtungsschäden sind entsprechend ISO 4628-1 bis ISO 4628-5 zu bewerten, falls nicht anders zwischen den Vertragspartnern vereinbart.

Nach dieser Norm werden bezüglich der Schutzdauer 3 Zeitspannen unterschieden:

kurz	2 bis 5 Jahre
mittel	5 bis 15 Jahre
lang	über 15 Jahre

Die Schutzdauer ist keine "Gewährleistungszeit". Die Schutzdauer ist ein technischer Begriff, der dem Auftraggeber helfen kann, ein Instandsetzungsprogramm festzulegen. Die Gewährleistungszeit ist ein juristischer Begriff, der Gegenstand von Vertragsbedingungen ist. Die Gewährleistungszeit ist im allgemeinen kürzer als die Schutzdauer. Es gibt keine Regeln, die beide Begriffe miteinander verbinden.

4.5 Für Qualitätsmanagementzwecke sollte vorzugsweise die Normenreihe ISO 9000 in Betracht gezogen werden.

5 Gesundheitsschutz, Arbeitssicherheit und Umweltschutz

Es ist die Pflicht von Auftraggebern, Ausschreibenden, Auftragnehmern, Beschichtungsstoffherstellern, Aufsichtspersonal für Korrosionsschutzarbeiten und allen anderen Personen, die an einem Objekt arbeiten, die unter ihrer Verantwortung stehenden Arbeiten so zu planen und auszuführen, daß weder die eigene Gesundheit und Sicherheit noch die anderer gefährdet wird.

Dabei muß jede Partei sicherstellen, daß alle gesetzlichen Auflagen des Landes, in dem die Arbeiten ganz oder teilweise durchgeführt werden, eingehalten werden.

ANMERKUNG: Punkte, die besondere Beachtung erfordern, sind z. B.:

- weder toxische noch krebserzeugende Stoffe vorschreiben oder verwenden,
- Emissionen flüchtiger organischer Verbindungen (VOC) verringern,
- Maßnahmen gegen schädliche Einwirkungen von Rauch, Staub, Dämpfen und Lärm, sowie gegen Brandgefahren,
- Körperschutz, einschließlich Augen-, Haut-, Gehör- und Atemschutz,
- Schutz von Gewässern und Boden während der Korrosionsschutzarbeiten,
- Recycling von Stoffen und Abfallentsorgung.

6 Angaben über die anderen Teile von ISO 12944

6.1 ISO 12944-2 beschreibt die Korrosionsbelastungen, die durch die Atmosphäre und verschiedene Arten von Wasser und Boden verursacht werden. Die Norm definiert Korrosivitätskategorien der Atmosphäre und gibt Hinweise auf die zu erwartende Korrosionsbelastung von Stahlbauten in Wasser oder im Erdreich. Die Korrosionsbelastungen, denen Stahlbauteile ausgesetzt sind, stellen einen wesentlichen Parameter für die Auswahl eines geeigneten Beschichtungssystems entsprechend ISO 12944-5 dar.

6.2 ISO 12944-3 macht Angaben über Grundregeln zur Gestaltung von Stahlbauten mit dem Ziel, deren Beständigkeit gegen Korrosion zu verbessern. Die Norm gibt Beispiele für geeignetes und ungeeignetes Gestalten und zeigt anhand von bildlichen Darstellungen, bei welchen Bauteilen und deren Kombinationen bei der Oberflächenvorbereitung und beim Beschichten sowie beim Überwachen und Instandsetzen von Beschichtungssystemen Schwierigkeiten hinsichtlich der Zugänglichkeit und Erreichbarkeit zu erwarten sind. Außerdem werden Besonderheiten der Gestaltung behandelt, durch die die Handhabung und der Transport von Stahlbauten erleichtert werden.

---

*) Fußnote zur deutschsprachigen Fassung: Nach ISO 12944-5 dient der Rostgrad Ri 3 als Kriterium für die Einstufung der Beschichtungssysteme hinsichtlich ihrer Schutzdauer. Der erste Satz in 4.4 soll die Möglichkeit eröffnen, andere Kriterien zu vereinbaren.

6.3 ISO 12944-4 beschreibt verschiedene Arten von zu schützenden Oberflächen und macht Angaben über mechanische, chemische und thermische Oberflächenvorbereitungsverfahren. Die Norm behandelt Oberflächen-vorbereitungsgrade, Rauheit, Bewertung von vorbereiteten Oberflächen, temporären Schutz vorbereiteter Oberflächen, Vorbereitung von temporär geschützten Oberflächen zum weiteren Beschichten, Vorbereitung vorhandener Überzüge und Aspekte des Umweltschutzes. Soweit möglich wird auf die grundlegenden Inter-nationalen Normen über die Vorbereitung von Stahloberflächen vor dem Auftragen von Beschichtungsstoffen Bezug genommen. ISO 12944-4 sollte in Verbindung mit ISO 12944-5 und ISO 12944-7 angewendet werden.

6.4 ISO 12944-5 beschreibt die verschiedenen Grundtypen von Beschichtungsstoffen auf der Grundlage ihrer chemischen Zusammensetzung und der Art der Filmbildung. Die Norm gibt Beispiele für die zahlreichen Beschich-tungssysteme, die sich für die in ISO 12944-2 beschriebenen Korrosionsbelastungen und Korrosivitätskategorien als geeignet erwiesen haben. Dabei wurde der aktuelle weltweite Wissensstand wiedergegeben. ISO 12944-5 sollte in Verbindung mit ISO 12944-6 angewendet werden.

6.5 ISO 12944-6 legt Laborprüfungen fest, die anzuwenden sind, wenn Beschichtungssysteme zu bewerten sind. Die Norm ist besonders für Beschichtungssysteme gedacht, für die noch nicht genügend praktische Erfahrungen vorliegen. Sie umfaßt die Prüfungen von Beschichtungssystemen, welche für die Anwendung auf gestrahltem Stahl, auf feuerverzinktem Stahl und auf Stahl mit thermisch gespritzten Überzügen vorgesehen sind. Atmosphärische Korrosionsbelastungen und Kontakt mit Wasser (Frisch-, Brack-, Meerwasser) werden ebenfalls berücksichtigt.

6.6 ISO 12944-7 regelt, wie Beschichtungsarbeiten im Werk oder auf der Baustelle auszuführen sind. Die Norm beschreibt Verfahren für das Auftragen von Beschichtungsstoffen. Ebenfalls erfaßt sind das Handhaben und Lagern von Beschichtungsstoffen vor dem Beschichten, das Überwachen der Ausführung und die weitere Behandlung der erhaltenen Beschichtungssysteme sowie das Herstellen von Kontrollflächen. Nicht erfaßt sind Arbeiten zur Oberflächenvorbereitung (siehe ISO 12944-4).

6.7 ISO 12944-8 gibt eine Anleitung für das Erarbeiten von detaillierten Spezifikationen für Korro-sionsschutzarbeiten, wenn Stahlbauten gegen Korrosion zu schützen sind. Zum leichteren Gebrauch durch den Benutzer unterscheidet ISO 12944-8 zwischen Projektspezifikation, Spezifikation für Beschichtungssysteme, Spezifikation für die Ausführung der Beschichtungsarbeiten und Spezifikation für die Überwachung. Zahlreiche Anhänge befassen sich mit besonderen Aspekten wie der Planung der Arbeiten, mit Kontrollflächen und der Überwachung der Arbeiten. Sie enthalten Muster und Formblätter zur Arbeitserleichterung.

Anhang A (informativ)

Anleitung zur Anwendung von ISO 12944 für ein bestimmtes Projekt

Um einen wirksamen Korrosionsschutz zu erreichen, ist es wichtig, daß eine geeignete Spezifikation für das Projekt erarbeitet wird (ISO 12944-8), wobei als Grundlage folgende Punkte dienen:

a) Die Korrosivitätskategorie der Umgebung ermitteln oder abschätzen, in der sich das Bauwerk befindet oder zu errichten ist (ISO 12944-2).

b) Sonderbelastungen und besondere Situationen ermitteln, die die Wahl des zu verwendenden Beschichtungssystems (ISO 12944-5) beeinflussen könnten.

c) Die Gestaltung der Konstruktion prüfen und dafür sorgen, daß Stellen für bevorzugten Korrosionsangriff vermieden werden. Außerdem prüfen, daß ausreichende Zugänglichkeit und Erreichbarkeit für Korrosionsschutzarbeiten gegeben ist. Kontaktkorrosion vermeiden, indem Metalle mit unterschiedlichem elektrochemischem Potential voneinander isoliert werden (ISO 12944-3).

d) Bei Instandsetzungsmaßnahmen den Zustand der zu bearbeitenden Oberfläche feststellen (ISO 12944-4).

e) Beschichtungssysteme mit der erforderlichen Schutzdauer aus denjenigen ermitteln, die für die in Frage kommenden Umgebungsbedingungen als geeignet aufgeführt sind (ISO 12944-5), und durch Laborprüfungen die Leistungsfähigkeit feststellen, falls keine Langzeiterfahrung vorliegt (ISO 12944-6).

f) Von den ermittelten Beschichtungssystemen das optimale auswählen; dabei das vorgesehene Verfahren zur Oberflächenvorbereitung berücksichtigen (ISO 12944-4).

g) Sicherstellen, daß Risiken für die Umwelt, für die Gesundheit und die Sicherheit auf ein Minimum begrenzt werden (ISO 12944-1, ISO 12944-8).

h) Einen Plan für die Arbeiten aufstellen und das Beschichtungsverfahren auswählen (ISO 12944-7).

i) Ein Überwachungs- und Prüfprogramm, das während der Arbeiten und danach durchzuführen ist, festlegen (ISO 12944-7, ISO 12944-8).

j) Ein Instandsetzungsprogramm für die gesamte Nutzungsdauer des Bauwerks festlegen.

ANMERKUNG: Zur detaillierten Planung siehe ISO 12944-8, Anhänge C und D.

Beschichtungsstoffe Korrosionsschutz von Stahlbauten durch Beschichtungssysteme Teil 2: Einteilung der Umgebungsbedingungen (ISO 12944-2 : 1998) Deutsche Fassung EN ISO 12944-2 : 1998	**DIN** EN ISO 12944-2

ICS 87.020; 91.080.10

Mit DIN EN ISO 12944-1 : 1998-07
Ersatz für DIN 55928-1 : 1991-05

Deskriptoren: Beschichtungsstoff, Korrosionsschutz,
Beschichtungssystem, Stahlbau,
Umgebungsbedingung, Einteilung

Paints and varnishes – Corrosion protection of steel structures by
protective paint systems – Part 2: Classification of environments
(ISO 12944-2 : 1998); German version EN ISO 12944-2 : 1998

Peintures et vernis – Anticorrosion des structures en acier par
systèmes de peinture – Partie 2: Classification des environnements
(ISO 12944-2 : 1998); Version allemande EN ISO 12944-2 : 1998

Die Europäische Norm EN ISO 12944-2 : 1998 hat den Status einer Deutschen Norm.

Nationales Vorwort

Die Europäische Norm EN ISO 12944-2 fällt in den Zuständigkeitsbereich des Technischen Komitees CEN/
TC 139 "Lacke und Anstrichstoffe" (Sekretariat: Deutschland). Die ihr zugrundeliegende Internationale Norm
ISO 12944-2 wurde vom ISO/TC 35/SC 14 "Paints and varnishes – Protective paint systems for steel structures"
(Sekretariat: Norwegen) ausgearbeitet.

Das zuständige deutsche Normungsgremium ist der Unterausschuß 10.1 "Allgemeines" des FA/NABau-
Arbeitsausschusses 10 "Korrosionsschutz von Stahlbauten".

Für die im Abschnitt 2 zitierten Internationalen Normen wird in der folgenden Tabelle auf die entsprechenden
Deutschen Normen hingewiesen:

ISO-Norm	DIN-Norm
ISO 12944-1	DIN EN ISO 12944-1

Änderungen
Gegenüber DIN 55928-1 : 1991-05 wurden folgende Änderungen vorgenommen:
    a) Internationale Festlegungen unverändert übernommen.
    b) Inhalt auf DIN EN ISO 12944-1 und DIN EN ISO 12944-2 aufgeteilt.
    c) Inhalt überarbeitet und neu gegliedert.

Frühere Ausgaben
DIN 55928: 1956-11, 1959-06x
DIN 55928-1: 1976-11, 1991-05

Nationaler Anhang NA (informativ)

Literaturhinweise

DIN EN ISO 12944-1
    Beschichtungsstoffe – Korrosionsschutz von Stahlbauten durch Beschichtungssysteme – Teil 1: Allgemeine
    Einleitung (ISO 12944-1 : 1998); Deutsche Fassung EN ISO 12944-1 : 1998

Fortsetzung 12 Seiten EN

Normenausschuß Anstrichstoffe und ähnliche Beschichtungsstoffe (FA) im DIN Deutsches Institut für Normung e.V.
Normenausschuß Bauwesen (NABau) im DIN

EUROPÄISCHE NORM
EUROPEAN STANDARD
NORME EUROPÉENNE

EN ISO 12944-2

Mai 1998

ICS 87.020

Deskriptoren:

Deutsche Fassung

Beschichtungsstoffe

Korrosionsschutz von Stahlbauten durch Beschichtungssysteme

Teil 2: Einteilung der Umgebungsbedingungen (ISO 12944-2 : 1998)

Paints and varnishes – Corrosion protection of steel structures by protective paint systems – Part 2: Classification of environments (ISO 12944-2 : 1998)

Peintures et vernis – Anticorrosion des structures en acier par systèmes de peinture – Partie 2: Classification des environnements (ISO 12944-2 : 1998)

Diese Europäische Norm wurde von CEN am 16. Juni 1997 angenommen.

Die CEN-Mitglieder sind gehalten, die CEN/CENELEC-Geschäftsordnung zu erfüllen, in der die Bedingungen festgelegt sind, unter denen dieser Europäischen Norm ohne jede Änderung der Status einer nationalen Norm zu geben ist.

Auf dem letzten Stand befindliche Listen dieser nationalen Normen mit ihren bibliographischen Angaben sind beim Zentralsekretariat oder bei jedem CEN-Mitglied auf Anfrage erhältlich.

Diese Europäische Norm besteht in drei offiziellen Fassungen (Deutsch, Englisch, Französisch). Eine Fassung in einer anderen Sprache, die von einem CEN-Mitglied in eigener Verantwortung durch Übersetzung in seine Landessprache gemacht und dem Zentralsekretariat mitgeteilt worden ist, hat den gleichen Status wie die offiziellen Fassungen.

CEN-Mitglieder sind die nationalen Normungsinstitute von Belgien, Dänemark, Deutschland, Finnland, Frankreich, Griechenland, Irland, Island, Italien, Luxemburg, Niederlande, Norwegen, Österreich, Portugal, Schweden, Schweiz, Spanien, der Tschechischen Republik und dem Vereinigten Königreich.

CEN

EUROPÄISCHES KOMITEE FÜR NORMUNG
European Committee for Standardization
Comité Européen de Normalisation

Zentralsekretariat: rue de Stassart 36, B-1050 Brüssel

Ref. Nr. EN ISO 12944-2 : 1998 [

Inhalt

Vorwort

Der Text der Internationalen Norm ISO 12944-2 wurde vom Technischen Komitee ISO/TC 35 "Paints and varnishes" in Zusammenarbeit mit dem Technischen Komitee CEN/TC 139 "Lacke und Anstrichstoffe" erarbeitet, dessen Sekretariat vom DIN gehalten wird.

Diese Europäische Norm muß den Status einer nationalen Norm erhalten, entweder durch Veröffentlichung eines identischen Textes oder durch Anerkennung bis November 1998, und etwaige entgegenstehende nationale Normen müssen bis November 1998 zurückgezogen werden.

Entsprechend der CEN/CENELEC-Geschäftsordnung sind die nationalen Normungsinstitute der folgenden Länder gehalten, diese Europäische Norm zu übernehmen:
Belgien, Dänemark, Deutschland, Finnland, Frankreich, Griechenland, Irland, Island, Italien, Luxemburg, Niederlande, Norwegen, Österreich, Portugal, Schweden, Schweiz, Spanien, die Tschechische Republik und das Vereinigte Königreich.

ISO 12944 mit dem allgemeinen Titel "Beschichtungsstoffe – Korrosionsschutz von Stahlbauten durch Beschichtungssysteme" besteht aus den folgenden Teilen:

Teil 1: Allgemeine Einleitung

Teil 2: Einteilung der Umgebungsbedingungen

Teil 3: Grundregeln zur Gestaltung

Teil 4: Arten von Oberflächen und Oberflächenvorbereitung

Teil 5: Beschichtungssysteme

Teil 6: Laborprüfungen zur Bewertung von Beschichtungssystemen

Teil 7: Ausführung und Überwachung der Beschichtungsarbeiten

Teil 8: Erarbeiten von Spezifikationen für Erstschutz und Instandsetzung

Die Anhänge A und B dieses Teils von ISO 12944 sind informativ.

Anerkennungsnotiz

Der Text der Internationalen Norm ISO 12944-2 : 1998 wurde von CEN als Europäische Norm ohne irgendeine Abänderung genehmigt.

ANMERKUNG: Die normativen Verweisungen auf Internationale Normen mit ihren entsprechenden europäischen Publikationen sind im Anhang ZA (normativ) aufgeführt.

411

Einleitung

Ungeschützter Stahl korrodiert in der Atmosphäre, in Wasser und im Erdreich, was zu Schäden führen kann. Um solche Korrosionsschäden zu vermeiden, werden Stahlbauten üblicherweise geschützt, damit sie den Korrosionsbelastungen während der geforderten Nutzungsdauer standhalten.

Es gibt verschiedene Möglichkeiten, Stahlbauten vor Korrosion zu schützen. ISO 12944 befaßt sich mit dem Schutz durch Beschichtungssysteme. Dabei werden in den verschiedenen Teilen alle wesentlichen Gesichtspunkte berücksichtigt, die für einen angemessenen Korrosionsschutz von Bedeutung sind. Zusätzliche oder andere Maßnahmen sind möglich, erfordern aber besondere Vereinbarungen zwischen den Vertragspartnern.

Um Stahlbauten wirksam vor Korrosion zu schützen, ist es notwendig, daß Auftraggeber, Planer, Berater, den Korrosionsschutz ausführende Firmen, Aufsichtspersonal für Korrosionsschutzarbeiten und Hersteller von Beschichtungsstoffen dem Stand der Technik entsprechende Angaben über den Korrosionsschutz durch Beschichtungssysteme in zusammengefaßter Form erhalten. Solche Angaben müssen möglichst vollständig sein, außerdem eindeutig und leicht zu verstehen, damit Schwierigkeiten und Mißverständnisse zwischen den Vertragspartnern, die mit der Ausführung der Schutzmaßnahmen befaßt sind, vermieden werden.

Mit der vorliegenden Internationalen Norm – ISO 12944 – ist beabsichtigt, diese Angaben in Form von Regeln zu machen. Die Norm ist für Anwender gedacht, die über allgemeine Fachkenntnisse verfügen. Es wird auch vorausgesetzt, daß die Anwender von ISO 12944 mit dem Inhalt anderer einschlägiger Internationaler Normen, insbesondere über die Oberflächenvorbereitung, sowie mit einschlägigen nationalen Regelungen vertraut sind.

ISO 12944 behandelt keine finanziellen und vertraglichen Fragen. Es ist jedoch zu beachten, daß die Nicht-Einhaltung von Anforderungen und Empfehlungen dieser Norm zu unzureichendem Schutz gegen Korrosion mit erheblichen Folgen und daraus resultierenden schwerwiegenden finanziellen Konsequenzen führen kann.

Die Norm ISO 12944-1 definiert den allgemeinen Anwendungsbereich aller Teile von ISO 12944. Sie enthält einige grundlegende Fachbegriffe und eine allgemeine Einleitung zu den anderen Teilen von ISO 12944. Weiterhin enthält sie eine allgemeine Aussage über Gesundheitsschutz, Arbeitssicherheit und Umweltschutz sowie eine Anleitung, wie ISO 12944 für ein bestimmtes Projekt anzuwenden ist.

Dieser Teil von ISO 12944 beschreibt die Einwirkung der Umgebungsbedingungen auf Stahlbauten. Er betrifft sowohl Stahlbauten, die der Atmosphäre ausgesetzt sind, als auch solche, die sich in Wasser oder im Erdreich befinden. Für unterschiedliche atmosphärische Umgebungsbedingungen wird ein Einteilungssystem auf der Grundlage von Korrosivitätskategorien eingeführt. Für Stahlbauten in Wasser und im Erdreich werden ebenfalls verschiedenene Umgebungsbedingungen beschrieben. Alle diese Umgebungsbedingungen sind für die Auswahl von Beschichtungssystemen für den Korrosionsschutz wesentlich.

1 Anwendungsbereich

1.1 Dieser Teil von ISO 12944 behandelt die Einteilung der wesentlichen Umgebungsbedingungen, denen Stahlbauten ausgesetzt sind, und die Korrosivität dieser Umgebungsbedingungen. Er

– definiert Korrosivitätskategorien der Atmosphäre, die auf Massenverlusten (oder Dickenverlusten) von Standardproben basieren, beschreibt typische natürliche atmosphärische Umgebungsbedingungen und gibt Hinweise zum Abschätzen ihrer Korrosivität;

– beschreibt verschiedene Kategorien der Umgebungsbedingungen von Stahlbauten in Wasser oder im Erdreich;

– macht Angaben zu einigen speziellen Korrosionsbelastungen, die eine deutliche Zunahme der Korrosionsgeschwindigkeit verursachen oder erhöhte Anforderungen an die Leistungsfähigkeit des Beschichtungssystems stellen.

Die Korrosionsbelastungen, die einer bestimmten Umgebungsbedingung oder einer Korrosivitätskategorie entsprechen, bilden einen wesentlichen Parameter für die Auswahl von geeigneten Beschichtungssystemen für den Korrosionsschutz.

1.2 Dieser Teil von ISO 12944 behandelt nicht die Korrosivität spezieller Atmosphären (z. B. in Chemieanlagen und Hüttenwerken und in deren unmittelbarer Umgebung).

2 Normative Verweisungen

Die folgenden Normen enthalten Festlegungen, die, durch Verweisung in diesem Text, Bestandteil dieses Teils von ISO 12944 sind. Zum Zeitpunkt der Veröffentlichung waren die angegebenen Ausgaben gültig. Alle Normen unterliegen der Überarbeitung. Vertragspartner, deren Vereinbarungen auf diesem Teil von ISO 12944 basieren, werden gebeten, zu prüfen, ob die neuesten Ausgaben der nachfolgend aufgeführten Normen angewendet werden können. Die Mitglieder von IEC und ISO führen Verzeichnisse der gegenwärtig gültigen Internationalen Normen.

ISO 9223 : 1992
Corrosion of metals and alloys – Corrosivity of atmospheres – Classification

ISO 9226 : 1992
Corrosion of metals and alloys – Corrosivity of atmospheres – Classification – Determination of corrosion rate of standard specimens for the evaluation of corrosivity

ISO 12944-1 : 1998
Paints and varnishes – Corrosion protection of steel structures by protective paint systems – Part 1: General introduction

EN 12501-1 : -[1])
Korrosionsschutz metallischer Werkstoffe – Korrosionswahrscheinlichkeit in Böden – Teil 1: Allgemeines

3 Definitionen

Für die Anwendung von diesem Teil von ISO 12944 gelten die nachstehenden Definitionen, zusätzlich zu den Definitionen in ISO 12944-1.

ANMERKUNG: Einige der Definitionen wurden aus ISO 8044 : 1989, "Corrosion of metals and alloys – Vocabulary", übernommen (entsprechend gekennzeichnet).

3.1 Korrosivität: Fähigkeit eines Korrosionsmediums, in einem gegebenen Korrosionssystem Korrosion zu verursachen. [ISO 8044]

3.2 Korrosionsbelastungen: Alle Umgebungsfaktoren, welche die Korrosion fördern.

3.3 Korrosionssystem: System, das aus einem oder mehreren Metallen und allen Teilen der Umgebung besteht, die die Korrosion beeinflussen. [ISO 8044]

3.4 Klima: Das an einem Ort oder in einem Bereich vorherrschende Wetter, wie es statistisch durch meteorologische Parameter, welche über eine längere Zeitspanne aufgezeichnet wurden, festgestellt wird.

3.5 Atmosphäre: Ein Gemisch von Gasen, und im allgemeinen auch von Aerosolen und festen Teilchen, das ein Objekt umgibt.

3.6 Atmosphärische Korrosion: Korrosion mit der Erdatmosphäre – bei Umgebungstemperatur – als Korrosionsmedium. [ISO 8044]

3.7 Atmosphärentyp: Atmosphäre, charakterisiert auf der Grundlage vorhandener korrosiver Stoffe und ihrer Konzentration.

ANMERKUNG: Die wesentlichen korrosiven Stoffe sind Gase (insbesondere Schwefeldioxid) und Salze (insbesondere Chloride und/oder Sulfate).

3.7.1 Landatmosphäre: Atmosphäre, die in ländlichen Gebieten und kleinen Städten vorherrscht, ohne nennenswerte Verunreinigung durch korrosive Stoffe, z. B. Schwefeldioxid und/oder Chloride.

3.7.2 Stadtatmosphäre: Verunreinigte Atmosphäre, die in dicht besiedelten Gebieten ohne Industrieansammlungen vorherrscht. Sie enthält mäßige Konzentrationen korrosiver Stoffe, z. B. Schwefeldioxid und/oder Chloride.

3.7.3 Industrieatmosphäre: Verunreinigte Atmosphäre, die durch Ausstoß von örtlichen oder regionalen, korrosiven Industrieabgasen verunreinigt ist (im wesentlichen durch Schwefeldioxid).

---

[1]) Zu veröffentlichen

3.7.4 Meeresatmosphäre: Atmosphäre am Meer und in dessen Nähe.

ANMERKUNG: Die Meeresatmosphäre erstreckt sich über eine bestimmte Entfernung ins Land hinein, abhängig von der Topographie und der vorherrschenden Windrichtung. Sie ist stark belastet mit Meersalz-Aerosolen (im wesentlichen Chloride).

3.8 Örtliche Umgebungsbedingungen: Die um ein Bauwerk herrschenden atmosphärischen Bedingungen.

ANMERKUNG: Diese Bedingungen bestimmten die Korrosivitätskategorie. Sie schließen metereologische Parameter und Einflüsse durch Verunreinigungen ein.

3.9 Kleinstklima: Die Bedingungen an der Grenzfläche zwischen einem Bauteil und seiner Umgebung. Das Kleinstklima ist einer der entscheidenden Faktoren zur Bewertung von Korrosionsbelastungen.

3.10 Befeuchtungsdauer: Zeitdauer, während der eine metallische Oberfläche mit einem wäßrigen Elektrolytfilm bedeckt ist, der in der Lage ist, atmosphärische Korrosion hervorzurufen. Anhaltswerte für die Befeuchtungsdauer können aus Temperatur und relativer Luftfeuchte berechnet werden, indem die Stunden, in denen die relative Luftfeuchte über 80 % und gleichzeitig die Temperatur über 0 °C liegt, summiert werden.

4 Korrosionsbelastungen in der Atmosphäre, in Wasser und im Erdreich

4.1 Atmosphärische Korrosion

Atmosphärische Korrosion ist ein Prozeß, der in einem Feuchtigkeitsfilm auf der Metalloberfläche stattfindet. Der Feuchtigkeitsfilm kann so dünn sein, daß er für das unbewaffnete Auge unsichtbar ist.

Die Korrosionsgeschwindigkeit nimmt unter dem Einfluß verschiedener Faktoren zu, und zwar:

- mit steigender relativer Luftfeuchte,

- wenn sich Kondenswasser bildet (die Oberflächentemperatur liegt bei oder unter dem Taupunkt),

- mit zunehmender Verunreinigung der Atmosphäre (korrosive Stoffe; diese können mit der Stahloberfläche reagieren und/oder auf ihr Ablagerungen bilden).

Erfahrungsgemäß tritt nennenswerte Korrosion auf, wenn die relative Luftfeuchte über 80 % und die Temperatur über 0 °C liegt. Wenn jedoch Verunreinigungen und/oder hygroskopische Salze vorhanden sind, findet Korrosion bei viel niedrigerer Luftfeuchte statt.

Die Luftfeuchte und die Lufttemperatur hängen vom herrschenden Klima ab. Im Anhang A sind die wichtigsten Klimate kurz beschrieben.

Die Lage des Bauteils beeinflußt ebenfalls die Korrosion. Im Freien beeinflussen die klimatischen Parameter wie Regen und Sonnenschein und Verunreinigungen, z. B. Gase und Aerosole, die Korrosion. Unter Dach sind die klimatischen Einflüsse verringert. In Innenräumen ist die Wirkung der atmosphärischen Verunreinigungen unbedeutend, dennoch kann örtlich die Korrosionsgeschwindigkeit durch schlechte Belüftung, hohe Luftfeuchte oder Kondensation hoch sein.

Für die Abschätzung der Korrosionsbelastungen sind die örtlichen Umgebungsbedingungen und das Kleinstklima entscheidend. Beispiele für ein ausschlaggebendes Kleinstklima sind die Unterseite einer Brücke (besonders über Wasser), das Dach über einem Schwimmbad und die Sonnen- und Schattenseiten eines Gebäudes.

4.2 Korrosion in Wasser und im Erdreich

Besondere Sorgfalt muß Bauten gelten, die teilweise in Wasser eintauchen oder sich teilweise im Erdreich befinden. Die Korrosion unter solchen Bedingungen ist oft auf einen kleinen Teil des Bauwerks beschränkt, wobei die Korrosionsgeschwindigkeit hoch sein kann. Auslagerungsversuche zum Abschätzen der Korrosivität in Wässern oder Böden werden nicht empfohlen. Es werden jedoch verschiedene Bedingungen für Eintauchen/Erdberührung beschrieben.

4.2.1 Bauten in Wasser

Die Art des Wassers – Süßwasser, Brackwasser, Salzwasser – hat wesentlichen Einfluß auf die Korrosion von Stahl. Die Korrosivität wird auch durch den Sauerstoffgehalt des Wassers, durch Art und Menge gelöster Stoffe und die Wassertemperatur beeinflußt. Tierische(r) und pflanzliche(r) Ablagerungen/Bewuchs können die Korrosion beschleunigen.

Drei unterschiedliche Zonen können definiert werden:

- die **Unterwasserzone** ist der Bereich, der ständig dem Wasser ausgesetzt ist;

- die **Wasserwechselzone** ist der Bereich, in dem sich der Wasserspiegel, bedingt durch natürliche oder künstliche Schwankungen, ändert, wobei sich durch die gemeinsame Einwirkung des Wassers und der Atmosphäre verstärkte Korrosion ergibt;

- die **Spritzwasserzone** ist der Bereich, der periodisch durch Wellenschlag und Spritzer benetzt wird, wodurch sich besonders hohe Korrosionsbelastungen, insbesondere in Meerwasser, ergeben können.

4.2.2 Bauten im Erdreich

Die Korrosionsbelastung im Erdreich hängt vom Mineralgehalt ab, der Art dieser Mineralien und von den organischen Bestandteilen, dem Wassergehalt und dem Sauerstoffgehalt. Die Korrosivität von Böden wird stark vom Grad der Belüftung beeinflußt. Durch unterschiedlichen Sauerstoffgehalt können sich Korrosionselemente bilden. Wo große Stahlbauten wie Rohrleitungen, Tunnel, Tankinstallationen usw. durch unterschiedliche Bodenarten, Böden mit unterschiedlichem Sauerstoffgehalt, Böden mit unterschiedlichem Grundwasserstand usw. verlaufen, kann örtlich verstärkte Korrosion (Lochfraß) durch die Bildung von Korrosionselementen auftreten.

Weitere Einzelheiten siehe EN 12501-1.

Unterschiedliche Bodenarten und unterschiedliche Korrosivitätsparameter der Böden werden in diesem Teil von ISO 12944 nicht als Einteilungskriterien berücksichtigt.

4.3 Spezielle Fälle

Bei der Auswahl eines Beschichtungssystems sind Sonderbelastungen und besondere Situationen, denen ein Bauwerk ausgesetzt ist, zu berücksichtigen. Sowohl die Gestaltung als auch die Nutzung des Bauwerks können Korrosionsbelastungen verursachen, die das Einteilungssystem nach Abschnitt 5 nicht berücksichtigt. Im Anhang B werden für solche speziellen Fälle Beispiele gegeben.

5 Einteilung der Umgebungsbedingungen

5.1 Korrosivitätskategorien für atmosphärische Umgebungsbedingungen

5.1.1 Für die Zwecke von ISO 12944 werden atmosphärische Umgebungsbedingungen in sechs Korrosivitätskategorien eingeteilt:

C1	unbedeutend
C2	gering
C3	mäßig
C4	stark
C5-I	sehr stark (Industrie)
C5-M	sehr stark (Meer)

5.1.2 Um die Korrosivitätskategorie zu bestimmen, wird eine Auslagerung von Standardproben dringend empfohlen. In Tabelle 1 werden die Korrosivitätskategorien auf der Grundlage von Massenverlusten oder Dickenabnahmen solcher Standardproben aus niedriglegiertem Stahl und/oder Zink nach dem ersten Jahr der Auslagerung definiert. Bezüglich weiterer Angaben über Standardproben und deren Behandlung vor und nach der Auslagerung siehe ISO 9226. Es ist nicht zulässig (und bringt auch keine verläßlichen Ergebnisse), den Massenverlust von einer kürzeren Zeitspanne auf ein Jahr hochzurechnen oder ihn von längeren Zeitspannen zurückzurechnen. Die für Standardproben aus Stahl und Zink erhaltenen Massenverluste bzw. Dickenabnahmen können zu unterschiedlichen Korrosivitätskategorien führen. In solchen Fällen ist die höhere Korrosivitätskategorie anzunehmen.

Wenn es nicht möglich ist, Standardproben vor Ort in der betreffenden Umgebung auszulagern, kann die Korrosivitätskategorie anhand der in Tabelle 1 gegebenen Beispiele für typische Umgebungen geschätzt werden. Dabei ist zu beachten, daß die Beispiele nur zur Erläuterung dienen und nicht immer voll zutreffend sein können. Nur die Messung von Massenverlusten oder Dickenabnahmen führt zur richtigen Einteilung.

ANMERKUNG: Die Korrosivitätskategorien können auch geschätzt werden, indem die kombinierte Wirkung folgender Umgebungsfaktoren berücksichtigt wird: jährliche Befeuchtungsdauer, jährliche Durchschnittskonzentration von Schwefeldioxid und jährliche durchschnittliche Flächenbeaufschlagung durch Chloride (siehe ISO 9223).

Tabelle 1: Korrosivitätskategorien für atmosphärische Umgebungsbedingungen und Beispiele für typische Umgebungen

Korrosivitäts-kategorie	Flächenbezogener Massenverlust/Dickenabnahme (nach dem ersten Jahr der Auslagerung)				Beispiele für typische Umgebungen in einem gemäßigten Klima (nur zur Information)	
	Unlegierter Stahl		Zink		außen	innen
	Massen-verlust	Dicken-abnahme	Massen-verlust	Dicken-abnahme		
	g/m²	µm	g/m²	µm		
C1 unbedeutend	≤ 10	≤ 1,3	≤ 0,7	≤ 0,1	–	Geheizte Gebäude mit neutralen Atmosphä-ren, z. B. Büros, Läden, Schulen, Hotels.
C2 gering	>10 bis 200	>1,3 bis 25	>0,7 bis 5	>0,1 bis 0,7	Atmosphären mit geringer Verunreini-gung. Mei-stens ländli-che Bereiche.	Ungeheizte Gebäude, wo Kondensa-tion auftreten kann, z. B. Lager, Sport-hallen.
C3 mäßig	>200 bis 400	>25 bis 50	>5 bis 15	>0,7 bis 2,1	Stadt- und Industrie-atmosphäre, mäßige Ver-unreinigungen durch Schwe-feldioxid. Kü-stenbereiche mit geringer Salz-belastung.	Produktions-räume mit hoher Feuch-te und etwas Luftverun-reinigung, z. B. Anlagen zur Lebens-mittelherstel-lung, Wäschereien, Brauereien, Molkereien.
C4 stark	>400 bis 650	>50 bis 80	>15 bis 30	>2,1 bis 4,2	Industrielle Bereiche und Küstenberei-che mit mäßi-ger Salzbela-stung.	Chemiean-lagen, Schwimm-bäder, Boots-schuppen über Meer-wasser.
C5-I sehr stark (Industrie)	>650 bis 1 500	>80 bis 200	>30 bis 60	>4,2 bis 8,4	Industrielle Bereiche mit hoher Feuchte und aggressi-ver Atmosphäre.	Gebäude oder Bereiche mit nahezu ständiger Kondensation und mit star-ker Verunrei-nigung.

(fortgesetzt)

Tabelle 1 (abgeschlossen)

Korrosivitäts-kategorie	Flächenbezogener Massenverlust/Dickenabnahme (nach dem ersten Jahr der Auslagerung)				Beispiele für typische Umgebungen in einem gemäßigten Klima (nur zur Information)	
	Unlegierter Stahl		Zink		außen	innen
	Massen-verlust	Dicken-abnahme	Massen-verlust	Dicken-abnahme		
	g/m^2	µm	g/m^2	µm		
C5-M sehr stark (Meer)	>650 bis 1 500	>80 bis 200	>30 bis 60	>4,2 bis 8,4	Küsten- und Offshorebereiche mit hoher Salzbelastung.	Gebäude oder Bereiche mit nahezu ständiger Kondensation und mit starker Verunreinigung.

ANMERKUNG 1: Die für die Korrosivitätskategorien angegebenen Zahlenwerte entsprechen den in ISO 9223 angegebenen Zahlenwerten.

ANMERKUNG 2: In Küstenbereichen mit warmfeuchten Klimaten können die Massenverluste oder Dickenabnahmen die Grenzen der Kategorie C5-M überschreiten. Beschichtungssysteme für Bauten in solchen Bereichen sind deshalb besonders sorgfältig auszuwählen.

5.2 Kategorien für Wasser und Erdreich

Die Korrosion von Bauten, die sich in Wasser oder im Erdreich befinden, hat im allgemeinen örtlichen Charakter. Korrosivitätskategorien können daher nur schwer definiert werden. Dennoch werden für die Zwecke dieser Internationalen Norm verschiedene Umgebungen beschrieben. In Tabelle 2 werden drei unterschiedliche Kategorien aufgeführt und bezeichnet. Wegen weiterer Einzelheiten siehe 4.2.

ANMERKUNG: In vielen Fällen wird kathodischer Korrosionsschutz angewendet, was zu beachten ist.

Tabelle 2: Kategorien für Wasser und Erdreich

Kategorie	Umgebung	Beispiele für Umgebungen und Stahlbauten
Im1	Süßwasser	Flußbauten, Wasserkraftwerke
Im2	Meer- oder Brackwasser	Hafenbereiche mit Stahlbauten wie Schleusentore, Staustufen, Molen; Offshore-Anlagen.
Im3	Erdreich	Behälter im Erdreich, Stahlspundwände, Stahlrohre

Anhang A (informativ)

Klimatische Bedingungen

Aus den Klimaten können gewöhnlich nur allgemeine Schlußfolgerungen auf das wahrscheinliche Korrosions-verhalten gezogen werden. In einem kalten Klima oder einem trockenen Klima wird die Korrosionsrate geringer sein als in einem gemäßigten Klima; sie wird am höchsten in einem heißen, feuchten Klima und in einem Meeresklima sein, obwohl beträchtliche örtliche Unterschiede auftreten können.

Der wichtigste Faktor ist die Zeitdauer mit hoher Luftfeuchte, hier als Befeuchtungsdauer beschrieben.

Tabelle A.1: Berechnete Befeuchtungsdauer und ausgewählte klimatologische Kenndaten für verschiedene Klimate (aus: ISO 9223 : 1992)

Klimatyp	Mittelwert der jährlichen Extremwerte			Berechnete Befeuchtungs-dauer bei relativer Feuchte > 80 % und Temperatur > 0 °C
	Niedrige Temperatur	Hohe Temperatur	Höchste Temperatur bei relativer Feuchte > 95 %	
	°C	°C	°C	h/Jahr
Extrem kalt	− 65	+ 32	+ 20	0 bis 100
Kalt	− 50	+ 32	+ 20	150 bis 2 500
Kalt gemäßigt Warm gemäßigt	− 33 − 20	+ 34 + 35	+ 23 + 25	2 500 bis 4 200
Warmtrocken Mild warmtrocken Extrem warmtrocken	− 20 − 5 + 3	+ 40 + 40 + 55	+ 27 + 27 + 28	10 bis 1 600
Feuchtwarm Gleichmäßig feucht-warm	+ 5 +13	+ 40 + 35	+ 31 + 33	4 200 bis 6 000

Anhang B (informativ)

Spezielle Fälle

B.1 Besondere Situationen

B.1.1 Korrosion im Inneren von Gebäuden

Die Korrosionsbelastung von Stahlbauten im Inneren von geschlossenen Gebäuden ist im allgemeinen unbedeutend.

Sind die Gebäude nur teilweise geschlossen, kann die Korrosionsbelastung derjenigen gleichgesetzt werden, die dem umgebenden Atmosphärentyp zuzuordnen ist.

Die Korrosionsbelastung im Inneren eines Gebäudes kann durch betriebliche Faktoren erheblich erhöht werden. Solche Belastungen sollten als Sonderbelastungen (siehe Abschnitt B.2) betrachtet werden. Sie können in Hallen-Schwimmbädern mit gechlortem Wasser, Viehställen und anderen besonders genutzten Räumen auftreten.

Der Bereich von Kältebrücken kann durch Kondenswasserbildung einer erhöhten Korrosionsbelastung unterliegen.

In Fällen, in denen Oberflächen durch Elektrolyte befeuchtet werden, auch wenn eine solche Befeuchtung nur zeitweilig auftritt (z. B. bei durchnäßten Baustoffen), sind besondere Anforderungen an den Korrosionsschutz zu stellen.

B.1.2 Korrosion in Hohlkästen und Hohlbauteilen

Dicht geschlossene, nicht zugängliche Hohlbauteile sind im Inneren keiner Korrosionsbelastung ausgesetzt, während dicht geschlossene Hohlkästen durch gelegentliches Öffnen geringen Korrosionsbelastungen unterliegen.

Bei der Gestaltung dichter Hohlbauteile und Hohlkästen ist ihre Luftdichtigkeit sicherzustellen (z. B. keine unterbrochenen Schweißnähte, dichte Schraubstöße), da sonst – je nach Außentemperatur – Feuchte aus Regen oder Kondenswasser eingesaugt und gespeichert werden kann. Falls Undichtigkeiten nicht auszuschließen sind, sind die inneren Oberflächen zu schützen. (Kondensation kommt sogar in Hohlkästen vor, die als dicht geschlossen konstruiert sind.)

In offenen Hohlkästen und Hohlbauteilen ist Korrosion zu erwarten. Daher sind geeignete Maßnahmen zu ergreifen. Weitergehende Angaben zur Gestaltung siehe ISO 12944-3.

B.2 Sonderbelastungen

Sonderbelastungen im Sinne von ISO 12944 sind Belastungen, die die Korrosion erheblich verstärken und/oder an das Beschichtungssystem erhöhte Anforderungen stellen. Wegen ihrer Vielfalt können für Sonderbelastungen nur einzelne Beispiele gebracht werden.

B.2.1 Chemische Belastungen

Die Korrosionsbelastung wird örtlich durch betriebsbedingte Immissionen verschärft (z. B. durch Säuren, Alkalien oder Salze, organische Lösemittel, korrosive Gase und Staubteilchen).

Solche Belastungen treten z. B. im Bereich von Kokereien, Beizereien, Galvanisieranstalten, Färbereien, Zellstofffabriken, Gerbereien und Erdölraffinerien auf.

B.2.2 Mechanische Belastungen

B.2.2.1 in der Atmosphäre

In der Atmosphäre ist Abrieb (Erosion) durch vom Wind mitgerissene Teile (z. B. Sand) möglich.

Durch Abrieb können Oberflächen einer mäßigen bis starken mechanischen Belastung unterliegen.

419

B.2.2.2 in Wasser

In Wasser können mechanische Belastungen durch Geschiebe aus Kies und Geröll, Sandabrieb, Wellenschlag usw. auftreten.

Mechanische Belastungen können in **drei Klassen** eingeteilt werden:

a) **schwach:** keine oder sehr geringe gelegentliche mechanische Belastung, z. B. durch leichtes Geröll oder kleine Sandmengen, die in langsam strömendem Wasser mitgeführt werden;

b) **mäßig:** mäßige mechanische Belastung, z. B. durch:

- festes Geröll, Sand, Kies, Schotter oder Eis, in mäßigen Mengen von mäßig strömendem Wasser mitgeführt,

- starke Strömung ohne feste Beimengung entlang senkrechter Flächen,

- mäßigen Bewuchs (tierisch oder pflanzlich),

- mäßigen Wellenschlag;

c) **stark:** starke mechanische Belastung, z. B. durch:

- festes Geröll, Sand, Kies, Schotter oder Eis, im strömenden Wasser in großen Mengen über horizontale oder schräge Flächen mitgeführt,

- starken Bewuchs (tierisch oder pflanzlich), besonders wenn dieser aus betrieblichen Gründen von Zeit zu Zeit mechanisch entfernt werden muß.

B.2.3 Belastungen durch Kondenswasser

Liegt die Temperatur der Stahloberfläche über mehrere Tage hinweg unter dem Taupunkt, so stellt das kondensierende Wasser eine besonders hohe Korrosionsbelastung dar, vor allem, wenn mit periodischen Wiederholungen zu rechnen ist (z. B. in Wasserwerken, an Kühlwasserleitungen).

B.2.4 Belastungen durch erhöhte oder hohe Temperaturen

Erhöhte Temperaturen im Sinne dieser Internationalen Norm sind solche zwischen + 60 °C und + 150 °C, hohe Temperaturen solche zwischen + 150 °C und + 400 °C. Temperaturen in dieser Größenordnung treten nur unter besonderen Bau- und Betriebsbedingungen auf (z. B. erhöhte Temperaturen während des Verlegens von Asphalt auf Fahrbahnen von Brücken und hohe Temperaturen bei Schornsteinen aus Stahlblech, Rauchgaskanälen oder Gasvorlagen in Kokereien).

B.2.5 Verstärkte Korrosion durch kombinierte Belastungen

Verstärkte Korrosion kann sich auf Oberflächen ergeben, die gleichzeitig mechanischen und chemischen Belastungen ausgesetzt sind. Das trifft insbesondere auf Stahlbauten zu, die sich in der Nähe von Straßen befinden, auf denen Granulat und Salz gestreut wurden.

Vorüberfahrende Fahrzeuge verspritzen salzhaltiges Wasser und schleudern Granulat auf Teile solcher Bauten. Die Oberfläche ist dann den Korrosionsbelastungen durch das Salz und gleichzeitig der mechanischen Belastung durch das Auftreffen fester Teilchen ausgesetzt.

Andere Teile des Bauwerks werden durch Salzsprühnebel benetzt. Dies trifft z. B. für die Unterseiten von Überführungsbauten über gestreuten Straßen zu. Der Sprühbereich wird in der Regel mit einer Ausdehnung bis zu 15 m von der gestreuten Straße angenommen.

Anhang ZA (normativ)

Normative Verweisungen auf internationale Publikationen mit ihren entsprechenden europäischen Publikationen

Diese Europäische Norm enthält, durch datierte oder undatierte Verweisungen, Festlegungen aus anderen Publikationen. Diese normativen Verweisungen sind an den jeweiligen Stellen im Text zitiert, und die Publikationen sind nachstehend aufgeführt. Bei datierten Verweisungen gehören spätere Änderungen oder Überarbeitungen dieser Publikationen nur zu dieser Europäischen Norm, falls sie durch Änderung oder Überarbeitung eingearbeitet sind. Bei undatierten Verweisungen gilt die letzte Ausgabe der in Bezug genommenen Publikation.

Publikation	Jahr	Titel	EN	Jahr
ISO 12944-1	1998	Paints and varnishes – Corrosion protection of steel structures by protective paint systems – Part 1: General introduction	EN ISO 12944-1	1998

Beschichtungsstoffe **Korrosionsschutz von Stahlbauten durch Beschichtungssysteme** Teil 4: Arten von Oberflächen und Oberflächenvorbereitung (ISO 12944-4 : 1998) Deutsche Fassung EN ISO 12944-4 : 1998	**DIN** EN ISO 12944-4

ICS 87.020; 91.080.10

Ersatz für
DIN 55928-4 : 1991-05

Deskriptoren: Beschichtungsstoff, Korrosionsschutz,
Beschichtungssystem, Stahlbau, Oberfläche,
Oberflächenvorbereitung

Paints and varnishes – Corrosion protection of steel structures by
protective paint systems – Part 4: Types of surface and surface
preparation (ISO 12944-4 : 1998);
German version EN ISO 12944-4 : 1998

Peintures et vernis – Anticorrosion des structures en acier par systèmes
de peinture – Partie 4: Types de surface et de préparation des surfaces
(ISO 12944-4 : 1998); Version allemande EN ISO 12944-4 : 1998

Die Europäische Norm EN ISO 12944-4 : 1998 hat den Status einer Deutschen Norm.

Nationales Vorwort

Die Europäische Norm EN ISO 12944-4 fällt in den Zuständigkeitsbereich des Technischen Komitees
CEN/TC 139 "Lacke und Anstrichstoffe" (Sekretariat: Deutschland). Die ihr zugrundeliegende Internationale Norm
ISO 12944-4 wurde vom ISO/TC 35/SC 14 "Paints and varnishes – Protective paint systems for steel structures"
(Sekretariat: Norwegen) ausgearbeitet.

Das zuständige deutsche Normungsgremium ist der Unterausschuß 10.4 "Oberflächenvorbereitung und -
prüfung" des FA/NABau-Arbeitsausschusses 10 "Korrosionsschutz von Stahlbauten".

Fortsetzung Seiten 2 bis 5
und 25 Seiten EN

Normenausschuß Anstrichstoffe und ähnliche Beschichtungsstoffe (FA) im DIN Deutsches Institut für Normung e.V.
Normenausschuß Bauwesen (NABau) im DIN

Für die im Abschnitt 2 zitierten Internationalen Normen wird in den folgenden Tabellen auf die entsprechenden Deutschen Normen hingewiesen:

ISO-Norm	DIN-Norm
ISO 1461	[1])
ISO 2063	DIN EN 22063
ISO 2409	DIN EN ISO 2409
ISO 4628-1	E DIN ISO 4628-1[2])
ISO 4628-2	E DIN ISO 4628-2[2])
ISO 4628-3	E DIN ISO 4628-3[2])
ISO 4628-4	DIN ISO 4628-4, E DIN ISO 4628-4[2])
ISO 4628-5	DIN ISO 4628-5, E DIN ISO 4628-5[2])
ISO 4628-6	E DIN ISO 4628-6
ISO 8501-1	[3])
Informative Ergänzung zu ISO 8501-1	[3])
ISO 8501-2	[3])
ISO/TR 8502-1	[4])
ISO 8502-2	[4])
ISO 8502-3	[4])
ISO 8502-4	[4])
ISO 8503-1	DIN EN ISO 8503-1
ISO 8503-2	DIN EN ISO 8503-2
ISO 8504-1	E DIN ISO 8504-1
ISO 8504-2	E DIN ISO 8504-2
ISO 8504-3	E DIN ISO 8504-3

[1]) Norm DIN EN ISO 1461 in Vorbereitung.

[2]) Die Normen ISO 4628-1 bis ISO 4628-5 werden z. Z. überarbeitet. Es ist vorgesehen, die Neuausgaben als Europäische Normen und damit in das DIN-Normenwerk zu übernehmen (Ersatz für DIN 53209, DIN 53210 und DIN 53230).

[3]) Die Normen ISO 8501-1 und ISO 8501-2 sowie die informative Ergänzung zu ISO 8501-1 mit den photographischen Vergleichsmustern für Rostgrade und Oberflächenvorbereitungsgrade sind im deutschen Bereich unmittelbar anwendbar, da sie die Texte auch in deutscher Sprache enthalten.

[4]) Es ist vorgesehen, die Normenreihe ISO/TR 8502-1 bis ISO 8502-4 in Kürze als Europäische Normen und damit in das DIN-Normenwerk zu übernehmen.

ISO-Norm	DIN-Norm
ISO 11124-1	DIN EN ISO 11124-1
ISO 11124-2	DIN EN ISO 11124-2
ISO 11124-3	DIN EN ISO 11124-3
ISO 11124-4	DIN EN ISO 11124-4
ISO 11126-1	DIN EN ISO 11126-1
ISO 11126-3	DIN EN ISO 11126-3
ISO 11126-4	DIN EN ISO 11126-4
ISO 11126-5	DIN EN ISO 11126-5
ISO 11126-6	DIN EN ISO 11126-6
ISO 11126-8	DIN EN ISO 11126-8
ISO 12944-1	DIN EN ISO 12944-1

Zu 4 Allgemeines, 4. Absatz
Hinsichtlich der Qualifikation der Ausführenden gelten die Angaben in DIN EN ISO 12944-7 : 1998-07, Unterabschnitt 3.1, sinngemäß.

Zu 6.3 Flammstrahlen
Einzelheiten über das Flammstrahlen sind in DIN 32539 enthalten.

Änderungen
Gegenüber DIN 55928-4 : 1991-05 wurden folgende Änderungen vorgenommen:
a) Internationale Festlegungen unverändert übernommen.
b) Inhalt überarbeitet und neu gegliedert.

Frühere Ausgaben
DIN 55928: 1956-11, 1959-06x
DIN 55928-4: 1977-01, 1991-05

Nationaler Anhang NA (informativ)

Literaturhinweise

DIN 32539
Flammstrahlen von Stahl- und Betonoberflächen

DIN 53209
Bezeichnung des Blasengrades von Anstrichen

DIN 53210
Bezeichnung des Rostgrades von Anstrichen und ähnlichen Beschichtungen

DIN 53230
Prüfung von Anstrichstoffen und ähnlichen Beschichtungsstoffen – Bewertungssystem für die Auswertung von Prüfungen

DIN EN 22063
Metallische und andere anorganische Schichten – Thermisches Spritzen – Zink, Aluminium und ihre Legierungen (ISO 2063 : 1991); Deutsche Fassung EN 22063 : 1993

DIN EN ISO 8503-1
Vorbereitung von Stahloberflächen vor dem Auftragen von Beschichtungsstoffen – Rauheitskenngrößen von gestrahlten Stahloberflächen – Teil 1: Anforderungen und Begriffe für ISO-Rauheitsvergleichsmuster zur Beurteilung gestrahlter Oberflächen (ISO 8503-1 : 1988); Deutsche Fassung EN ISO 8503-1 : 1995

DIN EN ISO 8503-2
Vorbereitung von Stahloberflächen vor dem Auftragen von Beschichtungsstoffen – Rauheitskenngrößen von gestrahlten Stahloberflächen – Teil 2: Verfahren zur Prüfung der Rauheit von gestrahltem Stahl – Vergleichsmusterverfahren (ISO 8503-2 : 1988); Deutsche Fassung EN ISO 8503-2 : 1995

DIN EN ISO 11124-1
Vorbereitung von Stahloberflächen vor dem Auftragen von Beschichtungsstoffen – Anforderungen an metallische Strahlmittel – Teil 1: Allgemeine Einleitung und Einteilung (ISO 11124-1 : 1993); Deutsche Fassung EN ISO 11124-1 : 1997

DIN EN ISO 11124-2
Vorbereitung von Stahloberflächen vor dem Auftragen von Beschichtungsstoffen – Anforderungen an metallische Strahlmittel – Teil 2: Hartguß, kantig (Grit) (ISO 11124-2 : 1993); Deutsche Fassung EN ISO 11124-2 : 1997

DIN EN ISO 11124-3
Vorbereitung von Stahloberflächen vor dem Auftragen von Beschichtungsstoffen – Anforderungen an metallische Strahlmittel – Teil 3: Stahlguß mit hohem Kohlenstoffgehalt, kugelig und kantig (Shot und Grit) (ISO 11124-3 : 1993); Deutsche Fassung EN ISO 11124-3 : 1997

DIN EN ISO 11124-4
Vorbereitung von Stahloberflächen vor dem Auftragen von Beschichtungsstoffen – Anforderungen an metallische Strahlmittel – Teil 4: Stahlguß mit niedrigem Kohlenstoffgehalt, kugelig (Shot) (ISO 11124-4 : 1993); Deutsche Fassung EN ISO 11124-4 : 1997

DIN EN ISO 11126-1
Vorbereitung von Stahloberflächen vor dem Auftragen von Beschichtungsstoffen – Anforderungen an nichtmetallische Strahlmittel – Teil 1: Allgemeine Einleitung und Einteilung (ISO 11126-1 : 1993, einschließlich Technische Korrekturen 1 : 1997 und 2 : 1997); Deutsche Fassung EN ISO 11126-1 : 1997

DIN EN ISO 11126-3
Vorbereitung von Stahloberflächen vor dem Auftragen von Beschichtungsstoffen – Anforderungen an nichtmetallische Strahlmittel – Teil 3: Strahlmittel aus Kupferhüttenschlacke (ISO 11126-3 : 1993); Deutsche Fassung EN ISO 11126-3 : 1997

DIN EN ISO 11126-4
Vorbereitung von Stahloberflächen vor dem Auftragen von Beschichtungsstoffen – Anforderungen an nichtmetallische Strahlmittel – Teil 4: Strahlmittel aus Schmelzkammerschlacke (ISO 11126-4 : 1993); Deutsche Fassung EN ISO 11126-4 : 1998

DIN EN ISO 11126-5
Vorbereitung von Stahloberflächen vor dem Auftragen von Beschichtungsstoffen – Anforderungen an nichtmetallische Strahlmittel – Teil 5: Strahlmittel aus Nickelhüttenschlacke (ISO 11126-5 : 1993); Deutsche Fassung EN ISO 11126-5 : 1998

DIN EN ISO 11126-6
Vorbereitung von Stahloberflächen vor dem Auftragen von Beschichtungsstoffen – Anforderungen an nichtmetallische Strahlmittel – Teil 6: Strahlmittel aus Hochofenschlacke (ISO 11126-6 : 1993); Deutsche Fassung EN ISO 11126-6 : 1997

DIN EN ISO 11126-8
Vorbereitung von Stahloberflächen vor dem Auftragen von Beschichtungsstoffen – Anforderungen an nichtmetallische Strahlmittel – Teil 8: Olivinsand (ISO 11126-8 : 1993); Deutsche Fassung EN ISO 11126-8 : 1997

DIN EN ISO 12944-1
Beschichtungsstoffe – Korrosionsschutz von Stahlbauten durch Beschichtungssysteme – Teil 1: Allgemeine Einleitung (ISO 12944-1 : 1998); Deutsche Fassung EN ISO 12944-1 : 1998

E DIN ISO 4628-1
Beschichtungsstoffe – Beurteilung von Beschichtungsschäden – Bewertung der Menge und Größe von Schäden und der Intensität von Veränderungen – Teil 1: Allgemeine Grundsätze und Bewertungssystem (ISO/CD 4628-1 : 1997)

E DIN ISO 4628-2
Beschichtungsstoffe – Beurteilung von Beschichtungsschäden – Bewertung der Menge und Größe von Schäden und der Intensität von Veränderungen – Teil 2: Bewertung des Blasengrades (ISO/CD 4628-2 : 1997)

E DIN ISO 4628-3
Beschichtungsstoffe – Beurteilung von Beschichtungsschäden – Bewertung der Menge und Größe von Schäden und der Intensität von Veränderungen – Teil 3: Bewertung des Rostgrades (ISO/CD 4628-3 : 1997)

DIN ISO 4628-4
Lacke, Anstrichstoffe und ähnliche Beschichtungsstoffe – Bezeichnung des Grades der Rißbildung von Beschichtungen; Identisch mit ISO 4628-4, Ausgabe 1982

E DIN ISO 4628-4
Beschichtungsstoffe – Beurteilung von Beschichtungsschäden – Bewertung der Menge und Größe von Schäden und der Intensität von Veränderungen – Teil 4: Bewertung des Rißgrades (ISO/CD 4628-4 : 1997)

DIN ISO 4628-5
Lacke, Anstrichstoffe und ähnliche Beschichtungsstoffe – Bezeichnung des Grades des Abblätterns von Beschichtungen; Identisch mit ISO 4628-5, Ausgabe 1982

E DIN ISO 4628-5
Beschichtungsstoffe – Beurteilung von Beschichtungsschäden – Bewertung der Menge und Größe von Schäden und der Intensität von Veränderungen – Teil 5: Bewertung des Abblätterungsgrades (ISO/CD 4628-5 : 1997)

E DIN ISO 4628-6
Beschichtungsstoffe – Beurteilung von Beschichtungsschäden – Bewertung von Ausmaß, Menge und Größe von Schäden – Teil 6: Bewertung des Kreidungsgrades nach dem Klebebandverfahren (ISO 4628-6 : 1990)

E DIN ISO 8504-1
Vorbereitung von Stahloberflächen vor dem Auftragen von Beschichtungsstoffen – Verfahren für die Oberflächenvorbereitung – Teil 1: Allgemeine Grundsätze (ISO 8504-1 : 1992)

E DIN ISO 8504-2
Vorbereitung von Stahloberflächen vor dem Auftragen von Beschichtungsstoffen – Verfahren für die Oberflächenvorbereitung – Teil 2: Strahlen (ISO 8504-2 : 1992)

E DIN ISO 8504-3
Vorbereitung von Stahloberflächen vor dem Auftragen von Beschichtungsstoffen – Verfahren für die Oberflächenvorbereitung – Teil 3: Reinigen mit Handwerkzeugen und mit maschinell angetriebenen Werkzeugen (ISO 8504-3 : 1993)

EUROPÄISCHE NORM
EUROPEAN STANDARD
NORME EUROPÉENNE

EN ISO 12944-4

Mai 1998

ICS 87.020

Deskriptoren:

Deutsche Fassung

Beschichtungsstoffe

Korrosionsschutz von Stahlbauten durch Beschichtungssysteme
Teil 4: Arten von Oberflächen und Oberflächenvorbereitung (ISO 12944-4 : 1998)

Paints and varnishes – Corrosion protection of steel structures by protective paint systems – Part 4: Types of surface and surface preparation (ISO 12944-4 : 1998)

Peintures et vernis – Anticorrosion des structures en acier par systèmes de peinture – Partie 4: Types de surface et de préparation des surfaces (ISO 12944-4 : 1998)

Diese Europäische Norm wurde von CEN am 16. Juni 1997 angenommen.

Die CEN-Mitglieder sind gehalten, die CEN/CENELEC-Geschäftsordnung zu erfüllen, in der die Bedingungen festgelegt sind, unter denen dieser Europäischen Norm ohne jede Änderung der Status einer nationalen Norm zu geben ist.

Auf dem letzten Stand befindliche Listen dieser nationalen Normen mit ihren bibliographischen Angaben sind beim Zentralsekretariat oder bei jedem CEN-Mitglied auf Anfrage erhältlich.

Diese Europäische Norm besteht in drei offiziellen Fassungen (Deutsch, Englisch, Französisch). Eine Fassung in einer anderen Sprache, die von einem CEN-Mitglied in eigener Verantwortung durch Übersetzung in seine Landessprache gemacht und dem Zentralsekretariat mitgeteilt worden ist, hat den gleichen Status wie die offiziellen Fassungen.

CEN-Mitglieder sind die nationalen Normungsinstitute von Belgien, Dänemark, Deutschland, Finnland, Frankreich, Griechenland, Irland, Island, Italien, Luxemburg, Niederlande, Norwegen, Österreich, Portugal, Schweden, Schweiz, Spanien, der Tschechischen Republik und dem Vereinigten Königreich.

CEN

EUROPÄISCHES KOMITEE FÜR NORMUNG
European Committee for Standardization
Comité Européen de Normalisation

Zentralsekretariat: rue de Stassart 36, B-1050 Brüssel

Ref. Nr. EN ISO 12944-4 : 1998 D

Inhalt

Vorwort

Der Text der Internationalen Norm ISO 12944-4 : 1998 wurde vom Technischen Komitee ISO/TC 35 "Paints and varnishes" in Zusammmenarbeit mit dem Technischen Komitee CEN/TC 139 "Lacke und Anstrichstoffe" erarbeitet, dessen Sekretariat vom DIN gehalten wird.

Diese Europäische Norm muß den Status einer nationalen Norm erhalten, entweder durch Veröffentlichung eines identischen Textes oder durch Anerkennung bis November 1998, und etwaige entgegenstehende nationale Normen müssen bis November 1998 zurückgezogen werden.

Entsprechend der CEN/CENELEC-Geschäftsordnung sind die nationalen Normungsinstitute der folgenden Länder gehalten, diese Europäische Norm zu übernehmen: Belgien, Dänemark, Deutschland, Finnland, Frankreich, Griechenland, Irland, Island, Italien, Luxemburg, Niederlande, Norwegen, Österreich, Portugal, Schweden, Schweiz, Spanien, die Tschechische Republik und das Vereinigte Königreich.

ISO 12944 mit dem allgemeinen Titel "Beschichtungsstoffe – Korrosionsschutz von Stahlbauten durch Beschichtungssysteme" besteht aus den folgenden Teilen:

Teil 1: Allgemeine Einleitung
Teil 2: Einteilung der Umgebungsbedingungen
Teil 3: Grundregeln zur Gestaltung
Teil 4: Arten von Oberflächen und Oberflächenvorbereitung
Teil 5: Beschichtungssysteme
Teil 6: Laborprüfungen zur Bewertung von Beschichtungssystemen
Teil 7: Ausführung und Überwachung der Beschichtungsarbeiten
Teil 8: Erarbeiten von Spezifikationen für Erstschutz und Instandsetzung

Die Anhänge A und B bilden einen integralen Bestandteil dieses Teils von ISO 12944. Die Anhänge C, D und E sind informativ.

Anerkennungsnotiz

Der Text der Internationalen Norm ISO 12944-4 : 1998 wurde von CEN als Europäische Norm ohne irgendeine Abänderung genehmigt.

ANMERKUNG: Die normativen Verweisungen auf Internationale Normen mit ihren entsprechenden europäischen Publikationen sind im Anhang ZA (normativ) aufgeführt.

Einleitung

Ungeschützter Stahl korrodiert in der Atmosphäre, in Wasser und im Erdreich, was zu Schäden führen kann. Um solche Korrosionsschäden zu vermeiden, werden Stahlbauten üblicherweise geschützt, damit sie den Korrosionsbelastungen während der geforderten Nutzungsdauer standhalten.

Es gibt verschiedene Möglichkeiten, Stahlbauten vor Korrosion zu schützen. ISO 12944 befaßt sich mit dem Schutz durch Beschichtungssysteme. Dabei werden in den verschiedenen Teilen alle wesentlichen Gesichtspunkte berücksichtigt, die für einen angemessenen Korrosionsschutz von Bedeutung sind. Zusätzliche oder andere Maßnahmen sind möglich, erfordern aber besondere Vereinbarungen zwischen den Vertragspartnern.

Um Stahlbauten wirksam vor Korrosion zu schützen, ist es notwendig, daß Auftraggeber, Planer, Berater, den Korrosionsschutz ausführende Firmen, Aufsichtspersonal für Korrosionsschutzarbeiten und Hersteller von Beschichtungsstoffen dem Stand der Technik entsprechende Angaben über den Korrosionsschutz durch Beschichtungssysteme in zusammengefaßter Form erhalten. Solche Angaben müssen möglichst vollständig sein, außerdem eindeutig und leicht zu verstehen, damit Schwierigkeiten und Mißverständnisse zwischen den Vertragspartnern, die mit der Ausführung der Schutzmaßnahmen befaßt sind, vermieden werden.

Mit der vorliegenden Internationalen Norm – ISO 12944 – ist beabsichtigt, diese Angaben in Form von Regeln zu machen. Die Norm ist für Anwender gedacht, die über allgemeine Fachkenntnisse verfügen. Es wird auch vorausgesetzt, daß die Anwender von ISO 12944 mit dem Inhalt anderer einschlägiger Internationaler Normen, insbesondere über die Oberflächenvorbereitung, sowie mit einschlägigen nationalen Regelungen vertraut sind.

ISO 12944 behandelt keine finanziellen und vertraglichen Fragen. Es ist jedoch zu beachten, daß die NichtEinhaltung von Anforderungen und Empfehlungen dieser Norm zu unzureichendem Schutz gegen Korrosion mit erheblichen Folgen und daraus resultierenden schwerwiegenden finanziellen Konsequenzen führen kann.

Die Norm ISO 12944-1 definiert den allgemeinen Anwendungsbereich aller Teile von ISO 12944. Sie enthält einige grundlegende Fachbegriffe und eine allgemeine Einleitung zu den anderen Teilen von ISO 12944. Weiterhin enthält sie eine allgemeine Aussage über Gesundheitsschutz, Arbeitssicherheit und Umweltschutz sowie eine Anleitung, wie ISO 12944 für ein bestimmtes Projekt anzuwenden ist.

Dieser Teil von ISO 12944 beschreibt verschiedene Arten von zu schützenden Oberflächen und enthält Angaben über Verfahren zur chemischen, mechanischen und thermischen Oberflächenvorbereitung. Er behandelt Oberflächenvorbereitungsgrade, die Rauheit, die Beurteilung der vorbereiteten Oberflächen, den temporären Schutz vorbereiteter Oberflächen, die Vorbereitung von temporär geschützten Oberflächen zum weiteren Beschichten, die Vorbereitung vorhandener Überzüge und Umweltaspekte. Soweit wie möglich wurde auf die internationalen Grundnormen über die Vorbereitung von Stahloberflächen vor dem Beschichten Bezug genommen.

1 Anwendungsbereich

Dieser Teil von ISO 12944 behandelt die folgenden Arten von Oberflächen von Stahlbauten aus unlegiertem und niedriglegiertem Stahl und deren Vorbereitung:

– unbeschichtete Oberflächen;
– Oberflächen mit thermisch gespritztem Überzug aus Zink, Aluminium oder deren Legierungen;
– feuerverzinkte Oberflächen;
– galvanisch verzinkte Oberflächen;
– sherardisierte Oberflächen;
– Oberflächen mit Fertigungsbeschichtungen;
– andere beschichtete Oberflächen.

Dieser Teil definiert eine Reihe von Oberflächenvorbereitungsgraden, legt aber keine Anforderungen an den Zustand des Untergrundes vor der Oberflächenvorbereitung fest.

Hochpolierte und kaltverfestigte Oberflächen werden in diesem Teil von ISO 12944 nicht behandelt.

2 Normative Verweisungen

Die folgenden Normen enthalten Festlegungen, die, durch Verweisung in diesem Text, Bestandteil dieses Teils von ISO 12944 sind. Zum Zeitpunkt der Veröffentlichung waren die angegebenen Ausgaben gültig. Alle Normen unterliegen der Überarbeitung. Vertragspartner, deren Vereinbarungen auf diesem Teil von ISO 12944 basieren, werden gebeten, zu prüfen, ob die neuesten Ausgaben der nachfolgend aufgeführten Normen angewendet werden können. Die Mitglieder von IEC und ISO führen Verzeichnisse der gegenwärtig gültigen Internationalen Normen.

ISO 1461 : -[1])
Hot-dip galvanized coatings on fabricated ferrous products – Specifications

ISO 2063 : 1991
Metallic and other inorganic coatings – Thermal spraying – Zinc, aluminium and their alloys

ISO 2409 : 1992
Paints and varnishes – Cross-cut test

ISO 4628-1 : 1982
Paints and varnishes – Evaluation of degradation of paint coatings – Designation of intensity, quantity and size of common types of defect – Part 1: General principles and rating schemes

ISO 4628-2 : 1982
Paints and varnishes – Evaluation of degradation of paint coatings – Designation of intensity, quantity and size of common types of defect – Part 2: Designation of degree of blistering

ISO 4628-3 : 1982
Paints and varnishes – Evaluation of degradation of paint coatings – Designation of intensity, quantity and size of common types of defect – Part 3: Designation of degree of rusting

ISO 4628-4 : 1982
Paints and varnishes – Evaluation of degradation of paint coatings – Designation of intensity, quantity and size of common types of defect – Part 4: Designation of degree of cracking

ISO 4628-5 : 1982
Paints and varnishes – Evaluation of degradation of paint coatings – Designation of intensity, quantity and size of common types of defect – Part 5: Designation of degree of flaking

ISO 4628-6 : 1990
Paints and varnishes – Evaluation of degradation of paint coatings – Designation of intensity, quantity and size of common types of defect – Part 6: Rating of degree of chalking by tape method

ISO 8501-1 : 1988
Preparation of steel substrates before application of paints and related products – Visual assessment of surface cleanliness – Part 1: Rust grades and preparation grades of uncoated steel substrates and of steel substrates after overall removal of previous coatings

Informative Supplement to ISO 8501-1 : 1988
Representative photographic examples of the change of appearance imparted to steel when blast-cleaned with different abrasives

ISO 8501-2 : 1994
Preparation of steel substrates before application of paints and related products – Visual assessment of surface cleanliness – Part 2: Preparation grades of previously coated steel substrates after localized removal of previous coatings

ISO/TR 8502-1 : 1991
Preparation of steel substrates before application of paints and related products – Tests for the assessment of surface cleanliness – Part 1: Field test for soluble iron corrosion products

ISO 8502-2 : 1992
Preparation of steel substrates before application of paints and related products – Tests for the assessment of surface cleanliness – Part 2: Laboratory determination of chloride on cleaned surfaces

ISO 8502-3 : 1992
Preparation of steel substrates before application of paints and related products – Tests for the assessment of surface cleanliness – Part 3: Assessment of dust on steel surfaces prepared for painting (pressure-sensitive tape method)

---

[1]) Zu veröffentlichen (Überarbeitung von ISO 1459 : 1973 und ISO 1461 : 1973)

ISO 8502-4 : 1993
Preparation of steel substrates before application of paints and related products – Tests for the assessment of surface cleanliness – Part 4: Guidance on the estimation of the probability of condensation prior to paint-application

ISO 8503-1 : 1988
Preparation of steel substrates before application of paints and related products – Surface roughness characteristics of blast-cleaned steel substrates – Part 1: Specifications and definitions for ISO surface profile comparators for the assessment of abrasive blast-cleaned surfaces

ISO 8503-2 : 1988
Preparation of steel substrates before application of paints and related products – Surface roughness characteristics of blast-cleaned steel substrates – Part 2: Method for the grading of surface profile of abrasive blast-cleaned steel – Comparator procedure

ISO 8504-1 : 1992
Preparation of steel substrates before application of paints and related products – Surface preparation methods – Part 1: General principles

ISO 8504-2 : 1992
Preparation of steel substrates before application of paints and related products – Surface preparation methods – Part 2: Abrasive blast-cleaning

ISO 8504-3 : 1993
Preparation of steel substrates before application of paints and related products – Surface preparation methods – Part 3: Hand- and power-tool cleaning

ISO 11124-1 : 1993
Preparation of steel substrates before application of paints and related products – Specifications for metallic blast-cleaning abrasives – Part 1: General introduction and classification

ISO 11124-2 : 1993
Preparation of steel substrates before application of paints and related products – Specifications for metallic blast-cleaning abrasives – Part 2: Chilled-iron grit

ISO 11124-3 : 1993
Preparation of steel substrates before application of paints and related products – Specifications for metallic blast-cleaning abrasives – Part 3: High-carbon cast-steel shot and grit

ISO 11124-4 : 1993
Preparation of steel substrates before application of paints and related products – Specifications for metallic blast-cleaning abrasives – Part 4: Low-carbon cast-steel shot

ISO 11126-1 : 1993
Preparation of steel substrates before application of paints and related products – Specifications for non-metallic blast-cleaning abrasives – Part 1: General introduction and classification

ISO 11126-3 : 1993
Preparation of steel substrates before application of paints and related products – Specifications for non-metallic blast-cleaning abrasives – Part 3: Copper refinery slag

ISO 11126-4 : 1993
Preparation of steel substrates before application of paints and related products – Specifications for non-metallic blast-cleaning abrasives – Part 4: Coal furnace slag

ISO 11126-5 : 1993
Preparation of steel substrates before application of paints and related products – Specifications for non-metallic blast-cleaning abrasives – Part 5: Nickel refinery slag

ISO 11126-6 : 1993
Preparation of steel substrates before application of paints and related products – Specifications for non-metallic blast-cleaning abrasives – Part 6: Iron furnace slag

ISO 11126-7 : 1995
Preparation of steel substrates before application of paints and related products – Specifications for non-metallic blast-cleaning abrasives – Part 7: Fused aluminium oxide

ISO 11126-8 : 1993
Preparation of steel substrates before application of paints and related products – Specifications for non-metallic blast-cleaning abrasives – Part 8: Olivine sand

ISO 12944-1 : 1998
Paints and varnishes – Corrosion protection of steel structures by protective paint systems – Part 1: General introduction

EN 10238 : 1996
Automatisch gestrahlte und automatisch fertigungsbeschichtete Erzeugnisse aus Baustählen

3 Definitionen

Für die Anwendung von diesem Teil von ISO 12944 gelten die nachstehenden Definitionen, zusätzlich zu den Definitionen in ISO 12944-1.

3.1 Strahlen: Auftreffen eines Strahlmittels mit hoher kinetischer Energie auf die vorzubereitende Oberfläche.

3.2 Strahlmittel: Fester Stoff, der zum Strahlen benutzt wird [ISO 11124-1; ISO 11126-1].

3.3 Staub: Feine Partikel auf einer zum Beschichten vorbereiteten Oberfläche, die entweder vom Strahlen oder von anderen Verfahren für die Oberflächenvorbereitung oder auch von der Einwirkung der Umgebung herrühren [ISO 8502-3].

3.4 Taupunkt: Temperatur, bei der Feuchtigkeit aus der Luft auf einer festen Oberfläche kondensiert. Siehe ISO 8502-4.

3.5 Flugrostbildung: Schwache Rostbildung auf einer frisch vorbereiteten Stahloberfläche.

3.6 Grit; kantiges Strahlmittel: Strahlmittelkörner, die vorherrschend kantig sind und gebrochene Flächen und scharfe Kanten aufweisen. Gerundete Flächen der Strahlmittelkörner sind kleiner als bei einer Halbkugel. [ISO 11124-1; ISO 11126-1].

3.7 Walzhaut/Zunder: Dicke Oxidschicht, die auf Stahl während der Bearbeitung in der Wärme oder der Wärmebehandlung entsteht.

3.8 Rost: Sichtbare Korrosionsprodukte, die bei Eisenwerkstoffen hauptsächlich aus hydratisierten Eisenoxiden bestehen.

3.9 Shot; kugeliges Strahlmittel: Strahlmittelkörner, die vorherrschend rund sind, deren Länge weniger als das Zweifache ihres Durchmessers beträgt und die keine scharfen Kanten, gebrochene Flächen oder Oberflächenfehler in Form von Bruchkanten aufweisen [ISO 11124-1; ISO 11126-1].

3.10 Untergrund; Substrat: Oberfläche, auf die ein Beschichtungsstoff aufgebracht werden soll oder aufgebracht wurde. [EN 971-1]

3.11 Oberflächenvorbereitung: Jedes Verfahren, eine Oberfläche zum Beschichten vorzubereiten.

3.12 Weißrost: Weiße bis dunkelgraue Korrosionsprodukte auf verzinkten Oberflächen.

4 Allgemeines

Das Ziel der Oberflächenvorbereitung ist es, Stoffe, die sich nachteilig auswirken, zuverlässig zu entfernen, so daß eine Oberfläche entsteht, auf der die Grundbeschichtung zufriedenstellend haftet. Die Oberflächenvorbereitung verringert auch die Menge vorhandener korrosionsfördernder Verunreinigungen.

Der Zustand von Stahloberflächen, die vor dem Beschichten vorbereitet werden müssen, kann sehr unterschiedlich sein, besonders bei der Instandsetzung eines bereits beschichteten Bauwerks. Das Alter des Bauwerks und sein Standort, die Qualität der vorhandenen Oberfläche, die Schutzwirkung des vorhandenen Beschichtungssystems, das Ausmaß von Korrosionsschäden, die Art und Intensität bisheriger und zukünftiger korrosiver Einwirkungen sowie das vorgesehene neue Beschichtungssystem – alle diese Faktoren beeinflussen den Umfang der erforderlichen Vorbereitung.

Wenn man ein Verfahren für die Oberflächenvorbereitung auswählt, muß der geforderte Oberflächenvorbereitungs- grad berücksichtigt werden, damit eine angemessene Reinheit und, falls gefordert, eine bestimmte Rauheit für das auf die Stahloberfläche aufzutragende Beschichtungssystem erzielt wird. Da die Kosten der Oberflächenvor- bereitung gewöhnlich der Reinheit proportional sind, sollte entweder der Vorbereitungsgrad dem Beschichtungs- system oder das Beschichtungssystem dem erreichbaren Vorbereitungsgrad angepaßt werden.

Der Auftragnehmer, der die Oberfläche vorbereitet, muß über geeignete Einrichtungen und sein Personal über einschlägige Fachkenntnisse verfügen, damit es die Arbeiten entsprechend der geforderten Spezifikation ausführen kann[N1]. Alle einschlägigen Gesundheits- und Sicherheitsbestimmungen müssen beachtet werden. Es ist wichtig, daß die zu behandelnden Oberflächen leicht zugänglich und ausreichend beleuchtet sind. Alle Arbeiten zur Oberflächenvorbereitung müssen sachgemäß überwacht werden. Die vorbereitete Oberfläche muß geprüft werden.

Wenn der festgelegte Oberflächenvorbereitungsgrad durch das ausgewählte Vorbereitungsverfahren nicht erreicht worden ist oder wenn der Zustand der vorbereiteten Oberfläche sich noch vor dem Beschichten verändert hat, muß die Oberflächenvorbereitung wiederholt werden, so daß der festgelegte Vorbereitungsgrad erreicht wird.

Wie Schweißnähte vorbehandelt, Schweißspritzer entfernt und Grate und andere scharfe Kanten zu entfernen sind, muß festgelegt werden. Diese Maßnahmen sollten normalerweise bereits bei der Fertigung und nicht erst bei der Oberflächenvorbereitung vorgenommen werden.

Bezüglich weiterer Einzelheiten siehe ISO 8504-1.

5 Arten vorzubereitender Oberflächen

Die vorzubereitenden Oberflächen können wie folgt eingeteilt werden:

5.1 Unbeschichtete Oberflächen

Unbeschichtete Oberflächen sind Stahloberflächen, die mit Zunder/Walzhaut oder Rost und anderen Verunrei- nigungen bedeckt sein können. Sie sind entsprechend ISO 8501-1 (Rostgrade A, B, C und D) zu bewerten.

5.2 Oberflächen mit Überzügen*)

5.2.1 Thermisch gespritzte Oberflächen

Thermisch gespritzte Oberflächen sind Stahloberflächen, die mit Zink, Aluminium oder deren Legierungen über- zogen sind, aufgebracht durch Flamm- oder Lichtbogenspritzen entsprechend ISO 2063.

5.2.2 Feuerverzinkte Oberflächen

Feuerverzinkte Oberflächen (im Sinne dieser Norm) sind Stahloberflächen, die mit Zink oder Zinklegierungen durch Eintauchen in ein Schmelzbad entsprechend ISO 1461 überzogen sind.

5.2.3 Galvanisch verzinkte Oberflächen

Galvanisch verzinkte Oberflächen sind Stahloberflächen, die mit elektrolytisch abgeschiedenem Zink überzogen sind.

5.2.4 Sherardisierte Oberflächen

Sherardisierte Oberflächen sind Stahloberflächen, die mit Schichten aus einer Zink-Eisen-Legierung überzogen sind, welche durch Erhitzen des Stahlbauteils in einem Behälter zusammen mit Zinkstaub erhalten wurden.

5.3 Oberflächen mit Fertigungsbeschichtung

Oberflächen mit Fertigungsbeschichtung sind Oberflächen aus automatisch gestrahltem Stahl, auf den in einer Anlage eine Fertigungsbeschichtung automatisch aufgetragen wurde, entsprechend EN 10238.

ANMERKUNG: Nach diesem Teil von ISO 12944 wird der Begriff "Oberflächen mit Fertigungsbeschichtung" in Übereinstimmung mit EN 10238 auf automatisches Strahlen und automatisches Beschichten beschränkt.

[N1] Nationale Fußnote: Siehe Nationales Vorwort

*) Fußnote zur deutschsprachigen Fassung: Schichten aus Metall werden Überzüge, Schichten aus Beschichtungs- stoffen Beschichtungen genannt.

5.4 Andere beschichtete Oberflächen

Andere beschichtete Oberflächen sind Stahloberflächen/Stahloberflächen mit Überzügen, die zu einem früheren Zeitpunkt beschichtet wurden.

6 Verfahren für die Oberflächenvorbereitung

Öl, Fett, Salze, Schmutz und ähnliche Verunreinigungen müssen soweit wie möglich vor der weiteren Oberflächenvorbereitung durch ein geeignetes Verfahren entfernt werden. Zusätzlich kann das vorherige Entfernen von dickem, festhaftenden Rost und Walzhaut/Zunder durch Verfahren mit Handwerkzeugen oder maschinell angetriebenen Werkzeugen erforderlich sein. Wenn mit Überzügen versehener Stahl vorzubereiten ist, darf das Verfahren nicht mehr als nötig intaktes Überzugsmetall entfernen. Eine Übersicht über Reinigungsverfahren wird im Anhang C gegeben. Die aufgeführten Verfahren stellen eine Auswahl dar.

6.1 Reinigen mit Wasser und Lösemitteln sowie mit Chemikalien

6.1.1 Reinigen mit Wasser

Bei diesem Verfahren wird die zu reinigende Oberfläche mit sauberem Wasser abgespritzt. Der erforderliche Wasserdruck hängt von den zu entfernenden Verunreinigungen wie wasserlöslichen Stoffen, losem Rost und lose haftenden Beschichtungen ab. Um Öl, Fett usw. zu entfernen, sind Reinigungsmittel zuzugeben. Wenn Reinigungsmittel verwendet wurden, muß mit sauberem Wasser nachgereinigt werden.

6.1.2 Dampfstrahlen

Mit Wasserdampf wird gestrahlt, um Öl und Fett zu entfernen. Wenn dem Dampf ein Reinigungsmittel zugesetzt wird, muß mit sauberem Wasser nachgereinigt werden.

6.1.3 Reinigen mit Emulsionen

Mit Emulsionen wird gereinigt, um Öl und Fett zu entfernen. Anschließend muß mit sauberem (heißem oder kaltem) Wasser nachgereinigt werden.

6.1.4 Reinigen mit Alkalien

Mit Alkalien wird gereinigt, um Öl und Fett zu entfernen. Anschließend muß mit sauberem (heißem oder kaltem) Wasser nachgereinigt werden.

6.1.5 Reinigen mit organischen Lösemitteln

Mit organischen Lösemitteln wird gereinigt, um Öl und Fett zu entfernen.

Entfetten mit Lappen, die mit organischem Lösemittel getränkt sind, wird im allgemeinen nur bei kleinen Flächen angewendet.

6.1.6 Reinigen (Behandeln) durch chemische Umwandlung

Reinigen (Behandeln) durch chemische Umwandlung (z. B. Phosphatieren, Chromatieren) wird bei feuerverzinkten, galvanisch verzinkten und sherardisierten Oberflächen angewendet, um eine für das Beschichten geeignete Oberfläche zu erhalten. Andererseits können auch alkalische Lösungen oder Säuren mit Inhibitoren verwendet werden, um die Oberfläche zu behandeln. Im allgemeinen muß mit sauberem Wasser nachgereinigt werden. Diese Art der Behandlung darf nur nach Zustimmung des Herstellers des vorgesehenen Beschichtungssystems angewendet werden.

ANMERKUNG: Behandlung mit sauren oder alkalischen Lösungen ist auch als Waschbeizen ("Mordant wash") bekannt.

6.1.7 Abbeizen

Abbeizen ist Entfernen von Beschichtungen mit lösemittelhaltigen Pasten (bei Beschichtungen, die in Lösemitteln löslich sind) oder alkalischen Pasten (bei verseifbaren Beschichtungen). Es ist im allgemeinen nur auf kleinen Flächen anwendbar. Anschließend muß in geeigneter Weise gründlich nachgereinigt werden.

6.1.8 Beizen mit Säure

Bei diesem Verfahren wird das Stahlbauteil in ein Bad mit einer geeigneten, Inhibitoren enthaltenden Säure einge-
taucht, welche die Walzhaut/den Zunder und den Rost entfernt. Die freigelegte Oberfläche darf nicht nennenswert
angegriffen werden.

Beizen mit Säure erfordert sorgfältig kontrollierte Bedingungen und ist im allgemeinen nicht auf Baustellen anwendbar.

6.2 Mechanische Oberflächenvorbereitung (einschließlich Strahlen)

6.2.1 Oberflächenvorbereitung mit Handwerkzeugen

Typische Handwerkzeuge sind Drahtbürsten, Spachtel, Schaber, Kunststoffvlies mit Schleifmitteleinbettung,
Schleifpapier und Rostklopfhämmer. Weitere Einzelheiten siehe ISO 8504-3.

6.2.2 Oberflächenvorbereitung mit maschinell angetriebenen Werkzeugen

Typische maschinell angetriebene Werkzeuge sind Maschinen mit rotierenden Drahtbürsten, verschiedene Arten von
Schleifern, Rostklopfhämmer und Nadelpistolen. Oberflächenbereiche, die mit solchen Werkzeugen nicht erreicht
werden können, müssen von Hand vorbereitet werden. Auch dürfen die Bauteile nicht beschädigt oder verformt
werden, und es muß darauf geachtet werden, Oberflächenbeschädigungen zu vermeiden, wie sie von Schlagwerk-
zeugen verursacht werden (Einkerbungen). Wenn Drahtbürsten verwendet werden, muß sichergestellt werden, daß
Oberflächen mit Rost und Verunreinigungen nicht nur poliert werden. So polierte Oberflächen können metallisch
glänzen und wie Metalloberflächen aussehen, auf denen aber Beschichtungen nicht ausreichend haften. Die
Oberflächenvorbereitung mit maschinell angetriebenen Werkzeugen ist im Hinblick auf die Flächenleistung und den
Vorbereitungsgrad wirksamer als die Oberflächenvorbereitung von Hand, aber nicht annähernd so wirksam wie
Strahlen. Dies sollte in Fällen beachtet werden, in denen statt Strahlen mit maschinell angetriebenen Werkzeugen
vorbereitet wird (z. B. wo Staub oder das Ansammeln von gebrauchten Strahlmitteln zu vermeiden ist). Weitere
Einzelheiten siehe ISO 8504-3.

6.2.3 Strahlen

Es ist eines der in ISO 8504-2 festgelegten Verfahren anzuwenden. Strahlmittel sind unter Bezug auf die verschiedenen Teile von ISO 11124 und ISO 11126 auszuwählen.

6.2.3.1 Trockenstrahlen

6.2.3.1.1 Schleuderstrahlen

Schleuderstrahlen wird in geschlossenen oder mobilen Anlagen durchgeführt, in denen das Strahlmittel so auf
rotierende Wurfschaufelräder gegeben wird, daß es gleichmäßig und mit hoher Geschwindigkeit auf die vorzubereitende Oberfläche trifft.

Anwendungsbereich, Wirksamkeit und Grenzen dieses Verfahrens sind in ISO 8504-2 angegeben.

6.2.3.1.2 Druckluftstrahlen

Beim Druckluftstrahlen wird das Strahlmittel einem Druckluftstrom zugeführt, der dann aus einer Düse mit hoher
Geschwindigkeit auf die vorzubereitende Oberfläche gerichtet wird.

Das Strahlmittel kann aus einem Druckbehälter dem Luftstrom zugeführt oder aus einem nicht unter Druck
stehenden Behälter in den Luftstrom gesaugt werden.

Anwendungsbereich, Wirksamkeit und Grenzen dieses Verfahrens sind in ISO 8504-2 angegeben.

6.2.3.1.3 Vakuum- oder Saugkopfstrahlen

Das Verfahren ähnelt dem Druckluftstrahlen (siehe 6.2.3.1.2). Die Strahldüse befindet sich jedoch in einem
Saugkopf, der dicht auf der Stahloberfläche aufliegt und verwendetes Strahlmittel und Verunreinigungen durch
Vakuum aufsaugt. Das Luft/Strahlmittel-Gemisch kann auch durch Vakuum am Saugkopf auf die Oberfläche
gesaugt werden.

Anwendungsbereich, Wirksamkeit und Grenzen dieses Verfahrens sind in ISO 8504-2 angegeben.

6.2.3.2 Feuchtstrahlen

Das Verfahren ähnelt dem Druckluftstrahlen (siehe 6.2.3.1.2). Dem Strahlmittel/Luft-Gemisch wird jedoch vor Eintritt in die Düse eine sehr geringe Menge Flüssigkeit (im allgemeinen sauberes Wasser) zugefügt. Dadurch arbeitet das Verfahren im Teilchengrößenbereich unterhalb von 50 µm staubfrei. Der Wasserverbrauch, der geregelt werden kann, beträgt im allgemeinen 15 l/h bis 25 l/h.

Anwendungsbereich, Wirksamkeit und Grenzen dieses Verfahrens sind in ISO 8504-2 angegeben.

6.2.3.3 Naßstrahlen

6.2.3.3.1 Naß-Druckluftstrahlen

Das Verfahren ähnelt dem Druckluftstrahlen (siehe 6.2.3.1.2). Es wird jedoch vor oder hinter der Düse Flüssigkeit (im allgemeinen sauberes Wasser) zugefügt, so daß sich ein Strom aus Luft, Wasser und Strahlmittel bildet.

Anwendungsbereich, Wirksamkeit und Grenzen dieses Verfahrens sind in ISO 8504-2 angegeben.

6.2.3.3.2 Schlämmstrahlen

Eine Dispersion eines sehr feinkörnigen Strahlmittels in Wasser oder in einer anderen Flüssigkeit wird mit Pumpen oder Druckluft auf die vorzubereitende Oberfläche gespritzt.

Anwendungsbereich, Wirksamkeit und Grenzen dieses Verfahrens sind in ISO 8504-2 angegeben.

6.2.3.3.3 Druckflüssigkeitsstrahlen

Ein Strahlmittel (oder Strahlmittelgemisch) wird in einen Flüssigkeitsstrom (im allgemeinen sauberes Wasser) gebracht, der dann durch eine Düse auf die Oberfläche gespritzt wird.

Der Flüssigkeitsstrom besteht überwiegend aus der unter Druck austretenden Flüssigkeit. Zusätze von festen Strahlmitteln sind im allgemeinen geringer als beim Naß-Druckluftstrahlen.

Das Strahlmittel kann trocken (mit oder ohne Luft) oder als Aufschlämmung zugeführt werden.

Anwendungsbereich, Wirksamkeit und Grenzen dieses Verfahrens sind in ISO 8504-2 angegeben.

6.2.3.4 Besondere Anwendungen des Strahlens

6.2.3.4.1 Sweep-Strahlen (Sweepen)

Das Ziel des Sweep-Strahlens (Sweepens) ist es, Beschichtungen oder Überzüge nur an ihrer Oberfläche zu reinigen oder aufzurauhen oder eine Oberflächenschicht (auch schlecht haftende Schichten) so abzutragen, daß eine festhaftende Beschichtung oder ein Überzug weder punktuell durch Einschläge von Strahlmittelkörnern beschädigt noch bis zum Untergrund abgestrahlt wird. Der geforderte Oberflächenzustand muß zwischen den Vertragspartnern vereinbart werden. Dazu kann eine Probefläche angelegt, und es können verschiedene Parameter des Strahlens, z. B. Härte des Strahlmittels, Aufprallwinkel, Entfernung der Düse von der Oberfläche, Druck der Luft sowie Korngröße des Strahlmittels optimiert werden. Im allgemeinen werden für das Sweep-Strahlen niedriger Druck und feiner Grit verwendet.

6.2.3.4.2 Spot-Strahlen

Spot-Strahlen ist ein übliches Druckluft- oder Feuchtstrahlen, bei dem nur einzelne Stellen (z. B. Rost- oder Schweißstellen) in einer sonst intakten Beschichtung gestrahlt werden. Es kann mit Sweep-Strahlen der übrigen Flächen kombiniert werden, wenn diese nicht ohne Oberflächenvorbereitung beschichtet werden können. Je nach Intensität des Strahlens entspricht das Ergebnis dann dem Oberflächenvorbereitungsgrad P Sa 2 oder P Sa 2½.

6.2.4 Druckwasserstrahlen

Dieses Verfahren besteht darin, sauberes Wasser unter Druck auf die vorzubereitende Oberfläche zu spritzen. Der Wasserdruck richtet sich nach den zu entfernenden Verunreinigungen wie wasserlöslichen Stoffen, losem Rost und schlecht haftenden Beschichtungen. Wenn Reinigungsmittel verwendet wurden, muß mit sauberem Wasser nachgereinigt werden.

Folgende Verfahren werden allgemein angewendet:

– Hochdruck-Wasserstrahlen (70 MPa bis 170 MPa);
– Ultrahochdruck-Wasserstrahlen (über 170 MPa).

ANMERKUNG: Die Anwendung von Drücken unter 70 MPa gilt als Reinigen mit Wasser gemäß 6.1.1 und nicht als Druckwasserstrahlen.

6.3 Flammstrahlen$^{N2)}$

Eine Acetylen-Sauerstoff-Flamme wird über die vorzubereitende Oberfläche bewegt. Walzhaut/Zunder und Rost werden durch die Wirkung der Flamme und der Wärme entfernt. Nach dem Flammstrahlen muß die Oberfläche maschinell gebürstet und vor dem Beschichten von verbleibendem Staub und Verunreinigungen befreit werden.

7 Oberflächenvorbereitungsgrade

Für Anforderungen müssen die Vorbereitungsgrade zugrunde gelegt werden, wie sie in den Anhängen A und B aufgeführt sind.

Andere Vorbereitungsgrade können auf der Grundlage repräsentativer photographischer Beispiele oder von Referenzflächen an dem Bauwerk oder Bauteil vereinbart werden. Referenzflächen müssen wirksam vor allen Einflüssen geschützt werden, die ihr Aussehen verändern könnten (z. B. durch Abdecken mit Kunststofffolien), oder sie müssen als repräsentative Beispiele photographiert werden.

Es gibt zwei Arten der Oberflächenvorbereitung:

- primäre (ganzflächige) Oberflächenvorbereitung, bei der die gesamte Oberfläche bis zum blanken Stahl vorbereitet wird:

Bei dieser Art der Oberflächenvorbereitung werden Walzhaut/Zunder, Rost, vorhandene Beschichtungen und Verunreinigungen entfernt. Die gesamte Oberfläche nach der primären Oberflächenvorbereitung besteht aus Stahl.

Vorbereitungsgrade: Sa, St, Fl und Be.

- sekundäre (partielle) Oberflächenvorbereitung, bei der intakte Beschichtungen und Überzüge verbleiben:

Bei dieser Art der Oberflächenvorbereitung werden Rost und andere Verunreinigungen entfernt, wobei intakte Beschichtungen oder Überzüge verbleiben.

Vorbereitungsgrade: P Sa, P St und P Ma.

Vor dem Beschichten kann es erforderlich sein, daß eine naßgestrahlte Oberfläche trocknet. Falls sich auf einer so vorbereiteten Oberfläche Flugrost bildet, kann es notwendig sein, diesen zu entfernen, wenn er für die nachfolgende Beschichtung schädlich ist.

ISO 8501-1 enthält die Vorbereitungsgrade Sa 1, Sa 2, Sa 2½, Sa 3 für Strahlen; St 2, St 3 für Vorbereiten mit Handwerkzeugen und mit maschinell angetriebenen Werkzeugen und Fl für Flammstrahlen.

Die "Informative Ergänzung zu ISO 8501-1" enthält photographische Beispiele für das Aussehen von Stahl, nachdem er mit unterschiedlichen Strahlmitteln gestrahlt worden ist (Stahlshot mit hohem Kohlenstoffgehalt, Stahlgrit, Hartgußgrit, Kupferhüttenschlacke, Schmelzkammerschlacke).

7.1 Unbeschichtete Oberflächen

Das Aussehen der vorbereiteten Stahloberfläche hängt vom ursprünglichen Oberflächenzustand (z. B. Rostgrade A bis D) und dem für die Oberflächenvorbereitung angewendeten Verfahren ab. Die unterschiedlichen Rostgrade und Oberflächenvorbereitungsgrade werden in ISO 8501-1 sowie im Anhang A beschrieben.

Bei Kaltprofilen und -bändern (und ähnlichen Bauteilen) sind die Oberflächen in den meisten Fällen sehr glatt und durch schwer entfernbare Bearbeitungsrückstände verunreinigt. In solchen Fällen ist gegebenenfalls Aufrauhen und stets besonders intensives Vorbereiten, z. B. durch Strahlen, notwendig. Falls nicht anders vereinbart, brauchen Anlauffarben (nicht zu verwechseln mit Walzhaut/Zunderschichten) nicht entfernt zu werden.

7.2 Oberflächen mit Überzügen

Wenn der Überzug (hergestellt durch thermisches Spritzen, Feuerverzinken, galvanisches Verzinken oder Sherardisieren) vollständig bis zum Untergrund entfernt werden muß, sind die in ISO 8501-1 definierten Vorbereitungsgrade anwendbar.

$^{N2)}$ Nationale Fußnote: Siehe Nationales Vorwort.

Wenn intakte Bereiche des Überzuges verbleiben, wird eine "sekundäre Oberflächenvorbereitung" durchgeführt. Genormte Vorbereitungsgrade gibt es hierfür nicht.

7.3 Oberflächen mit Fertigungsbeschichtung

Wenn eine Fertigungsbeschichtung vollständig bis zum Untergrund entfernt werden muß, sind die in ISO 8501-1 definierten Vorbereitungsgrade anwendbar.

Wenn Bereiche der Fertigungsbeschichtung verbleiben, wird eine "sekundäre Oberflächenvorbereitung" durchgeführt. Geeignete Vorbereitungsgrade sind in ISO 8501-2 und in einigen der im Anhang D aufgeführten Normen enthalten.

7.4 Andere beschichtete Oberflächen

Die vorzubereitende Oberfläche ist nach ISO 4628-1 bis ISO 4628-6 zu bewerten (Blasengrad, Rostgrad, Rißgrad, Abblätterungsgrad und Kreidungsgrad). Unterrostung und Haftfestigkeit (siehe ISO 2409) können ebenfalls bewertet werden.

Vereinzelte schadhafte Bereiche mit Roststellen auf vorher beschichtetem Stahl können durch Spot-Strahlen vorbereitet werden. Es muß darauf geachtet werden, daß die benachbarten intakten Bereiche nicht beschädigt werden.

Wenn die gesamte Beschichtung vollständig bis zum Untergrund entfernt werden muß, sind die in ISO 8501-1 definierten Vorbereitungsgrade anwendbar.

Wenn die Beschichtung vollständig bis zu einem vorhandenen Überzug entfernt werden muß, wird eine "sekundäre Oberflächenvorbereitung" durchgeführt. Genormte Vorbereitungsgrade gibt es hierfür nicht.

Wenn die intakten Bereiche der Beschichtung erhalten bleiben sollen, wird eine "sekundäre Oberflächenvorbereitung" durchgeführt. Für Bereiche mit verbleibenden Beschichtungen und Stahl sind die P-Vorbereitungsgrade anwendbar. ISO 8501-2 enthält die Vorbereitungsgrade P Sa 2, P Sa 2½, P Sa 3 für örtliches Strahlen; P St 2, P St 3 für örtliche Oberflächenvorbereitung von Hand und örtliche maschinelle Oberflächenvorbereitung sowie P Ma für maschinelles Schleifen auf Teilbereichen.

8 Rauheit und Rauheitsgrade

ISO 8503-1 legt die Anforderungen an ISO-Rauheitsvergleichsmuster fest (Vergleichsmuster S und Vergleichsmuster G), die zum Sicht- und Tastvergleich von Stahloberflächen vorgesehen sind, welche mit Shot (S)- oder Grit (G)-Strahlmitteln gestrahlt worden sind.

Die Einstufung gestrahlter Oberflächen mit den in ISO 8503-1 festgelegten ISO-Vergleichsmustern wird in ISO 8503-2 beschrieben.

Die Rauheit beeinflußt die Haftfestigkeit der Beschichtung. Für Beschichtungssysteme ist eine Rauheit entsprechend Rauheitsgrad "mittel (G)" oder "mittel (S)" nach ISO 8503-1 besonders geeignet. Im Anwendungsbereich dieser Internationalen Norm ist es nicht notwendig, engere Rauheitstoleranzen oder besondere Rauheitswerte festzulegen, sie können aber zwischen den Vertragspartnern vereinbart werden.

9 Bewertung der vorbereiteten Oberflächen

Nach der Vorbereitung (Nachreinigen entsprechend den Festlegungen) sind die vorbereiteten Oberflächen, wie in ISO 8501-1 oder ISO 8501-2 beschrieben, zu bewerten, d. h. die Reinheit wird nur nach dem Aussehen der Oberfläche bewertet. In vielen Fällen ist dies ausreichend. Für Beschichtungen, die härteren Umgebungsbedingungen, z. B. Eintauchen in Wasser und ständiger Kondensation, ausgesetzt sein werden, ist jedoch eine Prüfung auf lösliche Salze und andere nicht sichtbare Verunreinigungen der visuell reinen Oberfläche mit physikalischen und chemischen Verfahren zu erwägen. Solche Verfahren werden in den verschiedenen Teilen von ISO 8502 beschrieben.

10 Temporärer Schutz der vorbereiteten Oberflächen vor Korrosion und/oder Verunreinigung

Temporärer Schutz der vorbereiteten Oberflächen ist notwendig, wenn sich der Vorbereitungsgrad verändern kann, (z. B. durch die Bildung von Rost), ehe die vorgesehene Beschichtung (Grundbeschichtung oder vollständiges Beschichtungssystem) aufgetragen wird. Dies gilt auch für Teilbereiche, die nicht zu beschichten sind.

Fertigungsbeschichtungen, selbstklebende Papiere, selbstklebende Folien, Abziehlacke und andere Schutzstoffe, die wieder entfernt werden können, werden allgemein für den temporären Schutz verwendet. Vor dem endgültigen Beschichten ist weiteres Vorbereiten der Oberfläche erforderlich, bis der festgelegte Oberflächenzustand erreicht ist.

11 Vorbereitung von temporär geschützten Oberflächen oder Oberflächen, die durch einen Teil der vorgesehenen Beschichtungen geschützt sind, zum weiteren Beschichten

Vor dem weiteren Beschichten müssen alle Verunreinigungen und alle Korrosions- und Bewitterungsprodukte, die sich in der Zwischenzeit gebildet haben, durch geeignete Maßnahmen entfernt werden, z. B. durch Reinigen mit Wasser, Naßstrahlen, Dampfstrahlen, Sweep-Strahlen, vorsichtiges Schleifen oder Bearbeiten mit Handwerkzeugen oder maschinell angetriebenen Werkzeugen. Montageverbindungen und beschädigte Bereiche von Grundbeschichtungen müssen nochmals vorbereitet und ausgebessert werden. Dazu wird aus Abschnitt 6 ein geeignetes Verfahren ausgewählt.

Falls nachträglich geschweißt oder genietet worden ist, müssen alle Rückstände entsprechend der Spezifikation entfernt werden. Das wirksamste Verfahren ist Schleifen, gefolgt von Strahlen. Das anzuwendende Verfahren muß zwischen den Vertragspartnern vereinbart werden.

Es kann notwendig sein, vorhandene Beschichtungen zu entfernen oder die Oberfläche durch Sweep-Strahlen oder andere geeignete Verfahren aufzurauhen. Anschließend muß Staub entfernt werden, um eine gute Haftfestigkeit der folgenden Beschichtung zu erreichen. Die Oberflächen vorhandener Beschichtungen (besonders von Zinkstaubbeschichtungen) dürfen durch übermäßiges Bearbeiten mit maschinell angetriebenen Werkzeugen nicht so poliert oder verschmiert werden, daß folgende Beschichtungen nicht mehr ausreichend haften.

Bei gestrahlten und anschließend mit einer Fertigungsbeschichtung oder mit einer Werkstatt-Grundbeschichtung versehenen Stahloberflächen kann die verbleibende Beschichtung Teil des gesamten Beschichtungssystems werden, vorausgesetzt, daß dies zwischen den Vertragspartnern vereinbart und die Rauheit definiert ist. Ist eine vorhandene Fertigungs- oder Grundbeschichtung ihrem Zustand nach nicht für eine Ausbesserung oder zum weiteren Beschichten geeignet oder nicht mit den weiteren Beschichtungen verträglich, so ist sie vollständig zu entfernen.

12 Vorbereitung von feuerverzinkten Oberflächen

12.1 Unbewitterte Oberflächen

Fehlstellen und beschädigte Stellen des Zinküberzuges sind so auszubessern, daß seine Schutzwirkung wiederhergestellt wird. Verunreinigungen auf unbewitterten feuerverzinkten Oberflächen, z. B. Fett, Öl, restliches Flußmittel oder Kennzeichnungsmaterialien, sind zu entfernen.

Der Zinküberzug kann durch Sweep-Strahlen (siehe 6.2.3.4.1) mit einem nichtmetallischen Strahlmittel vorbereitet werden. Andere Behandlungen müssen der Spezifikation entsprechen.

Nach dem Sweep-Strahlen muß der Zinküberzug zusammenhängend und frei von mechanisch verursachten Beschädigungen sein. Die verzinkten Oberflächen müssen frei von anhaftenden und eingelagerten Verunreinigungen sein, welche die Schutzwirkung des Zinküberzuges und anschließend aufgetragener Beschichtungen beeinträchtigen.

Beispiele für Unregelmäßigkeiten im Zinküberzug sind:

– Läufer oder Bereiche mit stark überhöhten Schichtdicken;
– Nadelstiche (Poren);
– unzureichende Haftfestigkeit zwischen Zink und Stahl;
– Zinkspitzen;
– Zinkasche.

Nach dem Sweep-Strahlen muß die Oberfläche einheitlich matt aussehen. Die Rauheit und die Mindestdicke des verbleibenden Zinküberzuges sind zwischen den Vertragspartnern zu vereinbaren.

12.2 Bewitterte Oberflächen

Auf bewitterten feuerverzinkten Oberflächen können sich Korrosionsprodukte des Zinks (Weißrost) gebildet und Verunreinigungen angesammelt haben. Solche Oberflächen müssen durch geeignete Verfahren vorbereitet werden, deren Wahl von Art und Menge der Verunreinigungen abhängt. Oxidationsprodukte, bestimmte Salze und andere Verunreinigungen können durch Waschen mit sauberem Wasser mit Reinigungsmittelzusatz unter Benutzung von Kunststoffvlies mit Schleifmitteleinbettung entfernt werden, gefolgt von gründlichem Nachreinigen mit heißem Wasser. Alternativ kann die Anwendung von heißem Wasser, Druckwasser, Dampfstrahlen, Sweep-Strahlen oder Bearbeiten mit Handwerkzeugen oder mit maschinell angetriebenen Werkzeugen zweckmäßig sein.

13 Vorbereitung von Oberflächen mit thermisch gespritzten Überzügen (Zink und Aluminium)

Fehlstellen und beschädigte Stellen des thermisch gespritzten Überzuges sind so auszubessern, daß seine Schutzwirkung wiederhergestellt wird.

Um die Schutzdauer des Überzuges zu verlängern, müssen thermisch gespritzte Überzüge unmittelbar nach dem thermischen Spritzen, bevor Feuchte kondensieren kann, beschichtet werden. Vor dem weiteren Beschichten ist die Oberfläche entsprechend Abschnitt 11 vorzubereiten.

Weitere Einzelheiten über thermisch gespritzte Überzüge sind in ISO 2063 enthalten.

14 Vorbereitung von galvanisch verzinkten und sherardisierten Oberflächen

Fehlstellen und Beschädigungen an galvanisch oder durch Sherardisieren hergestellten Überzügen sind so auszubessern, daß ihre Schutzwirkung wiederhergestellt wird. Galvanische oder durch Sherardisieren hergestellte Überzüge, die lose haften, sind zu entfernen.

Verunreinigungen auf galvanisch verzinkten oder sherardisierten Oberflächen, z. B. Fett, Öl, Kennzeichnungsmaterialien und Salze, sind zu entfernen. Reinigen mit speziellen Reinigungsmitteln, heißem Wasser oder Wasserdampf oder durch chemische Umwandlung (siehe 6.1.6) kann zweckmäßig sein.

Nachfolgendes Beschichten von Bauteilen mit galvanischen Zinküberzügen erfordert die gleiche Vorbereitung wie bei feuerverzinkten Oberflächen (siehe Abschnitt 12).

15 Vorbereitung von anderen beschichteten Oberflächen

Schlecht haftende und schadhafte Beschichtungen sind zu entfernen.

Schadhafte Bereiche der Oberfläche sind so auszubessern, daß die Schutzwirkung des Korrosionsschutzsystems wiederhergestellt wird.

Verunreinigungen auf der Oberfläche, z. B. Fett, Öl, Kennzeichnungsmaterialien und Salze, sind zu entfernen. Reinigen mit speziellen Reinigungsmitteln, heißem Wasser oder Wasserdampf (bei Überzügen) oder durch chemische Umwandlung (siehe 6.1.6) kann zweckmäßig sein. Danach kann die Oberfläche durch Sweep-Strahlen mit inertem Grit oder einem anderen Strahlmittel behandelt werden, das sich bewährt hat (siehe Abschnitt 11).

16 Empfehlungen zum Schutz der Umwelt

Bei der Oberflächenvorbereitung ist die zulässige Belastung durch Schadstoffe im allgemeinen durch nationale Sicherheits- und Umweltverordnungen geregelt. Fehlen solche Verordnungen, dann sind besondere Maßnahmen bezüglich industrieller Abfälle, Staub, Lärm, Geruchsbelästigung, organische Lösemittel usw. zu treffen.

Abfälle (wie Strahlschutt, Rost, alte Beschichtungen) müssen gesammelt und entsprechend den einschlägigen nationalen Verordnungen sowie den zwischen den Vertragspartnern getroffenen Vereinbarungen behandelt werden.

17 Gesundheitsschutz und Arbeitssicherheit

Siehe ISO 12944-1.

Anhang A (normativ)

Vorbereitungsgrade für die primäre (ganzflächige) Oberflächenvorbereitung

Vorbereitungsgrad [1]	Verfahren für die Oberflächenvorbereitung	Repräsentative photographische Vergleichsmuster in ISO 8501-1 [2] [3] [4]	Wesentliche Merkmale der vorbereiteten Oberflächen Weitere Einzelheiten, einschließlich Vorreinigen und Nachreinigen nach der Oberflächenvorbereitung (Spalte 2), siehe ISO 8501-1.	Anwendungsbereich
Sa 1	Strahlen (6.2.3)	B Sa 1 C Sa 1 D Sa 1	Lose(r) Walzhaut/Zunder, loser Rost, lose Beschichtungen und lose artfremde Verunreinigungen sind entfernt. [5]	Oberflächenvorbereitung von a) unbeschichteten Stahloberflächen,
Sa 2		B Sa 2 C Sa 2 D Sa 2	Nahezu alle(r) Walzhaut/Zunder, nahezu aller Rost, nahezu alle Beschichtungen und nahezu alle artfremden Verunreinigungen sind entfernt. Alle verbleibenden Rückstände müssen fest haften.	b) beschichteten Stahloberflächen, wenn die Beschichtungen bis zum festgelegten Vorbereitungsgrad entfernt werden. [6]
Sa 2½		A Sa 2½ B Sa 2½ C Sa 2½ D Sa 2½	Walzhaut/Zunder, Rost, Beschichtungen und artfremde Verunreinigungen sind entfernt. Verbleibende Spuren sind allenfalls noch als leichte, fleckige oder streifige Schattierungen zu erkennen.	
Sa 3 [7]		A Sa 3 B Sa 3 C Sa 3 D Sa 3	Walzhaut/Zunder, Rost, Beschichtungen und artfremden Verunreinigungen sind entfernt. Die Oberfläche muß ein einheitliches metallisches Aussehen besitzen.	
St 2	Oberflächenvorbereitung von Hand und maschinelle Oberflächen-vorbereitung (6.2.1, 6.2.2)	B St 2 C St 2 D St 2	Lose(r) Walzhaut/Zunder, loser Rost, lose Beschichtungen und lose artfremde Verunreinigungen sind entfernt. [5]	
St 3		B St 3 C St 3 D St 3	Lose(r) Walzhaut/Zunder, loser Rost, lose Beschichtungen und lose artfremde Verunreinigungen sind entfernt. [5] Die Oberfläche muß jedoch viel gründlicher bearbeitet sein als für St 2, so daß sie einen vom Metall herrührenden Glanz aufweist.	
Fl	Flammstrahlen (6.3)	A Fl B Fl C Fl D Fl	Walzhaut/Zunder, Rost, Beschichtungen und artfremde Verunreinigungen sind entfernt. Verbleibende Rückstände dürfen sich nur als Verfärbung der Oberfläche (Schattierungen in verschiedenen Farben) abzeichnen.	[6]
Be	Beizen mit Säure (6.1.8)		Walzhaut/Zunder, Rost und Rückstände von Beschichtungen sind vollständig entfernt. Beschichtungen müssen vor dem Beizen mit Säure mit geeigneten Mitteln entfernt werden.	z. B. vor dem Feuerverzinken

(fortgesetzt)

Fußnoten siehe nächste Seite

Tabelle (abgeschlossen)

---

1) Erklärung der verwendeten Abkürzungen:

    Sa = Strahlen (ISO 8501-1)
    St = Oberflächenvorbereitung von Hand und maschinelle Oberflächenvorbereitung (ISO 8501-1)
    Fl = Flammstrahlen (ISO 8501-1)
    Be = Beizen mit Säure

2) A, B, C und D sind die Ausgangszustände unbeschichteter Stahloberflächen (siehe ISO 8501-1).

3) Die repräsentativen photographischen Beispiele zeigen nur Flächen oder Flächenbereiche, die unbeschichtet waren.

4) Bei Stahloberflächen mit beschichteten oder unbeschichteten Überzügen können analog bestimmte Vorbereitungsgrade vereinbart werden, vorausgesetzt, daß diese unter den gegebenen Bedingungen technisch herstellbar sind.

5) Walzhaut/Zunder gilt als lose, wenn sie (er) sich mit einem stumpfen Kittmesser abheben läßt.

6) Die Einflußfaktoren für die Bewertung sind besonders zu beachten.

7) Dieser Oberflächenvorbereitungsgrad kann nur unter bestimmten Bedingungen, die auf Baustellen nicht immer gegeben sind, erreicht und gehalten werden.

Anhang B (normativ)

Vorbereitungsgrade für die sekundäre (partielle) Oberflächenvorbereitung

Vorberei-tungsgrad [1])	Verfahren für die Oberflächen-vorbereitung	Repräsentative photographische Vergleichs-muster in ISO 8501-1 bzw. ISO 8501-2 [2]) [4]) [6])	Wesentliche Merkmale der vorbereiteten Oberflächen Weitere Einzelheiten, einschließlich Vorreinigen und Nachreinigen nach der Oberflächenvorbereitung (Spalte 2), siehe ISO 8501-2.	Anwendungs-bereich
P Sa 2 [3])	Örtliches Strahlen	B Sa 2 C Sa 2 D Sa 2 (gelten für unbeschichtete Teilflächen der Oberfläche)	Festhaftende Beschichtungen müssen intakt sein. [5]) Von der Oberfläche der anderen Bereiche sind lose Beschichtungen und nahezu alle(r) Walzhaut/Zunder, nahezu aller Rost, nahezu alle Beschichtungen und nahezu alle artfremden Verunreinigungen entfernt. Alle verbleibenden Rückstände müssen fest haften.	Oberflächenvor-bereitung von beschichteten Stahlober-flächen mit teil-weise verbleiben-den Beschichtun-gen. [7])
P Sa 2½ [3])		B Sa 2½ C Sa 2½ D Sa 2½ (gelten für unbeschichtete Teilflächen der Oberfläche)	Festhaftende Beschichtungen müssen intakt sein. [5]) Von der Oberfläche der anderen Bereiche sind lose Beschichtungen und Walzhaut/Zunder, Rost und artfremde Verunreinigungen entfernt. Verbleibende Spuren sind allenfalls noch als leichte, fleckige oder streifige Schattierungen zu erkennen.	
P Sa 3 [3]) [8])		C Sa 3 D Sa 3 (gelten für unbeschichtete Teilflächen der Oberfläche)	Festhaftende Beschichtungen müssen intakt sein. [5]) Von der Oberfläche der anderen Bereiche sind lose Beschichtungen und Walzhaut/Zunder, Rost und artfremde Verunreinigungen entfernt. Die Oberfläche muß ein einheitliches metallisches Aussehen besitzen.	
P Ma [3])	Maschinelles Schleifen auf Teilbereichen	P Ma	Festhaftende Beschichtungen müssen intakt sein. [5]) Von der Oberfläche der anderen Bereiche sind lose Beschichtungen und Walzhaut/Zunder, Rost und artfremde Verunreinigungen entfernt. Verbleibende Spuren sind allenfalls noch als leichte, fleckige oder streifige Schattierungen zu erkennen.	

(fortgesetzt)

Fußnoten siehe Seite 18

Tabelle (fortgesetzt)

Vorberei-tungsgrad [1]	Verfahren für die Oberflächen-vorbereitung	Repräsentati-ve photogra-phische Ver-gleichs-muster in ISO 8501-1 bzw. ISO 8501-2 [2] [4] [6]	Wesentliche Merkmale der vorbereiteten Oberflächen Weitere Einzelheiten, einschließlich Vorrei-nigen und Nachreinigen nach der Ober-flächenvorbereitung (Spalte 2), Siehe ISO 8501-2.	Anwendungs-bereich
P St 2 [3]	Örtliche Oberflä-chenvorbereitung von Hand und örtliche maschi-nelle Oberflächen-vorbereitung	C St 2 D St 2	Festhaftende Beschichtungen müssen in-takt sein. [5] Von der Oberfläche der ande-ren Bereiche sind lose(r) Walzhaut/Zunder, loser Rost, lose Beschichtungen und lose artfremde Verunreinigungen entfernt.	Oberflächenvor-bereitung von be-schichteten Stahloberflächen mit teilweise ver-bleibenden Be-schichtungen. [7]
P St 3 [3]		C St 3 D St 3	Festhaftende Beschichtungen müssen in-takt sein. [5] Von der Oberfläche der ande-ren Bereiche sind lose(r) Walzhaut/Zunder, loser Rost, lose Beschichtungen und lose artfremde Verunreinigungen entfernt. Die Oberfläche muß jedoch viel gründlicher bearbeitet sein als für P St 2, so daß sie einen vom Metall herrührenden Glanz auf-weist.	

[1] Erklärung der verwendeten Abkürzungen:

P Sa = Örtliches Strahlen von vorher beschichteten Oberflächen (ISO 8501-2)

P St = Örtliche Oberflächenvorbereitung von Hand und örtliche maschinelle Oberflächenvorbereitung (ISO 8501-2)

P Ma = Maschinelles Schleifen auf Teilbereichen (ISO 8501-2)

[2] Bei Stahloberflächen mit beschichteten oder unbeschichteten Überzügen können analog bestimmte Vorbereitungsgrade vereinbart werden, vorausgesetzt, daß diese unter den gegebenen Bedingungen technisch herstellbar sind.

[3] P als Kennbuchstabe des Vorbereitungsgrades gilt bei beschichteten Oberflächen, wenn zugelassen werden soll, daß festhaftende Beschichtungen verbleiben. Die hauptsächlichen Merkmale für jeden der beiden vorbereiteten Flächen-bereiche, den mit festhaftender Beschichtung und den ohne verbleibende Beschichtung, sind in der entsprechenden Spalte getrennt festgelegt. Die P-Vorbereitungsgrade beziehen sich also immer auf die neu zu beschichtende Gesamtoberfläche und nicht nur auf die Teilbereiche, die nach der Oberflächenvorbereitung ohne Beschichtung sind. Bezüglich der Behandlung der verbleibenden Beschichtungen siehe ISO 8501-2 : 1994, Unterabschnitt 4.5.

[4] Es gibt für die P-Vorbereitungsgrade keine speziellen photographischen Beispiele, weil das Aussehen der so vorbereiteten Gesamtoberfläche wesentlich von Art und Zustand der vorhandenen Beschichtung bestimmt wird. Für Teilbereiche ohne Beschichtung gelten die photographischen Beispiele für die entsprechenden Grade ohne den Zusatz P. Zur weiteren Klarstellung der "P-Grade" wird in ISO 8501-2 eine Reihe von Beispielen solcher Oberflächen vor und nach der Vorbereitung gegeben. Bei den Graden P Sa 2, P St 2 und P St 3, für die es keine photographi-schen Beispiele gibt, ergibt sich ein analoges Aussehen der verbleibenden Beschichtungen wie bei P Sa 2½ oder P Ma.

[5] Altbeschichtungen gelten als festhaftend, wenn sie sich nicht mit einem stumpfen Kittmesser abheben lassen.

[6] Die Einflußfaktoren für die Bewertung sind besonders zu beachten.

(fortgesetzt)

Tabelle (abgeschlossen)

[7]) Die folgenden Einzelheiten über die vorhandene Beschichtung sollten bekannt sein:

a) Art der Beschichtung (z. B. Bindemitteltyp und Pigment) oder des Überzuges, zusammen mit annähernder Schichtdicke und Zeitpunkt des Auftragens;

b) Rostgrad nach ISO 4628-3, gegebenenfalls mit Angaben über eine Unterrostung;

c) Blasengrad nach ISO 4628-2;

d) zusätzliche Angaben, z. B. zu(r) Haftfestigkeit (z. B. nach Prüfung entsprechend ISO 2409), Rißgrad (ISO 4628-4), Abblätterungsgrad (ISO 4628-5), chemischen und anderen Verunreinigungen, sowie anderen wichtigen Einzelheiten.

Bei der Auswahl eines Beschichtungssystems ist zu prüfen, ob die vorgesehene Beschichtung mit verbleibenden Beschichtungen verträglich ist.

[8]) Dieser Oberflächenvorbereitungsgrad kann nur unter bestimmten Bedingungen, die auf Baustellen nicht immer gegeben sind, erreicht und gehalten werden.

Anhang C (informativ)

Verfahren zum Entfernen von artfremden Schichten und Verunreinigungen

Zu entfernende Stoffe	Verfahren	Bemerkungen [1])
Fett und Öl	Reinigen mit Wasser (6.1.1)	Sauberes Wasser mit Zusatz von Reinigungsmitteln. Druck (< 70 MPa) kann angewendet werden. Nachreinigen mit sauberem Wasser.
	Dampfstrahlen (6.1.2)	Sauberes Wasser. Falls Reinigungsmittel verwendet werden, Nachreinigen mit sauberem Wasser.
	Reinigen mit Emulsionen (6.1.3)	Nachreinigen mit sauberem Wasser.
	Reinigen mit Alkalien (6.1.4)	Überzüge aus Aluminium, Zink und verschiedenen anderen Metallen können durch stark alkalische Lösungen angegriffen werden. Nachreinigen mit sauberem Wasser.
	Reinigen mit organischen Lösemitteln (6.1.5)	Viele organische Lösemittel sind gesundheitsschädlich. Wenn mit Lappen gereinigt wird, Lappen oft erneuern, da sonst Öl- und Fettverunreinigungen nicht entfernt, sondern nach Verdunsten des Lösemittels verschmiert zurückbleiben.
Wasserlösliche Verunreinigungen, z.B. Salze	Reinigen mit Wasser (6.1.1)	Sauberes Wasser. Druck (< 70 MPa) kann angewendet werden.
	Dampfstrahlen (6.1.2)	Nachreinigen mit sauberem Wasser.
	Reinigen mit Alkalien (6.1.4)	Überzüge aus Aluminium, Zink und verschiedenen anderen Metallen können durch stark alkalische Lösungen angegriffen werden. Nachreinigen mit sauberem Wasser.
Walzhaut/Zunder	Beizen mit Säure (6.1.8)	Das Verfahren ist im allgemeinen nicht auf der Baustelle anwendbar. Nachreinigen mit sauberem Wasser.
	Trockenstrahlen (6.2.3.1)	Shot- oder Grit-Strahlmittel. Rückstände in Form von Staub und losen Ablagerungen sind durch Abblasen mit trockener, ölfreier Druckluft oder Absaugen mit Staubsauger zu entfernen.
	Naßstrahlen (6.2.3.3)	Nachreinigen mit sauberem Wasser.
	Flammstrahlen (6.3)	Mechanisches Reinigen zum Entfernen von Verbrennungsprodukten ist notwendig. Rückstände in Form von Staub und losen Ablagerungen sind zu entfernen.

[1]) Siehe Seite 21

(fortgesetzt)

Tabelle (abgeschlossen)

Zu entfernende Stoffe	Verfahren	Bemerkungen [1]
Rost	Gleiche Verfahren wie für Walzhaut/Zunder sowie:	
	Reinigen mit maschinell angetriebenen Werkzeugen (6.2.2)	Maschinelles Bürsten in Bereichen mit losem Rost kann angewendet werden, Schleifen für festhaftenden Rost. Rückstände in Form von Staub und losen Ablagerungen sind zu entfernen.
	Druckwasserstrahlen (6.2.4)	Zum Entfernen von losem Rost. Die Rauheit des Stahls wird nicht beeinflußt.
	Spot-Strahlen (6.2.3.4.2)	Zum örtlichen Entfernen von losem Rost.
Beschichtungen	Abbeizen (6.1.7)	Lösemittelhaltige Pasten für Beschichtungen, die gegen organische Lösemittel empfindlich sind. Rückstände sind durch Nachreinigen mit Lösemitteln zu entfernen. Alkalische Pasten für verseifbare Beschichtungen. Gründliches Nachreinigen mit sauberem Wasser. Abbeizen ist auf kleine Flächen beschränkt.
	Trockenstrahlen (6.2.3.1)	Shot- oder Grit-Strahlmittel. Rückstände in Form von Staub und losen Ablagerungen sind durch Abblasen mit trockener, ölfreier Druckluft oder Absaugen mit Staubsauger zu entfernen.
	Naßstrahlen (6.2.3.3)	Nachreinigen mit sauberem Wasser.
	Druckwasserstrahlen (6.2.4)	Zum Entfernen von schlechthaftenden Beschichtungen. Ultrahochdruck-Druckwasserstrahlen (> 170 MPa) kann bei festhaftenden Beschichtungen angewendet werden.
	Sweep-Strahlen (6.2.3.4.1)	Zum Aufrauhen von Beschichtungen oder zum Entfernen der obersten Schicht.
	Spot-Strahlen (6.2.3.4.2)	Zum örtlichen Entfernen von Beschichtungen.
Zinkkorrosionsprodukte	Sweep-Strahlen (6.2.3.4.1)	Sweep-Strahlen bei Zink kann mit Aluminiumoxid (Korund), Silicaten oder Olivinsand durchgeführt werden.
	Alkalisches Reinigen (6.1.4)	5 % (m/m) Ammoniak-Lösung, aufgebracht mit Kunststoffvlies mit Schleifmitteleinbettung, kann für kleine Stellen mit Zinkkorrosionsprodukten verwendet werden, alkalische Reinigungsmittel für größere Flächen. Bei hohem pH-Wert wird Zink angegriffen.

[1]) Beim Nachreinigen und Nachtrocknen sind Konstruktionen mit Spalten und Nieten besonders sorgfältig zu behandeln.

Anhang D (informativ)

Literaturhinweise

[1] ISO 4618-1 : 1984
Paints and varnishes – Vocabulary – Part 1: General terms

[2] ISO 4618-2 : 1984
Paints and varnishes – Vocabulary – Part 2: Terminology relating to initial defects and to undesirable changes in films during ageing

[3] ISO 9000-1 : 1994
Quality management and quality assurance standards – Part 1: Guidelines for selection and use

[4] ISO 9001 : 1994
Quality systems – Model for quality assurance in design, development, production, installation and servicing

[5] ISO 9002 : 1994
Quality systems – Model for quality assurance in production, installation and servicing

[6] ISO 9003 : 1994
Quality systems – Model for quality assurance in final inspection and test

[7] ISO 9004-1 : 1994
Quality management and quality system elements – Part 1: Guidelines

[8] ISO 9004-2 : 1991
Quality management and quality system elements – Part 2: Guidelines for services

[9] EN 971-1 : 1996
Lacke und Anstrichstoffe – Fachausdrücke und Definitionen für Beschichtungsstoffe – Teil 1: Allgemeine Begriffe

[10] Japanische Norm JSRA/SPSS 1984

[11] SSPC: Vol. 1, Vol. 2, Vis-1-1990

[12] NACE: RP0172-72, RP0175-75, RP0170-70

[13] SABS 0120: Part 3, HC-1988

Anhang E (informativ)

Alphabetisches Stichwortverzeichnis von Fachbegriffen

Dieses alphabetische Stichwortverzeichnis gibt die Normnummern von anderen Internationalen Normen an, in denen weitere Angaben zu den aufgeführten Fachbegriffen enthalten sind.

Abblättern	siehe Abblätterungsgrad
Abblätterungsgrad	ISO 4628-5
Aluminiumoxid, geschmolzenes	ISO 11126-7
Blasenbildung	siehe Blasengrad
Blasengrad	ISO 4628-2
Chlorid auf vorbereiteten Stahloberflächen (Bestimmung)	ISO 8502-2
Eisen, Korrosionsprodukte auf vorbereiteten Stahloberflächen (Prüfung auf)	ISO/TR 8502-1
Elektrokorund	ISO 11126-7
Feuerverzinken	ISO 1461
Flammstrahlen	ISO 8501-1
Handwerkzeuge; Reinigen mit	ISO 8504-3
Hartguß, kantig (Grit)	ISO 11124-2
Hochofenschlacke	ISO 11126-6
Kondensation auf vorbereiteten Stahloberflächen (Wahrscheinlichkeit von)	ISO 8502-4
Kupferhüttenschlacke	ISO 11126-3
Maschinell angetriebene Werkzeuge; Reinigen mit	ISO 8504-3
Nickelhüttenschlacke	ISO 11126-5
Oberflächenprofil	siehe Rauheit
Oberflächenvorbereitungsgrad	ISO 8501-1, ISO 8501-2
Olivinsand	ISO 11126-8
Rauheit	ISO 8503-1 bis ISO 8503-4
Rauheitsvergleichsmuster	
Anwendung	ISO 8503-2
Festlegung	ISO 8503-1
Kalibrierung	ISO 8503-3, ISO 8503-4
Rißbildung	siehe Rißgrad
Rißgrad	ISO 4628-4
Rostgrad	
beschichteter Stahl	ISO 4628-3
unbeschichteter Stahl	ISO 8501-1
Schmelzkammerschlacke	ISO 11126-4
Stahldrahtkorn	ISO 11124-5
Stahlguß mit hohem Kohlenstoffgehalt, kantig und kugelig	ISO 11124-3
Stahlguß mit niedrigem Kohlenstoffgehalt, kugelig	ISO 11124-4
Staub auf vorbereiteten Stahloberflächen (Bestimmung)	ISO 8502-3
Strahlen	ISO 8504-2
Thermisches Spritzen	ISO 2063
Vorbereitungsgrad	siehe Oberflächenvorbereitungsgrad

449

Anhang ZA (normativ)

Normative Verweisungen auf internationale Publikationen mit ihren entsprechenden europäischen Publikationen

Diese Europäische Norm enthält, durch datierte oder undatierte Verweisungen, Festlegungen aus anderen Publikationen. Diese normativen Verweisungen sind an den jeweiligen Stellen im Text zitiert, und die Publikationen sind nachstehend aufgeführt. Bei datierten Verweisungen gehören spätere Änderungen oder Überarbeitungen dieser Publikationen nur zu dieser Europäischen Norm, falls sie durch Änderung oder Überarbeitung eingearbeitet sind. Bei undatierten Verweisungen gilt die letzte Ausgabe der in Bezug genommenen Publikation.

Publikation	Jahr	Titel	EN	Jahr
ISO 2063	1991	Metallic and other inorganic coatings – Thermal spraying – Zinc, aluminium and their alloys	EN 22063	1993
ISO 2409	1992	Paints and varnishes – Cross-cut test	EN ISO 2409	1994
ISO 8503-1	1988	Preparation of steel substrates before application of paints and related products – Surface roughness characteristics of blast-cleaned steel substrates – Part 1: Specifications and definitions for ISO surface profile comparators for the assessment of abrasive blast-cleaned surfaces	EN ISO 8503-1	1995
ISO 8503-2	1988	Preparation of steel substrates before application of paints and related products – Surface roughness characteristics of blast-cleaned steel substrates – Part 2: Method for the grading of surface profile of abrasive blast-cleaned steel – Comparator procedure	EN ISO 8503-2	1995
ISO 11124-1	1993	Preparation of steel substrates before application of paints and related products – Specifications for metallic blast-cleaning abrasives – Part 1: General introduction and classification	EN ISO 11124-1	1997
ISO 11124-2	1993	Preparation of steel substrates before application of paints and related products – Specifications for metallic blast-cleaning abrasives – Part 2: Chilled-iron grit	EN ISO 11124-2	1997
ISO 11124-3	1993	Preparation of steel substrates before application of paints and related products – Specifications for metallic blast-cleaning abrasives – Part 3: High-carbon cast-steel shot and grit	EN ISO 11124-3	1997
ISO 11124-4	1993	Preparation of steel substrates before application of paints and related products – Specifications for metallic blast-cleaning abrasives – Part 4: Low-carbon cast-steel shot	EN ISO 11124-4	1997

Publikation	Jahr	Titel	EN	Jahr
ISO 11126-1	1993	Preparation of steel substrates before application of paints and related products – Specifications for non-metallic blast-cleaning abrasives – Part 1: General introduction and classification	EN ISO 11126-1	1997
ISO 11126-3	1993	Preparation of steel substrates before application of paints and related products – Specifications for non-metallic blast-cleaning abrasives – Part 3: Copper refinery slag	EN ISO 11126-3	1997
ISO 11126-4	1993	Preparation of steel substrates before application of paints and related products – Specifications for non-metallic blast-cleaning abrasives – Part 4: Coal furnace slag	EN ISO 11126-4	1998
ISO 11126-5	1993	Preparation of steel substrates before application of paints and related products – Specifications for non-metallic blast-cleaning abrasives – Part 5: Nickel refinery slag	EN ISO 11126-5	1998
ISO 11126-6	1993	Preparation of steel substrates before application of paints and related products – Specifications for non-metallic blast-cleaning abrasives – Part 6: Iron furnace slag	EN ISO 11126-6	1997
ISO 11126-8	1993	Preparation of steel substrates before application of paints and related products – Specifications for non-metallic blast-cleaning abrasives – Part 8: Olivine sand	EN ISO 11126-8	1997
ISO 12944-1	1998	Paints and varnishes – Corrosion protection of steel structures by protective paint systems – Part 1: General introduction	EN ISO 12944-1	1998

Beschichtungsstoffe **Korrosionsschutz von Stahlbauten durch Beschichtungssysteme** Teil 5: Beschichtungssysteme (ISO 12944-5 : 1998) Deutsche Fassung EN ISO 12944-5 : 1998	 **DIN** **EN ISO 12944-5**

ICS 87.020; 91.080.10

Ersatz für
DIN 55928-5 : 1991-05

Deskriptoren: Beschichtungsstoff, Korrosionsschutz, Beschichtungssystem, Stahlbau

Paints and varnishes – Corrosion protection of steel structures by protective paint systems –
Part 5: Protective paint systems (ISO 12944-5 : 1998);
German version EN ISO 12944-5 : 1998

Peintures et vernis – Anticorrosion des structures en acier par systèmes de peinture –
Partie 5: Systèmes de peinture (ISO 12944-5 : 1998);
Version allemande EN ISO 12944-5 : 1998

Die Europäische Norm EN ISO 12944-5 : 1998 hat den Status einer Deutschen Norm.

Nationales Vorwort

Die Europäische Norm EN ISO 12944-5 fällt in den Zuständigkeitsbereich des Technischen Komitees CEN/TC 139 "Lacke und Anstrichstoffe" (Sekretariat: Deutschland). Die ihr zugrundeliegende Internationale Norm ISO 12944-5 wurde vom ISO/TC 35/SC 14 "Paints and varnishes – Protective paint systems for steel structures" (Sekretariat: Norwegen) ausgearbeitet.

Das zuständige deutsche Normungsgremium ist der Unterausschuß 10.5 "Korrosionsschutzstoffe und -systeme; einschließlich Prüfung" des FA/NABau-Arbeitsausschusses 10 "Korrosionsschutz von Stahlbauten".

Für die im Abschnitt 2 zitierten Internationalen Normen wird in der folgenden Tabelle auf die entsprechenden Deutschen Normen hingewiesen:

ISO-Norm	DIN-Norm
ISO 2808	E DIN ISO 2808
ISO 3549	E DIN ISO 3549
ISO 4628-1	E DIN ISO 4628-1 [1])
ISO 4628-2	E DIN ISO 4628-2 [1])
ISO 4628-3	E DIN ISO 4628-3 [1])
ISO 4628-4	DIN ISO 4628-4, E DIN ISO 4628-4 [1])
ISO 4628-5	DIN ISO 4628-5, E DIN ISO 4628-5 [1])
ISO 4628-6	E DIN ISO 4628-6
ISO 8501-1	[2])
ISO 8503-2	DIN EN ISO 8503-2
ISO 12944-1	DIN EN ISO 12944-1
ISO 12944-2	DIN EN ISO 12944-2
ISO 12944-4	DIN EN ISO 12944-4
ISO 12944-6	DIN EN ISO 12944-6

[1]) Die Normen ISO 4628-1 bis ISO 4628-5 werden z. Z. überarbeitet. Es ist vorgesehen, die Neuausgaben als Europäische Normen und damit in das DIN-Normenwerk zu übernehmen (Ersatz für DIN 53209, DIN 53210 und DIN 53230).

[2]) Die Norm ISO 8501-1 mit den photographischen Vergleichsmustern für Rostgrade und Oberflächenvorbereitungsgrade ist im deutschen Bereich unmittelbar anwendbar, da sie die Texte auch in deutscher Sprache enthält.

Fortsetzung Seite 2 und 3
und 21 Seiten EN

Normenausschuß Anstrichstoffe und ähnliche Beschichtungsstoffe (FA) im DIN Deutsches Institut für Normung e.V.
Normenausschuß Bauwesen (NABau) im DIN

Zu 3   Definitionen

Zu 3.6   Deckbeschichtung(en)

In einigen Fällen können Deckbeschichtungsstoffe direkt auf den Untergrund aufgetragen werden, z. B. bei Duplexsystemen.

Zu 5   Beschichtungssysteme

Zu 5.4   Trockenschichtdicke

Im Absatz 3 wird angegeben, daß das Verfahren zum Überprüfen der **Einhaltung von Sollschichtdicken** zwischen den Vertragspartnern zu vereinbaren ist. In der Arbeitsgruppe CEN/TC 139/SC 1/WG 2 werden hierzu Normungsarbeiten durchgeführt, die voraussichtlich im Laufe des Jahres 1998 zu einem europäischen Norm-Entwurf führen werden. Über den Stand der einschlägigen Arbeiten erteilt der Normenausschuß Anstrichstoffe und ähnliche Beschichtungsstoffe (FA) im DIN, Burggrafenstraße 6, 10787 Berlin (Tel.: 0 30/26 01-23 57, Fax: 0 30/26 01-17 23), Auskunft.

Änderungen

Gegenüber DIN 55928-5 : 1991-05 wurden folgende Änderungen vorgenommen:

a) Internationale Festlegungen unverändert übernommen.

b) Inhalt von DIN 55928-5 vollständig überarbeitet.

Frühere Ausgaben

DIN 55928: 1956-11, 1959-06x
DIN 55928-5: 1980-03, 1991-05

Nationaler Anhang NA (informativ)

Literaturhinweise

DIN 53209
Bezeichnung des Blasengrades von Anstrichen

DIN 53210
Bezeichnung des Rostgrades von Anstrichen und ähnlichen Beschichtungen

DIN 53230
Prüfung von Anstrichstoffen und ähnlichen Beschichtungsstoffen – Bewertungssystem für die Auswertung von Prüfungen

DIN EN ISO 8503-2
Vorbereitung von Stahloberflächen vor dem Auftragen von Beschichtungsstoffen – Rauheitskenngrößen von gestrahlten Stahloberflächen – Teil 2: Verfahren zur Prüfung der Rauheit von gestrahltem Stahl – Vergleichsmusterverfahren (ISO 8503-2 : 1988); Deutsche Fassung EN ISO 8503-2 : 1995

DIN EN ISO 12944-1
Beschichtungsstoffe – Korrosionsschutz von Stahlbauten durch Beschichtungssysteme – Teil 1: Allgemeine Einleitung (ISO 12944-1 : 1998); Deutsche Fassung EN ISO 12944-1 : 1998

DIN EN ISO 12944-2
Beschichtungsstoffe – Korrosionsschutz von Stahlbauten durch Beschichtungssysteme – Teil 2: Einteilung der Umgebungsbedingungen (ISO 12944-2 : 1998); Deutsche Fassung EN ISO 12944-2 : 1998

DIN EN ISO 12944-4
Beschichtungsstoffe – Korrosionsschutz von Stahlbauten durch Beschichtungssysteme – Teil 4: Arten von Oberflächen und Oberflächenvorbereitung (ISO 12944-4 : 1998); Deutsche Fassung EN ISO 12944-4 : 1998

DIN EN ISO 12944-6
Beschichtungsstoffe – Korrosionsschutz von Stahlbauten durch Beschichtungssysteme – Teil 6: Laborprüfungen zur Bewertung von Beschichtungssystemen (ISO 12944-6 : 1998); Deutsche Fassung EN ISO 12944-6 : 1998

E DIN ISO 2808
Lacke, Anstrichstoffe und ähnliche Beschichtungsstoffe – Bestimmung der Schichtdicke; Identisch mit ISO/DIS 2808-2 : 1988

E DIN ISO 3549
Zinkstaubpigmente für Anstrichfarben – Anforderungen und Prüfverfahren; Identisch mit ISO/DIS 3549 : 1990

E DIN ISO 4628-1
Beschichtungsstoffe – Beurteilung von Beschichtungsschäden – Bewertung der Menge und Größe von Schäden und der Intensität von Veränderungen – Teil 1: Allgemeine Grundsätze und Bewertungssystem (ISO/CD 4628-1 : 1997)

E DIN ISO 4628-2
Beschichtungsstoffe – Beurteilung von Beschichtungsschäden – Bewertung der Menge und Größe von Schäden und der Intensität von Veränderungen – Teil 2: Bewertung des Blasengrades (ISO/CD 4628-2 : 1997)

E DIN ISO 4628-3
Beschichtungsstoffe – Beurteilung von Beschichtungsschäden – Bewertung der Menge und Größe von Schäden und der Intensität von Veränderungen – Teil 3: Bewertung des Rostgrades (ISO/CD 4628-3 : 1997)

DIN ISO 4628-4
Lacke, Anstrichstoffe und ähnliche Beschichtungsstoffe – Bezeichnung des Grades der Rißbildung von Beschichtungen; Identisch mit ISO 4628-4, Ausgabe 1982

E DIN ISO 4628-4
Beschichtungsstoffe – Beurteilung von Beschichtungsschäden – Bewertung der Menge und Größe von Schäden und der Intensität von Veränderungen – Teil 4: Bewertung des Rißgrades (ISO/CD 4628-4 : 1997)

DIN ISO 4628-5
Lacke, Anstrichstoffe und ähnliche Beschichtungsstoffe – Bezeichnung des Grades des Abblätterns von Beschichtungen; Identisch mit ISO 4628-5, Ausgabe 1982

E DIN ISO 4628-5
Beschichtungsstoffe – Beurteilung von Beschichtungsschäden – Bewertung der Menge und Größe von Schäden und der Intensität von Veränderungen – Teil 5: Bewertung des Abblätterungsgrades (ISO/CD 4628-5 : 1997)

E DIN ISO 4628-6
Beschichtungsstoffe – Beurteilung von Beschichtungsschäden – Bewertung von Ausmaß, Menge und Größe von Schäden – Teil 6: Bewertung des Kreidungsgrades nach dem Klebebandverfahren (ISO 4628-6 : 1990)

EUROPÄISCHE NORM
EUROPEAN STANDARD
NORME EUROPÉENNE

EN ISO 12944-5

Mai 1998

ICS 87.020; 91.080.10

Deskriptoren:

Deutsche Fassung

Beschichtungsstoffe
Korrosionsschutz von Stahlbauten durch Beschichtungssysteme
Teil 5: Beschichtungssysteme
(ISO 12944-5 : 1998)

Paints and varnishes – Corrosion protection of steel structures by protective paint systems – Part 5: Protective paint systems (ISO 12944-5 : 1998)

Peintures et vernis – Anticorrosion des structures en acier par systèmes de peinture – Partie 5: Systèmes de peinture (ISO 12944-5 : 1998)

Diese Europäische Norm wurde von CEN am 13. November 1997 angenommen.

Die CEN-Mitglieder sind gehalten, die CEN/CENELEC-Geschäftsordnung zu erfüllen, in der die Bedingungen festgelegt sind, unter denen dieser Europäischen Norm ohne jede Änderung der Status einer nationalen Norm zu geben ist.

Auf dem letzten Stand befindliche Listen dieser nationalen Normen mit ihren bibliographischen Angaben sind beim Zentralsekretariat oder bei jedem CEN-Mitglied auf Anfrage erhältlich.

Diese Europäische Norm besteht in drei offiziellen Fassungen (Deutsch, Englisch, Französisch). Eine Fassung in einer anderen Sprache, die von einem CEN-Mitglied in eigener Verantwortung durch Übersetzung in seine Landessprache gemacht und dem Zentralsekretariat mitgeteilt worden ist, hat den gleichen Status wie die offiziellen Fassungen.

CEN-Mitglieder sind die nationalen Normungsinstitute von Belgien, Dänemark, Deutschland, Finnland, Frankreich, Griechenland, Irland, Island, Italien, Luxemburg, Niederlande, Norwegen, Österreich, Portugal, Schweden, Schweiz, Spanien, der Tschechischen Republik und dem Vereinigten Königreich.

CEN

EUROPÄISCHES KOMITEE FÜR NORMUNG
European Committee for Standardization
Comité Européen de Normalisation

Zentralsekretariat: rue de Stassart 36, B-1050 Brüssel

Ref. Nr. EN ISO 12944-5 : 1998 D

Inhalt

Vorwort

Der Text der Internationalen Norm ISO 12944-5 : 1998 wurde vom Technischen Komitee ISO/TC 35 "Paints and varnishes" in Zusammenarbeit mit dem Technischen Komitee CEN/TC 139 "Lacke und Anstrichstoffe" erarbeitet, dessen Sekretariat vom DIN gehalten wird.

Diese Europäische Norm muß den Status einer nationalen Norm erhalten, entweder durch Veröffentlichung eines identischen Textes oder durch Anerkennung bis November 1998, und etwaige entgegenstehende nationale Normen müssen bis November 1998 zurückgezogen werden.

Entsprechend der CEN/CENELEC-Geschäftsordnung sind die nationalen Normungsinstitute der folgenden Länder gehalten, diese Europäische Norm zu übernehmen:

Belgien, Dänemark, Deutschland, Finnland, Frankreich, Griechenland, Irland, Island, Italien, Luxemburg, Niederlande, Norwegen, Österreich, Portugal, Schweden, Schweiz, Spanien, die Tschechische Republik und das Vereinigte Königreich.

ISO 12944 besteht aus den folgenden Teilen mit dem allgemeinen Titel "Beschichtungsstoffe – Korrosionsschutz von Stahlbauten durch Beschichtungssysteme":

Teil 1: Allgemeine Einleitung

Teil 2: Einteilung der Umgebungsbedingungen

Teil 3: Grundregeln zur Gestaltung

Teil 4: Arten von Oberflächen und Oberflächenvorbereitung

Teil 5: Beschichtungssysteme

Teil 6: Laborprüfungen zur Bewertung von Beschichtungssystemen

Teil 7: Ausführung und Überwachung der Beschichtungsarbeiten

Teil 8: Erarbeiten von Spezifikationen für Erstschutz und Instandsetzung

Die Anhänge A bis C dieses Teils von ISO 12944 sind informativ.

Anerkennungsnotiz

Der Text der Internationalen Norm ISO 12944-5 : 1998 wurde von CEN als Europäische Norm ohne irgendeine Abänderung genehmigt.

ANMERKUNG: Die normativen Verweisungen auf Internationale Normen mit ihren entsprechenden europäischen Publikationen sind im Anhang ZA (normativ) aufgeführt.

Einleitung

Ungeschützter Stahl korrodiert in der Atmosphäre, in Wasser und im Erdreich, was zu Schäden führen kann. Um solche Korrosionsschäden zu vermeiden, werden Stahlbauten üblicherweise geschützt, damit sie den Korrosionsbelastungen während der geforderten Nutzungsdauer standhalten.

Es gibt verschiedene Möglichkeiten, Stahlbauten vor Korrosion zu schützen. ISO 12944 befaßt sich mit dem Schutz durch Beschichtungssysteme. Dabei werden in den verschiedenen Teilen alle Gesichtspunkte berücksichtigt, die für einen angemessenen Korrosionsschutz von Bedeutung sind. Zusätzliche oder andere Maßnahmen sind möglich, erfordern aber besondere Vereinbarungen zwischen den Vertragspartnern.

Um Stahlbauten wirksam vor Korrosion zu schützen, ist es notwendig, daß Auftraggeber, Planer, Berater, den Korrosionsschutz ausführende Firmen, Aufsichtspersonal für Korrosionsschutzarbeiten und Hersteller von Beschichtungsstoffen dem Stand der Technik entsprechende Angaben über den Korrosionsschutz durch Beschichtungssysteme in zusammengefaßter Form erhalten. Solche Angaben müssen möglichst vollständig sein, außerdem eindeutig und leicht zu verstehen, damit Schwierigkeiten und Mißverständnisse zwischen den Vertragspartnern, die mit der Ausführung der Schutzmaßnahmen befaßt sind, vermieden werden.

Mit der vorliegenden Internationalen Norm – ISO 12944 – ist beabsichtigt, diese Angaben in Form von Regeln zu machen. Die Norm ist für Anwender gedacht, die über allgemeine Fachkenntnisse verfügen. Es wird auch vorausgesetzt, daß die Anwender von ISO 12944 mit dem Inhalt anderer einschlägiger Internationaler Normen, insbesondere über die Oberflächenvorbereitung, sowie mit einschlägigen nationalen Regelungen vertraut sind.

ISO 12944 behandelt keine finanziellen und vertraglichen Fragen. Es ist jedoch zu beachten, daß die Nicht-Einhaltung von Anforderungen und Empfehlungen dieser Norm zu unzureichendem Schutz gegen Korrosion mit erheblichen Folgen und daraus resultierenden schwerwiegenden finanziellen Konsequenzen führen kann.

ISO 12944-1 definiert den allgemeinen Anwendungsbereich aller Teile von ISO 12944. Sie enthält einige grundlegende Fachbegriffe und eine allgemeine Einleitung zu den anderen Teilen von ISO 12944. Weiterhin enthält sie eine allgemeine Aussage über Gesundheitsschutz, Arbeitssicherheit und Umweltschutz sowie eine Anleitung, wie ISO 12944 für ein bestimmtes Objekt anzuwenden ist.

Dieser Teil von ISO 12944 enthält Fachbegriffe, die sich auf Beschichtungssysteme beziehen, sowie Hinweise für die Auswahl verschiedener Typen von Beschichtungssystemen.

1 Anwendungsbereich

Dieser Teil von ISO 12944 beschreibt die für den Korrosionsschutz von Stahlbauten allgemein verwendeten Typen von Beschichtungsstoffen und Beschichtungssystemen. Er gibt auch Hinweise für die Auswahl von Beschichtungssystemen, die für verschiedene Umgebungsbedingungen (siehe ISO 12944-2) zur Verfügung stehen, Oberflächenvorbereitungsgraden (siehe ISO 12944-4) und zu der zu erwartenden Schutzdauer (siehe ISO 12944-1). Die Schutzdauer von Beschichtungssystemen wird in kurz, mittel und lang eingeteilt.

2 Normative Verweisungen

Die folgenden Normen enthalten Festlegungen, die, durch Verweisung in diesem Text, Bestandteil dieses Teils von ISO 12944 sind. Zum Zeitpunkt der Veröffentlichung waren die angegebenen Ausgaben gültig. Alle Normen unterliegen der Überarbeitung. Vertragspartner, deren Vereinbarungen auf diesen Teil von ISO 12944 basieren, werden gebeten, zu prüfen, ob die jeweils neuesten Ausgaben der nachfolgend aufgeführten Normen angewendet werden können. Die Mitglieder von IEC und ISO führen Verzeichnisse der gegenwärtig gültigen Internationalen Normen.

ISO 2808 : 1997
Paints and varnishes – Determination of film thickness

ISO 3549 : 1995
Zinc dust pigments for paints – Specifications and test methods

ISO 4628-1 : 1982
Paints and varnishes – Evaluation of degradation of paint coatings – Designation of intensity, quantity and size of common types of defect – Part 1: General principles and rating schemes

ISO 4628-2 : 1982
Paints and varnishes – Evaluation of degradation of paint coatings – Designation of intensity, quantity and size of common types of defect – Part 2: Designation of degree of blistering

ISO 4628-3 : 1982
Paints and varnishes – Evaluation of degradation of paint coatings – Designation of intensity, quantity and size of common types of defect – Part 3: Designation of degree of rusting

ISO 4628-4 : 1982
Paints and varnishes – Evaluation of degradation of paint coatings – Designation of intensity, quantity and size of common types of defect – Part 4: Designation of degree of cracking

ISO 4628-5 : 1982
Paints and varnishes – Evaluation of degradation of paint coatings – Designation of intensity, quantity and size of common types of defect – Part 5: Designation of degree of flaking

ISO 4628-6 : 1990
Paints and varnishes – Evaluation of degradation of paint coatings – Designation of intensity, quantity and size of common types of defect – Part 6: Rating of degree of chalking by tape method

ISO 8501-1 : 1988
Preparation of steel substrates before application of paints and related products – Visual assessment of surface cleanliness – Part 1: Rust grades and preparation grades of uncoated steel substrates and of steel substrates after overall removal of previous coatings

ISO 8503-2 : 1988
Preparation of steel substrates before application of paints and related products – Surface roughness characteristics of blast-cleaned steel substrates – Part 2: Method for the grading of surface profile of abrasive blast-cleaned steel – Comparator procedure

ISO 12944-1 : 1998
Corrosion protection of steel structures by protective paint systems – Part 1: General introduction

ISO 12944-2 : 1998
Corrosion protection of steel structures by protective paint systems – Part 2: Classification of environments

ISO 12944-4 : 1998
Corrosion protection of steel structures by protective paint systems – Part 4: Types of surface and surface preparation

ISO 12944-6 : 1998
Corrosion protection of steel structures by protective paint systems – Part 6: Laboratory performance test methods

3 Definitionen

Dieser Abschnitt enthält Fachbegriffe, die in diesem Teil von ISO 12944 verwendet werden, aber nicht in ISO 12944-1 enthalten sind.

3.1 dickschichtgeeignet: Eigenschaft eines Beschichtungsstoffes, in größerer Schichtdicke aufgetragen werden zu können, als für den jeweiligen Beschichtungstyp für normal angesehen wird. Für diesen Teil von ISO 12944 bedeutet dies $\geq 80\,\mu m$ Trockenschichtdicke.

457

3.2 Festkörperreicher Beschichtungsstoff; High Solid-Beschichtungsstoff: Fachbegriff für Beschichtungsstoffe mit höherem Volumenanteil an nichtflüchtigen Bestandteilen als normal.

3.3 Verträglichkeit*):

(I) von Beschichtungsstoffen in einem Beschichtungssystem:
Eigenschaft zweier oder mehrerer Beschichtungsstoffe, in einem Beschichtungssystem verwendet werden zu können, ohne daß unerwünschte Effekte auftreten.

(II) eines Beschichtungsstoffes mit dem Untergrund:
Eigenschaft eines Beschichtungsstoffes, auf einen Untergrund aufgetragen werden zu können, ohne daß unerwünschte Effekte auftreten.

3.4 Grundbeschichtung(en): Die erste(n) Schicht(en) eines Beschichtungssystems, hergestellt durch Auftragen eines Grundbeschichtungsstoffes.

Grundbeschichtungen haften gut auf ausreichend aufgerauhtem, gereinigtem Metall und/oder gereinigten alten Beschichtungen. Sie sind eine geeignete Grundlage für nachfolgende Beschichtungen und vermitteln deren Haftfestigkeit. Im allgemeinen bewirken sie den Korrosionsschutz bis zum Auftragen weiterer Beschichtungen im Rahmen des zulässigen Überarbeitbarkeitsintervalls und während der gesamten Nutzungsdauer des Beschichtungssystems.

3.5 Zwischenbeschichtung(en): Beschichtung(en) zwischen Grund- und Deckbeschichtung(en).

ANMERKUNG 1: Im englischen Sprachgebrauch wird der Ausdruck "undercoat" manchmal synonym verwendet, im allgemeinen für eine Schicht, die unmittelbar vor der (den) Deckbeschichtung(en) aufgetragen wird.

3.6 Deckbeschichtung(en): Die letzte(n) Schicht(en) eines Beschichtungssystems, mit der Aufgabe, die darunterliegenden Schichten vor Umgebungseinflüssen zu schützen, zur Korrosionsschutzwirkung des Gesamtsystems beizutragen und die erforderliche Farbe zu geben.

3.7 Tie coat; Haftbeschichtung: Beschichtung zum Verbessern der Haftfestigkeit zwischen den Schichten und/oder zum Vermeiden bestimmter Fehler während des Beschichtens.

3.8 Kantenschutzbeschichtung: Zusätzliche Schicht zum ausreichenden Schutz kritischer Stellen wie Kanten, Schweißnähte usw.

---

*) Fußnote zur deutschsprachigen Fassung: Englisch compatibility

**) Fußnote zur deutschsprachigen Fassung: DFT = "dry film thickness"

***) Fußnote zur deutschsprachigen Fassung: NDFT = "nominal dry film thickness"

****) Fußnote zur deutschsprachigen Fassung: VOC = "volatile organic compound"

*****) Fußnote zur deutschsprachigen Fassung: VOCC = "volatile organic compound content"

3.9 Trockenschichtdicke (DFT)):** Dicke einer Beschichtung, die nach der Härtung auf der Oberfläche verbleibt.

3.10 Sollschichtdicke (NDFT)*):** Vorgegebene Schichtdicke für einzelne Beschichtungen oder das gesamte Beschichtungssystem, um die geforderte Schutzdauer zu erzielen.

3.11 Höchstschichtdicke: Höchste zulässige Schichtdicke, oberhalb deren die Eigenschaften einer Beschichtung oder eines Beschichtungssystems beeinträchtigt sein können.

3.12 Grundbeschichtungsstoff: Speziell formulierter Beschichtungsstoff zum Herstellen einer Grundbeschichtung auf vorbereiteten Oberflächen, im allgemeinen unter nachfolgenden Beschichtungen.

3.13 Fertigungsbeschichtungsstoff: Schnelltrocknender Beschichtungsstoff, der auf gestrahlten Stahl aufgetragen wird. Die Fertigungsbeschichtung schützt den Stahl während der Fertigung der Bauteile und läßt das Schweißen des Stahls zu.

ANMERKUNG 2: In vielen Sprachen hat der (entsprechende englische) Ausdruck "prefabrication primer" nicht die gleiche Bedeutung wie im englischen Sprachgebrauch.

3.14 Topfzeit: Maximale Zeitdauer, innerhalb der ein in getrennten Komponenten gelieferter Beschichtungsstoff nach dem Mischen der Komponenten verwendet werden sollte.

3.15 Lagerbeständigkeit: Zeitdauer, innerhalb der ein Beschichtungsstoff in einwandfreiem Zustand bleibt, wenn er im verschlossenem Originalgebinde unter normalen Bedingungen gelagert wird.

ANMERKUNG 3: Unter "normalen Bedingungen" wird im allgemeinen eine Lagerung zwischen +3 °C und +30 °C verstanden.

3.16 VOC (flüchtige organische Verbindung)**):** Generell jede organische Flüssigkeit und/oder jeder organische Feststoff, die (der) bei den herrschenden Umgebungsbedingungen (Temperatur und Druck) von selbst verdunstet.
Wegen der derzeitigen Anwendung des Ausdruckes VOC auf dem Gebiet der Beschichtungsstoffe siehe unter 3.17.

3.17 VOC-Gehalt (Gehalt an flüchtigen organischen Verbindungen/VOCC)***):** Anteil flüchtiger organischer Verbindungen in einem Beschichtungsstoff, der unter festgelegten Bedingungen bestimmt wurde.

ANMERKUNG 4: Was als "flüchtig" gilt, hängt vom Anwendungsbereich des Beschichtungsstoffes und den Bedingungen am Ort des Beschichtens ab. Hierfür sind die Grenzwerte und Bestimmungs- oder Berechnungsverfahren durch Verordnungen oder Vereinbarungen festgelegt.

4 Beschichtungsstoffe

Die folgenden Grundtypen von Beschichtungsstoffen werden in großem Umfang für Beschichtungssysteme zum Korrosionsschutz von Stahlbauten verwendet. Typische Bindemittel dieser Beschichtungsstoffe werden in den folgenden Unterabschnitten behandelt. Viele andere Modifikationen oder Kombinationen dieser Bindemittel sind möglich.

ANMERKUNG 5: Die folgenden Angaben betreffen einige der chemischen und physikalischen Eigenschaften von Beschichtungsstoffen und nicht die Art ihrer Anwendung. Die Grenzen für die Trocknungs- und Härtungstemperaturen sind nur Richtwerte. Sie können auch bei gleichem Beschichtungsstofftyp je nach Formulierung des Beschichtungsstoffes variieren.

4.1 Oxidativ härtende (trocknende) Beschichtungsstoffe

Die Filmbildung (Übergang vom Beschichtungsstoff zur Beschichtung) erfolgt durch Verdunsten von organischen Lösemitteln oder Wasser und durch Reaktion des Bindemittels mit dem Sauerstoff der Luft.

Typische Bindemittel sind:

- Alkydharze;
- Urethanalkydharze;
- Epoxidharzester.

Die Trocknungsdauer hängt unter anderem von der Temperatur ab. Die Reaktion mit Sauerstoff kann bis herab zu 0 °C stattfinden, ist aber bei niedrigen Temperaturen entsprechend langsam.

4.2 Physikalisch trocknende Beschichtungsstoffe

Diese Beschichtungsstoffe enthalten als flüchtige Anteile organische Lösemittel oder Wasser.

4.2.1 Lösemittelhaltige Beschichtungsstoffe

Die Filmbildung (Übergang vom Beschichtungsstoff zur Beschichtung) erfolgt durch Verdunsten der Lösemittel. Der Vorgang ist reversibel, d. h. die Beschichtung bleibt in den ursprünglichen Lösemitteln löslich.

Typische Bindemittel sind:

- Chlorkautschuk;
- Vinylchlorid-Copolymere (als PVC bekannt);
- Acrylharze;
- Bitumen.

Die Trocknungsdauer hängt unter anderem von der Luftbewegung und der Temperatur ab. Die Trocknung kann bis herab zu 0 °C stattfinden, ist aber bei niedrigen Temperaturen entsprechend langsam.

4.2.2 Wasserhaltige Beschichtungsstoffe

In diesen Beschichtungsstoffen ist das Bindemittel in Wasser dispergiert.

Die Filmbildung (Übergang vom Beschichtungsstoff zur Beschichtung) erfolgt durch Verdunsten des Wassers und Koaleszenz des dispergierten Bindemittels.

Der Vorgang ist nicht reversibel, deshalb ist die trockene Beschichtung nach dem Trocknen nicht in Wasser löslich.

Typische Bindemittel sind:

- Acrylharzdispersionen;
- Vinylharzdispersionen;
- Polyurethandispersionen.

Die Trocknungsdauer hängt unter anderem von der Luftbewegung, der relativen Luftfeuchte und der Temperatur ab. Die Trocknung kann bis herab zu +3 °C stattfinden, ist aber bei niedrigen Temperaturen entsprechend langsam.

4.3 Reaktions-Beschichtungsstoffe

Im allgemeinen besteht dieser Beschichtungsstofftyp aus einer Stammkomponente und einer Härterkomponente.

Die Filmbildung (Übergang vom Beschichtungsstoff zur Beschichtung) erfolgt durch Verdunsten von enthaltenen Lösemitteln (falls vorhanden) und chemische Reaktion zwischen der Stammkomponente und der Härterkomponente.

Verwendet werden die Typen nach 4.3.1, 4.3.2 und 4.3.3.

4.3.1 Zweikomponenten-Epoxidharz-Beschichtungsstoffe

Stammkomponente

Die Bindemittel in der Stammkomponente sind Polymere mit Epoxidgruppen, die mit geeigneten Härtern reagieren.

Typische Bindemittel sind:

- Epoxidharze;
- Epoxid-Vinylharze/Epoxid-Acrylharze;
- Epoxidharz-Kombinationen (z. B. Epoxid-Kohlenwasserstoffharze oder Epoxidharz-Teer).

Formulierungen sind möglich mit organischen Lösemitteln, mit Wasser als flüchtigem Anteil, und lösemittelfrei.

Epoxidharz-Beschichtungen kreiden, wenn sie dem Sonnenlicht ausgesetzt sind. Falls Farb- oder Glanzhaltung gefordert wird, sollte eine Deckbeschichtung auf der Basis von aliphatischem Polyurethan (4.3.2) oder einem geeigneten physikalisch trocknenden Bindemittel (4.2) verwendet werden.

Härterkomponente

Polyaminoamine (Polyamine), Polyaminoamide (Polyamide) oder Addukte von diesen werden meistens verwendet.

Polyamide sind besser geeignet für Grundbeschichtungsstoffe wegen ihrer guten Benetzungseigenschaften. Polyamine führen zu Beschichtungen mit allgemein besserer Chemikalienbeständigkeit.

Die Härtungsreaktion erfordert keinen Zutritt von Luft. Die Trocknungsdauer hängt unter anderem von der Luftbewegung und der Temperatur ab. Die Härtungsreaktion kann bis herab zu +5 °C stattfinden.

4.3.2 Zweikomponenten-Polyurethan-Beschichtungsstoffe

Stammkomponente

Die Bindemittel sind Polymere mit freien Hydroxylgruppen, die mit geeigneten Härtern reagieren.

Formulierungen sind möglich mit Lösemitteln oder lösemittelfrei.

Typische Bindemittel sind:

- Polyesterharze;
- Acrylharze;
- Epoxidharze;
- Polyetherharze;
- Fluorharze.

Härterkomponente

Aromatische oder aliphatische Polyisocyanate werden meistens verwendet.

Mit aliphatischen Polyisocyanaten gehärtete Beschichtungen besitzen ausgezeichnete Glanz- und Farbhaltungseigenschaften, wenn sie mit geeigneten Stammkomponenten kombiniert werden.

Mit aromatischen Polyisocyanaten gehärtete Beschichtungen trocknen schneller, sind aber weniger für den Außeneinsatz geeignet. Sie neigen zum Kreiden und zum Verfärben.

Die Härtungsreaktion erfordert keinen Zutritt von Luft. Die Trocknungsdauer hängt unter anderem von der Luftbewegung und der Temperatur ab. Die Härtungsreaktion kann bis herab zu 0 °C oder niedrigeren Temperaturen stattfinden, jedoch sollte die relative Luftfeuchte vorzugsweise innerhalb des vom Beschichtungsstoffhersteller empfohlenen Bereiches liegen, um Blasen und Nadelstiche in der Beschichtung auszuschließen.

4.3.3 Feuchtigkeitshärtende Beschichtungsstoffe

Die Filmbildung (Übergang vom Beschichtungsstoff zur Beschichtung) erfolgt durch Verdunsten der Lösemittel und chemische Reaktion mit der Feuchtigkeit aus der Luft.

Typische Bindemittel sind:

- Polyurethan (Einkomponenten-);
- Alkylsilicat, z. B.
- Ethylsilicat (Zweikomponenten-);
- Ethylsilicat (Einkomponenten-).

Die Trocknungsdauer hängt unter anderem von Temperatur und Luftfeuchte, der Luftbewegung und der Schichtdicke ab. Die Härtungsreaktion kann bis herab zu 0 °C oder niedrigeren Temperatur stattfinden, vorausgesetzt, daß die Luft noch Feuchtigkeit enthält. Je niedriger die relative Luftfeuchte, desto langsamer die Härtung.

Es ist wichtig, daß die Anweisungen der Hersteller bezüglich Grenzen der Feuchtigkeit, der relativen Luftfeuchte sowie der Naß- und Trockenschichtdicke eingehalten werden, um Blasenbildung und Nadelstiche in der Beschichtung sowie deren Ablösen zu vermeiden.

4.4 Allgemeine Eigenschaften von Beschichtungsstoffen

Weitere Angaben sind im Anhang C enthalten. Dieser informative Anhang ist nur als Hilfsmittel zur Auswahl gedacht. Falls er herangezogen wird, muß er zusammen mit den Tabellen im Anhang A, den Herstellerangaben und Erfahrungen aus früheren Projekten angewendet werden.

5 Beschichtungssysteme

5.1 Einteilung der Umgebungsbedingungen und zu beschichtende Oberflächen

5.1.1 Einteilung der Umgebungsbedingungen

Die Umgebungsbedingungen werden nach ISO 12944-2 in die folgenden Kategorien eingeteilt:

– 6 Korrosivitätskategorien für atmosphärische Umgebungsbedingungen

C1	unbedeutend
C2	gering
C3	mäßig
C4	stark
C5-I	sehr stark (Industrie)
C5-M	sehr stark (Meer)

– 3 Kategorien für Wasser und Erdreich

Im1	Süßwasser
Im2	Meer- oder Brackwasser
Im3	Erdreich

5.1.2 Zu beschichtende Oberflächen

5.1.2.1 Erstschutz

Die im Anhang A aufgeführten Beschichtungssysteme sind den Oberflächenbereitungsgraden Sa 2½ und St 2 zugeordnet. Für Stahloberflächen, die nach St 2 vorbereitet wurden, ist Rostgrad C nach ISO 8501-1 der Bezug. Die Rauheit einer Oberfläche wird allgemein als Differenz zwischen den höchsten Spitzen (Peaks) und der größten Tiefe der Täler (Valleys) ausgedrückt. Ein Verfahren zur Einstufung der Rauheit von gestrahltem Stahl wird in ISO 8503-2 beschrieben.

Die im Anhang A aufgeführten Beschichtungssysteme sind typische Beispiele von Systemen für die in ISO 12944-2 definierten Umgebungsbedingungen. Für Bauteile in einer Umgebung, die der Korrosivitätskategorie C1 entspricht, ist kein Korrosionsschutz erforderlich. Falls aus ästhetischen Gründen eine Beschichtung vorgesehen ist, können die Systeme in Tabelle A.2 (Korrosivitätskategorie C2) verwendet werden.

Mechanische und chemische Oberflächenvorbereitungsverfahren für feuerverzinkte Oberflächen sind in ISO 12944-4 beschrieben.

5.1.2.2 Instandsetzung

Bei Instandsetzungen von bereits beschichteten Oberflächen ist der Zustand der vorhandenen Beschichtungen und der Oberflächen nach geeigneten Verfahren, z. B. ISO 4628, zu prüfen, um festzulegen, ob Teil- oder Vollerneuerung vorzusehen ist. Die Art der Oberflächenvorbereitung und des Schutzsystems ist dann entsprechend festzulegen. Der

Beschichtungsstoffhersteller sollte aufgefordert werden, Empfehlungen abzugeben. Zu deren Überprüfung können Probeflächen angelegt werden.

5.2 Art des Grundbeschichtungsstoffes

Die Tabellen A.1 bis A.9 im Anhang A enthalten Angaben über die Art des zu verwendenden Grundbeschichtungsstoffes und weisen darauf hin, ob es sich um Zinkstaub-Beschichtungsstoffe oder Beschichtungsstoffe mit anderen Pigmenten handelt. Bei Zinkstaub-Beschichtungsstoffen mit organischen und anorganischen Bindemitteln muß der Anteil an Zinkstaub im nichtflüchtigen Anteil des Beschichtungsstoffes mindestens 80 % (m/m = Massenanteil) betragen. Dieser Wert ist Grundlage für die angegebene Schutzdauer der Beschichtungssysteme mit Zinkstaub-Grundbeschichtungsstoffen in den Tabellen A.1 bis A.8. Die Zinkstaubmente müssen den in ISO 3549 festgelegten Anforderungen entsprechen.

ANMERKUNG 6: Ein Verfahren zur Bestimmung des Anteils an Zinkstaubpigment im nichtflüchtigen Anteil von Beschichtungsstoffen ist in ASTM D 2371-85 "Standard Test Method for Pigment Content of Solvent-Reducible Paints" beschrieben.

ANMERKUNG 7: In einigen Ländern gibt es nationale Normen mit höheren Mindestgehalten als 80 % (m/m = Massenanteil). Im allgemeinen wird durch einen höheren Anteil an Zinkstaubpigment die Schutzwirkung der Beschichtungssysteme verbessert.

5.3 Beschichtungsstoffe mit niedrigem VOC-Gehalt

Die im Anhang A aufgeführten Beispiele schließen Beschichtungssysteme aus Beschichtungsstoffen mit niedrigem VOC-Gehalt ein. Mit solchen Beschichtungsstoffen kann Anforderungen an eine geringe Lösemittelemission entsprochen werden.

Für jede Korrosivitätskategorie werden in einer oder in zwei getrennten Tabelle(n) zu den Beschichtungsstoffen Angaben darüber gemacht, ob sie als wasserverdünnbare Stoffe erhältlich sind oder ob es sich um Ein- oder Zweikomponenten-Beschichtungsstoffe handelt. Für einige der aufgeführten Beschichtungssysteme sind entweder High Solid- oder wasserverdünnbare Beschichtungsstoffe, sowohl für Grund- und Deckbeschichtung, vorgesehen, oder High Solid-Beschichtungsstoffe und Beschichtungsstoffe mit Wasser als flüchtigem Anteil können in einem Beschichtungssystem verwendet werden.

5.4 Trockenschichtdicke

Definitionen für die Trockenschichtdicke (DFT) und die Sollschichtdicke (NDFT) sind in Abschnitt 3 angegeben.

Die in den Tabellen im Anhang A angegebenen Schichtdicken sind Sollschichtdicken. Trockenschichtdicken werden allgemein an dem gesamten Beschichtungssystem geprüft. Wenn es entsprechend begründet ist, kann die Trockenschichtdicke der Grundbeschichtung oder anderer Teile des Beschichtungssystems getrennt gemessen werden. Je nach Kalibrierung des Meßgerätes sowie je nach Meßverfahren und Schichtdicke hat die Rauheit der Stahloberfläche einen unterschiedlichen Einfluß auf das Meßergebnis.

Verfahren zum Messen der Schichtdicke sind in ISO 2808 beschrieben. Das Verfahren zum Überprüfen der Einhaltung von Sollschichtdicken (Geräte, Kalibrierung, Berücksichtigung des Beitrages der Rauheit zum Meßergebnis) ist zwischen den Vertragspartnern zu vereinbaren.

Falls nicht anders vereinbart, sind Einzelwerte der Trockenschichtdicke, die 80 % der Sollschichtdicke unterschreiten, nicht zulässig. Einzelwerte zwischen 80 % und 100 % der Sollschichtdicke sind zulässig, vorausgesetzt, daß der Mittelwert aller Meßergebnisse gleich der Sollschichtdicke oder größer ist und keine andere Vereinbarung getroffen wird.

Es ist darauf zu achten, daß die Sollschichtdicke erreicht wird und Bereiche mit zu hoher Schichtdicke vermieden werden. Die Höchstschichtdicke sollte das Dreifache der Sollschichtdicke nicht überschreiten. Falls Höchstschichtdicken überschritten werden, muß zwischen den Vertragspartnern eine Übereinkunft auf fachlicher Basis gefunden werden. Bei Beschichtungsstoffen oder Systemen, bei denen eine Höchstschichtdicke nicht überschritten werden darf, oder in speziellen Fällen sind die Angaben im technischen Datenblatt des Herstellers zu beachten.

Die Anzahl der Beschichtungen und die Trockenschichtdicken im Anhang A gelten für das Auftragen durch Airless-Spritzen. Auftragen mit Rolle, Pinsel oder mit konventionellen Spritzgeräten führt zu niedrigeren Schichtdicken, so daß dann eine größere Anzahl Schichten benötigt wird, um die gleiche Trockenschichtdicke des Beschichtungssystems zu erreichen. Wegen weitergehender Informationen ist der Beschichtungsstoffhersteller einzuschalten.

5.5 Schutzdauer

Die Schutzdauer und die Zeitspannen für die Schutzdauer sind in ISO 12944-1 definiert.

Die Schutzdauer von Beschichtungssystemen hängt von verschiedenen Parametern ab, z. B. von:

- der Art des Beschichtungssystems;
- der Gestaltung des Bauwerks;
- dem Zustand der Stahloberfläche vor der Vorbereitung;
- der Wirksamkeit der Oberflächenvorbereitung;
- der Ausführung der Beschichtungsarbeiten;
- den Bedingungen während des Beschichtens;
- der Belastung nach dem Beschichten.

Der Zustand eines vorhandenen Beschichtungssystems kann nach ISO 4628-1 bis ISO 4628-6 bewertet werden. Bei den Tabellen im Anhang A wurde angenommen, daß die erste Instandsetzungsmaßnahme aus Korrosionsschutzgründen normalerweise notwendig ist, wenn die Beschichtungssystem den Rostgrad Ri 3 nach ISO 4628-3 erreicht hat.

Unter dieser Voraussetzung werden in diesem Teil von ISO 12944 für die Schutzdauer drei Zeitspannen angegeben:

kurz (K) 2 bis 5 Jahre

mittel (M) 5 bis 15 Jahre

lang (L) über 15 Jahre

Die Schutzdauer ist keine "Gewährleistungszeit". Die Schutzdauer ist ein technischer Begriff, der dem Auftraggeber helfen kann, ein Instandsetzungsprogramm festzulegen. Die Gewährleistungszeit ist ein juristischer Begriff, der Gegenstand von Vertragsbedingungen ist. Die Gewährleistungszeit ist im allgemeinen kürzer als die Schutzdauer. Es gibt keine Regeln, die beide Begriffe miteinander verbinden.

Eine Instandsetzung kann aufgrund von Ausbleichen, Kreiden, Verunreinigung, Verschleiß oder ästhetischen oder anderen Gründen bereits früher erforderlich sein, als es die angegebene Schutzdauer vorsieht.

5.6 Beschichten im Werk und auf der Baustelle

Um eine möglichst lange Schutzdauer und Wirksamkeit eines Beschichtungssystems sicherzustellen, sollten die meisten Schichten eines Beschichtungssystems oder, falls möglich, das gesamte Beschichtungssystem, vorzugsweise im Werk aufgetragen werden. Die Vor- und Nachteile des Beschichtens im Werk sind:

Vorteile

a) Bessere Überwachungsmöglichkeit des Beschichtens

b) Regelbare Temperatur

c) Regelbare relative Luftfeuchte

d) Günstige Möglichkeit der Ausbesserung von Schäden

e) Größerer Durchsatz

f) Bessere Möglichkeit der Kontrolle über Abfallbeseitigung und Umweltbelastungen

Nachteile

a) Mögliche Begrenzungen durch die Größe der Bauteile

b) Mögliche Schäden durch Handhabung, Transport und Montage

c) Mögliche Überschreitung der Intervalle der Überarbeitbarkeit

d) Mögliche Verschmutzung der letzten Werksbeschichtung

Nach dem Abschluß der Montage auf der Baustelle sind alle Schäden auszubessern. Danach kann das gesamte Bauwerk mit der letzten Deckbeschichtung des Beschichtungssystems beschichtet werden.

Das Auftragen des Beschichtungssystems auf der Baustelle wird stark von den Wetterbedingungen beeinflußt. Diese können auch einen Einfluß auf die Schutzdauer haben.

Sind vorgespannte Scher-Lochleibungsverbindungen zu beschichten, müssen Beschichtungssysteme verwendet werden, die nicht zu einem unzulässigen Abfall der Vorspannkraft führen. Die für solche Verbindungen gewählten Beschichtungssysteme und/oder die getroffenen Vorkehrungen hängen von der Art des Bauwerks und der anschließenden Handhabung und Montage sowie vom Transport ab.

5.7 Tabellen über Beschichtungssysteme

Die im Anhang A enthaltenen Tabellen geben Beispiele von Beschichtungssystemen für eine Reihe von Umgebungsbedingungen. Die mit den verwendeten Beschichtungssystemen hergestellten Beschichtungssysteme müssen für die höchste Korrosionsbelastung der jeweiligen Kategorie geeignet sein. Der Spezifizierende muß Zugang zur Dokumentation oder eine verbindliche Zusage des Beschichtungsstoffherstellers haben, in der die Eignung oder Schutzdauer eines Beschichtungssystems für eine bestimmte Kategorie bestätigt wird. Falls gefordert, muß die Eignung oder Schutzdauer des Beschichtungssystems durch Erfahrungen und/oder künstliche Belastungsprüfungen entsprechend ISO 12944-6 oder anderen Vereinbarungen nachgewiesen werden.

Beschichtungssysteme auf der Grundlage von neuen Produkten oder solche, zu denen keine Erfahrungen vorliegen, müssen mindestens nach ISO 12944-6 geprüft werden und die dort angegebenen Anforderungen erfüllen.

Die Beschichtungssysteme wurden in den Tabellen nach zwei unterschiedlichen Gesichtspunkten aufgeführt:

a) In den Tabellen A.1, A.5 und A.9, in denen Beschichtungssysteme für mehr als eine Korrosivitätskategorie aufgeführt sind, wurden die Systeme nach dem in der Deckbeschichtung verwendetem Bindemittel geordnet (die Tabellen A.1 und A.5 werden im folgenden als "zusammenfassende Tabellen" bezeichnet). Diese Tabellen sind zweckmäßig, wenn die Schutzeigenschaften der Deckbeschichtung als Basis für die Systemauswahl herangezogen werden sollen, außerdem für Vergleiche der Schutzdauer für mehr als eine Korrosivitätskategorie, sowie für Anwendungen, bei denen die Korrosivitätskategorie nicht genau bekannt ist.

b) In den Tabellen A.2, A.3, A.4, A.6, A.7 und A.8 (im folgenden als "individuelle Tabellen" bezeichnet), in denen

Beschichtungssysteme für nur eine Kategorie aufgeführt sind, wurden die Systeme nach dem Typ der Grundbeschichtung und dem verwendeten Bindemittel geordnet. Diese Tabellen sind nur zweckmäßig für die Anwender, denen die Korrosivitätskategorie der Umgebung, der das Bauwerk ausgesetzt ist, bekannt ist.

ANMERKUNG 8: Die aufgeführten Beschichtungssysteme wurden unter Berücksichtigung von Systemen, die in verschiedenen Ländern als "typische Systeme" verwendet werden, ausgewählt. Dies hat zwangsläufig dazu geführt, daß einige der aufgeführten Systeme in anderen Ländern nicht typisch sind. Als Schlußfolgerung hat sich aber ergeben, daß weder ein einfacher Überblick gegeben werden kann, noch alle Möglichkeiten berücksichtigt werden können.

ANMERKUNG 9: In einigen Fällen wurden Systeme mit zusätzlichen Schichten aufgenommen, ohne daß sich dadurch die Schutzdauer verlängert. Zusätzliche Schichten können notwendig und in besonderen Fällen kostengünstig sein (siehe ISO 12944-1, Unterabschnitt 4.3).

Spezifizierende, die von den in den Tabellen aufgeführten Beschichtungssystemen Gebrauch machen wollen, sollten zuerst entscheiden, ob sie Beschichtungssysteme aus zusammenfassenden Tabellen oder solche aus individuellen Tabellen verwenden wollen, weil die Systemnumerierung in den beiden Tabellenarten unterschiedlich ist.

Alle Beispiele der Beschichtungssysteme für die Korrosivitätskategorien C2, C3 und C4 sind in Tabelle A.1 enthalten.

Die Tabellen A.2, A.3 und A.4 zeigen die gleichen Beschichtungssysteme für jede dieser Korrosivitätskategorien getrennt. Ein Beschichtungssystem ist in Tabelle A.2 nicht enthalten, wenn es in Tabelle A.3 für einen Schutzdauerbereich "lang" aufgeführt ist. Analog ist ein Beschichtungssystem in den Tabellen A.2 und A.3 nicht enthalten, wenn es in Tabelle A.4 für einen Schutzdauerbereich "lang" aufgeführt ist.

5.8 Bezeichnung von Beschichtungssystemen

Ein in den Tabellen A.1 bis A.9 enthaltenes Beschichtungssystem wird durch seine System-Nummer bezeichnet, die in der linken Spalte jeder Tabelle angegeben ist (S = System). Die Bezeichnung ist in der folgenden Form anzugeben (Beispiel aus Tabelle A.1 für Beschichtungssystem Nr S1.01):

ISO 12944-5/S1.01

In Fällen, in denen Beschichtungen mit unterschiedlichen Bindemitteln unter ein und derselben Beschichtungssystem-Nr angegeben sind, müssen die in den Grund- und Deckbeschichtungen verwendeten Bindemittel aus der Bezeichnung hervorgehen, die in der folgenden Form anzugeben ist (Beispiel aus Tabelle A.2 für Beschichtungssystem Nr S2.09):

ISO 12944-5/S2.09 – AK/AY

Wenn ein Beschichtungssystem nicht den in den Tabellen A.1 bis A.9 aufgeführten Systemen zugeordnet werden kann, sind vollständige Angaben bezüglich Oberflächenvorbereitung, Bindemittel, Anzahl der Schichten, Sollschichtdicke usw. in der gleichen Weise wie in den Tabellen zu machen.

Anhang A (informativ)

Beschichtungssysteme für Korrosi

Die in der folgenden Tabelle angegebene
sichergestellt werden, daß mit den gewähl

Beschich-tungs-system Nr	Oberflächen-vorbereitungs-grad[1])		
	St 2	Sa 2¹/₂	Bindemi
S1.01		×	AK, A
S1.02		×	EP, PI
S1.03		×	ESI
S1.04	×		
S1.05		×	
S1.06	×		
S1.07		×	
S1.08	×		AK
S1.09		×	
S1.10	×		
S1.11		×	
S1.12		×	AY
S1.13		×	EP
S1.14	×		AK, AY
S1.15		×	
S1.16		×	EP, PU
S1.17		×	ESI
S1.18		×	AK, AY
S1.19		×	ESI
S1.20		×	EP, PU
S1.21		×	AK, AY
S1.22		×	ESI
S1.23		×	EP, PU
S1.24		×	EP
S1.25		×	AK, AY
S1.26		×	
S1.27		×	EP
S1.28		×	
S1.29		×	EP, PU
S1.30		×	ESI
S1.31		×	EP
S1.32		×	EP, PU
S1.33		×	ESI
S1.34		×	EP
S1.35		×	EP, PU
S1.36		×	ESI
S1.37		×	EP
S1.38		×	EP, PU
S1.39		×	ESI
S1.40		×	EP
S1.41		×	EP, PU
S1.42		×	ESI

Bindemittel für Grundbeschichtung(en)

AK	=	Alkydharz
CR	=	Chlorkautschuk
AY	=	Acrylharz
PVC	=	Polyvinylchlorid
EP	=	Epoxidharz
ESI	=	Ethylsilicat
PUR	=	Polyurethan

[1]) St 2 bezieht sich hier auf den Rostgrad C nach ISO 8501-1 als
Ausgangszustand, Sa 2¹/₂ auf Rostgrad A, B oder C nach
ISO 8501-1 als Ausgangszustand.

[2]) Erklärungen von Kurzzeichen siehe unten in der Tabelle.

[3]) Zn(R) = Zinkstaub-Beschichtungsstoff, siehe 5.2,
div. = verschiedene Korrosionsschutzpigmente

[4]) NDFT = Sollschichtdicke. Weitere Einzelheiten siehe 5.4.

[5]) Es wird empfohlen, daß eine der Zwischenbeschichtungen als
"tie coat" verwendet wird.

[6]) Es wird empfohlen, die Verträglichkeit gemeinsam mit dem
Beschichtungsstoffhersteller zu prüfen.

[7]) Es ist auch möglich, mit einer Sollschichtdicke von 80 μm zu
arbeiten, vorausgesetzt, daß der gewählte EP- oder PUR-
Zinkstaub-Beschichtungsstoff für eine solche Sollschichtdicke
geeignet ist. In diesem Fall kann die Sollschichtdicke des
Gesamtsystems durch nachfolgende Beschichtungen angepaßt werden.

[8]) Falls Farb- und Glanzhaltung gefordert sind, wird als letzte
Deckbeschichtung eine Beschichtung auf der Grundlage von
aliphatischem PUR empfohlen.

[9]) Quadrate mit einfacher Schraffierung bedeuten, daß die entsprechenden Beschichtungssysteme im allgemeinen nicht für
diese Korrosivitätskategorien verwendet werden und deshalb
in Tabelle A.2 und/oder A.3 nicht aufgeführt sind.

[10]) K = kurz, M = mittel, L = lang

[11]) Kurzzeichen wie S2.08/11 bedeuten S2.08 und S2.11.

462a

Tabelle A.3: Beschichtungssysteme für die Korrosivitätskategorie C3

Die in der folgenden Tabelle angegebenen Beschichtungssysteme sind nur Beispiele. Andere Beschichtungssysteme mit der gleichen Schutzwirkung sind möglich. Wenn diese Beispiele angewendet werden, muß sichergestellt werden, daß mit den gewählten Systemen bei vorschriftsmäßiger Verarbeitung die angegebene Schutzdauer erreicht werden kann. Siehe auch 5.7.

Be-schich-tungs-system Nr	Ober-flächen-vorberei-tungs-grad [1]		Grundbeschichtung(en)				Deckbeschichtung(en), einschließlich Zwischenbeschichtung(en)			Beschichtungs-system		Erwartete Schutzdauer (siehe 5.5 und ISO 12944-1)		
	St 2	Sa 2½	Binde-mittel [8]	Art des Grund-beschich-tungs-stoffs [2]	Anzahl der Beschich-tungen	Soll-schicht-dicke (NDFT) [3] μm	Binde-mittel [8]	Anzahl der Beschich-tungen	Soll-schicht-dicke (NDFT) [3] μm	Anzahl der Beschich-tungen	Gesamt-Soll-schicht-dicke [3] μm	Kurz	Mittel	Lang
S3.01	×		AK	AK	2	80	AK	1	40	3	120			
S3.02		×			1–2	80		1	40	2–3	120			
S3.03	×				2	80		1–2	80	3–4	160			
S3.04		×			1–2	80		1–2	80	2–4	160			
S3.05	×				1–2	80		2–3	120	3–5	200			
S3.06		×			1–2	80		2–3	120	3–5	200			
S3.07		×			1–2	80	AY, CR, PVC [4]	2–3	120	3–5	200			
S3.08		×			1–2	80		2–3	160	3–5	240			
S3.09		×		div.	1–2	80	BIT [4]	2	160	3–4	240			
S3.10		×			1–2	80		2	160	3–4	240			
S3.11	×		AY, CR, PVC		2	80	AY, CR, PVC	1–2	80	3–4	160			
S3.12		×			1–2	80		1–2	80	2–4	160			
S3.13		×			1–2	80		2–3	120	3–5	200			
S3.14		×			1–2	80		2–3	160	3–5	240			
S3.15		×			1	160	AY	1	40	2	200			
S3.16		×			1–2	80		1	40	2–3	120			
S3.17		×	EP		1–2	80	EP, PUR [5]	1–2	80	2–4	160			
S3.18		×			1–2	80		2–3	120	3–5	200			
S3.19		×			1–2	80		2–3	160	3–5	240			
S3.20		×	EP, PUR		1–2	80	–	–	–	1–2	80			
S3.21		×			1	40	EP, PUR [5]	1–2	120	2–3	160			
S3.22		×	EP, PUR [6]		1	40		2–3	160	3–4	200			
S3.23		×			1	40	AY, CR, PVC	1–2	120	2–3	160			
S3.24		×		Zn (R)	1	40		2–3	160	3–4	200			
S3.25		×			1	80	–	–	–	1	80			
S3.26		×	ESI [7]		1	80	AY, CR, PVC	1–2	80	2–3	160			
S3.27		×			1	80		2–3	120	3–4	200			
S3.28		×			1	80	EP, PUR [5]	1–2	80	2–3	160			
S3.29		×			1	80		2–3	120	3–4	200			

Bindemittel für Grundbeschichtung(en)	Beschichtungsstoffe (flüssig)			Bindemittel für Deckbeschichtung(en)	Beschichtungsstoffe (flüssig)		
	Anzahl der Komponenten		wasser-verdünn-bar		Anzahl der Komponenten		was-ser-ver-dünn-bar
	1	2	möglich		1	2	mög-lich
AK = Alkydharz	×		×	AK = Alkydharz	×		×
CR = Chlorkautschuk	×			CR = Chlorkautschuk	×		
PVC = Polyvinylchlorid	×			PVC = Polyvinylchlorid	×		
AY = Acrylharz	×			AY = Acrylharz	×		
EP = Epoxidharz		×	×	EP = Epoxidharz		×	×
ESI = Ethylsilicat		×		PUR = Polyurethan	×	×	
PUR = Polyurethan		×		BIT = Bitumen	×		

[1]) St 2 bezieht sich hier auf den Rostgrad C nach ISO 8501-1 als Ausgangszustand, Sa 2½ auf Rostgrad A, B oder C nach ISO 8501-1 als Ausgangszustand.

[2]) Zn (R) = Zinkstaub-Beschichtungsstoff, siehe 5.2, div. = verschiedene Korrosionsschutzpigmente.

[3]) NDFT = Sollschichtdicke. Weitere Einzelheiten siehe 5.4.

[4]) Es wird empfohlen, die Verträglichkeit gemeinsam mit dem Beschichtungsstoffhersteller zu prüfen.

[5]) Falls Farb- und Glanzhaltung gefordert sind, wird als letzte Deckbeschichtung eine Beschichtung auf der Grundlage von aliphatischem PUR empfohlen.

[6]) Es ist auch möglich, mit einer Sollschichtdicke von 80 μm zu arbeiten, vorausgesetzt, daß der gewählte EP- oder PUR-Zinkstaub-Beschichtungsstoff für eine solche Sollschichtdicke geeignet ist. In diesem Fall kann die Sollschichtdicke des Gesamtsystems durch nachfolgende Beschichtungen ange-paßt werden.

[7]) Es wird empfohlen, daß eine der Zwischenbeschichtungen als "tie coat" verwendet wird.

[8]) Erklärungen von Kurzzeichen siehe unten in der Tabelle.

Tabelle A.4: Beschichtungssysteme für die Korrosivitätskategorie C4

Die in der folgenden Tabelle angegebenen Beschichtungssysteme sind nur Beispiele. Andere Beschichtungssysteme mit der gleichen Schutzwirkung sind möglich. Wenn diese Beispiele angewendet werden, muß sichergestellt werden, daß mit den gewählten Systemen bei vorschriftsmäßiger Verarbeitung die angegebene Schutzdauer erreicht werden kann. Siehe auch 5.7.

Beschichtungssystem Nr	Oberflächenvorbereitungsgrad¹⁾		Grundbeschichtung(en)				Deckbeschichtung(en), einschließlich Zwischenbeschichtung(en)			Beschichtungssystem		Erwartete Schutzdauer (siehe 5.5 und ISO 12944-1)		
	St 2	Sa 2½	Bindemittel⁸⁾	Art des Grundbeschichtungsstoffs²⁾	Anzahl der Beschichtungen	Soll-schichtdicke (NDFT)³⁾ μm	Bindemittel⁸⁾	Anzahl der Beschichtungen	Soll-schichtdicke (NDFT)³⁾ μm	Anzahl der Beschichtungen	Gesamt-Soll-schichtdicke³⁾ μm	Kurz	Mittel	Lang
S4.01		×	AK	div.	1–2	80	AK	2–3	120	3–5	200			
S4.02		×			1–2	80	BIT⁴⁾	2	160	3–4	240			
S4.03		×			1–2	80		2–3	200	3–5	280			
S4.04		×			1–2	80	AY, CR, PVC⁴⁾	2–3	120	3–5	200			
S4.05		×			1–2	80		2–3	160	3–5	240			
S4.06		×	AY, CR, PVC		1–2	80	BIT⁴⁾	2	160	3–4	240			
S4.07		×			1–2	80		2–3	200	3–5	280			
S4.08		×			1–2	80	AY, CR, PVC	2–3	120	3–5	200			
S4.09		×			1–2	80		2–3	160	3–5	240			
S4.10		×			1	160		1	40	2	200			
S4.11		×	EP		1	160		1	120	2	280			
S4.12		×			1–2	80		2–3	120	3–5	200			
S4.13		×			1–2	80	EP, PUR⁵⁾	2–3	160	3–5	240			
S4.14		×			1–2	80		2–3	200	3–5	280			
S4.15		×			1–2	80		3–4	240	4–6	320			
S4.16		×			1	40	AY, CR, PVC	1–2	120	2–3	160			
S4.17		×			1	40		2–3	160	3–4	200			
S4.18		×	EP, PUR⁶⁾		1	40		2–3	200	3–4	240			
S4.19		×			1	40		1–2	120	2–3	160			
S4.20		×			1	40	EP, PUR⁵⁾	2–3	160	3–4	200			
S4.21		×			1	40		2–3	200	3–4	240			
S4.22		×			1	40		2–3	240	3–4	280			
S4.23		×			1	40		3–4	280	4–5	320			
S4.24		×		Zn (R)	1	80	–	–	–	1	80			
S4.25		×			1	80		1–2	80	2–3	160			
S4.26		×			1	80	AY, CR, PVC	2–3	120	3–4	200			
S4.27		×			1	80		2–3	160	3–4	240			
S4.28		×	ESI⁷⁾		1	80		1–2	80	2–3	160			
S4.29		×			1	80		2–3	120	3–4	200			
S4.30		×			1	80	EP, PUR⁵⁾	2–3	160	3–4	240			
S4.31		×			1	80		2–3	200	3–4	280			
S4.32		×			1	80		3–4	240	4–5	320			

Bindemittel für Grundbeschichtung(en)	Beschichtungsstoffe (flüssig)			Bindemittel für Deckbeschichtung(en)	Beschichtungsstoffe (flüssig)		
	Anzahl der Komponenten		wasserverdünnbar		Anzahl der Komponenten		wasserverdünnbar
	1	2	möglich		1	2	möglich
AK = Alkydharz	×		×	AK = Alkydharz	×		×
CR = Chlorkautschuk	×			CR = Chlorkautschuk	×		
AY = Acrylharz	×		×	PVC = Polyvinylchlorid	×		
EP = Epoxidharz		×	×	AY = Acrylharz	×		×
ESI = Ethylsilicat	×	×		BIT = Bitumen	×		
PUR = Polyurethan		×		EP = Epoxidharz		×	×
				PUR = Polyurethan		×	×

¹⁾ Sa 2½ bezieht sich hier auf Rostgrad A, B oder C nach ISO 8501-1 als Ausgangszustand.

²⁾ Zn (R) = Zinkstaub-Beschichtungsstoff, siehe 5.2, div. = verschiedene Korrosionsschutzpigmente.

³⁾ NDFT = Sollschichtdicke. Weitere Einzelheiten siehe 5.4.

⁴⁾ Es wird empfohlen, die Verträglichkeit gemeinsam mit dem Beschichtungsstoffhersteller zu prüfen.

⁵⁾ Falls Farb- und Glanzhaltung gefordert sind, wird als letzte Deckbeschichtung eine Beschichtung auf der Grundlage von aliphatischem PUR empfohlen.

⁶⁾ Es ist auch möglich, mit einer Sollschichtdicke von 80 μm zu arbeiten, vorausgesetzt, daß der gewählte EP- oder PUR-Zinkstaub-Beschichtungsstoff für eine solche Sollschichtdicke geeignet ist. In diesem Fall kann die Sollschichtdicke des Gesamtsystems durch nachfolgende Beschichtungen angepaßt werden.

⁷⁾ Es wird empfohlen, daß eine der Zwischenbeschichtungen als "tie coat" verwendet wird.

⁸⁾ Erklärungen von Kurzzeichen siehe unten in der Tabelle.

Tabelle A.5: Beschichtungssysteme für die Korrosivitätskategorien C5-I und C5-M

Die in der folgenden Tabelle angegebenen Beschichtungssysteme sind nur Beispiele. Andere Beschichtungssysteme mit der gleichen Schutzwirkung sind möglich. Wenn diese Beispiele angewendet werden, muß sichergestellt werden, daß mit den gewählten Systemen bei vorschriftsmäßiger Verarbeitung die angegebene Schutzdauer erreicht werden kann. Siehe auch 5.7.

Beschichtungs-system Nr	Oberflächen-vorbereitungs-grad[1]) St 2 / Sa2½	Grundbeschichtung(en) Bindemittel[2])	Art des Grundbeschich-tungsstoffs[3])	Anzahl der Beschich-tungen	Soll-schicht-dicke (NDFT)[4]) µm	Deckbeschichtung(en), einschließlich Zwischenbeschichtung(en) Bindemittel[2])	Anzahl der Beschich-tungen	Soll-schicht-dicke (NDFT)[4]) µm	Beschichtungs-system Anzahl der Beschich-tungen	Gesamt-Soll-schicht-dicke[4]) µm	C5-I K M L	C5-M K M L	Entsprechende Beschichtungs-system-Nr A.6 [12])	A.7 [13])
S5.01	X	CR	div.	1–2	80		2	120	3–4	200			S6.01	S7.01
S5.02	X	EP, PUR[5])	div.	2	120	AY, CR, PVC	1–2	80	3–4	200			S6.02	
S5.03	X	ESI[6])		1	80		3	200	4	280			S6.07	
S5.04	X	ESI[6])		1	80		4	240	5	320			S6.11	
S5.05	X	Zn (R)		1	40	EP + CR[10])	2	200	3	240				S7.08
S5.06	X	EP, PUR[5])		1	40		3–4	280	4–5	320				S7.09
S5.07	X			1	40		2	120	3	160			S6.05	
S5.08	X	EP, PUR	div.	1	80		2	120	3	200				S7.02
S5.09	X	EP, PUR[5])	Zn (R)	1	40		3	200	4	240			S6.06	S7.07
S5.10	X	ESI[6])	Zn (R)	1	80		2–4	160	3–5	240			S6.09	S7.12
S5.11	X	EP, PUR	div.	1	80	EP, PUR[7])	3	200	4	280			S6.03	
S5.12	X	ESI[6])	Zn (R)	1	80		3	200	4	280			S6.10	
S5.13	X			1	80		2–4	240	3–5	320			S6.08	S7.14
S5.14	X			1	150		1	150	2	300				S7.03
S5.15	X	EP, PUR	div.	1–2	80		3–4	240	4–6	320			S6.04	S7.04
S5.16	X			1	250		1	250	2	500				S7.06
S5.17	X	ESI[6])	Zn (R)	1	80	EP+CTE[9])[10])	2	200	3	280				S7.13
S5.18	X	CTV[9])	Al[8])	1	100	CTV[9])	2	200	3	300				S7.15
S5.19	X	EP, PUR	div.	1	400	–			1	400				S7.05
S5.20	X	EP, PUR[5])	Zn (R)	1	40	CTV[9])	3	360	4	400				S7.10
S5.21	X	CTE[9])	div.	1	100	CTE[9])	2	200	3	300				S7.16
S5.22	X	EP, PUR[5])	Zn (R)	1	40		3	360	4	400				S7.11

Bindemittel für Grundbeschichtung(en)	Beschichtungsstoffe (flüssig) Anzahl der Komponenten 1	2	wasser-verdünn-bar möglich
CR = Chlorkautschuk	X		
EP = Epoxidharz		X	X
PUR = Polyurethan	X		
ESI = Ethylsilicat	X	X	
CTV = Vinylharz-Teer	X		
CTE = Epoxidharz-Teer	X		

Bindemittel für Deckbeschichtung(en)	Beschichtungsstoffe (flüssig) Anzahl der Komponenten 1	2	wasser-verdünn-bar möglich
AY = Acrylharz	X		X
CR = Chlorkautschuk	X		
EP = Epoxidharz		X	X
PUR = Polyurethan		X	X
PVC = Polyvinylchlorid	X		
CTV = Vinylharz-Teer	X		
CTE = Epoxidharz-Teer			X

1) Sa 2½ bezieht sich hier auf Rostgrad A, B oder C nach ISO 8501-1 als Ausgangszustand.
2) Erklärungen von Kurzzeichen siehe unten in der Tabelle.
3) Zn (R) = Zinkstaub-Beschichtungsstoff, siehe 5.2, div. = verschiedene Korrosionsschutzpigmente.
4) NDFT = Sollschichtdicke. Weitere Einzelheiten siehe 5.4.
5) Es ist auch möglich, mit einer Sollschichtdicke von 80 µm zu arbeiten, vorausgesetzt, daß der gewählte EP- oder PUR-Zinkstaub-Beschichtungsstoff für eine solche Sollschichtdicke geeignet ist. In diesem Fall kann die Sollschichtdicke des Gesamtsystems durch nachfolgende Beschichtungen angepaßt werden.
6) Es wird empfohlen, daß eine der Zwischenbeschichtungen als "tie coat" verwendet wird.
7) Falls Farb- und Glanzhaltung gefordert sind, wird als letzte Deckbeschichtung eine Beschichtung auf der Grundlage von aliphatischem PUR empfohlen.
8) Al = Grundbeschichtungsstoff mit Aluminiumpigment
9) Alternativen zu Steinkohlenteer sind möglich.
10) Das erste Kurzzeichen bezieht sich auf die Zwischenbeschichtung, das letztere auf die Deckbeschichtung.
11) K = kurz, M = mittel, L = lang
12) Systeme für C5-I können – mit verringerter Schutzdauer – oft für C5-M verwendet werden.
13) Systeme für C5-M können – mit verlängerter Schutzdauer – oft für C5-I verwendet werden.

Tabelle A.6: Beschichtungssysteme für die Korrosivitätskategorie C5-I

Die in der folgenden Tabelle angegebenen Beschichtungssysteme sind nur Beispiele. Andere Beschichtungssysteme mit der gleichﬁ Schutzwirkung sind möglich. Wenn diese Beispiele angewendet werden, muß sichergestellt werden, daß mit den gewählten Systemﬁ bei vorschriftsmäßiger Verarbeitung die angegebene Schutzdauer erreicht werden kann. Siehe auch 5.7.

Beschichtungssystem Nr	Oberflächenvorbereitungsgrad¹)		Grundbeschichtung(en)				Deckbeschichtung(en), einschließlich Zwischenbeschichtung(en)			Beschichtungssystem		Erwartete Schutzdauer (siehe 5.5 und ISO 12944-1)		
	St 2	Sa 2½	Bindemittel⁷)	Art des Grundbeschichtungsstoffs²)	Anzahl der Beschichtungen	Sollschichtdicke (NDFT)³) μm	Bindemittel⁷)	Anzahl der Beschichtungen	Sollschichtdicke (NDFT)³) μm	Anzahl der Beschichtungen	Gesamt-Sollschichtdicke³) μm	Kurz	Mittel	Lang
S6.01		x	CR	div.	1–2	80	AY, CR, PVC	2	120	3–4	200			
S6.02		x			2	120		1–2	80	3–4	200			
S6.03		x	EP, PUR		1	80		3	200	4	280			
S6.04		x			1–2	80	EP, PUR⁴)	3–4	240	4–6	320			
S6.05		x	EP, PUR⁵)		1	40		2	120	3	160			
S6.06		x			1	40		3	200	4	240			
S6.07		x	ESI⁶)	Zn (R)	1	80	AY, CR, PVC	3	200	4	280			
S6.08		x			1	80		2–4	240	3–5	320			
S6.09		x			1	80	EP, PUR⁴)	2–4	160	3–5	240			
S6.10		x			1	80		3	200	4	280			
S6.11		x			1	80	AY, CR, PVC	4	240	5	320			

Bindemittel für Grundbeschichtung(en)	Beschichtungsstoffe (flüssig)			Bindemittel für Deckbeschichtung(en)	Beschichtungsst (flüssig)		
	Anzahl der Komponenten		wasserverdünnbar			Anzahl der Komponenten	
	1	2	möglich			1	2
CR = Chlorkautschuk	x			CR = Chlorkautschuk		x	
EP = Epoxidharz		x	x	AY = Acrylharz		x	
ESI = Ethylsilicat	x	x		PVC = Polyvinylchlorid		x	
PUR = Polyurethan		x		EP = Epoxidharz			x
				PUR = Polyurethan		x	x

¹) Sa 2½ bezieht sich hier auf Rostgrad A, B oder C nach ISO 8501-1 als Ausgangszustand.

²) Zn (R) = Zinkstaub-Beschichtungsstoff, siehe 5.2, div. = verschiedene Korrosionsschutzpigmente.

³) NDFT = Sollschichtdicke. Weitere Einzelheiten siehe 5.4.

⁴) Falls Farb- und Glanzhaltung gefordert sind, wird als letzte Deckbeschichtung eine Beschichtung auf der Grundlage von aliphatischem PUR empfohlen.

⁵) Es ist auch möglich, mit einer Sollschichtdicke von 80 μm zu arbeiten, ﬁ ausgesetzt, daß der gewählte EP- oder PUR-Zinkstaub-Beschichtungssﬁ für eine solche Sollschichtdicke geeignet ist. In diesem Fall kann die Sﬁ schichtdicke des Gesamtsystems durch nachfolgende Beschichtunﬁ angepaßt werden.

⁶) Es wird empfohlen, daß eine der Zwischenbeschichtungen als "tie coat" vﬁ wendet wird.

⁷) Erklärungen von Kurzzeichen siehe unten in der Tabelle.

Tabelle A.7: Beschichtungssysteme für die Korrosivitätskategorie C5-M

Die in der folgenden Tabelle angegebenen Beschichtungssysteme sind nur Beispiele. Andere Beschichtungssysteme mit der gleichen Schutzwirkung sind möglich. Wenn diese Beispiele angewendet werden, muß sichergestellt werden, daß mit den gewählten Systemen bei vorschriftsmäßiger Verarbeitung die angegebene Schutzdauer erreicht werden kann. Siehe auch 5.7.

Beschichtungssystem Nr	Oberflächenvorbereitungsgrad[1]		Grundbeschichtung(en)				Deckbeschichtung(en), einschließlich Zwischenbeschichtung(en)			Beschichtungssystem		Erwartete Schutzdauer (siehe 5.5 und ISO 12944-1)		
	St 2	Sa 2½	Bindemittel[10]	Art des Grundbeschichtungsstoffs[2]	Anzahl der Beschichtungen	Soll-schichtdicke (NDFT)[3] µm	Bindemittel[10]	Anzahl der Beschichtungen	Soll-schichtdicke (NDFT)[3] µm	Anzahl der Beschichtungen	Gesamt-Soll-schichtdicke[3] µm	Kurz	Mittel	Lang
7.01		x	CR		1–2	80	AY, CR, PVC	2	120	3–4	200			
7.02		x			1	80		2	120	3	200			
7.03		x		div.	1	150	EP, PUR[4]	1	150	2	300			
7.04		x	EP, PUR		1–2	80		3–4	240	4–6	320			
7.05		x			1	400	–	–	–	1	400			
7.06		x			1	250	EP, PUR[4]	1	250	2	500			
7.07		x			1	40		3	200	4	240			
7.08		x			1	40	EP + CR[9]	2	200	3	240			
7.09		x	EP, PUR[5]		1	40	EP, PUR[4]	3–4	280	4–5	320			
7.10		x		Zn (R)	1	40	CTV[8]	3	360	4	400			
7.11		x			1	40	CTE[8]	3	360	4	400			
7.12		x			1	80	EP, PUR[4]	2–4	160	3–5	240			
7.13		x	ESI[6]		1	80	EP+CTE[8][9]	2	200	3	280			
7.14		x			1	80	EP, PUR[4]	2–4	240	3–5	320			
7.15		x	CTV[8]	Al[7]	1	100	CTV[8]	2	200	3	300			
7.16		x	CTE[8]	div.	1	100	CTE[8]	2	200	3	300			

Bindemittel für Grundbeschichtung(en)	Beschichtungsstoffe (flüssig)			Bindemittel für Deckbeschichtung(en)	Beschichtungsstoffe (flüssig)		
	Anzahl der Komponenten		wasserverdünnbar		Anzahl der Komponenten		wasserverdünnbar
	1	2	möglich		1	2	möglich
CR = Chlorkautschuk	x			CR = Chlorkautschuk	x		
EP = Epoxidharz		x	x	PVC = Polyvinylchlorid	x		
ESI = Ethylsilicat	x	x		EP = Epoxidharz		x	x
PUR = Polyurethan	x			PUR = Polyurethan		x	x
CTV = Vinylharz-Teer				CTV = Vinylharz-Teer	x		
CTE = Epoxidharz-Teer		x		CTE = Epoxidharz-Teer	x		
				AY = Acrylharz		x	x

[1] Sa 2½ bezieht sich hier auf Rostgrad A, B oder C nach ISO 8501-1 als Ausgangszustand.

[2] Zn (R) = Zinkstaub-Beschichtungsstoff, siehe 5.2, div. = verschiedene Korrosionsschutzpigmente.

[3] NDFT = Sollschichtdicke. Weitere Einzelheiten siehe 5.4.

[4] Falls Farb- und Glanzhaltung gefordert sind, wird als letzte Deckbeschichtung eine Beschichtung auf der Grundlage von aliphatischem PUR empfohlen.

[5] Es ist auch möglich, mit einer Sollschichtdicke von 80 µm zu arbeiten, vorausgesetzt, daß der gewählte EP- oder PUR-Zinkstaub-Beschichtungsstoff für eine solche Sollschichtdicke geeignet ist. In diesem Fall kann die Sollschichtdicke des Gesamtsystems durch nachfolgende Beschichtungen angepaßt werden.

[6] Es wird empfohlen, daß eine der Zwischenbeschichtungen als "tie coat" verwendet wird.

[7] Al = Grundbeschichtungsstoff mit Aluminiumpigment.

[8] Alternativen zu Steinkohlenteer sind möglich.

[9] Das erste Kurzzeichen bezieht sich auf die Zwischenbeschichtung, das letztere auf die Deckbeschichtung.

[10] Erklärungen von Kurzzeichen siehe unten in der Tabelle.

Tabelle A.8: Beschichtungssysteme für die Kategorien Im1, Im2, Im3

Die in der folgenden Tabelle angegebenen Beschichtungssysteme sind nur Beispiele. Andere Beschichtungssysteme mit der gleiche Schutzwirkung sind möglich. Wenn diese Beispiele angewendet werden, muß sichergestellt werden, daß mit den gewählten Systeme bei vorschriftsmäßiger Verarbeitung die angegebene Schutzdauer erreicht werden kann. Siehe auch 5.7.

Be-schich-tungs-system Nr	Ober-flächen-vorberei-tungs-grad [1]		Grundbeschichtung(en)				Deckbeschichtung(en), einschließlich Zwischenbeschichtung(en)			Beschichtungs-system		Erwartete Schutzdauer (siehe 5.5 und ISO 12944-1)		
	St 2	Sa 2½	Binde-mittel [6]	Art des Grund-beschich-tungs-stoffs [2]	Anzahl der Beschich-tungen	Soll-schicht-dicke (NDFT) [3] µm	Binde-mittel [6]	Anzahl der Beschich-tungen	Soll-schicht-dicke (NDFT) [3] µm	Anzahl der Beschich-tungen	Gesamt-Soll-schicht-dicke [3] µm	Kurz	Mittel	Lar
S8.01		x	EP, PUR	Zn (R)	1	40	EP, PUR	2–4	320	3–5	360			
S8.02	x				1	40	CTPUR [5]	4	500	5	540			
S8.03	x				1	40	CTE [5]	3	400	4	440			
S8.04	x		EP		1	80	EP, PUR	2	300	3	380			
S8.05	x				1	80	EP [4]	1	400	2	480			
S8.06	x		EP [4]		1	800	–	–	–	1	800			
S8.07	x			div.	1	120	CTE [5]	2	240	3	360			
S8.08	x		CTE [5]		1	120		3	380	4	500			
S8.09	x				1	500	–	–	–	1	500			
S8.10	x		CTE [4][5]		1	1 000	–	–	–	1	1 000			
S8.11	x		CTPUR [5]		1	200	CTPUR [5]	1	200	2	400			

Bindemittel für Grundbeschichtung(en)	Beschichtungsstoffe (flüssig)			Bindemittel für Deckbeschichtung(en)	Beschichtungssto (flüssig)		
	Anzahl der Komponenten		wasser-verdünn-bar		Anzahl der Komponenten		wa se ve dü b m li
	1	2	möglich		1	2	
EP = Epoxidharz		x		EP = Epoxidharz		x	
PUR = Polyurethan	x			PUR = Polyurethan	x	x	
CTE = Epoxidharz-Teer		x		CTE = Epoxidharz-Teer		x	
CTPUR = Polyurethan-Teer	x	x		CTPUR = Polyurethan-Teer	x	x	

[1] Sa 2½ bezieht sich hier auf Rostgrad A, B oder C nach ISO 8501-1 als Ausgangszustand.

[2] Zn (R) = Zinkstaub-Beschichtungsstoff, siehe 5.2, div. = verschiedene Korrosionsschutzpigmente.

[3] NDFT = Sollschichtdicke. Weitere Einzelheiten siehe 5.4.

[4] Lösemittelfrei

[5] Alternativen zu Steinkohlenteer sind möglich.

[6] Erklärungen von Kurzzeichen siehe unten in der Tabelle.

Tabelle A.9: Beschichtungssysteme für die Korrosivitätskategorien C2 bis C5-I und C5-M
Untergrund: Feuerverzinkter Stahl [1])

e in der folgenden Tabelle angegebenen Beschichtungssysteme sind nur Beispiele. Andere Beschichtungssysteme mit der gleichen hutzwirkung sind möglich. Wenn diese Beispiele angewendet werden, muß sichergestellt werden, daß mit den gewählten Systemen i vorschriftsmäßiger Verarbeitung die angegebene Schutzdauer erreicht werden kann. Siehe auch 5.7

schich-ungs-ystem Nr	Grundbeschichtung(en)			Deckbeschichtung(en), einschließlich Zwischenbeschichtung(en)			Beschichtungs-system		Erwartete Schutzdauer [2] [6]) (siehe 5.5 und ISO 12944-1)														
	Bindemittel [5])	Anzahl der Beschich-tungen	Soll-schicht-dicke (NDFT) [3]) µm	Bindemittel [5])	Anzahl der Beschich-tungen	Soll-schicht-dicke (NDFT) [3]) µm	Anzahl der Beschich-tungen	Gesamt-Soll-schicht-dicke [3]) µm	C2		C3			C4			C5-I			C5-M			
									K	M	L	K	M	L	K	M	L	K	M	L	K	M	L
9.01		–	–		1	80	1	80															
9.02	PVC	1	40	PVC	1	80	2	120															
9.03		1	80		1	80	2	160															
9.04		1	80		2	160	3	240															
9.05		–	–		1	80	1	80															
9.06	AY	1	40	AY	1	80	2	120															
9.07		1	80		1	80	2	160															
9.08		1	80		2	160	3	240															
9.09		–	–		1	80	1	80															
9.10	EP oder PUR	1	40	EP oder PUR [4])	1	80	2	120															
9.11		1	80		1	80	2	160															
9.12		1	80		2	160	3	240															
9.13		1	80		2–3	240	3–4	320															

ndemittel für Grundbeschichtung(en)	Beschichtungsstoffe (flüssig)			Bindemittel für Deckbeschichtung(en)	Beschichtungsstoffe (flüssig)		
	Anzahl der Komponenten		wasser-verdünn-bar		Anzahl der Komponenten		wasser-verdünnbar
	1	2	möglich		1	2	möglich
C = Polyvinylchlorid	×			PVC = Polyvinylchlorid	×		
Y = Acrylharz	×		×	AY = Acrylharz	×		×
= Epoxidharz		×	×	EP = Epoxidharz		×	×
JR = Polyurethan		×		PUR = Polyurethan		×	×

Die notwendige mechanische oder chemische Oberflächenvorbereitung wird in ISO 12944-4 beschrieben.
Die Schutzdauer wird in diesem Fall auf die Haftfestigkeit des Beschichtungssystems auf der feuerverzinkten Oberfläche bezogen.
NDFT = Sollschichtdicke. Weitere Einzelheiten siehe 5.4
Falls Farb- und Glanzhaltung gefordert sind, wird als letzte Deckbeschichtung eine Beschichtung auf der Grundlage von aliphatischem PUR empfohlen.
Erklärungen von Kurzzeichen siehe unten in der Tabelle.
Hellgraue Unterlegung bedeutet, daß die entsprechenden Beschichtungssysteme im allgemeinen nicht für diese Korrosivitätskategorien verwendet werden. Sie sind in Tabelle A.2 und/oder A.3 nicht aufgeführt.

469

Tabelle A.10: Beschichtungssysteme für die Korrosivitätskategorien C2 bis C5-I und C5-M
Untergrund: Stahloberflächen, thermisch gespritzt, sherardisiert oder mit galvanischem Zinküberzug

Die in der folgenden Tabelle angegebenen Beschichtungssysteme sind nur Beispiele von vielen möglichen Beschichtungssystemen mit der gleichen Schutzwirkung.

Untergrund [1])	Versiegelungsbeschichtung/ Grundbeschichtung	Beschichtungssystem (siehe Tabellen A.2, A.3, A.4, A.6 und A.7)	
Stahl mit thermisch gespritztem Überzug	Es wird empfohlen, daß eine Versiegelungsbeschichtung oder die erste Grundbeschichtung innerhalb von 4 h aufgetragen wird. Falls Versiegelungsmittel verwendet werden, müssen diese mit dem nachfolgenden Beschichtungssystem verträglich sein.	C2:	S2.11, S2.12, S2.13, S2.14, S2.15, S.2.16
		C3:	S3.11, S3.12, S3.13, S3.14, S3.15, S3.16, S.3.17, S3.18, S3.19
		C4:	S4.06, S4.07, S4.08, S4.09, S4.10, S4.11, S4.12, S4.13, S4.14, S4.15
		C5-I:	S6.01, S6.02, S6.03, S6.04
		C5-M:	S.7.01, S7.02, S7.03, S7.04, S7.05, S7.06, S7.15, S7.16
Stahl mit sherardisiertem Überzug	Für kleine Teile ist keine spezielle Vorbehandlung oder Versiegelung erforderlich. [2])	Es wird das gleiche Beschichtungssystem wie für die größeren Bauteile der Komponente verwendet.	
Stahl mit galvanischem Zinküberzug			

[1]) Siehe ISO 12944-4, Abschnitt 5.

[2]) Korrosionsschutz durch Sherardisieren oder galvanisches Verzinken kommt hauptsächlich für kleine Teile, z. B. Schrauben, Muttern, Bolzen, in Betracht.

Anhang B (informativ)

Fertigungsbeschichtungsstoffe

Fertigungsbeschichtungsstoffe werden dünnschichtig auf frisch gestrahltem Stahl aufgetragen, um Stahlbauten bei Herstellung, Transport, Montage und Lagerung zeitlich begrenzt vor Korrosion zu schützen. Die Fertigungsbeschichtung wird dann mit dem endgültigen Beschichtungssystem überbeschichtet, das im allgemeinen eine weitere Grundbeschichtung enthält.

Fertigungsbeschichtungsstoffe bzw. Fertigungsbeschichtungen sollten folgende Eigenschaften haben:

1) Sie sind spritzbar und ergeben eine gleichmäßige Beschichtung mit einer Trockenschichtdicke von im allgemeinen 15 µm bis 30 µm.

2) Sie trocknen sehr schnell. Beschichtet wird im allgemeinen im Zusammenhang mit einer automatischen Strahlanlage, in der Stahlteile mit einer Anlagengeschwindigkeit von 1 m/min bis 3 m/min behandelt werden können.

3) Die mechanischen Eigenschaften der Fertigungsbeschichtung erlauben übliche Behandlungen wie mit Rollengängen, Magnetkränen usw.

4) Die Fertigungsbeschichtung schützt über eine begrenzte Zeitdauer.

5) Übliche Fertigungsverfahren wie Schweißen und Brennschneiden werden durch die Fertigungsbeschichtung nicht nennenswert beeinträchtigt. Fertigungsbeschichtungsstoffe werden im allgemeinen bezüglich Schneid- und Schweißbarkeit sowie Gesundheitsschutz und Arbeitssicherheit zertifiziert.

6) Der beim Schweißen oder Schneiden von der Beschichtung abgegebene Rauch überschreitet festgelegte Grenzwerte nicht.

7) Die mit der Fertigungsbeschichtung versehene Oberfläche erfordert nur ein Minimum an Oberflächenvorbereitung vor dem weiteren Beschichten, soweit sich die Fertigungsbeschichtung in gutem Zustand befindet. Die erforderliche Oberflächenvorbereitung muß vor dem nachfolgenden Beschichten festgelegt werden.

8) Die Fertigungsbeschichtung sollte zum weiteren Beschichten mit dem vorgesehenen Beschichtungssystem geeignet sein. Sie gilt im allgemeinen nicht als Grundbeschichtung.

ANMERKUNG 10: Die Fertigungsbeschichtung ist im allgemeinen nicht Teil des Beschichtungssystems. Es kann notwendig sein, sie zu entfernen.

ANMERKUNG 11: Empfehlungen zum Reinigen und Vorbereiten der Oberfläche siehe ISO 12944-4.

ANMERKUNG 12: Weitere Angaben siehe EN 10238 : 1996, Automatisch gestrahlte und automatisch fertigungsbeschichtete Erzeugnisse aus Baustählen.

Tabelle B.1: Verträglichkeit von Fertigungsbeschichtungsstoffen mit Beschichtungssystemen

Fertigungsbeschichtungsstoff		Verträglichkeit von Fertigungsbeschichtungsstoffen mit dem Grundbeschichtungsstoff von Beschichtungssystemen[1]							
Bindemitteltyp	Korrosions-schutz-pigment	Alkyd-harz	CR	Vinylharz/ PVC	Acryl-harz	Epoxid-harz[2])	Poly-urethan	Silicat (Zinkstaub)	Bitumen
1. Alkydharz	Diverse	+	(+)	(+)	(+)	–	–	–	+
2. Polyvinylbutyral	Diverse	+	+	+	+	(+)	(+)	–	+
3. Epoxidharz	Diverse	(+)	+	+	+	+	(+)	–	+
4. Epoxidharz	Zinkstaub	–	+	+	+	+	(+)	–	+
5. Silicat	Zinkstaub	–	+	+	+	+	+	+	+

+ = verträglich
(+) = Verträglichkeit der Beschichtungsstoffe mit dem Hersteller klären
– = unverträglich
[1]) Die Formulierungen der Beschichtungsstoffe sind unterschiedlich. Es wird empfohlen, die Verträglichkeit der Beschichtungsstoffe mit dem Hersteller zu klären.
[2]) Einschließlich Epoxidharz-Kombinationen, z. B. Teer-Epoxidharz.

Tabelle B.2: Eignung von Fertigungsbeschichtungsstoffen in verschiedenen Umgebungsbedingungen zusammen mit einem zugeordneten Beschichtungssystem

Fertigungsbeschichtungsstoff		Eignung für Umgebungsbedingungen[1]						
Bindemitteltyp	Korrosionsschutz-pigment	C2	C3	C4	C5-I	C5-M	Eintauchen	
							ohne katho-dischen Schutz	mit kathodi-schem Schutz
1. Alkydharz	Diverse	+	+	(+)	(+)	–	–	–
2. Polyvinylbutyral	Diverse	+	+	+	–	–	–	–
3. Epoxidharz	Diverse	+	+	+	+	(+)	(+)	(+)
4. Epoxidharz	Zinkstaub	+	+	+	+	+	(+)	(+)
5. Silicat	Zinkstaub	+	+	+	+	+	(+)	(+)

+ = geeignet
(+) = Eignung mit dem Hersteller des Beschichtungsstoffes klären
– = nicht geeignet
[1]) Die Formulierungen der Beschichtungsstoffe sind unterschiedlich. Es wird empfohlen, die Eignung der Beschichtungsstoffe mit dem Hersteller zu klären.

Anhang C (informativ)

Tabelle C.1: Allgemeine Eigenschaften von Beschichtungsstoffen

	Eigenschaften von verschiedenen Grundtypen von Beschichtungsstoffen auf Basis von										
○ ausgezeichnet △ gut ● schlecht − nicht relevant **Die Bewertungen können sich für unterschiedliche Formulierungen des gleichen Grundtyps der Produkte unterscheiden.**[1]	Vinylchlorid-Copolymer	Chlorkautschuk	Acrylharz	Bitumen	Alkydharz	Polyurethan (PUR), Polyester-Typ, aromatisch	Polyurethan (PUR), Acrylharz-Typ, aliphatisch	Epoxidharz	Zinksilicat	Epoxidharz/Polyurethan-Teer	Vinylharz-Teer
Glanzhaltung	△	△	○	●	△	●	○	●	−	●	●
Farbhaltung	△	△	○	●	△	●	○	●	−	−	−
Beständigkeit gegen											
Eintauchen in Wasser	△	△	●	○	●	●	△/●	○	△	○	○
Regen/Kondensation	○	○	○	○	△	○	○	○	○	○	○
Lösemittel	●	●	●	●	●	△	●	△	○	●	●
Lösemittel (Spritzer)	●	●	●	●	△	○	○/△	○	○	●	●
Säuren	●	●	●	●	●	△	●	●	●	●	●
Säuren (Spritzer)	△	△	△	●	●	△	△/●	△	●	△	●
Alkalien	●	●	●	●	●	●	●	○	●	△	●
Alkalien (Spritzer)	△	△	△	△	●	●	○	○	●	○	△
Beständigkeit gegen trockene Wärme											
60 °C bis 70 °C	○	△/●	○	△	○	○	○	○	○	○	○
70 °C bis 120 °C	●	●	○/△	●	△	○	○	○	○	△/●	●
120 °C bis 150 °C	●	●	●	●	●	△	△	△	○	●	●
> 150 °C	●	●	●	●	●	●	●	●	○	●	●
Physikalische Eigenschaften											
Abriebwiderstand	●	●	●	●	△	○	△	○	○	△	●
Schlagfestigkeit	△	△	△	△	●	○	○	△	●	○	△
Dehnbarkeit	△	△	△	△	●	△	○	○/△	●	△	△
Härte	△	△	△	△	○	○	△	○/△	○	△	●
Auftragen durch											
Streichen	△	△	△	○	○	△	△	○	●	△	△
Rollen	●	●	●	○	○	△	△	△	●	△	△
Spritzen	○	○	○	○	○	○	○	○	○	○	○

[1] Zwei Symbole in einer Spalte bedeuten, daß wesentliche Unterschiede möglich sind, d. h. beide Symbole können zutreffen.

Anhang ZA (normativ)

Normative Verweisungen auf internationale Publikationen mit ihren entsprechenden europäischen Publikationen

Diese Europäische Norm enthält durch datierte oder undatierte Verweisungen Festlegungen aus anderen Publikationen. Diese normativen Verweisungen sind an den jeweiligen Stellen im Text zitiert, und die Publikationen sind nachstehend aufgeführt. Bei starren Verweisungen gehören spätere Änderungen oder Überarbeitungen dieser Publikationen nur zu dieser Europäischen Norm, falls sie durch Änderung oder Überarbeitung eingearbeitet sind. Bei undatierten Verweisungen gilt die letzte Ausgabe der in Bezug genommenen Publikation.

Publikation	Jahr	Titel	EN	Jahr
ISO 8503-2	1988	Preparation of steel substrates before application of paints and related products – Surface roughness characteristics of blast-cleaned steel substrates – Part 2: Method for the grading of surface profile of abrasive blast-cleaned steel – Comparator procedure	EN ISO 8503-2	1995
ISO 12944-1	1998	Paints and varnishes – Corrosion protection of steel structures by protective paint systems – Part 1: General introduction	EN ISO 12944-1	1998
ISO 12944-2	1998	Paints and varnishes – Corrosion protection of steel structures by protective paint systems – Part 2: Classification of environments	EN ISO 12944-2	1998
ISO 12944-4	1998	Paints and varnishes – Corrosion protection of steel structures by protective paint systems – Part 4: Types of surface and surface preparation	EN ISO 12944-4	1998
ISO 12944-6	1998	Paints and varnishes – Corrosion protection of steel structures by protective paint systems – Part 6: Laboratory performance testing methods	EN ISO 12944-6	1998

Beschichtungsstoffe **Korrosionsschutz von Stahlbauten durch Beschichtungssysteme** Teil 7: Ausführung und Überwachung der Beschichtungsarbeiten (ISO 12944-7:1998) Deutsche Fassung EN ISO 12944-7:1998	**DIN** **EN ISO 12944-7**

ICS 87.020; 91.080.10

Deskriptoren: Beschichtungsstoff, Korrosionsschutz, Beschichtungssystem,
Stahlbau, Beschichtungsarbeiten, Ausführung

Paints and varnishes – Corrosion protection of steel structures by protective
paint systems – Part 7: Execution and supervision of paint work
(ISO 12944-7:1998); German version EN ISO 12944-7:1998

Peintures et vernis – Anticorrosion des structures en acier par systèmes
de peinture – Partie 7: Exécution et surveillance des travaux de peinture
(ISO 12944-7:1998); Version allemande EN ISO 12944-7:1998

Ersatz für
DIN 55928-6:1991-05;
mit
DIN EN ISO 12944-8:1998-07
Ersatz für
DIN 55928-7:1991-05

Die Europäische Norm EN ISO 12944-7:1998 hat den Status einer Deutschen Norm.

Nationales Vorwort

Die Europäische Norm EN ISO 12944-7 fällt in den Zuständigkeitsbereich des Technischen Komitees CEN/TC 139 "Lacke
und Anstrichstoffe" (Sekretariat: Deutschland). Die ihr zugrundeliegende Internationale Norm ISO 12944-7 wurde vom
ISO/TC 35/SC 14 "Paints and varnishes – Protective paint systems for steel structures" (Sekretariat: Norwegen) ausgearbeitet.

Das zuständige deutsche Normungsgremium ist der Unterausschuß 10.6 "Ausführung und Überwachung der Korrosionsschutzarbeiten" des FA/NABau-Arbeitsausschusses 10 "Korrosionsschutz von Stahlbauten".

Für die im Abschnitt 2 zitierten Internationalen Normen wird in der folgenden Tabelle auf die entsprechenden Deutschen
Normen hingewiesen:

ISO-Norm	DIN-Norm
ISO 1512	DIN EN 21512
ISO 1513	DIN EN ISO 1513
ISO 2409	DIN EN ISO 2409
ISO 2808	E DIN ISO 2808
ISO 4624	DIN EN 24624
ISO 8502-4	¹)
ISO 9001	DIN EN ISO 9001
ISO 9002	DIN EN ISO 9002
ISO 12944-1	DIN EN ISO 12944-1
ISO 12944-4	DIN EN ISO 12944-4
ISO 12944-5	DIN EN ISO 12944-5
ISO 12944-8	DIN EN ISO 12944-8
¹) DIN EN ISO-Norm in Vorbereitung	

Fortsetzung Seite 2
und 7 Seiten EN

Normenausschuß Anstrichstoffe und ähnliche Beschichtungsstoffe (FA) im DIN Deutsches Institut für Normung e.V.
Normenausschuß Bauwesen (NABau) im DIN

Nationale Anmerkungen zur Europäischen Norm:

Zu 3.1.2

1. Absatz

Verfahrensschritte im Sinne dieser Norm sind z. B. Oberflächenvorbereitung und Beschichten.

Zu 5.1 Allgemeines

2. Absatz

Von den Angaben im Datenblatt sollte nur in Abstimmung mit dem Hersteller des Beschichtungsstoffes abgewichen werden.

Änderungen

Gegenüber DIN 55928-6:1991-05 und DIN 55928-7:1991-05 wurden folgende Änderungen vorgenommen:

a) Internationale Festlegungen unverändert übernommen.

b) Inhalt von DIN 55928-6 vollständig überarbeitet.

c) Inhalt von Abschnitt 2 von DIN 55928-7 überarbeitet.

Frühere Ausgaben

DIN 55928: 1956-11, 1959-06x

DIN 55928-6: 1978-11, 1991-05

DIN 55928-7: 1980-02, 1991-05

Nationaler Anhang NA (informativ)

Literaturhinweise

DIN EN 21512
Lacke und Anstrichstoffe – Probenahme von flüssigen oder pastenförmigen Produkten (ISO 1512:1991); Deutsche Fassung EN 21512:1994

DIN EN 24624
Lacke und Anstrichstoffe – Abreißversuch zur Beurteilung der Haftfestigkeit (ISO 4624:1978); Deutsche Fassung EN 24624:1992

DIN EN ISO 1513
Lacke und Anstrichstoffe – Vorprüfung und Vorbereitung von Proben für weitere Prüfungen (ISO 1513:1992); Deutsche Fassung EN ISO 1513:1994

DIN EN ISO 2409
Lacke und Anstrichstoffe – Gitterschnittprüfung (ISO 2409:1992); Deutsche Fassung EN ISO 2409:1994

DIN EN ISO 9001
Qualitätsmanagementsysteme – Modell zur Qualitätssicherung/QM-Darlegung in Design/Entwicklung, Produktion, Montage und Wartung (ISO 9001:1994); Dreisprachige Fassung EN ISO 9001:1994

DIN EN ISO 9002
Qualitätsmanagementsysteme – Modell zur Qualitätssicherung/QM-Darlegung in Produktion, Montage und Wartung (ISO 9002:1994); Dreisprachige Fassung EN ISO 9002:1994

DIN EN ISO 12944-1
Beschichtungsstoffe – Korrosionsschutz von Stahlbauten durch Beschichtungssysteme – Teil 1: Allgemeine Einleitung (ISO 12944-1:1998); Deutsche Fassung EN ISO 12944-1:1998

DIN EN ISO 12944-4
Beschichtungsstoffe – Korrosionsschutz von Stahlbauten durch Beschichtungssysteme – Teil 4: Arten von Oberflächen und Oberflächenvorbereitung (ISO 12944-4:1998); Deutsche Fassung EN ISO 12944-4:1998

DIN EN ISO 12944-5
Beschichtungsstoffe – Korrosionsschutz von Stahlbauten durch Beschichtungssysteme – Teil 5: Beschichtungssysteme (ISO 12944-5:1998); Deutsche Fassung EN ISO 12944-5:1998

DIN EN ISO 12944-8
Beschichtungsstoffe – Korrosionsschutz von Stahlbauten durch Beschichtungssysteme – Teil 8: Erarbeiten von Spezifikationen für Erstschutz und Instandsetzung (ISO 12944-8:1998); Deutsche Fassung EN ISO 12944-8:1998

EUROPÄISCHE NORM
EUROPEAN STANDARD
NORME EUROPÉENNE

EN ISO 12944-7

Mai 1998

ICS 87.020; 91.080.10

Deskriptoren:

Deutsche Fassung

Beschichtungsstoffe

Korrosionsschutz von Stahlbauten durch Beschichtungssysteme
Teil 7: Ausführung und Überwachung der Beschichtungsarbeiten
(ISO 12944-7:1998)

Paints and varnishes – Corrosion protection of steel structures by protective paint systems – Part 7: Execution and supervision of paint work (ISO 12944-7:1998)

Peintures et vernis – Anticorrosion des structures en acier par systèmes de peinture – Partie 7: Exécution et surveillance des travaux de peinture (ISO 12944-7:1998)

Diese Europäische Norm wurde von CEN am 13. November 1997 angenommen.

Die CEN-Mitglieder sind gehalten, die CEN/CENELEC-Geschäftsordnung zu erfüllen, in der die Bedingungen festgelegt sind, unter denen dieser Europäischen Norm ohne jede Änderung der Status einer nationalen Norm zu geben ist.

Auf dem letzten Stand befindliche Listen dieser nationalen Normen mit ihren bibliographischen Angaben sind beim Zentralsekretariat oder bei jedem CEN-Mitglied auf Anfrage erhältlich.

Diese Europäische Norm besteht in drei offiziellen Fassungen (Deutsch, Englisch, Französisch). Eine Fassung in einer anderen Sprache, die von einem CEN-Mitglied in eigener Verantwortung durch Übersetzung in seine Landessprache gemacht und dem Zentralsekretariat mitgeteilt worden ist, hat den gleichen Status wie die offiziellen Fassungen.

CEN-Mitglieder sind die nationalen Normungsinstitute von Belgien, Dänemark, Deutschland, Finnland, Frankreich, Griechenland, Irland, Island, Italien, Luxemburg, Niederlande, Norwegen, Österreich, Portugal, Schweden, Schweiz, Spanien, der Tschechischen Republik und dem Vereinigten Königreich.

CEN

EUROPÄISCHES KOMITEE FÜR NORMUNG
European Committee for Standardization
Comité Européen de Normalisation

Zentralsekretariat: rue de Stassart 36, B-1050 Brüssel

Ref. Nr. EN ISO 12944-7:1998 D

Inhalt

Vorwort

Der Text der Internationalen Norm ISO 12944-7:1998 wurde vom Technischen Komitee ISO/TC 35 "Paints and varnishes" in Zusammenarbeit mit dem Technischen Komitee CEN/TC 139 "Lacke und Anstrichstoffe" erarbeitet, dessen Sekretariat vom DIN gehalten wird.

Diese Europäische Norm muß den Status einer nationalen Norm erhalten, entweder durch Veröffentlichung eines identischen Textes oder durch Anerkennung bis November 1998, und etwaige entgegenstehende nationale Normen müssen bis November 1998 zurückgezogen werden.

Entsprechend der CEN/CENELEC-Geschäftsordnung sind die nationalen Normungsinstitute der folgenden Länder gehalten, diese Europäische Norm zu übernehmen:

Belgien, Dänemark, Deutschland, Finnland, Frankreich, Griechenland, Irland, Island, Italien, Luxemburg, Niederlande, Norwegen, Österreich, Portugal, Schweden, Schweiz, Spanien, die Tschechische Republik und das Vereinigte Königreich.

ISO 12944 mit dem allgemeinen Titel "Beschichtungsstoffe – Korrosionsschutz von Stahlbauten durch Beschichtungssysteme" besteht aus den folgenden Teilen:

Teil 1: Allgemeine Einleitung

Teil 2: Einteilung der Umgebungsbedingungen

Teil 3: Grundregeln zur Gestaltung

Teil 4: Arten von Oberflächen und Oberflächenvorbereitung

Teil 5: Beschichtungssysteme

Teil 6: Laborprüfungen zur Bewertung von Beschichtungssystemen

Teil 7: Ausführung und Überwachung der Beschichtungsarbeiten

Teil 8: Erarbeiten von Spezifikationen für Erstschutz und Instandsetzung

Der Anhang A dieses Teils von ISO 12944 ist informativ.

Anerkennungsnotiz

Der Text der Internationalen Norm ISO 12944-7:1998 wurde von CEN als Europäische Norm ohne irgendeine Abänderung genehmigt.

ANMERKUNG: Die normativen Verweisungen auf Internationale Normen mit ihren entsprechenden europäischen Publikationen sind im Anhang ZA (normativ) aufgeführt.

Einleitung

Ungeschützter Stahl korrodiert in der Atmosphäre, in Wasser und im Erdreich, was zu Schäden führen kann. Um solche Korrosionsschäden zu vermeiden, werden Stahlbauten üblicherweise geschützt, damit sie den Korrosionsbelastungen während der geforderten Nutzungsdauer standhalten.

Es gibt verschiedene Möglichkeiten, Stahlbauten vor Korrosion zu schützen. ISO 12944 befaßt sich mit dem Schutz durch Beschichtungssysteme. Dabei werden in den verschiedenen Teilen alle wesentlichen Gesichtspunkte berücksichtigt, die für einen angemessenen Korrosionsschutz von Bedeutung sind. Zusätzliche oder andere Maßnahmen sind möglich, erfordern aber besondere Vereinbarungen zwischen den Vertragspartnern.

Um Stahlbauten wirksam vor Korrosion zu schützen, ist es notwendig, daß Auftraggeber, Planer, Berater, den Korrosionsschutz ausführende Firmen, Aufsichtspersonal für Korrosionsschutzarbeiten und Hersteller von Beschichtungsstoffen dem Stand der Technik entsprechende Angaben über den Korrosionsschutz durch Beschichtungssysteme in zusammengefaßter

Form erhalten. Solche Angaben müssen möglichst vollständig sein, außerdem eindeutig und leicht zu verstehen, damit Schwierigkeiten und Mißverständnisse zwischen den Vertragspartnern, die mit der Ausführung der Schutzmaßnahmen befaßt sind, vermieden werden.

Mit der vorliegenden Internationalen Norm – ISO 12944 – ist beabsichtigt, diese Angaben in Form von Regeln zu machen. Die Norm ist für Anwender gedacht, die über allgemeine Fachkenntnisse verfügen. Es wird auch vorausgesetzt, daß die Anwender von ISO 12944 mit dem Inhalt anderer einschlägiger Internationaler Normen, insbesondere über die Oberflächenvorbereitung, sowie mit einschlägigen nationalen Regelungen vertraut sind.

ISO 12944 behandelt keine finanziellen und vertraglichen Fragen. Es ist jedoch zu beachten, daß die Nicht-Einhaltung von Anforderungen und Empfehlungen dieser Norm zu unzureichendem Schutz gegen Korrosion mit erheblichen Folgen und daraus resultierenden schwerwiegenden finanziellen Konsequenzen führen kann.

Die Norm ISO 12944-1 definiert den allgemeinen Anwendungsbereich aller Teile von ISO 12944. Sie enthält einige grundlegende Fachbegriffe und eine allgemeine Einleitung zu den anderen Teilen von ISO 12944. Weiterhin enthält sie eine allgemeine Aussage über Gesundheitsschutz, Arbeitssicherheit und Umweltschutz sowie eine Anleitung, wie ISO 12944 für ein bestimmtes Projekt anzuwenden ist.

Dieser Teil von ISO 12944 beschreibt die Ausführung und Überwachung von Beschichtungsarbeiten an Stahlbauten, deren Oberfläche entsprechend ISO 12944-4 vorbereitet worden ist. Beispiele für geeignete Beschichtungssysteme sind in ISO 12944-5 enthalten.

1 Anwendungsbereich

1.1 Dieser Teil von ISO 12944 beschreibt die Ausführung und Überwachung von Beschichtungsarbeiten an Stahlbauten im Werk oder auf der Baustelle.

1.2 Dieser Teil von ISO 12944 gilt nicht für:

– die Oberflächenvorbereitung vor dem Beschichten (siehe ISO 12944-4) und ihre Überwachung,

– das Aufbringen von Überzügen*),

– Vorbehandlungsverfahren wie z. B. Phosphatieren und Chromatieren, oder Verfahren zum Beschichten wie z. B. Tauchen, Pulverbeschichten oder Bandbeschichten.

2 Normative Verweisungen

Die folgenden Normen enthalten Festlegungen, die, durch Verweisung in diesem Text, Bestandteil dieses Teils von ISO 12944 sind. Zum Zeitpunkt der Veröffentlichung waren die angegebenen Ausgaben gültig. Alle Normen unterliegen der Überarbeitung. Vertragspartner, deren Vereinbarungen auf diesem Teil der ISO 12944 basieren, werden gebeten, zu prüfen, ob die neuesten Ausgaben der nachfolgend aufgeführten Normen angewendet werden können. Die Mitglieder von IEC und ISO führen Verzeichnisse der gegenwärtig gültigen Internationalen Normen.

ISO 1512:1991
Paints and varnishes – Sampling of products in liquid or paste form

ISO 1513:1992
Paints and varnishes – Examination and preparation of samples

ISO 2409:1992
Paints and varnishes – Cross-cut test

ISO 2808:1997
Paints and varnishes – Determination of film thickness

ISO 4624:1978
Paints and varnishes – Pull-off test for adhesion

ISO 8502-4:1993
Preparation of steel substrates before application of paints and related products – Tests for the assessment of surface cleanliness – Part 4: Guidance on the estimation of the probability of condensation prior to paint application

ISO 9001:1994
Quality systems – Model for quality assurance in design, development, production, installation and servicing

ISO 9002:1994
Quality systems – Model for quality assurance in production, installation and servicing

ISO 12944-1:1998
Paints and varnishes – Corrosion protection of steel structures by protective paint systems – Part 1: General introduction

ISO 12944-4:1998
Paints and varnishes – Corrosion protection of steel structures by protective paint systems – Part 4: Types of surface and surface preparation

ISO 12944-5:1998
Paints and varnishes – Corrosion protection of steel structures by protective paint systems – Part 5: Protective paint systems

ISO 12944-8:1998
Paints and varnishes – Corrosion protection of steel structures by protective paint systems – Part 8: Development of specifications for new work and maintenance

3 Voraussetzungen für die Ausführung der Beschichtungsarbeiten

3.1 Qualifikation

3.1.1 Firmen, die Beschichtungsarbeiten an Stahlbauten ausführen, müssen personell und technisch so ausgerüstet sein, daß sie die Arbeiten fachgerecht und betriebssicher abwickeln können. Arbeiten, die besondere Sorgfalt bei ihrer Ausführung erfordern, dürfen nur von qualifiziertem Personal ausgeführt werden, das durch eine anerkannte Stelle zertifiziert wurde, sofern zwischen den Vertragspartnern keine anderen Vereinbarungen getroffen wurden.

3.1.2 In einem vom Auftragnehmer angewendeten Qualitätsmanagementsystem muß ein Plan mit den allgemeinen Ausführungsstandards des Auftraggebers enthalten sein. Jeder Verfahrensschritt[N1] muß beschrieben sein.

Auftragnehmer müssen generell nachweisen können, daß sie in der Lage sind, für jeden Verfahrensschritt die vorgeschriebene Qualität zu erreichen. Eine Bestätigung hierfür ist z. B. durch die Anwendung eines Qualitätssicherungssystems nach ISO 9001 oder ISO 9002 und Zertifizierung gegeben.

Falls nicht anders vereinbart, muß der Auftragnehmer dem Auftraggeber Auszüge, die für die Spezifikation bedeutsam sind, aus seinem Handbuch zur Sicherung der Qualität seiner Ausführung und Überwachung zur Verfügung stellen.

---

*) Fußnote zur deutschsprachigen Fassung: Schichten aus Metall werden Überzüge, Schichten aus Beschichtungsstoffen Beschichtungen genannt.

[N1] Nationale Fußnote: Siehe nationales Vorwort.

3.2 Zustand der zu beschichtenden Oberfläche

Für ein Beschichtungssystem muß die Oberfläche sachgemäß vorbereitet werden, wobei der Ausgangszustand und der geforderte Endzustand der vorbereiteten Oberfläche die Oberflächenvorbereitung bestimmen. Entsprechende Anforderungen müssen in der Spezifikation für die Beschichtungsarbeiten festgelegt sein und erfüllt werden können.

Verfahren zur Oberflächenvorbereitung sind in ISO 12944-4 beschrieben. Die vorbereiteten Oberflächen sind hinsichtlich ihrer Reinheit (visuell und nach chemischen Verfahren) und Rauheit nach den in ISO 12944-4 angegebenen Verfahren zu prüfen.

Die Anforderungen an die Überwachung der Reinheit und Rauheit, die Häufigkeit der Prüfung und die zu prüfenden Flächen müssen zwischen den Vertragspartnern vereinbart werden.

Falls sich der Zustand der Oberfläche von dem in der Spezifikation angegebenen Zustand unterscheidet, muß der Auftraggeber unterrichtet werden.

Die Temperatur der Oberfläche muß zweifelsfrei über dem Taupunkt der umgebenden Luft liegen, sofern in den technischen Datenblättern des Beschichtungsstoffherstellers nichts anderes festgelegt ist.

3.3 Gesundheitsschutz, Arbeitssicherheit und Umweltschutz

Die einschlägigen Gesetze und Verordnungen bezüglich Gesundheitsschutz, Arbeitssicherheit und Umweltschutz sind einzuhalten. Siehe ISO 12944-1 und ISO 12944-8.

4 Beschichtungsstoffe

4.1 Lieferung

Die gelieferten Beschichtungsstoffe müssen nach dem bei der Bestellung angegebenen Beschichtungsverfahren verarbeitbar sein. Die technischen Datenblätter der Hersteller müssen alle Einzelheiten enthalten, die für die sachgemäße Verwendung der Beschichtungsstoffe notwendig sind.

Falls erforderlich, müssen Prüfungen der Beschichtungsstoffe und anzuwendende Prüfverfahren festgelegt sein. Die Probenahme und die weitere Behandlung von Proben müssen ISO 1512 und ISO 1513 entsprechen.

Einzelheiten, die nicht im technischen Datenblatt enthalten sind und die Verarbeitung oder die Qualität der Ausführung beeinflussen könnten, sind vom Hersteller anzugeben.

4.2 Lagerung

Der Hersteller hat auf den Gebinden das Datum anzugeben, bis zu dem die Beschichtungsstoffe verwendet werden sollten. Sofern in den Herstellervorschriften oder anderen Festlegungen nicht anders angegeben, sind Lagertemperaturen zwischen +3 °C und +30 °C einzuhalten. Insbesondere wasserverdünnbare Beschichtungsstoffe können nach Gefrieren unbrauchbar werden.

Beschichtungsstoffe und alle anderen Stoffe (Lösemittel, Verdünnungsmittel usw.) müssen in einem geschützten Bereich gelagert werden.

Gebinde mit Beschichtungsstoffen sind bis zur Verarbeitung geschlossen zu halten. Angebrochene Gebinde dürfen verschlossen und später wieder verarbeitet werden, falls im technischen Datenblatt des Beschichtungsstoffherstellers nicht anders angegeben. Angebrochene Gebinde müssen deutlich als solche gekennzeichnet werden.

5 Ausführung der Beschichtungsarbeiten

5.1 Allgemeines

Die zu beschichtenden Oberflächen müssen gesichert zugänglich und gut beleuchtet sein.

Die Beschichtungsstoffe sind nach dem technischen Datenblatt des Herstellers zu verwenden, sofern in der Spezifikation für die Beschichtungsarbeiten nicht ausdrücklich anders festgelegt[N1]).

Vor und während ihrer Verarbeitung sind die Beschichtungsstoffe zu prüfen, und zwar auf:

– Übereinstimmung der Gebindeaufschrift mit der festgelegten Produktbeschreibung;

– Hautbildung (nicht zulässig);

– Bodensatz;

– Verarbeitbarkeit unter den gegebenen Baustellenbedingungen.

Bodensatz muß leicht aufrührbar sein.

Jede Viskositätsnachstellung – die aufgrund niedriger Verarbeitungstemperaturen oder anderer Beschichtungsverfahren notwendig sein kann – muß nach den Anweisungen des Herstellers des Beschichtungsstoffes erfolgen. Falls in der Spezifikation gefordert, muß der Auftraggeber von solchen Maßnahmen unterrichtet werden.

Die Wahl der Beschichtungsverfahren hängt von der Art des Beschichtungsstoffes, der Oberfläche, der Art und Größe des Bauwerks und den örtlichen Gegebenheiten ab. Falls das Verfahren zum Beschichten nicht festgelegt ist, muß es vereinbart werden.

Die Grundbeschichtung muß die gesamte Rauheit der Stahloberfläche bedecken. Jede Schicht ist möglichst gleichmäßig und geschlossen herzustellen.

Verfahren zum Messen der Schichtdicke sind in ISO 2808 beschrieben. Das Verfahren zum Überprüfen der Einhaltung von Sollschichtdicken (Geräte, Kalibrierung, Berücksichtigung des Beitrages der Rauheit zum Meßergebnis) ist zwischen den Vertragspartnern zu vereinbaren.

Falls nicht anders vereinbart, sind Einzelwerte der Trockenschichtdicke, die 80 % der Sollschichtdicke unterschreiten, nicht zulässig. Einzelwerte zwischen 80 % und 100 % der Sollschichtdicke sind zulässig, vorausgesetzt, daß der Mittelwert aller Meßergebnisse gleich der Sollschichtdicke oder größer ist und keine andere Vereinbarung getroffen wird.

Es ist darauf zu achten, daß die Sollschichtdicke erreicht wird und Bereiche mit zu hoher Schichtdicke vermieden werden. Die Höchstschichtdicke sollte das Dreifache der Sollschichtdicke nicht überschreiten. Falls Höchstschichtdicken überschritten werden, muß zwischen den Vertragspartnern eine Übereinkunft auf fachlicher Basis gefunden werden. Bei Beschichtungsstoffen oder Systemen, bei denen eine Höchstschichtdicke nicht überschritten werden darf, oder in speziellen Fällen sind die diesbezüglichen Angaben im technischen Datenblatt des Herstellers zu beachten.

Alle schwer erreichbaren Oberflächen und z. B. Kanten, Ecken, Schweißnähte, Niet- und Schraubenverbindungen sind besonders sorgfältig zu beschichten.

Für zusätzlichen Kantenschutz ist ein hierfür vorgesehener Beschichtungsstoff aufzutragen. Dabei ist die Kante auf beiden Seiten ausreichend breit (etwa 25 mm) zu überdecken. Um die Sollschichtdicke leichter zu erreichen, ist während des Beschichtens die Naßschichtdicke (Flüssigschichtdicke) regelmäßig zu prüfen.

[N1]) Nationale Fußnote: Siehe nationales Vorwort.

Die im technischen Datenblatt des Herstellers oder in der Spezifikation enthaltenen Angaben über die Zeitdauer zwischen dem Auftragen der einzelnen Beschichtungen sind einzuhalten. Dies gilt auch für Angaben über die Zeitdauer zwischen dem Auftragen der letzten Deckbeschichtung und ihrer Belastung.

Mängel in der Beschichtung, welche die Korrosionsschutzwirkung verringern können oder das Aussehen wesentlich beeinflussen, müssen vor dem Auftragen der nächsten Beschichtung ausgebessert werden. Um Beschädigungen zu vermeiden, muß die Beschichtung vor dem Transport oder der Handhabung ausreichend hart sein.

Bereiche, die nicht oder nur in geringer Dicke beschichtet werden sollen, z. B. Oberflächen, die anschließend geschweißt werden, oder sich berührende Flächen mit engen Toleranzanforderungen, müssen dem Auftragnehmer vor Beginn der Beschichtungsarbeiten bekannt sein.

5.2 Verarbeitungsbedingungen

Damit die von der Beschichtung geforderte Schutzdauer erreicht wird, sind die Umgebungsbedingungen auf der Baustelle daraufhin zu prüfen, ob sie den im technischen Datenblatt des Herstellers für den jeweiligen Beschichtungsstoff angegebenen Anforderungen entsprechen. Dies gilt auch für die Trocknungs- und Härtungsdauer.

Bereits in der Planungsphase sind Maßnahmen festzulegen, durch die schädliche Einwirkungen auf die Umwelt vermieden oder auf ein Mindestmaß beschränkt werden.

Während der Ausführung der Korrosionsschutzarbeiten ist dafür zu sorgen, daß die Arbeiten nicht durch äußere Einflüsse beeinträchtigt werden, die zu einer Minderung der Qualität der Beschichtung führen könnten. Die Beschichtungsarbeiten sind so durchzuführen, daß sie von den Arbeiten anderer Gewerke (Strahlen, Schweißen usw.) getrennt oder abgeschirmt sind. Wenn nachteilige Wetterbedingungen während der Verarbeitung auftreten, sind die Arbeiten zu unterbrechen. Die frisch beschichtete Fläche ist, soweit wie durchführbar, zu schützen.

Die im technischen Datenblatt des Herstellers angegebene niedrigste und höchste zulässige Temperatur der zu beschichtenden Oberfläche und der umgebenden Luft dürfen nicht unter- bzw. überschritten werden.

Beschichtungsstoffe dürfen nicht auf Oberflächen aufgetragen werden, wenn die Temperatur der Oberfläche weniger als 3 °C über dem Taupunkt der Luft, bestimmt nach ISO 8502-4, liegt. Auf feuchte Oberflächen dürfen nur solche Beschichtungsstoffe aufgetragen werden, die im technischen Datenblatt und nach Zustimmung des Herstellers hierfür zugelassen sind.

Beim Beschichten sind Bauteile, für die Schweißen auf der Baustelle vorgesehen ist, an allen Schweißbereichen abzudecken. Bei Mehrschichtsystemen ist jede Schicht zurückzusetzen.

5.3 Beschichtungsverfahren

5.3.1 Streichen

Pinsel müssen für den vorgesehenen Zweck geeignet sein. Dies gilt besonders für Ecken, Nietköpfe, Schraubenköpfe und Winkel sowie Bereiche, die schwer zu erreichen sind. Einzelheiten sind in der Spezifikation anzugeben.

5.3.2 Rollen

Die Beschichtungsstoffe müssen für dieses Beschichtungsverfahren geeignet sein und guten Verlauf aufweisen. Art und Größe der Rolle sind auf den jeweiligen Anwendungsfall abzustimmen. Für Grundbeschichtungsstoffe wird im allgemeinen Rollen nicht empfohlen.

5.3.3 Spritzen

Allgemein übliche Verfahren sind:

- konventionelles Druckluftspritzen mit niedrigem Druck;
- Airless-Spritzen;
- Airless-Spritzen mit Druckluftunterstützung;
- elektrostatisches Spritzen.

Viskosität des Beschichtungsstoffes, Spritzdruck, Spritzdüse, Temperatur des Beschichtungsstoffes, Spritzabstand und Spritzwinkel sind so zu wählen, daß sich gleichmäßige und geschlossene Beschichtungen ergeben.

Bei den Verfahren sind geeignete Maßnahmen zum Vermeiden von Spritznebel in der Umgebung zu treffen.

Falls die geforderte Schichtdicke an Kanten, Ecken oder schwer erreichbaren Bereichen des Bauwerks (Spritzschatten) nicht erzielt werden kann, sind diese Bereiche durch Streichen mit einem hierfür vorgesehenen Beschichtungsstoff oder durch Spritzen vorzubeschichten.

Bei Beschichtungsstoffen mit Neigung zum Absetzen ist ein mechanisches Rührwerk zu verwenden.

5.3.4 Andere Beschichtungsverfahren

Falls andere Verfahren angewendet werden, z. B. Fluten, Verwendung von Heißmassen oder Korrosionsschutzbinden, muß dies entsprechend den Anweisungen des Herstellers des Beschichtungsstoffes geschehen.

5.4 Verfahrensbewertung

Das vorgesehene Beschichtungsverfahren muß mit den festgelegten Beschichtungsstoffen erprobt sein, damit der geforderte Korrosionsschutz erreicht wird. Falls das Beschichtungsverfahren und/oder die Stoffe in Verbindung mit dem Beschichtungsverfahren sich bei der Ausführung als ungeeignet erweisen, muß die Spezifikation durch die Vertragspartner geändert werden. Dabei müssen alle Auswirkungen, z. B. auf Kosten und Zeitaufwand, berücksichtigt werden.

6 Überwachung der Beschichtungsarbeiten

6.1 Allgemeines

Die Ausführung der Arbeiten muß in allen Arbeitsgängen überwacht werden. Das Personal für die Überwachung muß entsprechend qualifiziert und erfahren sein. Der Auftragnehmer ist für diese Überwachung verantwortlich. Eine zusätzliche Kontrolle durch den Auftraggeber – auch bei Korrosionsschutzarbeiten im Werk – ist zweckmäßig.

Werden Beschichtungsstoffe verwendet, die für den Auftragnehmer neu sind, ist der Hersteller des Beschichtungsstoffes hinzuzuziehen.

Der Umfang der Überwachung hängt von der Art und Bedeutung des Objektes, dem Schwierigkeitsgrad der Arbeiten und örtlichen Gegebenheiten ab sowie von der Art der Beschichtung und der vorgesehenen Schutzdauer. Diese Überwachung erfordert entsprechende Fachkenntnis und Erfahrung.

6.2 Meß- und Prüfgeräte

Die Anweisungen der Gerätehersteller für den Gebrauch ihrer Geräte sind einzuhalten. Die Geräte müssen regelmäßig geprüft, kalibriert und gewartet werden. Diese Ergebnisse sind zu protokollieren.

6.3 Prüfung der Beschichtung

Die Beschichtungen sind auf Übereinstimmung mit der Spezifikation zu prüfen, z. B.:

– visuell auf Gleichmäßigkeit, Farbe, Deckvermögen und Mängel, wie Fehlstellen, Runzeln, Krater, Luftblasen, Abblätterungen, Risse und Läufer;

– mit Geräten auf Einhaltung folgender Eigenschaften der Beschichtung, falls gefordert:

– Trockenschichtdicke, im allgemeinen nach zerstörungsfreien Verfahren (siehe ISO 2808) [siehe auch nachfolgenden Absatz a)];

– Haftfestigkeit mit zerstörenden Verfahren (siehe ISO 2409 oder ISO 4624);

– Porosität mit Nieder- oder Hochspannungsgeräten.

Zum Messen der Trockenschichtdicke müssen die Vertragspartner folgendes vereinbaren:

a) anzuwendendes Verfahren und Meßgerät, Einzelheiten zur Kalibrierung des Meßgerätes, Art der Berücksichtigung des Einflusses der Rauheit auf das Ergebnis der Schichtdickenmessung;

b) Meßplan – Art und Anzahl der Messungen für jede Oberflächenart;

c) wie die Ergebnisse dokumentiert und mit den Abnahmekriterien verglichen werden.

Trockenschichtdicken (unter Beachtung von Soll- und Höchstschichtdicken) sind zu jedem kritischen Zeitpunkt und nach dem Herstellen des gesamten Beschichtungssystems zu prüfen. Kritisch ist z. B. die Änderung der Verantwortlichkeit für die Beschichtungsarbeiten oder wenn zwischen Herstellen der Grundbeschichtungen und nachfolgender Beschichtungen ein langer Zeitraum liegt.

Die Beschichtung auf Kontaktflächen von vorgespannten Schraubenverbindungen, z. B. mit hochfesten Schrauben von gleitfesten Verbindungen und mit hochfesten Schrauben von Scher-Lochleibungsverbindungen, muß auf Übereinstimmung mit den Vereinbarungen im Vertrag geprüft werden.

Falls zerstörende Prüfungen notwendig sind, ist das Keilschnittverfahren geeignet. Keilschnittgeräte eignen sich sowohl zur Prüfung der Dicke des gesamten Beschichtungssystems als auch zur Prüfung der Dicke und der Reihenfolge einzelner Schichten. Bei der Porenprüfung sind das Gerät und die Prüfspannung zwischen den Vertragspartnern zu vereinbaren. Jede Beschädigung der Beschichtung muß entsprechend der Spezifikation ausgebessert werden. Siehe ISO 12944-8.

7 Kontrollflächen

7.1 Allgemeines

Kontrollflächen sind geeignete Flächen am Bauwerk, die angelegt werden, um einen akzeptierten Ausführungsstandard der Arbeiten herzustellen, um zu bestätigen, daß Angaben eines Herstellers oder Auftragnehmers richtig sind, und um das Verhalten der Beschichtung zu jedem Zeitpunkt nach ihrer Fertigstellung zu beurteilen. Kontrollflächen werden im allgemeinen nicht für Gewährleistungszwecke benutzt, sie können jedoch nach Vereinbarung zwischen den Vertragspartnern für diesen Zweck herangezogen werden.

Falls Kontrollflächen verlangt werden, müssen sie dort angelegt werden, wo die Korrosionsbelastungen für das Bauwerk typisch sind. Alle Oberflächenvorbereitungs- und Beschichtungsarbeiten an Kontrollflächen sind in Gegenwart von Beauftragten aller Vertragspartner auszuführen, die schriftlich bestätigen müssen, daß die Kontrollflächen der Spezifikation entsprechen. Alle Kontrollflächen müssen dokumentiert werden. Sie können auch am Bauwerk selbst dauerhaft gekennzeichnet werden (siehe ISO 12944-8).

Die Größe und die Anzahl der Kontrollflächen müssen in einem angemessenen Verhältnis zur Art des gesamten Bauwerks stehen, sowohl in technischer als auch in wirtschaftlicher Hinsicht. Siehe auch ISO 12944-8.

7.2 Bereits beschichtete Oberflächen

Im besonderen Fall von bereits beschichteten Oberflächen können zwei Arten von Kontrollflächen (A und B) angelegt werden. Vorhandene Beschichtungen können entweder alte Beschichtungen sein oder Beschichtungen, die erst vor kurzer Zeit von anderen Auftragnehmern hergestellt wurden.

Kontrollfläche A

Oberflächenvorbereitung und Herstellen der Beschichtungen entsprechend der Spezifikation.

Kontrollfläche B

Alle vorhandenen Beschichtungen werden bis auf den Untergrund entfernt. Dann wird das vollständige Beschichtungssystem entsprechend der Spezifikation hergestellt.

7.3 Aufzeichnungen über Kontrollflächen

Der Auftragnehmer muß Aufzeichnungen über jeden Arbeitsgang beim Anlegen von Kontrollflächen machen (empfohlenes Muster siehe ISO 12944-8, Anhang B). Die Aufzeichnungen müssen als wichtigen Daten enthalten und von allen Vertragspartnern anerkannt sein.

7.4 Bewertung der Beschichtung

Die Beschichtung muß nach Verfahren bewertet werden, die zwischen den Vertragspartnern vereinbart sind, vorzugsweise nach internationalen oder nationalen Normen. Mängel in der Beschichtung können an folgenden Stellen auftreten:

– am Bauwerk, aber nicht an der (den) Kontrollfläche(n);

– sowohl am Bauwerk als auch an der (den) Kontrollfläche(n);

– nur an der (den) Kontrollfläche(n).

Falls Kontrollflächen für Gewährleistungszwecke verwendet werden, sind mögliche Ursachen der Mängel durch qualifiziertes und erfahrenes Personal, das von den Vertragspartnern akzeptiert ist, zu ermitteln.

Falls Kontrollflächen beschädigt wurden, müssen die beschädigten Stellen sorgfältig ausgebessert werden. Die ausgebesserten Stellen gelten jedoch nicht länger als Kontrollflächen.

Anhang A (informativ)
Anzahl von Kontrollflächen

Tabelle A.1

Größe des Bauwerks (beschichtete Fläche) m²	Empfohlene Höchstzahl an Kontrollflächen	Empfohlener prozentualer Anteil (Höchstwert) an Kontrollflächen zur Gesamtfläche des Bauwerks	Empfohlene Gesamtfläche der Kontrollflächen (Höchstwert) m²
bis 2 000	3	0,6	12
über 2 000 bis 5 000	5	0,5	25
über 5 000 bis 10 000	7	0,5	50
über 10 000 bis 25 000	7	0,3	75
über 25 000 bis 50 000	9	0,2	100
über 50 000	9	0,2	200

Anhang ZA (normativ)
Normative Verweisungen auf internationale Publikationen mit ihren entsprechenden europäischen Publikationen

Diese Europäische Norm enthält, durch datierte oder undatierte Verweisungen, Festlegungen aus anderen Publikationen. Diese normativen Verweisungen sind an den jeweiligen Stellen im Text zitiert, und die Publikationen sind nachstehend aufgeführt. Bei datierten Verweisungen gehören spätere Änderungen oder Überarbeitungen dieser Publikationen nur zu dieser Europäischen Norm, falls sie durch Änderung oder Überarbeitung eingearbeitet sind. Bei undatierten Verweisungen gilt die letzte Ausgabe der in Bezug genommenen Publikation.

Publikation	Jahr	Titel	EN	Jahr
ISO 1512	1991	Paints and varnishes – Sampling of products in liquid or paste form	EN 21512:1994/AC	1994
ISO 1513	1992	Paints and varnishes – Examination and preparation of samples for testing	EN ISO 1513	1994
ISO 2409	1992	Paints and varnishes – Cross-cut test	EN ISO 2409	1994
ISO 4624	1978	Paints and varnishes – Pull-off test for adhesion	EN 24624	1992
ISO 9001	1996	Quality systems – Model for quality assurance in design, development, production, installation and servicing	EN ISO 9001	1994
ISO 9002	1994	Quality systems – Model for quality assurance in production, installation and servicing	EN ISO 9002	1994
ISO 12944-1	1998	Paints and varnishes – Corrosion protection of steel structures by protective paint systems – Part 1: General introduction	EN ISO 12944-1	1998
ISO 12944-4	1998	Paints and varnishes – Corrosion protection of steel structures by protective paint systems – Part 4: Types of surface and surface preparation	EN ISO 12944-4	1998
ISO 12944-5	1998	Paints and varnishes – Corrosion protection of steel structures by protective paint systems – Part 5: Protective paint systems	EN ISO 12944-5	1998
ISO 12944-8	1998	Paints and varnishes – Corrosion protection of steel structures by protective paint systems – Part 8: Development of specifications for new work and maintenance	EN ISO 12944-8	1998

Verzeichnis nicht abgedruckter Normen

Dokument	Ausgabe	Titel
DIN 488-1	1984-09	Betonstahl; Sorten, Eigenschaften, Kennzeichen
DIN 488-2	1986-06	Betonstahl; Betonstabstahl; Maße und Gewichte
DIN 488-3	1986-06	Betonstahl; Betonstabstahl; Prüfungen
DIN 488-4	1986-06	Betonstahl; Betonstahlmatten und Bewehrungsdraht; Aufbau, Maße und Gewichte
DIN 488-5	1986-06	Betonstahl; Betonstahlmatten und Bewehrungsdraht; Prüfungen
DIN 1960	1992-12	VOB Verdingungsordnung für Bauleistungen – Teil A: Allgemeine Bestimmungen für die Vergabe von Bauleistungen
DIN 4074-1	1989-09	Sortierung von Nadelholz nach der Tragfähigkeit; Nadelschnittholz
DIN 4420-1	1990-12	Arbeits- und Schutzgerüste; Allgemeine Regelungen; Sicherheitstechnische Anforderungen, Prüfungen
DIN 18330	1998-05	VOB Verdingungsordnung für Bauleistungen – Teil C: Allgemeine Technische Vertragsbedingungen für Bauleistungen (ATV); Mauerarbeiten
DIN 18331	1998-05	VOB Verdingungsordnung für Bauleistungen – Teil C: Allgemeine Technische Vertragsbedingungen für Bauleistungen (ATV); Beton- und Stahlbetonarbeiten
DIN 18360	1998-05	VOB Verdingungsordnung für Bauleistungen – Teil C: Allgemeine Technische Vertragsbedingungen für Bauleistungen (ATV); Metallbauarbeiten
DIN 18364	1996-06	VOB Verdingungsordnung für Bauleistungen – Teil C: Allgemeine Technische Vertragsbedingungen für Bauleistungen (ATV); Korrosionsschutzarbeiten an Stahl- und Aluminiumbauten

93/17*

Anschriftenverzeichnis von "VOB-Stellen/Vergabeprüfstellen", nach Bundesländern geordnet*)

Bund

VOB-Ausschuß für den Bundesbaubereich beim Bundesministerium für Verkehr, Bau- und Wohnungswesen
53170 Bonn
Telefon: (02 28) 3 37 50 00/51 22/24
Telefax: (02 28) 3 37 30 60

Baden-Württemberg

Regierungspräsidium Stuttgart
Ruppmannstr. 21
70565 Stuttgart
Telefon: (07 11) 90 40   Telefax: (07 11) 9 04 24 08

Regierungspräsidium Karlsruhe
76131 Karlsruhe
Telefon: (07 21) 92 60   Telefax: (07 21) 9 26 62 11

Regierungspräsidium Freiburg
79083 Freiburg
Telefon: (07 61) 20 80   Telefax: (07 61) 2 08 10 80

Regierungspräsidium Tübingen
Konrad-Adenauer-Straße 20
72072 Tübingen
Telefon: (0 70 71) 75 70
Telefax: (0 70 71) 7 57 31 90

Bayern

Regierung von Mittelfranken
Promenade 27
91522 Ansbach
Telefon: (09 81) 5 30   Telefax: (09 81) 5 37 72

Regierung von Niederbayern
Regierungsplatz 540
84028 Landshut
Telefon: (08 71) 8 08 01
Telefax: (08 71) 8 08 14 98

Regierung von Oberbayern
Maximilianstraße 39
80538 München
Telefon: (0 89) 2 17 60   Telefax: (0 89) 28 59

Regierung von Oberfranken
Ludwigstraße 20
95444 Bayreuth
Telefon: (09 21) 60 41   Telefax: (09 21) 60 46 64

Regierung von Oberpfalz
Emmeramsplatz 8
93047 Regensburg
Telefon: (09 41) 5 68 00
Telefax: (09 41) 5 68 04 99/1 88

Regierung von Schwaben
Fronhof 10
86152 Augsburg
Telefon: (08 21) 3 27 01
Telefax: (08 21) 3 27 26 60

Regierung von Unterfranken
Peterplatz 9
97070 Würzburg
Telefon: (09 31) 38 00
Telefax: (09 31) 3 80 29 12

Berlin

Senatsverwaltung für Bauen, Wohnen und Verkehr
Behrenstraße 42-46
10117 Berlin
Telefon: (0 30) 2 17 40
Telefax: (0 30) 21 74 56 54

Brandenburg

Ministerium für Wirtschaft, Mittelstand und Technologie
Heinrich-Mann-Allee 107
14473 Potsdam
Telefon: (03 31) 8 66 16 64
Telefax: (03 31) 8 66 17 99

Bremen

Senator für Bauwesen
Ansgaritorstraße 2
28195 Bremen
Telefon: (04 21) 3 61 44 72
Telefax: (04 21) 3 61 20 50

Hamburg

VOB-Prüf- und Beratungsstelle
Neuer Wall 88
20354 Hamburg
Telefon: (0 40) 3 49 13 30 41
Telefax: (0 40) 3 49 13 24 96

Hessen

Hessisches Landesamt für Regionalentwicklung und Landwirtschaft
Frankfurter Str. 69
35578 Wetzlar
Telefon: (06441) 92890
Telefax: (06441) 92890

---

*) Stand: Mai 1999

484

Hessisches Landesamt für Straßen- und Verkehrswesen
Wilhelmstraße 10
65185 Wiesbaden
Telefon: (06 11) 36 61   Telefax: (06 11) 36 64 35

Hessisches Ministerium für Wirtschaft, Verkehr und Landesentwicklung
Kaiser-Friedrich-Ring 75
65185 Wiesbaden
Telefon: (06 11) 8 15 20 74
Telefax: (06 11) 8 15 22 25/6

Oberfinanzdirektion Frankfurt
Adickesallee 32
60322 Frankfurt
Telefon: (0 69) 1 56 03 91/68
Telefax: (0 69) 1 56 07 77

Regierungspräsidium Darmstadt
67278 Darmstadt
Telefon: (0 61 51) 12 60 36
Telefax: (0 61 51) 12 63 82

Regierungspräsidium Gießen
35338 Gießen
Telefon: (06 41) 30 30/1   Telefax: (06 41) 21 97

Regierungspräsident Kassel
Steinweg 6
34117 Kassel
Telefon: (05 61) 10 61   Telefax: (05 61) 16 32

Mecklenburg-Vorpommern

Ministerium des Innern
Wismarsche Straße 133
19048 Schwerin
Telefon: (03 85) 58 80
Telefax: (03 85) 5 88 29 72

Ministerium für Wirtschaft
19048 Schwerin
Telefon: (03 85) 58 80
Telefax: (03 85) 5 88 58 61

Oberfinanzdirektion Rostock
18055 Rostock
Telefon: (03 81) 46 90
Telefax: (03 81) 4 69 49 00/49 10

Niedersachsen

Bezirksregierung Braunschweig
38022 Braunschweig
Telefon: (05 31) 48 40
Telefax: (05 31) 4 84 32 16

Bezirksregierung Hannover
30002 Hannover
Telefon: (05 11) 10 61
Telefax (05 11) 1 06 24 84

Bezirksregierung Lüneburg
21332 Lüneburg
Telefon: (0 41 31) 1 50
Telefax: (0 41 31) 15 29 43

Bezirksregierung Weser-Erns
26106 Oldenburg
Telefon: (04 41) 79 90
Telefax: (04 41) 7 99 20 04

Bezirksregierung Weser-Erns
49025 Osnabrück
Telefon: (05 41) 31 41   Telefax: (05 41) 31 44 00

Der Niedersächsische Minister für Wirtschaft, Technologie und Verkehr
30001 Hannover
Telefon: (05 11) 12 01   Telefax: (05 11) 1 20 80 18

Nordrhein-Westfalen

Minister für Wirtschaft, Mittelstand, Technologie und Verkehr
Haroldstraße 4
40190 Düsseldorf
Telefon: (02 11) 8 37 02
Telefax: (02 11) 8 37 22 00

Regierungspräsident
Seibertzstraße 1
59821 Arnsberg
Telefon: (0 29 31) 8 20
Telefax: (0 29 31) 82 25 20

Regierungspräsident
Leopoldstraße 15
32756 Detmold
Telefon: (0 52 31) 7 10
Telefax: (0 52 31) 71 12 95/7

Regierungspräsident
Cäcilienallee 2
40474 Düsseldorf
Telefon: (02 11) 4 75 22 84
Telefax: (02 11) 4 75 26 71

Regierungspräsident
Zeughausstraße 2–10
50667 Köln
Telefon: (02 21) 14 70
Telefax: (02 21) 1 47 31 85

Regierungspräsident
48128 Münster
Telefon: (02 51) 41 10
Telefax: (02 51) 4 11 25 25

Rheinland-Pfalz

Bezirksregierung Koblenz
56002 Koblenz
Telefon: (02 61) 12 00
Telefax: (02 61) 1 20 22 00

Saarland

Ministerium des Innern
Franz-Josef-Röder-Straße 21
66119 Saarbrücken
Telefon: (06 81) 5 01 00
Telefax: (06 81) 5 01 22 22

Ministerium für Umwelt, Energie und Verkehr
Halbergstr. 50
66121 Saarbrücken
Telefon: (06 81) 5 01 00
Telefax: (06 81) 5 01 35 09

Ministerium für Wirtschaft und Finanzen
Am Stadtgraben 6–8
66111 Saarbrücken
Telefon: (06 81) 5 01 00
Telefax: (06 81) 5 01 44 40

Oberfinanzdirektion Saarbrücken
Präsident-Baltz-Straße 5
66119 Saarbrücken
Telefon: (06 81) 5 01 00
Telefax: (06 81) 5 01 65 94

Sachsen

Landesregierung Sachsen
01194 Dresden
Telefon: (03 51) 4 69 50
Telefax: (03 51) 4 69 54 99

Sachsen-Anhalt

Ministerium für Wirtschaft, Technologie und Verkehr
Wilhelm-Höpfner-Ring 4
39116 Magdeburg
Telefon: (03 91) 5 67 43 45
Telefax: (03 91) 5 67 44 44

Schleswig-Holstein

Innenminister von Schleswig-Holstein
24100 Kiel
Telefon: (04 31) 98 80   Telefax: (04 31) 9 88 28 33

Oberfinanzdirektion Kiel
24096 Kiel
Telefon: (04 31) 59 51   Telefax: (04 31) 5 95 25 51

Thüringen

Thüringer Landesamt für Straßenbau
Hallesche Straße 15
99085 Erfurt
Telefon: (03 61) 5 96 70
Telefax: (03 61) 5 96 73 18

Ministerium für Wirtschaft und Infrastruktur
Max-Reger-Str. 4–8
99096 Erfurt
Telefon: (03 61) 6 66 00
Telefax: (03 61) 2 14 47 50

Muster für einen Einführungserlaß
- Fassung November 1991 -

DIN 18 800 – Stahlbauten – Teile 1 bis 4
Ausgabe November 1990

1 Die Normen

DIN 18 800 Teil 1 Stahlbauten; Bemessung und Konstruktion, Ausgabe November 1990

DIN 18 800 Teil 2 Stahlbauten; Stabilitätsfälle, Knicken von Stäben und Stabwerken, Ausgabe November 1990

DIN 18 800 Teil 3 Stahlbauten; Stabilitätsfälle, Plattenbeulen, Ausgabe November 1990

DIN 18 800 Teil 4 Stahlbauten; Stabilitätsfälle, Schalenbeulen, Ausgabe November 1990

werden hiermit nach § ... der Landesbauordnung als technische Baubestimmung (Richtlinie) bauaufsichtlich eingeführt.

Die Normen sind als Anlage 1 bis 4 abgedruckt.

2 Bei Anwendung von DIN 18 800 Teile 1 bis 4/11.90 gilt folgendes:

2.1 Die als Anlage abgedruckte Anpassungsrichtlinie ist zu beachten.

2.2 Für den Stahlhochbau (DIN 18 801/09.83) und dünnwandige Rundsilos aus Stahl (DIN 18 914/09.85) dürfen DIN 18 800 Teile 1 bis 4/11.90 unter Beachtung der ergänzenden Festlegungen im Abschnitt 4 der Anpassungsrichtlinie angewandt werden. Dabei muß vollständig nach den Bestimmungen DIN 18 800 Teile 1 bis 4/11.90 bemessen werden.

Bei Anwendung von anderen technischen Baubestimmungen, in denen auf DIN 18 800 Teil 1/03.81 oder DIN 1050/06.68 Bezug genommen wird, dürfen DIN 18 800 Teile 1 bis 4/11.90 sinngemäß angewendet werden.

2.3 Eine Kombination von Stahlbaubestimmungen der Normreihe DIN 18 800/11.90 (neues Sicherheits- und Bemessungskonzept) mit den DIN-Normen 18 800 Teil 1/03.81, 4114 Teil 1/07.52xx und 4114 Teil 2/02.53x sowie den DASt-Richtlinien 012/10.78 und 013/07.80 (altes Sicherheits- und Bemessungskonzept) ist nicht zulässig (Mischungsverbot).

Für die Berechnung von Bauwerksteilen, die jeweils statisch ein in sich abgeschlossenes System bilden und nach unter-schiedlichen Sicherheits- und Bemessungskonzepten nachgewiesen sind, gilt der Abschnitt 1 der Anpassungsrichtlinie.

2.4 Für die Stahlsorte Fe 510 (St 52-3) muß der Nachweis über die chemische Zusammensetzung nach der Schmelzanalyse gemäß Sonderregelung A 1 beim Verarbeiter vorliegen.

Die Sonderregelung A 1 für die Stahlsorte Fe 510 (St 52-3) und die Regelung A 3 für die Kennzeichnung der Erzeugnisse nach Anhang A DIN 18 800 Teil 1/11.90 gelten auch, wenn DIN 18 800 Teil 1/03.81 angewandt wird.

2.5 Versuchsberichte (siehe DIN 18 800 Teil 1/11.90, Element (207)) dürfen nur anerkannt werden, wenn sie von dafür geeigneten Stellen (Materialprüfungs- bzw. Versuchsanstalten) erstellt wurden.*)

Prüfungen, die von Prüfstellen anderer EG-Mitgliedstaaten durchgeführt werden, sind ebenfalls anzuerkennen, sofern die Prüfstellen nach Art. 16 Abs. 2 der Richtlinie 89/106/EWG vom 21.12.1988 hierfür von einem anderen Mitgliedstaat der Gemeinschaft anerkannt worden sind.*)

3 Die Normen DIN 18 800 Teile 1 bis 4/11.90 enthalten Druckfehler, die in der Druckfehlerliste Anlage ... aufgeführt sind.

Die Druckfehlerliste wurde auch in den DIN-Mitteilungen 9/1991 veröffentlicht.**)

4 Das Verzeichnis der nach § ... der Landesbauordnung eingeführten Technischen Baubestimmungen, bauaufsichtlich bekanntgemacht am ..., erhält in den Abschnitten ... folgende Fassung/Ergänzung ... .

5 Weitere Stücke der Normblätter DIN 18 800 Teil 1 bis 4/11.90 können vom Beuth-Verlag GmbH, Burggrafenstraße 6, 1000 Berlin 30, Telefax 2 60 12 31, bezogen werden.

---

*) Verzeichnisse von Prüfstellen werden beim Institut für Bautechnik geführt und in den „Mitteilungen des IfBt" veröffentlicht.
**) Vom Beuth-Verlag ist inzwischen eine druckfehlerbereinigte Fassung erschienen,

Anpassungsrichtlinie Stahlbau

Anpassungsrichtlinie zu DIN 18 800 – Stahlbauten – Teile 1 bis 4 (November 1990)
– korrigierte Ausgabe Oktober 1998 –

Vorbemerkungen

Diese Richtlinie wurde in einer kleinen Arbeitsgruppe unter Federführung des Deutschen Instituts für Bautechnik im Auftrag der FK Baunormung der ARGEBAU und in Abstimmung mit dem DASt erarbeitet.

Bei Verweisen auf Normenabschnitte ohne Angabe der DIN-Nummer ist stets die DIN-Nummer gemeint, deren Abschnitte angepaßt werden.
Beim Zitat der Norm DIN 18 800 Teile 1 bis 4 handelt es sich stets um die Ausgabe November 1990. Werden Element-Nummern ohne Bezug angegeben, so beziehen sich diese stets auf DIN 18 800-1, ausgenommen in Abschnitt 4.7 (DASt-Ri 016).
In dieser Neufassung der Anpassungsrichtlinie wurde der Inhalt der Normen an einigen wenigen Stellen qualitativ ergänzt, neben der bisherigen Anpassung an das neue Bemessungskonzept und dem Hinweis auf Druckfehler gibt es nunmehr auch „Anpassungen" an den Stand der Technik. Diese Stellen sind durch einen seitlichen Strich kenntlich gemacht. Es sind insbesondere folgende Festlegungen:

DIN 18 800-1:
- *Ergänzung und Aktualisierung der Tabelle 1, dabei unter anderem die Ergänzung um die zwischen St 37 und St 52 liegende Stahlsorte S 275. Sie ist im Ausland seit langem gebräuchlich und deshalb auch im EC 3 enthalten. Überall dort, wo in der Norm für St 37 und St 52 unterschiedliche Regeln vorkommen, mußte für S 275 eine entsprechende Festlegung erfolgen (Interpolation oder Festlegung zur sicheren Seite).*
  Aufgenommen wurde als Stahlbauwerkstoff auch Gußeisen, ein Werkstoff, der sich zunehmender Beliebtheit bei den Architekten erfreut und dringend einer Regelung bedarf, wobei Erfahrungen aus dem Zulassungsbereich genutzt werden konnten.
- *Die Regelung für Schraubenverbindungen wurde erweitert auf Schraubverbindungen, also auf Verbindungen, bei denen zwar geschraubt wird, jedoch das Teil mit dem Innengewinde keine Schraubenmutter und das Teil mit dem Außengewinde keine Schraube, sondern eine Gewindestange aus einer der in Tabelle 1 genannten Stahlsorten ist. Gewindestangen werden zwar schon in der Norm – siehe Element 809 – erwähnt, eine Regelung wie jetzt zu den Elementen 406 und 504 fehlte aber bislang.*
- *Die ständige Einwirkung „Vorspannung" fehlte bisher (Element 710). In aller Regel erhöht die Vorspannung im Stahlbau nicht die Tragfähigkeit einer Konstruktion, sondern verbessert „nur" deren Gebrauchstauglichkeit. Zum einen stimmt dies nur bedingt, bei nicht vorwiegend ruhender Beanspruchung beispielsweise ist auch die Vorspannung eine Angelegenheit der Tragfähigkeit, denn die Betriebsfestigkeit kann erhöht werden. Zum anderen ist auch die Gebrauchstauglichkeit eine Angelegenheit der Normung. In dieser Grundnorm sind nur generelle Hinweise – siehe Element 710 – zu geben.*

DIN 18 800-2:
- *Reserven bei Anwendung des Verfahrens El.-El. gegenüber der plastischen Bemessung stehen nur **einmal** zur Verfügung. Die Korrektur der Elemente 201 und 309 ist in diesem Sinne eine Klarstellung.*

- Die Formel für die Ersatzschubsteifigkeit von Rahmenstäben in Tabelle 13 setzt voraus, daß die Bindebleche als starr angenommen werden dürfen. Das entsprechende Entscheidungskriterium fehlte bisher, siehe Änderung zu Element 404.

DIN 18800-3:

- Ein Forschungsvorhaben ergab, daß die DASt-Richtlinie 015 für gedrungene Träger ein Sicherheitsdefizit enthält. Da diese Richtlinie nur indirekt über die Anpassungsrichtlinie bauaufsichtlich „eingeführt" wurde, erfolgt der Warnvermerk ebenfalls hier.

DIN 18914:

- Diese Norm unterscheidet sich werkstoffmäßig nicht von der 2 Jahre jüngeren Norm DIN 18807 und der 3 Jahre jüngeren DASt-Richtlinie 016. Es erfolgt hier eine Angleichung der entsprechenden Regel.

DIN 4421:

- Hier war zunächst eine Angleichung der Werkstoff- und Normenbezeichnungen an den europäischen Stand erforderlich (Tabellen 1, 1a und 4).
- Eine weitere Änderung ergibt sich aus neuen bauaufsichtlichen Randbedingungen. Der Wegfall der Prüfzeichenpflicht für Kupplungen, Baustützen und längenverstellbaren Schalungsträgern erforderte eine Änderung der Abschnitte 2.2.1–2.2.3, 2.2.7 und 6.5.5.

8

1 Berechnungen von Bauwerksteilen nach unterschiedlichem Sicherheitskonzept

Erläuterung: Hierbei stand die Überlegung Pate, daß Stahlbauten stets mit Bauteilen aus anderen Baustoffen verbunden sind, mindestens mit Beton (Fundamente), evtl. auch mit Holz, seltener mit Aluminium. Solange die Regeln für Bauteile aus solchen Baustoffen noch keine verbindliche Regel nach neuem Sicherheitskonzept haben, sind entsprechende „Adapter" der hier angegebenen Art unverzichtbar.

An der Schnittstelle zwischen Bauwerksteilen, die nach Teil 1 bis Teil 4 und solchen, die nach einer noch nicht auf das neue Sicherheitskonzept umgestellten Norm berechnet wurden, sind die Schnitt- und Auflagergrößen auf der Grundlage des jeweils geltenden Sicherheitskonzepts neu zu berechnen. Vereinfachend darf aber auch wie folgt verfahren werden:

Fall A: Übergang von Bauwerksteilen nach „neuem" Sicherheitskonzept auf Bauwerksteile nach „altem" Sicherheitskonzept

Unter der Voraussetzung, daß alle Werte $\gamma_F \cdot \Psi \geq 1,35$ eingesetzt wurden, gilt:

Aus Grundkombinationen (Element 710, Teil 1: 1990-11) berechnete Schnitt- und Auflagergrößen dürfen für die Berechnung von Bauwerksteilen nach „altem" Sicherheitskonzept durch 1,35 dividiert werden.

Ist das Verhältnis der Schnittgrößen aus den Nennwerten der Einwirkungen zu den Schnittgrößen aus Lastfallkombination mit γ_F-fachen bzw. $\gamma_F \cdot \Psi$-fachen Einwirkungen (Elemente 710 bis 714, Teil 1: 1990-11) unter Berücksichtigung ansetzbarer Imperfektionen (Elemente 729 bis 732, Teil 1: 1990-11) abschätzbar, so darf nach diesem Verhältnis umgerechnet werden.

Fall B: Übergang von Bauwerksteilen nach „altem" Sicherheitskonzept auf Bauwerksteile nach „neuem" Sicherheitskonzept

Nach „altem" Sicherheitskonzept berechnete Schnitt- und Auflagergrößen dürfen für die Berechnung und Bemessung von Stahlbauteilen nach „neuem" Sicherheitskonzept für die Grundkombination mit den 1,5 fachen Werten berücksichtigt werden. Dort, wo geometrische Imperfektionen zu einer nicht vernachlässigbaren Vergrößerung der Beanspruchung führen (Elemente 729 bis 732, Teil 1), sind sie durch entsprechende Zuschläge zu berücksichtigen. Ist das Verhältnis von Schnittgrößen aus Lastfallkombinationen mit γ_F-fachen bzw. $\gamma_F \cdot \Psi$-fachen Einwirkungen (Elemente 710 bis 714, Teil 1) unter Berücksichtigung ansetzbarer Imperfektionen (Elemente 729 bis 732, Teil 1) zu Schnittgrößen aus den Nennwerten der Einwirkungen abschätzbar, so darf nach diesem Verhältnis umgerechnet werden.

2 Beanspruchungen nach der Plastizitätstheorie

Eine ausführliche Erläuterung zum Element 758 enthält der Beuth-Kommentar [4], der im Mai 1998 in dritter Auflage erschienen ist.

Regelungen, die sich auf die Ermittlung der Beanspruchungen nach der Plastizitätstheorie beziehen (Nachweisverfahren 3 nach Teil 1, Tabelle 11 bzw. Teil 2, Tabelle 1), betreffen die speziellen Plastizitätstheorien „Fließzonentheorie" und „Fließgelenktheorie", siehe DIN 18800-1, Element 758.

3 Festlegungen zu einzelnen Elementen und Tabellen der Grundnormen
3.1 DIN 18800-1 – Bemessung und Konstruktion

Diese Norm ist die Nachfolgenorm der noch auf das „alte" Bemessungskonzept abgestellten Norm DIN 18 800-1: 1981-03. Sie entstand parallel zur Bearbeitung der Vornorm DIN V ENV 1993-1-1 (EC 3) und in enger Abstimmung zwischen den Beteiligten. Bemessungskonzept und Sicherheitsniveau beider Regeln sind gleich. Eine Umstellung von dieser nationalen Norm auf die künftige europäische Norm wird deshalb vergleichsweise unproblematisch sein. Dieser Teil 1 ist einer von 5 fertigen Teilen der Stahlbaugrundnorm und ist auch gleichzeitig Grundnorm für die übrigen 4 Teile, die nur im Zusammenhang mit dieser Grundnorm anzuwenden sind. Sowohl dieser Teil als auch die Teile 2, 3 und 4 sind auch in englischer Sprache erhältlich.

Element	Regelungsinhalt	Festlegungen
(305)	Teilsicherheits-beiwerte	Für die Regelfälle sind γ_F und γ_M in dieser Norm festgelegt (Elemente 710 bis 725). Der Hinweis auf die Literaturstelle [1] betrifft nur Sonderfälle für nicht geregelte Einwirkungen – z. B. in DIN 1055 nicht genannte Schüttgüter – und Widerstandsgrößen, die durch Meßreihenauswertung ermittelt werden müssen, weil die Herleitung aus genormten Festigkeitswerten nicht möglich ist.
(401)	übliche Werkstoff-sorten *(Änderung der Element-bezeichnung!)*	Anstelle des Normentextes gilt: Es sind folgende Stahlsorten/ Gußwerkstoffe zu verwenden: 1. Von den unlegierten Baustählen nach DIN EN 10025 die Stahlsorten S 235 (St 37), S 275 (St 44) und S 355 (St 52), entsprechende Stahlsorten für kaltgefertigte geschweißte Hohlprofile nach DIN EN 10219-1 sowie für warmgefertigte Hohlprofile nach DIN EN 10210-1. 2. Von den schweißgeeigneten Feinkornbaustählen nach DIN EN 10113-2 die Stahlsorten S 275 N, S 275 NL, S 355 N und S 355 NL, entsprechende Stahlsorten für warmgefertigte Hohlprofile nach DIN EN 10210-1 sowie für kaltgefertigte Hohlprofile nach DIN EN 10219-1. 3. Von den Vergütungsstählen nach DIN EN 10083 die Stahlsorten C35+N und C45+N. 4. Stahlguß GS 200+N, GS 240+N, G17Mn5+QT, G20Mn5+QT nach DIN 17205-2[1] sowie Gußeisen mit Kugelgraphit GJS-400-15 (GGG 40) und GJS-400-18-LT/-RT (GGG 40.3) nach DIN EN 1563. 1) z. Zt. Entwurf
(403) und (404)	Stahlauswahl Bescheinigungen	Die Anpassung ist in der Herstellungsrichtlinie bzw. in DIN 18800-7 geregelt, vgl. Vorbemerkung.
(405)	charakteristische Werte für Walzstahl und Stahlguß	Der erste Absatz wird wie folgt ergänzt: Bei Erzeugnisdicken, die größer sind, als in Spalte 2 angegeben, sowie bei anderen Stahlsorten gemäß Element 402, erster Spiegelstrich, dürfen als charakteristische Werte im Festigkeitsbereich zwischen S 235 und S 355 die unteren Grenzwerte der Streckgrenzen und der Zugfestigkeiten in den jeweiligen technischen Lieferbedingungen verwendet werden.
(406)	Schrauben, Muttern, Scheiben	Es dürfen auch andere Bauteile aus Stahl mit metrischem Außen- oder Innengewinde verwendet werden, wenn sie einer der Festigkeitsklassen der Schrauben nach Tabelle 2 oder einer der in Tabelle 1 genannten Stahlsorten zugeordnet werden können.

Element	Regelungsinhalt	Festlegungen
(407)	Verzinkte Schrauben	Der verbindliche Teil dieser Regel erhält folgenden Zusatz: Galvanische Verzinkung von 10.9-Schrauben ist unzulässig.
(411) mit Tab. 4	Kopf- und Gewindebolzen	Für S 275 (St 44) sind die entsprechenden Werte aus der neuen Tabelle 1 einzufügen.

| **Tabelle 1:** Als charakteristische Werte für Walzstahl und Gußwerkstoffe festgelegte Werte

	1	2	3	4	5	6	7
	Stahl	Erzeugnis-dicke $t^{)}$ mm	Streck-grenze $f_{y,k}$ N/mm^2	Zug-festigkeit $f_{u,k}$ N/mm^2	E-Modul E N/mm^2	Schub-modul G N/mm^2	Temperatur-dehnzahl α_T κ^{-1}
1	Baustahl S 235	$t \leq 40$	240^1	$360^{1,2}$			
2		$40 < t \leq 100$	215				
3	S 275	$t \leq 40$	275				
4		$40 < t \leq 80$	255	410			
5	S 355	$t \leq 40$	360^1				
6		$40 < t \leq 80$	335	$510^{1,2}$			
7	Feinkornbaustahl S 275 N u. NL	$t \leq 40$	275	370	210 000	81 000	$12 \cdot 10^{-6}$
8		$40 < t \leq 80$	255				
9	S 355 N u. NL	$t \leq 40$	360^1				
10		$40 < t \leq 80$	335	510^1			
11	Vergütungsstahl C 35 + N	$t \leq 16$	300	550			
12		$16 < t \leq 100$	270	520			
13	C 45 + N	$t \leq 16$	340	620			
14		$16 < t \leq 100$	305	580			
15	Gußwerkstoffe GS 200 + N	$t \leq 100$	200	380			
16	GS 240 + N						
17	G 17 Mn 5 + QT	$t \leq 50$	240	450			
18	G 20 Mn 5 + QT	$t \leq 100$	300	500			
19	GJS 400 - 15		250				
20	GJS 400 - 18 - LT	$t \leq 60$	230	390	169 000	46 000	$12{,}5 \cdot 10^{-6}$
21	GJS 400 - 18 - RT		250				

*) Für die Erzeugnisdicke werden in Normen für Walzprofile auch andere Formelzeichen verwendet, z. B. in den Normen der Reihe DIN 1025 s für den Steg

Anmerkung: Vergleiche hierzu auch Abschnitt 7.3.1, Element 718.

1) Diese Werte wurden aus der bisherigen Tabelle fortgeschrieben ungeachtet dessen, daß im Eurocode niedrigere Werte angegeben sind in Übereinstimmung mit den entsprechenden Festlegungen in den Stoffnormen. Dies läßt sich 2-fach begründen: Einerseits ist die Differenz zwischen beiden Zahlen so unerheblich, daß der Vorteil der Beibehaltung der bisher festgelegten Werte überwiegt. Zum anderen handelt es sich bei den charakteristischen Werten begriffsmäßig stets um Fraktilwerte, die der Lehre der Statistik entsprechend höher liegen müssen als die – in der Liefernorm angegebenen – Mindestwerte.

2) Diese Werte korrespondieren mit den Festlegungen in den aktuell gültigen Liefernormen. DIN EN 10 025 wird zur Zeit bearbeitet. Sollten in der künftigen Fassung dieser Liefernorm deutliche Abminderungen (mehr als ≈ 8 %) gegenüber den hier getroffenen Festlegungen festgestellt werden, so ist, wenn nichts anderes vereinbart wird, auf der sicheren Seite liegend der jeweilige Normenwert der Bemessung zugrunde zu legen.

Element	Regelungsinhalt	Festlegungen
(412)	Bescheinigungen über Schrauben, Niete und Bolzen	Die Anpassung ist in der Herstellungsrichtlinie geregelt, vgl. Vorbemerkungen. *Anm.: Für die Herstellung von Verbindungsmitteln, sofern sie als Bauprodukte verwendet werden sollen, wird das Übereinstimmungszertifikat durch eine anerkannte Zertifizierungsstelle (ÜZ) benötigt, siehe Bauregelliste A.*
(415)	Drähte von Seilen	Die zweite Satzhälfte (...oder nichtrostende...) ist zu streichen. *Anm.: Für die Herstellung von hochfesten Zuggliedern, sofern sie als Bauprodukte verwendet werden sollen, wird das Übereinstimmungszertifikat durch eine anerkannte Zertifizierungsstelle (ÜZ) benötigt, siehe Bauregelliste A.*
(504)	Stöße und Anschlüsse	Bei Schraubstößen – z. B. bei Gewindestangen – und bei Sacklochverbindungen muß das Verhältnis ξ von Einschraubtiefe zum Außendurchmesser des Gewindestabes mindestens folgenden Wert erreichen, wenn kein genauerer Nachweis erfolgt: $\xi = (600/f_{u,k}) \cdot (0,3 + 0,4 \cdot (f_{u,b,k}/500))$, wobei, jeweils in N/mm², $f_{u,k}$ der charakteristische Wert der Zugfestigkeit des mit Innengewinde versehenen Teils und $f_{u,b,k}$ der charakteristische Wert der Zugfestigkeit des Teiles mit Außengewinde ist. Bei Schraubverbindungen gelten die Regeln für Schraubenverbindungen im übrigen sinngemäß. *Anm.: Die Formel wurde abgeleitet aus der Zulassungs-Festlegung der Einschraubtiefe bei Knotenstücken von Raumtragwerken.*
(507)	Schrauben, Muttern und Unterlegscheiben	In diesem Element sind nur Abmessungsnormen für Schrauben der Festigkeitsklassen 4.6, 5.6 und 10.9 aufgeführt. Für die nach Element 406 außerdem zulässigen Schrauben der Festigkeitsklasse 8.8 dürfen auch die Abmessungsnormen DIN EN 24014 und DIN EN 24017 verwendet werden (s. Festlegung zu Element 812).
(706)	Einteilung	Der erste Satz wird wie folgt neu gefaßt: Die Einwirkungen **F** sind nach ihrer zeitlichen Veränderung einzuteilen in – ständige Einwirkungen G infolge der Schwerkraft – ständige Einwirkungen P infolge von Vorspannung – veränderliche Einwirkungen Q und – außergewöhnliche Einwirkungen F_A.
(710)	Grundkombinationen	Außer G sind auch die ständigen Einwirkungen P zu berücksichtigen. Für diese ist $\gamma_F \equiv \gamma_P$ in Abhängigkeit von der Streuung, der Kontrollmöglichkeiten, der Beständigkeit über die Zeit und der Auswirkung auf die Beanspruchung (günstig oder ungünstig) in Fachnormen festgelegt.
	Kontrollierte Einwirkungen	Kontrollierte ständige Einwirkungen dürfen ebenfalls mit einem um 10 % kleineren Teilsicherheitsbeiwert γ_F berücksichtigt werden. Dies darf ggf. auch bei der Einwirkung „Vorspannung" berücksichtigt werden.
	Anmerkungen	Anmerkung 3: Der Normenverweis muß richtig lauten: DIN 1055-3, Abschnitt 6.1 mit Tabelle 1.

Element	Regelungsinhalt	Festlegungen
(711)	Ständige Einwirkungen, die Beanspruchungen verringern	Für Einwirkungen aus wahrscheinlichen Baugrundbewegungen, die Beanspruchungen verringern, gilt $\gamma_F = 0$. Zusätzliche Anmerkung bzw. Ergänzung: Bei dieser Bedingung sind nicht einzelne ständige Einwirkungen zu betrachten, sondern alle zu einer Ursache gehörenden ständigen Einwirkungen. Beispiele: – Wenn die Verringerung der Schwerkraft zu einer Vergrößerung der Beanspruchung führt. – Wenn eine Verringerung des Vorspannweges zu einer Vergrößerung der Beanspruchung führt. – Wenn eine geringere Stützensenkung zu einer Vergrößerung der Beanspruchung führt.
(718)	charakteristische Werte der Festigkeiten	Sind weder in Abschnitt 4 noch in Fachnormen charakteristische Werte für die Festigkeiten (z. B. bei großen Blechdicken, bei Temperaturen > 100 °C usw.) angegeben, so sind diese durch Auswertung von repräsentativen Stichproben, durchgeführt von einer dafür geeigneten Stelle, als 5 %-Fraktile bei 75 % Aussagewahrscheinlichkeit zu ermitteln.
(742)	Lochschwächungen	Die Bedingung (27) gilt z. B. auch für Zuggurte von Biegeträgern. Für St 44 gilt der Mittelwert zwischen St 37 und St 52. Die Gleichung (28) des Elements 742 gilt für St 37 und St 52 unabhängig von der Art der Lochherstellung. In Bild 15 muß die Beschriftung richtig heißen: „$A_{Netto} = 2\,A^*$ für Gleichung (28)". (Die Gleichungsnummer steht versehentlich am Textrand.)
(744)	Krafteinleitung in Walzprofile	Sofern ein Beulsicherheitsnachweis erforderlich ist, ist dieser nach DIN 18 800-3, Element 504 zu führen. Auf die richtige Achsbezeichnung des Koordinatensystems ist dabei zu achten.
(745) und Tab. 12–14	Grenzwerte (b/t) für el.-el.	Die unterste Zeile der Tabellen gilt für St 44 entsprechend.
(752)	Vereinfachung für Stäbe mit I-förmigem Querschnitt	Der erste Satz wird durch folgenden ersetzt: Bei Stäben mit I-förmigem Querschnitt, bei denen die Wirkungslinie der Querkraft V_z mit dem Steg zusammenfällt und bei denen erkennbar ist, daß die maximale Schubspannung im Steg um nicht mehr als 10 % vom mittleren Wert abweicht, darf die Schubspannung im Steg nach Gleichung (39) berechnet werden. Bei Anwendung von Gl. (39) darf vom Nachweis in einfachen Fällen nach Anhang B kein Gebrauch gemacht werden. In Anmerkung 2 wird der erste Satz wie folgt geändert: Dies ist bei doppeltsymmetrischen Querschnitten der Fall, wenn das Verhältnis A_{Gurt}/A_{Steg} größer als 0,6 ist.
(755)	Grenzschnittgrößen im plastischen Zustand, allgemein	Die Grenzquerkräfte im plastischen Zustand dürfen bei voller Ausnutzung einer M-N-Interaktion nur zu 90 % des rechnerischen Wertes angenommen werden. In den Tabellen 16 und 17 ist dies bereits berücksichtigt.

Element	Regelungsinhalt	Festlegungen
(757)	Interaktion von Grenzschnitt-größen	In Tabelle 16 darf in der letzten Spalte die obere Grenze des Gültigkeitsbereichs für $V/V_{pl,d}$ statt mit 0,9 mit 1,0 angenommen werden. Gleichung (42) wird wie folgt ergänzt: mit $Mz^* = [1 - c_1 - c_2 \cdot (M_y^*/M_{pl,y,d})^{2,3}] \cdot M_{pl,z,d}$
(764), (767)	Nachweis der Gleitsicherheit	Die Grenzgleitkraft $V_{R,d}$ ist wie folgt zu ermitteln: $V_{R,d} = \dfrac{\mu_d N_{z,d}}{1,5} + V_{a,R,d}$, dabei ist μ_d der Bemessungswert für die Reibungszahl in der untersuchten Fuge – für Stahl/Stahl 0,20 – für Stahl/Beton 0,50. Weitere Voraussetzungen bzw. Einschränkungen hinsichtlich der Oberflächenqualität siehe DIN 4141-1: 1984-09, Abschnitt 6.
(804)	Abscheren bei Schrauben	Mit diesem (neuen) Nachweis entfällt die Einschränkung in DIN 18 800-7: 1983-05, Abschnitt 3.3.1.3. $\alpha_a = 0,6$ gilt auch für Nietwerkstoffe gemäß Tabelle 3 und für Bolzen aus Werkstoffen gemäß Tabelle 4. Liegt bei Schrauben der Festigkeitsklasse 10.9 der Gewindeteil des Schaftes in der Scherfuge, so ist die Grenzabscherkraft um 20 % abzumindern. Es ist dann mit einem Beiwert $\alpha_a = 0,44$ zu rechnen. Bei einschnittigen ungestützten Verbindungen ist $\gamma_M = 1,25$ anzunehmen.
(809)	Verbindungen mit Schrauben oder Nieten; Nachweis der Tragsicherheit; Zug	Die Gleichungen (55) bis (57) gelten auch für Rundstahl mit Gewindeenden und für Gewindestangen. Die Bedingung „annähernd bis zum Kopf" bedeutet, daß der glatte Teil des Schaftes nicht länger als $0,5\ d_{sch}$ ist. Die Bedingung gilt auch bei anderen zugbeanspruchten Gewindeteilen, wenn der gewindefreie Teil im zugbeanspruchten Bereich kürzer als $0,5\ d_{sch}$ ist. Ist eine auf Zug beanspruchte Schraube Teil einer vorgespannten Verbindung, so ist beim Nachweis auf Zug die anteilige Vorspannkraft bei der Ermittlung von N nicht zu berücksichtigen. Die Nachweisformeln gelten auch für größere Durchmesser als 39 mm (größter Gewinde-Nenndurchmesser von Schrauben nach DIN EN 20 898-1 bzw. -2). Bei Schrauben, deren Kopfform so stark von denen der 6-Kant-Schrauben abweicht, daß die Beanspruchung nicht mehr drehsymmetrisch ist (z. B. Hammerschrauben; Steinschrauben), muß die Beanspruchbarkeit des Kopfes nachgewiesen werden.
(812)	Gleitfeste Verbindungen	Die Vorspannkräfte F_v für Schrauben der Festigkeitsklasse 8.8 in den Abmessungen nach DIN 931 und DIN 933 sind auf 70 % dieser Werte zu ermäßigen.

Element	Regelungsinhalt	Festlegungen
(825) in Verbindung mit Tab. 19	Nachweis für Schweißnähte	Element 825 muß richtig heißen: „Nachweis für Nähte nach Tabelle 19" und in der 3. Zeile „... Schweißnahtspannungen z. B. nach Bild 29 ...". In der Tabelle 19 ist in Zeile 5 das Maß a falsch dargestellt. Die Definition nach Spalte 3 ist maßgebend. *(Vgl. hierzu auch Hofman, H.-G., „Die versenkte Kehlnaht" im Stahlbau, in: Stahlbau 1/1985, Seite 14–16, Verlag Ernst & Sohn, Berlin.)*
(829) in Verbindung mit Tab. 21	Grenzschweißnahtspannungen	Im Kopf der Spalte 4 der Tabelle 21 ist hinzuzufügen „St 37 - 3". *Hinweis: Spalte 4 gilt für alle Stähle der Festigkeitsklasse St 37 und St 44, die Spalte 5 für alle Stähle der Festigkeitsklasse St 52.*
(830)	Stumpfstöße von Formstählen	Diese Regelung gilt auch für S 275 (St 44).
(833)	Walzträgeranschluß	Für Nahtdicken bei Verwendung von S 275 (St 44) gelten die Mittelwerte der Angaben in Tabelle 22.
(834)	Widerstandsabbrennstumpf- und Reibschweißen	Bei der Ermittlung der Beanspruchbarkeit gelten die Elemente 724 und 207 und ggf. 304.
(NN)	Berührungsdruck nach Hertz	In DIN 18 800-1 werden keine charakteristischen Werte zur Berechnung des Grenzdrucks nach Hertz in Stahllagern festgelegt. Soweit nicht für den speziellen Verwendungszweck geregelt dürfen die Werte der folgenden Tabelle benutzt werden, sofern kein genauerer Nachweis erfolgt.

Tabelle: Charakteristische Werte $\sigma_{H,k}$ für die Berechnung des Grenzdruckes nach Hertz für Lager mit nicht mehr als 2 Rollen

	Werkstoff	$\sigma_{H,k}$ in N/mm^2
1	St 37	800
2	St 52, GS-52	1000
3	C 35 N	950

| Anhang B | Erhöhung der Beanspruchbarkeiten | Die Einschränkung im dritten Spiegelstrich, betreffend Element 749, gilt nicht für den Stegbereich von Walzprofilen. |

3.2 DIN 18 800-2 – Stabilitätsfälle, Knicken von Stäben und Stabwerken

Diese Norm ist Nachfolgenorm von DIN 4114-1 und -2, soweit es sich dort um Regelungen des Stabknickens handelt. Auch hier erfolgte eine Abstimmung mit EC 3. Insbesondere sind die „europäischen Knickspannungslinien" (hier: Tabelle 5) in beiden Regeln zu finden.

Hinweis: In den Abschnitten 3.4, 3.5 und 7 ist unter „Normalkraft" stets Druck zu verstehen.

Element	Regelungsinhalt	Festlegungen
(201)	Berücksichtigung von Imperfektionen	Der Faktor 2/3 (in der 2. „Darf-Regel") darf nicht verwendet werden, wenn von Element 121, 1. Spiegelstrich, 2. Satz Gebrauch gemacht wird.
(308)	Behinderung der seitlichen Verschiebung	Die Aussteifung nach Bild 11 setzt voraus, daß es sich um Mauerwerk nach DIN 1053 handelt.
(309) in Verbindung mit Anmerkung 2 und Tab. 7	Behinderung der Verdrehung	Der Wert $k_v = 0{,}35$ (in Gl. (8)) darf nicht verwendet werden, wenn von Element 121, 1. Spiegelstrich, 2. Satz Gebrauch gemacht wird. Tabelle 7 ist anzuwenden, wenn kein genauerer Nachweis geführt wird. Voraussetzung ist, daß Stahltrapezprofile nach DIN 18 807 verwendet werden.
(404) in Verbindung mit Tab. 13	Ersatzschubsteifigkeit von Rahmenstäben	Die Verwendung der Ersatzschubsteifigkeit nach Tabelle 13, Spalte 6, Zeile 3 setzt voraus, daß die Verformungsanteile aus dem Bindeblech vernachlässigbar sind. Dies darf dann angenommen werden, wenn folgendes gilt: $n \cdot I_B/h_y \geq 10 \cdot I_{z,G}/a$ wenn I_B die Biegesteifigkeit des Bindeblechs ist.
(512) in Verbindung mit Tab. 17	Unverschieblichkeit ausgesteifter Rahmen	Bei Mauerwerk nach DIN 1053 ist für den Schubmodul G ein Drittel des nach der Norm anzusetzenden Elastizitätsmoduls E anzunehmen.

3.3 DIN 18 800-3 – Stabilitätsfälle, Plattenbeulen

Vorläufer dieser Norm ist die DASt-Richtlinie 012 – Plattenbeulen –, die allerdings nicht bauaufsichtlich eingeführt wurde. Statt dessen war ein Ergänzungserlaß neben den in DIN 4114 vorhandenen Regeln zu beachten. Auch europäisch wird es voraussichtlich einen speziellen Teil, der das Plattenbeulen betrifft, geben. Derzeit ist im Teil 1-1 des EC 3 nur ein für die Bedürfnisse des Hochbaus meist ausreichendes vereinfachtes Bemessungsverfahren enthalten.

Element	Regelungsinhalt	Festlegungen
(101)	Tragsicherheits-nachweis	Wenn sich eine plastische Umlagerung beim Beulen einstellen kann (Zugfeldwirkung), darf ein Nachweis nach DASt-Richtlinie 015: 1990-07 – Träger mit schlanken Stegen – geführt werden. Dabei ist zu beachten, daß die Durchlaufwirkung von Durchlaufträgern bei L/h $\leq$ 10 und h/t $\geq$ 200 mit L Feldlänge und t Stegdicke teilweise oder vollständig verloren gehen kann, siehe [8].
(903)	Herstellungs-ungenauigkeiten	Richtarbeiten sind z. B. dann nicht erforderlich, wenn nach den Regeln in DASt-Ri 015: 1990-07 nachgewiesen werden kann, daß die Tragsicherheit vorhanden ist.
(1006)		In der Anmerkung muß es richtig „Element 301" heißen und nicht 306.

3.4 DIN 18 800-4 – Stabilitätsfälle, Schalenbeulen

Vorläufer dieser Norm ist die 1980 erschienene DASt-Ri 013 – Beulsicherheitsnachweis für Schalen –, die allerdings bauaufsichtlichtlich nicht eingeführt wurde. Statt dessen war der Ergänzungserlaß zu DIN 4114 zu beachten, soweit keine Regeln in Fachnormen für Schalentragwerke (Tankbauwerke, Stahlschornsteine, Gärfutterbehälter) zur Verfügung standen. Neben dieser Norm gibt es den Entwurf der DASt-Ri 017 für Sonderfälle des Schalenbeulens, die in der Norm noch nicht berücksichtigt werden konnten. Eine normative Regelung auch dieses Bereichs, der insbesondere auch den rechnerischen Nachweis beliebiger Schalenformen betrifft, ist nur als europäische Regel in einem weiteren Teil des EC 3 zu erwarten.

Element	Regelungsinhalt	Festlegungen
(115)	Ebene Platten als Näherung	Die entsprechenden Nachweise enthält Teil 3.

4 Anpassung der Fachnormen

4.1 DIN 18801: 1983-09 – Stahlhochbau; Bemessung, Konstruktion, Herstellung

Diese Norm enthält den für den Hochbau verbliebenen Rest aus DIN 1050 und DIN 4100, nachdem die übrigen Regeln der Grundnorm zugewiesen worden sind.

Bei Anwendung dieser Norm ist zu beachten:

Abschnitt	Regelungsinhalt	Festlegungen
1	Anwendungs-bereich	An den ersten Abschnitt ist anzufügen: wie z. B. DIN 18914, DIN 18807, DASt-Ri 016. Im Stahlhochbau dürfen auch wetterfeste Stähle nach DASt-Richtlinie 007 in den Dicken von 5 mm bis 30 mm verwendet werden.
2	Allgemeines	DIN 18800-1: 1981-03 ist durch DIN 18800-1 bis -4: 1990-11 zu ersetzen.
3.1	Mitwirkende Plattenbreite	Diese Vereinfachung gilt nur für Nachweise nach dem Verfahren „Elastisch-Elastisch" nach Teil 1, Tabelle 11. Der Begriff „allgemeiner Spannungsnachweis" ist hier durch „Nachweis der Tragsicherheit" gemäß Teil 1, Abschnitt 7, zu ersetzen. Der Hinweis auf die Formänderungen betrifft den Nachweis der Gebrauchstauglichkeit gemäß Teil 1, Abschnitt 7.
4.1	Allgemeines	Dieser Abschnitt ist nicht anzuwenden. Es gilt Teil 1, Abschnitt 6.
4.2 und 4.3	Einteilung der Lasten, Lastfälle	Diese Abschnitte sind nicht anzuwenden. Es gilt Teil 1, Abschnitt 7.2 (Bildung von Einwirkungskombinationen). Veränderliche Einwirkungen Q können aus mehreren Einzeleinwirkungen bestehen; z. B. ist die Summe aller vertikalen Verkehrslasten nach DIN 1055-3: 1971-06 eine Einwirkung Q. Bei der Berechnung von Bauteilen, die Lasten von mehr als 3 Geschossen aufnehmen, dürfen diese jedoch entsprechend DIN 1055-3, Abschnitt 9, abgemindert werden.
5.1	Allgemeiner Spannungs-nachweis	Dieser Abschnitt ist nicht anzuwenden. Es gilt Teil 1, Element 738.
5.2	Formänderungs-untersuchungen	
Abs. 1		Dieser Abschnitt ist nicht anzuwenden. Es gilt Teil 1, Element 728.
Abs. 2		„Gebrauchsfähigkeit" ist durch „Gebrauchstauglichkeit" zu ersetzen. Unter Bezug auf Teil 1, Element 715 sind für die Ermittlung der Beanspruchungen beim Nachweis der Gebrauchstauglichkeit der Teilsicherheitsbeiwert $\gamma_F = 1,0$ und der Kombinationsbeiwert $\Psi = 0,9$ anzusetzen.
6.1.1.1	Gering bean-spruchte Zugstäbe	Dieser Abschnitt ist nicht anzuwenden. Es gilt Teil 1, Elemente 711 bis 713.

Abschnitt	Regelungsinhalt	Festlegungen
6.1.1.2	Planmäßig aus-mittig beanspr. Zugstäbe	Zusätzlich ist Teil 1, Element 734 zu beachten.
6.1.1.3	Zugstäbe mit Winkelquerschnitt	Im Text nach dem 2. Spiegelstrich ist „DIN 18 800 Teil 1, Abschnitt 6.1.2, letzter Absatz" durch „DIN 18 800-1, Element 743" zu ersetzen.
6.1.2.3	Deckenträger, Pfetten, Unterzüge	DASt-Ri 008: 1973-03 – Richtlinie zur Anwendung des Traglastverfahrens im Hochbau – wurde zurückgezogen und ist nicht mehr anzuwenden. Der Text nach dem letzten Spiegelstrich ist zu ersetzen durch: „Es ist DIN 18 800-1, Abschnitt 7.5.3, insbesondere Element 755, zu beachten." Der letzte Absatz ist nicht anzuwenden. Es gilt das Sicherheits- und Bemessungskonzept nach DIN 18 800-1 bis -4. Druckfehlerberichtigung: Im Text nach dem 3. Spiegelstrich in der letzten Zeile muß es „Größe nicht weniger" statt „Belastung weniger" heißen.
6.1.4, Abs. 1	Aussteifende Verbände, Rahmen und Scheiben	Dieser Abschnitt ist nicht anzuwenden. Es gilt Teil 1, Elemente 728 und 737; siehe auch Teil 2, Element 512.
Erläuterungen zu 6.1.4		Druckfehlerberichtigung: Es muß „Holzpfetten" statt „Holzplatten" und „Stahlpfetten" statt „Stahlplatten" heißen.
6.2	Seile, Nachweise	Dieser Abschnitt ist nicht anzuwenden. Es gilt Teil 1, Abschnitt 9.
7.1.1	Kontaktstöße	Dieser Abschnitt ist nicht anzuwenden. Es gilt Teil 1, Elemente 505 und 837.
7.1.2	Schwerachsen der Verbindungen	Für Schweißnahtanschlüsse gilt Teil 1, Element 823.
7.1.3	Lochleibungs-druck	Dieser Abschnitt ist nicht anzuwenden. Es gilt Teil 1, Element 805.
7.2.1 bis 7.2.4	Schweißnähte	Diese Abschnitte sind nicht anzuwenden. Es gilt Teil 1, Abschnitt 8.4.
7.2.5	Punktschweißung	Bei Punktschweißung ist Abschnitt 1 der Anpassungsrichtlinie sinngemäß anzuwenden.
8	Zulässige Spannungen	Dieser Abschnitt ist nicht anzuwenden. Es gilt das Sicherheits- und Bemessungskonzept nach DIN 18 800-1 bis -4.
9.2.1	Punktschweißung	Es gilt die Festlegung zu Abschnitt 7.2.5.
10	Korrosionsschutz	Dieser Abschnitt ist nicht anzuwenden. Es gilt Teil 1, Abschnitt 7.7.

4.2 DIN 18 914: 1985-09 – Dünnwandige Rundsilos aus Stahl

Mit Einführung dieser Norm wurden die entsprechenden allgemeinen bauaufsichtlichen Zulassungen überflüssig.
Europäisch wird es einen speziellen Teil 4-2 des EC 3 geben, in dem Behälter geregelt sind.

Bei Anwendung dieser Norm ist folgendes zu beachten:

Abschnitt	Regelungsinhalt	Festlegungen
1	Anwendungs- bereich und Zweck	Der Geltungsbereich wird erweitert auf Behälter zur Lagerung von Gülle und von nicht wassergefährdenden Flüssigkeiten.
3	Werkstoffe	Der erste und der zweite Absatz sind zu ersetzen durch: Es sind Werkstoffe nach DIN 18 800-1 Elemente 401 und 402 zu verwenden. Für Wand- und Dachbleche dürfen außerdem verwendet werden: – Feuerverzinktes Band und Blech nach DIN EN 10 147 der Stahlsorten S 280 GD, S 320 GD und S 350 GD – Kaltgewalztes Band und Blech nach DIN 1623-2 der Stahlsorten St 37-2 G, U St 37-3 G, St 37-3 G, St 44-3 G und St 52-3 G. Dabei ist für den charakteristischen Wert der Streckgrenze der normenmäßig festgelegte Wert für $f_{y,k}$ der jeweiligen Stahlsorte einzusetzen.
6.1.1.3 und 6.1.2.3	Schrauben- verbindungen	Die Nachweise sind nach Teil 1, Abschnitt 8.2.1, zu führen. Die Einschränkung im Element 805 bezüglich der Blechdicke gilt bei Anwendung dieser Norm nicht. Anstelle der Gleichungen (49) – (51) in Element 805 gilt folgende Bedingung für die Grenzlochleibungskraft: $V_{l,R,d} = t \cdot d_{Sch} \cdot 1,5 \cdot zul\,\sigma_L$ mit $zul\,\sigma_L$ für den Lastfall H aus Tabelle 2 in DIN 18 914 und Einhaltung eines Randabstandes von $e_1 \geq 2,0\ d_L$. Für die Stahlsorten nach DIN EN 10 147 und DIN 1623-2 sind dabei die Werte für $zul\,\sigma_L$ entsprechend den jeweiligen Streckgrenzen linear zu interpolieren bzw. extrapolieren. Im übrigen ist die Tabelle 2 nicht anzuwenden. Davon unberührt ist die Fußnote der Tabelle, die für emaillierte Bleche weiterhin sinngemäß gilt, d. h. daß für „zulässiger Lochleibungsdruck" nunmehr „Grenzlochleibungskraft" zu setzen ist. *Hinweis: für nicht emaillierte Bleche mit Dicken unterhalb von 1,5 mm ist die Fußnote durch Element 807 gegenstandslos geworden.*
6.2.2	Glattblechwand	Im 2. Absatz, 2. Zeile muß es richtig heißen: „... in kN/m..." (statt „... in kN ...").
6.3	Wandöffnungen	Im ersten Absatz, letzter Satz muß es statt „Lasten" richtig „Bemessungslasten" heißen.

4.3 DIN 18 808: 1984-10 – Stahlbauten; Tragwerke aus Hohlprofilen unter vorwiegend ruhender Beanspruchung

Grundlage für die Regelungen in dieser Norm waren aufwendige, in Karlsruhe durchgeführte Versuche. Zusammen mit weiteren, damals noch nicht bekannten Untersuchungen lagen sie auch den Regeln des Anhangs K von EC 3-1-1 zugrunde.

Bei Anwendung dieser Norm ist zu beachten:

Abschnitt	Regelungsinhalt	Festlegungen
4.1	Allgemeines zur Bemessung	Zusätzlich gilt: Die erforderlichen Nachweise sind nach DIN 18 800-1, Abschnitt 7, zu führen; dabei darf nur das Nachweisverfahren Elastisch-Elastisch zugrunde gelegt werden.
4.2	Tabelle 1, Zeile 7	Für β_S gilt hier und in den folgenden Gleichungen: $f_{y,k}$.
4.3	Fachwerkstäbe	Anstelle des Normtextes gilt: 1. Absatz: Stäbe sind nach DIN 18 800-1 bis -4 nachzuweisen. Vorletzter Absatz: Für die Füllstäbe in Fachwerken sind die α_w-Werte nach DIN 18 800-1, Tabelle 21, Zeilen 3 bis 5, zu verwenden. Letzter Absatz, 1. Satz: Für Gurtstäbe sind die α_w-Werte nach DIN 18 800-1, Tabelle 21, Zeilen 1 und 2, zu verwenden.
4.4.1.1	Vorhandenes Wanddickenverhältnis	Anstelle des Normtextes gelten folgende Änderungen: 2. Absatz: $\dfrac{t_u}{t_a} \cdot \dfrac{f_{y,k,u}}{f_{y,k,a}}$ statt $\dfrac{t_u}{t_a} \cdot \dfrac{\beta_{S,u}}{\beta_{S,a}}$ 3. Absatz: „die Grenzschweißnahtspannung $\sigma_{w,R,d}$ nach DIN 18 800-1, Gleichung (74) mit den α_w-Werten nach Tabelle 21, Zeilen 3 bis 5" statt „die zulässige Spannung zul σ nach DIN 18 800-1: 1981-03, Tabelle 11, Zeilen 4 bis 6" und $$\text{red } t_a = t_a \cdot \dfrac{\sigma_{w,v}}{\sigma_{w,R,d}}$$ statt $$\text{red } t_a = t_a \cdot \dfrac{\text{vorh} \, \sigma_a}{\text{zul} \, \sigma_a}$$ Darin ist $\sigma_{w,v}$ der Vergleichswert der vorhandenen Schweißnahtspannung nach DIN 18 800-1, Gleichung (72).
4.4.1.2	Erforderliches Wanddickenverhältnis	Für die Anwendung der Bilder 3 bis 8 gilt: Hierbei ist von σ_u des Lastfalles H auszugehen mit $\sigma_{u,H} = \sigma_{N,d}/1{,}43$ $\sigma_{N,d}$ ist die Druckbeanspruchung am Knoten.

Abschnitt	Regelungsinhalt	Festlegungen
4.4.2	Zusätzlicher Nachweis g > 2 c und gleichzeitig γ > 0,7	Entsprechend den Festlegungen zu Abschnitt 4.4.1.1 ist zul σ zu ersetzen durch $\sigma_{w,R,d}$.
5.4	Nachweis der Gestaltfestigkeit	Für Gleichung (9) ist zu setzen: $\dfrac{N_d}{A} \pm \dfrac{M_d}{W} \leq \alpha \cdot \sigma_{R,d}$, darin ist N_d Beanspruchung aus Normalkraft M_d Beanspruchung aus Biegemoment jeweils im betrachteten Hohlprofil im Systempunkt der Rahmenecke $\sigma_{R,d}$ Grenznormalspannung nach DIN 18800-1, Gleichung (31) Für Gleichung (10) ist zu setzen: $Q_d \leq A_S \cdot \tau_{R,d}/3$, darin ist Q_d Beanspruchung aus Querkraft im betrachteten Hohlprofil im Systempunkt der Rahmenecke $\tau_{R,d}$ Grenzschubspannung nach DIN 18800-1, Gleichung (32).
5.5	Nachweis der Schweißnähte	Für Satz 1 gilt: Die Schweißnähte sind nach DIN 18800-1, Abschnitt 8.4, nachzuweisen.
6.3 Tabelle 7	Zulässige Zugspannung für Stumpfnähte	Die Tabelle 7 ist durch folgende Tabelle zu ersetzen:

Tabelle 7: Grenzschweißnahtspannung für Stumpfnähte

1	2	3	4
Schweißer mit gültiger Schweißerprüfung nach DIN EN 287-1		Prüfung der Stumpfnaht	α_w nach
Für rechteckige Hohlprofile	Für Rundrohre		DIN 18800-1: 1990-11
1		100 % Durchstrahlung Bewertungsgruppe B nach DIN EN 25817: 1992-09	Tabelle 21, Zeile 2
2 (PBW)	(TBW)	Bruchprüfung an der Arbeitsprobe erforderlich	Tabelle 21, Zeile 3

Abschnitt	Regelungsinhalt	Festlegungen
7.2	Anforderungen an die Schweißer	In der Fußnote in Tabelle 8 ist „Zulässige Zugspannung" in „Beanspruchbarkeit auf Zug" zu ändern.

4.4 DIN 4132: 1981-02 – Kranbahnen; Stahltragwerke; Grundsätze für Berechnung, bauliche Durchbildung und Ausführung

Diese Norm und DIN 15 018 – Krane – hatten als gemeinsamen „Vorläufer" die Norm DIN 120. Mit der Aufteilung in zwei Normen wurde auch dem bauaufsichtlichen Bedürfnis Rechnung getragen, für den bauaufsichtlich relevanten Teil eine eigene Normenregelung zu haben. Für Krane gelten die Bauordnungen nicht. Das hätte nicht zwangsläufig bedeuten müssen, daß DIN 15 018 nicht angepaßt wird. Letzteres liegt vielmehr daran, daß kein Vorschlag für eine solche Regelung von interessierter Seite vorliegt. Nach derzeitiger Planung erscheint im April 1999 DIN V ENV 1993-6 – Kranbauwerke.

Bei Anwendung dieser Norm ist zu beachten:

Abschnitt	Regelungsinhalt	Festlegungen
1.1	Anwendungsbereich	DIN 1050, DIN 4100 und DIN 1000 wurden zurückgezogen. Statt dessen sind anzuwenden: DIN 18 800-1 mit Anpassungsrichtlinie, DIN 18 800-7: 1983-05 und DIN 18 801: 1983-09.
1.2	Mitgeltende Normen und Unterlagen	Bezüglich DIN 1000, DIN 1050 und DIN 4100 siehe Festlegungen zu 1.1. Statt DIN 4114 sind DIN 18 800-2, -3 und -4 anzuwenden. Die DASt-Richtlinien 008 und 010 wurden zurückgezogen. Die Festlegung zu 1.1 gilt entsprechend.
3	Lastannahmen	Hier gilt DIN 18 800-1, Abschnitt 6.
3.1 und 3.2	Hauptlasten (H) und Zusatzlasten (Z)	Hier gilt DIN 18 800-1, Abschnitt 7.2. Die Kranlasten nach 3.1 gelten als eine Einwirkung. Für die Ermittlung der Bemessungswerte der Einwirkungen gilt Gleichung (14). Für die Einwirkungskombination der Kranlasten nach den Abschnitten 3.1 und 3.2 gilt Gleichung (13) in Element 710.
3.3.1	Kippen bei Laufkatzen mit Hublastführung	Für die Ermittlung der Bemessungswerte der Einwirkungen zusammen mit denen nach 3.1 und 3.2 gilt Gleichung (13) in Element 710.
3.3.2	Anprall von Kranen gegen Anschläge – Pufferendkräfte	Diese gelten als außergewöhnliche Einwirkungen. Die Bemessungswerte sind nach Gleichung (17) in Element 714 zu ermitteln. Vom Bauherrn können höhere Teilsicherheitsbeiwerte festgelegt werden.
4.1.1	Allgemeine Angaben	DIN 17 100 wurde ersetzt durch DIN EN 10 025; bezüglich DIN 1000, DIN 1050, DIN 4100 und DASt-Ri 008 siehe Festlegungen zu den Abschnitten 1.1 und 1.2. Es ist zu beachten, daß DIN 4132 und DIN 18 800 unterschiedliche Koordinatensysteme zugrunde liegen.
4.1.2	Spannungen aus der Radlasteinleitung	Bezüglich der in diesem Abschnitt und in Bild 2 genannten Bezeichnungen siehe Anmerkungen zu Abschnitt 4.1.1, 2. Absatz.

23

Abschnitt	Regelungsinhalt	Festlegungen
4.2	Allgemeiner Spannungs- nachweis	Hier gilt DIN 18800-1, Abschnitt 7.4.
4.3	Stabilitäts- nachweis	Hier gilt DIN 18800-2 und -3. Die Beulsicherheit von Stegen unter Radlast ist nach DIN 18800-3 nachzuweisen.
4.4	Betriebs- festigkeitsunter- suchung	Das Nachweisverfahren ist weiterhin gültig. Im Sinne von DIN 18800 gelten für die Beanspruchungen (hier: Lasten) und die Beanspruchbarkeiten (hier: zulässige Spannungen für Betriebs- festigkeitsnachweise) die Teilsicherheitsbeiwerte $\gamma_F = 1{,}0$ und $\gamma_M = 1{,}0$.
4.4.5		Die kursiv in den Tabellen über zulässige Spannungen angege- benen Werte setzen den Nachweis pl.-pl. voraus.
4.6	Standsicherheits- und sonstige Nachweise	Hier gilt DIN 18800-1, Abschnitt 7.6.
4.7	Formänderungen	Bei solchen vom Bauherrn geforderten Nachweisen handelt es sich um Gebrauchstauglichkeitsnachweise gemäß DIN 18800-1, Abschnitt 7.2.3.
5.1.2	Paßschrauben	Es dürfen auch hochfeste Paßschrauben nach DIN 799 verwen- det werden (siehe DIN 18800-1, Element 507).
5.1.4	Hochfeste Schrauben	Dieser Abschnitt entfällt.
5.1.5	Anordnung der Niete und Schrauben	Hier gilt DIN 18800-1, Tabelle 7.
5.3.1	Anforderungen an Betriebe und Fachkräfte	Anstelle „Beiblatt zu DIN 4100" gilt „DIN 18800-7: 1983-05, Abschnitt 6.2".
5.3.3	Bauliche Durchbil- dung geschweißter Bauteile	Zum zweiten Satz siehe Festlegungen zu 4.2.
5.3.4	Dicke der mit dem Trägersteg verschweißten Gurtplatten	Hier gilt DIN 18800-1, Element 516.
5.4.2	Mittelbare Deckung	Hier gilt DIN 18800-1, Element 510.

24

Abschnitt	Regelungsinhalt	Festlegungen
5.4.3	Futterstücke	Hier gilt DIN 18 800-1, Element 512.
5.4.4	Beiwinkel und Beibleche	Dieser Abschnitt entfällt.
5.4.5	Zusammenwirken von Schweißnähten und anderen Verbindungsmitteln	Statt „DIN 4100, Ausgabe Dezember 1968, Abschnitt 3.2.2" gilt „DIN 18 800-1, Element 836".
5.6	Korrosionsschutz	Hier gilt DIN 18 800-1, Abschnitt 7.7.
6	Tabellen für die Schweißnahtgüten	In Tabelle 4 gelten folgende Bezeichnungen der Schweißnahtarten entsprechend DIN 18 800-1, Tabelle 19:

In Tabelle 4 gelten folgende Bezeichnungen der Schweißnahtarten entsprechend DIN 18 800-1, Tabelle 19:

Zeile 4:   Doppel HV-Naht (K-Naht) nach Zeile 2
Zeile 5:   HV-Naht (Kapplage gegengeschweißt) nach Zeile 3
Zeile 6:   Doppelkehlnaht-Sondergüte nach Zeile 11
Zeile 7:   Doppel-HY-Naht mit Doppelkehlnaht nach Zeile 7
Zeile 8:   HY-Naht mit Kehlnaht nach Zeile 5
Zeile 9:   Kehlnaht nach Zeilen 11 und 13

In Tabelle 5 sind die Brennschnittgüten bei den Kerbfall-Ordnungsnummern W 01 und W 11 wie folgt zu ändern:

W 01:   Güte DIN 2310-12A nach DIN 2310-3: 1987-11
W 11:   Güte DIN 2310-23A nach DIN 2310-3: 1987-11

25

4.5 DIN 4119-1: 1979-06 – Oberirdische zylindrische Flachboden-Tankbauwerke aus metallischen Werkstoffen; Grundlagen, Ausführung, Prüfungen

Mit der dringend notwendigen Überarbeitung der Norm für Tankbauwerke wurde vor einigen Jahren begonnen. Die Arbeit mußte wieder eingestellt werden zugunsten einer inzwischen in Angriff genommenen Bearbeitung einer europäischen Regelung (EC 3, Teil 4-1). Die Norm regelt auch Behälter aus Aluminium, die mangels entsprechender Grundnorm noch nicht angepaßt werden können.

Bei Anwendung dieser Norm ist zu beachten:

Abschnitt	Regelungsinhalt	Festlegungen
1	Geltungsbereich	Die Festlegungen dieser Anpassungsrichtlinie gelten nur für Bauwerke aus Stahl.
2	Mitgeltende Normen und Unterlagen	
2.1	Mitgeltende Unterlagen	Die Zusammenstellung in diesem Abschnitt ist nicht mehr aktuell. Nachfolgende Zusammenstellung berücksichtigt den derzeitigen Stand: – Gesetz zur Ordnung des Wasserhaushalts (Wasserhaushaltsgesetz-WHG) – Gesetz über technische Arbeitsmittel (Gerätesicherheitsgesetz) – Feuerungsverordnungen einschl. der Richtlinien der Länder – Verordnung über die Errichtung und den Betrieb von Anlagen zur Lagerung, Abfüllung und Beförderung brennbarer Flüssigkeiten (VbF) mit Anhängen und Technischen Regeln (TRbF) – Verordnungen der Länder über Anlagen zum Lagern, Abfüllen und Umschlagen wassergefährdender Stoffe (VAwS) – Katalog der im Rahmen von Eignungsfeststellungen an Anlagen zum Lagern wassergefährdender flüssiger Stoffe zu stellenden Anforderungen (Anforderungskatalog) – Richtlinien der Länder über Bau und Betrieb von Behälteranlagen zur Lagerung von Heizöl – Verordnung über Druckbehälter, Druckgasbehälter und Füllanlagen (Druckbehälterverordnung-DruckbehV) – Berufsgenossenschaftliche Unfallverhütungsvorschriften jeweils einschließlich der zugehörigen Verwaltungsvorschriften.
2.2	Mitgeltende Normen	DIN 1000, DIN 1050 und DIN 4100 wurden zurückgezogen; statt dessen sind anzuwenden DIN 18 800-1 und DIN 18 801:1983-09 mit Anpassungsrichtlinie sowie DIN 18 800-7: 1983-05. Statt DIN 4114-1 und -2 sind DIN 18 800-2 und -4 anzuwenden. DIN 17 100 wurde zurückgezogen und ersetzt durch DIN EN 10 025: 1994-03. DIN 8560 wurde zurückgezogen und ersetzt durch DIN EN 287-1: 1992-04.
4	Korrosionsschutz	DIN 18 800-1, Abschnitt 7.7, ist zusätzlich zu beachten.
5	Werkstoffe	Anstelle der Tabelle zu Abschnitt 5.2 gilt Tabelle 1 dieser Richtlinie.

507

26

Tabelle 1: Stahlsorten für Böden; Tankmäntel und Dächer[1]

1		2	3	4	5
Werkstoff Kurzname	Werkstoff- Nr.	Höchst- zulässige Nennwand- dicke mm	Bescheinigungen nach DIN 50 049/ EN 10 204: 1992-04	Prüfeinheit	zusätzliche Festlegungen
Allgemeine Baustähle nach DIN EN 10 025: 1994-03					
S235JRG1 (USt 37-2)	1.0036	12,5	Werkszeugnis		
S235JRG2 (RSt 37-2)	1.0038	20	„2.2"		
				Schmelze	
S235J2G3 (St 37-3N)	1.0116	30	Abnahmeprüf-		
S355J2G3 (St 52-3N)	1.0570	30	zeugnis „3.1.B"		
Schiffbaustähle nach GL Seeschiffe, Kapitel 6[2]					
GL-B	1.0472	30	Abnahmeprüf- zeugnis „3.1.B"	Schmelze	
Warmfeste Stähle nach DIN EN 10 028-1, -2: 1993-04					
P235GH (H I)	1.0345				
P265GH (H II)	1.0425	30	Abnahmeprüf-	Walztafel	
P295GH (17Mn4)	1.0481		zeugnis „3.1.B"		
Feinkornbaustähle nach DIN EN 10 113: 1993-04[3]					
S275N	1.0486	40			Für Nenn- wanddicke > 30 mm: Zusatzprüfung
S355N	1.0562	40	Abnahmeprüf- zeugnis „3.1.B"	Walztafel	nach Ab. 5.2.2
S420N	1.8902	siehe			Regelung
S460N	1.8905	Spalte 5			nach Ab- schnitt 5.2.6
Nichtrostende austenitische Stähle nach DIN 17 440 und DIN 17 441: 1985-07					
X5CrNi1810	1.4301			nach	
X6CrNiTi1810	1.4541	siehe	Abnahmeprüf-	DIN 17 440:	Regelung
X5CrNiMo17122	1.4401	Spalte 5	zeugnis „3.1.B"	1985-07,	nach Ab-
X6CrNiMoTi17122	1.4571			Tabelle 9	schnitt 5.2.6
sonstige Stähle		**nach Abschnitt 5.2.6**			

1) Bei Tankbauwerken im Geltungsbereich der TRbF sind die dortgenannten Anforderungen zu beachten.
2) Germanischer Lloyd, Vorschriften für Klassifikation und Bau von stählernen Seeschiffen, Kapitel 6 Werkstoffvorschriften.
3) Einschließlich der entsprechenden warmfesten und kaltzähen Reihe sowie der kaltzähen Sonderreihe. Diese Stahlsorten haben eigene Werkstoffnummern.

Abschnitt	Regelungsinhalt	Festlegungen
6	Herstellung	Behälter für wassergefährdende Lagergüter müssen im Hinblick auf eine ausreichende Erkennung von Leckagen mit einem doppelwandigen Boden versehen sein, der für den Anschluß eines Leckanzeigegeräts geeignet ist. Andernfalls müssen die Behälterböden zwecks Zustandskontrolle des Auffangraums und der Unterseite des Bodens von der Aufstellfläche einen Abstand haben, der wenigstens einem Fünfzigstel des Durchmessers des zylindrischen Behältermantels entspricht und 10 cm übersteigt.
6.2	Zulässige Maßabweichungen nach der Montage	In stabilitätsgefährdeten Bereichen sind zusätzlich die Toleranzwerte nach DIN 18 800-4, Abschnitt 3, einzuhalten, mit denen der Beulsicherheitsnachweis geführt wird.
8.2.1	Anschlußnähte von Stutzen und Verstärkungsblechen	„0,5 bar" ist durch „0,05 bar" zu ersetzen.
9.7	Kennzeichnung des Tanks	Auf dem Schild ist auch die Art des Lagergutes anzugeben.

4.6 DIN 4119-2: 1980-02 – Oberirdische zylindrische Flachboden-Tankbauwerke aus metallischen Werkstoffen; Berechnung

Siehe Erläuterungen zu 4.5 und außerdem die Erläuterungen von H. Saal [5].

Bei Anwendung dieser Norm ist zu beachten:

Abschnitt	Regelungsinhalt	Festlegungen
1	Geltungsbereich	Siehe Festlegungen zu Teil 1.
2.1	Mitgeltende Unterlagen	Siehe Festlegungen zu Teil 1. Außerdem gilt: DASt-Ri 010 wurde ersetzt durch entsprechende Regelungen in DIN 18800-1 und DIN 18800-7: 1983-05 und ist deshalb nicht mehr anzuwenden.
2.2	Mitgeltende Normen	Siehe Festlegungen zu Teil 1. DIN 4115 wurde ersetzt durch entsprechende Regelungen in den Normen DIN 18800-2 und -3 und DIN 18808: 1984-10.
3	Einheitliche Bezeichnungen und Formelzeichen	Statt Satz 1 gilt: Es gelten die Bezeichnungen und Formelzeichen in DIN 18800, soweit in den Bildern 1 bis 5 und in den folgenden Abschnitten nichts anderes festgelegt ist.
4	Lastannahmen	Bei den im Abschnitt 4 und in den Bildern 2 bis 5 genannten Lastannahmen handelt es sich um die charakteristischen Werte der Einwirkungen entsprechend DIN 18800-1, Element 601. Die Unterscheidung in Haupt- und Zusatzlasten entfällt. Die Kombination der Einwirkungen wird durch DIN 18800-1, Abschnitt 7.2, geregelt.
4.1.2.2	Innerer Unter- oder Überdruck über dem Lagergut	Drücke über dem Lagergut gehören gemäß Anmerkung 3 zu DIN 18800-1, Element 710, zur Einwirkung „Lagergut".
4.2.3.4	Gleichmäßiger innerer Unterdruck	Die Festlegung $p_{us} = 0{,}4\ q_0$ gilt ungeachtet der Regeln in DIN 18800-4, Element 424.
5	Festigkeits- und Stabilitätsnachweis, Grundlagen	Für Bauteile des Tanks einschließlich Ausrüstung (ohne Rohrleitungen und ohne Armaturen) sind die Festigkeits- und Stabilitätsnachweise nach DIN 18800 zu führen, soweit in DIN 4119 oder in den nachfolgenden Festlegungen nicht auf solche Nachweise verzichtet oder ein anderer Nachweis gefordert wird. Der Temperatureinfluß auf die charakteristischen Werte der mechanischen Eigenschaften ist bei Temperaturen größer als + 50 °C zu berücksichtigen.

Abschnitt	Regelungsinhalt	Festlegungen
5.1	Sicherheits- beiwerte Tab. 1	Anstelle der Sicherheitsbeiwerte v gelten: Zeilen 1, 2 und 3: Teilsicherheitsbeiwerte γ_F nach DIN 18800-1, Abschnitte 7.2 und 7.3 bzw. γ_F nach Teil 4, Gl. (12) oder (13). Wenn die Füllhöhe des Lagergutes und der Druck über dem Lagergut durch geeignete Maßnahmen beschränkt werden, dürfen sie als eine kontrollierte veränderliche Einwirkung, für die der Teilsicherheitsbeiwert γ_F gem. Element 710 auf 1,35 abgemindert werden darf, angesehen werden. Zeile 4: Die Wasserprobefüllung ist als außergewöhnliche Einwirkung mit $\gamma_F = 1,0$ einzustufen. Zeile 5: Die Beanspruchung der Mäntel von Auffangräumen durch das Lagergut ist als außergewöhnliche Einwirkung mit $\gamma_F = 1,0$ einzustufen.
5.2	Festigkeits- kennwerte K	Als Festigkeitskennwert K ist stets der charakteristische Wert $f_{y,k}$ der Streckgrenze nach DIN 18800 einzusetzen. Die in DIN 4133: 1991-11 in den Tabellen 1 und 2 angegebenen charakteristischen Werte dürfen verwendet werden. Siehe jedoch Festlegung zu 6.3.
5.3	Zulässige Spannungen	Die Abschnittsbezeichnung ist zu ändern in „Beanspruchbarkeiten".
5.3.1 und 5.3.2		Es gilt DIN 18800-1, Element 746.
5.3.2	Normalspan- nungen in Stumpf- schweißnähten für Bauteile nach Abschnitt 5.3.1	Wenn Stumpfnähte in Blechen durch Zugspannungen beansprucht werden, so ist der Teilsicherheitsbeiwert für die zugehörige Beanspruchbarkeit auf $\gamma_M = 1,1/v$ zu erhöhen, wobei v wie bisher nach den AD-Merkblättern der Reihe „Herstellung und Prüfung" zu ermitteln ist. Im übrigen gilt $\gamma_M = 1,1$.
5.3.3	Sonstige Schweißnähte und Schweißnaht- beanspruchung für Bauteile nach Abschnitt 5.3.1	Für sonstige Nähte gilt DIN 18800-1, Abschnitt 8.4.1, wobei für Stähle mit $f_{y,k} > 240$ N/mm² α_W wie bei St 52-3 anzusetzen ist. Der letzte Absatz entfällt.
5.3.4	Profile, sonstige Bauteile, Bolzen und HV-Schrauben	Siehe Festlegungen zu Abschnitt 2.

30

Abschnitt	Regelungsinhalt	Festlegungen
6.1	Mindestdicken, Minustoleranzen und Korrosionszuschläge	DIN 1543 wurde durch DIN EN 10029 ersetzt.
6.2	Spannungsnachweise	Die Radialdrücke p_R sind charakteristische Werte der Einwirkungen, die noch mit dem Teilsicherheitsbeiwert γ_F zu multiplizieren sind. Es ist nachzuweisen, daß die Bemessungswerte der Beanspruchungen die Bemessungswerte der Beanspruchbarkeiten nicht überschreiten.
6.3	Stabilitätsnachweis für den Mantel	Es gelten die Regelungen von DIN 18800-4. Sofern sich dabei für Stähle mit $f_{y,k} > 240$ N/mm² eine geringere Grenzbeulspannung ergibt als für $f_{y,k} = 240$ N/mm², darf der für $f_{y,k} = 240$ N/mm² ermittelte Wert verwendet werden.
7.2.1.1	Nachweis der Biegespannung	Dieser Nachweis ist mit dem Verfahren Elastisch-Elastisch zu führen.
7.2.1.3	Mindestdicken t_B	Siehe Festlegung zu 5.2.
7.2.2	Zulässiger größter Durchhang max f	Die Ermittlung erfolgt mit $\gamma_F = 1,0$. K/E muß unter der Wurzel stehen.
7.2.3	Verankerung der Bodendecken bei innerem Überdruck	Anstelle der Regelung in Abschnitt 7.2.3 gilt: Für den leeren Tank ist zu untersuchen, ob bei einer der Einwirkungskombinationen a) Innere Überdruck p_0 allein b) Wind allein (ohne p_{us} nach Abschnitt 4.2.3.4) c) Fall a) und 1/2 Fall b) die Zugkraft am Mantelfuß größer ist als die Gegenlast auf einem 0,5 m breiten Streifen, jeweils gerechnet mit $\gamma_F = 1,0$ und $\gamma_M = 1,0$. Wenn dies zutrifft, ist für die Verankerung der Tragsicherheitsnachweis mit den Sicherheitsbeiwerten nach DIN 18800 für die volle Zugkraft ohne Gegenlast zu führen. Wenn eine größere Breite als 0,5 m als mitwirkend nachgewiesen wird, darf diese angesetzt werden.
9.1	Unversteifte Schalen	Siehe Festlegung zu 6.3. Der letzte Absatz von 9.1 gilt unverändert.
9.2	Dächer mit Gespärre in der Dachfläche	Anstelle der Regelungen nach Abschnitt 9.2 gilt DIN 18800.

Abschnitt	Regelungsinhalt	Festlegungen
9.2.1	Dächer mit Gespärre in der Dachfläche	Der Tragsicherheitsnachweis ist nach dem Verfahren Elastisch-Elastisch zu führen.
	Rippen- und Rippenrost-gespärre	In Gleichung (7) ist $\gamma_M \cdot N$ statt $v \cdot N$ einzusetzen.
9.2.2	Dachhaut	Der Wert p_B nach Herber [20] muß als Bemessungswert der Beanspruchbarkeit mindestens 2/3 des charakteristischen Wertes der Eigenlast der Dachhaut einschließlich Isolierung betragen.
10.2 10.2.1	Ringponton mit Innendeck Lastfälle	Für die unter a) und b) aufgeführten Lastfälle sind die Teilsicherheitsbeiwerte der Einwirkungen für den Nachweis der Tragsicherheit nach DIN 18 800 anzusetzen.
10.2.2	Statische Nachweise	
10.2.2.1.1	Lastfall HZ	Im Hinblick auf den nicht erfaßten Ringdruck aus dem Horizontalzug des abgesetzten Innendecks ist in diesem Lastfall beim Nachweis der Längsbiegung des Ringpontons $\gamma_M = 2,2$ zu setzen.
10.2.2.1.2		Der Nachweis der Eintauchtiefe im Betriebszustand behandelt einen Grenzzustand der Gebrauchstauglichkeit ($\gamma_F = 1,0$; $\gamma_M = 1,0$).

4.7 DASt-Richtlinie 016 – Bemessung und konstruktive Gestaltung von Tragwerken aus dünnwandigen kaltgeformten Bauteilen, Ausgabe 1988, Neudruck (druckfehlerbereinigter Fortdruck) 1992

Diese Richtlinie wurde bauaufsichtlich eingeführt und löste einen Zulassungsbereich beim DIBt ab. Ein Anhang C, der den Nachweis mit Hilfe von Versuchen regelt, war seinerzeit geplant, wurde aber nicht realisiert. Statt dessen ist der entsprechende Teil vom Eurocode 3 (DIN V ENV 1993-1-3 – Kaltgeformte dünnwandige Bauteile und Bleche) demnächst zu erwarten – die englische Fassung liegt bereits vor –, mit dem sowohl Tragwerke nach dieser Richtlinie als auch Trapezprofile nach DIN 18 807 beurteilt werden können.

Bei Anwendung dieser Richtlinie ist zu beachten:

1. In DIN 18 800 wurden folgende Bezeichnungen dem EC 3 angepaßt, die auch bei Anwendung dieser Richtlinie zu verwenden sind (in Klammern: DASt-Ri 016):
    Querkräfte: V_y, V_z, (Q_y, Q_z)
    Festigkeitswerte f_y, f_u (β_s, β_z)
    plastische Grenzschnittgrößen N_{pl}, M_{pl}, V_{pl} (N_u, M_u, Q_u)

2. DIN 18 800 enthält wie der Eurocode 3 geteilte Sicherheitsbeiwerte γ_F, γ_M und den Kombinationsbeiwert Ψ, während in der DASt-Ri ein „Globalfaktor" γ den Lastfällen H und HZ zugeordnet ist. Dies ist bei der Ermittlung der „vorhandenen" Schnittgrößen (s. Element 307 in DIN 18 800-1) N, M und Q zu beachten, die stets unter γ_F-fachen Einwirkungen zu ermitteln sind. Entsprechendes gilt für die vorhandenen Spannungen.

3. In den Tabellen 702 und 703 ist statt „Traglasten" der Begriff „Grenzkräfte" einzusetzen.

4. Bei der Verwendung der Gleichungen in DASt-Ri 016 gelten folgende Festlegungen:

4.1 Für β_s ist der charakteristische Wert $f_{y,k}$ und für β_z ist der charakteristische Wert $f_{u,k}$ einzusetzen in folgenden Elementen: 324, 325, 326, 613, 903.

4.2 Für β_s ist der Bemessungswert $f_{y,d} = f_{y,k}/\gamma_M$ ($\gamma_M = 1,1$) einzusetzen in folgenden Elementen: 313, 332, 343, 344, 348, 349, 403, 404, 408, 409, 416, 419, 420, 421, 423, 425, 426, 435, 438, 440, 441, 443, 444, 616, 712 und in den Tabellen 401, 702 und 703.

4.3 Für E ist E/γ_M ($\gamma_M = 1,1$) einzusetzen in folgenden Elementen: 313, 319, 343, 347, 351, 354, 358, 361, 408, 419, 426, 427, 435, 616 und in Tabelle 401.

4.4 Für G ist G/γ_M ($\gamma_M = 1,1$) einzusetzen in folgenden Elementen: 354, 427.

5. Außerdem gelten die Festlegungen der nachfolgenden Zusammenstellung.

Abschnitt	Regelungsinhalt	Element	Festlegungen
3.2	Sicherheits-konzept	302	Anstelle des 2. und 3. Satzes gilt folgendes: Die Beanspruchung und die Beanspruchbarkeiten sind nach den Grundsätzen in DIN 18 800-1 zu ermitteln.

Abschnitt	Regelungsinhalt	Element	Festlegungen
3.2	Sicherheits-konzept	305	Es gilt: Maßgebend für die Ermittlung der Beanspruchbarkeit ist der charakteristische Wert der Streckgrenze – siehe 4.6.4.1 – und der Sicherheitsbeiwert $\gamma_M = 1{,}1$, um den auch der Elastizitätsmodul E zu reduzieren ist (siehe 4.3).
3.3	Berechnungsverfahren zum Tragsicherheitsnachweis	312	Im Fall a) ist für die Streckgrenze der Bemessungswert $f_{y,d}$ einzusetzen.
3.7.1	Grenzzustand der Tragfähigkeit	329	Wird für σ_d der Bemessungswert eingesetzt, so ist σ_{ki} bzw. E durch γ_M (= 1,1) zu teilen.
3.7.2	Grenzzustand der Gebrauchstauglichkeit	335	Vereinfachend darf $\sigma_d = f_{y,k}/1{,}6$ eingesetzt werden.
3.12	Zusammengesetzte Querschnitte	361	Es gilt die Anmerkung zu Element 329.
4	Rechnerische Ermittlung der Tragfähigkeit von Bauteilen	401	Es gilt Element 739 in DIN 18 800-1.
4.4.4	Vereinfachte Nachweise für Pfetten	425	Gleichung (431) muß lauten: $M_y \leq M_{y,R,d}$ und in Gleichung (432) ist grenz M_y durch $M_{y,R,d}$ zu ersetzen.
4.7	Stabilisierung von Bauteilen durch flächenhafte Konstruktionen	452	Die Werte für c in Tabelle 410 sind durch den Sicherheitsbeiwert $\gamma_M = 1{,}1$ zu teilen.
7.3	Schrauben mit Muttern	706	Die Tabelle erhält folgende Form:

Tabelle 702: Grenzkraft in Schraubenverbindungen

Versagensform	Grenzkräfte
Lochaufweitung	$F^*_{b,d} = 2{,}0 \cdot t_i \cdot d_n \cdot f_{y,k}/\gamma_M$
Fließen im Nettoquerschnitt	$F^*_{n,d} = A_n \cdot f_{y,k}/\gamma_M$ A_n = Nettoquerschnitt
Abscheren	$F^*_{a,d} = V_{a,R,d}$ nach DIN 18 800-1, Element 804

11	Zitierte Normen und Unterlagen, Literatur		Dieser Abschnitt ist nicht mehr aktuell in folgenden Angaben: DIN 17 100 wurde zurückgezogen und ersetzt durch DIN EN 10 025. DIN 18 800-1, -2, -3 sind als Ausgabe November 1990 erschienen.

**4.8 DIN 4118: 1981-06 – Fördergerüste und Fördertürme
für den Bergbau** (Die Anpassung betrifft nur Fördergerüste aus Stahl.)

*Fördergerüste und Fördertürme gehören zu den der Bergaufsicht unterliegenden Bauwerken,
sie fallen also nicht in den Bereich der allgemeinen Bauaufsicht. Dem stand jedoch nicht entgegen, diese Bemessungsnorm in die Anpassungsrichtlinie aufzunehmen.*

Bei Anwendung dieser Norm ist zu beachten:

Abschnitt	Regelungsinhalt	Festlegungen
4	Lasten und Lastannahmen	
4.1	Allgemeines	Die Betriebslasten sind als veränderliche Einwirkungen, die Sonderlasten als außergewöhnliche Einwirkungen einzustufen. Die im folgenden angegebenen Lasten gelten als charakteristische Einwirkung im Sinne von DIN 18 800-1, Element 601.
4.2.6	Überlagerung der Lastfälle	Für den ersten Satz gilt folgender neuer Text: Die vorstehend genannten Betriebslasten sind nach DIN 18 800-1, Abschnitt 7.2.2, zu kombinieren. Dabei ist zu beachten, daß Betriebslasten nach Abschnitt 4.2.2 – 4.2.4 in ungünstigster Überlagerung als **eine** Einwirkung im Sinne von DIN 18 800-1, Element 710, Anmerkung 3, anzusetzen sind.
4.3	Sonderlasten	Die Bezeichnung des Abschnittes ist zu ändern in „Außergewöhnliche Einwirkungen". Im Sinne des Abschnittes 4.3.7 gilt jede der Sonderlasten als **eine** außergewöhnliche Einwirkung gemäß DIN 18 800-1, Element 714.
5.2	Sicherheit der Konstruktion gegen Umkippen	Dieser Abschnitt entfällt. Es ist der Lagesicherheitsnachweis nach DIN 18 800-1, Abschnitt 7.6, zu führen.
5.3	Stahlkonstruktionen	Der zweite Absatz entfällt. Der letzte Absatz erhält folgende Neufassung: Beim Nachweis der Pfosten des Führungsgerüstes, der Gerüstträger (Schachtträger) und der zugehörigen Verbindungsmittel sind die Werte für γ_F gegenüber den Werten nach DIN 18 800-1, Abschnitt 7.2.2, mit 1,33 zu vergrößern (d. h. $\gamma_{syst} = 1,33$).

4.9 DIN 4024-1: 1988-04 – Maschinenfundamente; Elastische Stützkonstruktionen
(Die Anpassung betrifft nur Fundamente aus Stahl.)

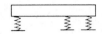

Maschinenfundamente sind Teile von Einrichtungen und sind als Fundamente auch Baukörper. Diese Norm ist als anerkannte Regel zu beachten (Einhaltung der materiellen Anforderungen), wenngleich auf einen Einführungserlaß verzichtet wurde, denn die wesentliche Anforderung „Standsicherheit" an das Bauwerk wird hier nicht berührt.

Bei Anwendung dieser Norm ist zu beachten:

Abschnitt	Regelungsinhalt	Festlegungen
4	Lasten	Der Begriff „Lasten" ist durch „Einwirkungen" zu ersetzen.
5.1.2	Statische Berechnung	Bei Anwendung des letzten Absatzes ist gegebenenfalls Abschnitt 1 der Anpassungsrichtlinie zu beachten.
6.1 und 6.3	Bemessungs- schnittgrößen Stahlfundamente	An die Stelle der Lastzustände treten die Einwirkungskombinationen nach DIN 18 800-1, Abschnitt 7.2.2. Dabei sind zuzuordnen nach DIN 18 800, Element 710 Lastfall M → Gl. (14) Lastfall B → Gl. (14) Lastfall S → Gl. (13) Die Nachweise richten sich nach DIN 18 800-1, Abschnitt 7 und nach DIN 18 800-2. Bei der Betriebsfestigkeitsuntersuchung nach DIN 4132 ist Abschnitt 4 dieser Richtlinie zu beachten.
7.2.1.1	Maschinenträger (Tischplatte)	Bei gleitfesten Verbindungen ist die Gebrauchstauglichkeit nach DIN 18 800-1, Abschnitt 8.2.2 nachzuweisen.
Zitierte Normen und andere Unterlagen		Die Normen DIN 4114-1 und -2 sind zurückgezogen. Es gelten statt dessen die Normen DIN 18 800-2 und -3.

DIN 4024-2: 1991-04 – Maschinenfundamente; Steife (starre) Stützkonstruktionen

Die Festlegungen zum Teil 1 gelten entsprechend auch für den Teil 2.

4.10 DIN 4178: 1978-08 – Glockentürme; Berechnung und Ausführung
(Die Anpassung betrifft nur die Verwendung von Stahl.)

Glockentürme nach dieser Norm können aus Stahlbeton, Mauerwerk, Holz oder Stahl gebaut werden. Die Anpassungsregeln betreffen nur solche aus Stahl, weil es für Konstruktionen aus den anderen Baustoffen keine auf das neue Bemessungsverfahren ausgerichtete Grundnorm gibt.

Bei Anwendung dieser Norm ist zu beachten:

Abschnitt	Regelungsinhalt	Festlegungen
2	Mitgeltende Normen	DIN 17 100 wurde zurückgezogen und ersetzt durch DIN EN 10 025: 1994-03.
6.3	Lastannahmen	Die angegebenen Lasten sind charakteristische Werte im Sinne von DIN 18 800-1, Element 601.
6.4.3	Beanspruchung aus Glockenläuten	In der dritten Zeile ist ω (t) durch ω zu ersetzen.
6.5	Bemessung	
6.5.4	Stahl	Der Abschnitt wird ersetzt durch: Die Bemessung ist nach DIN 4132 unter Beachtung des Abschnitts 4.5 dieser Anpassungsrichtlinie durchzuführen; hierbei ist die Beanspruchungsgruppe B 6 maßgebend.
6.5.5	Verbindungsmittel	
b)	Stahl	Der Abschnitt wird ersetzt durch: Die Bemessung der Verbindungsmittel aus Stahl und der Schweißnähte ist nach DIN 4132 unter Beachtung von Abschnitt 4.5 dieser Anpassungsrichtlinie durchzuführen. Schraubenverbindungen sind nur zulässig mit Paßschrauben oder mit gleitfesten planmäßig vorgespannten Schrauben (vgl. DIN 18 800-1, Element 812).

4.11 DIN 4421: 1982-08 – Traggerüste; Berechnung, Konstruktion und Ausführung

Vorbemerkung

Die folgenden Regeln berücksichtigen neben der Anpassung an die Normenreihe DIN 18 800 auch Änderungen, die sich aufgrund geänderter baurechtlicher und normativer Regelungen ergeben.

Gegenüber der korrigierten Ausgabe Juli 1995 der Anpassungsrichtlinie wurden insbesondere Regelungen für Kupplungen und Baustützen aus Stahl geändert, indem nun auch die auf Grund früherer Vorschriften hergestellten Bauteile erfaßt sind (siehe Abschnitte 2.2.1, 2.2.3 und 6.5.5).

Traggerüste werden heute vorwiegend aus Stahl hergestellt, für die die Anpassungsregeln gelten. Traggerüste gehören, weil nur temporär vorhanden, nicht zum Bereich der Bauproduktenrichtlinie, sind aber bauaufsichtlich eingeführt. Der Entwurf einer Europäischen Norm wurde in einem eigenen Technischen Komitee erarbeitet und in der deutschen Fassung als E DIN EN 12 812: 1997-06 veröffentlicht.

Bei Anwendung dieser Norm ist zu beachten:

Abschnitt	Regelungsinhalt	Festlegungen
2.2.1	Kupplungen mit Schraub- und Keilverschluß	Die Fußnote 1) ist wie folgt zu ersetzen: Kupplungen mit Schraub- und Keilverschluß dürfen nur verwendet werden, wenn sie – auf der Grundlage eines früheren Prüfbescheids hergestellt wurden und in Liste 1 der „Mitteilungen" des DIBt, 28. Jahrgang, 1997, Nr. 6, S. 182 aufgeführt sind, – DIN EN 74 oder – einer allgemeinen bauaufsichtlichen Zulassung entsprechen.
2.2.2	Trägerklemmen	Der Text der Fußnote 2) in der Überschrift ist durch folgende Fassung zu ersetzen: Als Nachweis der Verwendbarkeit ist eine allgemeine bauaufsichtliche Zulassung oder eine Zustimmung im Einzelfall erforderlich.
2.2.3	Baustützen aus Stahl mit Ausziehvorrichtung	In der Abschnittsüberschrift ist „aus Stahl" zu streichen. Die Fußnote 1) in der Überschrift ist durch Fußnote 3) zu ersetzen. Die Fußnote 3) lautet wie folgt: Baustützen mit Ausziehvorrichtung dürfen nur verwendet werden, wenn sie – auf der Grundlage eines früheren Prüfbescheids hergestellt wurden und in Liste 2 der „Mitteilungen" des DIBt, 28. Jahrgang, 1997, Nr. 6, S. 183 aufgeführt sind, – DIN 4424, – DIN EN 1065 oder – einer allgemeinen bauaufsichtlichen Zulassung entsprechen.
2.2.7	Längenverstellbare Schalungsträger	Die Fußnote 1) in der Überschrift ist durch die Fußnote 2) zu ersetzen.

 Tabelle 1 wird wie folgt durch Tabelle 1 und Tabelle 1a ersetzt:

Tabelle 1: Zusätzliche Werkstoffe für Gerüste

Konstruk-tionsteile	1a	1b	2	3	4	5
	Vergütungsstähle (vergütet TQ + T) nach DIN EN 10 083		Stahlguß nach DIN 1681	Temperguß nach DIN EN 1562	Gußeisen mit Kugelgraphit nach DIN EN 1563	Geschweißte/ Nahtlose Rohre nach DIN 1626 bzw. DIN 1629
	Teil 2	Teil 1				
Rohre						St 37.0 St 44.0 St 52.0
Spindeln	1 C 35 1 C 45					
Form-stücke			GS-38 GS-45	EN-GJMW-350-4 EN-GJMW-360-12 EN-GJMW-400-5 EN-GJMW-550-4	EN-GJS-350-22-LT EN-GJS-400-15	
Verbin-dungs-mittel	1 C 35 1 C 45 1 C 60	51 CrV 4 42 CrMo 4 50 CrMo 4				

Tabelle 1a: Werkstoffe für Gerüste aus Altbeständen

Konstruk-tionsteile	1	2	3	4	5	6
	Allgemeine Baustähle nach DIN 17 100 (1980-01)	Geschweißte Stahlrohre nach DIN 1626-3 (1965-01)	Nahtlose Rohre nach DIN 1629-3 (1961-01)	Vergütungs-stähle nach DIN 17 200 (1984-11) (1969-12)	Temperguß nach DIN 1692 (1982-01)	Gußeisen mit Kugelgraphit nach DIN 1693-1 (1973-10)
Allgemein	St 33 St 33-1 *) St 37-1 *) St 44-2					
Rohre		St 34-2	St 35 St 55			
Spindeln	St 42-2 *)			C 35 V C 45 V		
Form-stücke					GTW-35-04 GTW-35**) GTW-S 38-12 GTW-S 38**) GTW 40-05 GTW-40 **) GTW-55 **)	GGG-35.3 GGG-40
Verbin-dungs-mittel	St 50-2 St 60-1 K *) St 60-2 St 60-2 K *)			C 35 V C 45 V C 60 V 50 CrV 4 V 42 CrMo 4 V 50 CrMo 4 V		

*) geregelt nur in DIN 17 100: 1966-09
**) geregelt nur in DIN 1692: 1963-06

39

Abschnitt	Regelungsinhalt	Festlegungen
3.2	Traggerüste der Gruppe I	Die dritte Zeile ist zu ersetzen durch: „6,0 m und bei denen die charakteristischen Werte der senkrecht wirkenden Einwirkungen als"
3.4	Traggerüste der Gruppe III	Der letzte Satz ist zu ersetzen durch: Konstruktionen nach den Normenreihen DIN 18800 und DIN 1052 entsprechen Traggerüsten der Gruppe III.
4.1	Werkstoffe	Güteklasse II ist zu ersetzen durch: Sortierklasse S 10 oder MS 10. Hinsichtlich der zu verwendenden Werkstoffe ist als 3. Spiegelstrich zu ergänzen: – Werkstoffe, die früheren, nicht mehr gültigen technischen Baubestimmungen entsprechen (Altbestände), nach Tabelle 1a.
5.1	Allgemeine Anforderungen	Das 1. Wort des letzten Absatzes muß „Teileinspannungen" heißen (Druckfehlerberichtigung).
5.1.1.2	Korrosionsschutz	Im letzten Satz ist DIN EN 39 durch DIN 4427 zu ersetzen.
5.1.1.7	Zugglieder aus Spannstahl	2. und 3. Satz des 1. Absatzes entfallen. Hinter dem ersten Satz des 2. Absatzes ist folgender Absatz einzufügen: Bei einer Einsatzdauer von weniger als 6 Monaten bedürfen Zugglieder aus Spannstahl keines Korrosionsschutzes, wenn folgende Bedingungen eingehalten sind: – freier Zugang der Atmosphäre zum Spannstahl, – keine aggressive Atmosphäre.
5.1.2.1	Verbindungen; Allgemeines	Der 1. Absatz ist zu ersetzen durch: Für stahlbaumäßige Verbindungen gelten DIN 18800-1, DIN 18800-2 und DIN 18800-7. Der 2. Absatz ist durch folgenden Satz zu ergänzen: Schrauben und Bolzen in Holzbauteilen sind vor dem Aufbringen der Belastungen nachzuziehen.
5.1.2.3	Schrauben und Bolzen	Dieser Abschnitt entfällt.
5.1.3	Verformungsfähigkeit	Bezüglich der Ermittlung des Traglastabfalls ist unter Traglast die Beanspruchbarkeit des Systems im Sinne von Element 753 von DIN 18800-1 zu verstehen.
5.2.2.3	Verbände aus Rohren und Kupplungen	An den Text des zweiten Spiegelstrichs ist anzufügen: Hierbei handelt es sich um Beanspruchung nach Gleichung (2).

40

Abschnitt	Regelungsinhalt	Festlegungen
6.1	Grundlagen	Der 1. Absatz ist ab dem 2. Satz wie folgt zu ändern: Im Traggerüstbau sind deshalb bei der Bemessung den nutzbaren Widerständen zul R (Lasten, Schnittgrößen oder Spannungen) γ_T-fache Beanspruchungen gegenüberzustellen: $$\gamma_T \cdot \frac{S_{1,5P}}{1,5} \leq zul\,R \quad (2)$$ Dabei ist: $S_{1,5P}$ Zustandsgrößen (Lasten, Schnittgrößen, Spannungen) infolge der 1,5fachen Einwirkungen P gemäß Abschnitt 6.3 γ_T Gruppenfaktor nach Tabelle 2 zul R nutzbarer Widerstand gemäß Abschnitt 6.5 Die Zustandsgrößen sind am verformten System (Theorie II. Ordnung) und unter Berücksichtigung der Imperfektionen nach der Elastizitätstheorie zu berechnen. Eine Momentenumlagerung gemäß DIN 18800-1, Element 754 ist nicht zulässig. Sofern der Einfluß der sich nach Theorie II. Ordnung ergebenden Verformungen auf die Zustandsgrößen vernachlässigt werden kann ($\leq$ 10 %), vereinfacht sich Gleichung (2) zu: $$\gamma_T \cdot S_{1,0P} \leq zul\,R \quad (2a)$$ Dabei ist $S_{1,0P}$ Zustandsgrößen (Lasten, Schnittgrößen, Spannungen) infolge der 1,0fachen Einwirkungen P gemäß Abschnitt 6.3 Der 2. Absatz entfällt.
6.2	Geometrische Imperfektionen	Der 2. Absatz ist zu ersetzen durch: „Abweichend von DIN 18800-1, Element 729 und Element 730, gelten für den Nachweis am Gesamtsystem die folgenden Regelungen dieses Abschnitts. Für den Nachweis des Einzelstabes im System gilt DIN 18800-2, Abschnitt 2.1 und 2.2. Bei der Ermittlung der Imperfektionen ist bei Stützen die gesamte Stützlänge einschließlich der notwendigen Einrichtungen zu deren Anpassung (siehe auch Abschnitt 6.5.6) zugrunde zu legen." Mit dem 2. Satz des vorletzten Absatzes beginnt ein neuer Absatz.
6.3	Einwirkungen	Die Einwirkungskombination nach Gleichung (6) gilt anstelle der Kombination nach DIN 18800-1, Element 710. Druck-Sog-Einwirkungen aus Zugverkehr sind nach DS 804 anzusetzen und als Einwirkungen P_b mit begrenzter Dauer einzustufen.

Abschnitt	Regelungsinhalt	Festlegungen
6.4.2.2	Anschlußexzentrizitäten und Nachgiebigkeit der Verbindungsmittel	I „nach DIN 4423 (z. Z. Entwurf)" ist jeweils zu streichen. In Gleichung (7) ist für E der charakteristische Wert des Elastizitätsmoduls einzusetzen. In der Erläuterung zu Gleichung (9) ist bei zul N „DIN 1052 Teil 1" durch „DIN 1052-2" zu ersetzen.
6.4.2.3	Stützjoche	Gleichungen (12) und (13) sowie die zugehörigen Erläuterungen sind zu ersetzen durch: P_E Eulersche Knicklast des als schubstarr angenommenen Systems, das aus den Gurtstäben besteht. Bild 7 entfällt.
6.4.2.4	Aussteifung von Rüstbindern	Die Formel P_E und die zugehörige Erläuterung sind zu ersetzen durch: P_E Eulersche Knicklast des als schubstarr angenommenen Systems, das aus den Obergurtstäben besteht.
6.5.1	Allgemeines	Der gesamte Abschnitt wird ersetzt durch: Die nutzbaren Widerstände zul R (Lasten, Schnittgrößen, Spannungen) sind, soweit nicht im folgenden geregelt, nach technischen Baubestimmungen oder allgemeinen bauaufsichtlichen Zulassungen zu ermitteln. Werden bei einzelnen Bauvorhaben die nutzbaren Widerstände durch Versuche bestimmt, so ist DIN 18800-1, Element 727 zu beachten.
6.5.2	Zulässige Spannungen für Traggerüstbauteile und Verbindungsmittel aus Stahl	In der Abschnittsüberschrift ist „Zulässige Spannungen" durch „Nutzbare Widerstände" zu ersetzen. Der gesamte Abschnitt einschließlich der Tabellen 3 bis 6 ist zu ersetzen durch: Für Bauteile und Verbindungsmittel aus Werkstoffen nach DIN 18800-1 sind die nutzbaren Widerstände die durch 1,5 dividierten Beanspruchbarkeiten (Grenzgrößen) R_d nach DIN 18800-1, DIN 18800-2, DIN 18800-3 oder DIN 18800-4. Anmerkung: Es dürfen Grenzschnittgrößen im plastischen Zustand gemäß DIN 18800-1, Element 755 verwendet werden. Dabei dürfen die nutzbaren Widerstände für Traggerüstbauteile aus Werkstoffen nach Tabelle 3 mit den in der Tabelle angegebenen Streckgrenzen $f_{y,k}$ berechnet werden. Die in Tabelle 3a aufgeführten Werkstoffe dürfen wie dort angegeben den in DIN 18800-1 geregelten Werkstoffen zugeordnet werden. Für Gußwerkstoffe gilt Tabelle 4. Für Bolzenwerkstoffe gelten die charakteristischen Werte nach Tabelle 5. Zur Ermittlung der Grenzabscherkraft nach DIN 18800-1, Element 801 darf für diese Werkstoffe $\alpha_a = 0,6$ angenommen werden.
6.5.3	Kupplungen	Der gesamte Abschnitt ist zu ersetzen durch: Die nutzbaren Widerstände für Kupplungen an Stahlrohren mit $\varnothing = 48,3$ mm sind Anhang A zu entnehmen.

42

Tabelle 3: Als charakteristische Werte festgelegte Werte in N/mm² für Bauteile von Traggerüsten

	1	2	3	4	5
	St 33-1[1] nach DIN 17100 (1966-09)	St 42-2 nach DIN 17100 (1966-09)	St 55 nach DIN 1629-3 (1961-01)	1 C 35 TQ+T[2][4] nach DIN EN 10083-2	1 C 45 TQ+T[3][4] nach DIN EN 10083-2
Streckgrenze $f_{y,k}$	190	260	300	320	370
Zugfestigkeit $f_{u,k}$	330	420	550	550	630

1) gilt auch für St 33 nach DIN 17100: 1980-01 und St 34-2 nach DIN 1626-3: 1965-01
2) gilt auch für C 35 V nach DIN 17200: 1969-12 und DIN 17200: 1984-11
3) gilt auch für C 45 V nach DIN 17200: 1969-12 und DIN 17200: 1984-11
4) Blechdicke unter 100 mm

Tabelle 3a: Zuordnung von Werkstoffen zu in DIN 18800-1 geregelten Werkstoffen

1	2	3
Werkstoff	technische Regel	Zuordnung zu
St 35	DIN 1629-3: 1961-01	S235 (St 37)
St 37.0	DIN 1626: 1984-10 DIN 1629: 1984-10	S235 (St 37)
St 44-2	DIN 17100: 1980-01	S275 (St 44)[1]
St 44.0	DIN 1626: 1984-10 DIN 1629: 1984-10	S275 (St 44)[1]
St 52.0	DIN 1626: 1984-10 DIN 1629: 1984-10	S355 (St 52)

1) siehe Anpassungsrichtlinie zu DIN 18800-1, Element 405, für Schweißverbindungen Element 829

Tabelle 4: Nutzbare Widerstände (Spannungen) in N/mm² für Gußwerkstoffe in Traggerüstbauteilen[1]

	1	2	3	4	5	6	7	8
			Werkstoff-Kurzzeichen					
	GS-38 nach DIN 1681	GS-45 nach DIN 1681	EN-GJMW-350-4[2] nach DIN EN 1562	EN-GJMW-360-12[3] nach DIN EN 1562	EN-GJMW-400-5[4] nach DIN EN 1562	EN-GJMW-550-4[5] nach DIN EN 1562	EN-GJS-350-22-LT[6] nach DIN EN 1563	EN-GJS-400-15[7] nach DIN EN 1563
Zug/Druck zul σ	107	129	88	95	98	167	124	140
Schub zul τ	62	75	51	55	57	97	72	80

1) Dabei ist zu beachten, daß der Elastizitätsmodul von Gußeisen wesentlich niedriger sein kann als der von Stahl.
2) entspricht GTW-35-04 nach DIN 1692: 1982-01 und GTW 35 nach DIN 1692: 1963-06
3) entspricht GTW-S 38-12 nach DIN 1692: 1982-01 und GTW-S 38 nach DIN 1692: 1963-06
4) entspricht GTW-40-05 nach DIN 1692: 1982-01 und GTW 40 nach DIN 1692: 1963-06
5) entspricht GTW-55 nach DIN 1692: 1963-06
6) entspricht GGG-35.3 nach DIN 1693-1: 1973-10
7) entspricht GGG-40 nach DIN 1693-1: 1973-10

Tabelle 5: Als charakteristische Werte festgelegte Werte in N/mm² für Bolzen zur Verbindung von Traggerüstbauteilen

	1	2	3	4	5	6	7
			Bolzen Werkstoff-Kurzzeichen				
	St 50	St 60	C 35[1] 1 C 35[2]	C 45[1] 1 C 45[2]	C 60[1] 1 C 60[2]	42 CrMo 4[1)2)]	50 Cr Mo 4[1)2)] 50 CrV 4[1)] 51CrV 4[2)]
Streckgrenze $f_{y,b,k}$	300	340	320	370	450	650	700
Zugfestigkeit $f_{u,b,k}$	500	600	550	630	750	900	900

1) vergütet (V) nach DIN 17200
2) vergütet (TQ+T) nach DIN EN 10083-1 bzw. DIN EN 10083-2

44

Abschnitt	Regelungsinhalt	Festlegungen
6.5.5	Baustützen aus Stahl mit Ausziehvorrichtung	Der gesamte Abschnitt ist zu ersetzen durch: Die nutzbaren Widerstände für Baustützen aus Stahl mit Ausziehvorrichtung, die entweder auf der Grundlage eines früheren Prüfbescheids hergestellt wurden (Einschränkung siehe Fußnote 3) oder DIN 4424 entsprechen, betragen für N-Stützen (normale Ausführung):

$$\text{zul } F_N = 40 \ \frac{\text{max } l}{l^2} \quad \text{in kN, jedoch höchstens 30 kN,}$$

für G-Stützen (schwere Ausführung):

$$\text{zul } F_G = 60 \ \frac{\text{max } l}{l^2} \quad \text{in kN, jedoch höchstens 35 kN.}$$

Hierin bedeuten:
l vorhandene Auszugslänge in m
max l maximale Auszugslänge in m entsprechend der Baustützengröße.

Die nutzbaren Widerstände von Baustützen nach DIN EN 1065 ergeben sich aus den nominellen Tragfähigkeiten $R_{y,k}$ und Division durch $\gamma = 1{,}7$.

Sämtliche Werte gelten für Baustützen, die vertikale Lasten planmäßig mittig über die Endplatten erhalten. Bei Abweichung davon ist ein Nachweis im Einzelfall zu führen. Bei Gerüsten der Gruppen II und III muß die Lasteinleitung nach Bild 9 erfolgen. Baustützen der Größen 1, 2, 3 und 4 dürfen nur mit dem Außenrohr nach unten aufgestellt werden.

6.5.6	Spindeln	Zusätzlich gilt: Tragsicherheitsnachweis und konstruktive Anforderungen für leichte Gerüstspindeln sind in DIN 4425 geregelt.
6.5.7	Regelmäßig gelochte Rohre	Der erste Satz wird ersetzt durch: „Der Ermittlung von Beanspruchbarkeiten ist stets der Nettoquerschnitt zugrunde zu legen."
6.5.8	Zugglieder aus Spannstahl	Der gesamte Abschnitt ist zu ersetzen durch: Der nutzbare Widerstand von Zuggliedern aus Spannstahl ergibt sich aus der durch 1,5 dividierten Beanspruchbarkeit (Grenzzugkraft) $Z_{R,d}$ nach DIN 18 800-1, Abschnitt 9.
Anhang A	Zulässige Lasten für Kupplungen	In der Überschrift ist „Zulässige Lasten" durch „Nutzbare Widerstände" und in der Tabelle „zulässige Belastung" durch „nutzbarer Widerstand" zu ersetzen. Der Text unterhalb der Tabelle ist zu ersetzen durch: Die nutzbaren Widerstände in der Tabelle setzen voraus, daß die Schraubkupplungen mit einem Moment von 50 Nm angezogen oder die Keilkupplungen mit einem 500 g schweren Hammer bis zum Prellschlag festgeschlagen sind.

45

4.12 DIN 4112: 1983-02 – Fliegende Bauten; Richtlinien für Bemessung und Ausführung
(Die Anpassung betrifft nur fliegende Bauten aus Stahl.)

Fliegende Bauten sind heutzutage, soweit es sich um Bauten mit ruhender Beanspruchung handelt, in der Regel aus Aluminium und eher ausnahmsweise aus Stahl. Für eine europäische Regelung wurde inzwischen das CEN/TC 152 gegründet. Beabsichtigt ist, zwei EN-Normen zu erstellen, eine für Fahrgeschäfte und eine für Zelte. Nur für letztere würde die Bauproduktenrichtlinie gelten.

Bei Anwendung dieser Norm auf Stahlbauten ist zu beachten:

Abschnitt	Regelungsinhalt	Festlegungen
2.4.1	Standsicherheits-nachweise	Anstelle der Aufzählung ist folgendes zu setzen: a) Tragsicherheitsnachweis (einschließlich Stabilitätsnachweis) b) Betriebsfestigkeitsnachweis c) Nachweis der Lagesicherheit d) Nachweis der Gebrauchstauglichkeit. Die erforderlichen Nachweise sind, sofern nichts anderes festgelegt ist, nach DIN 18800-1, Abschnitt 7, zu führen.
2.4.2	Nachweise a) Lastannahmen	„Lastannahmen" ist zu ersetzen durch „Einwirkungen".
	d) Spannungs-nachweis	Dieser Abschnitt ist zu ersetzen durch: „Vergleich der Beanspruchungen S_d mit den Beanspruchbarkeiten R_d für alle tragenden Bauteile und ihre Verbindungen".
	e) Form-änderungen	Nach dem Klammerausdruck ist einzufügen: „unter 1-fachen Einwirkungen ($\gamma_F = 1,0$)".
3.2.1	Stähle für Bauteile	Dieser Abschnitt ist zu ersetzen durch: „Es gilt DIN 18800-1, Abschnitt 4." Hinweis (gilt auch für Abschnitt 3.2.2): DIN 17100 wurde durch DIN EN 10025 und DIN 17200 durch DIN EN 10083 ersetzt.
4	Lastarten und Lastannahmen	Die Abschnittsbezeichnung ist zu ersetzen durch „Annahmen für die Einwirkungen". Die angegebenen Zahlenwerte gelten als charakteristische Werte der Einwirkungen.
4.1	Ständige Lasten	Die Abschnittsbezeichnung ist zu ändern in „Ständige Einwirkungen".
4.2	Verkehrslasten	Die Abschnittsbezeichnung ist zu ändern in „Veränderliche Einwirkungen".
4.4.2	Schwingung direkt befahrener Bauteile	Im ersten Absatz ist „Schnittgrößen" zu ersetzen durch „Beanspruchungen".
4.8	Windlasten sind Zusatzlasten	Dieser Abschnitt entfällt mangels Regelungsbedarfs. Maßgebend sind die Einwirkungskombinationen nach DIN 18800-1, Abschnitt 7.2.2.

527

46

Abschnitt	Regelungsinhalt	Festlegungen
5.1.1	Grenzwerte der Schnittgrößen	Dieser Abschnitt ist zu ersetzen durch folgende Fassung: „Die Bemessungswerte der Normalkräfte, Momente, Querkräfte und Auflagerkräfte sind für die Einwirkungen nach Abschnitt 4 zu bestimmen. Für die maßgebenden Einwirkungskombinationen sind die Beanspruchungen den Beanspruchbarkeiten gegenüberzustellen, vgl. DIN 18 800-1, Element 702. Bezüglich der Nachweisverfahren nach DIN 18 800-1, Element 726 sind die Festlegungen zu Abschnitt 7.2 (DIN 4112) zu beachten."
5.2 bis 5.5	Schaukeln, Riesenräder, Karussells, Hochgeschäfte mit schienengebundenen Fahrzeugen	Alle angegebenen Formeln sind mit den jeweils maßgebenden Bemessungswerten der Einwirkungen auszuwerten. Ausgenommen hiervon sind die Gleichungen (8), (9) und (35) bis (40) für die Kipp- und Standmomente, in die die charakteristischen Werte der Einwirkungen einzusetzen sind. Die aus den Gleichungen (10), (41) und (42) sich ergebenden „aufzunehmenden Zugkräfte erf. Z_v" sind Beanspruchungen der Stabanker.
5.2.6	Aufhängestangen	„Knicken" ist zu ersetzen durch „Biegeknicken".
5.3.5	Allgemeine Hinweise	Im ersten Absatz ist „Kipp- und Gleitsicherheitsnachweis" zu ersetzen durch „Nachweis der Lagesicherheit".
5.4.1	Allgemeines	Im zweiten Absatz ist „Spannungsnachweis" zu ersetzen durch „Nachweis der Tragsicherheit".
5.7 bis 5.17	Fahrgeschäfte und Zelte	Alle angegebenen oder aus DIN 1055 zu entnehmenden Lasten gelten als charakteristische Werte der Einwirkungen. Soweit ein Nachweis der Durchbiegung oder der horizontalen Verschiebungen verlangt wird, ist dieser mit den Teilsicherheitsbeiwerten γ_F = 1,0 und γ_M = 1,0 sowie mit Kombinationsbeiwerten Ψ = 1,0 zu führen.
5.17.3.1	Einspannung	Die vorhandene Flächenpressung ist aus den charakteristischen Werten der Einwirkungen (γ_F = 1,0) und Widerstände (γ_M = 1,0) in ungünstigster Kombination (Ψ = 1,0) zu ermitteln.
5.17.4.1	Allgemeines	Im zweiten Absatz ist „Spannung" zu ersetzen durch „Beanspruchung".
5.17.4.2	Vorspannung	Die angegebenen Vorspannkräfte gelten als charakteristische Werte der Einwirkungen. Bezüglich der Lastfaktoren γ_F ist die Vorspannung als veränderliche Einwirkung einzustufen.
6.1	Kipp-, Gleit- und Abhebesicherheit	Im zweiten Absatz ist „Spannungsnachweis" zu ersetzen durch „Tragsicherheitsnachweis".

47

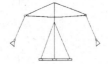

Abschnitt	Regelungsinhalt	Festlegungen
6.1.1 bis 6.1.3 und Tabelle 4	Nachweis	Das Nachweisverfahren der Gleichungen (81) bis (86) bleibt unverändert gültig, wobei die Nachweise mit den charakteristischen Werten der Einwirkungen zu führen sind. Die Sicherheitsbeiwerte ν in Tabelle 4 entsprechen dabei dem Produkt aus Teilsicherheits- und Kombinationsbeiwert $\gamma_F \cdot \Psi$ im Sinne von DIN 18 800-1.
6.2.1.3	Stabanker	Die aus den Gleichungen (87) bis (90) sich ergebenden Tragfähigkeiten Z sind die Bemessungswerte der Beanspruchbarkeiten der Stabanker. Sie sind gemäß Gleichung (92) den Bemessungswerten der zu verankernden Kräfte gegenüberzustellen, wobei die Sicherheitsbeiwerte ν nach Tabelle 4 dem Produkt aus Teilsicherheits- und Kombinationsbeiwert $\gamma_F \cdot \Psi$ im Sinne von DIN 18 800-1 entsprechen.
6.3	Unterpallungen	Die mit den zulässigen Bodenpressungen zu vergleichenden vorhandenen Pressungen sind mit den charakteristischen Werten der Einwirkungen ($\gamma_F = 1,0$) und Widerstände ($\gamma_M = 1,0$) in ungünstigster Kombination ($\Psi = 1,0$) zu ermitteln.
7.2	Vorwiegend ruhende Beanspruchung	Im ersten Absatz ist nach „Spannungen" einzufügen: „und die Beanspruchbarkeiten". Nach dem ersten Absatz ist einzufügen: „Für Stahlkonstruktionen darf außer dem Nachweisverfahren Elastisch-Elastisch nach DIN 18 800-1, Abschnitt 7.5.2, auch das Nachweisverfahren Elastisch-Plastisch nach DIN 18 800-1, Abschnitt 7.5.3, angewendet werden, wenn kein zusätzlicher Schwingfestigkeitsnachweis zu führen ist und die Werkstoffe den in DIN 18 800-1 spezifizierten entsprechen. Das Nachweisverfahren Plastisch-Plastisch nach DIN 18 800-1, Abschnitt 7.5.4, ist nicht zulässig." Das Nachweisverfahren nach Gleichung (93) und (94) für die Maschinenteile bleibt gültig, wenn die vorhandenen Spannungen mit den charakteristischen Werten der Lasten ($\gamma_F = 1,0$) und den charakteristischen Werten der Widerstände ($\gamma_M = 1,0$) ermittelt werden. Die Sicherheitsbeiwerte ν für den Lastfall H sind anzuwenden auf Lastkombinationen mit nur **einer** ungünstig wirkenden veränderlichen Einwirkung, die für den Lastfall HZ auf Lastkombinationen mit **allen** ungünstig wirkenden Einwirkungen entsprechend DIN 18 800-1, Abschnitt 7.2.2.
7.3	Schwingende Beanspruchung	Für die Schwingfestigkeitsnachweise der Baukonstruktionen und Maschinenteile sind die Nachweisverfahren der in den Abschnitten 7.3.1 und 7.3.2.1 genannten Normen oder Literaturstellen weiterhin gültig. Im Sinne von DIN 18 800 gelten für die Beanspruchungen (hier: vorhandenen Spannungen) und die Beanspruchbarkeiten (hier: zulässige Spannungen für Betriebsfestigkeitsnachweise) die Teilsicherheitsbeiwerte $\gamma_F = 1,0$ und $\gamma_M = 1,0$ mit Kombinationsbeiwerten $\Psi = 1,0$.

529

Abschnitt	Regelungsinhalt	Festlegungen

7.4 Schrauben

Der Abschnitt ist zu ersetzen durch folgende Neufassung: „Für Schrauben nach DIN 931-1 und DIN 933, DIN 7968 und DIN 7990 sowie für Schrauben nach DIN 6914 bis DIN 6918 der Festigkeitsklassen 4.6, 5.6, 8.8 und 10.9 nach ISO DIN 898 und der Festigkeitsklasse 6.9 nach DIN 267 Blatt 3 unter vorwiegend ruhender Beanspruchung gilt DIN 18 800.

Für Schrauben der Festigkeitsklasse 6.9 sind $f_{y,b,k}$ = 540 N/mm^2, $f_{u,b,k}$ = 600 N/mm^2 und α_a = 0,55 zu setzen.

Die Vorspannkräfte F_V und Anziehmomente M_V gemäß DIN 18 800-7: 1983-05, Abschnitt 3.3.3.2 sind der Tabelle 8 zu entnehmen. In der Tabelle 8 ist „zul Anzugsmoment M_a" zu ersetzen durch „aufzubringendes Anziehmoment M_V" und „zul Vorspannkraft" durch „erforderliche Vorspannkraft". Die angegebenen Werte gelten für einen Gesamtreibungsbeiwert ges μ = 0,14 (trocken bis leicht geölt) unter Ausnutzung von 90 % der Mindeststreckgrenze.

Für Schrauben unter schwingender Beanspruchung (nicht vorwiegend ruhender Beanspruchung) gilt:
a) Die Schraubverbindungen dürfen für auf Zug beanspruchte Schrauben auch bei schwingender Belastung mit einem Lochspiel von 1,0 mm ausgeführt werden, wenn die Kräfte normal zur Schraubenachse durch Anordnung von Knaggen, Stiften, Steckbolzen, Buchsen usw. oder durch Berechnung auf Reibungsschluß mit einem Reibungskoeffizient 2/3 min μ aufgenommen werden. Für min μ ist der im Betrieb unter ungünstigsten Bedingungen auftretende kleinste Reibbeiwert anzusetzen.
b) Für die Dauerfestigkeit sind unter der Voraussetzung, daß Mittelspannung + Spannungsausschlag ≤ $f_{y,b,k}$ ist, Richtwerte für den Spannungsausschlag in Tabelle 10 angegeben.

Schrauben dürfen wieder verwendet werden, wenn sie nicht über die Streckgrenze beansprucht wurden."
Es entfallen die Tabellen 7 und 9.

7.5.2 Seile, Ketten, Riemen, Bänder

Der Begriff „zulässige Tragfähigkeit" ist zu ersetzen durch „Beanspruchbarkeit".
Für die Bemessungswerte der Beanspruchbarkeiten gilt anstelle von Gleichung (99)

$$R_d = \gamma_F \cdot \frac{\text{Mindestbruchlast}}{\text{Gebrauchszahl}}$$

mit γ_F = 1,35.

Beim Nachweis der Betriebsfestigkeit sind die vorhandenen Spannungen mit den charakteristischen Werten der Einwirkungen (γ_F = 1,0) und Widerstände (γ_M = 1,0) in ungünstigster Kombination (Ψ = 1,0) zu ermitteln.

4.13 DIN 18807-1, -2, -3: 1987-06 – Trapezprofile im Hochbau; Stahltrapezprofile

Mit den 3 Teilen dieser Norm wurde ein größerer Zulassungsbereich beim DIBt abgelöst. In der Regel werden dessenungeachtet als Nachweis der Standsicherheit Versuche nach Teil 2 durchgeführt, wobei eine spezielle – nicht normative – Richtlinie für eine einheitliche Auswertung und Beurteilung durch die prüfende Instanz sorgt [6]. Inzwischen sind auch Stahlkassettenprofiltafeln vom Geltungsbereich dieser Norm erfaßt [9]. Zur europäischen Situation siehe Anmerkung zum Abschnitt 4.7 (DASt-Ri 016).

Bei Anwendung dieser Norm ist zu beachten:

1. DIN 18800-1 enthält Teilsicherheitsbeiwerte γ_F, γ_M (Element 305) und den Kombinationsbeiwert Ψ (Element 306), während in DIN 18807 „Globalfaktoren" γ verwendet werden. Dies ist sowohl bei den Beanspruchungen (in DIN 18807 „γ-fache vorhandene Beanspruchungsgrößen" genannt) zu beachten (Element 307), die stets unter γ_F-fachen Einwirkungen sind, als auch bei den Beanspruchbarkeiten zu berücksichtigen (Element 309), die aus den charakteristischen Werten der Beanspruchbarkeiten R_k (in DIN 18807 „Aufnehmbare Tragfähigkeitswerte" genannt) durch Dividieren durch den Teilsicherheitsbeiwert γ_M zu berechnen sind. Die Formelzeichen der „aufnehmbaren Tragfähigkeitswerte" (M_d, R_d, V_d, N_d) sind gemäß DIN 18800 mit dem Index „k" (statt „d") zu versehen.

2. Bei der Verwendung der Gleichungen in DIN 18807-1 bis -3 ist für die Streckgrenze β_S der charakteristische Wert $f_{y,k}$ einzusetzen.

3. Außerdem gelten die Festlegungen der nachfolgenden Zusammenstellung.

Abschnitt	Regelungsinhalt	Festlegungen
DIN 18 807-1		
3.3	Werkstoffe	DIN 17 162-2 wurde ersetzt durch DIN EN 10 147. Die Streckgrenze $f_{y,k}$ entspricht dem Wert R_{eH}. DIN 59 232 wurde ersetzt durch DIN EN 10 143. Es gelten die normalen Grenzabmaße nach Tabelle 2 dieser Norm.
3.3.5	Korrosionsschutz	Die im 2. Satz zitierte Norm ist DIN 55 928-8. Bei der geforderten Bandverzinkung der Zinkauflagegruppe 275 nach DIN 17 162-2 darf neben dem Werkstoff Zink auch die Zink-Aluminiumlegierung Zn-5Al-MM sowie ein Aluminium-Zink-Überzug der Auflagegruppe AZ 185 nach DIN EN 10 215 als Überzug verwendet werden.
4	Ermittlung der Bemessungswerte	Bei den in Abschnitt 4 genannten Tragfähigkeitswerten handelt es sich um die aus den charakteristischen Werten der Widerstandsgrößen ermittelten Beanspruchbarkeiten R_k analog Element 724 und Element 304.
4.2.2	Gültigkeitsbereich	Der Abschnitt wird ergänzt durch: Streckgrenze $f_{y,k} \leq 350$ N/mm².
4.2.3	Biegebeanspruchte Trapezprofile	Soweit in diesem Abschnitt Spannungen unter „Gebrauchslasten" vorkommen, sind Spannungen als „Beanspruchungen unter 1-fachen Einwirkungen" anzusetzen.

Abschnitt	Regelungsinhalt	Festlegungen
4.2.8	Trapezprofile unter axialem Druck	Der Abschnitt 4.2.8.1 ist zu ersetzen durch: Für die Berechnung des wirksamen Querschnitts darf von einem Randspannungsverhältnis $\Psi = 1,0$ ausgegangen werden. Für die Berechnung der mitwirkenden Breiten in den Gurten gelten die Abschnitte 4.2.3.3 und 4.2.3.6. Zur Ermittlung der wirksamen Breite im Steg ist Abschnitt 4.2.3.3 sinngemäß anzuwenden. Zur Berechnung der kritischen Normalkraft für eine Stegsicke gilt Abschnitt 4.2.3.7, wobei die Werte a_1 und a_2 auf die 1,0-fache Länge der Stegabwicklung zu beziehen sind. Bei der Berechnung der kritischen Normalkraft der Aussteifungen sind die Koeffizienten $k_w = 1$ und $k_f = 1$ zu setzen. Außerdem ist bei gleichzeitigem Vorhandensein von Gurt- und Stegaussteifungen sinngemäß wie in Abschnitt 4.2.3.8 nach Baehre/Huck (s. u.) zu verfahren.
4.2.9	Trapezprofile unter gleichzeitiger Beanspruchung von Biegemomenten und Auflagerkräften	Die Interaktionsformel in Bild 13 darf alternativ geschrieben werden: $M/M°_{B,d} + 0,8\,(R/R°_{B,d})^2 = 1,0$.
7.3.3.2	Beurteilung der Prüfergebnisse	Der erste Satz wird ersetzt durch: Die in den Abschnitten 3.3.1 und 3.3.2 angegebenen Nennwerte sind Mindestwerte.
–	Zitierte Normen und andere Unterlagen	Die Änderungen gemäß Festlegungen zu Abschnitt 3.3 sind zu beachten. Die Literaturstellen werden ergänzt: [3] Baehre, R./Huck, G.: Zur Berechnung der aufnehmbaren Normalkraft von Stahl-Trapezprofilen nach DIN 18807 Teile 1 und 3. Der Stahlbau 59 (1990), S. 225-232.

–	Druckfehler:	**Stelle:**	**falsch**	**richtig**
		Bild 2 d)	Stecksicken	Stegsicken
		Bild 9 Unterschrift	3.2.5.3	4.2.3.3
		4.2.3.7, 6. Zeile	höchstens	wenigstens
		Bild 13, Unterschrift	Einzellast	Linienlast
		4.2.9, 2. Zeile	Einzellast	Linienlast

Abschnitt	Regelungsinhalt	Festlegungen

DIN 18807-2

3.4.1 Statisches System — Im Bild 5 ist die korrekte Bezeichnung der Breite der Lasteinleitungsplatte b_B (anstatt b_a).

7 Auswertung der Versuchsergebnisse — Bei den gemäß Abschnitt 7 bestimmten Schnittgrößen bzw. „aufnehmbaren Schnittgrößen" oder „Traglast" handelt es sich um die durch Versuche ermittelten Beanspruchbarkeiten R_k analog Element 724 und Element 304.

7.4.2 Interaktion zwischen Biegemoment und Zwischenauflagerkraft — Die Interaktionsformel in Bild 12 darf alternativ geschrieben werden:
$$M/M^\circ_{B,d} + (R/R^\circ_{B,d})^\varepsilon = 1,0$$

DIN 18807-3

3.2 Maßgebende Querschnittswerte und aufnehmbare Tragfähigkeitswerte — Statt „aufnehmbare Tragfähigkeitswerte" ist der Begriff „charakteristische Werte der Beanspruchbarkeiten" einzusetzen.

3.3.3.1 Nachweis der Gebrauchs- und Tragsicherheit — Der Abschnitt wird ersetzt durch:
Die Nachweise der Gebrauchstauglichkeit und Tragsicherheit sind nach DIN 18800-1, Abschnitt 7, zu führen. Dabei ist nachzuweisen, daß die nach der Elastizitätstheorie aus den γ_F-fachen Einwirkungen ermittelten Beanspruchungen die Beanspruchbarkeiten, d. h. die $1/\gamma_M$-fachen „aufnehmbaren Tragfähigkeitswerte" nach DIN 18807-1 oder -2, nicht überschreiten. Der Nachweis der Tragsicherheit kann bei Durchlaufträgern auch unter Berücksichtigung der nach DIN 18807-2, Abschnitt 7.4.3 ermittelten Restmomente über den Zwischenstützen erfolgen.

3.3.3.2 Sicherheitsbeiwerte — Der Abschnitt wird ersetzt durch:
Zur Ermittlung der Bemessungswerte der Beanspruchungen S_d gilt für den Nachweis der Tragsicherheit DIN 18800-1, Abschnitt 7.2.2; für den Nachweis der Gebrauchstauglichkeit gemäß Element 715 gelten die Teilsicherheitsbeiwerte
$\gamma_F = 1,0$ zur Verwendung bei ständigen Einwirkungen und
$\gamma_F = 1,15$ zur Verwendung bei veränderlichen Einwirkungen.
Zur Ermittlung der Bemessungswerte der Beanspruchbarkeiten R_d aus den charakteristischen Werten der Beanspruchbarkeiten R_k („aufnehmbare Tragfähigkeitswerte") gilt für die Nachweise der Tragsicherheit und Gebrauchstauglichkeit der Teilsicherheitsbeiwert $\gamma_M = 1,1$.

Abschnitt	Regelungsinhalt	Festlegungen
3.3.3.6	Nachweise beim Zusammenwirken von Belastungsgrößen	

3.3.3.6.1 Biegemoment und Normalkraft

In die Bedingungen sind einzusetzen für N_Z, N_D, M die Schnittgrößen aus dem γ_F-fachen Einwirkungen, M_d, N_{dZ}, N_{dD} die $1/\gamma_M$-fachen „aufnehmbaren Tragfähigkeitswerte".

N_D und N_{dD} sind mit gleichen Vorzeichen einzusetzen.

3.3.3.6.2 Biegemoment und Auflagerkraft

In die Bedingungen sind einzusetzen für:

R_B, M_B die Schnittgrößen R, M aus dem γ_F-fachen Einwirkungen, für $M°_d$, max M_B die $1/\gamma_M$-fachen „aufnehmbaren Tragfähigkeitswerte", für C der 1-fache Rechenwert für die Interaktionsbeziehung bei $\varepsilon = 1$ bzw. der $1/\sqrt{\gamma_M}$-fachen Rechenwert bei $\varepsilon = 2$.

Für die beiden Ungleichungen darf alternativ geschrieben werden:

$M/\max. M_{B,d} \leq 1$

$R/\max. R_{B,d} \leq 1$

$M/M°_{B,d} + (R/R°_{B,d})^\varepsilon \leq 1.$

3.3.3.6.3 Biege- und Querkraftbeanspruchung

In die Interaktionsbeziehung sind einzusetzen für:

M, V die Schnittgrößen aus den γ_F-fachen Einwirkungen, M_d, V_d die $1/\gamma_M$-fachen „aufnehmbaren Tragfähigkeitswerte".

3.6.2 Erforderliche Nachweise

Das Nachweisverfahren ist weiterhin gültig. Im Sinne von DIN 18 800 gelten für die Beanspruchungen und Beanspruchbarkeiten die Teilsicherheitsbeiwerte $\gamma_F = 1,0$ und $\gamma_M = 1,0$.

53

Literatur zur Anpassungsrichtlinie

[1]   Eggert, H., Fristablauf Dezember 1995 für zulässige Spannungen im Stahlbau, in: Mitteilungen des DIBt (1995) Nr. 2, S. 41/42

[2]   Rudnitzky, J., Ende des zulσ-Bemessungskonzeptes im Stahlbau absehbar, in: Stahlbau-Nachrichten 1/95, S. 24-26, Deutscher Stahlbau-Verband DSTV Köln

[3]   Neues aus dem Normenwerk, NABauwesen (NABau), in: DIN-Mitteilungen 74 (1995) Nr. 5, S. 360

[4]   Lindner, J., Scheer, J., Schmidt, H., Stahlbauten, Erläuterungen zu DIN 18800 Teil 1 bis Teil 4, Beuth, Ernst & Sohn 3. Auflage 1998

[5]   Saal, H., Erläuterungen zur Anpassungsrichtlinie zu DIN 4119, in: Mitteilungen des DIBt (1994) Nr. 4, S. 121–125

[6]   Grundsätze für den Nachweis der Standsicherheit von Trapezprofilen, in: Mitteilungen des DIBt (1990) Nr. 5, S. 169ff.

[7]   Hartz, U., Eurocodes. Gegenwärtiger Stand, weitere Entwicklung und ihr Wechselspiel mit der nationalen Normung. Die Bautechnik, Nov. 98.

[8]   Pasternak, H. und Branka, P., Durchlaufträger ohne Durchlaufwirkung? – Untersuchungen an Stahlträgern mit schlanken Stegen, in: Bauingenieur 72 (1997), S. 385–391.

[9]   Kathage, K., Anmerkungen zu den „Ergänzenden Prüfgrundsätzen für Stahlkassettenprofiltafeln" und Ergänzende Prüfgrundsätze für Stahlkassettenprofiltafeln, in: Mitteilungen des DIBt (1998) Nr. 2, S. 38–48.

Herstellungsrichtlinie Stahlbau

Richtlinie zur Ausführung von Stahlbauten und
Herstellung von Bauprodukten aus Stahl
– korrigierte und ergänzte Ausgabe Oktober 1998 –

1 Vorbemerkungen

Die für das Herstellen tragender Bauteile aus Stahl anzuwendende Norm DIN 18 800-7: 1983-05 „Stahlbauten; Herstellen, Eignungsnachweise zum Schweißen" sowie weitere die Herstellung betreffende Regelungen in den Stahlbau-Grund- und Fachnormen werden durch diese Richtlinie ergänzt, soweit dies aufgrund von Neuerscheinungen der mitgeltenden Normen erforderlich ist.

Insbesondere neue Werkstoffnormen und neue Normen über das Schweißen von Stahlbauten sind als DIN EN-Normen in den letzten Jahren herausgegeben worden und müssen bei der Herstellung von Stahlbauten beachtet werden.

Eine Ergänzung erfährt diese Richtlinie hinsichtlich des wetterfesten Baustahls. Bei Einhaltung der hier getroffenen Festlegungen zu den jeweiligen Anwendungsnormen entfällt die bisher eventuell erforderliche Zustimmung im Einzelfall bei Verwendung von wetterfestem Baustahl.
Soweit bei hier pauschal genannten Normen neue Ausgaben vorliegen, gelten die mit dem jüngsten Datum.
Geregelte Bauprodukte und deren Nachweisverfahren sowie die Umschlüsselung und Kennzeichnung der zulässigen Stahlsorten sind in der Bauregelliste A enthalten.

Hinsichtlich der geometrischen Toleranzen bei der Herstellung und Montage und der Schweißnahtimperfektionen sind die Anforderungen in den Grund- und Fachnormen einzuhalten.
Auf weitere und detailliertere Anforderungen an die Herstellungstoleranzen und an die Schweißnahtimperfektionen, die in der europäischen Vornorm ENV 1090-1 enthalten sind, wird hingewiesen.

Wenn in einer technischen Regel als Stahlwerkstoff St 37, **St 44** oder St 52 ohne weiteren Zusatz angegeben ist, so ist damit wie bisher die entsprechende Festigkeitsstufe gemeint, d. h. diese Bezeichnungen gelten für solche Stähle unabhängig davon, wie durch eine DIN- oder EN-Norm die genaue Kurzbezeichnung derzeit geregelt ist.

Diese Herstellungsrichtlinie ist für die Herstellung von Stahlbauten im bauaufsichtlichen Bereich gültig, unabhängig davon, ob die Bemessung und Konstruktion nach nationalen oder nach europäischen Regelwerken erfolgt.

*Hinweis: Änderungen gegenüber der früheren Fassung sind **fett** gedruckt!*

2 Ergänzende Ausführungsregeln
2.1 DIN 18800-1: 1990-11 – Stahlbauten; Bemessung und Konstruktion

Bei Anwendung dieser Norm ist zu beachten:

Element	Regelungsinhalt	Festlegungen
(401)–(404) in Verbindung mit Anhang A1	Stahlsorten, Stahlauswahl, Bescheinigungen	Anstelle von DIN 17 100: 1980-01 gilt DIN EN 10 025: 1994-03 **bzw. die entsprechende Lieferbedingung für spezielle Erzeugnisse, siehe auch Bauregelliste A. Ist in den jeweiligen Lieferbedingungen eine der 14-er-Analyse entsprechende Option vorgesehen, so kann auf die Sonderregelung des Anhangs A von DIN 18800-1 verzichtet werden.** Bei der Wahl der Stahlgütegruppen ist die DASt-Ri 009: 1973-04 anzuwenden. Jedoch ist anstelle der Tafel 2 von DASt-Ri 009 die Tabelle im Anhang 1 dieser Herstellungsrichtlinie zu verwenden. **Sobald die Neuausgabe der DASt-Ri 009 erschienen ist, entfällt der Anhang.**

Anmerkung:
Genormte Erzeugnisse und deren zulässige Werkstoffsorten sind nach Bauregelliste A in der jeweils gültigen Fassung geregelt. Es gelten die dort angegebenen Tabellen u. a. mit der Zuordnung der früheren Stahlbezeichnungen.

Für die verwendeten Erzeugnisse müssen Bescheinigungen nach DIN EN 10 204: 1995-08 vorliegen. Für Bauteile aus den Stahlsorten S 235, wenn die Beanspruchungen nach dem elastischen Berechnungsverfahren ermittelt werden, sind Prüfbescheinigungen 2.2 nach DIN EN 10 204: 1995-08 vorzulegen. Ansonsten sind die Stahlsorten mindestens mit Prüfbescheinigungen 2.3 nach DIN EN 10 204: 1995-08 zu belegen. Werden die Beanspruchungen nach der Plastizitätstheorie ermittelt, so sind die Werkstoffeigenschaften durch Prüfbescheinigung 3.1. B nach DIN EN 10 204: 1995-08 zu belegen. Die Prüfung und Bekanntgabe der Schmelzenanalyse gilt für alle Stahlgütegruppen. Bei Werkstoffen für geschweißte Konstruktionen ist der Lieferzustand im Werkstoffnachweis anzugeben. Für geschweißte Bauteile aus den zulässigen Stahlsorten mit Erzeugnisdicken größer 30 mm, die im Bereich der Schweißnähte auf Zug oder Biegezug beansprucht werden, muß der Aufschweißbiegeversuch nach Stahl-Eisen-Prüfblatt (SEP) 1390, Ausgabe **96**, durchgeführt und durch eine Prüfbescheinigung 3.1 B nach DIN EN 10 204: 1995-08 belegt sein.

(412)	Bescheinigungen über Schrauben, Niete und Bolzen	Sofern bei einer Verbindung nur ein einziges Verbindungsmittel verwendet wird und dessen Versagen das Versagen der gesamten Tragkonstruktion zur Folge haben kann wie z. B. bei 1-Schrauben-Verbindungen in statisch bestimmten Tragwerken **und außerdem stets bei 8.8- und 10.9-Schrauben**, sind die Festigkeitseigenschaften dieses Verbindungsmittels durch Prüfbescheinigung 3.1 B nach DIN EN 10 204: 1995-08 zu belegen.

2.2 DIN 18800-7: 1983-05 - Stahlbauten; Herstellen, Eignungsnachweise zum Schweißen

Bei Anwendung dieser Norm ist zu beachten:

Abschnitt	Regelungsinhalt	Festlegungen
3.1	Bautechnische Unterlagen	Hier gilt DIN 18 800-1: 1990-11, A ;hnitt 2.
3.2	Bearbeiten von Werkstoffen und Bauteilen	Bei den Unterabschnitten muß es 3.2.2 statt 3.3.2 heißen (Druckfehlerberichtigung).

3.2.4   Brennschneiden

Die durch autogenes Brennschneiden entstandenen Schnittflächen müssen jetzt folgende Gütekriterien nach DIN EN ISO 9013: 1995-05 erfüllen:

zum 2. Absatz (Güte II)
$u \leq 1 + 0,015\,a$
$R_{y5} \leq 110 + 1,8\,a$

zum 4. Absatz (Güte I)
$u \leq 0,4 + 0,01\,a$
$R_{y5} \leq 70 + 1,2\,a$

Darin bedeuten:
a Schnittdicke in mm
u Rechtwinkligkeits- und Neigungstoleranz in mm
R_{y5} gemittelte Rauhtiefe in µm (arithmetisches Mittel aus den Einzelrauhtiefen fünf aneinandergrenzender Einzelmeßstrecken)

Die Bedingung für u und R_{y5} kann außer Betracht bleiben, wenn die Komponenten (Einzelteile) im Bereich der Brennschnittflächen geschweißt werden.

3.3.1.3   Gewindelänge bei tragenden Schrauben

Der 1. Absatz dieses Abschnitts entfällt (siehe DIN 18 800-1: 1990-11, Element 804).

3.3.3.2 Tabelle 1 und Tabelle 2   Vorspannen der Schrauben

Die in den Tabellen angegebenen Werte gelten nur für Schrauben der Festigkeitsklasse 10.9. Für Schrauben der Festigkeitsklasse 8.8 in den Abmessungen nach DIN EN 24 014:1992-02, Sechskantschrauben mit Schaft, Produktklasse A+B und DIN EN 24 017: 1992-02 Sechskantschrauben mit Gewinde bis Kopf, Produktklasse A+B betragen die erforderlichen Vorspannkräfte, Anziehmomente und Drehwinkel 70 % der in diesen Tabellen angegebenen Werte.

Anstelle des im letzten Absatz genannten Schmierstoffs Molybdändisulfid sind auch andere, in der Wirkung gleichwertige Schmierstoffe zulässig.

Abschnitt	Regelungsinhalt	Festlegungen
3.3.3.3	Überprüfen der gleitfesten Verbindungen	Dieser Abschnitt gilt auch für das Überprüfen planmäßig vorgespannter Schrauben ohne gleitfeste Reibfläche gemäß DIN 18 800-1: 1990-11, Tabelle 6, Spalte 3.
3.4.3	Schweißen	Abschnitt 3.4.3.1 gilt für die Schweißnahtarten gemäß DIN 18 800-1: 1990-11, Tabelle 19, Zeilen 1 bis 4. Abschnitt 3.4.3.2 gilt für Schweißnahtarten gemäß DIN 18 800-1: 1990-11, Tabelle 19, Zeilen 5 bis 15. In Unterabschnitt a) gilt anstelle des Inhalts der zweiten Klammer: „(siehe DIN 18 800-1:1990-11, Tabelle 19, Spalte 3, zu Zeilen 12 und 13)." Der Wert min e entspricht e in der genannten Tabelle 19. Hinsichtlich der Ausführungstoleranzen und der Schweißnahtimperfektionen gelten die Festlegungen in den betreffenden Grund- und Fachnormen.
4.5	Einbau beweglicher Auflagerteile	Hier gilt **DIN EN 1337-11: 1998-04.**
6.1	Allgemeines	Dieser Abschnitt ist wie folgt zu ergänzen: Die Zuordnung der Anwendungsbereiche des Großen bzw. Kleinen Eignungsnachweises ist in den Tabellen 1 und 2 des Anhangs 2 zu dieser Richtlinie zusammengestellt. Um eine einheitliche Durchführung des Eignungsnachweises zu gewährleisten, sind die anerkannten Stellen verpflichtet, mindestens einmal jährlich an einem Erfahrungsaustausch teilzunehmen. Die Anforderungen an das schweißtechnische Personal des Schweißbetriebes sind in den jeweiligen Anwendungsnormen geregelt. Die Schweißaufsichtspersonen müssen jeweils entsprechende oder vergleichbare Kenntnisse gemäß – Richtlinie DVS EWF 1171-Schweißfachmann, – Richtlinie DVS EWF 1172-Schweißtechniker und – Richtlinie DVS EWF 1173-Schweißfachingenieur nachweisen. Schweißanweisungen nach DIN EN 288-1, -2, -3: 1992-04 müssen bei Verfahrensprüfungen und Schweißerprüfungen vorliegen.
6.2.1	Anwendungsbereiche	Druckfehler Zeile 1: „Große" statt „große". Der Abschnitt ist wie folgt zu ergänzen: Verfahrensprüfungen beim Einsatz von mechanisierten oder automatisierten Schweißprozessen an den Werkstoffen S 235 (St 37), **S 275 (St 44)** und S 355 (St 52) sind nach DIN EN 288-3: 1992-04 durchzuführen. Für die Gültigkeitsdauer der Verfahrensprüfung und für die Arbeitsprüfungen gilt Richtlinie DVS 1702: 1981-05, Abschnitt 8 bzw. 9 – Verfahrensprüfung im Stahlbau für Schweißverbindungen aus hochfesten schweißgeeigneten Feinkornbaustählen StE 460 und StE 690 – sinngemäß.

Abschnitt	Regelungsinhalt	Festlegungen

Für Kehlnähte muß das Prüfstück nach Richtlinie DVS 1702: 1981-05 geschweißt und bewertet sein. Bei den Werkstoffen S 235, **S 275** und S 355 kann der Microschliff und die Kerbschlagprobe entfallen.

Für alle vorgenannten Verfahrensprüfungen dürfen jedoch die Unregelmäßigkeiten (Imperfektionen) in den Prüfstücken die für die Bauteile geltenden Grenzen nicht überschreiten.

Als Geltungsbereich der Verfahrensprüfung für die Bauteildicken bei Kehlnähten gelten die in DIN EN 288-3: 1992-04, Tabelle 5 für mehrlagiges Schweißen angegebenen Werte, auch wenn die Kehlnaht einlagig geschweißt worden ist. Die Regelung in DIN EN 288-3: 1992-04 „Stumpfnaht schließt Kehlnaht ein" gilt im bauaufsichtlichen Bereich nicht.

6.2.2.1	Betriebliche Einrichtungen	Anstelle von DIN 8563-2: 1978-10 gilt DIN EN 729-3: 1994-11, Abschnitt 8.
6.2.2.2	Schweißtechnisches Personal	Anstelle von DIN 8563-2: 1978-10 gilt für die Aufgaben und die Verantwortung der Schweißaufsicht DIN EN 719: 1994-08 einschließlich Anhang A.

Für den Absatz – Schweißer – gilt:
Für Schweißarbeiten dürfen nur Schweißer eingesetzt werden, die im Besitz einer gültigen Schweißerprüfung nach DIN EN 287-1: 1992-04 sind. Der Einsatzbereich des Schweißers in der Fertigung muß dem Geltungsbereich der vorliegenden Schweißerprüfung entsprechen.

Zusätzlich zu DIN EN 287-1: 1992-04 gilt, daß Schweißer, die Kehlnahtschweißungen ausführen, auch ein Kehlnahtprüfstück geschweißt haben müssen. Der Schweißbetrieb ist verpflichtet, sich ggf. über Arbeitsproben zu vergewissern, daß der Schweißer die an das Bauteil gestellten Qualitätsanforderungen erfüllen kann.

Die Verlängerung der Gültigkeit der Schweißerprüfung nach zwei Jahren gilt nur dann, wenn mindestens vier Prüfberichte (einer für je sechs Monate) über durchgeführte zerstörende und zerstörungsfreie Prüfungen vorliegen oder ein neues Prüfstück geschweißt und bewertet wurde.

Das Bedienungspersonal vollmechanischer und automatischer Schweißanlagen muß an diesen Einrichtungen ausgebildet und im Besitz einer gültigen Prüfbescheinigung nach DIN EN 1418 sein.

Abschnitt	Regelungsinhalt	Festlegungen
6.3.1.1*)	Bauteile aus St 37 (Kleiner Eignungs- nachweis)	Der Abschnitt wird bezüglich der Bauteile durch folgenden Spiegelstrich ergänzt: – nur eingeschossige Rahmen Anstelle der letzten Zeile gelten folgende zwei neue Spiegelstriche: – Dicke von auf Druck beanspruchten Kopf- und Fußplatten ≤ 30 mm – Dicke von auf Zug oder Biegezug beanspruchten Stirn-, Kopf- und Fußplatten ≤ 20 mm. Druckfehlerberichtigung in der Zeile des 6. Spiegelstriches: richtig: $> 0,5$ kN/m.
6.3.1.2*)	Erweiterung des Anwendungs- bereiches des Kleinen Eignungs- nachweises	Anstelle von „DIN 18 808 (z. Z. Entwurf)" gilt „DIN 18 808: 1984-10", anstelle von „DIN 8536 Teil 10 (z. Z. Entwurf)" gilt „DIN 8563-10: 1984-12". Anstelle von „bis 16 mm Bolzendurchmesser" gilt „bis 22 mm Bolzendurchmesser". Der Abschnitt wird durch folgenden Buchstaben d) ergänzt: d) auf Druck, Zug und Biegezug beanspruchte Stirn-, Kopf- und Fußplatten ≤ 40 mm aus S 235 (St 37).
6.3.2.2*)	Schweißtechni- sches Personal	siehe Festlegungen zu 6.2.2.2.

---

*) Diese Festlegungen entsprechen den bisherigen „Ergänzenden Bestimmungen zu DIN 18 800-7: 1983-05", die in einigen Ländern bauaufsichtlich eingeführt wurden.

2.3 DIN 18808: 1984-10 – Stahlbauten; Tragwerke aus Hohlprofilen unter vorwiegend ruhender Beanspruchung

Bei Anwendung dieser Norm ist zu beachten:

Abschnitt	Regelungsinhalt	Festlegungen
6.3 Tabelle 7	Anforderungen an die Schweißer und Prüfung der Stumpfnähte	Die Tabelle 7 ist zu ersetzen, siehe Tabelle 7 in der Anpassungsrichtlinie zu DIN 18808. (Für die Zuordnung der Grenzschweißnahtspannung zur Schweißnahtausführung der Stumpfnähte gilt die entsprechende Festlegung in der Anpassungsrichtlinie Stahlbau.)
7.2	Anforderungen an Schweißer	Der Einsatzbereich des Schweißers in der Fertigung muß dem Geltungsbereich der vorliegenden Schweißerprüfung entsprechen; es gelten die Festlegungen zu DIN 18800-7: 1983-05, Abschnitt 6.2.2.2. Das Prüfstück für die Zusatzprüfung ist erforderlich und es ist in der schwierigsten Position zu schweißen, die in der Fertigung des betreffenden Betriebes vorkommt. Es ist sicherzustellen, daß vor allem der Wurzelbereich bewertet werden kann.

2.4 DASt-Richtlinie 016 – Bemessung und konstruktive Gestaltung von Tragwerken aus dünnwandigen kaltgeformten Bauteilen, Ausgabe 1988, Neudruck (druckfehlerbereinigter Fortdruck) 1992

Bei Anwendung dieser Richtlinie gilt :

Abschnitt	Regelungsinhalt	Element	Festlegungen
2.6	Verbindungstechnik	213	Der Text wird durch folgende Neufassung ersetzt: Es gelten die Festlegungen in DIN 18 800-7: 1983-05.
7.5	Schweißverbindungen	711	Es gilt die Festlegung zu Element 213.

2.5 DIN 4119-1: 1979-06 – Oberirdische zylindrische Flachboden-Tankbauwerke aus metallischen Werkstoffen; Grundlagen, Ausführung, Prüfungen

Bei Anwendung dieser Norm ist zu beachten:

Abschnitt	Regelungsinhalt	Festlegungen
6.3	Grundsätze für Schweißarbeiten	Für Schweißarbeiten an Tankbauwerken muß der ausführende Schweißbetrieb eine gültige Bescheinigung über den Großen Eignungsnachweis nach DIN 18 800-7: 1983-05 vorlegen. Eventuell weitergehende Anforderungen bleiben hiervon unberührt.
6.3.1	Sachliche Voraussetzungen	
6.3.1.2		Die Verwendbarkeit der Schweißzusatzwerkstoffe und der Schweißhilfsstoffe ist durch das Übereinstimmungszertifikat einer anerkannten Zertifizierungsstelle nachzuweisen.
6.3.2		Es gelten die Anforderungen an die Schweißer gemäß DIN 18 800-7: 1983-05, Abschnitt 6.2.2.2.
6.3.3,c)	Schweißplan	„zulässige Berechnungsspannung" ist durch „Beanspruchbarkeit" zu ersetzen.
–	Werkstoffe; Zustandsüberwachung	**Für die Zustandsüberwachung wetterfester Baustähle gemäß Bauregelliste A Teil 1 lfd. Nr. 4.1.1.47 gilt DASt-Richtlinie 007, Ausgabe Mai 1993, Abschnitt 11. Die Bauaufsichtsbehörden haben die Durchführung der Zustandsüberwachung und das Erstellen eines entsprechenden Berichts als Auflage in die Baugenehmigung aufzunehmen. Die Berichte sind aufzubewahren und auf Verlangen der Bauaufsichtsbehörde vorzulegen.**

 **2.6 DIN 4421: 1982-08 – Traggerüste;
Berechnung, Konstruktion und Ausführung**

Bei Anwendung dieser Norm ist zu beachten:

Abschnitt	Regelungsinhalt	Festlegungen
4.2	Schweißeignung	Anstelle dieses Abschnitts gilt folgendes: Werkstoffe nach Tabelle 1 dürfen nur geschweißt werden, wenn der ausführende Betrieb im Rahmen des Eignungsnachweises nach DIN 18 800-7: 1983-05 durch Verfahrensprüfungen die Schweißeignung nachgewiesen hat und die Eignungsbescheinigung nach DIN 18 800-7: 1983-05 auf die verwendeten Werkstoffe erweitert worden ist.
7.3.3	Ausführungs-protokoll	Der 3. Spiegelstrich ist wie folgt zu ändern: – Alle Schweißarbeiten sind von Betrieben durchgeführt worden, die einen Eignungsnachweis nach DIN 18 800-7: 1983-05 besitzen.

2.7 DIN 4133: 1991-11 – Schornsteine aus Stahl

Bei Anwendung dieser Norm ist zu beachten:

Abschnitt	Regelungsinhalt	Festlegungen
10.2	Schweißen	Der erste Satz wird durch folgendes ergänzt: Geschweißte Schornsteine aus nichtrostenden Stählen dürfen nur von Betrieben hergestellt werden, die den Großen Eignungsnachweis nach DIN 18 800-7: 1983-05 mit der Erweiterung auf den Anwendungsbereich und die betreffenden Stahlsorten von DIN 4133: 1991-11 besitzen.
–	Werkstoffe; Zustandsüberwachung	**Für die Zustandsüberwachung wetterfester Baustähle gem. Bauregelliste A Teil 1 lfd. Nr. 4.1.47 gilt DASt-Richtlinie 007, Ausgabe Mai 1993, Abschnitt 11. Die Bauaufsichtsbehörden haben die Durchführung der Zustandsüberwachung und das Erstellen eines entsprechenden Berichts als Auflage in die Baugenehmigung aufzunehmen. Die Berichte sind aufzubewahren und auf Verlangen der Bauaufsichtsbehörde vorzulegen.**

2.8 DIN 4132: 1981-02 – Krahnbahnen

2.9 DIN 4131: 1991-11 – Antennentragwerke

2.10 DIN 18801: 1983-09 – Stahlhochbau

Für diese Normen gilt folgende gleichlautende Festlegung:

Werkstoffe; **Zustandsüberwachung**	**Für die Zustandsüberwachung wetterfester Baustähle gemäß Bauregelliste A Teil 1 lfd. Nr. 4.1.47 gilt DASt-Richtlinie 007, Ausgabe Mai 1993, Abschnitt 11. Die Bauaufsichtsbehörden haben die Durchführung der Zustandsüberwachung und das Erstellen eines entsprechenden Berichts als Auflage in die Baugenehmigung aufzunehmen: Die Berichte sind aufzubewahren und auf Verlangen der Bauaufsichtsbehörde vorzulegen.**

Druckfehlerberichtigungen abgedruckter DIN-Normen

Folgende Druckfehlerberichtigungen wurden in den DIN-Mitteilungen + elektronorm zu den in diesem DIN-Taschenbuch enthaltenen Normen veröffentlicht. Die abgedruckten Normen entsprechen der Originalfassung und wurden nicht korrigiert. In Folgeausgaben werden die aufgeführten Druckfehler berichtigt.

DIN 55928-8

In Tabelle 4, Spalte 6, der o. g. Norm muß für das Korrosionsschutzsystem, Kennzahl 4-200.2, zur Sollschichtdicke von 60 μm die Fußnote 5 angefügt werden. Beim System mit der Kennzahl 4-310.2 muß in der gleichen Spalte die Fußnote 5 gestrichen werden. Die Fußnote 5 zur Tabelle 4 muß wie folgt richtig lauten:

"Bei Erhöhung der Sollschichtdicke von geprüften Systemen 4-200.2 und 4-310.1 ist keine erneute Korrosionsschutzprüfung erforderlich."

Im Abschnitt 5, Absatz 3, der o. g. Norm muß der letzte Satz: "Siehe auch Erläuterungen." gestrichen werden.

DIN EN 10025

Entsprechend den Angaben in Tabelle 1 und in Abschnitt 7.2.3.1 und in Übereinstimmung mit der Englischen und Französischen Fassung der Europäischen Norm EN 10025 müssen am Schluß der in Abschnitt 11.3 enthaltenen zusätzlichen Anforderung 22 auch die Gütegruppen J2G3 und K2G3 genannt werden. Die zusätzliche Anforderung 22 lautet dann wie folgt:

22) Gewünschter Lieferzustand N bei ... sowie aus Stählen S235, S275 und S355 der Gütegruppen JR, JO, J2G3 und K2G3 (Abschnitt 7.2.3.1). Die Fehler werden in der nächsten Überarbeitung von DIN EN 10025 entsprechend berichtigt.

Gesamt-Stichwortverzeichnis

Die hinter den Stichwörtern stehenden Nummern sind die DIN-Nummern (ohne die Buchstaben DIN) der abgedruckten Normen bzw. der Norm-Entwürfe.

Für das Fachgebiet Bauwesen bestehen folgende DIN-Taschenbücher:

TAB		Titel
5 Bauwesen	1.	Beton- und Stahlbeton-Fertigteile. Normen
33 Bauwesen	2.	Baustoffe, Bindemittel, Zuschlagstoffe, Mauersteine, Bauplatten, Glas und Dämmstoffe. Normen
34 Bauwesen	3.	Holzbau. Normen
35 Bauwesen	4.	Schallschutz. Anforderungen, Nachweise, Berechnungsverfahren und bauakustische Prüfungen. Normen
36 Bauwesen	5.	Erd- und Grundbau. Normen
37 Bauwesen	6.	Beton- und Stahlbetonbau. Normen
38 Bauwesen	7.	Bauplanung. Normen
39 Bauwesen	8.	Ausbau. Normen
68 Bauwesen	9.	Mauerwerksbau. Normen
69 Bauwesen	10.	Stahlhochbau. Normen, Richtlinien
110 Bauwesen	11.	Wohnungsbau. Normen
111 Bauwesen	12.	Vermessungswesen. Normen
112 Bauwesen	13.	Berechnungsgrundlagen für Bauten. Normen
113 Bauwesen	14.	Erkundung und Untersuchung des Baugrunds. Normen
114 Bauwesen	15.	Kosten im Hochbau, Flächen, Rauminhalte. Normen, Gesetze, Verordnungen
115 Bauwesen	16.	Baubetrieb; Schalung, Gerüste, Geräte, Baustelleneinrichtung. Normen
120 Bauwesen	18.	Brandschutzmaßnahmen. Normen, Richtlinien
129 Bauwesen	19.	Bauwerksabdichtungen, Dachabdichtungen, Feuchteschutz. Normen
133		Partikelmeßtechnik. Normen
134 Bauwesen	20.	Sporthallen, Sportplätze, Spielplätze. Normen
144 Bauwesen	22.	Stahlbau; Ingenieurbau. Normen, Richtlinien
146 Bauwesen	23.	Schornsteine. Planung, Berechnung, Ausführung. Normen, Richtlinien
158 Bauwesen	24.	Wärmeschutz 1 – Bauwerksplanung: Wärmeschutz, Wärmebedarf. Normen
199 Bauwesen	25.	Barrierefreies Planen und Bauen
240 Bauwesen	26.	Türen und Türzubehör. Normen
253 Bauwesen	27.	Einbruchschutz. Normen, Technische Regeln (DIN-VDE)
272 Bauwesen	28.	Bohrtechnik. Normen
289 Bauwesen	29.	Schwingungsfragen im Bauwesen. Normen
287 Bauwesen	30.	Wärmeschutz 2. Prüfungen im Labor und auf der Baustelle; Rechnerische Ermittlung von Werten. Normen, Gesetze, Verordnungen, Festlegungen

DIN-Taschenbücher mit Normen für das Studium:

176 Baukonstruktionen; Lastannahmen, Baugrund, Beton- und Stahlbetonbau, Mauerwerksbau, Holzbau, Stahlbau

189 Bauphysik 1; Brandschutz, Schallschutz

310 Bauphysik 2; Feuchteschutz, Lüftung, Wärmebedarfsermittlung, Wärmeschutz

DIN-Taschenbücher sind vollständig oder nach verschiedenen thematischen Gruppen auch im Abonnement erhältlich.
Für Auskünfte und Bestellungen wählen Sie bitte im Beuth Verlag Tel.: (030) 2601 - 2260.

Für das Fachgebiet "Bauen in Europa" bestehen folgende DIN-Taschenbücher:

Bauen in Europa.
Beton, Stahlbeton, Spannbeton.
Eurocode 2 Teil 1 · DIN V ENV 206.
Normen, Richtlinien

Bauen in Europa.
Beton, Stahlbeton, Spannbeton.
DIN V ENV 1992 Teil 1-1 (Eurocode 2 Teil 1), Ergänzung

Bauen in Europa.
Stahlbau, Stahlhochbau.
Eurocode 3 Teil 1-1 · DIN V ENV 1993 Teil 1-1.
Normen, Richtlinien

Bauen in Europa.
Verbundtragwerke aus Stahl und Beton.
Eurocode 4 Teil 1-1 · DIN V ENV 1994-1-1.
Normen, Richtlinien

Bauen in Europa.
Geotechnik.
Eurocode 7-1 · DIN V ENV 1997-1.
Normen

Bauen in Europa.
Felduntersuchungen und Laborversuche
für die geotechnische Bemessung.
Eurocode 7 · DIN V ENV 1997-2 · DIN V ENV 1997-3.
Normen

DIN-Taschenbücher sind vollständig oder nach verschiedenen thematischen Gruppen
auch im Abonnement erhältlich.
Für Auskünfte und Bestellungen wählen Sie bitte im Beuth Verlag Tel.: (0 30) 26 01 - 22 60.

Für Notizen

Für Notizen

Für Notizen

Mitglied im DIN werden?

DIN

as DIN Deutsches Institut für Normung e.V. ist ein
echnisch-wissenschaftlicher Verein. Es ist als Selbstver-
altungsorgan der Wirtschaft zuständig für die tech-
sche Normung in Deutschland. In den internationalen
nd europäischen Normungsinstituten vertritt das DIN
e Interessen unseres Landes.

Als Mitglied unterstützen Sie das DIN ideell und
nanziell.

Doch Sie ziehen auch Vorteile aus der Mitglied-
haft. Den wichtigsten materiellen Vorteil bildet das
m DIN seinen Mitgliedern eingeräumte Recht, DIN-
ormen für innerbetriebliche Zwecke zu vervielfältigen
nd in interne elektronische Netzwerke einzuspeisen.

Beim Kauf von DIN-Normen erhalten Sie als DIN-
tglied einen Rabatt von 15 %. Rabatt in gleicher Höhe
halten Sie auf den DIN-Katalog und das Abonnement
r DIN-Mitteilungen. Bei Lehrgängen des DIN wird den
tgliedern ein Preisnachlaß gewährt.

Meistens lohnt sich die Mitgliedschaft im DIN schon
s betriebswirtschaftlichen Gründen. Darüber hinaus
ärken Sie mit Ihrer Mitgliedschaft den Gedanken der
lbstverwaltung auf einem wichtigen Sektor der Volks-
tschaft.

Mitglied des DIN können Unternehmen oder juri-
sche Personen werden.

Ihre Ansprechpartner in unserem Haus:
u Florczak, Tel.: +49 30 2601-2336
Mail: Florczak@AOE.DIN.DE
u Behnke, Tel.: +49 30 2601-2789
Mail: Behnke@Vertr.DIN.DE

Beitragshöhe richtet sich nach der Anzahl
Beschäftigten eines Unternehmens.
spiel: 1.000 Beschäftigte   4.514,10 DEM
      10.000 Beschäftigte   21.497,49 DEM

Deutsches Institut
Normung e.V.
ggrafenstraße 6
87 Berlin
efon +49 30 26 01-0
efax +49 30 26 01 11 94

How to become a member of DIN?

*DIN, the acronym of the German Institute for
Standardization, is known worldwide.*

*DIN, based in Berlin, is a registered association that
is operated in the interest of the entire community to
promote rationalization, quality assurance, safety, and
mutual understanding in commerce, industry, science
and government at national, European, and international
level.*

*This work is performed with the participation and
support of German industry and of all other interested
parties, including, increasingly, companies and organiza-
tions from abroad.*

*Why should a non-German company want to become a
member of the Deutsches Institut für Normung?*

*It is not simply a question of prestige. In most cases,
economic considerations alone will justify membership.
Members of DIN are granted a 15% discount on all
purchases of DIN Standards, on the price of the DIN
Catalogue, and on subscriptions to the monthly journal
published by DIN.*

*Another, perhaps the most important, advantage
enjoyed by members is that they may acquire from DIN
licence to make copies of DIN Standards for their own
in-house purposes and to use them, again for in-house
purposes, in electronic form in internal networks.*

*To give substance to the structure of the single Euro-
pean market, the member countries need harmonized
standards as the basis for the free exchange of goods.
In this respect, DIN is the most actively committed of all
European partners, bearing the responsibility for 28 %
of all technical secretariats. Only 15 % of the standards
work undertaken by DIN is now directed at the creation of
purely German standards. Members of DIN are thus also
lending their support, both ideally and materially,
to the continuing removal of technical barriers to trade
throughout Europe.*

For further information, please contact:
Mrs. Florczak, Tel. +49 30 2601-2336
E-Mail: Florczak@AOE.DIN.DE
Mrs. Behnke, Tel. +49 30 2601-2789
E-Mail: Behnke@Vertr.DIN.DE

---

*The rate of subscription varies according to the number
of persons employed in the company/organization.
Example: 1,000 employees   2.308,02 EUR
      10,000 employees 10.991,49 EUR*